Nachdenken über Technik

Christoph Hubig
Alois Huning
Günter Ropohl (Hg.)

Nachdenken über Technik

Die Klassiker der Technikphilosophie
und neuere Entwicklungen

3., neu bearbeitete und erweiterte Auflage
Darmstädter Ausgabe

Bibliografische Information der Deutschen Nationalbibliothek

Die Deutsche Nationalbibliothek verzeichnet diese Publikation in der Deutschen Nationalbibliografie; detaillierte bibliografische Daten sind im Internet über http://dnb.d-nb.de abrufbar.

ISBN 978-3-8360-3594-1

© Copyright 2013 by edition sigma, Berlin.

Alle Rechte vorbehalten. Dieses Werk einschließlich aller seiner Teile ist urheberrechtlich geschützt. Jede Verwertung außerhalb der engen Grenzen des Urheberrechtsgesetzes ist ohne schriftliche Zustimmung des Verlags unzulässig und strafbar. Das gilt insbesondere für Vervielfältigungen, Mikroverfilmungen, Übersetzungen und die Einspeicherung in elektronische Systeme.

Druck: Rosch-Buch, Scheßlitz   Printed in Germany

Inhalt

I.

Vorwort zur neuen Ausgabe Christoph HUBIG, Alois HUNING, Günter ROPOHL	15
Aus dem Vorwort zur ersten Auflage Alois HUNING	17
Historische Wurzeln der Technikphilosophie Christoph HUBIG	19
Historische und systematische Übersicht Friedrich RAPP, Günter ROPOHL	41

II. REZENSIONEN   1. KLASSIKER

ANDERS Günther	Die Antiquiertheit des Menschen. Bd. 1: Über die Seele im Zeitalter der zweiten industriellen Revolution, 1956; Bd. 2: Über die Zerstörung des Lebens im Zeitalter der dritten industriellen Revolution, 1980 (Christoph HUBIG)	55
ARENDT Hannah	Vita activa oder Vom tätigen Leben, 1958 (Christoph HUBIG)	58
BANSE Gerhard und WENDT Helge (Hg.)	Erkenntnismethoden in den Technikwissenschaften. Eine methodologische Analyse und philosophische Diskussion der Erkenntnisprozesse in den Technikwissenschaften, 1986 (Wolfgang KÖNIG)	62
BAUDRILLARD Jean	Simulacres et Simulation, 1981 (Suzana ALPSANCAR)	65
BECK Heinrich	Kulturphilosophie der Technik. Perspektiven zu Technik, Menschheit, Zukunft, 1969 (Alois HUNING)	70
BECK Ulrich	Risikogesellschaft. Auf dem Weg in eine andere Moderne, 1986 (Klaus KORNWACHS)	73

BENSE Max ders.	Technische Existenz, 1949 Ungehorsam der Ideen, 1965 (Günter ROPOHL)	77
BERDJAJEW Nikolaj	Der Mensch und die Technik, 1933 (Ernst OLDEMEYER)	81
BERGSON Henri	Die beiden Quellen der Moral und der Religion, 1932 (Ernst OLDEMEYER)	85
BERNAL John D.	Die Wissenschaft in der Geschichte, 1954 (Wolfgang KÖNIG)	89
BIJKER Wiebe, HUGHES Thomas und PINCH Trevor (Hg.)	The Social Construction of Technological Systems. New Directions in the Sociology and History of Technology, 1987 (Wolfgang KÖNIG)	92
BLOCH Ernst	Das Prinzip Hoffnung, 1959 (Hans Heinz HOLZ)	97
BLUMENBERG Hans	Geistesgeschichte der Technik, 2009 (Felix HEIDENREICH)	102
BOHRING Günther	Technik im Kampf der Weltanschauungen. Ein Beitrag zur Auseinandersetzung der marxistisch- leninistischen Philosophie mit der bürgerlichen Philosophie der Technik, 1976 (Alois HUNING)	105
BRINKMANN Donald	Mensch und Technik. Grundzüge einer Philosophie der Technik, 1946 (Gerhard BANSE)	108
BUNGE Mario	Epistemologie: Aktuelle Fragen der Wissenschaftstheorie, 1980 (Klaus KORNWACHS)	110
CANGUILHEM Georges ders.	Wissenschaft, Technik, Leben. Beiträge zur historischen Epistemologie, 2006 Maschine und Organismus, 1952 (Kaja TULATZ)	115
CASSIRER Ernst	Form und Technik, 1930 (Klaus KORNWACHS, Friedrich RAPP)	121
COUDENHOVE-KALERGI Richard N.	Apologie der Technik, 1922 (Gerhard BANSE)	125
DESSAUER Friedrich	Streit um die Technik, 1956 (Alois HUNING)	128

DREYFUS Hubert L.	Die Grenzen künstlicher Intelligenz. Was Computer nicht können, 1972;	131
ders. und DREYFUS Stuart E.:	Künstliche Intelligenz. Von den Grenzen der Denkmaschine und dem Wert der Intuition, 1986 (Ernst OLDEMEYER)	
ELLUL Jacques ders.	La Technique ou l'enjeu du siècle, 1954; Le Système technicien, 1977 (Friedrich RAPP)	136
VON ENGELMEYER Peter Klimentitsch	Der Dreiakt als Lehre von der Technik und der Erfindung, 1910 (Gerhard BANSE)	139
FORD Henry	Mein Leben und Werk, 1922 (Wolfgang KÖNIG)	143
FREYER Hans	Theorie des gegenwärtigen Zeitalters, 1955 (Christoph HUBIG)	146
GEHLEN Arnold	Die Seele im technischen Zeitalter, 1957 (Christoph HUBIG)	150
GIESE Fritz	Philosophie der Arbeit, 1932 (Günter ROPOHL)	153
GILLE Bertrand (Hg.)	Histoire des Techniques, 1978 (Friedrich RAPP)	156
GOLDSTEIN Julius	Die Technik, 1912 (Gerhard BANSE)	160
VON GOTTL-OTTLILIENFELD Friedrich	Wirtschaft und Technik, 1923 (Alois HUNING)	164
HABERMAS Jürgen	Technik und Wissenschaft als Ideologie, 1968 (Christoph HUBIG)	170
HEIDEGGER Martin ders. ders.	Phänomenologische Interpretationen zu Aristoteles, 1922; Sein und Zeit, 1927; Die Frage nach der Technik, 1954 (Andreas LUCKNER)	174
HORKHEIMER Max	Zur Kritik der instrumentellen Vernunft, 1947 (Hans Heinz HOLZ)	180
HUNING Alois	Das Schaffen des Ingenieurs. Beiträge zu einer Philosophie der Technik, 1974 (Gerhard BANSE)	183

Husserl Edmund	Die Krisis der europäischen Wissenschaften und die transzendentale Phänomenologie, 1936 (Andreas Kaminski)	186
Ihde Don	Technology and the Lifeworld. From Garden to Earth, 1990 (Andreas Luckner)	193
Jaspers Karl	Die geistige Situation der Zeit, 1931 (Hans Heinz Holz)	198
Jonas Hans	Das Prinzip Verantwortung. Versuch einer Ethik für die technologische Zivilisation, 1979 (Hans Heinz Holz)	201
Jünger Ernst ders.	Der Arbeiter. Herrschaft und Gestalt, 1932; Maxima – Minima. Adnoten zum „Arbeiter", 1964 (Friedrich Rapp)	207
Jünger Friedrich Georg	Die Perfektion der Technik, 1946 (Günter Ropohl)	210
Kapp Ernst	Grundlinien einer Philosophie der Technik. Zur Entstehungsgeschichte der Cultur aus neuen Gesichtspunkten, 1877 (Alois Huning)	214
Kesselring Fritz	siehe unter Wögerbauer Hugo	
Klemm Friedrich	Geschichte der Technik. Der Mensch und seine Erfindungen im Bereich des Abendlandes, 1983 (Wolfgang König)	218
Koch Claus und Senghaas Dieter (Hg.)	Texte zur Technokratiediskussion, 1970 (Gerhard Banse)	220
Krämer Sybille	Technik, Gesellschaft und Natur. Versuch über ihren Zusammenhang, 1982 (Hans Poser)	226
Lem Stanislav	Summa technologiae, 1964 (Klaus Kornwachs)	231
Lenk Hans	Zur Sozialphilosophie der Technik, 1982 (Gerhard Banse)	236
Lenk Hans und Moser Simon (Hg.)	Techne, Technik, Technologie. Philosophische Perspektiven, 1973 (Friedrich Rapp)	239
Leroi-Gourhan André	Hand und Wort. Die Evolution von Technik, Sprache und Kunst, 1980 (Christoph Hubig)	242

LEY Hermann	Dämon Technik?, 1961 (Christoph HUBIG)	248
LINDE Hans	Sachdominanz in Sozialstrukturen, 1972 (Günter ROPOHL)	253
LÜBBE Hermann	Der Lebenssinn der Industriegesellschaft. Über die moralische Verfassung der wissenschaftlich-technischen Zivilisation, 1990 (Hans POSER)	256
LUHMANN Niklas ders.	Ökologische Kommunikation. Kann die moderne Gesellschaft sich auf ökologische Gefährdungen einstellen?, 1986; Die Gesellschaft der Gesellschaft, 1997 (Christoph HUBIG)	260
MACKENZIE Donald und WAJCMAN Judy	The Social Shaping of Technology, 1985 (Wolfgang KÖNIG)	267
MARCUSE Herbert	Der eindimensionale Mensch. Studien zur Ideologie der fortgeschrittenen Industriegesellschaft, 1964 (Hans Heinz HOLZ)	270
MARX Karl ders. ders.	Das Kapital, 1867; Grundrisse der Kritik der politischen Ökonomie, 1857/58; Zur Kritik der politischen Ökonomie, 1861/63 (Günter ROPOHL)	276
MOSCOVICI Serge	Versuch über die menschliche Geschichte der Natur, 1968 (Friedrich RAPP)	281
MUMFORD Lewis ders.	Technics and Civilization, 1934; Mythos der Maschine. Kultur, Technik und Macht. Bd. 1: 1964; Bd. 2: 1966 (Friedrich RAPP, Alois HUNING)	284
NEEDHAM Joseph	Science and Civilisation in China, 1954 (Hans Heinz HOLZ)	288
OGBURN William F.	Kultur und sozialer Wandel, 1964 (Günter ROPOHL)	293
ORTEGA Y GASSET José	Betrachtungen über die Technik, 1939 (Hans POSER, Nicole C. KARAFYLLIS)	295
POLLOCK Friedrich	Automation. Materialien zur Beurteilung der ökonomischen und sozialen Folgen, 1956 (Klaus KORNWACHS)	300

POPITZ Heinrich	Der Aufbruch zur Artifiziellen Gesellschaft. Zur Anthropologie der Technik, 1995 (Günter ROPOHL)	305
RADKAU Joachim	Technik in Deutschland. Vom 18. Jahrhundert bis zur Gegenwart, 1989 (Wolfgang KÖNIG)	308
RAPP Friedrich (Hg.)	Technik und Philosophie, 1990 (Hans POSER)	311
RAPP Friedrich ders.	Analytische Technikphilosophie, 1978; Die Dynamik der modernen Welt. Eine Einführung in die Technikphilosophie, 1994 (Günter ROPOHL)	315
REULEAUX Franz	Lehrbuch der Kinematik. Bd. 1: Theoretische Kinematik. Grundzüge einer Theorie des Maschinenwesens, 1875; Bd. 2: Die praktischen Beziehungen der Kinematik zu Geometrie und Mechanik, 1900 (Wolfgang KÖNIG)	318
RIBEIRO Darcy	Der zivilisatorische Prozeß, 1968 (Günter ROPOHL)	322
RICHTA-Report	Politische Ökonomie des 20. Jahrhunderts, 1968 (Günter ROPOHL)	325
ROPOHL Günter	Eine Systemtheorie der Technik. Zur Grundlegung der allgemeinen Technologie, 1979 (Christoph HUBIG)	329
SACHSSE Hans	Anthropologie der Technik. Ein Beitrag zur Stellung des Menschen in der Welt, 1978 (Alois HUNING)	334
SCHELER Max	Probleme einer Soziologie des Wissens, 1924 (Ernst OLDEMEYER)	337
SCHELSKY Helmut	Der Mensch in der wissenschaftlichen Zivilisation, 1961 (Günter ROPOHL)	341
SCHNABEL Franz	Deutsche Geschichte im neunzehnten Jahrhundert. Bd. 3: Erfahrungswissenschaften und Technik, 1934 (Wolfgang KÖNIG)	344
SCHRÖTER Manfred	Philosophie der Technik, 1934 (Gerhard BANSE)	346

SCHUMACHER Ernst F.	Die Rückkehr zum menschlichen Maß. Alternativen für Wirtschaft und Technik. Small is beautiful, 1973 (Friedrich RAPP)	350
SCHUMPETER Joseph A.	Konjunkturzyklen. Eine theoretische, historische und statistische Analyse des kapitalistischen Prozesses, 1939 (Hans POSER)	354
SIMONDON Gilbert	Du mode de l'existence des objets techniques, 1958 (Friedrich RAPP)	358
SNOW Charles P.	Die zwei Kulturen. Literarische und naturwissenschaftliche Intelligenz, 1959 (Alois HUNING)	362
SOMBART Werner	Der moderne Kapitalismus. Historisch-systematische Darstellung des gesamteuropäischen Wirtschaftslebens von seinen Anfängen bis zur Gegenwart. Bd. 1: Die vorkapitalistische Wirtschaft, 1916; Bd. 2: Das europäische Wirtschaftsleben im Zeitalter des Frühkapitalismus, 1917; Bd. 3: Das Wirtschaftsleben im Zeitalter des Hochkapitalismus, 1927 (Wolfgang KÖNIG)	365
SPENGLER Oswald	Der Mensch und die Technik. Beitrag zu einer Philosophie des Lebens, 1931;	369
ders.	Der Untergang des Abendlandes. Umrisse einer Morphologie der Weltgeschichte. Bd. 1: Gestalt und Wirklichkeit, 1918; Bd. 2: Welthistorische Perspektiven, 1922 (Wolfgang KÖNIG)	
TAYLOR Frederick W.	Die Grundsätze wissenschaftlicher Betriebsführung, 1911 (Wolfgang KÖNIG)	372
TUCHEL Klaus	Herausforderung der Technik. Gesellschaftliche Voraussetzungen und Wirkungen der technischen Entwicklung, 1967 (Hans POSER)	375
VEBLEN Thorstein	The Engineers and the Price System, 1921 (Alois HUNING)	379
WEIZENBAUM Joseph	Die Macht der Computer und die Ohnmacht der Vernunft, 1976 (Klaus KORNWACHS)	381

WIENER Norbert ders.	Mensch und Menschmaschine, 1950; Kybernetik. Regelung und Nachrichtenübertragung im Lebewesen und in der Maschine, 1948 (Christoph HUBIG, Nicole C. KARAFYLLIS)	386
WINNER Langdon ders.	Autonomous Technology. Technics-out-of-Control as a Theme in Political Thought, 1977; The Whale and the Reactor. A Search for Limits in an Age of High Technology, 1987 (Wolfgang KÖNIG)	392
WÖGERBAUER Hugo und KESSELRING Fritz	Die Technik des Konstruierens, 1943 Technische Kompositionslehre. Anleitung zu technisch-wirtschaftlichem und verantwortungsbewußtem Schaffen, 1954 (Gerhard BANSE)	396
WOLLGAST Siegfried und BANSE Gerhard	Philosophie und Technik. Zur Geschichte und Kritik, zu den Voraussetzungen und Funktionen bürgerlicher „Technikphilosophie", 1979 (Klaus KORNWACHS)	400
ZSCHIMMER Eberhard	Philosophie der Technik. Vom Sinn der Technik und Kritik des Unsinns über die Technik, 1914 (Gerhard BANSE)	405

II. REZENSIONEN   2. NEUERE ENTWICKLUNGEN

BANSE Gerhard, GRUNWALD Armin, KÖNIG Wolfgang und ROPOHL Günter (Hg.)	Erkennen und Gestalten. Eine Theorie der Technikwissenschaften, 2006 (HANS POSER)	411
BÖHME Gernot	Invasive Technisierung. Technikphilosophie und Technikkritik, 2008 (Klaus WIEGERLING)	415
FEENBERG Andrew ders.	Questioning Technology, 1999; Between Reason and Experience. Essays in Technology and Modernity, 2010 (Nicole C. KARAFYLLIS)	421
FERGUSON Eugene S.	Engineering and the Mind's Eye, 1993 (Klaus ERLACH)	426
FLUSSER Vilém ders.	Kommunikologie, 1998; Vom Subjekt zum Projekt. Menschwerdung, 1994 (Suzana ALPSANCAR)	431

HAHN Hans Peter	Materielle Kultur. Eine Einführung, 2005 (Günter ROPOHL)	437
HARAWAY Donna	Die Neuerfindung der Natur. Primaten, Cyborgs und Frauen, 1991 (Andreas KAMINSKI)	440
HOTTOIS Gilbert	Gilbert Hottois: Technoscience et sagesse?, 2000 (Christoph HUBIG)	444
HUBIG Christoph	Technik- und Wissenschaftsethik. Ein Leitfaden, 1993 (Hans Heinz HOLZ)	448
HUBIG Christoph	Die Kunst des Möglichen. Grundlinien einer dialektischen Philosophie der Technik. Bd. 1: Technikphilosophie als Reflexion der Medialität, 2006; Bd. 2: Ethik der Technik als provisorische Moral, 2007 (Hans POSER)	453
JANICH Peter	Kultur und Methode. Philosophie in einer wissenschaftlich geprägten Welt, 2006 (Klaus WIEGERLING)	458
KARAFYLLIS Nicole C. (Hg.)	Biofakte. Versuch über den Menschen zwischen Artefakt und Lebewesen, 2003 (Christoph HUBIG)	464
KÖNIG Wolfgang	Technikgeschichte, 2009 (Hans POSER)	469
KORNWACHS Klaus	Strukturen technischen Wissens, 2012 (Gerhard BANSE)	472
KROES Peter	Technical Artefacts. Creations of Mind and Matter – A Philosophy of Engineering Design, 2012 (Friedrich RAPP)	476
KROES Peter und MEIJERS Anthonie	The Empirical Turn in the Philosophy of Technology, 2000 (Sabine AMMON)	479
LATOUR Bruno	Wir sind nie modern gewesen. Versuch einer symmetrischen Anthropologie, 1995 (Andreas KAMINSKI)	484
MITCHAM Carl	Thinking through Technology. The Path between Engineering and Philosophy, 1994 (Gerhard BANSE)	489

NYE David E.	In der Technikwelt leben. Vom natürlichen Werkzeug zur Alltagskultur, 2007 (Wolfgang KÖNIG)	493
PAULITZ Tanja	Mann und Maschine. Eine genealogische Wissenssoziologie des Ingenieurs und der modernen Technikwissenschaften, 1850–1930, 2012 (Mikael HÅRD)	496
PITT Joseph C.	Thinking about Technology. Foundations of the Philosophy of Technology, 1999 (Friedrich RAPP)	500
ROHBECK Johannes	Technik – Kultur – Geschichte. Eine Rehabilitierung der Geschichtsphilosophie, 2000 (Andreas HETZEL)	502
SENNETT Richard ders.	Der flexible Mensch. Die Kultur des neuen Kapitalismus, 1998; Handwerk, 2008 (Nicole C. KARAFYLLIS)	507
VERBEEK Peter-Paul	De daadkracht der dingen. Over techniek, filosofie en vormgeving, 2000 (Danka RADJENOVIĆ)	513
VEREIN DEUTSCHER INGENIEURE (Hg.) ders.	Technikbewertung – Begriffe und Grundlagen, 1991; Ethische Grundsätze des Ingenieurberufs, 2002 (Klaus KORNWACHS, Wolfgang KÖNIG)	517
VIRILIO Paul	Rasender Stillstand, 1992 (Suzana ALPSANCAR)	522
WAJCMAN Judy	TechnoFeminism, 1994 (Bettina WAHRIG)	526
WEYER Johannes	Techniksoziologie. Genese, Gestaltung und Steuerung sozio-technischer Systeme, 2008 (Günter ROPOHL)	531

III.

Mitglieder des Arbeitskreises Technikphilosophie   536

Vorwort zur neuen Ausgabe

Die erste Auflage findet seit nunmehr 13 Jahren anhaltendes Interesse und hohe Resonanz. So schien es erstens geboten, für eine Neuausgabe die Einzeldarstellungen, so weit erforderlich, unter Berücksichtigung neuer Forschungserträge zu ergänzen. Zweitens sollte aber auch der neueren Entwicklung der Technikphilosophie entsprochen werden. In der ersten Auflage waren nur die wichtigsten deutschsprachigen Publikationen bis Anfang der 1990er Jahre dargestellt worden, aus der fremdsprachigen Diskussion nur solche Beiträge, denen für die deutsche Diskussion eine wichtige Rolle zukam. In der vorliegenden Ausgabe sind nun neuere Arbeiten in stärkerem Maße berücksichtigt worden, insbesondere auch aus dem angelsächsischen und französischen Sprachraum. Diese Besprechungen sind in einem ergänzenden zweiten Teil versammelt.

Die Technikphilosophie hat in den letzten 25 Jahren im internationalen Kontext einen Aufschwung erlebt: Voraussetzungen, Leistungen und Probleme technischer Welterschließung und Weltgestaltung wurden in jüngster Zeit zunehmend zum Thema spezifischer Untersuchungen und Reflexionen – sowohl im Zuge einer Intensivierung interdisziplinärer Zusammenarbeit mit Wirtschafts-, Sozial- und Technikwissenschaften, der Technikgeschichte und der anwendungsbezogenen Ethik, als auch im Zuge eines deutlich verstärkten internationalen und interkulturellen Austausches, der seinerseits neue Reflexionen zum Verhältnis von Technik und Kultur (kultureller Homogenisierung oder kultureller Differenzierung) provozierte. Fragestellungen und Antworten der Technikphilosophie, die sich seit Ende des neunzehnten Jahrhunderts etablierte, werden zunehmend relevant für angrenzende Problemfelder, z.B. der Wissenschaftstheorie, der Sozialphilosophie, der Kulturphilosophie und der Ethik. Dies dürfte angesichts der zunehmenden Dominanz technikinduzierter Problemstellungen in unserer technischen Zivilisation nicht überraschen.

Mit der Aufgabe, diesen Entwicklungen gerecht zu werden, wurde ein „Arbeitskreis Technikphilosophie" gebildet, in dem der einstige Ausschuß „Technik und Philosophie" des VDI um eine ganze Reihe jüngerer Kolleginnen und Kollegen erweitert wurde. Dankenswerterweise haben sich alle Mitglieder des Ausschusses erneut für die Arbeit engagiert, mit Ausnahme von Ernst Oldemeyer, dem die Mitarbeit altersbedingt leider nicht möglich war, sowie von Hans Heinz Holz, der am 11. Dezember 2011 verstorben ist. Holz war seit der Gründung des VDI-Ausschusses 1961 dessen Mitglied und hat über vier Jahrzehnte – anregend, konstruktiv-kritisch und umfassend gelehrt – die Arbeit dieses Ausschusses mitgeprägt. Unter dem Titel „Technik als universale Daseinsmacht" hatte er in den VDI-Nachrichten vom 8. November 1961 schon einen ersten Bericht über die Ausschusstätigkeit vorgelegt. Seinem Andenken sei diese Ausgabe gewidmet.

Darstellungsmodus und Gliederung der Erstauflage wurden, ergänzt und erweitert um die Abteilung „Neuere Entwicklungen", übernommen (zur Erläuterung siehe das Vorwort zur ersten Auflage). Nach wie vor versteht sich dieser Band als Handbuch und Nachschlagewerk zur historisch fundierten Einführung in die Technikphilosophie und zur Erstorientierung über die prominentesten Ansätze und wichtigsten Publikationen des Fachs und angrenzender Disziplinen. Es diene als verlässliche Informationsbasis über die Problemgeschichte und die gegenwärtige Diskussionslage.

Ermöglicht wurde dieses Projekt durch die erneute Förderung seitens des VDI, der Personal- und Sachmittel zur Verfügung stellte, um die Projektkoordination und eine Reihe von Workshops zu gewährleisten, bei denen Textvorlagen diskutiert und in eine druckfertige Fassung gebracht wurden. Dem VDI und *Volker Brennecke* gilt unser Dank.

Das Projekt war an dem 2010 neu gegründeten Fachgebiet „Philosophie der wissenschaftlich-technischen Kultur" der Technischen Universität Darmstadt verortet. Die Technische Universität Darmstadt und die Kolleginnen und Kollegen des Instituts für Philosophie haben durch Bereitstellung der Infrastruktur dieses Projekt tatkräftig unterstützt. Ohne das Engagement der Mitarbeiterinnen und Mitarbeiter des Instituts, die sich auch zielführend im Arbeitskreis engagiert haben, hätte die Neuausgabe nicht in der vorliegenden Gestalt erarbeitet werden können. Darüber hinaus hat die Vereinigung von Freunden der Technischen Universität zu Darmstadt e.V. durch eine großzügige Spende die Drucklegung der erweiterten Ausgabe ermöglicht. In Würdigung dieser Unterstützung aus Darmstadt trägt die Neuausgabe den Untertitel „Darmstädter Ausgabe".

Besonderer Dank gilt *Lea Klasen,* die als Projektkoordinatorin die Fäden zusammenhielt und die mühevolle Redaktion der Neuausgabe übernommen hat. *Rainer Bohn,* dem Verleger, danken wir für die wie immer engagierte und sorgfältige Betreuung des Buches.

Wir hoffen und wünschen, daß die Neuausgabe der Tradition der ersten Ausgabe gerecht zu werden vermag.

Christoph Hubig
Alois Huning
Günter Ropohl

Aus dem Vorwort zur ersten Auflage

Fast sechs Jahre gemeinsamer intensiver Arbeit und Diskussion liegen hinter einer vom Verein Deutscher Ingenieure getragenen Gruppe von Wissenschaftlern, die die philosophische Literatur zur Technik hier als Bibliothek der Technikphilosophie vorstellen.

Technik als Ur-Humanum ist seit etwa einem Jahrhundert ein immer wichtigeres Thema der Philosophie. Auch schon vor der technisch-industriellen Revolution hat Philosophie sich mit den praktisch-technischen Aspekten des menschlichen Handelns in seiner Umwelt befaßt. Diese „Vorgeschichte" der Technikphilosophie wird in einem umfassenden Überblick dargestellt; dieser umfaßt die Geschichte der Philosophie bis zum Erscheinen des ersten Werkes, in dem der Titel „Philosophie der Technik" begegnet: 1877 erschien das Buch von *Ernst Kapp:* „Grundlinien einer Philosophie der Technik. Zur Entstehungsgeschichte der Cultur aus neuen Gesichtspunkten". Seither ist die philosophische Literatur zur Technik zu einer wahren „Bibliothek" herangewachsen.

Die Technik kann sowohl unter systematischen Gesichtspunkten (nämlich als die auf entsprechenden Kenntnissen beruhende, zielgerichtete, methodische Lenkung physischer Prozesse im Sinne menschlicher Zielsetzungen), aber auch als ein historisches Phänomen (nämlich als die zu einem bestimmten Zeitpunkt in einer entsprechenden kulturellen und sozialen Situation realisierte Form des kollektiven Umgangs mit der Natur) betrachtet werden. Um für die im folgenden zusammengestellten Besprechungen eine erste Orientierung zu geben, soll von beiden Strukturierungsmöglichkeiten Gebrauch gemacht werden. Dabei geht es darum, im Sinne einer ersten Orientierung übergeordnete Zusammenhänge, Bezüge und Gemeinsamkeiten herauszustellen, die darauf beruhen, daß einzelne Abhandlungen besonders intensiv rezipiert wurden und die Diskussion eine Zeit lang bestimmt haben.

Diese Bücher, die bis auf ganz wenige Ausnahmen aus unserem Jahrhundert stammen, sind ausgewählt worden, weil sie sich entweder ausdrücklich, oft sogar im Titel, als technikphilosophische Schriften ausweisen oder, soweit sie aus anderen technikbezogenen Disziplinen stammen, weil sie grundsätzliche Fragen der Technik behandeln. In der erstgenannten Kategorie sind alle wichtigen deutschsprachigen Bücher erfaßt worden; fremdsprachige Bücher sind nur dann berücksichtigt worden, wenn sie in der deutschsprachigen Diskussion eine gewisse Rolle spielen. In der zweiten Kategorie ist die Auswahl naturgemäß viel schwerer gefallen und kann wohl nur als repräsentativer Querschnitt verstanden werden. Natürlich wird jede Auswahl, auch wenn sie von einem fachkundigen Kollegium vorgenommen worden ist, den einen oder anderen Wunsch offen lassen; so hoffen Herausgeber und Verfasser, sachverständige Ergänzungsvorschläge gegebenenfalls in einer späteren Neuausgabe berücksichtigen zu können. Bücher, die nach 1990 erschienen sind, wurden nicht mehr berücksichtigt, damit nicht während der Arbeit immer wieder über die Aufnahme neuer Bücher entschieden werden mußte. Grundsätzlich steht derjenige Text eines Autors im Mittelpunkt der Besprechung, der besonders kennzeichnend und bekannt ist; bisweilen sind aber auch weitere Texte desselben Autors herangezogen und dann mit „B", „C" usw. markiert worden, wenn sie wichtige Ergänzungen enthalten. Übersichtsbücher und Sammelbände aus den letzten Jahrzehnten, in denen meist die bereits bekannten Ideen, manchmal sogar von den Protagonisten selbst, rekapituliert werden, erhalten nur in Ausnahmefällen eine eigene Besprechung.

Die beinahe hundert Bücher, denen die folgenden Besprechungen gewidmet sind, werden, weil sich eine einheitliche substanzielle Gliederung nicht ausmachen ließ, in der alphabetischen Reihenfolge ihrer Autoren vorgestellt. Das erleichtert es dem Leser, einen bestimmten Autor schnell zu finden; für diejenigen, die eine chronologische Anordnung nach dem Veröffentlichungsjahr bevorzugt hätten, ist am Ende der "Systematischen Orientierung" eine entsprechende Liste angefügt.

Auch in den hier vorgelegten Besprechungen kommen unterschiedliche Positionen der Bearbeiter durchaus zum Ausdruck. Deshalb sind die Besprechungen auch mit dem Namen des jeweiligen Autors gekennzeichnet und werden auch von ihm verantwortet. Alle Rezensionen sind jedoch im Mitarbeiterkreis – größtenteils mehrfach – diskutiert worden, so daß wir die Hoffnung haben, daß es gelungen ist, den besprochenen Werken objektiv gerecht geworden zu sein, ohne die persönliche Wertung des Bearbeiters ganz aufzugeben.

Es bleibt dem Herausgeber noch die Pflicht, Dank zu sagen. Dieser Dank gilt zuerst den Mitarbeitern der Gruppe, die jahrelang dieses Projekt mitgetragen haben und die sich trotz häufig stark gegensätzlicher Meinungen immer der gemeinsamen Sache verpflichtet gewußt haben. Nicht zuletzt danke ich *Christoph Hubig* für die mühevolle Redaktion des vorliegenden Bandes und *Günter Ropohl* für die organisatorische Betreuung unserer Arbeit. Schließlich gilt mein Dank dem Verein Deutscher Ingenieure für die finanzielle Ermöglichung dieser Gemeinschaftsarbeit sowie für die organisatorischen Hilfen durch die Düsseldorfer Geschäftsstelle.

Alois Huning
Vorsitzender des Ausschusses „Technik und Philosophie" des VDI (1992–2000)

Historische Wurzeln der Technikphilosophie

Wenn *Ernst Kapp* (s. dort) in seinen „Grundlinien einer Philosophie der Technik" (1877) „den Muth (besitzt), als Erster die zwei Worte ‚Philosophie' und ‚Technik' zueinander zu gesellen"[1], so ist dem Eindruck zu begegnen, ein Blick auf historische Wurzeln der Technikphilosophie verfolge allenfalls ideengeschichtliche oder philologische Interessen, ohne daß wirklich relevante Problemlösungspotentiale für unsere aktuellen Fragestellungen beim Nachdenken über Technik sichtbar würden. Demgegenüber ist darauf zu verweisen, daß die philosophischen Erörterungen zum Thema ‚Technik', die sich bei den Klassikern finden, Anregungen und Provokationen enthalten, die manche gegenwärtige Fragestellung und Problembehandlung als Verengung erscheinen lassen, welche nicht bloß durch ein modern-präziseres Verständnis von dem, was Technik sei, geprägt oder gerechtfertigt ist.

Gerade angesichts mancher Klage in der Gegenwart, unsere Lebenswelt werde im Zuge der dynamisierten Technikentwicklung zunehmend von technischen Prozessen in jeglicher Hinsicht dominiert (kulturpessimistische Technikphilosophie), zeigt ein Blick auf die Tradition des Nachdenkens über Technik, daß Technik insbesondere in der Antike als kulturbildende Kraft überhaupt erachtet wird. Das bedeutet zunächst, daß sowohl die Gestalt einer Kultur sich bestimmten technischen Leistungen verdankt, als auch, daß Einbußen und Begrenzungen, die jeden kulturellen Fortschritt begleiten, technisch bedingt sind, und schließlich, daß auch die jeweilige Kompensation dieser Verluste in ihrer Möglichkeit von technischen Innovationen abhängt. Zur Erhellung der Binnenstruktur dieser Prozesse ist zunächst die Unterscheidung zwischen ‚Kultur' und ‚Zivilisation' dienlich[2]: Während letztere den jeweiligen Stand der Organisation des politischen, sozialen, wirtschaftlichen, rechtlichen und geistigen Lebens meint, so umfaßt „Kultur" i.e.S. die Gesamtheit der Wertideen und Regeln, Bildungsziele und -inhalte, an denen sich die Lebensbewältigung orientiert. Diese Unterscheidung erscheint jedoch problematisch vor dem Hintergrund der hochideologisierten Debatte um das Verhältnis von Kultur und Zivilisation: Hatte *Immanuel Kant* diesen Gegensatz eingeführt, um Kultur als Träger der Idee von Moralität gegenüber einer „bloßen Civilisierung" in Richtung „äußere Anständigkeit" abzugrenzen, und hatten *Oswald Spengler* u.a. Zivilisation gar als das Auflösungsstadium von Kultur etikettiert, so degenerierte jener Gegensatz bis hin zu den Kampfparolen des ersten Weltkrieges: „Kultur (deutsche) versus Zivilisation (französische)" auf deutscher bzw. „Zivilisation (französische) versus Barbarei (deutsch)" auf französischer Seite. *Thomas S. Eliot* („Notes towards

---

1   von *Engelmeyer, P. K.:* Philosophie der Technik, Eine neue Forschungsrichtung, in: Prometheus, H. 564, 1899, S. 707
2   Vgl. hierzu *Hubig, Ch.:* Technologische Kultur, Leipzig 1997

the definition of culture", London 1949) kritisiert konsequenterweise diesen Gegensatz als „künstlich und daher überflüssig", desgleichen *Helmut Plessner* u.v.a. mehr. Vergewissert man sich allerdings darüber, daß die Forderung nach Zivilisation als „anständiger" Lebensorganisation ihren Ursprung in der Rousseauschen Kulturkritik (siehe unten) hat, und betrachtet man Kants Begrifflichkeit als Rehabilitierung von Kultur zur notwendigen Ergänzung von Zivilisation, so läßt sich bei Ablehnung einer Trennung beider durchaus die sinnvolle *Unterscheidung* treffen, daß Kultur i.e.S. die Objektivation/Institutionalisierung von Wertideen ausmacht, die die technisch-soziale Zivilisation als deren organisierte Umsetzung leiten sollen. Zivilisation als Selbstzweck ist seit der Kolonialpolitik selbst problematisch geworden. Die Unterscheidung erscheint für die Technikphilosophie sinnvoll im Hinblick darauf, daß Wertideen der Technik auf der einen und die soziale Organisation des Umganges mit bzw. des Einsatzes von Technik auf der anderen Seite sich durchaus in unterschiedlicher Weise bedingen sowie einander korrespondieren oder auseinanderfallen können. In unterschiedlicher historischer Ausformung können etwa Kultur zu Ideologie oder Zivilisation zu sinnentleerter Herrschaft, Kultur zur Kritikinstanz oder Zivilisation zum Ideologiekorrektiv werden – was zu beschreiben jene Unterscheidung voraussetzt.

Das Nachdenken über Technik in der Historie behandelte jenen Zusammenhang in unterschiedlicher Weise und erbringt einen unverzichtbaren Beitrag, wenn es darum gehen soll, das Phänomen der Kultur i.w.S. genauer zu modellieren. Auch wenn die „alten Denker" ‚Technik' auf den ersten Blick als eher untergeordneten Aspekt anderer Fragestellungen (des Nachdenkens über Handeln, über Wissenschaft, über Natur, über Politik, über Kunst etc.) zu erachten scheinen, erweisen sich dennoch die Erträge ihrer Überlegungen als „Sprengsätze", die etablierte Vorstellungen über Technik („Technik als angewandte Wissenschaft", „Technik als bloßes Mittel", „Technik als freie Schöpfung" oder „Technik als (wie immer) determinierte Praxis") brüchig werden lassen, mithin einen spezifischen Beitrag zur Erhellung der Rolle, die Technik in der Kultur spielt, erbringen.

Der weitere Horizont, der den Blick auf ‚Technik' als kulturbildende Kraft ermöglicht, wird bereits im frühantiken Denken eröffnet: Die Göttin Athene, die (mutterlose) Kopfgeburt des Zeus, verkörpert den Bruch mit der ursprünglichen Natur und steht zugleich als Erfinderin des Webstuhls und des Webens für eine Technik, die durch das kunstvolle Zusammenfügen (teknomai) von Naturalien menschliche Bedürfnisse befriedigt.

Die „Kulturtechnik" des Ackerbaus („cultura") in Verbindung mit Seßhaftigkeit und Hausbau hatte in einem epochalen Schritt zu einer ersten Überwindung der direkten Abhängigkeit von Gaben und Gefahren der Natur, mithin zur Änderung der Naturverhältnisse und auch zu ersten Verlusten geführt: Unmittelbare Naturerfahrung und Orientierung durch und an der Natur wurden ersetzt durch eine technisch geprägte und arbeitsteilig organisierte, bewußte Indienstnahme von Naturalien; unter Ausnutzung natürlicher Prozesse wurden Produkte planvoll hergestellt. In den *griechischen Tragödien* wird diese Ertrags- und Verlustgeschichte thematisiert: Neben dem Einsatz von Technik zur Sicherung der Bedürfnisbefriedigung (weben, bauen etc.) bieten insbesondere Athene und die ihr nächstverwandten Götter diejenigen Techniken an, mittels derer Arbeitsteiligkeit organisiert, Orientierung durch politische Beratung und Rechtsprechung gestiftet wird, Kommunikation zustande kommt und Austausch von Produkten vonstatten gehen kann – als Kompensation der Verluste und zur Befriedigung der neuen Bedürfnisse, die durch technische Innovationen entstehen, und die nicht mehr durch direkte Nutzung natürlicher Gaben befriedigt werden können. Athenes Schützling Odysseus, wie ihn *Homer* (8. Jhd. v. Chr.) schildert, verkörpert jene Idee der Kompensation von technikindiziertem Verlust: Den Verlockungen und Gaben der alten Natur, die deren Gefährlichkeit tarnen und alte Abhängigkeiten beschwören, begegnet er auf seiner Reise mit Mitteln nicht nur handwerklicher Technik, sondern auch der Sozialtechniken (Überwachung und Selbstkontrolle, Tausch, Erzählung und Erinnerung etc.). Erkauft wird dies durch den Verlust bzw. die Unterdrückung spontanen Begehrens, unmittelbarer Bedürfnisbefriedigung und ästhetischer Anmutung – des Aufgehobenseins in einer Natur, welche alles vergessen läßt.[3] Daß ‚techne' auch ‚List' und ‚Überlistung' beinhaltet, wird auf diesem Hintergrund verständlich. Wie weit jener Technikbegriff reicht, wird ersichtlich, wenn *Pindar* (522–446 v. Chr.) die Webkunst der Athene als Paradigma von Kunst überhaupt, auch: Verse „zu weben" (in dt.: „zu schmieden") besingt. Verse und Lieder, die nun für *Pindar* kompensatorisch den Ausdruck von Gefühlen ermöglichten, gar Tanz, um das Schicksal erträglich zu machen – in Absetzung vom Geschrei der Gorgonen und Erynnien, das bloßes Naturereignis ist (12, pythische Ode). Technik wird also als Inbegriff technischer Gestaltung von Naturverhältnissen verstanden – Verhältnissen zur äußern und inneren Natur. Das macht den *weiten Technikbegriff* der Antike aus, der sich deutlich von unserem heutigen engeren Technikverständnis abhebt.

Die bei *Plato* (427–347 v. Chr.) vorgetragene Kritik an der Einführung der Schrift („Phaidros", 276b–277c, „7. Brief") als Kulturtechnik folgt, in bewußtem Vergleich mit dem Ackerbau, jenem Dreischritt ‚Verlustbilanzierung – Leistungsanalyse – Kompensationsforderung'. Schriftliche Darstellungsmittel und Dokumente bergen den Verlust an Anschaulichkeit, Authentizität und unmittelbarer Kommunikation, die sich über das jeweilige Verständnis und die Überprüfbarkeit vergewissert; andererseits ermöglichen sie gerade das Denken in Abstrakta, auch das Rechnen, durch die Loslösung von der Sphäre des Anschaulichen. Der Gefahr des Verlustes ist zu begegnen, indem Geschriebenes

---

3   *Theodor W. Adorno* und *Max Horkheimer* haben dies zum Grundparadigma ihrer Aufklärungs-, Technik- und Kulturkritik gemacht: Dialektik der Aufklärung, Amsterdam 1947; Frankfurt/M. 1969.

nicht als Darstellung, sondern als „Samen" für den jeweiligen Kommunikationsprozeß begriffen und entsprechend das Schreiben als Säen – und nicht als Abbilden – verstanden werden muß, so wie ein ernsthafter Ackerbau von einer in einem Ziergarten vorgenommen bloßen Demonstration des Wachsens einer Nutzpflanze zu unterscheiden ist. Technik muß eingebettet bleiben in einen aktualen Handlungszusammenhang. Daher verwirft Sokrates wiederholt die Gleichsetzung von techne mit (wertneutraler) Geschicklichkeit: Technik ist nicht bloß Fertigkeit, Können, Übung und Routine; eine derartig ausgerichtete „Technik", z.B. Rhetorik oder das Kochen, wird vielmehr in den Bereich der Empeiria verwiesen. Zur wahren Technik gehören die Kenntnis der *Natur der eingesetzten Mittel* und die Kenntnis der *die Praxis leitenden Gründe* (z.B. der Heilkunst, Turnkunst, Gesetzgebung, Rechtspflege, „Gorgias", 464b–466a) mit Blick auf die Natur „des Ganzen" („Phaidros", 260c). Daher schließt sich *Sokrates* nicht der Unterscheidung der *Sophisten* an, daß die von Prometheus für den Menschen gestohlenen „technischen, zum Leben notwendigen Weisheiten" den Begabten und Spezialisten zukämen, die von Zeus hingegen verteilten „bürgerlichen Weisheiten" jedoch allen, was Konsequenzen für die politische Beratung und Lehrbarkeit habe – eine Ansicht, die heute vielerorts Zustimmung findet. Die Spezifik *aller* Tugenden (auch des Baumeisters, Schmiedes und Arztes) liegt in Einsicht und Besonnenheit, und in dieser Hinsicht lassen sich spezifische Teilungen nicht vornehmen („Protagoras", 328dff.). Ferner kann jedoch zwischen einer „herstellenden" Technik, die sich an entsprechenden Prinzipien orientiert, z.B. bei der Herstellung eines Weberschiffchens („Kratylos", 389) und einer „aneignenden" Technik, z.B. derjenigen arithmetischer Erkenntnis („Politikos", 308c, 258d–e), unterschieden werden. Bloße Geschicklichkeit ist gerade nicht Ausweis dafür, daß jemand der Einsichtsvollere sei. Technik bedarf vielmehr des Eidos, der *jeweiligen leitenden Idee*, die ihrerseits in einer invarianten Ordnung des Kosmos verankert ist. An dieser Ordnung haben wir teil (Metexis), wenn auch im Modus unvollkommener Erkenntnis, und die Orientierung an dieser Ordnung macht unser technisches Handeln zum nachahmenden Handeln (Mimesis) des göttlichen Schöpfers; der im „Timaios" (30a ff.) als Handwerker versinnbildlicht ist. Jener platonische Ansatz wurde leitend für die Technikphilosophie des frühen Mittelalters (*Hugo von St. Viktor*), für die Barockenzyclopädisten (*Johann Heinrich Alstedt*) – siehe unten – sowie in der modernen Technikphilosophie insbesondere für *Friedrich Dessauer*.

Ein geläufiges, aber falsches Bild der Tradition technikphilosophischen Denkens besagt nun, daß im Ausgang von jenem weiten Technikbegriff eine immer engere Modellierung von Technik erfolgte, bis hin zu der Sicht, einzig die Produkte und Verfahren der Gewinnung, Umwandlung, Bearbeitung und Speicherung von Naturalien unter ‚Technik' zu verstehen („Realtechnik"). Dieser Tendenz steht aber das technikphilosophische Denken der Tradition entgegen, und zwar mit guten Gründen.

Eine erste Einengung wird *Aristoteles* (384–322 v. Chr.) zugeschrieben: Technik beschreibt die jeweilige Erzeugungsweise; soweit die Erzeugung von Dingen von einer techne herrührt, haben sie keinen eingepflanzten Trieb ihrer Veränderung und befinden sich insofern in einem Unterschiede zu dem von Natur aus Bestehenden (Wissenschaften, die sich auf solche natürlichen Prozesse richten, sind insofern weder handelnd noch hervorbringend). Technai und hervorbringende Wissenschaften hingegen haben gemeinsam, daß sie nicht das eine (jeweilige) Ziel von Naturprozessen erfassen oder – wie die betrachtenden Wissenschaften – sich auf einen höchsten Grund hin orientieren (Mathematik, Physik, Theologie); vielmehr sind sie Vermögen, die sich „auf das Entgegengesetzte" richten („Metaphysik", 1032b, 1046b 5, 1064a 12, 1070a 7), was darin begründet ist, daß ihre Begriffe die Sache und deren jeweilige Privation erklären (z.B. ist Heilkunst ein Vermögen, daß sich auf Krankheit und Gesundheit richtet). In dieser Ambivalenz ist die Möglichkeit des Mißbrauchs vorgezeichnet. Wird nun techne einzig dem Hervorbringen zugeordnet, so hat sie ihre jeweilige „Grenze" im Werk, dem Hervorgebrachten. Notwendige Bedingung des Herstellens ist, daß der Techniker die Form des künstlich zu schaffenden *vorstellt* („Metaphysik", 1013a 13). Diese Form vollendet – in Mimesis der natura naturans (der schaffenden Natur) und als in bestimmter Materie realisierte – in gewisser Hinsicht Natur, z.B. auch die menschliche Natur mit Blick auf die Befriedigung menschlicher Bedürfnisse und die Erfüllung menschlicher Ziele. Die Natur der menschlichen Hand wird beispielsweise vollendet, indem sie durch „Organe" ergänzt wird, derer sie sich bedienen kann: so ist die Hand „das Werkzeug der Werkzeuge" („De anima", 432a 1). Diese Vollendung vermag die Natur von sich aus nicht zu realisieren.

Damit ist aber das Technikverständnis des *Aristoteles* keineswegs ausgeschöpft. Vielmehr ordnet er techne auch denjenigen Tätigkeiten zu, die neben dem Hervorbringen („Poiesis", „Nikomach. Ethik", 1140a 9) ihren Zweck „in sich" haben (Politik, Rechtsprechung, jemanden retten, jemandem helfen, als Architekt tätig sein, ein Kind zeugen, musizieren, sich bilden, Leibesübungen machen etc.). Was heißt hier „in sich"? Nicht als Einzelhandlung sind solche Tätigkeiten Selbstzweck, sondern im Hinblick auf das Handeln, die Ausbildung und die Erhaltung von Handlungskompetenz überhaupt. Vergewissert man sich nun darüber, daß diese Tätigkeiten (Praxeis) durchaus auch Werke hervorbringen können, so ergibt sich, daß Poiesis und Praxis zwei *Aspekte* menschlichen Tuns beschreiben, denen *beiden* spezifische Technai zugeordnet sind („Nikomachische Ethik", 1094 a, Politik I).[4] Des weiteren wird vom technischen Wissen (z.B. des Baumeisters oder Politikers), das über die entsprechenden Begründungen verfügt, das Handwerkliche geschieden, das sich auf Tradition

---

4   Diese Deutung folgt der Argumentationslinie der neueren Aristotelesforschung *(Anselm Müller, Theodor Ebert, Klaus Jacobi* u.a.) auf die ich mich in: Handlung – Identität – Verstehen, Weinheim/Basel 1985 bezogen habe.

und Erfahrung gründet, ohne es deshalb etwa abzuwerten: „Die Erfahrenen treffen eher das Richtige als diejenigen, die ohne Erfahrung über den Begriff verfügen" („Metaphysik", 981a 15). Damit erhalten die technai eine wesentliche Bedeutung für die Realisierung von Zielen, so wie die Tugenden überhaupt, Haltungen, die sich nicht auf dem Wege von Einsicht und Weisheit einstellen. Unter der Rahmensetzung ‚Vermeidung von Übermaß und Mangel' verwirklichen sie die jeweilige Einzelentscheidung auf der Basis erfahrungsgestützter Klugheit. Das jeweilige Übermaß und der jeweilige Mangel sind daran zu erkennen, daß sie weiteres Handeln verunmöglichen. In dieses Bild fügt sich, daß die Politik als Vervollkommnung der Ethik von *Aristoteles* unter dem Bild der techne gedacht wird: Der Politiker ist „Architekt" anderer Handlungen („Politik" I, 7. Kap.), die er so ermöglicht, wie der Baumeister Wohnen ermöglicht (positiv oder negativ). Wir finden also hier auch einen allgemeineren Technikbegriff, der *zwei* Dimensionen umfaßt: den Weg der Herstellung von Werken *und* den Weg zur Erhaltung des Handelns überhaupt.

Mit *Plato* stellt die christlich-mittelalterliche Technikphilosophie Technik (ars) in den durch die göttlichen Ideen strukturierten Kosmos, Ideen, die mit Aristoteles als „rationes seminales" (*Augustinus*) begriffen werden, als Kräfte, die die Möglichkeiten ihres Werdens bergen, welche die Technik zur Realisierung bringen kann. So beschreibt der Mönch und Goldschmied *Theophilus* im ersten spezifisch technischen Traktat des Mittelalters „De diversis artibus" (Anfang 12. Jahrhunderts) Technik als „nützliche Handbeschäftigung, um das, was „Gott den Menschen als Erbe bescherte, mit ganzem Verlangen zu umschließen und zu erreichen sich (zu) bemühen". Diese scheinbare Einengung muß im Kontext gesehen werden: Sie richtet sich gegen eine *„Untätigkeit des Geistes"* und ein *„Umherschweifen* der Seele", klammert also Geist und Seele keineswegs aus der Sphäre der Technik aus, soweit diese sich dem theologisch legitimierten Ziel einer Verwirklichung *des Erbes der Schöpfung* unterordnet (zit. nach *F. Klemm*, „Technik. Eine Geschichte ihrer Probleme", 1954, S. 53f.): Eine deutlichere Einklammerung scheint hingegen bei *Hugo von St. Viktor* (1096–1141) in seinen „Eruditiones didascalicae" *(II, S. 21–28)* vorfindlich, der den Wissenschaften sieben „mechanische Künste" beiordnet (Webkunst, Gerätekunst einschließlich Bau- und Schmiedekunst, Navigation/Schiffahrt/Handel, Landwirtschaft, Jagen/Ernährung, Medizin und darstellende Kunst/Theater). Es fällt auf, daß Malerei, Skulptur und Architektur der Gerätekunst (armatura) zugeschlagen werden. Allein: *Hugo von St. Viktor* eröffnet nicht ein separates Feld technischen Agierens. Können wir zwar ein spezifisches *Ziel* von Technik, nämlich die Kompensation menschlicher Mangelhaftigkeit und Unfertigkeit, ausmachen, so wird Technik bei ihm doch in ein allgemeines Seinsverständnis insofern eingebettet, als die menschliche Vernunft nicht als Folge jener Mangelhaftigkeit begriffen wird, sondern als deren *Grund*: Der „Glanz der Vernunft" zeigt sich in ihrer Fähigkeit zur Schöpfung (und ist eben nicht bloß eine „Notlösung"). Ihr Spielraum ist aber nicht größer als dasjenige, was die Natur an

Zielen vorzeichnet und von innen heraus gestaltet. Der Mensch vermag jene Gestaltung durch äußeren Eingriff (Verbinden und Trennen) zu realisieren. Dabei beschränkt sich die Naturnachahmung nicht auf simple Reproduktion von Produkten, sondern basiert auf der Strukturgleichheit naturhafter und artifizieller Entstehung. Diese Strukturgleichheit prägt die drei großen Opera, dasjenige Gottes, dasjenige der Natur und das des Menschen (dieses Konzept übernimmt er aus dem „Timaioskommentar" des *Chalcidius* (c23)). Natur hat für ihn nicht Vorbildcharakter mit Blick auf Herstellungsprozesse und Produkte, sondern mit Blick auf das Herstellungsziel, die Ordnung der Schöpfung, in die der Mensch seine technischen Ziele integrieren muß.

Ebenfalls in dieser Zeit (1179) hat *Radulfus Ardens* im „Speculum universale", seiner Wissenschaftslehre, neben den Theorica, Ethica und Logica die Mechanica in einer Weise berücksichtigt, die seine hohe Auffassung vom profanen Wissensbetrieb bekundet. Wenn auch die Mechanica, das dem körperlichen Leben Notwendige und Zweckdienliche behandelnd, nur in einem „uneigentlichen" Sinne Wissenschaft seien, so gehörten sie insofern zur Philosophie, als diese insgesamt die von Gott verliehenen Gegenmittel gegen die Gebrechen der menschlichen Natur, nämlich die Unwissenheit, die Ungerechtigkeit, die Fehlerhaftigkeit des Denkens und Redens sowie die körperliche Unzulänglichkeit umfaßt – also alles, was der Mechanica bedarf. Die Mechanica finden bei *Radulfus* Darstellung als siebenfach verzweigte Wurzel eines Wissens-Baumes, dessen Stamm die Logik und Ethik ausmacht und dessen Krone sich aus Physik, Mathematik und Theologie zusammensetzt. (In der entsprechenden Darstellung im „Codex vaticanus lat. 1175" legt eine Figur die Axt an den Stamm, eine Figur ohne Kopf – Wissenschaftsfeindlichkeit qua Gedankenlosigkeit.) Der Vergleich mit der Baumdarstellung bei *Descartes* (siehe unten) drängt sich auf: Dort stellt die neue rationalistische Metaphysik die Wurzel dar, aus der sich der Stamm der Physik nährt, und dessen Zweige (einschließlich der Mechanik) die Wissenschaften sind, die die Früchte und Erträge zeitigen. Deutlicher läßt sich die kulturelle Differenz zwischen mittelalterlichem und früh-neuzeitlichem Technikverständnis kaum veranschaulichen: Hier die Gottesgabe der Technik als Nährgrund eines Erkenntnisaufstiegs hin zur Anschauung des Kosmos; dort die Technik als angewandte Naturwissenschaft, die ihre Basis in der mathesis universalis hat, der Rationalität des denkenden Subjektes.

Thomas von Aquin (1224–1274) radikalisiert die aristotelische Auffassung von der Technik und gilt vielen als derjenige Denker, der die „mittelalterliche" Abwertung der Technik und ihre Eingrenzung auf bloß mechanisches Hervorbringen repräsentiert. Menschliches Herstellen (facere) ist an die Substanzen der Natur gebunden, die spezifische Verbindungen von Materie und Form („Hylemorphismus"), von Potenz und Akt darstellen. Herstellen vermag die Substanzen selbst nicht zu verändern, sondern nur akzidentiell zu prägen, und zwar durch „Komposition" als Veränderung minderer Vollkommenheit hin zu einer höheren Vollkommenheit als „Zweckursache". Solche Veränderungen verbleiben immer in demjenigen Rahmen, in welchem die Potenz der Materie die Formung (Akt) begrenzt. Technisches Hervorbringen folgt dem Begriff der Effizienz bei der Realisierung eines Entwurfs (conceptus) gemäß den Regeln der Herstellung. Technik hat begrenzte Ziele und jeweils hierfür vorbestimmte Mittel („Summa theologica", I, 45, 2–7, 47). Damit wird ‚Technik' in zweierlei Hinsicht abgegrenzt: Zum einen verbleibt technisches Wissen im Bereich bloßer Herstellungsanleitungen jenseits des zielgerichteten Strebens (Bereich der Moral), das des Antriebs, des Entschlusses und der Rechtfertigung bedarf – dies zeigt sich beispielsweise im Verhältnis des Sachverständigen zum Politiker; zum anderen erreicht sie wegen der jeweiligen „Determination" der Mittel nicht das menschliche Leben insgesamt, das ja über Ziele und entsprechende Mittel disponiert (die also *für das Leben* nicht „determiniert" sind). Die hier stattfindende moralische Bewertung liegt jenseits technischen Denkens. Der Bereich der Tugenden insgesamt sowie der Klugheit, die abwägend entscheidet, also die Ethik, wird von der Technik geschieden. Andererseits aber repräsentiert der Mensch Gott (ist Gottes Ebenbild) eben dadurch, daß er schafft, daß er in seinem Geist entwirft und wie Gott „den Willen zu einem Werk liebt". Die göttliche Schöpfung, der natürliche Zeugungsakt und die Herstellung von Werken insgesamt werden technomorph beschrieben. Das Spannungsverhältnis zwischen einer enttheologisierten, ethikneutralen Technik (eine Auffassung, die das Verständnis von einer rationalen, universal-ungebundenen Technik vorbereitet), und dem Schöpfungsauftrag gemäß der Theorie einer Ebenbildlichkeit Gottes prägt die Diskussion bis zum Ende des Mittelalters.

Jene Problemsicht konnte bei *Nikolaus von Kues* (1401–1464) erst dadurch revolutioniert werden, daß nicht eine weitere Modellierung technischen Handelns, sondern eine verändertes Weltverständnis leitend wurde: Die kusanische Kosmologie nimmt nicht mehr eine (inzwischen metaphysisch umstrittene) allgemeine Ordnung der Substanzen an, sondern begreift die Welt als Vermittlungszusammenhang von Teilen, die „zusammenstimmen" und deren „einzelne Bewegungen zum Ganzen führen". Dieses Ganze ist aber nicht unmittelbar erkennbar, sondern nur ex negativo perspektivisch zu erschließen. Das thomistische „Procedere secundum imaginationem" (Vorgehen gemäß der Vorstellung göttlicher Schöpfung) wird abgelöst durch die Forderung, daß der Mensch sich seinen Standpunkt, seine Nische, selbst kreativ schöpfen muß; Zwecke sind nicht vorgegeben. Das Licht leuchtet nicht, damit ich sehe, sondern hat erst diesen Zweck, wenn ich es zum Sehen nutze („De docta ignorantia"). Wenn der Mensch nicht mehr in der Welt verortet ist, sondern sich die Welt erst standpunktabhängig erschließt, bekommt technische Kreativität einen neuen Stellenwert – nicht die Welt, sondern der Mensch ist das vorgegebene Maß („De beryllo"). Die leitenden Ideen des Herstellens (z.B. eines Löffels) sind in unserem Geist und haben kein anderes Urbild („De mente"); sie ahmen nicht natürliche Formen nach. Der Mensch als Maß aller Dinge begreift in seiner Endlichkeit

Gott nur im Prozeß des Schöpfens; in den Dingen selbst begreift er nur sich selbst, was – angesichts jener Offenheit – ihn zur Selbstbescheidung („devotio moderna") bringt. Als „Alter Deus", zweiter Gott, hat der Mensch seine Schöpfung zu verantworten und kann diese Hypothek nicht mehr auf eine metaphysisch erschlossene Weltordnung abwälzen.

Damit ist der Schritt zu einem neuzeitlichen Technikverständnis vorbereitet. Das mittelalterliche Denken vermochte nur in vereinzelten Ansätzen Wissenschaften in die Technik zu integrieren. Denn die Verhaftung am Werkzeug als „zweite Hand", am handwerklichen Herstellen als Inbegriff des Schöpfens erlaubte kaum, Erträge der Naturwissenschaften oder der Geometrie aufzunehmen (mit Ausnahme der arabischen Schulen in Süditalien und Spanien; man vergleiche auch die Dispute im Zusammenhang der Errichtung des Mailänder Domes).[5] Eine Verwissenschaftlichung der Technik war nur unter einer neuen Modellierung des Zusammenhangs zwischen menschlicher Kreativität und Naturgesetzlichkeit möglich.

Diesen Zusammenhang hat *Francis Bacon* (1561–1626) paradigmatisch formuliert („Novum organum scientiarum", I, Aph. S. 3). Gestützt auf die induktiven Methoden von Beobachtung und Experiment erschließt sich der Mensch die Ordnung der Natur, soweit er Naturgesetze „bemerkt". Gerade der Ausgang vom Konkreten erlaubt ihm, neues Konkretes zu schaffen, sofern er den Naturgesetzen Rechnung trägt: „Was in der Betrachtung als Ursache erscheint, das dient in der Ausübung als Regel." Im Gegensatz zur kusanischen Forderung nach Selbstbescheidung verspricht *Francis Bacon* auf dieser Basis dem Menschen die „Macht" zu allen Werken. Daß man „Herr über die Natur wird, indem man ihr gehorcht" (ebd.), läßt sich allerdings unter einem weiteren Naturbegriff auch ökologisch lesen – allein die Möglichkeit eines als umfassend modellierten, „ganzheitlichen" Naturverständnisses war für *Bacon* gerade nicht gegeben. Umgekehrt ist aber auch eine Interpretation seiner Lehre im Sinne einer „Technik als angewandter Naturwissenschaft", unter der die Welt beherrschbar wird, verkürzt. Übersehen wird hierbei, daß Bacon die basale Rolle der Technik für die Erkenntnisgewinnung, insbesondere dafür, daß uns überhaupt etwas als Ursache „erscheint", wir Naturgesetze „bemerken", deutlich betont. Die neue Wissenschaft würde nicht viel vermögen, wenn sie sich nicht auf Werkzeuge für Hand und Geist stützen würde, auf die experimentellen Techniken des Zerlegens und Verbindens als Basis eines induktiven Vorgehens (Aph. 1; Aph. 7). Mangels einer solchen experimentellen Strategie hätten sich die alten Techniken (Mechanik, Mathematik, Medizin, Alchemie, Magie) nur mit geringem Erfolg in die Natur eingemischt (Aph. 5). Die neue technikinduzierte und technikbasierte Naturerkenntnis charakterisiert er daher zutreffend als „vexatio

---

5   „Ars ohne scientia ist nichts wert", so *Jean Mignot* 1391; vgl. hierzu *Wieland, G.:* Zwischen Naturnachahmung und Kreativität. Zum mittelalterlichen Verständnis der Technik, in: Philosophisches Jahrbuch 90 (1983), S. 271

(naturae) artis" – Verzerrung, Folterung der Natur mittels Technik im experimentellen System (so in seiner Einleitung zur Instauratio magna, Distributio operis). Erst das technische System des Experiments erlaubt eine Isolierung der Parameter und eine Idealisierung ihrer Relationen in Naturgesetzen unabhängig von den Störungen und dem variablen Prozessieren der „wirklichen Natur", die „im Labor draußen bleibt" (*Werner Heisenberg*). Technisch anwendbar sind Erträge dieser technisch gewonnenen Naturwissenschaft, wenn die technische Anwendung unter entsprechenden absichernden Vorkehrungen, die Störungen weitestgehend ausschließt, stattfinden (sonst „rächt sich die Natur"). Es ist die Geburtsstunde der „Technoscience" (*Gilbert Hottois*, s. dort). In seiner Utopie einer wissenschaftlich-technischen Welt („Nova atlantis", IV) wird der Nutzen, der durch den technischen Fortschritt für den Menschen in Sicht ist, herausgestellt, was durchaus einschließen kann, daß Wissen geheim bleiben soll, sofern dessen Mißbrauch große Gefahren für die Menschheit birgt. Das Spektrum technischer Welterschließung, wie es *Bacon* in der „Nova atlantis" erläutert, signalisiert bis in die Namen etlicher Techniker-Typen hinein, daß die Naturgesetzlichkeit als Vorbild und Hort der Verfahren gültig bleiben soll: „Jäger" sind diejenigen, die neue Anwendungsgebiete erschließen und entsprechende Versuchsanordnungen entwerfen, „Grabende" heißen diejenigen, die sich in den Tiefen der Natur an neue Versuche machen, „Pfropfer" diejenigen, die höhere Experimente ausführen. Bei *Bacon* findet sich die Grundlegung des neuzeitlichen Optimismus, durch technischen Fortschritt gesellschaftlichen Fortschritt zu realisieren, hin zu einer Welt, die unseren Interessen und Bedürfnissen entspricht.

Den Weg zu einer Verwissenschaftlichung der Technik qua Systematisierung der Naturerfassung durch Formalisierung und Homogenisierung der Eigenschaften der Natur hat schließlich *René Descartes* (1596–1650) geebnet. Indem Natur einzig als res extensa, als ausgedehnte Materie, begriffen wird, deren Prozesse nach mechanistischen Prinzipien verlaufen, wird sie zum Objekt, demgegenüber wir als „Herr" und „Eigentümer" „zum allgemeinen Besten aller Menschen" auftreten können („Discours de la méthode", Oeuvres, Ausg. Adam/Tannery VI, S. 61). Das Denken, vollständig von jener Natur getrennt, erschließt sich die Welt im methodischen Zugriff von Teilung, Ordnung und Vervollständigung. Lebende Organismen erscheinen so als Maschinen, deren Ablaufmechanismen unter Kenntnis der mechanischen Prinzipien extern beeinflußbar sind. Wenn die objektive Welt sich mathematisch darstellen läßt, ist eine universale und neutrale Technik denkbar, die diese Prozesse steuert und reguliert. Unter den mathematischen Darstellungsprinzipien einer mechanisch strukturierten Natur ist menschliche Technik nur angewandte Naturwissenschaft – ein Trugbild, das sich bis heute erhalten hat. Jene Zweiteilung der Welt zwischen einem Denken unter dem Ideal der Mathesis und einer mechanistisch begriffenen Materie hinterläßt – neben dem ungeklärten Bezug beider zueinander – als blinden Fleck die Frage nach den Zwecken: Hierfür vermag *Descartes* nur eine „provisorische Moral" zu entwerfen, die das konkrete Handeln und Entscheiden an überlieferter Lebenserfahrung orientiert und beim Abwägen die fehlerfreundlichsten und korrigierbarsten Optionen vorzieht. Eine allgemeine Grundlegung des Zwecks von Wissenschaft und verwissenschaftlichter Technik ist dieser Weltsicht versperrt, da eine Wissenschaft über unsere Ziele aussteht.

Der Baum der Wissenschaften, wie ihn *Descartes* modellierte (vgl. oben *Radulfus Ardens*), in dessen Krone die Mechanica sprießt, gewachsen auf dem Stamm der Physik und genährt durch die Wurzeln jener Metaphysik, wurde zum Leitbild einer Verortung von Technik in jener Zeit. (*Gottfried Wilhelm Leibniz* – siehe unten – zitiert jenes Bild des *Descartes* wörtlich („Principia Philosophiae", Schreiben an Picot 1644).) Die Bemühungen richteten sich nun auf eine Systematisierung jener Zusammenhänge, die das gesamte Feld des Wissens ausmachen. Die maßgebliche Rolle spielte dabei die Kombinatorik, die *Raimundus Lullus*, der katalanische Missionar und „Doctor Phantasticus", im 13. Jhd. entwickelt hatte. Ein vollständiges Inventar von Grundbegriffen legt alles Wißbare fest, und alle Innovation ist in den Kombinationsmöglichkeiten jenes „Alphabets" verborgen, zugänglich über den Schlüssel, der in der Anwendung eines als „Kreis von Fragen" geordneten Katalogs liegt.

In Übernahme jener lullistischen Kunst suchte der frühbarocke Enzyklopädist *Johann Heinrich Alstedt* (1588–1638) unter dem (Timplerschen) Begriff der technologia als allgemeine Lehre der Begriffszuweisung die Wissenschaften in einem System, strukturiert nach den psychischen Vermögen, zu vereinen, und insbesondere die Trennung zwischen Logik (ars) und Physik (disziplina) zu überwinden. In seiner „Philosophia dignè restituta" (Herborn 1612) unterscheidet er neben der allgemeinen Grundlegung der Wissenschaft, der Lehre von den menschlichen (seelischen) Vermögen und der Didaktik, die „Technologie" als Lehre von den Einzelwissenschaften und ihren Fachbegriffen. Getragen war der gesamte Ansatz (neben der lullistischen Kombinatorik) von der platonischen Idee der graduellen Angleichung an das vollkommene göttliche Wissen, auf das alle Disziplinen, auch die technischen, orientiert sind. Letztlich folgt auch jener weite Begriff der technologia der Ur-Intention von techne: etwas „zusammenzustellen" (oder zu weben), zum System (bereits bei *Lukian* in Übersetzung der Definition von *Zenon*, „Werke" Bd. 7, Zweibrücken 1790, S. 105), dem Zusammengestellten, dem „Stellen zum Ge-stell" (so *Martin Heideggers* Übersetzung, s. dort) als planvolle Antizipation von Ausführungs- und Umgangsmöglichkeiten (und somit auch ihrer Begrenzung), hier auf theoretisches *und* praktisches Zusammenstellen bezogen.

Gottfried Wilhelm Leibniz (1646–1716) verbindet nun in seiner rationalistischen Philosophie die Idee eines naturgesetzlich bestimmten Reiches der Gründe mit einem „Reich der Zwecke". Er überwindet den cartesischen Dualismus durch die Annahme einer Welt, die (unter den logisch möglichen Alternativen) diejenige mit dem größten Reichtum an Erscheinungen und zugleich dem Höchstmaß an Ordnung und Harmonie (qua Widerspruchsfreiheit) ist –

„Prinzip des Besten", auf der Grundlage göttlich optimierter Technologie („Discours de Métaphysique", § 22). Denken und Handeln gehören dieser Welt an. Lassen sich nun – unter dem Ideal einer *„charakteristica universalis"* – die Grundelemente dieser Welt ausmachen, so können nach den Prinzipien der Kompatibilität (logische Widerspruchsfreiheit) und Kompossibilität (Verträglichkeit der real möglichen Eigenschaften) die Entitäten dieser Welt einschließlich ihrer Eigenschaften durch eine *„ars combinatoria"*, orientiert am Vorbild des *Lullus*, eruiert und realisiert werden. Jene ars combinatoria wird als „Erfindungskunst" somit zum heuristischen Prinzip der Welterschließung und Welterzeugung. Technische Prozesse – von der Schöpfung Gottes bis zum menschlichen Herstellen – sind jenem „Prinzip des Besten", d.h. diesem so gefaßten Grund der Welt als Harmonie, verpflichtet. Sie sind determiniert im Hinblick auf ihre gesamtweltliche Bedingtheit, aber frei insofern, als in jener Gesamtwelt die freie Wahl einer jeweiligen Option bereits enthalten ist, weil die jene Freiheit der Wahl begründenden subjektiven Handlungsalternativen anderen möglichen Welten angehören. Der Entwurf einer solchermaßen gefaßten *Universaltechnik* als ars combinatoria kann – so das Programm – das theoretische Fundament jeglichen technischen Herstellens abgeben: Die Leibnizsche *mathesis universalis*, operationalisierbar in dem von ihm entworfenen binären Code und in Verbindung mit entsprechenden Rechenmaschinen, vermag – für ein göttliches Bewußtsein – die gesamte (technische) Welterzeugung zu modellieren: Denn alles in der Welt ist Maschine, wobei sich die Organismen als „göttliche" oder „geistige" Maschinen („Systeme nouveau", § 64) von den menschlichen oder künstlichen Maschinen darin unterscheiden, daß erstere eine Einheit sind, deren Teile wiederum Maschinen sind – und so fort ins Unendliche. Hingegen gilt für unser endliches Bewußtsein, daß wir, selbst mit den Hilfsmitteln zur Erfassung unendlicher Reihen (Differential- und Integralrechnung), was die Welterkenntnis betrifft nur mit wahrscheinlichen Gesetzen operieren, bedingten Gewißheiten, die wir unter Voraussetzung des Kontinuitätsprinzips sowie dem Kriterium der Kohärenz gewinnen und beständig korrigieren. Somit bleibt auch die ausgefeilteste ars combinatoria als menschlich endliche Technik immer unvollkommen.

In Leibnizens Konzepten für wissenschaftliche Akademien haben konsequenterweise die Techniken einen gleichrangigen Platz. Der allgemeine Nutzen, dem die Techniken und die Theorien dort gemeinsam verpflichtet sind, ist jener Endzweck der großen Maschine, nämlich die „Harmonie" ihres Laufes. *Leibniz* denkt entsprechend in technischen *Systemen*, die auf Selbstregulation und Automation ausgerichtet sind, der Vervollkommnung des Handelns als Vergrößerung des Gemeinwohls, eben der Harmonie (in der Welt) dienen, konkret der Bedürfnisbefriedigung des Mängelwesens und seiner „Commodität". Die Techniken (d.h. Regelsysteme auf der Basis von vollständig spezifizierbaren Grundelementen) erscheinen *Leibniz* gar so weit als Feld der ars combinatoria, daß er glauben konnte – und hellsichtig voraussah – zeichnerisch-geometrische Methoden des Erfindens entwickeln zu können auf der Grundlage maschinell bearbeitbarer Algorithmen („Characteristica geometrica" 1679). Leibnizens Konzept einer „Theoria cum Praxi" birgt somit mehr als die Idee einer bloßen Anwendung von Theorie – beide haben eine gemeinsame Wurzel und ein gemeinsames Ziel; sie sind nur in gegenseitiger Implementation entwicklungsfähig („Grundriß eines Bedenckens von aufrichtung einer Sozietät", 1671).

In Fortführung der Leibnizschen Philosophie entwirft *Christian Wolff* (1679–1754) seine Philosophia artium. Leitende Idee seiner Systematisierung und Konkretisierung ist, daß die verschiedensten Techniken, vom Recht über die Medizin bis hin zum Holzfällen, auf Vernunftgründe und erklärbare Ursachen zurückgeführt werden können („Philosophia rationalis", § 71). Hierbei verwendet er in neuer Form den Begriff *„technologia"*, dessen Gegenstand die „rationes" (die Gründe und Ursachen) sind. Es lassen sich dabei technologiae im engeren Sinne ausmachen, deren rationes auf die *physica* zurückführen. In die Philosophie sind diese technologiae – leibnizianisch – integriert, weil sie *„Wissenschaft alles Möglichen"* ist. Haben nun die Mittel ihre ratio „ex physica", so ist weiterhin die Frage nach den *konkreten* Zwecken zu stellen. Solche Zwecke finden nach *Wolff* ihre Begründung im Ideal *kameralistischen Wirtschaftens*, der Optimierung der „wirtschaftenden Gemeinschaft von Staat und Bürger" durch planvolle Ökonomie. Zu deren Perfektionierung bedürfe es jedoch darüber hinaus einer „historia artium", einer „Technikgeschichte" (als Sammlung), die die Praktiken und Erfahrungen der Handwerker beschreibt. Interessanterweise bezieht sich *Johann Beckmann* (1739–1811) in seiner „Anleitung zur Technologie" (1777) explizit auf letzteres: Seine Definition einer „Handwerkswissenschaft", welche „die Verarbeitung der Materialen" lehrt, soll jene „seit einiger Zeit übliche Benennung ‚Kunstgeschichte'" erweitern, indem sie „alle Arbeiten, ihre Folgen und ihre Gründe vollständig, ordentlich und deutlich erklärt". Im Gegensatz zur im 19. Jahrhundert vollzogenen Einengung von Technologie auf „Verfahrenstechnik" als Teildisziplin von Technik wird hier ein umfassender Technologiebegriff eingeführt (wie er die heutige Diskussion leitet), welcher thematisiert, wie „aus wahren Grundsätzen und zuverlässigen Erfahrungen die Mittel zu finden und die bei der Verarbeitung vorkommenden Erscheinungen zu erklären und zu nutzen sind". Was sich im Artikel „Kunst" der großen Enzyklopädie *Diderots* (1713–1784) bereits angedeutet hat – „Sammlung und Aufstellung von Regeln für die Herstellung von Gegenständen, die ihren Ursprung in der Arbeit des Menschen und ihre Anwendung auf die Erzeugnisse der Natur haben", wobei die „freien Künste", in ihrer Kraft erschöpft, „den Rest ihrer Stimme dazu verwenden können, die mechanischen Künste zu preisen" („Encyclopedie" 1751, S. 714–717) – hier scheint es vollendet.

Ist damit die eigentliche Philosophie der Technik verabschiedet? Zwei Dimensionen des Fragens bleiben doch weiterhin offen: Ist es damit getan, das Nachdenken über Zwecke – mit *Wolff* – der Ökonomie zu überantworten? Wie lassen sich die im Zuge der Aufklärung und des Empirismus entwickelten Lehren vom Nutzen für eine Technikphilosophie fruchtbar machen, wenn sie sich ihrerseits die harte Frage *Gotthold Ephraim Lessings* stellen lassen müssen: „Was ist der Nutzen des Nutzens?" Wie ist darüber hinaus diejenige Dimension zu berücksichtigen, die in einer Sozialphilosophie der Technik die sozialen Folgen technischer Innovationen thematisiert und auf diesem Wege die kulturbildende Kraft der Technik behandelt, eine Fragestellung, wie sie im allgemeinen Technikbegriff der Antike bereits angelegt war?

So hatte doch bereits 1755 *Jean-Jacques Rousseau* (1712–1778) den Blickwinkel auf diese Dimension wieder eröffnet, indem er die Technik in ihrem sozialen Umfeld reflektierte („Discours sur l'origine et les fondements de l'inégalité parmi les hommes", dt. Hamburg 1978, S. 99, S. 219–221): Ackerbau und Vorratshaltung, sowie Metallverarbeitung, die jene erst effektivierten, seien die Ursachen für die Entstehung von Arbeitsteilung, Handel, Eigentumsbildung und Recht, unter deren Formen die entstehende Ungleichheit der Menschen sich herausbildet. Denn jenes Eigentum sei Fortentwicklung von Besitztraditionen, die zunächst nur durch die jeweils eigene (Hand)Arbeit legitimiert waren. Erst die entsprechenden technischen Innovationen führten über eine Traditionsbildung im Einsatz entsprechender Techniken (Ackerbau) zu Verhältnissen der eigentumsmäßigen Differenzierung und Ungleichheit. Dadurch wurde der Mensch einer (zweiten) Natur gewahr in einem neuen Sinne: Durch neue Bedürfnisse (an Dienstleistung und Unterstützung) werde er nunmehr „der ganzen (!) Natur untertan, insbesondere Seinesgleichen". Nachfolgende technische Innovationen hätten diesen Prozeß gerade unterstützt, in dem sie zu seiner Regulierung und Kompensation eingesetzt wurden. Zu diesen Techniken gehörte beispielsweise die Münzprägung, als Äquivalent zu technisch indizierten Besitztraditionen im Ackerbau und somit der Erweiterung des Eigentumsbegriffes dienlich, was aber die gewaltsame Vergrößerung von Eigentumsdifferenzen nicht verhinderte, sondern eher beschleunigte. Erst die Kulturtechniken der Politik, die unter diesen Verhältnissen sich als notwendig erweisen, können solcherlei Mißstände überwinden („Contrat social"). Aus der Kultur- und Technikkritik *Rousseaus* ergaben sich wesentliche Impulse für die kulturpessimistische Technikphilosophie der Gegenwart, für die Technikkritik der Jugend- und Landschulbewegung sowie für die Analyse der Entfremdung im technischen Handeln in der Tradition von *Georg Wilhelm Friedrich Hegel* und *Karl Marx*.

Die Kopernikanische Wende im Denken, die *Immanuel Kant* (1724–1804) dahingehend vollzogen hat, daß er die Bedingung der Möglichkeit des Erkennens und Handelns im Subjekt selbst aufsuchte, führt zu einem revolutionären Konzept bezüglich des Verhältnisses von Technik und Wissenschaft. Seine Auffassung von technischen Regeln, „Anwendungen einer vollständigen theoretischen Erkenntnis", als „Regeln der Geschicklichkeit", die die „Mittel zu einer anderen Absicht" betreffen (z.B. derjenigen des Arztes oder Giftmischers) scheinen zunächst dem engen Begriff von Technik verhaftet („Grundlegung zur

Metaphysik der Sitten", A 8). Allerdings bemerkt *Kant*, daß „die Verarbeitung (des Stoffes) und die Form ein durch die Schule gebildetes Talent (erfordert), um einen Gebrauch davon zu machen, der vor der *Urteilskraft* bestehen kann" („Kritik der Urteilskraft", A 272f.). Urteilskraft ist dasjenige Vermögen des Menschen, kraft dessen der Bezug konkreter Anschauungen zu allgemeinen Gesetzen hergestellt wird. Die genaue Analyse dieser Herstellung führt in *Kants* „Kritik der Urteilskraft" zu einer notwendigen Erweiterung des Technikbegriffes: Einzelne Naturdinge und ihre Verknüpfung durch empirische Gesetze erscheinen solange *zufällig*, als nicht eine *systematische* Verbindung möglich ist, in der „die Möglichkeit der Teile" „als vom Ganzen abhängend" gedacht wird („Kritik der Urteilskraft", A 345, B 349, B 359). Diese Abhängigkeit ist aber nur als *technische Zweckmäßigkeit* zu denken: So wie wir beim Bau eines Hauses die Vorstellung des Zweckes benötigen, um die Teile so anzuordnen, daß sie ein geordnetes Ganzes bilden, so müssen wir die Natur als an Zwecken orientiert denken, um sie als System vorzustellen. Daher spricht Kant von einer notwendigerweise voranzustellenden *„Technik der Natur"* („Kritik der Urteilskraft", XLIX, A 354), was bedeutet, daß ihre Gegenstände so beurteilt werden, *„als ob"* sie sich auf Technik gründen. Dabei sind zwei Aspekte zu unterscheiden: Die Urteilskraft *verfährt* zum einen „technisch", in dem sie die Zweckmäßigkeit (nicht einen konkreten Zweck) voraussetzt, also voraussetzt, daß die Natur geeignete Mittel in Anschlag bringt. Zum zweiten unterstellt sie, daß die Natur mit diesen Erkenntnisverfahren *selbst zusammenstimmt* und dieses notwendig macht, worüber wir uns nur „wundern" können, da wir in unseren Verstandesgesetzen (insbesondere der Kausalität) keinen Grund hierzu anzutreffen vermögen.

Man könnte geneigt sein, die Investition einer „Technik der Natur" hier allenfalls für eine überholte Spekulation über das Naturganze als nötig zu erachten. Mitnichten verhält es sich jedoch so: Denn bereits bei der *Bildung* empirischer Begriffe und ihrer *Klassifikation* muß eine sinnvolle Ordnung vorausgesetzt werden, nach der die Natur sich „spezifiziert"; die grenzenlose Ungleichartigkeit der Phänomene, das chaotische Aggregat, das durchaus auch denkbar wäre, wird vergleichbar nur unter dem Gesichtspunkt einer vorauszusetzenden technisch-sinnvollen Ordnung. Wenn wir Gesetze rein empirisch erheben wollten, gerieten wir in ein „Labyrinth der Mannigfaltigkeiten". Erst regulative Ordnungsprinzipien, die wir vorab unterstellen (z.B. das Prinzip des kleinsten Aufwandes, Effizienz und Sparsamkeit – „die Natur tut nichts umsonst" – etc.) ermöglichen Theoriebildung entsprechend dem Bemühen, Gesetze unter höheren Gesetzen miteinander vereinbar zu machen sowie divergierende Regelmäßigkeiten in Frage zu stellen, oder, wie bei der Fehlerrechnung, Abweichungen den Gesetzescharakter zu versagen. Jener *„Technizismus"* (*Kant*) ist also Voraussetzung für empirische – kausal-mechanisch orientierte – Wissenschaft; er ist das ihr zugrundeliegende *„heuristische Prinzip"*: Kausalgesetze werden als „Mittel" betrachtet, damit die Natur ihre „Absicht" realisiert. Jene „Technik" der Natur liegt also im Einsatz ihrer Kausalität als Mittel in Ansehung der Form ihrer Produkte als Zwecke. Das teleologische Prinzip ist somit dem mechanischen übergeordnet, das „Maschinenwerk" der Welt erhält erst so seine Rechtfertigung. Einziges Indiz (nicht Beweis) hierfür ist, daß empirische Erkenntnis möglich ist und wir Lust empfinden bei der Feststellung der Vereinbarkeit der Naturphänomene mit unseren Verstandesregeln. Die Erweiterung in die Ethik vollzieht *Kant* nun so, daß als „Endzweck der Natur", so wie wir sie technisch denken, der Mensch selbst in seiner Würde qua Autonomie und Freiheit steht. Die Zweck-Mittel-Kette ist damit geschlossen: Mensch als Zweck der Natur, Naturganzes als Zweck der einzelnen Naturgesetzlichkeiten, Naturgesetzlichkeiten als Zwecke der kausalen Wirkungen, die wir – im Forschungsprozeß – in unseren Theorien eruieren, klassifizieren und untereinander vereinbar machen.

Jener Technizismus leitet also die Suche nach kausalen Zusammenhängen. So kann etwa *Edmund Husserl* (1859–1938), auf den hier vorzugreifen ist, die Methoden überhaupt als „erste Maschinen" bezeichnen und formulieren: „Technik ist ... die Praxis, die Theorie heißt!" („Die Krisis der europäischen Wissenschaften", Husserliana, Bd. 6, S. 184, S. 377, S. 449; s. dort). Denn Methoden sind subjektabgelöste Erkenntniswege und produzieren Resultate – ein Vorgang, der Billigung findet, wenn das Ganze der Natur als technisch sinnvoll erachtet wird. Daß technische Regeln nach *Kant* theoretische Sätze sind, wird in diesem Kontext nochmals klar: Es sind Instantiierungen eines Wissens, das sich eine Gesamttechnik der Natur vorstellt. Technik ist also nicht angewandte Wissenschaft, sondern es gilt das umgekehrte. Haben wir damit die Realtechnik, wie sie *Beckmann* modelliert hat, aus den Augen verloren?

Eine Zusammenführung der verschiedenen Argumentationslinien findet sich bei *Georg Wilhelm Friedrich Hegel* (1770–1831). Er diskutiert in seiner „Wissenschaft der Logik" ,Teleologie' mit Blick auf die kantische Frage, wie wir jener „inneren Zweckmäßigkeit" der Natur auf die Spur kommen (Ausgabe „Lasson II", Hamburg 1979, S. 383ff.). Denn wenn wir bloß nach den jeweiligen „äußeren Zwecken" fragen, wird jede Teleologie zufällig, und die Überlegung zur Technik müßte sich auf die Mittel beschränken. Selbst wenn sie dies aber wollte, könnte sie den Charakter spezifischer Mittel jedoch nur durch das Gelingen der jeweiligen Zweckrealisierung ausmachen, was voraussetzt, daß Zwecke allererst unterstellt werden. Andererseits werden Zwecke aber erst durch ihre Realisierung als solche konkret erkennbar (ein niemals realisierter Zweck bleibt abstrakter Wunsch). In ihrer Realisierung sind sie ihrerseits von vielen zufälligen Bedingungen abhängig, selber also kontingent und äußerlich. Wie läßt sich jene Zufälligkeit (der Bestimmung der Mittel und Zwecke) durchbrechen? Ermöglicht wird dies nach *Hegel* gerade durch Technik. Technik weist nämlich einen Doppelcharakter auf: Einerseits bedingt sie in ihrer Realisierung die jeweilige Endlichkeit und Zufälligkeit unserer konkreten Erkenntnis über Zwecke (wir kritisieren, verwerfen, billigen Zwecke gerade auch mit

Blick auf ihre Realisierungsweise, den Aufwand etc.). Andererseits stellt Technik für sich gesehen ein Macht*potential* dar, das selbst als theoretisch bestimmtes nicht dieser Zufälligkeit unterliegt. Insofern birgt Technik die *Möglichkeit* von Zwecksetzungen, deren System gerade die „*innere*" Zweckmäßigkeit ausmachen müßte. Daher ist „der Pflug ehrenvoller, als unmittelbar die Genüsse sind, welche durch ihn bereitet und die Zwecke sind. Das Werkzeug erhält sich, während die unmittelbaren Genüsse vergehen ... An seinen Werkzeugen besitzt der Mensch die Macht über die äußerliche Natur" (S. 398). Wenn wir aber nun jenes Machtpotential (bzw. Mittelpotential) konkretisieren wollen (z.B. verschiedene Pflüge entsprechend verschiedenen Techniken) können wir das nur, in dem wir ihre Eignung für verschiedene Zwecke prüfen (z.B. an unterschiedlich beschaffenen Böden). Diese Zwecke sind nach *Hegel* aber ihrerseits Mittel zur Realisierung höherer Zwecke und so fort. Wir erhalten also eine Progression von „Mitteln", wir erkennen die äußere Welt als ein Ganzes von Mitteln, die ihrerseits durch Mittel hergestellt sind. Diese Mittel ersetzen sich beständig, reiben sich auf (vgl. die heutigen Konzepte von Entropie und Energieerhaltung), vernichten sich. Solcherlei Eindruck ist jedoch eben dadurch bedingt, daß wir bei der Konkretisierung von „Technik" als Potential auf *äußere* Zweckmäßigkeit zurückfallen.

„An seinen Werkzeugen besitzt der Mensch die Macht über die äußere Natur", und *Hegel* ergänzt: „wenn er auch nach seinen Zwecken ihr vielmehr unterworfen ist." – Wie erfahren wir aber dieses Machtpotential durch Technik, d.h. hier: durch ein System *innerer* Zweckmäßigkeit? Die Antwort lautet: Indem wir die „Negativität der Mittel" (ihre zufallsbedingte Bestimmtheit) zum Gegenstand der Reflexion machen. Eine solche Reflexion *vergleicht* das Potential (d.h. die mögliche Leistung) des Mittels mit dem Resultat seines Einsatzes, dessen konkrete Gestalt gerade nicht allein durch die Zwecksetzung, sondern immer auch durch den Widerstand der Materie, die Umstände und die Mühsal der Herstellung etc. bestimmt ist. Erst in einer solchen „Hemmung" und in der Feststellung jener *Differenz* von Potential und Resultat entsteht selbstbewußtes Wissen von unserem Handlungsvermögen. Dieses ist der Urgrund *innerer* Zweckmäßigkeit. *Hegel* hat diesen Prozeß im berühmten Kapitel „Herrschaft und Knechtschaft" in seiner „Phänomenologie des Geistes" dargestellt: Die „Herr-Seite" unseres Bewußtseins verkörpert die Machtansprüche und ist zugleich diejenige, die die Resultate der Herstellung „genießt". Die „Knecht-Seite" hingegen ist diejenige, die unter den Vorgaben und Ansprüchen „*arbeitet*", die Werke herstellt. Sie allein erfährt die Differenz, gelangt somit zu Selbstbewußtsein und eignet sich sukzessiv Kenntnis über die wahre Macht und das tatsächliche Vermögen der Mittel an. Sie erfährt damit die Möglichkeiten ihrer Freiheit und zugleich ihre Grenzen, somit die Möglichkeiten eines wirklichen Herr-Seins. Die beiden Seiten können auch verschiedene Subjekte oder Klassen als Träger haben – dann gewinnen wir das Hegelsche Modell einer Emanzipation der Knechte durch Arbeit in eins mit dem Zerfall der Herr-Positionen, das für das marxistische Denken leitend wurde.

Woher gewinnen wir aber die Vorgaben (Herr-Seite), in deren Lichte Technik als Potential erscheint, an dessen jeweiliger Differenz zur Realisierung sich der Einzelne erfährt, der Knecht, der seiner selbst bewußt wird? Dazu rekurriert *Hegel* (bei der Beschreibung der bürgerlichen Gesellschaft in den „Grundlinien zu einer Philosophie des Rechts", §§ 190–198) auf das „System der Bedürfnisse" als ersten Anfang, als abstrakte Möglichkeit. Diese erhält wirkliche Gestalt dadurch, daß im Gegensatz zum Tier der Mensch nicht über einen beschränkten Kreis von Mitteln verfügt, sondern seine Mittel entwickeln und vervielfachen muß, wobei neue Bedürfnisse entstehen. Durch die Partikularisierung und Spezifizierung der Arbeit (des Knechtes) werden die dabei entstehenden Mittel und Bedürfnisse in dem Maße „*abstrakter*", in dem sich die Anzahl ihrer Merkmale verringert (so wie Begriffe desto abstrakter sind, je weniger Merkmale sie umfassen). Komplexe Bedürfnislagen und ganzheitliche Strategien ihrer Befriedigung werden in immer einfachere aufgesplittet – es entsteht Arbeitsteilung. Dadurch steigt die jeweilige technische Geschicklichkeit im Einzelfall, und die Produktivität wird (quantitativ) vergrößert. In eins damit steigt die Abhängigkeit der am Produktionsprozeß Beteiligten voneinander – die Wechselbeziehung in der Bedürfnisbefriedigung der Beteiligten wird zur „gänzlichen Notwendigkeit", ist aber deren Willkür ausgeliefert. Dies einzudämmen ist Funktion des Rechts, das als solches aber so lange abstrakt bleibt, als es nicht durch Kontrolle und Institutionen garantiert wird, welche ihrerseits ihre Legitimation im Staat finden. Die Hegelsche Technikphilosophie auf der Basis jenes Systems der Bedürfnisse als erster Vorgabe führt direkt in eine Philosophie der Institutionen.

Aber noch eine weitere, weit vorgreifend skizzierte Konsequenz hat *Hegel* dargelegt: Spezifizierung und Abstraktion macht das Arbeiten „immer mehr *mechanisch* und damit am Ende fähig, daß der Mensch davon wegtreten und an seine Stelle die *Maschine* eintreten lassen kann" – der Prozeß beginnender Automatisierung, der Gegenstand heutigen technikphilosophischen Denkens ist.

Ein wenig bekannter Zeitgenosse *Hegels*, *August Koelle* (1793–1856) hat bereits 1822 in seinem „System der Technik" eine kaum beachtete philosophische Grundlegung „der" Technik entwickelt, zu der er sich mit Blick auf die Versammlung technischen Wissens in der Tradition *Beckmanns* veranlaßt sah. „Ursprung" der Technik ist die (Erwerbs-)Arbeit als Faktor, mit dem der Stoff als „Naturfaktor" im Produkt verbunden ist. Stufen der Technik ergeben sich im Hinblick auf die unterschiedliche Gewichtung dieser Faktoren auf den Gewerbestufen (von der Erzeugung und Entfaltung von Naturprodukten über deren Verarbeitung bis hin zur Veredelung). Danach werde die Technik nunmehr selbst Gegenstand der Technik – es geht um Vereinfachung der Prozesse mit dem Ziel, Produktion als gesetzmäßiges Ganzes analog zur Natur zu bilden, in möglichst großer Unabhängigkeit von dieser. Nicht mehr Material, Werkzeug und Arbeitsweise (die leitenden Aspekte der „Kunstgeschichtler", vgl. *Beckmann*) sind wesentliche Charakteristika jeweiliger Technik, sondern die Art des Produktes und dessen Stellung im „allgemeinen Leben". Dessen „notwendige" Endstufe ist die Herstellung von Luxus, das Sich-selbst-Genießen der Technik in ihrer vollendeten Schönheit (vgl. *José Ortega y Gasset*, s. dort), nachdem die Stufen der Naturerschließung und Bedürfnisbefriedigung überwunden sind. Die gestaltete Wohnung (im Unterschied zur Behausung) „als vermenschlichter Ort" (vgl. später *Martin Heidegger*) ist Ausdruck eines solchen Luxus, der von „Mode" streng zu trennen ist.

Während das Gleichgewicht zwischen Erde (1) und physischem Dasein (2) durch die Entwicklung solcher Technik hergestellt wird, kann das Gleichgewicht zwischen physischem und geistigem Dasein (3) in der Kulturgeschichte realisiert und endlich dasjenige zwischen geistigem Dasein und „Himmel" (4) in der Religion verwirklicht werden. In diesem Geviert „befreundet Technik den Menschen mit der Natur". In *Koelles* Technikbegriff sind so erstmals ausschließlich die vormals sogenannten mechanischen Künste erfaßt; die schönen Künste liegen im Bereich der „Kultur".

Der von *Hegel* idealisiert geschilderte Prozeß (System der Bedürfnisse – Progression der Mittel – Spezifikation der Arbeit (Automatisierung) – abgeleitete Bedürfnisse – Regulierung durch die Institutionen Religion, Recht, Staat) wird von *Karl Marx* (1818–1883, s. dort) einerseits übernommen, andererseits insofern hinterfragt, als er insbesondere die Eigenschaften der Produktion als durch die Eigentumsverhältnisse an Produktionsmitteln bedingt rekonstruiert. Technik als Produktionsmittel wird zum einen als *Produktivkraft* behandelt (d.h als technisches Potential der Herstellung von Gütern), deren jeweiliger *Charakter* unterschiedlich sein kann, je nachdem, ob und wie sie im Hinblick auf Produktionsverhältnisse als reale Eigenschaft (Seite der Produktion) oder als theoretische Potenz auftaucht. Dieser Charakter wird zur „Charaktermaske", wenn in bestimmten Produktionsverhältnissen bestimmte Prozesse unter technisch-funktionalen Gesichtspunkten als unabdingbar erscheinen, obwohl die eigentliche Arbeitskraft andere Optionen ihrer Realisierung eröffnen würde. Darüber hinaus wird Technik als reales Artefakt (z.B. Maschine), als Element der Produktionsverhältnisse selbst, sowie schließlich als *Produkt* von Produktionsprozessen modellierbar. Anders als bei *Koelle* wird die Art des Gewerbes nicht rein anthropologisch, sondern sozialökonomisch modelliert: So, wenn technischer Fortschritt bei *Marx* bei immer höher werdendem Aufwand an konstantem Kapital und relativer Abnahme an variablem Kapital (Arbeitskräfte) zu einem „tendentiellen Fallen" der Profitrate führt, was entsprechende Kompensationsversuche nach sich zieht.

Mit *Marx* setzt diejenige Problemsicht ein, die unser heutiges Denken prägt und hier ihre Einflüsse hinterläßt, weshalb *Marx*' „Kapital" in die Auswahl der im einzelnen besprochenen Schriften aufgenommen wurde: Der Problemhorizont, in dem Technik (verstanden als Realtechnik) nicht nur mit Blick auf die effektive Nutzung von Naturalien diskutiert wird, sondern auch mit Blick auf ihre Rolle bei der Bewußtwerdung des Menschen über seine Fähigkeiten und Grenzen, ihre Abhängigkeit von sozialen Verhältnissen einerseits und ihre prägende Kraft auf die Gestaltung dieser Verhältnisse andererseits, macht den Horizont aus, hinter dem technikphilosophisches Denken in der Gegenwart nicht mehr zurückfallen sollte.

Im Rückblick auf die Wurzeln technikphilosophischen Denkens erscheinen uns Impulse der Klassiker auch heute noch als Herausforderungen, die durch weitergehende Klärungen zu beantworten wären: Die *kulturbildende Kraft* der Technik mit den einhergehenden Leistungen und Verlusten, wie sie die Denker der Antike behandelt haben; die Rolle der Technik angesichts einer *natürlichen Ordnung*, die ihrerseits unterschiedlich modellierbar ist, wie es uns die Denker des Mittelalters vorstellen; die konstitutive Funktion *technischer Kreativität* und die Notwendigkeit der Perspektiveneinnahme (die die Aufforderung zur *Selbstbescheidung* bedingt) im Humanismus; die *Verwissenschaftlichung* der Technik unter dem Ziel der Nutzbarmachung von Naturgesetzlichkeiten, die aber das Denken einer Gesamtordnung der Natur (wie es die frühneuzeitlichen Auffassungen von Technik prägt) nicht überflüssig macht; die Versuche von *Leibniz*, *Kant* und *Hegel*, technisches Handeln in einem Gesamtentwurf von Welt zu verorten, die als Resultat eines göttlichen Plans (*Leibniz*), Resultat der Unterstellung planvoll handelnder Natur (*Kant*) oder als Resultat der Selbstvergewisserung des Menschen über seine Macht und seinen Geist (*Hegel*) erscheint. Der Zusammenhang zwischen technischem Handeln und Wirtschaften wird in allen Epochen thematisiert. Dies wird denjenigen nicht überraschen, der die Fragen nach einer Effektivierung der Mittel, der Erzielung eines optimalen Nutzens im Hinblick auf Mitteleinsatz und Zweckrealisierung sowie die Frage nach den grundlegenden Bedürfnissen, auf deren Befriedigung unser Handeln insgesamt ausgerichtet ist, für technisches Denken nach wie vor für wesentlich erachtet. Daß die „Verwissenschaftlichung der Technik" nicht einfach als „Technik als angewandte Wissenschaft" (die die Nutzenperspektive gerade ausblendet und nur über „Mittel als solche" nachdenkt) verstanden werden darf wird dadurch deutlich, daß ein neutraler und unabhängiger Begriff von technischen Mitteln überhaupt nicht zu modellieren ist. Daß technische Mittel Potentiale sind und also verschiedenen Zwecken dienen können, steht dem nicht entgegen. Denn technisches Herstellen verwendet nicht mögliche, sondern reale Mittel, und diese sind solche, die ihre Mittelhaftigkeit und Eignung immer nur mit Blick auf jeweils konkrete Zwecke erhalten – Zwecke, deren Begründung eines Gesamtentwurfes der Rolle von Technik in der sozialen Welt bedarf.

Überblickt man das Spektrum der vorgestellten Ansätze zur modernen Technikphilosophie, die in dem vorliegenden Band ihre Darstellung findet, so wird deutlich, daß die Denker der Gegenwart in unterschiedlicher Weise und mit unterschiedlicher Schwerpunktsetzung Erträge der Tradition technikphilosophischen Denkens aufnehmen und weiterführen. So wird etwa *technische Innovation* modellierbar mit Blick auf ideell oder material vorgegebene Ordnungen, die den Rahmen setzen und die Spielräume eröffnen, oder mit Blick auf die jeweils selbst zwecksetzende Schöpferkraft des individuellen Menschen oder der Gattung, die ihrerseits in sozialen Institutionen verfaßt sind. *Technisches Handeln* wird beschreibbar als spezielle Art menschlichen Agierens oder als Inbegriff der Welterschließung überhaupt. *Kultur und Gesellschaft* werden bestimmbar in ihrer Abhängigkeit von der Technik oder entsprechend ihrer Fähigkeit, technische Prozesse zu gestalten. Das *Bild von der Technik* insgesamt kann als eines aufgefaßt werden, welches das Bild des Menschen prägt, oder es kann kritisierbar werden unter anderen vorausgesetzten Kulturideen, die in nichttechnischem Vermögen wurzeln. *Optimismus und Pessimismus*, die Unterstellung universeller Gestaltbarkeit oder die Annahme eines technischen Determinismus lassen sich in die Tradition des Nachdenkens über Technik zurückverfolgen.

Die Vielfalt der Positionen irritiert denjenigen nicht, der sich über die unterschiedlichen historischen Problemlagen und Problemstellungen vergewissert. Dabei wird deutlich, daß jeder philosophische Zugriff auf Technik diese allererst modelliert, so, wie unter technischen Zugriffen die Welt modelliert wird. Da wir zu dieser Welt gehören, schließt sich der Kreis: Auch die Möglichkeiten des Nachdenkens über Technik werden durch die Mittel mitbestimmt, die die Technik hierfür zur Verfügung stellt: Technisches Handeln zeitigt Folgen bzw. Erträge, die für das jeweilige Denken als Problemstellung, als Test, als Vorstellungsbild und -matrix, als empirisches Material, Definitions- und Bezugsbereich für Bewertungen und ihre Maßstäbe, Medium von Information und Kommunikation u.v.a. mehr fruchtbar werden, soweit sie Anerkennung finden. Diese selbst kann Technik nicht erzwingen.

Das gegenwärtige Denken kann sich aber trotz der Problementfaltung, die die Tradition bietet, nicht auf Versuche der Lösung der so entfalteten Probleme beschränken: Denn eine Folge der Technik selbst, die moderne Industriegesellschaft, konnte für diese Tradition noch nicht eigentlich Gegenstand spezifischen Nachdenkens sein. Was sich bei *Hegel* in seinen Überlegungen zur industriellen Produktion andeutet, ist der eigentlich neue Gegenstand moderner Technikphilosophie, gleich, ob sie mit dem engen Begriff der Realtechnik oder einem weiten kulturphilosophischen Begriff von Technik als Welterschließung überhaupt arbeitet. Die Binnenverhältnisse zwischen der Entwicklung/Herstellung/Nutzung technischer Artefakte, der Gestaltung von Sozialbeziehungen, der Technisierung der Wissenschaften, dem Bildungswesen sowie der politischen und wirtschaftlichen Steuerung technischer Prozesse stellen uns vor ein neues Problemfeld, das der Vorstellungskraft vieler Denker der Tradition (mit Ausnahme *Leibniz'* und *Hegels*) fern lag. Demgegenüber verweisen aber jene historischen Denker auf Wertideen, deren Möglichkeit und Anerkennbarkeit heutzutage oftmals ungerechtfertigt aus dem Horizont der Reflexion herausgefallen ist. Interpretation und Verständnis „fremder" historischer Ansätze eröffnen jedoch „ein weites Reich von Möglichkeiten, das in der Determination des realen Lebens verloren gegangen ist" (*Wilhelm Dilthey*), und historische Betrachtungen „befruchten insofern unser Selbst" (*Friedrich Daniel Ernst Schleiermacher*)[6], indem sie die „Totalität des Möglichen" ein Stück weit erschließen. Jene Befruchtung mag u.a. daran ersichtlich werden, daß der nachfolgende systematische Überblick über die unterschiedlichen Auffassungen von Technik seine Kategorien eben jener Tradition verdankt.

Christoph Hubig

---

6 Vergl. hierzu vom Verf.: Kompensation oder Orientierung? Zur Rolle der Kulturwissenschaften in der technologischen Kultur, in: ders.: Technologische Kultur, Leipzig 1997, S. 13.

Historische und systematische Übersicht

Friedrich Rapp, Günter Ropohl

A. Historische Typologie

Die hier vorgestellten Bücher zur Technikphilosophie lassen sich, wie jede geistige Schöpfung, auf zweierlei Weise charakterisieren: durch ihren historischen Ort und durch ihren Sachgehalt. Um für die in alphabetischer Reihenfolge zusammengestellten Besprechungen eine erste Orientierung zu geben, bieten sich also zwei Möglichkeiten an, ein historischer Abriß der Technikphilosophie und eine Aufgliederung nach systematischen Kategorien. Da keiner der beiden Aspekte für sich allein genommen eine erschöpfende Zuordnung liefert, sollen hier beide Gesichtspunkte zur Geltung kommen. Die zunächst folgende historische Übersicht kann weder zahlenmäßige Vollständigkeit noch kanonische Verbindlichkeit beanspruchen. Es geht vielmehr darum, im Sinne einer ersten Orientierung diejenigen Bücher zu benennen, die besonders intensiv rezipiert wurden und eine Zeit lang im Vordergrund des Interesses standen. In diesem Sinne lassen sich im problemgeschichtlichen Fortgang der Technikphilosophie die folgenden – einander zum Teil überlappenden – Diskussionsperspektiven unterscheiden.

(1) Erst die weitreichenden anthropologischen und ökonomischen Auswirkungen der technischen Innovationen im Zuge der Industriellen Revolution führten zu einer expliziten philosophischen Auseinandersetzung mit der Technik. In diesen Kontext gehören die polit-ökonomischen Untersuchungen von *Marx (1867)* ebenso wie die anthropologische Technikdeutung von *Kapp (1877)*, die differenzierenden Analysen des Kapitalismus von *Sombart (1916)*, die Kritik des Preissystems und des Profitstrebens von *Veblen (1921)* und die Analyse des Zusammenhangs zwischen Technik und Wirtschaft von *Gottl-Ottilienfeld (1923)*.

(2) Eine andere Sichtweise kommt in den Abhandlungen von *Scheler (1926)*, *Cassirer (1927)* und *Jaspers (1931)* zur Geltung. Ihnen geht es um die Kultur- und Lebensbedeutung der Technik, um die Frage, wie es gelingen kann, ohne Verlust an kultureller Substanz die Technik in die bestehenden Denk- und Lebensformen zu integrieren. Ähnliche Fragen werfen *Ernst Jünger (1932)*, *Berdjajew (1934)*, *Mumford (1934)*, *Husserl (1936)*, *Blumenberg (1981/2009)*, *Ihde (1990)* und *Lübbe (1990)* auf.

(3) Einen Sonderfall stellen die ausdrücklich metaphysisch gehaltenen Technikdeutungen dar, die insbesondere *Dessauer (1927/56)* und *Heidegger (1954)* vorgelegt haben. Dessauer sieht die moderne Technik in Analogie zum göttlichen Schöpfungsakt, und Heidegger rückt sie in den Kontext einer schlechthin um-

fassenden Seinsgeschichte, wobei er nachdrücklich die Ambivalenz, d.h. das gleichzeitig positive und negative Potential der modernen Technik herausstellt.

(4) Die alle Lebensbereiche erfassende und alles in ihren Bann ziehende Dynamik der modernen Technik, die damit die Signatur unserer Zeit bestimmt, bildet das Thema der Abhandlungen von *Ellul (1954/77)*, *Freyer (1955)*, *Gehlen (1957)*, *Schelsky (1961)*, in gewisser Weise auch *Winner (1977)* sowie *Baudrillard (1981)*. Alle diese Autoren erheben den Anspruch, eine nüchterne, realitäts bezogene Beschreibung und Analyse zu geben, wobei jedoch die kritisch-pessimistischen Untertöne – insbesondere bei *Ellul* – nicht zu überhören sind. Argumente gegen die sog. Technokratiethese versammeln *Koch/Senghaas (1970)*. Später wenden sich gegen den Technikdeterminismus auch Gesellschaftswissenschaftler wie *MacKenzie/Wajcman (1985)* und *Bijker u.a. (1987)* mit der These, die technische Entwicklung sei vor allem sozial geprägt.

(5) Die neomarxistische Gesellschaftskritik läßt sich zurückführen auf die noch in der Emigration verfaßten Abhandlungen von *Horkheimer (1947)* und *Bloch (1954ff)*. Ihren Höhepunkt erreicht diese Strömung mit den für die Studentenbewegung maßgeblichen Abhandlungen von *Marcuse (1967)* und *Habermas (1968)*. In diesen Kontext gehört auch der *Richta*-Report *(1968)*, der während einer kurzen politischen Tauwetterperiode in der Tschechoslowakei entstanden ist. Das gesellschaftliche Verhältnis von Technik und Arbeit diskutieren kritisch Autoren wie *Giese (1932)*, *Pollock (1956)* und *Arendt (1958)*, ohne sich auf marxistische Orthodoxie festzulegen.

(6) Eine besondere Stellung nahm seinerzeit die unter marxistischen Prämissen stehende, insbesondere westliche Positionen darstellende und kritisierende Philosophie der Technik in der DDR ein: *Ley (1961)*, *Bohring (1976)*, *Wollgast/ Banse (1979)* und *Banse/Wendt (1986)*.

(7) Die Diskussion, die durch die Thesen über die Problematik des technischen Fortschritts und die Grenzen des Wachstums ausgelöst wurde, hat sich in verschiedene Richtungen aufgefächert. Auf der einen Seite gibt es die Ökologie- und Alternativbewegung, charakterisiert beispielsweise durch *Schumacher (1973)*, auf der anderen Seite stehen die mit analytischen und systemtheoretischen Mitteln auf eine umfassende kategoriale Analyse abzielenden Ansätze von *Rapp (1978)*, *Ropohl (1979)* und *Bunge (1983)*; auch der anthropologische Zugang von *Sachsse (1978)* läßt sich hier einordnen.

(8) Die Aufspaltung in unterschiedliche Konzeptionen setzt sich fort in dem ontologisch bzw. handlungstheoretisch begründeten Ansatz zur Technikverantwortung von *Jonas (1979)*, in der philosophischen Reflexion auf die Entwicklung der Informationstechnologie durch *Weizenbaum (1978)* und *Dreyfus (1985/87)* sowie der soziologischen Analyse der ökologischen Technikkritik durch *Luhmann (1986)*. – *Neuere Entwicklungen* (mit einem Stern „*" vor dem

Namen markiert) führen die bisher genannten Gesichtspunkte weiter und ergänzen sie:

(9) In Fortsetzung der Punkte (1) und (2) analysieren *Virilio (1992), *Flusser (1998), *Hahn (2005) und *Böhme (2008) die Technisierung der Lebenswelt.

(10) Der besondere Charakter des technischen Wissens und Gestaltens wird untersucht von *Janich (2006), *Banse/Grunwald/König/Ropohl (2006), *Kornwachs (2012) und *Kroes (2012).

(11) Zusammenhänge und Überschneidungen von Technik und Natur behandeln *Karafyllis (2003) und *Canguilhem (2006) sowie das Sammelwerk *Technik und Natur*, hg. von W. Nachtigall u. Ch. Schönbeck, Düsseldorf 1994.

(12) Die Technik als Kunst des Möglichen untersucht *Hubig (2006f) nicht unter metaphysischen Gesichtspunkten – siehe Punkt (3) –, sondern in analytischen Kategorien.

(13) Die früher vernachlässigte feministische Perspektive bringen *Haraway (1991), *Wajcman (1994) und *Paulitz (2012) zur Geltung.

(14) Die gesellschaftstheoretische Deutung und sozialgeschichtliche Entwicklung der Technik wird abgehandelt in den Arbeiten von *Latour (1995), *Popitz (1995), *Sennett (1998), *Feenberg (1999), *Rohbeck (2000), *Nye (2007), *Weyer (2008) und *König (2009).

Abschließend seien als Einführungen und Überblickswerke zur Technikphilosophie genannt: *Tuchel (1967), Lenk/Moser (1973), Huning (1974), Lenk (1982), Sachsse (1978), Rapp (1990)*. Ausführliche Bibliographien enthalten insbesondere *Dessauer (1927/56), Lenk/Moser (1973), Beck (1979) und Rapp (1990)*. Einen Überblick über den internationalen Diskussionsstand geben P. T. Durbin: *A Guide to the Culture of Science, Technology, and Medicine*. New York/London 1980, F. Rapp: *The Philosophy of Technology – A Review*, Interdisciplinary Science Reviews 10 (1985), S. 126-139, *Mitcham (1994)* sowie die Reihen *Philosophy and Technology* und *Research in Philosophy and Technology*; ferner neuerdings die Handbücher *Encyclopedia of Science, Technology, and Ethics*, hg. v. C. Mitcham, 4 Bde., Detroit u.a. 2005, und *Philosophy of Technology and Engineering Sciences*, hg. v. A. Meijers, Amsterdam 2009.

Friedrich Rapp

B. Morphologische Systematik

Leser, die sich in der Technikphilosophie erst zurechtfinden wollen, werden mit den Verfassernamen, die in diesem Buch jeweils in alphabetischer Reihenfolge angeordnet sind, zunächst keine bestimmte Vorstellung verbinden. Darum wird im folgenden ein Ordnungsraster vorgestellt, mit dem die behandelten Schriften charakterisiert werden können. Dabei erhalten Autorennamen, die im letzten Teil des Buches als „Neuere Entwicklungen" besprochen werden, einen Stern „*" als Markierung. Die Systematik benutzt neun verschiedene Merkmale; nach Art der morphologischen Methode können die Merkmale unabhängig voneinander verwendet, aber auch typologisch miteinander kombiniert werden. Die Gliederungen wollen keine systematische Vollständigkeit beanspruchen, sondern heben vor allem solche Ausprägungen hervor, die für die behandelten Bücher tatsächlich bedeutsam sind. Autorennamen werden den jeweiligen Ausprägungen nur dann zugeordnet, wenn das rezensierte Buch dafür typisch ist; das schließt nicht aus, daß andere Arbeiten desselben Verfassers andere Zuordnungen erhalten müßten. Bei diesem Verfahren können Autorennamen mehrfach auftreten, aber auch völlig fehlen, wenn eine eindeutige Zuordnung nicht möglich ist.

Trotz dieser Vorsichtsmaßnahmen könnte immer noch der Einwand erhoben werden, philosophische Denker dürften nicht einfach auf bestimmte Schubladen verteilt werden. Dieser Einwand ist auch in den Ausschußdiskussionen sehr ernst genommen worden, doch eine gewisse Schematisierung ist immer der Preis, den man für eine übersichtliche Ordnung zu zahlen hat. So sind jene Bedenken mit Rücksicht auf das Orientierungsbedürfnis des Lesers zurückgestellt worden. Aber der Leser sollte in den Charakterisierungen auf keinen Fall dogmatische Festlegungen sehen, sondern wirklich nur behutsame Näherungsangaben. Für diejenigen, die eine chronologische Anordnung nach dem Veröffentlichungsjahr bevorzugt hätten, wird am Ende dieses Kapitels eine entsprechende Liste angefügt.

1. Thematische Schwerpunkte

Eine allgemein anerkannte Einteilung technikphilosophischer Themen gibt es nicht. Zwar haben zahlreiche hier vorgestellte Autoren ihren Darstellungen eine eigene Systematik gegeben, die dann aber von den jeweiligen theoretischen Vorstellungen geprägt und daher für einen allgemeinen Überblick kaum geeignet ist. Eine Ausnahme bildet die Einteilung von H. Lenk (in *Lenk/Moser 1973*, S. 202ff), die hier berücksichtigt und weitergeführt wird. So ergibt sich im folgenden eine übergreifende Klassifikation, die den unterschiedlichsten technikphilosophischen Ansätzen Rechnung trägt; daß sie auch zu einer systematischen Gesamtdarstellung der Technikphilosophie anleiten könnte, sei hier nur am Rande vermerkt.

1.1 Technikverständnis, Abgrenzungen und Verknüpfungen

Da Begriffe die Werkzeuge des Denkens sind und das Verständnis des Gegenstandes prägen, von dem die Rede ist, gehört die Begriffsklärung zu den Grundaufgaben der Philosophie. Aus der jeweiligen Definition eines Begriffs ergibt sich, in welchem Verhältnis dieser zu anderen Grundbegriffen steht und wie die damit bezeichneten Gegenstandsbereiche von einander abgegrenzt und mit einander verknüpft werden. So gehören zum Technikverständnis die folgenden Teilthemen:

- Technikbegriff
  *Banse u.a., Berdjajew, Blumenberg, *Böhme, Canguilhem, Dessauer, *Flusser, *Hubig (Kunst), Huning, Husserl, *Kroes/Meijers *Latour, Linde, *Nye, Rapp, Ribeiro, Ropohl, Scheler, Schelsky, Tuchel, *VDI, *Verbeek, *Wajcman, Wollgast/Banse
- Technik und Natur
  Berdjajew, Bloch, *Böhme, Brinkmann, Gehlen, *Hubig (Kunst), Jonas, E. Jünger, F.G. Jünger, *Karafyllis, Sachsse
- Technik und Arbeit
  Arendt, U. Beck, Ford, Giese, Habermas, E. Jünger, Krämer, Leroi-Gourhan, Ley, Marx, *Nye, Pollock, *Sennett, Taylor, *Wajcman
- Technik und Wirtschaft
  Ford, Gottl-Ottlilienfeld, F.G. Jünger, Kesselring, Ley, Marx, Richta, Ropohl, Scheler, Schumacher, Schumpeter, *Sennett, Sombart, Wögerbauer
- Technik und Gesellschaft
  Baudrillard, Bijker u.a., Bloch, *Böhme, Bohring, U. Beck, Goldstein, Jonas, *König, *Latour, Linde, MacKenzie/Wajcman, Marcuse, Needham, Ogburn, Popitz, Radkau, Ribeiro, Richta, *Rohbeck, Ropohl, Sachsse, Scheler, Schelsky, Schumacher, *Sennett, *Wajcman, *Weyer, Zschimmer
- Technik und Politik
  Arendt, U. Beck, Koch/Senghaas, Luhmann, Richta, Schelsky, Veblen, Winner
- Technik und Kunst
  *Hubig (Kunst), Mumford
- Technik und Kultur
  Blumenberg, Cassirer, *Flusser, *Hahn, Heidegger, Horkheimer, *Hubig (Kunst), Ihde, *Janich, Jaspers, Kapp, Klemm, *König, Leroi-Gourhan, Lübbe, Mumford, Needham, Ogburn, Ortega y Gasset, Ribeiro, *Rohbeck, Schelsky, Simondon, Snow, Weizenbaum
- Technik und Religion
  Berdjajew, Bergson, Brinkmann, Dessauer
- Technik, Technikwissenschaften und Naturwissenschaften
  *Banse u.a., Banse/Wendt, Bernal, Bunge, Canguilhem, *Ferguson, Gille, *Hottois, Husserl, *Janich, Klemm, *König, *Kornwachs, *Kroes/Meijers, *Latour, Lem, *Paulitz, *Pitt, Reuleaux, Scheler

1.2 Technisches Handeln

Wenn der Technikbegriff nicht auf die künstlich gemachten Sachen begrenzt wird, sondern auch das sachbezogene menschliche Handeln einschließt, bilden die Momente und Bezüge des technischen Handelns ein weiteres Einteilungsmerkmal. Technisches Handeln bedeutet zunächst das Erfinden und Gestalten der Artefakte, dann aber auch den Umgang damit; das wirft die Frage auf, welche Bedeutung die Artefakte für Individuum, Gesellschaft und Umwelt haben. Häufig wird die Technik als Ausfluß der abendländischen Rationalität verstanden; manche Autoren dagegen bestreiten die Priorität des Rationalen und verweisen auf nicht-rationale Hintergründe technischen Sachgestaltens wie den Drang zur Selbstverwirklichung, das Machtstreben oder eine säkularisierte Erlösungssehnsucht. Wenn man freilich technisches Handeln als zweckrational begreift, so soll es technische Mittel für menschliche Zwecke schaffen; häufig wird allerdings gezweifelt, ob das Verhältnis von Mitteln und Zwecken in der Technik derart einfach ist. Soweit schließlich die Zwecke selbst begründungsbedürftig sind, kommen als normative Grundlagen vor allem Moral und Recht in Betracht.

- Erfinden und Gestalten
  *Banse u.a., Banse/Wendt, Bloch, Dessauer, Engelmeyer, *Ferguson, Huning, Kapp, Kesselring, *König, *Kornwachs, *Kroes, *Kroes/Meijers, Lem, *Paulitz, Rapp, Reuleaux, Ropohl, Wögerbauer
- Bedeutung der Artefakte
  Anders, Bense, Coudenhove-Kalergi, Gille, *Hahn, Ihde, *Karafyllis, *Kroes, *Kroes/Meijers, *Latour, Linde, Moscovici, Ribeiro, Ropohl, Schröter, *Sennett, Simondon, *Verbeek, *Weyer
- Art und Ausmaß der Rationalität
  Baudrillard, Bense, Bijker u.a., Dreyfus, *Feenberg, Gehlen, Goldstein, Habermas, Horkheimer, *Kornwachs, Marcuse, Rapp, Scheler, Schelsky, Wiener, Winner
- Nicht-rationale Hintergründe
  Anders, U. Beck, Berdjajew, Bergson, Brinkmann, Coudenhove-Kalergi, Freyer, E. Jünger, Leroi-Gourhan, Kapp, *Paulitz, Scheler, *Wajcman
- Mittel und Zwecke
  Berdjajew, Freyer, Horkheimer, *Hubig, *Janich, F. G. Jünger, *Kroes, Linde, Marcuse, *Pitt, Rapp, *Rohbeck, Ropohl, Schelsky, Schumacher
- Normative Grundlagen: Verantwortung und Moral
  *Hottois, Horkheimer, *Hubig, Huning, Jonas, *Karafyllis, *König, *Kroes, *Kroes/Meijers, *Mitcham, *Pitt, Sachsse, *VDI, *Verbeek, Weizenbaum
- Normative Grundlagen: Recht
  Lübbe

1.3 Bedingungen der Technisierung

Die Bedingungen der Technisierung können in verschiedenen Perspektiven gesehen werden. Empirisch fragt man nach den Wirkfaktoren in der äußeren Realität. Anthropologisch erklärt man die Technisierung aus der Natur des Menschen, beispielsweise als evolutionäre Überlebensstrategie oder als kulturellen Luxus. Metaphysisch fragt man nach grundlegenden Bedingungen der Möglichkeit von Technik, die jenseits der Erfahrungswirklichkeit liegen. Schließlich gehört zu diesem Themenkreis die Frage, ob, inwieweit und wie der Technisierungsprozeß von Menschen beeinflußt und gesteuert werden kann, ob also Machbarkeit oder Sachzwang überwiegt. Mit diesen Gesichtspunkten befassen sich die folgenden Autoren:

- empirisch
  Bijker u.a., *König, *Kroes, *Kroes/Meijers, *Latour, MacKenzie/Wajcman, Marx, Needham, Radkau, Rapp, Richta, *Sennett
- anthropologisch
  Bergson, Brinkmann, Dreyfus, Huning, Freyer, Gehlen, Kapp, Lem, Leroi-Gourhan, Ribeiro, Sachsse, Scheler, Schelsky, Spengler
- metaphysisch
  H. Beck, Berdjajew, Bloch, Dessauer, Goldstein
- pragmatisch
  Baudrillard, U. Beck, Berdjajew, Bergson, Bloch, Bunge, Canguilhem, *Feenberg, Habermas, *Janich, F. G. Jünger, Kesselring, Koch/Senghaas, *Kornwachs, *Latour, Marx, *Nye, Rapp, Ropohl, Scheler, Schelsky, *VDI, *Verbeek, *Wajcman, Weizenbaum, Winner, Wögerbauer

1.4 Folgen der Technisierung

Auch die Behandlung der Folgen der Technisierung können in erster Näherung den Kategorien zugeordnet werden, die schon im letzten Abschnitt erläutert wurden:

- empirisch
  Baudrillard, Berdjajew, Giese, Gottl-Ottlilienfeld, *Kroes/Meijers, Linde, Marcuse, Marx, Ogburn, Pollock, Radkau, Richta, *Sennett, *Weyer
- anthropologisch
  U. Beck, Bense, Bergson, *Flusser, Freyer, Gehlen, *Hottois, Jonas, Lem, Leroi-Gourhan, Sachsse, Scheler, Schelsky, Spengler, *Virilio, Weizenbaum
- metaphysisch
  Berdjajew, Brinkmann
- pragmatisch
  U. Beck, *Böhme, Ellul, *Feenberg, Giese, Habermas, Heidegger, *Hubig, Ihde, Koch/Senghaas, *König, *Latour, Marx, *Mitcham, Mumford, *Pitt, Richta, Ropohl, *VDI, *Verbeek, *Wajcman, Weizenbaum, *Weyer, Winner

1.5 Globalbewertung

In zahlreichen technikphilosophischen Texten finden sich sehr dezidierte Globalbewertungen, die von sachlich begründenden Urteilen bis zu pathetischen Wendungen über den „Segen" oder „Fluch" der Technik reichen. Unter den ambivalenten Positionen kann man zwei Typen unterscheiden: Die einen beurteilen die Möglichkeiten der Technik optimistisch, sehen indessen die gegenwärtige technische Realität mit pessimistischem Blick. Die anderen dagegen sind der Ansicht, daß die Technik grundsätzlich zugleich Chancen und Risiken in sich birgt.

- optimistisch
  Bense, Bloch, Blumenberg, Coudenhove-Kalergi, Dessauer, Gottl-Ottlilienfeld, Kapp, Lem, Ley, Lübbe, Ortega y Gasset, *Pitt, Ribeiro, *Rohbeck, Wiener, Wögerbauer, Wollgast/Banse, Zschimmer
- ambivalent
  U. Beck, Berdjajew, Bergson, *Böhme, Brinkmann, Bunge, *Feenberg, *Flusser, Giese, Goldstein, Habermas, *Hottois, Leroi-Gourhan, Marcuse, Marx, Ogburn, Rapp, Richta, Ropohl, Scheler, *Sennett, Winner
- pessimistisch
  Anders, Arendt, Baudrillard, Ellul, Freyer, Horkheimer, Jonas, F. G. Jünger, Mumford, Schelsky, Spengler, *Virilio, Weizenbaum

2. Philosophische Orientierungen

Darunter soll die Zugehörigkeit oder Nähe einiger Werke zu bekannten philosophischen „Schulen" verstanden werden; diese Gliederungen sind zwar nicht unumstritten, nicht vollständig und nicht trennscharf, aber doch weithin üblich. Die verschiedenen Positionen näher zu bestimmen, würde auf ein Lehrbuch der Philosophie hinauslaufen, was an dieser Stelle natürlich nicht in Frage kommt. Sofern der Leser nicht ohnehin ein gewisses Vorverständnis besitzt, wird er auf entsprechende Nachschlagewerke verwiesen. Die philosophischen Grundpositionen sind im folgenden nach weltanschaulicher und methodologischer Orientierung des betreffenden Buches unterteilt worden.

2.1 Weltanschauliche Orientierung

- idealistisch
  H. Beck, Dessauer, Jonas, Klemm, Zschimmer
- materialistisch
  Banse/Wendt, Bernal, Bohring, Bunge, Kapp, Lem, Ley, Marx, Ribeiro, Richta, Wollgast/Banse,
- lebensphilosophisch
  Anders, Bergson, *Böhme, Canguilhem, Freyer, Gottl-Ottlilienfeld, F. G. Jünger, Ortega y Gasset

- existenzphilosophisch
  Bense, Berdjajew, Brinkmann, Heidegger, Jaspers
- neomarxistisch
  Bloch, *Böhme, *Feenberg, Habermas, Horkheimer, Marcuse, Moscovici, Pollock, *Sennett

2.2 Methodologische Orientierung

- analytisch
  Bense, Bunge, *Kornwachs, *Kroes/Meijers, Lem, Lenk, Rapp, Weizenbaum
- dialektisch
  Banse/Wendt, Bloch, Ellul, *Feenberg, Habermas, Horkheimer, *Hubig, Krämer, Marcuse, Marx, Moscovici, Ribeiro, Richta, Wollgast/Banse
- hermeneutisch-phänomenologisch
  Arendt, Blumenberg, Dreyfus, Freyer, Heidegger, Husserl, Ihde, Jaspers, Jonas, Leroi-Gourhan, *Rohbeck, Sachsse, Scheler, *Sennett, *Virilio
- systemisch-ganzheitlich
  Baudrillard, *Flusser, Gille, *Haraway, *Latour, Ropohl, *Wajcman, *Weyer, *Verbeek, Winner

3. Disziplinäre Orientierung

3.1 Philosophische Disziplin

Die Arbeiten, die in diesem Buch besprochen werden, stammen zu einem gewissen Teil von Autoren, die als professionelle Philosophen gelten können oder jedenfalls in der ausgewählten Schrift ausdrücklich einen philosophischen Standpunkt einnehmen. In diesen Fällen ist es aufschlussreich, welcher anderen Teildisziplin der Philosophie die technikphilosophischen Arbeiten nahe stehen. Dazu gehören:

- Ontologie/Metaphysik
  H. Beck, Bense, Berdjajew, Bloch, Dessauer, Heidegger, Jaspers, Scheler
- Erkenntnis- und Wissenschaftstheorie
  *Banse u.a., Banse/Wendt, Bense, Bunge, Canguilhem, Dreyfus, Engelmeyer, Habermas, *Haraway, *Hottois, *Hubig, Husserl, Kesselring, *Kroes/Meijers, *Kornwachs, *Pitt, Rapp, Ropohl, Wiener, Wögerbauer
- Ästhetik
  Mumford
- Anthropologie
  Anders, Berdjajew, Dreyfus, Freyer, Gehlen, *Hahn, *Hottois, Huning, Kapp, Leroi-Gourhan, Marx, Popitz, Sachsse, Scheler, Schelsky, *Virilio
- Moralphilosophie
  Bergson, *Hubig, Jonas, Weizenbaum

- Sozialphilosophie
  Baudrillard, U. Beck, Berdjajew, Bergson, Bloch, *Böhme, Ellul, *Feenberg, Giese, Horkheimer, *Hottois, Marcuse, Koch/Senghaas, Krämer, *Latour, Lenk, Luhmann, Marx, Popitz, Ribeiro, Ropohl, Scheler, Veblen, *Weyer, Wiener, Wollgast/Banse
- Kulturphilosophie
  Anders, H. Beck, Berdjajew, Bergson, Blumenberg, Cassirer, *Flusser, Freyer, *Janich, F. G. Jünger, Leroi-Gourhan, Lübbe, Mumford, *Nye, Ortega y Gasset, Rapp, *Rohbeck, Scheler, Simondon, Snow, Tuchel, *Virilio
- Geschichtsphilosophie
  Anders, Berdjajew, Bergson, Husserl, E. Jünger, *Latour, Lübbe, Needham, Popitz, Rapp, Ribeiro, *Rohbeck, Scheler, Spengler

3.2 Andere Disziplin

Soweit dagegen Autoren behandelt werden, die bei ihren letztlich philosophischen Grundfragen die Thematik oder Methodik einer anderen wissenschaftlichen Disziplin heranziehen oder in den Vordergrund stellen, zumal sie sich häufig selber gar nicht als Philosophen verstehen, ist auch diese disziplinäre Orientierung ein bezeichnendes Gliederungsmerkmal:

- Theologie
  H. Beck, Berdjajew, Dessauer
- Ökonomie
  Gottl-Ottlilienfeld, Ley, Marx, Pollock, Richta, Schumpeter, Sombart, Taylor
- Sozialwissenschaften
  U. Beck, Bijker u.a., Freyer, Gehlen, Koch/Senghaas, *Latour, Linde, Luhmann, MacKenzie/Wajcman, Ogburn, Popitz, Pollock, Richta, Scheler, Schelsky, *Sennett, Veblen, *Wajcman, *Weyer, Winner
- Geschichte
  Bernal, *Ferguson, Gille, Klemm, *König, Leroi-Gourhan, Needham, *Nye, *Paulitz, Radkau, Schnabel, Sombart
- Technikwissenschaften
  Banse/Wendt, *Banse u.a., *Ferguson, Gille, Kesselring, *Kroes/Meijers, *Kornwachs, Reuleaux, *VDI, Wögerbauer
- Informatik/Kybernetik/Systemtheorie
  Baudrillard, Dreyfus, *Flusser, Lem, Luhmann, Richta, Ropohl, Weizenbaum, Wiener
- Biologie
  Canguilhem, *Karafyllis
- Geschlechterforschung
  *Haraway, *Paulitz, *Wajcman

4. Chronologie der Veröffentlichungen

Die folgende Liste führt alle besprochenen Autoren in der zeitlichen Reihenfolge auf, in der jeweils die erste einschlägige Veröffentlichung erschienen ist, die in der Rezension behandelt wird; bei fremdsprachigen Veröffentlichungen ist gegebenenfalls das Erscheinungsjahr der deutschen Übersetzung maßgebend.

Klassiker

1867 Marx	1954 Bloch	1977 Winner
1875 Reuleaux	1954 Heidegger	1978 Gille
1877 Kapp	1954 Needham	1978 Rapp
1910 Engelmeyer	1954 Kesselring	1978 Sachsse
1912 Goldstein	1955 Freyer	1979 Beck, H.
1913 Taylor	1956 Anders	1979 Jonas
1914 Zschimmer	1956 Dessauer	1979 Ropohl
1916 Sombart	1956 Pollock	1979 Wollgast/Banse
1921 Veblen	1957 Gehlen	1981 Baudrillard
1922 Coudenhove-Kalergi	1958 Simondon	1982 Krämer
1923 Gottl-Ottlilienfeld	1960 Arendt	1982 Lenk
1924 Ford	1961 Ley	1982 Moscovici
1924 Scheler	1961 Schelsky	1983 Bunge
1930 Cassirer	1961 Schumpeter	1983 Klemm
1931 Jaspers	1963 Blumenberg	1985 Dreyfus
1931 Spengler	1967 Horkheimer	1985 MacKenzie/Wajcman
1932 Giese	1967 Marcuse	1986 Banse/Wendt
1932 Jünger, E.	1967 Snow	1986 Beck, U.
1933 Bergson	1967 Tuchel	1986 Luhmann
1934 Berdjajew	1968 Habermas	1987 Bijker u.a.
1934 Schnabel	1969 Ogburn	1988 Leroi-Gourhan
1934 Schröter	1970 Koch/Senghaas	1989 Popitz
1936 Husserl	1971 Ribeiro	1989 Radkau
1943 Wögerbauer	1971 Richta	1990 Ihde
1946 Brinkmann	1972 Linde	1990 Lübbe
1946 Jünger, F. G.	1973 Lenk/Moser	1990 Rapp
1949 Bense	1974 Huning	
1949 Ortega y Gasset	1974 Mumford	
1952 Canguilhem	1976 Bohring	
1952 Wiener	1976 Lem	
1954 Bernal	1977 Schumacher	
1954 Ellul	1977 Weizenbaum	

Neuere Entwicklungen					
1991	*VDI	2000	*Hottois	2006	*Janich
1991	*Haraway	2000	*Kroes/Meijers	2007	*Nye
1992	*Virilio	2000	*Pitt	2008	*Böhme
1993	*Ferguson	2000	*Rohbeck	2008	*Weyer
1993	*Hubig (Ethik)	2000	*Verbeek	2009	*König
1994	*Mitcham	2003	*Karafyllis	2012	*Kornwachs
1994	*Flusser	2004	*Wajcman	2012	*Kroes
1995	*Latour	2005	*Hahn	2012	*Paulitz
1998	*Sennett	2006	*Banse u.a.		
1999	*Feenberg	2006	*Hubig (Kunst)		

5. Schlußbemerkungen

Die vorstehenden Listen sollen wie gesagt nur der vorläufigen Orientierung dienen, und sie sollen die Benutzer dieses Buches zu eigener kritischer Prüfung anregen. Meist haben die Rezensenten selbst für „ihre" Autoren die Zuordnung vorgenommen, und so sind diese Charakterisierungen natürlich nicht frei von subjektivem Urteil. Es soll nicht verschwiegen werden, daß es auch unter den Verfassern der Buchbesprechungen bei einzelnen Zuordnungen unterschiedliche Auffassungen gab. Soweit die Meinungsverschiedenheit nicht zu überbrücken war, ist dann die betreffende Zuordnung weggelassen worden. Schließlich bliebe die Beschäftigung mit der Technikphilosophie allzu vordergründig, wenn sie sich auf Konversationsgefechte darüber beschränken würde, ob ein Autor Hermeneutiker oder Existenzphilosoph oder vielleicht sogar beides gewesen ist. Wichtiger als der Streit um derartige Etiketten ist der Gehalt der Werke; den aber erschließt man sich nur, indem man die Bücher selbst liest. Sekundärliteratur, wie das vorliegende Buch, erfüllt ihren Zweck vor allem dann, wenn sie die Leser „zu den Quellen" führt. Diese klassische Aufforderung möge darum die systematische Übersicht beschließen: Ad fontes!

Günter Ropohl

II. REZENSIONEN

1. KLASSIKER

Günther Anders: Die Antiquiertheit des Menschen
Bd. 1: Über die Seele im Zeitalter der zweiten industriellen Revolution; Bd. 2: Über die Zerstörung des Lebens im Zeitalter der dritten industriellen Revolution, München: Beck 1956 (Bd. I), 1980 (Bd. II); zit. nach der TB-Ausgabe 1992 (Beck'sche Reihe 319, 320), 353 S. (Bd. I), 465 S. (Bd. II)

Günther Anders (Stern), (1902–1992), Schüler des Phänomenologen Edmund Husserl (s. dort), hat in seinem zweibändigen Sammelwerk essayistische Beiträge zu einer Philosophie der Technik zusammengefaßt, die er genauer als „philosophische Anthropologie im Zeitalter der Technokratie" (II, S. 9) charakterisiert. Seine Interpretation der Technik gewann Anders im wesentlichen im Kontext seiner Fabrikarbeit am Fließband während der Emigrationszeit nach 1936 in den USA. Im Gegensatz zu Technikphilosophien, die die Technik als Mittel unter dem Modell des Werkzeugeinsatzes begreifen, orientiert Anders seinen Technikbegriff von vornherein am Umgang mit Maschinen. Seine drei Hauptthesen: „daß wir der Perfektion unserer Produkte nicht gewachsen sind; daß wir mehr herstellen als vorstellen und verantworten können; und daß wir glauben, das was wir können, auch zu dürfen, nein: zu sollen, nein: zu müssen" (I, S. VII) signalisieren zum einen eine Ähnlichkeit zum Ansatz der Technokratiedebatte (vgl. die Darstellung zu Helmut Schelsky, s. dort), darüber hinaus jedoch, daß die Entmächtigung des Subjektes nicht durch die Technik selbst, sondern durch die Subjekte ihrer Herstellung und Nutzung initiiert wurde und dieser Vorgang der Weltveränderung durch Technik einer neuen Deutung bedarf, „damit sich die Welt nicht weiter ohne uns verändere" (II, S. 6).

Technik habe ihren Charakter als Mittel verloren, weil sie Vorentscheidung (I, S. 6) sei. Sie präge unser Handeln in einem Sinne, der unser klassisches Bild vom Menschen als antiquiert erscheinen läßt. Diese Antiquiertheit wird im Ersten Band erstens im Blick auf die „prometheische Scham" bzw. das „prometheische Gefälle" umrissen, welche signalisieren, daß der Mensch seinen eigenen technischen Möglichkeiten nicht mehr gerecht werden kann; zweitens im Blick auf die technische Herstellung von Wirklichkeit durch die Medien, wodurch unsere Wahrnehmung in Abhängigkeit von der Technik gerate; schließlich drittens (unter dem Eindruck der H-Bombenentwicklung) als Verlust eines Subjektes modelliert, das nicht mehr Mittel einsetzt, sondern auf die Existenz bestimmter technischer Artefakte bloß noch reagiere.

Der Mensch könne mit der Welt seiner Produkte nicht mehr mithalten, denn seine Produkte eröffneten ihm Möglichkeiten, die er auf der Basis seiner leiblichen und geistigen Verfaßtheit nicht wahrnehmen kann. Auf dieses „prometheische Gefälle" (vgl. auch I, S. 283) reagiere er mit der „prometheischen Scham", die Anders als Gegenkonzept zum an der Figur des Prometheus orientierten Technikoptimismus entwirft. Um das Gefälle auszugleichen, beginne der Mensch sich selbst zu bearbeiten: Er werde zu einem Gerät für Geräte-Selbstverdinglichung (I, S. 30, S. 35ff.): Jedoch sei trotz aller Bemühungen des „Human Engineering" festzustellen, daß gerade dadurch der Mensch nicht wieder zum Herrscher über die Technik werden kann. Denn mit der Technik als hergestelltem Angebot werde nun die Nachfrage (bzw. der nachfragende Mensch) selber hergestellt, damit er der Technik genüge. „Mensch" ist nur noch ein miserabler Rohstoff, dessen Endlichkeit und Einzigkeit durch Effektivierungsmaßnahmen, Reproduktion und Konformisierung technikadäquat gestaltet werden müsse (I, S. 50). Die prometheische Scham kann nun insofern als „Identitätsstörung" modelliert werden, als sie einerseits darauf basiert, daß sich der Mensch an den technischen Standards mißt und feststellt, daß er ihnen nicht genügt, andererseits sich auch über das Schämen schämt, weil er diesen Zustand nicht überwinden kann und zu einer Art „negativen Intentionalität" (I, S. 67) verurteilt ist, zur Einsicht nämlich, nichts dagegen tun zu können, daß er nichts mehr kann. Das „Es" der Apparate rücke dem „Ich" auf den Leib, und bei allem Bemühen bleibe das Ich immer der Versager. Denn es könnte nur noch durch eigene vollständige Passivierung (I, S. 90) seine Funktion erfüllen, die Perfektionsdifferenz zwischen Mensch und Gerät zu überbrücken. Nun kann man gegen Anders ja einwenden, daß ein solches Versagen auch ersichtlich wird, wenn man Werkzeuge, z.B. einen Mamormeißel, in die Hand nimmt. Auch hier dürfte der Laie dem Wirkungspotential dieses Instrumentes nicht gerecht werden. Jedoch, so die mögliche Entgegnung Anders', läge hier eher ein Aktivierungsdefizit vor. Seine Diagnose hingegen richtet sich auf komplexe Maschinen, bei denen nicht ihre mögliche Nutzung, sondern die Forderung nach der bloßen Auslösung der Prozesse (Bedienung) den Menschen überfordert. Die geforderte Anpassung ist eine doppelte: erstens an den maschinellen Prozeß (z.B. den Rhythmus der Bedienung), zweitens an das Resultat im Sinne seiner Akzeptanz (was Anders an der angeblich von einem Computer errechneten Option für oder gegen den Koreakrieg erläutert (I, S. 62)). Darüber hinaus macht er viele Indizien für die Passivierung der Menschen aus, z.B. die „Maschinisierung" des Tanzes (I, S. 84).

Aber nicht bloß im Handlungsbereich, sondern auch auf dem Felde der Wahrnehmung von Wirklichkeit verändert und übersteigt die Technik die antiquierten Vorstellungen des Menschen in seinem Verhältnis zur Welt. Die Medien vermitteln nicht Wirklichkeit, sondern stellen sie her. Dem vereinzelten Menschen, dem Masseneremiten (I, S. 102), dem die Bilder ins Haus geliefert werden, würden entzogen: die Möglichkeit des Wahrnehmungsvergleiches mit den anderen, die Möglichkeit der Überprüfung der Wirklichkeit, die Möglichkeit der Wahrnehmung des Unterschiedes von Distanz und Nähe (die Helden der Bilder erscheinen als private Partner), die Möglichkeit der eigenständigen begrifflichen und wertenden Erfassung der Sachen (I, S. 164ff., S. 171), da er nur noch die Prädikate erhält (I, S. 155), kurz: anstelle der Welt erhält er eine

„Matrize" oder ein „Phantom" (I, S. 129). Die Möglichkeit, diese Matrize abzulehnen, werde aber nun darüber hinaus dadurch verhindert, daß über eine ebenfalls medial vermittelte allgemeine „Moral" (Werbung) diese Matrize auch noch als gewünschte Matrize dargestellt wird (I, 164f., S. 171). Dahinter steht das Amortisationsprinzip der Wirtschaft, daß Unverwertbarem der Charakter von Wirklichkeit abgesprochen werden müsse und zudem die Wirklichkeitsbilder als „Reproduktionreihen" für eine leichtere Verwertung zu gestalten sind. Jenes Prinzip mache Ideologie und Indoktrination überflüssig, weil die Politik – so Anders' hellsichtige Prognose – nach diesem Schema bereits gestaltet wird, so daß sich eine parteiliche Verzerrung erübrige. Die Lüge sei die Wahrheit (I, S. 194). Da die Wirklichkeit ihren Widerstandscharakter somit verloren habe und nicht mehr Instanz verschiedener Darstellungen sei, müssen Widerstände als Wirklichkeitselemente selbst produziert werden (Abenteuerurlaub (I, S. 200f.)).

Höhepunkt und Veranschaulichung dieser Tendenz ist die Entwicklung der H-Bombe, die nicht mehr als Mittel für Zwecke einsetzbar ist, sondern, zum Zwecke ihrer Nichteinsetzbarkeit konzipiert, nun „erpresserisch" unsere Handlungsspielräume festlege. Der Mensch, angstunfähig und apokalypseblind, unterliege seiner eigenen Unfähigkeit, die Folgen dessen, was er initiieren kann, überhaupt vorzustellen. Die Menschen seien – solchermaßen zum Nihilismus verurteilt – nicht mehr hinsichtlich ihres Schuldigseins an den Folgen ihrer Taten zu messen, sondern allein und bereits am Besitz von Mitteln, die nicht mehr in Leitlinien eines eigenen bewußten Handelns eingebaut werden können (I, S. 252ff.).

In dem fünfundzwanzig Jahre später erschienenen zweiten Band verschärft Anders seine kulturpessimistische Diagnose unter dem Eindruck der dritten industriellen Revolution. Gegenüber den sonstigen Periodisierungsmodellen sieht Anders die erste Revolution in der Iterierung der Maschinenproduktion (Maschinen durch Maschinen herzustellen), die zweite in der Herstellung von Bedürfnissen und die dritte in der Herstellung des menschlichen Untergangs (II, S. 19) – „menschlich" im Sinne des antiquierten Humanismus. Wie der Mensch nur noch zum Rohstoff der Technik wird und sich schließlich im Rahmen einer vierten Revolution selbst überflüssig mache, beleuchtet er nun an den klassischen Ausprägungen unseres Menschenbildes: der „Antiquiertheit" des Aussehens (II, S. 34), weil die technische Gestalt ihre Inhalte verbirgt, der „Antiquiertheit" der Produkte, weil diese nur noch zum Verbrauch somit zur Nachfrageproduktion erstellt werden (II, S. 38), der „Antiquiertheit" der Menschenwelt, weil technische Artefakte (z.B. Automobile) zum Renommeeträger werden und ihre Bedienung zum Dienst an diesem (II, S. 58), der „Antiquiertheit" der Masse (II, S. 79) als Träger der Politik aufgrund der Vereinzelung des Menschen (vgl. oben den Fernsehkonsumenten), der „Antiquiertheit" der Arbeit, weil diese durch die Produktivität als Maßstab und somit zugunsten technischer Subjekte abgelöst ist (II, S. 91), der „Antiquiertheit" der Maschinen, weil technische Netze das Funktionieren der Maschinen allererst garantieren (II, S. 110), der „Antiquiertheit" des Individuums und der Anthropologie seiner Erfassung, weil das Selbst nur noch als technisches Defizit und als Defizit an Verfügungsgewalt über die Technik modellierbar sei (II, S. 128–187), der „Antiquiertheit" der Ideologien und des Konformismus im Blick auf die Erübrigung von Weltanschauungen durch die Herstellung einer universell konformen Technik-Wirklichkeit (II, S. 188), der „Antiquiertheit" der Privatheit (II, S. 210) unter dem Eindruck des gläsernen Menschen, der „Antiquiertheit" der Freiheit durch Abbau der Möglichkeiten, gegen die technischen Fertigangebote von Handlungsalternativen Stellung zu nehmen (II, S. 259), schließlich der „Antiquiertheit" der Geschichte, insofern, als sowohl die Realgeschichte als auch ihre Erfassung als Vergangenheit durch technische und mediale Determinanten über ein Ersatzsubjekt verfüge, eben die Technik (II, S. 271).

Manche Überzeichnung, die sich in den Essays findet, ist legitimiert durch die Absicht von Anders, durch Interpretation zu verändern. Seine Diagnosen, von denen er einige im Rückblick relativiert hat (z.B. seine Medienkritik), sind flankiert von Schilderungen und Beobachtungen, bei denen man sich „ertappt" fühlt. Seine Deutungen orientieren sich einerseits an Plausibilitätskriterien und sind insofern angreifbar aus einer Perspektive, die übergreifende Zusammenhänge thematisiert und den subjektiven Standpunkt verläßt. Sie entlarven andererseits aber ein implizites und verborgenes Selbstverständnis des einzelnen Menschen in und gegenüber einer Technik, die als gestaltbar erst dann wieder in den Blick gerät, wenn wir die Formen ihrer Nutzung ändern. Erst dann geraten wir wieder in die Position, auch neue Technik gestalten zu können.

Anders' Methode läßt sich als alltagsphänomenologisch charakterisieren. Die referierten subjektiven Befunde sind schwer in Frage zu stellen, erschöpfen aber nicht den Spielraum des Nachdenkens über Technik. Die hier vorgestellte Anthropologie bedarf einer technikphilosophischen Ergänzung, die berücksichtigt, daß das System ‚Technik' sich gesellschaftlicher Regulierung öffnet, wenn nicht mehr der Einzelne, sondern Korporationen und Institutionen Technikgestaltung vollziehen, um den Interessen ihrer Mitglieder zur Wirksamkeit zu verhelfen.

Christoph Hubig

Hannah Arendt: The Human Condition

Chicago: University of Chicago Press 1958; dt. Vita activa oder Vom tätigen Leben, Stuttgart: Kohlhammer 1960, zitiert nach der Pieper-Taschenbuchausgabe München 1981, 375 S.

Die Kulturphilosophin Hannah Arendt (1906–1975), Schülerin von Martin Heidegger (s. dort), Rudolf Bultmann und Karl Jaspers (s. dort), war nach ihrer

Emigration 1933 (über Paris nach New York) ab 1963 Professorin an der Universität Chicago, ab 1968 an der New School for Social Research in New York. Ihr Hauptwerk „Vita activa" behandelt den Strukturwandel menschlicher Tätigkeit seit der Antike im Blick auf die Konsequenzen für die Gestaltung des politischen Lebens. Die zentrale These richtet sich auf die Bedingungen dieses menschlichen Tätigseins und besagt, daß diese Bedingungen im Zuge dieses Tätigseins immer neu hergestellt werden (S. 8, S. 16). Dabei kommt der Technik eine zentrale Rolle zu, da die Entfaltung der Technik auf ihre Entstehungsbedingungen zurückwirkt. Diese Rückwirkung wird als Verfallsgeschichte bewertet („Kulturpessimismus").

Arendt setzt ein beim Spannungsverhältnis zwischen dem Technikoptimismus - die Menschen können sich von den vorgefundenen Existenzbedingungen irdischen Lebens zunehmend befreien -, der Grundlagenkrise der Physik - technisch geprägte Naturwissenschaft entfernt die Menschen zunehmend von ihrer Vorstellungsfähigkeit - sowie der Automation, die die tradierten Ideen menschlicher Arbeit und Selbstbestätigung im Herstellen von Gütern überfällig erscheinen ließe.

In Anlehnung an Aristoteles werden drei Felder menschlicher Tätigkeit unterschieden, die in ihrer ursprünglichen Trennung jeweils einer der Grundbedingungen menschlichen Seins entsprächen: Die *Arbeit* garantiert durch die Befriedigung der physischen Grundbedürfnisse die Aufrechterhaltung des Lebens. Das *Herstellen* von Gütern entspricht der Notwendigkeit, dem Menschen in einer „Dingwelt" eine „Heimat" zu geben, in der er sich - von Natur heimatlos – erkennt und orientiert und damit seine Vergänglichkeit und seine Anfälligkeit gegenüber dem wechselhaften Schicksal kompensiert durch Strukturen von relativer Dauer. Das *Handeln* (i.e.S.) schließlich umfaßt diejenigen Aktivitäten, in denen die Menschen ihre Verschiedenheit (des Tätigseins und der Weltsicht) im Umgang untereinander regeln und koordinieren (S. 14).

Das „Leben im Politischen" (Bios politikos) der Antike, Inbegriff eines vom Zwang der Bereitstellung der Existenzbedingungen freien Handelns, habe der Koordinierung des Handelns selbst gedient, hatte also nur das Handeln i.e.S. zum Gegenstand (S. 18ff.). Die „Arbeit" zur Gewährleistung des Lebensunterhaltes oblag den Sklaven, die auf Erwerbstätigkeit ausgerichtete Tätigkeit des Herstellens von Gütern den Handwerkern (S. 78). Dies bedeutete für die Technik, daß diese - im Vorfeld des „eigentlichen" menschlichen Seins - funktional auf die Garantierung von Existenzbedingungen des Lebens bezogen war. Die mittelalterliche Vorstellung von der vita activa habe hingegen auch die politische Tätigkeit unter dem Modell des Haushaltens gedacht und somit die Domäne der Technik in das Feld der Politik erweitert, jedoch insgesamt diesen Bereich menschlicher Aktivität abgewertet zugunsten des Ideals einer zweckfreien Anschauung göttlicher Ordnung. In der Neuzeit seien die einzelnen Felder menschlicher Tätigkeit (Arbeit, Herstellen und freies Handeln) nicht mehr zu trennen. Dieser Wandel sei durch die Entwicklung der Technik selbst bestimmt. Für den Übergang der Neuzeit in die jüngste Moderne gelte, daß die Technik die Koordinierungsfunktion der Politik beschränke infolge der Dynamik der durch die Technik selbst ausgelösten Prozesse.

Die Binnenstruktur dieses historischen Wandels lasse sich durch die technikinduzierte Veränderung des Arbeitens, Herstellens und politischen Handelns begreiflich machen: Die „herstellenden" Handwerker wirkten zunehmend durch die Herstellung von Werkzeugen in den Bereich der physischen Arbeit hinein und ließen als Sinn dieser Tätigkeit nur noch die Reproduktion der Lebensgrundlagen erscheinen. Die frühneuzeitliche Ökonomie unterschied in diesem Sinne zwischen „produktiver" und „unproduktiver" Arbeit - eine Unterscheidung, die dann aufzugeben war, als die Rolle des Marktes in ihrer Bestimmungsfunktion für den Wert von Gütern schließlich bei Karl Marx (s. dort) alle Wertschöpfung als produktiv erscheinen ließ (S. 82), zu differenzieren nur noch im Blick auf den „Tauschwert". Der Arbeitsbegriff ist somit auf das Feld des Herstellens ausgeweitet, alle Tätigkeit erscheint als Arbeit. Einerseits werde dadurch die Arbeit geadelt, andererseits werde der Grundidee des Homo faber, des Herstellers, zunehmend der Boden entzogen: der Idee nämlich, daß der Mensch sich in seinen selbst hergestellten Gütern erkennt. Er erkenne sich bloß als dasjenige Wesen, das seine Lebensbedingungen selbst schaffen muß unter dem Zwang der Existenznotwendigkeiten. Die Marxsche Utopie einer Abschaffung der Arbeit zugunsten einer „unproduktiven Freiheit" stehe im Widerspruch zu jener Entwicklung und erscheine als ein an der Antike orientierter Wunschtraum.

Auch die von der Werkzeugherstellung und vom Werkzeugeinsatz bedingte Notwendigkeit der Arbeitsteilung (S. 107ff.) habe die Grenzen zwischen Arbeiten und Herstellen unterlaufen. Diese Entwicklung werde verstärkt durch das Aufkommen und den Einsatz von Maschinen, die den Herstellungsprozeß nicht mehr als „Errichtung einer dauerhaften Welt von Gütern" zu modellieren erlaubten, sondern als Prozeß der Herstellung von Konsumgütern, dessen einzelne Schritte ihrerseits aus der Sicht der Beteiligten nurmehr als Handlungen zur Sicherung der eigenen Konsumwunschbefriedigung erscheinen. So wie dem Herstellen das *Ge*brauchen sei dem Arbeiten das *Ver*brauchen zugeordnet (S. 113). Während beim Herstellen die Dinge Mittel für die vom Menschen gesetzten Zwecke sind, verliere diese Unterscheidung für den Bereich der Arbeit ihren Sinn: Die Menschen selbst sind Werkzeuge anderer Art, integriert in den Prozeß der maschinellen Produktion, an ihren Rhythmus angepaßt. „Das raffinierteste Werkzeug bleibt ein Diener seines Herrn, aber die primitivste Maschine leitet die Arbeit des Körpers" (S. 134). Dies gelte im Extrem für die Automatisierung, deren oberstes funktionales Erfordernis, die Prozesse am Laufen zu halten, den Spielraum der Möglichkeiten, Produkte zu fertigen, vorgebe. Der Versuch, mechanische Arbeit am Fließband durch „erfülltes Werken" zu ersetzen, sei eine sentimentale Erinnerung an den Homo faber.

An die Idee des Herstellens war die Philosophie des Nützlichkeitsdenkens gebunden. Dessen Krise sei dadurch bedingt, daß der „Sinn" des Nutzens nicht durch das Ideal vom „herstellenden" Menschen selbst begründet werden kann (S. 141). Diese Sinndimension wurde einst im politischen Handeln aufbewahrt, welches die Gemeinsamkeit des Menschlichen erst herstellte, jenseits des Pluralismus der einzelnen Menschen als Hersteller von Gütern. Jedoch sei diesem Handeln die gemeinsame Vorstellungswelt verlorengegangen. Daher werde das politische Handeln nun seinerseits auf das Herstellen reduziert, Politik werde unter technischen Kategorien entworfen, was am Verlust elementarer Handlungen, etwa des Verzeihens (S. 237), ersichtlich werde. Aber auch auf tieferliegende Handlungsstrukturen habe dieser Reduktionsprozeß übergegriffen: Das Disponieren und Planen, z.B. der Zeit, werde durch die Technik des Messens, die ursprünglich einzig für Herstellungszwecke entworfen wurde, selbst geprägt. Die Technik bedinge zwar den Fortschritt der Naturwissenschaften und deren Erfolg. Allerdings führe dieser „Sieg" sofort zur „Niederlage": Sie liege in der Selbstberaubung des Menschen vom Nachdenken über das, was sein Sinn sein soll. Da dieser Sinn in technischen Kategorien nicht zu entwerfen ist, finde auch hier ein Vormarsch der Idee der Arbeit statt, die unter dem funktionalen Erfordernis der Erhaltung der Existenzgrundlagen stehe. Da „Glück" als lebenssinnbezogene Zielvorstellung nicht in einen Kalkül zu zwingen ist (S. 300), werde der Trieb zum Leben, die Technik als „Naturkraft" des Menschen, der „Denkprozeß als Naturprozeß" (S. 313) begriffen (Marx).

Daher fordert Hannah Arendt eine neue Sinnstiftung durch „Enthüllung" der historischen Personen, durch Reflexion auf die Traditionen, durch das Entwerfen von „Geschichte": die kompensatorische Wirkung von Kunst und Geisteswissenschaften, mithin die Notwendigkeit der wechselseitigen Ergänzung der zwei Kulturen (vgl. Odo Marquard), von denen die geisteswissenschaftliche an jene Verfallsgeschichte erinnern soll und dadurch eine Standortbestimmung ermögliche (S. 316f.).

Der ungeheure Reichtum an geistes-, technik- und wissenschaftsgeschichtlichen Exkursen dieses Werkes ist nicht zusammenzufassen. Aus heutiger Sicht kann der Radikalität der Arendtschen Kulturkritik entgegengehalten werden: Die Dreiteilung der menschlichen Aktivität, der sie - erinnernd - verpflichtet ist, ist nicht mehr aufrecht zu erhalten. So wird heutzutage das „Herstellen" nicht mehr als abgeschlossene Produktion von Dingen modelliert, sondern als Prozeß vom Ressourceneinsatz bis hin zu den Folgelasten und der Notwendigkeit der Wiederverwertung. „Arbeit" wird zunehmend als Welterzeugung begriffen, die die Subjekte einschließt - sie bekommt also Momente des Handelns zurück. Und das „Handeln" der Politik und der Wirtschaft tendiert aus der Not zunehmend zur Tugend des Bedenkens von Nachhaltigkeit und Langfristigkeit, unter der Einsicht, daß Freiheit die Leitidee zur Qualifizierung menschlichen Lebens ist, dessen physische Verfaßtheit mit der Erhaltung von Handlungskompetenz einhergehen muß. Dies äußert sich z.B. im Begriff von Gesundheit, wie ihn die WHO entwirft oder in der Erkenntnis, daß Entwicklungshilfe nicht bloß in der Garantierung von „Existenzbedingungen" durch Technikexport liegen kann. Was die Hindernisse hierfür betrifft, die sich als „Sachzwänge" ausgeben, ist Arendts Analyse aber weiterhin aktuell.

Christoph Hubig

Gerhard Banse und Helge Wendt (Hg.): Erkenntnismethoden in den Technikwissenschaften. Eine methodologische Analyse und philosophische Diskussion der Erkenntnisprozesse in den Technikwissenschaften

Berlin: VEB Verlag Technik 1986, 192 S.

In der Wissenschaftsforschung und Wissenschaftstheorie standen und stehen die Technikwissenschaften im Schatten der Natur- und Geisteswissenschaften. Insbesondere gilt dies für die westliche Welt, während ihnen in den ehemaligen sozialistischen Staaten größere Beachtung zuteil wurde. So entstanden in der DDR Zentren für die historische Betrachtung der Technikwissenschaften in Dresden und für ihr systematisch-theoretische Betrachtung in Magdeburg und Karl-Marx-Stadt (Chemnitz).

Das von Gerhard Banse (geb. 1946) und Helge Wendt (1939–1994) herausgegebene Buch gibt eine Art Zusammenfassung dieser Arbeiten zur Theorie und Methodologie der Technikwissenschaften. Seine Zielgruppe bilden die Ingenieure: Verwendung sollte es vor allem in der Ingenieurausbildung finden. Es handelt sich nicht um einen heterogenen Sammelband, sondern um eine als Einheit konzipierte und von den Autoren mit großer Disziplin umgesetzte Darstellung.

Der Aufbau des Buches geht vom Allgemeinen, den erkenntnistheoretischen Grundfragen, zum Speziellen, den Erkenntnismethoden in den Technikwissenschaften. Die Autoren sehen in den Technikwissenschaften eine eigenständige Wissenschaftsgruppe, welche zwischen den Natur- und Gesellschaftswissenschaften steht. Die der Technik zugrundeliegende Naturgesetzlichkeit ergibt ein Feld realer Möglichkeiten, die ihr gesetzten konkreten Zwecke erwachsen aus dem „gesellschaftlich Notwendigen" (S. 10f.). Damit ist in den Technikwissenschaften von vornherein Interdisziplinarität angelegt, deren Bedeutung immer mehr zunimmt. Technikwissenschaften gehören zur Gruppe der „strategischen Wissenschaften", „deren erklärtes Ziel darin besteht, Normen, Direktiven, Handlungsvorschriften sowie Entwürfe für neue Gebilde zu antizipieren, die die sich im Anschluß daran vollziehende praktische Tätigkeit des Menschen erfolgreich steuern und zu effektiver Beherrschung der Wirklichkeit führen" (S. 10).

Gegenstand der Technikwissenschaften sind vorhandene, vor allem aber zu schaffende technische Systeme. Die Autoren betonen an verschiedenen Stellen den antizipativen Charakter der Technikwissenschaften, in der wissenschaftlichen Durchdringung der bestehenden Technik sehen sie nur eine Durchgangsstufe. Am Ende des Erkenntnisprozesses stehen „Strategien" als technische Handlungsanweisungen, in die theoretisches und empirisches Wissen, Können und Kenntnisse der gesellschaftlichen Praxis eingehen. Ebenso vollzieht sich das vom naturwissenschaftlichen Entdecken zu unterscheidende technische Erfinden im Spannungsfeld von Naturgesetzlichkeit, welche den „Spielraum des technisch Möglichen" markiert, dem Entwicklungsstand von Technik und Gesellschaft, welcher das „Machbare" angibt, und der als „entscheidend" hervorgehobenen „gesellschaftlichen Zielstellung" (S. 33). Ist damit die gesellschaftlich-strukturelle Seite des Erfindens gekennzeichnet, so behandeln die Autoren anschließend unter den Stichworten Phantasie und Intuition die individuellen Seiten des „Schöpfertums".

Nach dieser Diskussion einiger theoretischer Aspekte der Technik und der Technikwissenschaften wenden sich die Autoren ihrem Hauptthema, den technikwissenschaftlichen Erkenntnismethoden, zu. Deren Anwendung mündet nicht in abstrahierende Gesetzesaussagen, sondern in den „Probelauf eines neuen oder verbesserten technischen Systems oder Elementes", was eine Erfassung der Totalität und Komplexität des Gegenstandes voraussetzt (S. 80). Für die Planung des methodischen Vorgehens zwischen den Polen Routine und Intuition geben die Verfasser Hinweise, betonen aber die prinzipielle Unvollständigkeit sowie die Notwendigkeit relativer Offenheit und Revidierbarkeit der Planung.

Bei der Diskussion der wichtigsten Methodenkomplexe beginnen die Autoren mit den heuristischen Methoden. Mit Hilfe des Instrumentariums der angewandten Systemanalyse, mit Funktions- und Schwachstellenanalysen, Matrizen, Check-Listen oder interaktiven Dialog-Systemen lassen sich technikwissenschaftliche Probleme auf eher unscharfe Weise gliedern und aufbereiten. Das Kapitel über mathematische und formallogische (deduktive) Methoden setzt ein mit einer grundsätzlichen Betrachtung der Mathematisierung in den Technikwissenschaften, in der die Verfasser ein Kennzeichen bereits weitgehend theoretisierter Teilbereiche erblicken. Mathematisierung setzt theoretisch ausgearbeitete Teile der Wissenschaft voraus, Meßbarkeit der wichtigsten technischen Parameter und Angemessenheit der mathematischen Modelle. Trifft dies alles zu, dann kann die Mathematik eine „Untersuchungsmethode" darstellen, welche Experimente ersetzt oder diese zielgerichteter zum Einsatz bringt. An den mathematischen Apparat wie an technikwissenschaftliche Theorie sind die Forderungen der Einfachheit wie der rationellen Handhabbarkeit zu richten.

Als weitere Methoden werden Messung, Experiment und die Verwendung von Modellen (im weitesten Sinn) behandelt. Mathematisierung, aber auch Erfordernisse des Experiments sowie der Produktion bedingen technische Meßverfahren. Das technikwissenschaftliche Experiment geht über das naturwissenschaftliche insofern hinaus, als es nicht nur der Hypothesen-, sondern auch der Entwurfs- und Strategieüberprüfung dient. Modelle von vorhandener oder angestrebter Technik bilden – wie Modelle in anderen Wissenschaften auch – Erkenntnisinstrumente. Erkenntnis wird nicht nur in den Technikwissenschaften gewonnen, sondern darüber hinaus in der industriellen Praxis, da antizipative Aussagen mit Unsicherheiten behaftet und Praxisbedingungen nur eingeschränkt zu simulieren sind. Diese Praxis benutzt dabei mit Prototypen und Pilotanlagen Modelle besonderer Art.

Die „Erkenntnismethoden in den Technikwissenschaften" sind vom Standpunkt der dialektisch-materialistischen Theorie aus geschrieben, was sich nicht zuletzt in der häufigen Verwendung von Begriffen wie „Widerspiegelung", „Widerspruch" oder „dialektische Einheit" zeigt. Jedoch enthalten sie keine zentralen Aussagen zum engeren Thema des Buches, welche sich nicht auch von anderen weltanschaulichen Standpunkten aus begründen ließen. Ideologische Einseitigkeiten kommen äußerst selten vor, so wenn an einer Stelle bemerkt wird, daß sich allseitige Interdisziplinarität nur im Sozialismus entwickeln könne (S. 19). Aus der marxistischen Tradition resultiert ein deutlicher Technikoptimismus. Die Verfasser zeigen sich davon überzeugt, daß die Technik beherrschbar ist.

Obwohl die Autoren die gesellschaftliche Gebundenheit der Technikwissenschaften betonen, befassen sie sich wenig mit ihrer konkreten sozialen Entstehung. Sie gehen nicht darauf ein, wo theoretisches und praktisches Wissen und Technik entsteht und ob unterschiedliche soziale Entstehungszusammenhänge nicht spezifische Erkenntnismethoden, Wissensinhalte oder -formen mit sich bringen. Die Aussparung dieser wissenssoziologischen Perspektive ist gerade bei den Technikwissenschaften bedauerlich, bei denen die Wissenschaftlergemeinschaft den Hochschulbereich weit überragt und auch außeruniversitäre Forschungsstätten, die Industrieforschung und weitere Abteilungen der Industrie umfaßt. Das allzu knappe, ebenfalls kognitiv angelegte Kapitel über Erkenntnisgewinn in der industriellen Praxis kann dieses Manko nicht ausgleichen.

Es scheint so, daß die Verfasser – trotz aller Relativierungen – das theoretische Moment in der Technik und in den Technikwissenschaften überschätzen, wenn z.B. Gesetzeserkenntnisse als einzig mögliche Ausgangspunkte für revolutionäre technische Neuerungen gekennzeichnet werden (S. 60). Eine nicht immer scharfe Trennung zwischen Technik und Technikwissenschaften trägt zu diesem Eindruck bei. In einer marxistischen Perspektive, welche die Gesellschaft als Ganzes im Prozeß der Verwissenschaftlichung befindlich sieht, kann man vielleicht auch nicht zu anderen Ergebnissen kommen.

Trotz dieser konzeptionellen Kritikpunkte ist das Buch ein beeindruckendes Zeugnis der empirischen Breite und theoretischen Tiefe, mit der in der DDR die Technikwissenschaften behandelt wurden. Der damit befaßte kleine Zweig der Wissenschaftsphilosophie hat zweifellos auch international vorzeigbare Ergebnisse hervorgebracht. Leider hat die Vereinigung der deutsch-deutschen Wissenschaft diese hoffnungsvolle Forschungsrichtung unterbrochen.

Wolfgang König

Jean Baudrillard: Simulacres et Simulation

Paris: Édition Galilée 1981; zit. nach der engl. Ausgabe Simulacra and Simulation, Ann Arbor, MI: The University of Michigan Press 1994, 164 S.

Jean Baudrillard (1929–2007) war Professor für Soziologie an der Universität Paris-Nanterre und gilt als einer der umstrittensten Kritiker der modernen Gesellschaft. In seinen frühen Schriften verbindet er strukturalistische, psychoanalytische und neo-marxistische Ansätze zu einer kritischen Analyse der Konsumgesellschaft der Nachkriegszeit. In den siebziger Jahren wird er zu einer führenden Figur der französischen Postmoderne und einer ihrer radikalsten Theoretiker. Da eine postmoderne Ära beginne, seien die geläufigen Beschreibungsmittel der modernen Gesellschaft obsolet geworden, weswegen neue adäquate Analysewerkzeuge geschaffen werden müssen. Moderne Kategorien wie ‚Subjekt', ‚Politische Ökonomie', ‚Wahrheit', ‚Realität', ‚Klasse' oder ‚Geschlecht' würden in der postmodernen Formation verschwinden. Stattdessen seien Konsum, Neue Medien und Hochtechnologien zentral für die neue Qualität der postmodernen sozialen Ordnung. Baudrillards Essayband „Simulacra and Simulation" ist ein Zeugnis für die Irritationen, welche der Einbruch der neuen IuK-Techniken sowie von Atom- und Gentechnik auslösten. Er ist zugleich eine scharfe Kritik an der Neuen Linken; denn mit dem Übergang in die Postmoderne, so Baudrillard, läuft eine neomarxistische Ideologiekritik ins Leere, die meint, eine gerechte Gesellschaft schaffen zu können, wenn das Kapital nur in die richtigen Hände gelangte und entsprechend gesteuert und verteilt würde. Für Baudrillard bleibt eine solche Kritik naiv, weil sie nicht sieht, daß sich das Kapital nicht an vorgeschriebene Regeln – egal von welcher politischen Seite – hält. Eine Kritik müsse daher radikaler ausfallen und diese Herausforderung der Nicht-Regulierbarkeit annehmen. In den 18 relativ eigenständigen Essays des Bandes polemisiert Baudrillard gegen die Moderne, ohne sich differenziert mit einzelnen Positionen oder Begriffen auseinanderzusetzen. Er will deren Unhaltbarkeit angesichts der postmodernen Lage vielmehr vorführen. Man liest die Essays deshalb am besten als Provokationen, die zum Weiterdenken herausfordern.

In „The Precession of Simulacra" formuliert Baudrillard seine zentrale These, daß die postmoderne Gesellschaft ein Universum der Simulation geworden sei. Diese These basiert auf einer Typologie der vormodernen, modernen und postmodernen Gesellschaft, die er nach ihren diskursiven Zeichenordnungen unterscheidet: Vormoderne Gesellschaften verwenden Simulakra der ersten Ordnung, die eine tieferliegende Realität maskieren. Moderne Gesellschaften verwenden Simulakra zweiter Ordnung, die die Abwesenheit einer tieferliegenden Realität maskieren. Für beide Gesellschaftstypen ist die Unterscheidbarkeit von Zeichen und Bezeichnetem grundlegend. Die postmodernen Simulakra der dritten Ordnung hingegen stellen Trugbilder dar, die Realität simulieren, indem sie die Differenz von Bezeichnetem und Zeichen vortäuschen (S. 6). Den Begriff der Simulation verwendet Baudrillard also im Sinne von Vortäuschung und Verstellung: Die postmoderne Gesellschaft täuscht Realität nur vor, sie hat keine mehr.

Diese Simulations-These plausibilisiert Baudrillard mehr oder weniger erfolgreich an Beispielen aus allen Bereichen des öffentlichen und privaten Lebens: Nach welchem Verfahren lassen sich Kranke von Gesunden unterscheiden, wenn man heute davon ausgeht, daß sich jedes beliebige Symptom produzieren läßt? (S. 3). Wie kann man entscheiden, ob ein Bombenanschlag Rechten oder Linken zuzurechnen ist, wenn beide davon profitieren können, wenn die Öffentlichkeit den jeweils politischen Gegner verdächtigt (S. 16)? Wer die Watergate-Affäre für einen Skandal halte, müsse damit rechnen, einer Inszenierung auf den Leim gegangen zu sein – etwa von Seiten der Medien, die die Bedeutung ihrer aufklärerischen Arbeit für die Öffentlichkeit demonstrieren wollen (S. 15). Bei der Interpretation solcher Ereignisse, so Baudrillard, seien alle Möglichkeiten gleich wahrscheinlich. Dieser „Interpretationsschwindel" (S. 16) macht selbst vor der Wissenschaft keinen halt, die weiß, daß sie ihren Gegenstand im Zuge des Untersuchens co-produziert.

Die postmoderne Gesellschaft versuche also, das Verschwinden des Realen aufuhalten, indem sie das Reale simuliert (S. 23). Sie schaffe sich eine Alibi-Welt, die Baudrillard ‚Hyperrealität' nennt. Hyperrealität sei keine Realität, die gegeben ist und die von Zeichen und Bildern – wie in der Epoche der modernen Gesellschaft – repräsentiert werden kann. Hyperrealität sei injizierte, simulierte Realität. Sie zeichne sich durch ein „Mehr" an Realem aus. Baudrillards Paradebeispiel hierfür ist Disneyland, mit dem sich die amerikanische Gesellschaft vortäusche, erwachsen zu sein, indem sie ihre Infantilität in einem eingezäunten, imaginären Bereich auslebt (S. 13). Disneyland soll uns glauben machen, außerhalb seiner Grenzen liege die Realität (S. 12). Simulationen wie Disneyland sind „Strategien des Realen" (S. 19), welche die Differenz zwischen real und fiktiv eben dadurch als simulierte Differenz offenbaren, daß sie diese herzustellen versuchen, und dies häufig in überspitzer Form. Zu dieser Logik der Simulation gehört ein System der sozialen Kontrolle, welches auf „Abschreckung" beruht. So liege die politische Macht von Atombomben in der Abschreckung, also in der Simulation eines Bombenabwurfs. Das System der Abschreckung funktioniert nur solange, wie eine befürchtete Katastrophe jederzeit passieren kann, aber nicht passiert.

Die folgenden kürzeren Essays spielen die Simulations-These an weiteren Beispielen durch, ohne viel Neues zu bringen. In „History: A Retro Scenario" demonstriert er die vermeintlich absolute Emanzipation medialer Zeichen von ihren vormals realen Referenzialien am Beispiel historischer Filme, die sich nicht auf die reale Geschichte beziehen würden, sondern nur nostalgische Bedeutung hätten (S. 43). Deswegen würden TV-Sendungen über den *Holocaust* nicht aufklärend, sondern verschleiernd wirken, indem sie den Zuschauer in der Sicherheit wiegen, alles gesehen zu haben und alles zu wissen, wodurch sie die Erinnerung an den Holocaust letztlich liquidieren (S. 49). Dem Verhältnis zwischen tatsächlichen Ereignissen und deren medialer Darstellung geht Baudrillard auch in „The China Syndrome" nach. Das ‚China-Syndrom' benennt ein Horrorszenario eines nuklearen Unfalls in den USA, bei dem es zu einer Verseuchung bis nach China komme. Nach diesem Szenario ist ein Spielfilm von 1974 benannt, in dem ein Journalisten-Team nicht hinreichende Sicherheitsvorkehrungen in einem Atomreaktor aufdeckt. Dieser Film werfe schon deswegen die Frage nach der zeitlichen und logischen Vorwegnahme von medialem und realem Ereignis auf, weil er zwölf Tage vor dem tatsächlichen Reaktorunfall auf Three Mile Islands in Pennsylvania in die Kinos kam (S. 54). In „Apocalypse Now" hebt Baudrillard eine strukturelle Gleichheit von Film und Krieg hervor: Bei beiden gehe es im Zeitalter der Simulation um das Testen von Spezialeffekten, filmischen und militärischen (S. 59).

Von deutscher und US-amerikanischer Kriegsführung schwenkt Baudrillard dann in „The Beaubourg Effect: Implosion and Deterrence" und „Hypermarket and Hypercommodity" zur französischen Architektur und Stadtplanung. Das in dem 1977 fertiggestellten Beaubourg-Gebäudekomplex (Centre Georges Pompidou) beherbergte Museum für moderne Kunst sei ein „Kadaver" der modernen Hochkultur, welcher in seiner massifizierenden und homogenisierenden Wirkung funktional dem französischen Hypermarkt gleiche. Moderne Kultur, die auf einem Geheimnis und sozialem Ausschluß basieren muß, wird durch die Ideologie der Transparenz und der Beteiligung aller zur Simulation. Der *Hypermarket* ist der Prototyp der postmodernen Stadt, genau wie die Fabrik der Prototyp der industriellen Stadt war (S. 76). Dabei verbirgt er hinter dem Anschein, ein Markt zu sein, daß seine eigentliche Funktion in einer Simulation der verloren gegangenen modernen Stadt liegt (S. 78). Auch in „The Implosion of Meaning" kreidet Baudrillard der Massengesellschaft an, in der Informationsflut der Massenmedien jeden Sinn für tiefe Bedeutungen verloren zu haben (S. 79). Übrig bleibe das Spektakel der Massenmedien. „Absolute Advertising, Ground Zero Advertising" zieht diese These noch einmal am Beispiel der Werbung auf; da alle Zeichen als Werbung fungierten, müsse jede Tiefenschicht von Bedeutung zwangsläufig vernichtet sein (S. 87).

Während es in den mittleren Essays scheint, als wiederhole Baudrillard bekannte Kritik an Konsum- und Massengesellschaft, kommt er in den folgenden Essays auf spezifisch zeitgenössische Themen zu sprechen. In „Clone Story" geht es um die Möglichkeit der Unterscheidung von Original und Kopie, die durch die Gentechnik in besonderem Maße irritiert werde. Der genetische Klon sei kein einfaches Double, auch nicht mit Zwillingen zu vergleichen, sondern die vollkommene Selbstreproduktion. Die Technik des Klonens verheiße eine „Ewigkeit desselben" (S. 95), stelle sich gegen jede zeitliche Ordnung des biologischen Verfalls von Leben und führe nicht zuletzt zu einem Überflüssigwerden der familiären Organisation der Reproduktion unserer Art. Körperliche Identität werde in eine totale Serialität überführt. Galt herkömmliche Technik als äußere Erweiterung des Körpers im Sinne von Organprojektionen (vgl. Kapp, s. dort und Gehlen, s. dort), so werde der Körper selbst jetzt durch Technik von innen her simuliert. Dank der Homogenität des genetischen Codes habe er jede Form von äußerer Alterität verloren (S. 102).

In „Holograms" thematisiert Baudrillard diese als perfekte dreidimensionale Simulationen, die die Logik der Repräsentation übersteigen (S. 106). Analog dazu geht der typisch postmoderne Roman „Crash", dem sich Baudrillard in einem gleichnamigen Essay widmet, über moderne Science Fiction hinaus. In der 1973 veröffentlichten Geschichte lebt eine Gruppe ihr sexuellen Phantasien aus, indem sie Autounfälle inszeniert. Für Baudrillard steht die Erzählung deshalb Modell für die neue Hyperrealität, weil hier Verkehr, Unfall, Technik, Tod, Sex und Simulation eine synchrone Maschine bildeten (S. 118). Das Hyperfunktionale dieser Maschine besteht in der Abwesenheit der Möglichkeit von Dysfunktionen: Wenn der Tod zum Fetisch wird (der funktionale Autounfall), könnten technische Störungen nicht mehr dysfunktional für den Zweck der Maschine sein. In „Simulacra and Science Fiction" kommt Baudrillard auf die drei historischen Ordnungsprinzipien von Simulakra zurück und ordnet den Simulakra der ersten Ordnung (Barock und Renaissance) klassische Utopien und den Simulakra der zweiten Ordnung (Moderne) Science Fiction zu. In der Postmoderne sei jede Form von Utopie und Revolution sinnlos geworden.

In „The Animals: Territory and Metamorphoses" veranschaulicht Baudrillard die Grenzen der aufklärerischen Vernunft, die die Natur restlos beherrschen wollte, an der industriellen Nutzung von Tieren. In Labor, Mästung und Schlachtung werden Tiere zwar radikal domestiziert und „ent-bestialisiert", dennoch fügen sie sich nicht restlos in die industriellen Mechanismen. Massentierhaltung führe zwangsläufig zu Seuchen und öffentlichen Hysterien (S. 130). Beschämender für die moderne Vernunft sei jedoch, daß die Tiere letztlich schweigen, egal mit welchen Mitteln Wissenschaftler aus ihnen physiologische oder genetische Daten lesen. Das Schweigen der Tiere steht für das Scheitern der Vernunft, denn alles, was dem Selbstverständnis des bürgerlichen, europäischen, weißen Mannes der Aufklärung vormals kategorisch entgegengesetzt war (Irre, Sex, Kinder, Frauen, Tote, Primitive, Tiere) sollte in der Sprache der Vernunft zum Sprechen gebracht werden. Doch wenn sich Teildisziplinen diesen

Untersuchungsgegenständen widmeten, höre die Vernunft nur Antworten ihrer zirkulären Codes und damit nichts anderes als sich selbst (S. 138).

In „The Remainder" stellt Baudrillard die Diagnose, daß sich die Vernunft selbst auflöst, wenn kein Rest des Anderen der Vernunft bleibt. Es gibt kein Anderes mehr, weil erstens die Vernunft ihr Anderes abgeschafft hat, indem sie alles zum Sprechen brachte und weil zweitens das, was schweigt und sich eben dadurch nicht von der Vernunft vereinnahmen läßt, in seinem Schweigen keinen positiven Gehalt eines Widerstandes oder einer Andersartigkeit ausmachen kann. Was für die Vernunft gilt, gilt ebenso für das Soziale: wenn es alles sozialisiert, schafft es sich dadurch selbst ab (S. 144). Die postmoderne Welt müsse zur Simulation werden, weil nichts mehr übrig geblieben sei. Folgerichtig sei auch die Macht, das Wissen und die Demokratie am Ende (S. 149), wie Baudrillard in „The Spiraling Cadaver" schildert. Diese fatale Situation wendet Baudrillard dann doch wieder kritisch, indem er behauptet, daß die herkömmlichen Vorstellungen von Macht, Wissen, Kultur usw. nach wie vor die soziale Ordnung beherrschen (S. 152), so daß hinter diesen Vorstellungen der eigentliche Terror von absoluter Transparenz, Kontrolle und definitem Code kritisch aufgedeckt werden kann. Doch hieraus kann nicht viel folgen, wenn jede Revolution ein Phantasma bleibt (S. 152). Das Selbstreferentielle der Simulation schluckt nicht zuletzt alle Werte, die nur dadurch überhaupt noch als Werte erscheinen, weil sie sich unaufhaltsam in Zirkulation befinden und doch keinen Wert von etwas repräsentieren können, wie vormals ein Diplom für getane Arbeit (S. 156) – so Baudrillard in „Value's Last Tango". In „On Nihilism" schließt er, daß wir im Nihilismus der Transparenz verharren müssen, weil wir durch die wüstenartige Entdifferenzierung aller Formen nichts anderes tun können, als die Operationen des Systems, welches uns zerstört, zu beobachten. Es verwundert daher nicht, wenn er bekennt: „I am a nihilist" (S. 160).

Baudrillards Diagnosen sind je nach Lesart zynisch oder fatalistisch, jedenfalls rhetorisch überdeutlich. Argumentativ leiden sie unter dem Absehen von soziohistorischen, politischen und ökonomischen Kontexten. Der abstrakte, generalisierende Stil legt außerdem die Zwangsläufigkeit der Selbstauflösung der Moderne durch ihre eigenen Prinzipien (Vernunft, Kapital, Technik) nahe, weil Baudrillard politische und soziale Gestaltung kategorisch ausschließt. Der Verlauf des technischen Wandels und der Anteil der Technik an der gesellschaftlichen Entwicklung erscheinen daher als determiniert. Dennoch stellen Baudrillards Essays ein inspirierendes und provokatives Reflexionsangebot über die (post-)moderne Konsum- und Mediengesellschaft dar und thematisieren bereits sehr früh (in den siebziger Jahren) neue Phänomene wie Simulation, Virtualisierung und Digitalisierung. Es ist darüber hinaus interessant, daß Baudrillard zur Beschreibung der neuen postmodernen Lage – wo er diese nicht durch Abgrenzung von der modernen Gesellschaft, d.h. auf negativem Wege erreicht – durchweg eine technizistische Terminologie bemüht.

Suzana Alpsancar

Heinrich Beck: Kulturphilosophie der Technik. Perspektiven zu Technik, Menschheit, Zukunft
2., völlig neu bearbeitete und ergänzte Auflage von „Philosophie der Technik", 1969; Trier: Spee-Verlag 1979, 292 S.

Der 1929 geborene Bamberger Philosophieprofessor Heinrich Beck befaßt sich in Lehre und Forschung mit Ontologie, Kulturphilosophie und Erziehungswissenschaften, insbesondere auch mit anthropologischen Problemen der modernen Welt. Als seine geistigen Quellen nennt er selbst immer wieder Thomas von Aquin, Georg Wilhelm Friedrich Hegel, Nicolai Hartmann und Martin Heidegger.

Diese Quellen treten deutlich hervor in seiner „Kulturphilosophie der Technik", die er in sechs Kapiteln darstellt.

Das erste Kapitel handelt vom „Wesen der Technik", das er in aristotelisch-scholastischer Manier als „Begegnung von Natur und Geist" bestimmt, „wobei die Natur vom Geist nicht nur in ihren Gesetzen erkannt, sondern nach seinen Ideen verändert und umgeformt wird". Damit greift er die Lehre von der Zusammensetzung des endlichen Seins aus Materie und Form auf, betont aber, daß es weniger auf die substantiellen Gebilde selbst ankommt als auf ihre „Relation zum Menschen" (S. 38f.), welcher als gesellschaftliches Wesen den „freigewählten Gebrauchs- oder Nutzzweck" bestimmt. Von der „ontologischen Konstitutionsanalyse", die mit der Darlegung der vier Ursachen – Materie, Form, Zweck und Wirkursache – geleistet ist, geht Beck zur „geschichtsphilosophischen Erhellung" über, wobei er sich auf Hegel beruft (S. 41). Das ist möglich, weil der Mensch als die „Hauptursache" deutlich geworden ist (S. 40). Die Technik ist so alt wie der Mensch (S. 45); in ihr vollzieht sich die Begegnung von Geist und Natur, die Beck als vierfach fortschreitenden Eingang „1. der Natur in den Geist, 2. des Geistes in die Natur, 3. der Natur in sich selbst, und 4. des Geistes in sich selbst" (S. 48) begreift.

Die Modellierung der Begegnung von Geist und Natur nimmt dabei zentrale Linien der Hegelschen Philosophie auf, formuliert freilich mittels Begriffen der Technikphilosophie Martin Heideggers (s. dort) und kulminierend in einem quasi theologisch formulierten Schlusspunkt: Der Geist „geht in die Natur" im Modus der Arbeit, in der seine Begierde gehemmt wird und er sich in seinen Werken bildet. Die Natur „geht in den Geist", indem sie nach Maßgabe der Vernunft strukturiert und modelliert wird hin zu einer Wirklichkeit (d.i. „was wirken kann", Hegel) unter den Bedingungen der Vernunft, die das System der Bedürfniserfüllung organisiert. Die Natur „geht in sich", insofern die Vernunft sich als „Leben" erfährt, welches dem „Trieb" zur Bestimmung und Bemächtigung der Welt folgt. Der Geist „geht in sich", insofern er sein Leben als Vernunftidee der Freiheit, die er nicht der Natur ablauschen kann, begreift. Wirklichkeit (i.S. Hegels) als Synthese der bloßen Realität der Natur und der Vernunftidee der Freiheit erscheint als etwas, zu dem das Seiende allererst kommt: „Wirklichkeit selbst ist im Kommen" (S. 128). Als Einheit des bloß prozessierenden Seienden (Realität) und seines Grundes (der Instanz des „Wozu?"). Hierin sieht Beck einen neuen „Advent".

Die beiden nächsten Kapitel behandeln zunächst den positiven weltgeschichtlichen Sinn der Technik, sodann die negative Situation der modernen Technik. Beck zeigt, wie in der Entwicklung der Technik die Natur immer mehr zum Werk des Menschen wird, wie sie die Seinsform annimmt, die der Mensch ihr zuweist (S. 58), wie andererseits der Mensch immer mehr auf die „genaueste Respektierung der Naturgesetze angewiesen" ist und so „radikaler abhängig wird von der Natur" (S. 59). Negativ sieht Beck in der Entwicklung der Technik zugleich die „Indienstnahme, Beherrschung, zweckgerichtete Umformung und Manipulation" (S. 84) der Natur als verfügbares Objekt, weil diese Art des Umgangs mit Natur jegliche Transzendenz und damit jegliche Bestimmung durch Transzendenz aufgibt (S. 88), was sich für Beck besonders im Kommunismus zeigt, denn dessen „Titanismus der Technik ist nichts anderes als die eigentliche Konsequenz der neuzeitlichen Verfassung der Technik, deren konsequente Vollgestalt" (S. 89).

Nach dieser Situationsanalyse stellt Beck im vierten Kapitel (S. 93ff.) seine ethisch-pädagogischen Forderungen nach einer geistigen Bewältigung der Technik unter geschichtsphilosophischen Aspekten dar. Hierbei wird sein an transzendenten Werten orientiertes Menschenbild und Geschichtsverständnis deutlich, das zudem vor allem auch die interkulturellen Beziehungen berücksichtigen will. Sein deutlich anthropozentrisches Verständnis der Technik kommt zum Ausdruck, wenn Beck erklärt, daß die Frage, „unter welchen Bedingungen es zu verantworten ist, die sinnvollen Bildungen der Natur technisch zu zerstören und in ihre Elemente zu zerlegen, um aus ihnen anderes aufzubauen und herauszustellen", ihre eigentliche Bedeutung erhält „im Hinblick auf die technischen Eingriffe und Experimente an höheren Lebewesen und letztlich am Menschen" (S. 100). In diesem Zusammenhang diskutiert Beck die „ontologische Schichtenauffassung" vor allem an der Problematik der „Technisierung des Geschlechtlichen" (S. 120ff.), die als untere Schicht des Menschlichen und deshalb als durch Interessen instrumentalisierbares Objekt aufgefaßt wird, sowie an der Generationenproblematik und am Verhältnis zwischen den technisch-industriell hochentwickelten Völkern zu der Entwicklungsbevölkerung. Wenn Beck die Begegnung der Geschlechter, der Generationen, der Gesellschaften und Völker behandelt, dann wird deutlich, daß er ein sehr weit gefaßtes Technikverständnis zugrundelegt, das die gesamte Kultur erfaßt, deren Sinnerfüllung und Einheit sich für ihn nur im Bezug zur Transzendenz einstellt.

In einem geschichtsmetaphysischen Ausblick zeigt sich für ihn, daß Kosmos, Natur und Menschheit auf Einheit angelegt sind, daß „das Noch-nicht-Sein der Einheit immer empfindlicher spürbar" wird (S. 127). Diese Einheit kann erreicht werden, wenn die Menschheit sich bewußt wird, daß die Wirklichkeit aus einem transzendenten Ursprung herkommt, wie Beck in geradezu Heideggerscher Sprache sagt – und damit zugleich seine Verwurzelung in einer theologischen Weltsicht deutlich werden läßt. Er erklärt: „Indem durch den sich steigernden Verwirklichungsprozeß der Technik das Seiende immer mehr ins Sein aufsteigt, steigt dieses aus seinem göttlichen Grund gleichsam immer tiefer ins Seiende ab: Das Seiende und sein Grund kommen (durch alle Positivität und Negativität) im Kulturereignis der Technik aufeinander zu" (S. 128).

Die Darlegung einiger Aspekte der Kybernetik gibt Beck die Gelegenheit, über prinzipielle Grenzen der Biotechnik nachzudenken und die Möglichkeit von Freiheit und Verantwortung deutlich zu machen, worauf sich auch Grenzen der Soziotechnik begründen. Die durch die Kybernetik ermöglichte größere Freiheit und Selbstbestimmung bewirkt jedoch auch eine größere Verantwortung für die Zukunft, so daß „ohne ethische Vervollkommnung des Menschen eine Vervollkommnung der Technik über einen gewissen Grad hinaus nicht möglich ist" (S. 155).

Das letzte Kapitel zeigt den Verfasser als engagierten politischen Menschen, der die Aufgabe der Zukunft in partnerschaftlich-solidarischer Gesellschaftsbildung sieht und die Konsequenzen für Ehe und Familie, Schule, Wissenschaft, Wirtschaft, Politik und Religion herausarbeitet. Weder liberalistischer Individualismus noch kollektivistischer Sozialismus (S. 168–170), in denen Beck letztlich Atheismus oder pervertierte Religion sieht, können die Lösung bringen – sie stürzen schließlich in existentielle Einsamkeit und Angst, woraus nur der dialogische Bezug zu einem Gott den Menschen retten kann.

Becks „Kulturphilosophie der Technik" ist verwurzelt in einer christlichen Grundüberzeugung – verbunden mit interkulturellem Engagement. Das anthropologisch-ethische Interesse bricht überall immer wieder durch. Dieses Interesse wird zur Aufgabe und verlangt „nach einer solidarischen und partnerschaftlichen Gesellschaftsstruktur, in der der Mensch in seiner individuellen Dimension maximal anerkannt und zugleich in seiner sozialen maximal gefordert ist. Mit solcher Aufhebung von Individualismus und Sozialismus im Solidarismus stellt sich eine epochale Aufgabe, in der die Technik die eingebrochene skeptizistische und nihilistische Voraussetzung überwinden und die Positivität des Seins zur Erfahrung, Anerkennung und gesteigerten Verwirklichung bringen kann" (S. 172). Die Botschaft, die der Autor vermitteln will, wird dadurch beeinträchtigt, daß die ‚hermetische' Sprache, die von scholastischer Ontologie über Hegelsche Formulierungen zur Geschichtsphilosophie bis zu Heideggerscher Sondersprache führt, die Verständlichkeit der Botschaft stark behindert. Weil die Begrifflichkeit dieses Buches zu fern von der Sprache der Ingenieure und damit von realer Technik ist, bleibt eine notwendige Kulturphilosophie der Technik noch immer ein Desiderat. Die interkulturell ausgerichtete Technikphilosophie kann wohl nur eine weltanschaulich offene, die eigenen Grundlagen stärker reflektierende und an den Menschenrechten orientierte Kulturanthropologie sein.

Alois Huning

Ulrich Beck: Risikogesellschaft. Auf dem Weg in eine andere Moderne
Frankfurt/M.: Suhrkamp 1986 (es 1365), 392 S.

Ulrich Beck, geb. 1944, ist einer der bekanntesten deutschsprachigen Soziologen, er lehrte an der Universität Bamberg und nunmehr in München und gibt die Zeitschrift „Soziale Welt" heraus.

Das Werk entstand 1985; es schuf das Schlagwort von der Risikogesellschaft. Kurz vor der Drucklegung reagierte Ulrich Beck auf die Katastrophe von Tschernobyl mit einem weiteren Vorwort, in dem er seiner Rede von der industriellen Risikogesellschaft „einen bitteren Beigeschmack von Wahrheit" attestiert (S. 10). Der Risikobegriff bekommt bei Beck durch die Universalisierung eine neue Qualität.

Beck markiert den Ausgangspunkt seiner Analyse des momentanen Zustandes der Gesellschaft so: „Ähnlich, wie im 19. Jahrhundert Modernisierung die ständisch verknöcherte Agrargesellschaft aufgelöst und das Strukturbild der Industriegesellschaft herausgeschält hat, löst Modernisierung heute die Konturen der Industriegesellschaft auf, und in der Kontinuität der Moderne entsteht eine andere gesellschaftliche Gestalt" (S. 14). Das traditionelle Wissenschafts- und Technikverständnis wird entzaubert, und indem sich die Prämissen der Industriegesellschaft modernisieren, werden die Leitbilder für Leben und Arbeiten in der Kleinfamilie, die Leitbilder der Männer- und Frauenrolle, ja selbst das, was in den Bahnen der Industriegesellschaft als Modernisierung gilt, durch Neues ersetzt. Funktionale Differenzierung und betriebsgebundene Massenproduktion werden in dieser zweiten Stufe der Rationalisierung verschwinden (S. 14), aber nicht in einer revolutionären Entladung, sondern „auf den leisen Sohlen der Normalität".

Becks breit angelegter Versuch, die „reflexive Modernisierung der Industriegesellschaft" in zentralen Feldern der gesellschaftlichen Praxis in ihrem geschichtlichen Verlauf zu zeigen und „über die Begrifflichkeit der Industriegesellschaft ... hinaus zu verlängern" (S. 17) beginnt mit der Feststellung, daß die Industriegesellschaft Reichtum und Risiko zugleich produziere. Beides wird von Beck als offenkundig gegensätzlich angesehen. Wenn die Nebenfolgen des technisch-ökonomischen Handelns beginnen, durch die Produktion von Risiken den Machtgewinn und die Reichtumsverteilung zu überschatten, dann zeigt sich nach Beck, daß hiervon alle Bereiche global betroffen sind und nicht nur isolierte betriebliche und berufliche Risiken wie im 19. Jahrhundert. Beck betont, daß diese Globalisierungstendenz der Gefährdung neuartige soziale und politische Dynamiken hervorruft (Kap. I und II).

Dies ist aber nur die eine Seite der Risikogesellschaft. Beck stellt die immanenten Widersprüche zwischen Moderne und den Gegenbewegungen zu ihr nebeneinander; dadurch wird deutlich, daß bei ihm die herkömmliche Industriegesellschaft als Großgruppengesellschaft konzipiert ist (Klassen und Schichten), deren Kulturen und Traditionen im Zuge nationalstaatlicher Wohlfahrtsmaßnahmen enttraditionalisiert wurden (Kap. III).

Auch die Industriegesellschaft basiert auf dem Muster des kleinfamiliären Zusammenlebens, dort hatte sie, durch die Zuweisung der Geschlechterrollen, ihre stabilisierenden Momente. Löst nun die Modernisierung durch Veränderung dieser Rollen diese Stabilität auf, so gerät alles, was damit traditionell zusammenhängt, in Bewegung: Produktion und Reproduktion, Ehe, Elternschaft, Sexualität, persönliche Beziehungen (Kap. IV).

In den Kapiteln V bis VIII thematisiert Beck die Kategorien der Arbeitsgesellschaft, das System Wissenschaft und die Formen der parlamentarischen Demokratie. Die Prämissen des bisherigen Beschäftigungssystems werden gleichsam hinwegmodernisiert; die Erfahrung nicht bewältigbarer Nebenfolgen technischen Handelns hat eine Demystifizierung wissenschaftlicher Gewißheit zur Folge, und die technisch-wirtschaftliche Subpolitik hat angesichts riskanter Produktivkräfte zur Folge, daß der demokratisch legitimierten Politik die Führungs- und Gestaltungsrolle in der Gesellschaft abhanden kommt.

Diese Phänomenologie des Wandels der Industriegesellschaft, in der sich die Elemente traditioneller Schemata in ihrer Auflösung gegen diese Gesellschaft zu wenden beginnen, verlangen nach Beck, die Industriegesellschaft neu zu denken. Sie ist halbmodern, also auf einer Stufe der Entwicklung, die noch nicht abgeschlossen ist, und die Gegenmoderne ist nicht etwas Altes, Überliefertes, sondern ein aus der Industriegesellschaft selbst herrührendes Produkt und Konstrukt. Die Industriegesellschaft „labilisiert sich in ihrer Durchsetzung selbst" (S. 20), Kontinuität erzeugt selbst die Brüche und Sprünge. Die Freisetzung der Menschen aus ihren modernen Bindungen wird von Beck exemplarisch mit der Freisetzung aus Zwängen im Zeitalter der Reformation beschrieben. Dies sei mit der damaligen Erschütterung durchaus vergleichbar.

So diskutiert Beck die Frage der Grenzwerte („unsere Kinder erkranken nicht an Mittelwerten", S. 81) und weist dabei auf die kategorialen Unterschiede zwischen wissenschaftlicher und sozialer Rationalität im Umgang mit Risiken hin (S. 82). Der Unterschied zwischen Experte und Laie wird in einer solchen Situation fundamental. Den Ursprung der Technik- und Wissenschaftskritik ortet Beck nicht in der Irrationalität der Kritiker, sondern er findet sie im Versagen der wissenschaftlich-technischen Rationalität angesichts wachsender Risiken und Zivilisationsgefährdungen (S. 78). Die wissenschaftliche Rationalität ziehe sich auf die Risikofeststellung zurück, wobei das, was man nicht feststellen könne, auch nicht existiere. Die soziale Rationalität, wie sie von Parteien, kritischen Wissenschaftlern oder Betroffenen entwickelt wird, habe hingegen eine Risikowahrnehmung entwickelt, die sich gegen die wissenschaftliche Rationalität immer durchsetzen müßte – schließlich habe die wissenschaftliche Rationalität als Statthalter der Verseuchung den historischen Kredit auf Rationalität verspielt. Außerdem lägen die Risiken quer zu den historisch gewachsenen Disziplineinteilungen, so daß die wissenschaftliche Rationalität mit ihrer Ausrichtung auf Produktivitätsleitbilder gar nicht in der Lage sei, die soziale Wahrnehmung von Risiko auch nur nachzuvollziehen, geschweige denn zu erklären.

In vier Thesen entfaltet Beck ein pänomenologisches Bild der derzeitigen Wissenschaft:

Die reflexive Verwissenschaftlichung, die sich über Natur, Mensch und Gesellschaft hinaus mit den eigenen Produkten, ihren Mängeln und Folgen ihrer Tätigkeit befaßt (zweite zivilisatorische Schöpfung), hat den Wahrheits- und Aufklärungsanspruch weitgehend entzaubert (S. 254). Die Wissenschaftsexpansion führt, auch vor dem Hintergrund des Konfliktes zwischen Tradition und Moderne und zwischen Laien und Experten, zu einer Demystifizierung: Alle werden Experten für irgend etwas.

Die wissenschaftlichen Erkenntnisansprüche werden entmonopolisiert, Wissenschaft wird zu einer notwendigen, aber immer weniger hinreichenden Bedingung für eine gesellschaftlich verbindliche Definition von Wahrheit (S. 256). Dies wird von Beck als ein Produkt der Reflexivität der wissenschaftlich-technischen Entwicklung unter Risikobedingungen angesehen. Er gesteht allerdings später zu, daß die Wissenschaftstheorie selbst als wissenschaftsimmanente Veranstaltung zu dieser Entmonopolisierung erheblich beigetragen hat. Durch die Beliebigkeit der Hypothesenbildung kommt es zu einer Überkomplexität des Hypothesenwissens, Öffentlichkeit und Wirtschaft werden zu Mitproduzenten im gesellschaftlichen Prozeß der Erkenntnisdefinition. Beck skizziert diese Ambivalenz: Er konstatiert eine emanzipatorisch-gesellschaftliche Praxis *von* Wissenschaft *durch* Wissenschaft.

Wissenschaft ist immer in Gefahr, die Nichtveränderbarkeit als praktisches Tabu in ein theoretisches Tabu zu überführen (S. 257 sowie S. 283f.). Im Augenblick allerdings spiele die Wissenschaft die Rolle des Tabukonstrukteurs, nicht des Tabubrechers.

Auch den Grundlagen wissenschaftlicher Rationalität sind Veränderungen zuzumuten (S. 258), denn das Betreiben von Wissenschaft in methodischer und thematischer Hinsicht hinsichtlich der Absehbarkeit der Nebenfolgen hat massive methodische Auswirkungen.

Der Zusammenhang zwischen Wissenschaft und Technologie wird nach Beck von der Entmonopolisierung der Erkenntnis (2. These) empfindlich berührt. Technologie sei nicht deduktiv aus Wissenschaft zu gewinnen, das sei eine geradezu primitive Vorstellung. „Wissenschaft hält alles, mit was sie sich beschäftigt, für veränderbar, nur nicht ihre eigene wissenschaftliche Rationalität. Wird Wissenschaft reflexiv, bricht die so gewonnene Verbindung von kritischen Erkenntnisansprüchen und Professionalisierungsbemühungen zusammen" (S. 268). Dies führe zu einem Verfall der Macht der Wissenschaft als Institution, zu Egalisierungstendenzen, zur Aufweichung des Unterschieds zwischen Laien und Experten, was man an den zunehmenden Klagen gegen ärztliche oder technische Kunstfehler deutlich sehen könne. Dem wissenschaftstheoretischen Fallibilismus, der von Karl Popper bis zu Paul Feyerabend wissenschaftstheoretisch an der Selbstdogmatisierung genagt habe, folge der forschungspraktische Fallibilismus, der Wahrheit und Wirklichkeit als leitende Begriffe aufgebe. Der Freistil der Hypothesenbildung verschiebt nach Beck die Beurteilung einer Hypothese von der Wahrscheinlichkeit hin zur Akzeptanz. Es sei keine Grenzziehung zwischen Sach- und Wertdimensionen mehr möglich, überall begegne man daher nur noch normativen Sätzen statt reinen Beschreibungen der Sachverhalte. Die Externalisierung der wissenschaftlichen Erkenntnis, d.h. ihre Öffentlichkeit, aber auch ihre Verwertbarkeit korrespondiere mit der Internalisierung der praktischen Folgen: „Das Innerste – die Entscheidung über Wahrheit und Erkenntnis – wandert nach außen; und das Außen – die unvorhersehbaren Nebenfolgen – wird zu einem dauernden Binnenproblem der wissenschaftlichen Arbeit selbst" (S. 274). Das bedeute, daß die Wissenschaft im Inneren zu einer Sache ohne Wahrheit, im Äußeren zu einer Sache der Aufklärung werde (S. 278).

Allerdings geht die abnehmende Kalkulierbarkeit von Nebenfolgen nach Beck einher mit zunehmender Abschätzbarkeit der Nebenfolgen, d.h. das Wissen ist prinzipiell verfügbar, und es ist Wissen um prinzipiell mögliche Folgen und deren unübersehbare Auswirkungen. Die Konnotation des Begriffs „unübersehbar" mit der Bewertung „potentiell verheerend" ist deutlich.

Beck vermutet das Ende der wissenschaftsgesteuerten, zweckrationalen Verfügung über Praxis (S. 287). Die Verwenderseite beginne sich mit Hilfe der Wissenschaft von dieser selbst unabhängig zu machen. Es darf hier vermutet werden, daß dies – Beck interpretierend – zunächst einmal für sozialwissenschaftliche Ergebnisse gelten wird.

Entscheidend ist nach Beck, welche „Art von Wissenschaft bereits im Hinblick auf die Abschätzbarkeit ihrer angeblich unabsehbaren Nebenfolgen betrieben wird" (S. 290). Da Sachzwänge nach Beck hergestellte Sachzwänge, also Konstruktionen sind, sind sie gestaltbar und legitimationsabhängig. Dies ist eine deutliche Absage an jedweden technologischen oder ökonomischen Determinismus der Technikentwicklung (S. 290f.). Technologieforschung müsse von der Fehler- und Irrtumsbehaftetheit menschlichen Denkens und Handelns, damit auch technischen Handelns, ausgehen (S. 293). Sachzwänge und Eigendynamiken entstünden aus einer überspezialisierten Erkenntnispraxis, aus ihrem borniertem Methoden- und Theorieverständnis heraus. Die Lösung des Problems erzeuge immer jeweils eine neue Kette von Problem – Lösung – Problem (S. 295). Beck hofft darauf, daß die gesellschaftliche und politische Selbstanwendung der Modernisierung das Interesse am technischen Zugriff verliere und so die Chance bestehe, zu einer praktischen Selbstzähmung und Selbstveränderung der wissenschaftlich-technischen Zweitnatur, ihrer Denk- und Arbeitsformen zu kommen (S. 299). Die im Beckschen Sinne modernisierte Gesellschaft hat allerdings kein Steuerungszentrum mehr (S. 368).

Beck versteht seine tour d'horizon als einen Lernprozeß, nicht als die Darstellung oder Exemplifizierung einer großen gesellschaftlichen Theorie. Deshalb sind die Funde, die besonderes technikphilosophisches Interesse beanspruchen können, in diesem Text eher sporadisch verteilt. Von einem Basistext der Technikphilosophie zu sprechen, ist deshalb sicher nicht angebracht.

Die „Risikogesellschaft" von Ulrich Beck ist vor 1989 und damit vor dem Zusammenbruch des Sozialismus geschrieben worden, und so konnte dieses Werk die nachfolgende Entwicklung wohl kaum antizipieren. In der Retrospektive scheint heute die Sicht des Autors auf die bundesrepublikanische Entwicklung eingeschränkt zu sein. Trotzdem entfaltet dieses Werk eine erstaunliche Phänomenologie, durchaus zum Teil polemisch, wertend, zum Teil in Anklängen an den gefürchteten Soziologiejargon der 60er und 70er Jahre. Der essayistische Grundzug ist unübersehbar.

Das Werk entwickelt jedoch aus einer fast pointillistischen Analyse der gesellschaftlichen Veränderungen den Blick auf künftige Entwicklungen, die, aus dem Abstand von nunmehr über zehn Jahren gesehen, zum Teil bereits eingetreten sind. Neben dem nicht abzuleugnenden Vergnügen, Prognosen früherer Zeiten zu rezipieren und sie mit den heutigen Entwicklungen zu vergleichen, stellt dieses Buch einen gigantischen, bis heute nicht abgearbeiteten Problemkatalog für techniksoziologische, technikphilosophische, ökonomische und nicht zuletzt anthropologische Fragestellungen dar. Deshalb kann und muß man mit ihm weiterarbeiten.

Klaus Kornwachs

Max Bense: Technische Existenz
Stuttgart: Deutsche Verlags-Anstalt 1949, 250 S., (A)
ders: Ungehorsam der Ideen
Köln, Berlin: Kiepenheuer und Witsch 1965, 96 S., (B)

Max Bense (1910–1990) war seit 1946 in Jena und seit 1949 an der Technischen Hochschule (später Universität) Stuttgart Professor für Philosophie und Wissenschaftstheorie. Er verknüpfte die Aufklärungsphilosophie mit der Existenzphilosophie französischer Prägung und vertrat eine Synthese aus Rationalität und Engagement. Bekannt wurde er in den sechziger Jahren durch religionskritische und ästhetische Schriften. Besonders seine „Informationsästhetik", eine Konzeption, die versucht, die ästhetische Qualität von Kunstwerken mit Hilfe der Informationstheorie zu präzisieren, fand einerseits erbitterte Gegner und inspirierte andererseits die damals aufkommende Computerkunst. Romanischer Intellektualität und „experimentierender Philosophie" (A, S. 110ff.)

verpflichtet, favorisierte Bense die Form des Essays; seine brillanten historisch-systematischen Vorlesungen, die von Zeitzeugen noch heute gerühmt werden, hat er nie publiziert.

Essayistisch hat Bense auch seine Überlegungen zur Technik ausgeführt. Obwohl das ganze Buch und dann auch dessen zweiter Teil unter diesem Titel stehen, ist es nur ein einziges Kapitel, wiederum mit „Technische Existenz" überschrieben (A, S. 191–231), das technikphilosophische Fragen ausdrücklich zum Thema macht. Offenbar will der Verfasser damit zum Ausdruck bringen, daß wissenschaftliche Rationalität und existentielles Engagement – die Themen, die in den anderen Essays immer wieder zur Sprache kommen – heute nur unter den Bedingungen einer technischen Welt diskutierbar sind. Sechzehn Jahre später nimmt Bense die Gedanken des früheren Essays in einer Streitschrift („Kein Intellektueller fürchtet diese Ideen, aber er weiß, wer sie fürchtet"; B, S. 13) mit einem eigenen Kapitel (B, S. 26–44) wieder auf und betont darin gleich eingangs die „Konkordanz rationaler, technologischer und existentieller Denkweisen", jener „drei Dimensionen der produktiven Intelligenz", aus denen „niemand mehr ausbrechen kann, der als intelligentes Wesen tätig ist".

„Die Welt, die wir bewohnen, ist eine technische Welt". Mit diesem Befund beginnt Bense den frühen Essay, und er kennzeichnet die technische Welt als die „härteste, unwiderruflichste" Realität, als eine „von uns selbst geschaffene", „surreale Gestalt der Materie" (A, S. 192f.), aus deren Dasein der Mensch „nicht heraus kann, weil dieses Dasein nur die Projektion seines eigenen Daseins in die Möglichkeiten der Materie darstellt" (S. 198). Nur mit äußerster Rationalität kann es gelingen, „die Technik geistig in der Hand zu halten" (S. 195); denn „zum ersten Mal bewohnt der geistige Mensch eine materielle Lebensschicht, in der er ohne Theorie nicht existieren kann" (S. 194). Nur indem sich der Mensch theoretisch, d.h. beschreibend, erklärend, deutend, urteilend zur technischen Welt verhält, vermag er „ihrer Bedrückung zu entgehen" und sie „vertraut" und „bewohnbar" zu machen (S. 196).

„Es gehört mehr rationale Tiefe und rationale Klarheit dazu, in der materiellen Physiognomik der Technik als in der mythologischen Physiognomik der Natur aus und ein zu wissen" (S. 197f.). Technische Intelligenz bedeutet nicht nur den Geist, der im „Besitz der Theoreme" ist, mit denen die technische Welt hervorgebracht wird, sondern auch den Geist, der sie „deutet und darstellt durch die Kraft seiner Prosa und die Klarheit seiner Theorie" (S. 197). Technische Intelligenz kann sich nicht darauf beschränken, im fortgesetzten Prozeß technischer Perfektionierung nur als Fachkompetenz zu fungieren, sondern muß zugleich technische Existenz werden und eine Lebensform wählen, die sich in Reflexion, Urteil und Entscheidung zu sich selbst verhält und dadurch ihrer selbst bewußt ist. Technische Intelligenz impliziert Technikphilosophie.

Doch eine Theorie der Technik, die Bense als „existentielle Ontologie" bezeichnet, „eine Ontologie, in der es einen sehr konkreten Menschen gibt"

(S. 201), steht noch aus. Das ist die Diskrepanz „zwischen dem konkreten Sein dieser technischen Welt und der konkreten Existenz, die gezwungen ist, mit allen Fasern und Schichten des Lebens und des Geistes in ihr zu wohnen", aber noch nicht in der Lage ist, „diese Welt theoretisch, geistig, intellektuell, rational zu beherrschen" (S. 202). Darin liegt die Aporie der technischen Existenz, daß traditionale kulturelle Verständigungsmuster der technischen Welt nicht gewachsen sind, angemessene kognitive Verarbeitungskapazitäten aber noch nicht zur Verfügung stehen. William Fielding Ogburn (s. dort) (den Bense kaum gekannt haben dürfte) hat genau diese Diskrepanz als eine „kulturelle Verzögerung" bezeichnet. Bense postuliert, um diese Diskrepanz zu überwinden, in knapper Andeutung eine Erkenntnisstrategie, die heute als interdisziplinäre Technikforschung verfolgt wird. Weil für die Tradition der technischen Existenz „Natur, Kultur, Zivilisation, Ästhetik, Ethik, Theologie, Wissenschaft, Philosophie und Politik" gleichermaßen bedeutsam gewesen seien, folgert er: „An diesem ungeheuren Komplex kann man ermessen, wie dicht, wie verzweigt, wie erfüllt die Theorie der Technik sein muß, die ihrer Tradition und ihrer Zukunft gerecht werden will" (S. 214f.).

In einer Art Exkurs unterscheidet der Verfasser verschiedene Stufen der technischen Entwicklung: ein mechanisches, ein thermodynamisches, ein elektrodynamisches und ein atomphysikalisches Stadium (S. 206ff.); später (B, S. 31f.) variiert und erweitert er, angesichts der aufkommenden Informationstechnik und unter dem Einfluß des Philosophen Gotthard Günther (1900–1984), diese Einteilung, indem er die „archimedische Maschinenwelt" (Stoff- und Energiewandlung) gegenüber der „pascalschen Maschinenwelt" (Informationswandlung) abgrenzt und jene als „klassische Maschinen", diese hingegen als „transklassische Maschinen" apostrophiert. Zugleich glaubt Bense in dieser Entwicklung Veränderungen im Verhältnis zu Raum und Zeit zu erkennen: in der Raumdimension die Verschiebung von der Makrophysik zur Mikrophysik und in der Zeitdimension die Verschiebung von der mechanisch-formalen zur physisch-substantiellen Zeit. So folgt, im Unterschied zum gleichförmigen und unendlichen Takt der soziokulturell normierten, mechanischen Zeitmessung, in der modernen Physik aus dem Entropiebegriff eine gerichtete Zeitachse mit dem „Wärmetod" des Universums als ihrem definitiven Ende, aus dem relativitätstheoretischen Begriff der Lichtgeschwindigkeit die Aufhebung absoluter Gleichzeitigkeit und aus dem Begriff der Halbwertzeit eine stoffspezifische Determination zeitlicher Verlaufsmuster (A, S. 216ff.). Im Gegensatz zu der verbreiteten Auffassung, die technische Entwicklung sei durch zunehmende Anwendung der Naturwissenschaften gekennzeichnet, behauptet Bense, daß sich die (von ihm so benannte) „technische Physik" immer weiter von der „theoretischen Physik" entfernt, indem sie die Erkenntnis natürlicher Phänomene durch die Manipulation künstlicher Experimentalanordnungen ersetzt, die theoretisch gar nicht vollkommen verstanden werden; „die technische Realität ist auf die reine Empirie angewiesen" (S. 225). Die wachsende Komplexität multifaktorieller Zusammenhänge, die damit einhergeht, gefährdet die rationale Beherrschung solcher Prozesse und vergrößert die Sensibilität und Fragilität der modernen Technik (S. 225f.).

„Fragilität und Sensibilität des technischen Gebildes wie auch der technischen Existenz" werden zu einem „limitierenden Ethos zwingen", das „unseren Realisierungen technischer Ideen Einschränkung verleiht". „Die existentiellen Paradoxien der technischen Welt", die vom „Zurückbleiben der ethischen Gesinnung hinter der rationalen technischen Gesinnung" herrühren, müssen durch „Veränderung der Selbstauffassung" aufgehoben werden (S. 228). Dazu freilich muß die technische Existenz den „frivolen Luxus der Ideologien" beseitigen, die mit der Macht von Politik und Wirtschaft (so eindeutig bezeichnet allerdings erst in B) die wirkliche Perfektion der technischen Welt behindern, und statt dessen auf dem „existentiellen Luxus" eines freien Geistes bestehen, „der die Ideologien verlassen hat" und „verhindert, daß die Technik selbst zur Ideologie erstarrt" (A, S. 231).

Der Text, knapp, gedrängt und dicht, ist eher thesenförmig als argumentativ angelegt; auch wenn das Vokabular rationale Präzision in Anspruch nimmt, ist die Erörterung nicht frei von intuitiver Assoziation und aufklärerischem Pathos. Gleichwohl hat Bense zentrale Fragen der gegenwärtigen Technikphilosophie schon vor einem halben Jahrhundert antizipiert und vor allem eine rationale Technikkritik skizziert, die alles andere als technikfeindlich und antimodernistisch ist. Ganz im Gegenteil identifiziert sich der Verfasser mit der technischen Existenz und problematisiert allein die Frage, wie diese nicht nur technisch, sondern auch existentiell sich vervollkommnen kann. Freilich verschwimmen die Konturen der real existierenden Wirtschaftsform hinter dem etwas blaß stilisierten Antagonismus von Macht und Intelligenz, und angesichts der überindividuellen Strukturprobleme in der Industriegesellschaft scheint der optimistische Glaube an die Wirkungskraft des intellektuellen Individuums nicht frei von sozialphilosophischer Naivität. Andererseits schreibt dieser Essay unserem Zeitalter zu recht ins Stammbuch, daß sachbezügliche Rationalität notwendig der selbstbezüglichen Reflexion bedarf, einer Reflexion, die auch bei fortschreitender Vergesellschaftung ohne die selbstbestimmte Intellektualität der individuellen Existenz unmöglich wäre.

Günter Ropohl

Nikolaj Berdjajew: Celovek i Masina
in: Put', Nr. 38, Paris 1933; dt. Der Mensch und die Technik, übers. von
J. Schor, zuerst in Wahrheit und Lüge des Kommunismus, Luzern:
Vita Nova 1934; erw. Einzelausgabe: Der Mensch und die Technik,
Luzern: Vita Nova 1943; zit. nach Mensch und Technik. Von der
Würde des Christentums und der Unwürde der Christen, Schriften
zur Philosophie, hg. von André Sikojev

Mössingen-Talheim: Talheimer 1989 (Talheimer Texte aus der
Geschichte Bd. 3), S. 7–41

Der russische Philosoph Nikolaj Berdjajew (1874–1948) entwickelte nach früher Anhängerschaft an den Marxismus, nach Studien zum Deutschen Idealismus und zum deutschen und französischen Positivismus eine unorthodoxe christliche Lebens- und Existenzphilosophie. Schon im Zarenreich zeitweise verbannt, wurde er von der Sowjetregierung zwangsexiliert und lebte seit 1924 als freier Publizist in der Nähe von Paris. Nach dem Untergang der meisten realsozialistischen Systeme wird er heute in Ost und West wiederentdeckt. Seine zahlreichen Schriften handeln ihre breit gestreuten Themen nicht streng methodisch ab, sondern sind essayistisch gefaßte, existentiell getönte Zeugnisse seiner geistigen Erfahrungen und Überzeugungen, reich an intuitiven Einsichten, aber nicht systematisch ausgearbeitet. Diese Eigenart kennzeichnet auch seine Abhandlung „Der Mensch und die Technik". Sie entwirft auf knappem Raum eine Fülle weit ausgreifender Gedanken zur kulturellen und geistigen Ortsbestimmung der Technik, ohne sich auf eine systematische Phänomenanalyse einzulassen, aber mit hellsichtigen Einzelbeobachtungen.

Berdjajew geht von einem Dreistadienmodell der bisherigen Kulturgeschichte aus, das seinerseits durch ein eschatologisches, an christlichen Geschichtstheologien orientiertes Weltalterkonzept hinterbaut ist. Die bisherige Menschheitsgeschichte gliedert sich danach in drei Hauptepochen, die nicht streng chronologisch aufeinanderfolgen, sondern vorherrschende Lebenstypen repräsentieren, die „ineinandergreifen" können. Sie unterscheiden sich durch ein wechselndes Verhältnis des menschlichen „Geistes" zur Natur. In der ersten, „*organischen* Epoche" war der Geist noch „in die Natur versenkt", er ruhte „im Schoß der Mutter-Erde" (S. 13, S. 23), das menschliche Leben vollzog sich in „Abhängigkeit von der Natur", die als großer Organismus erlebt wurde (S. 17). In der zweiten, „*kulturellen* Epoche" schuf der Menschengeist eine Kultursphäre, die sich in gewissem Maße gegenüber der Natur verselbständigte. Doch wurde die Kultur noch symbolisch als Abbild der lebenden Natur und, wie diese, als nochmaliges Abbild einer jenseitigen Welt („Himmel") verstanden (S. 13f.). Beide Epochen zusammen bilden die „tellurische Periode", in der „der Mensch physisch und metaphysisch durch die Erde bestimmt wurde" (S. 23). In der noch andauernden dritten, *„technischen* Epoche", die theoretisch durch die naturwissenschaftliche Revolution von Nikolaus Kopernikus, Galileo Galilei und Johannes Kepler eingeleitet wurde, gelangt der Menschengeist zur Herrschaft über die Natur, indem er durch Wissenschaft und Technik eine neue, diesseitige Realität erschafft (S. 14f.). An die Stelle des Lebens im kosmischen Organismus tritt die zu menschlichen Zwecken „mechanisch" konstruierte „Organisation" der Existenzbedingungen. So gewinnt eine Kultur des „Machens" die Oberhand über die frühere Kultur des „Handelns" (S. 12). Der „Aktualismus und Titanismus" der Technik verleiht dem Menschen, der Astronomie und Luftfahrt entwickelt, ein „Gefühl des planetarischen Daseins der Erde" (S. 23).

In diesen geschichtsphilosophischen Rahmen sind die näheren Bestimmungen der Technik und ihres Zeitalters eingeordnet. Berdjajew versteht unter Technik, (a) in „subjektiver" Hinsicht, die Eigenart des industriellen, künstlerischen und geistigen Schaffens, ein „maximales Ergebnis mit dem kleinsten Aufwand der Kraft zu erzielen", (b) in „objektiver" Hinsicht, das „Arsenal aller Mittel, Instrumente und Werkzeuge" jenes Schaffens. In beiderlei Hinsicht ist die Technik, ihrer Bestimmung nach, nur Mittel, kein Ziel; denn die Ziele menschlichen Lebens können nur auf „geistigem" Gebiet liegen (S. 10f.). Eine kulturelle Vorherrschaft des technischen Schaffens birgt die Gefahr, daß die eigentlichen Lebensziele „durch die wuchernden Mittel verdrängt und ersetzt werden" (S. 11). Diese „Verrückung der Ziele und Mittel" bekunde sich auch in der Auffassung des Menschen als „homo faber" sowie im Historischen Materialismus von Karl Marx (s. dort) (S. 12).

Im Abschnitt „Das Reich der Maschine" arbeitet Berdjajew Grundzüge, Auswirkungen und „Paradoxien" der technischen Epoche heraus. Das Entscheidende sieht er darin, daß die Technik neben den Reichen der anorganischen und organischen Körper ein „neues Reich der organisierten Natur: das Reich der Maschine" hervorbringe. Mit dieser Erzeugung einer neuen Stufe von „Wirklichkeit" hat die Technik eine „kosmogonische Funktion". Sie ist somit weit mehr als ein „Spiegelbild des mechanistischen Weltbilds" der Naturwissenschaften. In ihrer realitätssetzenden Funktion ist sie nur mit der Kunst vergleichbar, die allerdings bisher in ihren großen Werken immer „eine ideelle Welt" widergespiegelt habe. Der neuen Realität der Technik hingegen schreibt Berdjajew keinerlei symbolischen Sinn zu (S. 19f.).

Mit ihrer Macht, die neue Wirklichkeit der Maschinen und Organisationen aufzubauen, gewinnt die technische Kultur eine ambivalente Funktion in der Geschichte. Berdjajew interessiert sich besonders für ihre psychosozialen und geistigen Auswirkungen und setzt bei diesen an, um die Problematik der Technikfolgen für die künftige Kulturentwicklung aufzuweisen: Die Technik hat den Lebenskomfort enorm gesteigert und damit die Menschen „verweichlicht", zugleich aber neue technogene Gefahren produziert, die zu einer psychophysischen „Abhärtung" führen (S. 25).

Die technische Kultur bemächtigt sich allmählich der ganzen Erde und unterwirft die gesamte lebende Menschheit ihren Organisationsformen. Ihr Expansionswille erzeugt sowohl den Kapitalismus als auch Tendenzen zu „Demokratisierung, Sozialismus und Kollektivierung". Die „Unpersönlichkeit" der technischen Produktion und der Organisation großer Menschenmassen zersetzt das „aristokratische Prinzip" der „organischen" Kultur und die „individuelle Eigenart der menschlichen Persönlichkeit" (S. 25f.).

Die technische Kultur hebt mit ihren Maschinen die „Versklavung" der Menschen durch körperliche Arbeit auf. Zugleich aber zwingt die maschinelle Produktion den Menschen ihre eigenen Gesetze auf (S. 17).

Die Technik bringt ein hohes Maß an „Rationalisierung" in die Lebensführung und verdrängt damit alte „organische" Irrationalitäten. Zugleich setze sie neue irrationale Kräfte frei, z.B. die „Irrationalität der Arbeitslosigkeit", „des größten Übels unserer Zeit" (S. 16).

Die Technik eröffnet den Menschen eine „aktive und reale Beziehung zum Weltraum". Dadurch sowie durch die neuen Kunstformen Film und Radio wandelt sich radikal die „Beziehung des Menschen zu Raum und Zeit". Die Menschen erschrecken vor der Unendlichkeit des Weltraums, entwickeln aber andererseits einen „titanischen Willen", ihn zu erobern (S. 24).

Insgesamt befreit die Technik die Menschen in vielen Hinsichten aus ihrer totalen Abhängigkeit von der Natur – aber um den Preis einer neuen Abhängigkeit von der zweiten, der „technisch-maschinellen Natur" (S. 17f.).

Mit ihrer Ambivalenz löste die technische Entwicklung mehrfach „romantische" Gegenreaktionen aus: so im 19. Jahrhundert in Leo Tolstois Wertloserklärung der modernen Zivilisation überhaupt sowie in John Ruskins Forderung einer Rückkehr zur handwerklichen Produktion. Diese Reaktionen sind, nach Berdjajew, inkonsequent. Da die Romantiker nicht völlig auf Technik verzichten können, laufen ihre Argumente regelmäßig auf eine Verteidigung jeweils „veralteter technischer Formen" hinaus; eine Vergangenheit, die *so* niemals existiert hat, wird idealisiert. Vergessen wird, mit welcher Ausbeutung von Mensch und Tier die naturalwirtschaftliche Ordnung verbunden war und wie sehr die Maschine zum „Mittel der Befreiung" werden konnte (S. 26f.).

In den beiden letzten Kapiteln geht es um die „Schicksalsfrage", ob die Krise der technischen Kultur durch einen neuen religiösen Impuls bewältigt werden könne. Berdjajew sieht die größte Gefahr der Technik in einer „Dehumanisierung": einer Schädigung des menschlichen Seelenlebens, das in Sinnlichkeit und Intellektualität zerfalle und den Ausgleich durch eine Kultur der Emotionalität nicht mehr finde. Zugleich sieht er in der Technik selbst Ansatzpunkte für eine religiöse Sinngebung. Denn die Technik als Produkt des Geistes stelle zu ihrem sinnvollen Gebrauch auch hohe Anforderungen an diesen. So fordere die extreme Zerstörungskraft neuerer „Kriegstechnik" den Menschengruppen, die über sie verfügen, höchste sittliche Besonnenheit ab (S. 29f.).

Für die Entwicklung solcher Ansätze sei zur Bewältigung der modernen Technik ein religiöser „Aufschwung des Geistes" nötig (S. 31). Da die alten religiösen Institutionen zerfallen, könne nur die persönliche Religiosität zur Grundlegung dieses Aufschwungs und zu einer neuen Gemeinschaftsbildung führen. Zwei Leitlinien für die Zukunft konkurrieren dabei miteinander: eine „technische" und eine „neue christliche Eschatologie" (S. 22). Die *technische* Eschatologie setzt auf die endgültige Herrschaft des Menschen über die Natur – bis hin zu einem System von selbsttätigen „Übermaschinen", die allerdings die Menschen letztlich überflüssig macht (S. 31). Die *christliche* Eschatologie erwartet die „Verklärung der Erde" von der „Einwirkung des Geistes Gottes" (S. 22). Ihre ursprüngliche Tradition bestand in einer „passivistischen", „fatalistischen" Erwartung der Apokalypse. Ihre neue Form, im Anschluß an Nikolaj Fjodorow (1828–1903) entworfen, setzt demgegenüber auf die schöpferische Aktivität des Menschen – darin ähnlich dem Marxismus. Im Unterschied zu diesem ist hier aber der „Geist" als Leitprinzip gedacht: Durch freie, gemeinsame „weltverwandelnde Tat" könne der Mensch die Naturkräfte bändigen, das soziale Leben neu regulieren und ein „christliches Reich durchgeistigter menschlicher Aktivität" schaffen. Die apokalyptischen Prophezeiungen des Neuen Testamentes müssen dann nicht mehr eintreten (S. 39ff.).

Um diese Eschatologie zu verwirklichen, ist im Grunde ein „neuer Mensch" nötig, der die Beziehung zum „Ewigen im Menschen" (der Gottebenbildlichkeit) erneuert (S. 36). Eine „neue christliche Anthropologie", die diese Ebenbildlichkeit wieder an die Stelle der in der technischen Eschatologie intendierten Ebenbildlichkeit des Menschen mit der Maschine setzt, soll die Einsicht vermitteln, daß nicht die Technik schuld an ihren Fehlentwicklungen sei, sondern die Menschen, die die Technik nicht genügend geistig beherrschen (S. 39ff.).

Bemerkenswert an dieser Stellungnahme Berdjajews ist die insgesamt positive Würdigung einer emanzipativen Grundleistung technischer Kultur: Durch Technik befreien sich die Menschen von belastenden Naturabhängigkeiten. Die Wertung des technischen Aktionismus als Motor zur Verwirklichung einer christlichen innerweltlichen Endzeitkultur erinnert an etwa gleichzeitige (vorsichtigere) Äußerungen von Henri Bergson (s. dort). Berdjajews Kritik richtet sich nur gegen die bisher nicht gelungene Unterordnung der technischen Mittelarsenale unter vom „Geist" gesetzte Ziele. Die lebensphilosophisch-existentialistische Perspektive schränkt hier seinen Blick für institutionelle Zusammenhänge und Zwänge in einer hochtechnisierten Kultur ein. Methodisch wird man heute die starke (in dieser Rezension bereits abgemilderte) Vermischung deskriptiv-phänomenologischer Aspekte mit wertend-normativen Aussagen im Sinne einer christlichen Metaphysik bemängeln. Auch die Ansätze zu einer Genealogie der Technik werden durch die Überformung mit einer emphatischen heilsgeschichtlichen Teleologie in ihrer Bedeutung gemindert. Das entworfene Zielbild von der „Befreiung des Menschen" durch „Beherrschung der Natur und der irrationalen Kräfte des sozialen Lebens" (S. 41) unterscheidet sich – bis auf die betont christlichen Akzente – kaum von den humanistischen Zielbildern des jungen Marx. Mehr als dieser setzt Berdjajew aber auf ein „Bewußtsein", das den Menschen als Person „über die Natur und die Gesellschaft" stellt (S. 41). Entsprechend verbleibt er bei einem christlichen Anthropozentrismus – ohne Sinn für die von vorangehenden Denkern bereits gesehene ökologische Problematik. Doch der Gedankenreichtum der kleinen Schrift und die Weite des zum Thema Technik aufgerissenen Horizonts sind für den, der die vermischten Ebenen zu unterscheiden weiß, noch heute beeindruckend.

Ernst Oldemeyer

Henri Bergson: Les deux sources de la morale et de la religion. Paris: Presses universitaires de France 1932; dt. Die beiden Quellen der Moral und der Religion, übers. von Eugen Lerch
Jena: Diederichs 1933; zit. nach der Ausgabe Materie und Gedächtnis und andere Schriften, Frankfurt/M.: Fischer 1964 (Fischer-TB 11300), S. 247–489

Dieses Spätwerk Henri Bergsons (1859–1941) – die deutsche Übersetzung erschien unmittelbar, bevor der berühmte Lebensphilosoph und Literaturnobelpreisträger von 1927 unter dem national-sozialistischen Regime verfemt wurde – hat im deutschen Sprachraum nicht die Resonanz gefunden, die es verdient. So ist sein zentrales Begriffspaar „geschlossene" und „offene Gesellschaft" durch Karl R. Poppers Buch „The Open Society and its Enemies" (1945) viel bekannter geworden als durch Bergsons Schrift, aus der es stammt. Das weit ausgreifende Werk entwirft mit dem Aufweis dieser zwei Grundstadien menschlicher Sozialität anhand ihrer moralischen und religiösen Verfaßtheit eine Art evolutionärer Anthropologie. Diese enthält auch eine Funktionsbestimmung der Technik und schließt mit einem Ausblick auf Probleme und Möglichkeiten einer hochtechnisierten Zivilisation.

Den Rahmen bildet Bergsons Lehre vom Leben als einem Urphänomen, an dem die Strukturen des gesamten kosmogonischen Prozesses abgelesen werden können. Bergson verwarf sowohl die darwinistische Erklärung der Entstehung der Arten durch Mutation und Selektion, wie auch jede finalistische Deutung, etwa als Verwirklichung eines Schöpfungsplans. Statt dessen hatte er schon in seinem Buch „L'évolution créatrice" (1907) mit der Annahme eines „élan vital" gearbeitet: eines internen, nicht zielgerichteten Lebensprinzips, das schöpferisch den ungeheuren Reichtum an Formen hervorbringe. Der Ansatz dieses élan vital stieß zwar bei den Biologen wegen seiner Unbestimmtheit auf wenig Zustimmung. Aber Bergson hatte damit ein eigenständiges Evolutionsmodell entworfen: Der von Lebewesen zu Lebewesen weitergegebene élan vital produziert in Auseinandersetzung mit widerständigen materiellen Bedingungen in „garbenförmiger" Streuung und in diskontinuierlichen Sprüngen neue Arten und Gattungen. Die wichtigsten sind die Klassen der Pflanzen und der Tiere, sowie innerhalb des Tierreichs die zwei Hauptreihen der Insekten (mit vorwiegend instinktgeleiteten Gesellschaftsformen) und der Wirbeltiere (die beim Menschen zu vorwiegend intellektgeleiteten Gesellschaftsformen führen). Wo der „Instinkt" dominiert, findet sich weithin eine eher angeborene, unbewußte Verhaltenslenkung mit nur wenig veränderlichen Kooperationsmustern und geringen Freiheitsspielräumen. Im Menschen ist ein Maximum an Steuerung durch den „Intellekt" erreicht. Das bedeutet, im Vergleich mit den anderen Arten, ein Maximum an Lernfähigkeit, an individuellen Freiheitsspielräumen, aber auch das Risiko hoher Anforderungen an die Reflektiertheit des Handelns.

Instinkt und Intellekt sind bei Bergson als in die Lebenspraxis eingebettete Funktionen verstanden. Beide – und damit ist der Ursprung der Technik benannt – benötigen zur Lebensbewältigung Werkzeuge. Während aber die Werkzeuge der instinktgeleiteten Stämme des Lebendigen meist naturgegebene, unveränderliche „Organe" des Organismus sind, erfindet der intellektgeleitete Mensch anorganische, veränderliche Werkzeuge, die als verselbständigte Mittel zur Bewältigung gegebener Situationen zweckdienlich eingesetzt werden. Zur Werkzeugproduktion des Intellekts gehört im weiteren Sinne auch die Schaffung von Zeichensystemen (Sprache, Mathematik usw.), von Raumschemata und räumlich gemessenen Zeitstrukturen. Mit ihrer Hilfe werden die in der erlebten Zeit verlaufenden Bewegungs-, Lebens- und Bewußtseinsvorgänge vergegenständlicht: zu bewegungslosen Substanzen, zu diskoninuierlichen Elementarereignissen, zu gleichbleibenden Ideen und Kategorien, zu unveränderlichen Gesetzen und absoluten Normen. Die diskursive Wissenschaft, letztlich aus dem technischen Erkenntnisinteresse des „homo faber" entsprungen, resultiert aus der kulturellen Hochstilisierung der Leistungen des Intellekts.

Kompensatorisch zur intellektuellen Handlungs- und Erkenntnissteuerung sind Menschen jedoch fähig – besonders wenn der Druck unmittelbarer Lebensnot nachläßt –, aus Instinktresten die Funktion der „Intuition" auszubilden. Diese bekundet sich, nach Bergson, naturwüchsig etwa in künstlerischer Phantasie und religiöser Erfahrung; sie kann im metaphysischen Denken auch methodisiert werden; sie löst das Erkennen aus der Gebundenheit an die utilitäre Praxis und erfaßt Seiten des Weltgeschehens, die dem Intellekt nur in diskontinuierlicher Verzerrung zugänglich sind: vor allem das Fließen der gelebten Zeit (durée); die Kontinuität des von Erinnerungen durchdrungenen Erlebnisstroms; die Prozessualität in Bewegung, Veränderung und Lebensentwicklung überhaupt; die eigene Freiheit; das schöpferische Entstehen von Neuem.

Diese Rahmentheorie wird in der Spätschrift zu einer Geschichtsphilosophie der kulturellen Evolution entfaltet: Die Art „Mensch" ist ihrer Naturanlage nach für ein Leben in kleinen „geschlossenen Gesellschaften" ausgestattet, die lediglich bestimmte Individuen einschließen, andere aber ausschließen (S. 266ff.). Diese Gesellschaften werden durch eine Moral des sozialen Drucks zusammengehalten, deren Regeln im sozialen Gewissen verinnerlicht sind. Ein zur Neigung gewordenes Verpflichtungsgefühl treibt die Menschen an, die zur Eigengruppe gehörigen Genossen mit einer feindlichen Einstellung zu allen übrigen Menschen zu lieben (S. 268). In einer solchen „geschlossenen Moral" unterscheiden sich die Regeln des Zusammenlebens in der Wir-Gruppe grundsätzlich von den Verhaltensregeln gegenüber Fremden, Feinden, „Barbaren". Die Kriegsneigung, besonders seit es Eigentum und konfligierende Eigentumsansprüche gibt, ist hier vorprogrammiert (S. 463ff.). – Die geschlossenen Gesellschaften werden stabilisiert durch eine „statische" Form magisch-mythischer Religiosität, die durch Projektionen einer „fabulatorischen Funktion" die Natur von beeinflußbaren Mächten, Geistern, Göttern beseelt sieht. Diese Religiosität ist eine „Defensivreaktion" der Natur, um das vom Intellekt (durch Wissen um Mißlingen, Krankheit, Tod) untergrabene Lebensvertrauen wieder zu festigen (S. 337ff.), aber sie erbringt keinen Fortschritt menschlicher Erkenntnis und Gesittung.

Diese geschlossenen Sozialformen hat die Menschheit durch „dynamische" Tendenzen zu ihrer „Öffnung" überschritten. Einerseits wecken vorbildhafte Einzelne (Heilige, Religionsstifter, Mystiker) in ansprechbaren Menschen einen enthusiastischen „Aufschwung" zu Nachfolge, Vervollkommnung und Brüderlichkeit (S. 269ff.). Andererseits gibt es seit der antiken Philosophie Bemühungen des Intellekts, ein rational begründetes Vernunftethos, orientiert an den Ideen allgemeinmenschlicher Gleichheit, Menschenwürde und ausgleichender Gerechtigkeit, zu entwickeln (S. 290ff.). Zur dauerhaften Befriedung der in feindselige geschlossene Gesellschaften zerspaltenen Menschheit reichen aber die Anstrengungen des Intellekts nicht aus. Die optimale Motivation zur Verwirklichung einer offenen Gesellschaft findet Bergson in der christlichen Mystik. Diese unterscheide sich von anderen (z.B. asiatischen) Mystikformen dadurch, daß sie die mystische Einigungserfahrung in tätige Caritas umsetze (S. 408ff.). Hier knüpft Bergsons Vorschlag einer hochentwickelten Technik als Basis einer durch mystische Religiosität befriedeten offenen Gesellschaft an.

In einer Lagebestimmung der abendländischen Kultur stellt Bergson fest, daß die neuzeitliche Technik sich seit Erfindung der Dampfmaschine gemäß zweier „Gesetze" entfaltet hat. Diese Gesetze – kulturelle Ausprägungen der biologischen Regel von der „garbenförmigen" Entwicklung – sind: (a) das „Gesetz der Dichotomie": der Auseinanderentwicklung psychosozialer Tendenzen aus einem einheitlichen Ursprung bis zur Gegensätzlichkeit, (b) das „Gesetz der doppelten Raserei": der Tendenz jeder von zwei sich dissoziierenden Entwicklungen, sich bis zum Extrem zu steigern, bevor ein Umschlag zur Gegenbewegung eintritt (S. 470ff.). Das Hauptbeispiel einer Tendenzwende von einer Einseitigkeit zur anderen ist für Bergson der Umschlag vom einfachen, dominant asketischen Lebensstil des Mittelalters zum forcierten Streben nach Komfort und Luxus in der modernen technischen Kultur. Er stellt fest, die moderne Technik habe in den entwickeltsten Regionen eine Fülle neuer Bedürfnisse und der Mittel zu ihrer Befriedigung geschaffen, aber sich nicht darauf konzentriert, „einer möglichst großen Zahl, wenn möglich allen, die Befriedigung der alten Bedürfnisse zu sichern" (S. 480). Er weist bereits auf den Skandal des weit verbreiteten Hungers in der Welt hin – bei gleichzeitiger Existenz von Überflußzonen –, auf die brennende Problematik der Übervölkerung und der ungleichen Verteilung der Rohstoffe (S. 467f.). Eine relevante Technikkritik müsse an diesen Punkten ansetzen, nicht aber – wie seinerzeit bereits gängig – an der Uniformität industrieller Massenprodukte. „Man hat den Amerikanern zum Vorwurf gemacht, daß sie alle denselben Hut tragen. Aber der Kopf ist wichtiger als der Hut. Gebt mir die Möglichkeit, meinen Kopf so auszustatten, wie es mir gefällt, und ich will ihm gern den Hut aufsetzen, den alle Welt trägt" (S. 481).

Die Chance zu einer neuen Tendenzwende, weg von der Hochzüchtung regionaler Überflußkulturen, sieht Bergson in einer Verstärkung der sich seit der Frühzeit der industriellen Revolution verbreitenden Bestrebungen zur Verwirklichung der demokratischen Ideale von Freiheit, Gleichheit und Brüderlichkeit sowie zur Garantie von universalen Menschenrechten. Diese Forderungen sind gesellschaftlich „offen", gelten für alle Menschen gleichermaßen und stammen letztlich aus dem christlichen Gedanken der Nächstenliebe. Wenn man diesen Gedanken konsequent praktisch realisieren wolle, setze er eine mystisch-asketische Einstellung voraus (S. 481f.). Von dieser Einstellung könne ein moralischer Impuls ausgehen, die Technik von der Luxusproduktion zur weltweiten Erfüllung der notwendigen Bedürfnisse umzusteuern und eine „Rückkehr zur Einfachheit" des Lebensstils erträglich zu machen (S. 475 ff.).

So gelangt Bergson zu seiner abschließenden Doppelthese: Einerseits erfordere die hochentwickelte Technik die weite Verbreitung einer Haltung der Mystik zur Mobilisierung neuer „sittlicher Reserven" (S. 483). Diese Haltung sei nötig zur Leistung der Verzichte, die die Voraussetzung bilden, um allen Menschen einen einfacheren, aber gesicherten Lebensstandard zu ermöglichen. – Andererseits aber sei zur Verbreitung der mystischen Einstellung eine hochentwickelte Technik erforderlich (S. 482). Die Technik gelange erst zu ihrer „wahren Bestimmung", wenn sie alle Menschen von der Furcht zu verhungern befreie, sie durch ein „ungeheures System von Maschinen" von körperlicher Schwerarbeit entlaste und damit zu „Aktivitäten höherer Ordnung" befähige (S. 425).

Dieser Entwurf eines wechselseitigen Bedingungsverhältnisses von hochentwickelter Technik und einer gemäßigt-asketischen Mystik der Tat bildet den interessantesten Aspekt von Bergsons Technikphilosophie. Er selbst war sich klar, daß er damit ein „gefährliches Mittel" empfahl: denn die Technik „kann sich in ihrer Entwicklung gegen die Mystik wenden" (S. 425). So hat auch in der Zeit seit Erscheinen des Buchs weniger die Technik die Mystik „herbeigerufen", sondern eher hat die Kritik an einer Technik, zu deren fatalen Folgen die rapide Erschöpfung von Naturressourcen und eine fortschreitende Zerstörung der irdischen Biosphäre gehören, naturmystische Reaktionen befördert. Bergson hat diese ökologische Problematik noch kaum gesehen, auch ökonomische Zusammenhänge wenig beachtet. Aber er hat wohl richtig erkannt, daß Selbstbegrenzung und Umsteuerung einer einseitigen technischen Entwicklung nicht allein technische Korrekturen, sondern auch materielle Verzichte einer ins Gewicht fallenden Zahl von Menschen erfordern, und daß dies freiwillig nicht ohne ein emotionales Äquivalent, etwa in Form veränderter religiöser oder metaphysischer Sinnorientierungen, geleistet werden dürfte. Ob seine optimistische Utopie Aussicht auf Realisierung hat, mag man mit guten Gründen bezweifeln. Eine realistischere Alternative wäre, daß eine (hoffentlich nicht zu späte) Umorientierung menschlichen Verhaltens durch Katastrophen von gegenwärtig noch kaum vorstellbaren Ausmaßen erzwungen würde.

Ernst Oldemeyer

Desmond Bernal: Science in History

London: C.A. Watts 1954; dt. Die Wissenschaft in der Geschichte, übers. von Ludwig Boll, Berlin: VEB Deutscher Verlag der Wissenschaften 1954; zit. nach der 3. Auflage 1965, 946 S. (TB-Ausgabe unter dem Titel „Sozialgeschichte der Wissenschaften", 3 Bde., Reinbek: 1970 Rowohlt (TB 6224-27))

Der englische Naturwissenschaftler John Desmond Bernal (1901–1971) war in einer Reihe von Fachgebieten tätig, sein Spezialgebiet bildete die Kristallographie. An der Universität Cambridge gehörte er mit Joseph Needham seit den 30er Jahren einer Gruppe von marxistisch orientierten Naturwissenschaftlern an, die nach den Zusammenhängen zwischen Naturwissenschaft und Gesellschaft fragten. Zeit seines Lebens war Bernal ein Anhänger des Kommunismus und ein Verfechter der führenden weltgeschichtlichen Rolle der Sowjetunion. Seine Auffassungen von Wissenschaft legte er 1939 in der programmatischen Schrift „The Social Function of Science" nieder. Die darin enthaltenen Thesen arbeitete er in dem 1954 erschienenen Werk „Science in History" weiter aus und versuchte sie in populärwissenschaftlicher Absicht empirisch zu unterlegen. „Science in History" kann man als einen empirischen Schlußstein in dem von der marxistischen Schule der Naturwissenschaftsgeschichte an der Universität Cambridge errichteten Lehrgebäude begreifen.

Bernal will die Wechselwirkungen zwischen Wissenschaft und Gesellschaft darstellen. Dabei konzentriert er sich auf die Naturwissenschaften, welche nach seiner Auffassung hauptsächlich über die Technik auf die Gesellschaft wirken. Die Gesellschaftswissenschaften – so jedenfalls das Programm – werden nicht behandelt, da diese erst der Marxismus zu wahren Wissenschaften gemacht habe. Wegen des historischen Wandels von Wissenschaft verzichtet Bernal auf eine Definition. Seine Darstellung umfaßt den Zeitraum von der Altsteinzeit bis zur Gegenwart. In ihren Anfängen findet sich Wissenschaft in allen Lebensbereichen und hob sich „kaum von der Meisterschaft der Handwerker und den Weisheiten der Priester" ab (S. XIII). Zum selbständigen Berufszweig wurde Wissenschaft erst vor etwa 300 Jahren. In der heutigen durch Verwissenschaftlichung der gesamten Lebenszusammenhänge geprägten Zeit ist man sozusagen wieder zu den Anfängen der Einheit von Wissenschaft und Leben zurückgekehrt.

Wiewohl Bernal die Historizität von Wissenschaft betont, zählt er in seiner Einführung eine Reihe von Aspekten auf, welche man „in der heutigen Welt" mit dem Begriff Wissenschaft verbindet (S. 5ff.). Heute bildet Wissenschaft eine Institution, in der zahlreiche Menschen ihren Beruf finden. Sie zeichnet sich durch – historisch variante – Methoden aus, wobei sich diese von der Mathematik ausgehend über die Naturwissenschaften in die Gesellschaftswissenschaften verbreiten. Das wissenschaftliche Wissen besitzt kumulativen Charakter. Es erwächst aus Überlegungen und Ideen, „mehr aber noch aus der Erfahrung und aus der Praxis einer ganzen Armee von Kopf- und Handarbeitern" (S. 16). Wissenschaft ist der „Hauptfaktor, um die Produktion in Gang zu halten und weiterzuentwickeln" (S. 5). Und schließlich ist Wissenschaft „einer der stärksten Einflüsse, welche Vorstellungen von Mensch und Welt und die entsprechende Weltanschauungsformen" (S. 5), gleichzeitig aber auch eine Widerspiegelung der „allgemeine(n) außerwissenschaftliche(n) geistige(n) Atmosphäre ihrer Zeit" (S. 24). Als Hauptströmungen der Weltanschauung nennt er Materialismus und Idealismus.

In der historischen Ausarbeitung trennt Bernal Wissenschaft und Technik bei weitem nicht so genau wie in seiner theoretischen Einleitung: „Technik ist die individuell erworbene und gesellschaftlich gesicherte Art und Weise, in der etwas gemacht wird; Wissenschaft ist das Bemühen, zu verstehen, wie etwas gemacht wird, damit es besser gemacht werden kann" (S. 20). Wissenschaft und Technik verhalten sich zueinander komplementär. Etwa bis zum 17. Jahrhundert war die Technik mehr der gebende, die Wissenschaft mehr der nehmende Teil. Seitdem kehrte sich das Verhältnis allmählich um, ehe Ende des 19. Jahrhunderts aus der Wissenschaft neue Industriezweige, wie die Chemie und die Elektrotechnik, hervorgingen. In Bernalscher Simplifizierung: „Die Elektroindustrie ist notwendigerweise durch und durch wissenschaftlich. ... Konstruktions- und Produktionsprobleme, Probleme der Arbeitsökonomie und der leichten Durchführbarkeit von Reparaturen erwuchsen auf der Grundlage der wissenschaftlichen Prinzipien der elektromagnetischen Induktion" (S. 397–S. 399).

Bernals Werk ist eher konventionell gegliedert, gängigen historischen Epocheneinteilungen folgend. Zwischen der mehr systematisch angelegten Einführung „Entstehung und Wesen der Wissenschaft" und den politisch-programmatischen „Schlußfolgerungen" stehen Kapitel zur „Wissenschaft im Altertum", im „Zeitalter des Glaubens", „Die Geburt der modernen Wissenschaft", „Wissenschaft und Industrie" und „Die Wissenschaft der Gegenwart". Bei aller Weitschweifigkeit steht die erzählende Darstellung immer im Zeichen der politisch-systematischen Intentionen des Werks.

Hierzu gehört der Nachweis der gesellschaftlichen Bedingtheit von Wissenschaft. Wissenschaft um ihrer selbst willen bezeichnet Bernal als Mythos. Zumindest über die Finanzierung werden gesellschaftliche Zielsetzungen in die Wissenschaft eingebracht. Bernal geht es jedoch um mehr: um den Klassencharakter der Wissenschaft. „... Wenn eine neue Klasse zur Macht gelangt, dann besteht ein besonderer Anreiz zu Verbesserungen in der Produktion, die den Reichtum und die Macht dieser Klasse vergrößern, und die Wissenschaft ist stark gefragt. Ist aber einmal eine Klasse an der Macht und ist sie dann noch stark genug, den Aufstieg eines neuen Rivalen zu verhindern, dann hat sie ein Interesse daran, die Dinge so zu lassen, wie sie sind – die Produktion verläuft in herkömmlichen Bahnen, und die Wissenschaft ist auf einmal uninteressant" (S. 21). In einem solchen Kontext steht nach Bernal z.B. auch Darwins Evolutionstheorie. Sie hätte viel früher kommen können, „wäre nicht der Widerstand klerikaler Kreise und der Grundbesitzer gewesen, die instinktiv fühlten, daß die Anerkennung der Evolutionslehre das Ende jeglicher Rechtfertigungsversuche für eine göttliche Weltordnung bedeutete" (S. 432).

Erst im Sozialismus kann der „Übergang von einer gesellschaftlich nicht verantwortlichen zu einer gesellschaftlich verantwortlichen Wissenschaft" beginnen (S. 3). Bernal spricht sich denn auch für eine Wissenschaftsplanung nach dem Vorbild der Sowjetunion aus. Eine Wissenschaft von der Wissenschaft solle hierfür Grundlagen schaffen. Bezüglich der Ergebnisse eines solchen Unternehmens huldigt Bernal einem szientistisch-technokratischen Zukunftsoptimismus. So heißt es bei ihm: „Materieller Überfluß liegt zum Greifen nahe". Computer und Automat bedeuteten „in Perspektive eine großartige Befreiung sowohl des menschlichen Geistes als auch des menschlichen Körpers von schweren und geistestötenden Arbeiten" (S. XX). Und er plädiert für eine weitgehende Umgestaltung der Natur bis hin zu einer Besiedlung des Weltraums.

Bernals Werk stellt ein wichtiges Zeitdokument für die Verbindung von Marxismus und technokratischem Szientismus dar. Es fand weltweit Verbreitung, und zwar sowohl in sozialistischen wie in kapitalistischen Ländern. In England erschien es in mehreren Auflagen; in der DDR ebenfalls und in der Bundesrepublik in einer Taschenbuchausgabe. Bis in die jüngste Vergangenheit hinein wurde es häufig zitiert. Der von Bernal geprägte Begriff der wissenschaftlich-technischen Revolution ging in den sozialistischen Ländern in die offizielle Lehre des Historischen Materialismus ein.

Bernals Werk entstand in einer Zeit, in der die Geschichte der Wissenschaft – im Westen wie im Osten – als positivistische Fortschrittsgeschichte vom Falschen zum Richtigen geschrieben wurde. Was als richtig galt, entschied die jeweilige Gegenwart. Inzwischen sind solche Darstellungsweisen überholt. Aber selbst wenn man die Entstehungszeit von Bernals Werk in Rechnung stellt, ist die historische Ausarbeitung fragwürdig, seine Begriffe sind nicht sehr genau, und die verstreuten systematischen Reflexionen – etwa zum Verhältnis von Wissenschaft und Technik – enthalten zahlreiche Widersprüche. Bleibenden Wert besitzt die Betonung des gesellschaftlichen Charakters von Wissenschaft durch Bernal. Diesen herauszuarbeiten bedarf es jedoch einer erheblich größeren Differenzierungsleistung und weltanschaulichen Offenheit.

Wolfgang König

Wiebe E. Bijker, Thomas P. Hughes und Trevor J. Pinch (Hg.): The Social Construction of Technological Systems. New Directions in the Sociology and History of Technology

Cambridge/MA, London: 1987, X + 405 S.

Wiebe E. Bijker: Of Bicycles, Bakelites, and Bulbs. Toward a Theory of Sociotechnical Change

Cambridge/MA, London: 1995, X + 380 S.

Im Folgenden wird die Entstehung und die Ausarbeitung des von dem holländischen Techniksoziologen Wiebe E. Bijker (geb. 1951) und dem englischen Wissenschaftssoziologen Trevor J. Pinch (geb. 1952) stammenden Konzepts der „Social Construction of Technology" (SCOT) als Prozeß dargestellt. Die beiden besprochenen Publikationen repräsentieren den Beginn und einen gewissen Abschluß des Prozesses.

Das SCOT-Konzept besitzt eine spezifische Vorgeschichte. In den 1970er Jahren formulierten Wissenschaftssoziologen an den Universitäten Edinburgh und Bath ein Programm, welches die Naturwissenschaften als soziales und historisches Unternehmen interpretierte. Sie fragten nicht, wie der Mainstream der zeitgenössischen Wissenschaftstheorie, nach Wahrheit oder Gültigkeit, sondern sie untersuchten die Art und Weise der Erzeugung wissenschaftlicher Ergebnisse. Dabei gingen sie nicht von den später als „richtig" geltenden wissenschaftlichen Aussagen aus, sondern behandelten die in einer Zeit konkurrierenden Interpretationen als gleichwertig („Symmetrieprinzip"). Auf diese Weise vermieden sie es, Wissenschaftsgeschichte von vornherein als Entwicklung von falschen zu richtigen Aussagen zu modellieren. Die britischen Wissenschaftssoziologen arbeiteten stattdessen in Fallstudien heraus, wie die Wissenschaftlergruppen experimentelle Ergebnisse unterschiedlich interpretierten und einen Konsens darüber aushandelten, welche Daten in welcher Weise in die Veröffentlichungen der Forschungsergebnisse aufzunehmen seien. Die soziologischen Untersuchungen konzentrierten sich auf kleinere wissenschaftliche Arbeitsgruppen und deren Interaktion im Rahmen größerer Scientific Communities. Gesellschaftliche Einflüsse auf die Wissenschaft wurden weniger thematisiert, aber als Desiderate weiterer Forschung benannt.

Pinch wirkte an der Universität Bath an der Ausarbeitung des Konzepts der sozialen Konstruktion der Wissenschaft mit. In die Kooperation mit Bijker brachte er das wissenschaftssoziologische Konzept ein, Bijker seine Kenntnisse der Techniksoziologie und Technikgeschichte. Der 1984 veröffentlichte, erste programmatische Aufsatz der beiden ging in modifizierter Form in den hier behandelten Sammelband von 1987 ein. Das Konzept der sozialen Konstruktion ist in dem Sammelband darüber hinaus noch durch eine Fallstudie von Bijker über die Innovation des Bakelit vertreten. Die anderen Aufsätze bieten andere Konzepte – teilweise mit Fallstudien verbunden. Der dritte Herausgeber, der amerikanische Technikhistoriker Thomas P. Hughes (geb. 1923), präsentiert seinen Ansatz der „Großen technischen Systeme". Später distanzierte sich Hughes explizit von der „Social Construction of Technology".

Pinch und Bijker übertragen in ihren Beiträgen das Konzept der sozialen Konstruktion der Wissenschaft nahezu eins zu eins auf die Technik. Pinch exemplifiziert es an der Physik der Sonne, Bijker am Fahrrad. Der einleitende Aufsatz der beiden enthält eine ganze Serie von Analogien zwischen Wissenschaft und Technik. Die „scientific facts" wie die „technological artifacts" werden als sozial konstruiert beschrieben. Den zahlreichen Interpretationsmöglichkeiten experimenteller wissenschaftlicher Ergebnisse entspreche die Vielfalt technischer Entwicklungsoptionen. Gescheiterte und erfolgreiche technische Innovationen werden in Analogie zu als falsch oder richtig erachteten wissenschaftlichen Theorien behandelt.

Bei der Thematisierung der sozialen Gruppen weisen die Verfasser dagegen auf kleinere Unterschiede hin: Die wissenschaftssoziologischen Arbeiten befaßten sich in erster Linie mit einem „Core-Set" in der Wissenschaft, Bijker hebt dagegen die größere Zahl der an der Technikentwicklung beteiligten relevanten Gruppen hervor. Die „relevanten sozialen Gruppen" konstituierten sich über ihre jeweiligen Bedeutungszuschreibungen für die Technik. Die Begriffe „interpretative flexibility" und „closure" sind ebenfalls der sozialen Konstruktion der Wissenschaft entlehnt. „Interpretative flexibility" meint einerseits unterschiedliche Bedeutungszuschreibungen für dieselbe Technik. So betrachteten die sportlichen jungen Männer das Hochrad als „Macho-bicycle", für Ältere und die Frauen handelte es sich dagegen um ein unsicheres Rad. Andererseits bezieht sich „interpretative flexibility" auch auf ganz unterschiedliche Fahrradkonstruktionen. „Closure", der Prozeß der Schließung einer wissenschaftlichen oder technischen Entwicklung, läuft nach Meinung der Autoren in der Wissenschaft und Technik etwas unterschiedlich ab: In der Wissenschaft erfolge er üblicherweise in rhetorischer Form – als Überredung der Kontrahenten; in der Technik als Neudefinition des Problems. Für die Technik wird ebenso wie für die Wissenschaft eine – allerdings auf spätere Forschungsarbeiten verschobene – Erweiterung des Untersuchungskontexts für notwendig erachtet.

Der programmatische Aufsatz und der Sammelband riefen ein quantitativ beträchtliches, aber inhaltlich tendenziell eher kritisch-ablehnendes Echo hervor. Im Laufe eines guten Jahrzehnts erschienen Dutzende längerer kritischer Beiträge, auf welche Bijker und Pinch wiederum mit Gegenreden und konzeptionellen Modifikationen reagierten. Danach ebbte die Diskussion ab. Hier können nur die wichtigsten Einwände in gebotener Kürze referiert werden.

Die Übertragung des Konzepts von der Wissenschaft auf die Technik hätte eigentlich einer ausführlichen Begründung bedurft. Pinch und Bijker entzogen sich dieser Aufgabe jedoch auf wenig überzeugende Weise und öffneten damit eine Flanke, in welche eine Reihe von Kritikern hineinstieß. Sie markierten zahlreiche Unterschiede zwischen Wissenschaft und Technik, was eine simple Übertragung verbiete. Der allgemeinste Einwand gestand zu, daß das Konzept der sozialen Konstruktion der Wissenschaft geeignet sei, die Wissenschaftsforschung zu befruchten. Schließlich sei in den Naturwissenschaften die Vorstellung weit verbreitet, die gesetzmäßige Ordnung der Natur stehe unveränderlich fest und harre nur der „Entdeckung". Die wissenschaftlichen Ergebnisse – so diese Auffassung – seien also von sozialen Einflüssen unabhängig. Für die Technik – so die Kritiker – laufe das Konzept dagegen ins Leere; es formuliere nur eine Trivialität. Technik könne nur als Werk des vergesellschafteten Menschen verstanden werden, sei auch nie anders interpretiert worden. Pinch und Bijker hätten also die ohnehin verbreitete Grundüberzeugung nur mit einem neuen Begriff belegt.

Widerspruch meldeten die Kritiker hinsichtlich Bijkers und Pinchs Bestimmung der jeweils „relevanten sozialen Gruppen" an. Dabei war es weniger von Bedeutung, daß das Fehlen der einen oder anderen angemahnt wurde. Schwerer wog die offensichtliche Zirkularität bei der Bestimmung der sozialen Gruppen und der Technik. Denn einerseits sollten die Gruppen die Technik durch Bedeutungszuschreibungen „konstruieren", andererseits konstituierten sie sich über eben diese Bedeutungszuschreibungen. Ein Sozialwissenschaftler bemängelte, daß das Interesse der Sozialkonstruktivisten mit dem „closure" ende, der Schließung der Technikentwicklung. Damit würden diese sich einseitig auf die Entstehungs- und Entwicklungsphase der Technik konzentrieren und die Diffusion ausklammern, also die gesellschaftlich relevanteste Phase.

Das Konzept der sozialen Konstruktion bezog sich zunächst ausschließlich auf die Mikro- und Mesoebene der technischen Entwicklung, behandelte also

Personen und Gruppen; die Makroebene der Gesellschaft blieb außen vor. In analoger Weise standen Artefakte und nicht komplexere technische Systeme im Zentrum. Kritiker sahen den Grund hierfür darin, daß sich an einfachen Artefakten leichter Kontroversen darstellen ließen als an unübersichtlichen Systemkonfigurationen. In diesem Zusammenhang arbeiteten Bijker und Pinch auch mit den Begriffen „Variation" und „Selektion", ohne sich allerdings an biologische Evolutionstheorien anzulehnen. Die Soziale Konstruktion der Technik fungierte in der Folgezeit als eine Art Legitimationsinstanz und Handlungsanweisung für die Anfertigung eng begrenzter Fallstudien.

Explizit und offensiv grenzte sich der Sozialkonstruktivismus vom Technikdeterminismus ab – ohne auf dessen vielfältiges Bedeutungsspektrum einzugehen. Für die konkrete Umsetzung hieß dies, daß die Technik als Determinante der gesellschaftlichen Entwicklung – aber auch der technischen – keinerlei Beachtung fand. Stattdessen postulierten die Protagonisten eine weitgehende soziale Gestaltbarkeit der Technik, was ihnen Vorwürfe eines sozialen Reduktionismus, Determinismus und Voluntarismus eintrug.

Die soziale Konstruktion der Technik entstand als soziologisches und nicht als historisches Konzept. Ihre Vertreter hantierten zwar mit historischen Fallstudien, behandelten aber die jeweilige Zeit quasi als geschichtslose Gegenwart. Die dabei als relevant erachteten sozialen Gruppen agierten, als gäbe es keine ihre Handlungen und Handlungsmöglichkeiten beeinflussenden sozialen oder technischen Traditionen. Gegenpositionen waren in vielfacher Ausfertigung seit langer Zeit vorhanden – so in dem berühmten Diktum von Karl Marx: „Die Menschen machen ihre eigene Geschichte, aber sie machen sie nicht aus freien Stücken, nicht unter selbstgewählten, sondern unter unmittelbar vorgefundenen, gegebenen und überlieferten Umständen. Die Tradition aller toten Geschlechter lastet wie ein Alp auf dem Gehirne der Lebenden". Das Zitat enthält einen Hinweis, wie sich Traditionen in die handlungslastige Konzeption der sozialen Konstruktion hätten einführen lassen, nämlich als Hinterlassenschaft der toten Akteure.

Bijker und Pinch reagierten auf die umfängliche Kritik mit zahlreichen Erwiderungen. Dabei akzeptierten sie viele Kritikpunkte und benutzten sie für eine schrittweise Modifikation ihres Konzepts. Einen gewissen Abschluß fand dieser Prozeß in Bijkers 1995 erschienenem Buch „Of Bicycles, Bakelites, and Bulbs". Die Schwäche des Buches – dies sei vorausgeschickt – besteht darin, daß es konzeptionelle Überlegungen und Fallstudien auf problematische Weise verzahnt. Die aus älteren Studien übernommenen Fallstudien illustrieren nämlich immer nur einzelne Aspekte des Konzepts. Im Ergebnis heißt dies, daß das Konzept in seiner Totalität in dem Buch nicht exemplifiziert wird.

„Of Bicycles" bietet eine umfassendere Beschreibung der „relevanten sozialen Gruppen" und bezieht dabei Produzenten, Mediatoren und Konsumenten der Technik mit ein. Das Buch geht darauf ein, daß die Gruppen im Prozeß der Technikentwicklung nicht stabil bleiben, sondern daß sie sich umformieren und daß neue hinzutreten. Ein längeres Kapitel – unter anderem angeregt durch die Diskussion um Michel Foucaults Machtbegriff – thematisiert die Definitions- und Handlungsmacht der beteiligten Akteursgruppen. Das Phänomen des „closure" wird flexibilisiert. Die Schließung bringe die Technikentwicklung nicht mehr definitiv an ein Ende, sondern sie könne wieder aufgebrochen werden und die Gestaltung der Technik könne neue Dynamik gewinnen.

Mit dem – allerdings recht diffusen – Begriff des „technological frame" stellt Bijker die Akteure jetzt in einen größeren Kontext. In einem Aufsatz beschreibt er „technological frame" als „combination of the explicit theory, tacit knowledge, general engineering practice, cultural values, prescribed testing procedures, devices, material networks, and systems used in a community" (Bijker/Law 1987). Die „technological frames" werden ausgehend von den Gruppen und ihrer Interaktion entwickelt. Die Akteure können mehreren „frames" angehören und besitzen unterschiedliche Grade der Einbindung („inclusion"). Die „frames" können also in dieser frühen Fassung des Konzepts schwerlich als von den Akteuren relativ unabhängige Strukturen interpretiert werden. In „Of Bicycles" vollzieht Bijker dann – unter Berufung auf Anthony Giddens – eine weitgehende Wende und bezeichnet die „frames" als technisches Handeln ermöglichende und begrenzende Strukturen.

Außerdem führt Bijker den neuen Begriff des „sociotechnical ensemble" ein. „Sociotechnical ensemble" bezeichnet den Untersuchungsgegenstand der Technikforschung, nämlich sowohl die Gesellschaft als auch die Technik. Beide seien untrennbar miteinander verbunden und entwickelten sich in Form einer „Koevolution". Mit dieser Erweiterung des Konzepts – so Bijker – würden Sozialkonstruktivismus und Technikdeterminismus miteinander versöhnt.

Damit gelangt die Ausarbeitung der „Social Construction of Technology" an ein überraschendes Ende. Angetreten, dem angeblich dominierenden Technikdeterminismus das überlegene Konzept des Sozialkonstruktivismus entgegenzusetzen, landet Bijker bei einer – allerdings unzureichend ausgearbeiteten – Integration. Es sei dahingestellt, ob man darin eine Weiterentwicklung oder einen Widerruf des Konzepts erkennen möchte. Unabhängig davon weist das in „Of Bicycles" vorgestellte Modell weiterhin Defizite auf. Zwischen dem Stellenwert und der Behandlung der Akteure und jener der Strukturen bestehen dramatische Ungleichgewichte. Und das Konzept des „technological frame", welches in dem Modell nicht nur allgemein die Strukturen repräsentiert, sondern auch die Technik und die historische Tradition, ist viel zu diffus, um die ihm auferlegte große Last schultern zu können.

Welche Bedeutung kommt der „Social Construction of Technology" also heute noch zu? Das Konzept kann als Mahnung verstanden werden, den komplexen gesellschaftlichen Ursprüngen einzelner Techniken detailliert nachzugehen. Ganz in diesem Sinne nahm Bijker später den theoretischen Anspruch des Konzepts teilweise zurück und bezeichnete es als heuristisches Prinzip.

Für die Anfertigung von Fallstudien wird es in diesem Sinne, wie schon in der Vergangenheit, sicher gute Dienste leisten.

Kritischer ist der Stellenwert der sozialen Konstruktion der Technik für eine übergreifende Theorie der technischen Entwicklung zu sehen. Bei der letzten Fassung ist nicht zu übersehen, daß sie aus einem insgesamt über 20-jährigen Bauprozeß hervorgegangen ist – mit zahlreichen An- und Umbauten und der Einfügung zusätzlicher zentraler Bauelemente, als das Gebäude eigentlich schon stand. Es sei dahingestellt, ob es nicht besser gewesen wäre, den Bau, nachdem er von den Architekten selbst als ungeeignet erkannt wurde, gleich ganz abzureißen und stattdessen neu zu entwerfen und zu bauen.

Die Mängel des Konzepts verhinderten nicht, daß relevante Teile der angloamerikanischen Technikgeschichte sowie der Science and Technology Studies (STS) die soziale Konstruktion der Technik quasi als dogmatische Grundlage verwandten. Im Vergleich dazu fand es sowohl in der deutschen Technikgeschichte wie in der deutschen Techniksoziologie und Technikphilosophie eine zurückhaltendere und kritischere Aufnahme. Nur eine tiefer schürfende, vergleichende Wissenschaftsforschung könnte diese Rezeptionsunterschiede erklären.

Wolfgang König

Ernst Bloch: Das Prinzip Hoffnung

Berlin (Ost): Aufbau-Verlag 1954–59; zit. nach der Gesamtausgabe, Bd. 5, 2. Auflage, Frankfurt/M.: Suhrkamp 1959, 1.657 S. (seitengleich mit der TB-Ausgabe Frankfurt/M.: Suhrkamp 1967)

Große Metaphysiken, die die Geschichte, die Natur und das Verhältnis des Menschen zu ihr in einem umfassenden System modellieren, sind im 20. Jahrhundert unter dem Eindruck positivistischer, sprachanalytischer und marxistischer Metaphysik-Kritik selten geworden. Wenn man heute von Metaphysik spricht, so denkt man an Alfred North Whitehead, Jean Paul Sartre, Martin Heidegger (s. dort) – und natürlich an Ernst Bloch (1885–1977), der nach Jahren der Emigration, über Prag in die Schweiz, dann in die USA, seit 1949 den Lehrstuhl für Philosophie an der Universität Leipzig innehatte, bis er 1957 emeritiert wurde. 1961 nahm er Wohnsitz in Tübingen, wo er im hohen Alter noch stark besuchte Seminare hielt.

Blochs Anfänge reichen in die geistige Bewegung des Expressionismus zurück, zu der sein erstes Werk „Geist der Utopie" (1918, veränderte Ausgabe 1923) nach Motiven und Sprachstil gehört. Nach den Jahren der Wirkungslosigkeit in der durch den Nationalsozialismus erzwungenen Emigration fanden seine schon in den dreißiger Jahren geschriebenen Hauptwerke „Das Materialismusproblem" (Gesamtausgabe Bd. 7, 1972) und „Das Prinzip Hoffnung" erst

Resonanz, als er schon über siebzig Jahre alt war, wurden dann aber zu einem starken Impuls in der Periode der Studentenbewegung. Sein Entwurf einer Philosophie, die die Welt als unfertig, werdend und mit der Potenz zur Vervollkommnung ausgestattet beschreibt, entwickelt Grundlagen eines Seinsverständnisses, in dem die Rahmenbedingungen für eine geschichtsphilosophische Deutung der Technik eingeschlossen sind.

Unter Welt versteht Bloch nicht nur alles, was wirklich ist, sondern – in Wiederaufnahme eines Konzepts von Leibniz – die Gesamtheit des Wirklichen und des real Möglichen. Durch Verwirklichung von realen Möglichkeiten entstehen neue Konstellationen des Wirklichen und damit zugleich neue reale Möglichkeiten. Die Welt befindet sich so in ständiger Veränderung, im Fortschreiten auf neue Zustände hin, die in ihrem Möglichkeitsfundus angelegt sind.

Möglichkeiten werden schon im Verlauf der Naturgeschichte verwirklicht, aber ohne bewußte Selektionsprinzipien. Sobald ein bewußtes, seine Existenz reflektierendes, Ziele und Zwecke setzendes Wesen in der Naturgeschichte auftritt – ein Subjekt, das heißt ein „subjektiver Faktor" in der Welt-, wird die Richtung des Fortschreitens planbar und durch Eingriff des Subjekts mitbestimmbar. Dieses Wesen ist der Mensch. Menschen machen sich nicht nur eine Vorstellung von der Welt, wie sie ist, sondern auch davon, wie sie sein sollte. Sie entwerfen Bilder oder Pläne einer Lebensordnung, die es noch nirgendwo gibt, aber geben könnte (Utopien). Sie antizipieren das Gewünschte und *schaffen sich Mittel*, um es zu erreichen. Der Mensch tritt denkend und wollend aus seiner Gegenwart heraus und nimmt eine (ideelle) Position in der Zukunft ein. Ein Wesen, das nicht nur Utopien ersinnt, sondern auch verwirklichen will, muß verändernd in die Welt eingreifen. Dazu braucht es mehr als Kopf und Hand; denn von Natur aus sind wir ziemlich schwach: „Wir fangen leer an" (S. 21). Und: „Nur die Luft ist ohne weiteres da, aber der Acker muß erst bestellt werden, immer wieder" (S. 547). Um seine natürliche Schwäche auszugleichen, ja in übermächtige Stärke zu verwandeln, hat der Mensch Instrumente erfunden, vom Faustkeil der Steinzeit bis zu den Automaten des 20. Jahrhunderts. „Werkzeuge und ihr bewußter Gebrauch" (S. 731) sind die Grundlage der Zivilisation. „Erst der Mensch ist das werkzeugmachende Tier ... Und noch schneller als die erbeuteten Rohstoffe mehrte sich die Kunst, etwas, das nie vorhanden war, aus ihnen zu machen. Erfinden bedeutet seitdem, sich aus organischen oder toten Beständen außerhalb des Leibs durch Verarbeitung zusätzliche Kraft oder Bequemlichkeit zu schaffen" (S. 731).

Eine Philosophie, die die Geschichte der Menschheit als Hervorbringen von Neuem versteht und zum Besseren lenken möchte, hat es ihrem Wesen nach mit den Bedingungen der Möglichkeit von Technik zu tun. Sie ist Technikphilosophie auch da, wo sie nicht über „Technik" spricht. Das große Kapitel 37 im „Prinzip Hoffnung" über die technischen Utopien ist technikphilosophisch von geringerem Interesse als die strukturelle Ontologie des Noch-Nicht-

Seins und des antizipierenden Bewußtseins (Kap. 15–18). Denn die Darstellung der technischen Utopien bleibt zu mehr als der Hälfte doch noch an einem vortechnischen Bereich von Magie und Alchimie haften, wo – gerade wegen der geringen Naturerkenntnisse – der Phantasie kaum Grenzen gesetzt sind. Wo aber technische Entwicklungen aus wissenschaftlichen Erkenntnissen hervorgehen, wie es in der Neuzeit immer mehr der Fall ist und im Übergang von der industriellen zur wissenschaftlich-technischen Revolution dominant wird, da ist für schweifende Phantasie, die neue Möglichkeiten über den Horizont der aktuellen Realisierbarkeit hinaus anzielt, wenig Spielraum (es sei denn in der literarischen Form der science fiction).

So liefert bei Bloch die Technik kaum strukturelle Kategorien und ausgemalte Bildvorstellungen für das utopische Bewußtsein, obwohl der technische Fortschritt die Voraussetzung für die gesellschaftlichen Utopien vom entlasteten, zur selbstbestimmten Entfaltung freigesetzter Menschen ist. Bloch sieht einzig bei Francis Bacon, am Anfang der neuzeitlichen Wissenschaftsgesinnung, die Entdecken in Erfinden umsetzt, eine originär technische Utopie:

„In seiner neuen Atlantis läßt Bacon Erfindungen gelungen sein, die zum Teil immer noch bevorstehen, er deutet sie in verblüffender Antizipation an. ... Die technische Prophetie Bacons ist einzigartig; sein ‚Desiderienbuch' enthält so ziemlich die moderne Technik in Wunschandeutung und geht darüber hinaus" (S. 764). Dagegen ist die „Kunst des Erfindens" (*ars inveniendi*), die Bacon und nach ihm Leibniz konzipieren, alles andere als utopisch: Sie wird als eine deduktive Methode der Kombination und Rekombination von Wissenselementen gedacht. Wie technikfern sich die Projektion von utopischen Erwartungen auf wissenschaftlich-technische Sachverhalte äußern kann, erhellen Sätzen wie dieser: „Einige hundert Pfund Uranium oder Thorium würden ausreichen, die Sahara und die Wüste Gobi verschwinden zu lassen, Sibirien und Nordkanada, Grönland und die Antarktis zur Riviera zu verwandeln. Sie würden ausreichen, um der Menschheit die Energie, die sonst in Millionen von Arbeitsstunden gewonnen werden mußte, in schmalen Büchsen, höchst konzentriert, zum Gebrauch fertig darzubieten" (S. 775).

Nicht hier aber liegt die eigentlich technikphilosophische Bedeutung der Philosophie Ernst Blochs, sondern in jenem naturphilosophischen Aspekt, den er auf die Formel bringt: „Vermittlung der Natur mit dem menschlichen Willen" (S. 778). Daß der Mensch reale Möglichkeiten, die in der Welt angelegt (also vorhanden) sind, erkennt und sich, ihre Verwirklichung antizipierend, zum Ziel und Inhalt eigenen Tuns setzt – das ist die Grundverfassung des Daseins, deren Entsprechung wir in Friedrich Dessauers (s. dort) berühmter Technikdefinition finden können: „Technik ist reales Sein aus Ideen durch finale Gestaltung und Bearbeitung aus naturgegebenen Bestanden". Auch bei Bloch haben die objektiven Möglichkeiten der realen, wirklich gewordenen Welt eine Art ideales Sein, das unabhängig vom Menschen besteht. Aus diesem Reich des Nicht-Wirklichen kann der Mensch durch seine Bewußtseins- und Willlensleistung erkennen, was im Rahmen des schon Bestehenden tendenziell auf Verwirklichung angelegt ist (das objektiv Mögliche) und ihm reale Gestalt geben; so kann er das Bestehende verändern und verbessern.

Blochs Ontologie des Noch-Nicht-Seins, mit der Ausarbeitung der Kategorien Antizipation, Möglichkeit, Latenz-Tendenz, Subjektfaktor in der objektiven Welt der materiellen Natur u.a. mehr, ist technikphilosophisch relevant, auch wenn sie nicht direkt von moderner Technik handelt, weil technisches Tun sich genau in dem Bereich entfaltet, dessen Verfassung wesentlich durch diese Kategorien zu kennzeichnen ist.

Die geforderte Vermittlung von Technik und Natur, die „Mitproduktivität eines möglichen Natursubjektes", faßt Bloch unter dem Titel „konkrete Allianztechnik" (S. 802). Sie bedeutet die Abkehr von einer mechanistischen Modellierung der Natur und ihrer Beschreibung in abstrakt-quantitativen Parametern. Vielmehr soll jenseits solcher Quantifizierungen einer natura naturata (einer geschaffenen Natur) das Produzierende einer natura naturans (der schaffenden Natur) „als Agens gefaßt" werden (S. 804). Diese Idee erfährt heute neue Aktualität angesichts der Entwicklungen der „converging technologies", die unter einer bloß noch medialen Steuerung Selbstorganisationsprozesse der Natur nutzen. „Je mehr gerade statt der äußerlichen eine Allianztechnik möglich werden sollte, eine mit der Mitproduktivität der Natur vermittelte, desto sicherer werden die Bildkräfte einer gefrorenen Natur erneut freigesetzt. Natur ist kein Vorbei, sondern der noch gar nicht geräumte Bauplatz, das noch gar nicht adäquat vorhandene Bauzeug für das noch gar nicht adäquat vorhandene menschliche Haus" (S. 807). Die grundlegende Utopie ist diejenige einer „Technik ohne Vergewaltigung" (ebd.). Die klassische „Industrietechnik" sei weder aufs Menschliche noch aufs Naturmaterial konkret bezogen gewesen; nur eine konkrete Technik (vgl. das „objet concret" bei Simondon, s. dort) tauge als Vermittlungskategorie (S. 807 f.). Der Technik fehle bislang „der Anschluß an ein der Technik selber Günstiges in der Natur" (S. 809); vom „Erfinden, das für sich allein steht, ein sicher Gutes zu erwarten" sei „sinnlos" (S. 813). Die zugrunde liegende utopische Vorstellung klingt wie diejenige der Verfechter einer Entwicklung der converging technologies über den bisher als menschlich-technisch bekannten Bereich hinaus (Transhumanisten): „Eine Verharkung ohnegleichen ist damit intendiert, ein wirklicher Einbau der Menschen (sobald sie mit sich sozial vermittelt worden sind) in die Natur (sobald die Technik mit der Natur vermittelt worden ist)" (S. 817) – hin zu einer „natura supernaturans" (ebd.).

Blochs Intention ist es, aus der Bindung technischen Produzierens, insbesondere da, wo es innovativ ist, an die Vernunft, die das Ganze der Natur bedenkt, eine Übereinstimmung zwischen dem naturverändernden Menschen und der selbstregulativen Erhaltung des Systems Natur erwachsen zu lassen. Er bezieht sich dabei auf den Satz des jungen Marx aus den „Ökonomisch-philosophischen Manuskripten": „Die Gesellschaft ist die vollendete Wesenseinheit des Menschen mit der Natur, die wahre Resurrektion der Natur, der durchgeführte Naturalismus des Menschen und der durchgeführte Humanismus der Natur" (S. 327). Und er interpretiert diesen Satz: „Die vergesellschaftete Menschheit im Bunde mit einer ihr vermittelten Natur ist der Umbau der Welt zu Heimat" (S. 334). Was Karl Marx (s. dort) den „Stoffwechsel des Menschen mit der Natur" genannt hat, wird so bei Bloch allgemeiner mit dem Hegelschen Begriff der Vermittlung gefaßt. Die Technik ist sozusagen die materielle Vermittlungsinstanz zwischen Mensch und Natur neben den ideellen Sinngebungen in Mythos und Religion, Kunst und Philosophie, denen Bloch sein Hauptinteresse zuwendet. Die Rückbeziehung der geistigen Schöpfungen auf die materielle Produktion und ihre gesellschaftliche Organisation als deren Grundlage gibt Bloch die Möglichkeit, seine eher religionsphilosophisch-eschatologische Vision vom geglückten Dasein in die marxistische Geschichtstheorie einzubetten, die in der Entfaltung der Produktivkräfte und in der Überwindung der Widersprüche, die in den gesellschaftlichen Produktionsverhältnissen auftreten, das Bewegungsgesetz der Menschheitsgeschichte und die Bedingung der Möglichkeit des Fortschritts sieht. Ungeachtet vieler theoretischer Differenzen zum klassischen Marxismus hat Bloch sich stets für einen genuinen Marxisten gehalten, auch nachdem er die DDR 1961 verließ und zeitweilig heftigen politischen Angriffen durch deren offizielle Repräsentanten ausgesetzt war.

Ebenso mehrdeutig wie sein Marxismus ist auch Blochs Verknüpfung utopischer Motive mit einem starken Anspruch, das Erbe der klassischen Vernunftphilosophie anzutreten. Die gelungene Vermittlung von Mensch und Natur, die nach Bloch die Technik zu leisten in der Lage ist (weil sie sowohl am Wissen und Wollen des Menschen wie am Sein und der Gesetzlichkeit der Natur teilhat), ist für ihn gebunden an die kritische und spekulative Vernunft; an die kritische, weil jedes technische Handeln in seiner selektiven Begrenztheit auf besondere Ziele und Gegenstände erkannt und die Gefahr seiner negativen Auswirkungen in größeren Zusammenhängen bewußt gemacht werden muß; an die spekulative, weil ein empirisch nicht mehr zu überprüfender Begriff vom Ganzen der Natur wenigstens als Korrektiv der Selbstgewißheit des technisch Handelnden unerläßlich ist. An diesem kritisch-spekulativen Horizont des klassischen deutschen Idealismus von Kant bis Hegel will Bloch festhalten; nur innerhalb dieses Horizonts kann für ihn Philosophie handlungsorientierend für die Praxis der Weltveränderung, der Weltverbesserung sein.

Hans Heinz Holz

Hans Blumenberg: Geistesgeschichte der Technik
Frankfurt/M.: Suhrkamp 2009, 151 S.

Hans Blumenberg (1920–1996) war von 1970 bis 1985 Professor für Philosophie in Münster. Zu seinen wichtigsten Prägungen gehört die Auseinandersetzung mit der Phänomenologie Husserls sowie seine Mitarbeit an der interdisziplinären Forschungsgruppe *Poetik und Hermeneutik*. Die Frage der Technik ist sowohl in seinen Studien zur Genese der Neuzeit präsent als auch in zahlreichen Einzelarbeiten, beispielsweise in seinem Aufsatz „Lebenswelt und Technisierung unter Aspekten der Phänomenologie" und in einem ausführlichen Vorwort zu Galileo Galileis „Sidereus Nuncius".

Zu den explizit der Frage der Technik gewidmeten Arbeiten gehört eine Reihe von Vorträgen, die aus dem Nachlaß herausgegeben wurde und aus den späten 1950er und 1960er Jahren stammt. Der Sammeltitel „Geistesgeschichte der Technik" spiegelt sowohl einzelne Titel als auch Blumenbergs eigene Bezeichnung für das Material im Nachlaß.

Das Ausgangsproblem seiner Reflexionen umreißt Blumenberg eingangs in der Gegenüberstellung zweier idealtypischer Ansätze der Geschichtsschreibung. Während einerseits die klassische Geschichtsschreibung die Entstehung der modernen Technik nur als Kette datierbarer Handlungen, als Errungenschaft genialer Einzelpersönlichkeiten beschreiben kann, bleibt andererseits eine auf Strukturen und Bedingungen angelegte Betrachtungsweise im Gefolge Karl Marx' (s. dort) eine Erklärung für den Wandel schuldig. Aus Blumenbergs Sicht bleiben daher beide Ansätze unzureichend: Eine handlungszentrierte Geschichtsschreibung impliziert immer schon Handlungstheorien; eine strukturorientierte Analyse kann geistige Innovation nur als Resultat von Situationen oder gar als Ausdruck einer Ideologie deuten. Beide Ansätze thematisieren aus seiner Sicht nur Aspekte und markieren mögliche Beobachterperspektiven. Blumenberg Zurückweisung der unvermittelten Alternative zwischen Struktur und Handlung stützt sich auf die Diskussion verschiedener Beispiele, die belegen, daß und wie einerseits technische Innovationen ideenpolitische Wirkungen entfalteten und andererseits geistige Zielsetzungen technische Innovationen ermöglichten. Der von Blumenberg präferierte „Pluralismus der Axiome" (S. 83) soll dabei den Blick auf jene Wechselwirkungen schärfen, die oft über Seitenwege erfolgen.

In der frühen Neuzeit ist nach Blumenberg keineswegs mit einer bloßen Anwendung theoretischer Erkenntnisse in der Mechanik zu rechnen. Im Gegenteil: Sowohl im Falle Galileis als auch bei René Descartes lasse sich beobachten, daß Techniken, die in den Handwerksbetrieben bereits zur Anwendung kamen, in Lehrbüchern letztlich auf den Begriff gebracht wurden (S. 62). Eine gelingende Geistesgeschichte der Technik muß daher sensibel für die verworrenen Kausalitäten bleiben, die nur durch interdisziplinäres Arbeiten in den Fokus rücken. So rekonstruiert Blumenberg beispielsweise, wie der zunächst als technische Attraktion entwickelte Vertikalverkehr in frühen Luxushotels jene technischen Apparaturen zur Reife brachte, die als Lasten- und Personenaufzüge den modernen Hochhaus- und Wolkenkratzerbau erst ermöglichten. Ähnlich komplexe Wechselwirkungen beobachtet Blumenberg zwischen der Herausbildung des juristisch definierten Eigentums an einer Erfindung und dem neuzeitlichen Erfinderwesen: Nur die juristische Rahmensetzung läßt das Berufsbild des Erfinders als eine auch gegen die Ansprüche von Feudalherren erfolgreiche ökonomische Strategie erscheinen; und nur der Erfolg von einzelnen Erfindern plausibilisiert und legitimiert das neue Patentrecht. Die Evolution von Technologien ist folglich ohne die Beachtung der juristischen und ökonomischen Kontexte nicht zu verstehen.

Ein besonders markantes Beispiel für die ideengeschichtliche Wirkung einer technischen Innovation bildet nach Blumenberg die Entwicklung des Fernrohrs. Zwar sind die astronomischen Erkenntnisse durch die frühen Fernrohre bestenfalls gestützt, nicht jedoch ursächlich hervorgerufen worden. Wohl aber bedeutete das Fernrohr eine grundlegende Dynamisierung menschlicher Erkenntnisfähigkeit: Der Sehsinn, in der antiken *theoría* als höchste menschliche Fähigkeit geadelt, wird nun zu einer verbesserungsfähigen, technisch erweiterbaren Größe. Diese grundlegende Erfahrung steht am Anfang einer „kopernikanischen" Welt, d.h. einer Epoche, die die Beweglichkeit und Veränderbarkeit des Beobachters als erkenntnisfördernde Größe beschreibt.

Der Begriff der Technik, den Blumenberg dabei verwendet, ist bewußt nicht nach Realtechniken, Sozialtechniken und Intellektualtechniken differenziert. In loser Fortführung Arnold Gehlenscher Argumentationen (s. dort) versteht Blumenberg Technik als Kompensationsleistung eines biologisch überforderten Wesens. Diese Kompensationsleistung macht den Menschen jedoch umgehend vom Mängelwesen zum „ausgezeichneten" Wesen, ist Zeichen der Schwäche und der Stärke zugleich. Der Mensch ist immer schon beides, gewissermaßen durch Mangel reich. Als „autotechnisches" Wesen ist er gar nicht vor-technisch denkbar, sondern immer schon co-evolutiv mit seinen Techniken verwoben.

Die funktionale Definition der Technisierung, die Blumenberg analog zu José Ortega y Gasset (vgl. dort) voraussetzt, lautet: „Technisierung erweist sich paradigmatisch als der Prozeß, in dem sich der Mensch von den Verrichtungen entlastet, die seine Anstrengung nur ein einziges Mal erfordern" (S. 47). Diese Definition läßt bewußt offen, ob mittels Begriffen, technischer Apparaturen oder sozialer Konventionen auf bereits Geleistetes zurückgegriffen wird. Blumenberg selbst betont den analogen Charakter derartiger Leistungen durch den Vergleich von Begriff und Falle. In beiden Technisierungen komme bereits Geleistetes im rechten Augenblick zur Anwendung. Vor allem in seinen nachgelassenen Schriften betont Blumenberg, daß Technisierung immer auch distanzbildenden Charakter hat: Der Steinwurf ermöglicht *actio per distans*, der Begriff den Verweis auf Abwesendes. Die Fähigkeit zur Einwirkung auf Distanz ermöglicht dem Menschen in Gefahrensituationen einen Zeitgewinn; die Antizipation von Risiken, ihre Simulation in der Vorstellung erweist sich als Kern von Rationalität.

Mit Blumenbergs Definition der Technisierung geht zugleich eine Neubewertung bezüglich der Legitimation derartiger Leistungen einher. Noch Edmund Husserl (s. dort) habe die Formalisierung als eine Verdeckung von Leistungen begriffen, die die Arbeit der Vernunft zu einem unredlichen Geschäft mache (S. 77), weil Leistungen zur Anwendung kommen, die nicht wirklich verstanden werden. Gegen Husserls *Krisis*-Schrift, in der beklagt wird, die moderne Wissenschaft benutze Leistungen, die sie ungeprüft voraussetze, versucht Blumenberg zu zeigen, daß bereits die grundlegenden Operationen des Bewußtseins Formalisierungen darstellen, es also keine ursprüngliche, unformalisierte und sozusagen a-technische Bewußtseinsschicht gibt, über die sinnvoll etwas gesagt werden könnte. Auch das nicht-propositionale Denken in Bildern und Metaphern hat formalisierenden Charakter und ist mehr als bloßer Vorhof zur Vernunft.

Vor allem in seinem Aufsatz „Lebenswelt und Technisierung unter Aspekten der Phänomenologie" (zuerst erschienen 1963) macht Blumenberg dieses Argument gegen eine Technikkritik stark, die Lebenswelt und Technik als unvermittelte Größen gegeneinander stellt. Eine solche Beschreibung könnte man beispielsweise in Jürgen Habermas' Formulierung von der „Kolonialisierung der Lebenswelt" sehen. Zwar können neue Technologien eine aus Routinen bestehende Lebenswelt kurzzeitig irritieren; doch schon bald werden auch neue Technologien wie beispielsweise eine elektrische Türklingel oder ein Telefon völlig in den lebensweltlichen „Bewandtniszusammenhang" eingebettet. Das lebensweltlich-routinierte Handeln einerseits und der technische Rückgriff auf bereits Geleistetes sind daher als konvergierende Handlungsmodi zu verstehen.

Der Begriff der Lebenswelt wird dabei von Blumenberg als Grenzbegriff verstanden: Eine Theorie der Lebenswelt kann diese immer nur von außen beschreiben, weil die Analyse der Lebenswelt selbst nicht lebensweltlich ist, auch wenn sie den vorprädikativen Verständnissen der Lebenswelt nie vollständig entwachsen kann. Als Grenzbegriff können wir Lebenswelt als einen Modus denken, der gerade dadurch thematisierbar wird, daß wir ihn verlassen. Damit ist die Lebenswelt jedoch keine verortbare Idylle, nicht die unverzerrte Kommunikation, die durch Technisierung bedroht wird. Die „Dienstbarmachung des Unverstandenen" der Technisierung (so Blumenbergs Formel in „Lebenszeit und Weltzeit") beschleunigt eher die Tendenz zur Lebenswelt als ihr zu widersprechen.

Blumenbergs Technikphilosophie hat weitreichende Auswirkungen auf seine Theorie der Moderne. Seine funktionalistische Definition erlaubt einerseits Analogiebildungen und betont die Ähnlichkeit von Weltbewältigungsstrategien religiöser, wissenschaftlicher oder literarischer Art. Zugleich aber betont Blumenberg die historische Differenz im Modus der menschlichen Kontingenzbewältigung, die Bedeutung genuin neuzeitlicher Selbsterhaltung. Während das antike und christlich-mittelalterliche Weltbild von einem starken Ordnungsgedanken getragen sei und die technische Weltbewältigung sich immer an einer Nachahmung der Natur im Sinne des Aristoteles versucht habe, gebe die Neuzeit dieses Ideal auf. Vor allem das Verschwinden einer orientierenden Funktion theologischer Vorgaben im Nominalismus der Hochscholastik habe den Menschen dazu genötigt, die Selbsterhaltung in die eigenen Hände zu nehmen. Werde Gott als allmächtige und daher unberechenbare Macht gedacht, so bleibe an Stelle einer verhandelnden Anbetung intervenierender Transzendenz nur ein selbstlegitimierendes Kontingenzmanagement. Daß dabei die Natur nicht mehr als orientierende Größe betrachtet wird, ermöglicht dann die Lösung klassischer technischer Probleme, beispielsweise die Erfindung des Flugzeugs, das nun nicht mehr nach dem Modell des Vogelflugs entwickelt wird, sondern mit dem Einsatz eines Propellers die natürlichen Formen des Flugs gänzlich hinter sich läßt.

Zusammen mit der Legitimität der Neuzeit betont Blumenberg daher zugleich die Legitimität der Technisierung. Da die Natur dem Menschen nur als desinteressierter „Absolutismus der Wirklichkeit" entgegentritt, kann „Natur" auch kein normativ orientierender Begriff sein. Gegen kulturkritische Technikkritik verweist er daher auf den zweifelhaften Status jener rückwärtsgerichteten Utopien der Ursprünglichkeit, die er beispielsweise in Heideggers Rhetorik der Authentizität verortet. Vor allem das Interesse an historischen Details und die souveräne Überschreitung akademischer Disziplinengrenzen machen seine technikphilosophischen Schriften zu einem bleibenden Inspirationsquell.

Felix Heidenreich

Günther Bohring: Technik im Kampf der Weltanschauungen. Ein Beitrag zur Auseinandersetzung der marxistisch-leninistischen Philosophie mit der bürgerlichen Philosophie der Technik

Berlin: VEB Deutscher Verlag der Wissenschaften 1976, 226 S.

Günther Bohring (1929–1990) war Professor für Marxismus-Leninismus in Merseburg. Seine Habilitationsschrift befaßte sich im Zeichen der von den SED-Parteitagen formulierten Aufgabe mit der Kritik der bürgerlichen Ideologie. Nach dem Ende der DDR sah Bohring offensichtlich seine Existenzgrundlage verloren; er starb durch Selbsttötung im Jahre 1990.

Im hier vorliegenden Buch will Bohring ausgehend von der Feststellung, daß weltanschauliche Probleme der Entwicklung von Wissenschaft und Technik zu einem wesentlichen Gegenstand der ideologischen Auseinandersetzung geworden sind (S. 9), die ganze Breite der „bürgerlichen" Technikphilosophie kritisch untersuchen, wobei er schon im ersten Kapitel erklärt, daß sie die „objektiven Grundlagen und Gegebenheiten leugnet, verzerrt und verschleiert" (S. 16), wenngleich er zugesteht, daß sich durchaus eine „innere Differenziertheit" zeigt, „die von reaktionärsten, antihumanistischen und irrationalistischen Elementen bis zu fortschrittlichen Positionen eines demokratischen Humanismus und rationalen wissenschaftlichen Einsichten reicht" (S. 14). Er ist überzeugt, eine sichere Basis für eine solche kritische Darstellung zu haben, weil „der dialektische und historische Materialismus als theoretische Grundlage der sozialistischen Weltanschauung ... eine einheitliche Erklärung der Technik, sowohl in ihrer ökonomischen wie historischen Dimension, in ihrer soziologischen, psychologischen und ethisch-moralischen Wirkung" ermöglicht (S. 20), so daß der Sieg im „Ringen um diese geistigen Fragen" im voraus feststeht, das „den praktischen Kampf um die Bewältigung der wissenschaftlich-technischen Revolution" begleitet (S. 19).

Das zweite Kapitel macht für den Autor deutlich, daß die philosophische Analyse der Technik wegen deren Verbindung „mit dem Kampf der Klassen und der heutigen antagonistisch sich gegenüberstehenden Weltsysteme" (S. 36) ein wichtiger Aspekt des ideologischen Klassenkampfes ist.

Das dritte Kapitel behandelt Technik und technischen Fortschritt im Lichte der marxistisch-leninistischen Philosophie und ist in der Tat ein ausgezeichneter knapper Überblick über den Stand der Technikphilosophie im Marxismus zu Beginn der 70er Jahre. Im Gegensatz zur bundesrepublikanischen Technikphilosophie wird hier besonderer Nachdruck auf die sozialphilosophischen Aspekte gelegt, die erst später auch im Westen entsprechende Bedeutung erhalten. Das Kapitel schließt mit dem Versuch einer Definition, der frühere Bestimmungsversuche aufgreift und zu folgendem Resultat gelangt: „Technik ist eine Seite des gesellschaftlichen Seins und umfaßt das in der menschlichen Gesellschaft durch technisches Schöpfertum (Erfindungen) historisch entstandene, sich ständig verändernde und entwickelnde System materieller Mittel und Verfahren, das der Mensch zur Erreichung der von ihm ausgewählten und selbstgesetzten Zwecke und Ziele in allen seinen Lebensbereichen in Bewegung setzt" (S. 74). Damit ist für Bohring die Grundlage gegeben, von der aus er sich mit „Wesen und Erscheinungsformen der bürgerlichen ‚Philosophie der Technik'" auseinandersetzen kann. In diesem vierten Kapitel geht es um die philosophische Behandlung der Technik bis zur Gründung der Bundesrepublik, deren Technikphilosophie im fünften Kapitel zum Thema wird.

Die Entwicklung einer besonderen „Philosophie der Technik" wird als „Ausdruck des Verfallsprozesses der bürgerlichen akademischen Philosophie" verstanden; zugleich findet darin der „Technizismus" der technisch wirkenden „Klasse" seinen ideologischen Ausdruck. Zu Recht sieht Bohring in Ernst Kapps (s. dort) „Grundlinien einer Philosophie der Technik" den Beginn dieser Technikphilosophie; obwohl sich hier durchaus Aspekte eines anthropologischen

Materialismus finden, muß sie wegen ihrer subjektiv-idealistischen Grundlage kritisiert werden (vgl. S. 104).

Von den Autoren dieses Jahrhunderts wird neben Peter K. von Engelmeyer, Eberhard Zschimmer, Oswald Spengler, Max Eyth, Emile Du Bois-Reymond, und Julius Goldstein vor allem Friedrich Dessauer behandelt, aber auch Karl Jaspers (s. alle dort) und evangelische Theologen wie Hans Lilje. Es war sicher wertvoll, daß Bohring auch diese Autoren in die Diskussion mit eingeführt hat. Mit ihm beginnt in der DDR eine historische Aufarbeitung der Beiträge zur Technikphilosophie.

Ein besonderer Abschnitt gilt dem Zusammenhang der „bürgerlichen" Technikphilosophie mit der „faschistischen Ideologie" (S. 146ff.). Hier werden vor allem Arbeiten von Eberhard Zschimmer und Ernst Jünger (s. dort) untersucht.

Im letzten Kapitel sieht Bohring die Technikphilosophie in ihrer Rolle als „wesentlicher Faktor im System der spätbürgerlichen Ideologie" (S. 160). Nachdem zunächst auf den pessimistischen Grundzug der Literatur über Technik in den ersten Nachkriegsjahren verwiesen wird, kommt sehr ausführlich „die idealistisch-religiöse Grundkonzeption der ‚Philosophie der Technik' bei Friedrich Dessauer" zur Sprache (S. 175ff.). Mit Dessauer, der seinen „Streit um die Technik" auf Drängen des VDI verfaßt hat, wird die Rolle dieses großen Ingenieurvereins thematisiert (S. 184ff.). Diese Rolle ist bei aller Kritik durchaus nicht ausschließlich negativ gesehen. „In gewisser Weise läßt sich sogar sagen, daß die bedeutendsten Arbeiten und weiterführenden Diskussionen zur ‚Technikphilosophie' in seinem Rahmen, durch aktive Mitglieder des VDI oder doch durch ihn angeregte Wissenschaftler erfolgt sind" (S. 185).

Neben Paul Wilpert und Paul Koeßler als maßgebenden Mitarbeiter der Hauptgruppe „Mensch und Technik" wird besonders auf die Arbeiten von Klaus Tuchel (s. dort) eingegangen, dem zugestanden wird, er habe sich „außerordentlich bemüht, dem philosophischen Denken über die Technik eine positive, auf die Herausarbeitung der überragenden Kulturfunktion der Technik gezielte Richtung zu weisen" (S. 189). Aber weil die Grundlage seiner Arbeit „die mit der Industriegesellschaftstheorie verbundene These von der Konvergenz der gegensätzlichen Gesellschaftssysteme" ist (S. 193), die politisch auf ein „drittes Modell" einer demokratischen Gesellschaftsordnung jenseits von Kapitalismus und Sozialismus abzielt (S. 195), muß auch Klaus Tuchels Beitrag letztlich als unzureichend abgewiesen werden, denn es kann eben – so der Marxist Bohring – „keinen Weg für die Verwirklichung des Humanismus mehr" geben „außerhalb oder gar gegen die sozialistische Erneuerung und Umgestaltung aller gesellschaftlichen Verhältnisse" (S. 193).

Das Thema der „Industriegesellschaftstheorie" wird nach einem Exkurs über „Theologische Positionen" eigens wieder aufgegriffen und vor allem an Arbeiten von Hans Freyer erörtert; aber auch neuere Arbeiten etwa von Hans Lenk und Helmut Schelsky (s. alle dort) werden einbezogen. Dabei wird jede Form einer Konvergenztheorie entschieden zurückgewiesen.

Der Schluß verweist nochmals darauf, daß sich in der Diskussion über Technik zwangsläufig die gesamte ideologische Diskussion spiegeln wird, so daß im „Kampf der Weltanschauungen ... die Probleme der Technik auch weiterhin einen wichtigen Platz einnehmen" werden (S. 223).

Das Werk von Bohring wird ein wichtiges zeitgeschichtliches Dokument bleiben, dokumentiert es doch eine Stufe der Auseinandersetzung zwischen den damaligen deutschen Staaten DDR und BRD – die Mitte zwischen dem Werk Hermann Leys (s. dort) und der viel sachlicheren Gesamtübersicht von Siegfried Wollgast/Gerhard Banse (s. dort).

Alois Huning

Donald Brinkmann: Mensch und Technik. Grundzüge einer Philosophie der Technik

Bern: A. Francke 1946 (Sammlung Dalp, Bd. 8), 167 S.

Donald Brinkmann (1909–1963) war seit 1944 Titularprofessor an der Universität Zürich und lehrte Philosophie, Psychologie und Ästhetik. Sein Werk „Mensch und Technik" basiert auf zwei Vorträgen, die Brinkmann bereits im Herbst 1944 und im Frühjahr 1946 gehalten hat und war zusammen mit den Überlegungen Nikolai Berdjajews (s. dort) unmittelbar nach dem Zweiten Weltkrieg richtungsweisend in der religiös motivierten und theologisch orientierten Deutung der technischen Zivilisation.

Brinkmann beginnt seine Überlegungen im Kapitel 1 „Philosophie und Technik" mit der Frage, ob Philosophie und Technik nicht zwei Welten sind, die sich fremd gegenüberstehen, die keinerlei Berührungspunkte besitzen oder die, wenn sie sich denn doch begegnen, nur in ein gegensätzliches Verhältnis zueinander treten können. Indem er diese Frage nicht nur verneint, sondern hervorhebt, daß sich, „bei aller Verschiedenheit im einzelnen, eine Geistesverwandtschaft allgemeiner Art zwischen Philosophie und Technik zeige" (S. 9), hat Brinkmann einen Ansatz formuliert, den er in seinem Buch – wenn auch nur überblicksartig – ausgestaltet.

Die *Geistesverwandtschaft* zeige sich vor allem im universellen Ansatz – dem der Philosophie –, da „sie das Dasein in seinem vollen Umfang zum Thema menschlicher Erkenntnis" (S. 10) mache, dem der Technik, da sie die „außermenschliche Wirklichkeit und das menschliche Leben in einem Umfang und bis zu einer Tiefe" (S. 11) durchdringe, daß man von einer „totalen Technisierung" (S. 16) sprechen könne.

Um die „Ernsthaftigkeit" (S. 41) der philosophischen Arbeit von Ingenieuren zu belegen, analysiert Brinkmann im 2. Kapitel „Technische Elemente im philosophischen Denken". Seine These ist, „daß sich seit dem ausgehenden

Mittelalter eine überraschende Korrelation zwischen philosophischer und technischer Entwicklung feststellen läßt" (S. 42). Durch diese Analyse gelangt Brinkmann zu der Erkenntnis, daß die moderne Technik, die Naturwissenschaft und die Systeme der modernen Philosophie aus einer gemeinsamen Wurzel erwuchsen, die er in einer säkularisierten Form der christlichen Heilserwartung gegeben sieht (vgl S. 71ff.).

Diese gemeinsame Wurzel kann nach Brinkmann nur dann begriffen werden, wenn zunächst „Das Wesen der Technik" (Kap. 3) genauer erfaßt wird. Da es seiner Meinung nach schwieriger sei, „positiv etwas über das Wesen der Technik auszusagen, als zu zeigen, was die Technik nicht ist" (S. 74), wendet sich Brinkmann zunächst kritisch vier weit verbreiteten Auffassungen über die Technik zu. Kritisch deshalb, weil sie seiner Auffassung nach das Wesen der Technik nur unvollständig oder ungenügend berücksichtigen. Damit legt Brinkmann zugleich einen frühen Versuch einer Klassifikation von Technikdeutungen vor: Technik als angewandte Naturwissenschaft, Technik als Mittelbereitung zu wirtschaftlichen Zwecken, Technik als zweckneutrales Mittelsystem und Technik als Ausdruck menschlichen Machtstrebens. Ohne zu bestreiten, daß in all diesen Definitionsangeboten Richtiges enthalten ist, sucht Brinkmann jedoch nach dem „eigentlichen" Nenner. Dieser ist für ihn nur im Zusammenhang mit dem handelnden, technisch aktiven Menschen auszumachen: „Bei Äußerlichkeiten dürfen wir uns nicht aufhalten. Wir wollen unmittelbar ins Zentrum vordringen, um die verborgenen seelischen Antriebe technischen Gestaltens bloßzulegen" (S. 105).

„Der technische Mensch" (4. Kapitel) ist nach Brinkmann *erstens* durch „das Bewußtsein kreatürlicher Beschränkung, Unvollkommenheit und Erlösungsbedürftigkeit" gekennzeichnet. Diese Grundüberzeugung verbinde sich *zweitens* mit der Glaubenssehnsucht, „die Erlösung durch werktätiges Gestalten der Wirklichkeit ... selbst herbeizuführen, ja zu erzwingen, ohne auf irgendeinen Gnadenakt Gottes angewiesen zu bleiben" (S. 105). Daraus ergibt sich zwanglos *drittens*, und das ist der zentrale Gedanke der Überlegungen von Donald Brinkmann: „Der christliche Erlösungsglaube wird vom technischen Menschen in eine Sehnsucht nach Selbsterlösung umgebogen" (S. 107).

Da Brinkmann – wie bereits erwähnt – jedwede Mittelhaftigkeit der Technik ablehnt (weil damit das Wesen der Technik nur ungenügend erfaßt werde), wird die Technik selbst als diese Selbsterlösung angesehen. Glaubensenergie konzentriert sich seiner Meinung nach vorrangig auf das werktätige Gestalten der diesseitigen Welt: Alles technische Tun, seine Ergebnisse und seine Dynamik sind nur zu verstehen vor dem Hintergrund des ganz Europa umfassenden Säkularisierungsprozesses und seiner Wirkungen, die dem tätigen Menschen die Verankerung in einer transzendenten Welt der Offenbarung als nicht mehr ausreichend erscheinen ließen. Vor die Alternative „Fremderlösung oder Selbsterlösung, ursprünglicher Glaube oder säkularisierte Glaubensenergie" (S. 109) gestellt, entscheidet sich der technische, der abendländische Mensch leidenschaftlich für die aktive Selbsterlösung, „wobei Goethe in seinen Prometheusgestalten und im Faust das Urbild technischen Menschentums" (S. 143) gestaltet habe.

In seinen „Schlußbetrachtungen" deutet Brinkmann an, daß die Abwandlung des ursprünglich christlichen Erlösungsglaubens zu einer Erlösungssehnsucht und zu einem aktiven Erlösungsstreben in eine Krise der Menschheit geführt habe, die sich – wie nicht zuletzt die Atombombenabwürfe belegen – den Gefahren der von ihr selbst geschaffenen Werke ausgeliefert sieht: „Solange diese unheilvolle Sehnsucht nicht als Glaubensersatz durchschaut und überwunden ist, bleibt alles beim alten" (S. 143). Philosophie der Technik habe deshalb vor allem die Aufgabe, „alteingewurzelte Vorurteile und Illusionen wegzuräumen" (S. 143), „hinter allen Erfindungen und Konstruktionen das technische Menschentum aufzudecken und die verhängnisvolle Sehnsucht nach Selbsterlösung zu durchschauen" (S. 144). Daraus soll – als Eingeständnis der selbst herbeigeführten krisenhaften Notlage – der Boden für echt menschliches Erkennen, Handeln und Gestalten erwachsen, „das sich nicht mehr vom utopischen Grössenwahn des ‚homo factivus' verführen läßt" (S. 144).

Brinkmann hat – auch unter dem Eindruck des grauenhaften Ausmaßes der modernen Vernichtungs- und Zerstörungstechnik zweier Weltkriege – unmittelbar nach dem Krieg eine interessante – auch philosophiehistorisch gestützte – Analyse und Diagnose der Verfaßtheit der technischen Zivilisation des „Abendlandes" vorgenommen. Er greift aber zu kurz, wenn er das Streben nach Selbsterlösung durch Verabsolutierung des technischen Gestaltens und seiner Ergebnisse als Wurzel der Krise der Neuzeit identifiziert. Zu kurz ist deshalb auch sein „Therapieangebot": Rückkehr zum christlichen Erlösungsglauben.

Gerhard Banse

Mario Bunge: Epistemologia

Hg. von Mario Bunge und Mario H. Otero. Barcelona: Editorial Ariel 1980 (Cienca de la cienca); dt. Epistemologie: Aktuelle Fragen der Wissenschaftstheorie, übers. von Christa Broermann und Adolfo Murguia. Mannheim, Wien, Zürich: Bibliographisches Institut 1983, 217 S.

Mario Bunge, geb. 1919 in Argentinien, ist Theoretischer Physiker und Philosoph und hatte international zahlreiche Lehrstühle in beiden Disziplinen inne. Nach Forschungsaufenthalten u.a. in Zürich und Freiburg i.Br. lehrte er bis zu seiner Emeritierung an der McGill Universität in Montreal. Er darf auch als einer der führenden Wissenschaftstheoretiker und Vertreter der analytischen Philosophie angesehen werden. Er dürfte auch einer der ersten Autoren sein, der die Technik- und Ingenieurwissenschaften einer eigenen spezifisch wissenschaftstheoretischen Analyse unterzogen bzw. diese überhaupt erst in Gang gebracht hat.

Bunges Buch „Epistemologie ..." entfaltet in 15 Kapiteln die wissenschaftstheoretischen und erkenntnistheoretischen Positionen des Verfassers. Es enthält insbesondere in Kapitel 13 über „Technologie und Philosophie" (S. 165–188) die technikphilosophisch interessanten Passagen aus Bunges Werk erstmals in Deutsch. Weite Teile des Kapitels sind allerdings auch in Mario Bunges Werk „Scientific Research II: The Search for Truth" (1967) in Kapitel 11: „Action" (S. 121–150) enthalten und wurden auch anderweitig als Buch- oder Zeitschriftenbeiträge publiziert.

Bunge unterscheidet in seinem früheren Standardwerk von 1967, das bis heute leider nicht ins Deutsche übersetzt worden ist, reine Wissenschaft und angewandte Forschung einerseits und grenzt sie gegen Technik und Praxis andererseits ab. Während wissenschaftliches Grundlagenwissen in Form von Einzelanalysen und gesetzesartigen „Wenn A, dann B"-Aussagen ausgedrückt wird, stellt sich das technologische Wissen in Form von Regeln dar, die die Form haben: „Wenn man B haben will, muß man A ausprobieren". Nach Bunge ist aus formallogischen Gründen kein deduktiver Übergang von gesetzesartigen Aussagen zu technologischen Regeln möglich; der Zusammenhang ist bei ihm lediglich pragmatisch vermittelt. Technologisches Wissen kann deshalb nicht zur strikten Begründung von wissenschaftlichem Wissen und umgekehrt herangezogen werden. Technische Regeln werden nach Bunge daher nicht nach Wahrheitskriterien beurteilt, sondern an den Kriterien der Effektivität gemessen, ihre praktische Aus- und Durchführung wird nach Effizienzkriterien beurteilt. Nach Bunge hat die Technologie andere Erkenntnis- und Handlungsziele als die Wissenschaft, und daher trennt er Wissenschaft und Technologie in seinem Standardwerk von 1967 noch vergleichsweise strikt voneinander ab.

Diese Trennung wird im vorliegenden Buch von 1980 etwas gelockert. Die nichtleere Überschneidung einer Wissenschaft mit einer Technologie kann sich, so Bunge, nur auf die Methode oder auf den Gegenstandsbereich erstrekken. Gleichwohl ist die Behandlung eines Gegenstandsbereiches durch die Wissenschaft und durch die Technologie jeweils eine andere, wie Bunge an einer Reihe von tabellarischen Zusammenstellungen über Zweige der Technologie (materielle, soziale, begriffliche und allgemeine Technologien) klarmacht (S. 167).

Zu den allgemeinen Technologien zählen Theorien, die die materiellen Einzelheiten zugunsten struktureller Aspekte hintanstellen wie beispielsweise die Systemtheorie oder die Theorie der Regelung und Optimierung (S. 167). Jeder Zweig einer Technologie hat einen Nachbarn und ist dadurch in ein Geflecht eingebunden, das Bunge mit der industriellen Zivilisation und der modernen

Kultur in Beziehung setzt. So könne man durchaus eine moderne Industrie ohne Kultur haben, und man könne auch zumindest Teile einer Kultur haben ohne moderne Industrie. „Aber die kreative Technologie ist unmöglich außerhalb der modernen Zivilisation, die eine industrielle Produktion einschließt, und der modernen Kultur, die natürlich die moderne Technologie einschließt" (S. 168).

Die tabellarische Verortung (S. 168) von Protowissenschaft (bei Bunge reine Faktensammlung und Phänomenologie ohne erklärende Potenz wie antike Astronomie, Alchemie oder auch „Geistphilosophie"), Wissenschaft (wie Physik, Chemie, Psychologie), Technologie (wie Ingenieurwissenschaften, Psychiatrie oder wirtschaftliche Planung), technischer Praxis (wie Praxis der Ingenieurwissenschaften, Verhaltenstherapie oder Verwaltung) und Pseudotechnologie (wie Astrologie, Psychoanalyse oder Computermißbrauch) zeigt instruktiv die Trennung in Handwerk, Wissenschaft, Technologie und Praxis, wie sie Bunge schon in seinem besagten Standardwerk von 1967 entwickelt hat.

Eine Philosophie der Technologie besteht bei Bunge aus einer Menge von philosophischen Begriffen und Hypothesen, die der Theorie und der Praxis der Technologie inhärent sein sollen. Die Bestandteile dieser Philosophie gliedert er in gnoseologische, ontologische, axiologische und ethische. Diese philosophischen Bestandteile findet Bunge weniger in den Artefakten einer Technologie, sondern in der technologischen Forschung, bei der Bildung von politischen Strategien und Planungen (policies) und bei wichtigen Entscheidungen. Die dabei benutzten begrifflichen Werkzeuge sind deshalb von großem Interesse, da die Technologie, so Bunge, eine kreative Komponente hat; sie ist weder der Theorie entfremdet noch bloße Anwendung der reinen Wissenschaft.

Der gnoseologische (d.h. erkenntnistheoretische mit praktischer Absicht bestimmte) Hintergrund der Technologie wird von Bunge zuerst durch Hypothesen, die Wissenschaft und Technologie gemeinsam teilen, charakterisiert. Hier vertritt Bunge einen kritischen Realismus, den er als Grundhaltung auch bei den modernen Technologen vermutet. Der Unterschied zur Wissenschaft liege darin, daß sich der Wissenschaftler für das „Ding an sich", der Technologe aber für das „Ding für uns" (S. 172) wie Ressourcen, Abfallprodukte oder Wissen als Mittel interessiert. Wissen brauche in der Wissenschaft nicht gesondert gerechtfertigt zu werden, während Wissen für den Technologen als Mittel zum Erreichen eines Zieles angestrebt werde. So könne man einem Technologen auch zubilligen, daß er nicht unmittelbar zielführende, z.B. kulturelle Aspekte ausblende, jedenfalls so lange er sie respektiere.

Der Technologe wird nach Bunge einfachere Theorien bevorzugen, so lange er keine komplizierteren braucht. Er wird, so vermutet Bunge, „eine Mischung aus kritischem Realismus und Pragmatismus vertreten, und diese Bestandteile je nach seinem Bedarf variieren" (S. 174). Neben dieser opportunistischen Konzeption der Wahrheit nennt Bunge noch zwei andere wichtige gnoseologische Charakteristika der Technologie: den Satz von John Dewey: „Kein Begriff ohne

Tat" sowie die Hypothese „Was sich wie ein intelligentes Wesen verhält, ist intelligent", die Bunge der Forschungsrichtung der Künstlichen Intelligenz unterstellt. Bunge listet weitere gnoseologische Fragen der Technologie auf (S. 174f.), ohne sie jedoch zu beantworten.

Neben den erkenntnistheoretisch eigenständigen Problemen der Technologie ergeben sich Fragen der Ontologie – nach Bunge habe die Technologie mittlerweile eine eigene Ontologie produziert: Danach existiert eine objektive Welt außerhalb der Subjekte, die Welt besteht aus Dingen, die objektive Gesetze erfüllen und sich zu Systemen zusammenschließen, die wiederum interagieren und sich ständig verändern. Es gibt dabei kausale und probabilistische Gesetze und sie werden auf verschiedenen Ebenen (physikalisch, chemisch, biologisch, sozial, technisch) formuliert. Diese Version einer technologischen Ontologie erlaubt nach Bunge, daß der Mensch mit Hilfe der Technologie bestimmte natürliche und soziale Prozesse planvoll verändern und nützliche Dinge und Systeme schaffen kann, die als Artefakte eine eigene ontische Ebene darstellen. Auf dieser Ebene gibt es nach Bunge radikale Neuerungen, die sich nicht auf präexistente Entitäten zurückführen lassen, und es gibt soziale Organisationen, deren Verhalten sich nicht auf das Verhalten von Individuen zurückführen läßt.

Auch hier formuliert Bunge einen Fragenkatalog, der den ontisch-ontologischen Rang von Artefakten thematisiert. Die Beantwortung der Frage, ob Maschinen eigenständig Probleme aufwerfen können, Gutes oder Böses tun oder lassen können, ob sie uns eines Tages beherrschen werden etc., hängt auch davon ab, ob Artefakte Materialisierungen oder Verkörperungen von Ideen sind.

Bunge weist unter der Überschrift „Technoaxiologie" (Technikwertlehre) darauf hin, daß der Technologe Artefakte höher bewertet als Ressourcen, und diese höher als den „störenden Rest" der Welt. Für den Basiswissenschaftler können dagegen störende Faktoren schon dank ihrer Existenz erforschungswürdig sein. Axiologisch gesehen ist die Wissenschaft nach Bunge neutral bezüglich ihrer Gegenstände, jedoch nicht bezüglich der Methoden; die Technologie wertet alles nach Nützlichkeitskriterien. Der sich anschließende Fragenkatalog (S. 181) zielt auf die Erarbeitung von Verfahren zur Objektivierung dieser technologischen Wertungen ab. Bunge schlägt vor, daß die Philosophie hier die Praxis der Werte und Wertungen studieren sollte, anstatt „*a priori* ‚Werttafeln' aufzustellen oder anstatt sich darauf zu beschränken, aus dem Munde des Anthropologen etwas über die Wertsysteme der primitiven Gesellschaften zu erfahren" (S. 179).

Treibt man Technoaxiologie, dann kommt man um ethische Fragen nicht herum – konsequenterweise entwickelt Bunge das „moralische Dilemma des Technologen" (S. 180f.) aus der Goldenen Regel der Ethik. Während die Basiswissenschaft in der Regel nur eine geringe moralische Kontrolle verlange, die der Forscher in den meisten Fällen auch selbst ausüben könne, und „das Grundwissen ein Gut an sich ist" (S. 181), könnten in der Technologie nicht nur die Erkenntnismittel unlauter sein, sondern auch die technologischen Prozesse, die unguten Ziele gewidmet sein können. So stellen die Entwicklungen von Verfahren zur effektiveren Folter, zur Entlaubung gegnerischer Wälder, zur Manipulation von und Betrug an Wählern keine Gewinnung von neutralem Wissen mehr dar: „Die Technologie des Bösen ist böse" (S. 181). Die Technologie muß deshalb nach Bunge moralischen und sozialen Kontrollen unterworfen werden. Das Problem einer Technoethik ist es dann, Maximen zu finden, die verhindern, daß, wie Bunge schätzt, derzeit 40 Prozent aller Ingenieure weltweit in die Produktion oder Verwendung von Waffen verwickelt sind. So fordert er erstens einen Moralkodex, der für alle gelten soll, zweitens einen individuellen Moralkodex für Technologen, der die typischen moralischen Probleme von Wissenschaft und Technologie abdecken kann, und drittens einen sozialen Moralkodex, „der die Erstellung von technologischen Forschungs- und Entwicklungsprogrammen (oder Praktiken) leiten müßte" (S. 183). Bunge erhofft sich von solchen Moralkodizes das Ende der ethischen Doppelmaßstäbe.

Bunge empfiehlt, daß auch Philosophen an der Planungsetappe eines technischen Projekts teilnehmen, aber nicht nur aus Gründen der ethischen Beratung, sondern auch deshalb, weil dadurch eine neue Disziplin, die Technopraxeologie entstehen könnte. Diese habe die Begriffe von Handlungen und Entscheidungen sowie Maßstäbe für die Bewertung ihrer Effizienz zu präzisieren, sie müsse Kriterien für die Evaluierung technologischer Projekte formulieren, und das Ziel sei, bei differierenden Bewertungsmaßstäben die Technokratie mit der Demokratie zu verbinden. Bunge plädiert für eine Überwindung der Kluft, die die verschiedenen Subkulturen der Technologie und der Gelehrten alten Schlages voneinander trennt und er bezeichnet es als Mißverständnis zu meinen, durch den Einbau von „etwas Kulturellem" in die Studienprogramme der Ingenieurwissenschaften lasse sich der angebliche Abstand der Ingenieure zur Kultur verringern. Nach Bunge muß man ebenso den begrifflichen Reichtum der Technologie als Kultur ansehen und ernst nehmen, und deshalb ist es erforderlich, daß Humanwissenschaftler und Technologen sich in dem Sektor begegnen, der beide Bereiche in gleicher Weise überschneidet, nämlich der Philosophie.

Bunges Kapitel 13 zur „Technologie und Philosophie" ist sehr kursorisch gehalten, zum Teil nimmt es jedoch in Ansätzen Entwicklungen vorweg, die in den 80er Jahren dann eingetreten sind: so die Diskussionen um die Technikfolgenabschätzung und um die Maßstäbe der Technikbewertung. Bunge benutzt einen sehr weiten Technikbegriff, was die von ihm gemeinte Spezifik bisweilen nicht deutlich werden läßt. Man muß auch bedenken, daß der vorliegende Textausschnitt gerade dreiundzwanzig Seiten seines umfangreichen Werkes darstellt – gleichwohl ist in diesem Ausschnitt die Programmatik des Bungeschen Ansatzes deutlich erkennbar. Die Listen der Fragen, die Bunge fast unkommentiert präsentiert, umfaßt einen Katalog überwiegend noch nicht erforschter philosophischer und methodisch-wissenschaftstheoretischer Probleme, die Bunge zum Teil in seinem Standardwerk (1967) und weit verstreuten Schriften seinerseits angerissen hat, die aber noch lange zum Pflichtenheft zukünftiger Technikphilosophie gehören dürften.

Klaus Kornwachs

Georges Canguilhem: Wissenschaft, Technik, Leben. Beiträge zur historischen Epistemologie
Übers. von Ronald Voullié u.a. Mit einem Nachwort hg. von Henning Schmidgen
Berlin: Merve 2006, 179 S., (A)

ders.: Maschine und Organismus

In: La connaissance de la vie, Paris: Librairie Hachette 1952, S. 101–127; dt. Die Erkenntnis des Lebens. Übers. von Till Bardoux, Maria Muhle und Francesca Raimondi, Berlin: August 2009, S. 183–232, (B)

Georges Canguilhem (1904–1995), Mediziner, Medizinhistoriker und Philosoph, gilt neben Gaston Bachelard, Jean Cavaillès und Michel Foucault als einer der wichtigsten Vertreter der sogenannten Historischen Epistemologie. In der Nachfolge Bachelards hatte er den Lehrstuhl für Geschichte und Philosophie der Wissenschaften an der Pariser Sorbonne inne.

Charakteristisch für die Historische Epistemologie ist der Anspruch, Wissenschaftsgeschichte zu schreiben, ohne zuvor Vorentscheidungen darüber zu treffen, was als Wissenschaft und was als Wissen zu gelten habe. Eine Antwort darauf soll stattdessen die historische Analyse wissenschaftlicher Forschungsverläufe und der Diskurse über diese erbringen. Retrospektiv untersucht die Epistemologie die Bedingungen, unter denen sich Ideen zu ‚Wahrheiten' stabilisieren, die ihrerseits in anerkanntem ‚Wissen' bestehen. Canguilhems philosophisches Hauptinteresse gilt dem Phänomen des Lebens. Historisch-epistemologisch analysiert er die Biologie, die medizinische Forschung, aber auch die klinische Praxis. Die klinische Medizin unterscheidet Canguilhem dabei als *Technik* (zur Herstellung von Gesundheit) von der *wissenschaftlich*-medizinischen Forschung, weist aber zugleich darauf hin, daß sich in tatsächlichen medizinischen Praktiken meist wissenschaftliche und technische Momente überlagern. Die historisch-epistemologische Geschichtsschreibung der Lebenswissenschaften kombiniert er mit einer umfangreichen Rezeption von im weitesten Sinne lebensphilosophischen Ansätzen aus dem französischen und deutschen Sprachraum. Mit diesem Interesse an der Philosophie des Lebens geht er über den Anspruch einer reinen Wissenschaftsgeschichtsschreibung hinaus und entwickelt gleichsam eine Ideengeschichte von wissenschaftlichen und philosophischen Konzepten des Lebens, die ihrerseits philosophischen Anspruch erhebt. In der für die Historische Epistemologie typischen Herangehensweise erarbeitet er seine philosophischen Überlegungen an den historischen Quellen. Seine eigenen Positionen begründet er dabei weniger explizit systematisch, sondern vielmehr implizit in der kritischen Auseinandersetzung mit historischen Positionen. Als ein wesentlicher argumentativer Gegenspieler dient ihm René Descartes. Wenn Canguilhem auf Descartes rekurriert, dann geht es ihm nicht um eine philologisch korrekte Auslegung, sondern vielmehr darum, an einem wirkmächtigen Referenzautoren aufzuzeigen, in welchen Gedankengebäuden bestimmte Ideen, etwa vom Verhältnis zwischen Maschine und Organismus, entstehen.

Der Herausgeber Henning Schmidgen versammelt in dem Band „Wissenschaft, Technik, Leben" (A) Schriften aus einer 50 Jahre umfassenden Schaffensperiode Canguilhems, die dessen epistemologisches Denken als um Fragen der Verhältnisbestimmungen von (Lebens-)Wissenschaften, Technik und Leben kreisend aufzeigen. In technikphilosophischer Perspektive besonders aufschlußreich sind die Studien „Descartes und die Technik" (1937), „Zur Lage der biologischen Philosophie in Frankreich" (1947) und „Der Niedergang der Idee des Fortschritts" (1987) sowie die Interviews „Philosophie und Wissenschaft" (1964) und „Die Position der Epistemologie muß in der Nachhut angesiedelt sein" (1984). Schmidgen fügt seiner Textauswahl ein Nachwort mit dem Titel „Über Maschinen und Organismen bei Canguilhem" hinzu und spielt damit auf dessen Aufsatz „Maschine und Organismus" (B) (1946/1947) an.

Technik ist für Canguilhem vor allem als Vermögen des Konstruierens zu verstehen (A, S. 19f.), dessen Antrieb in den „Erfordernissen des *Lebewesens*" (A, S. 19) liege. Canguilhems Technikverständnis deswegen als nur anthropologisch zu verstehen, würde aber kurz greifen. Er grenzt sich explizit von der Organprojektionsthese Ernst Kapps (s. dort) ab (vgl. B, S. 224), die das Entstehen der ersten technischen Werkzeuge als Verlängerung bzw. Verstärkung der Leistung menschlicher Organe begreife. Statt vom menschlichen Körper als anthropologischer Konstante auszugehen, charakterisiert Canguilhem in seiner medizinischen Dissertation „Das Normale und das Pathologische" (1943, erw. Fassung 1950; dt. Berlin: August 2012) das Leben als wesentlich normensetzend, insofern Organismen die ‚Normen', nach deren Maßgabe sie ihre Beziehung zur Umwelt gestalten, fortwährend spontan hervorbringen und zu einem gewissen Grade anpassen können. Zu leben ist gleichbedeutend mit der Fähigkeit, „auf Risiken zu stoßen und die Möglichkeit von katastrophalen Reaktionen zu akzeptieren" (A, S. 30). In der Spontaneität der Normsetzung sieht Canguilhem die Fähigkeit von Organismen, trotz des durch Kontingenzen geprägten Verhältnisses zur Umwelt die eigene Reproduzierbarkeit zu gewährleisten. Zwar zeichnen sich alle lebenden Organismen dadurch aus, daß sie in diesem Sinne in Stoffwechselbeziehungen zu ihrem Milieu stehen, der Mensch ist jedoch zudem dazu in der Lage, seine Lebenswelt strukturell zu verändern und damit seine Lebensbedingungen technisch zu sichern. Technik ist für Canguilhem also der spezifisch menschliche Umgangsmodus mit der eigenen Lebensumwelt. Das Erfordernis zu überleben setzt beim Menschen den ersten Anreiz für technische Tätigkeit, determiniert aber nicht deren jeweilige Zwecksetzung und Mittelwahl.

Vor diesem Hintergrund schlägt Canguilhem in (B) vor, maschinelle Konstrukte im Ausgang vom Verständnis des lebenden Organismus zu erschließen. In typisch historisch-epistemologischer Manier entwickelt er diese Perspektive in kritischer Auseinandersetzung mit dem ‚Mechanizismus', der Vorstellung, Organismen seien nach dem Modell von Maschinen zu verstehen. Als prototypischer Mechanizist gilt ihm René Descartes.

Canguilhem untersucht in diesem Zusammenhang die historischen Bedingungen, unter denen sich die Vorstellung, Organismen seien Maschinen, entwickeln konnte. Eine Maschine wird wesentlich durch die ihr eigentümliche Bewegung bestimmt. Nun kann eine Maschine diese Bewegung aber nicht aus sich selbst heraus initiieren, sie kann ausschließlich Energie transformieren, die sie von außen empfängt. In der Geschichte der Technikentwicklung war lange die Bewegungsenergie, die direkt durch menschliche oder tierische Bewegungen auf Maschinen übertragen wurde, die einzig mögliche Energieform, die diese in Bewegung versetzen konnte. Betrachtet man nur solche Maschinen, ist die Vorstellung, den Organismus als Maschine zu erklären, zirkulär, wird doch diese erst durch jenen bewegt. Bedingung für die mechanistische Erklärung ist deshalb die Entwicklung und Verbreitung von Automaten: Maschinen, die über einen ‚Motor' verfügen, der andere Energieformen als Muskelkraft in Bewegungsenergie verwandeln kann (B, S. 190). Ein Motor kann dabei auch eine Feder sein, die Bewegungsenergie speichert und somit einen zeitlichen Abstand zwischen der Muskelbewegung und der Bewegung der Maschine ermöglicht. Diese zeitverzögerte Energieübertragung läßt die Abhängigkeit von der Muskelbewegung aus dem Blick geraten. Es seien nun Automaten, nämlich federgetriebene oder hydraulische, die Descartes zur Erklärung von Organismen anführt. Eine mechanizistische Theorie der Lebewesen ist somit vom Stand der Technik ihrer Zeit abhängig (B, S. 192): Trivialerweise muß die Maschine, durch die der Organismus erklärt wird, bereits technisch entwickelt worden sein. So kommt Canguilhem zu dem Schluß, daß Descartes, „anstatt unbewusst die Praktiken einer kapitalistischen Ökonomie zum Ausdruck zu bringen, vielmehr bewusst eine maschinistische Technik rationalisiert. Für Descartes ist die Mechanik eine *Theorie der Maschinen*, was zunächst eine spontane Erfindung voraussetzt, die alsdann von der Wissenschaft bewusst und ausdrücklich gefördert werden muss" (B, S. 199). Canguilhem legt in dieser Analyse Wert darauf, die zeitgenössische Technik als eigenständigen Erklärungsfaktor gelten zu lassen und diese weder als Symptom weiter gefaßter gesellschaftlich-ökonomischer Bedingungen noch als bloße Anwendung technikwissenschaftlichen Wissens zu verstehen.

Der cartesische Mechanizismus beanspruche, die Annahme einer Zweckgerichtetheit aller Prozesse zu überwinden, jegliche Teleologie also abzulehnen. Zwar läßt sich das Funktionieren einer Maschine durch Kausalwirkungen erklären, die keinem übergeordneten Zweck folgen, aber der synthetische Akt der Konstruktion der Maschine läßt sich eben nicht ohne eine menschliche Zwecksetzung verstehen. So wird eine Maschine konstruiert, um als Mittel für von Menschen gesetzte Zwecke zu fungieren (B, S. 207). Ebenso gilt: „Je mehr man ... die Lebewesen mit automatischen Maschinen vergleicht, desto besser versteht man ... ihre Funktion, desto weniger jedoch ihre Genese" (B, S. 217). Dies verdeutlicht auch, daß Canguilhem den Mechanizismus als *philosophische* Position ablehnt, dieser aber als reduktionistisches Erklärungsmittel in bestimmten Einzelwissenschaften, beispielsweise in der Systembiologie, als durchaus zweckmäßig ansieht. Die Aufgabe der Technikphilosophie hingegen ist weniger die Erklärung von Funktionen, der sich die Einzelwissenschaften widmen. Vielmehr besteht ihre Aufgabe darin, mechanische Konstruktionen zu verstehen, „sie in die menschliche Geschichte einzuschreiben, indem man die menschliche Geschichte ins Leben einschreibt, ohne indes zu verkennen, dass mit dem Menschen eine Kultur erscheint, die nicht auf bloße Natur reduzierbar ist" (B, S. 219).

Wird nun anerkannt, daß technische Konstruktionen unter Zwecken erfolgen, die Menschen als lebendige, ihre Umwelt umgestaltende Wesen setzen, dann läßt sich auch, so Canguilhem, Technikentwicklung nicht bloß durch die Anwendung wissenschaftlicher Erkenntnisse erklären, sondern dann muß ihr eine Eigenständigkeit zugesprochen werden. In seiner Analyse der Entwicklung der Dampfmaschine kommt Canguilhem zu dem Schluß, daß diese sich erst als Lösung des genuin technischen Problems der Trockenlegung von Bergwerken verstehen läßt und nicht als Anwendung zuvor theoretisch formulierter Erkenntnisse (B, S. 226), denn die Thermodynamik als wissenschaftliche Disziplin entstand erst später. Canguilhem folgert daraus, daß „Technik und Wissenschaft als zwei Tätigkeitstypen betrachtet werden" müssten, „von denen nicht der eine den anderen überlagert, sondern von denen jeder von dem anderen bald seine Lösungen, bald seine Probleme entlehnt" (B, S. 228).

Der knapp zehn Jahre vor (B) verfaßte Aufsatz „Descartes und die Technik" fokussiert genau diese Frage der Eigenständigkeit der Technik gegenüber der Wissenschaft, die wohlgemerkt nicht als Vorgängigkeit mißzuverstehen ist. Canguilhem entwickelt hier eine technikphilosophische Lesart, die interne Unstimmigkeiten der Konzeption Descartes' in den Vordergrund stellt: Einerseits werde, so Descartes zunächst, was technisch möglich ist, durch die Einsicht in das, was theoretisch notwendig ist, erschlossen. Technik verstehe Descartes damit lediglich als angewandte Naturwissenschaft (A, S. 14). Nun arbeitet, wie Descartes andererseits und im Widerspruch zur Anwendungsthese feststellt, theoretische Wissenschaft mit idealisierten Konzepten, die stets nur unvollkommen technisch realisiert werden können, weil Technik notwendigerweise an singulärem Material arbeitet, das in kontingenter Weise mehr Eigenschaften aufweist, als ihm theoretisch zugedacht werden. Anders als in der wissenschaftlichen Erkenntnis, in der nach Descartes mit Hilfe intuitiv erkannter Prinzipien von Ursachen auf deren Wirkungen geschlossen werde, müsse, um die Wirkeigenschaften technischer Konstruktionen zu erschließen, mit Hilfe des naturgesetzlichen Wissens von den beobachteten Wirkungen ausgehend auf mögliche Ursachen geschlossen werden, da hier die an den Wirkverhältnissen beteiligten Faktoren nicht von vornherein bekannt seien (A, S. 16f.). In einer gegen den Strich gebürsteten Lesart von Descartes' „Dioptrique" nimmt Canguilhem in diesem Zusammenhang eine bidirektionale Verhältnisbestimmung von Wissenschaft einerseits und Technik andererseits vor. So benötige empirische naturwissenschaftliche Forschung technische Geräte, die Optik beispielsweise das Vergrößerungsglas. Da die technische Realisierung des Vergrößerungsglases aber stets unvollkommen bleibt, regen die im Prozeß des Experiments auftauchenden Schwierigkeiten weitere Reflexionen über naturgesetzliche Zusammenhänge an und befördern damit wissenschaftlichen Fortschritt (A, S. 18f.). Den Umstand, daß Descartes überhaupt technikphilosophische Reflexionen vornehmen kann, sieht Canguilhem in dessen antiteleologischer Metaphysik begründet. Gerade weil Descartes nicht von einem göttlich bezweckten Zustand der Welt ausgehe, der als solcher wünschenswert wäre, kann er im Anschluß an die menschliche Einsicht in naturgesetzliche Notwendigkeiten den moralischen Imperativ formulieren, diese Einsichten für technische Konstruktionen zu nutzen (A, S. 8ff.), die das Leben erleichtern und Krankheiten heilen können: „Der Antrieb der Technik liegt in den Erfordernissen des Lebewesens" (A, S. 19). Die Eigenschaft des menschlichen Lebewesens, Techniken zur Bedürfnisbefriedigung zu entwickeln, führt gleichsam über die Technikentwicklung hinaus, indem wissenschaftliche Erkenntnisbemühungen angestellt werden, die unter anderem dazu dienen, die bereits vorhandenen Techniken zu verbessern (A, S. 119).

Die Gespräche „Philosophie und Wissenschaft" und „Die Position der Epistemologie muß in der Nachhut angesiedelt sein" lassen sich in ihrer Verhältnisbestimmung von Wissenschaften und Techniken als programmatisch für die Historische Epistemologie lesen. Wissenschaftliche Forschung findet in diesem Sinne immer technisch-methodisch vermittelt statt. Wissenschaftliche Experimentaltechniken sind dabei im Vergleich zu nichtwissenschaftlichen Techniken in elaborierterem Maße theoriegeleitet. Wissenschaften werden also als Tätigkeitsformen betrachtet, die sich durch den Grad ihrer technischen und theoretischen Vermittlung von anderen Tätigkeitsformen unterscheiden (A, S. 52f.). Wissenschaftliches Arbeiten schließt einerseits in hohem Maße technische Tätigkeiten ein, und andererseits heben wissenschaftliche Fragestellungen häufig mit technischen Problemen an – so sind die evolutionstheoretischen Überlegungen Darwins durch das züchtungstechnische Problem der Erzeugung neuer Varietäten inspiriert (A, S. 112) und Descartes' optische Theorie ist vor dem Hintergrund der Konstruktion von Sehhilfen entwickelt worden. Daß wissenschaftliche Tätigkeiten dabei stärker theoriegeleitet sind, bedeutet nun wiederum nicht, daß nichtwissenschaftliche technische Praktiken theoriefrei erfolgen. An technischen Vermittlungen lassen sich zwar technische Werkzeuge auf der einen Seite und begriffliche Vorstellungen auf der anderen Seite unterscheiden, diese sind aber nicht unabhängig voneinander zu denken: „das Werkzeug (ist) selber die Materialisierung eines Projekts", d.h. „eines Begriffs zur Herstellung einer Beziehung zur Umgebung" (A, S. 188f.). Diese begriffliche Vorstellung muß dabei aber nicht auf wissenschaftlichen Gesetzesaussagen beruhen, sondern kann genuin technischer Natur sein. Canguilhem radikalisiert damit die von Bachelard im Hinblick auf Wissenschaften vorgenommene Aufhebung eines dichotomen Verständnisses des Verhältnisses von Theorie und Praxis, indem er sie auch für technische Tätigkeiten zur Geltung bringt. Zugleich nimmt er mit der Fokussierung auf die begriffliche Seite technischer Praktiken die Technik als eine wesentliche Instanz in den Blick, in der Vorstellungen generiert werden, die sich ihrerseits auch in produktiver Form in der wissenschaftlichen Begriffsbildung niederschlagen. So ermöglichen technogene Analogiebildungen es häufig allererst, bestimmte naturwissenschaftliche Zusammenhänge zu denken.

Besonders in den technikphilosophischen Ausführungen in (A), die sich vor allem an Descartes abarbeiten, fällt es gelegentlich schwer zu entscheiden, wer hier eigentlich gerade spricht. Benutzt Canguilhem Descartes als Sprachrohr, um seinen eigenen Ansatz zu verkünden? Lassen sich alle technikphilosophischen Überlegungen, die er Descartes zuschreibt, auch ihm selbst zuschreiben? Fragen der Positionierung seiner eigenen Analysen bleiben beim Lesen leider häufig offen. Auch in dieser Hinsicht ist das Nachwort des Herausgebers in (A) hilfreich. Schmidgen kontextualisiert die in (A) versammelten Überlegungen Canguilhems einerseits in Bezug auf dessen Gesamtwerk und insbesondere auf (B), anderseits im Hinblick auf Rezeptionslinien. Es gelingt Schmidgen, Canguilhem in (A) als einen Denker zu präsentieren, bei dem wissenschaftsphilosophische Fragen eng mit lebens- und technikphilosophischen verschränkt sind. Canguilhems Projekt, die Eigenständigkeit der Technik gegenüber den Wissenschaften zu begründen, kommt in Schmidgens Auswahl zweifelsohne zur Geltung. Technik stellt für Canguilhem die dem menschlichen Leben eigentümliche Weise des Weltbezugs dar.

An Canguilhems techniktheoretische Einsicht, an technischen Tätigkeiten theoretische und praktische Momente zu unterscheiden, knüpft Louis Althussers ideologietheoretische Weiterführung der Historischen Epistemologie an. In methodologischer Hinsicht sind die Studien Michel Foucaults durch Canguilhems historischen Zugang zu lebenswissenschaftlichen Phänomenen inspiriert worden. Zudem knüpft Foucault an Canguilhems Überlegungen zum Zusammenhang von Medizin und Macht an. Für eine methodische Geschichtsschreibung der Biowissenschaften hat Hans-Jörg Rheinberger Canguilhems Philosophie fruchtbar gemacht. Canguilhems Argumentation, die Eigenständigkeit der Technik mittels der Eigenständigkeit des Lebens zu begründen, arbeitet Gilbert Simondon (s. dort) weiter aus. Ian Hacking hingegen sieht in (B) Ansätze, die Natur-Kultur-Unterscheidung aufzuheben und stellt Canguilhem damit in eine Linie mit Theoretikern wie Donna Haraway (s. dort) und Bruno Latour (s. dort). Canguilhem, der mit biologischer Expertise ein radikal im Leben fußendes Technikverständnis entwickelt und dabei stets französisch- und deutschsprachige Traditionslinien rezipiert, sollte in der deutschsprachigen Technikphilosophie durchaus noch stärker rezipiert werden.

Kaja Tulatz

Ernst Cassirer: Form und Technik

Zuerst in: Kunst und Technik, hg. von Leo Kestenberg, Berlin: Wegweiser Verlag 1930, S. 15–61; nach dieser Ausgabe wird an erster Stelle zitiert. Wiederabgedruckt in Gesammelte Werke. Hamburger Ausgabe. Band 17: Aufsätze und kleine Schriften (1927–1931), hg. von Birgit Recki. Hamburg: Meiner 2004, S. 139–183; nach dieser Ausgabe wird an zweiter Stelle zitiert.

Ernst Alfred Cassirer (1874–1945) emigrierte 1933 über Großbritannien und Schweden in die USA, nachdem ihm wegen seiner jüdischen Abstammung der Lehrstuhl in Hamburg entzogen worden war. Ernst Cassirer wird heute überwiegend mit seinem dreibändigen Hauptwerk „Philosophie der symbolischen Formen" (3 Bde. 1923–1929) in Verbindung gebracht. Diese Formen stellen durch ihren Zeichengebrauch eigene und nicht aufeinander reduzierbare Weisen der Weltbezüge und damit Lebensformen dar, die objektiviert die einzelnen Individuen überdauern und in denen die Menschheit ihrem Dasein in jeweils konkreter historischer Weise Ausdruck verleiht: Sprache, Mythos, Religion, Wissenschaft und Kunst. Während Ernst Cassirer in seinem Hauptwerk die transzendentale Frage nach der Bedingung der Möglichkeit des Verstehens und des Zeichengebrauchs in diesen Welten stellt, unternimmt er in seinem 1930 erschienenen Essay „Form und Technik" eine systematische Analyse technischen Handelns als eines spezifischen kulturellen Phänomens. Auch die Technik wird hier als symbolische Form bezeichnet und in den Kreis der anderen symbolischen Formen aufgenommen.

Der Essay gliedert sich in vier Abschnitte. Im ersten Abschnitt (I) stellt Cassirer die Technik zunächst in den Kontext der symbolischen Selbstmanifestationen des Geistes. Es gilt, die Technik aus ihrer philosophischen Randlage zu befreien und ihr innerhalb der modernen Philosophie einen systematischen Ort zuzuweisen. Denn:

> „Wenn man den Maßstab für die Bedeutung der einzelnen Teilgebiete der menschlichen Kultur in erster Linie ihrer Wirksamkeit entnimmt, so ist kaum ein Zweifel daran erlaubt, daß die Technik im Aufbau unserer gegenwärtigen Kultur den ersten Rang behauptet. Selbst die stärksten Gegenkräfte der Technik scheinen ihre Leistung nur noch dadurch vollbringen zu können, daß sie sich mit ihr verbinden und daß sie sich ihr unmerklich unterwerfen." (S. 15; 139)

Wie bei allen geistigen Formprinzipien hat die Philosophie auch in diesem Fall die Aufgabe der kritischen Reflexion: sie muß die Frage nach dem Geltungsgrund und nach der Rechtfertigung der Technik stellen. Entscheidend sind bei dieser Form der Gestaltungswille und der Gestaltungsprozeß der Technik, „ihre Beziehung auf die Einheit des Geisteslebens, auf seine Totalität und Universalität" (S. 21; 145). In Auseinandersetzung mit zeitgenössischen Ansätzen von Friedrich Dessauer (s. dort) und Max Eyth entwickelt er methodisch die Forderung, den Formbegriff statt des Seinsbegriffs der Naturwissenschaft zu verwenden (S. 21; 145). Das verbietet dann auch, Wertfragen (z.B nach dem Nutzen) und Sinnfragen gleichzusetzen. Das Wesen der Technik ist nur aus dem Werden der Technik bestimmbar (S. 24; 148).

Cassirer entwickelt im zweiten Abschnitt (II) seine Technikdeutung in Abgrenzung von einem nur instrumentellen und funktionalen Verständnis des Werkzeuggebrauchs:

> „Es ist nicht zuviel gesagt, wenn man behauptet, daß in dem Übergang zum ersten Werkzeug nicht nur der Keim zu einer neuen *Weltbeherrschung* liegt, sondern daß hier auch eine Weltwende der *Erkenntnis* einsetzt." (S. 35; 158)

Denn erst nach der Trennung der magischen Ich-Welt-Identifizierung werden die Naturgesetze als selbständige Prozesse verstanden, die der Mensch nicht ändern kann. An Stelle der Macht des bloßen Wunsches tritt die Macht des Willens (S. 33; 156). Erst das Wissen um die naturgesetzliche innere Struktur allen Geschehens, die sich von der magischen Vorstellung radikal unterscheidet, macht dann nach Cassirer eine systematische Indienstnahme der Naturkräfte möglich (S. 31–34; S. 154–159). Die Benutzung von Werkzeugen erzeugt eine nüchterne, objektivierende Naturauffassung. Dadurch erweitert sich zwar der Handlungsspielraum des Menschen wie bei Prometheus ins fast Grenzenlose: „Der Dämonen- und Götterfurcht tritt der titanische Stolz und das titanische Freiheitsbewußtsein gegenüber" (S. 40; 163). Aber die Form dieses Handelns ist eine mittelbare, so wie sie die Form des logischen Denkens ist. Logisches Denken versucht den Obersatz und den Schlußsatz einer Schlußfigur dadurch miteinander zu verknüpfen, daß der Mittelsatz gesucht wird. „Das Werkzeug erfüllt die gleiche Funktion ... Es stellt sich zwischen dem ersten Ansatz des Willens und das Ziel" (S. 35; 158). Das Werkzeug als Mittel erlaubt es auch, von einem Ziel zunächst „abzusehen" (S. 36; 159), dieses Absehen ist eine Bedingung zur Erreichen des Ziels. Cassirer nennt dies „Ab-Sicht", die die „Voraus-Sicht" begründet, und darin unterscheidet er das Tier vom Menschen in seinem Werkzeuggebrauch (S. 36;159). Entscheidend für diesen Mittelbegriff, ohne den wir uns keinen Gegenstand vorstellen könnten, ist die Form der Kausalität: Der Kausalitätsbegriff „ist als Bedingung der Möglichkeit der Erfahrung Bedingung der Möglichkeit der Gegenstände der Erfahrung" (S. 37; 160).

Doch diese *Erschließung* der Objektwelt, die eine Leistung der Technik ist (S. 41; 164), hat, so die These des dritten Abschnitts (III), unvermeidbar auch eine *Entfremdung* des Menschen von seinem Wesen zur Folge. Dies verändert auch sein ursprüngliches Verhältnis zu Arbeit: Arbeit und Werk werden infolge der Technikentwicklung nicht mehr als zusammenhängend erlebt (S. 49; 171). Das Werkzeug gehört der Dingwelt an und unterliegt damit Gesetzen, die dem spontanen menschlichen Verhalten zuwiderlaufen:

> „In dem Augenblick, in dem sich der Mensch dem harten Gesetz der technischen Arbeit verschrieben hat, sinkt eine Fülle des unmittelbaren und unbefangenen Glücks, mit dem ihn das organische Dasein und die rein organische Tätigkeit beschenkte, für immer dahin." (S. 47;170)

In Anlehnung an Georg Simmels Formel von der *Tragödie der modernen Kultur* sieht Cassirer hier einen übergreifenden historischen Prozeß am Werk:

> „Das Ich, die freie Subjektivität, hat diese Sachordnungen geschaffen; aber es weiß sie nicht mehr zu umspannen und nicht mehr mit sich selbst zu durchdringen ... Nirgends vielleicht tritt dieser tragische Einschlag aller Kulturentwicklung mit so unerbittlicher Deutlichkeit hervor als in der Entwicklung, die die moderne Technik genommen hat. Aber diejenigen, die sich aufgrund dieses Tatbestandes von ihr abwenden, pflegen zu vergessen, daß in das Verdammungsurteil, das sie über die Technik fällen, folgerecht die *gesamte* geistige Kultur mit einbezogen werden müßte." S. (49;172)

Nicht nur Leben und Technik sind gegensätzlich, sondern die Technik stellt sich auch den Aufgaben und Zielen des Geistes entgegen. Dies ist, wie Cassirer im vierten Abschnitt (IV) darlegt, die eigentliche Problematik: „Sie beharrt nicht nur auf ihrer eigenen Norm, sondern sie droht diese Norm absolut zu setzen und sie den anderen Gebieten aufzuzwingen" (S. 51; 173). Durch die Leistungsfähigkeit der modernen Technik werde eine unbegrenzt wachsende Bedürfnisspirale in Gang gesetzt und die Bedürfnisse steigen schneller als die Möglichkeiten zu ihrer Erfüllung. Deshalb fordert er in Anlehnung an Walther Rathenau die Trennung des Geistes der Technik vom Geist der kapitalistischen Wirtschaft. Es gelte, die nur auf das Glücksverlangen gegründete hedonistische Ethik dadurch zu überwinden, daß der für die Technik charakteristische „Sachdienstgedanke" (S. 60; 182) einer frei eingegangenen Schicksalsgemeinschaft der Arbeitenden ins Bewußtsein gehoben wird. Dadurch werde „die Technik sich nicht nur als Bezwingerin der Naturgewalten, sondern als Bezwingerin der chaotischen Kräfte im Menschen selbst erweisen"; entscheidend sei die „Entmaterialisierung", d.h. die Vergeistigung und Ethisierung der Technik (S. 60; 182). Cassirer erkennt die Dynamik der Technik, ihr Potential zur Erschließung und Realisierung ständig erweiterter Möglichkeiten. Doch er wendet sich dagegen, daß dieser Prozeß nur „materiell", als Unterwerfung der Natur unter den Willen des Menschen verstanden wird. Für ihn ist der „ideelle" Aspekt entscheidend, die freie Schöpfung, durch die, ähnlich wie im künstlerischen Schaffen, eine neue Welt gestaltet wird. Dabei kann die Technik nur Dienerin, nie Führerin sein. (S. 60, 182)

Cassirer ergänzt Kants „Kritik der reinen Vernunft" durch die Kritik der Kultur, wobei er die kulturellen Gestaltungen in Anlehnung an Hegel als Manifestationen des schöpferischen Geistes versteht. Mit dieser von Hegel inspirierten spekulativen Deutung wird die Technikdiskussion auf ein sehr hohes Abstraktionsniveau gehoben. Der Blick wird von den Tagesproblemen und den persönlichen, individuellen Wünschen weg auf weitgespannte, allgemeine historische Zusammenhänge gelenkt: Die Technisierung der Welt ist Teil der kollektiven kulturellen Selbstdefinition der Menschheit und damit Teil unseres historischen Schicksals. Die vielberufene Situation des Zauberlehrlings, der die technischen Geister, die er rief, nicht mehr loswird, kehrt in dieser Deutung als Freiheitsproblem wieder. Zwar beschwört der technikbedingte Wohlstand Ökologieprobleme herauf, aber entscheidender ist, daß mittels der Technik zwar Freiheit erstrebt wird, aber dies zum Preis einer womöglich nicht mehr abzuschaffenden Unfreiheit. Gerade wenn man Cassirers Deutung der Kultur schaffenden Funktion der Technik akzeptiert, ist zu fragen, wo das Übermaß an Technisierung beginnt, bei dem die positive und freiheitsfördernde Funktion der Technik sich in ihr Gegenteil verkehrt.

Cassirers Essay ist immer noch höchst anregend, betrachtet er doch die theoretisch bestimmbare Wirkung von konkreten, materialen Instrumenten. Cassirer schreibt dabei der Technik eine neue Würde zu: Sie ist ein echtes Werkzeug, in gleicher Weise wie die Kunst und die Sprache. Cassirer steht damit im Gleichklang mit zeitgenössischen Ansätzen, die sich auf materielle Apparate, Ablaufprozesse und Strukturen konzentrieren und die Veränderung der Art und Weise unserer Wahrnehmungen und Handlungen durch die Technik im Auge haben. Cassirers Ansatz ist zu seiner Zeit insofern neu, als er logische Überlegungen, die aus der philosophischen Richtung, die man später Wissenschaftstheorie und analytische Philosophie bezeichnen wird, stammen, mit den Anliegen der historischen und Kulturwissenschaften zusammenführt. Technik als „Werkzeug" ist bei ihm konstitutiv gerade für die experimentelle Wissenschaft und führt zur symbolischen Form eines Naturverhältnisses, das die Natur formal-funktional modelliert und deshalb folgerichtig auch für eine technische Funktionalisierung offen ist. Das aktuelle Erwachen des Interesses an Cassirers Denken hat gerade mit seinem Potential zu tun, unproduktive geistige Lücken zwischen den Disziplinen und Denkrichtungen zu überbrücken.

Der Essay „Form und Technik" bietet eine reiche Quelle für jeglichen Versuch, über die Disziplinen hinweg neue Begrifflichkeiten zu entwickeln.

Klaus Kornwachs
Friedrich Rapp

Richard Nikolaus Coudenhove-Kalergi: Apologie der Technik
Leipzig: Verlag Der Neue Geist/Dr. Peter Reinhold 1922, 71 S.

Richard Nikolaus Coudenhove-Kalergi (1886–1972) begründete zu Beginn der 20er Jahre die Paneuropa-Idee als spezifische Variante europäischer Einigungsbestrebungen, die ihren organisatorischen Rückhalt vor allem in der Paneuropa-Union und deren zahlreichen europäischen Landesgruppen hatte. Die Paneuropa-Idee zielte – als Gegenstück zu „Panamerika" und zur „Panhellenistischen Bewegung" des Altertums – auf „Vereinigte Staaten von Europa", um einerseits die offenkundigen Widersprüche und Unzulänglichkeiten der mit dem Versailler Vertrag geschaffenen europäischen Nachkriegsordnung, andererseits den zu beobachtenden ökonomischen und politischen Gewichtsverlust Europas gegenüber der übrigen Welt zu überwinden. Coudenhove-Kalergi hat seine gesellschaftstheoretischen und politischen Gedanken, die zunächst von den Nationalsozialisten akzeptiert, dann aber wegen des europäischen Vereinigungsanspruchs abgelehnt wurden, vor allem in dem 1923 erschienenen Buch „Paneuropa" dargelegt. Coudenhove-Kalergi wurde 1971 nochmals mit seinem Werk „Weltmarkt Europa", das mit einem Vorwort von Franz Josef Strauß versehen war, öffentlichkeitswirksam.

In dem von ihm angestrebten politischen und wirtschaftlichen Zweckverband wies Coudenhove-Kalergi der Technik einen herausragenden Platz zu, der bereits durch das Motto angedeutet wird, unter dem die „Apologie der Technik" geschrieben wurde: „Ethik ist die Seele unserer Kultur – Technik ihr Leib: mens sana in corpore sano!"

Das verlorene Paradies ist der Ausgangspunkt für Coudenhove-Kalergi, denn die Kultur habe „Europa in ein Zuchthaus verwandelt und die Mehrzahl seiner Bewohner in Zwangsarbeiter" (S. 5). Ursachen für diesen Verlust der paradiesischen Freiheit und des Glücks sind zum einen die Überbevölkerung, zum anderen die Wanderungen aus wärmeren in kältere Zonen, zu denen auch Europa gehört. Auf dieser Basis nimmt der Verfasser eine eigenwillige Diagnose seiner Zeit vor, eigenwillig dem Inhalt, vor allem aber der Form bzw. der Methode nach, indem die Welt immer wieder schematisch geordnet, in (meist) alternative, gegensätzliche Sachverhalte aufgegliedert wird, zwischen denen es keine Übergänge, Vermittlungen oder Zwischenformen gibt, z.B. „Freiheit" – „Staat" (S. 10f.), „Muße" – „Arbeit" (S. 12), „Natur" – „Großstadt" (S. 40),

„Asien" – „Europa" (S. 48f.), „heraklitische Welt des Werdens" – „parmenidische Welt des Seins" (S. 61).

Um sich „aus dem Kerker der Gesellschaft und dem Exil des Nordens befreien und in das verlorene Paradies der Freiheit und der Muße" (S. 8) zurückkehren zu können, gab es in der Weltgeschichte vier Hauptwege: 1. „Der Weg nach rückwärts" (S. 8) (Auswanderung), 2. „Der Weg nach oben" (S. 9) (Macht), 3. „Der Weg nach innen" (S. 9) (Ethik) und 4. „Der Weg nach vorwärts" (S. 9) (Technik). Wissenschaftlicher und technischer Fortschritt sind auf diesen vierten Ausweg zurückzuführen.

Für Europa und die Europäer, für die gesamte europäische Kultur laute die Schicksalsfrage „Wie ist es möglich, eine auf den engen Raum eines kalten und kargen Erdteiles zusammengedrängte Menschheit vor Hunger, Kälte, Totschlag und Überanstrengung zu schützen und ihr die Freiheit und Musse zu geben, durch die sie einst zu Glück und Schönheit gelangen kann?" (S. 10). Mit dieser Frage bereitet Coudenhove-Kalergi seinen konzeptionellen Denkeinsatz vor, denn seine Antwort lautet: „durch die Entwicklung der Ethik und der Technik" (S. 10). Wiederum wird die dichotomisierende Herangehensweise deutlich, wenn Ethik die soziale Frage „von innen", durch „subjektive Freiheit", durch eine Gemeinschaft von Heiligen, die sich nicht arm fühlen, Technik dagegen „von außen", durch „objektive Freiheit", durch eine „Gemeinschaft von Reichen", die nicht mehr „arm sind", löst (denn in Europa hätten nur die Heiligen und die Reichen die Voraussetzungen, um glücklich zu sein). Die gegenwärtige Politik – so konstatiert Coudenhove-Kalergi – sei „weder in der Lage, die Menschen zufrieden zu machen, noch reich", da sie nicht ausreichend im Dienst von Ethik und Technik stehe (S. 11).

Da die Ethik noch schwach und die Technik noch unterentwickelt sei, müsse es noch Staat und Arbeit geben, da ersterer „den Menschen vor der Willkür der Mitmenschen", letztere „vor der Willkür der Naturgewalten" (S. 11) schütze. Damit ist zugleich das Ziel ethischer wie technischer Entwicklung umrissen: durch Förderung der Ethik mache sich der (Zwangs-)Staat, durch Förderung der Technik die (Zwangs-)Arbeit überflüssig, beide seien jedoch notwendige Stufen auf dem Weg vom Paradies der Vergangenheit zum Paradies der Zukunft. Die aktuelle Situation wird damit erklärt, daß sich das gegenwärtige Europa genau zwischen diesen beiden Paradiesen befinde.

Coudenhove-Kalergi setzt sowohl auf Ethik als auch auf Technik, denn beide „sind Schwestern: Ethik beherrscht die Naturkräfte in uns, Technik beherrscht die Naturkräfte um uns ... Ethik sucht durch heroische Verneinung den Menschen zu erlösen: durch Resignation – Technik durch heroische Bejahung: durch Tat" (S. 14). Im weiteren differenziert er auf der Grundlage geopolitischer Überlegungen, wenn er formuliert, „Asiens Grösse liegt in seiner Ethik – Europas Grösse in seiner Technik. Asien ist der Lehrmeister der Welt in der Selbstbeherrschung. – Europa ist der Lehrmeister der Welt in der Naturbeherrschung" (S. 15). Der Technik verdanke Europa seinen Vorsprung vor allen anderen Kulturen, durch den es zum Führer der Welt wurde. Das erklärt sich aus dem (südlich-warmen) asiatischen und dem (nordisch-kalten) europäischen Klima, was dazu führte, daß „im Süden" die Auseinandersetzung zwischen Mensch und Natur friedlich-harmonisch war, „im Norden" dagegen von Anfang an kriegerisch-heroisch sein mußte. Letzteres führte nach Coudenhove-Kalergi dazu, daß im Laufe der Zeit die „schwachen, passiven, trägen und beschaulichen Europäer" ausgerottet und ein harter, tätiger, heroischer, kämpfender „Menschenschlag" gezüchtet wurde (S. 16). Diesen Gedanken führt er weiter, indem er die menschlichen Mentalitäten (beschaulich, harmonisch und aktiv), im Zusammenhang damit stehende religiöse Grundtypen sowie kulturelle Werte aus den vorherrschenden klimatischen Bedingungen erklärt. Daraus leitet der Verfasser Tatkraft und Klugheit des Europäers sowie seine Mission ab, „die Welt durch Taten zu verändern und zu verbessern" (S. 21), die in „die Befreiung der Menschheit durch Technik" (S. 20) münden muß, ein weltgeschichtliches Ereignis, für das Europa „als Vater der technischen Weltwende wie ein Erlöser gepriesen werden" (S. 24) wird.

Diesen Grundgedanken europäischer Kultur („nur im geistigen, nicht im geographischen Sinne" – S. 25) belegt Coudenhove-Kalergi mit eigenwilligen Interpretationen historischer Gegebenheiten, von „Hellas als Vorläufer Europas" über Thomas Morus, Leonardo da Vinci und Francis Bacon, die Kolonialpolitik sowie die sozialistische Idee bis hin zur „technischen Weltrevolution" und dem „elektrischen Sieg". Da Europa weder durch Kolonialismus noch durch Sozialismus, sondern nur „durch großzügige Steigerung der Produktion und Vervollkommnung der Technik" (S. 34) genesen könne, „ist der Erfinder ein größerer Wohltäter der Menschheit als der Heilige" (S. 36).

Als Endziel der Technik sieht Coudenhove-Kalergi: „Ersatz der Sklavenarbeit durch Maschinenarbeit; Erhebung der Gesamtmenschheit zu einer Herrenkaste, in deren Dienst ein Heer von Naturkräften in Maschinengestalt arbeitet" (S. 39). Dies lasse sich nur auf der Basis hellenischer und germanischer Ideale, durch Heroismus und Rationalismus – die Wurzeln des europäischen Wesens –, in einer Epoche mit „männlich-europäischem Charakter" (S. 47) realisieren. Auf diese Weise würden auch Kriege unnötig und Revolutionen überflüssig, zumal beide weder menschliches Leben noch technisches Schaffen schonen oder heiligen und auf diese Weise das technische Fundament der eigenen Kultur zerstören. Damit wird wieder die Einheit von Technik und Ethik deutlich, denn „Technik ohne Ethik muß ebenso zu Katastrophen führen wie Ethik ohne Technik ... Europas Zusammenbruch ist also unvermeidlich, wenn nicht sein ethischer Fortschritt Schritt hält mit dem technischen" (S. 67). Da Technik einen Januskopf habe – je nachdem, ob sie geistvoll oder geistlos gehandhabt wird – muß Ethik dem Menschen den richtigen Gebrauch der Macht und der Freiheit lehren, die ihm Technik gewährt: „Von der Ethik hängt es ab, ob die Technik den Menschen in die Hölle führt oder in den Himmel" (S. 68).

Sich auf die zwei „Romantiker der Zukunft": Karl Marx (s. dort) „als Prophet des Morgen und Verkünder des Zukunftsstaates" sowie Friedrich Nietzsche „als Prophet des Übermorgen und Verkünder des Übermenschen" berufend (S. 70), deren Zukunftsideale Forderungen enthalten, die zu Taten drängen, sieht Coudenhove-Kalergi das zukünftige Menschheitsgeschick in einer „Rückkehr zur Natur auf höherer Ebene", in der Technik und Ethik in den Dienst dieses Ideals gestellt werden. Pathetisch formuliert er als sein konzeptionelles Credo: „Eines unter den Milliarden Geschöpfen greift nach der Krone der Schöpfung: der freie, entfaltete Mensch als königlicher Gebieter der Erde" (S. 71).

Die „Apologie der Technik" ist erkennbar ein Zeugnis ihrer Zeit. Bei Richard Nikolaus Coudenhove-Kalergi verbinden sich eine euphorische Zustimmung zur Technik, die diese fast als Zaubermittel für eine neue, bessere Welt erscheinen läßt, und eine rassistisch geprägte, geopolitisch begründete Orientierung auf die Europäer als besonders für die Technik begabt, zu einem Kult des „nordischen Menschen". Probleme der – auch technischen – Entwicklung seiner Zeit werden durch weitere Technik als überwindbar angesehen. Mit der Ableitung naturaler, technischer und sozialer Phänomene aus klimatischen Bedingungen erweist er sich als Vertreter einer verbreiteten Denkhaltung des 19. und 20. Jahrhunderts. Die ausschließliche – und überdies allgemein gehaltene – Orientierung auf Ethik als techniksteuerndes Element läßt die vielfältigen institutionellen und sozialen Faktoren der Technikentwicklung ebenso außer Betracht wie die Tatsache unterschiedlicher individueller Wertvorstellungen und Lebenshaltungen.

Gerhard Banse

Friedrich Dessauer: Streit um die Technik

Frankfurt/M.: Josef Knecht 1956, 472 S. TB-Ausgabe als Kurzfassung: Freiburg: Herder 1956 (Herder-Bücherei 53), 206 S.

Der Physiker, Ingenieur, Philosoph und Politiker Friedrich Dessauer (1881–1963) hat durch seine Beiträge zur Technikphilosophie mehr als ein halbes Jahrhundert lang das philosophische Denken über Technik vor allem in Deutschland entscheidend beeinflußt. Sein schriftstellerisches Wirken erstreckte sich auf naturwissenschaftliche, naturphilosophische erkenntnis- und wissenschaftstheoretische Fragen, aber auch zu politischen und wirtschaftlichen sowie ethischen und religiösen Problemen nahm er Stellung. Seine wichtigsten Gedanken zur Technikphilosophie sind konzentriert in seinem großen Buch „Streit um die Technik", das auch in gekürzter Fassung als Taschenbuch in großer Auflage verbreitet wurde und im Jahre 1956 gewissermaßen in einem abschließenden Rückblick Fragen wieder aufgreift, die Dessauer schon 1926/27 in seiner „Philosophie der Technik" zu beantworten gesucht hat, als deren Wiederaufnahme und Weiterführung er selbst sein abschließendes Werk betrachtet. In der Auseinandersetzung mit Philosophen, Theologen, Naturwissenschaftlern, Technikern, Literaten und Historikern entwickelt Dessauer sein eigenes Verständnis von Technik, das schließlich in seinem „Vorschlag zu einer Wesensbestimmung der Technik" zum Ausdruck kommt:

„Technik ist reales Sein aus Ideen
Durch finale Gestaltung und Bearbeitung
Aus naturgegebenen Beständen." (S. 234)

In dieser Definition bringen die Hinweise auf die Finalität und auf die Bearbeitung von naturgegebenen Beständen nichts Neues gegenüber anderen Beiträgen. Dessauer verweist damit darauf, daß der Mensch die Art der Bearbeitung und den Zweck der technischen Produkte und Verfahren vorgibt und bestimmt, wobei er an die Stoffe, Energien und Gesetze der Natur als Vorrat, Gegenstand, wie auch als Begrenzung des technischen Gestaltens gebunden bleibt.

Wenn Dessauer Technik als reales Sein aus Ideen beschreibt, so will er damit deutlich machen, daß reales Sein aus „Ideen" im Sinne schöpferischer Vorstellungsbilder des Menschen, die eine Antizipation, eine geistige Vorwegnahme, der nach ihnen geschaffenen Geräte, Strukturen oder Verfahren darstellen, entsteht. Wenn Dessauer damit auf erkenntnistheoretische Gedanken zurückgreift – Platon, Augustinus, Immanuel Kant –, so will er damit vor allem zum Ausdruck bringen, daß diese „Ideen" nicht eigentlich vom Menschen gemacht, erdacht, konstruiert oder entworfen werden; für Dessauer existieren sie bereits vor der Realisierung durch menschliche Technik, und zwar im Geiste des allwissenden Gottes, zu dessen Weltschöpfungsplan sie gehören. Technik ist damit Realisierung dieses Planes, ist Fortsetzung der Schöpfung durch den Menschen in Gottes Auftrag. Die Erfindung, in der Dessauer den Kern der technischen Leistung sieht, ist die Aktualisierung einer prästabilierten Lösung, d.h. die Lösung eines technischen Problems oder einer Aufgabe an einer bestimmten Zeitstelle der geschichtlichen Entwicklung, während in der Ewigkeit des göttlichen Geistes diese Lösung immer schon vorhanden ist. Die Erfindung wird zum Finden einer grundsätzlich bereits vorhandenen Lösung. Der Geist des Erfinders ist gewissermaßen das Medium, durch das eine bereits vorhandene Idee den Weg in die Wirklichkeit finden kann. Dabei unterscheidet Dessauer zwischen Pioniererfindungen und Entwicklungserfindungen, deren Neuheitsgrad weniger groß ist, wodurch sie in die Nähe von kombinatorischen Konstruktionen gelangen.

Von der Erfindung aus findet Dessauer den Weg zur gesellschaftlichen Einordnung der Technik, und zwar über die Frage nach den Motiven der Erfindung und des technischen Schaffens überhaupt.

Dessauer gibt zu, daß Wirtschaftsinteressen, Gewinntrieb und Machtstreben ursächlich für Erfindungen waren und sind, aber „Bedürftigkeit, Gefahr, Sehnsucht nach Freiheit, nach Emanzipation aus tierischen Lebensbedingungen, nach der Ferne, Weite, Höhe, nach Überwindung der beiden großen Trenner Raum und Zeit, nach Wärme und Licht, Erkenntnis, Schönheit sind als Erwecker des erfinderischen Strebens mindestens so wirksam wie Macht und Gewinnstreben" (S. 150f.).

Dessauer spricht sich klar gegen jede Sachzwangthese oder gegen die Annahme eines Selbstlaufs der technischen Entwicklung aus; er erkennt, daß die Ziele allen technischen Handelns außerhalb der technischen Sphäre liegen. Außertechnische Gegebenheiten oder Setzungen, die sich mit menschlichen Bedürfnissen und Wünschen treffen oder daraus hervorgehen, geben die Ziele für technisches Handeln vor, das damit auch in das Spannungsfeld von Wirtschaft und Politik gerät.

Hier ist es Dessauers Anliegen, den Primat oder mindestens die faktische Unabhängigkeit der Technik von Wirtschaft und Politik darzulegen. Am Beispiel des Robinson-Romans versucht er zu zeigen, daß Technik bereits zum Wesen des einzelnen Menschen gehört, während Wirtschaft und Politik Merkmale der sich entwickelnden Gesellschaft sind.

Die Differenzierung von Wirtschaft und Technik führt Dessauer auch am Beispiel der unterschiedlichen Ökonomie- oder Sparsamkeitsgesetze aus. Das Sparsamkeitsprinzip der Wirtschaft ist vom Tauschwert bestimmt, der um der Gewinnotwendigkeit willen verlangt, daß die Waren mit möglichst geringem Verbrauch von Material, Energie und Arbeitskraft hergestellt werden. Technik dagegen ist vom Gebrauchswert oder vom „Dienstwert" ihrer Produkte, von der Gegenstandsökonomie, bestimmt. Dabei ist sich Dessauer aber durchaus bewußt, daß die Praxis der Produktion und des Gebrauchs häufig zu Kompromissen zwingt.

Besondere Aufmerksamkeit widmet Dessauer den ethischen Anforderungen, die an Techniker und Ingenieure und an die gesellschaftliche Nutzung der Technik zu stellen sind. Dabei ist er überzeugt, daß die Ausrichtung am Dienstwert der Technik die geistige Grundlage bieten kann, auf der verantwortlicher Umgang mit der Technik entsteht. Die technische Arbeit erzieht seiner Meinung nach zu solcher Verantwortungsbereitschaft. Deshalb fordert er die Einbeziehung technischer Bildung in Schule und Erziehung, um diese geistige Einstellung zu fördern.

Auch in diesen Überlegungen kommt Dessauers Optimismus angesichts der Realität, vor allem gegenüber den zukünftigen Möglichkeiten der Technik – von ihm ausdrücklich auf Entwicklungen in der Nutzung der atomaren Energien und in der Biotechnik bezogen –, zum Ausdruck.

Vor allem bei christlichen Denkern hat Dessauers Technikphilosophie dankbare Aufnahme gefunden, da sie ihnen ein geschlossenes einheitliches Weltbild vermittelte. Gerade die platonisch-christlichen Elemente seines Denkens oder die grundlegenden erkenntnistheoretischen Annahmen waren es aber auch, die ihm scharfe Kritik und Gegnerschaft positivistischer, kritisch-rationalistischer Denker und materialistisch-atheistischer Ansätze eintrugen.

Alois Huning

Hubert L. Dreyfus: What Computers can't do. The Limits of Artificial Intelligence

New York: Harper & Row 1972; dt. Die Grenzen künstlicher Intelligenz. Was Computer nicht können, übers. von Robin Cackett, Irmhild Hübner, Martina Knaup, Klaus Rehkämper und Udo Rennert, Königstein/Ts.: Athenäum 1985, 373 S. (A)

ders.: und Stuart E. Dreyfus: Mind over Machine

New York: The Free Press 1986; dt. Künstliche Intelligenz. Von den Grenzen der Denkmaschine und dem Wert der Intuition, übers. von Michael Mutz, Reinbek: Rowohlt 1987 (rororo-computer 8144), 296 S. (B)

Der amerikanische Philosoph Hubert L. Dreyfus (geb. 1929), Professor an der University of California in Berkeley, hat sich seit einer zehnjährigen Tätigkeit in der RAND-Corporation und am Massachusetts Institute of Technology in den 60er/70er Jahren als einer der schärfsten Kritiker der dort betriebenen Forschung zur Künstlichen Intelligenz (KI) und der daraus gefolgerten Computertheorie des Geistes profiliert. Dreyfus kommt von der phänomenologischen Philosophie her und hat Arbeiten zu Edmund Husserl und Martin Heidegger (s. beide dort) publiziert. Das Rüstzeug für seine KI-Kritik gewann er vor allem aus Heideggers Analyse des menschlichen In-der-Welt-Seins, aus Merleau-Pontys Phänomenologie der Leiblichkeit und aus Wittgensteins Philosophie der Sprachspiele und Lebensformen.

Das Buch „Was Computer nicht können" ist eine Streitschrift von hohem wissenschaftlichem Niveau. Sie konfrontiert nicht nur die weitgespannten Ansprüche der KI-Pioniere, rasch hochentwickelte menschliche Intelligenzformen durch Computersimulation erreichen, ja übertreffen zu können, mit den beschränkten und bald stagnierenden Leistungen der bis dahin entwickelten Computerprogramme. Sie deckt nicht nur ungenügend bewußt gemachte Voraussetzungen der KI-Technologie auf, sondern sucht darüber hinaus zu zeigen, daß es anderer Voraussetzungen bedarf, um die natürliche Intelligenz des Menschen zureichend zu verstehen. Die Schrift bezieht sich in der Originalauflage zwar nur auf die ersten zehn Jahre KI-Forschung, prognostiziert aber bereits 1972, daß der bisherige KI-Ansatz bald an grundsätzliche Grenzen bei der Verwirklichung seiner Ansprüche stoßen müsse. Diese Kritik wird in den Zusätzen der beiden weiteren Auflagen auf die jeweils aktuellen KI-Konzeptionen ausgedehnt – und Dreyfus bleibt bis heute (1995) bei dem Urteil seines Vorworts von 1985: daß es sich bei der KI-Technologie um ein „degenerierendes Forschungsprogramm" (im Sinne von Imre Lakatos) handle (A, S. 9).

Das Leitbild der beginnenden KI-Forschung war die Idee einer „universellen Maschine", die Alan Turing 1950 entworfen hatte. Gemeint war ein hochentwickelter Digitalcomputer, der – als eine Maschine zur exakten Manipulation von Symbolen – grundsätzlich alle Daten über Fakten der Welt verarbeiten und alle exakt beschreibbaren Prozesse nachbilden könnte. Er würde damit auch alle Leistungen menschlicher Intelligenz, die nach Regeln der Logik erreicht werden, simulieren und als „denkende" Maschine bezeichnet werden können (B, S. 82).

Dreyfus verfolgt diesen Anspruch historisch weit zurück. Als Zwischenetappen nennt er u.a. Leibniz' Plan eines universellen Zeichensystems zur Repräsentation des gesamten Wissens und den Entwurf einer digitalen Rechenmaschine durch Charles Babbage (1835). Die erste Grundlage für den Gedanken einer Künstlichen Intelligenz aber bilde die Ideenlehre Platons. Denn sie gehe davon aus, daß es einen Fundus von eindeutig definierbaren Begriffen sowie von Regeln ihrer widerspruchslosen Verknüpfung gebe, der jedem Menschen eingeboren sei und im Prinzip wiedererinnert werden könne. Platon halte zwar noch an der Ansicht fest, der Inhalt dieser „Ideen" sei auf höchster Ebene nur „intuitiv" zu erfassen. Aber von ihm leite sich doch die erste Voraussetzung der KI-Forschung her: alles Wissen sei grundsätzlich in einem einzigen deduktiven System ausdrückbar (A, S. 17ff.). Die zweite Voraussetzung, von Gottfried Wilhelm Leibniz und Babbage hergeleitet, besage: die Wissensprozesse im Rahmen dieses Systems müssen sich in eine „Abfolge von Befehlen für die Manipulierung" diskreter Elemente (etwa Relais, die offen oder geschlossen sind) umsetzen und damit mathematisch formalisieren lassen, so daß eine Maschine die in Symbolen repräsentierten Daten rein syntaktisch verarbeiten kann (A S. 22). Dreyfus erblickt in dem auf diesen Voraussetzungen beruhenden Ansatz eine „höchst eingeengte Auffassung von Intelligenz oder Vernunft". Er fordert daher eine „Kritik der Künstlichen Vernunft" und versteht seine Schrift als Beitrag zu einer solchen (A, S. 29).

Im ersten Teil des Buchs analysiert Dreyfus die wichtigsten KI-Programme, die im Anfangsjahrzehnt dieser Forschung entwickelt wurden. In einer ersten Phase (1957–62) ging es vorwiegend um Programme zur „kognitiven Simulation" von Prozessen vor allem auf den Gebieten: Spielen nach Spielregeln (z.B. Schach), Sprachübersetzung, Problemlösen und Mustererkennung (A, S. 42ff.). In der zweiten Phase (1962–67) dominierten Programme zur semantischen Informationsverarbeitung, etwa zur Simulation des Verstehens natürlicher Sprachen oder zum Erkennen geometrischer Analogien. Im Vergleich von Anspruch und Realisierung dieser Programme kommt Dreyfus zu dem Ergebnis, daß die

Entwicklung der KI-Forschungsfelder „ein stets wiederkehrendes Muster" aufweise: nach „anfänglichen aufsehenerregenden Erfolgen" in begrenzten Bereichen treten bei Versuchen zu deren Erweiterung „unerwartete Schwierigkeiten" auf (A, S. 36). Diese lassen sich auf das eine Hauptproblem zurückführen, daß bei der Simulation menschlicher Leistungen auf einem Digitalrechner sämtliche Alternativen, die für intelligente Entscheidungen in Betracht kommen, explizit durchlaufen werden müssen – was bei komplexeren Aufgaben (z.B. der Übersetzung von Texten mit mehrdeutigen Wörtern) rasch an die Grenzen des technisch Möglichen stößt (A, S. 79).

Im zweiten Teil sucht Dreyfus zu zeigen, weshalb trotz dieser Schwierigkeiten die KI-Forscher optimistisch blieben. Er führt dies auf „vier tief verwurzelte Annahmen" zurück, die die Einsicht verhinderten, daß diese Forschung eine „Sackgasse" sei (A, S. 36):

- die „biologische Annahme", daß das Gehirn auf der Neuronenebene Informationen wie ein Digitalrechner in einzelnen binären Schritten (Ja-Nein-Schaltungen) verarbeite (A, S. 105ff.);
- die „psychologische Annahme", daß menschliches „Denken" ein Datenverarbeiten sei, das wie ein heuristisch programmierter Digitalcomputer (mit Suchlisten, Vergleichen, Einordnen usw.) funktioniere, ohne daß ein „Verarbeiter" benötigt werde – eine Ansicht, die ähnlich schon der Assoziationspsychologie zugrunde lag (A, S. 111ff.);
- die „erkenntnistheoretische Annahme", daß alles intelligente Verhalten sich anhand von Regeln formalisieren lasse und daß ein Computer mit Hilfe derselben ein ergebnisgleiches Verhalten reproduzieren könne – unabhängig davon, ob menschliches Denken ebenso verfährt oder nicht (A, S. 138);
- die „ontologische Annahme", alles Seiende bestehe aus einer Menge logisch voneinander unabhängiger Tatsachen. Aus diesem unterstellten „logischen Atomismus" (Bertrand Russell) habe die mit Digitalrechnern und symbolischen Repräsentationen arbeitende KI-Forschung letzlich ihre Zuversicht bezogen, im Computer prinzipiell das gesamte Wissen der Welt als eine Menge kontextunabhängiger, diskreter Elemente darstellen zu können (A S. 154ff.).

Diese Zuversicht werde jedoch von den Ergebnissen keineswegs gerechtfertigt. Zwar wurden Programme zur Formalisierung eingeschränkter Kontexte intelligenten Verhaltens realisiert. Doch die logischen Probleme wuchsen exponentiell, sobald die Kontexte erweitert werden sollten: z.B. braucht eine Maschine immer wieder „neue" Regeln, um einen verallgemeinerten Kontext zu erkennen, auf den „alte" Regeln zu übertragen sind, so daß ein unendlicher Regreß von Regelebenen entsteht (A, S. 174).

Der dritte Teil dient der Untermauerung der These, die frühe KI-Forschung sei mit diesen Annahmen von der Vorstellung ausgegangen, der Mensch sei ein „Apparat, ... der regelgeleitet mit Daten rechne, die die Form von atomaren

Tatsachen haben" (A, S. 179). Am Leitfaden dieses irrigen Menschenbildes sei menschliche Intelligenz nicht zu simulieren, geschweige zu übertreffen. Dreyfus unterbreitet statt dessen einen phänomenologischen Alternativansatz, der zwar „weniger exakt und weniger experimentell" sei als das KI-Konzept, dafür aber ganz andere und zentrale Bedingungen intelligenten Verhaltens berücksichtige, die bei einer Beschränkung auf formalisierbare Aspekte unbeachtet bleiben (A, S. 179ff.):

- Die menschliche Intelligenz ist wesentlich bedingt durch die Erfahrensweisen eines lebenden, aktiven, eine organische Ganzheit bildenden Leibes. Während die KI-Forschung in der intellektualistischen Tradition von Platon, Descartes usw. „den Körper als etwas betrachtet, das der Intelligenz im Wege steht" (A, S. 183), haben Phänomenologen wie Maurice Merleau-Ponty den Leib als synergetisches System erkannt, das „auf seine Umwelt mit einem unablässigen Gespür für sein eigenes Funktionieren und seine eigenen Ziele" reagiert (A, S. 198f.). Dieses System Leib konstituiert einen „inneren Horizont" unbestimmter, skizzenhafter Erwartungen angesichts eines „äußeren Horizonts" von zum Teil ebenso unbestimmten Sinneseindrücken. Der Leib kann diese Erwartungen flexibel zwischen seinen verschiedenen Sinnes- und Motorikorganen hin und her übertragen, ohne jeweils sämtliche Alternativen bestimmen zu müssen (A, S. 204).
- Das leiblich fundierte intelligente Verhalten spielt sich immer in einer konkreten Situation ab, die den ordnungsstiftenden Hintergrund für das Problemlösen, Handeln, Sprechen usw. bildet, ohne zur Situationsbewältigung die detaillierte Leitung durch Regeln zu erfordern (so gesehen z.B. in Martin Heideggers „Welt" als Konstellation von „Zeug", so in Ludwig Wittgensteins „Lebensformen") (A, S. 206ff.).
- Leiblich fundierte Bedürfnisse und Ziele, die niemals feste Zustände mit scharf bestimmter Zweck-Mittel-Hierarchie sind, sondern stets anpassungsfähig im Fluß bleiben, strukturieren das menschliche Verhalten in der Situation mit (A, S. 224ff.).

Als Fazit hält Dreyfus fest: Menschliches intelligentes Verhalten ist immer auf konkrete Situationen bezogen und speist sich aus einem variablen Hintergrundsfundus an Lebenspraktiken und Commonsense, der seinerseits die Vorbedingung für regelgeleitete Tätigkeiten bildet. Diese Verflechtung mit Situationen erweist sich, so Dreyfus 1972, „mit den gegenwärtig vorstellbaren Techniken als prinzipiell nicht programmierbar" (A, S. 257).

Die KI-Forschung ist auf dem damaligen Stand nicht stehengeblieben. Das von Dreyfus gemeinsam mit seinem Bruder Stuart (einem Unternehmensforscher) verfaßte Buch „Künstliche Intelligenz" (B) berücksichtigt auch neuere KI-Programme und erweitert die Fragestellung auf praktische Anwendungen der KI in Schule und Management. Am interessantesten ist der Ausbau eines schon im ersten Buch (A) angelegten theoretischen Konzepts: Fünf qualitativ unterschiedene Stufen des menschlichen Erwerbs intelligenter Fertigkeiten zur Bewältigung „unstrukturierter Problembereiche" werden beschrieben und auf ihre Nähe oder Ferne zu Verfahren der KI beurteilt. Von diesen Stufen – des „Neulings", des „fortgeschrittenen Anfängers", der „Kompetenz", der „Gewandtheit" (proficiency) und des „Expertentums" – werden nur die Vorgehensweisen der ersten drei als geeignet angesehen, auf Digitalcomputern simuliert zu werden; denn nur hier spiele ein distanziertes Wissen (Know-that) in Form von kontextunabhängigen Daten, Regeln und Plänen eine ausschlaggebende Rolle, und dieses lasse sich formalisieren. Auf den beiden letzten Stufen hingegen werde die Fähigkeit zu einem intuitiven „holistischen Erkennen von Ähnlichkeiten" in konkreten Situationen (Know how) weit wichtiger als Regelbefolgen und schrittweise Analyse. Hier, beim Übergang vom *Know that* zum *Know how,* versage die KI. Daher seien die von der KI-Forschung inzwischen entwickelten „Expertensysteme" (etwa für die medizinische Diagnostik) wegen ihrer beschränkten Scheuklappenperspektive nur bis zur Stufe der „Kompetenz" und als Hilfsmittel brauchbar. Menschliche Experten dagegen übersteigen diese Perspektive durch ein intuitives, teilnehmendes Verstehen und Entscheiden, das die Multiperspektivität der Situation einbezieht. (B, Kap. I–IV).

In diesem Buch versprechen sich die Autoren noch einiges von dem seit Mitte der 80er Jahre in der KI-Forschung einflußreich gewordenen neuen Paradigma des „Konnektionismus" (der Technologie künstlicher neuronaler Netze), das sich an den faktischen Gehirnvorgängen mit ihren parallelen, neben- und übereinander verlaufenden neuronalen Aktivierungsmustern orientiert (statt die lineare Verarbeitung diskreter Symbole zu benutzen). Hingegen schätzt Hubert L. Dreyfus in seiner bisher letzten Äußerung zur KI-Problematik (1992) die Möglichkeiten des Konnektionismus skeptisch ein. Ebenso wie die ältere kognitivistische KI an der Repräsentation des je situationsgerechten „Commonsense-Wissens" gescheitert sei, werde wohl auch der konnektionistische Ansatz seine „Chance zu scheitern" erhalten; denn es zeichne sich ab, daß „ein Netzwerk die gleiche Größe, Architektur und Initial-Bindungskonfiguration wie das menschliche Gehirn besitzen (müsse), wenn es unseren Sinn für angemessene Verallgemeinerungen teilen soll" (neue Einleitung zur 3. Auflage von A; dt.: Deutsche Zeitschrift für Philosophie, Jg. 41/1993, S. 673).

Dreyfus' aufs Prinzipielle zielende, scharfsinnige Kritik hat wunde Punkte der KI-Programmatik getroffen. Das zeigt schon der Umstand, daß viele nach Erscheinen seines ersten Buchs (A) unternommenen KI-Projekte geradezu als Widerlegungsversuche von Dreyfus' Unmöglichkeitserklärungen erscheinen. Dreyfus mußte zwar angesichts von Teilerfolgen der KI-Forschung bei begrenzten Aufgaben manche Kritikpunkte differenzierter und behutsamer formulieren – so wie auch die ehrgeizigen Ansprüche der KI-Pioniere allmählich bescheideneren Selbsteinschätzungen Platz machten. Doch die Grundlinie seines Anliegens hat Dreyfus durchhalten können. So sind seine KI-kritischen Bücher (das erste für ein wissenschaftliches, das zweite für ein breiteres Publikum) trotz vieler Redundanzen nach wie vor aufschlußreiche Auseinandersetzungen mit einer dynamischen Forschungsrichtung. Sie zeigen, daß eine offene philosophisch-phänomenologische Reflexion auf Voraussetzungen und Grundlagen durchaus zu treffenden Urteilen über Tragweite und Realisierungschancen einer Technologie führen kann, die ihren auch theoretischen Anspruch, „geistige" Fähigkeiten durch Nachkonstruktion zu erklären, durch experimentelle Praxis und durch realisierte Artefakte untermauert.

Ernst Oldemeyer

Jacques Ellul: La Technique ou l'enjeu du siècle

Paris: Colin 1954; zit. nach der engl. Ausgabe The Technological Society, New York: Knopf 1964, XXXVI + 464 S., (A)

ders.: Le Système technicien

Paris: Calmann-Levy 1977; zit. nach der engl. Ausgabe The Technological System, New York: Continuum 1980, 362 S., (B)

Jacques Ellul (1912–1994) hat in seinem Geburtsort Bordeaux Jura studiert und dort bis zu seiner Emeritierung 1980 als akademischer Lehrer für Politikwissenschaft gewirkt; der freidenkerische, griechisch-orthodoxe Vater war italienisch-serbischer Abstammung, die streng protestantische Mutter französisch-portugiesischer Herkunft. Eindrucksvoll ist seine von rhetorischer Beredsamkeit und dialektischem Scharfsinn bestimmte wissenschaftliche Produktivität auf theologischem, soziologischem und zeitkritischem Gebiet. Die 1984 erschienene Bibliographie verzeichnet vierzig Monographien und sechshundert Artikel: J. Ellul: „A Comprehensive Bibliography", Research in Philosophy and Technology, Suppl. 1, Greenwich, Conn. 1984, 282 S.; fortgesetzt 1991 in Bd. 11 ders. Reihe, S. 197–299).

In beiden Bibliographien erscheinen praktisch keine deutschen Titel, obwohl auch abgelegene Sekundärliteratur berücksichtigt wird. Die spärliche, deutsch-sprachige Rezeption ist sicher dadurch mitbedingt, daß die beiden hier zu besprechenden technikphilosophischen Arbeiten Elluls nicht ins Deutsche übersetzt wurden. Im Gegensatz dazu hat die erste, 1964 in englischer Übersetzung erschienene Abhandlung in den USA zu einer äußerst lebhaften und andauernden Auseinandersetzung geführt. Man darf annehmen, daß die Technikdiskussion in der Bundesrepublik einen anderen Verlauf genommen hätte, wenn Elluls Thesen der breiteren Öffentlichkeit bekannt gewesen wären. Dennoch sind die Ideen, die er vertritt, in der deutschen Diskussion nicht unbekannt. So hat Helmut Schelsky (s. dort) u.a. auf Elluls anthropologische und politiktheoretische Thesen zurückgegriffen und bereits dadurch die sog. Technokratiediskussion ausgelöst. Das Bild von der alle Lebensbereiche bestimmenden technischen Rationalität, die zur politischen Herrschaftsstabilisierung führt, ist auch ein zentrales Element der neomarxistischen Kapitalismuskritik von Herbert Marcuse (s. dort).

Ellul ist kein Fachphilosoph, und er greift auch nicht auf die philosophische Tradition zurück. Gerade diese ‚unbefangene', durch ein tieferliegendes, theologisches Sinn- und Heilsbedürfnis bestimmte Sicht bildet die Voraussetzung für seine durchdringende, universelle, alles in ihren Bann ziehende Bestandsaufnahme und Kritik der modernen Technik. In seiner ersten, grundlegenden Arbeit aus dem Jahre 1954 – von der zunächst die Rede ist – stellt Ellul in immer neuen, suggestiven Formulierungen und wechselnden Bildern die historisch einmalige Besonderheit der modernen Technik heraus: sie allein regiert; sie ist eine blinde Macht und doch im Verfolgen ihrer Ziele klarsichtiger als die höchste menschliche Intelligenz (A, S. 94). Es ist ein Wesensmerkmal der Technik, daß sie keine moralischen Urteile duldet, sie schafft sich ihre eigene, völlig souveräne technische Moralität (A, S. 97). Der Mensch ist gefangen wie die Fliege in einer Flasche; er versucht der Technik durch Kultur, Freiheit und aktives Tun zu entgehen, aber alles das wird vom technischen System nur ‚abgehakt', ohne daß sich am Gang der Technik etwas ändert (A, S. 418). Ellul kann dieses Bild zeichnen, weil er mit einem weitgefaßten Technikbegriff arbeitet, der ausdrücklich alle Arten des absichtsvollen, zielgerichteten Handelns und der systematischen, auf Effizienz gerichteten Mitteloptimierung einschließt. Seiner Überzeugung nach können alle diese Techniken nur in ihrem Gesamtzusammenhang richtig beurteilt werden. Für Ellul stellt die so verstandene, universelle Technik gleichsam ein eigenständiges Subjekt dar: sie wirkt wie eine selbstbewußt und zielgerichtet handelnde Person.

Weil in der Welt nichts existiert, das nicht direkt oder indirekt durch die Technik bestimmt wäre, wird in Elluls Perspektive schließlich alles zu einem technischen Phänomen. Man könnte ergänzen: wie dem König Midas alles zu Gold wurde, was er berührte, so daß er schließlich verhungern mußte, wird uns alles zur Technik und wir werden zum Opfer ihrer alles verschlingenden Macht. Ellul zeichnet ein großangelegtes Bild der Technik, das in seinem Totalitätsanspruch mit Hegels „Phänomenologie des Geistes" vergleichbar ist. Er teilt zwar nicht Hegels historisch-genetischen Ansatz – seine Darstellung ist primär systematisch ausgerichtet –, wohl aber dessen Prinzip der immanent teleologischen Entfaltung. In allen Formen der Technik, d.h. in allen methodisch angewandten Verfahren, in welchen individuellen oder kollektiven Lebenszusammenhängen sie auch immer auftreten mögen, sieht Ellul immanent wesensnotwendige Momente einer heraufkommenden umfassenden technischen Herrschaft. Der Umstand, daß eine solche Darstellung mit einer gewissen Plausibilität möglich ist, belegt die überragende Bedeutung der Technik für unsere Zeit. Die heuristische Funktion einer solchen umfassenden Phänomenologie besteht darin, daß die Ganzheit, die durchgängige Verknüpfung und der innere

Zusammenhang aller Lebensgebiete in unserer technisierten Welt herausgearbeitet werden.

Dem steht ein Nachteil gegenüber: Es werden keine differenzierenden Einsichten in Detailprobleme vermittelt. Ellul unternimmt keine historische Analyse und treibt keine Ursachenforschung. Die Ebene der aufschlußreichen und weithin zutreffenden phänomenologischen Beschreibung geht unvermittelt über in die spekulativ metaphysische (bzw. implizit theologische) Deutung. Deshalb bleibt unverständlich, wie die gegenwärtige Situation zustande kommen konnte, und die Gründe für die offenkundig weiter fortschreitende Technisierung bleiben im dunkeln. Da – abgesehen von Handlungen, die, wie das Spiel, sich selbst genügen – alles, was Menschen überhaupt tun, als zielgerichtet und methodisch interpretiert werden kann, ist es grundsätzlich nicht verwunderlich, daß Elluls weitem Technikbegriff eine gewisse Plausibilität anhaftet. Doch seine Deutung bleibt dem ‚Totalitätsverdacht' ausgesetzt. Dem umgekehrt proportionalen Verhältnis zwischen Umfang und Inhalt eines Begriffs entsprechend wird bei starker Abstraktion und hohem Allgemeinheitsgrad der konkrete Inhalt unvermeidbar geringer. Doch die Abstraktion bzw. die Universalisierung dürfen nicht so weit gehen, daß der Bezug zur konkreten Realität und damit auch die Erklärungsleistung verlorengehen. Wer alles zugleich erklären will, die Ingenieurtechnik ebenso wie die methodischen Verfahrensweisen, Wissenschaft, Ökonomie, Politik und Kultur ebenso wie die herrschenden Mentalitäten, ist in Gefahr, am Ende gar nichts zu erklären. Noch problematischer ist es, wenn Begriffe oder Kategorien, die doch nur Hilfsmittel zur Beschreibung der Realität sein können, in den Rang selbstbewußter und selbständig agierender Subjekte erhoben werden. Weil Ellul alle Differenzierungen konsequent ablehnt, kommen die verschiedenen Faktoren, auf deren Zusammenwirken der Gesamtprozeß beruht, und damit auch mögliche Ansatzpunkte für eine Einflußnahme und Korrektur, gar nicht in den Blick.

Nach Ellul steht der moderne Mensch der übermächtigen Technik, die unerbittlich ihren Weg geht, völlig hilflos gegenüber; der Prozeß der technischen Entwicklung stellt eine höhere, das konkrete Geschehen dieser Welt bestimmende Macht dar, der sich niemand entziehen kann. Elluls Technikinterpretation bezieht ihre Suggestivkraft letzten Endes aus der religiösen Dimension. Die Technik wird heilsgeschichtlich interpretiert, aber unter negativem Vorzeichen: sie entheiligt die Welt, weil sie durch den Augenschein zeigt, daß es keine Mysterien mehr gibt. Doch der Mensch kann nicht ohne das Heilige leben; deshalb überträgt er in einer dialektischen Wendung die Dimension des Heiligen auf die moderne Technik, obwohl diese in Wirklichkeit nur eine negative, destruktive Macht darstellt (A, S. 142–145).

Unter Beibehaltung der Grundkonzeption zeichnet Ellul dann in der dreiundzwanzig Jahre später erschienenen Abhandlung „Das technische System" ein differenzierteres Bild. Im Gegensatz zum ersten Buch, das kaum Fußnoten enthielt, werden die ursprünglichen Thesen nun in der Auseinandersetzung mit der vorliegenden Literatur – insbesondere soziologischer und kulturkritischer Art – analytisch stärker entfaltet und teilweise abgeschwächt. In vielfältigen Durchgängen und wechselnden Perspektiven beschreibt Ellul die alles determinierende, universelle Bedeutung der modernen Technik, die in ihren vielfältigen Gestaltungen (Automatisierung, chemische Umweltveränderung, Atomkraft, Informations- und Gentechnologie) weit über die ursprüngliche industrielle Mechanisierung hinausgeht. In dem auf allen Ebenen stattfindenden endlosen Kreislauf von Produktion und Konsumtion werden nicht nur Industrieprodukte hergestellt, sondern auch Symbole, Individuen (durch die Pädagogik), Freizeitaktivitäten, Ideologien, Markenzeichen und Informationen (B, S. 11). Die Technik wird zwar ihrerseits durch Forschung und Entwicklung, Konsum und Wirtschaftswachstum bestimmt, doch sie bleibt die entscheidende, alles integrierende Instanz. Sie ist die Grundlage, der Wert, von dem her alles andere beurteilt, bewertet und geordnet wird; die moderne, ihrem Wesen nach potentiell unendliche Technik erzeugt sich selbst. Sie ist nicht völlig unbeherrschbar; um sie beherrschen zu können, müssen wir jedoch den Umfang ihrer Autonomie erkennen. Letzten Endes können wir ihr aber nicht entfliehen. Für Ellul bleiben wir stets eingeordnet in die von der Technik vorgegebenen Alternativen und gebunden an das Streben nach größerer Effizienz und Leistungsfähigkeit; wir können uns nicht von dem „technischen System" befreien, es bleibt die unsere Zeit bestimmende Größe.

Friedrich Rapp

Peter Klimentitsch von Engelmeyer: Der Dreiakt als Lehre von der Technik und der Erfindung
Berlin: Carl Heymann Verlag 1910, 49 S. (Sonderabdruck aus der Zeitschrift „Gewerblicher Rechtsschutz und Urheberrecht", Nr. 11/1909, S. 367–397)

Peter Klimentitsch von Engelmeyer (1855 bis etwa 1942), deutsch-russischer, einflußreicher Ingenieur, Berater, Unternehmer und Vertreter in in- und ausländischen technischen Organisationen (u.a. seit 1927 Vorsitzender der im gleichen Jahr gegründeten „Sektion für allgemeine Fragen der Technik" innerhalb des Allrussischen Ingenieurverbandes), lebte vorwiegend in Moskau. Er publizierte, heute weitgehend unbeachtet, um und nach der Jahrhundertwende in russischer, deutscher und französischer Sprache zu „allgemeinen Fragen der Technik", in russischer Sprache vorwiegend in Buchform, in Deutschland überwiegend auf diesen Büchern basierende zahlreiche Aufsätze in ingenieurwissenschaftlichen Zeitschriften (vor allem „Civilingenieur", „Zeitschrift des Vereins deutscher Ingenieure", „Dinglers Polytechnisches Journal", „Prometheus") und Beiträge in Tageszeitungen (vor allem „Köllnische Zeitung"). Jedoch fanden die darin enthaltenen Überlegungen zu philosophischen Problemen der Technik, der Technikwissenschaften und der Ingenieurtätigkeit in einer Zeit, in der vorrangig fachspezifische und Detailfragen dominierten, nicht die erhoffte – und wohl auch verdiente – Würdigung und Anerkennung.

Von Engelmeyer unternahm in dem Bemühen, „ein Programm für die geschichtliche Forschung der Technik zu entwerfen" (§ 5) den ersten Versuch einer vergleichenden Wertung der bisherigen Forschung über die Beziehungen der Technik(wissenschaft) zu anderen Wissensbereichen, zur Industrie sowie zur sich etablierenden Philosophie der Technik und legte zugleich seinen eigenen Standpunkt fest. Dabei griff er auf Georg Wilhelm Friedrich Hegel und Herbert Spencer, vor allem jedoch auf den Empirismus Ernst Machs zurück, der auch ein anerkennendes Vorwort zu „Der Dreiakt ..." schrieb. Bedeutsam sind für von Engelmeyer die Darstellung der Technik als entscheidender „Culturfactor" und der Nachweis der Eigenständigkeit der Technikwissenschaften gegenüber den Naturwissenschaften.

Kern seiner Überlegungen – und verbindendes Glied – ist infolgedessen der Schaffensaspekt des Ingenieurs, sind die Erfindung (als Technik Gewordenes) und das Werden dieser Erfindung, der Prozeß des Erfindens (als wesentliches Moment ingenieurmäßigen Handelns), denn: „Alles, was man ‚Kultur' nennt, ist zu verschiedenen Zeiten erfunden worden" (§ 15).

Damit ist eine sehr breite Fassung unterstellt, denn neben den sachlichen Erfindungen werden darunter auch Vorschriften zum Handeln, Schrift, Sprache und Redemethoden, Kunstwerke und Sinnbilder, wissenschaftliche Termini und Theorien sowie Alltagsbegriffe subsumiert. Allen gemeinsam seien die Merkmale der Künstlichkeit, Zweckmäßigkeit, Überraschung und Einheitlichkeit. Das Werden jeglicher dieser Erfindungen kann durch den „Dreiakt" des Wollens, des Wissens und des Könnens, bzw. – in Anlehnung an die heutige Terminologie – der Zielsetzung, des Plans der Zielerreichung und der wirklichen materiellen Ausführung, hinreichend charakterisiert werden. Damit ist dann auch nach von Engelmeyer die „Theorie der Erfindung, die Heurologie" (§ 28) umrissen.

Mit dieser Herangehensweise gehört Peter Klimentitsch von Engelmeyer – ähnlich wie Max Eyth oder Emile du Bois Reymond – zu jenen, die um die Jahrhundertwende das Erfinden zum zentralen Thema ingenieurgemäßen (d.h. der Erfahrung und der Denkweise des Ingenieurs verbundenen) Philosophierens erhoben, einmal, um den Ingenieurstand vor allem gegenüber den Naturwissenschaftlern aufzuwerten, zum anderen, um über die Klärung der individuellen Grundlagen der Erfindungstätigkeit auch aus beruflichen Existenzproblemen zur Lösung patentrechtlicher Fragen beizutragen.

Im weiteren Verlauf seiner Darlegungen beschränkt sich von Engelmeyer dann auf die Technik, und zwar sowohl in Form der fertigen als auch der werdenden technischen Erfindung.

Das Kennzeichen technischer Artefakte und Prozesse bestehe darin, daß der Mensch bewußt Naturkörper und -kräfte in solche Konstellation zueinander bringt, daß deren natürliche Wechselwirkung die beabsichtigten (technischen, d.h. künstlichen) Effekte „automatisch" hervorbringt (§ 10). Schaffung wie Nutzung von Technik sind – ähnlich der Kunst und im Unterschied zur Wissenschaft – eine „objektivierende" Tätigkeit, eine Tätigkeit, „bei welcher eine Idee als Ziel vorschwebt und eine Naturerscheinung hervorgebracht werden soll, welche diese Idee konkret ausdrückt" (§ 11). Ein breiteres Technikverständnis als bis dahin weithin üblich nutzend, gliedert er die fertigen technischen Erfindungen (neben verschiedenen Arten der Urheberschaft und der Entstehungsmöglichkeit) nach den Erscheinungsformen in mechanische Vorrichtungen, chemische Substanzen und Arbeitsverfahren (§ 30).

Erfindungen sind stets etwas Neues, neu im „Effekt" (d.h. Nutzung einer neuen Wirkpaarung zur Realisierung eines bekannten Ergebnisses) oder neu in der „Struktur" (d.h. Nutzung einer bekannten Wirkpaarung zur Realisierung eines neuen Ergebnisses. Dabei ist für von Engelmeyer dreierlei selbstverständlich: zum ersten konkretisiert sich das Neue sukzessive von der Idee über das Schema, die Konstruktion und das Modell; zweitens ist Neues niemals völlig neu, sondern mit Altem vermischt und verbunden; drittens muß Neues aktiv gegen Altes und Bestehendes durchgesetzt werden und hat seine Lebens- und Überlebensfähigkeit durch Taten nachzuweisen.

Werdende technische Erfindungen haben ihren Ursprung in einem wissenschaftlichen oder technischen Problem, welches wiederum aus Bedürfnissen der Gesellschaft resultiert. Im bewußten Gegensatz zur Aussage des zur gleichen Zeit lebenden Dresdner Technikwissenschaftlers und Patentsachverständigen Ernst Hartig „Das Erfinden spottet aller Gesetzmäßigkeit" ist von Engelmeyer der Ansicht, daß sich im Werdegang von Erfindungen, im Zusammenwirken von psychologischen und außerpsychologischen Faktoren Gesetzmäßigkeiten aufzeigen lassen, die durch den Dreiakt umrissen sind: „Der richtige Erfinder muß im betreffenden Fache das Erreichbare wollen, das Richtige wissen und das Nötige können" (§ 50).

Im ersten Akte – „Entstehung der Absicht. Akt des Wollens und der Intuition" (§ 51) – wird durch das Auftauchen bzw. Aufklären einer Idee die Problemlösung in Form der Hauptbestandteile mehr erahnt denn gewußt. Typisch ist dabei der hypothetische Charakter des solchermaßen Vorgestellten, weil sowohl die Zweckmäßigkeit der Prinziplösung erst einmal nachzuweisen ist, als auch – bei begründeter Zweckmäßigkeit – die Prinziplösung bis zur Funktionsfähigkeit höchstwahrscheinlich modifiziert werden muß. Deshalb ist im zweiten Akt – „Ausarbeitung des Schemas. Akt des Wissens und Denkens" (§ 52) – die Idee nachzuprüfen, aus der Absicht einen ausführbaren Plan zu machen und das zweckgerichtete und zweckmäßige Zusammenwirken der einzelnen Elemente zu ersinnen, wozu umfangreiche Kenntnisse erforderlich sind. Durch das „Experimentieren mit Gedanken und Sein" wird das Neue und Charakteristische der Erfindung ermittelt bzw. ausgearbeitet, so daß im dritten Akt – „Konstruktive Ausführung der Erfindung. Akt des Könnens" (§ 53) – der Plan ausgeführt werden kann: „Jetzt gilt es nicht mehr Gedanken, sondern die äußere Materie umzuformen" (§ 53). Dafür sind fachmännische Gewandtheit und gewerbliche Routine erforderlich. Erst mit der Realisierung des dritten Aktes ist das Werk vollendet und es kann von einer Neuerung, von einer Erfindung gesprochen werden.

Um Mißverständnissen und Schematisierungen vorzubeugen, verweist von Engelmeyer wiederholt darauf, daß die drei Akte im Erfindungsprozeß keinesfalls Stadien der Manipulation am Substrat, sondern drei gedankliche Entfaltungsstadien der Erfindung sind, die sich gegenseitig derart bedingen, „daß man ohne theoretische (zweiter Akt) und praktische (dritter Akt) Vorkenntnisse kaum eine praktische Idee (erster Akt) empfangen kann, denn es liegt ja auf der Hand, daß nur die Idee bis ins Werk gedeiht, die mit den Naturgesetzen stimmt und zur Zeit praktisch ausführbar ist" (§ 61).

Getreu seinem Ansatz, Erfinden nicht nur auf technisches Problemlösen zu beschränken, wird der Dreiakt durch von Engelmeyer sowohl – sinnvoll – auf Bildungs- und Ausbildungsprozesse (vor allem im technischen Bereich – §§ 65ff.), als auch – wohl überzogen – auf jegliche Art des Willens angewendet und Erfinden als spezieller Fall der Willenstätigkeit gefaßt (§ 70). Durch diesen zu umfassenden Geltungsanspruch wird von Engelmeyers Konzept mit höherer Allgemeinheit teilweise trivial, teilweise aber auch problematisch.

Für Peter K. von Engelmeyer gibt es – dem Machschen Empirismus folgend – „draußen" keine Wahrheiten: „Von dem, was draußen ist, haben wir nur Erfahrungen, und das ist das einzige, was wir Welt nennen und womit wir unsere Gedanken abstimmen" (§ 23). Mit diesem Ansatz ist es ihm nur möglich, das Erfinden über seine individuellen und kognitiven Seiten zu analysieren. Gesellschaftliche, vor allem wirtschaftliche und politische sowie soziale Bezüge – z.B. hinsichtlich Bewertungs- und Selektionskriterien und -mechanismen, der Annahme oder Ablehnung, der Durchsetzung oder der Nichtrealisierung von Neuerungen) werden von ihm kaum wahrgenommen, geschweige denn reflektiert und in seine Überlegungen einbezogen. So beschränkt sich sein berechtigtes Bemühen, technisches Problemlösen transparent(er) zu machen, auf eine einseitige, subjektbezogene Interpretation.

Gerhard Banse

Henry Ford: My Life and Work
New York: Garden City Publishers 1922; dt. Mein Leben und Werk, übers. von Curt und Margerite Thesing, Leipzig: Paul List 1924, 317 S.

Henry Fords „My Life and Work" erschien erstmals im Jahre 1922, auf dem Höhepunkt seines Erfolgs, den er mit dem Bau von Automobilen und Traktoren erzielt hatte. Die in Zusammenarbeit mit dem Wirtschaftspublizisten Samuel Crowther entstandene Autobiographie warb für Fords Ideen über Technik, Wirtschaft und Gesellschaft, welche einen Königsweg zu allgemeinem Wohlstand zu weisen beanspruchten. Das Buch bot eine wenig systematische und hochredundante Mischung aus Lebensbericht, Reflexionen und Polemiken, der man die Entstehung aus Gesprächen und Gesprächsnotizen deutlich ansah. Die immense Aufmerksamkeit, die es fand, beruhte natürlich auf der beispiellosen Erfolgsgeschichte des Automobilfabrikanten.

Die Lebens- und Erfolgsgeschichte Fords gibt dem Buch das Gerüst; hier wird sie – den Verklärungen der Autobiographie entkleidet – zusammenfassend wiedergegeben. Henry Fords (1863–1947) Lebenslauf entsprach weitgehend dem amerikanischen Traum vom Selfmademan. Die ersten dreißig Lebensjahre verbrachte der Sohn irischer Einwanderer im Umkreis der elterlichen Farm in Michigan. Nach technischer Ausbildung und Ingenieurtätigkeit begann er um die Jahrhundertwende mit dem fabrikmäßigen Bau von Autos. Über eine Reihe von Jahren war seine Automobilfabrik vergleichbar mit anderen in den USA; sie befand sich auf dem Stand der modernsten Produktionstechnik, mit hohem Maschineneinsatz, Austauschbau, Normierung sowie Vorformen der Fließbandfertigung. Über die Konkurrenten hinaus ging er im Jahre 1909, als er sich entschloß, nur noch einen einzigen Typ zu bauen, das legendäre Modell T (in Amerika populär geworden unter dem Kosenamen „Tin Lizzie"). Diese auf die Spitze getriebene Typenreduktion erlaubte es seinem Team von jungen Ingenieuren, die Produktion weiter zu rationalisieren und zu maschinisieren und damit die Fertigungszeiten extrem zu reduzieren. Einen letzten spektakulären Schritt bildete im Jahre 1914 die Umstellung des gesamten Werks auf Fließbandmontage. Alle diese Maßnahmen ermöglichten es, den Preis des Modells T erheblich zu senken, von 950 Dollar im Jahre 1909 auf 360 Dollar im Jahr 1916. Im gleichen Zeitraum kletterten die jährlichen Verkaufszahlen von 12.300 auf 577.000. Ford hatte die Tür zur Massenmotorisierung aufgestoßen, die in den USA in der Zwischenkriegszeit stattfand. Den Gipfel der Produktionszahlen erklomm das Unternehmen 1923 mit 2 Millionen Tin Lizzies. Der Anteil von Ford am amerikanischen Automobilmarkt betrug zu dieser Zeit 50%.

Das Fließband wurde zum Symbol für Fords Erfolg, aber auch zum Symbol für Arbeitshetze und Dehumanisierung der Arbeit. Das Band führte dem Arbeiter kleine, bis zu einigen repetitiven Handgriffen zerlegte Arbeitsportionen zu; es bedeutete ihm, daß er im Rückstand war, und belohnte ihn für schnelle Arbeit, indem es Atempausen gewährte. Es trieb die ohnehin vorhandene Fremdbestimmung auf die Spitze und übernahm Überwachungs- und Kontrollaufgaben. Daß die Arbeiter ihren Job bei Ford als belastend und unbefriedigend empfanden, erweisen die Fluktuationszahlen. Gegen Ende des Jahres 1913 mußte Ford fast 1.000 Leute einstellen, um letztendlich 100 zu behalten. Die daraus entstehenden Probleme zwangen das Management zum Handeln. Es erhöhte den Lohn auf fünf Dollar am Tag, wenn der Arbeiter die gestellten hohen Anforderungen erfüllte und – eine eigene Abteilung widmete sich der Kontrolle – ein solides Leben führte. Damit stieg der Lohn auf etwa das Doppelte dessen, was die anderen Automobilfirmen zahlten, dazu kam eine Arbeitszeitverkürzung auf acht Stunden.

Die Autobiographie breitet jedoch nicht nur die Erfolgsgeschichte Fords aus, sondern versieht sie auch mit einem ideologischen Überbau. Großen Wert legt Ford darauf, seine Vorstellung industrieller Arbeit von einem spekulativen Finanzkapitalismus, der nur das Geld „arbeiten" lasse, abzusetzen. Er wettert gegen diese „angesehenere Form von Diebstahl" (S. 15), gegen die durch Leistung nicht begründete „Macht der Banken" und gegen das Streben nach Gewinnmaximierung, das die „Arbeiter um ihre Löhne betrügt" (S. 285). Dagegen stellt er seine produktive industrielle Arbeit, welche als „Dienst" an der Gesellschaft einzig Werte erzeuge. Die durch Arbeit und technischen Fortschritt erzielten Gewinne sollen eine gerechte Verteilung finden: an die Arbeiter, die Allgemeinheit sowie die Manager und Besitzer. Möglichst hohe Löhne sicherten die Arbeitszufriedenheit und erzeugten Kaufkraft, was mittelbar auch wieder den Ford-Werken zugute komme. Die Allgemeinheit profitiere über möglichst niedrige Preise von der industriellen Arbeit. Fords Glaube an aktivierbare Produktivitätsreserven ist schier unbegrenzt: Einem Sinken der Nachfrage meint er immer durch drastische Preissenkungen und eine Erhöhung der Produktivität beggegnen zu können. Und schließlich sollen die Besitzer und Manager eine angemessene Belohnung erhalten. Aktienbesitz lehnt er nicht grundsätzlich ab, doch sollen die Dividenden niedrig bleiben und die Aktionäre im Unternehmen Verantwortung tragen und mitarbeiten. Er weist darauf hin, daß sich in seinem Unternehmen alle leitenden Mitarbeiter von der Pike auf hochgedient hätten, vom Kehrichträumer zum Abteilungsleiter, vom Schlosser zum Direktor. Alle besäßen gleiche Aufstiegschancen, aber nur wenige seien aufstiegswillig und -fähig. Der gegen das Fließband gerichteten Kritik tritt er mit dem Argument entgegen, daß die meisten Arbeiter repetitive Tätigkeiten geradezu wünschten.

Ford vertritt die Auffassung, daß seine im Automobilbau entwickelten Prinzipien auf jegliche wirtschaftliche Tätigkeit zu übertragen seien. Damit sei es ein leichtes, allgemeinen Wohlstand zu erzeugen, Armut abzuschaffen und die in Amerika eine Konjunktur erlebenden Wohltätigkeitsorganisationen überflüssig zu machen. Das Wohlstandsmodell des eher bescheiden bis asketisch ausgerichteten Ford orientiert sich an den Grundbedürfnissen Ernährung, Kleidung und Behausung, umfaßt aber natürlich auch mit dem Automobil zu gewährleistende Mobilität. Ihm schwebt als Zukunftsvision das Auto für alle vor, dessen Lebensdauer nach Möglichkeit der Lebenszeit seines Besitzers entsprechen solle. Übertriebenen Konsum sieht er schon in seiner Gegenwart, hofft die Menschheit aber auf dem Weg, sich davon frei zu machen. Die Autobiographie enthält für ihre Zeit und für einen Unternehmer noch eine Reihe unkonventioneller Gedanken: Vorschläge zur Dezentralisierung der Industrie und der Auflösung industrieller Agglomerationen, zur abwechselnden Ausübung industrieller und landwirtschaftlicher Arbeit, die Anprangerung von Export als Ausbeutung wirtschaftlich unterentwickelter Länder und anderes mehr.

Henry Fords ökonomischer Erfolg sowie die in der Autobiographie ausgebreiteten Wohlstandsversprechungen und die Anführung gängiger Vorurteile verschafften dem Buch einen gewaltigen Erfolg. Es wurde in zahlreiche Sprachen übersetzt und erreichte enorme Auflagenzahlen. Auch in der Sowjetunion, wo man in der Zwischenkriegszeit nach Lizenzen Fords Autos und Traktoren baute, erschien es in vier Auflagen. Viele reformistische Gewerkschafter in aller Welt sahen in dem auf Partnerschaft zwischen Arbeitgebern und Arbeitnehmern gegründeten „weißen Sozialismus" Fords ein attraktives Gegenmodell zu den Klassenkampfparolen des „roten Sozialismus".

In der Zwischenkriegszeit zeigten sich jedoch auch Grenzen für die Konzeption Fords. Sein funktionales Einheitsauto fand immer weniger Käufer. Sie wanderten zur Konkurrenz ab, welche dem Kundengeschmack mit dem Konzept eines jährlichen Modellwechsels besser entsprach. Fords Anteil am amerikanischen Markt sank von über 50 auf 30 %. Viel zu spät entschied sich der starrköpfige Henry Ford, die Produktion des Modells T einzustellen und neue Typen zu bauen. Die Umstellung brachte unerwartet große Probleme mit sich. Die Herstellung eines Einheitsmodells über einen Zeitraum von fast zwei Jahrzehnten hatte das Unternehmen inflexibel gemacht – noch heute steht der Begriff Fordismus für starre Fließbandproduktion. 1927 mußte das Werk für ein halbes Jahr schließen und lieferte keine Autos mehr aus. Die Ford Company erholte sich zwar wieder, aber sie verlor ihren Charakter als singuläres Modell wirtschaftlichen Erfolgs und wurde ein Automobilkonzern wie andere.

Von Anfang an verlief die Rezeption von Fords Unternehmensphilosophie und industrieller Praxis polarisiert. Markante, negativ gewertete, künstlerische Interpretationen erfuhr Ford durch Charly Chaplin und Aldous Huxley. Charly Chaplin, den Henry Ford selbst und sein Sohn Edsel als prominenten Gast durch ihr Werk geführt hatten, attackierte in seinem Film „Modern Times" (1936) die Fließbandarbeit und ihre psychischen Folgen, indem er sie auf skurrile Weise überzeichnete. Aldous Huxley entwarf mit seiner „Brave New World" (1932) die Utopie einer durchrationalisierten und dehumanisierten Welt. Die neue Welt zählte die Jahre nach ihrem Propheten und Gott A.F. (After Ford); Fords „My Life and Work" war an die Stelle der Bibel getreten.

Wolfgang König

Hans Freyer: Theorie des gegenwärtigen Zeitalters
Stuttgart: Deutsche Verlagsanstalt 1955, 260 S.

Hans Freyer (1878–1969) thematisiert im Rahmen seiner umfassenden Kulturphilosophie die Technik als wesensprägende Instanz der Gegenwart. Sein Ansatz orientierte sich am Neuhegelianismus, der Lebensphilosophie und der Philosophie der Institutionen. Beanspruchte Hegel noch, die Wirklichkeit der Welt als Resultat des Handelns der Vernunft in der Geschichte zu rekonstruieren, so betont Freyer stärker die Angewiesenheit des Handelns auf das Feld der Mittel, das von der Technik dominiert werde und einer Eigengesetzlichkeit unterliege, deren Objektivität nicht mehr die eines „objektiven Geistes" ist. Die Kritik der Lebensphilosophie am Rationalitätsmonopol abstrakter Kategorien anstelle einer stärkeren Berücksichtigung von Befindlichkeiten des Menschen wird von Freyer noch dahingehend verschärft, daß eine solche „Rationalität" ihrerseits Indiz für eine soziale Struktur sei, die im Zeitalter der Technik einer „Sachlogik" folge. Diese müsse Gegenstand einer Soziologie als „Wirklichkeitswissenschaft" sein, die jene Struktur der technischen Zivilisation als neuen Typ „sekundärer Systeme", die den Menschen zur Anpassung zwängen und auf sein Funktionieren in den Systemen reduzierten, begreift.

Freyers Problem ist die „Entfremdung durch Technik", deren Entwicklungstrends er rekonstruiert. Seine Methode ist eher typisierend als empirisch: An eklatanten Beispielen, deren Repräsentativität er für zustimmungsfähig hält, veranschaulicht er zunächst vier Trends, die den Status der Technik ersichtlich werden lassen. Dieser habe sich im Zeitalter der Maschine grundlegend verändert: Der Homo faber, der Handwerker, ist nicht mehr das Subjekt der Technik, das Werkzeugsein nicht mehr das, was das technische Artefakt ausmacht.

Erster Trend ist die „Machbarkeit der Sachen". Während Hirte und Landmann auf die Natur als Kooperationspartner im Rahmen einer „Ethik der Gegenseitigkeit" angewiesen seien (S. 16 ff.) und die alten Handwerker noch den Eigenschaften der Stoffe verhaftet (S. 19), führten die neuen Herstellungstechniken zu einer Unabhängigkeit von der Natur und den natürlichen Stoffen, da Stoffe selbst für die jeweiligen Zwecke synthetisierbar geworden sind. Sie werden vom menschlichen Machen verbraucht, Kriterium ihres Einsatzes ist nurmehr der Aufwand, die Effizienz („Es gibt keine Bauxitfrevel, ... keine Molekülquälerei" (S. 31)).

Zweiter Trend ist die „Organisierbarkeit der Arbeit". Die stoffgeprägte Organisation handwerklichen Tuns werde abgelöst durch die Organisation der Arbeit qua Teilung: Rationalisierung, Effizienzsteigerung, Tausch laufen heute nach Schemata ab, die so geplant sind, daß sie die Leistung der eingesetzten Maschinen optimal nutzen (S. 34). Wo der Stoff noch den Arbeitsrhythmus in „natürlicher" Weise vorgab und die Werkzeuge als „Organprojektionen" einen Bezug zur Natur herstellten, trenne eine Maschine oder ein Automat den Menschen von jener Bezugsinstanz und stelle ihn unter die Erfordernisse des Maschineneinsatzes: So wie die Uhr den Menschen von der erlebten Zeit abkopple und eine eigene Zeit mache, der sich der Mensch unterwirft, so werde nun seine Eignung im Blick auf die Maschine bestimmt und er selbst als Funktion im Gefüge maschineller Produktion begriffen (S. 39). Dies signalisiere auch der Sprachgebrauch (so Freyer in seinem berühmten Essay „Über das Dominantwerden technischer Kategorien in der Lebenswelt der industriellen Gesellschaft"): Allgemeine Begriffe menschlichen Tuns werden technisch verengt („schalten"), technische Begriffe auf menschliches Tun projiziert („ankurbeln", „kontaktfreudig").

Dritter Trend ist die „Zivilisierbarkeit des Menschen". Die Domestizierung der Triebe und Gefühle sei einerseits Voraussetzung für effizienten Maschineneinsatz, andererseits Resultat des Verlustes an unmittelbarer Erfahrung und werde schließlich noch dadurch beschleunigt, daß im Amüsierbetrieb der Freizeit eine maschinell gestützte Bedürfnisbefriedigung stattfindet. Zeittakt, vorgegebene Funktionsschemata und deren Kompensation durch ebenfalls schematisierte Ausbrüche in Phantasiewelten machten den Menschen zu einem angepaßten Wesen (S. 60f.).

Vierter Trend ist die „Vollendbarkeit der Geschichte". Im Zuge des Maschineneinsatzes gerieten die „Hüter der Maschinen" als Hüter der Macht in Konflikt mit den Intellektuellen als „Hüter einer vorgestellten Zukunft". Aus dieser Spannung nähre sich die Idee, daß Institutionen als „Maschinen der Menschengestaltung" die Gesellschaft so verändern könnten, daß als Ziel des Fortschrittes ein Paradies auf Erden technisch realisiert wäre (S. 70f.).

Diese Diagnose stützt sich auf die Analyse repräsentativer Handlungstypen im Umgang mit Technik. Gegenüber den natürlichen Verfaßtheiten des Menschen erscheinen jene Strukturen als „sekundäre Systeme" (S. 88f.). Diese seien zwar noch auf die allgemeinen Grundbedürfnisse des Menschen als dessen Antrieb, aktiv zu werden, angewiesen, garantierten zugleich deren minimale Erfüllung und stabilisierten sich selbst hierdurch, wobei aber jegliche darüber hinausreichende „Fülle des Menschseins" zurückgedrängt werde. Nicht mehr der gewachsene Boden der Tradition, sondern das Minimum an systembestimmter Rollenerwartung charakterisierten den Menschen. Wertbestimmungen, so Freyer mit Karl Marx (s. dort), sind nur noch als Funktionsbestimmungen zu modellieren, sowohl was die Arbeit, als auch was den Güterbedarf betrifft. Dabei schildert Freyer den Widerspruch: daß jene sekundären Systeme den Menschen einerseits „ganz" erfassen, andererseits aber auf ein Abstraktum reduzieren und daher nur als „partiellen", auf die jeweiligen Systemerfordernisse auszurichtenden. Die Spielregeln der Systeme seien unterschiedlich und könnten in Konflikt treten - aber die Frage nach den Auswirkungen von Systemkonflikten wird von Freyer nicht gestellt. Vielmehr richtet Freyer weiterhin sein Augenmerk auf Konsequenzen der Anpassung an die Spielregeln (S. 93): Organisation werde zur Verwaltung von Sachen, weil der Mensch als Element des Mensch-Maschine-Prozesses erscheint und selbst zum „Getriebe" wird, zunehmend mit Kategorien der Maschinenbedienung beschreibbar. Viele Passagen lesen sich wie unter der Autorschaft von Marx; allerdings hat dieser nicht als beklagten Verlust die „Substanz der Persönlichkeit" im Hintergrund.

Die Vernetzung der Weltmärkte durch die Technik schaffe globale Kreisläufe (S. 107), in die die einzelnen Produzenten eingebunden sind. Die Besetzung der „Schlüsselpunkte" dieser Kreisläufe mache den jeweiligen Anteil an Macht aus. Diese Macht werde potenziert, wenn sie sich auf Arbeits- und Energiemaschinen als Machtpotentiale stützen kann, so daß die Maschinenpotentiale gleichsam die Kreisläufe - zumindest in ihrer Variabilitätsbreite - determinierten.

Sekundäre Systeme bedürften, da sie von den gewachsenen Traditionen abgeschnitten sind, der Ideologien als Kompensation ihrer inhaltlichen Leere (S. 117). Der Vereinzelung des auf seine Funktion reduzierten Menschen (S. 133) entspreche eine „Gemeinschaftssucht", die durch die Ideologien normiert werde. Allerdings stoße die Einbindung in Institutionen dann auf den Widerstand der verdrängten Individualität. Dieser Widerstand werde um so mehr herausgefordert, als der Technik selbst ein inneres Gesetz der Entwicklung zum Totalitären innewohne: Wenn die Technik immer mehr Potenzen für freibleibende Zwecke bereitstelle (S. 167), gehe ihr Sinn nicht mehr auf Nutzen, sondern auf Macht und Machtkonzentration. Das historische Erbe stehe daher in einem kritischen Verhältnis zu den Institutionen. Diese versuchten zwar, es in ihren Dienst zu nehmen. Die Macht des Erbes als Summe der überkommenen Normen zeige sich jedoch gerade dort, wo technische Systeme auf seine Erträge angewiesen sind: Die hocharbeitsteiligen und hochtechnisierten Fertigungsprozesse bedürften der tradierten Normen und Umgangsformen, der Pflichtgefühle und der Solidarität der Beteiligten, die sich oft aus den Handwerkstraditionen speisen, um den Betrieb zu gewährleisten.

Die Prozessualität der Entwicklung sei dadurch bedingt, daß die sekundären Systeme Situationen „vorauswerfen", was Möglichkeiten und Lasten angeht, denen die Menschen kaum nachkommen unter der Idee des Chiliasmus (S. 215). Am leichtesten gelänge dies, wenn sie sich „anpassen" - ein Prozeß, der zur Vermassung führe. Dann „werde" der Mensch „gelebt" (S. 227). Jedoch sei der Mensch darauf angelegt, daß er sein Leben führe. Dies könne nun seinerseits im Modus der Anpassung geschehen: Menschlichkeit durch Sozialtechnologie und Sozialhygiene, ergonomische Optimierung der Maschine und

Funktionalisierung der alten menschlichen Züge für die Systemeffizienz. Dagegen helfe, die Geschichtlichkeit als Kontrastfolie, als Hort von vergessenen Möglichkeiten zu aktivieren, als Maßstab der Verlusterfahrung, als Kraftquelle („Brunnen") zur Überbrückung der Lücke zwischen der gegenwärtigen Wirklichkeit und zukünftigen Möglichkeit. Das Prinzip müsse lauten: „Alter Wein in neue Schläuche" (S. 240) bzw. „konservative Revolution". Den sekundären Systemen müsse wieder ein menschlicher Grund zuwachsen, „Betrieb" wieder zu „Leben", „Freizeit" wieder zu „Freiheit", „Komfort" wieder zu „Zufriedenheit" und „humanitäres Sozialprogramm" wieder zu „Menschlichkeit" werden. Die durch die Homogenisierung der Technik, Machtkonzentration und Überformung universalisierter Weltgeschichte müsse wieder unter regionalen Gesichtspunkten modelliert werden: Das Erbe der Völker, wenn es zugelassen ist, modifiziere die sekundären Systeme in nicht absehbarer Weise (S. 252).

Die Leistung der Technikphilosophie Freyers liegt sicherlich in der Diagnose der Trends und einer für 1955 geradezu hellsichtigen Voraussahung der Exaltationen der Automatisierung und Artifizialisierung (Künstliche Intelligenz, Genrekombination). Allerdings eröffnete seine Modellierung der technikgestützten sekundären Systeme den Weg zur Technokratiethese seines Schülers Helmut Schelsky (s. dort), denn der Rekurs auf das geschichtliche Erbe, den er als Gegenrezept vorschlägt, bleibt vage: Einerseits soll er die Sachlogik des technischen Fortschrittes kompensieren, andererseits Wege zur Gestaltung der Zukunft weisen (als würde das Erbe nicht immer schon aus Zukunftserwartungen heraus gedeutet, was Freyer allerdings dann als Ideologie kritisiert). Wie soll das Erbe denn Schiedsrichter zwischen tradierter Menschlichkeit oder Ideologie als deren Verzerrung sein, wenn es doch selbst erst erschlossen werden muß, somit selbst Gegenstand des Umgangs mit Geschichte ist? Als „Hort von Möglichkeiten" ist er genauso reich wie der Interpret es zuläßt.

Seine Diagnose hätte er fruchtbarer machen können, wenn er die Binnenkonflikte der sekundären Systeme stärker beachtet hätte: daß die Rollenerwartungen derjenigen, die mit Technik umgehen, untereinander kollidieren können; daß die Leistungsangebote der Technik unter der Hypothek der Folgelasten stehen u.v.a. mehr. Solcherlei kann zum Motor einer Technikkritik werden, die „Anpassung" nicht mehr bloß im Blick auf die anzupassenden Menschen, sondern im Blick auf „angepaßte Technologien" unter den Kriterien von Sozial- und Umweltverträglichkeit begreift.

Christoph Hubig

Arnold Gehlen: Die Seele im technischen Zeitalter. Sozialpsychologische Probleme der industriellen Gesellschaft
Hamburg: Rowohlt 1957 (rde 53), 132 S.

Der Philosoph und Sozialanthropologe Arnold Gehlen (1904–1976), Schüler von Hans Freyer (s. dort), gilt als Begründer einer „Philosophie der Institutionen", die richtungsweisend wurde für die moderne Soziologie. Ausgehend von der Bestimmung des Menschen als handelndem Wesen erhellt er dessen Angewiesenheit auf den „gesellschaftlichen Außenhalt" in praktischer und orientierungsstiftender Hinsicht und zeigt zugleich, inwieweit die „Entlastungsleistung" (S. 17, S. 105) der Institutionen sich in geistigen Verfaßtheiten und mentalen Einstellungen der Individuen niederschlägt, fortschreibt und ggf. verliert.

Der Technik kommt in der „Superstruktur" Wissenschaft-Wirtschaft-Technik maßgebliche Relevanz für die Gestaltung der Institutionen zu (S. 11). Indem die Auswirkungen der Technik auf die Kultur analysiert und mit historischen Parallelphänomenen aus anderen Kulturgebieten (insbesondere der Kunst, der Kommunikation und der Thematisierung des „Seelischen" in der Psychologie) verglichen werden, soll rückwirkend Technik - weg von einer verengten begrifflichen Erfassung als bloße Lehre vom effizienten Mitteleinsatz - wieder in ihrer Bedeutung für den „allgemeinen Handlungskreis" des Menschen (Planung-Realisierung-Korrektur) thematisiert werden.

Da der Mensch in organischer Hinsicht Mängelwesen sei (S. 8), sei er auf Technik in dreifacher Hinsicht angewiesen: als Kompensation fehlender Ausstattung (Waffen- und Feuerverwendung), als Verstärkung unzureichender Ausstattung (Hammer, Mikroskop, Telephon) und als Entlastung (Rad, Verkehrsmittel) bis hin zur Arbeitsersparnis überhaupt. So wie der Mensch seinen Instinktverlust durch Intellektualität kompensiere als „künstliche Natur", sei auch die Technik „intellektuell": Ersatz des Organischen durch das Anorganische, von Naturkräften der Ist-Natur (Holz, Tiere) durch solche anorganischer Gestalt. Dies habe seinen Grund in der leichteren Erkennbarkeit und besseren Kontrollierbarkeit der Welt des Anorganischen sowie der dadurch erzielten Unabhängigkeit von Fährnissen der lebendigen Natur, einer Natur, die sich in der „Irrationalität" sowohl des biologischen Lebens als auch der menschlichen Psyche spiegele (S. 10f.).

Im Zuge der Technikentwicklung lassen sich zwei Tendenzen einer qualitativen Umstrukturierung feststellen: Erstens die unter dem Problemdruck der Technik stattfindende Wandlung der Naturwissenschaften von der Zufallsbeobachtung und Spekulation hin zum Experiment (kontrolliertes, wiederholbares Auslösen von isolierten Naturprozessen (S. 12, S. 27ff.)) unter dem Vorbild des Maschineneinsatzes (nicht umgekehrt also Technik als Realisierung naturwissenschaftlichen Denkstils), zweitens die Forderung nach Optimierung beider unter den Rahmenbedingungen kapitalistischer Produktionsweise (kleinster Aufwand, Sparsamkeitsprinzip etc.).

Demgegenüber lasse sich jedoch eine gleichbleibende und nur ihre Ausdrucksform ändernde (magische) Grundeinstellung konstatieren, nämlich die Natur zu nutzen und umzulenken zwecks Herstellung von Umweltstabilität, eine Instinktersatzhaltung, die selbst Merkmale des Instinktiven aufweist: Die Vergötterung von automatisierten Maschinen mit ihren Selbstkontrollmechanismen plausibilisiert Gehlen mit Hinweis auf diese Urhaltung (S. 15f.).

Diese beiden Tendenzen haben ihre Wurzel in einer doppelten Struktur des menschlichen Handlungskreises: sowohl gesteuerte und immer wieder am Erfolg oder Mißerfolg korrigierte Bewegung zu uns zu sein, als auch in dieser Gewohnheit - sobald stabilisiert - zum Automatismus zu werden, der von weiteren Entscheidungen entlastet, also zum Routinehandeln. Die Tendenz der Technikentwicklung vom Werkzeug über die Kraft- und Arbeitsmaschine hin zum Automaten sieht Gehlen funktional begründet in jenem Stabilisierungs- und Entlastungserfordernis - bis zu dem unter Entscheidungsdruck favorisierten Denkstil, auf bewährte Lösungen zurückzugreifen und irritierende Neuinformationen zu ignorieren (S. 20ff.). Dieses „Organisationsprinzip", das der Mensch nun sowohl in die Naturbeherrschung als auch in die Gestaltung seines sozialen Lebens hineinträgt, steht also letztlich unter der Zielvorstellung des perfekten Handlungskreises, der das Subjekt von seiner eigenen Unsicherheit entlastet. Der sich selbst regulierende Automat scheint dem zu entsprechen. Die Gehlensche Diagnose des Technikverständnisses folgt bis zu diesem Punkt den Erträgen der Diskussion, die auf der VDI-Sondertagung „Die Wandlung des Menschen durch die Technik" 1953 (VDI-Z., Bd. 96, Nr. 5) geführt wurde.

Den Auswirkungen der Industriekultur auf die geistige Verfaßtheit der Menschen mißt Gehlen ähnliche Bedeutung bei wie denen der Umwälzung im Zuge der neolithischen Revolution, dem Seßhaftwerden der Jäger und Sammler. Die Intellektualisierung übertrage sich auf alle Kulturbereiche und erscheine als Entsinnlichung und Verlust der Anschaulichkeit (S. 23), Ausbreitung der experimentellen Denkart und Primat des Methodischen sowohl in den Künsten als auch in der Gestaltung von Herstellungsprozessen (Belastbarkeitstests) und dem Umgang mit der Psyche (S. 27ff.). Da dieser allgemeine Abstraktionsprozeß jedoch in seiner Selbstbeschleunigung den Orientierungsrhythmus und die Regulationsprozesse des sozialen Lebens weit hinter sich lasse, griffen gegenläufige Bewegungen (S. 33) wie Pseudokonservativismus in der Kultur (unverbindliche Klassik-Rezeption) und Neoprimitivismus (Verehrung der Naturvölkerkulturen) um sich, so daß die Aufklärung zu Ende gegangen sei und sich nun eine neue Unverbindlichkeit des Umganges mit Anschauungen und Inhalten, etabliere - eine Vorwegnahme der Theorie der Postmoderne bereits 1957! Dabei folge auch diese Gegenbewegung unbewußt technischen Denkmodellen (S. 36), allerdings in degenerierter Form: nämlich der Orientierung einzig am spielerisch gewonnenen Effekt, ohne Anspruch an eine irgendwie wesensmäßig verankerte Wahrheit. Damit nimmt Gehlen die weitverbreitete These vom Dominantwerden technischer Kategorien für die Lebenswelt insgesamt auf, wie sie von Hans Freyer (s. dort) entwickelt wurde.

Die Konsequenzen im Sozialen liegen für Gehlen auf der Hand: Abstraktion und Spezialisierung machen eine „tiefere Vernünftigkeit des Verhaltens ... schwieriger" (S. 44). Anpassung ersetze verantwortliches Handeln. Der Erfahrungsverlust begünstige die starre Aufrechterhaltung bloßer Gesinnungen und stereotyper Meinungen. Wissen aus zweiter Hand und gut verpaßte Ideologien (Freyer) ersetzten die unmöglich gewordene Voraussicht und Fernverantwortung, so daß einzig Wissenwollen als Anfangspunkt der Entwicklungen und Konsumierenwollen als deren Endpunkt noch die Triebfedern des technischen Verhaltens sind, ihrerseits aber ethisch ambivalent, weil in ihren Folgen nicht kontrollierbar. Askese wäre die einzig mögliche Konsequenz (S. 54).

Da nun die Institutionen in ihrer orientierungsstiftenden (Instinktersatz-) Funktion zu bloßen Organisationen verblassen (S. 57), Gesetze nur noch Verkehrsregeln und Kontakte zunehmend technisch vermittelt sind (sowohl zu den anderen Subjekten als auch zur Natur), entstehe ein Ersatz-Subjektivismus mit „puerilen" Zügen (S. 66): Einerseits wird individuelle Subjektivität und individueller Charakter zum Thema öffentlicher Auseinandersetzung und Behandlung in Kunst, Politik, Psychologie etc., andererseits verliere diese Behandlung zunehmend an Ernsthaftigkeit, wie die Annäherung von Sport, Politik, Kabarett u.a. aneinander belegten.

Es bleibe bloß die Vergrößerung der Beherrschung von Effekten, vom Wissenerwerb als Erwerb an verfügbaren Natureffekten bis hin zur Steigerung des Konsums. Ein so strukturiertes Gesellschaftssystem mache den Verzicht auf diese Effekte selbst unmöglich - die Produktion und Automatisierung von Bedürfnissen (S. 80) als Effekte des Wirtschaftens gehöre dazu. Die Kunst signalisiere diesen Entleerungsprozeß von Sinn durch immer größere Unbestimmtheit und Unverfänglichkeit. Sigmund Freuds Favorisierung des Lustprinzips sieht Gehlen auf dieser Linie - Askese wird bei Freud als Verdrängung und Sublimierung entlarvt (S. 94ff.).

Dem Sinnverlust, der durch die Übertragung der Mechanismen der Naturbeherrschung auf die Gesellschaft entstand, sei nach Gehlen nur zu begegnen durch eine Rehabilitierung der Persönlichkeit als Gegenbegriff zu Subjektivität. Persönlichkeit bewahre im Modus der Enthaltsamkeit und Askese die ursprüngliche Funktion der Institutionen, in dem sie an deren alte Ansprüche erinnere, als Anwalt des Ideellen gegenüber Sachzwängen des Ist-Zustandes auftrete und den technischen Alltag in dem Sinne „auswerte", wie Gehlen es selbst vorgeführt hat. Dauer und Stabilität seien nur noch gegen das „Pumpwerk" des Alltags (auch der Bildung als Ausbildung) zu behaupten. In diesem Fall wäre Persönlichkeit „Institution in einem Fall" (S. 118).

Gehlens Institutionenphilosophie steht und fällt mit der These vom Menschen als Mängelwesen, die in ihrer biologistischen Fassung nicht aufrecht zu erhalten ist. Nur im Blick auf bestimmte gesetzte Ziele erscheinen organische Mängel, nicht als absolute (Schließlich haben die kompensatorischen Leistungen des Gehirns eine organische Basis). Dann verliert aber auch die These von der Zwangsläufigkeit der Technikentwicklung als Kompensation der Mangelhaftigkeit ihr Begründungsfundament (Technokratiedebatte). Technik eröffnet neue Möglichkeiten dieser Weltgestaltung, die jenseits der Alternative zwischen blinder Anpassung und Askese liegen. Die „nachgeahmte Substantialität" der alten Institutionen (so die Kritik von Jürgen Habermas, s. dort, an Gehlen) muß nicht einzige Instanz des Bezuges sein. Der Herausforderung an eine neue Institutionenpolitik durch die Technikentwicklung kann auch auf anderem Wege entsprochen werden: z.b. durch die Einrichtung einer mittleren Ebene von Institutionen der Politikberatung, nämlich Diskursen zwischen den in die „Superstruktur" Involvierten (Gestalter und Betroffene in Wirtschaft, Wissenschaft und Technik).

Christoph Hubig

Fritz Giese: Philosophie der Arbeit

Halle/S.: Carl Marhold Verlagsbuchhandlung 1932 (Handbuch der Arbeitswissenschaft, hg. von Fritz Giese, Bd. X), 328 S., Literaturverzeichnis mit mehr als 700 Titeln

Fritz Giese (1890–1935), zuletzt Professor an der Technischen Hochschule Stuttgart, gehört in Deutschland zu den Wegbereitern der Arbeitswissenschaft. Schon mit der breiten Anlage des auf zehn Bände konzipierten, allerdings nicht vollendeten Handbuchs, dessen einzelne Bände unter anderem Arbeitsmedizin, Arbeitspsychologie, Fertigungslehre, Arbeitspädagogik, Arbeitswirtschaft und Arbeitsrecht behandeln, macht Giese deutlich, daß er die Arbeitswissenschaft einem fachübergreifenden Erkenntnisprogramm unterwirft und, im Gegensatz zu den Spezialisierungstendenzen disziplinärer Arbeitswissenschaften, als Einheit betrachtet. Dieses Programm vertieft er im zehnten Band des Werkes mit grundlegenden Reflexionen zu Arbeit und Technik.

Der Verfasser gliedert sein Buch nach traditionellen Teilgebieten der Philosophie. In der „Logik" bespricht er die Vielschichtigkeit des Arbeitsbegriffs und die „Organisation als angewandte Logik". In der „Erkenntnistheorie" umreißt er das fachübergreifende Programm der Arbeitswissenschaft und erörtert systematische und heuristische Prinzipien, die für alle interdisziplinäre Forschung bedeutsam sind; dabei begreift er als theoretischen Ort interdisziplinärer Integration die Philosophie. In der „Ästhetik" beschäftigt er sich mit den emotionalen Erlebnisqualitäten der Arbeit und mit der sinnlichen Erscheinung – heute würden wir sagen: mit dem *Industrial Design* – der Arbeitsprodukte; insofern gehört die zweite Hälfte dieses Kapitels, die kenntnisreich und zustimmend die Gestaltungsprogramme von Werkbund und Bauhaus referiert, eher zu einer Ästhetik der Technik als der Arbeit.

Die „Ethik" unterteilt Giese in individuelle „Arbeitsethik", „Kollektivethik" und allgemeine „Ethik der Arbeit". Im ersten Teil befaßt er sich mit den Arbeitstugenden und der persönlichen Arbeitsmotivation – nicht ohne der Faulheit und der kultivierten Muße gebührende Reverenz zu erweisen. Unter dem Titel der „Kollektivethik" setzt er sich mit den Konflikten zwischen Arbeit und Kapital auseinander und zeichnet ein differenziertes Bild der entsprechenden Handlungsorientierungen und Systemzwänge. Im dritten Teil dieses Kapitels wendet er sich den grundlegenden Bewertungen der Arbeit zu, wie sie in den großen Religionen, den seinerzeit aktuellen Weltanschauungen des Bolschewismus und des Faschismus sowie in bestimmten philosophischen Lehren auftreten. Er konstatiert in dieser Hinsicht ein „Versagen der Philosophie" (S. 268) und würdigt nicht nur bei den westlichen Religionen, sondern besonders auch bei den genannten Weltanschauungen die positive Einstellung zur Arbeit, aber er spart andererseits nicht mit distanzierenden Einschränkungen.

In der „Metaphysik" schließlich geht es Giese um die Bedeutung der Arbeit im übergreifenden Sinnzusammenhang der Kultur, und bemerkenswerterweise tritt hier die „Metaphysik der Technik" in einer nicht umfangreichen, aber gehaltvollen Passage auf. Wohl hatte der Verfasser anfänglich schon in der Systematik der Arbeitswissenschaft die „Technologie der Arbeit" als „Mittelstück zwischen Kulturlehre der Arbeit und Biologie der Arbeit" (S. 84ff.) hervorgehoben und dabei auch die Philosophie der Technik kurz gestreift; und zur Technologie der Arbeit hatte er ein Programm skizziert, das für eine Allgemeine Techniklehre nach wie vor aktuell ist. Sonst aber – beispielsweise auch im Ästhetik-Kapitel – hat er die essentielle Durchdringung von Arbeit und Technik theoretisch nicht hinreichend expliziert, obwohl er das von Karl Marx (s. dort), den er mehrfach mit anerkennungsvoll-kritischer Distanz zitiert, hätte lernen können: Sachtechnik ist – wenn nicht gelegentlich Spielzeug – vor allem Arbeitsmittel und Arbeitsergebnis.

Immerhin anerkennt er „die Technik als metaphysisch zu betrachtenden Kulturfaktor, der unser Problemgebiet, die Arbeit, berührt" (S. 282), obwohl er sich von der deutschen Dichotomie zwischen Kultur und Zivilisation nicht völlig zu lösen vermag und die Meinung vertritt, daß „Technik als solche nur Zivilisation schaffe", aber „einen eminenten kulturellen Nachwirkungsgrad" besitze (S. 283). Giese gibt dann einen kurzen Überblick über die bis dahin entwickelte Technikphilosophie, nennt neben den heute noch bekannten Namen auch eine Reihe von Autoren, die offenbar in Vergessenheit geraten sind, und mag „weder der romantisch-mystischen Deduktion Friedrich Dessauers ... beistimmen, noch gar dem völlig verwässerten und kulturphilosophisch abwegig ausgedehnten Begriffe der Technik,... den neuerlich Oswald Spengler zum Anlaß pessimistischer Weltbetrachtungen machte" (S. 85). Positiv hebt Giese die Schriften von Eberhard Zschimmer (s. dort) und die publizistische Arbeit von Carl Weihe in der Zeitschrift „Technik und Kultur" hervor, wo versucht werde, „aus bloßer Philosophie eine echte Kulturphilosophie der Technik" zu machen (S. 284).

In seinem technikphilosophischen Resumee (S. 285ff.) legt Giese die Schwerpunkte auf die Beziehung zwischen Mensch und Technik, auf die Vergegenständlichung des Zeitgeistes sowie auf das Verhältnis zwischen Technik und Natur. In der Maschine sieht er die „Kristallisation des menschlichen Geistes" und die objektivierte Vervielfachung menschlicher Arbeit, die freilich nur „menschenunwürdige Tätigkeiten" erfassen soll und nicht den Sinn haben kann, „Menschen arbeitslos zu machen". Darin liegt für den Autor der „Mißbrauch der Maschine durch Verwirtschaftlichung" (S. 286), wie er überhaupt an zahlreichen Stellen des Buches die Dominanz der Ökonomie leidenschaftlich kritisiert und damit, unter dem Eindruck der Weltwirtschaftskrise, wohl vor allem das internationale Finanzkapital meint, das „zugleich die individuelle Entfaltung des Einzelunternehmers weitgehend erstickt" (S. 205). Aber auch unabhängig von wirtschaftlichem Mißbrauch sieht er „das ‚paradoxe Motiv' in der Technik" darin, daß sie „grundsätzlich ebensoviel nimmt, wie sie gibt" und darin einen „schicksalhaften Charakter" trägt (S. 286). Unter den Folgen der Technisierung bespricht Giese die Befreiung des Menschen von Raum und Zeit, die Auflösung der Berufe – von der er sich die Herausbildung eines neuen universalistischen Tatmenschen-Typs erhofft –, sowie, nun in kulturkritischer Manier, die nivellierende Verstädterung und Vermassung, worin er auch eine Wurzel des Bolschewismus und des Faschismus sieht.

Moderne Bautechnik und Architektur spiegeln, so Giese, den Geist der Sachlichkeit wider, der „technisch-naturwissenschaftliches Denken" und „arbeitliche Motivgebung" vereint und dem „mystische Selbstversenkung ebenso fern liegt" wie die „Unterordnung unter staatlichen Absolutismus"; das gilt im Grunde für die gesamte „artifizielle Dingwelt der Technik" (S. 289f.). „Je stärker die artifizielle Welt wächst, um so nachhaltiger strebt der Mensch ... zur intuitiven Nähe der Natur" (S. 290), die freilich vorläufig „durch verwirtschaftlichte Produktionsprozesse bedroht, wenn nicht vergewaltigt" wird. „Wenn jene groben und offenbaren Sinnlosigkeiten der Verwirtschaftlichung einmal überwunden sein werden", kann es „zu harmonischem Ausgleich zwischen mechanischem und organischem Sein" kommen, und die Idee der Arbeit wird, gegen die ökonomische Tendenz der rationalisierenden Freisetzung, von der Technik neue Aufgaben und neue Arbeitsmöglichkeiten fordern. „Technik und Arbeit finden sich im ethischen Wertbegriff der Tat, der beiden gemeinsam ist" (S. 291).

Hier wie an vielen anderen Stellen des Buches kommt das Pathos eines lebensphilosophisch-heroischen Verständnisses der Arbeit zum Ausdruck, die, in ausdrücklicher Anlehnung an Schopenhauer und Nietzsche, als Wille und Tat begriffen wird und nicht als wirtschaftlicher Überlebenszwang. Konservativ-individualistische Lebensphilosophie scheint, neben Einflüssen damaliger Betriebswirtschaftslehren, auch den markanten Antikapitalismus zu prägen, der zwar marxistische Begründungen ausdrücklich verwirft, aber vor dem Hintergrund von Inflation und Massenarbeitslosigkeit das Abstrakt-Unproduktive einer finanzkapitalistischen Spekulations- und Schachergesinnung anprangert. In einer oft schillernden Mischung aus nüchterner Analyse und impulsiven Werturteilen, aus liberaler Rationalität und nationalkonservativem Ressentiment äußert sich jene zwischen Aufbruch und Beharrung changierende Gestimmtheit, die in der Intelligenz der Weimarer Zeit nicht selten und von faschistoiden Ideen oft nicht weit entfernt war. Gleichwohl ist denjenigen zu widersprechen, die Giese kurzerhand als Faschisten einstufen; denn seine Vorbehalte gegenüber Faschismus und Nationalsozialismus sind offenkundig (z.B. S. 264, S. 273).

Trotz gewisser Inkonsistenzen und mancher Oberflächlichkeiten bleibt das Buch lesenswert, vor allem der fachübergreifend-generalistischen Weite wegen, mit der Giese nicht nur eine Programmatik der Arbeitswissenschaft entwirft, die bis heute nicht eingelöst wurde, sondern auch die Synthese von Rationalität und Intuition, von Atomismus und Holismus, von Theorie und Praxis postuliert – Forderungen, die ebenfalls noch nicht erfüllt sind. Schließlich scheinen auch die kurzen, aber prägnanten Äußerungen zur Technikphilosophie aus heutiger Perspektive durchaus weitsichtig.

Günter Ropohl

Bertrand Gille (Hg.): Histoire des Techniques
Paris: Gallimard 1978 (Encyclopédie de la Pléiade), XVI + 1.652 S.

Initiator und Hauptautor dieses Buches ist Bertrand Gille (1920–1980), der zusammen mit Maurice Daumas, dem Herausgeber der „Histoire Générale des Techniques", die Technikgeschichtsschreibung in Frankreich begründete und zuletzt als Direktor an der Ecole pratique des Hautes Etudes tätig war. Die systematisch durchstrukturierte Abhandlung steht bewußt in der Tradition der „Enzyklopädie" von Denis Diderot. Sie erhebt historisch und sachlich einen Totalitätsanspruch. An die Stelle der üblichen Konzentration auf ein spezifisches Technikgebiet, eine bestimmte Region und einen besonderen Zeitabschnitt soll hier eine Gesamtschau treten. Das Ziel ist eine globale Beschreibung und Erklärung der Grundzüge der Technikentwicklung. Der methodische Zugang, um dieses hochgesteckte Ziel zu erreichen, ist die systemtheoretische Betrachtungsweise. Anhand der verschiedenen „technischen Systeme" und der zugehörigen

„technischen Ordnungen" soll die interne Verknüpfung und der Gesamtzusammenhang zwischen verschiedenen Elementen der jeweiligen Technikstrukturen und damit die Dynamik des technischen Wandels von der Vorgeschichte bis zur Gegenwart aufgewiesen werden. Das Buch zeigt die Möglichkeiten, aber auch die Grenzen einer ganz auf den Werkzeuggebrauch, die Benutzung von Maschinen und die Ingenieurtechnik konzentrierten, von der Prämisse des inneren Zusammenhangs der verschiedenen Techniken ausgehenden Technikgeschichtsschreibung.

Gille verfolgt darüber hinaus das Ziel, die Bedeutung des technischen Fortschritts für die anderen menschlichen Aktivitäten bzw. die zugehörigen Disziplinen herauszustellen; dabei denkt er insbesondere an Recht, Politik, Geographie, Soziologie und Wirtschaft (S. XI). Diese technikorientierte und technikoptimistische Sicht wird im Sinne einer nüchternen Beschreibung ohne geschichtsphilosophisches Pathos entfaltet. Die tatsächliche Durchführung der Grundgedanken lebt vor allem von charakteristischen Beispielen, die Gille im Sinne seines systemtheoretischen Ansatzes exemplarisch abhandelt. Ein anderes Verfahren wäre angesichts der Fülle des zu bewältigenden Stoffes auch gar nicht denkbar. Als Ergänzung zu seiner Konzeption fordert Gille einen interdisziplinären Dialog zwischen den Vertretern der verschiedenen Disziplinen (Ökonomie, Linguistik, Soziologie, Politikwissenschaft, Jurisprudenz, Philosophie); dadurch könnte der sachbedingte Zusammenhang zwischen den verschiedenen menschlichen Aktivitäten und den sich daraus ergebenden Resultaten deutlich gemacht werden (S. VIIIf.). Gille geht von dem Grundgedanken aus, daß jede einzelne Komponente auf andere Elemente des jeweiligen technischen Systems bzw. Gesamtzusammenhangs angewiesen ist, um immanent erfolgreich arbeiten zu können. Dies bedeutet, „daß im Grenzfall im Sinne einer sehr allgemeinen Regel alle Techniken – jeweils in unterschiedlichem Grad – voneinander abhängen, und daß es zwangsläufig einen bestimmten Zusammenhang zwischen ihnen gibt: Das Ganze der Zusammenhänge auf den verschiedenen Niveaus aller Strukturen, aller Gesamtheiten und aller Verästelungen bildet das, was man ein technisches System nennen kann" (S. 19). Als Beispiel aus der ersten Hälfte des 19. Jahrhunderts führt Gille die Zusammenhänge zwischen Dampfmaschine, Werkzeugmaschine, Dampfschiffen, Eisenbahn, Stahlerzeugung, Steinkohle, Eisenkonstruktionen und Textilmaschinen an (S. 20).

Das Buch ist in drei Abschnitte gegliedert. Der erste Teil gibt eine allgemein und grundsätzlich gehaltene Einführung, in der Gille für eine (relativ) isolierte Behandlung der Technikgeschichte plädiert, die Grundbegriffe und methodischen Prinzipien darlegt, die Quellenlage erläutert und die verschiedenen technikgeschichtlichen Forschungsstätten beschreibt. Der zweite Teil besteht aus einer chronologischen Behandlung der Technik in verschiedenen Kulturen. Die aufeinanderfolgenden Kapitel schlagen einen weiten Spannungsbogen von der Steinzeit bis zur Gegenwart, wobei es zum Zweck einer allgemeinen Übersicht und systematischen Strukturierung nicht ohne Vereinfachungen und Stilisierungen abgeht. Am Beginn steht die als Fortschrittsprozeß im Sinne zunehmender technischer Perfektion rekonstruierbare Entwicklung steinzeitlicher Werkzeuge (Faustkeil, Schaber). Als die ersten großen technischen Zivilisationen treten bei Gille Ägypten und Mesopotamien auf; Rom und Byzanz werden, da sie im wesentlichen denselben technischen Stand haben, nicht systematisch getrennt. Es folgen die „blockierten Systeme": das präkolumbianische Amerika, China und die arabische Welt. Die historische Darstellung schreitet fort mit der Technik des Mittelalters, den „klassischen technischen Systemen" der Renaissance, der industriellen Revolution, den Techniken in der Moderne und einem Ausblick auf die zeitgenössische Technik. Der Bezugspunkt, im Hinblick auf den von einem Stillstand, einem Anhalten oder einer Blockierung des technischen Wandels gesprochen wird, ist die Entwicklung in Europa. Dazu erklärt Gille: „Seit dem 12. Jahrhundert hat es im europäischen Abendland – und nur dort – aufeinanderfolgende Abwandlungen des technischen Systems gegeben: die industrielle Revolution des Mittelalters, ... die technische Revolution der Renaissance, die technischen Revolutionen des 18. Jahrhunderts, in der zweiten Hälfte des 19. Jahrhunderts und diejenige, die wir heute erleben" (S. 441).

Der dritte, systematisch angelegte Teil „Die Technik und die Wissenschaften" soll die Verbindung mit dem Umfeld der technischen Verfahren und Systeme herstellen. Im einzelnen werden behandelt: Ökonomie, Geographie, Naturwissenschaften, die Sprache, die Gesellschaft, das Recht, die Politik und die Technikwissenschaften. Doch nur für die Hälfte dieser Themen konnte Gille entsprechende Fachwissenschaftler gewinnen (S. XIII). Die übrigen Beiträge hat er, ebenso wie alle anderen Kapitel, selbst verfaßt, so daß das ganze Buch im wesentlichen sein Werk ist. Ergänzt und erschlossen wird die Abhandlung durch die auf die französisch- und englischsprachige Literatur konzentrierten Bibliographien am Ende der einzelnen Kapitel sowie eine 36 Seiten umfassende, nach vier Kategorien gegliederte, tabellarische, historische Übersicht der technischen Entwicklung. Gille räumt ein, daß diese synchrone Darstellung „der materiellen Bedingungen" eine Notbehelf darstellt, denn dabei werden durchaus verschiedenartige Techniken unter einen gemeinsamen Oberbegriff zusammengefaßt; ferner hätte auch die geographische Verbreitung berücksichtigt werden müssen, so daß schließlich ein ganzer Atlas erforderlich gewesen wäre (S. 1481). Die vier Bereiche der Technikentwicklung sind:

- „Exploration (Nutzung)": Energiegewinnung, Land- und Forstwirtschaft, Fischerei, Berg- und Hüttenwesen;
- „Transformation (Umformung)": Verfahrensweisen und Systeme zur Stoffumwandlung;
- „Artisanat (Handwerk)": Herstellung von Verbrauchsgütern, technisches Unterrichtswesen;
- „Espace (Raum)": Bau- und Transportwesen, Militärtechnik.

Gilles systematisches Anliegen kommt ferner in dem 43 Seiten umfassenden, analytischen Inhaltsverzeichnis zur Geltung, das die jeweils behandelten Fragen stichwort- und thesenartig wiedergibt.

Bei kritischer Betrachtung könnte man die vorliegende Arbeit mit der Begründung ablehnen, daß hier in zweifacher Hinsicht eine unzulässige Komplexitätsreduktion vorgenommen wird. Man könnte erstens geltend machen, daß Gille die Technikentwicklung nur unter immanent-ingenieurtechnischen Gesichtspunkten betrachtet und daß er zweitens von einer eurozentrischen Sichtweise ausgeht, so daß die abendländische wissenschaftlich-technische Entwicklung als ein konsequenter Fortschrittsprozeß erscheint. Doch auch eine wohlwollende und moderate Beurteilung des Buches ist möglich. Man kann nämlich herausstellen, daß es dem berechtigten Anliegen dient, die Bedeutung der Technik im Geschichtsprozeß sachgerecht darzustellen sowie die Sach- und Funktionszusammenhänge zwischen den verschiedenen technischen Teilgebieten deutlich zu machen. Der systematische Erkenntnisgewinn und der intellektuelle Reiz der vorliegenden Abhandlung beruhen darauf, daß sie sich auf dem schmalen Grad zwischen zwei Extremen bewegt: dem Streben nach Monopolisierung und Stilisierung des historischen Geschehens im Sinne eines immanenten technischen Determinismus einerseits und einer differenzierten, gemäßigten, abgewogenen Integration der als intern strukturiert verstandenen Technikgeschichte in die allgemeine Historiographie andererseits. Das Verdienst von Gilles Buch besteht darin, daß es dem Anspruch der Technik auf Berücksichtigung im Rahmen der allgemeinen Geschichtsschreibung pointiert, ja überpointiert herausstellt.

Ähnlich steht es mit Gilles systemtheoretischer These, daß die Technik – insbesondere seit der Industriellen Revolution – nur in ihrem Gesamtzusammenhang angemessen verstanden werden könne. Auch in diesem Fall ist es zweckmäßig, zu unterscheiden zwischen der extremen Version, die auf einer unabdingbaren inneren Logik der Technikbewertung beharrt, und einer gemäßigten Fassung, die auf sach- und funktionsbedingte interne Zusammenhänge verweist und gleichwohl deren historische Bedingtheit anerkennt. Als Korrektiv gegen eine nur ideell, kulturell, sozial oder politisch interpretierte Technikgeschichte hat eine solche, an den Funktionsbedingungen der Realtechnik orientierte Perspektive gewiß ihre Berechtigung. Dazu heißt es bei Gille: „Die zentralen Elemente der Dynamik technischer Systeme äußern sich in den internen Ungleichgewichten im Rahmen der Technik, den notwendigen Zusammenhängen zwischen den verschiedenen Techniken und in der Art der Vereinbarkeit mit den anderen technischen Systemen. Die Begriffe der Sättigung und der Blockade einer Technik ergeben sich dann ganz von selbst. Die Mechanismen des technischen Fortschritts sind nur wenig untersucht worden. Es scheint uns notwendig, daß die Forschung in diese Richtung geht, und darauf haben wir den Nachdruck gelegt" (S. Xf.). Dabei ist stets zu beobachten, daß die vorliegende Arbeit die einzige enzyklopädische Technikgeschichte darstellt, die im

Unterschied zur erzählenden Darstellung der narrativen Geschichtsschreibung den Gang der gesamten Technikentwicklung bewußt unter rigiden theoretischen Gesichtspunkten strukturiert: Mit aller Konsequenz wird der innere Zusammenhang zwischen den verschiedenen Teilgebieten und die sachlogisch bedingte Aufeinanderfolge der einzelnen Entwicklungsstadien herausgearbeitet. Die Durchführung dieses ganzheitlichen Konzepts durch einen einzelnen Autor stellt eine bewundernswerte Leistung dar. Für jeden, der diesen Fragen nachgehen möchte, bildet die Arbeit von Gille – auch wenn er die dort entwickelten Thesen in ihrer Tragweite abmildern würde – eine wahrhaft enzyklopädische Fundgrube.

Friedrich Rapp

Julius Goldstein: Die Technik
Frankfurt/M.: Literarische Anstalt Rütten & Loening 1912, 74 S.

Julius Goldstein (1873–1929), Professor für Philosophie an der TH Darmstadt, hat diese Arbeit als Bd. 40 für die von Martin Buber herausgegebene Sammlung allgemeinverständlicher sozialpsychologischer Monographien „Die Gesellschaft" verfaßt. In der von Friedrich Dessauer (s. dort) „als von bemerkenswertem Niveau" und als „eine der besten unter den frühen Beiträgen von philosophischer Seite" (Friedrich Dessauer: „Streit um die Technik", Frankfurt/M. 1956, S. 50; vgl. auch: Friedrich Dessauer: „Philosophie der Technik. Das Problem der Realisierung", Bonn 1927, S. 180) charakterisierten Abhandlung hat Goldstein sehr früh viele technikphilosophisch interessante Sachverhalte benannt.

Als Ausgangspunkt seiner Überlegungen wählt Goldstein Francis Bacons Utopie „Nova Atlantis" aus dem Jahre 1624: Die Bewohner der Insel Neu-Atlantis haben, indem sie die Naturkräfte systematisch erforschen und ausnutzen, das Mittel zu einem glücklichen und zufriedenen Leben gefunden, das Not und Elend nicht kennt und deshalb auch frei ist von sittlichen Verfehlungen und zerstörerischen Leidenschaften.

Obwohl in den zurückliegenden Jahrhunderten zahlreiche Anstrengungen zur Schaffung eines „regnum hominis in natura" unternommen wurden, obwohl um die Jahrhundertwende die Technisierung mit industrieller Großproduktion und Mechanisierung nicht mehr aus dem Leben fortzudenken ist, sieht Goldstein das Utopische in dem Glauben, „der für Bacon die Voraussetzung seines ganzen Schaffens war: daß die technische Rationalisierung des Daseins von selbst das Leben von allem Problematischen befreien und einen immer vollkommeneren Zustand der Gesellschaft hervorbringen müsse" (S. 8).

In einer Zeit, da in Deutschland vielfach noch ein ungebrochener Glaube an eine auf rationaler, wissenschaftlich-methodischer Basis gestaltete Technik herrschte, Unzulänglichkeiten fortschreitender Technikentwicklung zwar gesehen, diese aber nicht als aus dem Wesen des technischen Prozesses selbst, sondern als aus mangelhafter Organisation und noch nicht erreichter Perfektion resultierend angesehen wurden, setzt Goldstein ganz bewußt seine These, daß „mit dem Fortschritt der Technik ganz neue Irrationalitäten entstehen" (S. 12), da der Baconismus und der darauf basierende Glaube einer durchgängigen rationalen Gestaltung des gesamten Daseins zwei Dinge nicht in Rechnung gestellt habe: „1. Neue Erfindungen erzeugen selbst immer neue Probleme. 2. Der Vervollkommnung der Technik geht nicht eine sittliche Vervollkommnung des Menschen parallel" (S. 12f.). Als Irrationalitäten werden solche Sachverhalte angesehen, die mit dem rationalen Instrumentarium, mit methodischem Vorgehen, analytischem Denken und wissenschaftlicher Akribie, die mit Verstand und Vernunft nicht oder nicht vollständig erfaßt, geplant oder vorhergesehen, somit im Prozeß der Technikgestaltung und -verwendung nicht umfassend berücksichtigt werden können.

Daraus leitet Goldstein die Schlußfolgerung ab, daß neben einer naturwissenschaftlich-technischen und einer ökonomischen Betrachtungsweise der Technik eine sozialpsychologische und eine sozialethische hinzutreten muß, deren Ziel eine „Soziologie der Technik" als Gesamtdeutung sein müsse (S. 13).

Dafür Anregungen zu geben, fühlt sich Goldstein in den nachfolgenden Kapiteln „Veränderung der Arbeit", „Das Problem der Betriebssicherheit", „Die Bedürfnissteigerung" „Wandlung der Werturteile" und „Die Waffentechnik" aufgefordert. Allein diese behandelten Themen machen deutlich, daß es Goldstein vorrangig nicht um eine umfassende Interpretation oder „Theorie" der Technik, sondern um eine Hinführung zu einer problematisierenden Betrachtungsweise ging. Dabei geht er von alltäglichen Erfahrungen, nachvollziehbaren Zusammenhängen und verständlichen Beispielen aus (z.B. der Titanic-Katastrophe, Sicherheitsproblemen im Eisenbahnwesen, Zeitungsberichten über Ergebnisse von Technisierungsprozessen), um im Bereich der Technik das zu belegen, was heute vielfach als Widersprüche, Ambivalenzen oder paradoxe Effekte der Verwendung technischer Artefakte bezeichnet wird.

Bedeutsam sind für Goldstein dabei erstens die mit dem Übergang von der Hand- zur Maschinenarbeit verbundenen sozialen und individuellen Konsequenzen, da der technische Fortschritt „von Grund auf das Wesen der Arbeit und damit das Lebens- und Weltgefühl der Massen" verändert (S. 15). Derartige Veränderungen sieht er in der radikalen Arbeitsteilung, der wachsenden Monotonie und der Einengung des Spielraums individuellen Könnens. Zweitens beschäftigt sich Goldstein mit den gewachsenen Dimensionen von Technik (Druck, Temperatur, Geschwindigkeit, Umfang), den damit unweigerlich verbundenen umfangreicheren Schadenspotentialen und den an den Hersteller wie Nutzer zu stellenden Anforderungen. Am Beispiel von Unfällen im technischen Bereich kommt er so zum Verantwortungsproblem, wobei er eine große Differenz zwischen Ideal und Wirklichkeit diagnostiziert, eine Thematik, die heute Gegenstand umfangreicher Überlegungen ist. In den Wechselbeziehungen zwischen Technikentwicklung und Bedürfnissen (die sich vielfach als „circulus vitiosus" erweisen – S. 42f.) sieht Goldstein einen dritten Bereich für das Entstehen von Irrationalitäten, denn dabei handele es sich um einen „Prozeß induzierender Wechselwirkung, ... der niemals zu einem Abschluß gelangen kann" (S. 45).

Goldstein kommt auf diese Weise zu dem Ergebnis, daß eine enge, allein auf das Artefakt konzentrierte Sichtweise diesen „Irrationalitäten" nicht angemessen ist, daß Probleme im Umgang mit Technik nicht allein mit technischen Mitteln gelöst werden können, sondern daß dafür – wie man heute sagen würde – umfassendere Mensch-Technik- bzw. soziotechnische Systeme zu berücksichtigen seien, in denen es vielfältige Interdependenzen und Rückwirkungen gibt. Argumentativ werden dadurch jedoch die vielfältigen Ursachen für Probleme bei der Technisierung des Daseins auf den Menschen verlagert, vor allem, wenn auf solche Sachverhalte wie „Gedankenlose Unwissenheit, wo Wissen und Überzeugung nötig sind" (S. 26f.), „sittliche Unzulänglichkeit" (S. 27), „Geiz und Geldgier" (S. 28), Mangel „an Gemeingefühl ... gegenüber dem Ganzen" (S. 29), „ethische Imponderabilien" (S. 30), „ausschließlich technische Fachbildung" (S. 33), „idealloser Realismus" (S. 35), „sozialer Fatalismus" (S. 37) verwiesen wird, womit jedoch nur ein Aspekt thematisiert wird. Das hängt weitgehend auch mit Goldsteins Lösungsansatz zusammen, den er in der „Selbstbesinnung auf die sittlichen Gewalten der Seele" sieht (S. 67), wobei das Seelenleben, soweit es in Verstandeskategorien und Werturteilen zum Ausdrucke komme, „nichts für alle Zeiten fertig Gegebenes (ist), sondern zugleich evolutionäres Ergebnis und zu neuen Ergebnissen hindrängende Evolution" (S. 52).

Dabei strebt Goldstein zum einen ganz allgemein auf einen geistig und sittlich entwickelten Menschen an, zum anderen hebt er die Notwendigkeit einer stärkeren ethischen Bildung vor allem für Techniker und Ingenieure hervor, denn jede ausschließlich einseitige Fachbildung birgt Gefahren in sich: „Der Techniker, der innerhalb seiner Technik notwendigerweise alles unter dem Gesichtspunkt des Nutzwerts betrachten muß, wird leicht dahin kommen, von allem zwar den Preis, von nichts aber den Wert mehr zu erkennen; er wird dazu verführt, auch sein Weltbild von der Technik aus zu gestalten" (S. 33). Deshalb fordert er für den Ingenieurstudenten neben den Fachvorlesungen solche in Geschichte, Philosophie und Ethik.

Bei Goldstein ist bereits das ganze Repertoire heutiger fachübergreifender Technikdebatten mit ihrer Kritik an einer vorrangig auf enge ökonomischen Machbarkeitskriterien orientierten Technikentwicklung angelegt. Das wird vor allem im Kapitel „Irrationale Momente der Technik" deutlich, wo er als Ausgangspunkt folgende Paradoxie wählt: „Die moderne Technik ist in jedem ihrer Gebilde ein Triumph rationaler Gestaltung wissenschaftlicher Prinzipien; im

Ganzen ihrer Entwicklung und ihrer Entwicklungsmöglichkeiten zeigt sie ein durchaus irrationales Gepräge. Denn sie unterscheidet sich von aller früheren Technik wesentlich dadurch, daß in ihr längere Stabilisierungsperioden aufgehört haben" (S. 60). Dieses „irrationale Gepräge" hat nach Goldsteins Auffassung vor allem folgende Ursachen: eine der wissenschaftlichen Durchdringung vorauseilende Technik (S. 62); die unübersehbare Anzahl von „Einflüssen psychologischer, wirtschaftlicher und politischer Art", die den technischen Prozeß durchkreuzen und hemmen (S. 63); die Dynamik des technischen Entwicklungsprozesses (unvorhersehbare Richtungen, Beschleunigung des Tempos aufeinanderfolgender Erfindungen, Ungewißheit über die Zukunftsgestaltung – S. 64); die „indirekten Auslösungen, die neue Erfindungen in dem historisch gegebenen Milieu hervorrufen" (S. 64); die Langzeit- bzw. erst nach langer Zeit sichtbar werdenden Wirkungen von Technik (S. 65).

Damit ergibt sich für Goldstein folgende Konsequenz: „Je mehr die eine Epoche das Dasein technisch rationalisiert, um so größer wird die Summe der Irrationalitäten in der nächsten" (S. 66). Oder anders ausgedrückt: Je „mehr wir an Macht über das Einzelne des technischen Prozesses gewinnen, (verlieren) wir an Macht über das Ganze" (S. 69).

Da wir – so Goldstein – über dem Reich der Mittel das Reich der Zwecke, über dem Zeitlichen das Ewige verloren haben, liegt der Ausweg aus der Irrationalität der Technik vorrangig in einer Stärkung des religiösen Bewußtsein, jedoch einer Religion, „die sich nicht im mystischen Schauen genug sein läßt, sondern die den Menschen stärkt in der Kraft seines Geistes, damit er wieder Herr werde seiner selbst und der Mächte, die er geschaffen" (S. 73).

Goldstein kommt in seiner noch heute lesenswerten und anregenden Schrift zu bemerkenswert aktuellen Einsichten. Obwohl er nicht über die Erfahrungen der Technikentwicklung des 20. Jahrhunderts mit ihren vielfältigen positiven wie negativen Folgen sowie den Kenntnisstand heutiger fachübergreifender Technikgeneseforschung verfügt, diagnostiziert er zutreffend Entwicklungsprobleme der Technik unserer Zeit. Der von ihm gewiesene Ausweg einer Orientierung auf sittliches Bewußtsein und Religiosität, auf „Innerlichkeit" hingegen ist wohl angesichts der Komplexität des Gegenstandes, der Akteure und der (politischen, ökonomischen, militärischen ...) Randbedingungen der Technikentwicklung nur von begrenzter Wirksamkeit, denn er läßt unberücksichtigt, daß sich Technikgenese stets im Spannungsfeld von individuellen Prädispositionen und institutionellen Voraussetzungen vollzieht.

Gerhard Banse

Friedrich von Gottl-Ottlilienfeld: Wirtschaft und Technik
in: Grundriß der Sozialökonomik. II. Abt.: Die natürlichen und technischen Beziehungen der Wirtschaft. II. Teil: Wirtschaft und Technik. 2. neubearb. Auflage, Tübingen: Verlag von J. C. B. Mohr (Paul Siebeck) 1923, 220 S.

Der Volkswirtschaftler Friedrich von Gottl-Ottlilienfeld (1868–1958) war Hochschullehrer für Nationalökonomie in Brünn, München, Hamburg, Kiel und Berlin. Er hat vielfach Technik und technischen Fortschritt in ihrem Verhältnis zur Wirtschaft untersucht, am umfassendsten wohl in der 1923 als zweite, überarbeitete Auflage erschienenen Abhandlung „Wirtschaft und Technik", die als II. Teil in die II. Abteilung des „Grundrisses der Sozialökonomik" aufgenommen wurde – an diesem großen Werk waren u.a. auch Joseph Schumpeter (s. dort), Werner Sombart (s. dort) und Max Weber beteiligt; die II. Abhandlung behandelt „Die natürlichen und technischen Beziehungen der Wirtschaft".

Das Werk hat vier große Kapitel:

I. Die grundsätzlichen Beziehungen zwischen Wirtschaft und Technik
II. Das Verhältnis von Wirtschaft und Technik in seiner geschichtlichen Entwicklung
III. Die Prinzipien der modernen Technik
IV: Der technische Fortschritt.

Im ersten Kapitel erarbeitet Gottl-Ottlilienfeld zunächst seinen Technikbegriff. Das Technische einer Handlung „beruht in der Art und Weise des Vorgehens; also darin, welche Mittel man handhabt, und wie man sie handhabt, um den praktischen Zweck zu erreichen, kurz gesagt, welchen Weg zum Zweck man einschlägt" (S. 7). Weil aber die Technik über das Technische der einzelnen Handlungen hinausreicht, offenbart sie einen „Doppelcharakter". Als Technik im subjektiven Sinne liegt sie im handelnden Subjekt, in seiner Arbeitsfähigkeit, Erfahrung und Gewandtheit. Als Technik im objektiven Sinne ist sie ein vom Subjekt abgetrenntes Faktum. „Technik im subjektiven Sinne ist die Kunst des rechten Weges zum Zweck. Sie ... ist ein vom Wissen getragenes Können" (S. 8). „Technik im objektiven Sinne ist das abgeklärte Ganze der Verfahren und Hilfsmittel des Handelns, innerhalb eines bestimmten Bereiches menschlicher Tätigkeit" (S. 8).

„Die Wahl des rechten Weges trifft die Technik ... nach der Richtschnur eines obersten Prinzips, das eben das Vernunftprinzip aller Technik darstellt" (S. 8).

Weil die Erfahrungsgrundlagen der Technik sowie die Zielrichtungen des Handelns verschieden sind, ergeben sich verschiedene Arten von Technik, da ja die Bedingungen unterschiedlich sind. Der Verfasser unterscheidet vier Arten von Technik:

1. „Individualtechnik, sobald das bevormundete Handeln ein Eingriff ist in die seelisch-körperliche Verfassung des Handelnden selber; wie z.b. bei der Mnemotechnik, bei der Technik der Selbstbeherrschung, aber auch bei aller Technik der Leibesübungen.
2. Sozialtechnik, sobald das bevormundete Handeln die Einstellung auf den ‚Anderen' erfährt, ein Eingriff ist in die Beziehungen zwischen den Handelnden; wie z.B. bei der Technik des Kampfes, des Erwerbes, bei Rhetorik und Pädagogik, bei der Technik des Regierens und Verwaltens.
3. Intellektualtechnik, sobald das Handeln ein Eingriff ist in eine intellektuelle Sachlage, wie z.b. bei der Lösung eines Problems, eines Rätsels; so daß z.b. alle Methodologie, aber auch die Technik des Rechnens, des Schachspiels usw. hierher gehört.
4. Realtechnik, sobald das bevormundete Handeln ein Eingriff ist in die sinnfällige Außenwelt, ob nun organischer oder anorganischer Natur. Die Realtechnik, die mit der Intellektualtechnik die Wendung auf das Unpersönliche gemein hat, ist demnach die Technik des naturbeherrschenden, an den Naturgesetzen orientierten Handelns (S. 9).

Diese vier „Arten" der Technik dienen der „Emanzipation von den organischen Schranken der menschlichen Wirkungsmacht" sowie der „Ausmerzung des Zufälligen" (S. 183f.): als „Eingriff in die Außenwelt" (Realtechnik), „in eine intellektuale Sachlage" (Intellektualtechnik), „in die Beziehungen zwischen den Handelnden" (Sozialtechnik) und schließlich „in die seelisch-körperliche Verfassung des Handelnden" (Individualtechnik). Freilich zeigt dieser Versuch deutliche Inkonsistenzen und wirft offene Fragen auf. So sind innerhalb der „Art" der Individualtechnik notwendigerweise Real-, Intellektual- und Sozialtechniken in Anschlag zu bringen. Dies betrifft zum einen Verfahren der Intellektualtechnik einer Zeichenverwendung, die uns alle erst in die Lage versetzt, in ein Verhältnis zu individuellen mentalen/affektiven Verfaßtheiten zu treten, die hierfür einer Repräsentation bedürfen, für die entsprechende Zeichen und deren materiale Träger (Realtechnik) erforderlich sind. Ferner bedarf Individualtechnik einer Sozialtechnik, über die – jenseits einer unmittelbaren Triebsteuerung – Ebenen von Sinn und Bedeutung freigelegt werden, deren Geltung über geteilte Anerkennung und durchsetzbare Normen allererst stabilisierbar ist. Schließlich bedarf es eines Umgangs mit für diesbezügliche Zwecke entwickelten Artefakten, wie sie in den Kontroll- und Trainingsapparaten (Realtechnik) realisiert sind. Umgekehrt sind Intellektual- und Sozialtechniken in hohem Maße auch Eingriffe in die seelisch-körperliche Verfassung des Handelnden, genauso wie sie Voraussetzungen der Realtechnik (für deren Entwicklung und Nutzung) sind. Die Klassifikation nach „Arten" scheitert also, weil es sich nicht um eine Unterscheidung *von* Vollzugsweisen, sondern *an* Vollzugsweisen handelt.

Wenn der Verfasser in der Folge schlechthin von Technik spricht, meint er diesen besonderen Sinn von Technik in der Bedeutung als Realtechnik. Realtechnik definiert er als „das abgeklärte Ganze der Verfahren und Hilfsmittel des naturbeherrschenden Handelns" (S. 9).

Unsere Abhängigkeit von der Natur oder der Außenwelt zeigt die Verbindung von Wirtschaft und Technik auf. Die Befriedigung unserer Bedürfnisse läßt sich nur mittels der Außenwelt erreichen, aber zumeist nicht ohne tätige Eingriffe in diese Außenwelt. Die primäre Abhängigkeit von der Außenwelt bringt die Wirtschaft hervor, die sekundäre Abhängigkeit bringt Technik hervor, die den Naturgesetzen Rechnung tragen muß, um die Natur beherrschen zu können. „So wird hier schon das grundsätzliche Verhältnis zwischen beiden unübersehbar: Technik ist um der Wirtschaft willen da, aber Wirtschaft nur durch Technik vollziehbar" (S. 10).

Die Wirtschaft gründet sich inhaltlich auf das, was Gottl-Ottlilienfeld als „Lebensnot" bezeichnet, obwohl das nicht ihr Wesen ist, das vielmehr in der Ordnung der Handlungen der Bedarfsdeckung besteht. Bei der Anpassung der Lage an den Bedarf kann es nicht allein um den Erwerb der Mittel zur Bedarfsdeckung gehen; dieser wird oft erst möglich durch Beschaffung des noch nicht Vorhandenen, was durch technische Begriffe in die Außenwelt und schließlich durch Produktion der Mittel der Bedürfnisbefriedigung möglich wird. Auch diese Zusammenhänge begründen wiederum die Vorrangstellung der Wirtschaft vor der Technik: „Bei der Wirtschaft ist der Wille zur Produktion, ihr entfließen alle Weisungen, denen sich die Produktion anzupassen hat. Der Vollzug der Produktion aber steht der Technik zu, die in dieser Hinsicht gleich dem Arme der Wirtschaft wirkt" (S. 12). Nur Technik bezwingt die Lebensnot.

Trotz des Vorranges der Wirtschaft vor der Technik gilt es aber auch, das Wechselverhältnis beider zu beachten, das ein vierstufiges Verhältnis ist:

1. Die Technik ist wirtschaftlich fundiert; Wirtschaft stellt der Technik die Probleme und die Aufgaben.
2. Technik informiert die Wirtschaft über Möglichkeiten und über erforderliche Aufwendungen für die Produktion.
3. Technik ist wirtschaftlich orientiert; zur Zielvorgabe durch die Wirtschaft kommt die Ausrichtung des technischen Vorgehens nach den Umständen der wirtschaftlichen, insbesondere der finanziellen Lage, die zwar keine grundsätzliche Grenze technischer Betätigung darstellen, aber doch tatsächliche Schranken sind. Daß die Technik mit wirtschaftlichen Größen zu rechnen hat, ist für Gottl-Ottlilienfeld kein Mangel, sondern entspricht der Eigenart der Technik, „als der ‚Arm' der Wirtschaft zu wirken" (S. 19).
4. Wirtschaft wird technisch realisiert. „Soweit die Wirtschaft nicht ohne Produktion denkbar, ist sie nicht ohne Technik vollziehbar" (S. 20).

Der Verfasser stellt zusammenfassend eine doppelte Weise der Bindung der Wirtschaft an die Technik fest: „Sie verdankt ihr den Aufschluß über die Möglichkeiten und das Um und Auf der Produktion, aber auch der letzteren Umsatz in die Wirklichkeit". Aber auch die Technik ist doppelt an die Wirtschaft gebunden: „Sie dankt ihr – in Gestalt der Probleme – die Grundlage zum eigenen Aufbau, aber auch die Richtschnur, ihn zu vollenden. Denn nicht allein die Probleme stellt die Wirtschaft der Technik, sie beherrscht auch den Geist der Lösung dieser Probleme" (S. 20).

Gottl-Ottlilienfeld betont, daß ein Vorgang immer nur als Ganzes eigentlich wirtschaftlich sein kann, nicht unbedingt in seinen Einzelheiten, daß immer die Einfügung in das Gesamt des Wirtschaftsgefüges beachtet werden muß. Davon ist die „technische Rationalität" zu unterscheiden: „Ein Vorgang ist technisch um so rationeller, je günstiger bei ihm das Verhältnis zwischen Aufwand und Erfolg beschaffen ist" (S. 22). Technische Rationalität bedeutet also eine geringere Höhe des spezifischen Aufwands beim Produzieren, wobei der spezifische Aufwand als die Summe des Aufwands zu verstehen ist, der auf eine Produkteinheit entfällt.

Das zweite Kapitel ist dem „Verhältnis von Wirtschaft und Technik in seiner geschichtlichen Entwicklung" gewidmet, wobei der Technik historisch der Vorrang vor der Wirtschaft eingeräumt wird. Behandelt werden hier „Urtechnik und vorwirtschaftlicher Zustand", „Stammestechnik und frühwirtschaftlicher Zustand", „Handwerkertechnik und vorkapitalistische Wirtschaft", „Berufstechnik und kapitalistische Wirtschaft" bis zur Industrialisierung.

Das dritte und längste Kapitel behandelt „die Prinzipien der modernen Technik". – Zunächst werden vier „Grundsätze der Eigenart moderner Technik" herausgearbeitet, wobei die letzten drei als Operationalisierungen des ersten verstanden werden können:

1. „Das Prinzip der Läuterung des Vollzugs der Produktion. Alle Technik strebt danach, das Handeln vollendet zu gestalten" (S. 61).
2. „Das Prinzip des Vertiefens der technischen Aufgabe zu einem Problem der richtigen Verursachung", d.h. es geht um das jeweils „geeignete Verfahren und die tauglichen Hilfsmittel" (S. 61f.).
3. „Das Prinzip des experimentellen Aufbaues der Lösung auf der Grundlage des kausal Möglichen" (S. 62). Hier geht es um die „Exaktheit moderner Technik", die den gewünschten Erfolg – und nur diesen – ganz garantieren soll (S. 63).
4. „Das Prinzip der kausalen Abwandlung des Lösenden zugunsten höherer Vernünftigkeit der Lösung" (S. 63). Hier ist das Ziel die Rationalität der Produktion. Die Technik muß „wissenschaftlich und exakt geartet sein, um der Produktion den höchsten Grad technischer Vernunft verleihen zu können" (S. 64).

Ein langer zweiter Abschnitt des dritten Kapitels führt „die Grundsätze der rationellen Gestaltung der Produktion" im Detail aus, während der dritte Abschnitt „das Rationalisieren der Betriebsführung" behandelt, wobei vor allem „Taylorismus und Taylorsystem" kritisch untersucht werden. Das Taylorsystem wird in die Formel gefaßt: „Organisatorisch zwangsläufige Bestgestaltung der ausführenden Arbeit im Betriebe" (S. 137). Der Taylorbetrieb ist die arbeitstechnische Vollendung des Schnellbetriebs (S. 141); dazu muß schärfste Auslese den für jede Tätigkeit „bestgeeigneten" Arbeiter finden, der deshalb nur für ganz bestimmte Arbeitselemente am besten geeignet sein kann (S. 143). Gewiß kann damit die Leistung des Betriebs vervollkommnet werden (S. 147), aber das Taylorsystem gerät schließlich wegen seiner Tendenz zur Übersteigerung zu sich selbst in Widerspruch. „Nach dem unmittelbaren Erfolg gerechnet, stellt das System ein Höchstens an technischer Vernunft dar, das auch nicht bloß in der Idee lebt, sondern durchaus umsetzbar bleibt in Praxis" (S. 150). Aber der Arbeiter muß auf seine Persönlichkeit verzichten; er steht „in gar keinem persönlichen Verhältnis zur Arbeit, und so schrumpft auch der Sinn des Arbeitens für ihn zur Jagd nach Mehrverdienst ein" (S. 150).

Gottl-Ottlilienfeld macht eine scharfe Unterscheidung zwischen Taylorsystem und Taylorbetrieb einerseits und Taylorismus oder Geist des Taylorismus andererseits; bei letzterem würde nicht unbedingte Höchstleistung das Ziel sein, sondern gleichzeitig Förderung des Arbeiters und seiner Persönlichkeitswerte statt geisttötender Hantierung (S. 155). Das Taylorsystem brächte „die Tragödie des Facharbeiters mit sich". „Aber just auf den Facharbeiter weist der Zeiger der technischen Entwicklung! Als die ‚letzte Konsequenz moderner Technik' ist also das Taylorsystem zugleich die hellste Inkonsequenz dazu" (S. 155). Die zum Exzeß getriebene Arbeitsspezialisierung paralysiert sich schließlich selbst, macht lernunfähig und ist somit „als Alterserscheinung moderner Technik" zu verstehen. Dem Geist des Taylorismus aber wäre Betriebskritik, die nicht auf spezielle Tätigkeiten festgelegt ist, als Antrieb zu ständiger Veränderung angemessen (S. 164).

Das letzte Kapitel ist dem „technischen Fortschritt" gewidmet, wobei zunächst „das Wesen des technischen Fortschritts" im Zusammenhang mit der Entwicklung der Technik und in der Unterscheidung vom technologischen Fortschritt behandelt wird. Als technischer Fortschritt gilt „einerseits die lebendige Gesamtbewegung der Technik, soweit sie als ein Wandel zum Besseren sich werten läßt", andererseits gilt als „ein" technischer Fortschritt jede einzelne Errungenschaft aus dieser Gesamtbewegung. „Dieses Einzelne des Fortschritts berührt sich offenbar mit der Erfindung, der Fortschritt als Ganzes aber mit der Entwicklung der Technik" (S. 165).

Technischer Fortschritt insgesamt ist „das Wachstum unserer Gewalt über die Natur, soweit es dazu führt, die Spannung zu mildern zwischen Bedarf und Deckung" (S. 166). Dieser Fortschritt beruht auf Erfindungen, auch wenn nicht jede Erfindung einen Fortschritt bewirkt. Die Neuheit liegt darin, daß ein gewollter Erfolg überhaupt oder auf neuen Wege erreichbar ist, begründet durch Zunahme an technischem Wissen und Können. Als technologischen Fortschritt bezeichnet Gottl-Ottlilienfeld dabei das Ansteigen technischen Wissens; jede technische Neuheit setzt technologischen Fortschritt voraus" (S. 168).

Der Verfasser untersucht sodann „die wirtschaftliche Rezeption des Fortschritts" im „technischen Ausbau der Produktion" (S. 171) und die „technische und wirtschaftliche Tragweite des einzelnen Fortschritts" (S. 172), der sich mit anderen „Fortschritten zur Gesamtbewegung der Technik" verflechten muß (S. 174). Zu einem lebendigen Ganzen aber wird der technische Fortschritt erst durch den Zusammenhang der technischen Probleme, den die Wirtschaft herstellt, weil sie den Fortschritt „in bestimmte Richtungen einweist" (S. 181): „Die Gesamtbewegung selber jedoch, der technische Fortschritt, bleibt den Bedingungen der Wirtschaft und ihrer Entwicklung unterstellt" (S. 181).

In einem zweiten Teil dieses letzten Kapitels werden die sechs „leitenden Gedanken des technischen Fortschritts" herausgestellt:

1. „Emanzipation von den organischen Schranken der menschlichen Wirkungsmacht" (S. 183).
2. „Ausmerzung des Zufälligen aus den Vorgängen der Bedarfsdeckung" (S. 183f.).
3. „Milderung unserer Abhängigkeit vom Boden" (S. 185ff.).
4. „Lockerung der Fesseln, die uns der Standort auferlegt" (S. 187f.).
5. „Ausschaltung der Handarbeit aus den Vorgängen der Bedarfsdeckung" (S. 188f.).
6. „Überwindung der Kapitalsklemme, in welche die Produktion durch den Fortschritt selber gerät" (S. 190f.).

Der dritte Teil dieses Kapitels ist „praktischen Aufgaben des technischen Fortschritts" gewidmet (S. 190ff.), wobei Fortschritte zu vollständigerer Produktion, zu höheren Leistungen der Produktion, zu technisch veredelter Produktion und zu besserer Deckung des Produktionsbedarfs behandelt werden.

Den Abschluß bildet eine kurze Betrachtung über „die Grenzen des technischen Fortschritts" (S. 206ff.). Es gibt natürliche Hemmungen und Hindernisse des Fortschritts, aber auch „künstliche Hemmungen" durch bewußte Absicht, den Fortschritt aufzuhalten.

Es gibt vor allem Obergrenzen des technischen Fortschritts, die nicht überwunden werden können, etwa wenn der erforderliche Rohstoff fehlt. Damit Fortschritt überhaupt stattfinden kann, muß ein „Bedürfnis nach Fortschritt" vorhanden sein. Dies ist um so geringer, „in je größerem Umfang ein Ausbau der Produktion noch auf der Grundlage der bisherigen Fortschritte möglich bleibt" (S. 212). Die Wirtschaft artikuliert das Bedürfnis nach Fortschritt; wenn hier der Wille zum Fortschritt vorhanden ist, kann auch die Technik fortschrittlich sein (S. 215).

Sicherlich sind manche Auffassungen Gottl-Ottlilienfelds zeitgebunden und vielleicht zu sehr von der Lebensphilosophie geprägt, aber seine Überlegungen zum Selbstverständnis von Technik wie von Wirtschaft und vor allem von ihrem Wechselverhältnis verdienen auch heute noch Beachtung. Gerade seine Aussagen zu diesem Verhältnis müssen jedoch sehr kritisch bedacht werden: Sind nicht Technik und Wirtschaft beide um des Menschen willen da, weil der Mensch in dieser Welt nicht ohne Technik leben kann und weil Wirtschaft aus der sozialen Natur des Menschen resultiert. Nicht jeder kann in gleicher Weise die zum menschenwürdigen Leben erforderliche technische Leistung erbringen, so daß Arbeitsteilung und Austausch erforderlich sind – das Problem des Verhältnisses von industrialisierten Ländern und Entwicklungsländern scheint Gottl-Ottlilienfeld noch gar nicht eigentlich gesehen zu haben. Wirtschaft wäre also dazu da, den Nutzen der Technik möglichst vielen Menschen zu vermitteln, so daß der Primat der Technik zuzusprechen wäre, während die Wirtschaft zum Träger der Verantwortung auch für die Anwendung und Verbreitung der Technik würde. Das Verhältnis von Technik und Wirtschaft – und Politik – ist nicht einseitig als Über- und Unterordnung zu bestimmen, sondern eher als ein Wechselverhältnis.

Alois Huning

Jürgen Habermas: Technik und Wissenschaft als Ideologie
Frankfurt/M.: Suhrkamp 1968 (es 287), 169 S.

Jürgen Habermas (geb. 1929) zählt neben Max Horkheimer (s. dort), Theodor W. Adorno und Herbert Marcuse (s. dort) zu den wichtigsten Vertretern der Kritischen Theorie (oder der sog. Frankfurter Schule), die u.a. insbesondere die Frage nach dem Zusammenhang zwischen Ansätzen des Philosophierens und Strategien der Wissenschaften mit der gesellschaftlichen Praxis zu ihrem Anliegen gemacht hat. Im Zuge einer umfassenden Rationalitätskritik wurde dabei das Mißverhältnis zwischen wissenschaftlich-technischem Fortschritt auf der einen und Entfremdung, politischer Unterdrückung, Verlust der Werte - also defizientem gesellschaftlichem Fortschritt - auf der anderen Seite behandelt. Die Geschichte der Rationalität wurde nicht als Ideengeschichte, sondern im Kontext der durch sie ermöglichten Produktionsweisen rekonstruiert, wobei das Verhältnis zwischen Wissenschaft und Technik als „Produktivkräften" zu den Produktionsverhältnissen insbesondere des Spätkapitalismus mit Hilfe Marxscher Methodologie erhellt werden sollte. Über die in der Haltung einer radikalen Kulturkritik verharrenden Vertreter der älteren Generation der Kritischen Theorie hinaus untersucht Habermas, auf welche Weise „die Gewalt technischer Verfügung in den Kontext handelnder und verhandelnder Bürger zurückgeholt werden kann" (S. 2).

Von den in diesem Band versammelten Arbeiten sind sicherlich „Technik und Wissenschaft als Ideologie" sowie die Frankfurter Antrittsvorlesung „Erkenntnis und Interesse", die die Erträge der gleichnamigen Habilitationsschrift zusammenfaßt, die bedeutendsten. Aber auch die weiteren Arbeiten verdienen Beachtung, weil sie auf knappem Raum diejenigen Momente der Habermasschen Philosophie der Technik enthalten, die auch seine späteren umfangreichen Arbeiten prägen.

In der eher fachphilosophisch gehaltenen Abhandlung „Arbeit und Interaktion" rekonstruiert Habermas Georg Wilhelm Friedrich Hegels frühes Philosophieren. „Der Geist" wird als historisch existierender Geist begriffen, der auf die Diktate der Natur reagiert und sich dadurch von der Natur distanziert. So wie (a) die Sprache die Auslieferung an Empfindungen abzulösen verhelfe durch ordnendes Wahrnehmen, (b) Familie als elementare gesellschaftliche Form dem zunächst „zufälligen Ich" zu einer Rolle verhelfe, so könne (c) vermöge der Arbeit das Diktat der Begierden und der Prozeß der Triebbefriedigung aus der Zufälligkeit herausgeführt und organisiert werden (S. 23–26). Die Symbole der Sprache (a), die Rollenzuweisungen der Familie (b) und die Werkzeuge des Arbeitens (c) stellten erste allgemeine Regeln des Umganges mit der Welt dar. Indem im Zuge der Arbeitsteilung das Arbeiten im Blick auf die unmittelbare Bedürfnisbefriedigung „abstrakter" werde - also nur noch einen allgemeinen und vermittelten Bezug hat -, werde auch die sprachliche Kommunikation „mechanischer", und der Kampf um die Rollenverteilung, die „Anerkennung", werde aus der Unmittelbarkeit familiärer Organisation - die auch die politische Organisation leitete - herausgeführt und unter die Kriterien technischen Erfolges gestellt (S. 32–35). Auf der Basis dieser Erinnerung an Hegel kann nun eingeklagt werden, daß eine Befreiung von Mühsal - durch technischen Erfolg - nicht „entwicklungsautomatisch" eine Befreiung von Unterdrückung - fehlender wechselseitiger Anerkennung - sowie eine aufgeklärte, reflektierte Sprache mit sich bringe (S. 46). Denn diese seien eben vom technisierten Erfolgsdenken vereinnahmt. Habermas' Bemühen zielt daher auf eine Rehabilitierung vernünftigen Sprechens und wechselseitiger Anerkennung von Subjekten jenseits der technischen Diskurse. Technik und Wissenschaft seien „Ideologien": nämlich durch die kapitalistische Produktionsweise beförderte Haltungen, die auf die Verfügung über die Natur und die Steigerung einer Produktion abzielen, die ihre zu befriedigenden Bedürfnisse mitproduziere. Die Steigerung der technischen Verfügung führe zu einer über die Subjekte. Zu ihrer Korrektur bedürfe sie einer Neuinstitutionalisierung und Rehabilitierung „kommunikativen Handelns".

Technik und Wissenschaft übernähmen weiterhin auch die Funktion von Herrschaftslegitimation - eine angesichts unserer Expertenkultur sicherlich tendenziell zutreffende Diagnose (S. 74). Daraus resultiere die Technokratie einer „verwissenschaftlichten Politik", so eine weitere Abhandlung dieses Bandes, deren Diagnose ähnlich lautet wie diejenige Helmut Schelskys (s. dort) zur Technokratie, jedoch kritisch gewendet: Politik beschränke sich auf „Vermeidungsimperative" (S. 77) und „Konfliktvermeidungspolitik" (S. 84), deren Ziel einzig die Aufrechterhaltung des „Apparates" sei, des gesellschaftlichen Systems als Mensch-Maschine-System (S. 50, S. 97). Soweit nicht technokratisch legitimiert, würde eine solchermaßen wertentleerte Politik abhängig von zufälligen Meinungskonstellationen. Nur eine anthropologische Rückbesinnung auf die Anbindung von Arbeit an den Umgang mit den Bedürfnissen sowie neue Verfahren der Statuszuweisung in der Gesellschaft, die nicht technisch oder durch technischen Erfolg konstituiert oder legitimiert sind, sondern durch Kommunikationsprozesse, könnten diese Entwicklung aufhalten, die sich in den Psychotechniken und den medizinischen und gentechnologischen Interventionsmöglichkeiten für eine effizientere Gesellschaftsgestaltung, wie sie der Zukunftsforscher Hermann Kahn 1967 bereits propagierte, ankündige (S. 96).

Die Zwei-Kulturen-Lehre von Charles Percy Snow (s. dort) spiegele das Auseinanderfallen von „technischem Fortschritt und sozialer Lebenswelt" (S. 104). In dem gleichnamigen Aufsatz verwirft Habermas sowohl die Marxsche These von der Eigendynamik der Produktion als auch diejenige Schelskys von der „Sachgesetzlichkeit" der technischen Entwicklung, die der Politik die Lösungen vorgebe und der Demokratie die Substanz entziehe. Hier sei das dialogische Verfahren herrschaftsfreier Diskurse gefordert, das die Politik wieder an Interessen und Bedürfnisse rückbinden könne. Diskurse seien „institutionalisierte Dauerkommunikation" zu diesem Zweck (S. 117f.).

Da Bedürfnisse durch die Entwicklung der Industriekultur verschüttet und durch artifizielle Wunschhaltungen ersetzt sind, kommt dem Begriff des Interesses zentrale Bedeutung zu. In „Erkenntnis und Interesse" verweist Habermas darauf, daß das System unserer Wissenschaftstypen konstituiert sei durch fundamentale Interessen, ohne die es nicht denkbar wäre. Gegenüber dem Ist-Zustand künstlicher Bedürfnisse und Ad-hoc-Interessen sind diese Basisinteressen wieder in Erinnerung zu rufen, wodurch auch dem alleinigen Primat technischer Interessen Einhalt geboten werden könne.

Die empirisch-analytischen Wissenschaften, charakterisiert durch Theoriebildung über kovarianten Größen mit ihrem Wahrheitskriterium des Erfolgs der Operationen, seien an der Gewinnung prognostischen Wissens interessiert, das technisches Verfügen ermöglicht, und somit dem technischen Erkenntnisinteresse verpflichtet (S. 155f.). Die Geisteswissenschaften hingegen hätten als Wahrheitskriterium die Konsistenz und die Schlüssigkeit des herausinterpretierten Sinnes von Texten als Voraussetzung seiner Beziehung auf den Sinnhorizont des Interpreten mit dem Ziel der Herstellung von Kommunikation. Sie folgten somit dem praktischen Erkenntnisinteresse an Intersubjektivität (S. 157). Sozialwissenschaften schließlich suchten nach Theorien über unsere Handlungsgesetzmäßigkeiten mit dem Ziel, die Differenz zwischen handlungsleitenden Ideen und den Ideologien, denen das Handeln unbewußt verhaftet ist, zu erfassen und somit die Determinanten des Handelns zu erkennen. Das zugrundeliegende Erkenntnisinteresse sei ein emanzipatorisches (S. 158). Eine solche Einstufung der Erkenntnisinteressen führt, so Habermas, zwangsläufig zur Privilegierung der Sozialwissenschaften: Denn während die empirisch-analytischen und die Geisteswissenschaften auf den notwendigen Interessen des Lebensvollzuges basieren (Arbeit und Kommunikation), gründen sich die Sozialwissenschaften auf die Instanz, die jenen Vollzug erst zu einem sittlichen werden läßt, auf Freiheit. Die Notwendigkeit dieser Dreiteilung wird anthropologisch-naturgeschichtlich begründet: erstens als Notwendigkeit des Reagierens auf Umwelterfordernisse (Arbeit und Kommunikation), zweitens - ermöglicht durch diese - als Geschichte hin zur Freiheit der Selbstbestimmung, zu der wir durch den Austritt aus dem Mythos verurteilt sind (S. 162).

Damit wird die Frage nach dem Status dieser Interessen zum Zentralproblem. Sind es wissenschaftsexterne Interessen, die nicht die Wissenschaften selbst, sondern nur den Umgang mit ihren Erträgen leiten? Sind es Forderungen für eine Typisierung der Wissenschaften als kritischer Instanz neben dem faktischen Betrieb? Dann hätten wir hier, ausgehend von der gleichen Problemdiagnose wie die konservative Technikkritik (Hans Freyer, Arnold Gehlen – s. beide dort), eine alternative Lösungsstrategie (Rehabilitierung emanzipatorischer Erkenntnisinteressen) benannt.

Eine genauere Betrachtung der von Habermas proklamierten Interessen zeigt jedoch, daß seine Architektonik zu grob ist: Das technische und das praktische Interesse sollen für den Ist-Betrieb der entsprechenden Wissenschaften und die faktische Bewältigung der Selbsterhaltung notwendig sein, das emanzipatorische auf dem Willen nach Selbstvergewisserung und Reflexion als Voraussetzung zur Gewinnung und Erhaltung von Freiheit basieren. Angesichts der Probleme der Industriekultur hingegen wird ersichtlich, daß wir diese Spannung als Binnenkonflikt gerade und in spezifischer Weise innerhalb eines jeden Gebietes der proklamierten Erkenntnisinteressen antreffen: Auf dem Gebiet der technischen Verwertbarkeit kollidiert interessengeleitete, auf faktische Verwertbarkeit unter direktem Nutzen gerichtete Wissenschaft mit solcher, die im Interesse einer Aufrechterhaltung der Naturfunktion *in the long run* Nutzenserwägungen und direkte Anwendungsgratifikationen zurückzustellen hat, auch - in dieser Hinsicht erfolgreiche - Methodenstandards kritisiert und unsichere Alternativen zuläßt, also an der Bewahrung der offenen Möglichkeit von Naturverhältnissen (Ökologie) interessiert ist. Im Bereich der Kommunikationswissenschaften kann es durchaus sinnvoll sein, die Perfektionierung und Optimierung von Kommunikationsprozessen zugunsten der Aufrechterhaltung der Möglichkeitsspektren lebenspraktischer Verständigung zurückzustellen oder umgekehrt, z.B. in Krisensituationen, ideale Kommunikation einzuschränken. Schließlich besteht im Bereich des Sozialen neben dem Interesse an Emanzipation auch eines an Institutionalisierung, Stabilität bis hin zur zwangsweisen Handlungskoordination (Verkehr etc.). Wir gelangen somit nicht zu einer Ordnung von Interessen „nebeneinander", sondern zu einer komplexen Hierarchie von Interessen, die – problembezogen – jeweils unterschiedlich ausfällt. Über jene Binnenkonflikte hinaus zeigen die Hochtechnologien Züge, die sich im Habermasschen Modell nicht mehr unterbringen lassen: Medizin, Informatik, Umwelttechnik, Biokybernetik etc. weisen unterschiedlich komplexe Kombinationen dieser Wissenschaftstypen auf, ganz abgesehen davon, daß die Disziplinen, die ihr Interesse in der Beförderung von Sensibilisierung und Kreativitätssteigerung auf der einen und des abstrakt-spielerischen Lernens von Normbefolgung auf der anderen Seite haben, die Disziplinen der Künste, in diesem Modell nicht verortet sind. Die Leistung des Habermasschen Modells liegt hier sicherlich darin, daß auf seiner Basis die weiterführenden Probleme thematisiert werden können. Es wurde zum ideologischen Bezugspunkt der Wissenschaftskritik der 68er Studentenbewegung und zum Ausgangspunkt der Diskussion um eine „Finalisierung" (Zweckausrichtung) der Wissenschaft.

Christoph Hubig

Martin Heidegger: Phänomenologische Interpretationen zu Aristoteles

Frankfurt/M.: Klostermann 2002; zit. nach der Ausgabe Stuttgart: Reclam 2003, 106 S., (A)

ders.: Sein und Zeit

Tübingen: Niemeyer (Bd. 8 des Jahrbuchs für Philosophie und phänomenologische Forschung) 1927; zit. nach der Ausgabe Tübingen: Niemeyer, 16. Auflage 1986, XIV + 445 S., (B)

ders.: Die Frage nach der Technik

In: Vorträge und Aufsätze, Pfullingen: Neske 1954, S. 9–40, (C)

Martin Heidegger (1889–1976) hat das philosophische Denken unserer Zeit entscheidend geprägt; er zählt zu den wichtigsten Philosophen des 20. Jahrhunderts. Als Schüler Edmund Husserls (s. dort) gehört Heidegger der Strömung der Phänomenologie an; auch in der Geschichte der philosophischen Hermeneutik gilt er neben Friedrich Schleiermacher, Wilhelm Dilthey und seinem Schüler Hans-Georg Gadamer als ein Hauptvertreter. Der Zugang zum Denken Heideggers wird erschwert durch seine ungewöhnliche, esoterisch anmutende Ausdrucksweise, die er für notwendig hielt, um das Neue, bisher nicht Gedachte in Worte fassen zu können. Während in der frühen, klassisch gewordenen Abhandlung „Sein und Zeit" noch eine immanent fachtechnische Diktion durchgehalten ist, weisen die späteren Texte einen Sprachgestus auf, der sich mehr am Vorbild der Dichtung als an analytischer Begrifflichkeit orientiert, was durchaus von der Sache her motiviert ist: Heidegger hat wie kaum jemand vor ihm darauf hingewiesen, daß gerade das Nachdenken über Technik sich von Technizismen aller Art fernhalten muß, wenn es ihren Gegenstand adäquat erfassen soll: „das Wesen des Technischen [ist] nichts Technisches" (C, S. 9 u. S. 39).

Heidegger geht von einem weit gefaßten Verständnis der Technik aus. Sie ist für ihn der Inbegriff der modernen wissenschaftlich-technisch-industriellen Zivilisation und ihres weltzerstörenden, seinsvergessenen, nihilistischen Zugriffs auf die Dinge. Der neuzeitlichen Technik liegt nach Heidegger ein Denken zu Grunde, welches alles Seiende unter dem Gesichtspunkt der Manipulationsmöglichkeit betrachtet: Alles, was ist, wird zum Bestand möglicher Handlungsoptionen gerechnet.

Manche Protagonisten der anhaltenden Debatte über Heideggers Verhältnis zum Nationalsozialismus behaupten mit einiger Plausibilität, daß gerade die Auseinandersetzung mit der Ideologie universaler technischer Verfügung über Handlungsoptionen implizit auch eine Auseinandersetzung mit der (eigenen) nationalsozialistischen Ideologie darstellt. Über Heideggers Beziehung zum Nationalsozialismus gehen die Urteile immer wieder in heftig aufbrandenden Kontroversen auseinander. Die Apologeten berufen sich dabei zumeist darauf, daß der (dann oft auch als politisch naiv charakterisierte) Mensch Heidegger mit dem Philosophen Heidegger nichts oder nicht viel zu tun gehabt habe; eine öffentliche, klare Distanzierung Heideggers von seinem Engagement für die Nazis fand niemals statt. Die Kritiker verweisen darauf, daß Heideggers Philosophie der „Eigentlichkeit" und der „Entschlossenheit" sich durchaus für das Willenspathos des Herrenmenschen in Dienst nehmen läßt, bis hin zu der Behauptung, daß Heideggers Denken „bis in seine innersten Fasern hinein faschistisch" sei (Theodor W. Adorno) bzw. Heidegger den Nationalsozialismus in die Philosophie einzuführen versucht habe (Emmanuel Faye). Die in den letzten Jahren und Jahrzehnten im Rahmen der Gesamtausgabe erschienenen Vorlesungen und Seminare Heideggers aus den 30er und 40er Jahren zeigen allerdings auch, daß die Erfahrung des Scheiterns der Ideologie einer totalitären Regelung und Steuerung selbst noch der sozialen Verhältnisse bis hin zur Errichtung und Betreibung der Vernichtungslager in der Tat den Hintergrund bildet für seine ab der Mitte der 30er Jahre einsetzenden, intensiven Beschäftigungen insbesondere mit der neuzeitlichen Form technischen Denkens.

Heideggers Technikdeutung läßt sich nur dann recht verstehen und beurteilen, wenn man sich auf die hinter ihr stehende, radikale Fragestellung und ihren weiten Problemhorizont einläßt. Ihm geht es nicht um die detaillierte Analyse von Einzelphänomenen, sondern um den Blick auf das Ganze der technischen geprägten Zivilisation. Seine Interpretation der Technik stellt mit dem Verweis auf die abendländische Geschichte des Seins bzw. der Seinsverständnisse damit wohl eine der am tiefsten greifenden Untersuchungen des Phänomens überhaupt dar.

Die zentrale (in der seiner frühen Zeit ‚fundamentalontologisch' genannte) Frage seines gesamten Werkes ist die Frage danach, was wir eigentlich meinen, wenn wir von etwas sagen, daß es *ist*. Aufgewiesen werden soll der Sinn, das Wesen des Seins überhaupt, das sich uns als Fragenden immer nur in der konkreten, zeitbestimmten menschlichen Daseinssituation enthüllt. Während der frühe Heidegger vor der sog. ‚Kehre' versucht, sich der Frage nach dem Sinn von ‚Sein' über eine fast pragmatistisch zu bezeichnende Analyse der Existenz (d.h. der unmittelbar gegebenen Seinsweise menschlichen Daseins) zu nähern, wird in den späteren Schriften ab den frühen dreißiger Jahren diese Frage ausgeweitet. Gerade der neuzeitlichen Technik, in der sich einer bestimmte Form, ‚Sein' zu denken, manifestiert – Sein als Bestehen von gesichert-verfügbaren Handlungsoptionen nämlich – schenkt Heidegger hierbei die größte Aufmerksamkeit.

Schon vor „Sein und Zeit", in den (erst posthum durch seinen Schüler Gadamer veröffentlichten) „Phänomenologischen Interpretationen zu Aristoteles" von 1922, sieht Heidegger, daß der ursprünglich erfahrene Sinn von ‚Sein', so wie er von Aristoteles konzipiert wurde, richtigerweise nicht derjenige von *Dingen* ist. Dinge gehören vielmehr der „*theoretisch* sachhaft erfaßten Gegenstandsart" (A, S. 41), wie sie durch die *epistêmê* erfaßt wird, an. Der Sinn von Sein, d.h. die Art und Weise, wie wir beliebiges Seiendes zunächst einmal verstehen, liegt dagegen vielmehr in den unterschiedlichen Möglichkeiten, *Gebrauch* von diesem Seienden zu machen. Dies wird in engem Anschluß an Aristoteles' Konzept der *téchnê* entwickelt, also der für jede Technikentwicklung grundlegenden Einstellung zur Welt, wie sie oft mit „Sachkundigkeit" bzw. „Sachverstand" übersetzt wird und ein Sich-Auskennen mit den möglichen Funktionen von Gegenständen meint. Im Lichte dieser *téchnê* als der ursprünglichen Form der Welterschließung bzw. „Seinsverwahrung" (A, S. 41) bedeutet „Sein": für einen bestimmten Gebrauch „*Hergestelltsein*, und, als Hergestelltes, ... Verfügbarsein" (ebd.). Die Technik wird damit schon beim frühen Heidegger als eine Art und Weise charakterisiert, die das Seiende in seiner Verfügbarkeit für Verwendungen anwesend sein läßt und damit Handlungsoptionen eröffnet und sichert: daß etwas ‚ist', heißt zunächst einmal, daß es zu etwas gut ist.

Diese Einstellung zur Welt ist zwar grundlegend – dies weist durchaus Ähnlichkeiten zum amerikanischen Pragmatismus etwa eines John Dewey auf – aber sie ist durchaus nicht die einzig mögliche, wie Heidegger in „Sein und Zeit" und in den späteren Schriften zur Technik immer wieder betont hat. Die Orientierung am aristotelischen Konzept von Technik als auf einer Grundeinstellung zur Welt basierend, in der es darum geht, die Verfügung über Handlungsoptionen zu sichern, bildet aber zunächst durchaus auch den Hintergrund für die berühmte Weltlichkeitsanalyse aus „Sein und Zeit" mit ihren zentralen Begriffen von *Zeug* resp. dessen Seinsweise der *Zuhandenheit* und *Ding* resp. dessen Seinsweise als *Vorhandenheit* (vgl. B, §§ 14–18, S. 63–88). Technikphilosophisch interessant ist hierbei, daß nach Heidegger die Erfindung und Entwicklung von technischen Artefakten (wie Werkzeugen, Maschinen oder technischen Systemen) eine andere Grundeinstellung erfordern als die des Gebrauches solcher Artefakte. Aus dem „Zeugganzen" (d.h. dem funktionalen Zusammenhang der Zeuge), in dem wir uns im Umgang mit den zuhandenen Zeugen bewegen, treten wir in dem Moment heraus, in dem das Zeug fehlt bzw. seiner Funktion verlustig geht (d.h. kaputt ist), insofern wir nun die mangelnden Eigenschaften eines Dinges in der Seinsweise der Vorhandenheit thematisieren. Zuhandenes bzw. nicht-zuhandenes Zeug wird zu vorhandenem bzw. nichtvorhandenem (erst zu produzierendem) Ding, zu dem wir eine theoretische Einstellung einnehmen, die gerade dafür notwendig ist, bestimmte (erwünschte) Eigenschaften zu isolieren bzw. herauszuarbeiten.

Das durch einen übergreifenden potentiellen Handlungszusammenhang definierte Zuhandene hat als Werkzeug nur rein instrumentellen Charakter; aber dem dadurch ermöglichten, praktischen technischen Umgang mit der Natur kommt eine zusätzliche, welterschließende Funktion zu: Das Erkennen gelangt erst über das im Besorgen Zuhandene zur Freilegung des als ständige Vorhandenheit verstandenen Seins im naturwissenschaftlichen Sinne. Auf dieser (technologischen) Ebene wiederum können nun weitere mögliche Handlungsoptionen erschlossen werden, die es vorher nicht gegeben hat. Die Entwicklung der Technik läßt sich so ohne Rekurs auf (problematische) anthropologische Grundtriebe und -intentionen erklären.

Verglichen mit diesen generellen Technikanalysen, die sich vor allem am Paradigma des Werkzeuggebrauchs orientieren, kommt in den späteren Arbeiten Heideggers der Maschinen- und Systemtechnik eine besondere Rolle zu – wobei gleichwohl die wahrheitserschließende Bedeutung der Technik zentrales Thema bleibt. Der sprachliche Kristallisationspunkt, der Schlüsselbegriff für Heideggers spätere Deutungen der Technik ist das „Ge-stell" (C, S. 23). Damit ist nun allerdings speziell das Wesen neuzeitlicher Technik benannt: Das Ge-stell ist der Titel für die konstruierte, künstliche, aktive und systematische Indienstnahme der Natur (das Ausdruck ist gebildet analog dem Ausdruck „Gebirge" als der Bezeichnung einer Ansammlung von Bergen; Ge-stell ist das, was alle stellenden Tätigkeiten versammelt: herstellen, anstellen, aufstellen, abstellen, nachstellen, bestellen, entstellen usw.). Das Wesen neuzeitlicher Technik besteht näherhin darin, buchstäblich alles, was es gibt, auf seine Nutzbarkeit hin abzustellen, auch und gerade das, was sich einer direkten Nutzung zunächst zu entziehen scheint. Der systematische Unterschied zur vorneuzeitlichen Technik besteht nach Heidegger darin, daß die Sicherstellung der Wiederholbarkeit von Handlungsoptionen – der charakteristische Grundzug jedweder Technik – hier nun in einer ‚herausfordernden' Weise geschieht: Es werden nicht einfach nur schon bestehende Kräfte im Sinne der *téchne* geschickt genutzt, sondern als Bestände möglicher Handlungsoptionen erschlossen. Während also für die vorneuzeitliche Gestalt der Technik die Nutzung vorhandener Naturkräfte charakteristisch ist, werden im Rahmen der Denkschemata neuzeitlicher Technik Energien (d.h. mögliche Kraftwirkungen) erschlossen und für die mögliche („bestellbare") Nutzung jeweils umgewandelt. Dadurch wird die gesamte Natur tendenziell zur Universalressource, zum „Hauptspeicher des Energiebestandes" (C, S. 25), ja, zur „Tankstelle". Das Denken in Ressourcen – und damit übrigens auch des schonenden bzw. nachhaltigen Umgangs mit Ressourcen – gehorcht dem Anspruch des Ge-stells, insofern es mit den Dingen lediglich ‚rechnet' und diese damit als (ggf. zu erhaltende) Bestände rubriziert.

Eine wichtige Rolle bei diesem Prozeß der technischen Bestandssicherung von Handlungsmöglichkeiten spielen dabei die Naturwissenschaften. Die Technik ist nach Heidegger also nicht etwa angewandte Naturwissenschaft, sondern umgekehrt: die neuzeitliche Naturwissenschaft ist *ab ovo* technisch orientiert, wie sich leicht in den Grundlegungsschriften zur neuzeitlichen Wissenschaft bei Francis Bacon oder später bei René Descartes nachlesen läßt. „Weil das Wesen der modernen Technik im Ge-stell beruht, deshalb muß diese die exakte Naturwissenschaft verwenden" (C, S. 27). Die Natur wird durch dieses der Technik und den Naturwissenschaften gleichermaßen zugrundeliegende, ‚Ge-Stell' genannte Denken herausgefordert und auf eine ganz bestimmte Weise festgelegt. Dabei kann über das Ge-stell nicht seinerseits technisch verfügt werden (denn das Ge-stell ist ja das Wesen der Technik, daß in einem solchen Verfügen immer schon vorausgesetzt wäre). Das Wesen der (neuzeitlichen) Technik besteht also in der grundsätzlichen, unaufhebbaren Ambivalenz von Verfügbarkeit der bestellten Bestände und der Unverfügbarkeit des Ge-Stells. Das Wesen der Technik ist also seinerseits nichts Technisches (vgl. C, S. 9, S. 39); insofern sind auch alle Ansätze des Nachdenkens über Technik, die den Charakter des Technischen vor allem im Instrumentellen sehen, grundsätzlich verfehlt, weil ihrerseits technomorph: „Solange wir die Technik als Instrument vorstellen, bleiben wir im Willen hängen, sie zu meistern. Wir treiben am Wesen der Technik vorbei" (C, S. 36).

Da sich das herausfordernde, ‚stellende' Denken letztlich auch auf den Menschen selbst bezieht – insofern er etwa zum Gegenstand bio- und soziotechnischer Manipulationen wird und sich tendenziell selbst nur noch unter technischen Aspekten thematisiert – steht er in der Gefahr, sein eigenes Wesen (nämlich das Sein denkend zu wahren) zu verlieren. Bestimmt von einem nihilistischen Willenspathos ist er versucht, sich als unumschränkter Herr des Universums zu fühlen, wobei er in seiner Seinsvergessenheit zwar mit allem Möglichen rechnet, nur nicht mit dem Sein selbst.

Doch gemäß Friedrich Hölderlins Wort: „Wo aber Gefahr ist, wächst/Das Rettende auch" bietet die Technik auch die Chance für ein Umdenken, für das Erschließen eines neuen Seinsverständnisses. Deshalb ist auch die Ansicht verfehlt, Heidegger vertrete einen ‚Dämonismus' der Technik, demgemäß die Technisierung ein unaufhaltsamer und unumkehrbarer Prozeß sei.

Für viele ist keineswegs von vornherein klar, in welchem Verhältnis die Geschichte der Metaphysik einerseits und das in seiner Totalität verstandene konkrete historische Geschehen andererseits zueinander stehen. Um welche

Fragen es hier geht, zeigt sich, wenn man sich die Faktoren vor Augen führt, die im kontingenten historischen Geschehen stets gleichzeitig im Spiel sind. Je nach der begrifflichen Fassung und dem Grad der Differenzierung kann man unterscheiden zwischen ideellen und materiellen Faktoren, zwischen kulturellen, politischen, sozialen und ökonomischen Ursachen, zwischen bedeutenden Persönlichkeiten und überpersönlichen Institutionen sowie zwischen den bewußten und unbewußten Motiven der Individuen und den kollektiven Mentalitäten und Denkstilen. So werden denn auch in den einzelnen Sparten der Geschichtsschreibung aus dem faktisch immer nur in seiner ungeteilten Ganzheit gegebenen historischen Geschehen in begrifflicher Analyse zum Zweck der Erkenntnis bestimmte Zusammenhänge gleichsam intellektuell herauspräpariert. Das gilt für die politische Geschichte ebenso wie für die Wirtschafts-, Sozial- und Ideengeschichte, für die Wissenschaftsgeschichte ebenso wie für die Technikgeschichte. In Hinblick auf Heideggers Technikinterpretation stellt sich die Frage, ob seine Redeweise vom Wesen der Technik mehr als nur eine Abstraktion darstellt, die vielfältige, verschiedenartige Prozesse und Verursachungszusammenhänge intellektuell aggregiert, d.h. abkürzend zusammenfaßt.

Für manche sind auch mittlere, besser: vermittelnde Positionen denkbar. Das gilt sowohl in historischer als auch in systematischer Hinsicht. Es gibt eine Betrachtungsebene, die zwischen dem alles umfassenden Seinsgeschick und den Zufälligkeiten der historischen Einzelphänomene liegt. Die Geschichte kennt übergreifende Tendenzen, allgemeine Trends und spezifische Mentalitäten, die das Denken, Fühlen und Wollen, das Weltverständnis und das Handeln der Menschen in einer bestimmten Epoche prägen, ohne doch der historischen Kontingenz und Wandelbarkeit enthoben zu sein. In einer derart abgeschwächten Version würde Heideggers Technikdeutung also nicht mehr und nicht weniger philosophisch auf den Begriff bringen als wesentliche Züge unserer Zeit und deren ideengeschichtliche Herkunft. In systematischer Hinsicht ist zu bedenken, daß keineswegs alles, was für unsere Zeit charakteristisch ist, auf der Technik beruht. So sind etwa die Säkularisierung und die Aufklärung, die Französische Revolution und die Demokratisierungsbewegungen durchaus eigenständige geistes- bzw. politikgeschichtliche Phänomene, die sich nicht bruchlos aus einer im übergreifenden Sinne verstandenen, durch die Technik bestimmten Seinsgeschichte ableiten lassen. Die Technik ist *ein* Element der Moderne neben anderen. Wenn man an Heideggers Ansatz festhalten will, müßten neben der Verdinglichung, der Indienstnahme der Natur und der Wohlstandsmehrung auch der Individualismus, das persönliche und das kollektive Autonomiestreben und der Wertepluralismus als Manifestationen der einen, alles bestimmenden technischen Weltbemächtigung verstanden werden.

Andreas Luckner
(Schlußpassagen von *Friedrich Rapp* aus der ersten Auflage)

Max Horkheimer: Eclipse of Reason
Oxford: Oxford University Press 1947; dt. Zur Kritik der instrumentellen Vernunft, übers. von Alfred Schmidt
Frankfurt/M.: Fischer 1967 (Fischer Athenäum TB 4031), 353 S.

In den Begriffsbestimmungen der VDI-Richtlinie 3780 heißt es: „Technische Gebilde und Verfahren stehen in mannigfachen Systemzusammenhängen mit anderen technischen Gegebenheiten, mit der natürlichen Umwelt, mit einzelnen Menschen, sozialen Gruppen und der Gesellschaft insgesamt. Die Technik darf daher nicht als Selbstzweck, sondern muß immer als Mittel zur Erreichung bestimmter Ziele betrachtet werden". Technik als Gesamtheit nutzenorientierter Gebilde und menschlicher Handlungen zu deren Herstellung und Verwendung (VDI-Richtlinie 3780, Vorbemerkung) kann demgemäß als ein universelles Mittelsystem beschrieben werden, dessen moderner hochentwickelter Stand die (mehr und mehr durch wissenschaftliche Methoden) bestimmte Ingenieurtechnik der Industriegesellschaft darstellt. Technisches Denken und Handeln geschieht dann vorwiegend unter Kategorien der Instrumentalität.

Dies vorausgesetzt, handelt Max Horkheimers „Kritik der instrumentellen Vernunft" von den erkenntnistheoretischen und handlungstheoretischen Grundlagen der Technik, obwohl in ihm von Technik nur an ganz wenigen Stellen und marginal die Rede ist. Zentral geht es Horkheimer um die Frage, ob Rationalität auf die Zweckmäßigkeit bei der Erzeugung und Anwendung von Mitteln zu beschränken sei – also die Bedeutung von „vernünftig" mit der von „zweckmäßig" konvergiere; oder ob auch Ziele einer vernünftigen Begründung fähig sind. Er wehrt sich vehement gegen die Auffassung, daß Ziele aus willkürlichen Setzungen von Subjekten herzuleiten sind, wie auch gegen den Schein der Notwendigkeit von Sachzwängen, die sich aus einmal gesetzten Zielen und eingeschlagenen Wegen unausweichlich ergäben. Horkheimer insistiert auf der Freiheit des handelnden Menschen und möchte diese Freiheit an die Vernunft binden, die das Allgemeine der Natur, der menschlichen Gattung und der Gesellschaft bedenkt. „Als die Idee der Vernunft konzipiert wurde, sollte sie mehr zustande bringen, als bloß das Verhältnis von Mitteln und Zwecken zu regeln; sie wurde als das Instrument betrachtet, die Zwecke zu verstehen, sie zu bestimmen. ... Jeder Begriff muß als Fragment einer alles einbegreifenden Wahrheit gesehen werden, in der er zu seiner Bedeutung gelangt. Eben das Konstruieren der Wahrheit aus solchen Fragmenten ist das wichtigste Geschäft der Philosophie" (S. 21, S. 157).

Den Gegner sucht Horkheimer in einer Wissenschaftsgesinnung, die in Pragmatismus und Neopositivismus ihren reflektierten Ausdruck findet. Demgegenüber möchte er an einem Begriff der Philosophie festhalten, der an dem Vernunftideal der Klassik von Immanuel Kant bis Georg Friedrich Hegel orientiert ist und den emanzipatorischen Anspruch der Marxschen Gesellschaftskritik in sich aufgenommen hat. „Die positivistische Philosophie, die das Werkzeug ‚Wissenschaft' als den automatischen Verfechter des Fortschritts ansieht, ist so irreführend wie andere Glorifikationen der Technik. Die ökonomische Technokratie erwartet alles von der Emanzipation der materiellen Produktionsmittel. Platon wollte die Philosophen zu Herren machen, die Technokraten wollen die Ingenieure zum Aufsichtsrat der Gesellschaft machen. Positivismus ist philosophische Technokratie. ... Die vollständige Transformation der Welt in eine Welt, die mehr eine von Mitteln ist als von Zwecken, ist selbst die Folge der historischen Entwicklung der Produktionsmethoden. Indem die materielle Produktion und soziale Organisation komplizierter und verdinglichter werden, wird es immer schwieriger, die Mittel als solche zu erkennen, da sie die Erscheinung autonomer Wesenheiten annehmen" (S. 64, S. 101).

Schließlich werden die Mittel zu Zwecken, weil die Herstellung der Mittel den hauptsächlichen Inhalt der Produktion ausmacht und der Besitz von Mitteln das ist, was als gesellschaftlicher Reichtum aufgefaßt wird. Das System der Instrumente wird zur eigentlichen Lebenswelt, die an die Stelle der natürlichen Umwelt tritt. Eine Art zweites Naturverhalten, ein unnatürliches, bildet sich heraus: „Ein Faktor der Zivilisation ließe sich als die allmähliche Ersetzung der natürlichen Selektion durch rationales Handeln beschreiben" (S. 95). Die instrumentelle Vernunft wird zur Vernunft der Instrumente, das heißt zum Zwang, sich technischen Bedienungsvorschriften zu unterwerfen. „Je mehr Apparate wir zur Naturbeherrschung erfinden, desto mehr müssen wir ihnen dienen, wenn wir überleben wollen. ... Um zu überleben, verwandelt der Mensch sich in einen Apparat" (S. 97, S. 95). Indem wir die Welt in ein System der Mittel verwandeln, machen wir die Natur selbst zum Mittel, wir instrumentalisieren sie als ein Moment in dem von uns geschaffenen künstlichen System von Instrumenten. Auf diese Weise führt das, was uns die Natur verfügbar machen sollte, zum Verlust der Natur als einer eigenen, selbständigen Wirklichkeit.

Horkheimer ist zu sehr von der marxistischen Geschichtsauffassung beeinflußt, als daß er für die Instrumentalisierung der Vernunft einen Dämon Technik verantwortlich machen würde. Es ist die Struktur der kapitalistischen Produktion, die Verwandlung der konkreten Gebrauchswerte von Gütern in den abstrakten Tauschwert aller Waren, das Geld, aus der die qualitative Entleerung aller Ziele und die Indienstnahme aller bestimmten Ziele für das einzige, jedoch inhaltsleere Ziel der Vermehrung des Kapitals entspringt. Das Kapital ist aber eine Abstraktion. Die Akkumulation des Kapitals als Selbstzweck trennt den Menschen von seinen wesentlichen Zwecken. Kapitalvermehrung um ihrer selbst willen kann nicht mehr vernünftig begründet werden. Die menschliche Welt wird dann zu einer Ansammlung von Mitteln, deren Tendenz es ist, sich in immer neuen Mitteln fortzusetzen; und die natürliche Welt, auf die sich menschliche Zwecke stets auch richten, wird diesem Prozeß unterworfen. In der Folge dieses Geschehens, das als Entfremdung charakterisiert werden kann, wird die Technik zu einem Zerstörungspotential. „Der objektive Fortschritt der Wissenschaft und ihre Anwendung, die Technik, rechtfertigen die geläufige Vorstellung nicht, daß die Wissenschaft nur dann zerstörerisch ist, wenn sie pervertiert wird, und notwendig konstruktiv, wenn sie angemessen verstanden wird" (S. 63). Aber die mögliche zerstörerische Wirkung von Wissenschaft und Technik hängt nicht von deren eigener Verfassung ab, sondern von den Vorgaben der Wirtschaftsordnung, in die sie eingebunden sind. „Ihm Wirkung ist dabei so positiv oder negativ wie die Funktion, die sie in der allgemeinen Tendenz des ökonomischen Prozesses" annehmen (S. 64).

Horkheimers Buch kreist in immer neuen Wendungen um den stets gleichen Grundgedanken: Die menschliche Vernunft schlägt aus einer Bedingung der Freiheit in die Unfreiheit eines Systems von Abhängigkeiten um, weil sie sich an Zwecken entäußert, die nur durch die Konstruktion von immer mehr sich verselbständigenden Mitteln zu erfüllen sind. Der dabei von Horkheimer benutzte Begriff von Technik ist sehr umfassend, er schließt alle Formen von Zweck-Mittel-Beziehungen ein, insbesondere auch die von der Psychoanalyse beschriebenen Zwischenstufen zwischen natürlichen Trieben und kultureller Triebsteuerung. So wird die gesamte Gesellschaft zu einem Mechanismus der Unterdrückung durch Instrumentalisierung der Rationalität stilisiert, und das technische Verhalten im engeren Sinne bildet das Modell, nach dem die Gesellschaftsordnung interpretiert wird.

Wissenschaft und Technik werden nicht scharf unterschieden, ihnen wird derselbe Charakter von Instrumentalisierung zugeschrieben, der dann einheitlich als „instrumentelle Vernunft" bezeichnet wird.

Horkheimer hat nicht den Optimismus, aus der Philosophie heraus eine neue Gesellschaft oder Welteinstellung produzieren zu können. „Philosophische Theorie allein kann weder erreichen, daß die barbarisierende Tendenz, noch, daß die humanistische Einstellung sich in Zukunft durchsetzt. Wenn sie jedoch den Bildern und Ideen Gerechtigkeit widerfahren läßt, die zu bestimmten Zeiten die Wirklichkeit als Absoluta beherrscht haben – z.B. der Idee des Individuums, wie sie die bürgerliche Ära beherrschte – und die im Laufe der Geschichte verbannt wurden, kann die Philosophie sozusagen als ein Korrektiv der Geschichte wirken" (S. 173). Wohl aber hat die Philosophie die Chance, kritisches Bewußtsein zu wecken und der unreflektierten Akzeptanz einer Welt sich verselbständigender Mittel sowie der Entfremdung des Menschen von seiner Fähigkeit zu vernünftiger Selbstbestimmung entgegenzutreten. Nein sagen können zu dem, was im Trend der Zeit zu liegen scheint, ist die Freiheit der Philosophierenden. „Die Methode der Negation, die Denunziation all dessen, was die Menschheit verstümmelt und ihre freie Entwicklung behindert, beruht auf dem Vertrauen in den Menschen. ... Wenn wir unter Aufklärung und geistigem Fortschritt die Befreiung des Menschen vom Aberglauben an böse Kräfte, an Dämonen und Feen, an das blinde Schicksal – kurz die Emanzipation von der Angst – verstehen, dann ist die Denunziation dessen, was gegenwärtig Vernunft heißt, der größte Dienst, den die Vernunft leisten kann" (S. 174).

Damit schließt Horkheimers Plädoyer gegen die Instrumentalisierung der Vernunft; die Negation ist das Credo der kritischen Theorie.

Hans Heinz Holz

Alois Huning: Das Schaffen des Ingenieurs. Beiträge zu einer Philosophie der Technik
Düsseldorf: VDI-Verlag 1974, 207 S.

Alois Huning (geb. 1935), Professor für Philosophie an der Universität Düsseldorf, hat Philosophie und Theologie studiert und war von 1969 bis 1973 Geschäftsführer der Hauptgruppe „Mensch und Technik" im Verein Deutscher Ingenieure.

„Das Schaffen des Ingenieurs" steht einerseits in der Traditionslinie der im wesentlichen auf das „Phänomen" Technik konzentrierten philosophischen Überlegungen von Friedrich und Klaus Tuchel (beide s. dort). Andererseits deuten die dreizehn Kapitel des Buches, mit dem weniger eine Gesamtdarstellung, denn ein kurzgefaßter Überblick über relevante Problembereiche gegeben wird, durch das Aufzeigen der Vielgestaltigkeit der Beziehungen zwischen Mensch, Gesellschaft, Natur und Technik die Richtung neuerer Denkbemühungen an. Huning hat in seinem Buch, das er in erster Linie als Einführung in die Thematik für Nichtphilosophen und nicht als Weiterführung der innerphilosophischen Diskussion versteht, wissenschaftstheoretische, kognitive, normative und anthropologische Überlegungen mit zahlreichen philosophiehistorischen Erörterungen verbunden.

Als Beitrag zur philosophischen Bewältigung der gegenwärtigen Weltsituation will Huning zur „Förderung des Selbstverständnisses jener, die bestimmend unsere Welt und das menschliche Leben in ihr gestalten" (S. V) beitragen. Daher ist das Ingenieurhandeln Ausgangspunkt und Betrachtungsperspektive seiner Darlegungen. Das Schaffen des Ingenieurs schließt ein Verstehen der Vielfalt seiner Bezüge zu anderen lebensweltlichen Bereichen ein. Aufgabe der Philosophie sei es daher auch, „der Aufklärung und Selbstaufklärung des Menschen über seine sozialen, ökonomischen und politischen Lebensverhältnisse" zu dienen, um auf diese Weise dazu beizutragen, „daß Tragweite und Konsequenzen menschlichen Handelns reflektiert werden" (S. 1). Dabei sei davon auszugehen, daß wir in einer Welt der Technik, in einer technisch gestalteten Welt leben. Technik wird dabei „weit" gefaßt, nämlich als Dreiheit von Technostruktur, technisch-technologischem Wissen und technischem Handeln. Technikphilosophie, die sich als „Anreger, Warner, Zweifler und Prüfer" (S. 3) verstehen will, muß deshalb einerseits sowohl Erkenntnis- und Wissenschaftstheorie als auch Anthropologie sein, darf sich andererseits – wegen des beständigen technischen Wandels – nur als unvollendet und unvollendbar begreifen.

Auf dieser Basis entfaltet der Autor seine Überlegungen, die er mit einem Rückblick auf die Wortgeschichte von „Technik" und „Technologie" sowie einem kurzen Überblick über die Ideengeschichte der Technikphilosophie seit etwa der Mitte des 19. Jahrhunderts beginnt. Mit Ernst Kapp, Eberhard Zschimmer, Manfred Schröter, Friedrich Dessauer, Klaus Tuchel, Hans Sachsse (s. alle dort) und Heinrich Stork werden zunächst solche vorgestellt, die „als Ingenieure oder aus engster Verbindung zur Arbeitswelt der Ingenieure über Technik philosophisch nachgedacht haben" (S. 14). Zweitens werden „größere Denker unserer Zeit" vorgestellt, „in deren Philosophie die Technik besonders aufmerksame Behandlung findet" (S. 30): Max Scheler, Peter Wust, Karl Jaspers, Martin Heidegger, Max Horkheimer, Jürgen Habermas und Herbert Marcuse (s. alle dort). Im Anschluß an Georg Wilhelm Friedrich Hegel wird schließlich als gesonderte Gruppe die „marxistische Technikphilosophie" behandelt, deren Bedeutung vor allem in der „Untersuchung anthropologisch-sozialphilosophischer Aspekte" liege (S. 50).

In den Abschnitten „Was ist Technik?", „Zwei Kulturen", „Systemtheoretische Darstellung der Technik" und „Technik als Wissenschaft und Praxis" entwickelt Huning – von aktuellen Diskussionen ausgehend – sein Technikverständnis in der bereits genannten Dreiheit, um zu einer vertieften Problemsicht beitragen zu können. Zugleich wendet er sich so auch Fragen der „Methodik der technischen Arbeit" und der „Kreativität des Ingenieurs" zu. In diesen Abschnitten finden sich sowohl vielfältige methodologische und wissenschaftstheoretische Überlegungen als auch solche zum technischen Problemlösen und zum konstruktiven Ingenieurhandeln.

Behandelte Huning zunächst vorrangig die individuelle Seite technischer Hervorbringungen, werden in den nun folgenden Abschnitten vielfältige Interdependenzen zwischen Technikgenese und Wirtschaft, Politik und Umwelt verdeutlicht. Dabei belegt der Autor auch den Gedanken, daß Technik nicht um ihrer selbst willen entwickelt und betrieben wird bzw. werden darf. Da Ingenieurtätigkeit vorrangig als Erfüllung individueller und gesellschaftlicher Bedürfnisse zu verstehen sei, ist es besonders wichtig, die für das Ingenieurschaffen bedeutsamen Bedürfnisse zu explizieren, die diesem als Zielvorgabe dienen.

Huning plädiert dafür, Technik und technisches Schaffen in den Dienst der Humanisierung des Daseins und friedlichen Zusammenlebens in der Welt zu stellen. Damit drängt sich unmittelbar die Frage nach der Verantwortung auf, der im Abschnitt „Technik und Ethik" nachgegangen wird. Durch Gebote und Verbote, durch Normen und Richtlinien werden menschliche Verhaltensmöglichkeiten eingeschränkt, die Frage nach der Begründung und dem Sinn von Normen fällt aber in den Bereich der Ethik. Technik braucht diese einmal „in der Frage nach dem sittlichen Handeln, nach der Verantwortung derer, die Technik schaffen und betreiben, in der Verantwortung der Wissenschaftler und Ingenieure für die Technik, deren Urheber sie in solchem Maße sind, daß es diese Technik ohne sie nicht gäbe, zum anderen in der Frage nach Sittlichkeit in dieser technikbestimmten Zeit" (S. 133). Daraus leitet Huning die Forderung nach einer Ethik ab, die besonders das „Phänomen" Technik und die aus ihr erwachsenden Probleme berücksichtigt. Diese Technikethik wird in zweierlei Richtungen problematisiert. Erstens: „Welche Ethik wir als maßgebend betrachten, das hängt wesentlich von unserem Menschenbild ab. Wenn eine Ethik auf einer Anthropologie aufbaut, die unmittelbar vom Glauben an einen Schöpfer und eine Offenbarung bestimmt ist, dann ist sie anders geprägt als die Ethik auf der Grundlage einer Anthropologie, die den Menschen weitgehend als vom Menschen Machbares ansieht" (S. 135). Zweitens: „Das Problem liegt in der Harmonisierung und Koordinierung der Willenstendenzen im Pluralismus der Meinungen und Interessen" (S. 140), denn es sei zu berücksichtigen, „daß heute kein Wertsystem vorhanden ist, das sich als Ganzes durchzusetzen imstande wäre; das gilt gleichermaßen von den großen Weltreligionen wie von säkulären Wertsystemen" (S. 141).

Ein Ausweg aus diesem Dilemma könnte nach Huning darin bestehen, „Menschheitsziele in der Ordnung eines Systems zusammenzufassen, das eine sittliche Ordnung darstellt" (S. 140), wobei einerseits „Leerformen" (wie z.B. *Ideal der Humanität*) inhaltlich negativ oder positiv festgelegt bzw. gefüllt werden müssen, andererseits nur durch „Konsens zu einer Kooperation" (S. 144) gelangt werden kann. Dazu braucht der Mensch eine Religio, eine Bindung, wenn er Mensch bleiben will, denn „Fortschritt ohne ehrfürchtige Bindung führt zum Untergang" (S. 148).

Im abschließenden Abschnitt „Ausblick: Homo faber sapiens" leitet Huning einige Konsequenzen daraus ab, daß Technik ein Urhumanum, von Anfang an Entäußerung und Verwirklichung menschlicher Wesenskräfte ist. In erster Linie geht es darum, „die verlorene Einheit des Menschen wiederzugewinnen. Der Mensch ist auseinandergefallen in der Entwicklung seiner Subjektivität – die Kritikfähigkeit und Steuerungskraft eingeschlossen – und in der Entwicklung seiner Objektseite unter Einschluß seiner instrumentellen Zugriffsfähigkeit" (S. 152). Das schließt vor allem die „Reflexion über Ziele und Werte und über ihre Ordnung nach Prioritäten und Präferenzen ein, denn das erweist sich als eine der aktuellsten philosophischen Aufgaben" (S. 154). Damit erlangt Philosophie der Technik eine interpretierende, eine integrierende und eine emanzipatorische Aufgabe.

Bereits zu einem frühen Zeitpunkt verdeutlicht Alois Huning – zeitgleich mit Hans Sachsse (s. dort) – die Breite der ethischen Dimension der Technik von der Verantwortungsproblematik bis zur Technikbewertung. Beabsichtigt waren dabei Denkstöße, Beiträge zu einer Philosophie der Technik, denn es bleibt häufig beim Aufzeigen technikrelevanter philosophischer Probleme und bei Hinweisen auf mögliche Lösungen. Ein lesenswertes Angebot zur Diskussion ist das Buch allemal. Da der Autor die Einbettung der Technikentwicklung und des Ingenieurhandelns in gesellschaftliche und politische Macht- und Herrschaftsstrukturen nicht genügend berücksichtigt sowie daraus resultierende Problemsituationen, Entscheidungskonflikte, „Sachzwänge" u.ä. nicht ausreichend thematisiert, sondern stärker auf den „Anspruch der Vernunft" orientiert, bleibt manche der abgeleiteten Forderungen zwar sinnvoll und wünschenswert, wohl aber nicht realisierbar.

Gerhard Banse

Edmund Husserl: Die Krisis der europäischen Wissenschaften und die transzendentale Phänomenologie. Eine Einleitung in die phänomenologische Philosophie

Husserliana (HUA) Band VI, Den Haag: Nijhoff 1962, 575 S.

Der Philosoph und Mathematiker Edmund Husserl (1859–1938) ist der Begründer der Phänomenologie, einem um die 1900 entstandenen programmatischen Neuentwurf der Philosophie. Dieser möchte die Philosophie zu einer strengen Wissenschaft entwickeln, so daß sie als „methodische Arbeitsphilosophie" fortschrittsfähig wird (S. 104). In der Ausarbeitung der Phänomenologie wendet sich Husserl seit den 1920er Jahren Fragen von Technologie und Technisierung zu. Besonders in seinem letztem Werk, der so genannten „Krisis"-Schrift, entwickelt Husserl einen avancierten Technikbegriff und entdeckt dabei wichtige Leistungen und Krisenpotentiale, die Technik allgemein eignen. Die Genesis des Technikbegriffs ist eng mit den anderen Themen der „Krisis"-Schrift sowie Husserls Idee der Phänomenologie verbunden; gleichwohl ist seine Geltung an diese Voraussetzungen nicht gebunden.

Im Zentrum von Husserls Bemühungen steht die Aufklärung von ‚Intentionalität': Es gibt kein Bewußtsein, das nicht Bewußtsein von etwas ist. Ob in der sinnlichen Wahrnehmung, beim Träumen, Begehren, in logischen oder in Werturteilen, Bewußtsein ist immer auf etwas Wahrgenommenes, Geträumtes, Begehrtes oder Beurteiltes gerichtet. Diese Gerichtetheit des Bewußtseins auf etwas bezeichnet der Terminus ‚Intentionalität'. Die Phänomenologie ist die Wissenschaft von dieser *Relation*: wie Phänomene für das Bewußtsein gegeben sind. Da es weder um isolierte Gegenstände noch um ein isoliertes Bewußtsein geht, die es beide gar nicht gibt, sondern um für das Bewußtsein erscheinende Gegenstände (Phänomene), wählt Husserl den Titel Phänomenologie. Diese (von Husserl auf methodischem Wege entdeckte) unhintergehbare Relation unterläuft eine Reihe von Dualismen wie jene von Idealismus/Realismus oder Subjekt/Objekt. Dabei ist diese grundlegende Struktur nicht so sehr das Ergebnis, als vielmehr die Forschungsaufgabe der Husserlschen Phänomenologie. In den fortschreitenden Analysen von Intentionalität rücken Fragen nach deren Zeitlichkeit und Konstitutionsprozessen in den Vordergrund. In diesem Programm stellt die „Krisis"-Schrift – welche 1937 (datiert auf 1936) in Teilen erscheint und zu der ein ca. eintausend Seiten umfassendes Nachlaß-Konvolut gehört – insofern einen weiteren Schritt und Höhepunkt dar, als nun die Geschichtlichkeit von Intentionalität in einem umfassenden Sinne erschlossen wird. Die Krisendiagnose – man beachte die Entstehungszeit – wird von Husserl in eine lange historische Linie eingeordnet. Die Zeitumstände der zugleich persönlichen (Husserl stammte aus einer jüdischen Familie) und gesellschaftlichen Krise bilden den mit keinem Wort erwähnten, aber keineswegs bedeutungslosen Hintergrund.

Versucht man das Thema der „Krisis"-Schrift anzugeben, steht man gleichwohl vor der Schwierigkeit, daß die Zeitdiagnose einer gravierenden Krise der europäischen Kultur, weitreichende geschichtsphilosophische Reflexionen, wissenschaftshistorische und -philosophische Analysen insbesondere zur Mathematik, neuzeitlichen Naturwissenschaft und zur Psychologie, Überlegungen zum Kulturbegriff, die Thematik der ‚Lebenswelt' und eine Einleitung in die transzendentale Phänomenologie in einen Zusammenhang gestellt werden. In diesem Kontext wird von Husserl auch ein Begriff von Technisierung entwickelt. Eine Klammer, welche die scheinbar heterogenen Themen verbindet, findet sich in der Sinnthematik. Die Geschichte der europäischen Kultur, ihrer Wissenschaften und ihrer Philosophie hat nach Husserl ein sinnhaftes Telos; die Krise wird als Sinnkrise der Lebensbedeutsamkeit der Wissenschaften verstanden; Technisierung wird von Husserl als Sinnentlastung oder – dann problematisierend – als Sinnverschiebung und Sinnentleerung bestimmt.

Die Sinnthematik wird bereits in den frühen Intentionalitätsanalysen Husserls aufgeworfen. Bewußtsein ist auf einen Gegenstand bezogen, der nur perspektivisch originär selbstgegeben ist. In der Wahrnehmung beispielsweise stellen die sinnlich gegebenen Erlebnisse nur Ausschnitte des Gegenstands dar, die zudem heterogen oder gar inkonsistent erscheinen müßten: Mal ist derselbe Gegenstand groß, mal klein, mal hellblau, dann (in der Dämmerung) grau usw. Gleichwohl nimmt man einen Gegenstand wahr – und nicht inkonsistente oder unzusammenhängende Etwase. Gegenüber den mannigfaltigen erlebnishaften Darstellungen erscheint der Gegenstand dem Bewußtsein, obgleich er originär nur auf wechselnde Weise perspektivisch gegeben ist, als identischer. Konstituiert werden Einheit und Identität im Sinn. Der Sinnbegriff bezeichnet hierbei allgemein die Auffassung von etwas *als* etwas – als Buch, als Zimmer, als Haus.

Hier wird bereits deutlich, daß Sinn (a) einen Einheitsbezug von Mannigfaltigem leistet, (b) eine Erwartung des weiteren Erlebens bildet, und beides geleistet wird, indem (c) Sinn eine Idealität ist: Über die Mannigfaltigkeit der originär gegebenen Perspektiven wird hinausgegangen und jede mögliche weitere Perspektive vorgezeichnet, indem eine Idealität den leitenden Bezug vorgibt. Man sieht Sinn nicht, denn, was man sieht, ist stets perspektivisch, aber ohne Sinn sähe man auch keinen Tisch und kein Zimmer. Ohne diese drei Momente des Sinnbegriffs gibt es schlechterdings keinen Gegenstand, sie sind gegenstandskonstitutiv. Diese drei Momente des prototypisch an der Wahrnehmung erläuterten Sinnbegriffs verwendet Husserl auch in der „Krisis"-Schrift in seinen Analysen zu Geschichte, Wissenschaftsentwicklung, Technisierung und Krisendiagnose.

Geschichte vollzieht sich für Husserl im Medium von Sinn. Die mannigfaltigen geschichtlichen Ereignisse, die historischen Tatsachen werden unter vereinheitlichenden sinnhaften Gesichtspunkten verstanden; Ereignisse und Tatsachen werden nur in Bezug auf sinnhafte Einheiten entdeckt, verstanden und eingeordnet. Die Polemiken Husserls gegen die positivistische Tatsachenhistorie bedeuten nicht, daß Tatsachen bedeutungslos wären. Sein Einwand besteht darin, daß sich diese Form der Geschichtsschreibung selbst nicht versteht, da sie nicht sieht, daß Tatsachen nur in Bezug auf sinnhafte Einheiten entdeckt, verstanden, eingeordnet werden. Husserls Absicht ist, das Verständnis für eine spezielle Geschichte (wieder) zu gewinnen, die von universaler Bedeutung ist: die europäische Geschichte, die für Husserl Vernunftgeschichte ist. In der griechischen Antike kommt es nach Husserl zu einem Bruch mit der alltäglichen, nichtwissenschaftlichen Einstellung. „Episteme" und „Doxa", wahres und vermeintes Sein träten in Opposition zu einander (S. 10). Gestiftet wurde dieser Anfang für ihn in der Philosophie und der euklidischen Geometrie. Die Idee systematischer und apodiktischer Theorie entstand, so Husserl, im Zusammenhang mit Idealitäten: Ideale Körper wie Kreise, Dreiecke und dergleichen wurden entworfen und erforscht (S. 18f.). In diesem Zusammenhang sei Wahrheit zu einer geschichtlichen Aufgabe geworden (S. 11). Von dort ausgehend verfolgt Husserl an einzelnen Stationen Radikalisierungen und Wendungen dieser Vernunftgeschichte.

In Husserls historischen Analysen geht es um die Verdeutlichung, daß sich in Europa (aber dann als Idee nicht auf diesen geographischen Raum begrenzt) eine Geschichte konstituierte, in der die Aufklärung von Welt und die Selbstaufklärung der Vernunft begann. Diese Vernunftgeschichte sei durch ein ‚Telos' bestimmt, welches in der „unendlichen Bewegung von latenter zu offenbarer Vernunft" liege (S. 13). Damit entfaltet der Sinnbegriff sein Potential in Bezug auf die Geschichtsschreibung, denn die Momente des Sinnbegriffs – Einheitsbildung, Prätention (Erwartung) und Idealität – kennzeichnen diese Geschichte. Die mannigfaltigen Einsätze in Wissenschaft und Philosophie sind also nur im (antizipierenden) Ausgriff auf diesen idealen Fluchtpunkt hin zu verstehen. Die Idee dieser europäischen Vernunftgeschichte führt, so Husserl, zu dem Gedanken einer sozialen und persönlichen Kultur, die vollständig aus und durch Vernunft bestimmt ist. In dieser Geschichte sei es jedoch zu einer Krise gekommen, die historisch in der Wissenschaftsentwicklung zu rekonstruieren ist. Dabei untersucht Husserl vom allem zwei Äste der Wissenschaftsgeschichte: die mathematisierten Naturwissenschaften und die Psychologie. In beiden Entwicklungssträngen kommt es zu Sinnverschiebungen und dadurch zu Krisen.

Die Geschichte der Mathematik und mathematisierten Naturwissenschaft ist für Husserl durch die Entdeckung und Entwicklung fortschreitender Idealisierungen und Pointierungen bestimmt. In der antiken Mathematik wurden ideale geometrische Körper entworfen, ideale Gebilde, die es in der sinnlich erfahrbaren Welt nicht gibt. Mit Galileo Galilei entstand jedoch die Idee, daß die gesamte Natur aus derartigen mathematisch-idealen Körpern bestehe. Die idealen Gebilde sollten in seinem Entwurf die eigentliche Verfaßtheit der Natur darstellen. In einem Dreischritt von Geometrisierung, Arithmetisierung und Algebraisierung zeichnet Husserl die zunehmende Mathematisierung der Natur nach. Diese Mathematisierung führt zu einer Technisierung der Wissenschaften, indem etwa Methoden als ‚Maschinen' verwendet werden (S. 52). Technik steht hier für eine geregelte und gesicherte Praxis (S. 449), in der Leistungen Verwendung finden, ohne auf die Gründe für ihr Funktionieren befragt zu werden. Wenn Husserl von einer Technisierung spricht, ist also nicht an Gegenstände, Instrumente oder dergleichen zu denken. Erneut ist es der Sinnbegriff, der für das Verständnis entscheidend ist. Die mathematisierten Naturwissenschaften bringen, so Husserl, Sinngebilde hervor, die tradiert werden: Begriffe, Objekte, Modelle, Methoden, Theorien. Im Fortschritt dieser Wissenschaften kommt es jedoch zu immer weiteren Sinnbildungen, das „wissenschaftliche Denken (gewinnt) aufgrund schon gewonnener Ergebnisse neue, die wieder neue fundieren und so weiter – in der Einheit einer sinntradierenden Fortpflanzung" (S. 373). Entscheidend ist nun, wie Husserl in der berühmten „Beilage III" der „Krisis"-Schrift erläutert, daß mit dem fortschreitenden Wachstum idealer Gebilde die Möglichkeit der Nachvollziehbarkeit nicht gleichermaßen mitwächst. Husserl zielt darauf ab, daß es zweierlei Weisen des Umgangs mit Sinngebilden gibt. Sie können entweder reaktivierend verstanden werden, wo ihre Genese und Begründung nachvollzogen werden. Oder sie können schlicht übernommen und verwendet werden. Im Zuge der anwachsenden mathematischen und naturwissenschaftlichen Tradition verschiebt sich das Verhältnis zwischen beiden Umgangsweisen. Es werden vermehrt Begriffe, Theoreme, Theorien oder Modelle als fertige Leistungen schlicht übernommen und verwendet – ohne Einsicht in deren Genese und Geltung, ohne Wissen um deren Entstehung und Begründung. Durch die fertige Verwendung der tradierten Gebilde können neue Sinngebilde abgeleitet, gebildet, entdeckt werden. Husserl fragt daher: „Wie steht es im schließlich ungeheuren Wachstum einer Wissenschaft wie der Geometrie mit dem Anspruch und dem Vermögen der Reaktivierbarkeit" der Sinngenese und -geltung? Muß der Mathematiker, wenn „er sich an die aktuelle Fortarbeit macht, erst die ganze Kette der Fundierungen bis zu den Urprämissen durchlaufen und das Ganze wirklich reaktivieren? Offenbar wäre dann eine Wissenschaft wie unsere moderne Geometrie gar nicht möglich. Und doch liegt im Wesen der Ergebnisse jeder Stufe, daß ihr idealer Seinssinn nicht nur faktisch später ist, sondern, indem Sinn auf Sinn sich gründet, gibt geltungsmäßig der frühere Sinn etwas an den späteren ab, ja in gewisser Weise geht er in ihn ein; also kein Bauglied inmitten des geistiges Baues ist eigenständig, keines also unmittelbar reaktivierbar" (S. 373).

Technisierung besteht für Husserl also darin, Sinngebilde zu übernehmen, ohne sie zu reaktivieren, das heißt, ohne ihre Sinngenese und Sinngeltung einsichtig nachzuvollziehen. Die Abkopplung von Genese und Begründung ist für Husserl ein notwendiger Vorgang im Prozeß wissenschaftlichen Fortschritts. Es handelt sich für ihn um „etwas durchaus *Rechtmäßiges*, ja Notwendiges" (S. 46). In der Technisierung selbst besteht daher für Husserl auch nicht die Krisis, gleichwohl hängt sie mit dieser Technisierung eng zusammen. Die Technisierung bleibt unproblematisch, solange die „ursprüngliche Sinngebung ... immerfort aktuell verfügbar bleibt" (S. 46). Dies sei aber mit Blick auf Galileis Idee einer mathematisierten Natur nicht mehr der Fall. Denn die Idealisierung der Natur, welche dem mathematischen Naturbegriff zugrunde liegt, werde nicht mehr *als Idealisierung* verstanden, sondern *als die eigentliche Natur*, in gewisser Weise sei dies schon bei Galilei der Fall gewesen. Damit trete aber eine Verwechslung zwischen Methode und Gegenstand ein. Die Methode (Mathematisierung der Natur) werde für den Gegenstand (die Natur) selbst gehalten, es komme zu einer „Unterschiebung der mathematisch substruierten Welt der Idealitäten für die einzig wirkliche" (S. 49). „Das Ideenkleid macht es, daß wir für *wahres Sein* nehmen, was eine *Methode* ist" (S. 52). Daß schon Galilei die Idealisierung der Natur nicht mehr als Idealisierung erkannte, liegt für Husserl darin, daß er bereits „Sinneserbschaften" antritt, deren „historischer Ursprungssinn" ihm nicht mehr deutlich war (S. 57). In der Folge verstärkte sich diese problematische Technisierung in Husserls Einschätzung, indem die mathematischen Naturwissenschaften nämlich zu einer bloßen Kunstfertigkeit wurden, „durch eine rechnerische Technik nach technischen Regeln Ergebnisse zu gewinnen [...]. Bloß jene Denkweisen und Evidenzen sind nun in Aktion, die einer Technik als solcher unentbehrlich sind. Man operiert mit Buchstaben, Verbindungs- und Beziehungszeichen (+, –, = usw.) und nach *Spielregeln* ihrer Zusammenordnung, in der Tat im Wesentlichen nicht anders wie im Karten- oder Schachspiel" (S. 46).

An dieser Stelle wird, indem Husserl die Substruktion aufdecken und damit reversibel machen will, die Lebenswelt eine korrigierende Funktion haben: Die Lebenswelt ist, wie Husserl sich freizulegen bemüht, eine Ermöglichungsbedingung von Wissenschaft – und daher kein unberührtes Paradies. Sie stellt die Basis dar, von der alle Idealisierungen und Pointierungen ihren Ausgang nehmen. Insofern bleibt sie, als die „wirkliche Wirklichkeit", die Grundlage von Wissenschaft, auch wenn die Idealisierung, welche an ihre Stelle zu treten suggeriert, sie verdeckt (S. 148).

Technisierung besteht in einer Sinnentlastung. Die Krisis entsteht dadurch, daß es in der Folge zu einer Sinnverschiebung und -entleerung kommt; die

Idealitäten werden für die Wirklichkeit gehalten. Schließlich vollziehen sich die Wissenschaften sinnentleert als bloße Techniken. Damit ist für Husserl allerdings nur ein Teil der Krisis geklärt. Die Krisis hat einen weiteren Aspekt in der bei Galilei vorgebahnten Mathematisierung der Subjektivität, die in bestimmten Linien der Psychologie seiner Zeit einer Verobjektivierung unterworfen werde, die sie zu einer Fortsetzung der mathematisierten Natur mache. In der Konsequenz droht die vollständige mathematisch-psychologische Naturalisierung des Geistes, die damit auch dessen Vernünftigkeit auflöst. Die verkannte Idealisierung, daß die Idealitäten nämlich eine intentionale sinnhafte Leistung des Subjekts sind, werde dadurch gegen das Subjekt gewandt. Damit ist aber, so Husserl, die Vernunftgeschichte als Geschichte autonomer Selbstaufklärung in Gefahr geraten. Die Wissenschaften entfremden die Vernunft von ihr selbst, denn die Produkte (Leistungen) der Vernunft erscheinen ihr nicht mehr als Produkte der Vernunft. Husserl glaubt, daß die Phänomenologie diese Entfremdung durch die Selbstaufklärung der Vernunft rückgängig machen kann.

Husserls Technikbegriff muß auf zwei Ebenen beurteilt werden: Einerseits der Begriff von Technik als Sinn*entlastung*, der für alle Wissenschaften in ihrem Fortschreiten notwendig ist; andererseits der Begriff von Technik als krisenhafter Sinn*verschiebung*, bei dem Methoden als Gegenstand (Natur) mißverstanden bzw. unangemessene Methoden auf Gegenstände (Psyche als mathematisierbare Natur) angewandt werden. Auf beiden Ebenen weist Husserls Technikbegriff aktuelle Potentiale auf.

Auf der Ebene von Technik als Sinnentlastung sind drei Punkte bemerkenswert. (1) Husserl bildet diesen Technikbegriff vor allem an der Mathematik, die sonst kaum mit Fragen nach ihrer Technikabhängigkeit, Technizität und Technologiegetriebenheit konfrontiert wird. (2) Die Technisierung (der Mathematik) findet auf einer ungewohnten Ebene statt: der Sinnebene. (3) Der von Husserl an der Mathematik entwickelte Technikbegriff hat weit über diesen Gegenstandsbereich hinaus Geltung. Jegliche Technik weist nämlich zwei Merkmale auf: Sie entlastet davon, ihre Genese (Entstehungskontext) und ihre Geltung (Begründungskontext) zu kennen, weil sie verwendet werden kann, ohne daß man mehr davon wissen muß. Man muß nicht wissen, wer unter welchen Bedingungen die Lampe, das Auto oder den Computer erfunden hat und warum und wie sie funktionieren; man kann stattdessen einfach den Schalter drücken, den Schlüssen umdrehen, mehr als dieses Gebrauchswissen ist nicht nötig. Indem man den Mauszeiger über den Computerbildschirm bewegt, nimmt man eine reichhaltige Geschichte von Entdeckungen und Erfindungen in Anspruch (Materialwissenschaften, Mathematik, Ergonomie, Elektrotechnik, Informatik usw.), zugleich werden abertausende von Rechenschritten prozessiert, die allesamt nötig sind, damit der Mauszeiger über den Bildschirm zieht. Wissen muß man davon – nichts. Versucht man auf die Gründe einzugehen, so wird deutlich, daß ‚Technizität' bei Husserl kein Objektprädikat ist, sondern vielmehr ein Verhältnis (Übernahme/Reaktivierung) zu einem Ver-

hältnis (Bewußtsein/Sinn) bezeichnet; es handelt sich folglich um einen Reflexionsbegriff.
Husserl thematisiert derartige Konsequenzen nicht. Er verwendet den Technikbegriff weitgehend unanalysiert, liegt doch seine Erklärungsabsicht im Bereich seiner Krisendiagnose. Daß jede wissenschaftliche Beschreibung, Erklärung und Entdeckung vermittelt ist – in Husserls Kontext durch Idealisierungen und Pointierungen –, ist nicht zu bestreiten; daß es sich bei den Vermittlungen um (inter-)subjektive Leistungen handelt, ebenfalls nicht. Wenn Husserl jedoch behauptet, daß die Krisis durch eine Sinnverschiebung entstanden sei, in der zunächst die Idealisierung nicht mehr als Idealisierung, sondern als die eigentliche Natur verstanden wurde und dies sodann unangemessen auf Subjektivität angewandt wurde, dann setzt diese Erklärung zwingend voraus, daß es einen vorausliegenden Zeitpunkt gab, und zwar im Umfeld der ersten Sinnbildung, an dem Sinn noch unverfälscht war, der Sinn der Idealisierung als Idealisierung also voll verstanden wurde und reaktivierbar war. Dies nachzuweisen bleibt Husserl jedoch schuldig.

Gleichwohl gibt es auch hier einen allgemeinen Zusammenhang, den Husserls Technikbegriff offenlegt. Indem technische Leistungen auf anderen technischen Leistungen aufbauen und jeder Bereich allenfalls im Ausschnitt erfaßt werden kann, kommt es zu Phänomenen, die in Husserls Sinn krisenhaft sind, den engeren Rahmen seiner Analyse aber verlassen. Zu denken ist an zwei Phänomenbereiche: Emergente Fehler, wie sie in der Technikfolgenabschätzung oder in der Informatik Thema sind, sowie hochtechnisierte Wissenschaften. Emergente Fehler entstehen, wenn die einzelnen Komponenten eines Systems fehlerfrei sind, aber die Interaktion der Komponenten zu Systemfehlern führt. Beim Systementwurf werden Leistungen (der Komponenten) in Anspruch genommen, die allenfalls partiell rekonstruiert werden können. Ähnliches gilt für hochtechnisierte Forschungsbereiche. Wenn Entdeckungen technisch derart voraussetzungsreich werden, daß kein einzelner Wissenschaftler diese Voraussetzungen zu überblicken in der Lage ist (siehe das Beispiel CERN), steht in Frage, welche Effekte technisch und welche natürlich sind. Die philosophische Reflexion hochtechnisierter Wissenschaften, etwa im Bereich der Simulationen, ist ein Antwortversuch auf das von Husserl beschriebene Krisenpotential von Technik: durch Sinnentlastung Leistungen zu ermöglichen, die im Widerspruch zum Aufklärungsgedanken von Wissenschaft geraten können, sofern diese nämlich am Wahrheitsanspruch festhält. Die Phänomenologie Husserls sucht aus dieser umfassenden, wissenschaftlichen und politischen Krise einen Ausweg zu bieten, indem sie die Grundlage jeglicher Sinnabstraktion freizulegen versucht: Lebenswelt und Subjektivität als Fundament von Wissenschaft und vernünftiger Kultur.

Andreas Kaminski

Don Ihde: Technology and the Lifeworld. From Garden to Earth
Bloomington, IN: Indiana University Press 1990, 226 S.

Der amerikanische Philosoph Don Ihde (geb. 1934), Professor an der State University von New York in Stony Brook, ist einer der bedeutendsten und wirkmächtigsten Technikphilosophen der Gegenwart. Er hat bis heute über ein Dutzend Monographien zu mehr oder weniger technikphilosophischen Themen veröffentlicht, von denen neben „Technics and Praxis" (Dordrecht 1979) das hier besprochene Buch „Technology and the Lifeworld. From Garden to Earth" das wichtigste sein dürfte. Eine deutsche Übersetzung dieses Buches existiert bislang nicht.

Ihdes Technikphilosophie ist dezidiert phänomenologisch orientiert, d.h. der gesamte Bereich von Technik und Technologie wird primär ausgehend von seiner lebensweltlichen Erfahrungsweise thematisiert; was überhaupt Technik ist, die technikphilosophische Grundfrage also, wird im Rahmen eines phänomenologischen Ansatzes über die Gegebenheitsweisen von und Umgangsweisen mit Techniken ergründet. Anders als anthropologische Ansätze in der Technikphilosophie, wie z.B. Arnold Gehlen (s. dort), André Leroi-Gourhan (s. dort) u.a., versuchen Don Ihde und die phänomenologische technikphilosophische Tradition zu klären, ja, allererst einmal adäquat zu beschreiben, *wie es ist*, in einer technischen Weise zu existieren.

Nun scheint es ja aber doch so zu sein, daß die Lebenswelt des Menschen immer schon technologisch geprägt ist, was einem anthropologischen Ansatz in der Technikphilosophie in die Hände zu spielen scheint. Wie sollte man aber die Spezifik technischen Handelns und Denkens bestimmen können – eine Grundanforderung für eine ernstzunehmende, nicht-zirkulär argumentierende Technikphilosophie –, wenn es keinen Standpunkt der Beschreibung außerhalb der wie immer auch technisch geprägten Lebenswelt gäbe? Hier bedient sich Don Ihde eines altbewährten Kunstgriffs der Philosophie, wie wir ihn seit Platons Höhlengleichnis kennen, nämlich des Rückgriffs auf einen erklärenden Mythos. Auch wenn es einen nicht-technischen Zustand des Menschen niemals gegeben haben mag, kann doch die Fiktion eines solchen Zustandes in einem Paradies-Garten, dem „New Eden", helfen oder überhaupt allererst erlauben, das kulturelle Bewohnen (*inheritance*) einer Erde – als dem Gegenbild zum nicht-technischen Garten – zu verstehen. Die Konzeption einer nicht-technischen Gartenexistenz als Adam oder Eva ist möglich, weil es ja durchaus auch heute nicht technisch vermittelte, direkte ('existentielle') Erfahrungen gibt, welche sozusagen ‚Erinnerungen an den Garten' sind – seine Beispiele sind etwa leibliche Erfahrungen von Hitze oder Kälte, Wind und Wetter bis hin zu solchen, die man beim Liebesakt auf einem Moosbett im Wald zu haben scheint (S. 15). Der Garten wäre dann der fiktive Zustand des Menschseins, in dem es *nur* nicht-technisch vermittelte Erfahrungen gäbe; auch wenn zwar in einem solchen ‚Garten' kein Mensch jemals aktual existierte, so läßt sich doch vor dem Hintergrund dieser Fiktion die Besonderheit, aber auch die Kontingenz unserer wie immer auch technischen Kultur erkennen, so wie überhaupt die „technologische Textur" (S. 1, 224) unserer Lebenswelt (Ihde gebraucht das Wort ‚technologisch' leider oft in der Weise, wie in der deutschsprachigen Technikphilosophie das Wort ‚technisch' gebraucht wird). Es ist auch das Bewußtsein der Nicht-Notwendigkeit der technologischen Kultur und ihrer jeweiligen Bestimmtheit, welches einen phänomenologischen Ansatz wie denjenigen Ihdes von einem anthropologischen Ansatz unterscheidet, der die Technik oder gar bestimmte Technologien als Notwendigkeiten menschlichen Existierens auszuweisen versucht.

Jede noch so minimale Kultur ist jedoch meilenweit vom ‚Garten' entfernt, denn „every area of praxis implicates a technology" (S. 20). Umgekehrt sind Artefakte und Technofakte (dies sind Artefakte, die aus nicht-natürlichen, eigens technisch produzierten Materialien bestehen, etwa Kunststoffen, vgl. S. 70) nicht isolierbar von den Praxen, in denen sie verwendet werden. (Ihde scheint sich bei der Metapher des ‚Gartens' nicht daran zu stören, daß ja, um von einem Garten i. U. zur Wildnis sprechen zu können, irgendwelche i.w.S. technischen Eingriffe stattgefunden haben müssen.) Techniken und Technologien stehen daher nicht für sich und müssen immer in ihrer kulturellen Einbettung thematisiert werden.

Im dritten Kapitel ruft Ihde drei Mentoren für eine solche kulturell eingebettete Lebenswelt-Phänomenologie auf: Erstens Martin Heidegger (s. dort), der mit seiner Zeug-Ding-Analyse in „Sein und Zeit" (§§ 14–18) die Praxiseinbettung schon selbst einfachsten Werkzeuggebrauchs beschrieben hat; zweitens Edmund Husserl (s. dort), der im § 8 seiner Schrift „Die Krisis der europäischen Wissenschaften und die transzendentale Phänomenologie" Galilei Galileo als den Prototypen einer von den Phänomenen und ihrer Fülle-Qualitäten sich abhebenden, quantifizierenden Denkweise beschreibt und damit den Raum der Denkmöglichkeiten wieder erschließt, aus dem heraus die Abstraktionen und Reduktionismen neuzeitlich-physikalischen Denkens erfolgen; und drittens, für Ihde wohl am wichtigsten, Maurice Merleau-Ponty, der in seinem Buch „Phénoménologie de la perception" wie kein anderer Phänomenologe vor ihm auf die Leiblichkeit der sinnlichen Erfahrungen aufmerksam machte, unter anderem anhand der erstaunlichen Phänomene der Inkorporierung bzw. ‚Einverleibung' (*embodiment*) von Artefakten in der räumlicher Wahrnehmung, wie etwa die berühmte Feder auf dem Hut der Dame, die als Wahrnehmungsorgan für Türhöhen fungieren kann, oder wie der Blindenstock, mit dessen Spitze der Blinde ‚sieht' etc.

Auf der Grundlage einer solchen materialen Phänomenologie entwickelt Ihde dann im Kapitel 5 des Buches die zentralen Momente einer *phenomenology of technics*. Eine solche Phänomenologie der Technik muß auf die elementaren Praxis-Verhältnisse, in denen die Menschen über ihre Techniken in Verbindung zur Welt stehen, fokussieren, ja mehr noch, Techniken können überhaupt adäquat nur als Momente solcher lebensweltlichen bzw. existenziellen Verhältnisse beschrieben werden. Ihde stellt vier solcher lebensweltlichen Mensch-Technik-Welt-Relationen heraus.

Die *erste* Art von Verhältnissen, in denen Mensch, Technik und Welt stehen können, sind eben die vorangehend besprochenen *embodied relations*. Die Menschen gehen in diesen Verhältnissen mit Artefakten solchermaßen um, daß sie in der Praxis gleichsam mit ihnen verschmelzen (wie z.b. beim Sehen vermittels Brillen oder Ferngläsern); in dieser Einheit mit den Artefakten beziehen sie sich zugleich auf die Welt, nach dem Schema: (*Human-technology*)-*World*. Durch die Klammern deutet Ihde den in den Verhältnissen jeweils lebensweltlich opak bleibenden Bereich an. Durch die Analyse dieses Verhältnisses einer ‚Einverleibung' von Artefakten wird deutlich, daß es keine wahrnehmungsneutrale technische Vermittlung gibt; Techniken und Artefakte haben nicht nur instrumentellen, sondern immer auch einen transformierenden, medialen Charakter: „In extending bodily capacities, the technology also transforms them" (S. 75). Artefakte können allerdings nicht vollständig einverleibt, d.h. vollständig transparent und damit nicht wahrnehmbar sein, weil sonst überhaupt nicht mehr von einem *Verhältnis* zu ihnen gesprochen werden könnte.

Die *zweite* Art der Verhältnisse, in denen lebensweltlich Mensch, Technik und Weltzustände selbst zu stehen kommen (können) sind die *hermeneutic relations*. Die Menschen thematisieren in ihnen das Verhältnis ihrer Techniken zur Welt gemäß dem Schema: *Human-*(*technology-World*). Arte- und Technofakte werden also nicht, wie im Verhältnis des *embodiments*, einverleibt und zur Transparenz gebracht, sondern *an ihnen* wird abgelesen, was in der Welt vor sich geht. Ihdes Beispiele hier sind Meßgeräte aller Art, etwa das Thermometer. Daß es kalt ist, kann man durch das Thermometer nicht selbst *erfahren*, sehr wohl aber an ihm *ablesen* – gegeben das Wissen um die Zusammenhänge von Artefakt und Welt, vor deren Hintergrund die durch die Messung gelieferten Daten interpretiert werden können. Auch schon elementare schamanistische Praktiken des ‚Lesens' in den Eingeweiden von Opfertieren, im Vogelflug oder im Kaffeesatz folgen diesem Schema, insofern sie als hermeneutische Verfahren Aufschluß über Weltverläufe geben sollen. Das Paradigma dieser Techniken ist die *Schrift/Einschreibung* und das Verhältnis zu diesen Techniken demgemäß ein ‚Lesen' im Sinne einer hermeneutischen Sinnproduktion im weitesten Sinne.

Die *dritte* Art des Verhältnisses von Mensch, Technik und Welt bilden die *alterity relations*. Damit ist gemeint, daß Techniken und Artefakte lebensweltlich in einem Objektverhältnis vorkommen können. Anders als Heidegger, der die Dinghaftigkeit von Artefakten wie etwa Werkzeugen im Wesentlichen negativ über die Defizienz ihres *embodiments* konstruiert, schlägt Ihde hier eine positive Phänomenologie der Alteritätsbeziehung zur Technik nach dem Schema *Human-technology-*(*World*) vor: Zwischen der Andersheit unbelebter Dinge (im Sinne bloßer Objekthaftigkeit) einerseits, andererseits der Andersheit lebendiger Organismen, etwa Tieren, können Menschen zu Artefakten, vom Spielzeug-Kreisel bis zum humanoiden Roboter oder zu Computerprogrammen, eine Alteritätsbeziehung eingehen, in der den Artefakten eine relative Eigenständigkeit zugesprochen wird. Die Faszination, die von technischen Konstruktionen und vor allem von Automaten ausgeht, ist das Paradigma einer solchen Alteritätsbeziehung. Der Zusammenhang zwischen Artefakt und Welt wiederum muß dabei überhaupt nicht in den Blick kommen (im Schema eingeklammert), das Artefakt bildet vielmehr selbst einen Bestandteil der Welt. Ihde weist darauf hin, daß Technikobjektivisten *dieses* Verhältnis zur Technik als das primäre ausweisen und die beiden vorangegangenen Relationen zumeist gar nicht in Blick bekommen.

Diese drei Mensch-Technik-Welt-Verhältnisse, zwischen denen es mannigfaltige Übergänge und Mischformen gibt, sind allesamt ‚direkt' und ‚fokal', d. h. sie rücken die jeweilige Technik in einer bestimmten Weise in den Vordergrund. Davon muß nun ein *viertes* Verhältnis zur Technik unterschieden werden, in dem genau dies nicht (mehr) geschieht. Dies sind die *background relations*, die wir lebensweltlich zu Techniken besitzen, die sich im Hintergrund unserer Lebensvollzüge abspielen. Zu denken ist hier an alle im weitesten Sinne automatisierten Abläufe – elementar schon bei der Vogelscheuche, die eine automatisierte Abwehr von Schädlingen darstellt bis hin zu heutigen automatisierten Systemen von Energie und Wasserbereitstellung, die im Hintergrund unserer Lebenswelt ablaufen und nur im Störungsfall sich bemerkbar machen. Typisch für diese Techniken ist eben ihre Unmerklichkeit aufgrund selbstverständlicher Inanspruchnahme. Zu ihnen haben wir nur ein indirektes Verhältnis. Paradigmatisch für dieses Technikverhältnis sind die Techniken des Wohnens und des Kleidens.

In allen diesen Verhältnissen werden bestimmte ideale, dann wiederum oftmals utopisch oder dystopisch bewertete Zielvorstellungen bzw. Limesgestalten (‚*telics*') gebildet: Das Ideal der *embodiment relation* etwa ist die vollkommen transparente Technik, die als solche von uns völlig reibungslos in Gebrauch genommen nicht mehr in Erscheinung tritt, die Idealvorstellung der Alteritätsbeziehung dagegen der völlig autonome Roboter – zwei offensichtlich einander widerstrebenden Ideale. Die Limesgestalt der *background relation* wiederum ist die Totalität und Dominanz der technologischen Kultur, wie sie in einem für die Technik wesentlichen Sinne Martin Heidegger, Herbert Marcuse (s. dort), Hans Jonas (s. dort) oder Jacques Ellul (s. dort) an die Wand gemalt haben. Im Rahmen eines solchen Denkens kann uns dann wahlweise nur noch ein Gott, die Revolution oder ein ökologisch totalitärer Staat retten; nach Ihde eine fehlerhafte Folgerung, weil sie nicht in Rechnung stellt, daß Techniken immer kulturell eingebettet sind und durch diese lebensweltliche Einbettung selbst niemals dominant und determinierend in Bezug auf die Lebenswelt als Ganze auftreten können. Selbst die in diesem Zusammenhang oft und gern gestellte Frage, ob man ‚die Technik' selbst steuern (*control*) könne oder nicht, ist nach Ihde eine schon falsch gestellte Frage, denn sie faßt die Technik als Ganzes selbst wie etwas Instrumentelles auf (das sich eben dann auch ‚verselbständigen' könnte). Weder läßt sie sich steuern, noch steuert sie uns – genau so gut könnte man fragen, ob eine Kultur steuerbar ist oder sich verselbständigen könne, was eine offensichtlich schiefe Fragestellung ist.

Sowohl dystopische Entwürfe einer Dominanz der Technik über die Lebenswelt, als auch die utopischen einer kulturexternen Techniksteuerungsmöglichkeit lassen sich phänomenologisch weder widerlegen noch bestätigen. Der Phänomenologie der Technik muß daher, wenn es um solche Fragen der Einschätzung geht, ein zweites und ein drittes technikphilosophisches Programm zur Seite gestellt werden, nämlich einerseits dasjenige einer Kulturhermeneutik (*cultural hermeneutics*) und, darauf aufbauend, ein prognostisches Programm des Vorzeichnens von zukünftigen Lebensweltgestalten (*lifeworld shapes*). Mit vielen anschaulichen Beispielen gelingt es Ihde zu zeigen, daß zwar oftmals Techniken, nicht unbedingt aber die dazu gehörigen Technologien – die diesen Techniken zugrundeliegenden Denkformen – Gegenstand des kulturellen Austausches sind. Andere Techniken können durchaus stabil, aber mit notwendig anderer Bedeutung als im Kontext der Ursprungskultur in die eigene Kultur eingebettet werden. Aufgrund dessen ist auch mit einer global einheitlichen Technologie so wenig zu rechnen wie mit einer global einheitlichen Sprache oder einer global einheitlichen Eßkultur. Mögen auch in bestimmten Segmenten der Lebenswelt kulturübergreifende Vereinheitlichungen stattfinden – sie gehen einher mit der Plurifizierung der Lebensstile.

Ein Effekt der technologischen Entwicklung und der sich damit mehr und mehr herausbildenden Gestalt der erdweiten Lebenswelt ist gerade die ‚Plurikulturalität' als die Eigenschaft einer Kultur, Techniken bzw. Praktiken einer anderen Kultur in sich aufzunehmen. Ihde demonstriert dies anschaulich an der Entwicklung von Musik- und Kochstilen, wo wir gerade keine generelle Vereinheitlichung, sondern vielmehr eine plurikulturelle Bereicherung einer jeden Kultur feststellen können – was geradezu als ein Modell der globalen Entwicklung von Technik jenseits von utopischen und dystopischen Interpretationen aufgefaßt werden kann. Diejenigen aber, die von einer einheitlichen und notwendigerweise so und nicht anders verlaufenden Trajektorie der Technikentwicklung ausgehen, liegen notwendigerweise falsch. Es geht nach Ihde gerade darum, die Kontingenz der globalen Technikentwicklung einzusehen, um die Verantwortung im Sinne einer Treuhänderschaft (*stewardship*) für die von uns bewohnte Erde wahrnehmen zu können – womit sich die hier abzeichnende Ethik der technischen Zivilisation Ihdes mit derjenigen von Hans Jonas berühren würde.

Don Ihdes Buch zeigt, wie auf einer material-phänomenologischen Grundlage – d.h. ohne starke anthropologische Grundannahmen, wie sie in der Technikphilosophie leider nur allzu häufig auftreten – eine Analyse unserer wie immer auch technisch vermittelten Weltbezüge im Sinne einer Phänomenologie der Technik gelingen kann.

Andreas Luckner

Karl Jaspers: Die geistige Situation der Zeit
Berlin/Leipzig: de Gruyter 1931 (Sammlung Göschen Bd. 1000), 191 S.

Karl Jaspers (1883–1969) ist der Hauptvertreter der deutschen Existenzphilosophie (neben Martin Heidegger, s. dort, der sich indessen gegen die Zurechnung zur Existenzphilosophie stets gewehrt hat). Jaspers begann zunächst als medizinischer Psychologie, seine „Allgemeine Psychopathologie" (1913) galt eine Generation lang als das Grundlagenwerk der Psychiatrie. 1922 übernahm Jaspers einen Lehrstuhl für Philosophie an der Universität Heidelberg. 1937 wurde er im Hinblick auf die jüdische Herkunft seiner Frau Gertrud in den vorzeitigen Ruhestand versetzt. 1945 gehörte er zu den führenden Köpfen der Demokratisierung der wiedereröffneten deutschen Universitäten aus dem Geiste des klassischen Bildungsideals. 1931 erschien der Sammlung Göschen seine kleine Schrift „Die geistige Situation der Zeit", in der er die „gegenwärtige Daseinsordnung" als eine durch „Technik und Apparat" geprägte Form des Massendaseins beschreibt – eine Charakteristik, die er auch später in den Arbeiten nach 1945 beibehalten hat.

In den ersten Nachkriegsjahren galt dieses Buch als Programmschrift einer Haltung, die aus Liberalität und personaler Verantwortlichkeit sich gegen Tendenzen stemmte, die unter anderem auch zum Nationalsozialismus führten. Als Jaspers 1948 einem Ruf an die Universität Basel folgte, ließ sein politischer Einfluß in Deutschland merklich nach, und mit zunehmender Orientierung an dem Stil eines präzisen analytisch-wissenschaftlichen Sprechens verlor auch seine schwebende, den Gegenstand umkreisende Redeweise an Attraktivität.

Jaspers' Stil im vorliegenden Werk ist appellativ. Er analysiert nicht Sachverhalte, sondern läßt sie aufscheinen, indem er sie unter verschiedenen Blickwinkeln benennt und die benannten Eindrücke zu einer Art Erlebnis zusammenfließen läßt. Selten wird man daher bei ihm eindeutige Aussagen finden. Man muß sich mit dieser Weise der Denkbewegung dessen, was Jaspers „erhellendes Sprechen" nennt, vertraut machen, wenn man sich seinen Zeitdiagnosen stellen will; seine Aussagen eignen sich nicht zum Gegenstand argumentativer Auseinandersetzung, sondern wollen Betroffenheit wecken. Worauf seine Beschreibung abzielt, ist die „erweckende Prognose", in der „gegen eine Welt vollkommener Glaubenslosigkeit ... in ihr die Maschinenmenschen, die sich und ihre Gottheit verloren", das „Selbstsein des Menschen" als Inhalt eines existentiellen Sollens und Könnens heraufgerufen wird. „Es könnte in der Nivellierung des äußeren Daseins, welche unausweislich scheint, die Ursprünglichkeit des Selbstseins am Ende um so entschiedener werden. Im Aufraffen am Rande des Untergangs könnte der unabhängige Mensch entstehen, der faktisch die Dinge in die Hand nehmen und das eigentliche Sein bedeuten würde" (S. 190).

Der Tonfall, in dem dieser positive Ausblick am Ende des Buches gehalten ist, zeigt deutlich, daß Jaspers' Philosophieren dem kulturkritischen Traditionsstrang zugehört, der seit dem 19. Jahrhundert an Breite und Stärke zugenommen hat. Unverkennbar ist die Parallele zu José Ortega y Gassets (s. dort) „Der Aufstand der Massen" (Madrid 1929, deutsch 1931); man wird auch an Gustave Le Bon („Psychologie der Massen", Paris 1895) denken dürfen. Technik und Apparat werden (in dieser verallgemeinerten Form als oberste lebensweltliche Gattungsbegriffe) als Bedingungen des Menschsein verstanden. „Technische Daseinsordnung und Masse gehören zusammen. Die große Maschinerie muß eingestellt sein auf Masseneigenschaften: ihr Betrieb auf die Masse der Arbeitskräfte, ihre Produktion auf die Wertschätzungen der Masse der Konsumenten. Die Masse scheint herrschen zu müssen, aber es zeigt sich, daß sie es nicht vermag. Sie scheint ein Ungeheuer, aber sie verschwindet, wo ich sie fassen möchte. ... Der Mensch ist, wenn er als Masse da ist, doch in der Masse nicht mehr er selbst. Masse löst einerseits auf; in mir will etwas, das ich nicht bin. Masse isoliert andererseits den Einzelnen zum Atom, das seiner Daseinsgier preisgegeben ist. ... Die Massenordnung baut einen universalen Daseinsapparat auf, der die eigentliche menschliche Daseinswelt zerstört" (S. 28, S. 31, S. 32f.).

Die Spannung zwischen Massenordnung und dem Willen zum Selbstsein ist unaufhebbar. Die meisten gehen in ihrer Funktion im Apparat auf, „Menschen ohne Schicksal und ohne eigentliche Menschlichkeit" (S. 41). Die Technik als Daseinswelt ist das Korrelat dieser „Massenordnung". Sie stellt die Mittel bereit, die die Massengesellschaft in Funktion halten und die die Versorgung der Massen sicherstellen. Der erste Teil des Buches ist in immer neuen Wendungen der „Krise der gegenwärtigen Daseinsordnung" gewidmet. „Jede Objektivität ist zweideutig geworden; das Wahre scheint im unwiederbringlich Verlorenen, die Substanz in der Ratlosigkeit, die Wirklichkeit in der Maskerade", heißt es zum Abschluß dieses Krisenszenarios (S. 70).

Aber dabei soll es nicht bleiben. Der Mensch muß gegen die von technischen und ökonomischen Systemzwängen bestimmte Lebenswelt wieder zu sich selbst finden. „Technik, Apparat und Massendasein erschöpfen nicht das Sein des Menschen. ... Sie stoßen auf ihn selbst, der noch anderes ist" (S. 61). Was er selbst sein kann, verwirklicht sich in der Spannung zwischen Verantwortung und Machtausübung. Im Kampf um die Macht, durch die der Mensch sich über die Nivellierung in der Masse erheben kann, kommt er zur geschichtlichen Existenz. Das Feld dieser Selbstverwirklichung ist der Staat, und zwar jeweils der bestimmte eigene Staat. „Darum ist der Staat anzusehen nicht nur als die Funktion der Sicherung gesetzlicher Ordnung, sondern als die Stätte des Kampfes um die Art und Richtung der irgendwo unausweichlichen Gewaltanwendung. ... Das geschichtliche Wollen auch des Einzelnen kann aber nur in der Identifizierung mit seinem einzelnen Staat wirksam werden" (S. 80f.). Während der Funktionär sich von der Masse abhängig macht, ist es der „Führer, der als Persönlichkeit mit seiner Sache zum Dasein einer Welt verschmilzt" (S. 45) und der für den Menschen in der Masse zum Medium „staatlichen Schicksalsbewußtseins" wird. Aber es bleibt fraglich, ob „die Durchschnittsnatur des Menschen überhaupt ... eine Mitverantwortung als Staatsbürger durch Mitwissen und Mitentscheiden der Grundlinien faktisch in ihr Leben aufzunehmen" (S. 87) fähig ist. Erziehung ist darum die vornehmste Aufgabe des Staates. Sie soll wieder werden, „was sie in ihren besten Augenblicken war, die Ermöglichung, in geschichtlicher Kontinuität ein Mensch im Selbstsein zu werden" (S. 94), und sie zielt auf eine „Elite, die sich selbst durch Disziplin des inneren Handelns erwählt" (S. 95). Das Reich, in dem sich diese Elite konstituiert, ist „eine zweite Welt, die des Geistes" (S. 101). Allerdings: „In unserem Zeitalter der Massenordnung, Technik, Ökonomik ist ... mit dem Menschsein der Geist in der Gefahr, in seinem Grunde zerstört zu werden" (S. 101). Aber die Gefahr läßt auch die ihr begegnende Haltung entstehen: „Der Mensch, herausgerissen aus der bergenden Substanz stabiler Zustände in den Apparat des Massendaseins, durch Verlust seiner Religion in der Glaubenslosigkeit stehend, denkt entschiedener über sein eigenes Sein nach. Daraus entwickeln sich die typischen dem Zeitalter adäquaten philosophischen Gedanken" (S. 129). In der Philosophie gelingt dem Menschen der Durchbruch zum Selbstsein – aber nicht in der Fokussierung wissenschaftlichen Denkens auf einen Gegenstand, sondern nur als Existenzphilosophie, das heißt als „das alle Sachkunde nutzende, aber überschreitende Denken ... In die Schwebe gebracht durch Überschreiten aller das Sein fixierenden Welterkenntnis (als philosophische Weltorientierung) appelliert es an seine Freiheit (als Existenzerhellung) und schafft den Raum eines unbedingten Tuns im Beschwören der Transzendenz (als Metaphysik)" (S. 145).

Auf diesem Boden der Existenzphilosophie kann auch die Technik wieder einen menschlichen Sinn gewinnen. „Mit der Technisierung ist ein Weg beschritten, der weitergegangen werden muß. Ihn rückgängig zu machen, hieße das Dasein bis zur Unmöglichkeit erschweren. Es hilft nicht zu schmähen, sondern zu überwinden" (S. 167). Die Überwindung des Apparats leistet der „eigentliche Adel menschlicher Existenz". Und weiter: „Das Problem des menschlichen Adels ist jetzt die Rettung der Wirksamkeit der Besten, welche die Wenigsten sind" (S. 173). Politisch bedeutet das: „Massen kommen erst in Bewegung durch Führer, die ihnen sagen, was sie wollen" (S. 176). Dem Einzelmenschen, der sich über den notwendigen und nützlichen Betrieb des Alltags erhebt und den Funktionen des Betriebs einen geschichtlichen Sinn geben kann, kommt der Rang geistigen Adels zu. „Der Adel des Menschseins kann das philosophische Leben heißen. ... Als das philosophische Leben ist dieses Menschsein, ohne welches der äußeren Wirklichkeit des Weltdaseins die Seele fehlt, der letzte Sinn philosophischen Denkens; an ihm allein hat systematische Philosophie ihre Bewährung. In der Weise seines philosophischen Lebens liegt die Zukunft des Menschen" (S. 179). Der Appell an die Elite des Geistesadels ist Jaspers' letztes Wort: Hier liegt für ihn die Möglichkeit, dem diagnostizierten Verfall Einheit zu gebieten, das wäre der Sinn der „erweckenden Prognose".

Das existenzerhellende Sprechen entzieht sich einer rationalen Kritik. Es erzeugt Einverständnis oder Ablehnung, die sich nicht im Diskurs bilden, sondern auf Haltungen gründen. Es liegt in einer Willensentscheidung des Lesers, nicht in einer Konsequenz von Argumenten, ob er Jaspers folgen will, wenn dieser die existentielle Freiheit nur als ein kurzes Erwachen der Menschheit versteht, „zwischen zwei unermeßlichen Schlafzuständen, von denen der erste als Naturdasein war, der zweite als technisches Dasein wird" (S. 189 f.).

Das geschichtsphilosophische Konzept, das Jaspers vorträgt, bleibt doppeldeutig. Auf der einen Seite schildert er den „Prozeß der Nivellierung, den man mit Grauen erblickt" (S. 68) als unwiderrufbar und strukturelle Folge der Vermassung; dies scheint ein soziologisch begründeter Geschichtspessimismus zu sein. Auf der anderen Seite appelliert er an die existentiellen Werte des Selbstseins, deren Ursprung er aber weder soziologisch noch psychologisch begründen, sondern nur in einem Akt der Erweckung beschwören kann. „Es ist nicht ausgeschlossen, daß in den Bindungen des Riesenapparats so viel Lücken bleiben, daß es für Menschen, die es wagen, in einer anderen Gestalt als der erwarteten möglich ist, ihre Geschichtlichkeit aus eigenem Ursprung zu verwirklichen" (S. 190). Das sind dann die unabhängigen Menschen, die die Dinge in die Hand nehmen und ein eigentliches Sein verwirklichen. Allerdings ist kaum auszumachen, was Wörter wie „Ursprung", „unabhängig", „die Dinge in die Hand nehmen", „eigentliches Sein" konkret bedeuten mögen. Angesichts dieser Undeutlichkeiten ist schwer zu sagen, ob die Dichotomie von Massendasein und Selbstsein überhaupt die „geistige Situation der Zeit" richtig beschreibt.

Hans Heinz Holz

Hans Jonas: Das Prinzip Verantwortung. Versuch einer Ethik für die technologische Zivilisation

Frankfurt/M.: Insel 1979; zit. nach der TB-Ausgabe, Frankfurt/M.: Suhrkamp 1984 (st 1085), 426 S.

Erst spät ist Hans Jonas (1903–1993) zum Wortführer einer Zeitströmung geworden. 1979 erschien sein Buch „Das Prinzip Verantwortung" und wurde sofort zum Publikumserfolg, nachdem zehn Jahre lang vorhergehende Teilveröffentlichungen fast unbeachtet geblieben waren. Daß Jonas fünfzig Jahre vorher ein Standardwerk über die am meisten ausgebreitete und in viele Strömungen differenzierte Weltanschauung der Spätantike geschrieben hatte („Gnosis und spätantiker Geist", 2 Bände, Göttingen 1934), ist dagegen weniger bekannt.

Und doch ist die „Ethik für die technologische Zivilisation", die er entwirft, nicht richtig zu würdigen, wenn man nicht den Hintergrund der gnostischen Weltverständnisses mitsieht, dem sein Jugend- und Hauptwerk gegolten hat. Es ist Gemeingut der gnostischen Lehren, daß der Geist, indem er sich in die Materie entäußert, sich zum Unheil wendet und nur durch eine innere Umkehr aus dem Wissen um seine göttliche Herkunft wieder zum unentfremdeten Ursprung zurückkehren könne. Wenn wir am Anfang des „Prinzip Verantwortung" lesen, „daß die Verheißung der modernen Technik in Drohung umgeschlagen ist" (S. 7) und daß die Macht des Menschen über die Natur „ihm zum Unheil zu werden" drohe, wenn wir dann weiter am Ende lesen, es komme auf die „Hütung des Ebenbildes" an und auf „die Ehrfurcht für das, was der Mensch war und ist, ... indem sie uns ein ‚Heiliges', das heißt unter keinen Umständen zu Verletzendes enthüllt" (S. 393) – dann wird das gnostische Schema von Verirrung und Rettung im modernen Gewande eines „Tractatus technologico-ethicus" (S. 9) wiedererkennbar. Der Gnosis-Forscher Gilles Quispel hat einmal vom gnostischen „Erlösungsdrama der Seele" gesprochen; Hans Jonas' Ethik liefert zu diesem Drama gleichsam die Dramaturgie.

Was zwischen diesem Anfang und diesem Ende liegt, ist dann allerdings durchaus nicht eine spiritualistische Heilslehre. Die Beschreibung der neuen Dimension des Verhältnisses Mensch-Natur, die methodische Begründung der Verantwortungsethik in der Ungewißheit prognostischer Verfahren, die metaphysische Begründung in der Sonderstellung des Menschen gegenüber der Natur – das sind Teilstücke aus Jonas' Konzept, die auch bei anderen Autoren unserer Zeit vorkommen und die nicht mystisch erfahren zu werden brauchen, sondern rationalen Plausibilitätskriterien unterliegen.

Wenn Jonas ausdrücklich (aber leicht widerlegbar) behauptet, bis heute fehle eine Theorie der Verantwortung, die er nun liefern wolle (S. 9), ist es doch erstaunlich, wie unscharf und mehrdeutig er den Begriff Verantwortung gebraucht. Er benutzt den Ausdruck „verantwortlich" sowohl für die zivilrechtliche Haftung als auch für die strafrechtliche Schuld, und nur einem Nicht-Juristen kann es so leicht fallen, das Kriminalrecht unter den Sühnegedanken zu stellen (S. 172f.) und eine Entmischung legaler und moralischer Schuldbegriffe in der Unterscheidung zivilrechtlicher und strafrechtlicher Betrachtungsweise zu sehen. Er läßt diesen Faden dann aber wieder fallen und behandelt im weiteren Verantwortung im Hinblick auf eine zu erfüllende Aufgabe. Da aber entgeht ihm der Konflikt zwischen Funktion und Moral: So trug zum Beispiel ein deutscher Truppenführer in der letzten Phase des Zweiten Weltkriegs die Verantwortung dafür, daß die Rheinbrücken gesprengt wurden – vor seiner Vernunft und Moralität aber konnte er den unsinnigen Befehl nicht mehr verantworten. Das ist ein Dilemma. Die Frage nach der Instanz, der gegenüber ein Handelnder sich zu verantworten hat – Gott, die Idee der menschlichen Gattung, der Vorgesetzte, das Gesetz usw. – und die moralische Qualifikation der Instanz können nicht vernachlässigt werden. Man kann wohl eine moralische Theorie nicht auf ein „Prinzip" Verantwortung gründen, sondern Verantwortung muß sich als Verhaltenskategorie in einem umfassenderen ethischen System konkretisieren. So spricht Jonas dann auch von der „heute fälligen Ethik der Zukunftsverantwortung", und es ist nicht eigentlich die Verantwortung das Prinzip, sondern das, was er als menschenwürdiges Überleben der Gattung und der Individuen auffaßt und wofür er in normativer Absicht Kriterien setzt.

Jonas entwickelt eine Theorie neuer ethischer Imperative für ein Zeitalter, dem größere Möglichkeiten als je zuvor zur Veränderung und Zerstörung von Natur und Menschheit gegeben sind; er postuliert eine Ethik, die die ferne Zukunft des Menschengeschlechts zu berücksichtigen habe, wenn sie Regeln für das Handeln hier und jetzt aufstelle. Was aber nun eigentlich Verantwortung als ethisches Prinzip für wen bedeute, wird nur sehr summarisch gesagt. Ich finde zwei Stellen, die eine Art Begriffsbestimmung dieses für das Werk zentralen Prinzips darstellen. „Daß es in alle Zukunft eine Welt geben soll, eine Welt, geeignet für menschliche Bewohnung – und daß sie in alle Zukunft bewohnt sein soll von einer dieses Namens würdigen Menschheit" – das wird als „praktische Verpflichtung gegenüber der Nachwelt einer entfernten Zukunft und als Prinzip der Entscheidung in gegenwärtiger Aktion" bezeichnet, die „als ein allgemeines Axiom" gilt (S. 33f.). Das kann so aufgefaßt werden, daß wir uns selbst Rechenschaft schuldig sind, diese Forderung nicht zu verletzen. Am Schluß findet sich dann eine quasi als Definition zu verstehende Formulierung: „Verantwortung ist die als Pflicht anerkannte Sorge um ein anderes Sein, die bei der Bedrohung seiner Verletzlichkeit zur ‚Besorgnis' wird" (S. 391).

Für ein präziseres Verständnis von Verantwortung und Verantwortlichkeit sind diese Bemerkungen zu mager. In der Diskussion, die nach dem Ersten und nach dem Zweiten Weltkrieg geführt wurde, gab es differenziertere Fragestellungen, die durch Sachverhaltsbeschreibungen die Aspekte des Phänomens einzukreisen versuchten; Verantwortung wurde zum Beispiel verstanden als

– Antwort auf einen Vorhalt, der gemacht wird;
– Einstehen für eine Unterlassung; Rechenschaftslegung;
– Darlegung von Gründen für ein Verhalten;
– Konfrontation mit einem anderen angesichts eines Verhaltens;
– Bereitschaft, die materiellen und moralischen Folgen eines Verhaltens zu tragen;
– Identifikation der eigenen Person mit einem Verhalten, dem eigenen oder einem fremden.

Daraus ergibt sich: Verantwortung bezieht sich auf „ein Gegenüber, vor dem sich diese Verantwortung vollzieht". Legt man dieses Modell zugrunde, so hat Verantwortung eine Referenzinstanz; das gilt z.b. ebenso für einen religiösen wie für einen personalistischen wie für einen kommunikationstheoretischen Ansatz, wenn auch die Instanz jeweils eine andere ist. Jonas sieht die Referenzinstanz in einer zukünftigen Menschheit, aber er läßt den Wertewandel und die Einstellungsveränderungen außer Betracht, die sich im Verlauf des geschichtlichen Prozesses vollziehen können und werden. Folglich wird auch nicht die Orientierung auf eine andere, vielleicht bessere Welt, sondern die Furcht vor den möglichen negativen Folgen von Veränderungen zum methodischen Leitfaden; programmatisch gegen Ernst Blochs (s. dort) „Prinzip Hoffnung" gerichtet (S. 376ff.), wird das „Prinzip Verantwortung" zum Reflex von Zukunftsängsten.

Einen Kernpunkt der Verunsicherung gegenüber der Technik trifft Jonas mit dem, was er „die kritische Verletzlichkeit der Natur durch technische Intervention des Menschen" nennt (S. 26) – „eine Verletzlichkeit, die nicht vermutet war, bevor sie sich in schon angerichtetem Schaden zu erkennen gab" (S. 26). Natur wird bei Jonas nicht als der bloße Gegenstand menschlichen Eingreifens verstanden, sondern als ein impersonales Subjekt, dessen Eigendynamik nicht unterlaufen werden kann. Wird diese Eigengesetzlichkeit des Systemzusammenhangs Natur bei den Einwirkungen durch den Menschen nicht oder nur partiell berücksichtigt, kommt nicht nur die Natur, sondern auch der Mensch selbst zu Schaden, da er ja auch ein Teil dieses Ganzen der Natur ist.

Allerdings trifft der Hinweis auf „das Schicksal des Menschen in seiner Abhängigkeit vom Zustand der Natur" (S. 27) eigentlich nicht die Technik, sondern die Verselbständigung von Teilzwecken, deren Verwirklichung mit technischen Mitteln angestrebt wird. Anders als Jonas es sieht, ist die ökologische Krise nicht allein ein Problem von Technikfolgen; so hat z.B. die Abholzung der Regenwälder vorwiegend ökonomische und nicht technische Ursachen. Ökonomische Determinanten erscheinen bei Jonas aber nur in der Gestalt von politischen Herrschaftsformen, ihre eigene Dynamik wird nicht untersucht. Darum bietet sein Ansatz keinen Raum, einen gesellschaftlichen Wirkungsmechanismus anzugeben, der das Prinzip durchsetzen soll, daß „die Biosphäre als Ganzes und in ihren Teilen ... so etwas wie einen moralischen Anspruch an uns hat, nicht um unsretwillen, sondern auch um ihrer selbst willen und aus eigenem Recht" (S. 29).

Ein zentralen Argument für die Selbstbeschränkung technischer Vorhaben liegt nach Jonas darin, daß es unzulässig sei, bei großen Schadensrisiken die statistische Quantifizierung der Eintrittserwartung als Sicherheitskoeffizienten zu bewerten. Auch bei hohem Unwahrscheinlichkeitsgrad kann ein GAU in jedem Augenblick eintreten und dann Folgen haben, die unter keinen Umständen tolerabel sind. Darum sei eine „Heuristik der Furcht" angebracht, die vom „Vorrang der schlechten vor der guten Prognose" ausgeht: „Eben diese Ungewißheit ... muß selbst in die ethische Theorie einbezogen und in ihr zum Anlaß eines neuen Grundsatzes genommen werden, der nun seinerseits als praktische Vorschrift wirksam werden kann. Es ist die Vorschrift, ... daß der Unheilsprophezeiung mehr Gehör zu geben ist als der Heilsprophezeiung" (S. 70). Dies ist eine Regel, die unmittelbar den Umgang mit Technik betrifft, obwohl die Festlegung, welche Schadensgröße als oberster Grenzwert der Zulässigkeit zu gelten habe, eine politische Entscheidung ist und nur über politische Willensbildung zustande kommen kann. Auch ist das Prinzip selbst, Grenzwerte für die Zulässigkeit von Beeinträchtigungen oder Risiken festzulegen, für Jonas problematisch, weil solche Grenzwerte sich nur auf isoliert zu betrachtende Ereignisse oder Ereignisreihen beziehen und die Interdependenz voneinander getrennter Kausalketten vernachlässigen müssen, um zu quantifizierten Resultaten zu kommen. Eine unbestimmte Gefährdungsvermutung könne darum nicht einfach ausgeräumt werden, indem man durch Festlegung das Risiko nur auf einen bestimmten Ursachenzusammenhang beschränkt. Bei zunehmender Größe des zu erwartenden Schadens sei auch das demokratische Entscheidungsverfahren durch Mehrheitsbildung nicht mehr angemessen, denn es stelle sich natürlich die Frage, ob die Gefährdung durch einen möglichen GAU einer Minderheit von einer Mehrheit zugemutet werden dürfe, d.h. die Frage, wo die unveräußerlichen Rechte des einzelnen anfangen.

Diese im Interesse der Erhaltung des Gattungslebens der Menschheit geforderte Einschränkung aktueller Entscheidungsspielräume für jeweilige Mehrheiten erhält zusätzliche Bedeutung im Hinblick auf die Zukunft. Jonas möchte eine Art kategorischen Imperativ des Gattungslebens zum obersten Grundsatz jedes Handelns machen: „Ein Imperativ, der auf den neuen Typ menschlichen Handelns paßt und an den neuen Typ von Handlungssubjekt gerichtet ist, würde etwa so lauten: ‚Handle so, daß die Wirkungen deiner Handlung verträglich sind mit der Permanenz echten menschlichen Lebens auf Erden'. ... Der neue Imperativ sagt, daß wir zwar unser eigenes Leben, aber nicht das der Menschheit wagen dürfen" (S. 36). Auf technisches Tun angewandt, heißt das, daß die „Toleranzgrenzen der Natur" respektiert werden müssen. Jonas nennt vier kritische Bereiche: Nahrung, Rohstoffe, Energie und Überwärmung des Erdraums durch die Abfuhrwärme von Produktionsprozessen (S. 329ff.).

In vielen Fällen bedeutet die Anwendung dieser beiden Prinzipien – der „Heuristik der Furcht" und des „kategorischen Imperativs des Gattungslebens" – einen Verzicht auf die Durchsetzung partikularer Interessen mit Rücksicht auf das allgemeine Wohl. Dieser Verzicht setzt eine Hierarchie der Zwecke voraus, deren allgemeine Gültigkeit durch Vernunfterwägungen gestützt wird. Für die Grundlegung eines Systems der Zwecke geht Jonas davon aus, daß das: „Ja zum Leben" dem Lebewesen immanent und daher der erste unhintergehbare Zweck ist. „Das Leben ist die explizite Konfrontation des Seins mit dem Nichtsein, denn in seiner konstitutionellen, durch die Notwendigkeit des Stoffwechsels gegebenen Bedürftigkeit, der die Erfüllung versagt bleiben kann, hat es die Möglichkeit; des Nichtseins als seine ständig gegenwärtige Antithese, nämlich als Drohung, in sich. ... Durch das verneinte Nichtsein wird das Sein zum positiven Anliegen, das heißt zur ständigen Wahl seiner selbst" (S. 157). Während aber in der unreflektierten Weise des Lebens dieser Zweck nur als „Akt der Selbsterhaltung" des Individuums und allenfalls noch der Herde und als Opfer für die Brut instinktiv realisiert wird, kann der Mensch ihn auf die Einsicht in die symbiotischen Zusammenhänge der Lebenswelt gründen und also eine Ordnung der Einzelzwecke erkennen beziehungsweise konstruieren. Reflexion macht ihn verantwortlich für das Ja zum Leben im Ganzen des natürlichen und geschichtlichen Daseins. „Obligatorische Kraft gewinnt dieses blind sich auswirkende Ja in der sehenden Freiheit des Menschen" (S. 157).

Jonas nennt zwei Beispiele („eminente Paradigmata") von nachweisbar gegebener Verantwortung: Die „natürliche" der Eltern für das Kind und die „gesellschaftliche" des Staatsmanns für das Gemeinwesen. Die erste wird durch die Zeugung gestiftet, die zweite durch die Übernahme eines Amtes. In beiden Fällen liegt die Verantwortung schon in dem Sachverhalt selbst. Nicht einzusehen ist jedoch, warum nach Jonas nur der Amtsträger und nicht jeder Bürger Verantwortung für das Gemeinwesen tragen soll; diese Verkürzung hängt mit dem dezidierten Individualismus von Jonas zusammen, der gesellschaftliche Verantwortung erst durch den Entscheidungsakt für die Übernahme von Verantwortung entstehen läßt, während „natürliche" Verantwortung durch die Verfassung des Lebens selbst gegeben sei. Schließlich kommt er dann doch zu dem Ergebnis. „Primär ist Verantwortung von Menschen für Menschen. ... Für irgendwen irgendwann irgendwelche Verantwortung haben ... gehört untrennbar zum Sein des Menschen" (S. 84f.). Weil dem so ist, gibt es für Menschen als denkende Wesen eine „Pflicht zu wissen", damit sie die Zusammenhänge erkennen.

Aus dem rechten Wissen soll die Umkehr des verantwortlich gewordenen Individuums entspringen. Wie Menschen sich nach dieser Umkehr konkret verhalten sollen, welche Inhalte in das formale Bewußtsein von Verantwortlichkeit überhaupt eingehen müßten, ist aus dem Prinzip Verantwortung nicht herleitbar. Man kann aus gelegentlichen Andeutungen schließen, daß Geburtenbeschränkung, Nullwachstum, Konsumreduktion und damit eine Verminderung künstlicher Eingriffe in die Natur intendiert sind. Die damit verbundenen Folgen für den Lebensstandard und die Möglichkeiten humaner Existenz problematisiert Jonas nicht, wie überhaupt die materiellen Bedingungen, unter denen Ideelles (Konzepte, Werte, Einstellungen) entsteht, unterbelichtet bleiben. Es wird nicht erkennbar, wie aus subjektiven Einstellungen objektive Verbindlichkeit werden kann; die Frage, ob das Verhältnis zur Zukunft operationalisierbar ist, wird nicht gestellt. Jonas' Ethik bleibt letztlich eine Erlösung im Geiste, wobei sich eine gewisse materielle Askese von selbst versteht. Der ungeklärte Naturbegriff wird zum Angelpunkt einer Polarisierung Natur-Technik, in der die ambivalente Mehrdeutigkeit des technischen Tuns letztlich einer der

Natur gegenüber verantwortungslosen Machtausübung zugute kommt. (Ausführlicher dazu das spätere Buch „Technik, Medizin, Ethik", Frankfurt/M. 1985, das Jonas als „angewandten Teil" seiner Verantwortungsphilosophie bezeichnet). Allgemein aber wird behauptet: „Die Katastrophengefahr des Baconschen Ideals der Herrschaft über die Natur durch wissenschaftliche Technik liegt in der Größe seines Erfolgs" (S. 251). Weil wir in einer „apokalyptischen Situation" leben (S. 251), die durch Teilerfolge der Technik und Wissenschaften immer weiter auf den Abgrund zutreibt, kann nur „ein Höchstmaß an politisch auferlegter gesellschaftlicher Disziplin die Unterordnung des Gegenwartsvorteils unter das langfristige Gebot der Zukunft zuwege bringen" (S. 251–255). Darum ist Jonas' Paradigma auch nicht der mündige Bürger, sondern der „verantwortungsbewußte Staatsmann", der zusammen mit einer kleinen Elite „wie ein Vater" die Gesellschaft lenkt. Platons Staatsutopie wird hier auf eine seltsame Weise mit der Perspektive individuellen Heils durch Gesinnungswandel verknüpft.

Hans Heinz Holz

Ernst Jünger: Der Arbeiter. Herrschaft und Gestalt

Hamburg: Hanseatische Verlags-Anstalt 1932; zit. nach der Ausgabe Stuttgart: Klett-Cotta 1982, 322 S. (A)

ders.: Maxima – Minima. Adnoten zum „Arbeiter"

Stuttgart: Klett-Cotta 1964, 71 S., (B)

Ernst Jünger (1895–1999) hat seinen Essay über die Gestalt des Arbeiters in einer wirtschaftlich, politisch und geistig unruhigen Zeit veröffentlicht. Man forderte und erwartete grundsätzliche Veränderungen. Das deutsche Bürgertum suchte nach den Schrecken des Ersten Weltkrieges und der innerlich nicht akzeptierten Niederlage nach einer neuen Orientierung. Die Stimmung war geprägt von den Ideen Friedrich Nietzsches und Oswald Spenglers (s. dort), von starken Polarisierungen, vom exaltierten Lebensgefühl der Zwanziger Jahre und einem expressionistisch überhöhten Stilwillen.

Jünger war als hochdekorierter Offizier des Ersten Weltkrieges vor allem durch seine Kriegsbücher bekannt, in denen er mit nüchtern-distanziertem Blick die rauschhafte Erfahrung des Kampfes als höhere Daseinsform feiert. Dabei verbindet sich das heroische Pathos des zum letzten Einsatz entschlossenen Einzelkämpfers mit dem Erlebnis der anonymen, technikbestimmten Materialschlachten, in denen das Individuum zu einem wie in Trance funktionierenden Element des höheren, übergeordneten Geschehens wird. Diese Erfahrung und die daraus abgeleitete Vorstellung der kämpferischen, alles in ihren Bann ziehenden „Totalen Mobilmachung" (A, S. 35, S. 157) bilden den Hintergrund für Jüngers Essay: Technik und Leben, Anorganisches und Organisches verschmelzen zu einer höheren Einheit. Dabei urteilt er aus der Position des kühlen, distanzierten Beobachters und beschreibt das Geschehen, wie es sich dem „Mann im Mond" darbietet. Jünger, der einige Semester Biologie studiert hat, überspringt bei seiner Deutung die vermeintlich nur vordergründige historische Dimension. Für ihn ist der durch den „Arbeiter" eingeleitete Technisierungsprozeß ein kosmisch-planetarisches Geschehen: „Hinter der Repräsentation des Weltgeistes steht die Materie, nicht die Idee. ... Die Wirklichkeit gebiert Ideen und ändert sich aus sich selbst. Sogar die technische Erfindung folgt ihrem Zwang. Sie ist letzthin weder erdacht noch zufällig" (A, S. 316).

Die Ausführungen des in achtzig locker zusammenhängende Abschnitte gegliederten Essays setzen nicht auf begriffliche Schärfe und argumentative Entfaltung; sie stehen der Dichtung näher als der Wissenschaft. Es dominieren bildhafte Veranschaulichungen und suggestive Metaphern. Dies wird besonders deutlich im Grundbegriff der „Gestalt des Arbeiters" (A, S. 155). Der Arbeiter wird hier – in Analogie zum anonymen Krieger – als allgemeiner Typ verstanden; er repräsentiert den technischen Titanen, der den Mythos der Moderne verwirklicht. Die englische Übersetzung des „Arbeiters" trägt denn auch den Titel „The Technocrat" und nicht „The Worker."

Das Bild eines umfassenden technischen Aufbruchs verbindet sich bei Jünger mit einem grundsätzlichen Affekt gegen die bürgerliche Lebensform und die demokratische Massengesellschaft. Dem Gleichheitsdenken und dem Pluralismus der liberalen Demokratie setzt er die Bündelung aller Kräfte, die unbedingte Entschlossenheit und ein elitäres Bewußtsein entgegen. Jüngers Weltbild kommt in die Nähe nationalsozialistischer und bolschewistischer Gedanken. Doch seine Kultiviertheit, seine konservative Grundhaltung und sein anarchisches Freiheitsstreben haben bewirkt, daß er sich nie von totalitären politischen Richtungen vereinnahmen ließ.

Der 1932 erschienene „Arbeiter" kann in zahlreichen Einzelheiten, die die damalige Situation und den Geist der Zeit betreffen, nur noch ein historisches Interesse beanspruchen. Wenn man sich dagegen auf die technikphilosophischen Grundgedanken konzentriert – und nicht auf die Art, wie sie formuliert sind – hat der Essay nichts an Aktualität verloren. In weiten Teilen erweist er sich sogar als ausgesprochen hellsichtig. Vieles von dem, was Jünger vor zwei Generationen antizipiert hat, ist inzwischen Wirklichkeit geworden oder es zeichnet sich für die nahe Zukunft ab. (So hat auch seine 1957 erschienene Schrift „Gläserne Bienen" schon sehr früh die Konsequenzen der Mikroelektronik, der Sensorik und der Künstlichen Intelligenz in dichterischer Form vorweggenommen). Die ganzheitliche Einfühlung und die künstlerische Sensibilität können der analytischen Methode und der wissenschaftlichen Exaktheit überlegen sein, wenn es darum geht, untergründige, tieferliegende Entwicklungstendenzen zu erspüren und in symbolischer Verdichtung und gestalthafter Darstellung zum Ausdruck zu bringen. In diesem Sinne kann man in den Ausführungen Jüngers einen Versuch zur Fortsetzung der naturphilosophischen Tradition mit literarischen Mitteln sehen.

Die zweiunddreißig Jahre nach dem „Arbeiter" erschienenen Anmerkungen „Maxima – Minima" aktualisieren, präzisieren und vertiefen die ursprünglichen Ausführungen. Der Anspruch ist hoch gesteckt. Jüngers Ziel ist eine „Lagebeurteilung höheren Ranges"; es soll ein „Portrait des modernen Menschen ohne Retuschen" gezeichnet werden (B, S. 5, S. 39). Jünger konstatiert, daß Isaac Newtons Triumph über Goethe perfekt ist. Gleichwohl kommt es auf übergeordnete geistige und künstlerische Urteile an: „Sie können eine Unzufriedenheit bestätigen, die der technischen Welt innewohnt und den mechanischen Progreß bestimmt. Auf diese Weise ergänzen sie den Nihilismus und seinen untrüglichen Instinkt" (B, S. 43). Im Spannungsverhältnis zwischen aktiver Mitwirkung und kritischer Distanzierung neigt Jünger der Bejahung zu; für ihn „ist in einer Erdbebenlandschaft der Werkstättenstil der einzig vernünftige, der einzig, wenn auch nicht haltbare, so doch tragfähige" (B, S. 37). Alles kommt darauf an, „ob die Gestalt des Arbeiters überzeugend vertreten wird oder nicht" (B, S. 57). Der Technisierungsprozeß der Moderne wird als ein planetarisches Geschehen verstanden: „Was auch geschieht, die Erde antwortet. Sie ist immer und für alles bereit. ... Nun werden nicht nur die historischen Strukturen gesprengt, sondern auch deren mythische und kultische Voraussetzungen, wenn nicht gar die humanen überhaupt, die dem allen zugrundeliegen" (B, S. 37). Bei der zusammenfassenden Formulierung ist ein voluntaristischer Unterton nicht zu überhören: „Das Ziel der Technik ist die Erdvergeistigung" (B, S. 58).

Für den unbefangenen Beobachter ist es offenkundig, daß das technische Schaffen das Antlitz unserer Erde prägt. Um diesen weltumspannenden schicksalhaften Prozeß über anthropologische, ökonomische und soziologische Erklärungen hinaus verständlich zu machen, muß man tiefer greifen. Hier setzt Jünger an. Für das an den direkt faßbaren Phänomenen orientierte unmittelbare Verständnis greift seine Gleichsetzung von Krieger und Arbeiter sicher zu kurz. Doch als Metapher, als Gleichnis für das dynamische Geschehen, für den kollektiven Veränderungswillen und für den unbedingten, mit höchster immanenter Perfektion betriebenen Einsatz aller Kräfte ist diese Vorstellung zumindest bedenkenswert – auch als Bild für einen Angriff des Menschen auf die Erde. Die unter Beibehaltung der ursprünglichen Denkfiguren einschließlich der Kampfmetaphorik abgeklärter, maßvoller und unter stärkerer Thematisierung des schicksalhaften Charakters formulierten „Adnoten" bieten eine diskussionswürdige Deutung der technisierten Welt. Jünger beobachtet mit nüchternem Blick die zunehmende Technisierung, die Substitution des Organischen durch das Technische, die planetarische Vereinheitlichung durch die Informations- und Kommunikationstechnologie, die Entsubjektivierung und die zunehmende Simulation der Wirklichkeit.

Es ist nur natürlich, daß auch Jünger die historische Dialektik von subjektiver Tat und objektivem Widerfahrnis nicht auflöst. Er erkennt in der Technikentwicklung eine unaufhaltsame Dynamik: „Das alles kann behutsam gedeutet, vielleicht sogar beeinflußt, doch nicht gemeistert, geschweige denn gehemmt werden" (B, S. 61). Im Arbeiter gilt: „letzten Endes ist bereits der Wille zur Macht eine hinreichende Legitimation. Ebenso sind die Symbole, auf die man in millionenfacher Wiederholung stößt, Ausdruck einer Bewegungssprache, so der Flügel, die Welle, die Schraube, das Rad. Dieser Prozeß mündet aus in die reine Bewegung der selbständig gewordenen Teile, also in die Anarchie, oder er wird eingefangen und gegliedert durch Mächte statischer Art" (A, S. 243).

Im Sinne Friedrich Nietzsches soll der Nihilismus durch heroischen Einsatz aufgenommen und zugleich überwunden werden. Allein das kämpferische Pathos entscheidet: es kommt nicht auf den Sieg an, sondern auf den unbedingten Siegeswillen. Diese letzte Entschlossenheit, der existenzielle Einsatz und das Pathos des Eigentlichen erinnern an Carl Schmitt bzw. Martin Heidegger (s. dort). Doch die Faszination des rauschhaften Kampfes und die Sehnsucht nach Opfer und Tod weichen in den Anmerkungen einem von der individuellen Befangenheit befreiten, gelösten Blick auf das Ganze; die letzte Zeile lautet: „auch die Welt des Arbeiters wird Heimat des Menschen sein" (B, S. 71). Diese positive, auf Versöhnung gerichtete Wendung stützt sich auf ein mythisches Verständnis der Erde, die alles hervorbringt, trägt und erhält – auch den Menschen und seine Geschichte.

Friedrich Rapp

Friedrich Georg Jünger: Die Perfektion der Technik

Frankfurt/M.: Klostermann 1946, 157 S.; seit der 4. Auflage 1953 erweitert um den Essay „Maschine und Eigentum", Frankfurt/M.: Klostermann 1949; zit. nach der 6. Aufl. Frankfurt/M.: Klostermann 1980, 197 S. (+ 170 S.)

Friedrich Georg Jünger (1898–1977), Bruder des Schriftstellers Ernst Jünger, hat neben Gedichten und Erzählungen zahlreiche Essays verfaßt; in seinen späten Jahren war er Mitherausgeber der konservativ-skeptischen Zeitschrift „Scheidewege", die schon früh die ökologische Problematik aufgegriffen hat. Die auch für die neueren Auflagen titelgebende Arbeit, welche die größere Aufmerksamkeit gefunden hat, wurde schon 1939 geschrieben, konnte aber erst nach dem Krieg erscheinen. Der zweite, in den neueren Auflagen angefügte Essay besteht großenteils aus Variationen und Ergänzungen des früheren Textes und wird hier nicht eigens behandelt.

Jünger sieht die Technik zu einer Perfektion gelangt, die vor allem durch „die selbständige, sich gleichförmig wiederholende Funktion" (S. 39) der automatischen Maschinen gekennzeichnet ist. Jeder Automatismus aber beruht, meint Jünger, auf Räderwerken, so daß „der technische Fortschritt an nichts anderem arbeitet als an der Herstellung einer Tretmühle von ungeheuren Dimensionen, die auf dem Prinzip des Rades aufgebaut ist" (S. 57). Diese Tendenz, die er aus der technischen Entwicklung der ersten Jahrhunderthälfte ableitet, hält Jünger für unabänderlich, und so beanstandet er, „daß die Technik zwar Perfektion gewinnen kann, nie aber Reife" (S. 130), da Reife nicht mit planmäßiger Willensanstrengung und gewaltsamer Rationalität erzwungen werden kann.

Aus elitärer, romantischer, organizistischer, lebensphilosophischer Perspektive kritisiert Jünger das Mechanische, Naturfremde, Kollektivistische und Seelenlose der technisch konstruierten Perfektion. Die lebensfeindliche Perfektion der Technik entwickelt ihre eigene Gewalt, mit der sie alle gewachsenen natürlichen und kulturellen Lebensbezüge der Menschen verformt. Daß die Technisierung den Menschen auch größere Lebensqualität geben kann, das wird nur indirekt in einzelnen Nebensätzen angedeutet, deren zugehörige Hauptsätze, wie der gesamte übrige Text, wiederum die „Kehrseite" der Technik in den Mittelpunkt stellen.

Selbst weithin anerkannte Rechtfertigungen der Technik versucht Jünger mit eigenwilligen Argumentationen zu widerlegen. So widerspricht er nachdrücklich der Auffassung, daß Maschinen menschliche Arbeitsanstrengung einsparen. Vor allem führt er dagegen den Zweiten Hauptsatz der Energielehre an, demzufolge in allen Maschinen Arbeit verloren geht; und Jünger scheint nicht zu bemerken, daß er mit diesem Argument den physikalischen und den anthropologischen Arbeitsbegriff miteinander verwechselt. Dann vertritt er die naive – schon von Karl Marx (s. dort) widerlegte – Variante der Kompensationstheorie, daß alle Arbeit, die von einer bestimmten Maschinenfunktion ersetzt wird, gleichwohl an anderer Stelle der Maschinerie wiederum erforderlich ist. Schließlich vernachlässigt er über der zutreffenden Beobachtung, daß mit fortschreitender Technisierung das insgesamt eingesetzte Arbeitsquantum nicht proportional gesunken ist, jenen anderen, ebenfalls evidenten Befund, daß die Menge der technisch produzierten Güter gewaltig gewachsen ist.

Aber selbst wenn die Technik Arbeit sparen würde, wäre das, so Jünger, kein Gewinn für die Muße; denn Muße ist mehr als arbeitsfreie Zeit, sie ist freie Beschäftigung, und „nicht jeder ist für eine freie Beschäftigung geboren" (S. 15). Auch fördert Technik keineswegs den Reichtum: Wahrer Reichtum liegt ohnehin in der Fülle des Seins, und nicht in der Fülle des Habens; der wachsende Besitz an Werkzeugen aber ist schon darum kein Reichtum, weil er sich im Konsum immer wieder verzehrt, so daß die Produktion ständig dem Mangel nacheilt. Mit geordnetem Wirtschaften, das die bewirtschaftete Substanz erhält und schont, hat die Technik nicht das mindeste zu tun. Die Wirtschaft wird der Technik unterworfen; „der riesenhafte technische Apparat ... könnte nicht zur Perfektion gelangen, wenn das technische Denken in ein Wirtschaftsschema eingezwängt würde" (S. 29).

Jünger wägt nicht Einsatz und Ausbringung nüchtern gegeneinander ab, sondern fixiert seinen Blick allein auf den Einsatz, den die technischen Prozesse erfordern, den Verbrauch an Rohstoff, Energie und Arbeit, die „Vernutzung" der Bestände, die „Ausbeutung" des Menschen, den „Raubbau" an der Natur. Indem er in systematischer Einseitigkeit allein Kosten, und nirgendwo Erträge, in der Technisierung zu erkennen vermag, ist für Jünger, entgegen allen Wohlstandsverheißungen, „die unserer Technik zugeordnete menschliche Lage der Pauperismus", das Massenelend (S. 22). Freilich hat ihm diese Einseitigkeit, auch wenn sie ökonomisch kaum zu überzeugen vermag, sehr früh schon eine scharfsichtige Erkenntnis der ökologischen Probleme vermittelt, mit deren Bewältigung Technik und Wirtschaft nun tatsächlich zunehmende Schwierigkeiten haben.

Richtig zeigt Jünger, daß Technik nicht nur Artefakte hervorbringt, sondern auch mit Arbeitsteilung, Spezialisierung und Vernetzung einhergeht. Tatsächlich stehen Technik und Organisation in enger Wechselbeziehung, aber wie schon hinsichtlich der Wirtschaft behauptet der Verfasser auch hier die übermächtige Determinationskraft der Technik, der alle Organisation unterworfen ist. Indem er, ähnlich wie der technikkritische Kulturhistoriker Lewis Mumford (s. dort), die Maschinenmetapher überdehnt, sieht er in der Organisation nicht etwa gewisse Ähnlichkeiten mit einer Maschine, sondern er identifiziert geradezu die Organisation mit der Maschine. So reduziert er Gesellschaftskritik, die an bestimmten Organisationsformen von Wirtschaft und Arbeit zu üben ist, auf eine Technikkritik, die gegenüber sozioökonomischen Alternativen blind bleibt. Nichts belegt dies deutlicher als sein technokratisches Gesellschaftsverständnis, das im „Kapitalismus" wie im „Sozialismus" allein geringfügig sich unterscheidende Varianten technischen Rationalisierungszwanges zu erblicken vermag.

Ist der technologische Determinismus Jüngers schon in seinen Thesen über das Verhältnis der Technik zu Wirtschaft und Organisation deutlich zu tage getreten, so verwundert es nicht, wenn er, Helmut Schelsky (s. dort) vorgreifend, auch die technische Erosion des Staates behauptet; Schelsky bezieht sich übrigens ausdrücklich auf Jünger, wenn er dessen Vorstellung eines „universellen Arbeitsplans" (S. 90) als Triebkraft der Technisierung zurückweist, ohne freilich den Grundgedanken einer übermächtigen technischen Determination aufzugeben. Ähnlich wie später Schelsky erkennt auch Jünger in allen Lebensbereichen die destruktive Gewalt der Technik: in der Ernährung, in der Reklame, im Sport, in der Freizeitunterhaltung, in der Vermassung, schließlich – in einem Anhang, den er nach dem Zweiten Weltkrieg geschrieben hat – im totalen Krieg.

Wie alle Kulturkritiker seit Jean-Jacques Rousseau begründet auch Jünger den technischen Sündenfall mit der Aufklärungsphilosophie, mit dem cartesischen Dualismus von Bewußtsein und Welt, mit der Rationalisierung der Zeit und mit dem mechanistischen Modell der Natur. Der Empirismus und die Verselbständigung des „kalten Verstandes" (S. 112ff.) haben alles „geistigere Wissen" (S. 106) verdrängt und die Mentalität des Technikers geschaffen, der „auch in seinem geistigen Wissen ein Hinkender" ist, „einäugig wie alle Zyklopen" (S. 177).

Aber es bleibt nicht ohne Folgen, „die Natur zu pressen und zu quälen und sie durch gewaltsame Verfahren zu nötigen, ihre Gesetzlichkeit zu enthüllen" (S. 113), „die Erde zu verwunden und die Gestalt ihrer Oberfläche zu verändern" (S. 121). Es zeigt sich, „daß in die Apparatur ein dämonisches Leben einzieht, daß sie einen eigenen Willen entfaltet, und zwar einen rebellischen, auf Zerstörung gerichteten" (S. 123). „Gewaltige elementare Kräfte erfüllen bis zum Bersten die sinnreich erdachten Maschinen, die automatisch ihren gleichförmigen Arbeitsvorgang verrichten. Sie treiben sich in den Röhren, Kesseln, Rädern, Zuleitungen, Öfen umher, sie jagen durch den Kerker der Apparatur, die, wie alle Gefängnisse, von dem Eisen und Gitterwerk starrt, das die Gefangenen am Ausbruch verhindern soll. Wer aber hört nicht das Seufzen und Klagen dieser Gefangenen, ihr Rütteln und Toben, ihre sinnlose Wut, wenn er auf jene Fülle neuer Geräusche achtet, welche durch die Technik hervorgerufen werden? ... Alle diese Geräusche sind durchaus bösartig, gellend, kreischend, reißend, pfeifend, heulend, und es ist ganz offenbar, daß sie umso bösartiger werden, je mehr die Technik zur Perfektion fortschreitet" (S. 122f.). „Es ist die Rache der Elementargeister, die der Mensch heraufbeschworen hat. ... Weil dem so ist, deshalb verdunkelt die Angst vor der Zerstörung heute den Geist des Menschen" (S. 172).

Ohne Zweifel ist es die Angst eines sensiblen Literaten, die hier den Geist realistischer Technikphilosophie verdunkelt. Die ganze Abhandlung, weniger systematisch als assoziativ gestaltet, ist durchsetzt von solcher expressionistischen Sprache, die nicht auf rationale Prüfung, sondern auf emotionale Einstimmung, auf den Schauer okkulter Geisterbeschwörung, auf die tragizistische Resignation vor dem Unausweichlichen angelegt ist. Indem freilich die demagogische Horrorvision immer wieder mit konkret erfahrbaren Teilansichten der soziotechnischen Realität und mit bedenkenswerten Exkursen in die neuere Philosophiegeschichte angereichert wird, entsteht eine irritierende Mischung aus Wahrheit, Teilwahrheit und Aberwitz – eine Mixtur also, die allemal für einen Publikumserfolg gut ist.

So kann man an Jüngers Essay auch heute noch kaum vorbeigehen, nicht nur, weil er die ökologische Problematik der Technisierung zutreffend vorweggenommen hat, nicht nur, weil er ein in fesselnder Sprachgewalt und polemischer Einseitigkeit hervorstechendes Beispiel kulturkritischer Technikfeindlichkeit darstellt, sondern auch, weil dieser Text – beispielsweise noch zu Beginn der achtziger Jahre in einem technikphilosophischen Schulbuch unkritisch-wohlwollend dokumentiert („Philosophie der Technik", Karl-Heinz Delschen und Jochem Gieraths (Hg.), Frankfurt/M.: Moritz Diesterweg 1982) – nach wie vor seine untergründigen Einflüsse ausübt.

Günter Ropohl

Ernst Kapp: Grundlinien einer Philosophie der Technik. Zur Entstehungsgeschichte der Cultur aus neuen Gesichtspunkten

Braunschweig: Georg Westermann 1877; zit. nach dem Reprint Düsseldorf: Stern-Verlag 1978, XXXXII, Einleitung und Bibliographie von Hans Martin Sass, XVI + 360 S.

Ernst Kapp (1808–1896) war zunächst Geographielehrer in Westfalen und hat 1845 seine „Philosophie oder vergleichende Erdkunde" veröffentlicht. Als Linkshegelianer mußte er Deutschland aus politischen Gründen verlassen und emigrierte nach Texas; bei seiner Rückkehr nach Deutschland ließ er sich in Düsseldorf nieder. Das dort verfaßte, 1877 erschienene Werk von Ernst Kapp ist das erste Buch, in dem die Bezeichnung „Philosophie der Technik" im Titel vorkommt und das ausschließlich diesem Thema gewidmet ist, während zuvor – von Aristoteles bis Immanuel Kant und Georg Wilhelm Friedrich Hegel – die Technik nur in anderen Zusammenhängen und oft nur als Vergleichsmoment behandelt wurde.

Kapp bemüht sich um ein anthropologisches und kulturphilosophisches Verständnis der Technik – wissenschaftstheoretische Fragestellungen bleiben weitgehend ausgeklammert. Seine anthropologische Absicht erklärt Kapp deutlich bereits im Vorwort. Es geht ihm darum, die „Entstehung und Vervollkommnung der aus der Hand des Menschen stammenden Artefakte" als die erste und eigentliche Bedingung der Entwicklung des Menschen zum Selbstbewußtsein darzustellen. Er beschreibt, wie Formen, Verhältnisse und Funktionen des menschlichen Leibes auf die Werkschöpfungen des Menschen übertragen werden. Dieses geschieht nur zum Teil bewußt, häufig aber auch unbewußt, so daß der Mensch erst später seinem Werk gegenüber sich seiner selbst und der Entsprechung seiner Schöpfung zu ihm selbst bewußt wird.

In diesem Zusammenhang begegnet uns der später auch für die Technikphilosophie Arnold Gehlens (s. dort) zentrale Begriff der „Organprojektion". Gestalt und Funktion der vom Menschen aus seiner Gestalt und seinen eigenen Funktionsgesetzmäßigkeiten geschaffenen Technik werden als Projektionen, als Nach-außen-Setzungen, als Objektivierungen des Menschen verstanden und können deshalb anthropologisch gedeutet werden.

In der „Erschaffung von Mitteln, berechnet auf Schutz und Sicherheit" (S. 36) sieht Kapp den Naturzweck, den der Mensch als „Idealthier", als „starkes" und „leistungsfähiges Thier" (S. 35) am besten erfülle. Er ist also keineswegs Mängelwesen wie für Arnold Gehlen, sondern gewinnt nach der unbewußten Projektion seiner menschlichen Organe in die Gegenständlichkeit die Möglichkeit, Technik zu entwickeln und weiterzuentwickeln, wodurch das „Raubthierähnliche" schwinde. Voraussetzung hierfür ist die Rückprojektion: „Das Spiegel- und Nachbild seines Inneren ... (der) Theil von sich, (den er) vor seine Augen gestellt erblickt ... dient seinerseits wieder nach rückwärts als Vorbild zur Erklärung und zum Verständnis des Organismus, dem es seinen Ursprung verdankt" (S. 26). „Kommt es ja doch auf die Einsicht an, daß es die Bestimmung *aller* organischen Gebilde ... ist, auf die eine oder andere Art in den menschlichen Machwerken ... sich nach außen zu projicieren, um als wissenschaftlicher Forschungsapparat *retrospektiv* zur Selbsterkenntnis und zur Erkenntnis überhaupt vollendet zu werden" (S. 96). Indem die durch Projektion (unbewußt) vollzogene Präsentation durch Rückprojektion zur Repräsentation wird, findet ein höheres „Denk- und Selbstbewusstsein" seinen Ansatzpunkt: Denkbewußtsein zur planend-vorstellenden Gestaltung der Technik, Selbstbewußtsein zur Vergewisserung über den Status als technisches Subjekt.

Den Ursprung und die Grundlage aller Werkzeuge – der ursprünglich-anfänglichen Technik – bildet für Kapp wie schon für Aristoteles der leibliche Organismus des Menschen, insbesondere seine Hand. „Einmal nämlich ist sie das angeborene Werkzeug, sodann dient sie als Vorbild für mechanische Werkzeuge, und drittens ist sie als wesentlich betheiligt bei der Herstellung dieser stofflichen Nachbildungen ... Nur unter der unmittelbaren Beihülfe des ersten Handwerkzeuges wurden die übrigen Werkzeuge und überhaupt alle Geräthe möglich" (S. 41).

Noch bei den Maschinen der Industrie, bei Instrumenten und Apparaten von Kunst und Wissenschaft hat der Mensch „die Hand im Spiele" (S. 42). Aus der Schilderung der ersten Werkzeuge, in denen sich Gestalt und Wirkungsweise als Projektion menschlicher Organe erweist, zieht Kapp den Schluß, daß der Mensch das Maß der von ihm geschaffenen Dinge ist; die Dinge haben ihr Maß vom Menschen, der sich darum in ihnen erkennen und wiedererkennen kann.

Auf einer weiteren Stufe der Entwicklung ist keine Formähnlichkeit der Werkzeuge mit dem menschlichen Leibe mehr zu erkennen; dennoch bleiben sie durch die vom Körper entnommenen Maß- und Zahlverhältnisse dasselbe, nämlich Projektionen, und zwar von Formen, Gesetzen und Algorithmen, die am menschlichen Organismus gewonnen und auf Material angewandt werden, das in Analogie zu ihnen funktionsfähig gestaltet wird, ohne deswegen die Form übernehmen zu müssen. Beispiele dafür sind die Uhren und andere Meßinstrumente. „Die Projektion steht im Gegentheil um so viel höher, als sie überwiegend wesentliche Beziehungen und Verhältnisse des Organismus zur Anschauung bringt, die um so reiner und geistig durchsichtiger sich darstellen, je weniger die Aufmerksamkeit durch zu große Treue plastischer Ausformung abgelenkt wird" (S. 74). Hierbei ist die Entwicklung der Maßeinheiten von besonderer Bedeutung, denn mit Maß und Zahl erfaßt der Mensch die Dinge und lernt, sie zu beherrschen. Dies erläutert Kapp an einer Vielzahl von Apparaten und Maschinen, wobei die Analogien zum unmittelbar sinnlich wahrnehmbaren Körperlichen immer geringer werden und schließlich bis in die geistigen und psychischen Gegebenheiten des Menschen reichen.

So behandelt Kapp die optischen und akustischen Instrumente und Apparate als Analogien zu Gesicht und Gehör, in denen er zugleich Organe der Intelligenz sieht. Ein weiteres Organ für werkzeugliche Analogien ist die Herzpumpe, während die Knochen als Urbild für die Gestaltung von Konstruktionsteilen dienen. Die Umsetzung von Brennmaterialien in Wärme und Bewegung bei Dampfmaschinen und Eisenbahnen ist für Kapp nur zu verstehen als Abbild der menschlichen Ernährung, so daß auch hier die technische Leistung des Menschen ihm sein eigenes gegenständliches Wesen gegenüberstellt. Auch das menschliche Nervensystem hat für Kapp seine technische Entsprechung, nämlich im elektrischen Telegraphensystem.

Die gesamte technische Kultur ist für Kapp nichts anderes als die sich entwickelnde Menschennatur. Darum müssen auch Schrift und Sprache als Kulturtechniken und Artefakte des Menschen in gleicher Weise gedeutet werden, wobei allerdings „die handgreifliche Materie gegen zunehmende geistige Durchsichtigkeit zurücktritt" (S. 278).

Weil der Mensch auch soziales Wesen ist, muß nach Kapp auch der soziale Aspekt des Menschen seine technische Entsprechung finden. Kommt dieses auch bereits in der sprachlichen Kommunikation zum Ausdruck, so wird es doch vor allem in der staatlichen Organisation realisiert. Der Staat ist für Kapp kein materieller Mechanismus, sondern ein Organismus, der wie die menschlichen Artefakte dem Organisationsprinzip des Menschen zu folgen hat. Das zeigt zugleich die weiteren Entwicklungsmöglichkeiten der Technik auf: von Mechanik zum Leben.

Im Blick auf jüngere Entwicklungen der Technik und der Technikphilosophie zeigt sich hier die Fruchtbarkeit des Kappschen Denkansatzes. Kapp spricht bereits von technischen Systemen, die in der Vereinigung vieler Teile zu einer Gesamtwirkung schließlich über die Analogien zum Animalischen hinaus der im Menschen erreichten organischen Lebenseinheit entsprechen. Bei der Systembetrachtung, die zur Erfassung der technischen Gesamtleistung erforderlich ist, muß der Zweck aller Organprojektionen besondere Beachtung finden; dieser Zweck aber liegt in der Beseitigung von Mangel oder in der Schaffung von Vorteil. Im System seiner Bedürfnisse wird die von ihm selbst geschaffene Außenwelt des Menschen verständlich als „der durch Organprojektion zu Werkzeug und Geräthschaft verklärte und mit einem Geisthaften imprägnierte Stoff" (S. 124). Im Sinne der Hegelschen Lehre vom Werden des

Bewußtseins und des Geistes erlebt nach Kapp das Bewußtsein seine Befreiung im Gegenüber zu seinen technischen Objektivationen. Kapp hat seine anthropologische Deutung der Technik auf die gesamte ihm bekannte Technik bezogen; er hat aber auch die grundsätzliche Aussage gewagt, daß alle Technik – also auch alle künftige Technik – immer nur als eine solche Entäußerung des Menschen begriffen werden könne, wobei die Analogien zum Menschen in der weiteren Entwicklung der Technik immer mehr auf die nicht materiell faßbaren Bereiche des Menschen ausgeweitet würden. Auch Psyche und Geist sind grundsätzlich Quellen menschlicher Technik und werden es nach Kapps Meinung künftig immer mehr sein.

Auch wenn Kapp noch keine Mikroelektronik, keine Computer und keine „Künstliche Intelligenz" gekannt hat, so müßten seine grundsätzlichen Gedanken zur Analogie zum Menschen auch hierauf anwendbar sein; eine anthropologische Deutung auch neuester Technik wäre ein Prüfstein für Kapps These. Alle Entwicklung der Technik muß nach Kapp letztlich als Menschwerdung der Erde verstanden werden oder als Selbstverwirklichung der Natur zum Abbild des Menschen, der sich in seinem Werk zunehmend selbst erkennt, indem er die gegenständliche Natur humanisiert und damit seine menschliche Natur vollendet. – Es nimmt nicht wunder, daß marxistische Philosophen sich im Sinne von Karl Marx' (s. dort) Forderung der Humanisierung der Natur und der Naturalisierung des Menschen („Ökonomisch-philosophische Manuskripte", MEW Ergänzungsband I, S. 538) gerne auf Kapp berufen, der allerdings wohl nicht von Marx selbst beeinflußt worden ist, sondern wie Marx auf Hegel und Ludwig Feuerbach aufbaut. – Kapp wurde übrigens in der DDR mit einer Sonderbriefmarke geehrt. –

Sicherlich hat eine solche Gesamtschau, wie Kapp sie präsentiert, eine große Faszinationskraft. Aber man muß zunächst systemimmanent fragen, ob die Technik tatsächlich den ganzen Menschen abbildet – nicht nur seine wertvollen, sondern auch seine dunklen und gefährlichen Seiten. So attraktiv auch die Sichtweise ist, in der Mensch und Technik zu einer Einheit werden, so sehr ist doch fraglich, ob eine solche anthropologische Modellvorstellung der heutigen Technik gerecht wird; es ist durchaus zu fragen, ob nicht Technik auch eine Gegenwelt zum Menschen oder sogar eine Gegennatur geworden ist.

Ernst Kapp schließt sein Werk mit einer Bekräftigung seines anthropologischen Technikverständnisses: „Hervor aus Werkzeugen und Maschinen, die er geschaffen, aus den Lettern, die er erdacht, tritt der Mensch, der Deus ex Machina, Sich Selbst gegenüber" (S. 351).

Alois Huning

Friedrich Klemm: Geschichte der Technik. Der Mensch und seine Erfindungen im Bereich des Abendlandes (Kulturgeschichte der Naturwissenschaften und der Technik)
Reinbek: Rowohlt 1983 (rororo 7714), 204 S.

Friedrich Klemm (1904–1983) schlug nach einem Studium der Naturwissenschaften und der Mathematik die Bibliothekslaufbahn ein. Bereits Anfang der 30er Jahre kam er an die Bibliothek des Deutschen Museums, wo er dann nach dem Zweiten Weltkrieg zum Direktor aufstieg. Damit hatte der humanistisch gebildete Bücherliebhaber seinen Lebensort gefunden; Rufe auf Universitätslehrstühle lehnte er ab. Sein 1954 erschienenes Werk „Technik. Eine Geschichte ihrer Probleme" stellt die erste deutschsprachige wissenschaftliche Gesamtdarstellung der Technikgeschichte dar. Spätere Fassungen, wie die hier besprochene, reduzierten die ausführlichen Quellenwiedergaben und erweiterten den berichtenden und interpretierenden Teil.

Klemms Technikgeschichte beschränkt sich im wesentlichen auf das Abendland. Er will zeigen, „wie sich die eine Epoche bestimmenden geistigen Kräfte auch auf die Technik auswirken und wie umgekehrt die Technik die Gesamtkultur beeinflußt" (S. 6). Dieses Programm einer als Geistesgeschichte verstandenen Technikgeschichte zeigt sich schon in der Gliederung, welche meist etablierten kulturgeschichtlichen Periodisierungen folgt: „Die vorgriechische Zeit", „Die griechisch-römische Antike", „Das Mittelalter", „Die Renaissancezeit", „Die Barockzeit", „Das Zeitalter der Aufklärung", „Die Zeit der Industrialisierung", „Die Technik wird Weltmacht".

In „Die vorgriechische Zeit" behandelt Klemm die Vor- und Frühgeschichte von den Anfängen des Menschen bis zur Eisenverwendung. Er betont, daß die Technik so alt ist wie der Mensch und trifft die Unterscheidung zwischen (menschlichen) Geräten und (tierischen) Werkzeugen. Seine Darstellung orientiert sich denn auch an Gerätefunden, betont aber zudem rituelle Bezüge der Technikverwendung. Die bedeutendste kulturelle Leistung der griechischen Antike sieht Klemm in der Wissenschaft, welche der Technikentwicklung den Boden bereitete. Die Griechen schätzten die Technik eher gering ein. Zudem hemmte in der gesamten Antike die Sklavenwirtschaft die technische Entwicklung.

Für die Zeit des Mittelalters skizziert Klemm den Gang der Technik unter verschiedenen Einflüssen: dem der Antike, des nördlichen Handwerks, des Islam und vor allem des Christentums. Das Christentum beförderte ein positives Verhältnis zu Natur und Technik, die Klöster bildeten Zentren für die realtechnische Entwicklung. In der Renaissance lösten sich kirchliche Bindungen auf, und der Mensch begann sich mehr als Individuum zu verstehen. Breiten Raum widmet Klemm den Künstleringenieuren und der Einführung des Experiments in Naturwissenschaft und Technik. Technisches Schaffen erfuhr jetzt eine wissenschaftliche Begründung, und Wissenschaft zielte auch auf technische Anwendung.

Diese Tendenzen setzten sich im Barock fort. „Die Mechanisierung des Weltbildes überhaupt und die merkantilistischen Tendenzen des 17. Jahrhunderts führten auch zu einer Mechanisierung der menschlichen Arbeit" (S. 98). Francis Bacon, Galileo Galilei und René Descartes dienen Klemm als Beispiele, um Zusammenhänge zwischen Wissenschaft und Technik aufzuzeigen. Mit der Aufklärung begann eine „systematische, auf wissenschaftlichen Erkenntnissen bauende, rationale Technik" (S. 123), Technik wurde jedenfalls „teilweise zur angewandten Naturwissenschaft" (S. 124). Darüber hinaus betont Klemm in der Tradition von Max Weber den Einfluß des puritanischen Ethos auf Technisierung und Industrialisierung.

Die britische Industrielle Revolution subsumiert Klemm noch unter das „Zeitalter der Aufklärung". Sein Kapitel „Die Zeit der Industrialisierung" behandelt vor allem die nachholende Industrialisierung in Deutschland. Der abschließende erfindungs- und personenorientierte Abschnitt „Die Technik wird Weltmacht" konzentriert sich auf Deutschland und die USA, erwähnt aber auch Japan und Rußland und bezieht technische Entwicklungen wie die Kernkraft, die Informationstechnik und das Konzept der automatischen Fabrik noch mit ein.

Friedrich Klemms Geistesgeschichte der Technik sucht nach Zusammenhängen zwischen der generellen Technikentwicklung und Veränderungen von Weltbildern und Denkweisen. Er gelangt zu geistesgeschichtlichen Interpretationen der Entstehungszusammenhänge von Technik, die Betrachtung von Technikfolgen tritt dagegen mehr in den Hintergrund. Technik ist ihm also mehr Determinandum als Determinante, mehr Ergebnis als Ursache im Geschichtsverlauf, eine in historischen Darstellungen der Technik eher seltene Perspektive. Wiewohl idealistische Interpretationen der Technikentwicklung dominieren, kommen vereinzelt auch materialistische und ökonomische vor. Sein idealistischer Ansatz – und sicher auch seine fachliche Herkunft und seine Arbeit am Deutschen Museum – läßt Klemm den Stellenwert der Naturwissenschaften und der Mathematik für die Technikentwicklung außerordentlich hoch einschätzen; in einem seiner Aufsätze spricht er von Technik als „finaler Fortsetzung" der Naturwissenschaft. Ebenso betont er den symbolischen Gehalt von Technik – mit teilweise fragwürdigen Interpretationen, wie etwa jener, daß die Römer die (sichtbaren) Aquädukte gegenüber den (weniger sichtbaren) Druckwasserleitungen präferiert hätten, weil sich mit ihnen politische Macht demonstrieren ließ (S. 36).

Jede Technikgeschichte, insbesondere wenn sie so gedrängt auftritt wie die Klemms, beruht auf Auswahlentscheidungen. Klemm nimmt einerseits die große spektakuläre Bau- und Maschinentechnik in sein Buch auf, während die das Leben der Menschen durchdringende Alltagstechnik meist ausgespart bleibt. So behandelt er im Kapitel über die Antike Geschütze, Großbauten und Wasserräder; Agrartechnik, Keramik, Glas, aber auch Schiffahrt kommen nicht vor. Andererseits sind ihm häufig Entwürfe und Ideen, wenn sie anscheinend den Geist der Zeit widerspiegeln, wichtiger als erfolgreiche Innovationen. So nehmen Konzepte für ein Perpetuum mobile einen breiten Raum ein; Christiaan Huygens und Denis Papins Bemühungen um eine neuartige Kraftmaschine erfahren eine ausführlichere Würdigung als die erfolgreichen Nutzungen der Dampfkraft von Thomas Savery und Thomas Newcomen. Auf Struktur und Funktion von Technik und deren Entstehungszusammenhänge läßt sich Klemm nur selten detaillierter ein. Mit moderner Begrifflichkeit würde man sein Werk als externalistisch bezeichnen: Es behandelt die Realtechnik als Black Box und sucht sie in kulturelle Zusammenhänge zu stellen. Um die jeweiligen Epochen selbst sprechen zu lassen, greift Klemm oft auf zeitgenössische Zitate und bildliche Darstellungen zurück. Mit Skizzen zu Personen und deren Werk versucht er geistige und technische Zeitströmungen zu verkörpern. So entsteht z.B. ein Bild des Bergbaus anhand von Georg Agricola. Wenn auch der Quellenwert solcher Autoren außer Zweifel steht, so ist doch kritisch zu fragen, ob nicht Klemm manchmal mehr Beschreibungen der literarischen Verarbeitung von Technik liefert als der technischen Entwicklung selbst.

Vieles von dem, was sich aus heutiger Sicht als einseitig in Klemms Geschichte der Technik aufweisen läßt, beruht auf den Intentionen des Werks. Klemm ging es um eine Integration der Technik in eine allgemeine als Geistesgeschichte verstandene Kulturgeschichte. Mit einem solchen Ansatz ließen sich der Betrachtungshorizont der historisch Gebildeten erweitern und die Ingenieure und Naturwissenschaftler an die Geschichte heranführen. Klemms Werk steht somit in der Tradition der Bestrebungen des Deutschen Museums, die Naturwissenschaftler und Ingenieure kulturell zu emanzipieren und die Kluft zwischen den „zwei Kulturen" (s. die Rezension zu Charles Percy Snow) zu überwinden. Mit seinem Werk leistete Klemm einen wichtigen Beitrag zur Loslösung von einer rein technischen Technikgeschichte, wenn auch um den Preis einer idealistischen Verengung.

Wolfgang König

Claus Koch und Dieter Senghaas (Hg.): Texte zur Technokratiediskussion

Frankfurt/M.: Europäische Verlagsanstalt 1970 (Kritische Studien zur Politikwissenschaft, hg. von Walter Euchner, Gert Schäfer und Dieter Senghaas), 359 S.

Mit „Technokratie" wird eine in den 1930er Jahren in den USA entstandene Denkrichtung und Bewegung bezeichnet, die – infolge zunehmender Dominanz des Technischen in Politik, Wirtschaft, Militär, Gesellschaft und Kultur – naturwissenschaftlich-technischen Sachverstand und entsprechend basierte Planungs- und Leitungsmethoden sowie -kompetenz im Bereich des Politischen verstärken will.

In den 1960er Jahren setzte die Technokratiedebatte in Deutschland und in Frankreich neu ein. In Deutschland wurde sie vor allem 1961 mit dem Vortrag von Helmut Schelsky „Der Mensch in der wissenschaftlichen Zivilisation" (s. dort) eröffnet. Seine Überlegungen von der notwendigen („zwangsläufigen") Entstehung des „technischen Staates" lösten eine heftige Kritik aus, die zunächst vor allem in der Zeitschrift „atomzeitalter" vorgetragen wurde, wobei Sachzwang, politische Elite, technische Vernunft, Industriegesellschaft und politische Macht wichtige Stichworte waren und sind.

Der Soziologe und erste Chefredakteur der Zeitschrift „Leviathan" Claus Koch (1929–2010) sowie der Sozialwissenschaftler und Friedensforscher Dieter Senghaas (geb. 1940) legen mit diesem Sammelband eine Textsammlung vor, die sich einerseits mit der Technokratie in Deutschland vor dem Hintergrund französischer und US-amerikanischer Denkeinsätze befaßt, andererseits technokratische Tendenzen in der politischen und administrativen Praxis analysiert.

Ausgangspunkt der Herausgeber ist folgende Wahrnehmung: „Noch vor zehn Jahren war in den deutschen Sozialwissenschaften ‚Technokratie' höchstens das Stichwort für eine unverbindliche Diskussion in kleinen Soziologenzirkeln. Heute deckt das Attribut ‚technokratisch', das bereits in den umgangssprachlichen Bestand aufgenommen ist, ein breites Spektrum von Vermutungen und Feststellungen über gesellschaftliche Strukturen und Tendenzen institutioneller Änderungen ab". Dennoch kann „die schier unbeschränkte Benutzung des Wortes [Technokratie] nicht darüber hinwegtäuschen, daß soziologische oder, im weiteren Sinne, politisch-ökonomische Untersuchungen über technokratische Strukturen oder Entwicklungstrends in der Bundesrepublik bisher spärlich geblieben sind" (S. 5). Da überdies aber „die *Entwicklungstendenzen hin zur Technokratie* nicht zu unterschätzen" seien (S. 8), soll mit der vorgenommenen Text-Zusammenstellung Abhilfe geschaffen werden. Aufgenommen wurden 15 Beiträge, teils als Wiederabdruck aus deutschen und französischen Zeitschriften (13 Beiträge), teils als Originalbeiträge (2 Beiträge).

Diese Beiträge sind in folgenden drei Abschnitten zusammengefaßt:

I. Zur politischen Theorie der Technokratie (S. 13–171).
II. Systemanalyse, Sozialkybernetik und Demokratie (S. 173–280).
III. Sozialtechnik und Futurologie (S. 281–349).

Abgeschlossen wird der Band mit einer Auswahlbibliographie (S. 350–354), die Verweise auf (damals) aktuelle Publikationen zur Technokratie-Diskussion enthält.

Abschnitt I beinhaltet sieben Texte zur engeren Technokratiediskussion bzw. zur politischen Theorie der Technokratie. Hans Peter Dreitzel („Rationales Handeln und politische Orientierung"; Wiederabdruck aus „Soziale Welt", H. 1/1965) und Martin Greiffenhagen („Demokratie und Technokratie"; Wiederabdruck aus „Praxis", Zagreb, Nr. 2/1967) bieten in ihren Beiträgen – auch im Sinne einer Einleitung in die Textsammlung – einerseits eine Zusammenfassung und Systematisierung der Positionen in der internationalen Diskussion, andererseits den Versuch, bestimmte Ansätze der Theorie der Technokratie weiterzuentwickeln. Dreitzel analysiert die Grundlagen bzw. die Grundlegung rationalen gesellschaftspolitischen Handelns. Ein auf Vernunft basiertes Handeln („Versachlichung der Lebensbezüge", S. 14) setzt sich jedoch nicht im Selbstlauf und komplikationslos bzw. widerspruchsfrei durch, denn: „So wenig man nämlich mit Recht schon von einer Verwissenschaftlichung der Politik bei uns reden kann, so schreitet doch eine Verflechtung der Interessensphären und Tätigkeitsbereiche von Wissenschaft und Politik fort, die möglicherweise mit einer Rationalisierung des politischen Verhaltens um so weniger zu tun hat, je mehr sie sich als solche ausgibt" (S. 15). Daraus wird die Notwendigkeit abgeleitet, für politische Entscheidungsprozesse neben zweckrationalem Handeln andere Formen des rationalen Handelns zu beachten, etwa funktionale/ substantielle und formale/materiale Typen (S. 46). Das wird von Greiffenhagen, der die Bedeutung des wissenschaftlich-technischen Sachverstandes für politische Entscheidungen untersucht, fortgesetzt. Dabei geht es ihm immer auch um das „Empfinden" einer politischen Entscheidung als sachlich fundiert. Dieses „Empfinden" verweist auf die Notwendigkeit eines „homogenen sozialen Raums": „Nur innerhalb gleicher sozialer Koordinaten gilt eine politische Entscheidung zugleich als Sachentscheidung. Wenn diese Homogenität fehlt, erscheint sie ‚unsachlich' und erweist sich in der Folge häufig als politisch unklug" (S. 65). Allerdings: Für eine „zeitlose soziale Homogenität" bietet die Geschichte keinen Anhaltspunkt. Deshalb gehe es stets um „partielle und befristete Homogenisierung" (S. 68). Nora Mitrani entwickelt in ihrem Beitrag „Die Zweideutigkeit der Technokratie" (Wiederabdruck aus „atomzeitalter", H. 7–8/ 1967) aus einer (organisations-)soziologischen Sicht die einer Technokratie immanenten Schwierigkeiten politisch-strategischer Art: Jede technische Intervention schiebt „zwischen das Projekt und dessen Verwirklichung eine Pause und einen Vermittlungsvorgang, eine zusammenhängende Folge von Schritten der Manipulation und Rationalisierung" (S. 71). Darin sieht Mitrani die Möglichkeit technokratischen Vorgehens, der „Übergabe der Entscheidungsgewalt an den Techniker" (S. 81). Das wäre gesellschaftlich aber unzureichend, da der Techniker von „reiner Technizität" ausgeht, „jede Rangordnung, jede Wahlmöglichkeit" indes darüber hinausgehende Kriterien zu berücksichtigen hat, „Kriterien, die für den Techniker als solchen eine Art intellektuellen Ärgernis darstellen müssen" (S. 83). Alfred Frisch gibt in „Die Zukunft der Technokraten" (Originalbeitrag) eine deskriptive Analyse technokratischen Gedankenguts, indem er Begriffliches, den „Nährboden" sowie Ziele und Grenzen reflektiert. Dazu differenziert er zunächst zwischen Techniker, Technokrat und „der

Technokratie": Der Techniker wird „zum Technokraten im Augenblick, wo er sich des ihm anvertrauten Werkzeugs im Interesse einer globalen politischen Konzeption bedient, um auf diese Weise an den maßgebenden Entscheidungen teilzunehmen" (S. 92). Ermöglicht bzw. begünstigt wird das durch eine Zentralisierung von Macht, wie das etwa in Frankreich der Fall sei (S. 96), aber auch „durch die Verwässerung der Staatsgewalt infolge einer über die nationalen Grenzen hinausreichenden Zusammenarbeit" (S. 105). Frischs Darlegungen werden ergänzt durch Jean Meynauds auf Frankreich bezogene politisch-ökonomische Kontextanalyse „Technokratie – Mythos oder Realität?" (aus: „La Technocratie – Mythe ou Réalité?", Paris 1964, S. 158–185). Sein Ausgangspunkt ist die sogenannte Einheitsthese aus James Burnhams „The Managerial Revolution" (1941): Über kurz oder lang werde der Staat Eigentümer aller Produktionsmittel sein. Das führe zu einer technokratischen Herrschaft der „Direktoren". In der Konsequenz könne das so weit gehen, „daß die Regierungsentscheidungen in Wirklichkeit das Werk von Verwaltern der Produktionsmittel (pressure groups) sind" (S. 132). Deshalb gelte es einerseits genau zu untersuchen, welche Eigenschaften und Funktionen Personen mit weitreichenden Interventionsbefugnissen haben, andererseits verdiene die Technokratie-These auch insofern besondere Aufmerksamkeit, „als sie explizit oder auch unklar einige der bedeutendsten Tendenzen in der Entwicklung der heutigen Gesellschaft zum Ausdruck bringt" (S. 140). Der Beitrag von André Gorz „Technokratie und Arbeiterbewegung" (Wiederabdruck aus „atomzeitalter", H. 7–8/1967) ist inhaltlich analog, jedoch von generellerem Anspruch und regional nicht spezifiziert. Er stellt einerseits der Arbeiterklasse die Technokratie, die dazu neige, sich „über die Klassen" zu stellen (S. 152), gegenüber, andererseits verweist er darauf, daß für die Arbeiterklasse „die Mitarbeit der Technokraten ... unentbehrlich bei der Ausarbeitung (aber nicht der Bestimmung) gewisser strategischer Ziele und einer wirtschaftlich kohärenten antimonopolistischen Alternative" sei (S. 155). Den Abschluß dieses Abschnitts bildet der Originalbeitrag „Das politische Dilemma der Technokratie" von Claus Offe, in dem die Entwicklung der Technokratiediskussion in Deutschland in den 1960 Jahren – d.h. seit Schelkys Thesen – skizziert und aus der Sicht politischer Herrschaftsordnung analysiert wird. Das führt ihn zu dem Ergebnis, daß die „ständige und wachsende Bedrohung durch Legitimationseinbuße und politische Entdisziplinierung der Bevölkerung" das „politische Dilemma technokratischer Systeme" darstelle (S. 170).

Dieser I. Abschnitt, der fast die Hälfte des Buches umfaßt und den Hauptteil des Buches ausmacht, gibt einerseits einen guten Einblick in unterschiedliche theoretische und gesellschaftlich-praktische Facetten der Technokratiediskussion und -bewegung vor allem in Europa. (Historische Vorgänge und Vorgänger etwa in den USA oder in Deutschland in den 1930er und 1940er Jahren werden jedoch ausgeblendet.) Andererseits ist das konzeptionelle Fundament der Darlegungen – vor allem hinsichtlich des Verständnisses von Technokratie

– sehr uneinheitlich, so daß es schwierig ist, ein gemeinsames Verständnis des „Phänomens" Technokratie auszumachen.

Die vier Beiträge des Abschnitts II fokussieren thematisch auf Sozialkybernetik und Systemtheorie in ihrem Bezug zu Demokratie, da – so die Herausgeber – die „Technokratiediskussion ... sehr häufig in Zusammenhang gebracht (wird) mit Systemtheorie und Systemanalyse" (S. 10). Dieter Senghaas gibt in „Systembegriff und Systemanalyse: Analytische Schwerpunkte und Anwendungsbereiche in der Politikwissenschaft" (Wiederabdruck aus „Zeitschrift für Politik", Bd. 15, 1968) einen guten Überblick über den Stand der Diskussion sowohl der Entwicklung der Systemtheorie generell als auch ihrer Anwendung in der bzw. Übertragung auf die Politik(-wissenschaft) vor allem in der englischsprachigen Diskussion und Literatur. Vieles davon wird später in bzw. mit den Arbeiten von Niklas Luhmann aufgegriffen und weitergeführt (s. dort). In „Sozialkybernetik und Herrschaft" (Wiederabdruck aus „atomzeitalter", H. 7–8/ 1967) werden – wiederum von Dieter Senghaas – zunächst Zusammenhänge zwischen technokratischer Ideologie und kybernetischer Utopie verdeutlicht: „Technokratische Ideologie und kybernetische Utopie berühren sich an jener Stelle, wo technokratische Strategien als kontinuierliche Anpassung gesellschaftlicher Institutionen an sich erweiternde technische Systeme sich selbst regulierender Stabilisierungsprozesse konzipiert sind" (S. 197). Sodann werden aus der Perspektive bzw. mit den Mitteln der (kybernetischen) Systemanalyse gesellschaftstheoretische Probleme wie Herrschaft, Selbstregulierung und Bewusstwerdung thematisiert (vgl. hierzu Norbert Wiener, s. dort). Wolf-Dieter Narr setzt sich in „Systemzwang als neue Kategorie in Wissenschaft und Politik" (erweiterte Fassung eines Beitrages aus „atomzeitalter", H. 7–8/1967) kritisch mit sogenannten „Sachzwängen" in Wissenschaft wie in Politik auseinander. Dabei stellt er zugleich konzeptionelle Grundlegungen zahlreicher technokratischer Ansätze in Frage, denn: „Wird die Struktur der Gesellschaft nicht mehr in Frage gestellt, da die gesellschaftlichen Ziele kaum noch diskutabel sind [wie in der Technokratie; G.B.], so geht es nur noch darum, die besten Mittel zur Erhaltung ihrer gegebenen Institutionen zu ergründen" (S. 220). Dem stellt er „vernunftkontrollierte, durch Partizipationsprozesse in ihren Grenzen aufgewiesene" Handlungen gegenüber (S. 244). „Demokratie und Komplexität" ist der Gegenstand von Frieder Nascholds „Thesen und Illustrationen zur Theoriediskussion in der Politikwissenschaft" (Wiederabdruck aus „Politische Vierteljahresschrift", H. 4/1968). Er führt aus, daß es verschiedene Möglichkeiten der Weiterentwicklung der Demokratietheorie, vor allem angesichts mannigfaltiger theoretisch-konzeptioneller Ansätze (etwa hinsichtlich der Artikulation politischer Bedürfnisse oder der Bestimmung und Legitimation politischer Prioritäten und ihrer Umsetzung in Strategien) gibt. Die Beiträge dieses Abschnitts verdeutlichen insgesamt, daß es „klare Alternativen zu einer technokratisch verblendeten politischen Theorie und zu einer mit technokratischer Ideologie durchsetzten politischen Praxis gibt" (S. 11).

Im III. Abschnitt sind vier Texte zur Sozialtechnik und Futurologie zusammengefaßt. Im Beitrag von Dieter Senghaas „The Technocrats. Rückblick auf die Technokratiebewegung in den USA" (Wiederabdruck aus „atomzeitalter", H. 7–8/1967) werden theoretisch-konzeptionelle Entwicklungen in den USA in den 1930er Jahren, d.h. der frühen Technokratiediskussionen sowie technokratischer Bewegungen dargestellt (u.a. in Thorstein Veblens „The Engineers and the Price System" oder in der Organisation „Technical Alliance"). Deutlich gemacht wird dabei die Ambivalenz daraus resultierender bzw. darauf basierender „sozialtechnischer" Programme. Dieser Text hätte eher in den Abschnitt I des Buches gepaßt. Der Beitrag von Olaf Helmer „Sozialtechnik" (Wiederabdruck aus „atomzeitalter", H. 7–8/1967) wird getragen von der Idee einer „Neubewertung der Methodik im Bereich der Sozialwissenschaften" (S. 293), die er u.a. um Operations Research für politische Vorhersage und Planung erweitert wissen möchte. Das wird mit den Stichworten „Bau operationeller Modelle" und „systematischer Gebrauch von Sachverstand" verbunden (S. 197). Claus Koch grenzt sich in „Kritik der Futurologie" (Wiederabdruck aus „Kursbuch", H. 14/1968) vor allem von außer-deutschen futurologischen Strömungen ab. Deren Intention – „Begreifen wir nur richtig die Wahrscheinlichkeiten und die Möglichkeiten der Zukunft, so werden wir uns rechtzeitig anpassen und dem Anschein gegenwärtiger Aussichtslosigkeit entgehen können" (S. 313) – kann indes zu keiner „höheren Rationalität heutigen sozialen Handelns hinführen" (S. 319). Kochs kritische Argumente lassen sich auch auf technokratisches Gedankengut übertragen. Abgeschlossen wird dieser Abschnitt mit der „Skizze einer ‚Look-out-Institution'" von Hasan Ozbekhan (Wiederabdruck aus „atomzeitalter", H. 4/1967). Deren Aufgabe bestehe darin, „mögliche ‚Zukünfte' (possible futures) zu konzipieren und die Wege zu bestimmen, auf denen man dorthin mit Hilfe der natürlichen und menschlichen Ressourcen wie der intellektuellen und politischen Mittel gelangen kann, soweit wir diese heute eben einschätzen können" (S. 330). Hier findet sich eine relativ frühe Diskussion eines höchst aktuellen Anspruchs, wie er sich etwa in der gegenwärtigen Debatte um „Zukünfte" („Energiezukünfte") zeigt. In diesem III. Abschnitt wird sowohl die Nähe zwischen Technokratie und sozialtechnischen Programmen als auch die Differenz zwischen bestimmten futurologischen Ansätzen (als Extrapolation des Bestehenden) und gesellschaftskritischem Anspruch aufgezeigt.

Der Band hat die Absicht, „die Diskussion um die Probleme der Technokratie erneut anzuregen" (S. 11), vor allem aus sozial- und politikwissenschaftlicher Perspektive. Berücksichtigt man, daß bei der Textauswahl nicht alle einschlägigen Themen (etwa historischer, wissenschaftstheoretischer oder philosophischer Art) berücksichtigt werden konnten (vgl. dazu näher den von Hans Lenk herausgegebenen Sammelband „Technokratie als Ideologie. Sozialphilosophische Beiträge zu einem politischen Dilemma", Stuttgart 1973), so kann – rückblickend – festgestellt werden, daß das Ziel gleichwohl erreicht wurde.

Zwar war kaum eine der mit technokratischen oder sozialtechnischen Modellen generierte Intervention erfolgreich, angesichts der Dynamik des gegenwärtigen technischen und technisch basierten gesellschaftlichen Wandels sowie des Bedarfs an „Zukunftswissen" sollten aber manche der im vorliegenden Buch vorgestellten theoretisch-konzeptionellen Ansätze erneut in die wissenschaftliche Debatte einbezogen werden.

Gerhard Banse

Sybille Krämer: Technik, Gesellschaft und Natur. Versuch über ihren Zusammenhang

Frankfurt/M./New York: Campus 1982 (Campus Forschung Bd. 262), 189 S. (A)

dies.: Das Medium als Spur und als Apparat, in: Medium, Computer, Realität. Wirklichkeitsvorstellungen und neue Medien, hg. von ders., Frankfurt/M.: Suhrkamp, S. 73–94 (B)

Sybille Krämer, heute Professorin für Philosophie an der FU Berlin, ist durch Arbeiten zur Technikphilosophie und Informationstheorie hervorgetreten. Ihre Bücher „Symbolische Maschinen" (1988) sowie „Berechenbare Vernunft" (1991), die starke historische Elemente enthalten, bauen auf die hier darzustellende Dissertation auf, wenngleich Krämers Standpunkt – in der Marburger Dissertation in deutlicher Anlehnung an den Marxismus – sich inzwischen radikal gewandelt hat: Lag ein materialistischer Ansatz nahe, solange es um handfeste Maschinentechnik ging, stieß er doch nach ihrer Auffassung an unüberwindliche Grenzen, als symbolische Maschinen und Informationstechnologien ins Zentrum rückten.

Wenn ein Werk ‚Technik, Gesellschaft und Natur' zu behandeln beansprucht, ist ein ordnender Zugriff unumgänglich; im vorliegenden Falle besteht er im „Versuch einer systematischen Gesellschaftstheorie der Technik" (S. 9). Hierzu wird Technik „als instrumentelles Vermittlungsverhältnis von Gesellschaft und Natur" begriffen (S. 10). Dabei setzt sich Krämer ab gegen eine „geschichtsmetaphysische Überhöhung" einer Eigengesetzlichkeit der Technik auf der einen Seite, gegen eine „zu allgemein" bleibende wissenschaftstheoretische und systemtheoretische Sicht auf der anderen Seite (S. 48f.). So ist erstens der Nachweis intendiert, „daß die Instrumentalität der Technik, ihre Funktion innerhalb der Zweck-Mittel-Relation gesellschaftlicher Praxis" den Ausgangspunkt einer Theorie der Technik bilden muß (S. 10). Zweitens soll das Werk zeigen, wie „in der Arbeit das ‚Generalverhältnis' einer Gesellschaft zur Technik sich verdichtet und begründbar wird" (S. 11).

Die Durchführung setzt bei dem Erfordernis eines jeden Organismus ein, sich zur Selbsterhaltung „immer als spezifisches System-Umwelt-Verhältnis zu organisieren" (S. 12). Was bei Pflanzen passiv, bei Tieren instinktiv und halbbewußt geschieht, wird beim Menschen zur Werkzeugherstellung und zum „gesellschaftlichen Werkzeuggebrauch" einschließlich der auf Zwecke bezogenen Umgestaltung des in der Natur Vorgefundenen (S. 14). „Ein Werkzeug, das solchermaßen zweckbewußt hergestellt wird, somit seinen Zweck auf gegenständliche Weise in sich trägt, ist Technik" (S. 14). Dabei wird Arnold Gehlens (s. dort) Mängelwesen-These als zu individualistisch zurückgewiesen. Vielmehr setze bereits die Werkzeugherstellung „überindividuelles Umweltverhalten in gesellschaftlicher Arbeit" voraus, ja, es wird ein „ursächlicher Zusammenhang von Technik und Vergesellschaftung" (S. 15) vertreten.

Ein Werkzeug trägt als Mittel sein Ziel in sich, es ist die „stofflich repräsentierte Antizipation von Zukünftigem"; indem es „überindividuelle Verwendungsmuster inkorporiert", die allgemein erlernbar sind, kommt seine „Gesellschaftlichkeit" zum Ausdruck (S. 16). So schafft sich der Mensch durch Arbeit mit der Technik ein „extrem künstliches Organsystem" eines „in gesellschaftlicher Form organisierten Stoffwechsels" (S. 16). Der übergreifende Konstitutionszusammenhang der Technik ist darum in Krämers Sicht nicht im Individuum, sondern in der Gesellschaft zu sehen. So sind Bedürfnisse, die durch den Werkzeuggebrauch befriedigt werden, selbst gesellschaftlich vermittelt (S. 17): Wenngleich Technik mit Bedürfnissen rückgekoppelt sei und sich auf „Lebens-Not-Wendung" beziehe, so sei dies doch immer eine geschichtlich sich entwickelnde gesellschaftliche Lebensnotwendigkeit, kein anthropologisch fixierter Bedürfnisgrund. „In der Wirklichkeit der Technik verobjektiviert sich die Möglichkeit der Bedürfnisse, wie umgekehrt die Erzeugung der Technik in den Bedürfnissen ihren treibenden objektiven Grund hat" (S. 17). Sensibel gesehen ist der tieferliegende Grund: „Das objektiv Mögliche verleiht erst dem Wirklichen Mangelcharakter" (S. 18). Wird nun der Ausgleich als „Arbeit verstanden, so verkörpert Technik das „Medium der Vergesellschaftung menschlichen Naturcharakters" (S. 17). Technik als bewußt hergestelltes Gerät hat eine „soziale Funktionsbestimmung", die spätestens beim Übergang vom Werkzeug zu Maschinensystemen (Eisenbahn, Flugzeug) unmittelbar sichtbar wird. Ob und in welchem Sinne allerdings technische Mittel „Funktion lebendiger Arbeit" sind (S. 22), wenn man an vollautomatisierte Produktionsanlagen denkt, bleibt unerörtert. Ebenso bereitet Krämers These Schwierigkeiten, „daß Technik stets menschengemäß sein muß; ... nicht als ... Humanitätspostulat, sondern als immanente Bestimmung des Funktionierens der Technik" (S. 22); denn entweder ist sie trivial, wenn sie nur besagt, daß alle Technik menschliches Erzeugnis ist, oder sie ist doch normativ gemeint, nämlich im Sinne mehr oder weniger menschengemäßer, nämlich mehr oder weniger humaner Technik – je nach ihrem gesellschaftlichen Zusammenhang.

Wie umfassend der Ansatz Krämers zu denken ist, zeigen zwei knappe Formulierungen: „Die Technik wird Moment der Selbsterzeugung des Menschen zum gesellschaftlichen Wesen", mit der wichtigen Folgerung, daß Technik den Menschen niemals von Arbeit freisetzt, sondern diese nur auf ein höheres Niveau transformiert (S. 23). Sowie: „Die Steigerung des Wirkungsgrades lebendiger Arbeit ist der allgemeine Zweck aller Art Technik", wobei dies nicht ökonomisch zu verstehen ist, sondern als „gesellschaftliche Potenzierung" (S. 22), – was erlaubt, einen auf die Gesellschaft bezogenen Begriff technischen Fortschrittes anzubinden. Aus beiden Thesen wird schließlich das „wesentliche soziale Entwicklungsgesetz der Technik" gewonnen, nämlich „die schrittweise Vergegenständlichung gesellschaftlicher Produktivkraftfunktion" in und durch Technik (S. 26). Allerdings wird diese Formel schon im nächsten Absatz (mit Friedrich Rapp, s. dort) wieder aufgebrochen, denn Technik sei „gleichzeitig Indienstnahme der Naturkräfte und soziokultureller Prozeß" (S. 27). Das Verhältnis von Technik und Natur wird von Krämer als Umwandlung der Ursache-Wirkung in eine Zweck-Mittel-Relation gedeutet (S. 33): Die Kräfte der Natur werden durch die technische ‚List' des Menschen gegen die noch unbearbeitete Natur gewendet (S. 31); insofern widerspiegele Technik sowohl Gesellschaftliches wie Naturhaftes. So wird Technik als eine „höhere Bewegungsform der Materie" gesehen (S. 36), Natur wird „humanisierte Natur" (S. 37). An dieser Stelle werden auch ökologische Fragen eingeordnet und für lösbar gehalten, nicht zuletzt, weil in der Technik „die Natur zum unorganischen Körper der Gesellschaft" wird (S. 43). Die Abhängigkeit des Menschen von der Natur transformiert sich durch Technik „zur Abhängigkeit von einem Gesellschaftsniveau" (S. 44). Eben dies ist die Zentralthese, die die Titelbegriffe des Buches verknüpft.

Im Produktionsprozeß wird die technische Wirklichkeit ökonomisch faßbar. Sieht man einmal von der für Krämer damals wichtigen und dogmatisch behandelten Frage des Eigentums an Produktionsmitteln ab, so geht es allgemein um ökonomische Formbestimmungen der Technik. Der Technik bloß Warencharakter zuzuschreiben, erlaube zwar, die „Funktion der Technik zur Kapitalakkumulation" zu behandeln (S. 63), greife aber insgesamt zu kurz, weil die Kollision individueller und gesellschaftlicher Interessen, die Gründe für technische Dynamik ebenso wie die Frage der Beherrschung der Gesellschaft durch Technik oder der Technik durch Gesellschaft nicht erfaßt werden können, obwohl all diese Fragen auf den „ökonomischen Verwendungszusammenhang des Technischen" zurückgeht (S. 61–66). Da „Technik als Instrument der Steigerung der Arbeitsproduktivität wirkt", ist die „Ökonomisierung ihrer Funktionsweise ... nichts Äußerliches, sondern eine immanente Bestimmung technologischer Zweckmäßigkeit" (S. 69). Die technologische muß jedoch mit den sozialökonomischen Zwecksetzungen vermittelt werden; sonst wären rationalisierungsbedingte Arbeitslosigkeit, mangelnder Arbeits- und Umweltschutz, das Abblocken von Patenten etc. nicht kritisierbar (S. 72). Die geforderte Vermittlung von Zeitökonomie und Sozialökonomie gelingt nach Auffassung der Autorin, wenn die Zeit als „gesellschaftlich sich zur Geschichte entwickelnde Zeit" verstanden wird, in der sich die sozialökonomischen Grundverhältnisse einer Gesellschaft niederschlagen (S. 73). Wenn Bedürfnisse als unmittelbarer Antrieb zur Verwendung technischer Mittel ausscheiden, so muß es, wie Krämer herausarbeitet, Interesse sein (S. 92f.): Erst über das „auf die ökonomische Struktur der Gesellschaft" zurückzubeziehende Interesse werden gesellschaftliche Bedürfnisse konstituiert (S. 92). „Die Technik existiert realgeschichtlich stets nur als interessengeleitete und interessenabhängige" (S. 94), wird lapidar gegen die Auffassung einer Wertneutralität der Technik konstatiert; Technik ist trotz ihres Mittelcharakters stets auch „Träger von Werten" (S. 95). Diese Sicht erlaubt es, Technik von ihren „sozialen Folgen" nicht trennen zu müssen, sondern diese über den Interessebegriff in die Zwecksetzung eingehen zu lassen und damit einen Technik-Instrumentalismus zu umgehen. Angesichts der These von der gesellschaftlichen Verfaßtheit der Technik stellt sich abschließend die Frage, ob und wie sozialer und technischer Fortschritt überhaupt auseinanderzutreten vermögen. Der Grund, so die These, sei bereits im Spannungsverhältnis von Individuum und Gesellschaft angelegt. Sichtbar gemacht wird dies ausgehend vom einzelnen Werkzeug (S. 102f.) in einer holzschnittartigen Entwicklungsgeschichte der „Entfremdung des Menschen von seiner Technik" (S. 106) im Kapitalismus: „Technischer Zweck und objektive Zweckrelation fallen (dort) auseinander" (S. 109). Angedeutet wird schließlich, daß sich mit der Automatisierung ein qualitativ völlig neues Mensch-Maschine-Verhältnis abzeichnet, ein Verhältnis, dessen Analyse Krämer später von ihrer Bindung an materialistische Positionen abrücken ließ, weil eine Technisierung „ideeller Funktionen" wie die der Informationsverarbeitung das hier dargestellte Konzept nach Krämers späterer Auffassung sprengt.

Die Arbeit Krämers ist schwer lesbar; doch wird die Mühe belohnt, ist doch ihre marxistische Technikdeutung differenzierter und subtiler als die damaligen Untersuchungen in der UdSSR oder in der DDR, weil deren Klischees zumeist vermieden werden. Fruchtbar ist die Lektüre heute noch, wenn es um den Zusammenhang von Technik und Gesellschaft mit Bezug auf Maschinentechnik geht. Verkürzt wird fraglos das Verhältnis von Technik und Kultur dargestellt, weil das jeweilige „sozialökonomische Eigentumsverhältnis gegenüber Technik" (S. 29) als bestimmender Faktor gesehen wird, obwohl ein zugleich angesprochenes weiteres Technikverständnis – „Technik als materieller Träger des kulturellen Fortschritts" (S. 30) – eine offenere Sichtweise ermöglicht hätte. Entsprechendes gilt für die Eingrenzung der Zwecke der Technik auf gesellschaftliche Zwecke, die das Werk durchzieht. – Die Zentralthese, die Gesellschaft determiniere durch ihre Zwecke die Technik, ist von der Autorin als Sachverhaltsaussage gemeint. Dann allerdings läßt sich das von ihr durchaus konstatierte Faktum, daß Kapitalismus und Sozialismus sich in ihrer Technik und den Problemen, die sie heraufbeschwört, nicht grundsätzlich unterscheiden (S. 89f.), nicht einfach beiseite schieben; denn es stellt die engagierte These über den ökonomisch bestimmten Zusammenhang von Technik, Gesellschaft und Natur vollkommen in Frage. Deshalb steht wohl allein der Weg in eine normative Deutung offen: Nur wenn Technik durch gesellschaftliche Zwecke bestimmt wird, kann sie humane Technik sein. So gelesen, vermittelt das Buch zahlreiche unerwartete Einsichten in eine Sozialphilosophie der Technik.

Während Krämer in (A) die Instrumentalität der Technik in der Zweckrationalität gesellschaftlicher Praxis, deren Verwendungszwecke in den Instrumenten inkorporiert seien, verortete, erweitert sie in einem der meistzitierten Aufsätze der neueren medienphilosophischen Diskussion der Technik den Horizont auf „Apparate" als „technische Medien". Diese Apparate sind von (bloßen) Werkzeugen zu unterscheiden. Bezüglich der Werkzeuge kritisiert sie jetzt das „anthropomorphe" Grundmodell, daß die Werkzeuge unsere Organe lediglich exteriorisieren, ihr Wirkungsspektrum erweitern und den Wirkungsgrad erhöhen. Würde man solchermaßen Technik als „Urszenerie des Medialen" denken, verfehlte man die Spezifik technischer Medialität (z.B. bei Marshall McLuhan), weil die Medialität lediglich als Wirkung einer „Eigensinnigkeit der Mittel" gedacht würde. Aber auch Niklas Luhmanns Ansatz (s. dort), der Technik nur als selektierte Form möglicher, von den Medien bereitgestellter Verknüpfungen begreift, wird als zu eng verworfen, weil er nach dem Vorbild der Zeichenbeziehung zwischen materiellen Trägern als arbiträren und bloß äußerlichen Vehikeln und ihrer Bedeutung als einer bestimmten Form gedacht ist. Die Bedeutsamkeit eines Mediums (und somit der Technik als Medium) liegt, so betont sie, in ihrer „Prägekraft": Apparate als technische Medien seien nicht mehr bloße Mittel, sondern „Mittler". Sie „effektivieren nicht einfach ..., sondern erschließen etwas, für das es im menschlichen Tun kein Vorbild gibt – und das in diesem Tun vielleicht auch gar keinen Maßstab findet. ... Die Technik als Apparat ... bringt künstliche Welten hervor, sie eröffnet Erfahrungen und ermöglicht Verfahren, die es ohne Apparaturen nicht etwa abgeschwächt, sondern überhaupt nicht gibt. Nicht Leistungssteigerung, sondern Welterzeugung ist der produktive Sinn von Medientechnologien" (S. 84 f.) Am Beispiel des Computers zeigt sie, daß Apparate etwas erzeugen, worüber wir ohne Apparatur nicht verfügen können. Dabei ist „die Unterscheidung zwischen einem instrumentalen und einem medialen Aspekt, zwischen der Technik als Werkzeug und der Technik als Medium ... nicht als eine ontologische Unterscheidung" mißzuverstehen, nach der wir die technischen Artefakte sortieren könnten, sondern sie stellt unterschiedliche Perspektiven dar (ebd.). So ermöglichen technische Medien z.B. neue Formen anonymer Kommunikation im Internet sowie die Delegation von Funktionserfüllung an autonom handelnde Agenten, eröffnen also Möglichkeiten neuer Weltbezüge überhaupt. Ähnliches gilt für akustische oder optische technische Medien, unter denen Zeitachsen und Raumordnungen manipulierbar werden, einschließlich des Blicks auf uns selbst. Hier werden nicht mehr bloß klassische Handlungsvollzüge effektiviert, sondern es werden neue Bereiche als Optionen erschlossen, von denen Gebrauch gemacht werden kann. Es werden also neue „Handlungsrahmen" eröffnet, die den „Regeln lebensweltlicher Handlungsverstärkung" entzogen sind (S. 89). Das Mediale verkörpere nun wie das Instrumentale eine Dimension jedweder Technik. Der medial turn, der in der Technikphilosophie um das Jahr 2000 parallel von verschiedenen Ansätzen aus eingeleitet wurde (vgl. auch Christoph Hubig, s. dort) hat die neuen Herausforderungen normativer Art, die von den „enabling technologies" ausgehen, ersichtlich werden lassen, genauso wie die Notwendigkeit, diesen Ermöglichungscharakter der neuen Technologien als technischen Medien genauer zu analysieren und zu modellieren.

Hans Poser

Stanislav Lem: Summa technologiae

Kraków: Wydawnictwo Literackie 1964; dt. Summa technologiae, übers. von Friedrich Giese, Frankfurt/M.: Insel Verlag 1976, Suhrkamp 1981 (st 678), 655 S.

Stanislav Lem (geb. 1921) ist einer breiteren Öffentlichkeit hauptsächlich als Autor brillanter Science Fiction Literatur bekannt geworden. Der heute in Kraków lebende Schriftsteller studierte nach dem Zweiten Weltkrieg Medizin und beschäftigte sich mit Kybernetik und Astronomie. Seit 1973 ist er bis heute Dozent für polnische Literatur an der Universität Kraków. Nach Verhängung des Kriegsrechts in Polen 1981 lebte und arbeitete er in Wien und zeitweilig in West-Berlin bis zu seiner Rückkehr 1988. Er hat neben seinem umfangreichen literarischen Oeuvre immer wieder in Essays zu politischen, sozialen und organisatorischen Fragen Stellung genommen.

Mit seinem Werk „Summa technologiae", das 1964 in Polnisch erschien und in Deutsch zuerst in der Bundesrepublik 1976, dann 1980 in der DDR mit jeweils verschiedenen Vor- und Geleitworten veröffentlicht wurde, beschreibt Stanislav Lem ein System möglicher Technologien der Zukunft. Er vergleicht sein Buch, das die bisherige literarische Gattung um eine neue, noch nicht benannte Art erweitert, mit einem Buch über Alpinistik (Vorwort zur Ausgabe 1980, Verlag Volk und Welt, Berlin (Ost)), das neben bekannten Routen die noch nicht erstiegenen Gipfel aufzählt.

Lem ist sich bewußt, daß man die zukünftige Entwicklung der Technik nicht vorhersagen kann – und er tut es trotzdem, weil es ihm um die möglichen, das bisherige technologische Denken übersteigenden Strukturen geht, nicht um Prognosen detaillierter Technikausgestaltung zukünftiger Jahrhunderte. Damit ist er dem methodischen Bewußtsein der erst nach ihm folgenden

Zukunftsforscher wie Herman Kahn und der erst nach Erscheinen dieses Buches aufblühenden Futurologie in den 70er Jahren weit voraus, und deshalb hat er das Buch in den neueren Auflagen, die nach dem Rückgang der Futurologie in den 80er Jahren erschienen, unverändert gelassen.

Lem nimmt als Grundlage seiner hypothetischen Konstruktionen Technologien, „d.h. die von dem Stand der gesellschaftlichen Kenntnisse und Fähigkeiten abhängigen Verfahren der Verwirklichung von Zielen, die sich die Gesellschaft gesetzt hat, aber auch solcher, die niemand im Auge hatte, als man ans Werk ging" (S. 8). Technologien können auch vom Zufall ausgehen, sie sind zweischneidig, sie geben dem Menschen eine gewisse Herrschaft über die Erde und sie sind beschränkt – noch gibt es keine Sternentechnologie. Die unbekannten Konsequenzen von Technik zeigen sich erst im Nachhinein – der Vergleich dessen, wie sich die Menschen früher die Zukunft vorgestellt haben mit dem, was wir heute erleben, zeigt die Naivität unserer Bemühungen. Die Überraschungen in der Geschichte der Technikentwicklung stehen nach Lem in einem amüsanten Gegensatz zu unserer Neigung, die Entwicklungen, die wir kennen, linear weiter fortzuschreiben. In der Literatur haben solche Fortschreibungen durch die dramaturgische Form einen Anfang und ein Ende, die Evolution jedoch, die nach Lem auch für die Technikentwicklung eine geeignete Modellvorstellung ist, hat aber nur einen Anfang.

Zunächst unterscheidet Lem die biologische und die technologische Evolution, indem er fragt, ob die Technologie den Menschen oder der Mensch die Technologie bewegt. Die technologische Evolution besitzt Rückkopplungen, sie ist von „innen" programmiert, organisiert sich selbst und sie besitzt, als System betrachtet, die Freiheit „sowohl hinsichtlich einer völligen Umgestaltung (wie eine sich entwickelnde lebende Art) als auch im Hinblick auf die Wahl des Baumaterials (da der Technologie alles zur Verfügung steht, was das Weltall enthält)" (S. 24). Die Analogie zwischen beiden Evolutionen entsteht dadurch, daß es sich in beiden Fällen um materielle Prozesse handelt, die an die gleichen dynamischen Gesetzmäßigkeiten gebunden sind und eine vergleichbare Zahl von Freiheitsgraden besitzen. Das homöostatische Gleichgewicht, das in beiden Evolutionen angestrebt werde, führe in beiden Fällen dazu, daß man von „Fortschritt" reden könne (S. 33). Die Unterschiede liegen in den verursachenden Kräften – obwohl die zufällige Entstehung von Leben bei einer oberflächlichen Betrachtung astronomisch unwahrscheinlich ist, ist Leben „lediglich eine von vielen Äußerungen des im Kosmos alltäglichen Prozesses homöostatischer Organisation" (S. 38). Dies ist ein gänzlich anderer Prozeß als die hervorbringende Ingenieurskunst im Sinne eines konstruierenden Vorgehens. Auch ist menschliche Technik weniger universal, den Hervorbringungen (Lem nennt eine automatische Fabrik als Beispiel) fehle die Verhaltensplastizität einfacher lebender Organismen (S. 43). Die „Vorgehensweise" ist ebenfalls eine andere: Technologische Entwicklung akkumuliert mit der Zeit theoretisches Wissen – meist über Induktion – , das über das akkumulierte empirische Wissen der biologischen Evolution (z.B. über Instinkte) hinauszugehen beginnt. Lem hält die These der ethischen Neutraliät einer amoralischen Technologie („Sie liefert die Mittel und Werkzeug – das Verdienst bzw. die Schuld für ihre gute oder schlechte Verwendung liegt bei uns" (S. 53)) für unhaltbar, weil Technologie den Menschen und auch seine moralische Einstellung forme. Das bedeutet auch, daß es eine übergeschichtliche Moral nicht geben könne. Aufgabe sei es jetzt zu erkennen, daß die präregulative Ära der Technologie in eine Phase übergehe, in der wir die Entwicklung, auch im Hinblick auf negative, unerwünschte Folgen, zu regeln versuchten. In der Weiterentwicklung einer technologischen Zivilisation wäre es nach Lem naiv, von der Automation die vollständige Ersetzung der Arbeit zu erwarten. Das Reich der Freiheit, gerade eben erst betreten, wird nicht wegen komplexer Umwälzung gleich wieder verlassen werden, denn Lem erwartet letztlich, daß die Autoevolution der Gattung Mensch, deren Koevolution die technische Entwicklung ist, dazu führt, daß der Mensch zwischen sich und die zu bewältigende Natur immer mehr Zwischensysteme, die leistungsfähiger als er selbst sind, einschieben wird. Dies führt letztlich zu einem Wesen, das „seinem unvollkommenen, unbeständigen sterblichen Körper entsagt" (S. 69) und eine uns noch unvorstellbare Konstruktion sein wird.

Lem kehrt mit einem sehr handfesten Problem auf den Boden zurück: Das exponentielle Wachstum des Wissens, das durch den Mangel an menschlichen und materiellen Reserven in absehbarer Zeit gestoppt werden dürfte. Die Anzahl der Periodika wächst seit dem 17. Jahrhundert exponentiell, die gegenwärtige Verdopplungszeit beträgt fünfzehn Jahre. Dies zwingt zur Selektion, welches Forschungsthema zu bearbeiten ist und welches nicht. Der Übergang von exponentiellem zu linearem Wachstum oder zur Stagnation führe in der Technologie, da die meisten großen Fortschritte dort aufgrund von Forschungsergebnissen der reinen Wissenschaft gemacht worden seien, zu einer verringerten Chance auf mögliche zukünftige „Treffer". Der Übergang zur Sättigungskurve wird nach Lem die Wissenschaft verändern – ebenso wie dieser Effekt möglicherweise schon so manche Zivilisation zum Schweigen gebracht haben könnte. Die „Megabit-Bombe" jedenfalls führte dazu, daß die Wissenschaft die Informationslawine nicht bewältigen kann, deshalb die Vielfalt einschränken muß und damit das homöostatische Gleichgewicht verlieren kann (S. 145). Lem diskutiert mögliche Lösungen: Die Erzeugung „künstlicher Wissenschaftler" zur Schaffung neuer Informationsverarbeitungskapazitäten verlängert aber nur das Problem für einige Zeit, da auch hier keine beliebige Steigerung möglich ist. Eine andere Lösung wäre, ähnlich wie in der Natur, die in der Genetik Information sammelt und umgestaltet, Information aus der Natur zu „extrahieren" und zu „züchten" (S. 147). Zu den Mythen der Wissenschaft, die sie im Laufe ihrer Entwicklung erzeugt und auch wieder ablegt, gehört heute das künstlich erschaffene Vernunftwesen, der Homunkulus. Diese neue Technologie (zumindest heute als Ziel der sog. starken KI propagiert, also gut dreißig

Jahre nach den Ausführungen von Lem) bedeutet die „vollkommene Herrschaft des Menschen über sich selbst, über seinen Organismus" (S. 155).
Die Vorstellung des Technikers von einer künftigen Allmacht sei jedoch verfrüht. Gleichwohl weist jede Maschine Regelmäßigkeiten auf, die in der Natur entdeckt werden: Einfache Maschinen sind durch Differentialgleichungen beschreibbar, die die Abfolge von Zuständen, welche die Maschine abhängig von inneren und äußeren Zuständen annimmt, festlegen. Komplexe Maschinen sind so nicht zu beschreiben, sie werden vielmehr durch Teiltheorien einer sich erst in Umrissen abzeichnenden Allgemeinen Systemtheorie behandelt. Dabei sind im Sinne einer „Pantokreatik" (einer Lehre dessen, was man konstruieren kann) auch Maschinen konstruierbar, die die Natur nicht hervorgebracht hat, wobei sie deren Existenz aber auch nicht „verbietet". Die Existenz von Prozessen, die sich nicht kürzer als sich selbst darstellen lassen, zeigt, daß Wissenschaft immer auf der Suche nach Invarianten angewiesen sein wird, während Technologie, darüber hinausgehend, solche nicht komprimierbaren Prozesse imitiert, ohne sie unbedingt „verstehen" zu müssen. Der Konstrukteur stellt keine essentialistischen Fragen, ihn interessiert nur die Vorhersage und das, was man mit bestimmten Eigenschaften anfangen kann. Deshalb ist die Frage, wie sich Mathematik und Wirklichkeit zueinander verhalten, für die Technologie müßig.

Lem entwickelt in einem eigenen Kapitel, das der Phantomatik gewidmet ist, eine plastische Vision dessen, was wir in Umrissen heute als „Cyberspace" kennen, allerdings ist der sensorische Zugang bei ihm über Elektroden neurophysiologisch direkter. Training und Schulung, Hilfe für Blinde oder Ersatzerlebnisse in bestimmten Situationen wie langen Raumflügen und dergleichen werden als Beispiele für segensreiche Anwendungen angeführt. Die „Cerebromatik" hingegen versucht, zerebrale Prozesse durch direkte oder indirekte Zugänge so abzuschwächen, daß psychisches Erleben unter Umgehung der afferenten Nervenbahnen andere Qualitäten erhält. Lem spricht zum einen die Möglichkeit gentechnischer Veränderung an (Einprägen praktischen und theoretischen Wissens in die Chromosomen des Fötus (S. 357)), die sich stark an Aldous Huxley anlehnt, zum anderen, die Dynamik des Gehirns durch Implantation von Wissen und Verhaltensweisen zu verändern. Lem ist noch der Auffassung, daß man, um einem Neuronennetz die Information darüber, wie man beispielsweise Fahrrad fährt, einzuführen (S. 360), etliche Millionen von Verbindungen aufzubauen hätte. Die Frage ist, inwiefern eine solche „Seelentechnologie" – falls sie realisierbar wäre – nicht zur Auflösung der Persönlichkeit führen würde und damit ethisch nicht mehr akzeptabel wird. Dabei werden auch die Fragen des Kopierens einer Persönlichkeit von einem Trägergehirn auf ein anderes oder auf eine Maschine angesprochen.

Zu Beginn des folgenden Kapitels, das der möglichen Beherrschung des Wissensfortschritts gewidmet ist, bringt Lem das Problem der Folgen von Wissenschaft und Technik auf den Punkt: „Die Wissenschaft hat sich auf ein Spiel mit der Natur eingelassen, und sie gewinnt eine Partie nach der anderen, doch sie läßt sich dermaßen in die Konsequenzen ihrer Siege verwickeln, beutet sie jeden dermaßen aus, daß sie statt einer Strategie nur Taktik betreibt" (S. 395). Ein Ausweg wäre die maschinell hergestellte Theorie als Schritt zur „Züchtung von Informationen" (S. 398). Das bedeutet nicht, daß man ein „definiertes Modell" (das alles umfaßt) hierfür aufstellen müßte, sondern daß man als Ausgangspunkt Theorien über bewußt selektierte Gegenstandsbereiche nutzt. Dies würde eine „Automatisierung der Wissenschaft" ermöglichen (S. 466).

Die radikale Verallgemeinerung des Begriffs der Sprache (chromosomale, neurale wie die natürliche Sprache), die Lem vornimmt, zu Systemen, aus denen wiederum – evolutionär – Systeme gebildet werden, die Gegenstand selektiver Prozesse – wie Organismen, Begriffe, soziale Strukturen – sind führt ihn zur Idee einer Ingenieurskunst der Sprache (S. 447) und ihrer konstruktiven Potenz. Dabei wären diese sprachlichen Systeme dann auch selbst Produkte evolutionärer Konstruktion. Eine Ingenieurskunst der Transzendenz (S. 472f.) als Gipfel der Pantokreatik, d.h. das Schaffen eines ewigen Jenseits mit kybernetischen Mitteln durch das Verpflanzen des eigenen Genmaterials in eine simulierte Welt, zu der ein konstruiertes Jenseits gehört, ist keine Frage der künftigen kybernetischen Machbarkeit, sondern nach Lem deshalb vergeblich, weil die Nachprüfbarkeit den Glauben an die Transzendenz zerstören würde und ihre Nichtnachprüfbarkeit eben so wenig Folgen haben würde wie der Glaube an ein Jenseits in einem säkularen Zeitalter wie dem unseren.

Im Schlußwort verweist Lem nochmals auf die Idee, die Effektivität der chromosomalen Evolution für die Verbesserung von Theorien durch die Kombination und Rekombination von Informationsgehalten zu nutzen. Die Natur habe durch diese Technik eine Sprache hervorgebracht, die atheoretisch und unverständig ist, aber dennoch die Praxis des Lebendigen beherrsche. In Analogie hierzu sollte sich die Technik auch sonst bemühen, „eine Sprache zu lernen, die Philosophen hervorbringt, während unsere nur Philosophien erzeugt" (S. 602).

Lems „Summa technologiae" könnte man aus heutiger Sicht als einen Leitfaden zum Entwurf künftiger, evolutionstheoretisch basierter Technologien bezeichnen. Lem stellt viele Denkgewohnheiten in Frage, er eröffnet überraschende Einsichten und zeigt, ohne einen großen theoretischen Überbau zu entwickeln, die erkenntnistheoretischen, anthropologischen und ethischen Probleme solcher Technologien deutlich auf. Der Stil ist bisweilen etwas dozierend, meist jedoch essayistisch, und Kenner der Science-Fiction Literatur von Lem finden leicht viele theoretische Entwurfskerne seiner Romane und Geschichten in diesem Buch wieder. Es lohnt sich, auch wegen der Hellsichtigkeit mancher Vorhersagen, die Lem trotz anfänglich genannter Einschränkungen macht, wie Virtual Reality, Multimedia, CIM, Gentechnologie, Expertensysteme etc., sich dieses Buch immer wieder vorzunehmen und es von einem jeweils neu gewonnenen Standpunkt aus zu überdenken. Lem beschreibt die Strukturmöglichkeiten zukünftiger Technologien so, daß man damit ein Begriffsinstrumentarium zur Hand hat, um auch den heutigen Stand der Technik kritisch zu analysieren. Damit ist Lem im guten klassischen Sinne ein utopischer Schriftsteller und Technikphilosoph, der mit dem Blick in die Zukunft die Kritik an der Gegenwart ermöglicht.

Klaus Kornwachs

Hans Lenk: Zur Sozialphilosophie der Technik
Frankfurt/M.: Suhrkamp 1982 (stw 414), 300 S.

Der für Philosophie und Soziologie habilitierte Hans Lenk (geb. 1935) ist seit 1969 Professor an der Universität Karlsruhe. Sein Arbeitsgebiet umfaßt insbesondere die Wissenschafts- und Handlungstheorie, die Technik- und die Sportphilosophie sowie die Ethik. Das Buch ist keine umfassende Philosophie der Technik, sondern vereint sechs Studien, die, wie es im Vorwort heißt, „aus unterschiedlichen Anlässen entstanden" (S. 20) und deren Grundgedanken zumeist bereits an anderer Stelle publiziert worden sind. Gemeinsam ist allen Beiträgen die Beschäftigung mit methodologischen, sozialphilosophischen, soziologischen und moralphilosophischen Problemstellungen: „Sie berücksichtigen Probleme, denen sich die ‚Macher' der Technik ausgesetzt sehen, ebenso wie solche der Verwender im Alltag und der Betroffenen. Sie analysieren ‚die Technik' als soziales und kulturelles Phänomen – zum Teil auch angesichts der bedrohten Natur" (S. 10).

Ausgangspunkt des ersten Beitrages „Technik zwischen Philosophie, Wissenschaft und Gesellschaft: Technik als soziale Prägekraft" (S. 11–57) ist die „,systemtechnologische' oder gar ‚technokratische'" Herausforderung der technisch-wissenschaftlichen Welt, „um die Situation des Menschen in der modernen Gesellschaft überhaupt verstehen zu können" (S. 12). Nach Lenk ist eine derartige philosophische Auseinandersetzung mit der Technik noch nicht auszumachen bzw. liegt lediglich in sporadischen Ansätzen und eher programmatisch vor. Ursachen dieser „philosophischen Abstinenz gegenüber dem Technischen seit dem Beginn der Industrialisierung" (S. 14) sieht er in der Art der traditionellen Technikphilosophie, vor allem in ihrem *Begriffsfetischismus* und ihrem *Ein-Faktoren-Ansatz* (Technik als angewandte Naturwissenschaft, als System von Mitteln, als Ausdruck menschlichen Machtstrebens usw.). Damit sei verbunden, daß alle „globalen Wesensaussagen über die Technik zu stark vergröbern und verzerren, um die Vielfalt des Technischen angemessen beschreiben zu können" (S. 22). Lenk kommt so zu der Ansicht, daß die in diesem Jahrhundert vorgelegten technikphilosophischen Arbeiten nicht seinem Anspruch an Multiperspektivität entsprechen. Hier nun setzt er ein, indem er vorführt, wie auf differenzierte philosophische Weise argumentiert und dabei sowohl der neuen Situation im informations- und systemtechnologischen Zeitalter als auch den gewandelten Einstellungen zur Technik entsprochen werden kann: „Das Gesamtphänomen der Technik und ihrer Einbettung in andere gesellschaftliche Lebensbereiche und kulturelle Traditionen kann daher nur von Ansätzen verstanden werden, die über einzelne Fächer hinausgreifen ... und die systemhaften Zusammenhänge zwischen allen Einflußfaktoren herausstellen" (S. 22). Das erfolgt dann exemplarisch, indem etwa Herbert Marcuses (s. dort) Technikkritik analysiert, das Problem der Technokratie debattiert sowie Naturwissenschaften und Technik methodologisch miteinander verglichen werden.

„Technik und Alltagswelt. Zur Soziologie der Technikverwendung und der Einstellungen zur Technik" (S. 58–104) wurde gemeinsam mit Günter Ropohl verfaßt. In diesem Artikel wird ein erster Versuch unternommen, die Rolle der Technik im Alltagsleben zu beschreiben und zu analysieren, um ihre soziale Dimension sichtbar zu machen – eine Dimension, für die sich bisher „keine institutionalisierte Forschergemeinschaft ... zuständig fühlte" (S. 58). In einem ersten Schritt dazu werden auf der Grundlage der Verbreitung technischer Gebrauchsgüter im Alltagsleben Elemente einer Theorie der Technikverwendung entwickelt; der zweite Schritt besteht dann darin, aus Einstellungen und Meinungen repräsentativer Bevölkerungsquerschnitte Rückschlüsse auf den Stellenwert der Technik im Alltagsleben des einzelnen zu gewinnen.

Mit „Systemtheorie zwischen Wissenschaft und Technik. Wissenschaftstheoretische Thesen zu neuen, interaktiven Technologien" ist der dritte Beitrag (S. 105–144) überschrieben. In ihm will Lenk Grundbegriffe und Grundprobleme systemtheoretischer Ansätze, für die er eine skizzenhafte, teilweise thesenartig abgefaßte Übersicht gibt, sowohl für die wissenschaftstheoretische Diskussion der Systemanalyse als auch für eine zu entwickelnde Epistemologie der Systemwissenschaften nutzbar machen. Die Bedeutsamkeit systemtheoretischer Denkweisen wird von Lenk durch die Spannbreite ihrer Anwendbarkeit demonstriert: Auf der einen Seite wird systemanalytisches Arbeiten durch die praktischen Anforderungen der Systemplanung und -technik, durch die „Komplexität der Problemverzahnungen in einer zunehmend von interdisziplinären und interarealen Wirkungsverflechtungen" gekennzeichneten Welt (S. 105) erforderlich. Auf der anderen Seite kann systemtheoretisches Denken „ein neues wissenschaftstheoretisches Paradigma und sogar noch umfassender eine metawissenschaftliche und philosophische Perspektive begründen" (S. 128).

In der Studie „Zu einer pragmatischen Sozialphilosophie der Technischen Intelligenz und der Technik" (S. 145–197) geht Lenk von vorliegenden Analysen zum Sozialprestige und zur gesellschaftlichen Stellung der Technischen Intelligenz aus, die seiner Meinung nach die Notwendigkeit belegen, über sozialphilosophische Grundfragen, Voraussetzungen sowie Auswirkungen technischer Entwicklungen differenzierter als bisher nachzudenken. Seine diesbezüglichen Überlegungen zur antitechnischen Kulturkritik, zum Nachwirken traditioneller Technikphilosophie, zur notwendigen Interdisziplinarität in technologischen Forschungen, zur Gemeinwohlaufgabe der technisch-industriellen Führungskräfte und zum Qualifikationsprofil der Ingenieure münden in folgende abschließende These: „Die Menschheit ist heute mehr denn je auf eine vernünftige Abwägung und Ausgewogenheit, auf einen mittleren Weg zwischen extremem Fortschrittsoptimismus und Technikpessimismus, zwischen einer eindimensionalen technokratischen Gesellschaftsordnung und einem technik- wie leistungsfeindlichen neuromantischen Rückfall angewiesen" (S. 195).

In „Herausforderung der Ethik durch technologische Macht. Zur moralischen Problematik des technischen Fortschritts" (S. 198–248) begründet der Verfasser zunächst die Dringlichkeit einer Ethik, die dem Technologischen Zeitalter angemessen ist: „Wir können es uns schon heute und besonders künftig nicht mehr leisten, die drängenden ethischen Probleme der Technik und der angewandten Wissenschaften zu vernachlässigen" (S. 201). Die sich daran anschließenden Überlegungen werden resümierend in Thesen zusammengefaßt, deren wichtigste sind:

- „Über die traditionelle Verursacherverantwortung hinaus übernimmt der Mensch eine ‚sorgende' Heger- und Verhinderungsverantwortung."
- „Die erweiterte Verantwortlichkeit richtet sich besonders auch auf die Zukunft, auf die künftige Existenz der Menschheit, der nachfolgenden Generationen".
- „Angesichts der Entwicklungsdynamik, der Orientierungs- und Bewertungsschwierigkeiten können kaum ethische Generalrezepte über die konstanten Grundverantwortlichkeiten ... gegeben werden. Daher ist die einzige Möglichkeit, sich den künftigen ethischen Herausforderungen gewachsen zu zeigen, die moralische Bewußtheit" (S. 240ff.).

Der abschließende Beitrag „Technisierung der Ersten und der Zweiten Natur? Zum Mythos von der Machbarkeit der Natur" (S. 249–296) analysiert wichtige Seiten des philosophischen Hintergrunds der Technikentwicklung und -nutzung – sozusagen die „immanenten", „vorgängigen" Denkfiguren des in den vorangegangenen Beiträgen Dargestellten. Lenk wendet sich – ausgehend von dem Bibelwort „Macht Euch die Erde untertan!" – zunächst den in der abendländischen Kulturgeschichte wirksam gewordenen Naturauffassungen zu, die durch *Mechanisierung und Operativisierung* gekennzeichnet seien. Vor diesem Hintergrund geht es ihm dann um Probleme der Konstitution und Erfassung der Zweiten Natur, der Kultur, und deren Auswirkung auf das Verständnis der Ersten Natur vor allem in den Überlegungen Arnold Gehlens (s. dort). Lenk zeigt skizzenhaft, daß beide Sichtweisen eingeschränkt und selektiv sind, da „der Kosmos, die Welt, einseitig verstanden wird als Macht- und Machfeld, als Material, als Wirkbereich des Menschen – und als eben sonst nichts" (S. 267). Damit sei verbunden, daß alternative Naturdeutungen im abendländischen

Entwurf ausgeschlossen bzw. beiseite geschoben wurden. Da jedoch das Humanum über den abendländischen Entwurf hinausreiche, gelte es, diese „Einseitigkeiten zu erkennen, um sie kompensierend in einen größeren Integrationszusammenhang einzuordnen, darin ‚aufzuheben'" (S. 294).

Hans Lenks Buch hat am Beginn der achtziger Jahre wichtige Anregungen für weitergehende, differenzierte Ansätze der Technikphilosophie gegeben. Allerdings bleibt der Autor vielfach nur programmatisch. Auch in späteren Arbeiten hat Lenk die geforderte Ausarbeitung nicht vollständig geleistet, obwohl er auf einige der erwähnten Schwerpunkte näher eingegangen ist (z.b. hinsichtlich des Verantwortungsproblems). Viele seiner Überlegungen bringen so ein Desiderat zum Ausdruck, das weiterer Denkbemühungen harrt.

Gerhard Banse

Hans Lenk und Simon Moser (Hg.): Techne, Technik, Technologie. Philosophische Perspektiven

Pullach b. München: Verlag Dokumentation 1973 (UTB), 247 S.

Diese Aufsatzsammlung ist im wesentlichen hervorgegangen aus einer Reihe von Vorträgen, die 1972 an der Universität Karlsruhe gehalten wurden. Der Text umfaßt eine grundsätzliche Auseinandersetzung mit der traditionellen Philosophie der Technik, fünf jeweils auf ein spezielles Thema konzentrierte Beiträge, eine Übersicht über neuere Ansätze der Technikphilosophie sowie eine Auswahlbibliographie.

Grundlage und Ausgangspunkt ist die bereits vorher (1958) publizierte, 71 Seiten umfassende differenzierende „Kritik der traditionellen Technikphilosophie" von Simon Moser (1901–1988). Wegen ihres prinzipiellen, auf die Grundfragen konzentrierten Charakters hat diese Abhandlung nichts an Aktualität eingebüßt. Moser nimmt die „umgreifende und übergreifende" Tendenz der traditionellen Metaphysik auf, allerdings mit wesentlichen Einschränkungen: „Die Lehre aus Positivismus und Historismus müßte sie aber daran hindern, der Naivität der alten Schulmetaphysik zu verfallen." Im Sinne „metatechnischer Bestrebungen, die Mathematiker, Physiker, Techniker, Philosophen usw. zu einem gemeinsamen Grundlagengespräch vereinigen" (S. 16), analysiert Moser verschiedene metaphysische Versuche zu Gesamtdeutungen der Technik, nämlich diejenigen von Donald Brinkmann (1909–1963), Friedrich Dessauer (1881–1963), Hermann Schmidt (1894–1968) und Martin Heidegger (1889–1976) (s. alle dort).

Mosers Fazit ist zunächst negativ gefaßt: Die Technik ist nicht nur angewandte Naturwissenschaft, sie ist kein völlig zweckneutrales Mittelsystem, kein bloßer Ausdruck des Machtstrebens, keine Folge des säkularisierten Christentums, keine direkte Fortsetzung der göttlichen Schöpfung, keine Realisierung platonischer Ideen und kein „herausforderndes und stellendes Entbergen der Natur" (S. 80). Dem stellt Moser seine eigene, formal gehaltene Bestimmung der Technik gegenüber: „Die Wissenschaft von der Natur und die Befriedigung menschlicher Bedürfnisse gehen in ihr eine eigenartige Einheit ein. ... Die moderne Technik ist daher ein autonomes Gebilde der neuzeitlichen Geschichte wie Wissenschaft und Kunst." Gefordert sei die philosophisch-phänomenologische Analyse technischer Einzelphänomene, „um die Technik im ganzen zu verstehen, deren Wesen aber trotzdem nicht aus solchen Einzelanalysen ‚induktiv' gewonnen werden kann" (S. 80f.). Damit ist ein zentrales Problem angesprochen. Bei aller Hinwendung zur konkreten Erfahrung kann die Technikphilosophie – wie jede philosophische Reflexion – doch nicht auf generalisierende und grundlegende Thesen verzichten. Mit dieser Arbeit, die die wesensphilosophischen Technikdeutungen kritisch in Frage stellt, ohne deren philosophischen Impuls aufzugeben, hat Moser das Feld für die künftigen Untersuchungen zur Philosophie der Technik abgesteckt.

In seinen „Gedanken zur Wissenschaftstheorie der Technikwissenschaften" unternimmt der Ingenieurwissenschaftler Hans Rumpf (1911–1976) eine wissenschaftstheoretische Analyse der Technikwissenschaften, die den Bereich der „meßbaren" Größen behandeln. Während die Physik möglichst allgemeingültige Theorien über den Wirkungszusammenhang von Größen formuliert, lebt die Technikwissenschaft „aus der Anwendung und läuft bei einer scharfen Trennung Gefahr, fruchtlose Wege zu gehen. ... Die Technikwissenschaft muß für beides Platz haben, für die reine Forschung sowie für die Verbindung von Forschung und Anwendung in der Entwicklung neuer technischer Lösungen", wobei es stets darauf ankomme, den Kontakt zur technischen Praxis aufrechtzuerhalten (S. 107).

In dem Artikel „Technik und Naturwissenschaften – eine methodologische Untersuchung" von Friedrich Rapp (geb. 1932) geht es um die zunehmende Verflechtung und wechselseitige Abhängigkeit von Technik und Naturwissenschaften. Der Autor weist auf die Unterschiede hin, betont aber gleichzeitig auch die relative Selbständigkeit beider Gebiete hinsichtlich der Verfahrensweisen, Zielsetzungen und Ergebnisse (empirisch bestätigte Theorien bzw. nutzbare materielle Artefakte).

Kurt Hübners (geb. 1921) Abhandlung „Philosophische Fragen der Technik" gibt den Abriß der historischen Entwicklung, die zur modernen Technik geführt hat. Hübner betont, daß sich sowohl Gegner als auch Befürworter der Technik auf die Grundideen Exaktheit, Rationalität und Fortschritt beziehen, diese aber unterschiedlich bewerten. Die Anhänger der Technik erwarten die Befreiung des Menschen von Zwängen aller Art und schließlich das „Reich der Freiheit"; die Kritiker fürchten das Entstehen neuer Zwänge und eine von Despotien beherrschte, sinnentleerte Welt. Für Hübner „erweist sich die Kybernetik als moderne Technik par excellence: nämlich als aufs äußerste theoretisierte und damit auf das Universum praktischer Möglichkeiten überhaupt gerichtete Technik; als total auf Zukunft und Fortschritt ausgerichtete Technik. ... Technisch, wie unsere Welt ist, will sie auch die Zukunft technisch in den Griff bekommen" (S. 150).

Anknüpfend an Johann Beckmanns Schrift von 1806 formuliert Günter Ropohl (geb. 1939) seine „Prolegomena" zu einem neuen Entwurf einer allgemeinen Technologie. Sein empirischer Ausgangspunkt sind die „dinglich erfahrbaren Manifestationen der Technik", nämlich die technischen Artefakte, Maschinen, Apparate und Geräte (S. 160). Diese werden dann anhand kybernetischer und systemtheoretischer Modellvorstellungen als „allgemeine Sachsysteme" interpretiert, in denen die jeweiligen Zustandsgrößen (Materie, Energie, Information) eine entsprechende Umwandlung erfahren, wobei diese Konzeption in erweiterter Fassung auch für „soziotechnische Systeme" gelten soll, „bei denen Menschen und technische Systeme aggregiert sind" (S. 164).

Ulf Niederwemmer (geb. 1939) entwirft eine „Programmatische Skizze für eine Sozialphilosophie der Technik". Um zu einer adäquaten wissenschaftlichen Behandlung der Technik zu gelangen, müsse die disziplinäre Vereinzelung der Humanwissenschaften durch Aufhebung der fachwissenschaftlichen Arbeitsteilung reformiert werden. Es sei die Aufgabe der Sozialphilosophie, „ein kognitives Programm" zu entwerfen, „das eine adäquate Behandlung der Technik erlaubt" (S. 187). Die Leitidee dafür sei „in der rationalen Rekonstruktion menschlichen Handelns und menschlicher Handlungssysteme zu suchen" (S. 196).

Der materialreiche und ausdifferenzierte Übersichtsartikel von Hans Lenk (geb. 1935) „Zu neueren Ansätzen der Technikphilosophie" arbeitet u.a. in kritischer Absicht acht verschiedene Technikdeutungen heraus und kommt schließlich zu dem Ergebnis: „Eine Ein-Faktor-Theorie ‚der Technik' ist nicht mehr zu vertreten" (S. 205). Lenk betont, daß die sozialwissenschaftliche Einbettung und die Systemaspekte der Technik berücksichtigt werden müssen. Er fordert dementsprechend eine interdisziplinäre Kooperation zwischen Universalisten, Generalisten und Technologen – ein Postulat, das grundsätzlich berechtigt, aber praktisch nur schwer einlösbar ist.

Der von einer gemeinsamen Sichtweise („Karlsruher Schule") getragene Sammelband bietet eine Zusammenfassung des damaligen Diskussionsstandes, und er hat darüber hinaus – wie sich in der Rückschau zeigt – als Ausgangspunkt für die weitere, daraufffolgende Entwicklung der Technikphilosophie in der Bundesrepublik gewirkt. Die hier versammelten Beiträge markieren exemplarisch den Wandel in der Fragestellung: In der Folgezeit verlagert sich das Interesse von der metaphysischen Technikdeutung auf die philosophische Untersuchung der modernen Technik unter wissenschafts- und systemtheoretischen, anthropologischen, soziologischen, historischen, kulturkritischen – und später auch ökologischen – Gesichtspunkten.

Friedrich Rapp

André Leroi-Gourhan: La geste et la parole
Bd. 1: Technique et language; Bd. 2: La mémoire et les rythmes
Paris: Albin Michel 1964 (Bd. 1) u. 1965 (Bd. 2), dt. in einem Bd.
Hand und Wort. Die Evolution von Technik, Sprache und Kunst,
übers. von Michael Bischoff, Frankfurt/M: Suhrkamp 1988, 531 S.

André Leroi-Gourhan (1911–1986), Schüler von Marcel Mauss, ist einer der bedeutendsten Paläontologen und Paläoanthropologen. Seit 1956 wirkte er an der Sorbonne und von 1965 bis 1982 am Collège de France. Sein Hauptwerk „La geste et la parole" führt paläoanthropologische, technikhistorische und kulturphilosophische Untersuchungslinien zu einer Entwicklungsgeschichte des Menschen zusammen, die die Verbindungen von Real-, Intellektual- und Sozialtechnik freilegt. Dabei stützt er sich auf Erträge seiner Studien „L'homme et la matière" (1943) sowie „Milieu et techniques" (1945), in denen er die universelle Entwicklungstendenz der Technik in ihren unterschiedlichen Konkretisationen in den Ethnien nachzeichnet: Deren „äußeres Milieu" (geographisch-klimatische Verhältnisse, Vegetationszyklen, Wanderungen der Tiere etc.) wird zur Basis der Entwicklung eines „inneren Milieus" als kollektivem kulturellen Gedächtnis, welches sich über die technischen Artefakte als „Exteriorisationen" (Auslagerungen, Veräußerlichungen organischer Funktionen), in seiner Existenz sichert und das äußere Milieu weitergestaltet.

Auslöser dieser Entwicklung ist der aufrechte Gang der Anthropinen im Zuge des Austritts aus dem Dschungel als einem Nahbereich direkter Interaktion, der die Entwicklung des vorderen Relationsfeldes und einer „actio per distans" (i.w.S. ähnl. Hans Blumenberg, s. dort) voranbrachte.

Bereits der Titel des Werkes wirft Übersetzungsprobleme auf und kann in der deutschen Übersetzung mißverstanden werden. „Geste" meint nicht, wie im Deutschen, in erster Linie die sinnhafte Gebärde, sondern primär den technisch-motorischen Aspekt der Handhabung von Werkzeugen, bei dem die Hand die zentrale Rolle spielt; „parole" meint analog den funktional-kommunikativen Zusammenhang, in dem das Wort eingesetzt wird. So wie das Werkzeug nur in der Geste, in der es technisch wirksam wird, real existiert (S. 296), wird das Wort zu einem solchen nur im Kommunikationsprozeß. Das Gesichtsorgan als „Mittel zur Schöpfung der gesprochenen Sprache" und die Hand als „Mittel zur Schaffung von Werkzeugen" (S. 261) sind gerade durch das spezifisch menschlich, was sich von ihnen „löst", also durch Exteriorisierung ihrer Operationen, wobei die Hand auch und gerade für die Sprache zentral wird, weil sich im Graphismus erst eine fixierte Symbolbildung zeigt, die nicht mehr abhängig vom „Fluss der gesprochenen Sprache" ist (S. 261). Sprache und Werkzeug sind „beide der Ausdruck ein und derselben menschlichen Eigenschaft" (S. 149).

Wenn wir unserem Bedürfnis folgen, „den Menschen der Zukunft in seine Gegenwart und in seine entfernteste Vergangenheit hineinzustellen" (S. 14), dürfen wir freilich nicht dem Fehler verfallen, ausgehend von einem gegenwärtigen Bild des Menschen auf der Basis lückenhafter Zwischenglieder die entsprechenden Narrationen zu konstruieren. Jenseits solcher belasteter Konstruktionen, mit denen sich Leroi-Gourhan in den ersten Kapiteln auseinandersetzt, gelten ihm als erste Menschheitskriterien der aufrechte Gang, der Besitz eines kurzen Gesichts und einer von der Fortbewegung freien Hand (S. 35). Dies scheint das Gehirn als „Mieter" des Organismus sowie das Dispositiv sprachlicher Kommunikation stimuliert zu haben (S. 56 f.). Die am wenigsten spezialisierten Arten haben dabei die zerebral fortgeschrittensten Formen hervorgebracht (S. 82). Um nun die Technizität der Hominiden von derjenigen der Affen abzuheben, sucht Leroi-Gourhan nach Grundzügen der Organisation des menschlichen Gehirns. Unter Rückgriff auf neurophysiologische Befunde identifiziert er spezifisch menschliche Hirnareale, jenseits derjenigen, die für die somatische Fähigkeit, Laute oder Gesten zu organisieren, maßgeblich sind: solche einer intellektuellen Fähigkeit, expressive, in Laute oder Gesten übersetzbare Symbole zu verstehen. Diese Symbole können als konkret verbunden mit Operationen, die das manuelle Feld mobilisieren, oder als abstrahiert aus manuellen Operationen verstanden werden (S. 118).

Bei den Australopithecinen findet sich erstmals die Herstellung von Werkzeugen, die konstante Formen aufweisen (d.h. einem echten Stereotyp entsprechen) und deren Herstellung eine Voraussicht im Ablauf der technischen Operationen voraussetzt, die das fertige Werkzeug avisiert. Während bei den Archanthropinen die Werkzeuge noch in weitem Maße eine direkte Emanation des spezifischen Verhaltens blieben, zeichnen sich bei den Paläoanthropinen wesentliche technische Neuerungen ab: Neben dem Steinblock selbst werden nun nämlich die Abschläge relevant; der Block wird zur Quelle neuer Werkzeuge. Damit ist die Diversifizierung von Werkzeugen bis hin zur Jungsteinzeit eingeleitet. Während also zunächst Gehirn und Körper „die Werkzeuge gewissermaßen nach und nach ausschwitzten" und der Faustkeil eher als Teil des Skeletts erscheint (S. 139), wird nun das Erarbeitete selber bearbeitet. Mit der Diversifizierung der Funktionen geht die Diversifizierung der verwendeten Materialien einher – bis hin zu ihrem Einsatz als Symbolen, in denen die Erfüllung von Funktionen selber ausgedrückt wird: Im Unterschied zur Reihung verschiedener Lautsignale der Schimpansen als „genauer geistiger Entsprechung ihrer zusammengesteckten Stöcke", was eben „noch keine Sprache ausmacht", entwickelt sich diese als *Umgang* mit Signalen, als Zeugnis ein und derselben menschlichen Fähigkeit, wie sie die Herstellung und Bearbeitung von Werkzeugen darstellt (S. 149). So wie Werkzeuge im Hinblick auf eine spätere Verwendung erhalten und entsprechend aufbewahrt werden, liege der Unterschied zwischen Signal und Wort im *Fortbestand* der begrifflichen Konzepte, so daß gilt: Die „Operationen, die zur Herstellung erforderlich sind, existieren schon vor den Gelegenheiten, bei denen sie benutzt werden" (S. 150). Technik nun sei „zugleich Geste und Werkzeug", verkettet in einer „Syntax ..., die den

Operationsfolgen zugleich ihre Festigkeit und ihre Feinheit verleiht. Die Syntax der Operationen wird vom Gedächtnis nahegelegt und entsteht zwischen dem Gehirn und der materiellen Umwelt" (S. 151). Für diesen Zusammenhang führt Leroi-Gourhan den Begriff der „Operationskette" ein. Verbale Äußerungen lassen sich zunächst in konkreten und beschränkten Operationsketten vorstellen, die den Ablauf der technischen Operationen begleiten. Diese ermöglichen „dann aber auch die bewußte Bewahrung und Reproduktion verbaler Ketten jenseits der unmittelbaren Operationen" – das, was den Keim von Sprache ausmacht.

Als Stadien dieser Entwicklung sieht Leroi-Gourhan zunächst die ‚Steinindustrie' in immer besserer Anpassung des Materials an die Funktion, die Kumulation neuer Formen, die aus den alten Formen abgeleitet sind, in neuen und weiteren Materialien (S. 179), die Diversifizierung der Ethnien in Abhängigkeit von Vegetationszyklen und Tierwanderungen ihres jeweiligen Milieus, deren Regelmäßigkeit nun nachahmbar und gestaltbar erscheint – so daß die „von den biologischen Rhythmen beherrschte kulturelle Evolution abgelöst wird von einer kulturellen Evolution, die von den sozialen Phänomenen beherrscht wird" (S. 183). Es werden nun stabile Varianten ersichtlich, die den jeweiligen Milieus angepaßt sind. Die Gesellschaften formen „ihre Verhaltensmuster mit den Instrumenten, die ihnen die materielle Welt bietet" (S. 190); in dieser Hinsicht spricht Leroi-Gourhan von einem „techno-ökonomischen Determinismus". Die Entwicklung der Lebensrhythmen und ihre raum-zeitliche Organisation zeigt jedoch, daß zwischen dem techno-ökonomischen Apparat und dem sozialen Verhalten eine „Dialektik" liegt, die herauszuarbeiten sei (ebd.). Während die primitiven Gruppen, entsprechend ihrem Ernährungstyp dem Jahresverlauf unterworfen, ihre Territorien nach Maßgabe der periodisch genutzten Tier-Wanderwege bildeten und ihre Sozialbeziehungen, ihre Arbeitsteilung, ihre „Paarsymbiose" den funktionalen Erfordernissen entsprechend gestalteten, bildete sich zwischen 8.000 und 5.000 v. Chr. eine technoökonomische Struktur heraus, die auf Landwirtschaft und Viehzucht basiert. Ihre Vorform fand sie in der Treibertätigkeit der Hirten und in der Organisation der Nutzung wildwüchsiger Körnerfrüchte; im Zuge der Seßhaftwerdung formten sich unter dem funktionalen Erfordernis der Sicherung und Regelung der Infrastrukturen die sozialen Klassen (S. 217). Die „Befreiung des Technikers" entstand auf dem Hintergrund wachsender Verfügbarkeit von Zeit unter dem Druck, angesichts des Bevölkerungswachstums die steigenden Kollektivbedürfnisse zu befriedigen: Das Erfordernis der Erfindung, „das sich bei den im Gleichgewicht lebenden Gesellschaften nur sehr begrenzt einstellt" (S. 220), führte dazu, daß die schon seit 35.000 Jahren bekannte Metallverarbeitung, die zunächst wahrscheinlich eher magisch-religiösen Zwecken diente, nun zu systematischen „Handwerken des Feuers" (Keramikherstellung, Metallurgie) führte (S. 220). „Das Zusammentreffen der ersten Metallurgie mit den ersten Städten ist mehr als ein Zufall, es ist die Bestätigung einer techno-ökonomischen Formel, die bereits sämtliche Konsequenzen der Geschichte der großen Zivilisationen in sich enthält. Faßt man ihre Elemente jeweils gesondert, so bleibt die Zivilisation unverständlich; sie als Zivilisation einer religiösen oder politischen Ideologie zu begreifen, hieße das Problem verstellen, sie als bloßes Spiel technoökonomischer Kontingenzen zu sehen, wäre im Übrigen ebenso ungenau, denn zwischen dem Gipfel und der Basis stellt sich ein Kreislauf her: Die Ideologie wird gewissermaßen in die techno-ökonomische Gußform gegossen, um deren Entwicklung zu bestimmen, gerade so wie das Nervensystem ... die Gußform des Körpers füllt" (S. 226). Zwar ist der Techniker vom Rhythmus der biologischen Evolution „befreit", noch aber ist er, obwohl der „eigentliche Meister der Zivilisation", ein „unterjochter Demiurg", in der techno-ökonomischen Organisation untergeordnet (ebd.). Die Entwicklung der Stadt mit all ihren Krisen bis in die Gegenwart steht im Einklang mit den funktionalen Erfordernissen der Entwicklung eines künstlichen sozio-technischen Organismus. Ähnlich wie einst der Übergang zur agrarischen Ökonomie führt die metallurgische Dezentralisierung und die Schaffung von städtischen Einheiten in den Bergbau- und Hüttengebieten zu einer vollständigen Umbildung des gesamten sozialen Gebäudes in den letzten beiden Jahrhunderten, als industrielle Revolution, „die in den agrarischen Gesellschaften die einzige größere Transformation war, die sich innerhalb von fünf Jahrtausenden ereignet hat" (S. 233).

Mit dem Aufkommen sprachlicher Symbole wurde die zweipolige Technizität (Hand – Werkzeug und Gesicht – Sprache) dahingehend ergänzt, daß es der Gesellschaft möglich wurde, die Produkte individuellen und kollektiven Denkens auf Dauer zu bewahren (S. 237). Die Bildersprache der entstehenden Graphismen ermöglicht nun über das durch Technik und Sprache bestimmte Ausdrucksverhalten hinaus die Reflexion. Erste Abstraktionen waren Aufzählungen, durch die Genealogien und einfaches Rechnen ermöglicht wurden, welche funktionale Erfordernisse der urbanisierten bäuerlichen Organismen erfüllten. Die graphischen Werkzeuge, die die Sprache in Kunst und Schrift objektivierten, ermöglichten ihre Ablösung vom Sprecher genauso wie die Werkzeuge sich von der unmittelbaren Motorik der Hand abgelöst haben. Diese Exteriorisierung prägt in immer radikalerer Weise die zweite Phase der Zivilisationsgeschichte. Dies betrifft insbesondere das Gedächtnis: Blieb das vorherige operative Verhalten vollkommen im Bereich des bereits Erlebten, so kommt es nun zur „Projektion in dem Augenblick, da die Operationen von ihrer materiellen Abhängigkeit befreit und in Symbolketten transformiert sind" (S. 283). Es ist dies der Moment, in dem sich die Intelligenz vom Instinkt zu lösen vermag. Einher geht damit eine „Befreiung des Individuums", die die Möglichkeit der Gegenüberstellung und des Vergleichs über das bisher Erlebte hinaus voraussetzt und auf einem Gedächtnis beruht, „dessen Inhalt der Gesellschaft gehört" (S. 285). Zu der mit der biologischen Natur des Menschen verbundenen genetischen „Tiefenstruktur" und den durch Erfahrung und Erziehung erworbenen Operationsketten „maschinenförmiger" Art tritt nun, wenn die Operationsprogramme ihrerseits exteriorisiert sind (lediglich noch indirekte Motorik vorliegt bis hin zur Exteriorisierung der Muskeln in den Antriebsmaschinen) eine „Expansion" des Gedächtnisses, welche erlaubt, daß sich die Individuen zu seinen Inhalten in ein Verhältnis setzen. Diese Entwicklung spiegelt sich in der Entwicklung einer Ästhetik: von unmittelbaren Anmutungen wie etwa dem Wohlbefinden als Ergebnis eines koordinierten Spiels der Organe zu den funktional rhythmisierten Formen, den Taktgebungen unseres Zusammenlebens bis hin zu einer funktionellen Architektur. Während die Tierwelt sich nicht von ihren hochoptimierten funktionalen Formen lösen kann (Bienenwabe), vermag menschliche Schöpfung Zeit und Raum zu domestizieren (S. 387) bis hin zur Emanzipation vom bäuerlichen Einklang zwischen Natur, Individuum und Gesellschaft. Im „städtischen Milieu" stützt sich die motorische und intellektuelle Integration auf ein rigoroses rhythmisches Netz, dessen Signale solche eines „Integrationscodes" sind, um das kollektive Überleben zu sichern (S. 394). Wenn nun seit der Mitte des 19. Jahrhunderts das „technische Dispositiv der Gesellschaft eine Stufe erreicht" hat, „auf der die Entfernungen in keinerlei Verhältnis mehr zu dem Lebenskreis stehen, in dem der Mensch bis dahin stets sein funktionelles Gleichgewicht gefunden hatte", häufen sich die beunruhigenden Verstöße gegen Gesetze der biologischen Verträglichkeit. Als Kompensation bietet die soziale Ästhetik ein Leben als Rezeption von Bildern an; der Verlust des wirklichen sozialen Lebens „läßt sich durchaus durch ein nur noch dargestelltes soziales Leben ersetzen" (S. 444). Leroi-Gourhan sieht hier die Gefahr einer zunehmenden Hierarchisierung der Gesellschaft, die sich hinter der Bilderkulisse des Gleichförmigen verbirgt (S. 443). Im Weg von der realistischen zur abstrakten Kunst als Ausdruck einer Freiheit der Imagination sieht Leroi-Gourhan die Tendenz zu einer Entmaterialisierung, die sich darüber hinweg täuscht, daß der intellektuelle Mensch physisch mit dem gleichen Menschen verbunden ist, „der einstmals das Mammut jagte" (S. 490). Die „Regression der Hand" führt zwar zu einer neuen Befreiung, aber auch zu einer neuen Gefahr: „Im letzten Stadium schließlich löst die Hand einen programmierten Prozeß in den automatischen Maschinen aus, die nicht nur das Werkzeug, die Geste und die Motorik exteriorisieren, sondern auch das Gedächtnis und das mechanische Verhalten usurpieren" (S. 302). Das einstmalige Gleichgewicht zwischen psychischem und physischem Verhalten ist gestört: Wenn der homo ein „homo sapiens" bleiben will, muß er sich „die Frage nach seiner numerischen Dichte und seinem Verhältnis zur Tier- und Pflanzenwelt neu stellen, ... denn die Spezies ist zu eng mit ihren Grundlagen verbunden, als daß sie nicht spontan jenes Gleichgewicht herzustellen suchte, daß sie zur Spezies Mensch gemacht hat" (S. 498).

Leroi-Gourhans Werk besticht durch die Darstellung einer Fülle sorgfältig eruierter Befunde aus den weit verzweigten Forschungsgebieten der Paläontologie, der vergleichenden Anatomie, der Hirnforschung und der Technikgeschichte, die hier nicht ausführlich dargestellt werden konnten. Wenngleich er

Wesenszüge des Homo sapiens und seiner Real-, Intellektual- und Sozialtechniken stets auf ihre Wurzeln innerhalb der evolutionären Entwicklung zurückverfolgt, ist er doch weit davon entfernt, eine naturalistischen Anthropologie zu vertreten, die die physiologischen Grundlagen zu einem Rahmen erhebt, innerhalb dessen die zivilisatorischen Erscheinungen als Epiphänomene modelliert werden oder der gar als Maßstab für eine Kritik zivilisatorischer Verfallserscheinungen dienen könnte. Vielmehr arbeitet Leroi-Gourhan die Schwellen zu einer sozialen und kulturellen Evolution deutlich heraus, indem er zeigt, daß nicht die immer gleichen funktionalen Erfordernisse ggf. auf neue Art zu erfüllen sind, sondern daß im Zuge der technischen, symbolischen und sozialen Hervorbringungen die Menschen ihre jeweilige Umwelt (ihr „äußeres Milieu") so weit gestalten, daß neue funktionale Erfordernisse entstehen, denen die Kulturen (als „inneres Milieu") in ihrer Entwicklung entsprechen müssen. Der Prozeß einer zunehmenden Exteriorisierung ursprünglicher organischer Fähigkeiten folgt dieser Tendenz und birgt die Gefahr, daß im Zuge immer stärker vermittelter Weltverhältnisse der Mensch freilich den Bezug zu denjenigen Erfordernissen verliert, die in seinen wenig veränderten physischen Verfaßtheiten gründen. Die Gesamtdiagnose ist keinesfalls in dem Sinne kulturpessimistisch, daß Leroi-Gourhan dem Menschen die Fähigkeit absprechen würde, hier die Balance zu halten. Unter dieser unabdingbaren Notwendigkeit stellt er dem Menschen mit Blick auf seine kurze Geschichte nicht den Freibrief aus, sein Menschsein hin zu einem transhumanistischen Wesen zu überwinden, eben weil dies mit Blick auf diejenigen Grundzüge, die sich in der menschlichen Evolution durchhalten, Leroi-Gourhan als Illusion erscheint. Da eine nüchterne Evolutionstheorie, wie sie Leroi-Gourhan vertritt, Entwicklungen nachzeichnet und sich nicht zu einer Theorie der Höherentwicklung versteigt, können von ihr durchaus kritische Impulse ausgehen: daß eine Entwicklung zu ihrem Ende kommen könnte, wenn sie sich über die Grundlagen hinwegsetzt, die sie ermöglicht haben. Für die Technik bedeutet dies, daß ihr ursprünglicher Impuls, auf Sicherung und Dauerhaftigkeit aus zu sein, zu bewahren ist: die funktionelle Einheit zwischen den realtechnischen Werkzeugen, den intellektualtechnischen Symbolen der Repräsentation einschlägiger Operationsketten zum Zwecke der Speicherung, mithin der Gewährleistung von Planbarkeit und Prognostizierbarkeit, sowie der Sozialtechniken des Erhalts organisatorischer Grundlagen eines gelingenden Zusammenlebens der Individuen nicht zu zerstören. Wenngleich in den letzten Jahrzehnten insbesondere seitens der neurowissenschaftlich orientierten Anthropologie (Michael Tomasello u.a.) sowie der Forschung zu weiteren Entwicklungen der Hochtechnologien der Forschungsstand sich wesentlich weiterentwickelt hat, ändert dies kaum etwas an dem Gesamtpanorama, welche Leroi-Gourhan in seinem Werk entwirft.

Christoph Hubig

Hermann Ley: Dämon Technik?
Berlin: VEB Deutscher Verlag der Wissenschaft 1961, 428 S.

Hermann Ley (1911–1992) bekleidete in der jungen DDR verschiedene hohe Funktionärspositionen im Kulturbereich und habilitierte 1948 mit einer Schrift über erkenntnistheoretische Probleme der Begriffsbildung in Ökonomie und Naturwissenschaften. Nach Professuren für Theoretische Pädagogik (Leipzig) und Dialektischen und Historischen Materialismus (Dresden) war er seit 1959 parallel zu seiner Tätigkeit als Vorsitzender des Staatlichen Rundfunkkomitees der DDR Lehrstuhlinhaber für philosophische Fragen der modernen Naturwissenschaften an der Humboldt Universität zu Berlin. Neben seinem philosophischen Hauptwerk „Geschichte der Aufklärung und des Atheismus" (5 Bde., 1966ff.) zählen seine Arbeiten zur Technikphilosophie zu seinen wichtigsten Publikationen (u.a. auch „Technik und Weltanschauung" 1969). Sein Ansatz wurde schulbildend für die DDR-Technikphilosophie.

Das umfangreiche Werk versteht sich als Generalabrechnung mit der kulturpessimistischen „bürgerlichen" Technikphilosophie. Im Blick auf die technische Entwicklung in sozialistischen Gesellschaften vertritt Ley einen uneingeschränkten Fortschrittsglauben. Nachteilige Technikfolgen werden ausschließlich auf die kapitalistische Umgangsweise mit den Produktionsmitteln zurückgeführt. Lektüre und Darstellung seines Werkes werden erschwert durch die unvermittelte Parallelität von differenzierten Analysen der „bürgerlichen" Technikkritik und ihrer Kontroversen auf der einen sowie einer abstrakten Darstellung der Technik im kommunistischen Staat – in propagandistischer Absicht – auf der anderen Seite. Dabei ist die Entstehungszeit des Werkes – im Kontext des Kalten Krieges – zu berücksichtigen. Wichtige Schriften von Karl Marx (s. dort) waren noch nicht zugänglich. Spätere Arbeiten Leys sind deutlich differenzierter und weniger dogmatisch.

Ley will die Abhängigkeit der Rolle der Technik von den Produktionsverhältnissen herausarbeiten, um die symptomatische Bedeutung des bürgerlichen Kulturpessimismus plausibel zu machen und um zu zeigen, daß die sozialistischen Länder die Technik benutzen, „um schneller die Gesamtheit ihrer Kultur zu fördern" (S. 7), da hier die Produktivkräfte nicht bloß einer Minderheit, sondern „der Gesellschaft selbst" zugute kämen (S. 11). Die Auseinandersetzung hebt an mit US-amerikanischen Theoretikern und Praktikern und behandelt dann Ansichten aus dem Umfeld der SPD, des VDI sowie theoretische Arbeiten von deutschen kulturpessimistischen Technikphilosophen.

Zentraler Topos der nachfolgenden Analysen ist derjenige von der Technik als Produktivkraft. Die Unschärfe des Produktivkraftbegriffes im damaligen Schulmarxismus prägt dabei die Analysen von Ley:

(1) Produktivkräfte seien an ihrer Leistung zur Steigerung der Produktivität der Arbeit zu erkennen. Sie ermöglichten eine jeweilige „Gestaltung von Produk-

tionsverhältnissen". Umgekehrt „förderten" Produktionsverhältnisse die „materiellen und geistigen Bedingungen zu schnellerer Entfaltung der Technik" (als Produktivkraft) (S. 12). Die Überlegenheit der kommunistischen Planwirtschaft im Blick auf Weltraumtechnologie, Automatisierung und Rechnereinsatz in den 50er Jahren zeige, daß kein Anlaß zum Kulturpessimismus gegeben sei. Dieser erweise sich als eigentlich entwicklungsfeindlich, weil er die Folgen kapitalistischen Disponierens über die Technik der Technik selbst zurechne. (2) Weiterhin sei Technik „Gesamtheit der Mittel, mit denen der gesellschaftlich existierende Mensch sein Leben erwirbt. Sie ist Produkt der Gesellschaft" (S. 21). Damit ist sie „Ausdruck des Wissens" (S. 21), insofern Produktivkraft. (3) Produktivkräfte führen nicht per se zu entsprechenden Produktionsverhältnissen. Dazwischengeschaltet ist vielmehr der „Charakter der Produktivkräfte", der davon abhängt, wie in unterschiedlichen ökonomischen Epochen produziert, wie also ein technisches Instrument zum Produktionsinstrument wird. (Ist diese Abhängigkeit durch Entfremdung geprägt, verwendet Marx den Begriff der Charaktermaske, den Ley seltsamerweise nicht einführt.) Das Verhältnis von Technik als Produktivkraft und Produktionsverhältnissen ist somit in kapitalistischen und sozialistischen Gesellschaften verschieden. Bei Ley nun bleibt infolge einer unklaren Begrifflichkeit jenes Verhältnis dunkel: Während er einerseits behauptet, daß „der Charakter der Produktivkräfte sich in der gesellschaftlichen Entwicklung verändert und zum Auftreten neuer Produktionsverhältnisse führt" (S. 22), wird für den kapitalistischen Wirtschaftsbereich, wo die Entwicklung der Technik vom Verwertungsbedürfnis des Kapitals abhänge (S. 27), unterstellt, daß die jeweilige Entfaltung der Produktivkräfte den „Charakter der Produktivkräfte nicht verändert", sofern abhängige Lohnarbeit bestehen bleibe (S. 27). Während also einerseits eine Veränderung des Charakters der Produktivkräfte allererst zum Auftreten neuer Produktionsverhältnisse führen soll, wird andererseits ausgeschlossen, daß innerhalb der gleichen Produktionsverhältnisse eine Veränderung des Produktivkraftcharakters stattfinden könne. (4) Weiterhin wird behauptet, daß ein schnelleres Wachstum der Produktivkräfte selbst dazu führe, daß die Kräfte, die zur Überwindung der jeweiligen Produktionsform (hier der bürgerlichen Gesellschaft) führen, ebenfalls wachsen (S. 27). Schließlich könne (5) die Technik von ihrer kapitalistischen Anwendung getrennt werden, und gerade hierdurch sei sie in ihrer gesellschaftlichen Funktion zu erkennen (S. 33). Technik erfahre in unterschiedlichen Produktionsverhältnissen jeweils eine unterschiedliche „Anwendung". (6) Andererseits soll aber „Technische Wissenschaft" „die wissenschaftliche Durchdringung der *Produktionsvorgänge*" sein. Gerade aus diesem Grund vollziehe sich in sozialistischen Gesellschaften „Grundlagenforschung (nicht) im luftleeren Raum, sondern hat ihren festen Platz zugewiesen aus den Perspektiven der Pläne" (S. 34).

Der Wechsel zwischen den Charakterisierungsebenen (1) bis (6) prägt alle nachfolgenden Analysen und Kritiken: Im Blick auf die „Nervosität", die Regeltechnik und Automatisierung in den imperialistischen Ländern (USA) erzeugt habe, analysiert Ley die Kontroverse um die Automation zwischen John Diebold und Walter S. Buckingham. Während Buckingham zurecht darauf verweise, daß automatisierte Fertigungsprozesse nur für Großkapital disponibel seien, betont Diebold ihre Fruchtbarkeit zur Belebung des Wirtschaftens in kleinen und mittleren Unternehmen. Schwierigkeiten der Entwicklung dieser Technik werden von Diebold auf Ausbildungsdefizite an Ingenieuren in den USA zurückgeführt – ein Problem, das nach Ley im Zuge der forcierten Ingenieursausbildung in der Sowjetunion nicht entstehen könne. Die kulturkritische Pointe Buckinghams, daß in den USA das Risiko mit der Chance durch die durchschnittliche Rentabilität verbunden sei, wird von Ley konterkariert mit dem Hinweis, daß „der sozialistische Plan diese Verbindung von Chance und Risiko auslöscht". Dieser Plan bedürfe nicht eines bürgerlichen Humanismus als Korrektiv, weil er technische Rationalität als Mittel für Koordination und Effektivierung einsetze (S. 53). Die Prinzipien der Automatisierung zeitigten ihre negativen Folgen einzig für die Lohnarbeit im Kapitalismus. Im Sozialismus hingegen ermögliche jene „klassenindifferente" Technik, daß die Produktivität der Arbeit erhöht würde und somit eine systematische Erweiterung der Produktivkräfte „als Voraussetzung und Wirkung der Entfaltung der materiellen und geistigen Kultur planmäßig betrieben wird" (S. 64). Gegen Norbert Wieners (s. dort) Technikkritik, daß Automatisierung und Regelungstechnik qua Rückprojektion auf den Menschen unser Menschenbild verkürzten, wendet Ley ein, daß der Rechner ein Werkzeug bleibe, dessen „Fehlleistungen bei objektiv richtiger Programmierung technischen Ursprungs" (S. 76) seien, die mit technischen Mitteln zu beheben sind. Eine philosophische Überhöhung der Gefahren der Kybernetik lenke von den ökonomischen Ursachen der problematischen Prozesse ab. Gleiches gelte für die neomarxistische Technikphilosophie der kritischen Theorie in Deutschland, wie sie Friedrich Pollok vertrete. Dessen Forderung nach einer Vernunft, die sich ihrer instrumentellen Indienstnahme entziehen müsse, sei ein nostalgischer Rückfall. Nicht die Ersetzung menschlicher Arbeitskraft und menschlichen Denkens durch Technik, sondern die Frage „zu welchem Zweck?" mache das eigentliche Problem aus. Werde die Intelligenz dazu entwickelt, sich selbst zu nutzen (im Sozialismus), erübrige sich das Problem der Substitution menschlicher Kompetenzen durch Technik.

Der Ruf nach humaner Techniksteuerung seitens der deutschen Sozialdemokratie sei demselben falschen Motiv und derselben falschen Analyse verpflichtet. Im Blick auf die Entwicklung in den USA werde seitens der SPD der Technik angelastet, was einzig in den Produktionsverhältnissen begründet sei. Den Theoretikern der SPD wie Leo Brandt und Carlo Schmidt, die den Verlust von Freiheiten durch die Amortisationszwänge der Technik befürchten, hält Ley vor, daß die Rede von der „Entfremdung durch Technik" eher vom „Fetischcharakter der Warenwirtschaft" ablenke und hier Argumente „schöner Seelen mit moralisierender Geduld" (S. 167) vorgetragen würden.

Während den Theoretikern der SPD wenigstens noch guter Wille bescheinigt wird, geht Ley mit dem VDI und seinen Publikationen der 50er Jahre hart ins Gericht, insbesondere mit dem Repräsentanten dieser Philosophie, Friedrich Dessauer (s. dort). Ein „Hexenprozeß" gegen die Technik sei eröffnet worden in der hintergründigen Absicht, durch eine Dämonisierung der Technik ein Hilfsmittel zu gewinnen, „um den Ingenieuren die Zuflucht zu Irrationalismus und frommer Arbeit bei der Rüstung nahe zu legen" (S. 231). In Leys Kritik an Dessauer, der zwar einen offenen Technikpessimismus ablehne, jenseits der Rationalität einzelner technischer Verfahren jedoch der Technik insgesamt ein irrationales Gepräge unterstelle, schlägt die Unsicherheit Leys im Umgang mit dem Begriff der Technik als Produktivkraft wieder peinlich durch: „Die Produktivkräfte entscheiden in letzter Instanz über die Produktionsverhältnisse. Ein bestimmter Entwicklungsstand der Produktivkräfte erzeugt einen bestimmten Charakter" (S. 241). Hingegen: „Erst die Schaffung neuer Produktionsverhältnisse läßt den Produktivkräften freien Lauf" (S. 241). Friedrich Dessauer spreche im „lebhaften Bewußtsein kreatürlicher Beschränkung" (Beschränkungen durch die vorgegebenen Lösungsgestalten, die wir nur in unterschiedlicher Weise realisieren können) dem Menschen die „absolute kreatürliche Kraft" ab. Innerhalb der prästabilierten Lösungsgestalten, die die Technik begründen und begrenzen, setzt – so Dessauer – der Mensch Technik als Mittel ein, weshalb ihm eine entsprechende Verantwortlichkeit zukommt.

Ley hingegen verweist die Verantwortlichkeit an jenes widersprüchlich modellierte Beziehungsgeflecht (zwischen Produktivkräften und Produktionsverhältnissen) und karikiert die Position Dessauers als eine, die in theologischer Absicht (was die Grenzen des Menschseins betrifft) und in ideologisch-individualistisch-moralisierender Absicht (was den konkreten Menschen betrifft) versuche, eine eigene Art von Ingenieursverantwortung zu konstruieren. Hingegen beharrt er darauf, daß die (normativen) „Prinzipien der Technik" aus „Natur und Menschengeschichte" zu abstrahieren seien, und ihre Indienstnahme in ökonomischer Absicht stattfinde, die durch die jeweiligen Produktionsverhältnisse „vorgegeben" sei (S. 261). Der „Gewissenskonflikt westdeutscher Ingenieure" (S. 285) führe letztlich dazu, daß dem Ingenieur ein „schöpferischer Charakter" abgesprochen und sein Tun in den Bereich der Geschicklichkeit zurückverwiesen werde. Diese Kritik trifft sicherlich einen Aspekt der damaligen Diskussion um die Wertfreiheit der Technik im Blick auf ihre naturwissenschaftliche Grundlegung. Damit, so Ley, sei die Möglichkeit der Indienstnahme der Ingenieurarbeit für jeglichen Zweck vorprogrammiert, und die Appelle an eine theologisch fundierte moralische Verantwortung liefen ins Leere. „In der sozialistischen Gesellschaft (hingegen) stimmt die Theorie mit der Praxis überein und kann deshalb (sic!) leiten" (S. 290). „VDI-Bekenntnisse", die die Grenzen der Ingenieursarbeit in den Grenzen der Schöpfung selbst sowie den naturgesetzlichen Prämissen sähen, und als Überprüfungsinstanz einzig den Markt reklamierten, erführen ihre „Deflorierung" (S. 294) durch eben jene wirtschaftlichen Zwänge. Angesichts einer wertfreien Geschicklichkeitstechnik sei es kein Zufall, daß Theodor Litt die Bildungswerte des Humanismus anmahne, ohne zu überlegen, ob sie überhaupt einen Bezugsbereich hätten. Hingegen habe der

Marxismus „erkannt, daß moderne Technik als Entwicklung der Produktivkräfte die Bedingungen geschaffen hat, um zu überblicken, was verändert werden muß" (sic!) (S. 306). Fortschrittliche Klassen veränderten die Natur dahingehend, daß im Zuge der Beherrschung der Natur die Beherrschung des gesellschaftlichen Ganzen nicht verstellt wird. Der „Siegeszug der Sache" angesichts der „Ohnmacht der Erziehung" und die hiermit verbundene Technokratiethese westlicher Denker seien nur Symptom dafür, daß im Kapitalismus die Verfügungsgewalt über die Entwicklung an „das Kapital" übergegangen sei.

Im Blick auf die späten Arbeiten Aldous Huxleys mit seiner Flucht in den Mystizismus, José Ortega y Gassets (s. dort) Appell zur Konsumaskese, Carl Friedrich von Weizsäckers Kampf um den Humanismus unter Hinweis auf den Scheincharakter der erkannten Natur sowie Karl Jaspers (s. dort) „Rückzug in den Subjektivismus" diagnostiziert Ley eine „Dämonenfurcht" westlicher Denker vor der Technik und desavouiert die Proteste gegen Kernwaffen und Atomwirtschaft der „Göttinger Achtzehn" als bloße Fassade der Bejahung einer Entwicklung, die letztlich doch zur Akzeptanz von Abschreckung geführt habe. Sein Referat ist von Verzerrungen geprägt, die im Rahmen einer Rezension nicht korrigiert werden können.

Obwohl Leys Technikphilosophie von der Position einer sicheren, objektiven Wissensinstanz aus konzipiert ist, weisen seine Ausführungen zahlreiche offenen Fragen und Leerstellen auf: Abgesehen davon, daß die Marx-Zitate Inseln der Klarheit und Verständlichkeit innerhalb jener Rhetorik darstellen, vermag auch der ungeheure Aufwand an Materialverarbeitung und die durchaus subtile Kenntnis „bürgerlicher" Argumentationen und Kontroversen nicht darüber hinwegzutäuschen, daß (1) völlig unklar bleibt, welchen Status die Technik als Produktivkraft, Produktivkraftcharakter oder Gestaltungselement von Produktionsverhältnissen letztlich hat, d.h., inwieweit sie bestimmend, ermöglichend, treibend oder hemmend wirken kann, sei es in objektivierter Gestalt oder als Wissensbestand, (2) wer das Subjekt der Gestaltung sein soll, das in solcherlei Abstrakta wie „Arbeiterklasse" oder irgendwelchen anderen „bestimmenden" Produktiv- oder Triebkräften liegt, (3) wie im Rahmen jenes Planungseuphorismus die Allokationsprobleme gelöst, das (Krisen)Management gestaltet und die Wissensvalidierung erfolgen sollen; und letztlich (4) bleibt Leys Begriff der Natur völlig abstrakt. Trotz der Paarung von rhetorischer Eloquenz und Ignoranz, von Naivität und Dogmatik, ist das Werk eine Provokation in vielerlei Hinsicht und regt dazu an, die eigenen Standpunkte zu überprüfen und schärfer zu konturieren.

Christoph Hubig

Hans Linde: Sachdominanz in Sozialstrukturen
Tübingen: Mohr Siebeck 1972, 82 S. (im Umfang gekürzt u. im Ansatz erweitert in Soziale Implikationen technischer Geräte, ihrer Entstehung und Verwendung, in: Techniksoziologie, hg. von Rodrigo Jokisch, Frankfurt/M: Suhrkamp 1982, S. 1–31)

Hans Linde (1913–1993), Schüler des Sozialphilosophen Hans Freyer (1887–1969, s. dort), war von 1962 bis zu seiner Emeritierung im Jahr 1981 Professor für Soziologie an der (technischen) Universität Karlsruhe. Neben Arbeiten zur Bevölkerungs-, zur Gemeinde- und zur Sportsoziologie hat Linde mit diesem schmalen, aber inhaltsreichen Buch eine neue Techniksoziologie begründet, die jüngere Technikforscher wie Bernward Joerges und Günter Ropohl (s. dort) stark beeinflußte.

Linde stellt fest, daß der gesellschaftliche Stellenwert technischer Gegenstände von der neueren Soziologie weithin ignoriert wird. Dem hält er die These entgegen, daß „Sachen soziale Verhältnisse begründende und artikulierende Grundelemente der Vergesellschaftung sind und daher auch notwendig eine Grundkategorie der soziologischen Analyse sein müßten" (S. 8).

Abweichend von der Umgangssprache unterscheidet der Verfasser zwischen naturgegebenen „Dingen" und gemachten „Sachen" und verwendet letzteren Ausdruck für „alle Gegenstände, die Produkte menschlicher Absicht und Arbeit sind" (S. 11). Diese Sachen sind „vergegenständlichte Teilstücke aus einem zwecktätig gerichteten Handlungszusammenhang", die „nur durch notwendig hinzutretende ... Akte der Verwendung ihren Zweck erfüllen" (S. 12). Die technischen Sachen existieren also nicht für sich selbst und losgelöst vom Menschen, sondern sind immer Bestandteile menschlichen Handelns und als solche auch gesellschaftliche Phänomene.

Den Grundgedanken dieser Auffassung erkennt Linde bei Karl Marx (1818–1883, s. dort) und dem französischen Soziologen Emile Durkheim (1858–1917). Wenn Marx im Kapital „ein durch Sachen vermitteltes gesellschaftliches Verhältnis von Personen" sieht (zit. S. 14), dann schreibt er damit den Sachen einen gesellschaftsprägenden Einfluß zu. Und Durkheim rechnet die technischen Gegenstände ausdrücklich zu den „gesellschaftlichen Tatsachen", die, ebenso wie immateriell institutionalisierte Verhaltensregeln, das individuelle Handeln zu prägen vermögen.

Diese gesellschaftstheoretische Einsicht in die soziale Bedeutung der Technik ist in der Soziologie des zwanzigsten Jahrhunderts weitgehend verloren gegangen, und Linde zeigt dies exemplarisch an der Gemeindesoziologie, die ihren Gegenstand, eine Ortschaft oder eine Stadt und deren Gesellschaftsstrukturen, ohne Bezug auf die bautechnisch-architektonische Erscheinung und Beschaffenheit der Wohnviertel, der Fabrikreviere und der Verkehrswege fassen will und, so Linde, gerade dadurch verfehlt.

Diese „Sachblindheit" erklärt Linde aus dem theoretischen Programm des (methodologischen) Individualismus, das er, im Unterschied zu einem „verhältnisorientierten" Programm, als „beziehungsorientiertes" Programm bezeichnet (S. 36ff.) und auf den Sozialphilosophen Max Weber (1864–1920) zurückführt. Weil das beziehungsorientierte Programm, das nach Linde auch der vorwiegend amerikanischen Konzeption der „Sozialen Systeme" zugrunde liegt, alle gesellschaftlichen Erscheinungen allein aus den unmittelbaren Beziehungen zwischen einzelnen Menschen und deren „subjektiv gemeintem Sinn" (Weber, zit. S. 39) verstehen will, muß es überindividuell verfestigte Verhältnisse, „Regelungen, Normen und Ordnungen" (S. 53) ausblenden und damit auch die Sachen, denen natürlich kein subjektives Handeln zugesprochen werden kann, obwohl sie, so Linde, gleichwohl gesellschaftliche Verhältnisse vermitteln und begründen. Nur ein „verhältnisorientiertes" Erkenntnisprogramm führt zu einer Soziologie der „Sachverhältnisse" (S. 59f.), die den gesellschaftlichen Stellenwert der Technik wirklich zu würdigen vermag.

Sachen prägen in Sozialverhältnissen gesellschaftliche Positionen, Verhaltensmuster und Erwartungen. Soziale Positionen und Ränge werden vor allem durch die Produktionsverhältnisse definiert, die Linde allerdings nicht auf die Eigentumsverhältnisse beschränkt, sondern auch in den Strukturen der Produktionsmaschinerie selbst sieht. In welchem Ausmaß Verhaltensmuster durch Technik überformt werden, belegen die vielfachen Befunde zu den Auswirkungen der Massenkommunikationsmittel, der individuellen Motorisierung und anderer Technisierungsformen. Und wie „soziale Vorstellungen und Attitüden durch spezifische Sachvermittlung modifiziert werden" (S. 61), ist jedenfalls in einzelnen Studien der Industriesoziologie festgestellt worden, dem einzigen Teilgebiet der Soziologie, das nicht der herrschenden Technikblindheit erlegen ist.

Abschließend skizziert der Verfasser „Grundkategorien einer Soziologie der Sachverhältnisse" (S. 68), in denen sich die soziale Dimension der Technik konkretisiert. Das ist zum einen die „Sachappropriation" die Aneignung von Sachen, wobei sich der künftige Verwender nicht nur durch Kauf oder andere rechtlich garantierte Vertragsformen die ausschließliche Nutzung sichert, sondern sich zugleich auch auf die in der Sache verkörperte Zweck/Mittel-Kombination und das darin enthaltene Handlungsprogramm festlegt. Da der regelwidrige Umgang mit der Sache bestenfalls mit ausbleibendem Erfolg und schlimmstenfalls mit Schädigungen der Sache und des Verwenders „bestraft" wird, enthält die Sache nicht nur das Verwendungsprogramm, sondern auch die Sanktionen gegen programmwidrige Verwendung. So versteht Linde die Sache „als die total vergegenständlichte instrumentelle Institution, als den Typ des perfekt institutionalisierten sozialen Handlungsmusters" (S. 70); denn technische Sachsysteme prägen, wirksamer noch als gesellschaftlich festgelegte

Normierungen wie Begrüßungsrituale oder Kleidungsvorschriften, die Gleichförmigkeit der entsprechenden menschlichen Handlungen. Zum zweiten erzeugt auch die Sachverwendung neue soziale Konfigurationen. Soweit die Dauerzuverlässigkeit der Sachsysteme nur durch immer wiederkehrende Wartungs-, Instandhaltungs- und Reparaturarbeiten der Hersteller gesichert werden kann, tritt der Verwender sozusagen einer Klientel bei, die auf die Leistungen des Produzenten angewiesen bleibt und begibt sich damit in eine sozioökonomische Abhängigkeit. Soweit Sachen als spezialisierte Produktionsmittel verwendet werden, definieren sie mit den Qualifikationen, die für ihre Bedienung erforderlich sind, ganze Berufsbilder, und so prägen sie nicht nur die formale Abhängigkeit zwischen Arbeitgeber und Arbeitnehmer, sondern auch die Ausbildungserwartungen, an denen sich Arbeitgeber in ihrer Personalnachfrage und Arbeitnehmer in ihren Qualifikationsangeboten orientieren.

Linde räumt ein, daß die skizzierten Sachverhältnisse geschichtlichem Wandel unterliegen können und läßt es offen, ob die darin enthaltenen „Sachzwänge" durch gesellschaftliche Gestaltung abgebaut werden könnten. Gegenüber dem traditionellen Vorwurf technikkritischer Philosophen und Sozialwissenschaftler, die Technik beherrsche und versklave den Menschen, und auch gegenüber der Technokratiethese von Helmut Schelsky (s. dort) zeichnet sich Lindes Deutung durch die nuancierte gesellschaftstheoretische Begründung aus. Wenn der Verfasser auch im Text mehrfach vom „Sachzwang" spricht, relativiert er doch den technologischen Determinismus, den man üblicherweise damit verbindet, zum einen mit dem Titelbegriff der „Sachdominanz" und zum anderen mit der Klarstellung, daß die Sachen meist nicht als solche, sondern als gesellschaftliche Institutionen ihren Einfluß ausüben, daß, mit anderen Worten, der „Sachzwang" gesellschaftlich vermittelt und somit auch veränderbar ist.

Freilich vernachlässigt Linde in dieser Programmschrift (im späteren Aufsatz geht er darüber hinaus) die Entstehungszusammenhänge der Sachen, in denen doch ganz offensichtlich die jeweiligen Modalitäten der Sachdominanz in einem Institutionalisierungsprozeß vorprogrammiert werden. Soweit dies bislang ‚hinter dem Rücken' der Produzenten und der Konsumenten geschieht, kann man aus Lindes Folgenanalyse das Desiderat gewinnen, schon bei der Entwicklung der Sachen Art und Ausmaß der möglichen Sachdominanz so weit wie möglich im Voraus zu ermitteln und deren Wünschbarkeit einer gesellschaftlichen Technikbewertung zu unterwerfen.

Günter Ropohl

Hermann Lübbe: Der Lebenssinn der Industriegesellschaft. Über die moralische Verfassung der wissenschaftlich-technischen Zivilisation Berlin/Heidelberg/New York: Springer 1990, 224 S.

Hermann Lübbe (geb. 1926), zuletzt Professor an der Universität Zürich, gehört zu den wenigen Philosophen, die auch politische Verantwortung getragen haben: Er war Staatssekretär im Kultusministerium in Nordrhein-Westfalen. Sein Werk gilt Problemen der politischen und der Gesellschaftsphilosophie. Es ist geprägt durch einen kritisch-aufklärerischen Leitgedanken, den er methodisch mit der europäischen Geistesgeschichte verwebt. So gelingt es ihm, Gegenwartsphänomene kontrastierend mit der Tradition scharfsichtig und perspektivenreich zu durchdringen.

Das Buch „Der Lebenssinn der Industriegesellschaft" ist aus einer öffentlichen Vorlesung mit dem Titel „Der Lebenssinn der Technik" aus dem Jahre 1988 hervorgegangen. Es bewahrt den Stil einer allgemeinverständlichen Darstellung um den Preis eines Verzichts auf eine ins Detail gehende Durchführung; dafür wird der Leser durch einen weitgespannten Horizont mehr als entschädigt, integriert es doch viele der von Lübbe entwickelten Positionen zur Problematik unserer wissenschaftlich-technischen Zivilisation. Obgleich das Werk nicht der Technikphilosophie im engeren Sinne zuzuschreiben ist, kommt ihm in deren Umkreis dennoch große Bedeutung zu, weil es sich im Kern gegen eine undifferenzierte Technikkritik und eine emotionale Technikablehnung wendet, die Gründe dieses Phänomens analysiert und abschließend für einen verantwortungsvollen Umgang mit Technik plädiert.

Einleitend zeichnet Lübbe jene affektive Technikfurcht nach, die im Extrem bis zum Ökoterror als „Demonstration gegen die Industriegesellschaft" schlechthin reicht, als „Kampf gegen die Technik mit technischen Mitteln" (S. 3f.). Da diese Affektlage, so Lübbe, inzwischen ein kulturelles Phänomen der ganzen westlichen Welt ist, bedarf es einer Analyse der Grundlagen des Einstellungswandels, der sich in den letzten zwei Jahrzehnten vollzogen hat und der mit dem Verweis auf ökologische Probleme nur unzureichend erklärt ist. Geistesgeschichtlich muß er als Ablehnung der technologischen Fortschrittsutopien gesehen werden, die in mannigfachen Spielarten von Francis Bacon bis in das 20. Jahrhundert wirksam waren, um bei George Orwell umzuschlagen in die technikkritische Vorstellung einer Symbiose von Technik und Totalitarismus. Lübbe arbeitet heraus, daß der Einstellungswandel politisch eine liberale Ordnung voraussetzt, während sich in der Dritten Welt die Probleme ohnehin anders stellen; dies erklärt die regionale Begrenzung der veränderten Einstellung.

Sechs Gründe sind nach Lübbe maßgeblich für die veränderte Einstellung zu unseren wissenschaftlich-technischen Lebensvoraussetzungen:

1. Grundlegend ist die *Lebensweltferne der modernen Wissenschaft*: Trotz des Anwachsens unserer Abhängigkeit von Wissenschaft und Technik sind Wissenschaftsresultate heute so weit von den Weltbildern entfernt, daß sie uns nicht mehr direkt berühren (S. 39)! Ein noch so fundamentales Resultat der physikalischen Grundlagenforschung bleibt für die weltanschauliche Orientierung wirkungslos. Da wir uns gleichzeitig der Technik in der Lebenspraxis bedienen, ist das Ergebnis eine „Black-Box-Zivilisation", die uns den Umgang mit der Technik abverlangt, ohne Einsicht in sie zu vermitteln – die Einsicht etwa, was in einem Taschenrechner physikalisch abläuft (S. 50).

2. Obwohl Technik und Wissenschaft über soziale Rückwirkungen spürbar werden, sind sie *nicht Teil der lebensweltlichen Erfahrung* (S. 56). Der „Sozialkitt" unserer Black-Box-Zivilisation beruht vielmehr auf einem Vertrauen auf Expertenwissen. Dies aber ist nur so lange glaubwürdig, als solches Wissen in seinem Nutzen vom Gemeinwesen noch beurteilbar ist. Deshalb auch ist eine „Expertokratie" unmöglich, denn wegen der Komplexität der dynamischen Entwicklung wäre der *Vertrauensschwund in Expertenräte*, wie er jetzt schon gegenüber Sachverständigen erkennbar wird, unausweichlich (S. 67).

3. Weil wir die Zukunft wegen der Dynamik der wissenschaftlich-technischen Entwicklung weniger denn je voraussagen können, ist ein *Zukunftsgewißheitsschwund* zu verzeichnen, dem ein Unsicherheitsgefühl korrespondiert (S. 68f.).

4. Es kommt zu *Rationalitätsverlusten durch Verwissenschaftlichung* unserer Zivilisation, weil aus dem Bestreben, alle Probleme mit wissenschaftlichen Mitteln zu erfassen, ein Wissensbedarf entsteht, der trotz aller Wissenschaftsdynamik rascher wächst als die Wissenserzeugung selbst (S. 74): Hieraus ergibt sich eine „*modernitätsspezifische Orientierungskrise*".

5. Hierzu tritt eine *Unsicherheitserfahrung bei schwindender Risikoakzeptanz* (S. 82): Obwohl das Leben in der wissenschaftlich-technischen Zivilisation weit weniger risikobehaftet ist als in vorindustriellen Gesellschaften, ist das Sicherheitsverlangen gestiegen. Denn erstens nimmt mit der Zunahme von uns gestaltbarer Lebensvoraussetzungen die Bereitschaft zur Hinnahme von Lebensrisiken ab. Zweitens wächst das Sicherheitsverlangen mit der Höhe des erreichten Sicherheitsniveaus. Und da drittens unsere Informiertheit über positive wie negative lebensrelevante Faktoren weiter reicht als die Möglichkeiten unseres Handelns, wird heute als Ohnmacht gegenüber dem Risiko erfahren, was früher als Schicksal hingenommen worden wäre (S. 89).

6. Die *ökologische Krise* ist zweifelsfrei das schwerwiegendste Folgeproblem des Industrialisierungsprozesses. Äußerlich hat sie die Form einer religiösen Apokalypse, doch mit dem entscheidenden Unterschied, daß man ihr eine mit wissenschaftlichen Mitteln kalkulierte Wahrscheinlichkeit zuweisen kann (S. 148). Mit ihr wird die gesellschaftliche Relevanz zum dominierenden Legitimations-

prinzip wissenschaftlicher Forschung (S. 128). Zugleich ist sie Ausweis eines Orientierungsproblems als Frage nach den Zielen unseres Handelns, weil „Sinngewißheit heute als Geschichtssinn-Gewißheit nicht mehr zu haben ist" (S. 138). Entsprechend dem Black-Box-Charakter unserer Zivilisation liegen die ökologischen Probleme eigentlich jenseits dessen, was dem Gemeinsinn zugänglich ist. Tatsächlich sind sie nur durch Expertenwissen sichtbar geworden; denn nur Experten können beispielsweise das Ozonloch feststellen und die von ihm ausgehenden Gefahren erkennen. Deshalb ist die ökologische Krise, „statt die Entlarvung des Immoralismus der technischen Vernunft zu sein, durch die Anstrengungen der instrumentellen Vernunft allererst aufgedeckt worden", und allein „Kennerschaft und Könnerschaft" kann ihre Ursachen unter den Zielvorgaben des praktischen Gemeinsinns bekämpfen (S. 157).

Auch wenn diese letze These überzeichnet ist (die Waldschäden kann man sehen, ohne Forstwissenschaft studiert haben zu müssen), bleibt doch das Phänomen der Orientierungskrise bestehen. Auf seine Analyse mit ihren vielfach unerwarteten Ergebnissen baut Lübbe seine Folgerungen auf: Die technische Evolution bewirkt gerade wegen ihrer Ungeschichtlichkeit und ihrer Nivellierung kultureller Unterschiede eine Historisierung, etwa in Gestalt von Denkmalschutz, Regionalisierung und Musealisierung jüngst noch modernster Technologie (S. 104f.). Der Grund unseres historischen Interesses ist das kulturelle Bemühen, den mit der dynamischen Veränderung unserer Lebenswelt verbundenen Vertrautheitsschwund zu kompensieren (S. 114).

Lübbes Analyse verweist auf die beispiellose Dynamik der industriegesellschaftlichen Zivilisation. Diese hat ihre Ursache in den offensichtlichen Lebensvorzügen der Industriegesellschaft, wie Befreiung von schwerster körperlicher Arbeit, Erhöhung der Lebenserwartung, Produktivitätssteigerung zur Überwindung der Armut, Mehrung der Wohlfahrt und der sozialen Sicherheit und damit des sozialen Friedens. Deshalb, meint Lübbe, erfährt die Industriegesellschaft nach wie vor ihre gesellschaftliche Billigung. Doch gerade diese Entwicklung war mit einem Wertewandel verbunden, weg von den sogenannten sekundären Tugenden (Fleiß, Disziplin, Ordnungsbereitschaft), hin zu Kreativität, Sensibilität und Selbstverwirklichung (S. 156) als Folge veränderter Lebensumstände: Der Teil der Lebenszeit, der in der Berufswelt verbracht wird, hat sich drastisch verringert. Damit nimmt der äußere Zwang ab, so daß im Gegenzug Selbstbestimmung zur Notwendigkeit wurde (S. 158). Dem korrespondiert ein Freiheitsrecht, das wie nie zuvor den Eingriff in die Lebensbereiche des Einzelnen minimiert. Technik, so Lübbe, sei damit – entgegen der Orwellschen These – „Medium der Liberalisierung" (S. 168); denn erstens erschwere der technische Fortschritt totalitäre Informationsmonopole, zweitens erfordere ein technisch perfektes totalitäres Machtinstrumentarium zu seiner Entwicklung (relativ) freie Wissenschaft, drittens verhindere der technische Fortschritt in der Informationsweitergabe jene perfekte Kontrolle des Wissens über Vergangenes, deren jedes totalitäre System bedarf, um die von ihm behauptete Utopie nicht zu gefährden (S. 169).

Den nie dagewesenen Lebensvorzügen der Industriegesellschaft stehen nie dagewesene Folgelasten gegenüber: Erfahrungsverlust, Zukunftsgewißheitsschwund, kürzere Geltungskonstanz kultureller Orientierung und schließlich die ökologische Krise als Existenzgefährdung der Gattung. Diese Lasten lassen den abnehmenden Grenznutzen des Zivilisationsprozesses erkennen (S. 192). Die Grenznutzenerfahrung beruht auf der Erkenntnis des Ausmaßes ungewollter schädigender Nebenfolgen von zunächst moralisch vertretbar erscheinenden Handlungszielen. Schlagworte wie ‚Frieden mit der Natur' helfen nicht zur Überwindung einer Zivilisationskrise, denn niemand habe diesen Frieden aufgekündigt; hier handele es sich um bloße romantische Verklärung vorindustrieller Zeiten. (Die Technik der Kohleförderung hat in Europa die Aufforstung ermöglicht!) Nicht der Verfall der Naturgesinnung ist die Ursache unseres Problems, sondern die „Eindringtiefe unseres technisch instrumentierten Handelns" in Natur und Gesellschaft; dessen Beherrschung ist aber nicht eine moralische, sondern eine technische Frage (S. 201). Deshalb reicht ‚Verbreitung von Verantwortungsgesinnung' als Heilmittel nicht aus, vielmehr, so Lübbe, müssen Instanzen geschaffen werden, die Verantwortung wahrnehmen, und solche, die deren Einlösung überwachen. In jedem Falle muß die moralische Urteilskraft die „souveräne Instanz" bei der „praktischen Validierung unserer industriegesellschaftlichen Lebensumstände" bleiben (S. 223); doch erst aufgrund gehaltvoller empirischer Theorien kann dies auf konkrete Situationen bezogen werden: „Ohne Wissen liefe der gute Wille leer" (S. 223). *Kenner- und Könnerschaft* sei keine Eigenschaft moralblinder Macher, sondern Grundvoraussetzung, um mit wissenschaftlichem Sachverstand Politik und Verwaltung beraten zu können.

Lübbes Technikbegriff bezieht sich nicht so sehr darauf, wie Technik praktisch eingesetzt wird; er zielt auf eine theoretische Ebene ab, um den „Freiheitsgewinn" oder die „Mobilität", die durch Technik ermöglicht sind, zu thematisieren. Die praktisch-industrielle Technik, in der Mobilität zum Zwang wird, kommt dabei nicht zur Sprache. Rationalitätsverluste und Orientierungsdefizite sieht Lübbe als soziokulturelle Befindlichkeit, nicht aber als existenzielle Bedrohung; er problematisiert nicht die Technikdynamik, sondern konstatiert sie als Faktum. Mit dieser Akzentuierung sucht Lübbe der heute gängigen Technikkritik entgegenzuwirken, indem er ihre Wurzeln freilegt und damit deren Argumente geradezu umkehrt. Zur Verdeutlichung wird dabei holzschnittartig überpointiert und eine im Kern zutreffende Technikkritik überspielt; denn fraglos gibt es freiheitsbeschneidende äußere technogene Zwänge, bleibt die Bedrohung totalitärer technikgestützter Systeme, besteht die Gefahr des Mißbrauchs von Informationen und vor allem die existenzbedrohende Gefahr der technikbedingten Zerstörung unserer Lebenswelt. Darum muß offenbleiben, ob man Lübbes aufklärerischem Optimismus folgen kann. In jedem

Fall sind Lübbes ungewöhnliche Thesen zum Einstellungswandel der Industriegesellschaft provozierend: Gegen existentialistische Technikauffassungen, antitechnische Emotionen und Aussteigerappelle verweist er auf ein Bedingungsgefüge, das berechtigte Gründe für die Technikkritik ebenso wie Überzogenheiten der Technikaversion erkennen läßt. Die ökologische Krise und die Grenznutzenerfahrung technisch-wissenschaftlicher Entwicklung erfordern darum einen besonnenen, verantwortungsvollen Umgang mit Wissenschaft und Technik. Wie Lübbe treffend herausarbeitet, verlangt dieser erstens Kennerschaft, zweitens die Vermittlung der Kenntnisse an die Gemeinschaft, drittens Institutionalisierung und Kontrolle (als Verrechtlichung) der Verantwortung: Nur so können Nutzen und Nachteile in der Gesellschaft gegeneinander abgewogen werden, nur so kann die moralische Urteilskraft wirksam werden. Sehr knapp allerdings bleibt die Behandlung der Beispiele. So liegt die Bedeutung der Thesen Lübbes in ihrer Intention, durch Klärung des komplexen Bedingungsgefüges Aufklärung nicht zu kurz greifen zu lassen und vor allem nicht zur Scheinaufklärung durch neuerliche Ideologisierung in Gestalt großer alternativer Gegenentwürfe verkommen zu lassen; gerade sie würden den Gewinn individueller Freiheit und Wohlfahrt gefährden, der die Industriegesellschaft kennzeichnet.

Hans Poser

Niklas Luhmann: Ökologische Kommunikation. Kann die moderne Gesellschaft sich auf ökologische Gefährdungen einstellen?

Opladen: Westdeutscher Verlag 1986, 275 S., (A)

ders.: **Die Gesellschaft der Gesellschaft, 2 Bde.**

Frankfurt/M.: Suhrkamp (stw 1360) 1998, 1164 S., (B)

Niklas Luhmann (1927–1998), Schüler von Arnold Gehlen (s. dort), war von 1968 bis 1994 Professor für Soziologie in Bielefeld. Er führte Gehlens Ansatz weiter zu einer eigenen Theorie sozialer Systeme, innerhalb derer er Ansätze der allgemeinen Systemtheorie (Ludwig von Bertalaffny), des Funktionalismus (Talcott Parsons) sowie – später – der Theorien autopoietischer Systeme (Humberto Maturana) zusammenführt. Die Spezifik der Luhmannschen Systemtheorie liegt insbesondere darin, daß er die Differenzbildung zwischen System und Umwelt als eigene Leistung des Systems erachtet: „Umwelt" wird also nicht von Systemen ‚angetroffen'. Die Ausdifferenzierung von Gesellschaften folgt dem funktionalen Erfordernis, die internen Systemstrukturen für den Systemerhalt effizient zu gestalten. Darin liegen die Grenzen der Möglichkeit, auf „externe ökologische Herausforderungen" durch Technikgestaltung zu reagieren. Insbe-

sondere eine Ethik der Technik im größeren Rahmen einer Umweltethik habe daher keine Chance.
Die ökologische Krise ist das Systemproblem unserer Gesellschaft. Luhmann zufolge erscheint die Krise als Problem der Differenz von System und Umwelt, jedoch produziere die Gesellschaft diese Differenz selbst, indem sie sich gegen die Umwelt abgrenzt. Wenn in der Gesellschaft „Umwelt" thematisiert wird, bezieht sich die Gesellschaft immer nur auf interne Krisen. Um diese Krisen zu beheben, baut die Gesellschaft „autopoietisch" Eigenkomplexität auf und benennt interne Ursachen für die entsprechenden Systemkrisen. Dadurch, daß Systeme die Umwelt nur beschränkt und kategorial vorformiert wahrnehmen, könne die Problematik, die als Komplexität empfunden wird, nur im System reduziert werden. Oberstes funktionales Erfordernis ist dabei die Erhaltung der Möglichkeit der Systeme zur Autopoiesis, d.h. zur Selbstfortschreibung.

Gesellschaft könne nicht (im Sinne der klassischen Systemtheorie) als eine „Fabrik zur Umformung von Inputs in Outputs beschrieben werden" (S. 40). Vielmehr würden die internen Strukturen durch Faktoren der Umwelt bloß ‚irritiert', was Luhmann unter der Metapher der Resonanz beschreibt. Jedes System ist durch Beschränkungen seiner ‚Resonanzfähigkeit' auf diese Irritation bestimmt, die davon abhängt, wie in ihm Information verarbeitet wird. Insofern ist kein direkter ‚Kontakt' zu einer externen Umwelt möglich. Nicht die Umwelt ist Subjekt einer Selektion (‚Selektionsdruck'), sondern die Systeme selbst selegieren intern angesichts der Umweltirritationen. Die Gesamtheit der Informationsverarbeitung in Systemen nennt Luhmann Kommunikation. Dabei kann ein System nicht den Status eines Fremdbeobachters einnehmen. Eine Verbesserung der Lage wäre nur erreichbar, wenn das System einen solchen Einsichtsgewinn auf sich selbst anwenden könnte. Genau dies forderten die „Ökologisierer", und dies sei gerade nicht einzulösen. Die jeweilige Kommunikation über ökologische Probleme sei kontraproduktiv und somit Bestandteil der ökologischen Selbstgefährdung der Gesellschaft (A, S. 63). Eine moralisierende Argumentation sei besonders gefährlich, weil sie sich bewußt von allen Funktionssystemen der Gesellschaft distanziert, so als könne man mit diesen Systemen umgehen.

An der „binären Codierung" als wichtigstem Instrument der Binnenselektion kann man die Spezifik aller Systeme der Gesellschaft unterscheiden:
Das Wirtschaftssystem beruht auf dem Code „Haben/Nichthaben" bzw. „Zahlen/Nichtzahlen". Sein Programm besteht in der Regelung der Zahlungen bzw. Zahlungsmöglichkeiten durch Preise. Die Reaktion dieses Systems auf Umweltprobleme besteht in finanztechnischer Programmierung. Daher könne hier Ethik nicht greifen. Zwar lasse sich ökonomisches Verhalten in einem „ökologisch gewünschtem Sinne" modifizieren (A, S. 120), aber nur in Abhängigkeit von Produktionskosten, möglichen Steuerlasten bzw. preislich steuerbaren Güterpräferenzen. Oberstes Kriterium ist der Systemerhalt, hier also die

Frage, inwiefern Zahlungsfähigkeit (der Produzenten, der Konsumenten, des Staates) fortgeschrieben werden kann. Das System des Rechts mit seinem Programm der Rechtsprechung beruht auf dem Code „Recht/Unrecht". Ein wie immer geartetes „Umweltrecht" kann sich mit seinen neuartigen Problemstellungen nur durch Integration in geläufige Rechtsgebiete wie Raumordnungsrecht, Kompetenzrecht, Polizeirecht, Gewerberecht, Abgabenrecht, Verfassungsrecht behaupten. So werden Probleme des Umweltdiskurses auf Fragen von Freiheitsrechten und Zwangsregulierungen reduziert (Selektionsleistungen) und die einzelnen Gebiete werden komplexer. Dies ist insbesondere an der Risikodebatte zu erkennen. Das System der Wissenschaft beruht auf dem Code „Wahr/Unwahr". Das Programm sind die wissenschaftlich anerkannten Methoden. Auf Grund ihres Codes und ihres Programms kann die Wissenschaft nicht auf Umweltprobleme reagieren. Sie kann lediglich Wissen in die anderen Systeme exportieren (Kopplung), also das Bewußtsein von einer Umweltproblematik. Unter ihrem Code kann sie nicht Öko-Entscheidungen treffen, die vielmehr in den anderen Subsystemen fallen müssen. Genauso wie in den Funktionssystemen Wirtschaft, Recht und Wissenschaft die durch den jeweiligen Code geschlossene autopoietische Selbstreduktion die Systeme schließt, ist auch die Politik nur beschränkt „resonanzfähig". Ihr Code ist „Zentralisierung von Macht/Delegation von Macht". Das politische System kann Kopplungen vornehmen durch Rechtssetzung im Blick auf das Rechtssystem und das Wirtschaftssystem, aber nur insoweit diese Systeme eigene Selektionsleistungen nicht erbringen, denn das politische System ist darauf angewiesen, daß Rechtssystem und Wirtschaftssystem funktionsfähig bleiben (A, S. 178). Insgesamt gilt: Wenn Umweltthemen in die Parteienkonkurrenz gebracht würden, zeige sich ihre Reduktion auf Machtfragen im Sinne der Überlebensfähigkeit des politischen Systems. Das System der Religion (theologisch inspirierte Umweltethik) ist seinem Code „Transzendenz/Immanenz" verhaftet. Sein Programm, Regeln der Auslegung der Offenbarung, versucht zwar auf die ökologische Herausforderung zu reagieren, verbleibt jedoch in seinem Bereich der religiösen Stabilisierungen von Meinungen und Moralen ohne Chance auf deren Umsetzung. Ähnliches gilt für das System der Erziehung, das auf der Basis seines Codes „gutes/schlechtes Abschneiden" jegliches Wissen (auch Wissen über die Umwelt) zwecks eigenen Weiterbestehens dem funktionalen Erfordernis der Ausbildung bzw. der Karrierevorbereitung unterordnen muß.

Die Umwelt der jeweiligen Subsysteme ist die Gesellschaft in ihrer Gesamtheit, nicht eine gesellschaftsexterne Umwelt im Sinne naiver Ökologie (A, S. 204). Die Systeme können zwar durch Steigerung der Eigenkomplexität Substitutionen und funktionale Äquivalente entwickeln (z.B. Preise für Umweltschäden), aber nur im Rahmen der Erfordernisse ihrer Systemerhaltung. Kein Funktionssystem kann für ein anderes einspringen, wie es etwa gefordert werden müßte, wenn Wirtschaft moralisch gesteuert werden soll (A, S. 207). Moral ist eben bei Luhmann kein System. Verschiedene Systeme können durchaus auch für gleiche Funktionen und ein System für multiple Funktionen in Anspruch genommen werden. Dadurch werde „Redundanz" geschaffen (A, S. 209ff.), die die Leistung für alle Systeme erhöht. Das Dilemma bestehe darin, daß Systeme im Eigeninteresse auf ihre Substituierbarkeit verzichten müßten, was aber ein Verzicht auf Redundanz bedeutet. Redundanzverzicht verringert „die Möglichkeiten des Systems, aus Störungen und Umweltrauschen zu lernen. Daraus wäre zu folgern, daß ein funktional differenziertes System sich weniger gut auf Umweltveränderungen einstellen kann als einfacher gebaute gekoppelte Systeme, obwohl es zugleich in verstärktem Maße Umweltveränderungen auslöst" (S. 210). Dem müsse nun entsprechen, „daß die stets mitlaufende kritische Selbstbeobachtung und Selbstbeschreibung des Gesellschaftssystem auf ein moralisches Urteil verzichten muß bzw. mit solchen Urteilen in sektenhafte Abseits gerät". Die einzelnen Systeme stehen untereinander in einer Konkurrenz, „für die es keinen übergeordneten Standpunkt der Superrepräsentation gibt" (A, S. 216).

Mit der Rolle der Technik im systemischen Geschehen befaßt sich Luhmann (neben verstreuten Darlegungen in weiteren Schriften) ausführlicher in (B). Er geht dabei von der Unterscheidung zwischen Medium und Form aus. Medien sind „lose gekoppelt" in dem Sinne, daß sie die Möglichkeit (bzw. Unmöglichkeit) einer Kopplung ihrer Elemente vorgeben. Sie stellen damit die „Rahmenbedingung für die Autopoiesis des Systems" dar. „Das System operiert in der Weise, daß es das eigene Medium zu eigenen Formen bindet" (B, S. 197). Formen fügen die Elemente des Mediums „zu strikter Kopplung zusammen" (B, S. 198). Sie „setzen sich im Bereich der lose gekoppelten Elemente durch – und dies ohne jede Rücksicht auf ... normative Differenzen oder andere Wertpräferenzen" (B, S. 200). Sie bestimmen die Ausdifferenzierung der Systeme, die erreicht ist, wenn „zum Umformen des Wertes in den Gegenwert eine Negation ausreicht" (B, S. 366), wenn also der Übergang von einem Wert innerhalb der Leitdifferenzen der unterschiedlichen Codes (und damit der unterschiedlichen Systeme) dahingehend entlastet ist, daß die Aufnahme und Mitberücksichtigung jeweiliger anderer konkreter Sinnbezüge keine Rolle mehr spielt. Diese Verfaßtheit eines Systems bezeichnet Luhmann als „Technisierung" bzw. „Technizität". Sie beruht auf Abstraktionsleistungen (z.B. der Monetarisierung des Eigentums) und erscheint in dieser Hinsicht als „Zweitkodierung" (B, S. 367). Medien werden also differenziert gemäß der Differenzierung der Funktionssysteme der modernen Gesellschaft. Hier wird Technik verortet, die einerseits Form ist, weil sie unter Systemfunktionen die Elemente „strikt koppelt" (B, S. 525) und darüber hinaus für das „Funktionieren" bürgt, indem konkurrierende Sinndimensionen ausgeschlossen werden (B, S. 388). Technik ist – so gesehen – eine „funktionierende Simplifikation" (S. 524). Sie ist also nicht ein eigenes System, sondern eine Eigenschaft von Systemen. Indem Systeme in ihrer Ausdifferenzierung Formen produzieren, reduzieren sie auf Komplexität und gewinnen ein hohes Maß an Indifferenz gegenüber der jeweiligen Außenseite (B, S. 489). Diese Komplexitätsreduktion ist bedeutsam für die Restabilisierung von Systemen im evolutionären Prozeß, in dessen Zuge Strukturänderungen in die strukturdeterminiert operierenden Systeme „eingebaut", und zwar über Variationen und Selektionen innerhalb der Systeme – also nicht über einen Selektionsdruck der Umwelt, der eine bloße „Irritation" sei, auf die die Systeme durch Binnenselektionsprozesse reagieren (B, S. 488). Technik erscheint daher für Luhmann als „Steigerungsform evolutionärer Errungenschaften" der Systeme (B, S. 517). Angesichts der „doppelten Kontingenz" der Interaktionen in Systemen, also der Unsicherheit der Erwartungserwartungen, dienten „technische Arrangements" dazu, Konsens und Konsensbildung einzusparen, weil auf die Bewährtheit ihres Funktionierens ohne konflikträchtige Koordination gesetzt werden kann (B, S. 518). „Durch technische Kopplungen werden Konsensprobleme gespalten in Probleme der Zwecke und Probleme der Mittel bzw. Kosten. Dann kann man relationale Rationalisierungsstrategien entwickeln, also prüfen, ob der Zweck den Aufwand lohnt. Die Kontrastierung von Technik und Natur oder Technik und Humanität sei „verbraucht" (B, S. 522). Denn innerhalb der Technik findet sich dasjenige an Natur, dessen „Wie" technisch-experimentell eruiert und entsprechend genutzt werden kann. In diesem Prozeß habe sich die Menschheit selbst von der Technik „abhängig gemacht" von eben jener „funktionierenden Simplifikation", was die Klage obsolet werden lasse, daß „die Technik nicht genügend kontrolliert werde" (B, S. 520ff.). Für die Technik gelte, daß man das Funktionieren feststellen kann, „wenn es gelingt, die ausgeklammerte Welt von Einwirkungen auf das bezweckte Resultat abzuhalten". Eine solche „gelingende Reduktion von Komplexität" als „unschädliches Ignorieren" mache Technik jedoch ökologisch bedenklich: Denn die Stabilität von Organismen ebenso wie von ökologischen Gleichgewichten setze eine Vermeidung strikter Kopplungen voraus, „oder in anderen Worten: Robustheit beim Absorbieren von Störungen" (B, S. 525): „Eine möglichst störungsfrei geplante und eingerichtete Technik hat genau darin ihr Problem, wie sie wieder zu Störungen kommt, die auf Probleme aufmerksam machen, die für den Kontext des Funktionierens wichtig sind" (B, S. 526). Die Möglichkeit, die eigene Empfindlichkeit gegenüber Störquellen aus der Umwelt zu dirigieren, unterliege dem Risiko, daß Wichtiges unbeachtet bleibt (B, S. 527). Technik verstärke gewissermaßen die „operative Schließung" autopoietischer Systeme, indem in zuverlässig wiederholbarer Weise die Kontingenz von Irritationen aus der Umwelt als auch die Binnenkontingenz der systemischen Interaktionen kompensiert werde: Technik sei „Kontingenzmanagement". Mit einem technisch gewonnen Wissen über die Natur steige aber mithin die „Vermehrung des Nichtwissens über die Auswirkungen technischer Interventionen". Wenn hingegen in technisierte Abläufe Entscheidungsnotwendigkeiten hineinkonstruiert würden, werde strikte Kopplung durch lose Kopplung ersetzt, würden Formen also gewissermaßen wieder ins Medium „aufgelöst" (B, S. 526). Technik und Natur erscheinen mithin in einem neuen Verhältnis, nämlich als Verhältnis systemisch verarbeiteter „Natur" und Ungewissheit. „Vorteile" der Technik lägen in der Gewährleistung von Planbarkeit und Rationalisierbarkeit der Ressourcenzuweisung und einem gewissen Maß der systemeigenen Kontrolle über die Außenbeziehungen, soweit sie das System sieht; durch Technisierungen würden Generalisierungen (Verwendbarkeit in sehr verschiedenen Situationen und in oft sehr verschiedenen Zweckzusammenhängen) und Spezifikationen (hohe Genauigkeit von Funktionsbedingungen, Reparaturmöglichkeiten, Ersatznotwendigkeiten) kombiniert.

Wenngleich Luhmann von einer „Evolution technischer Errungenschaften" (B, S. 518) spricht, will er nicht von einer „Evolution der Technik sprechen" (B, S. 529). Zu deren Evolution im strengen Sinne komme es erst, „wenn die technischen Errungenschaften in eine natürliche oder gesellschaftliche Umwelt eingefügt werden, ohne daß man voraussehen kann, was daraufhin geschieht" (ebd.). Da nun gelte, daß, je mehr Optionen wir uns erschließen, desto weniger das technische Gerüst, mit dessen Hilfe wir sie uns erschließen, selbst zur Option stehe, würden die „physikalische Welt" und die „Gesellschaft" strukturell gekoppelt: In allen gegenwärtigen Operationen müsse die gesellschaftliche Kommunikation Technik voraussetzen und sich auf Technik verlassen können, weil in den Problemhorizonten der Operationen andere Möglichkeiten nicht mehr zur Verfügung stehen" (B, S. 532). Technik konsumiere Energie und leiste Arbeit und verbinde auf diese Weise die physikalischen Gegebenheiten mit der Gesellschaft. Dabei ermögliche Technik keine immer bessere Anpassung der Gesellschaft an ihre Umwelt, wie sie ist, sondern diene einzig der Vermehrung von Optionsmöglichkeiten der Entfaltung der Eigendynamik der Systeme, wobei offenbleibe, wie es weitergeht (B, S. 535).

Die Einzelcharakterisierungen, die Luhmann für „Technik" vornimmt, veranlassen – abgesehen von seiner sehr allgemein gehaltenen Metaphorik –, die Frage nach der medialen und der formalen Verfaßtheit nochmals aufzuwerfen: Wenn Technik einerseits Optionen vorstellt und über sekundäre Kodierungen Möglichkeiten des Gelingens systemischer Interaktionen gewährleistet, dann finden wir hier hypothetisch strikte Kopplungen und damit einen Charakter von Technik als Medium. So gesehen kann dann Technik nicht bloß Form oder strikte Kopplung sein. Andererseits bleibt bei den medialen Charakterisierungen offen (bzw. wäre genauer zu differenzieren und auszubuchstabieren), was auf welchen Ebenen als „lose gekoppelt" zu erachten wäre und wie die Rolle der mit der Technik umgehenden Subjekte bezüglich der Möglichkeit zu fassen ist, über strikte Kopplungen zu disponieren und unter normativen Gesichtspunkten Kopplungen aufzulösen und neu zu formieren. Akteure, die nicht nur Elemente eines Systems sind, sondern auch zum System in einem Verhältnis stehen, vermögen sehr wohl Funktionalitäten in Frage zu stellen, sofern sie bereit sind, auf Systemleistungen zu verzichten. Eine genauere Reflexion auf die Einnahme einer solchen Position fehlt bei Luhmann; seine Exemplifikationen und Plausibilisierungen eines Umgangs mit Technik beleuchten diesen immer nur aus der Perspektive einer Systemrationalität, also unter einem Gesichtspunkt, der die Einnahme dieses Gesichtspunkts unterschlägt.

Die Luhmannsche Systemtheorie läßt sich insofern der kulturpessimistischen Technikphilosophie zuordnen, als die Möglichkeiten von Interventionen aus übergeordneter Sicht ausgeschlossen werden und die Systementwicklung insgesamt einer Evolution unterstellt wird, in der sich die Selektionsleistung von Systemen nur ex post an ihrer Fähigkeit zum Überleben erweist. Jeglicher Versuch einer Binnensystemsteuerung ist an die Grenzen gebunden, die die Systeme selbst definieren. Ein „Eigenrecht" der Umwelt ist genausowenig zu denken wie ein „Wert" der Umwelt, der sich nicht in Preisen ausdrückt. Insbesondere bedeutet dies auch, daß eine Enthaltsamkeit oder Zurückhaltung im Sinne von Hans Jonas (s. dort) an dem Gesamtbefund nichts ändern würde. Allenfalls würden die Systeme ihrer Autopoiesis dadurch nicht fortschreiben und somit das Risiko, daß sie sich durch verstärkte Interventionen gefährden, nicht mindern.

Aus philosophischer Perspektive bleibt einzuwenden, daß der Beobachterstandpunkt, den – entgegen seiner Theorie – Luhmann selbst bezieht, voraussetzt, daß ein System, nämlich dasjenige der Wissenschaft, implizit privilegiert wird. Die Möglichkeit einer solchen Privilegierung ist damit selbst vorgeführt. Wenn aber die Möglichkeit zu einer solchen Privilegierung besteht, ist nicht von vornherein auszuschließen, daß unter dem Eindruck eines wachsenden ökologischen Gefährdungspotentials andere Systeme, z.B. die normativen Systeme von Theologie, Moral und Ethik, sich ausdifferenzieren und zusätzliche Selektionsleistungen erbringen, an die die anderen Subsysteme (Wirtschaft, Recht etc.) dann in vielfältigerer Weise „ankoppelbar" sind. Es ist nicht einzusehen, warum Luhmann ausschließt, daß die – um in seiner Metaphorik zu bleiben – „Redundanz- und Resonanzfähigkeit" der anderen Systeme nicht dadurch erhöht wird. Genau dieses Ziel verfolgen aber diejenigen, die die Gestaltung der jeweils anderen Systeme für veränderbar halten und darauf hinwirken.

(A) ist nicht zuletzt deshalb interessant, weil es in den ersten Kapiteln die komprimierteste Darstellung seines allgemeinen Ansatzes enthält. Problematisch ist die Umdeutung zentraler Begriffe der klassischen Systemtheorie, die eine Verwandtschaft der Ansätze suggeriert. Daß wir an die „eigentliche" Umwelt – weder die „natürliche" noch die „technisch gestaltete" – nicht unabhängig von den Kommunikationsleistungen innerhalb unserer Gesellschaft herankommen, reicht zu einem Verdikt über die Möglichkeiten ethisch motivierter Intervention keineswegs aus. Letztlich wird die Frage nach dem Subjekt gesellschaftlicher Gestaltung ausgeklammert und als „nette abendländische Idee" abgetan. Eine Systemmetaphorik kann jedoch die Frage nach diesem Subjekt (einschließlich des Individuums Niklas Luhmann selbst) nicht ersetzen.

Christoph Hubig

Donald MacKenzie und Judy Wajcman (Hg.): The Social Shaping of Technology

Buckingham/Philadelphia, PA: Open University Press, 2. Aufl. 1999, 462 S.

Wie es der Titel ausdrückt, geht es in dem Reader um die gesellschaftliche Gestaltung („Social Shaping") der Technik. Im Jahr 1985, als die erste Auflage erschien, wollten die Herausgeber damit nach eigenem Bekunden eine Gegenposition zum Technikdeterminismus und der in der Technikforschung dominierenden Betrachtung der Technikfolgen errichten. Zusätzlich habe sie das politische Motiv geleitet, auf die prinzipielle Gestaltbarkeit der Technik aufmerksam zu machen. Zum Zeitpunkt des Erscheinens der zweiten Auflage 1999 sei es dagegen bereits allgemeine Überzeugung gewesen, daß die Technik gesellschaftlich hervorgebracht werde.

Die 30 Beiträge enthaltende zweite Auflage hat gegenüber der ersten umfangreiche Veränderungen erfahren. Acht Beiträge der ersten Auflage wurden weggelassen, 17 neue sind hinzugekommen. Die Herausgeber begründen dies mit der Weiterentwicklung des Forschungsfelds. Der formale Aufbau des Buches in vier Teile wurde weitgehend beibehalten. Der erste Teil behandelt allgemeine Fragen („General Issues"), der zweite Technologien des Produzierens. Der dritte erscheint jetzt unter der Überschrift Reproduktionstechnik; die Beiträge zur Haushaltstechnik der ersten Auflage sind darunter subsumiert. Der vierte Teil thematisiert die Militärtechnik.

Bei den Beiträgen handelt es sich teilweise um sehr kleine Auszüge aus größeren Werken, teilweise aber auch um in voller Länge wiedergegebene Aufsätze. Klassiker in einem engen Sinn sind nur die beiden knappen Auszüge aus Karl Marx' „Kapital" (s. dort) sowie aus einer Arbeit von Marc Bloch über das mittelalterliche Mühlenwesen. Alle anderen stammen aus der Zeit seit den 1960er Jahren, zahlreiche aus den 1990er Jahren.

Die beiden Herausgeber lehren Soziologie, Donald MacKenzie (geb. 1950) an der Edinburgh University, Judy Wajcman (s. dort) damals an der Australian National University, jetzt an der London School of Economics and Political Science. Sie haben gemeinsam Einleitungen zu den vier Teilen verfaßt, in denen vor allem die einzelnen Aufsätze vorgestellt werden; MacKenzie hat zusätzlich einen eigenen Beitrag beigesteuert. Die breiter angelegte allgemeine Einleitung beginnt mit einer recht differenzierten Auseinandersetzung mit dem technischen Determinismus. Im Unterschied zu anderen sozialkonstruktivistischen Autoren wollen die Herausgeber die Wirkmächtigkeit der Technik selbst nicht in Frage stellen. Diese interpretieren sie gewissermaßen als Erbe früherer Generationen. Ebenso bestreiten sie nicht ökonomische Einflüsse auf die Technikentwicklung, wollen aber Wirtschaft als Unterpunkt von Gesellschaft behandelt wissen.

Der erste allgemeine Teil präsentiert eine bunte Reihe sowohl von theoretischen Konzepten als auch von Fallstudien mit starken theoretischen Implikationen. Langdon Winner (s. dort) bejaht – mit Stoßrichtung gegen den Sozialkonstruktivismus – die selbst gestellte Frage „Do artifacts have politics?". Donna J. Haraway (s. dort) erläutert die für sie zentralen Begriffe „Technoscience", „Semiotics" und „Cyborg". Thomas P. Hughes (s. dort) stellt Thomas A. Edison als Erfinder und Organisator von Systemen vor. Paul Ceruzzi zeigt an der Entstehung des Personal Computers, wie Technik (Mikroprozessor, Software usw.) und soziale Gruppen (hier vor allem die Computerbastler) zusammenwirkten. Eda Kranakis vergleicht den amerikanischen Brückenkonstrukteur James Finley mit dem französischen Claude Louis Navier und leitet ihre unterschiedlichen Konstruktionen aus den jeweiligen Milieus und Zielsetzungen ab. W. Brian Arthur argumentiert in einem innovationsökonomischen Beitrag, daß der Erfolg von Innovationen von zufälligen Konstellationen abhängt und deshalb prinzipiell nicht vorausgesagt werden kann. Ein kleiner Auszug aus einem Aufsatz von Ronald Kline und Trevor Pinch (s. dort) führt in die „Social Construction of Technology" (SCOT) ein. Shirley Strum und Bruno Latour (s. dort) präsentieren Elemente der Actor-Network Theory (ANT) in einem Vergleich zwischen Affen- und Menschengesellschaften, wobei sie die Differenzen mit Hilfe der Begriffe „Komplexität" und „Kompliziertheit" festmachen wollen. Cynthia Cockburn führt aus, daß Frauen seit jeher aus der Welt der Technik ausgeschlossen waren und entwickelt Strategien, wie dies zu ändern sei. Ein Auszug aus einem Buch von Richard Dyer legt dar, daß die fotographische Technik von vornherein auf die Hautfarbe der Weißen zugeschnitten war.

In der Einleitung zum zweiten Teil plädieren die Herausgeber – gegen Konzepte wie Informationsgesellschaft, Post-Fordismus und Postmoderne – für die fortbestehende Bedeutung der Produktionstechnik. Eine moderne Theorie der Produktion müsse auch den Dienstleistungsbereich, die Diffusionsphase von Innovationen, die Konsumsphäre und die Geschlechterfrage mit einbeziehen. Die Sammlung beginnt mit einem klassischen Text von Marc Bloch. Blochs These besagt, daß in dem von den Normannen eroberten England der von den neuen Lehensherrn für ihre Wassermühlen etablierte Bann die bei den einfachen Leuten verbreiteten Handmühlen in den Hintergrund drängte. Der kleine Auszug aus Marx thematisiert die mit der Maschinisierung verbundenen kapitalistischen Interessen. Ebenso interpretiert Harry Braverman den Einsatz von Maschinen als Versuch einer kapitalistischen Kontrolle über die Arbeiterschaft. In dieser Tradition steht auch David F. Nobles Text zur Einführung von NC-Maschinen. Cynthia Cockburn zeigt, wie es den Setzern bei Einführung der mechanischen Setzmaschinen sowie des Fotosatzes gelang, ihr Monopol zu verteidigen – und dies auch gegen weibliche Arbeitskräfte. Robert J. Thomas untersucht die seit etwa 1980 erfolgte Einführung flexibler Fertigungssysteme in mehreren Betrieben. Sein – auch gegen Braverman formuliertes – Fazit lautet, daß dahinter keine ausgearbeiteten Strategien des höheren Managements standen, sondern verschiedene Gruppen mit unterschiedlichen Interessen zusammenwirkten. Ökonomische Zielsetzungen traten dabei teilweise in den Hintergrund. Jeanette Hofmann analysiert die Nutzer-Schnittstellen einzelner Textverarbeitungssysteme seit den späten 1960er Jahren. Eine entscheidende Bedeutung mißt sie dabei den Vorstellungen von den Nutzern und Nutzerinnen bei, welche die Entwickler anleiteten. James Fleck präsentiert eine Fallstudie zur Einführung elektronischer Systeme der Produktionssteuerung. Die Projekte scheiterten, weil die Kommunikation zwischen Herstellern und Nutzern nicht funktionierte und die Notwendigkeit kundenspezifischer Lösungen ignoriert wurde. Lucy Suchman gelangt aus einer feministischen Perspektive in einer Fallstudie über die Implementierung einer Wissensplattform für eine große Anwaltskanzlei zu ähnlichen Ergebnissen.

Der dritte Teil besteht aus drei Beiträgen zur Hausarbeit und aus zwei zur Empfängnisverhütung. Die Herausgeber setzen sich von der älteren feministischen Literatur ab, worin beides tendenziell als Befreiung der Frau interpretiert worden sei. Sie betonen dagegen, daß Haushaltstechnik in der Regel aus einer männlichen Perspektive heraus entwickelt wurde und Reproduktionstechniken durch wirtschaftliche Interessen bestimmt waren. Ruth Schwartz Cohans Aufsatz behandelt die Technisierung amerikanischer Haushalte seit den 1880er Jahren. Sie gelangt zu dem Ergebnis, daß die Haushaltstechnik nicht – wie propagiert – den Umfang der Hausarbeit reduzierte. Als Gründe verweist sie auf das Verschwinden der Dienstboten und die parallel steigenden Ansprüche an die Kindererziehung, das Haushaltsmanagement und die Hygiene. Anne-Jorum Berg untersucht in den 1980er Jahren entwickelte Prototypen von „Smart Houses". Diese zielten vor allem auf eine informationstechnische Integration, die Hausarbeit blieb dagegen außen vor. Moyra Doorly bezieht sich auf Arbeiten von Dolores Hayden. Um 1900 propagierten Teile der Frauenbewegung Gemeinschaftseinrichtungen zur Entlastung der Einzelhaushalte, welche allerdings kaum angenommen wurden. In dem ersten Beitrag zur Kontrazeption schildert Anni Dugdale, wie es dem deutschen Mediziner Ernst Gräfenberg Ende der 1920er Jahre gelang, die Frauenbewegung als Verbündeten für die von ihm entwickelte Spirale zu gewinnen. Nelly Oudshoorns Überblick zur Geschichte der Empfängnisverhütung beginnt im 18. Jahrhundert, als der weibliche Körper als das Andere entdeckt wurde („Othering"). In der Folgezeit wurde die Aufgabe der Kontrazeption der Frau zugewiesen – mit dem Ergebnis, daß auch heute noch die Mehrzahl der Verhütungsmethoden auf die Frau zielen. Dabei arbeitete man lange mit dem problematischen Konzept einer universellen Pille als einer für alle kulturellen Kontexte geeigneten Verhütungsmethode.

Die Bedeutung des vierten Teils zur Militärtechnik sehen die Herausgeber allein schon in den hier getätigten hohen Ausgaben begründet. Janet Abbate behandelt die um 1960 einsetzende Entwicklung des „Packet Switching", der intermittierenden Übertragung digitaler Daten in hoher Packungsdichte. Sie zeigt, daß die Pioniere des Konzepts damit ganz unterschiedliche Zielvorstellungen verbanden, wie die Stabilisierung des amerikanischen Kommunikationsnetzes in militärischen Konflikten oder die gerechtere und wirtschaftlichere Nutzung der Computerinfrastruktur in Großbritannien. Rachel N. Weber weist darauf hin, daß das Design der Cockpits der amerikanischen Kampfflugzeuge weibliche Piloten weitgehend ausschloß. Aufgrund politischen Drucks änderte sich dies in den 1990er Jahren. James Fallows berichtet, daß die amerikanische Armee im Vietnamkrieg neu entwickelte Gewehre weiter an traditionellen technischen Parametern maß. Das Ergebnis bestand in häufigen Fehlfunktionen und einer daraus resultierenden hohen Zahl amerikanischer Gefallener. Michael H. Armacost geht in seinem Aufsatz auf zwei Gruppen ein, die bei der Entwicklung einer neuen amerikanischen Mittelstreckenrakete miteinander rivalisierten. Diese, die Armee auf der einen Seite und die Luftwaffe auf der anderen sowie die mit ihnen verbundenen Hersteller, besaßen sehr unterschiedliche Vorstellungen über die Art und den Einsatz der zu entwickelnden Waffe. Mary Kaldor beschreibt die Struktur des amerikanischen Rüstungssystems, das ihres Erachtens nur Verbesserungsinnovationen zu außerordentlich hohen Kosten hervorbringt. In dem abschließenden Beitrag prüft der Herausgeber MacKenzie das Potential von vier theoretischen Konzepten, Hughes' „Technological System", „Tacit Knowledge", strukturalistische Ansätze und die Actor-Network Theory, um Probleme der nuklearen Abrüstung zu erklären. MacKenzie entdeckt durchaus brauchbare Elemente und bekundet einen zurückhaltenden Optimismus, daß nukleare Kontrolle mit Hilfe technischer Überwachungssysteme und menschlicher „Whistleblower" funktionieren könne.

Insgesamt enthält der Reader zahlreiche hochinteressante Beiträge aus dem großen Forschungsfeld der gesellschaftlichen Gestaltung der Technik. Dabei dominieren die Fallstudien; theoretische Abhandlungen sind in der Minderheit und werden im Allgemeinen nur in stark gekürzter Form vorgestellt. Da sich die Herausgeber wenig bemühen, die in dem Band enthaltenen Beiträge zu generalisieren, besitzt der Reader seinen größten Wert als Beispielsammlung.

Wolfgang König

Herbert Marcuse: One-dimensional Man

Boston, MA: Beacon 1964; dt. Der eindimensionale Mensch. Studien zur Ideologie der fortgeschrittenen Industriegesellschaft, übers. von Alfred Schmidt, Neuwied und Berlin: Luchterhand 1967 (seitenidentisch mit der TB-Ausgabe SL 4, 1970), 282 S.

Herbert Marcuse (1898–1979) begann als Schüler von Martin Heidegger (s. dort) seine philosophische Laufbahn mit einer lebens- und existenzphilosophisch geprägten Deutung von Georg Friedrich Hegels „Ontologie" (1932), beschäftigt sich dann mit den ökonomisch-philosophischen Manuskripten des jungen Karl Marx (s. dort) und war Mitarbeiter des Frankfurter Instituts für Sozialforschung, dem er nach 1933 in die USA folgte und an dessen groß angelegter Studie über Autorität und Familie (1936) er beteiligt war. Während des Zweiten Weltkriegs für den US-Nachrichtendienst tätig, wurde er dann Professor in Berkeley und war zwischen 1960 und 1980 wohl einer der Sozialphilosophen, die am stärksten die öffentliche Meinung beeinflußten. In einer Verbindung marxistischer, psychoanalytischer und existenzphilosophischer Motive arbeitete Marcuse eine Sozialphilosophie des Industriezeitalters aus, die von einem starken Willen zum Eingriff in das politische Leben geprägt war und darum stellenweise ihre Thesen auch polemisch zuspitzte. Sein Buch „Der eindimensionale Mensch" und die in dessen Umkreis entstandenen Aufsätze haben der sogenannten „68er-Generation" wesentliche Denkanstöße gegeben, ihre kritische bis negative Einstellung zur Industriegesellschaft und deren System beeinflußt und zur Ausbildung einer sich in jener Zeit ausbreitenden „Aussteiger"-Mentalität beigetragen.

Im Zusammenhang einer allgemeinen Theorie gesellschaftlicher Unterdrückung unter dem Stichwort „Industriegesellschaft" entwickelt Marcuse eine Kritik der gegenwärtigen Gesellschaft, in der die Technik ein konstitutives Element bildet. „Ausgeweitet zu einem ganzen System von Herrschaft und Gleichschaltung, bringt der technische Fortschritt Lebensformen (und solche der Macht) hervor, welche die Kräfte, die das System bekämpfen, zu besänftigen und allen Protest im Namen der historischen Aussichten auf Freiheit von schwerer Arbeit und Herrschaft zu besiegen oder zu widerlegen scheinen. ... Die Unterbindung sozialen Wandels ist vielleicht die hervorstechendste Leistung der fortgeschrittenen Industriegesellschaft. ... Angesichts der totalitären Züge dieser Gesellschaft läßt sich der traditionelle Begriff der ‚Neutralität' der Technik nicht mehr aufrecht erhalten. Technik als solche kann nicht von dem Gebrauch abgelöst werden, der von ihr gemacht wird; die technologische Gesellschaft ist ein Herrschaftssystem, das bereits im Begriff und Aufbau der Techniken am Werk ist" (S. 14, S. 10).

Andererseits erkennt Marcuse an, „daß die Maschinerie des technologischen Universums ‚als solche' politischen Zwecken gegenüber indifferent ist" (S. 168). Der Fortschritt der Menschheit als Emanzipation von äußeren Zwängen, deren Ursprünge der Mensch nicht erkennt und deren Wirkung er nicht beherrscht ist an den Fortschritt von Wissenschaft und Technik gebunden. Gesellschaftliche Fehlentwicklungen sind nicht der Technik, sondern ihrer Verwertung unter bestimmten Produktionsverhältnissen zuzuschreiben. „Die gesellschaftliche Produktionsweise, nicht die Technik, ist der grundlegende historische Faktor" (S. 169). Insoweit folgt Marcuse der Marxschen Geschichtsinterpretation. Indessen meint er, daß die Universalität des Systems technischer Weltgestaltung und Lebensvollzüge eine neue Qualität im Entwicklungsprozeß von Produktivkräften und Produktionsverhältnissen herbeigeführt hat: „Wird die Technik jedoch zur umfassenden Form der materiellen Produktion, so umschreibt sie eine ganze Kultur; sie entwirft eine geschichtliche Totalität – eine ‚Welt'" (S. 169).

Die Ambivalenz zwischen positiver Bewertung des technischen Fortschritts und Denunziation eines durch die technische Produktionsweise erzeugten Systems von „Dehumanisierung" zieht sich durch Marcuses gesamtes Werk. Wie schon für Karl Jaspers (s. dort) dreißig Jahre zuvor, hat für Marcuse der „Apparat", dem die Menschen „unterworfen sind", dank der technisch möglich gewordenen allseitigen Erfassung und Beeinflussung menschlicher Lebensäußerungen eine gegenüber allen früheren Gesellschaftsformen neue Macht. „Die neue Qualität wird eingeführt mit der fortschreitenden Übertragung von Macht vom menschlichen Individuum auf den technischen und bürokratischen Apparat, von lebendiger auf tote Arbeit, von persönlicher auf entfernte Kontrolle, von einer Maschine (oder eine Gruppe von Maschinen) auf das gesamte mechanisierte System", heißt es parallel zum „Eindimensionalen Menschen" in „Ideen zu einer kritischen Theorie der Gesellschaft" (1966/1969). Aber auch schon in Kultur und Gesellschaft II (1965) steht zu lesen: „Die technologische Zivilisation tendiert dazu, die transzendenten Ziele der Kultur (transzendent im Hinblick auf die gesellschaftlich etablierten Ziele) zu beseitigen" (S. 151). Diese Thesen sind gleichzeitig mit „Der eindimensionale Mensch" und spitzen dessen Ergebnisse noch zu. Aber sie reichen zurück bis zu Marcuses früherem Buche „Eros and Civilization" (1955 – deutsch: „Eros und Kultur" 1957), in dem eine Weiterentwicklung der psychoanalytischen Kulturtheorie mit Blick auf eine anzustrebende „nicht-unterdrückende Kultur" versucht wird, die eine Lebensform „jenseits des Realitätsprinzips" verwirklichen will. Auch hier heißt es einerseits, die Technik stelle „Energien frei, die sich der Erreichung von Zielen zuwenden können, wie das freie Spiel individueller Fähigkeiten sie setzt. Die Technik arbeitet insofern gegen die repressive Ausnützung von Energie, als sie die für den lebensnotwendigen Produktionsprozeß erforderliche Zeit verringert und dadurch Zeit für die Entwicklung von Bedürfnissen jenseits des Bereichs des Notwendigen und Unerläßlichen zur Verfügung stellt" (S. 95). Hier klingt die Marxsche Idee vom „Reich der Freiheit" an. Doch wenige Seiten später spricht Marcuse dann von der „technologischen Aufhebung des Individuums" und davon, daß „in den Brennpunkten der industriellen Zivilisation der Mensch in einem Zustand sowohl kultureller wie physischer Verarmung gehalten wird" (S. 101). Gelegentliche positive Einschätzungen der emanzipatorischen Funktion der Technik werden im Ganzen von der gesellschaftskritischen Intention Marcuses wieder absorbiert, so daß Technik schließlich doch als Medium der Entfremdung und Instrument der Unterdrückung erscheint.

Allerdings läßt Marcuse gegenüber dieser auf die kapitalistische Gesellschaftsformation bezogene Technik-Kritik im „Eindimensionalen Menschen" eine alternative Technik-Utopie aufscheinen. „Könnte der Produktionsapparat im Hinblick auf die Befriedigung der notwendigen Bedürfnisse organisiert und dirigiert werden, so könnte er durchaus zentralisiert sein; eine derartige Kontrolle würde individuelle Autonomie nicht verhindern, sondern ermöglichen. Das ist ein Ziel im Rahmen dessen, wozu die fortgeschrittene industrielle Zivilisation imstande ist, der ‚Zweck' technischer Rationalität" (S. 22). Aber er schließt sofort an: „Tatsächlich jedoch macht sich die entgegengesetzte Tendenz geltend" (S. 23). Dagegen müsse die Philosophie an die befreiende Kraft des Technischen anknüpfen (S. 247ff.), um eine neue Welt zu schaffen. „Die Vollendung der technologischen Wirklichkeit wäre nicht nur die Vorbedingung, sondern auch die rationale Grundlage, die technologische Wirklichkeit zu transzendieren. ... ‚Befriedetes Dasein'. Der Ausdruck vermittelt unzureichend genug die Intention, in einer Leitidee den tabuierten und lächerlich gemachten Zweck der Technik zusammenzufassen" (S. 242, S. 246).

Der utopisch ausgemalte Zustand liefe dann darauf hinaus, daß künstlerische Phantasie und technische Rationalität ineinander übergehen. „Die Rationalität der Kunst, ihre Fähigkeit, Dasein zu ‚entwerfen', noch nicht verwirklichte Möglichkeiten zu bestimmen, ließe sich dann ins Auge fassen als *in der wissenschaftlich-technischen Umgestaltung der Welt bestätigt und in ihr funktionierend.* ... In die Technik der Befriedung würden ästhetische Kategorien in dem Maße eingehen, wie die produktive Maschinerie im Hinblick auf ein freies Spiel der Anlagen aufgebaut wird" (S. 250f.). Doch setzt diese Perspektive eine Veränderung des Menschen voraus, nämlich eine „Neubestimmung der Bedürfnisse" (S. 256). Nicht mehr der materielle Konsum, sondern die Erweiterung und Verfeinerung der Sinnlichkeit sollten dann zum Zweck menschlichen Handelns werden.

Dieser Utopie steht aber die Wirklichkeit entgegen: „Als ein Universum von Mitteln kann die Technik ebenso die Schwäche wie die Macht des Menschen vermehren. Auf der gegenwärtigen Stufe ist er vielleicht ohnmächtiger als je zuvor gegenüber seinem eigenen Apparat" (S. 246).

Marcuse argumentiert, daß in unserem Jahrhundert sich zwei ursprünglich unterschiedene Strukturen überlagern und zu einer zusammenwachsen: die politische Ordnung als Herrschaft von Menschen über Menschen und die Organisation von Lebenserhaltung und -verbesserung im produktiven Umgang mit der Natur als menschenübergreifende Systematik von Sachbeziehungen. Er läßt dabei die relative Selbständigkeit von politischer, ökonomischer und technischer Sphäre außer Betracht und kann so zu dem Schluß kommen, daß „der bestehende technische Apparat das öffentliche und private Dasein in allen Bereichen der Gesellschaft verschlingt – das heißt zum Medium von Kontrolle und Zusammenhalt in einem politischen Universum wird, das sich die arbeitenden Klassen einverleibt" (S. 43).

Die Gesellschaft erscheint dann nur noch als ein monströses System von Sachzwängen der Produktion, die der verkürzten Rationalität dessen gehorcht, was die „Frankfurter Schule" (siehe Max Horkheimer) als „instrumentelle Vernunft" bezeichnet hat. Bei fragloser Hinnahme des Zwecks der Ausweitung und Perfektionierung technischer Lebensbewältigung und -verbesserung wird Rationalität mit der Konstruktion und Verwendung der diesem Zweck dienenden Mittel gleichgesetzt. Da aber der Mensch in Mittel-Zweck-Beziehungen immer nur Teile des natürlichen und gesellschaftlichen Lebenszusammenhangs erfassen kann, setzen sich von Fall zu Fall partikuläre Interessen durch, die miteinander in irrationaler Weise zusammenstimmen oder in Konflikt treten. Die Partikularität des Interesses wird aber nicht mehr erkennbar, weil jeder unterschiedslos sich als Teilelement des Funktionsmechanismus eines vom Teil her unübersehbaren Ganzen versteht und dessen Ordnung einer unsichtbaren Hand überläßt, die gleichsam hinter dem Rücken der handelnden Individuen einen Ausgleich der Interessen zur Durchsetzung des allgemeinen Besten bewirkt. „Die Gesellschaft reproduzierte sich in einem wachsenden technischen Ensemble von Dingen und Beziehungen, das die technische Nutzbarmachung der Menschen einschloß. ... Wissenschaftlich-technische Rationalität und Manipulationen werden zu neuen Formen sozialer Kontrolle zusammengeschweißt. ... In dem Maße, wie die Maschine selbst zu einem System mechanischer Werkzeuge und Beziehungen wird und damit weit über den individuellen Arbeitsprozeß hinausgeht, setzt sie ihre umfassendere Herrschaft durch, indem sie die berufliche ‚Autonomie' des Arbeiters abbaut und ihn mit anderen Berufen zusammenfaßt, die unter dem technischen Ganzen leiden und es dirigieren" (S. 161, S. 48).

Das Bild eines Fortschritts, der die in ihm wirksam werdenden Tendenzen gleichsam aus sich selbst erzeugt, ist das Gegenbild zur Freiheit als der Selbstbestimmung des Menschen. In seinen eigenen Produkten tritt dem Menschen sein Schicksal entgegen, dem er ausgeliefert ist. Die hochtechnisierte „fortgeschrittene Industriegesellschaft" ist das höchste Stadium der Entfremdung des Menschen von sich selbst – nämlich eine Entfremdung, die nicht mehr als solche empfunden, sondern in Identifikation mit dem Verhältnissen, wie sie sind, neutralisiert wird. Marcuse nennt Indizien dieser Entfremdung:

– Die „Abriegelung des Politischen", weil grundlegende Entscheidungen nicht mehr in der Kompetenz des Bürgers liegen;
– die „repressive Toleranz", die dem politisch entmündigten Bürger die Mannigfaltigkeit privater Meinungen zugestehen kann, weil sie folgenlos bleiben;
– das „Stückwerk-Denken", das immer nur Aushilfslösungen für Probleme in bestehenden Systemen entwirft, nicht aber das System selbst in Frage stellt;
– die „Manipulation von Bedürfnissen", die nicht solche des konsumierenden Individuums, sondern der Verwertung sich steigernder technischer Möglichkeiten sind.

Was Marcuse reproduziert, ist das klassische Repertoire der Kapitalismus-Kritik (allerdings eher der romantisch-phänomenalen als der marxistisch-operationalen); nur werden statt kapitalistischer Verwertungsbedingungen jetzt technische Produktionsbedingungen als Ursachen dafür angesehen, „daß etwas mit der Rationalität des Systems selbst nicht stimmen muß. Was nicht stimmt, ist die Weise, wie die Menschen ihre gesellschaftliche Arbeit organisiert haben" (S. 59).

Marcuse meint eine lückenlose Dichte im Funktionieren des Systems technischer Rationalität zu erkennen. Der Mensch, der sich in dieses System integrieren läßt, wird als kritische Instanz entmachtet, seiner Freiheit zur Veränderung des Systems beraubt, in seinen humanen Möglichkeiten beschnitten. Wenn aus dem System selbst entspringende Umgestaltungstendenzen, die das Ganze erfassen würden, nicht mehr für realisierbar gehalten werden, so ergibt sich daraus konsequenterweise nur noch eine Schlußfolgerung für ein kritisches Alternativverhalten: das Heraustreten aus dem System überhaupt, das Marcuse als das Programm der „Großen Weigerung" verkündete. Er versteht darunter ein Verhalten, das durch die Ablehnung bestimmt wird, sich bürokratisch-administrativen Verfahrensweisen zu fügen, sich der instrumentellen Rationalität technischen Denkens anzupassen, triebunterdrückende moralische Normen anzuerkennen, Hierarchien im Aufbau der Gesellschaft zu akzeptieren – oder meist unbestimmter ausgedrückt: „repressive Herrschaftsausübung" zu erdulden. Die Weigerung soll die Funktionsfähigkeit des Herrschaftsapparates stören und schließlich dessen Sturz in einem revolutionären Akt auslösen.

Die logische Schwäche dieses Konzepts ist leicht einsehbar: Wenn ein System universell ist, so kann niemand es verlassen; auch ein Eremit bliebe auf die Umwelt und Lebensbedingungen bezogen, denen er entsagen will. Die technische Entwicklung und die durch sie vorangetriebene Vernetzung menschlicher Lebenstätigkeiten sind unumkehrbar. Marcuse aber weiß genau, daß er auf die Technik als Voraussetzung für die Befreiung des Menschen von Not und von äußeren Zwängen nicht verzichten kann. Er gesteht zu: „Die Zivilisation bringt die Mittel hervor, die Natur von ihrer eigenen Brutalität, ihrer eigenen Unzulänglichkeit, ihrer eigenen Blindheit zu befreien" (S. 249). Freiheit ist für Marcuse nicht einfach ein Bewußtseinszustand, sondern hat materielle Bedingungen: „Allerdings muß die Gesellschaft erst die materiellen Vorbedingungen der Freiheit für alle ihre Glieder schaffen, ehe sie eine freie Gesellschaft sein kann; sie muß zunächst den Reichtum hervorbringen, ehe sie imstande ist, ihn gemäß den sich frei entwickelnden Bedürfnissen des Individuums zu verteilen" (S. 60). Was unter dieser Voraussetzung eine „Große Verweigerung" bewirken soll, kann Marcuse nicht einsichtig machen. Man kann nicht zugleich die Leistung der Technik haben, aber die Organisation technischer Prozesse verweigern wollen. Weil Marcuse erklärtermaßen nur die Ideologie der „fortgeschrittenen Industriegesellschaft" behandelt, versperrt er sich den Blick auf die Probleme der politischen Ökonomie; in ihnen aber wird erst die Gestalt der wirklichen gesellschaftlichen Verhältnisse erfaßt. Für Marcuse sind Organisationsformen der Gesellschaft prinzipiell historische Konfigurationen der Entfremdung. Der Alternative zu ihnen droht dann die Gefahr, in das Modell des klassischen Anarchismus zu verfallen.

Hans Heinz Holz

Karl Marx: Das Kapital. Erster Band
Hamburg: Verlag Otto Meissner 1867; 4. Auflage hg. von Friedrich Engels, Hamburg: 1890; Nachdruck in: Marx/Engels: Werke, Bd. 23, Berlin: Dietz 1959 u.ö., 955 S., (A)

ders.: Grundrisse der Kritik der politischen Ökonomie (1857/58)
Berlin: Dietz 1953, 1.102 S., (B)

ders.: Zur Kritik der politischen Ökonomie (1861/63)
in: Marx-Engels-Gesamtausgabe, 2. Abt., Bd. 3, 6 Teilbde., Berlin: Dietz 1976–1982, 2.384 S., (C)

Der Philosoph und Politiker Karl Marx (1818–1883), als Schüler und Kritiker von Georg Wilhelm Friedrich Hegel (1770–1831) den sogenannten Linkshegelianern zugerechnet, lebte aus politischen Gründen überwiegend im Exil, seit 1849 in London, und hat zeitlebens keine beruflich gesicherte Position erlangt. Teilweise in Zusammenarbeit mit Friedrich Engels (1820–1895), der ihn auch finanziell unterstützte, hat er eine materialistische Sozialanthropologie entwickelt, die den ökonomischen Bedingungen der menschlichen Arbeit besondere Bedeutung zumißt und für die moderne Gesellschaft die Verselbständigung des Kapitals gegenüber der Arbeit analysiert und kritisiert. Wenn auch Marxens geschichtsphilosophische und wirtschaftstheoretische Auffassungen in mancher Hinsicht heute nicht mehr zu überzeugen vermögen, bleibt jedenfalls seine Philosophie der Arbeit beachtlich, und es ist bislang zu wenig gewürdigt worden, daß Marx sich darin auch als bedeutender Technikphilosoph erweist. Technologische Einsichten, die er aus dem gründlichen Studium der frühen Technologen (Johann Beckmann, Heinrich Moritz von Poppe u.a.) gewonnen hat und in den Vorstudien zum „Kapital" (B und C, die allerdings nicht zur Veröffentlichung bestimmt waren) stellenweise sehr ausführlich darlegt, durchziehen sein ganzes Werk und konzentrieren sich im fünften, zwölften und vor allem im dreizehnten Kapitel „Maschinerie und große Industrie".

Im fünften Kapitel (A, S. 192–213) werden diese Überlegungen mit der Analyse der menschlichen Arbeit vorbereitet. „Der Arbeitsprozeß ... ist zweckmäßige Tätigkeit zur Herstellung von Gebrauchswerten, Aneignung des Natürlichen für menschliche Bedürfnisse, allgemeine Bedingung des Stoffwechsels zwischen Mensch und Natur, ewige Naturbedingung des menschlichen Lebens" (A, S. 198). Dazu gehören „die Arbeit selbst, ihr Gegenstand und ihr Mittel" (A, S. 193). „Das Arbeitsmittel ist ein Ding, oder ein Komplex von Dingen, die der Arbeiter zwischen sich und den Arbeitsgegenstand schiebt ... Der Gebrauch und die Schöpfung von Arbeitsmitteln ... charakterisieren den spezifisch menschlichen Arbeitsprozeß, und Franklin definiert daher den Menschen als ‚a toolmaking animal', ein Werkzeuge fabrizierendes Tier" (A, S. 194). Wohl gibt es auch Tiere, die künstliche Gegenstände verfertigen, „und eine Biene beschämt durch den Bau ihrer Wachszellen manchen menschlichen Baumeister. Was aber von vornherein den schlechtesten Baumeister vor der besten Biene auszeichnet, ist, daß er die Zelle in seinem Kopf gebaut hat, bevor er sie in Wachs baut" (A, S. 193). Erfindungen aber sind, auch wenn sie ein einzelner macht, immer schon in gesellschaftliche Zusammenhänge eingebettet (A, S. 392), und das Arbeitsmittel, der technische Gegenstand, ist zugleich Produkt eines vorausgegangenen und Produktionsmittel eines folgenden Arbeitsprozesses. Damit prägt Marx, im Unterschied zum übermäßig weiten Technikbegriff der späteren Sozialwissenschaften und zum übermäßig engen Technikbegriff der späteren Technikwissenschaften, einen Technikbegriff mittlerer Reichweite vor, der nicht nur die mit der Erfindung entworfenen, künstlich gemachten Gegenstände, sondern auch deren gesellschaftliche Entstehungs- und Verwendungszusammenhänge umfaßt. Ein Technikbegriff ohne die Dimension der Arbeit wäre ebenso unvollständig wie ein Arbeitsbegriff ohne die Dimension der Technik.

Freilich darf der Arbeitsprozeß nicht nur in diesen „einfachen und abstrakten Momenten" (A, S. 198) dargestellt werden. Seine konkrete Ausprägung erhält er durch die jeweiligen gesellschaftlichen Bedingungen: „Alle Produktion ist Aneignung der Natur von seiten des Individuums innerhalb und vermittelst einer bestimmten Gesellschaftsform" (B, S. 9). Indem mit der frühkapitalistischen Manufaktur die Warenproduktion für einen anonymen Markt einsetzt und sich mit der Industrieproduktion verallgemeinert, gewinnt die Arbeitsteilung zwischen Produktion und Konsumtion neue Züge, die bei den unmittelbaren Auftragsbeziehungen der handwerklichen Produktion unbekannt waren. Die Warenproduktion schafft zunächst potentielle Gebrauchswerte, die sich erst in der späteren Nutzung realisieren: „Das Produkt erhält erst den letzten finish in der Konsumtion; ... ein Kleid wird erst wirklich Kleid durch den Akt des Tragens, so daß erst in der Konsumtion das Produkt wirkliches Produkt wird" (B, S. 12f.). Auch ist es häufig erst das fertige Produkt mit seinem Nutzungspotential, das ein entsprechendes Nutzungsbedürfnis schafft; neue Technik vermag also neue Bedürfnisse zu erzeugen. Schließlich prägt die spezifische Beschaffenheit des Produktes auch die Art und Weise, wie die Menschen damit handeln. „Hunger ist Hunger, aber Hunger, der sich durch gekochtes, mit Gabeln und Messer gegessnes Fleisch befriedigt, ist ein andrer Hunger als der rohes Fleisch mit Hilfe von Hand, Nagel und Zahn verschlingt" (B, S. 13). Die technischen Sachen verändern also nicht nur die Bedürfnisse, sondern auch die Art ihrer Befriedigung. Mit dieser Einsicht erklärt Marx, warum die Technik die gesellschaftlichen Handlungsmuster so durchgreifend umwälzt. „Dampf, Elektrizität und Spinnmaschine waren Revolutionäre von viel gefährlicherem Charakter als selbst die Bürger Barbès, Raspail und Blanqui", sagt er 1856, auf französische Sozialisten anspielend, bei einer Rede in London.

Die kapitalistische Manufaktur verändert aber nicht nur die gesellschaftliche Arbeitsteilung, sondern auch die Arbeitsteilung innerhalb der Produktion, indem sie, modern gesprochen, von der Mengenteilung zur Artteilung übergeht; davon handelt das zwölfte Kapitel (A, S. 356–390), das sich unter anderem mit dem auch Hegel bekannten Theoretiker der Arbeitsteilung Adam Smith (1723–1790) kritisch auseinandersetzt. Der einzelne Teilarbeiter vollendet kein ganzes Produkt, sondern verrichtet nur noch eine einzelne Operation des Produktionsprozesses, die er bei jedem Arbeitsgegenstand fortgesetzt zu wiederholen hat. „Der Scheidungsprozeß" zwischen Kopfarbeit und Handarbeit „entwickelt sich in der Manufaktur, die den Arbeiter zum Teilarbeiter verstümmelt. Er vollendet sich in der großen Industrie, welche die Wissenschaft als selbständige Produktionspotenz von der Arbeit trennt und in den Dienst des Kapitals preßt" (A, S. 382).

Die Technisierung in der „industriellen Revolution" (A, S. 393 und passim) steigert die Produktivkraft der Arbeit noch mehr als die Arbeitsteilung der Manufaktur. Während in früheren Texten von Marx und im späteren Marxismus-Leninismus häufig die Technik selbst als „Produktivkraft" bezeichnet wird, meint dieser Ausdruck im „Kapital" die Arbeitsproduktivität, also das Verhältnis von Arbeitsergebnis und Arbeitseinsatz. Das dreizehnte Kapitel (A, S. 391–530) beginnt damit, jene technischen Entwicklungen zu analysieren, die für die Industrielle Revolution charakteristisch sind. Scharfsichtig betont Marx, daß die Industrielle Revolution nicht von der Dampfmaschine, sondern von der Arbeits- und Werkzeugmaschine ausgeht – eine Einsicht, die von den Historikern lange Zeit vernachlässigt worden ist. „Die ganz moderne Wissenschaft der Technologie" beruht auf dem Prinzip, „jeden Produktionsprozeß, an und für sich und zunächst ohne alle Rücksicht auf die menschliche Hand, in seine konstituierenden Elemente aufzulösen"; „sie entdeckte ebenso die wenigen großen Grundformen der Bewegung, worin alles produktive Tun des menschlichen Körpers ... notwendig vorgeht" (A, S. 510). In diesem Zusammenhang steht die funktionale Analyse der Maschinerie: „Alle entwickelte Maschinerie besteht aus drei wesentlich verschiednen Teilen, der Bewegungsmaschine" (Antriebsfunktion), „dem Transmissionsmechanismus, endlich der Werkzeugmaschine oder Arbeitsmaschine" (A, S. 393). Wenn auch der „Transmissionsmechanismus" inzwischen von der mechanischen auf die elektrische Energieübertragung übergegangen ist, wird mit dieser systemtechnologisch-funktionalen Analyse ein Denkstil vorweggenommen, der in der Ingenieurpraxis erst viel später Eingang findet. Die große Industrie fügt der gesellschaftlichen die soziotechnische Arbeitsteilung hinzu, die auf der Äquivalenz menschlicher und maschineller Arbeitsfunktionen beruht und darum die einen durch die anderen ersetzen kann (A, S. 393f. und passim). Wenn immer mehr Arbeitsfunktionen auf technische Einrichtungen übergehen, tritt „ein eigentliches Maschinensystem ... an die Stelle der einzelnen selbständigen Maschine, wo der Arbeitsgegenstand eine zusammenhängende Reihe verschiedner Stufenprozesse durchläuft, die von einer Kette verschiedenartiger, aber einander ergänzender Werkzeugmaschinen ausgeführt werden" (A, S. 400). „Sobald die Arbeitsmaschine alle zur Bearbeitung des Rohstoffs nötigen Bewegungen ohne menschliche Beihilfe verrichtet, ... haben wir ein automatisches System der Maschinerie" (A, S. 402). Klarer kann man die Prinzipien der Automatisierung kaum beschreiben; doch die sogenannte Automationsdebatte der 1950er und 1960er Jahre hat von Marxens Einsichten nichts gewußt, nicht einmal der aus der „Frankfurter Schule" stammende angesehene Automatisierungstheoretiker Friedrich Pollock (s. dort)!

Auch hat man in jener Automationsdebatte offensichtlich keine Kenntnis davon gehabt, daß Marx die Automatisierungsfolgen für die Arbeit mit der gleichen Klarheit beschreibt. Mit zahlreichen Beispielen belegt er, daß die Technisierung der Produktion prinzipiell Arbeitskräfte „freisetzt" (und er polemisiert gegen den Zynismus dieses schönfärberischen Wortes). Auch kritisiert er die schon zu seiner Zeit vorgebrachte Variante der Kompensationstheorie, der zufolge die „freigesetzten" Arbeiter vom zusätzlichen Arbeitsbedarf der Produktionsmittelherstellung aufgefangen würden; träfe dies zu, würde der Maschineneinsatz insgesamt gar keine Arbeit einsparen (A, S. 461ff.). So zieht schon Marx die heute geläufige Folgerung, daß allein das Wachstum, in dem betreffenden und in anderen Produktionszweigen, vorübergehend neue Beschäftigung bietet, doch er beklagt nicht nur die Umstellungsschwierigkeiten für die betroffenen Arbeiter, sondern er hält solche Effekte auch nicht für dauerhaft – eine Einschätzung, die bis heute strittig ist. Mit gleicher Schärfe analysiert er die Dequalifizierungstendenzen in der technisierten Produktionsarbeit, „indem die Maschine nicht den Arbeiter von der Arbeit befreit, sondern seine Arbeit vom Inhalt" (A, S. 446); „denn die Maschinerie wird mißbraucht, um den Arbeiter ... in den Teil einer Teilmaschine zu verwandeln" (A, S. 445). Auch dies kann man bis heute beobachten, und erst neuerdings erreicht die Automatisierung ein Niveau, das nur noch von hochqualifizierten Arbeitskräften zu bewältigen ist; die Unqualifizierten werden nun in die Langzeitarbeitslosigkeit ‚freigesetzt'.

Marx vertritt die Arbeitswerttheorie der klassischen Ökonomie, die Lehre, die den Wert eines Produktes allein aus dem Arbeitsquantum erklärt, das für seine Herstellung aufzubringen ist. Auch wenn diese Lehre modernen wirtschaftswissenschaftlichen Einsichten nicht standzuhalten vermag, hat sie doch den Blick dafür geschärft, daß jedes Produkt und jede Produktionsmaschine immerhin auch vergegenständlichte Arbeit darstellt, also das fremde Wollen, Wissen und Können anderer verkörpert. Das ist die Entfremdung in ihrem harten Kern, daß die arbeitenden Menschen fremde Arbeitsmittel benutzen müssen, die ihrer Arbeit Wesentliches hinzutun, was nicht von ihnen selbst stammt. Diese Form der Entfremdung freilich erlebt, auch außerhalb der Lohnarbeit, jeder, der technische Gegenstände verwendet, die er nicht selbst hergestellt hat; das hat Marx nicht ausreichend gewürdigt, teils, weil er zu sehr auf die Produktionssphäre fixiert ist, teils wohl auch, weil die Technik der Konsumgüter zu seiner Zeit noch wenig entwickelt ist. Allerdings vermerkt er im früheren Manuskript, daß „die Herrschaft der vergangnen Arbeit über die lebendige, nicht nur sociale, – in der Beziehung von Capitalist und Arbeiter ausgedrückte – sondern so zu sagen technologische Wahrheit" erhält (C, S. 2059); es wären dann also, mit anderen Worten, nicht die sozioökonomischen Verhältnisse, sondern die Prinzipien der soziotechnischen Arbeitsteilung, denen die Entfremdung anzulasten ist. Doch auch mit dieser Einschränkung verschärft sich die Entfremdung natürlich unter den Bedingungen der Lohnarbeit, wenn das Arbeitsmittel fremdes Eigentum darstellt, wenn die Ziele der Arbeit fremd bestimmt sind, wenn die Produkte der eigenen Arbeit in fremde Hände übergehen und wenn die Partner der arbeitsteiligen Zusammenarbeit zu einander fremden Konkurrenten um Lohn und Rang werden.

Bei aller Kritik der frühindustriellen Arbeitsverhältnisse ist doch Marx keineswegs technikfeindlich, „da die Maschinerie an sich betrachtet die Arbeitszeit verkürzt, während sie kapitalistisch angewandt den Arbeitstag verlängert, an sich die Arbeit erleichtert, kapitalistisch angewandt ihre Intensität steigert, an sich ein Sieg des Menschen über die Naturkraft ist, kapitalistisch angewandt den Menschen durch die Naturkraft unterjocht" (A, S. 465). Gegen die Maschinenstürmer spricht Marx ausdrücklich von der „Dummheit, nicht die kapitalistische Anwendung der Maschinerie zu bekämpfen, sondern die Maschinerie selbst" (A, S. 465). Inhumane Folgen werden also nicht von der Technik determiniert, sondern treten nur dann auf, wenn der Technikeinsatz von privatwirtschaftlichen Zielen beherrscht wird. Auch der „Fortschritt der Technik" (A, S. 456) ist vor allem mit „ökonomischen Faktoren" zu erklären: „Mit der Akkumulation des Kapitals entwickelt sich die spezifisch kapitalistische Produktionsweise und mit der spezifisch kapitalistischen Produktionsweise die Akkumulation des Kapitals" (A, S. 653). Dieser rückgekoppelte Selbststeigerungsprozeß begründet die wachsende Kapitalintensität, und das heißt: die fortschreitende Technisierung der Produktion, aber auch deren Ausweitung, die „hier das gesellschaftliche Bedürfnis, dort die technischen Mittel jener gewaltigen industriellen Unternehmungen schafft" (A, S. 655). So führt die Anhäufung von Kapital zu dessen Konzentration und Zentralisation – eine Tendenz, die, Marx bestätigend, inzwischen ihren Höhepunkt in globalen multinationalen Konzernen gefunden hat.

Nicht bestätigt hat sich bislang, zumindest in den Industrieländern, was Marx das „allgemeine Gesetz der kapitalistischen Akkumulation" nennt: die unausweichliche Verelendung der Massen. Über der Produktion hat Marx die Bedeutung der Konsumgüter vernachlässigt: „Nicht was gemacht wird, sondern wie, mit welchen Arbeitsmitteln gemacht wird, unterscheidet die ökonomischen Epochen", und „Luxuswaren" hält er für die „unbedeutendsten" Waren (A, S. 195). Modern gesprochen, hat er über den Prozeßinnovationen die Produktinnovationen vergessen und darum übersehen, daß die Kapitalakkumulation, soweit sie sich neuer Produkte bedient, einer entsprechenden Massenkaufkraft bedarf. Charakteristisch sind in der gegenwärtigen Epoche des konsumistischen Kapitalismus eben nicht mehr nur die „Arbeitsmittel", sondern gerade auch die „Luxuswaren" (Autos, Fernsehgeräte, Stereoanlagen usw.), mit denen nur dann Gewinne erzielt werden können, wenn die Massen wohlhabend genug sind, um sie zu kaufen.

Wenn sich auch in diesem Punkt Marxens ökonomische Erklärungsstrategie sogar für eine Entwicklung bewährt, die er selber nicht erwartet hatte, so wirkt doch insgesamt die Überakzentuierung des Wirtschaftlichen häufig wie ein monokausaler Ökonomismus. Gewiß gibt es auf den vielen tausend Seiten des Marxschen Werkes auch etliche Stellen, an denen die ökonomische Determination mit Hinweisen auf wissenschaftlich-technische und ideell-kulturelle Faktoren relativiert wird. Was freilich im späteren Marxismus-Leninismus als „Dialektik von Produktivkräften und Produktionsverhältnissen" bezeichnet worden ist, hat bei Marx selbst keine systematisch-differenzierte Ausarbeitung gefunden. Gleichwohl hat Marx mit seinen brillanten Analysen der Industrialisierung für eine gleichermaßen gesellschafts- wie technikwissenschaftlich belehrte Technikphilosophie Maßstäbe gesetzt, die in dieser Spezifik bislang nicht überboten worden sind. Und der Grundwiderspruch, den Marx zwischen dem gesellschaftlichen Charakter der Technik und den privaten Verfügungsformen gesehen hat, ist noch immer ein Grund für die zwiespältigen Folgen der fortschreitenden Technisierung.

Günter Ropohl

Serge Moscovici: Essai sur l'histoire de la nature

Paris: Flammarion 1968; dt. Versuch über die menschliche Geschichte der Natur, übers. von Michael Bischoff, Frankfurt/M.: Suhrkamp 1982, 573 S.

Serge Moscovici (geb. 1920), der vorher insbesondere durch sozialpsychologische und empirische Untersuchungen über soziale Probleme des industriellen Strukturwandels hervorgetreten war, legte 1968 eine naturalistische Deutung der modernen, wissenschaftlich-technischen Welt vor. Der Titel deutet die Leitidee an, die die verschiedenen Abhandlungen zur Geschichte der Naturphilosophie, zur Wissenschaftsentwicklung und zur Sozialgeschichte bündeln soll: Die Menschheit ist ein Produkt und ein Teil des kosmischen Universums, in das sie ihrerseits durch die Technik eingreift. Die vom Menschen geschaffene technische Welt steht jedoch nicht über oder jenseits der Natur; sie beruht auf einer bloßen Umordnung der physischen Welt: „Der Mensch fügt sich der kosmischen Umwelt als einer ihrer Faktoren, als Agens, ein" (S. 38). Ebenso wie die Tiere verändert auch der Mensch seine Umgebung. Technische und künstlerische Artefakte bestehen aus demselben Stoff wie die übrige materielle Welt; sie sind ein Sonderfall der Natur und nicht deren Negation. Demgemäß gilt, „daß alle menschliche Tätigkeit aus der bloßen Tatsache heraus, daß sie menschlich ist, nichts Künstliches und keine Gegennatur erzeugt; sie fügt sich bruchlos in die Bewegung des materiellen Universums ein" (S. 43).

Moscovici räumt ein, daß der Mensch in die von Bakterien, Pflanzen und Tieren auf der Erde geschaffene „Biosphäre" eingreift, indem er eine „zweite Natur" schafft. Bei näherem Zusehen werde jedoch deutlich, daß kein eindeutiger Unterschied oder gar eine unüberwindliche Kluft zwischen der ohne den Menschen vorliegenden ersten Natur der Biosphäre und der von ihm geschaffenen zweiten Natur besteht: die zweite Natur sei keine „Gegennatur". Sobald man die Einwirkung des Menschen auf die Biosphäre ins Auge faßt, zeige sich nämlich, daß sich der Mensch „alles in allem in einen universellen Kreislauf einfügt, indem er ihn fortsetzt" (S. 39). Nicht die natürliche Welt wird in eine technische Welt umgewandelt, sondern die natürliche Welt erfährt eine Evolution durch die Technik, denn die Technik ist „eine Art der Herstellung und Aufrechterhaltung unserer Beziehungen zum Universum" (S. 43). Weil Moscovici nur den Gesichtspunkt der physischen, materiellen Existenz ins Auge faßt, erscheint ihm die Technik als eine problemlose, gleichsam selbstverständliche Abwandlung des Kosmos.

Moscovici wendet sich gegen die von Jean-Jacques Rousseau inspirierte Auffassung, daß die Geschichte im Gegensatz zur Natur stehe. In Anlehnung an die materialistische Geschichtsauffassung vertritt er die These, daß die Abfolge der Gesellschaftsformationen bedingt ist durch die Art, wie die gesellschaftlichen Gruppen ökonomische, politische und geistige Verbindungen eingehen, „welche die Aneignung der Güter, die Kontinuität der Produktion und die Dauerhaftigkeit der Institutionen gewährleisten sollen", wobei den technischen Innovationen und den Produktivkräften die bestimmende Rolle zukommt (S. 23). Innerhalb dieses Prozesses stellt die Abfolge der Erfindungen den Übergang von einem Zustand zum anderen dar. Dabei wird die Natur jedoch nicht im eigentlichen Sinne in Frage gestellt: „An die Stelle einer bestimmten Organisation der menschlichen und nichtmenschlichen Vermögen tritt eine andersgeartete Organisation; eine bestimmte objektive Welt weicht einer anderen Welt" (S. 47). Es zählt allein der sich selbst genügende Prozeß, in dem die

Menschheit, bedingt durch die jeweiligen Gegebenheiten, neue Verhältnisse schafft: „Die Menschheit durchläuft unterschiedliche Naturzustände, eine Mehrzahl von Konfigurationen der menschlichen und nichtmenschlichen Vermögen. Keiner dieser Zustände ist das Ziel oder der vorherbestimmte Höhepunkt seiner Entwicklung. Die Einheit dieser Zustände ist historischer – nicht substantieller – Art, sie stellt unsere Geschichte der Natur dar" (S. 55f.).

Die entscheidende Triebkraft für diesen historischen Prozeß sieht Moscovici in der im allgemeinsten Sinne, als übergeordnetes, kreatives Prinzip verstandenen Arbeit, die eine schöpferische Leistung (création) des Menschen darstellt: „Der Mensch betätigt sich als Subjekt der Natur, indem er seine Kräfte und Fähigkeiten dazu benutzt, neue Fähigkeiten, neue Fertigkeiten und neues Wissen hervorzubringen, und nicht schon darin, daß er sie lediglich zur Produktion einsetzt" (S. 58). Unter diesem allgemeinen, metatheoretischen Gesichtspunkt deutet Moscovici die Erfindung und die Produktion als Ausprägung der schöpferischen Institutionalisierung des Arbeitsprozesses, durch den die Menschheit die kosmische und die biologische Evolution fortsetzt. Gerade weil er den „biomorphen Charakter der menschlichen Tätigkeit" betont und in den sozialen Prozessen nur die Verlängerung und Vermittlung von Naturprozessen sieht, ist sein Blick für die ökologischen Probleme geschärft; Moscovici fordert ausdrücklich „die Einrichtung von Mechanismen, die den Fortbestand der Organismen sichern und den Menschen die Möglichkeit geben, ihre biologische und soziale Existenz zu erhalten" (S. 498).

Tatsächlich wäre die moderne, auf ingenieurwissenschaftlichen Verfahren und der Anwendung naturwissenschaftlicher Forschungsergebnisse beruhende Technik undenkbar ohne kreatives, methodisches Vorgehen – d.h. in der Formulierung von Moscovici: ohne die Schaffung der Arbeit. Mit dem nachdrücklichen Hinweis auf dieses dynamische Potential und auf die zunehmende Umgestaltung der Natur trifft Moscovici ein wesentliches Merkmal unserer Zeit, dessen Ursprung und historische Entfaltung er in vielfältig ausdifferenzierten Untersuchungen nachweist. Dem steht die grandiose Vereinfachung gegenüber, auf der sein spekulativer, monistischer Naturalismus beruht. Für Moscovici ist die Welt der Geschichte und die Fülle der kulturellen Gestaltungen nur eine Ausprägung des allumfassenden Naturprozesses. Formal gesehen ist hier eine gewisse Analogie zu dem in entgegengesetzter Richtung ebenso spekulativen, monistischen Idealismus Georg Wilhelm Friedrich Hegels erkennbar. Für Hegel ist die Geschichte des Universums, die Entwicklung der unbelebten und der belebten Natur, alles was die Naturwissenschaften erforschen und die Technik schafft, nur das „Anderssein des Geistes". In Wirklichkeit muß jeder Monismus auf einer tieferen Stufe dem Pluralismus der Welt Rechnung tragen. Hegel muß auf die Natur und ihr erscheinendes, relatives Eigenrecht eingehen. Und umgekehrt muß Moscovici einräumen, daß es – zumindest auf den ersten Blick – historische, kulturelle und geistige Phänomene gibt, die sich nicht unmittelbar aus der Natur herleiten lassen. Der Preis für die Komplexitätsreduktion und für die erreichte Vereinheitlichung besteht in einem sehr hohen Abstraktionsniveau und in der Entfernung von den konkreten Phänomenen.

Am Ende des Buches bezeichnet Moscovici in konsequenter Fortsetzung seines Ansatzes ausdrücklich auch „die Gesellschaft als Form der Natur" (S. 503). Doch in einer dialektischen Wendung räumt er gleichzeitig ein, daß die Beherrschung der Gesellschaft und die Beherrschung der Natur einander ergänzen. Er schließt mit dem Plädoyer für eine wissenschaftlich begründete politische Technologie, deren Voraussagen „die menschliche Gattung als höchster Experimentator ... Realität zu geben vermag" (S. 532). Nach dem Scheitern des Sozialismus und angesichts der nur politisch – und nicht rein szientistisch – lösbaren ökologischen Probleme klingt diese Verbindung von kosmischer Metaphysik und technokratischem Gesellschaftsmodell wenig überzeugend. In den vielfältigen, weitgespannten und auf umfangreiche Literatur gestützten technikhistorischen und ideengeschichtlichen Untersuchungen des Buches, die durch die Idee der kosmischen Evolution und das Konzept der „Schaffung der Arbeit" eher lose zusammengehalten werden, fungiert die naturalistische Engführung jedoch nicht als dogmatische Vorgabe, sondern als allgemeines, heuristisches Prinzip, das fruchtbare Einsichten zu liefern vermag.

Friedrich Rapp

Lewis Mumford: Technics and Civilization

New York: Harcourt, Brace & World 1934; mit einer neuen Einleitung als TB-Ausgabe 1963, 495 S., (A)

ders.: The Myth of the Machine

Vol. I: Technics and Human Development, Vol. II: The Pentagon of Power, New York: Harcourt, Brace & World, Vol. I 1964, Vol. II 1966; dt. Mythos der Maschine. Kultur, Technik und Macht, übers. von Liesl Nürnberger und Arpad Hälbig, Wien: Europaverlag 1974, 856 S. (TB-Ausgabe Frankfurt/M.: Fischer 1977), (B)

Der amerikanische Kulturkritiker, Stadtplaner und Architekturhistoriker Lewis Mumford (1895–1990) ist durch eine große Zahl von Publikationen über vielfältige Themengebiete hervorgetreten. Er veröffentlichte u.a. mehr als dreißig Bücher – auch zu literarischen Fragen – und schrieb von 1931 bis 1963 im Magazin „The New Yorker" Kommentare über Architektur und Städtebau. Im Rahmen seiner weitgespannten historischen und kulturkritischen Interessen befaßte sich Mumford insbesondere mit den gesellschaftlichen und kulturellen Auswirkungen der Technik auf die Urbanisierung. Sein Ziel ist eine von der Herrschaft der Maschine befreite Stadt, die sich aufgrund ihrer eigenen Gesetze quasi biologisch entwickelt; der rationalistische „Mythos" der Funktion soll ersetzt werden durch eine organische, humane Stadtplanung und Architektur. Dies ist der systematische Kontext und der intellektuelle Hintergrund für Mumfords Untersuchung des historischen Zusammenhangs von Technik und Kultur in „Technics and Civilization". Mumfords philosophische Prämisse ist die unauflösbare Wechselwirkung zwischen der „äußeren" Welt der Technik und der „inneren" Welt der Kultur. Die Menschen verinnerlichen die Technik in ihrer jeweiligen Kultur und sie geben ihrer kulturellen Orientierung durch die Technik eine äußere Gestalt. Werkzeuge, Technik und Maschinen einerseits und die soziale und kulturelle Verfaßtheit einer Gesellschaft andererseits bedingen und erhellen einander wechselseitig.

In diesem Sinne untersucht Mumford in dem stark durchgegliederten, umfassend angelegten, materialreichen, prägnant und spannend geschriebenen Buch, das durch treffende Abbildungen illustriert und durch eine Zeittafel der Erfindungen sowie durch eine gut ausgewählte und kommentierte Bibliographie ergänzt wird, die verschiedenen Formen und Stadien der Technik in ihrem jeweiligen historischen, kulturellen und sozialen Kontext. Robert P. Multhauf hat das Buch 1972 in „Technology and Culture" als die bei weitem beste (englischsprachige) Einführung in die Kulturgeschichte der Technik für Laien bezeichnet – ein Urteil, das auch heute noch nicht überholt ist.

Der Umstand, daß seit 1934 ein stürmischer technischer Wandel stattgefunden hat, ändert nichts an dem vorhergehenden Verlauf, der die Voraussetzungen für alles Folgende geschaffen hat. Deshalb ist Mumfords Untersuchung auch heute noch lesenswert und aufschlußreich. Doch es ist möglich, daß aufgrund der späteren Entwicklung die Vergangenheit, aus der die folgenden Ereignisse hervorgehen, in anderem Licht erscheint. So kommt Mumford im Gegensatz zu der im Prinzip technikoptimistischen Darstellung in „Technics and Civilization" in seiner späteren, grundsätzlichen Kritik an der „Megatechnik" (siehe B) zu einem insgesamt negativen Urteil über die technische Entwicklung. In der neuen Einleitung von 1963 begründet Mumford seinen Wandel vom Technikoptimisten zum Technikpessimisten (A, S. Xf.): Die Bedrohung der Menschheit durch die Atomenergie, die Entpersönlichung durch die Automatisierung und die vielfältigen Rückschritte, Verirrungen und Zwänge, die inzwischen eingetreten sind, führen ihn nunmehr zu einem negativen Urteil (näheres dazu bringt seine Selbstkritik nach 25 Jahren in „Daedalus", Nr. 3, 1959). Dennoch hat Mumford 1963 dem unveränderten Nachdruck zugestimmt. Dies deshalb, weil – wie er erklärt (A, S. XI) – die negativen Tendenzen für den kundigen Leser bereits in „Technics and Civilization" erkennbar seien und weil das Buch durch den Aufweis der Wechselbeziehungen zwischen der kulturellen, der wirtschaftlichen und der lebensweltlichen Seite der Technik Einsichten vermittelt, die auch für die inzwischen eingetretene Entwicklung gelten.

Das Buch besteht aus acht Kapiteln, die im Durchschnitt in etwa zehn Abschnitte aufgegliedert sind. Das erste Kapitel beginnt mit der Unterscheidung von Werkzeug und Maschine, wobei Mumford in Anlehnung an Franz Reuleaux unter einer Maschine eine Kombination von festen Körpern versteht, durch deren Anordnung die mechanischen Kräfte der Natur dazu benutzt werden, um Arbeit zu leisten. Über Franz Releaux (s. dort) hinausgehend sieht Mumford in der Maschine eine Art von kleinem Organismus, der ganz bestimmte Funktionen ausüben soll. Im Unterschied zu diesem engeren Maschinenbegriff, der etwa für eine Druckpresse oder für einen Webstuhl gilt, ist für Mumford die Maschine ein gesamthaftes technologisches System, ein übergreifender, zusammenhängender Komplex einschließlich des technischen Wissens und Könnens, wobei dieses System neben den verschiedensten Werkzeugen, Instrumenten, Apparaten und Geräten auch die einzelnen Maschinen im engeren Sinne umfaßt (A, S. 9–12). – Damit ist der erste Schritt zu der übergreifenden, summarischen Interpretation der Technik als Megamaschine getan, die dann unter Hinzufügung der gesellschaftlichen Dimension in Mumfords späteren Abhandlungen nachdrücklich herausgestellt wird.

Mumford weist darauf hin, daß die Klöster mit ihrer regelmäßigen Zeiteinteilung dazu beigetragen haben, dem menschlichen Dasein „den gleichmäßigen kollektiven Herzschlag und Rhythmus der Maschine zu vermitteln; denn die Uhr ist nicht nur ein Mittel, um dem Lauf der Stunden zu folgen, sondern auch ein Mittel, um die Handlungen der Menschen zu synchronisieren" (A, S. 13f.). Dem entspricht die Einführung des Geldes als eines universellen und quantifizierbaren Zahlungsmittels. Dadurch wurde der elementare Tauschhandel überwunden und die rationalisierte kapitalistische Wirtschaftsform vorbereitet (A, S. 23–28). Nach der im ersten Kapitel behandelten kulturellen Vorbereitung der Maschine wird im zweiten Kapitel in einem historischen Rückgriff die Gewinnung und Verarbeitung von Rohstoffen als Voraussetzung für die Mechanisierung behandelt, wobei der Spannungsbogen vom Bergbauwesen über die Jäger und Sammler bis zum Militär und zur Massenproduktion reicht: „Die Armee ist in der Tat die ideale Form, zu der ein rein mechanisches Industriesystem hintendiert" (A, S. 89).

Erst daran schließt sich im dritten Kapitel die auch hier wiederum unter vielfältigen Gesichtspunkten behandelte technische Entwicklung zwischen 1000 bis1750 an, von der her der darauffolgende Industrialisierungsprozeß allererst verständlich wird. Als wichtigen Punkt stellt Mumford dabei den Wandel in der Bewertung zwischen Vergangenheit und Zukunft durch Francis Bacon heraus: Seitdem gilt nicht mehr das Festhalten an der Tradition, sondern die (technische) Innovation als das maßgebliche Prinzip (A, S. 132).

In den folgenden drei Kapiteln behandelt Mumford die etwa 1000 n. Chr. Auftretenden ersten Ansätze zu einer Technisierung – ein Thema, das heute u.a. im Hinblick auf die „Protoindustrialisierung" im 17. und 18. Jahrhundert diskutiert wird. Dabei unterscheidet er aufgrund der eingesetzten Energiequellen (Wind und Wasser), der jeweiligen Transport- und Kommunikationstechniken sowie anhand der benutzten Rohstoffe (Holz, Glas, Metalle) drei aufeinanderfolgende Phasen, die sich aber gleichwohl überlappen und wechselseitig durchdringen. In den abschließenden Kapiteln unternimmt Mumford eine grundsätzlich gehaltene funktionale Analyse und Bewertung der modernen Technik. Er untersucht die Kompensationsmechanismen (Rückkehr zur Natur, Massensport, Kult des Todes), vermittels derer das von der Maschine dominierte Zeitalter versucht, sein Gleichgewicht wiederzufinden. Unter dem Titel „Die Assimilation der Maschine" arbeitet er die ästhetische (und sogar ethische) Bereicherung heraus, zu der die abstrakten, objektiven, mechanischen Visualisierungen durch die Photographie und den Film geführt haben, womit er – dem Zeitgeist entsprechend – den Ideen der Kubisten und des Bauhauses folgt.

Mumfords Fazit lautet: „Unsere Fähigkeit, über die Maschine hinauszugehen, beruht auf unserer Kraft, die Maschine zu assimilieren. Solange wir die Lektion der Objektivität, der Unpersönlichkeit, der Neutralität, die Lektion der mechanischen Sphäre nicht aufgenommen haben, können wir keine Fortschritte in unserer Entwicklung zu einem reicheren organischen und tieferen menschlichen Leben machen." (A, S. 363) – Das ist ganz im Sinne Georg Wilhelm Friedrich Hegels gedacht; der höhere Zustand ist nur dadurch erreichbar, daß das vorhergehende, niedere Stadium durchlaufen wird. Dabei ist Mumford grundsätzlich optimistisch: Wenn die Ideale wechseln und es nicht mehr um materielle Errungenschaften, Wohlstand und Macht geht, sondern um Leben, Kultur und Ausdruck, wird die Maschine – wie ein Lakai der alten Schule, der nur deshalb arrogant auftreten konnte, weil der Herr schwach und töricht geworden war – sobald sie einen neuen und selbstbewußten Herrn findet, „auf ihre wahre Funktion reduziert, auf die unseres Dieners und nicht unseres Tyrannen" (A, S. 427). Weil Mumford diese Thesen konditional und hypothetisch formuliert hat, konnte er im Lichte der nach dem Erscheinen von „Technics and Civilization" eingetretene Entwicklung sein Urteil anders akzentuieren.

Besonders kritisch sieht er die Entwicklung zu einer kapitalistischen Megastruktur, die auch die Monostruktur zur Folge hat: „Je universaler diese Technologie wird, desto weniger werden die Alternativen." (B, S. 516)

Mumford beschränkt sich nicht auf die Schilderung der geschichtlichen Entwicklung und die daraus resultierenden Gefahren. Er macht auch auf Lösungswege für die Zukunft aufmerksam; das ist eigentlich der Sinn und die Absicht seiner großangelegten Arbeit. Als erstes fordert er, daß nur das gemacht werden darf, was auch wieder aufgehoben werden kann (B, S. 541). Der Mensch darf nicht vom vielleicht sogar automatisierten System vereinnahmt werden; er muß außerhalb des Systems bleiben, weil er nur so Kontrolle und Zielbestimmung über dieses behalten kann. Technokratie ist für Mumford das Schreckensbild der Zukunft, das es zu verhindern gilt. Gefordert ist dagegen eine kosmosfreundliche Ethik, damit eine kosmosfreundliche Technik möglich wird, eine Erhaltungs-, Aufbau- und Lebenstechnik anstelle der gegenwärtigen Zerstörungs- und Ausbeutungstechniken (B, S. 771).

Daraus ergibt sich eine neue Kultur, in der vor allem der Charakter der Arbeit verändert wird. Die zur Reproduktion des Arbeitens und des Kapitals erforderliche Arbeit nimmt ab; Arbeit und Anstrengung, die als Selbstverwirklichung und Sinnerfahrung entdeckt wird, muß zunehmen (B, S. 798f.).

Diese neue Kultur hat zwangsläufig auch den Abbau der bisherigen Konzentration zur Folge. Was wir brauchen, sind kleinere dezentralisierte Gemeinschaften mit nicht-aggressiven alternativen Entwicklungsperspektiven.

Mumfords letztes Wort ist: „Hinausgehen" (B, S. 833). Auch wenn diese letzte Folgerung sowie vielleicht auch andere Positionen des Autors sicher nicht auf uneingeschränkte Zustimmung treffen können, so bleiben die differenzierten Darlegungen dieses Riesenwerkes, besonders auch die Nachzeichnung der geschichtlichen Entwicklung gewiß wertvoll. Unter diesem Blickpunkt behalten auch die Darlegungen des früheren Werkes ihren Wert. Insgesamt vertritt Mumford in seinem letzten großen Werk einen zwar nuancierten, aber doch deutlichen Skeptizismus oder sogar Pessimismus gegenüber dem technischen Fortschritt. Seine Forderungen zur individual- und sozialethischen Kontrolle der Technik – in vielem ähnlich den Vorstellungen der Frankfurter Schule von Max Horkheimer bis Jürgen Habermas (s. beide dort) – haben nicht nur in den USA große öffentliche Resonanz gefunden und bleiben sicher auch in der gegenwärtigen Diskussion bedenkenswert.

Friedrich Rapp (A)
Alois Huning (B)

Joseph Needham: Science and Civilisation in China

Cambridge: Cambridge University Press, 1954ff., 7 Bände, ca. 4.000 S.

Joseph Needham (1900–1995), der von Hause aus ein erfolgreicher Biochemiker war und als erstes Hauptwerk 1931 eine dreibändige „Chemische Embryologie" veröffentlichte, wurde durch vergleichende Studien zur Wissenschaftsgeschichte auf einen anderen Zugang zur chinesischen Kultur gebracht. 1936 begann er mit dem Studium des Chinesischen, 1942–46 war er Leiter des Sino-British Science Cooperation Office in China, nach 1945 Leiter der Abteilung Naturwissenschaften der UNESCO. Trotz dieser administrativen Funktionen betrieb er ein immenses Studium der chinesischen Quellen, schriftlicher wie archäologischer Zeugnisse zur Technik- und Wissenschaftsgeschichte des „Reichs der Mitte". Die Frucht dieser Forschungsarbeit, die durch die Begründung eines eigenen Instituts, des „Needham Research Institute" in Cambridge gekrönt wurde, ist das vorliegende Werk.

Ein Werk wie „Science and Civilisation in China" ist ein *work in progress*. Bei dauerndem Fortschreiten nicht nur der Wissenschaften selbst, sondern auch der Erforschung ihrer Geschichte ist es von Anfang an zur Fortsetzung und immer wieder anhebenden Überarbeitung bestimmt. Eine Rezension, die auch nur wesentliche Inhalte wiedergeben wollte, würde nicht nur vor der Fülle des Stoffs versagen, sondern wäre auch in Kürze vom erweiterten Stand der Kenntnisse überholt. Das gilt in besonderem Masse von einer Kultur wie der chinesischen, deren Frühzeit durch außergewöhnliche Funde von Jahrzehnt zu Jahrzehnt in einem neuen Lichte erscheint; diese von der Archäologie ausgehenden Deutungsverschiebungen haben jedoch auch für die Folgezeiten Konsequenzen, weil die frühzeitliche Begriffsbildung und Ausarbeitung von Denkmustern in dem weitgehend durch Traditionen geprägten Bildungswesen Chinas bis ins 19. Jahrhundert dominant blieb (wie Needham selbst nachdrücklich hervorhebt). Hier kann es also nur darum gehen, die allgemeine Bedeutung dieses wissenschafts- und technikgeschichtlichen Riesenwerks zu umreißen.

Die chinesische Kultur war, so Needham, bis zum Ende des Kaiserreichs (1912) eine fast ausschließlich literarische. Dichtung, Philosophie und Historiographie waren die Pfeiler ihres Bildungs- und Ausbildungssystems, allein auf sie bezogen sich die Themen der großen Staatsprüfungen. Handwerkliche Tätigkeiten genossen geringeres Ansehen. Am wenigsten galt der Stand des Kaufmanns, ungeachtet großer Reichtümer, die sich in Kaufmannsfamilien ansammelten. Seit sich im 18. Jahrhundert in Europa eine wissenschaftliche Sinologie zu entwickeln begann, hat sie dieses literarische Selbstverständnis der Chinesen übernommen, und sie wurde durch die Quellen, die zum allergrößten Teil aus den Bereichen Literatur, Weltanschauung und Reichsgeschichte stammten, auch dahin gedrängt.

Needham grenzt sich selbst, mit allem Respekt, gegen die geisteswissenschaftlich-soziologische Betrachtungsweise der chinesischen Kultur ab, deren bedeutendsten Vertreter er mit Recht in dem französischen Sinologen Marcel Granet sieht: „In seinem Werk „Das chinesische Denken" (französisch 1934, deutsch 1963) entfaltet Granet ein weites Panorama der chinesischen Gedankenwelt, ... und Granets fundamentale Einschätzungen der spezifischen Merkmale des alten chinesischen Denkens sind, glaube ich, korrekt. ... Er selbst sagt, wie sehr jemand sich auch immer China mit lebhafter Vorstellungskraft und kritischem Geist nähert, es sich ihm doch immer nur durch einen Schleier von Literatur und Schriftwerken zeigen wird. Das ist nicht meine Erfahrung. Das Studium chinesischer Technik kann weit kommen ... und chinesische Wissenschaft wird nur lebendig werden, wenn chinesische Texte in einer neuen Weise gelesen werden, wie Sinologen sie selten zu lesen fähig waren, nämlich mit den Augen eines in den Naturwissenschaften ausgebildeten Lesers" (II, S. 217). Das ist das Programm des Werks: ein Perspektivenwandel in der Leseerfahrung, selbst wenn sie sich weitgehend auf Texte stützen muß, in denen Natur und Technik nur marginal vorkommen. Damit hat Needham einen ganz neuen Zugang zur chinesischen Kultur eröffnet und einen neuen Zweig der Chinakunde ins Leben gerufen. Darin besteht seine überragende Bedeutung. Er hat einen neuen Kontinent der Technik- und Wissenschaftsgeschichte entdeckt und zu vermessen begonnen.

Seit Needhams monumentaler Publikation, die der Wissenschafts- und Technikgeschichte als deren Grundlage auch eine allgemeine Darstellung der Grundzüge der chinesischen Weltanschauung vorausschickt, ist seine Arbeit von seinen Mitarbeitern und Schülern weitergeführt, in Details ausgebreitet und im einzelnen auch berichtigt worden.

Needham kommt nicht umhin, seiner Analyse und Bewertung der wissenschaftlichen und technischen Leistungen die Wissenschafts- und Technikauffassung und -systematik zugrunde zulegen, wie sie sich im Europa der Neuzeit verfestigt und zum Siegeszug der europäischen Zivilisation in der Welt geführt hat. Zwar wird in der weltanschaulichen Einleitung durchaus sichtbar gemacht, daß eine andere Kultur von ihren Voraussetzungen her auch ein anderes Verständnis von Wissenschaft, andere Kategorien wissenschaftlicher Rationalität und ein anderes Verhältnis zur Natur und deren technischer Beherrschung und Umgestaltung hat. Um jedoch überhaupt die Hervorbringungen Chinas wissenschaftsgeschichtlich vergleichbar zu machen, mußten sie auf die Standards bezogen werden, die sich in der Geschichte der heute herrschenden Wissenschaftsauffassung durchgesetzt haben. Die Orientierung der wissenschaftlichen Arbeit im modernen China (wie überhaupt in den außereuropäischen Ländern) auf den Typus „westlicher" Wissenschaft hat für die Rezeption von Needhams Werk in China die besten Voraussetzungen geschaffen. Er gilt dort als der „Vater" der chinesischen Wissenschaftsgeschichte, der diese in den Kontext der Weltkultur eingebracht hat, während die neuere europäische Sinologie – bei aller Bewunderung seiner riesigen Leistung – seinem „eurozentristischen" Wissenschaftsbegriff auch eine gewisse Skepsis entgegenbringt.

Needhams Gemälde der chinesischen Zivilisation beginnt mit der Einsicht, daß die Struktur der chinesischen Sprache eine andere Weltverfassung erkennen läßt als die europäischen Sprachen. Das Chinesische kennt keine grammatischen Formen, die den Wortkern abwandeln. Im Satz reiht sich Wortzeichen an Wortzeichen, und nur die Stellung sagt uns, welche Funktion das Wort im Satzzusammenhang hat. Needham gibt ein Beispiel aus dem Shu jing, einem der klassischen Bücher des altchinesischen Bildungskanons. An einer Stelle findet sich eine kurzgefaßte Elementenlehre; dort heißt es: shui yue run xia (wörtlich: Wasser sagen feucht unten/abwärts). Needham erläutert: „Man weiß nicht, ob man schreiben soll ‚Vom Wasser sagt man, daß es feucht ist und abwärts fließt' oder ‚Vom Wasser sagt man, es sei das, was man zum Befeuchten benutzt und das man herabfließen läßt' oder es sei das, ‚was die Eigenschaft besitzt, feucht zu sein und unten zu verharren' und so weiter" (II, S. 243). Man mag hinzufügen: xia assoziiert nicht nur die Abwärtsbewegung, sondern auch das In-der-Tiefe-sein.

Ein Chinese wird immer verschiedene Bedeutungsvarianten mitdenken, auch wenn er eine von ihnen speziell meint. Das ergibt ein Geflecht von Korrespondenzen, so daß zum Beispiel Wasser mit Tiefe, mit Kälte (etwa unten in einer Schlucht oder Höhle), mit Norden (weil es dort kalt ist), mit Winter und Nacht und mit der Farbe Schwarz einen Systemzusammenhang bildet. Statt der Kausalbeziehungen, die am mechanischen Bild des Fußtritts, der einen Ball in Bewegung versetzt und weiterrollen läßt, orientiert sind, werden Bedeutungsrelationen artikuliert. „Statt Abfolge von Phänomenen zu beobachten, registrierten die (alten) Chinesen den Wandel von Aspekten. Wenn ihnen zwei Aspekte verbunden zu sein schienen, dann nicht vermittels einer Beziehung von Ursache und Wirkung, sondern eher in der Weise der ‚Paarung' wie die Vorder- und Rückseite von irgend etwas oder – um eine Metapher aus dem ‚Buch der Wandlungen' zu gebrauchen – wie Echo und Ton oder Schatten und Licht" (II, S. 290f.). So wird der Begriff des Naturgesetzes mit einem Wort wiedergegeben (li), das ursprünglich die Proportion der Reihe der Bambusflöten mit festgelegten Tonhöhen in zwölf Halbtönen bezeichnete und wird als Schriftcharakter dargestellt durch eine rechte Hand und einen Schritt mit dem linken Fuß. Semantisch liegt dem Gesetzesbegriff die Vorstellung gestischer Entsprechungen und nicht die Vorstellung von Folgezuständen zugrunde, in unserem europäischen Kategoriensystem ließe sich dies eher auf eine funktionale als auf eine kausale Beziehung abbilden.

Eine Anekdote, die von einem Anhänger des Konfuzius berichtet wird, beleuchtet die konservative Einstellung gegenüber technischen Neuerungen. Dieser, ein wohlhabender Kaufmann, kehrte von einer Auslandsreise zurück und begegnete einem Bauern, der mühsam aus einem tiefen Brunnen, in den er hinabstieg, das Wasser für seine Felder schöpfte. Der Kaufmann erzählte dem Bauern, anderswo gäbe es Pumpen, und erklärte ihm den Mechanismus. Der Bauer aber entgegnete: ‚Solche Raffinesse bedeutet den Verlust der reinen Einfachheit und führt zur Rastlosigkeit des Geistes. Solche Menschen werden nicht dem Dao folgen. Ich weiß alles über die Pumpe, aber ich würde mich schämen, sie zu benutzen'.

Die Anekdote ist charakteristisch. Natürlich gab es in China zu allen Zeiten Erfinder und geschickte Handwerker, die hohes Ansehen genossen (IV, S. 2, S. 10ff. u.ö.). Deren Motiv war aber nicht so sehr der Wunsch, in das Naturgeschehen einzugreifen, als vielmehr sich mit ihm in Einklang zu setzen. Astronomische Geräte hatten eine erstaunliche Perfektion, es gab verschiedenartige Uhren, ja sogar ein von Wasserkraft getriebenes Planetarium, das sich im Gleichklang mit der Bewegung der Sterne drehte; von weither kamen Gelehrte, um dieses Wunder zu bestaunen. Aber wichtig war daran nicht so sehr die technische Leistung, als vielmehr die geistige Einstellung, sich der Harmonie der Natur zu nähern. So überliefern auch die Quellen, aus denen wir unsere Kenntnis chinesischer Technikgeschichte schöpfen, meist mehr sozial- und geistesgeschichtliche Aspekte sowie biographische Notizen über die Konstrukteure als technische Details, die sehr mühsam aus den Texten herausdestilliert werden müssen.

Daß sich aus einer solchen Weltsicht ein anderer Umgang mit Naturgegenständen ergibt, liegt auf der Hand. Ja, es ist schon zweifelhaft, ob unser Wort ‚Gegenstand' das zu treffen vermag, was die Chinesen mit einem Wort benennen (zumal die Wörter selbst zugleich substantivisch, adjektivisch oder verbal gebraucht werden und nur von Fall zu Fall zu entscheiden ist, welchen grammatischen Sinn wir ihnen geben). So ist zum Beispiel der Terminus ‚Element' (xing) eigentlich ein Wort für ‚Bewegung', ‚gehen', auch ‚durchführen', ‚vollziehen'. Während wir mit Element eine Ursubstanz meinen, die in Veränderungsprozesse eingehen kann, sieht der Chinese gerade im Element das sich Bewegende. Elemente sind „mächtige Kräfte in ewig-fließender zyklischer Bewegung und nicht passiv bewegungslose Grundsubstanzen" (II, S. 244). Das mag zur Illustration der verschiedenen Begriffsmuster europäischer und chinesischer Wissenschaftssprache genügen. In einer Tafel von Stammbegriffen einer ersten archaischen Welterklärung erläutert Needham achtzig solcher Termini (II, S. 220ff.), sozusagen als Ausgangspunkt seiner weiteren Darstellung.

Die sieben Bände lassen sich nicht referieren, in denen Needham nach einer Darstellung der verschiedenen Philosophenschulen und ihrer Stellung zu den exakten Wissenschaften im einzelnen untersucht: Mathematik, Astronomie, Meteorologie, Geographie, Geologie, Seismologie und Mineralogie (Bd. III), Physik, Ingenieurtechnik, militärische Technik, Textil- und Papierherstellung (Bd. IV), Chemie und ihre gewerbliche Auswertung (Keramik, Metallurgie, Salzgewinnung), insbesondere auch das Bergbauwesen (Bd. V), Biologie, Agronomie und Tierzucht, Medizin und Pharmazie (Bd. VI), um schließlich in Bd. VII die gesellschaftliche Grundlage für den besonderen Charakter der chinesischen Wissenschaft zu erörtern und nach Gründen für die Stagnation der Wissenschaftsentwicklung seit dem 17. Jahrhundert zu fragen. Immer zieht er dabei Vergleiche zur Wissenschafts- und Technikentwicklung in Europa, in Indien und in der arabischen Welt. Er kommt zu dem Ergebnis, daß bis ins 17. Jahrhundert die tatsächlichen Kenntnisse nicht hinter denen in Europa zurückblieben, ihnen eher, wenigstens in einigen Gebieten, voraus waren. Den Grund für die Stagnation, die dann einsetzte, sieht er vorwiegend (wenn auch nicht monokausal) in der Unbeweglichkeit der bürokratischen Verfassung der Mandarin-Gesellschaft und ihrem einseitig literarischen Bildungsideal. Allerdings bleibt diese Erklärung unbefriedigend, denn der Übergang zum Handelskapitalismus der Renaissance in Europa und der im Zusammenhang mit Bevölkerungswachstum und Kapitalinvestitionen einsetzenden raschen Entwicklung neuer Produktionsweisen wäre angesichts des hohen Stands von Handel und Verkehr, einschließlich der Geldwirtschaft und gut ausgebauter Verkehrswege, auch in China möglich gewesen, zumal sich die Beamtenkaste immer wieder aus der Kaufmannsschicht auffüllte – es also mannigfache Querverbindungen zwischen Handelskapital und Administration gab. Neben der Staatsverfassung werden wohl auch in der Sprachstruktur begründete weltanschauliche Orientierungen sowie die relative Abgeschlossenheit und Autarkie des

Landes, das durch fremde Einflüsse selten herausgefordert wurde und diese meist sehr schnell assimilierte, eine maßgebliche Rolle gespielt haben. Insgesamt ist Needhams mehr als viertausend Seiten umfassendes Werk ein tief beeindruckendes Zeugnis höchster Gelehrsamkeit und ein klassisches Monument der Technik- und Wissenschaftsgeschichtsschreibung.

Hans Heinz Holz

William Fielding Ogburn: On Culture and Social Change
Chicago, IL: University of Chicago Press 1964; dt. Kultur und sozialer Wandel, Ausgewählte Schriften, hg. von Otis Dudley Duncan, Neuwied/Berlin: Luchterhand 1969, 472 S.

William F. Ogburn (1886–1959), seit 1927 Professor für Soziologie an der Universität Chicago (USA), gehört zu den sozialwissenschaftlichen Klassikern, die den kulturellen Rang der Technik in ihrem Werk systematisch bedacht und deren Bedeutung für den sozialen Wandel hervorgehoben haben. Mit umfangreichen Untersuchungen über die Auswirkungen technischer Neuerungen, die Ogburn in den dreißiger Jahren im Auftrag der amerikanischen Regierung angestellt hat, kann er als Nestor der sozialwissenschaftlichen Technikfolgenforschung gelten. Diese Gedanken durchziehen sein gesamtes Oeuvre und kommen in diesem postum veröffentlichten Aufsatzband, auch wenn sich nur ein kleiner Teil der Beiträge ausdrücklich mit der Technik befaßt, besonders klar zum Ausdruck.

Ogburn will erklären, wie sich Gesellschaften verändern und entwickeln, obwohl die beteiligten Menschen in ihrer biologischen Grundverfassung relativ unverändert bleiben. Alle menschlichen Hervorbringungen, die jene Grundverfassung übersteigen und sich überindividuell verfestigen, bilden die Kultur; Ogburn benutzt also einen sehr weiten, in Deutschland nicht sonderlich geläufigen Kulturbegriff, den er allerdings, weil „jede Definition zu dürftig und unangemessen erscheint" (S. 33), eher implizit einführt und benutzt. Wenn er die Sachtechnik als materielle Kultur hervorhebt, bezieht er sich ausdrücklich auf Karl Marx (s. dort), distanziert sich jedoch von der „materialistischen Interpretation der Geschichte" und dem „ökonomischen Determinismus" dieses Autors (S. 135f.).

Sozialer Wandel ist gleichbedeutend mit kulturellem Wandel, und Ogburn identifiziert vier Faktoren der kulturellen Entwicklung: „Erfindung, Akkumulation, Austausch und Anpassung" (S. 56). Die Erfindung ist „die Kombination oder Modifikation von vorhandenen und bekannten materiellen oder immateriellen Kulturelementen zur Herstellung eines neuen Elements" (S. 57), ist also nicht auf die Sachtechnik beschränkt, bezieht diese aber ausdrücklich ein. Erfindungen sind „das Ergebnis des Zusammenwirkens von drei Faktoren: der geistigen Fähigkeit, dem Bedürfnis und der Existenz anderer Kulturelemente (die man zuweilen als ‚die Kulturbasis' bezeichnet)" (S. 57). Diese Kulturbasis wächst durch Akkumulation von Erfindungen, die von der einer Generation auf die nächste durch Lernprozesse übertragen werden. Ferner entwickelt sich Kultur auch durch den Austausch mit anderen Kulturen, vor allem durch die Übernahme fremder Kulturelemente.

Der vierte Faktor des kulturellen Wandels, die Anpassung, ergibt sich aus der Theorie des „cultural lag", die von Ogburn entwickelt wurde; eine Zusammenfassung dieser Konzeption bietet der Nachdruck eines Aufsatzes von 1957 (S. 134–145). Das Wort ‚lag', das Anfang des Jahrhunderts, als Ogburn es erstmals benutzte, zunächst auch seine Kollegen irritiert hat (S. 135), heißt so viel wie ‚Rückstand' oder ‚Verzögerung', meint aber in der Zusammensetzung nicht den Rückstand der gesamten Kultur, sondern die verzögerte Entwicklung einzelner Kulturbereiche. Insofern ist die Metapher „kulturelle Phasenverschiebung", die in der vorliegenden deutschen Übersetzung benutzt wird, nicht ganz abwegig, auch wenn sie die zusätzliche Frage aufwirft, wie man „Phasen" der kulturellen Entwicklung abgrenzen kann.

Ogburn unterscheidet also, wenn auch nicht sonderlich systematisch, verschiedene Bereiche der Kultur, so etwa Wissenschaft, Technik, Wirtschaft, Familie, Erziehung, Religion, Kunst, Politik und Recht. Wenn nun zwei Kulturbereiche eng miteinander verknüpft sind und wenn ein Kulturbereich sich sehr schnell verändert, wird in dem anderen Bereich, wenn er sich nicht gleichzeitig anpassen kann, eine kulturelle Verzögerung auftreten, die erst nach einer gewissen Zeitspanne auszugleichen ist. Ogburn betont, daß grundsätzlich in der menschlichen Geschichte jeder Teil der Kultur die vorauseilende Rolle übernehmen oder den nachhinkenden Part spielen kann. Auch will Ogburn mit dieser Beschreibung nicht die Bewertung verbinden, der schnelle Wandel des einen Kulturbereichs wäre ein Fortschritt und der zunächst ausbleibende Wandel des anderen Kulturbereichs ein Makel; er stellt lediglich fest, daß die Diskrepanzen, die sich aus den unterschiedlichen Wandlungsgeschwindigkeiten ergeben, Spannungen hervorrufen, die auf einen Ausgleich drängen. In der Moderne sieht der Verfasser einen bestimmten Typ von kultureller Verzögerung vorherrschen, nämlich das Zurückbleiben der anderen gesellschaftlichen Lebensformen gegenüber der wissenschaftlich-technischen Entwicklung. „So wäre zu der Theorie der kulturellen Phasenverschiebung zu ergänzen, daß sich die Verspätungen infolge der großen Geschwindigkeit und des großen Umfangs der technischen Veränderungen akkumulieren" (S. 142).

Freilich ist einzuräumen, daß Ogburn nichts darüber sagt, wie es überhaupt in einem Kulturbereich zu beschleunigten Veränderungen kommt. Weil er das nicht zuletzt für die Dynamik der Technik offen läßt und auch in anderen Beiträgen des Buches vor allem die Folgen, nicht jedoch die Bedingungen der Technisierung analysiert, hat er sich dem Vorwurf ausgesetzt, er vertrete einen technologischen Determinismus, der die technische Entwicklung als unabhängigen, exogenen Faktor annimmt und die gesellschaftliche Entwicklung als davon abhängige Größe begreift. Tatsächlich jedoch bezeichnet Ogburn diesen Zusammenhang ausdrücklich nur als Sonderfall, und er diagnostiziert auch dafür kein Determinations-, sondern lediglich ein Spannungsverhältnis. Auch schließt es seine allgemeine Theorie nicht aus, die technische Entwicklungsdynamik mit anderen kulturellen Entwicklungen zu erklären, wenngleich er selbst kaum etwas dazu gesagt hat. Überdies behauptet er keineswegs, der vorauseilende Kulturbereich zwinge dem verzögerten Kulturbereich eine bestimmte Form der Anpassung auf; wenn allerdings der verspätete Kulturbereich in irgendeiner Weise reagiert, setzt sich damit der kulturelle Wandel fort.

Ogburn räumt ein, daß viele kulturelle Verzögerungen – für die er Beispiele wie die Rolle der Frau angesichts der Industrialisierung oder das Reproduktionsverhalten angesichts wachsender Lebenserwartung nennt – „zu ernsthaften Problemen führen, Phasenverschiebungen, die in den meisten Fällen dadurch entstehen, daß die Erfindungen und die gesamte Technik überhaupt an Umfang und an Entwicklungsgeschwindigkeit rascher zunehmen, als wir uns an sie anpassen können. Die große Aufgabe unserer Zeit besteht darin, die Phasenverschiebungen zu verringern" (S. 145). Freilich vermißt man an dieser Stelle die Klärung, ob nun die Technisierung verlangsamt oder ob und wie die übrige kulturelle Entwicklung beschleunigt werden kann.

Sieht man von gewissen Ungenauigkeiten ab, erscheint Ogburns Konzeption als Beschreibung der technisch-gesellschaftlichen Entwicklung durchaus plausibel, zumal man seine Beispiele mühelos vermehren kann; man denke nur an die notorische Verspätung des Rechts gegenüber der Technisierung. Da jedoch die Erklärungsansätze, soweit überhaupt zu erkennen, sehr oberflächlich bleiben und darum auch kaum eine praktische Schlußfolgerung zulassen, erweist sich die „Theorie der kulturellen Verzögerung" als anregender, aber entwicklungsbedürftiger Versuch.

Günter Ropohl

José Ortega y Gasset: Meditación de la técnica

Buenos Aires: Espasa Calpe 1939; dt. Betrachtungen über die Technik, in: Gesammelte Werke Bd. IV, übers. von Curt Meyer-Clasen und Else Görner, Stuttgart: Deutsche Verlagsanstalt 1978, S. 7–69

Der spanische Kulturphilosoph José Ortega y Gasset (1883–1955) studierte in Bilbao und Madrid Philosophie und kam während eines Studienaufenthalts von 1905 bis 1907 in Marburg, Leipzig und Berlin unter anderem mit den Neukantianern Hermann Cohen und Paul Natorp in Berührung. Mit dem Ausbruch des Spanischen Bürgerkriegs mußte er Spanien verlassen und lebte vor allem in Argentinien, dann in Portugal, bis er 1948 nach Madrid zurückkehrte.

Wenige Jahre nach seinem Buch „Aufstand der Massen" entwickelte Ortega in einer Reihe von Vorlesungen sein Verständnis von der Bedeutung der Technik. In einem ganz umfassenden Sinne ist dabei für ihn die Technik ein „tatkräftiges Einwirken auf Natur oder Umwelt, die den Menschen dazu bringt, zwischen ihr und sich eine neue, ihr übergeordnete Natur zu schaffen" (S. 14): Dies gilt für den Steinzeitmenschen gerade so wie für den modernen Menschen, für meditative Techniken nicht weniger als für den Maschinenbau. Damit ist Technik dasjenige, was den Menschen vom Tier unterscheidet; und die Frage, was die Wesensbedingungen von Technik sind, wird zur Frage nach der Wesensbestimmung des Menschen. Diesen Gedanken entfaltet Ortega:

Nach gängiger Vorstellung dienen technische Handlungen der Bedürfnisbefriedigung. Eine solche Sichtweise wird jedoch von Ortega radikal zurückgewiesen, wenn dabei so etwas wie natürliche Bedürfnisse vorausgesetzt werden, denn gerade sie gibt es beim Menschen nicht. Gewiß, der Mensch will leben, aber nicht, indem er sich mit der vorgefundenen Umwelt und der Notwendigkeit des Überlebens abfindet; ihm erscheint das Leben allererst lebenswert als *Wohlbefinden* (S. 17). Darum dient Technik nicht etwa dem Sich-Ernähren, dem Sich-Wärmen und dergleichen, und sie erschöpft sich keineswegs in Verfahren, jenes zu erleichtern, sondern sie verhilft dem Menschen zu Dingen und Verhältnissen, die – aus der Sicht der bloßen Überlebensnotwendigkeit – nicht notwendig, sondern *überflüssig* sind! „Die Technik ist die Erzeugung des Überflüssigen: heute so gut wie in der Steinzeit." (S. 19) Das Tier hingegen ist genau deshalb untechnisch, weil es sich damit begnügt, zu leben; es hat keine Vorstellung von Wohlleben, um dessentwillen es vorübergehend auf die Erfüllung seiner Lebensbedürfnisse verzichten könnte.

Auf das menschliche Bedürfnis nach Wohlleben sind nun alle Probleme zurückzubeziehen, die mit der Technik zusammenhängen; denn es steht keineswegs ein für allemal fest, was es bedeutet, gut zu leben – ganz im Gegenteil: „Wohlleben" ist ein „stets beweglicher, unbegrenzt veränderlicher Begriff"; entsprechend wird die jeweils korrespondierende Technik „eine unstete, in ständiger Wandlung befindliche Wirklichkeit sein" (S. 20). Deshalb, so betont Ortega, kann es keine einheitliche Konzeption von Technik geben, ebenso wenig wie von Fortschritt, weil in beiden Fällen fälschlich vorausgesetzt werde, daß der Mensch durch seine ganze Geschichte hindurch immer dasselbe angestrebt habe. An zahlreichen Beispielen verdeutlicht er, wie unterschiedliche Kulturen, verschiedene Lebensweisen und Lebensentwürfe mit gänzlich unterschiedlichen Werthaltungen und Vorstellungen von Wohlleben verknüpft sind und entsprechend mit völlig andersartigen Techniken zu deren Verwirklichung einhergehen; man vergleiche einen Buddhisten mit einem Gentleman hinsichtlich seiner Ziele und der dazu einzusetzenden Mittel: Der Gentleman verhält sich so, als sei er von der Last des Lebens verschont, er führt sein Leben aus innerer

Distanz wie ein Spiel; darauf gründen sich sein fair play, seine Wahrheitsliebe, seine Selbstbeherrschung, – und darauf gründet sich auch die Sauberkeit des water closet wie die Solidität englischer Industrieerzeugnisse. Der Buddhist dagegen, der vor allem meditieren will, war im rauen Tibet gezwungen, sich hierzu Klöster zu bauen, die dann zugleich als Burgen Schutz boten: Aus dem „überflüssigen Bedürfnis" nach einer spielerischen Lebensform oder nach Meditation sind spezifische Techniken erwachsen (S. 41)!

„Technik ist die Anstrengung, Anstrengung zu sparen" (S. 24), um gut leben zu können; damit ist Technik dem Lebensentwurf stets nachgeordnet. Ortega verdeutlicht am Beispiel des Verlustes des technischen Wissens der Antike während des Mittelalters, daß es auch für die heutige wissenschaftsbasierte Technik keine Bestands- oder Fortschrittsgewißheit geben kann, denn ihre größere Exaktheit macht die Technik zugleich von zusätzlichen Voraussetzungen und Bedingungen abhängig: „Gerade diese Sicherheiten sind es, welche die europäische Kultur gefährden. Der Fortschrittsglaube hat in dem Wahn, man habe eine geschichtliche Höhe erreicht, die keinen wesentlichen Rückschritt mehr zuließe, sondern nur noch mechanisch ins Unendliche fortschreite, die Pflöcke der menschlichen Vorsicht gelockert und einem neuen Einbruch der Barbarei in die Welt Raum gegeben" (S. 23). Die entscheidende Frage ist darum stets, wohin die durch Technik eingesparte Anstrengung führt. Sie ist für Ortega keine Randfrage, sondern gehört unmittelbar zum „Wesen der Technik" (S. 25): Das Leben darf durch Technik nicht „entleert" werden, sondern es muß von uns als „erfundenes Leben" gestaltet werden! Der Mensch ist „als solcher ein Programm", das vorausgedacht werden muß, sein Sein besteht im „Noch-Nicht-Sein" (S. 30), seine Verwirklichung beruht auf Technik; denn „der Mensch beginnt da, wo die Technik einsetzt" (S. 34).

Trotz aller Ungleichheit der Menschen hinsichtlich ihrer Lebenspläne läßt sich doch in der Technik der Verwirklichung dieser Pläne eine Phasenabfolge ausmachen, die sich in „Entwicklungsstufen der Technik" niederschlägt. Diese sind:

Die Technik des Zufalls: Technische Handlungen, zufällig gefunden, stellen sich dem primitiven, noch tierhaften Menschen als Bestandteil seines nicht-technischen Lebens dar. Die wenigen Techniken selbst werden in der Gruppe ausgeübt und sind mit einem magischen Nimbus verbunden.

Die Technik des Handwerkers: Es kommt zu einer Differenzierung in der Gruppe, und nur gewisse Männer oder Frauen sind imstande, bestimmte Dinge zu tun. Dabei erscheinen alle Handwerkstechniken zum einen als ein Mittel, das dem Menschen von der Natur gegeben ist und ihr verbunden bleibt, so daß zum zweiten auch die Differenzierung als Teil der Natur verstanden wird; in diesem Licht erscheint es geradeso natürlich, daß Frauen das Feld bestellen, wie sie von Zeit zu Zeit gebären. Der Handwerker versteht sich darum nicht als Erfinder, sondern er folgt der Natur und dem Brauch.

Die Technik des Technikers: Erstmals empfindet sich der Mensch als *Erfinder*. Indem er analytisch-methodisch auf das zu erreichende Ziel hinarbeitet, entsteht der *Technizismus der modernen Technik* (S. 64) als geistige Methode, die in der technischen Schöpfung wirkt (S. 63). Als *homo faber* schafft der Mensch nicht mehr nur Werkzeuge, sondern Maschinen. Dies führt – um 1500 beginnend – in der „modernen Technik" zu einer „Reife", deren äußeres Kennzeichen es ist, die Welt selbst nicht als Natur, sondern als Maschine zu begreifen. Mit der Entwicklung von Maschinen rückt nun das Instrument in den Vordergrund: es unterstützt nicht mehr den Menschen, wie dies für das Werkzeug des Handwerkers galt, sondern es wird vom Menschen unterstützt. Erstmals gewinnt die Technik eine „vom natürlichen Menschen getrennte Funktion, ist völlig unabhängig von ihm und *nicht seinen Grenzen verhaftet*" (S. 58): Das Mikroskop macht sichtbar, was wir sonst nicht sehen könnten, das Flugzeug läßt uns fliegen etc. Damit aber hat sich die Beziehung zwischen Mensch und Technik grundlegend gewandelt, denn indem sich der Mensch als Erfinder und Gestalter begreift, wird er sich zugleich – erschreckt und bestürzt – seiner *antithetischen Lage* gegenüber der Natur und der *grundsätzlichen Unbegrenztheit seiner Möglichkeiten* bewußt (S. 59).

Auf dem Hintergrund seiner Analyse entwickelt Ortega abschließend, welche Gefahren der hochtechnisierten euro-amerikanischen Welt der Gegenwart drohen: Die Massengesellschaft, vor der er schon im *Aufstand der Massen* gewarnt hatte, denkt nur quantitativ und ist zum eigenen qualitativen Lebensentwurf nicht mehr fähig; sie läuft darum Gefahr, die großartigen Leistungen der Technik der Gegenwart zu verspielen, vor allem, weil die durch Technik gewonnene scheinbare Sicherheit des Lebens verdeckt, daß das *wirkliche* Leben immer ein „unablässiges und vollständiges Wagnis" ist (S. 22)! Wegen der scheinbaren Unabhängigkeit der Maschine von der Natur und vom Menschen und wegen der Abhängigkeit des heutigen Lebens von technischen Voraussetzungen wird allzu leicht vergessen, daß Technik zunächst immer Durchführung eines Planes ist und daß „jedem Entwurf und jeder Norm menschlichen Ausdrucks eine entsprechende Technik eignet" (S. 50). Stattdessen wird die technisch geschaffene Welt als Übernatur hingenommen, und ihre Entstehungs- und Existenzbedingungen – insbesondere die ethischen Bedingungen – entschwinden dem Bewußtsein. Schon vor über sechs Jahrzehnten warnte Ortega: „Die atemberaubende Wachstumskurve droht dieses Bewußtsein zu verdunkeln" (S. 62), das doch Ermöglichungsgrund der Technik war! Damit aber geht die Gefahr einher, daß „Europa an einer Ermattung der Wunschfähigkeit leidet" (S. 36), weil der einzelne aus Mangel an Phantasie keinen eigenen Lebensentwurf zu finden und zu gestalten vermag; ohne „Entdecker neuer Werte" versiegt jedoch, so Ortegas Mahnung, der Quell, dessen Technik bedarf. Denn „nur in einem Bereich, in dem der Verstand im Dienste einer Einbildungskraft steht, die nicht technisch, sondern hinsichtlich der Lebenspläne schöpferisch ist, kann technische Fähigkeit zustande kommen" (S. 49). Damit verwebt Ortega seine Überlegungen zur Technik mit dem Leitfaden seines ganzen Denkens, das der Idee und Verwirklichung einer „vitalen Vernunft" gilt, – einer ganz elementaren Vernunft, die unmittelbar im konkreten Leben verankert ist und diesem im Lebensentwurf Ziele setzt.

Ortegas Essay, der schon durch den Reichtum der Gedanken, den Wechsel der Perspektiven und den Glanz der ungewöhnlichen Beispiele besticht, auch wenn nicht immer stringent argumentiert wird, verdient auch heute noch Beachtung: Immer noch ist seine Mahnung berechtigt, nicht zu vergessen, daß die Lebenspläne der Technik vorausgehen (sonst wäre die Ablehnung der modernen Technik in manchen fundamentalistischen Ideologien der Gegenwart unverständlich); immer noch gilt seine Warnung vor einer Verabsolutierung der Technik, statt sie einem Primat ethischer Werte unterzuordnen (eben dies ist das Anliegen der Technikbewertung); immer noch bleibt es unsere Aufgabe, schöpferisch neue Formen der Lebensgestaltung zu entwerfen und technisch zu verwirklichen (weil anders die Menschheitsprobleme unlösbar sind). Daß damit eine reine Vernunft geradeso überfordert ist wie eine bloß historische, ist gewiß; ob Ortegas vitale Vernunft einen Ausweg bietet, wäre zumindest der Analyse wert.

Ortegas Werk ist auch im Hinblick auf die international wirkmächtige Schulenbildung zu betrachten, die eng mit der deutschsprachigen Philosophie, u.a. der Technikphilosophie, verknüpft ist. 1948 gründete Ortega zusammen mit seinem Schüler und Freund Julián María Aguilera (1914–2005) das Instituto de Humanidades de Madrid, das zur Keimzelle der „Madrider Schule" der Philosophie wurde. Aus dieser Schule sind u.a. die spanischen Philosophen Manuel García Morente (1886–1942), Joaquín Xirau (1895–1946) und José Gaos (1900–1969) hervorgegangen. Sie lasen die Werke von Edmund Husserl (s. dort), Martin Heidegger (s. dort), Max Scheler (s. dort), Alexander Pfänder, Ernst Cassirer (s. dort) und anderen durch die lebensphilosophische ‚Brille' des Ratiovitalismus Ortegas, der die phänomenologische Bewegung, die Lebensphilosophie und den Neukantianismus der Marburger Schule schon in den 1920er Jahren in Spanien bekannt gemacht hatte. Die Schüler der Madrider Schule, von denen nicht wenige seit dem Spanischen Bürgerkrieg im lateinamerikanischen Exil lebten, übersetzten die deutschsprachigen Werke ins Spanische, wodurch die technikphilosophischen Ansätze von Heidegger und Husserl in Südamerika zum Teil schon früher bekannt wurden als in Nordamerika. Zu den Klassikern der spanischen Technikphilosophie zählt José Gaos' Aufsatz „Dos exclusivas del hombre: la mano y el tiempo" (1945, „Zwei Privilegien des Menschen: die Hand und die Zeit"), der in Band III (2003) der Gaos-Gesamtausgabe, die als *Obras Completas* an der Universidad Nacional Autónoma in Mexiko entsteht, jüngst neu ediert wurde. In Spanien selber rang die Madrider Schule während des

Franco-Regimes damit, sich sowohl gegen eine durch den Nationalkatholizismus verordnete Neu-Scholastik, als auch gegen einen außerakademisch wirksamen Marxismus zu positionieren. Ortega wurde in der spanischen Academia erst seit den 1980er Jahren wieder als Phänomenologe eingestuft und gilt mittlerweile als Spaniens wichtigster Philosoph des 20. Jahrhunderts.

Hans Poser
Nicole C. Karafyllis

Friedrich Pollock: Automation. Materialien zur Beurteilung der ökonomischen und sozialen Folgen

Vollständig überarbeitete Neuausgabe Frankfurt/M: Europäische Verlagsanstalt 1964; zit. nach der Ausgabe Frankfurt/M.: Europäische Verlagsanstalt 1956 (Frankfurter Beiträge zur Soziologie, Bd. 5), 318 S.

Friedrich Pollock (1894–1970) lernte während einer kaufmännischen Ausbildung Max Horkheimer kennen, mit dem ihn seither eine lebenslange Freundschaft verband. Nach seinem Studium in Ökonomie, Philosophie und Soziologie war er Mitbegründer des Instituts für Sozialforschung in Frankfurt a.M., deren Mitglieder fast alle nach 1933 in die USA emigrierten. Nach 1951 kehrte er in das wieder errichtete Institut für Sozialforschung zurück und wurde Professor für Volkswirtschaftslehre. Das Buch „Automation" ist aus einer Festschrift zum 60. Geburtstag von Max Horkheimer im Forschungskontext des Instituts für Sozialforschung entstanden. Es ist in zwei Teile gegliedert: Der erste Teil enthält die neuzeitliche Geschichte der Automation bis 1954, der zweite Teil nimmt die Erfahrungen des Jahres 1955 auf.

Das Hauptinteresse des Autors liegt auf den ökonomischen und sozialen Folgen der Automation. Dabei will Pollock aber auch die Technik der automatischen Produktionsweise schildern, weil infolge der raschen Entwicklung eine allgemeine Kenntnis des Standes der Technik nicht vorausgesetzt werden könne (S. VI). Er bietet nach eigenen Worten keine Theorie, sondern lediglich Materialien für das Verständnis einer „zweiten industriellen Revolution", die durch die Automation hervorgerufen werde (S. VI). Der Bericht stützt sich – vor allem im zweiten Teil – überwiegend auf amerikanische Erfahrungen, zum einen durch die Kenntnisse des Autors in seiner Emigrationszeit, zum andern, weil diese Technik dort als am weitesten fortgeschritten war.

Der erste Teil beginnt mit einem Definitionsversuch der Automation als Produktionstechnik mit dem „Ziel, die menschliche Arbeitskraft in den Funktionen der Bedienung, Steuerung und Überwachung von Maschinen sowie die Kontrolle der Produkte soweit durch Maschinen zu ersetzen, daß von Beginn bis zur Beendigung des Arbeitsprozesses keine menschliche Hand das Produkt berührt" (S. 5). Anwendbar ist dies für den Produktionsprozeß, aber auch für die Büroarbeit als Kontrolle der gewünschten Informationen wie der Schreibarbeiten. Die Methodik der Automation besteht darin, die diskontinuierlichen Einzelprozesse in einen zusammenhängenden, fließenden Gesamtprozeß zu integrieren. Die Montagemethode des Fließbandes wird zwar auf die Materialbearbeitung übertragen (S. 6), statt Arbeitern befinden sich an diesem verallgemeinerten Fließband jedoch nun Maschinen. Das Ziel ist der vollautomatisierte Arbeitsprozeß. Dies erfordert eine enge Abstimmung der Teilprozesse und deren permanente Qualitätskontrolle (S. 8).

Die Automation als Entwicklungsprozeß geht von den Stufen Hand, Werkzeug und Maschine zu halb- und vollautomatischen Maschinen (Pollock nennt dies ‚Mechanisierung') über weiter automatisierte Teileinheiten und Systeme hin bis zur automatischen Fabrik (S. 9–12, Tafel 1). Pollock weist den Ingenieuren die Hauptaufgabe zu, die Arbeitsprozesse automatisierbar zu entwerfen und zu integrieren. Dabei spielen die Rückkopplung als Prinzip (‚feedback') und der Regelkreis für die Steuerung und Kontrolle eine wesentliche Rolle (S. 14ff.) Um die vermaschten Regelkreise zu schließen, bedarf es der Computer, nach Pollock „elektronische Kalkulatoren", die mit hoher Geschwindigkeit repetitive Aufgaben ausführen. Neben ihrer Funktion als „Befehlszentrale" in einem Regelkreis wird ihnen die Aufgabe der Berechnung, Buchhaltung, Produktions- und Versandplanung und auch der Ausarbeitung von Berichten zugewiesen (S. 24).

Nach dieser eher technischen Einführung, die noch das technologische Staunen der 50er Jahre atmet, diskutiert Pollock sogleich die Effekte der Freisetzung von Arbeitskräften. Beispiele, die Pollock aufgreift, sind in der industriellen Produktion von Glas, Papier und Stahlrohren angesiedelt, aber auch über die Automation der Herstellung von Granaten, Motorblöcken, Grammophon-Platten bis hin zur Gießerei wird berichtet. Im Großhandel ersetzt die Kontrolle von Lagerbeständen durch „Kalkulatoren" die Arbeit von 150 Angestellten (S. 29). Weitere Beispiele finden sich in der Buchhaltung, bei Flugplänen, bei der Platzreservierung für Fracht und Passagiere (S. 31), in der öffentlichen Verwaltung und im Versicherungswesen.

Allerdings hat die Automation bei ihrer Potenz, Arbeitskraft zu ersetzen, Grenzen. Denn die Entwicklung der Automation selbst benötigt Ingenieure und Arbeitskräfte, die Maschinen entwerfen, bauen, einrichten, bedienen und reparieren. Automation erzwingt oft eine „Neuzerlegung" der Arbeitsprozesse (S. 34), und in den begrenzten menschlichen Fähigkeiten, Probleme analytisch zu untersuchen und sie dann in Maschinensprache zu übersetzen, sieht Pollock dann auch die Grenzen der Automation (S. 34). Die Wirtschaftlichkeit der Automation hängt für ihn davon ab, wie viel ihre Einführung kostet und welchen Produktivitätszuwachs sie erbringt. Zwei Triebfedern sieht Pollock bei der Entwicklung der Automation: Das Streben nach der rentabelsten Technik und das „Wettrennen nach den tödlichsten Waffen" (S. 39). Alle Berichte deuten nach Pollock auf den unaufhaltsamen Vormarsch der automatisierten Produktionsweise (S. 41) als Schwelle zur „zweiten industriellen Revolution" hin (S. 41ff.), deren Symbol der „elektronische Kalkulator" ist (S. 44).

Danach widmet sich Pollock den sozialen Auswirkungen der Automation, die er nicht als vorübergehend ansieht. Sie mache sich vielmehr als anhaltender Verlust von Arbeitsplätzen, als Dequalifizierung bei den überwiegend weniger qualifizierten Arbeitskräften und als Verlust des sozialen Status bemerkbar (S. 47). Der Theorie, wonach die bei technischen Innovationen eintretende Arbeitsplatzverluste durch stärkeres Wirtschaftswachstum und Neueinstellungen kompensiert würden, wird ein klare Absage erteilt, da nach aller Erfahrung über längere Zeiträume die Selbstregulierung der freien Marktwirtschaft nicht ausreichend sei. Man könne deshalb „es nicht mehr gestatten, das Schicksal der Gesellschaft durch die Marktgesetze bestimmen zu lassen" (S. 48). Die amerikanische Wirtschaft habe alles in allem trotz heftiger Dynamik durch die entsprechenden Innovationen (wie Fließband etc.) mit der Zeit ihr Gleichgewicht auf einer höheren Stufe wieder erreicht. Das sei aber keine Garantie dagegen, daß auf lange Sicht ohne gesellschaftliche Intervention die destruktiven Kräfte der Automation die segensreichen überwiegen könnten (S. 57). Die ökonomischen und sozialen Gefahren der Automation, sofern dieser Prozeß privatwirtschaftlichen Entscheidungen überlassen bleibt, werden bei den Verlierern, d.h. den Arbeitslosen sichtbar (S. 68). Wenn auch die Optimisten meinen, daß die Ausbreitung der Automation nur einen Teil der Erwerbstätigen betreffe und das Tempo des Prozesses ohnehin langsam sein werde, so daß man sich anpassen könne und ohnehin Kompensationseffekte durch Wachstum zu erwarten seien (s.o.) (S. 69–72), so kritisiert Pollock dies dennoch. Denn bei Wegfall der „Wehrindustrie" und weiterer Automation trotz Produktivitätszuwachses könnte es zur strukturellen Arbeitslosigkeit kommen (S. 74), abhängig auch davon, in welchem Tempo die Automation diffundieren wird – dieses Tempo wird von Pollock recht hoch, weil beschleunigt, angesetzt (S. 77). Ferner würden bei der Automation deren Kosten überschätzt, die Nettoeinsparung hieraus dagegen unterschätzt (S. 80).

Bekämpfen könne man die „drohende technologische Arbeitslosigkeit" durch Maßnahmen, die die effektive Nachfrage auf dem Arbeitsmarkt erhöhen, wie Umschulung Freigesetzter, Beihilfen zu Umsiedlung, Frühverrentung, Verkürzung der gesetzlichen Arbeitszeit (4 Tage Woche bei 25% Lohnerhöhung), Vergabe öffentlicher Arbeiten (S. 80–84) – also eher Vorschläge aus der Keynesschen Schule. Diese Vorschläge würden jedoch, auf lange Sicht angewandt, zu einem Staatskapitalismus führen. Forderungen nach gesichertem Jahreseinkommen und Schutz vor Kurzarbeit seien nicht als Verhinderung der Automation gedacht, die von den amerikanischen Gewerkschaften sogar begrüßt würde, sondern es gehe um den verantwortlichen Umgang bei ihrer Einführung (S. 85). Zwar sei unklar, wie sich diese Kämpfe entwickeln würden, aber entscheidend sei, daß durch die nicht arbeitslos gewordenen Arbeiter der Konsum aufrechterhalten bleiben müsse (S. 86). Weitere Maßnahmen wären Steuersenkungen für die unteren Einkommensgruppen, Lohnerhöhungen und Preissenkungen.

Am Ende des ersten Teils stellt Pollock eine schematische Struktur einer marktwirtschaftlich organisierten Gesellschaft unter der Herrschaft der automatischen Produktionsweise vor (S. 90ff., aktualisiert für 1955 bei S. 245ff.). Nur wenige werden einen Platz als Aufseher über die Automaten als niedrig Qualifizierte finden, noch weniger den Anforderungen zum Entwerfen der neuen Technik genügen. Dequalifizierung und Nachfrageschwund am Arbeitsmarkt sind die Folge (S. 92), aber auch die Austauschbarkeit des Einzelnen und damit die ständige Gefahr des Arbeitsplatzverlustes (S. 94). Pollock befürchtet eine Konzentration einer „relativ kleinen Schicht hochqualifizierter Manager, Ingenieure und Spezialarbeiter auf der einen Seite und auf der anderen" die große Masse derer, die den Sinn der Arbeitsanweisungen, denen sie unterworfen werden, nicht zu verstehen brauchen. Damit ergäbe sich eine autoritäre militärähnliche Hierarchie (S. 93). Ausdifferenziert nach Produktion, Verwaltung und Dienstleistungen einerseits und verschiedenen Branchen andererseits sieht Pollock unterschiedliche Geschwindigkeiten der Automation. Die Bereiche mit der höchsten Geschwindigkeit würden die meisten ungelernten Arbeitskräfte freisetzen, der Dienstleistungsbereich, meinte er damals, dürfte am wenigsten betroffen sein (S. 103). Pollock erwähnt auch die Altersarbeitslosigkeit, ebenso die Wirkungslosigkeit von Streiks von Niedrigqualifizierten in einer automatischen Produktion (S. 104ff.). Die Ausdifferenzierung in eine Minderheit Hochqualifizierter und eine Mehrheit Niedrigqualifizierter, die einen Trend moderner Industriegesellschaften selbst darstelle, verschärfe sich und führe zu einer Machtkonzentration, die keine Grundlage für eine freiheitliche Gesellschaftsordnung mehr sein könne (S. 105f.).

Der zweite, weit umfangreichere Teil behandelt die Entwicklung der Automation im Jahre 1955. Zunächst wird über die Geschichte der Diskussion über Automation in den USA berichtet (S. 108–116) sowie über die Diskussion des Automationsbegriffs selbst. Dem folgt ein Bericht über die neuere Entwicklung von Arbeitsmethoden und Geräten, die sich in dem einen Jahr von 1954 bis 1955 ergeben haben. Obgleich von eher technikhistorischem Interesse, fällt in diesem Kapitel doch auf, daß Pollock zum einen von der rasanten Entwicklung überrascht und fasziniert ist. Zum andern sieht man, daß die Entwicklung der elektronisch gesteuerten Werkzeugmaschinen, der mathematischen Methoden des Operations Research als Rationalisierungsinstrument, der Beginn der Verlagerung der Arbeit von der Werkhalle in das Büro und der Beginn der Automatisierung der Montage gerade in diese Zeit fallen (S. 138–154). Die restlichen Kapitel dieses zweiten Teils seien nur kurz angerissen, da sie empirisches Material sowohl quantitativer wie qualitativer Art verarbeiten, das im Lichte der im ersten Teil aufgestellten Thesen diskutiert wird. Dadurch ergibt sich auch eine Reihe von Wiederholungen in der Thematik.

Zunächst stellt Pollock die neuen Anwendungsgebiete mit Stand 1955 (S. 174) zusammen, die ein Mosaik einer im technologischen Umbruch befindlichen Wirtschaft (meist mit Blick auf die USA) ergeben (S. 171–189). Nochmals wird das Problem der technologischen Arbeitslosigkeit aufgenommen, da sich im Zeitraum von 1954–55 die Automation mehr als in den fünf Jahre zuvor entwickelt habe. Die Freisetzungstheorie und Kompensationstheorie werden mit statistischem Material konfrontiert (S. 189–215), Pollock kommt aber zum gleichen Ergebnis wie im ersten Teil.

In einem weiteren Kapitel über „Neue Materialien über die soziale Auswirkung der Automation" setzt Pollock seine Sammlung empirischen Materials fort und thematisiert das ‚Upgrading' und ‚Downgrading' der Arbeitnehmer durch die Automation. Beide scheinen ungleich verteilt – es gibt weniger Höherqualifizierungen als Dequalifizierungen (S. 241). Die Struktur der Belegschaft ändert sich in Richtung auf eine „Arbeiteraristokratie" (S. 248) und hierarchisiert sich nach dem o.g. militärischen Modell (S. 248f.). Auch die Qualifikation des Managers verändert sich: Pollock stellt Belege für die These zusammen, daß die Entscheidungen durch Technisierung beschleunigt, die Kapitalbeschaffung sich in der Zeit um 1955 auf die Selbstfinanzierung konzentriert (S. 254f.) und intuitive Entscheidungen durch Kalkulation ersetzt würden. All dies führt zu einer Leistungsverdichtung und ggf. Überforderung – die Manager-Krankheit entsteht (S. 254). Gleichzeitig wachse in den Managementetagen der Anteil der Ingenieure und Menschen, die lediglich in Kategorien der Natur- und Menschenbeherrschung denken (S. 260).

Der Band endet mit der klassischen Wendung „Automation – Segen oder Fluch" als Überschrift des letzten Kapitels. Nach der Diskussion der Thesen Für und Wider hofft Pollock letztlich darauf, daß durch ein „mit Hilfe der neuen Methoden geplantes umfassendes Programm zur Eingliederung der Automation in ein freies Gesellschaftssystem ... die zweite industrielle Revolution zum Schrittmacher einer vernünftigen gesellschaftlichen Ordnung werden" könnte (S. 290).

Das Werk von Friedrich Pollock nimmt viele Diskussionen und Themen vorweg, die in Deutschland in den 1960er Jahren mit der sog. Automationsdebatte und in den 1980er Jahren mit der Büroautomatisierung unter dem Schlagwort „Neue Technologien" virulent wurden, und heute im Rahmen der Veränderung der Arbeitswelt durch das Netz nochmals neu als Fragen gestellt werden. Das Werk ist weit von einer heute gängigen Kapitalismuskritik entfernt, plädiert aber immer wieder für Eingriffe in Marktmechanismen, um die befürchteten Auswirkungen der Automation abzuschwächen oder zu vermeiden. Pollock ist hier nicht technikfeindlich – gerade das letzte Zitat zeigt, daß er auf die neuen Verfahren hofft, um mit ihnen zu vernünftigen, d.h. gesellschaftsverträglichen Lösungen zu kommen. Das Buch ist deshalb nicht nur technikhistorisch mit Gewinn lesbar, sondern zeigt auch, bei aller gesellschaftlich motivierten Kritik an einer technischen Entwicklung, deren Gestaltungspotentiale. Viele der hier dargelegten Argumente kehren deshalb auch heute noch in den aktuellen Debatten wieder.

Klaus Kornwachs

Heinrich Popitz: Der Aufbruch zur artifiziellen Gesellschaft
Tübingen: J. C. B. Mohr (Paul Siebeck) 1995 (erweiterte Fassung von Epochen der Technikgeschichte, Tübingen: J. C. B. Mohr (Paul Siebeck) 1989), 142 S.

Heinrich Popitz (1925–2002) war nach Tätigkeiten an den Universitäten Münster und Basel seit 1964 Professor für Soziologie an der Universität Freiburg/Br. Schon 1957 hatte er mit Kollegen vielbeachtete Arbeiten zum Zusammenhang von Technik und Industriearbeit vorgelegt. In seiner Freiburger Zeit wandte er sich, z.T. von der Anthropologie beeinflußt, Grundfragen der Allgemeinen Soziologie zu, besonders den Phänomenen der Macht und der Normen. In den späteren Jahren hat er auch wieder Reflexionen über die Technik angestellt. Dazu sind drei Essays entstanden, die Popitz in diesem Buch vereinigt. Da die Essays nach Ansicht des Autors unabhängig voneinander zu lesen sind, werden sie hier nacheinander vorgestellt. Allerdings sind thematische Überschneidungen unverkennbar.

Im ersten Kapitel skizziert Popitz „Epochen der Technikgeschichte". Er knüpft an die übliche Dreiteilung an, die Werkzeuggebrauch, Landwirtschaft und Industrieproduktion voneinander absetzt, unterscheidet aber bei den letzten beiden jeweils drei Entwicklungsschübe, so daß er auf insgesamt sieben ‚technologische Revolutionen' kommt. In der zweiten Hauptepoche sind nach der Agrarrevolution die Epochen der technischen Feuerverwendung (Keramik und Metallurgie) und des Städtebaus hervorzuheben. In der dritten Hauptepoche schließen sich an den Maschineneinsatz die Neuerungen der Chemisierung und der Elektrifizierung an; letztere reicht bis zur heutigen Informationstechnik. Die ‚Kerntechniken', riskante Eingriffe in den Atomkern und in den Zellkern (Gentechnik), sind nach Ansicht des Autors noch zu unübersichtlich, um in das Epochenschema aufgenommen zu werden.

Das Schema hat große Ähnlichkeit mit den Vorschlägen von Darcy Ribeiro (s. dort), den Popitz offenbar nicht kennt. Auch berührt er sich mit Ribeiro, wenn er betont, daß jeder technische Entwicklungsschub gesellschaftliche Bedingungen und Folgen hat, die er allerdings nur anhand ausgewählter Beispiele illustriert. Den Revolutionsbegriff benutzt er nicht im politischen Sinn eines abrupten Umsturzes, sondern er rechtfertigt ihn mit den jeweils tiefgreifenden gesellschaftlichen Veränderungen und mit der relativen Schnelligkeit, mit der die Veränderungen, gemessen an der gesamten Menschheitsgeschichte, stattfanden. Insgesamt charakterisiert er die Technikgeschichte als fortlaufende Vermehrung des Künstlichen gegenüber dem Natürlichen, die in weiten Teilen seiner Ansicht nach nicht rückgängig zu machen ist.

Das zweite Kapitel vertieft die „Anthropologie der Werkzeugtechnik". Popitz kritisiert die bekannte These Arnold Gehlens (s. dort), mit der Technik kompensiere der Mensch die Mängel seiner Organausstattung. Er führt diese Ansicht auf Platon zurück und hält die Auffassung von Aristoteles dagegen, daß gerade mit der Hand der Mensch, anders als die Tiere, ein überaus vielseitiges und leistungsfähiges Organ besitzt, das technische Hervorbringungen überhaupt erst ermöglicht hat; dabei bezieht er sich auch auf den französischen Anthropologen André Leroi-Gourhan (s. dort). Ausführlich beschreibt der Autor die vielfältigen Wirkmöglichkeiten der Hand. Sie kann zeigen, tasten, greifen, formen, schlagen und werfen. Aus der Erfahrung, daß viele Materialien zu hart sind, um unmittelbar mit der Hand verändert zu werden, und mit der Einsicht, daß härteres Material erfolgreich auf weichere Objekte einwirken kann, erfindet der Mensch das Werkzeug und schafft in einer „Umweghandlung" (S. 68) – ein Gedanke, den man schon bei Hans Sachsse findet (s. dort) – einen künstlichen Gegenstand, um damit andere Objekte bearbeiten zu können. „Technik kompensiert nicht einen Organmangel, sondern nutzt eine Organeignung" (S. 57).

Bei der Führung der Hand wirken Auge und Gehirn nach Art eines „organisch-technischen Regelkreises" (S. 71) zusammen. In gewisser Weise greift hier Popitz auf die Gehlensche Idee des ‚Handlungskreises' zurück (ohne ihn freilich an dieser Stelle zu erwähnen). Das Prinzip des Regelkreises, das in der modernen Technik weithin angewandt wird, steht, so der Autor, schon am Beginn des technischen Handelns. Indem es praktiziert wird, steigert es zugleich die menschliche Vorstellungskraft und das Erfindungsvermögen. Auch wenn Popitz einräumt, daß die Handarbeit von der Technisierung inzwischen zurückgedrängt wird, ist sie in der Alltagstätigkeit nach wie vor „präsent als mögliche Erfahrung der körperdurchdringenden Intelligenz des herstellenden Handelns mit der werkzeugführenden Hand" (S. 77).

Das dritte Kapitel, das in der Ausgabe von 1989 noch fehlte, greift auf die Übersicht des ersten Kapitels zurück, um die Entwicklung zur „artifiziellen Gesellschaft" besonders in der zweiten Epoche (Agrikultur, Feuerbearbeitung und Städtebildung) mit gesellschaftstheoretischen Überlegungen zu analysieren. Gesellschaften „sind stets normative Ordnungen, die verbunden sind mit Strukturen sozialer Kontinuität, arbeitsteiliger Differenzierung und Machtungleichheiten" (S. 129). Popitz zeigt, daß vor allem die Einführung von Handwerken, die mit dem Feuer arbeiten (Schmiede, Töpfer usw.), die gesellschaftliche Arbeitsteilung und damit die Notwendigkeit des Gütertauschs beträchtlich ausgeweitet hat. Das setzt sich mit den Stadtbildungen fort, in denen zusätzlich Institutionen und Instanzen der Machtausübung entstehen müssen.

Mit Handwerkern, Händlern und Verwaltern, die durch die technische Entwicklung aufkommen, treten erstmals in der Geschichte Menschen auf den

Plan, die, anders als die Jäger oder Bauern, nicht mehr selber ihre eigenen Lebensmittel produzieren, sondern ihre Existenz der Arbeitsteilung, dem Tausch und dem Markt verdanken. Übrigens hat diese Loslösung von der Agrarproduktion – das hätte Popitz ergänzen können – ein paar tausend Jahre gedauert; anders als in den Industriestaaten leben in etlichen Ländern der Erde noch immer große Teile der Bevölkerung von landwirtschaftlicher Arbeit. Popitz kommt auf die Feststellung des ersten Kapitels zurück, daß sich das Künstliche fortgesetzt vermehrt hat. Die ‚Artifizierung der Natur' besteht darin, daß sich die Menschen Werkzeuge, Nahrungsmittel, Werkstoffe und Großsiedlungen schaffen. Die ‚Artifizierung der Gesellschaft' sieht der Autor darin, daß die Menschen durch bewußten Bezug auf familiale Abstammungslinien gesellschaftliche Dauer herstellen – eine etwas ungewöhnliche Auffassung von Künstlichkeit –, daß sie sich arbeitsteilig differenzieren und daß sie die Machtausübung an eigene Verwaltungsapparate übertragen (S. 131ff.).

Die drei Essays sind kluge Gelegenheitsarbeiten eines Selbstdenkers, der sich vor allem auf anthropologische Untersuchungen stützt. Technikphilosophen i.e.S. kommen, außer Hans Sachsse, Arnold Gehlen und Lewis Mumford (s. alle dort), kaum vor. Die jüngere Techniksoziologie, die sich seit den 1980er Jahren entwickelt, erwähnt der Soziologe Popitz überhaupt nicht; ob er sie nicht kennt oder nicht nennenswert findet, bleibt offen. Gleichwohl hat die gut lesbare Arbeit ihre Stärken, von der nicht nur Neulinge in der Technikphilosophie profitieren können. Dazu zählt besonders die eindrucksvolle Widerlegung von Gehlens Mängelwesen-These und die phänomenologisch gelungene Würdigung der menschlichen Hand als genuin technisches Werkzeug. Aber auch die immer wieder eingestreuten Befunde zu den Wechselwirkungen zwischen technischen Entwicklungen und sozialen Prozessen bereichern das Nachdenken über Technik, das lange Zeit der gesellschaftlichen Dimension zu wenig Beachtung geschenkt hatte. Allerdings vermißt man vertiefte Deutungen zur gesellschaftskonstitutiven Bedeutung der artifiziellen Informationsspeicher, von den frühgeschichtlichen Keilschrifttafeln über die phönizisch-griechische Erfindung des heute geläufigen Alphabets und den spätmittelalterlichen Buchdruck bis hin zu den Neuen Medien. Überhaupt kommt die neueste Technisierungsphase seit der Mitte des 20. Jahrhunderts nur in wenigen Andeutungen zur Sprache.

Günter Ropohl

Joachim Radkau: Technik in Deutschland. Vom 18. Jahrhundert bis zur Gegenwart
Frankfurt/M.: Suhrkamp 1989 (Neue Historische Bibliothek), 454 S.

Joachim Radkau (geb. 1943), Historiker an der Universität Bielefeld, hatte sich in der Technikgeschichte bereits mit Arbeiten zu Ressourcenproblemen in der vorindustriellen Zeit sowie zur Kernenergienutzung in der Bundesrepublik einen Namen gemacht. Seine technikgeschichtlichen Interessen fanden sodann in der „Technik in Deutschland" einen zusammenfassenden Ausdruck. Deutschland bedeutet hier die Gebiete des späteren Deutschen Reichs von 1870/71 und nach dem Zweiten Weltkrieg die Bundesrepublik.

Von den fünf großen Kapiteln des Buches gilt das erste mehr konzeptionellen und systematischen Fragen, die übrigen folgen einer historischen Gliederung. Der Titel „Technik in Deutschland" ist Programm. Radkau will, das Konzept nationaler und regionaler technischer Stile aufgreifend, die spezifisch „deutschen Wege" der Technikentwicklung aufzeigen. Damit ist nicht etwa ein unveränderlicher Nationalcharakter der Technik gemeint, sondern historisch variante Anpassungen der Technik an die vorherrschenden jeweiligen Bedingungen. Dazu gehört z.B. eine in der deutschen Frühindustrialisierung im Vergleich zu England stärkere Nutzung der Wasser- anstelle der Dampfkraft sowie von Holz anstelle von Steinkohle.

Weiter setzt sich Radkau in seinem Einleitungskapitel ab von gängigen Konzepten der Technikgeschichtsschreibung. Er will nicht die „technischen Innovationen" und „Leitsektoren" behandeln, sondern vor allem den durchschnittlichen Stand der Technik und die „stärker traditionellen Bereiche". Skepsis bekundet er gegenüber der Vorstellung einer Verwissenschaftlichung der Technik und betont stattdessen die zentrale Bedeutung der Erfahrung für die Technikentwicklung – in der Vergangenheit und auch noch in der Gegenwart. Unter ‚Verwissenschaftlichung' versteht er dabei weniger eine neue rational-systematische Art des Denkens, als „daß technische Innovationen zunehmend aus wissenschaftlichen Forschungen hervorgehen, die Wissenschaft zur Triebkraft der Technik wird und beide Bereiche immer enger miteinander verschmelzen" (S. 157). Im Gegensatz hierzu insistiert er darauf, daß „Erkenntnis und Produktentwicklung unterschiedliche Dinge sind und ... unterschiedlichen Gesetzen folgen" und daß „in der Praxis gewonnene, einmalige und personengebundene Erfahrung" im Technisierungsprozeß weiter unverzichtbar ist (S. 42f.). Konzepten einer zunehmenden Rationalisierung der Technik wirft er mangelnde Eindeutigkeit vor. Radkau sieht durchaus einen Trend zu immer größeren technischen Systemen. Doch warnt er davor, einseitig daraus resultierende ökonomische Vorteile zu betrachten, und verweist dagegen auf die mit der Größe zunehmende Inflexibilität. Während die Technikgeschichte die genannten Konzepte eher überbetont habe, seien andere eher vernachlässigt worden, wie das Wirken spielerischer Elemente und geschlechtsspezifischer Muster in der Technikentwicklung oder Veränderungen der Qualität der Arbeit als Folge technischer Neuerungen.

Die historische Darstellung beginnt mit dem 18. und frühen 19. Jahrhundert, die Radkau durch eine „intensive Nutzung regenerativer Ressourcen", nämlich Holz und Wasserkraft, gekennzeichnet sieht. Dieses „hölzerne Zeitalter" (Werner Sombart, s. dort) bildet damit zumindest quantitativ eher eine Fortsetzung und einen Höhepunkt älterer technischer Entwicklungen, als daß es Neues begründet. Eine derart zögerliche Übernahme einzelner Elemente der englischen Industrialisierung entsprach der ökonomischen Vernunft. Zudem maß man in Deutschland bis zur Mitte des 19. Jahrhunderts zumindest in den öffentlichen Debatten die Industrialisierung noch an dem Kriterium ihrer Sozialverträglichkeit. Am größten war die industrielle Dynamik in Regionen wie am Niederrhein, im Bergischen Land und in Sachsen, wo sich der Staat weitgehend aus der technischen Entwicklung heraushielt.

Im Kapitel über die Hochindustrialisierung (1850–1900) konzentriert sich Radkau entgegen seiner den durchschnittlichen Stand der Technik betonenden Konzeption vor allem auf die innovativen industriellen Leitsektoren, wie die Eisenbahn, das Eisenhüttenwesen, den Maschinenbau, die Chemie, die Elektrotechnik und das Automobil. Ein allgemeines Kennzeichen ihrer Entwicklung sieht er weniger in einer Verwissenschaftlichung als in der bleibenden Bedeutung handwerklicher Arbeit in den Industriebetrieben. Er weist auf Arbeitsunfälle und Umweltbelastungen als „Technikfolgenprobleme" hin und kontrastiert diese mit der Technikbegeisterung der Arbeiterbewegung und dem „technologischen Nationalismus" des Bürgertums.

Die Technik in der ersten Hälfte des 20. Jahrhunderts sieht Radkau wesentlich durch den Krieg beeinflußt. In diesen „Kriegs-, Vorkriegs- und Nachkriegszeiten" war eine „Rationalität der Massenproduktion, der Macht und der Not" am Werk. Der Krieg war zwar nicht der „Vater aller Dinge", aber beförderte und beschleunigte viele Entwicklungen in der Technik, wie Elektrifizierung, Chemifizierung, Motorisierung und Rationalisierung (S. 250ff.). Bereits auf diesen Feldern wurden ausgesprochene Großprojekte auf den Weg gebracht, wie sie dann im Zweiten Weltkrieg einen Höhepunkt im Manhattan-Projekt fanden, dem Bau der Atombombe in den USA. Weitere Tendenzen zwischen Jahrhundertwende und Jahrhundertmitte bildeten die Beschleunigung und Technisierung in allen Lebensbereichen. Wie schon im vorhergehenden Kapitel diskutiert Radkau – auf der Suche nach dem „deutschen Weg" – amerikanische Einflüsse auf die deutsche Technikentwicklung und deren Anpassung an die in Deutschland herrschenden Verhältnisse, wie sie z.B. in der Rezeption von Taylorismus und Fordismus zum Ausdruck kamen.

In der Zeit seit den 50er Jahren bis zur Gegenwart, welcher das abschließende Kapitel gewidmet ist, zeigen sich die „Grenzen der Massenproduktion". „In den fünfziger Jahren wurde die Dynamik der Konsumbedürfnisse zu einer

Triebkraft der industriellen Entwicklung wie noch nie in der Geschichte" (S. 318). Dazu kam eine High-Tech-Euphorie, wobei aus Radkaus Sicht der deutschen Ingenieurmentalität mit ihrem Hang zur Großtechnik eher die Kerntechnik als die Elektronik entsprach. Weder diese Techniken noch andere Entwicklungen will Radkau aber als „neue industrielle Revolution" interpretieren. Von größerer Bedeutung ist, daß die Zerstörung von Lebensqualität und der Umwelt als Begleiterscheinungen der Technikentwicklung einer breiten Öffentlichkeit ins Bewußtsein getreten sind und Bemühungen initiiert haben, die gesellschaftliche Entscheidungsfreiheit gegenüber der Technikentwicklung zurückzugewinnen. Radkaus Technikgeschichte endet mit der Empfehlung eines möglichen Auswegs aus der Krise, nämlich einem Struktur- und Mentalitätswandel weg von Hektik und Tempo und hin zu Gemächlichkeit und Langsamkeit.

Radkau geht es in seiner „Technik in Deutschland" um die Entstehungs- und Verwendungszusammenhänge von Technik, das Wissen über Struktur und Funktion der Realtechnik wird vorausgesetzt. Der technische Wandel findet eine qualitative Darstellung, quantitative Aussagen zur Technikdiffusion tauchen kaum auf. Die eigene Programmatik, den durchschnittlichen Stand der Technik in den Mittelpunkt seiner Ausführungen zu stellen, löst er nur begrenzt ein; auch bei ihm nimmt die Spitzentechnik den größten Raum ein. Radkau referiert ausführlich Forschungskontroversen – meist ohne selbst Stellung im wissenschaftlichen Meinungsstreit zu beziehen. Dagegen ist er nicht so zurückhaltend mit eigenen moralischen Bewertungen technischer Entwicklungen und ihrer Auswirkungen auf Umwelt und Gesellschaft. Das Werk ist weniger eine unter einheitlichen Gesichtspunkten verfaßte Gesamtdarstellung der deutschen Technikgeschichte, sondern eher eine Mischung aus historischen Fallstudien und systematischen Reflexionen und dabei eher assoziativ als auf Konsistenz angelegt. Zu seinen positiven Seiten gehört, daß Radkau die gesamte Diskussion verarbeitet, die über den Gegenstand und die Methoden der Technikgeschichtsschreibung seit den 70er Jahren geführt worden ist. Mit dieser Mischung aus Darstellungen der Technikentwicklung, Auszügen der Forschungsdiskussion und systematischen Reflexionen vermittelt „Technik in Deutschland" eine Fülle von Anregungen. Zur Schärfung eines allgemeinen Problembewußtseins hinsichtlich der historischen Entwicklung der Technik gibt es kaum ein besseres Buch.

Wolfgang König

Friedrich Rapp (Hg.): Technik und Philosophie
(Technik und Kultur, im Auftrag der Georg-Agricola-Gesellschaft, hg. von Armin Hermann und Wilhelm Dettmering, Bd. I), Düsseldorf: VDI 1990, XVIII + 338 S.

„Einen verständigen Gebrauch zu machen von der Technik" durch ein besseres Verständnis ihrer umfassenden Lebensbedeutsamkeit, – dies ist das Ziel der zehn Bände umfassenden Reihe Technik und Kultur. In einzelnen Bänden wird darin das Verhältnis der Technik zur Philosophie (I), Religion (II), Wissenschaft (III), Medizin (IV), Bildung (V), Natur (VI), Kunst (VII) und Wirtschaft (VIII), zum Staat (IX) und zur Gesellschaft (X) thematisiert. Die Bände weichen sowohl in ihrer Struktur wie in der Zahl der Autoren stark voneinander ab. Wegen der Fokussierung auf die Wechselbeziehung der Technik zur übrigen Kultur werden spezifisch ingenieurwissenschaftliche Fragen ebenso ausgeblendet wie rein technikhistorische oder ins einzelne gehende psychologische und soziologische Probleme. Dies geschieht um des Grundanliegens der Reihe willen, die technogene Veränderung von theoretischen Vorstellungen und Denkweisen und praktische Verhaltensweisen in den nichttechnischen Kultur- und Lebensbereichen aufzuzeigen und zu thematisieren.

Der Eröffnungsband der Reihe ist der Technikphilosophie gewidmet. Der Herausgeber und Verfasser des größten Teiles der Beiträge, Friedrich Rapp (geb. 1932), Professor für Philosophie mit dem Schwerpunkt Technikphilosophie an der Universität Dortmund, gehört ebenso wie die übrigen Autoren zu den deutschen Technikphilosophen, die alle langjährig in einem Arbeitskreis zur Philosophie der Technik im VDI mitwirkten. Diese Gemeinsamkeit bei durchaus kontroversen Einzelpositionen hat einen Band ermöglicht, der thematische Geschlossenheit mit Problemoffenheit und Lesbarkeit mit argumentativer Differenziertheit verbindet.

Das Werk ist in vier Teile gegliedert. Diese gelten 1. der Entwicklung der Technikphilosophie (verfaßt vor allem von Alois Huning), 2. der Wechselbeziehung von technischem Problemlösen und sozialem Umfeld (verfaßt von Günter Ropohl), 3. der heute brennenden Frage nach dem Verhältnis von Technik und Verantwortung (Rapp, Ernst Oldemeyer, Hans Lenk, Walther Ch. Zimmerli) und 4. der Ambivalenz der Technik zwischen Utopie und Anti-Utopie, zwischen Verlust und Fortschritt (Rapp). Der Band zielt darauf ab, deutlich werden zu lassen, wie Philosophie entscheidend dazu beitragen kann, Grundsatzfragen unseres Technikverständnisses zu klären und die normativen Voraussetzungen freizulegen, auf denen die Dynamik des technischen Wandels beruht. Dies wiederum ist die Vorbedingung, um zur Verantwortungsfrage und zur Technikbewertung Stellung nehmen zu können. So sind Aufklärung und differenzierte Kritik das Anliegen. Einleitend stellt Rapp heraus, wieso Philosophie diesen Beitrag zu leisten vermag: Die verwissenschaftlichte Technik der

Gegenwart folgt methodischen Konzepten und stützt sich auf wissenschaftliche Theorien; darum lassen sich die „handlungsleitenden Hintergrundvorstellungen" (S. 3) mit philosophischen Analysemitteln herausarbeiten, um sie dadurch einer expliziten Auseinandersetzung im Pro und Kontra zugänglich zu machen. Das tragende anthropologische Grundverständnis mag eine Bemerkung von Rapp verdeutlichen: „Als wertendes, sinn- und orientierungsbedürftiges Wesen ist der Mensch in der säkularisierten und gleichzeitig technisierten Welt zunächst immer an die von ihm selbst geschaffene technische Umwelt verwiesen. Der technische Wandel und der dadurch bedingte Lebensstil bilden den natürlichen Bezugspunkt für die – wie immer geartete – Sinndeutung der individuellen und sozialen Existenz" (S. 293).

Der begriffstheoretische Beitrag Hunings stellt die terminologische Entwicklung des Technikbegriffs von der Antike bis zur Gegenwart dar. Dabei kontrastiert er – hilfreich für den Leser – auch die Grundpositionen der am Band beteiligten Autoren; denn alle Definitions- und Einteilungsversuche machen deutlich, daß wegen der Wichtigkeit und der Eindringtiefe der Technik „an der Technikphilosophie eines Autors zum Ausdruck kommt, welche Philosophie er insgesamt vertritt" (S. 22).

Überleitend zu systematischen Fragen bezeichnet Rapp als Bedingungen für die Entstehung der modernen Technik

1. die Wertschätzung der Arbeit,
2. das rationelle Wirtschaften,
3. ein grundsätzliches Veränderungsstreben,
4. eine versachlichte Naturauffassung,
5. ein mechanistisches Naturverständnis,
6. die mathematische Beschreibung der Natur sowie
7. die praktisch-experimentelle Rückbindung theoretischer Naturkonzepte durch Eingriffe in die Natur (S. 97–104).

„Technisches Problemlösen und soziales Umfeld" von Ropohl stellt den größten geschlossenen Beitrag des Bandes dar. Er geht aus von einer Charakterisierung des Erfindens als Entwerfen einer neuen, künstlichen Wirklichkeit, die neben die Naturdinge tritt. Dies führt zur Unterscheidung mehrerer charakteristischer Phasen (*Kognition* als wissenschaftlicher Vorlauf; *Erfindung*, *Innovation* als technisch-wirtschaftliche Realisierung; *Diffusion* als Durchsetzung auf dem Markt) mit je unterschiedlichen technischen Problemen und unterschiedlichen kreativen Ansätzen zu deren Lösung. Dies gibt Anlaß, die Fachsprache zu analysieren, in der solche Problemstellungen und Lösungsansätze eingebettet sind: Sie besteht vor allem in präzisen, oft höchst abstrakten Zeichnungen und Formeln – von der Konstruktionszeichnung bis zum Schaltbild –, und sie prägt damit den „Denkstil der technischen Intelligenz" insbesondere in seiner „Eindimensionalität". Diese beruht, so eine interessante These Ropohls, auf dem atomistisch-objektivistischen und präzisen Charakter dieser Fachsprache, die komplexe, unscharfe oder subjektive Komponenten von vornherein ausblendet, obwohl sie durchaus belangvoll wären (S. 145). Technisches Problemlösen erweist sich in Ropohls Analyse als eine Kette wertender Entscheidungen. Diese stehen im technischen und außertechnischen Handeln unter Werten, wie sie in der VDI-Richtlinie zur Technikbewertung zum Ausdruck kommen: *Funktionsfähigkeit, Wirtschaftlichkeit, Wohlstand* und *Persönlichkeitsentfaltung* auf der einen Seite, *Sicherheit, Gesundheit, Umwelt*- und *Gesellschaftsqualität* auf der anderen (S. 150). Darum ist „die Wertorientierung unübersehbar"; und die „These von der Wertneutralität der Technik trägt alle Züge der Ideologie" (S. 154). So ist es das an Max Horkheimers (s. dort) „Kritik der instrumentellen Vernunft" anknüpfende Ziel Ropohls, nicht nur technische, sondern „auch ökologische und gesellschaftliche Werte ausdrücklich in die Entscheidungen über technische Problemlösungen einzubeziehen" (S. 113; vgl. S. 160). Dabei plädiert Ropohl jedoch keineswegs für eine ‚große Weigerung' (Herbert Marcuse, s. dort) und verwirft trügerische Scheinlösungen wie ‚sanfte Technik', denn es gibt wohl Alternativen in der Industriegesellschaft, aber keine *zu* ihr (S. 161). Ebenso weist er die alte Fortschrittsidee zugunsten einer technologischen Aufklärung zurück: „Fortschreitende Technisierung wird nur akzeptabel sein, wenn sie in wachsende ethische und politische Steuerungskompetenz eingebettet wird" (S. 163) – mit der Konsequenz, die Ingenieurausbildung zugunsten eines „interdisziplinären Systemdenkens" zu reformieren (S. 166).

Ausgehend von Charles Percy Snow (s. dort) und gegen diesen gewendet, greift Rapp die Problematik des Fortschrittsgedankens auf. Gerade die weltweiten Auswirkungen der Technik erzwingen, daß der technische Fortschritt „nicht ins Unbegrenzte fortgesetzt werden kann" (S. 174): In Zusammenarbeit von Ingenieuren, Natur-, Geistes- und Sozialwissenschaftlern ist der gemeinsamen Verantwortung gerecht zu werden, die Entwicklungsdynamik technischer Prozesse nicht als naturgesetzlichen Sachzwang zu mißdeuten und unreflektierte Wertvorstellungen in Wertentscheidungen zu überführen. Insbesondere müsse der alte Fortschrittsoptimismus durch ein „Streben nach konstanten Verhältnissen" ersetzt werden (S. 182). Das aber verlange die „Verbindung von vernünftigen Argumenten mit der Entschlossenheit des Wollens" (S. 185). Daß und wie ein solcher Wertwandel durch Umdeutung bekannter Werte und die Einführung neuer Werte bis hin zu einer Veränderung der Präferenzordnung in verschiedenen Bereichen von Wirtschaft, Recht, Individuum und Technik vonstatten geht, behandelt Oldemeyer in knapper und grundsätzlicher Weise (S. 186–193).

Unter dem Titel „Verantwortungsdifferenzierung und Systemkomplexität" entwickelt Lenk eine Fülle von Aspekten zum Verhältnis von Wissen, Macht, Verantwortung und Mitverantwortung, denn nicht nur die Lösung der technischen Probleme, sondern die der damit verbundenen Verantwortungsprobleme wird die Zukunft der Menschheit bestimmen (S. 195). Hierzu sei die Einbeziehung neuer ethischer Gesichtspunkte nötig, welche die durch Technik veränderten Handlungsfolgen berücksichtigen, etwa die Reichweite, Irreversibilität und Kumulativität technischer Prozesse, die Auswirkungen auf eine riesige Zahl von Nicht-Akteuren, die technologisch mögliche Bedrohung der Privatsphäre und die Möglichkeit von Humanexperimenten bis hin zur Veränderung des Erbgutes (S. 196ff.). Hieraus resultiert eine Vorsorge- und Fürsorgeverantwortung als Zukunftsethik. Eine Selbstkontrolle der technischen Macht verlangt aber über die individuelle Verantwortung hinaus die Entwicklung eines Mitverantwortungsbegriffs für kollektive Handlungen, denn trotz der Komplexität darf sich der Mensch „nicht moralisch selbst entmachten": moralische Verantwortung läßt sich nicht an Computer und Informationssysteme abtreten (S. 214)! „Verantwortlich sein" heißt: „Eine *Person* ist verantwortlich gegenüber jemandem für etwas unter bestimmten *Bewertungsgesichtspunkten und Maßstäben*, die durch ein *Regelsystem* bestimmt sind" (S. 218). Aufbauend auf die Unterscheidung von Verantwortungstypen führt Lenk über die strategische Möglichkeit des Einzelnen, in das System einzugreifen, das „Mittragen der Gesamtverantwortung in einem komplexen System" ein (S. 224).

Spezifischen Problembereichen der ethischen Beurteilung – wie der friedlichen Nutzung der Kernenergie, der Rüstungs- und Computertechnologie, der Medizin- und Gentechnologie – ist der Beitrag von Zimmerli gewidmet. Er vertritt die These, daß angesichts des Wertepluralismus und der Gefahr eines völligen Relativismus eine „stärker problem- als prinzipienorientierte Ethik" zu entwickeln sei (S. 261), weil allgemeine und formale Prinzipien auf den konkreten Einzelfall nicht ohne weiteres anwendbar sind. Zimmerli empfiehlt deshalb, spezielle und regionale, bereichsspezifische Prinzipien hinzuzunehmen.

Alle Technikbewertung und Verantwortungszuschreibung stößt jedoch, so stellt Rapp heraus, an die prinzipiellen „Grenzen der Machbarkeit der Geschichte" und der „Vorhersehbarkeit der Wertvorstellungen künftiger Generationen" (S. 252). Rapp öffnet damit den weiten Horizont grundsätzlicher philosophischer Fragestellungen, in den die scheinbar bloß technologischen Probleme unausweichlich eingebunden sind. Vertieft wird dies in drei zusammenhängenden Beiträgen Rapps über technische Utopien und Anti-Utopien, zur technischen Weltzivilisation sowie zur Leistung der Technik und ihren Preis. Dennoch, so Rapp, entheben uns alle darin sichtbar werdenden theoretischen und praktischen Schwierigkeiten nicht der Notwendigkeit einer vernünftig-argumentativen, methodisch-pluralistischen Technikbewertung als „Aufklärungsleistung" (S. 257).

Die Aufsätze des Bandes stellen naturgemäß ein Resümee der technikphilosophischen Arbeiten der beteiligten Autoren dar. Insgesamt ergibt sich so ein sehr guter Einblick in die Fragestellungen der gegenwärtigen Technikphilosophie. Zugleich zeigt das Werk deren weites Spektrum und macht damit implizit deutlich, warum es eine einheitlich-geschlossene, systematisch durchgebildete Technikphilosophie nach dem Modell einer Technikwissenschaft nicht geben kann. Flüssig lesbar und deutlich herausgearbeitet vermittelt der Band zugleich die mit der Technik heute verbundenen ethischen Probleme. Ohne zu dogmatisieren, wird in vorsichtigem Abwägen von Technikkritik und Technikbefürwortung eine umsichtig-positive Einschätzung vertreten: Zweifellos sind wir auf Technik angewiesen; doch ebenso unzweifelhaft ist ein Umdenkungsprozeß geboten, der uns durch Selbstbeschränkung das rechte Maß finden läßt.

Hans Poser

Friedrich Rapp: Analytische Technikphilosophie
Freiburg/München: Alber 1978, 228 S., (A)

ders.: Die Dynamik der modernen Welt, eine Einführung in die Technikphilosophie
Hamburg: Junius 1994, 209 S., (B)

Friedrich Rapp (geb. 1932), Professor für Philosophie an der Universität Dortmund, gehört zum Kreis jener Autoren, die seit Ende der sechziger Jahre die realistische Wende in der deutschen Technikphilosophie eingeleitet haben; Rapp grenzt sich in dem ersten Buch gegenüber traditionellen Ansätzen dadurch ab, daß er seine Technikphilosophie als „analytisch" apostrophiert. Nach einem in englisch publizierten Sammelband über wissenschaftsphilosophische Fragen der Technik (1974) und neben einem späteren enzyklopädischen Sammelwerk (1990) stellt er in diesen Monographien die Philosophie der Technik systematisch dar.

Die Abhandlung (A) gliedert sich in fünf Kapitel, deren erstes die bisherige technikphilosophische Entwicklung (u.a. Ernst Kapp, Max Scheler, Ernst und Friedrich Georg Jünger, Friedrich Dessauer, Karl Jaspers, José Ortega y Gasset, Hannah Arendt und Martin Heidegger, alle s. dort) in knappen Zügen zusammenfaßt. Dabei berücksichtigt der Verfasser auch die sozialphilosophischen Ansätze (Hans Freyer, Helmut Schelsky, Herbert Marcuse und Jürgen Habermas, alle s. dort) sowie die technikkritische Debatte der 70er Jahre.

Das zweite Kapitel beschäftigt sich mit dem Technikbegriff, der in der Technikphilosophie in der verschiedensten Weise ausgelegt wird. Zunächst zeigt Rapp die historische Dimension des Begriffs, der in den verschiedenen Perioden der technischen Entwicklung unterschiedliche Deutungen erfahren hat. Auch in systematischer Hinsicht erschwert der Facettenreichtum der modernen Technik – so ihre Vermittlung zwischen Natur, Individuum und Gesellschaft, ferner das Spannungsverhältnis zwischen wissenschaftlicher Methodik und praktischer Fertigkeit – bündige Definitionen. Mit Begriffsbestimmungen anderer Autoren verdeutlicht Rapp die Vielfalt der Aspekte, ohne mit einer eigenen Definition eine endgültige Klärung beanspruchen zu wollen.

Im dritten Kapitel wird eine theoretische Rekonstruktion des technischen Handelns entwickelt. Zunächst werden ein entscheidungstheoretisches, ein sozialtheoretisches und ein handlungstheoretisches Modell technischer Praxis unterschieden; letzteres wird dann, gelegentlich durch die beiden erstgenannten Modelle ergänzt, näher ausgeführt. Demzufolge ist der Spielraum des technischen Handelns durch eine Reihe von Bedingungen begrenzt, zu denen insbesondere die logische Widerspruchsfreiheit, die Naturgesetze, der Stand des Wissens und Könnens, die materiellen Ressourcen, die Aufnahmebereitschaft des Marktes sowie politische und rechtliche Restriktionen gehören. Kurzfristig sind diese Bedingungen als gegeben zu betrachten, auch wenn sie sich längerfristig ihrerseits ändern können.

In einer praxeologischen Analyse wird der besondere Charakter technischen Handelns herausgearbeitet. Dazu gehören: die gesellschaftliche Einbettung der technischen Entwicklung, die arbeitssparenden und leistungssteigernden Effekte der technischen Produkte, der Einsatz technischer Mittel für menschliche Naturbeherrschung sowie die Ambivalenz der Handlungsfolgen, die außer erwünschten Zielen immer auch unerwünschte Nebenwirkungen umfassen. Aus dieser Einsicht heraus wird die zunächst erörterte „Neutralität der technischen Mittel" (A, S. 63ff.) erheblich eingeschränkt (S. 65ff.); denn die zunehmende Spezialisierung technischer Apparaturen und die psychosozialen Folgen fortgeschrittener Technisierung lenken die Technikverwendung eben doch in bestimmte Bahnen, die zu verlassen keineswegs einfach ist. Allerdings folgert Rapp aus der Analyse der Ziel-Mittel-Problematik, daß auch eine der „Zielneutralität" entgegengesetzte These – die Behauptung nämlich, die technischen Mittel determinierten die Ziele – so pauschal nicht aufrechtzuerhalten ist, weil prinzipiell stets ein Spielraum für alternative Zielsetzungen verbleibt. Was technischer Fortschritt ist und welcher technische Fortschritt tatsächlich realisiert wird, hängt mithin immer auch von außertechnischen Bewertungskriterien ab.

Das vierte Kapitel ist der technischen Entwicklung und ihren historischen Voraussetzungen gewidmet. Zwar sind vorgeschichtliche Beziehungen zwischen magischem und technischem Denken unverkennbar, und wichtige technische Grundlagen waren bereits in der Antike und im Mittelalter bekannt. Als entscheidendes Ereignis der jüngeren Kulturgeschichte muß jedoch die Industrielle Revolution im Europa der Neuzeit angesehen werden. Die historische Einmaligkeit dieses Ereignisses läßt sich nicht allein aus ökonomischen Triebkräften oder aus der Entwicklung der modernen Naturwissenschaften erklären. Nach Ansicht des Verfassers muß außerdem ein komplexes Bündel geistiger Voraussetzungen zur Erklärung herangezogen werden; dazu zählt er die Wertschätzung der Arbeit, die wirtschaftliche Rationalität, den technischen Schaffensdrang, das Vernunftdenken der Aufklärung, die mechanisch-verdinglichende Naturauffassung, die mathematische Methode und die experimentelle Erkenntnisstrategie. Aus diesen Überlegungen heraus kritisiert Rapp die Einseitigkeit

Arnold Gehlens (s. dort), der die Technik ausschließlich biologisch-anthropologisch erkläre; denn jedenfalls die modernen Formen der Technik entspringen weniger aus organischem Naturtrieb als vielmehr aus kulturellem Gestaltungswillen.

Im fünften Kapitel wendet sich Rapp den gegenwärtigen Folgen einer universellen Technisierung zu. Wegen der unlösbaren Bindung der Technik an Naturgesetze und Naturstoffe weist er zunächst die Auffassung zurück, die Technik sei schlechthin gegennatürlich, räumt aber dann doch den künstlichen und unnatürlichen Charakter der modernen Technosphäre ein und diagnostiziert die Anpassungsschwierigkeiten der Menschen gegenüber dieser so rasant sich ausbreitenden „zweiten Natur". Er sieht eine „Paradoxie des technischen Handelns" in dem Umstand, daß trotz hochgezüchteter Rationalität der Teilprozesse „die Technisierung in ihrer Gesamtheit nicht auf bewußte Entscheidungen und zielgerichtete Maßnahmen einzelner Individuen zurückgeht" (A, S. 153). Zwar ist die Technik „das Ergebnis von sozialen Aktionsprozessen, an denen im weiteren Sinne alle Mitglieder der Gesellschaft beteiligt sind" (S. 165); dennoch erscheint sie den einzelnen Menschen als eine fremde Macht, die sich gleichsam naturwüchsig und eigenständig durchsetzt. Zu dieser Paradoxie stellt Rapp fest, „daß die moderne Technik in mehrfacher Weise auf Planung und Kontrolle hindrängt" (S. 167), äußert aber zugleich „grundsätzliche Bedenken gegen die Idee der totalen ‚Machbarkeit' der menschlichen Verhältnisse" (S. 169). Freilich wird nicht geklärt, wie zwischen diesen beiden Aussagen ein mittlerer Weg zu bestimmen ist, der Planung und Steuerung immerhin so weit verfolgt, wie sie realisierbar sind; auch wird vernachlässigt, daß bestimmte gesellschaftliche Kräfte ihre eigenen Gestaltungspläne höchst effektiv verfolgen.

Ausdrücklich kritisiert Rapp die Vereinfachungen linearer Schemata und monokausaler Erklärungsmodelle: „So stellt insbesondere die vollständige Zurückführung des geschichtlichen Prozesses auf Idealfaktoren (theoretische Interessen, Wertorientierungen und weltanschauliche Voraussetzungen) oder auf Realfaktoren (technisch-materielle Arbeitsprozesse und sozialökonomische Verhältnisse) eine unangemessene Verkürzung des tatsächlichen Geschehens dar" (A, S. 125). So fruchtbar ein derart multifaktorieller Modellrahmen ist, so wenig entlastet er von der Frage, ob es im komplexen Bedingungsgefüge nicht doch bestimmte dominante Faktoren der technischen Entwicklung gibt. Obwohl Rapp an einzelnen Stellen den gegenwärtigen Primat ökonomischer Entscheidungskriterien beklagt, lehnt er es gleichwohl ab, „die in der Logik des technischen Handelns begründeten Zusammenhänge nach Art einer ‚Verschwörertheorie' auf bestimmte Personengruppen, politische Herrschaftsverhältnisse oder wirtschaftliche Organisationsformen" zurückzuführen (S. 194). Dem läßt sich entgegenhalten, daß es vielleicht doch mehr als eine „Verschwörertheorie" wäre, wenn die Technikphilosophie den wirtschaftlichen Zusammenhängen größere Aufmerksamkeit schenken und dem Umstand nachgehen würde, daß die „Logik technischen Handelns" in der industriellen Praxis regelmäßig mit der „Logik des Kapitals" Hand in Hand geht.

Das zweite Buch (B) übernimmt Teile der früheren Arbeit in gestraffter Form und unterscheidet systematisch zwischen den ideengeschichtlichen Voraussetzungen und der gegenwärtigen Dynamik der Technisierung, die nun in einem eigenen Kapitel analysiert wird. Die Rolle der Ökonomie wird allerdings auch hier nur sehr beiläufig erwähnt und in wirtschaftsliberalistischer Verkürzung auf das vermeintlich freie Spiel der Marktkräfte reduziert (ein verschämter Hinweis auf die mögliche Dominanz der Produzentenfreiheit steht – buchstäblich – nur in einer Klammer; B, S. 74f.). Überdies gewinnt man den Eindruck, daß sich Rapp von der realistischen Wende distanziert und spekulativen Konzeptionen wieder die größere Bedeutung beizumessen scheint. So erklärt er, daß die „funktionale Analyse" „der Ergänzung und Vertiefung durch eine genuin philosophische Untersuchung bedarf" (S. 81); als wenn das „genuin Philosophische" allein in zugespitzten Abstraktionen zu finden wäre. Rapp jedenfalls bespricht in der zweiten Buchhälfte, gegliedert in naturalistische, rationalistische, kulturtheoretische und metaphysische Interpretationen, nicht nur metaphysische Konzepte, die sich auf die Erfahrungswirklichkeit rückbeziehen lassen, sondern behandelt auch jene philosophisch stilisierten Technikdeutungen (Friedrich Dessauer, Martin Heidegger, s. beide dort, etc.), die er zu Beginn des ersten Buches lediglich als historische Vorläufer referiert hatte, nun in einer Weise, daß sie, trotz eingestreuter kritischer Anmerkungen, als theoretische Höhepunkte der Technikphilosophie verstanden werden könnten.

Mit dieser knappen Inhaltsskizze kann die Gedankenfülle und Vielschichtigkeit der beiden Bücher keineswegs erschöpfend nachgezeichnet werden, zumal sie keinen eindimensionalen „Standpunkt" vertreten und nicht mit wohlfeilen Patentrezepten aufwarten, sondern die Vielfalt des Fragens kultivieren und die Antworten in der Schwebe halten.

Günter Ropohl

Franz Reuleaux: Lehrbuch der Kinematik

Bd. 1: Theoretische Kinematik. Grundzüge einer Theorie des Maschinenwesens; Bd. 2: Die praktischen Beziehungen der Kinematik zu Geometrie und Mechanik, Braunschweig: Friedrich Vieweg u. Sohn 1875 u. 1900, 622 S. u. 788 S.

Franz Reuleaux (1829–1905) lehrte Maschinenbau als Professor zuerst in Zürich und dann in Berlin. In Preußen und dann im Deutschen Reich gewann er maßgeblichen bildungs- und industriepolitischen Einfluß. In seiner Zeit standen sich an den Technischen Hochschulen zwei Richtungen gegenüber. Die einen betonten den Praxisbezug der Ingenieurausbildung; die anderen verfolgten den Weg einer stärkeren Theoretisierung. Letztere lehnten sich vor allem durch Mathematisierung und Physikalisierung an etablierte techniknahe Universitätsdisziplinen an. Einige Ingenieurwissenschaftler, an erster Stelle Franz Reuleaux, empfahlen aber auch Logik und Philosophie als Bezugswissenschaften für die wissenschaftliche Technik und den Maschinenbau.

Reuleaux sah eine Hauptaufgabe des wissenschaftlichen Maschinenbaus darin, mit den Regeln der Logik ein allgemeines konsistentes Beschreibungssystem für Maschinen zu schaffen. Die Aussagen der Maschinenwissenschaften sollten sich mit der Zeit von der Regel über das Vorbild zum Gesetz entwickeln. Auf diese Weise sei „die Maschinenwissenschaft der Deduktion zu gewinnen" (Bd. 1, S. 26). Die Maschinenwissenschaften gliederte er in Maschinenlehre, Maschinenbaukunde oder Konstruktionslehre sowie Kinematik oder Maschinengetriebelehre. Die allgemeine Maschinenlehre betrachte die Zwecke der Maschinen und ihre Verwertung der Naturkräfte; die Konstruktionslehre beschäftigt sich mit der Dimensionierung, die Kinematik mit den Bewegungen der Maschinenteile. In diesem System maß Reuleaux der Kinematik einen besonderen Stellenwert zu, indem er das Erfinden weitgehend mit der kinematischen Zusammensetzung der Maschine identifizierte. Das zweibändige „Lehrbuch der Kinematik", an dem Reuleuaux nahezu vierzig Jahre arbeitete, bildet die Summe seines Lebenswerks. Die beiden Bände erschienen im Abstand von 25 Jahren. Trotz ihrer unterschiedlichen Titel überschneiden sie sich erheblich. Im zweiten Band faßt Reuleaux die Aussagen des ersten präziser zusammen, arbeitet das eine und andere ausführlicher aus, setzt sich mit Kritikern auseinander und fügt neue Überlegungen hinzu.

Unter Kinematik, auch als „Getriebe- oder Zwanglauflehre" bezeichnet, versteht Reuleaux die „Lehre von der Zusammensetzung der Maschine" (Bd. 1, S. 3) oder – komplizierter – „die Wissenschaft von derjenigen besonderen Einrichtung der Maschine, vermöge deren die gegenseitigen Bewegungen in derselben, soweit sie Ortsveränderungen sind, zu bestimmten werden" (Bd. 1, S. 43). Sein Bestreben ging nun zunächst dahin, ein System von Begriffen zu schaffen, mit deren Hilfe alle vorkommenden Maschinen beschrieben werden können. Sein Grundbegriff ist das „kinematische Elementenpaar"; er versteht darunter zwei Maschinenteile, welche so miteinander verbunden sind, daß sie gegeneinander nur eine bestimmte Bewegung ausführen können. Wenn nun zwei oder mehrere Elementenpaare zusammengefügt werden, so erhält man eine „kinematische Kette". Wenn die kinematische Kette so geschlossen wird, daß jedes Glied dieser Kette gegenüber den anderen nur eine bestimmte Bewegung ausführen kann, dann spricht Reuleaux von einer „zwangläufig geschlossenen Kette". Wenn nun ein Glied einer solchen Kette fest aufgestellt wird, dann nennt Reuleaux dies einen „Mechanismus" oder ein „Getriebe". Treibt man einen solchen Mechanismus an, dann hat man eine „Maschine" vor sich.

Als nächsten Schritt entwickelt Reuleaux eine an chemische Strukturformeln erinnernde Zeichensprache, um Elementenpaare, kinematische Ketten, Mechanismen und Maschinen wiederzugeben, was er als „kinematische Analyse" bezeichnet. Mag – so ist kritisch zu bemerken – eine solche „kinematische Analyse" auch noch gelingen, insbesondere durch die von Reuleaux eröffnete Möglichkeit der Verwendung von Sonderzeichen, so führt das umgekehrte Vorgehen, aus einem gegebenen Zeichen die Maschine zu bestimmen, zu keinen eindeutigen Ergebnissen. Eine Hilfe bot das Beschreibungssystem allerdings, um Strukturähnlichkeiten zwischen Mechanismen zu erkennen. Im Unterschied zu bisherigen Gliederungen der Technik nach praktisch-industriellen Anwendungsfeldern meinte Reuleaux mit der kinematischen Analyse ein Instrumentarium entwickelt zu haben, mit dem man zu einer „wahrhaft deduktiven Behandlung der Maschine" gelangen und die „wahren Bildungsgesetze der Maschine" erkennen könne (Bd. 1, S. VIIIf.). Wenn dies aber möglich sei, dann auch das umgekehrte, nämlich „diejenigen Elementenpaare, Ketten und Mechanismen anzugeben, durch deren geeignete Verbindung sich ein Bewegungszwang von gegebener Art verwirklichen läßt" (Bd. 1, S. 531). In dieser „kinematischen Synthese" sah Reuleaux einen Ansatz für eine Methode des Erfindens, welche an der Hochschule vermittelt werden könne. Letzten Endes dachte er dabei an einen Thesaurus kinematischer Elementenpaare, Ketten und Mechanismen, aus dem für die jeweiligen technischen Zwecke die geeigneten herausgesucht werden könnten.

Der erste Band von Reuleaux' Kinematik beschränkt sich weitgehend auf die elementare Zusammensetzung der Maschine und entwirft Grundzüge einer Kombinatorik. Der zweite Band behandelt umfassend die Bewegungszwecke der Maschine und entwickelt Grundzüge einer Heuristik, die von den innertechnischen Bewegungszwecken ausgeht. Reuleaux ist der Auffassung, daß sich die Bewegungszwecke der Mechanismen und Maschinen auf vier zurückführen lassen: „Leitung", „Haltung" und „Treibung" als Ausführungsarten der Ortsveränderung sowie „Gestaltung" im Sinne von Formveränderung. Unter Leitungen oder Leitwerke fallen alle Führungen, z.B. das aus Schienen, Laufrädern und Wagengestellen bestehende Eisenbahnsystem. Haltung umfaßt z.B. mechanische Energiespeicher wie Federn, Wicklungen auf Rollen für Zugeinrichtungen oder Behälter für Wasser und Gas. Unter Treibung subsumiert Reuleaux die Bewegungsübertragungen unter Einbeziehung der Geschwindigkeiten. An einem Beispiel soll hier die Ausdifferenzierung dieses Systems verdeutlicht werden: Zur Treibung dienen nach Reuleaux sechs verschiedene Triebe: Schraubentrieb, Kurbeltrieb, Rädertrieb, Rollentrieb, Kurventrieb und Sperrtrieb. Der Sperrtrieb wiederum umfaßt sechs Untergruppen: Sperrwerk, Fangwerk, Schließwerk, Schaltwerk, Spannwerk und Hemmwerk. Mit welchen ungewohnten Betrachtungsweisen diese Systematik die Ingenieure konfrontierte, wird wenigstens angedeutet, wenn man sieht, daß zu den Hemmwerken bei Reuleaux so unterschiedliche Maschinen und Maschinensysteme wie Kolbendampfmaschinen, die Rohrpost, die Kammerschleuse, Hafenkrane, hydraulische Pressen und Nietmaschinen gehören.

In der hier gegebenen komprimierten Rekonstruktion wirkt Reuleaux' „Kinematik" systematisch strenger, als sie in den beiden Bänden tatsächlich ist. Das „Lehrbuch" besitzt nicht nur eine hohe Redundanz, sondern enthält auch zahlreiche historische und systematische Exkurse unterschiedlicher Länge. So setzt sich Reuleaux im zweiten Band mit den bildungspolitischen und hochschuldidaktischen Vorstellungen seiner Gegner auseinander. Er versucht mit seiner Lehre auch Bewegungserscheinungen bei Tieren zu erfassen, vom Blutkreislauf über Muskel- und Gelenkbewegungen bis zur Fortbewegung. Im ersten Band sucht er nach den zentralen Tendenzen in der Entwicklungsgeschichte der Maschine und meint sie im Primat der Bewegungserzeugung vor der Kraftleistung und der zunehmenden Ablösung des Kraftschlusses durch den Paar- und Kettenschluß zu finden, wie bei der Entwicklung vom Handbohrer zur modernen Bohrmaschine. Ein Kapitel diskutiert die „Bedeutung der Maschine für die Gesellschaft" im industriellen 19. Jahrhundert. Insgesamt zieht Reuleaux darin eine positive Bilanz der säkularen Entwicklung von der „Manufaktur" zur „Machinofaktur", identifiziert aber auch zwei Problemfelder: die Auslieferung der Arbeiter an das Kapital und die Zurückdrängung von Handwerk und Heimgewerbe und damit der sozial wertvollen Arbeit im Familien- und Kleinverband. Abhilfe erhofft er wieder von der Technik: von der Entwicklung leistungsfähiger und kostengünstiger Kleinkraftmaschinen.

Reuleaux' Kinematik fand unter Ingenieuren eine geteilte, aber letzten Endes eher negative Resonanz. Er selbst hatte seine Lehre dem Beurteilungskriterium praktischer Relevanz unterworfen. Während einige seiner Jünger und Anhänger denn auch behaupteten, Reuleaux' Kinematik habe bei der Erfindung von Maschinen und Verfahren Pate gestanden, sahen die meisten Ingenieure in ihr – mit den Worten eines zeitgenössischen Industriellen – nur eine „geistreiche, aber geringwerthige Spielerei". Innerhalb des ‚Methodenstreits' im Maschinenbau in den 90er Jahren des 19. Jahrhunderts, in dem sich die „Praktiker" mit ihrer Forderung nach Berufsorientierung der Ingenieurausbildung gegen die „Theoretiker" weitgehend durchsetzten, verlor die Kinematik weiter an Boden. Reuleaux zog sich enttäuscht von seinem Lehramt zurück. Die Kinematik wurde aus den Lehrplänen gestrichen oder stark reduziert.

Das Verdienst von Reuleaux' „Lehrbuch der Kinematik" liegt in dem Bemühen um ein konsistentes Beschreibungssystem der gesamten Maschinentechnik als Grundlage für eine technische Heuristik. Dieser Anspruch verschaffte ihm auch Aufmerksamkeit in der Technikphilosophie. So fußt das Kapitel „Die Maschinentechnik" in Ernst Kapps (s. dort) „Grundlinien einer Philosophie der Technik" weitgehend auf Reuleaux. Bei der Durchführung seines Programms beschränkt sich Reuleaux allerdings auf eine systematische Betrachtung der Maschinen selbst; gesellschaftliche Zusammenhänge treten nur in Exkursen in Erscheinung. Innerhalb der Ingenieurwissenschaften hat die

Konstruktionslehre systematische Intentionen von Reuleaux fortgeführt. Manche der von ihm geprägten Begriffe sind in eine spezialistisch verengte Getriebelehre eingegangen.

Wolfgang König

Darcy Ribeiro: O Processo Civilizatório

Rio de Janeiro: Editora Civiliczacao Brasileira 1968; dt. Der zivilisatorische Prozeß, übers. und mit einem Nachwort hg. von Heinz Rudolf Sonntag, Frankfurt/M: Suhrkamp 1971, 286 S.

Darcy Ribeiro (geb. 1922), brasilianischer Anthropologe und Politiker, hat ethnologische Forschungen bei Indianerstämmen betrieben, wurde 1962 Gründungsrektor der Universität Brasilia und wenig später Kultusminister und Ministerpräsident der damals reformistischen brasilianischen Regierung. Seit dem Militärputsch 1964 lebte und lehrte er bis 1975 im Exil, nahm nach der Rückkehr seine akademische und politische Tätigkeit in Brasilien wieder auf und war von 1982–1987 Kultusminister und Vize-Gouverneur von Rio de Janeiro.

Ribeiro legt mit diesem Buch einen geschichtsphilosophischen Entwurf vor, der die Technik als integralen Bestandteil der menschlichen Kulturentwicklung behandelt und Grundgedanken von Karl Marx mit Einsichten der neueren Kulturanthropologie verbindet. Im Anschluß an die Dialektik von Basis und Überbau interpretiert Ribeiro die Kulturgeschichte als ein Wechselspiel von „technologischen Revolutionen" und anschließenden „zivilisatorischen Prozessen", die jeweils neue „soziokulturelle Formationen" entfalten; die Wörter „Zivilisation" und „Kultur" werden dabei mehr oder minder synonym benutzt. Ribeiro ersetzt allerdings ein duales Schema, das nur materielle und ideelle Momente unterscheidet, durch ein triadisches Modell. Danach besteht eine soziokulturelle Formation aus drei Momenten: den technischen Produktionsformen, die, weil sie die Anpassung der Menschen an die Natur leisten, das „adaptive System" ausmachen; den gesellschaftlichen Organisationsformen, die, weil sie die Assoziation der Menschen bestimmen, das „assoziative System" bilden; und den symbolischen Kommunikationsformen, die mit der Sprache, den Wissens-, Deutungs- und Wertmustern insgesamt das „ideologische System" darstellen. Offensichtlich entspricht diese Dreiteilung der kulturanthropologischen Unterscheidung von materieller, sozialer und ideeller Kultur. „In einer historisch konkreten Gesellschaft machen diese drei Systeme – als symbolische Einheiten von Generation zu Generation übertragener Vorbilder – ihre Kultur aus" (S. 32).

Phasen der soziokulturellen Evolution werden „auf der Grundlage der Technologie" klassifiziert, in einer Art, die zugleich „die Verortung der Muster der gesellschaftlichen Organisation und der ideologischen Gehalte möglich macht"; diese „evolutive Typologie" ist „für die drei Bereiche gültig, allerdings im ersten – dem technologischen – begründet" (S. 21). Daß Ribeiro „den technologischen – produktiven und militärischen – Neuerungen Determinationskraft zuspricht, schließt die Existenz anderer dynamischer Kräfte nicht aus"; neben „eine globale Determination technologischer Natur", die langfristig den Ausschlag gibt, treten „die besonderen Determinationen sozialer oder kultureller Natur", die mit „mittlerer Reichweite ... Entstehen und Entfaltung des technologischen Prozesses bedingen" (S. 27f.). Ribeiro vertritt also nicht einen eindimensionalen materialistischen Determinismus – den wohl auch Marx, trotz mancher mißverständlichen Stellen, im Grunde nie behaupten wollte –, sondern eine mehrdimensionale Evolutionsdialektik, in der materielle, soziale und ideelle Momente wechselseitig aufeinander einwirken.

Es darf also nicht mißverstanden werden, wenn Ribeiro gleichwohl den Akzent seiner kulturgeschichtlichen Typisierung auf die „technologischen Revolutionen" legt, zumal er durchgängig betont und mit zahlreichen Beispielen belegt, daß ein und dieselbe „Revolution" unterschiedliche „zivilisatorische Prozesse" auslösen und unterschiedliche „soziokulturelle Formationen" hervorbringen kann. Wie in universalhistorischen Periodisierungen üblich, sieht auch Ribeiro in der Agrarrevolution, also im Übergang vom Sammler- und Jägerdasein zur Ackerbauern- und Viehzüchterkultur, den ersten großen Entwicklungsschritt der Menschheit. Bevor dann aber, Jahrtausende später, nach der üblichen Einteilung die Industrielle Revolution einsetzt, glaubt Ribeiro fünf weitere Revolutionen identifizieren zu können. Die „Urbane Revolution" gründet in Fortschritten der Agrikultur, die Teilen der Bevölkerung die Freisetzung von landwirtschaftlicher Tätigkeit und die Konzentration in größeren Siedlungszentren ermöglichen, wo sie sich auf Handwerks- und Verwaltungstätigkeiten spezialisieren können. Die „Bewässerungs-Revolution" besteht in der Regulierung großer Flüsse und der Verteilung des Flußwassers in ausgedehnten Ackerflächen mit Hilfe ausgeklügelter Kanalsysteme, bedingt die Entwicklung astronomischer und geometrischer Kenntnisse zur Bewältigung der erforderlichen Planungs- und Vermessungsaufgaben und führt zur Zentralisierung der politischen Macht in großen Metropolen. Die „Metallurgische Revolution" ist vor allem durch die Verbreitung der Eisenbearbeitung gekennzeichnet. Der wenig glücklich als „Hirten-Revolution" benannte Umbruch beruht auf technischen Neuerungen bei der Nutzung von Reittieren (Steigbügel, Zaumzeug, Hufeisen), welche die Kampfkraft berittener Krieger beträchtlich steigern, und ermöglicht den betreffenden Völkern großflächige Eroberungskriege zur Verbreitung ihrer dogmatisch-missionarischen Religionen.

Ribeiro rechnet die bislang genannten Revolutionen den archaischen bzw. regionalen Zivilisationen zu und betont immer wieder, daß gleiche Typen in den verschiedenen Regionen der Erde zu sehr verschiedenen Zeiten auftraten; so fand die Bewässerungsrevolution in Mesopotamien bereits um 2500 vor unserer Zeitrechnung statt, während Ribeiro sie für Südamerika erst dreitausend Jahre später datiert. Mit der „Merkantilen Revolution" hingegen sieht er die Phase der weltweiten Zivilisationen beginnen. Obwohl die merkantile Revolution, wie schon der Name sagt, wesentlich in ökonomischen Veränderungen (Entwicklung des Geldwesens, Ausweitung nationaler und internationaler Märkte, Kapitalbildung durch Eroberung und Welthandel, Steigerung der Produktion) zum Ausdruck kommt, besteht der Autor auch in diesem Fall auf dem technischen Ursprung, vor allem den navigationstechnischen Innovationen, die eine weltweite Seefahrt überhaupt erst ermöglicht haben.

Den der Industriellen Revolution folgenden gegenwärtigen Umbruch nennt Ribeiro, auch wenn er die Elektronik, den Computer und die Automatisierung durchaus zur Kenntnis nimmt, die „Thermonukleare Revolution"; auch den scharfsinnigsten kulturgeschichtlichen Entwürfen kann also unter dem Einfluß zeitgenössischer Fehleinschätzungen das systematische Augenmaß abgehen, denn die Leittechnik der gegenwärtigen Epoche – das wäre auch Mitte der sechziger Jahre bereits abzusehen gewesen – ist sicher nicht die Atomenergietechnik, sondern die Informationstechnik. Mit größerem Augenmaß dagegen skizziert der Autor abschließend die soziotechnischen, die nationalökonomischen und die weltwirtschaftlichen Spannungen des gegenwärtigen zivilisatorischen Prozesses, aus dem sich das Profil einer neuen soziokulturellen Formation noch nicht erschließen läßt. Immerhin hat Ribeiro, früher, als er es wohl selber glaubte, mit der Prognose recht behalten, daß die „Zukünftigen Gesellschaften" „den revolutionären Sozialismus unserer Tage" – mit seinen „verschiedenen Formen des bürokratisch-parteilichen Despotismus" (S. 170) – „überwinden" werden (S. 193f.); ob sie freilich „sozialistische Formationen neuen Typs" sein werden (S. 193), das wird sich vorderhand kaum entscheiden lassen.

Ribeiro hat eine faszinierende Strukturgeschichte der Menschheit geschrieben, die sich durch einen bemerkenswerten Kenntnisreichtum vor allem hinsichtlich der außereuropäischen Kulturen auszeichnet. Darin liegt eine besondere Stärke seines Entwurfs, daß er den kulturgeschichtlichen Eurozentrismus überwindet, der sonst vorschnell die Universalgeschichte mit der Geschichte des Abendlandes identifiziert. Freilich kann auch Ribeiro die theoretischen Zweifel nicht zerstreuen, die von Historikern oft genug gegenüber dem Revolutionsbegriff in der Technikgeschichte angemeldet worden sind; im Gegenteil gibt die nahezu inflationäre Vermehrung der „Revolutionen", die zum Teil fragwürdige Benennung und Abgrenzung sowie die manchmal recht wahllos erscheinende Auflistung der zugehörigen Innovationen jenen Zweifeln neue Nahrung. Und sicherlich werden Historiker auch vielen Details widersprechen, in denen die Fakten allzu großzügig in die theoretische Systematik eingepaßt worden sind.

Aber das ist wohl der Preis jeder geschichtsphilosophischen Verallgemeinerung, und der Entwurf von Ribeiro ist theoretisch gleichermaßen subtil und kühn; er besitzt eine konzeptionelle Kraft, die sich vielleicht aus dem lateinamerikanischen Ursprung erklärt, einem bislang unterschätzten Schmelztiegel der geokulturellen Entwicklung.

Günter Ropohl

Richta-Report: Civilizace na rozcesti (Zivilisation am Scheideweg) Prag: Tschechische Akademie der Wissenschaften 1968; dt. Politische Ökonomie des 20. Jahrhunderts von Radovan Richta und Kollektiv, übers. von Gustav Solar, Frankfurt/M: makol-Verlag 1971, 336 S. (+ 60 S. Statistiken und 32 S. Literatur)

Dieses Buch weist gegenüber anderen technikphilosophischen Werken zwei Besonderheiten auf. Zum einen stammt es nicht von einem einzelnen Autor, sondern von einer rund dreißigköpfigen interdisziplinären Arbeitsgruppe, die im Auftrag der Tschechoslowakischen Akademie der Wissenschaften von dem Philosophen Radovan Richta (1924–1983) koordiniert wurde. Zu dieser Arbeitsgruppe gehörten beispielsweise der Wirtschaftswissenschaftler Jiri Kosta (geboren 1921), nach seiner Emigration seit 1970 Professor an der Universität Frankfurt, und der Wissenschafts- und Technikphilosoph Ladislav Tondl (geboren 1924), der nach zwanzigjähriger Diskriminierung 1990 die Leitung des Prager Akademie-Instituts für Theorie und Geschichte der Wissenschaft wiedererhielt.

Die zweite Besonderheit dieses Buches liegt darin, daß es unmittelbar in ein politisches Reformprogramm, den sogenannten Prager Frühling, verflochten war, das einen neuen „Sozialismus mit menschlichem Antlitz" anstrebte. Dieser Reformversuch ist kurz nach Erscheinen des Buches durch die Invasion sowjetischer Panzertruppen zerschlagen worden, und das Buch wurde im Ostblock verboten. Sowjetische Wissenschaftler gaben zusammen mit Radovan Richta und einigen Mitgliedern der früheren Arbeitsgruppe, die sich inzwischen der Restauration angepaßt hatten, 1973 in russischer, tschechischer und englischer Fassung das Buch „Mensch – Wissenschaft – Technik" heraus, das einige Grundgedanken des Richta-Reports übernahm, aber alle reformsozialistischen Elemente zugunsten der herrschenden Orthodoxie tilgte. Weil die kommunistische Zensur nicht einmal die Erwähnung der tschechoslowakischen Mitarbeiter duldete, verzichteten auch die sowjetischen Kollegen auf die Nennung ihrer Namen, und es wurden lediglich die beiden Akademien als Urheber angegeben; immerhin wurde in dieser Ausgabe der Richta-Report noch in einer Anmerkung zitiert. Die DDR-Philosophen Manfred Buhr und Günter Kröber dagegen, die 1977 eine deutsche Ausgabe besorgten, unterschlugen in der sonst gleichlautenden Anmerkung selbst jenen Quellenhinweis.

Der heutige Leser muß den Text des Richta-Reports sehr genau lesen, wenn er den seinerzeitigen ideologischen Streit verstehen will. Teilweise ist das Buch in der spröden, formelhaften Diktion verfaßt, die im damaligen Marxismus-Leninismus üblich war, und undogmatische Auffassungen zur demokratischen Reform des „realen Sozialismus", an denen die Orthodoxie Anstoß nahm, werden nur stellenweise klar ausgesprochen und verstecken sich sonst zwischen den Zeilen und in Zitaten der Marxschen Frühschriften. Der unabhängige Geist kommt freilich auch darin zum Ausdruck, daß Autoren aus westlichen Ländern, die sonst allgemein als „bürgerlich" und „imperialistisch" ausgegrenzt wurden, ebenso unbefangen rezipiert werden wie sozialistische Schriften.

Die Kernthese des Buches besagt, daß sich im 20. Jahrhundert eine wissenschaftlich-technische Revolution ereignet, die sich von der Industriellen Revolution des 19. Jahrhunderts grundlegend unterscheidet. An sich ist das Konzept der wissenschaftlich-technischen Revolution, das auf den britischen Marxisten John Desmond Bernal (s. dort) zurückgeht, im Marxismus-Leninismus seit den sechziger Jahren geläufig (und wurde oft sogar im Agitprop-Jargon mit „WTR" abgekürzt); beispielsweise widmete in der DDR die „Deutsche Zeitschrift für Philosophie" 1965 diesem Thema ein Sonderheft. Im Richta-Report allerdings erhält dieses Konzept seine Sprengkraft durch die zusätzliche These, daß die neue Revolution nicht nur den Kapitalismus, sondern auch die zentralistisch-bürokratischen Strukturen des „realen Sozialismus" umwälzen wird.

Im ersten der vier Kapitel werden die Besonderheiten der wissenschaftlich-technischen Revolution analysiert. Das sind vor allem die vollständige Automatisierung von Produktionsprozessen und die weitestgehende Eliminierung einfacher menschlicher Arbeitskraft auch in den Steuerungs- und Datenverarbeitungsfunktionen sowie die umfassende Ausschöpfung der Potentiale der Wissenschaft und der menschlichen Kreativität. So bildet die wissenschaftlich-technische Revolution „einen Strom grundlegender Wandlungen sämtlicher Produktivkräfte, der objektiven wie der subjektiven Faktoren der Produktion des menschlichen Lebens" (S. 31) und sie erfaßt „nicht nur die Industrie, sondern sämtliche Sphären der Zivilisation" (S. 37); diese Auffassung steht in deutlichem Kontrast zur damals herrschenden Lehre, deren Technikbegriff allein auf die industrielle Produktion fixiert war.

Die wissenschaftlich-technische Revolution ist nicht nur ein materieller, sondern vor allem auch ein „sozialer Prozeß"; sie „gründet, wie wir aus verschiedenen Anzeichen und ihrer Zusammenfassung zu einem theoretischen Modell schließen können, den Lauf der Zivilisation auf die Bewegung auf beiden Seiten: wenn sie radikale Eingriffe in die technischen Komponenten erfordert, so erfordert sie ebenso radikale und radikalere Veränderungen, eine ebenso aktive und aktivere Entwicklung auch der Gesellschaft und des Menschen" (S. 63). Einem verkürzten technisch-ökonomischen Determinismus, den „die traditionelle Auffassung" des Marxismus vertritt, wird die komplexe Vorstellung revolutionärer Praxis des jungen Karl Marx („Thesen über Feuerbach", besonders These 3; s. dort) entgegengesetzt, in der objektive Weltveränderung und subjektive Selbstveränderung zusammenfallen (S. 63, Anm. 63).

„Bei der praktischen Applikation des wissenschaftlichen Sozialismus" hingegen setzte sich die Überzeugung durch, es gehe allein um „Veränderungen im Bereich der Macht, der Eigentumsformen und der Ideologie" sowie um das Wachstum der Produktion. Damit aber wurden Formen der Gesellschaftsentwicklung aus der Industrierevolution übernommen, „faktisch absolutisiert und verewigt" sowie, vor allem in der Zeit des Stalinismus, „mit der Sackgasse des Personenkults verknüpft" (S. 101f.). Aus der Industrialisierung ist das Prinzip der Trennung von Planung und Ausführung in das „administrativ-direktive Leitungssystem" (S. 113) der sozialistischen Systeme übergegangen; es ist Ursache „einer unübersehbaren Menge überflüssiger Arbeit", „schränkt den sozialistischen Unternehmungsgeist ein, hält selbständige Innovationsbestrebungen nieder". „Die Hypertrophie der Direktiven ... stumpft die Initiative ab, zerstört das Verantwortungsgefühl, kultiviert die Mittelmäßigkeit, lehrt das Im-Strom-Schwimmen, Nichthervorragen" und belastet „die Ausgangspunkte zur wissenschaftlich-technischen Revolution, weil diese nur bei maximal freiem Raum für die volle Selbstbetätigung eines jeden Menschen aller seiner Begabungen anlaufen kann" (S. 114f.). Damit ist der spätere Zusammenbruch des ‚realen Sozialismus' schon zwanzig Jahre zuvor in aller Schärfe erklärt worden.

Das zweite Kapitel befaßt sich mit den „Umwälzungen in Arbeit, Qualifikation und Bildung" unter den Bedingungen der neuen technischen Entwicklung. Gestützt auf wirtschafts-, forschungs- und bildungsstatistische Daten aus Ost und West, stellt es dazu zahlreiche Überlegungen an, die im Grundsatz inzwischen allgemein anerkannt werden, auch wenn ihre Anwendung in gesellschaftlicher Praxis immer noch zu wünschen übrig läßt. Indem die wissenschaftlich-technische Revolution zugespitzte Formen der Arbeitsteilung zu überwinden tendiert, erhöht sie die Chance, Arbeit nicht länger als fremdbestimmten Zwang, sondern als individuelles Vermögen der Selbstentfaltung zu erfahren. Bestrebungen zur Humanisierung des Arbeitslebens, die im real existierenden Kapitalismus kurz nach Erscheinen des Buches einsetzten, weisen tatsächlich in diese Richtung, zumal die anspruchsvollen Formen der computer-integrierten Produktion, die sich inzwischen entwickelt haben, auf das eigenverantwortliche Engagement intrinsisch motivierter Arbeitskräfte angewiesen sind.

Das hat Folgen für die Qualifikation der Menschen: „Wenn von zwei Komponenten, in denen sich die Entfaltung des Menschen realisiert – nämlich Spezialisierung und Universalisierung – mit der Industrialisierung einseitig die erstgenannte überwog, so deutet alles darauf hin, daß die letztere mit der wissenschaftlich-technischen Revolution zu Wort kommt und die Voraussetzungen einer höheren Synthese entstehen läßt" (S. 149). Selbstverständlich reicht die herkömmliche Volksbildung dafür nicht mehr aus, so daß, was bisher als höhere Bildungsanstalt galt, zur Regelschule werden muß. Jedoch „Aufgabe der modernen Bildungstätigkeit ist nicht ein fertiges System von Kenntnissen, das dem Schüler vermittelt wird, sondern die Vermittlung der Grundlagen und Methoden seiner lebenslangen Selbstgestaltung" (S. 175). „Die Computertechnik kann ... den Masseneinsatz von Lehreinrichtungen ... ermöglichen": „auf der Grundlage großer Elektronenhirne, deren jedes simultan mit mehreren tausend Interessenten arbeiten könnte und mit denen es mit Hilfe eines Heimgerätes – des Telephons oder eines Videophons, der automatischen Aufzeichnung und einer kleinen Heimdruckerei – in Verbindung stände" (S. 174), oder durch einen „Computer in jedem Haushalt, der an ausgedehnte Informations- und Unterrichtszentralen angeschlossen wäre" (S. 198) – das vorweggenommene Internet in der Vision des Prager Frühlings!

Das dritte Kapitel behandelt „die moderne Zivilisation und die Entfaltung des Menschen". In knappen Umrissen findet man die auch in der westlichen Gesellschaftskritik geläufigen Themen: das Auseinanderfallen verschiedener Kulturen, die Fehlleitung von Bedürfnissen in der Konsumwirtschaft, die Spannung zwischen Massengesellschaft und Vereinzelung, die Verflachung der Massenmedien, die Wucherung städtischer Agglomerationen, den wachsenden Naturverbrauch und den erschwerten Naturkontakt, das Schwinden des Schönen in der industriellen Alltagswelt, das Schrumpfen von Raum und Zeit, die Beschleunigung des Lebenstempos. Diese Themen bleiben akut, „solange sich der Sozialismus auf das industrielle System stützt" (S. 210), denn dieses ist vorläufig in der „stofflichen, technischen Gestalt fixiert". „Was hier die Menschen niederdrückt, ist nicht das Übermaß an Technik (wie die Romantiker meinen), sondern ihre beschränkte, unvollkommene Entfaltung. ... Wenn sie hingegen vollendet und vielseitig ist, ermöglicht sie dem Menschen seine eigene unabhängige Entfaltung" (S. 208f.). Das ist die Perspektive der wissenschaftlich-technischen Revolution, in der freilich die Wissenschaft ihre objektivistisch-mechanistische Orientierung überschreiten und „die objektive Erkenntnis mit der Selbstreflexion des Subjekts verbinden" muß (S. 243f.).

Das vierte Kapitel geht der Rolle der Wissenschaft in der Gesellschaft nach und empfiehlt neue Konzeptionen aus Systemwissenschaft und Kybernetik, um Planungs- und Leitungsaufgaben vernünftig zu bewältigen und starre Zentralsteuerungen durch flexible Selbstregulationen (Markt, demokratische Prinzipien usw.; S. 275) zu ersetzen. Grundgedanken des Buches werden zusammenfassend wiederholt und münden in die Forderung nach demokratischer Rehabilitation des Individuums und nach der „Methode des Dialogs" (S. 301f.), dessen Regeln von der Auseinandersetzung mit dem Klassenfeind verschieden sind: Die „Entfaltung des demokratischen Prinzips wäre ... der Idee des Kommunismus nicht abträglich, sondern würde sie wesentlich stärken" (S. 317).

Natürlich ist der Begriff der wissenschaftlich-technischen Revolution problematisch, da er eine langfristige Entwicklung betrifft, die nach Ansicht der Autoren schon in der ersten Hälfte des zwanzigsten Jahrhunderts begonnen hat, in ihren konkreten Ausprägungen aber längst noch keine klaren Konturen zeigt.

So entsteht der Eindruck, dieses theoretische Konstrukt diene vor allem als Vehikel gesellschaftspolitischer Programmatik, da es ja noch keineswegs verwirklicht ist, sondern erst durch die Demokratisierung des „realen Sozialismus" eingelöst werden soll. Gewiß ist die Bedeutung des subjektiven Faktors für die wissenschaftliche und technische Entwicklung richtig gesehen, doch wird das nachgerade utopische Menschenbild des jungen Marx allzu euphorisch den unmittelbaren Entfaltungsmöglichkeiten der wirklichen Menschen übergestülpt. Andererseits sind es nicht nur die beispielhafte Integration von interdisziplinärer Technikforschung und Technikphilosophie sowie die zeitgeschichtliche Bedeutung, sondern gerade auch der visionäre Charakter dieses Buches, der es auch heute noch lesenswert macht. Die Vision eines Sozialismus mit menschlichem Antlitz ist einstweilen gescheitert. Bleibt nur zu hoffen, daß jene andere Vision, der Kapitalismus mit menschlichem Antlitz, genannt „soziale Marktwirtschaft", nicht ebenfalls scheitert.

Günter Ropohl

Günter Ropohl: Eine Systemtheorie der Technik. Zur Grundlegung der allgemeinen Technologie

München/Wien: Hanser 1979 (überarbeitete Neuauflage als Allgemeine Technologie. Eine Systemtheorie der Technik, Karlsruhe: Universitätsverlag Karlsruhe 2009) , 336 S.

Günter Ropohl (geb. 1939), promovierter Fertigungsingenieur und habilitierter Technik-Philosoph, hatte von 1981–2004 eine Professur für Allgemeine Technologie an der Universität Frankfurt/M. inne. Bei dem vorliegenden Werk, der bislang einzigen umfassenden Systemtheorie der Technik, handelt es sich um Ropohls Karlsruher Habilitationsschrift.

Ropohl stellt sich dem Problem, daß wir einerseits in einem selbstgeschaffenen „Technotop" leben, andererseits zunehmend der Eindruck entsteht, daß sich die Technik unserem Bemühen, sie „zu bewältigen" zu entziehen scheint. Dem entspricht einerseits die konkrete Forderung, durch Umweltschutz und Humanisierung des Arbeitslebens einen neuen, bewußteren Umgang mit der Technik zu praktizieren, der gegenüber – andererseits – die Vertreter eines radikalen Kulturpessimismus oder Verfechter einer „Technokratie" (Helmut Schelsky, s. dort) die notwendigen Handlungsspielräume nicht mehr gegeben sehen. Zwar beschreibt auch Ropohl, angeregt durch Hans Linde (s. dort), die „Sachdominanz" der Technik; jedoch erscheinen bei ihm diese Sachdominanz als „Dominanz des Herstellers" sowie der vielfach behauptete „Sachzwang" der Technik als „sozialer Zwang" (S. 317). Ein Aufdecken dieser Zwänge ermöglicht eine Kritik an diesen und führt die Technik wieder in die Verantwortung der Subjekte zurück, die mit ihr umgehen – das Projekt einer ‚technologischen Aufklärung'.

Die Untersuchung setzt ein mit einem umfassenden Blick auf die vorliegenden Philosophien der Technik, die je nach Problemstellung die naturale, die humane oder die soziale Dimension der Technik in den Vordergrund stellen. Um diese Vereinseitigung (aus naturwissenschaftlicher, anthropologischer oder soziologischer Sicht) zu überwinden, fordert Ropohl eine interdisziplinäre Synthese, deren Basis eine allgemeine, formale Systemtheorie abgeben soll, die – entsprechend den einzelnen Dimensionen – inhaltlich entfaltet wird: Die „Sachsysteme" der Technik stehen dann in systemischen Beziehungen zu den „soziotechnischen" Systemen ihrer Entstehung und Verwendung.

Zunächst werden – in Abgrenzung zur soziologischen Systemtheorie Niklas Luhmanns (s. dort) – Grundbegriffe der allgemeinen Systemtheorie erläutert, wobei Ropohl zwischen einer „funktionalen" Sichtweise (Input – Systemzustand – Output), einer „strukturalen" Sichtweise (System: Elemente, Relationen) und einer „hierarchischen" Sichtweise (Supersystem – System – Subsystem) unterscheidet. Alle diese Sichtweisen können für eine Betrachtung der Technik fruchtbar gemacht werden, sie schließen einander keineswegs aus. Fachwissenschaftliche Vereinseitigungen lassen sich auf eine jeweilige Privilegierung einer einzigen dieser Sichtweisen zurückführen. Die entsprechend erfaßten Systemeigenschaften werden nun zunächst formal definiert, wodurch Ropohl ein allgemeines Systemmodell gewinnt.

Auf dieser Grundlage modelliert Ropohl dann ein abstraktes Handlungssystem, demzufolge durch einen Handlungsträger eine „Ausgangssituation" im Hinblick auf ein „Ziel" in eine „Endsituation" überführt wird. Diese drei abstrakten Oberbegriffe erlauben nun, zahlreiche technikrelevante Kategorien in diesen Prozeß zu verorten (z.B. für „Ziel": Wünsche, Bedürfnisse, Interessen, Normen und Werte). Bereits hier wird deutlich, daß der leitende Gesichtspunkt der Prozeßcharakter von Systemen ist, so, wenn Werte als allgemeinste Oberziele expliziert werden (S. 119). Im Blick auf den Prozeßcharakter lassen sich Mittel und Ziele nicht mehr absolut, sondern nur relativ unterscheiden (S. 123), was z.B. bedeutet, daß diejenigen Technikethiken nicht mehr an dieses Modell anschließbar sind, die für den Einsatz von Mitteln und das Erstreben von Zielen grundlegend unterschiedene Rechtfertigungsstrategien mit unterschiedlichem Rechtfertigungsbedarf in Anschlag bringen. Fruchtbar ist dieser Ansatz jedoch im Blick auf die Zurückweisung naiver Theorien einer „Verselbständigung" der technischen Mittel (instrumentelle Vernunft, Technokratiethese).

Subsysteme dieser abstrakten Handlungssysteme gewinnt Ropohl im Zuge einer Analyse des konkreten Handlungssystems: Es besteht aus Zielsetzungssystem, Informationssystem und Ausführungssystem. Damit sind wir von der „funktionalen" Betrachtung zur „strukturellen" Betrachtung übergegangen. Die Konkretisation auf menschliche Handlungssysteme gewinnt Ropohl durch die dritte Sichtweise, die „hierarchisierende", im Lichte derer – bezogen auf den Menschen – unterschieden werden kann zwischen personalen Systemen (natürlichen Subjekten), sozialen Mesosystemen (z.B. Unternehmen) und sozialen Makrosystemen (z.B. Staat). Diese Systemhierarchien können nun ihrerseits unter funktionalen oder strukturellen Gesichtspunkten betrachtet werden. Die Struktur einer klassischen Unternehmensorganisation weise dementsprechend als Ausführungssystem die exekutiv tätigen Arbeiter auf, als Informationssystem das mittlere Management und als Zielsetzungssystem die Direktion. Damit ist bereits ein Spielraum für gesellschaftskritisch motivierte Umstrukturierungsforderungen vorbereitet: als Forderungen nach Veränderung einer Binnenstruktur angesichts einer (möglichen) Veränderung entsprechender Funktionen. Formal lassen sich solche Veränderungen als Veränderungen der „Segregation/Differenzierung" und der „Aggregation", der Bildung ranghöherer Handlungssysteme aus rangniedrigeren begreifen (S. 157), wobei z.B. „normative Standards" („kulturelle Systeme") als Resultate von Aggregation modellierbar werden (S. 159). Eine Schlüsselstellung für Ropohls Argumentationsgang nimmt die „Aggregation" insofern ein, als er technische Artefakte überhaupt als die einzigen außerpersonalen Entitäten begreift, auf denen das Aggregationsphänomen beruhe (S. 161). Kultur wird z.B. als die „Menge objektiver Informationsspeicher" bestimmt, also als Regelsystem lediglich für den Mitteleinsatz, nicht für die Zielfindung (Rechtfertigung). Hier wird m.E. eine gewisse systemtheoretische Verengung der Betrachtungsweise ersichtlich.

Der Begriff des Sachsystems ist nun formal präzisierbar als Resultat einer Aggregation von Subsystemen mit einer bestimmten Struktur unter naturgesetzlich realisierbaren Funktionen und charakteristischen Input-, Output- und Zustandsattributen (Def. 25) in Gestalt eines technischen Artefakts. Über die Frage nach den Attributen dieses Sachsystems gewinnt Ropohl eine Morphologie der Technik, die unter den Funktionsklassen der Wandlung (Funktionstechnik), des Transportes (Transporttechnik) und der Speicherung (Speicherungstechnik), bezogen auf die Output-Klassen Materie, Energie und Information, neun Techniktypen zu unterscheiden erlaubt und inzwischen geradezu klassisch geworden ist.

Die Sachsysteme der Technik sind eingebettet in die soziotechnischen Systeme ihrer Entwicklung und Herstellung sowie ihrer Verwendung. Erst im Verwendungsakt realisiere sich die Funktion des Sachsystems, die zuvor lediglich als „Potentialfunktion" im Blick auf die Ziele angelegt war. Als Folgen der Sachsystemverwendung werden die Typisierung und Standardisierung individuellen und kollektiven Handelns benannt; dadurch werden Sachsysteme mit gesellschaftlichen Normen vergleichbar (S. 317). Wichtige Folgen der Sachsystemverwendung sind die Entstehung logistischer Abhängigkeit und eine gewisse Entfremdung durch die partielle Irreversibilität der Sachsysteme. Allerdings bleibe die Möglichkeit der Hervorbringung alternativer Sachsysteme, der Bereich kreativer Souveränität für das personale Handlungssystem, bestehen.

Bei der Binnenanalyse der Sachsystemverwendung in soziotechnischen Systemen orientiert sich Ropohl daran, inwieweit durch technische Systeme menschliche Handlungsfunktionen artifiziell substituiert und ergänzt werden. Dabei verbindet Ropohl Überlegungen von Karl Marx mit denjenigen Arnold Gehlens (s. beide dort). Hervorzuheben ist hier seine Einschätzung, daß sich durch die Substitution „das Handlungssystem weder in funktionaler noch strukturaler Hinsicht ändere" (S. 198). Ein Wandel trete erst bei empirischer Betrachtung zu Tage. Dies kann wohl problematisiert werden im Blick auf praktisch endliche Handlungssysteme, die unter Amortisationsdruck und im Blick auf die Nebenfolgen des Einsatzes der Substitution artifizieller Systeme in ihrer weiteren Optionenwahl eingeschränkt werden, was m.e. Auswirkungen auf funktionale und strukturelle Aspekte der Systemprozessualität hat. So weist Ropohl selbst darauf hin, daß Sachsysteme nur unter der Bedingung verwendet werden können, daß bestimmte logistische Umgebungssysteme existieren (S. 204), etwa die Abhängigkeit von entsprechendem Wissen, das seinerseits durch seine technische Form (Informationsspeicherung, seine Abrufbarkeit und Reproduzierbarkeit) bedingt ist. Somit sei als eine generelle Folge der Substitution festzuhalten, daß menschliche und soziale Subsysteme, deren Funktion von Sachsystemen ersetzt wird, dazu tendieren, ihre früheren Fähigkeiten zu verlieren (S. 222). Das ist aber eine Strukturveränderung, und hier liegt gerade der Ansatz Ropohlscher Technikkritik, soweit sie Motive der Entfremdungsdiskussion aufnimmt.

Im Blick auf soziotechnische Mikrosysteme (als Einheiten von personalen und Sachsystemen) entlarvt Ropohl den vielbeschworenen „Sachzwang" der Technik als „sozialen Zwang, als sachvermittelte Herrschaft des Menschen über den Menschen" (S. 235). Mit diesem – für die Möglichkeiten einer Technikkritik als Sozialkritik optimistischen – Befund greift Ropohl auf eine aufklärerische Grundprämisse (hier in systemtheoretischer Gestalt) zurück. Dabei wird allerdings nicht berücksichtigt, daß ein Sachzwang, der als solcher „erscheint", auch real einer ist. Als Resultat einer gelungenen, vollständig realisierten Aufklärung ist Ropohls Befund sicherlich triftig. Unterschätzt wird jedoch eine reale Irrationalität im Umgang mit Technik, die sich selber fortzuschreiben vermag und immun sein kann gegenüber jedem aufklärerischen Bemühen. Die Redeweise von einer „Dämonie der Technik" ist nicht bloße Ideologie, sondern hat eine reale Bezugsbasis insofern, als sie objektiv besteht, wenn sie subjektiv erlebt wird. Der systemtheoretisch gut begründeten Interpretation, die zwischen subjektiven und objektiven Systemkomponenten unterscheidet, folgt die Realität insofern oft nicht, als dort subjektive Auffassungen objektive Determinanten abgeben können (z.B. Werbebotschaften für die Techniknutzung). Greift hingegen eine technologische Aufklärung im Sinne Ropohls, so ergibt sich folgende Chance: „Da sich die Verwender von Artefakten einer beträchtlichen Sachdominanz ausgesetzt sehen, liegt in der technischen Entwicklung der Schlüssel zur Auflösung der soziotechnischen Verwicklungen" (S. 318). Besondere Verantwortung komme dabei soziotechnischen Mesosystemen zu, insbesondere im Blick auf die Produktionsfunktionen, in denen die Zweckoptimierung das einzige Ziel ist, unter dem Subjekte als Objekte funktionalisiert werden. Gleiches gilt für soziotechnische Makrosysteme (Staat), denen nicht nur Ordnungsaufgaben, sondern auch die gesellschaftspolitische Gestaltungsaufgabe der Daseinsvorsorge zufallen. Eine entsprechende Technikgestaltung auf der Basis einer „institutionellen Gewaltenteilung" (S. 266) habe diejenige Entfremdung abzubauen, wie sie von Ropohl als „Agieren unter sozialen Zwängen" modelliert wird.

Abschließend behandelt Ropohl daher unter dem solchermaßen deutlich gewordenen Erfordernis einer entsprechenden Technikgestaltung die Entstehung der Sachsysteme. Dabei wird zwischen der Ontogenese dieser Systeme (über Kognition, Invention, Innovation, Diffusion) und der Phylogenese der technischen Gesamtentwicklung unterschieden. Was die Ontogenese betrifft, weist Ropohl die These von der Technik als angewandter Naturwissenschaft zurück und kritisiert die Auffassung, daß der Technik über ihre Etablierung als Wissenstyp selbst der Status eines Gestaltungsfaktors der Technikgenese zugefallen sei. Ausgeblendet wird, daß die methodische Ausrichtung von Wissenschaft selbst bereits einem Ideal von Technik unterliegt, und die ersten Theorien insofern durchaus als technische Systeme begriffen werden können. Soweit ist jedoch der Begriff der Technik als soziotechnisches System nicht gefaßt. Daher entfällt für Ropohl die Möglichkeit zu zeigen, inwieweit Technik selbst als Wert, als Ziel im Zielsystem (selbst wenn eine solche Auffassung von ihm als ideologisch zurückgewiesen wird) entsprechender personaler Systeme werden kann, somit zum Gestaltungsfaktor von Technik – eine Lücke in der Behandlung der Frage, inwieweit auch subjektive Auffassungen objektiven Gestaltungsfaktoren werden. Solcherlei entzieht sich offenbar einer systemtheoretischen Modellierung nach Ropohl und wird zur Aufgabe einer Phänomenologie der Technik. Statt dessen plädiert Ropohl für einen interessentheoretischen Ansatz, was die Technikgenese betrifft: Der Begriff des Interesses (nicht zufällig ein Grundparadigma der klassischen Aufklärung) wird als zentrale Determinante sowohl der Technikgenese in ontogenetischer als auch in phylogenetischer Hinsicht erachtet.

Die Ropohlsche Systemtheorie der Technik ist der erste konkrete und bislang einzige Versuch einer interdisziplinären Technikbetrachtung auf einem weitmöglichst entfalteten Modell. Die Leistungen liegen in einer umfassenden Morphologie der Technik und in einer umfassenden Modellierung des Umgangs mit Technik, soweit er rational ist, was die Abgrenzung von irrationaler und entfremdeter Technikentwicklung und Techniknutzung erlaubt. Mit diesem kritischen Impuls ist zugleich die Möglichkeit zur Veränderung in technikgestaltender Absicht angelegt. Jedes aufklärerische Bemühen trägt allerdings nur soweit, als der Rationalitätsstandard, dem es folgt, anerkannt ist. Die von Ropohl zurückgewiesene kulturpessimistische Technikkritik stellt sich hingegen der Aufgabe, die Genese von Irrationalität und Entfremdung nicht bloß als Defizit an Aufklärung, sondern als möglicherweise intrinsische Eigenschaft von Menschsein zu betrachten, insbesondere im Blick auf die Mängel und die Endlichkeit menschlicher Verfügungsmacht über Sachen überhaupt. Dies sind die Grenzen der Aufklärung, die man dem Ropohlschen Projekt jedoch nicht anlasten kann, sondern die uns auf das allgemeine Dilemma der Aufklärung hinweisen. Die Technikphilosophie Günter Ropohls unterscheidet sich von vielen konkurrierenden Ansätzen insbesondere darin, daß aus der Perspektive des sachkundigen Ingenieurs die Exemplifikationen realitätsnah und problemorientiert vorliegen. Damit ist, was viele konkrete Fragestellungen der Technikentwicklung angeht, die Möglichkeit eines unmittelbaren Praxisbezuges gegeben, soweit der Wille zu einem rationalen Umgang mit Technik unterstellt werden kann.

Christoph Hubig

Hans Sachsse: Anthropologie der Technik. Ein Beitrag zur Stellung des Menschen in der Welt
Braunschweig: Vieweg 1978, 291 S.

Hans Sachsse (1907–1992), der lange an führender Stelle in großen deutschen Unternehmungen als Chemiker tätig war, hat anschließend ein Vierteljahrhundert lang nicht nur Physikalische und Technische Chemie in Mainz gelehrt, sondern zugleich einen Lehrauftrag für Philosophie der Naturwissenschaften und Wissenschaftstheorie wahrgenommen. Neben zahlreichen Veröffentlichungen zur Technischen Chemie und zu Fragen der Naturwissenschaften, etwa zur Kausalität, hat er viele stark beachtete Beiträge zu philosophischen Problemen der Technik veröffentlicht, die ein weites Spektrum abdecken – von wissenschaftstheoretischen über kulturphilosophische bis zu ökologischen und ethischen Aspekten. Wegen der Fülle des eingebrachten Materials und der Eigenständigkeit der Deutungen verdient seine „Anthropologie der Technik" besondere Beachtung.

Sachsse stellt die anthropologische Frage gleich zu Beginn: „Wohin führt der Weg, wenn wir mit der Technik die Welt verändern – und mit der Welt auch uns selbst?" (S. 1) Unter „Technik" versteht er wesentlich indirektes Tun, nicht die technischen Artefakte, die Inhalte, Ziele und Resultate eines Verfahrens, „sondern nur die Weise des Vorgehens, die Art des Handelns, die ihre eigenen Maßstäbe hat und ganz unabhängig von den Inhalten besser oder schlechter sein kann" (S. 2). Die Technik ist für Sachsse ähnlich wie für Arnold Gehlen (s. dort) „ein Teil unseres Wesens, ein Glied unserer Natur, bildlich gesprochen ein Organ unseres Körpers, das wir aber noch für ein fremdes

Stück halten, weil wir es noch nicht als unser eigenes erkannt haben. Der homo technicus des 20. Jahrhunderts ist noch nicht zum eigentlichen Verständnis seiner selbst gekommen, er ist noch nicht der homo technicus sapiens geworden. Es bedarf einer Anthropologie der Technik, die die Technik als menschliches Wesenselement aus der Natur des Menschen heraus begreift" (S. 6).

Damit ist Einsicht in Technik – wie bei Ernst Kapp und Arnold Gehlen (s. beide dort) – gleichzeitig verstanden als eine Philosophie der Selbsterkenntnis des Menschen. So kann Sachsse die komplexe Aufgabe einer Technikphilosophie unter anthropologischen Gesichtspunkten beschreiben: „Sie muß sich fragen, wie die Technik mit und aus dem Menschsein entstanden ist, welche besonderen Strukturen ihr als Technik in ihren verschiedenen Entwicklungsstadien eigen sind, wie diese Strukturen auf die Lebensform des Menschen zurückwirken und wie der Mensch in der Lage ist, die Rückwirkung in sein Leben als Ganzes wieder einzugliedern" (S. 7).

Diese Fragestellung betrifft den Menschen als Individuum wie als soziales Wesen, wobei Sachsse die These vertritt, „daß der Mensch im Rahmen und aufgrund der technischen Zusammenarbeit gerade die Chance erhält, seine eigentliche Anlage als soziales Wesen, als homo socialis zu verwirklichen" (S. 7). Hier wird man jedoch anmerken müssen, daß eine solche These zur Arbeitsteilung diese wohl zu unspezifisch und zu einseitig positiv sieht.

In einem Kapitel über „physikalische und biologische Wurzeln der Technik" führt Sachsse die von ihm schon früher vertretene These vom „Umweg" aus. „Wir wollen als technisches Handeln ein Handeln bezeichnen, das einen Umweg wählt, weil das Ziel über diesen Umweg leichter zu erreichen ist" (S. 9). Es verdient festgehalten zu werden, daß Sachsse der Urheber dieser Umweg-These ist, die für das Verständnis der Technik und ihrer Folgen vor allem dadurch so viel beiträgt, daß sie die Entwicklungsmöglichkeiten zwischen Ausgangssituationen und Zielen – und damit viele unbeabsichtigte Konsequenzen der Technik – verständlich macht. Dennoch bleibt zu fragen, ob der „Umweg" wirklich die Technik, und zwar alle Technik erklärt, ob er nicht nur für die Herstellung, sondern auch für den Gebrauch Gültigkeit hat.

Als besonders wichtiges Element für das Verständnis der Technik und als Möglichkeitsbedingung ihrer geschichtlichen Entwicklung betont Sachsse die individuelle Lernfähigkeit des Menschen und seine Fähigkeit zur Traditionsbildung.

In einem groß angelegten Kapitel über die Geschichte der Technik als Evolutionsgeschichte des Menschen illustriert Sachsse all dieses zuerst an den Jäger- und Sammlergesellschaften, dann an den Agrarkulturen und schließlich an den Industriezivilisationen. Hier ist insbesondere der Vergleich der den verschiedenen Kulturen angemessenen Tugenden und Ethiken von Interesse, da hieraus die zentralen Elemente einer Gegenwartsethik entwickelt werden können, die der globalen Struktur einer alle Lebensbereiche umfassenden Technik gerecht wird.

Im vierten und fünften Kapitel wird Technik aus der Sicht des Individuums und als soziales Phänomen dargestellt. Aus der Sicht des Individuums sind besonders die unterschiedlichen Prozesse wissenschaftlich-technischer Forschung analysiert, während der soziale Aspekt vor allem die wirtschaftlichen Rahmen von Wettbewerbssystemen und Zentralverwaltungswirtschaften darstellt, woraus sich die Frage nach der Möglichkeit „dritter Wege" ergibt, die vielleicht die einzige Möglichkeit einer neuen Weltordnung auf der Grundlage universaler Technik bedeuten.

Nachdem das sechste Kapitel den Technizismus der Neuzeit – mit ausführlichen Darlegungen über marxistische Technikphilosophie, insbesondere über das in der Literatur sonst fast überhaupt nicht berücksichtigte China – und seinen Einfluß auf das Bewußtsein und die Gesellschaftsentwicklung dargestellt hat, kann im Schlußkapitel nach Möglichkeiten der Überwindung des Technizismus und nach der ethischen Bewältigung der Technik gefragt werden. Hier ist allerdings kritisch anzumerken, daß Sachsse die Entwicklung der technischen Informationsverarbeitung und den gesamten Problemkreis der „Künstlichen Intelligenz" nicht in die Voraussetzungen seiner Überlegungen einbezogen hat.

In seinen Darlegungen zum Technizismus unserer Zeit sieht Sachsse, daß der individuelle Mensch zu der Leistung, die die moderne Technik erfordert, nicht mehr in der Lage ist; genau so wenig kann er die Technik wirklich noch beherrschen.

Gefordert ist das soziale Subjekt. Daher hofft Sachsse, daß wir schließlich zu einem überindividuellen System kommen, „zu einem die Technik integrierenden Sozialismus" (S. 270).

Diesen Sozialismus, den er später in seiner Schrift „Was ist Sozialismus?" (1979) näher erläutert, versteht Sachsse als die „komplementäre Gesellschaft", in der nicht Gleichheit erstrebt wird, sondern in der unterschiedliche Begabungen und Leistungsfähigkeiten gefördert und genutzt werden sollen, um der Gesellschaft als ganzer die Mittel zur Verfügung zu stellen, die sie braucht, um auf der Basis des gegenseitigen Vertrauens eine solidarische Ethik der Subsidiarität pflegen zu können. Damit versucht Sachsse – ohne es deutlich auszusprechen –, eine Synthese zu schaffen zwischen sozialistischem Gedankengut und der katholischen Sozallehre.

Sachsses zusammenfassende Darstellung der Technikphilosophie kann dazu beitragen, Leitbilder und Zielrichtungen für die Entwicklung unserer Gesellschaft und für die Bewertung technischer Möglichkeiten unter anthropologischen Gesichtspunkten und Maßstäben zu gewinnen.

Alois Huning

Max Scheler: Probleme einer Soziologie des Wissens
Halle: Max Niemeyer 1924; zit. nach dem Abdruck in Gesammelte
Werke Bd. 8: Die Wissensformen und die Gesellschaft. 2. Aufl. mit
Zusätzen, Bern/München: Francke 1960, S. 16–190

Max Scheler (1874–1928), ein Schüler des idealistischen Lebensphilosophen Rudolf Eucken, schloß sich nach der Jahrhundertwende dem frühen phänomenologischen Ansatz Edmund Husserls (s. dort) an, der die Philosophie aus erkenntnistheoretisch verengten Fragestellungen zu einer methodischen Wesenserfassung der „Sachen selbst" öffnen wollte. Sein wandlungsreiches Werk machte Scheler als geistig beweglichsten und spekulativ ausgreifendsten Vertreter der phänomenologischen Schule einer breiteren Öffentlichkeit bekannt. Vor allem die anthropologischen und wissenssoziologischen Schriften seiner Spätphase enthalten Komponenten einer eigenständigen Ortsbestimmung der Technik und der positiven Wissenschaften. Am vollständigsten finden sich diese Komponenten in der oben genannten Abhandlung, die den grundlegenden Teil seines Buchs „Die Wissensformen und die Gesellschaft" (1926) bildet.

Scheler geht hier von dem – aus seiner Geist-Drang-Metaphysik hergeleiteten – „Grundgesetz" aus, daß stets „geistig-ideenhafte und triebhaft-reale Determinationsfaktoren", kurz „Idealfaktoren" und „Realfaktoren", in einem jeweils epochenspezifischen „Zusammenspiel" das geschichtlich-gesellschaftliche Leben bestimmen (S. 11). Damit setzt er sich vom marxistischen Historischen Materialismus (Dominanz der Realfaktoren) ebenso ab wie vom Hegelschen historischen Idealismus (Dominanz der Idealfaktoren). Allerdings nimmt Scheler an, daß der „Geist", Inbegriff der Idealfaktoren, keinerlei eigene Realisationskraft hat. Vom Geist her wird nur das mögliche Sosein von Kulturinhalten (Religion, Metaphysik, Wissenschaft, Kunst, Recht, Technik usw.) entworfen, nicht aber deren wirkliches Dasein gesetzt. Erst „wo sich ‚Ideen' ... mit Interessen, Trieben ... oder ‚Tendenzen' vereinen, gewinnen sie indirekte Macht" (S. 21).

Realfaktoren sind für Scheler Motivationskräfte, die ursprünglich aus drei menschlichen Haupttrieben (Nahrungs-, Geschlechts- und Machttrieb) gespeist werden. Die Befriedigung und Kanalisierung dieser Triebe wird kulturell ausgestaltet in den sich differenzierenden Systemen der Wirtschaft, der Fortpflanzungs-/Abstammungsinstitutionen und der Herrschaft. Ihnen sei eine letztlich „sinnblinde" Entwicklungskausalität eigen, gegenüber der dem Geist nur eine „hemmende oder enthemmende", „verzögernde" oder „beschleunigende" Funktion zukomme (S. 22f.). Dabei gebe es in „relativ geschlossenen Kulturprozessen" eine typische Folgeordnung in der Dominanz der Realfaktoren: Auf (a) eine Periode dominanter Abstammungsverhältnisse in archaischen Kulturen auf der Basis von Geschlechterverbänden folgt (b) eine Periode der Dominanz politischer Herrschaftsverhältnisse, vorwiegend in Hochkulturen mit Staatsinstitutionen, und (c) eine Periode dominanter Wirtschaftsverhältnisse, im Abendland seit Beginn des Hochkapitalismus (eine Periode, die von Karl Marx, s. dort, „fälschlich auf die ganze Universalgeschichte verallgemeinert" worden sei) (S. 44ff.).

Bezüglich der Idealfaktoren nimmt Scheler einen geschichtlichen Prozeß der Ausdifferenzierung relativ eigenständiger Sektoren an: Am Anfang stehen gruppenspezifische „relativ natürliche Weltanschauungen", die auf „mythischem Denken und Schauen" beruhen und mit einer „magischen Technik" zur Beherrschung von Naturmächten verbunden sind (S. 60ff., S. 133ff.). Aus ihnen bilden sich drei Typen „relativ künstlicher" Weltsichten heraus, denen drei Techniktypen entsprechen: (a) ein „Heils- oder Erlösungswissen" (in Religionen und mystischen Strömungen), verbunden mit religiös-kultischen Ausdrucks-, Darstellungs- und Selbstbeherrschungstechniken, (b) ein „Bildungswissen" (in Metaphysiken und Wesenslehren), verbunden mit verschiedenen künstlerischen Techniken, und (c) ein „Leistungs- oder Herrschaftswissen" in den positiven Wissenschaften und der Mathematik, verbunden mit der Naturbeherrschungstechnik durch Werkzeuge, Maschinen usw., auf die der Technikbegriff oft eingeschränkt wird (S. 29f.). Zu jedem dieser Wissens- und Techniktypen gehören bestimmte soziale Kooperationsformen, Fachsprachen, Terminologien und Gruppenideologien (von Klassen, Berufen usw.). – Scheler sieht damit die geistige Entwicklung als einen Prozeß paralleler Ausdifferenzierung von Wissensfunktionen an, nicht aber als einen linearen Fortschritt von einer Funktion zur anderen, etwa im Sinne des Dreistadiengesetzes von Auguste Comte, das eine Folgeordnung von theologischer, metaphysischer und positiv-wissenschaftlicher Weltsicht annimmt (S. 10).

Von diesem gedanklichen Rahmen aus gelangt Scheler zu spezielleren technikphilosophischen Aussagen:

1. Zur Trieb- und Motivationsbasis der Technik: „Ursprünglich zweckfreie Konstruktions-, Spiel-, Bastel- und Experimentiertriebe" sind die Wurzel „aller Arten von Technik" wie auch „aller positiven Wissenschaften" (S. 66). Diese Antriebe lassen sich zurückverfolgen bis auf das Lernverhalten gemäß Versuch und Irrtumskorrektur bei höheren Wirbeltieren, das instinktive Verhaltensregulierungen überformt und damit eine erste Form „praktisch-technischer Intelligenz" bildet. Inhaltlich äußern sich diese Antriebe in einer erhöhten Aufmerksamkeit auf „Konstantes und Regelmäßiges", auf „sinneinheitliche", z.B. symmetrische, Gestalten in Raum und Zeit. Diese Selektionsform bewährt sich in der Fähigkeit, Ereignisse vorherzusehen und vorauszuberechnen. Indem sich das Berechenbare als das Kontrollier- und Beherrschbare erweist, verbindet sich mit jenen Antrieben schon früh ein Macht- und Beherrschungsmotiv im Verhalten zu den Umweltgegebenheiten (S. 67f.): „Wissen ist Macht" (Francis Bacon).

2. Zur Beziehung von neuzeitlicher Technik und positiver Wissenschaft: Die neuzeitliche Technik ist nicht „nachträgliche ‚Anwendung' einer rein theoretisch-kontemplativen Wissenschaft", sondern „Produktionstechnik" und „positive Wissenschaft" sind beide fundiert durch die gleiche Triebbasis sowie durch ein entsprechendes Wertethos, wie es in Europa mit dem „aufstrebenden Stadtbürgertum" zur Ausprägung gelangte. Diese Einstellung ist teils direkt auf „systematische Naturbeherrschung" gerichtet, teils auf Erwerb eines Wissens, mittels dessen naturhafte und seelische Prozesse prinzipiell als „beherrschbar und darum lenkbar gedacht werden können" (S. 112). Sie ersetzt die „auf ein teleologisches Formenreich" von Qualitäten zielende „Begriffspyramide" der Scholastik durch ein „Suchen nach quantitativ bestimmten gesetzlichen Relationen der Erscheinungen": Naturgesetzen (S. 130).

3. Zum Verhältnis von moderner Technik und Wirtschaft: Nicht die Bedürfnisse und Produktionsverhältnisse determinieren einseitig den Fortgang von Technik und positiver Wissenschaft (wie die ökonomische Geschichtsauffassung annahm), sondern die mit dem „Zeitalter der Erfindungen und Entdeckungen" aufbrechende technologisch-wissenschaftliche Denkhaltung entdeckt zugleich mit Naturgesetzlichkeiten auch mögliche technische Aufgaben und Lösungen. Dadurch werden neue wirtschaftliche Bedürfnisse erst geweckt und industrielle Produktionsverfahren angeregt. Kapitalistische Wirtschaft und positive Wissenschaft/Technik weisen aber eine analoge Dynamik auf: dem „Willen zu grenzenlosem Erwerben" in der Wirtschaft entspricht ein „Wille zu ‚Methoden'", d.h. zum unbegrenzten methodischen Hervorbringen von Erkenntnissen, in den Wissenschaften. Beide produzieren ihre Waren bzw. Wissensgüter grundsätzlich unbeschränkt „auf Vorrat", und ein gleicher „Konkurrenzgeist" wie zwischen Unternehmern herrscht auch zwischen Wissenschaftlern bzw. zwischen Technikern, wofür z.B. ihr „Forschungsehrgeiz" und ihr Bestehen auf „geistigem Eigentum" charakteristisch sind (S. 127ff.).

4. Zum Verhältnis von „äußerer" und „innerer" Technik: Die abendländische Kultur der Neuzeit hat eine vorwiegend auf Beherrschung der „äußeren" Natur gerichtete positive Wissenschaft und Technik hochentwickelt, im Vergleich zu der die Ausbildung einer „Seelentechnik" (trotz Ausnahmen wie bei Ignatius von Loyola) zurückblieb. – Die asiatischen Kulturen haben demgegenüber auf dem Boden einer vorwiegend das Heils- und Bildungswissen pflegenden Einstellung ein großes Spektrum von Seelen- und Vitaltechniken zur Beherrschung der „inneren" Natur entwickelt, während die Entfaltung der „äußeren" Techniken zurückblieb (S. 95ff., 135ff.).

5. Zum Ausblick auf ein „Weltalter des Ausgleichs": In dem Aufsatz „Der Mensch im Weltalter des Ausgleichs" (1927) (Ges. Werke, Bd. 9, Bern/München: 1976) hat Scheler diese Zukunftsperspektive für wichtige Kulturbereiche näher ausgeführt. Neben dem Ausgleich zwischen Rassenspannungen, zwi-

schen Klassengegensätzen, zwischen körperlicher und geistiger Arbeit, zwischen Kapitalismus und Sozialismus, zwischen männlicher und weiblicher Seelenhaltung, zwischen Jugend und Alter usw. ist, nach Scheler, auch eine Synthese zwischen „äußerer" und „innerer", abendländischer und asiatischer Technik- und Wissenshaltung an der Zeit. Das Ungleichgewicht zwischen diesen Tendenzen stelle die Menschheit vor die Aufgabe einer „Neuverteilung der Wissenskultur und der technischen Kultur". Denn

> „der abendländische, äußere Naturtechnizismus und sein Wissenskorrelat ... drohen den Menschen in einem Maße in den Mechanismus eben der Sachen, die es zu beherrschen gilt, hineinzuverwickeln, daß dieser Prozeß ohne das Gegengewicht ... entgegengesetzt gerichteter Wissens- und Machtprinzipien ... nur im sicheren Untergang der abendländischen Welt enden kann. Wir müssen ... die beiden großen Prinzipien aller ‚möglichen' Technik überhaupt und der ihnen korrelaten Wissensformen gleichzeitig und je abwechselnd in systematische Tätigkeit setzen, um eine sinnvolle Balance des Menschentums wiederzuerreichen." (Bd. 9, S. 140)

Schelers kulturphilosophische Ortsbestimmung des Technik gehört zu den perspektivenreichsten seiner Zeit. Als einer der ersten hat er die ethnologisch erforschten magisch-rituellen Komponenten archaischer Technik in Beziehung zur Entwicklung der profanen Werkzeug- und Maschinentechnik gesetzt. Sein Gedanke einer parallelen Ausdifferenzierung von Wissens- und Technikformen kommt dem tatsächlichen Kulturprozeß wohl näher als einsinnige Fortschrittsschemata. Seine Zurückführung der Technik auf einen ursprünglich zweckfreien, erst sekundär sich als zweckmäßig erweisenden Basteltrieb nimmt Hypothesen von Arnold Gehlen (s. dort) und Claude Lévi-Strauss vorweg. Nachhaltig gewirkt hat ferner seine These, daß der neuzeitlichen Naturwissenschaft, unabhängig von der mit ihr sich verbindenden Technik, eine Denk- und Werthaltung zugrunde liege, die sie zum Beherrschungswissen prädestiniert (ähnlich Edmund Husserl, Martin Heidegger, Jürgen Habermas, s. alle dort, u.a.). Auch die Annahme einer Parallelität von kapitalistischer Wirtschaftsdynamik und moderner Technikentwicklung scheint fruchtbarer als die Behauptung einer einseitigen Abhängigkeit der einen von der anderen. Und sein Zukunftsentwurf einer ausgleichenden Synthese von polaren Tendenzen, wie dem Interesse an der Ausbildung von „äußerer" und „innerer" Technik, ist gegenwärtig noch kaum eingeholt.

Fragwürdig erscheint bei Scheler, neben voreilig unterstellten Gesetzmäßigkeiten, die Art, wie er seinen Drang-Geist-Dualismus auf empirische Befunde anwendet. So lassen sich in Kulturprozessen „Idealfaktoren" und „Realfaktoren" kaum so scharf voneinander trennen, wie er es annimmt; und die naturalistische Entwicklungslogik der menschlichen Grundtriebe hat, als Basis aller zivilisatorischen Prozesse verstanden, wenig Erklärungskraft. Zudem fehlt beim Anthropozentriker Scheler der Sinn für ökologische Auswirkungen der technischen Kultur. Doch hat er zweifellos das Verdienst, den Blick für weiträumige Verflechtungen der Technik mit anderen Dimensionen des Kulturprozesses geschärft zu haben.

Ernst Oldemeyer

Helmut Schelsky: Der Mensch in der wissenschaftlichen Zivilisation
Köln/Opladen: Westdeutscher Verlag 1961; Nachdruck in: Auf der Suche nach Wirklichkeit, Düsseldorf/Köln: Diederichs 1965, S. 439–480; zit. nach der TB-Ausgabe München: Goldmann 1979 (11217), S. 449–499

Helmut Schelsky (1912–1984), Schüler des Sozialphilosophen Hans Freyer (1887–1969, s. dort), war einer der prominentesten Soziologen der Nachkriegszeit und hat mit seinen – nicht unumstrittenen – Diagnosen der „skeptischen Generation" und der „nivellierten Mittelstandsgesellschaft" das Selbstverständnis der westdeutschen Gesellschaft deutlich beeinflußt. Schelsky fühlte sich vor allem der empirischen Sozialforschung verpflichtet, aber er scheute sich auch nicht, die ermittelten Erfahrungstatsachen mit sozialphilosophischen Verallgemeinerungen zu deuten.

Der Vortrag über den Menschen „in der wissenschaftlichen Zivilisation", zunächst 1961 in der „Arbeitsgemeinschaft für Forschung des Landes Nordrhein-Westfalen" zur Diskussion gestellt, ist ein herausragendes Beispiel für die Deutung übergreifender Zusammenhänge und, da er weit mehr von der Technik als von der Wissenschaft handelt, ein bleibendes Stück Technikphilosophie. Vorausgegangen waren Beiträge zur Industriesoziologie, zur industriellen Gesellschaft und zu den sozialen Folgen der Automatisierung, die, ebenfalls im Aufsatzband von 1965 bzw. 1979 enthalten, keineswegs uninteressant geworden sind, aber doch von jenem Aufsatz in den Schatten gestellt werden, der eine breite und lebhafte Debatte in Sozialwissenschaft und Philosophie, so in der Zeitschrift „atomzeitalter" sowie in den Sammelbänden von Claus Koch und Dieter Senghaas (1970, s. dort) und von Hans Lenk (Technokratie als Ideologie, Stuttgart: 1973), ausgelöst hat.

Schelsky knüpft ausdrücklich an Gedanken an, die der inzwischen bekannteste französische Technikphilosoph Jacques Ellul (s. dort) ein paar Jahre zuvor (1954) veröffentlicht hatte. In der technischen Konstruktion künstlicher Realität, so die Ausgangsthese, entwickelt der Mensch ein neues Verhältnis zur Welt; die materiellen Bedürfnisse der Menschen lösen sich von Naturprodukten ab und werden zunehmend von Kunstprodukten befriedigt, die menschlichen Lebensabläufe haben sich aus der freien Natur in eine durch und durch technisch gestaltete Umwelt verlagert, unmittelbare Lebenserfahrung wird durch kommunikationstechnisch vermittelte Information ersetzt, kurz: was den Menschen begegnet, ist nicht länger eine vorgegebene, sondern eine von ihnen selbst gemachte Welt.

Diese gemachte, technische Welt wirkt auf die Menschen zurück; „in der technischen Zivilisation tritt der Mensch sich selbst als wissenschaftliche Erfindung und technische Arbeit gegenüber" (S. 457). Und wenn die Menschen „mit der Produktion immer neuer technischer Apparaturen und damit technischer Umwelten zugleich immer neue Gesellschaft und neue menschliche ‚Psyche' produzieren, wird damit auch zugleich immer die soziale, seelische und geistige Natur des Menschen umgeschaffen und neu konstruiert" (S. 460f.). Dieser Prozeß technischer Welt- und Selbstgestaltung, den Schelsky so weit zutreffend beschreibt, wird nun aber zu einem unentrinnbaren Zirkel stilisiert, in dem „Sachgesetzlichkeit" den Naturzwang abgelöst hat und dem Menschen keine Chance läßt, diesen Prozeß „zu manipulieren oder auch nur zu überdenken" (S. 461). „Das Gesamt der wissenschaftlich-technischen Möglichkeiten, das wir dauernd selbst umschaffen, bestimmt die Weiterführung des Prozesses der wissenschaftlichen Zivilisation" (S. 462). Diese Formulierungen klingen so, als wären die Menschen nicht imstande, aus einer souveränen Position außerhalb dieses Prozesses Ziele und Pläne dafür zu entwerfen.

Schelsky entwickelt hier eine Auffassung, die später in kritischer Absicht als „technologischer Determinismus" bezeichnet worden ist, weil sie den Einfluß menschlicher Wertungen und Entscheidungen auf den Prozeß der Technisierung, hinsichtlich seiner Bedingungen ebenso wie seiner Folgen, bestreitet und diesen Prozeß als zwangsläufiges Schicksal ansieht. Da nun gewöhnlich als herausragendes Betätigungsfeld menschlicher Wertorientierung, Zielstrebigkeit und Entscheidungsfreiheit die Politik gilt, schließt Schelsky aus seinem Ansatz folgerichtig das Absterben politischer Willensbildung: An die Stelle der Demokratie tritt die Technokratie. Hatte dieses Wort ursprünglich eine für möglich gehaltene „Herrschaft der Techniker" bezeichnet, wird im „technischen Staat" die Herrschaft von Menschen über Menschen durch die Sachgesetzlichkeiten der Technik selbst ersetzt: „Technokratie" heißt dann die Herrschaft des technischen Sachzwanges, dem gleicherweise die Politiker und die Fachleute unterliegen.

Die Verdrängung der Politik durch die Technik kann Schelsky allerdings nur mit dem Kunstgriff begründen, der Technik jede eigene Wertproblematik abzusprechen. Zwar findet sich der Gedanke, es gebe für jede Aufgabe eine einzige, ingenieurtechnisch bestimmbare Ideallösung, auch bei Technikphilosophen wie Friedrich Dessauer, doch hat Schelsky sich offenbar von dem amerikanischen Ingenieur und Arbeitswissenschaftler Frederick W. Taylor (1856– 1915, s. dort) in die Irre führen lassen, der behauptet hat, den „einen besten Weg" der Produktionsgestaltung mit wissenschaftlichen Methoden bestimmen zu können; Schelsky benutzt diese Wendung in englischer Fassung, als handele es sich um einen in der Technik üblichen Fachausdruck. „Bei optimal entwickelten wissenschaftlichen und technischen Kenntnissen müßten über die gleiche Sachlage auch verschiedene Fachleute oder Fachgremien zu der gleichen Lösung, dem ‚best one way', gelangen, und das hieße: je besser die Technik und die Wissenschaft, umso geringer der Spielraum politischer Entscheidung" (S. 471). „Das technische Argument setzt sich unideologisch durch, wirkt daher unterhalb jeder Ideologie und eliminiert damit die Entscheidungsebene, die früher von den Ideologien getragen wurde" (S. 473). Freilich hat Schelsky mit seinen Zuspitzungen ungewollt dazu beigetragen, daß die nicht nur von ihm behauptete „Wertfreiheit der Technik" ihrerseits als Ideologie entlarvt werden konnte.

Nach einem Exkurs zum Bildungsproblem, in dem Schelsky das neuhumanistische Konzept Humboldtscher Prägung zu aktualisieren versucht, fragt er abschließend nach den verbleibenden Chancen metaphysischer Sinnorientierung und rechnet, neben neuen Heilslehren und nihilistischen Verweigerungsstrategien, mit einer intellektuellen „Dauerreflexion", „in der das Subjekt seiner eigenen Vergegenständlichung immer vorauszueilen trachtet und sich so seiner Überlegenheit über seinen eigenen Weltprozeß versichert" (S. 486). Damit freilich schränkt Schelsky seine frühere These ein, daß der Mensch im Prozeß der universellen Technisierung unwiderruflich gefangen wäre, und er sagt dies auch ausdrücklich in seiner Antwort auf die Diskussionsbeiträge. Schließlich wären ja auch seine eigenen Überlegungen gar nicht möglich, wenn jene These vollständig zuträfe.

Die brillant formulierte Abhandlung kommt in einigen Befunden und Hypothesen den wirklichen Problemen der modernen Technik recht nahe, verfängt sich dann aber, wenn man sie als Analyse liest, mit ihren Folgerungen in gefährlichen Irrtümern, indem sie Ungleichgewichte in den Positionen und Interessenlagen der arbeitsteiligen Gesellschaft „nivellierend" übersieht und das Demokratisierungs- und Emanzipationspotential der technischen Kultur „skeptisch" unterschätzt. Liest man Schelskys Modell des technischen Staates dagegen als negative Utopie, hat sie als sich selbst widerlegende Prognose ihre Wirkung keineswegs verfehlt: Die sogenannte Technokratiedebatte, die auf diesen Beitrag mit vielfältiger Kritik reagierte, markiert das Ende des technologischen Determinismus und die beginnende normative Wende in der Technologie.

Günter Ropohl

Franz Schnabel: Deutsche Geschichte im neunzehnten Jahrhundert.
Bd. 3: Erfahrungswissenschaften und Technik
Freiburg: Herder 1934; zit. nach der TB-Ausgabe München: Deutscher Taschenbuchverlag 1987 (dtv 5935), 500 S.

Franz Schnabel (1887–1966) entstammte einer in Südwestdeutschland beheimateten katholisch-liberalen bürgerlichen Familie. Nach einer Tätigkeit als Gymnasiallehrer folgte er einem Ruf auf den historischen Lehrstuhl an der TH Karlsruhe. Unter den Nationalsozialisten verlor er sein Lehramt und setzte nach dem Krieg seine akademische Karriere an der Universität München fort. Sein zwischen 1929 und 1937 erschienenes vierbändiges Hauptwerk, die „Deutsche Geschichte im neunzehnten Jahrhundert", gehört zu den auch heute noch lesenswerten großen Darstellungen der deutschen Geschichtswissenschaft. Das gedankenreiche, systematisch strukturierte und durch seine erzählerische Eleganz fesselnde Werk blieb unvollendet. Die erschienenen vier Bände beschränken sich auf die Zeit des Vormärz. Drei davon befassen sich mit der Politik-, Geistes- und Religionsgeschichte, der andere uns hier interessierende 3. Band mit „Erfahrungswissenschaften und Technik".

Franz Schnabel beginnt seine Geschichte der Naturwissenschaften und der Technik mit Hegel und den Geschichtswissenschaften und stellt damit übergreifende geistesgeschichtliche Zusammenhänge her. In Hegels Philosophie sieht er eine Grundlegung des Machtstaats und setzt diesen in Kontrast zum Kulturstaat. Die methodische Entwicklung der Geschichts- wie der Naturwissenschaften präsentiert er in einer Abfolge von Wissenschaftlerporträts, welche vor sozial- und institutionengeschichtlichen Hintergründen, wie Skizzen der Gelehrtenwelt und der deutschen Universität, Kontur gewinnen. Das zentrale Thema seiner Darstellung der Naturwissenschaften bildet die Auseinandersetzung zwischen Naturphilosophie und exakter Forschung.

Das Kapitel über die Technik nimmt etwa die Hälfte des Buches ein. Schnabel setzt mit den Anfängen der Industrialisierung in Westeuropa ein – im mehr durch Empirismus geprägten Großbritannien und dem an Wissenschaft orientierten Frankreich. Die nachholende Industrialisierung in Deutschland nimmt Einflüsse beider auf, mehr praktisch-technische Großbritanniens und mehr geistige Frankreichs. „Der an der klassischen Literatur geübte Geist der Deutschen nahm den französischen Wissenschaftsbegriff auf und verband ihn mit dem alten deutschen handwerklichen und praktischen Können" (S. 327). Schnabel untersucht den Stellenwert von Bildung und Wissenschaft, welchen er hoch einschätzt, der wirtschaftlichen Einigung, des Bank- und Versicherungswesens für die deutsche Industrialisierung und schildert ausführlich Einzelbereiche wie Eisenbahn, Telegraphie und Dampfschiff.

Diese mehr konventionellen Abschnitte werden von einem roten Faden durchzogen und zusammengehalten: der Auseinandersetzung zwischen den

Industrie und Technik gestaltenden und vorantreibenden Gruppierungen und denjenigen – ihnen schenkt er seine Sympathie –, welche die negativen Folgen der technisch-industriellen Entwicklung betonen und fürchten. Eine optimistische technikbejahende Zukunftsgewißheit findet er im liberalen Bürgertum, und zwar besonders im Protestantismus. So zitiert er zustimmend die Aussage, „die Maschine (gemeint ist das Industriesystem, W.K.) habe in ihrem Wesen etwas Protestantisches" (S. 430). Kritisch-ablehnend gegenüber der Technik verhalten sich politischer Katholizismus, katholische Romantik auf der einen Seite und eine vom alten Handwerk getragene ‚Mittelstandsbewegung' auf der anderen. Katholische Denker wie Adam Müller, Franz von Baader und Joseph Görres vermissen eine Sinnhaftigkeit der technisch-industriellen Entwicklung und fürchten deren Gesellschaft und Religion umgestaltende Potenzen. Das alte Handwerk fühlt sich vom technischen Fortschritt in seiner Existenz bedroht. Von ihm kommt die „lästige Mahnung, daß die Technik den Menschen zu dienen habe und nicht die Menschen der Technik" (S. 426). „Freilich" sieht Schnabel in negativen Auswirkungen nicht die „Schuld der Technik, sondern der Wirtschaftsordnung" (S. 431).

In der deutschen Frühindustrialisierung bedingen sich bürgerlicher Liberalismus und technisch-industrielle Entwicklung wechselseitig. Franz Schnabel bringt dies auf die berühmte Formel „Konstitution und Maschine" (S. 239f.). Langfristig wird die Technik „wichtigste Bahnbrecherin auf dem Wege zur Demokratisierung der abendländischen Kultur" (S. 434). Die Produktion dient der von den Menschen gewünschten Gütervermehrung; bald werden jedoch auch die menschlichen Bedürfnisse selbst vermehrt und die Menschen zu willfährigen Konsumenten erzogen. Ein Paradoxon sieht Schnabel nun darin, daß die moderne Massenkultur gegen den Willen der Massen selbst geschaffen wird. In einem demokratischen Staat hätte die moderne Technik keine Chance besessen, denn Handwerker, Arbeiter und Bauern stellten sich gegen sie; sie bedurften einer „Erziehung zur Industrie" (S. 292ff.).

Franz Schnabel entwickelt sein Technikverständnis an keiner Stelle seines Werks in systematischer Weise, doch läßt es sich anhand zahlreicher Einzelbemerkungen rekonstruieren. Technik ist ihm ein integraler und notwendiger Bestandteil des menschlichen Lebens. Sie dient der „Befreiung des Menschen von Mühsal" (S. 437f.) und schafft damit Freiräume, um die Menschheit auf eine höhere Kulturstufe zu heben. Wie es den Trägern der Industrialisierung zunächst bewußt war, trägt Technik ihren Zweck jedoch nicht in sich, sondern bedarf geistiger Zielsetzungen. Diese hätten jedoch mit der Entwicklung der Technik nicht Schritt gehalten. Schnabels 1934 (!) erschienenes Werk schließt mit einem Satz, welcher ohne präzise zeitliche Fixierung über die Entwicklung nach Bismarck urteilt: „Alsdann ist aus dem technischen Geiste und der politischen Einheit die industrielle Großmacht hervorgegangen, in der die Entfaltung der sittlichen Energien nicht mehr Schritt gehalten hat mit dem intellektuellen Fortschritt" (S. 453). Problematische Auswirkungen der technischen

Entwicklung sieht Schnabel in der Entzauberung und Entgöttlichung der Welt, in der Entfremdung des Menschen von der Natur und in der Entseelung ganzheitlicher Arbeit durch Arbeitsteilung und Maschine. Zum grundsätzlichen Unterschied zwischen Gerät und Maschine bemerkt er: „Der Gebrauch eines Gerätes setzt den ganzen Menschen in Tätigkeit, während die Bedienung einer Maschine nur mechanische, stets wiederkehrende oder nur beaufsichtigende Leistung des Arbeiters erfordert" (S. 424).

Als Spezifikum der modernen industriellen Technik identifiziert Schnabel ihre mathematisch-naturwissenschaftliche Grundlage. Ihre Ursprünge findet er im Rationalismus, der sich zum Ziel gesetzt habe, das gesamte Leben auf Grundsätze und Regeln zurückzuführen. Das im 19. Jahrhundert aufgebaute System technischer Bildung habe einen wichtigen Beitrag zur Verbreitung dieser Denkweisen geleistet. Mit Hilfe der Technik sei es gelungen, sich von naturalen Beschränkungen zu emanzipieren, sie zu überwinden und eine „Herrschaft über die Natur" (S. 241) zu errichten.

In technikgeschichtlichen Darstellungen werden heute manche Gewichte anders gesetzt als von Franz Schnabel in seiner Geistesgeschichte der Technik in der deutschen Frühindustrialisierung. So beurteilt man den Stellenwert von Naturwissenschaften und technischer Bildung für die nachholende deutsche Industrialisierung zurückhaltender. Solche Gewichtungsverschiebungen besitzen jedoch für die Einschätzung von Schnabels Werk nur marginalen Charakter. Dessen Bedeutung liegt darin, daß hier der Technik in einer großen Gesamtdarstellung der deutschen Geschichte ein erheblicher und angemessener Stellenwert eingeräumt wird. Schnabel würdigt die weltgeschichtliche Rolle der modernen Technik, ohne seine skeptische Bewertung mancher ihrer Erscheinungen und Auswirkungen zu verhehlen. Mit dieser ausführlichen Behandlung und differenzierten Beurteilung der Technik steht Schnabel in der allgemeinen deutschen Geschichtswissenschaft bis zur Gegenwart einzig da. Während nämlich die Technikgeschichtsschreibung ihren Gegenstand sehr wohl in übergreifende Zusammenhänge stellt, dominiert in der allgemeinen Geschichtsschreibung immer noch eine den technischen Wandel weitgehend ausklammernde Politik- und Sozialgeschichte.

Wolfgang König

Manfred Schröter: Philosophie der Technik

München: R. Oldenbourg 1934 (Sonderausgabe aus dem „Handbuch der Philosophie", Abt. 4, München 1934), 86 S.

Manfred Schröter (1880–1973) war von 1930 bis 1937 Lehrbeauftragter und nach dem Krieg Honorarprofessor an der TH München. An dieser Hochschule waren schon sein Vater und sein Großvater als Technikwissenschaftler im Bereich des Wärmekraftmaschinenbaus tätig gewesen. Schröter stand der Technokratiebewegung nahe; sein Forschungsgebiet reichte von der Naturphilosophie Friedrich Wilhelm Joseph Schellings über die Kulturphilosophie Oswald Spenglers (s. dort) bis zur Philosophie der Technik. Zu Beginn der 30er Jahre gab er gemeinsam mit Alfred Baeumler das mehrbändige, systematisch angelegte „Handbuch der Philosophie" heraus. Die „Philosophie der Technik" ist eine Sonderausgabe des gleichlautenden Teils dieses Handbuches.

Da Schröter „Technik zunächst als Kulturerzeugnis schöpferischen Menschengeistes" (S. 3) versteht, geht es ihm vor allem um die systematische Analyse und Aufhellung der Stellung der Technik in der *Totalität* der Kultur und die Beziehungen zu ihren einzelnen Teilbereichen. Ergebnis seiner Untersuchung sei, so formuliert er resümierend, „die Technik an die ihr gemäße und richtige Stelle im Kultursystem eingegliedert zu haben" (S. 78), nämlich als letzten, organischen Abschluß des Ganzen des Kultur-Systems. Damit wäre „Philosophie der Technik" sinnvollerweise nur als Teil einer allgemeinen Kulturphilosophie zu behandeln. Wenn Schröter sie dennoch als selbständigen Bereich heraushebt, so ist dies einerseits darin begründet, daß dieses neuerstandene Gebiet eine wissenschaftliche, philosophisch ausreichende Darstellung bisher noch nicht gefunden hat. Zum andern nimmt „die Technik heute auch in kultureller Hinsicht (ob in positiver oder negativer Wertung) an Bedeutung immer noch" zu (S. 3). Damit sei eine eigene Betrachtung gerechtfertigt.

Für diese selbständige philosophische Untersuchung sieht Schröter drei Herangehensweisen: eine kulturphilosophische bzw. -kritische, eine naturphilosophische, d.h. die „Betrachtung der Bedeutung und des Wesens der im schöpferischen Wirken der Natur spürbaren immanenten Technik" (S. 4) – und eine metaphysische.

Die von Schröter ins Zentrum gerückte kulturphilosophische Herangehensweise erfolgt mit einer dreifachen Zielstellung: Erstens untersuche „sie systematisch als Strukturlehre der Technik die Eingliederung und das Verhältnis der Technik zu dem Gesamtkultursystem wie zu ihren Nachbargebieten"; zweitens gehe sie, „entsprechend der technischen Methodik, als Ethik und Psychologie der Technik, vom Schaffen und Charakter des technischen Menschen aus, ob sie sich nun auf die technische Arbeitstätigkeit oder die technischen Kulturaufgaben richtet"; drittens beurteile sie, „entsprechend der Geschichte, als Geschichtsphilosophie der Technik", deren bisherige und zukünftige Stellung im Kulturprozeß des Abendlandes und der Welt insgesamt (S. 4).

Für seine philosophischen Überlegungen wählt Schröter folgende allgemeine Ausgangsdefinition: „Unter Technik im allgemeinsten Sinn verstehen wir eine selbständige, elementare Tätigkeit von eigener und immer gleicher Art: die ewig menschliche, mit der Menschheit gleich alte und ursprüngliche Werktätigkeit (gestaltend) schöpferischer Arbeit" (S. 6). Ist damit einerseits eine im wesentlichen gleichbleibende, Realitäten schaffende menschliche Tätigkeit als *ewig-menschliche* Kulturfunktion herausgestellt, so wird andererseits von qualitativ unterschiedlichen Stufen in der Entwicklung der Technik ausgegangen und der modernen Technik, die mit der Dampfmaschine sprunghaft beginne, ein besonderer Stellenwert auch für die technikphilosophische Analyse eingeräumt. Erst auf der Entwicklungsstufe dieser *modernen* Technik können nach Schröter technikphilosophische Reflexionen, die mit dem Erkennen der Kulturfunktion der Technik untrennbar verbunden sind, einsetzen.

Grundlegend ist für Schröter dabei der Gedanke, daß durch technische Arbeit Verstand, Gemüt und Wille gleichermaßen gefordert sind. Technische Arbeit sei deshalb an sich schon wertvoll und sinnerfüllend, „persönlichkeits-aufbauend" und „substanzverwirklichend" (S. 51). Über Werkteilhabe und Werkverantwortung (S. 53) entwickele sich zudem eine positive psychologische Einstellung zur Technik. Dabei sei jedoch die Wechselwirkung mit anderen Kulturgebieten – z.B. Staat, Wirtschaft, Wissenschaft und Religion – zu berücksichtigen, die zu Einschränkungen dieses Ideals führen können. Abweichend von gängigen Vorstellungen leitet Schröter so Wertvorstellungen und Normen aus dem technischen Schaffen ab.

Für Schröter sind die „sich aus dem Wesen der Dampfmaschinenwirkung selbst ergebenden" sozialen und wirtschaftlichen Wirkungen als wichtige Seite der Kulturphilosophie Grundlage seiner Überlegungen. Deshalb beginnt er seine Abhandlung auch mit einer Darstellung der Geschichte der Erfindung und Auswirkungen der Wärmekraftmaschine. Anhand dieser Darlegungen werden erstens „Maßlosigkeiten einseitiger Übersteigerung" hinsichtlich der Nutzung der Natur, zweitens das „Wesen der technischen Schöpfung als selbständigen zentralen Vorgang" und drittens die „Eigenart technischen Schaffens" verdeutlicht. Zum ersten bemerkt er: „Ihr Wurzelgrund, die Naturwissenschaft des 17. und 18. Jahrhunderts, ist ihrerseits in der mechanischen Rationalität rein zahlenmäßiger und rein quantitativer Befragung und Erforschung der Natur eine gewaltsame, noch niemals vorher so ausschließlich erreichte Einseitigkeit, in deren gesteigerter Stoßkraft dann die Energie der folgenden Epoche technischer Naturbeherrschung gründet. Diese ungeahnt sich erweiternde materielle Weltbeherrschung der erfundenen Maschine aber führt zu der neuen Gewaltsamkeit einseitig wirtschaftlicher Ausnützung und eigensüchtiger Mißbrauchung der Maschinenwelt, bis zu der Entartung der wirtschaftlichen Anarchie der letztvergangenen Zeit mit ihren nur zerstörenden und unbeherrschten Kräften" (S. 23f.). Zur technischen Schöpfung hebt er hervor, daß ihr Sinn weder in der Wissenschaft noch in der Wirtschaft, sondern nur in ihr selber liege: „Wie die Technik weder als angewandte Naturwissenschaft noch als ein bloßes Teil- und Anwendungsgebiet der Wirtschaft aufzufassen ist, so nimmt das technische Können eine gleiche mittlere Stellung ein zwischen dem Wissen und dem Wollen. Es erzeugt aus dem notwendigen Wissen (der erforschten Natur) erst die Idee des zu schaffenden neuen Werkes, dessen Ausführung und Verwirklichung sich dann im Reich tätigen Handelns und wirtschaftlicher

Auswertung zu bewähren hat" (S. 24). Zum dritten macht er mit Bezug auf den Strömungs- und Getriebetechniker Hermann Föttinger deutlich, daß im technischen Werkschaffen ein „ursprünglicher Elementarvorgang menschlicher Geistigkeit" zur Betätigung komme.

Vor allem der dritte Gedankengang, der sehr an Georg Wilhelm Friedrich Hegels „Selbstwerdung des Geistes" erinnert, wird in den Kapiteln „II. Zur Strukturlehre und Kultursystematik", „III. Zur Ethik (Psychologie) und Geschichtsphilosophie" sowie „IV. Zur Naturphilosophie und Metaphysik" in jeweils spezifischer Weise entfaltet und problematisiert.

In den strukturanalytischen und kultursystematischen Überlegungen verdeutlicht Schröter vor allem die Eigenständigkeit der Technik. Unter Rückgriff auf Darlegungen von Wilhelm Dilthey, Hans Freyer (s. dort), Max Scheler (s. dort) und Eduard Spranger kreisen sie stets um die eine innere Kulturerfüllung bildende Dreiheit von intellektueller Aneignung, schöpferischer Verarbeitung bis hin zur Erfindung und ausführenden Gestaltung als „Einzelausdruck für das innere psychische Grundverhältnis, ja für den ursprünglichen Lebensvorgang des Bewußtseins überhaupt" (S. 27). Diese Dreiheit verwirkliche und aktualisiere sich allein im technischen Schaffen und seinem Ergebnis. Deshalb könne die Technik paradigmatisch für die Kulturtotalität sein. Wieder wird Schröters Anliegen deutlich, die Technik als Mittelpunkt der Kultur herauszustellen.

Ethik der Technik wird „als Versuch technischer Selbstbesinnung oder psychologischer und kulturkritischer Beurteilung des Wesens ihrer Tätigkeit und ihrer Wirkung, ihrer Aufgaben und ihrer Stellung im Kultursystem" (S. 46) gefaßt. Daraus leitet Schröter als „geschichtsphilosophische(n) Weltsinn der Technik" (S. 66) ab, allgemeine Kulturkräfte zu entbinden und zu deren Harmonisierung beizutragen.

Den naturphilosophischen Bezug der Technik sieht er – nicht unproblematisch – darin, daß Technik „als ein allgemeines, das Naturganze durchwaltende Prinzip verstanden (wird), dessen Wirkungsspur im Kosmos und so auch im Menschen, als organischem, natürlichem Glied dieses Kosmos, sich aufzeigen lassen muß" (S. 71).

Manfred Schröter greift mit seiner Arbeit nicht nur grundlegende Positionen philosophischer Reflexionen seiner Zeit auf, sondern er versucht auch, über systematische Fragestellungen und klare Argumentationen die kulturphilosophische Debatte um technikphilosophische Inhalte zu bereichern, wenn er auf die Möglichkeit und den Sinn des technischen Seins eingeht. Dabei erfaßt er einerseits den Stand der Diskussion, andererseits erweitert er sie durch spekulative Elemente (z.B. sein kosmisches Prinzip). Durch seine weite Fassung der Technik und vor allem des technischen Tuns, durch den umfassenden Anspruch seiner Überlegungen und den hohen Abstraktionsgrad in der Darstellung ist der Bezug seiner Darlegungen zur technischen und zivilisatorischen Realität in ihrer Problembehaftetheit nur schwer herstellbar – und damit auch ihr Beitrag zur Antizipation möglicher Problemlösungen. Zahlreiche Literaturangaben belegen den Handbuchcharakter dieser Publikation.

Gerhard Banse

Ernst Friedrich Schumacher: Small is beautiful. A Study of Economics as if People Mattered

London: Blond & Briggs 1973; dt. Die Rückkehr zum menschlichen Maß. Alternativen für Wirtschaft und Technik „Small is beautiful", übers. von Karl A. Klewer, Reinbek: Rowohlt 1977, 316 S.

Den Ausgangspunkt für die systemkritischen Überlegungen des aus Deutschland stammenden Wirtschaftswissenschaftlers Ernst F. Schumacher (1911–1977), der in England als akademischer Lehrer, in Regierungskommissionen und insbesondere als Berater für Entwicklungsprojekte in der Dritten Welt tätig war, bildet die Situation in den Entwicklungsländern. Sein Buch hat weltweite Beachtung gefunden und wesentlich zum Wandel der öffentlichen Einstellung gegenüber wirtschaftlichen Konzentrationsprozessen und dem technischen Fortschritt beigetragen. Ein Jahr vorher hatte der *Club of Rome* seine alarmierenden Thesen über die Grenzen des Wachstums publiziert. Diese Untersuchungen stützten sich auf systemtheoretische Analysen und die Extrapolation der bisherigen Trends in der Bevölkerungsentwicklung, der Umweltbelastung und dem Ressourcenverbrauch. Im Unterschied zu solchen aggregierten, nüchternen, rein sachbezogenen Untersuchungen ist Schumachers kritische Untersuchung der Wirtschaftsstile getragen von menschlicher Anteilnahme und der Sorge um das Individuum. In diesem Sinne wendet sich Schumacher gegen das Profitstreben des Kapitals, gegen wirtschaftliche Konzentrationsprozesse und gegen technischen Gigantismus. Der – auch in der politischen Diskussion aufgenommene – Titel „Small is beautiful" ist inzwischen zum Schlüsselbegriff für die verschiedensten Konzepte und Programme einer am Menschen orientierten, alternativen, umweltfreundlichen, sanften, angepaßten, Mittleren Technologie geworden. Das Buch enthält keinen systematisch durchstrukturierten und fortlaufend entwickelten Argumentationsgang, sondern eine in vier Teile aufgegliederte Sammlung von lose verbundenen, in sich abgeschlossenen Aufsätzen. Die deutsche Ausgabe ist gegenüber dem englischen Originaltext um einen Aufsatz über die Buddhistische Wirtschaftslehre sowie um einen von George McRobie verfaßten Anhang über die Praxis der Mittleren Technologie erweitert worden.

Schumacher wendet sich gegen die wachsende Umweltbelastung sowie gegen den kurzsichtigen und verantwortungslosen Verbrauch von nichterneuerbaren Gütern (Luft, Wasser, Boden, fossile Brennstoffe). Die Ursache für die ökologischen Probleme sieht er in den „ökonomischen Göttern" Habsucht, Neid und Machthunger, die John M. Keynes 1930 in der Zeit der wirtschaftlichen Depression als vorübergehendes Mittel empfohlen hatte, um dadurch einen allgemeinen Wohlstand zu schaffen. Trotz des in den Industrieländern inzwischen erzielten Reichtums bestimmen diese Prinzipien auch heute noch die Dynamik des wirtschaftlichen Geschehens: Die Wirtschaftswissenschaft bewertet nach wie vor die Mittel höher als die Ziele (S. 27, S. 46). Dem stellt Schumacher – unter Hinweis auf die buddhistische Ethik – seine Forderung nach Selbstbeschränkung, nach maßvollen Bedürfnissen, nach Einfachheit und Gewaltlosigkeit entgegen: Statt Egoismus, Gigantomanie und Naturzerstörung brauchen wir eine biologische Landwirtschaft, überschaubare, arbeits- und nicht kapitalintensive Technologien, eine humane Arbeitsgestaltung und ein Zusammenleben der Menschen in kleinen, überschaubaren Gruppen (S. 67). Das Bewußtsein für solche Ziele müsse gefördert werden durch recht verstandene Bildung mit dem Blick auf eine metaphysische Erneuerung (S. 91) und durch die Besinnung auf die Lehren der Bergpredigt (S. 142). Darüber hinaus bedürfe es in theoretischer Hinsicht einer Meta-Wirtschaftswissenschaft, in der für nicht erneuerbare Güter grundsätzlich andere Kosten in Anschlag gebracht werden als für erneuerbare (S. 45).

Auf diese in den beiden ersten Teilen „Die moderne Welt" und „Aktivposten" vorgetragenen allgemeinen Erwägungen folgen dann im dritten und vierten Teil verschiedene Artikel zu den Themenbereichen „Die Dritte Welt" und „Organisation und Eigentum", in denen Schumacher seine Grundgedanken variiert und in manchen Punkten auch konkretisiert. Fatal sei die durch den Einsatz modernster Technik und automatischer Maschinen herbeigeführte – vermeidbare – Arbeitslosigkeit. Das übliche Erfolgskriterium eines wachsenden Bruttosozialprodukts könne nur als „Neokolonialismus", d.h. als Ausbeutung der Dritten Welt, bezeichnet werden. Auch die Landflucht sei keine Lösung. Schumacher erklärt, „daß die Armut in der Welt in erster Linie ein Problem von zwei Millionen Dörfern und damit ein Problem von zwei Milliarden Dorfbewohnern ist. Die Lösung ist nicht in den Städten der armen Länder zu finden. Solange das Leben im Hinterland nicht erträglich wird, ist das Problem der Armut in der Welt unlösbar und wird unvermeidlich schlimmer werden" (S. 174f.). Schumacher betont mit Recht, daß sich die Entwicklungshilfe nicht an fiktiven monetären Einheiten orientieren dürfe, daß die Selbsthilfe gefördert werden müsse und daß nicht kapitalintensive, sondern arbeitsintensive Techniken zum Einsatz kommen sollten (S. 179) – wobei man anmerken könnte, daß diese Forderungen zum Teil durch eine geänderte Entwicklungspolitik (Hilfe zur Selbsthilfe) und indirekt auch durch vielfältige Formen der Schattenwirtschaft abgedeckt werden; doch die Bevölkerungsexplosion bleibt nach wie vor ein zentrales Problem.

Schumacher stellt die negativen Auswirkungen der Zentralisierung deutlich heraus. Als Abhilfe empfiehlt er die Dezentralisierung und die Berücksichtigung des Subsidiaritätsprinzips, d.h. die Delegation von Aufgaben an die unteren Ebenen. Auf diese Weise könne ein Ausgleich zwischen dem Bedürfnis der Großorganisation nach Ordnung und der individuellen schöpferischen Freiheit gefunden werden (S. 217–219). Die Hauptgefahr des Sozialismus sieht Schumacher darin, daß er es dem Kapitalismus gleichtut und allein die Rentabilität als maßgebliches Kriterium akzeptiert. Im Hinblick auf die Wirtschaft und den Lebensstandard sei das kapitalistische System durchaus leistungsfähig. Doch es fehle ihm die Orientierung an der Kultur und an der Lebensqualität; dies herauszustellen sei die Aufgabe der Sozialisten (S. 234f.). Im Nachwort plädiert Schumacher für die Besinnung auf die Kardinaltugenden: Klugheit, Gerechtigkeit, Tapferkeit und Maß. Wir müssen uns entscheiden, wieviel wir für eine saubere Umwelt zu zahlen bereit sind; die technisch entwickelten Gesellschaften stehen vor der Aufgabe, ihre Wertvorstellungen zu prüfen und ihre politischen Ziele zu verändern (S. 265f.).

Während die große Mehrheit der Wirtschaftswissenschaftler zwecks Steigerung der Rentabilität auf große Einheiten, auf den Trend zum Riesenhaften setzt, warnen – wie Schumacher betont – die Soziologen und Psychologen ebenso wie die Kulturkritiker vor einer wuchernden Bürokratie und vor dem Verlust an Individualität und der Aushöhlung der zwischenmenschlichen Beziehungen in einem entfremdeten Arbeitsalltag. Schumachers zentrale philosophische These lautet dementsprechend: „Wir leiden an einer metaphysischen Krankheit, und daher muß auch die Heilung metaphysisch sein" (S. 91).

Um Schumachers Buch richtig zu würdigen, muß man daran erinnern, daß vieles von dem, was er fordert – gerade auch aufgrund seiner Kritik – inzwischen ins allgemeine Problembewußtsein übergegangen ist, in der politischen Diskussion behandelt wird und in mancher Hinsicht auch bereits verwirklicht wurde. Im intellektuellen Repertoire der Alternativbewegungen hat diese systematisierte Aufsatzsammlung den Status eines Klassikers. Die Kritik an der Umweltzerstörung, an der Großtechnik, am Wachstumsfetischismus und an der Bedürfnisexplosion wird bei Schumacher auf hoher Abstraktionsebene, aber gleichwohl pointiert und eindeutig vorgetragen. Bemerkenswert waren neben den kulturkritischen Thesen und normativen Empfehlungen auch die Hinweise auf die in der damaligen wirtschaftswissenschaftlichen Theorienbildung fehlende Verteuerung nicht erneuerbarer Güter. Die Ansätze zur Berücksichtigung der ökologischen Kosten im Rahmen der betriebswirtschaftlichen Rechnung sind ein Schritt in die geforderte Richtung – wobei das Problem letzten Endes nur in globalem Maßstab zu lösen sein wird.

Ein nüchterner, wissenschaftlich und analytisch orientierter Kritiker, der allein die beobachtbaren Fakten gelten läßt, könnte an dem gelegentlich fast esoterischen theoretischen Hintergrund von Schumachers moralischen Appellen Anstoß nehmen und auf den unrealistischen, ja utopischen Charakter der erhobenen Forderungen verweisen. Seine wohlmeinenden Postulate sind auf die aktuelle Problemsituation zugeschnitten. Aber sind sie angesichts der wirtschaftlichen Mechanismen in unserer konsum- und wohlstandsorientierten demokratischen Massengesellschaft auch realisierbar? Bei der Lektüre von Schumachers Ausführungen wird die unvermeidbare Diskrepanz zwischen idealen Forderungen und konkreter Lebenswirklichkeit deutlich: In Schumachers Verbindung von wissenschaftlicher Analyse und engagierter Kulturkritik werden um der guten Absicht willen Probleme überspielt, die sich doch nicht aus der Welt schaffen lassen. So ist eine zusammenfassende Betrachtung des wirtschaftlichen Geschehens nur möglich durch die Aggregation der verschiedenen Einzelgrößen zu einem Gesamtergebnis. Man kann mit Schumacher die Unmenschlichkeit bedauern, die in der Abstraktion vom Schicksal der einzelnen Betroffenen liegt – an der Sache selbst wird dadurch nichts geändert. Das Analoge gilt für die Kritik, die Schumacher an der Betonung der Mittel und am Effizienzstreben übt. Jeder, der versucht, Schumachers Forderungen in der Wirklichkeit dieser Welt praktisch umzusetzen, kommt seinerseits nicht umhin, sich bestimmter Mittel und Verfahrensweisen zu bedienen. Selbst in der kleinsten Wirtschaftseinheit zwingt die Begrenztheit der zur Verfügung stehenden Ressourcen zu einem ökonomischen, d.h. auf Effizienz gerichteten Einsatz dieser Mittel. Hier kommt einmal mehr der bekannte Gegensatz zwischen dem nüchternen Konstatieren von Systemzusammenhängen und dem moralischen Engagement der Individuen zur Geltung.

Der Sache nach sind beide Aspekte relevant. Die allgemeinen wirtschaftlichen, technischen und organisatorischen Strukturen bilden die Rahmenbedingungen, innerhalb deren die moralisch wertenden und konkret handelnden Individuen agieren. Schumacher hat die Rolle der Individuen und der Wertvorstellungen, von denen sie sich bei ihrem Tun leiten lassen, ganz in den Vordergrund gerückt. Er spricht als kulturkritischer Moralist und nicht als Fachwissenschaftler der Ökonomie, wobei festzustellen ist, daß die anstehenden Probleme inzwischen auch in der wirtschaftswissenschaftlichen Theorienbildung – etwa in Gestalt der Umweltökonomie – abgehandelt werden. Es fehlt heute nicht so sehr an theoretischen Konzepten als an dem verzichtbereiten und handlungsentschlossenen Willen zu ihrer Verwirklichung. In diesem Sinne sind die Ausführungen Schumachers nach wie vor aktuell: Gemäß der Maxime, daß man das Unmögliche verlangen muß, um das Mögliche zu erreichen, ist – sobald die Problemlage erkannt wird – gerade der überschießende moralische Impuls geeignet, Kräfte zu mobilisieren, die auf eine positive Veränderung von Einstellungen und Strukturen hinwirken.

Friedrich Rapp

Joseph Alois Schumpeter: Business Cycles. A Theoretical, Historical and Statistical Analysis of the Capitalist Process
New York/London: McGraw-Hill 1939; dt. Konjunkturzyklen. Eine theoretische, historische und statistische Analyse des kapitalistischen Prozesses, 2 Bde., Göttingen: Vandenhoeck u. Ruprecht 1961, 1.132 S.

Der Sozial- und Wirtschaftswissenschaftler Joseph A. Schumpeter (1883–1950) war 1919 österreichischer Finanzminister, 1925–32 hatte er eine Professur in Bonn, dann an der Harvard University inne. Er begründete und leitete in den USA die „Econometric Society" und die „American Economic Association". Seine Theorie der wirtschaftlichen Entwicklung beruht auf dem Gedanken, daß unternehmerische Innovationen die innerwirtschaftliche Prozeßdynamik zu erklären vermögen. Neben seinem theoretischen Hauptwerk zur Nationalökonomie (1909) und seiner Spätschrift „Kapitalismus, Sozialismus und Demokratie" (1942, dt. 1946) entfaltet vor allem das umfangreiche Werk „Konjunkturzyklen" diesen Entwicklungsgedanken. Auch wenn es sich hierbei nicht um Technikphilosophie handelt, muß doch seine Sicht der Industrieentwicklung als ein wichtiges Strukturmodell gesehen werden.

Ansatzpunkt Schumpeters ist die bei jedem Geschäftsmann zu beobachtende Beurteilung einer Wirtschaftslage: Wie seinen eigenen Geschäftsgang sieht er sie als „normal", als eine Phase der „Prosperität" oder eine der „Krise" oder „Depression" (S. 11). Doch für einen Wissenschaftler stellt sich die Frage nach den *Indizien* und nach den bedingenden inneren und äußeren Faktoren der Entwicklung. Äußere Faktoren sind beispielsweise Kriege, Revolutionen oder Naturkatastrophen; sie klammert Schumpeter aus, um sich auf die inneren Faktoren zu beschränken. Zu ihnen zählt außer den klassischen Wirtschaftsdaten beispielsweise auch die Entdeckung neuer Länder (weil Entdeckungsreisen in der Regel als Risiko unter Wirtschaftsgesichtspunkten gesehen wurden). Hingegen sind Erfindungen als solche weder ein äußerer noch ein innerer Faktor; das beweise deren Einflußlosigkeit in der Antike und im Mittelalter. „Sobald jedoch eine *Erfindung* im Wirtschaftsleben Anwendung findet", liegt ein innerer Faktor vor (S. 15). Dies aber ist nicht unabhängig von der jeweiligen „Sozialstruktur"; denn, hierin Karl Marx (s. dort) zustimmend, betont Schumpeter, „daß der technische Fortschritt zum innersten Wesen der kapitalistischen Unternehmertätigkeit gehört und daher nicht von ihm getrennt werden kann" (S. 16). Unter *Kapitalismus* versteht er dabei „jede Form privater Eigentumswirtschaft, in der Innovationen mittels geliehenen Geldes durchgeführt werden" (S. 234).

Die Hauptschwierigkeit einer auf solchen inneren Faktoren aufbauenden Theorie der Konjunkturschwankungen sieht Schumpeter nun darin, daß jene nicht in einem „analytischen Modell" beschrieben werden können, weil sich ein Wirtschaftssystem „in ständigem Übergang zu etwas Neuem befindet" (S. 17). Ausgehend von Gleichgewichtstheorien zeigt er, daß ein wirtschaftliches Gleichgewicht zu seiner Aufrechterhaltung einen Ausgleich der Variablen verlangt; das aber sei oft nicht schnell genug möglich (S. 54), so daß sich eine dynamische Entwicklung ergibt; diese wiederum tendiere zu einem neuen *vorläufigen Gleichgewicht*, weil Veränderungen auch hemmende Widerstände entgegenstehen. Zu den wichtigsten Änderungsfaktoren gehören „technologische Veränderungen in der Produktion von Gütern, ... die Erschließung neuer Märkte, ... Taylorisierung der Arbeit, verbesserte Materialbehandlung" und als „Standardfall" die „Einführung neuer Güter" (S. 91). Dies alles sind in Schumpeters Terminologie „Innovationen" im Gegensatz zur „Erfindung". Da es Innovationen gibt, die nicht auf Erfindungen beruhen, und da nicht aus jeder Erfindung eine Innovation erwächst, sind beide voneinander zu unterscheiden (vgl. S. 92, Anm. 11): So sind Innovationen auf einen Bedarf bezogen, während Erfindungen davon unabhängig sein können. Erst der Unternehmer ist es, „der die Erfindung in Innovation verwandelt" (S. 93). Innovationen im eigentlichen Sinne liegen dabei nur vor, wenn sie mit einer bedeutenden „Veränderung in einer Produktionsfunktion" verbunden sind (S. 101). Solche Innovationen sind darum für Schumpeter der eigentliche Motor aller Wirtschaftsdynamik.

Mit der Zusammenführung von Unternehmertum und Innovation gelangt Schumpeter zu seiner ersten entscheidenden These, „daß Innovation die überragende Tatsache in der Wirtschaftsgeschichte der kapitalistischen Gesellschaft oder im rein ökonomischen Bereich dieser Wirtschaftsgeschichte" sei (S. 93). Wie die Dampfmaschine zeige, seien Innovationen weder isolierte Ereignisse noch zeitlich gleichmäßig verteilt, sondern sie hätten „die Tendenz, stoßweise und geballt aufzutreten" und sich innerhalb des Wirtschaftssystems „auf bestimmte Sektoren und ihre Umgebung zu konzentrieren" (S. 108). Deshalb könnten durch Innovationen hervorgerufene Störungen des Gleichgewichts auch „nicht laufend und reibungslos absorbiert werden" – vielmehr erzeugen sie einen „besonderen Prozeß der Anpassung" (S. 109), der „diskontinuierlich" und „unharmonisch" verläuft (S. 110): Die neue Eisenbahnlinie in unerschlossenem Gebiet verändert dessen Wirtschaftsstruktur vollkommen!

Auf diese Befunde baut Schumpeter schrittweise seine zweite Hauptthese in Gestalt der Zyklentheorie auf. Dabei wird der Zusammenhang von Kapitalismus und Innovationszyklus von ihm auf folgende Weise hergestellt: Der *Unternehmergewinn*, der sich durch die Innovation gegenüber dem ‚alten' (und teureren) Produktionsverfahren ergibt, „ist der Preis, mit dem in der kapitalistischen Gesellschaft erfolgreiche Innovation bezahlt wird". Wegen des Wettbewerbs- und Anpassungsprozesses ist dieser Gewinn jedoch „zeitlich beschränkt" (S. 113). Darum wird erstrebt, den „Strom des Gewinns ... zu erhalten" (S. 115). Deutlich sieht Schumpeter die Gefahr der Arbeitslosigkeit und des Scheiterns im Konkurrenzkampf als Folgen dieser Innovationsdynamik, sowie den daraus resultierenden Widerstand gegen Innovationen. Letztlich aber, so meint er, habe „jede technologische Verbesserung, die ‚objektiv möglich' wird, die Tendenz, ... in die Wirklichkeit umgesetzt zu werden" (S. 117) – mit weitreichenden Folgen für die wirtschaftliche und soziale Struktur.

Der durch Innovationen hervorgerufene stete Wechsel von ‚Fortschritt', der ein Ungleichgewicht und einen Anpassungsdruck erzeugt, mit der Tendenz, aufgrund retardierender Elemente zu einem neuen Gleichgewicht zu gelangen, führt zu den *Konjunkturzyklen* als „Verlauf jener Schwankungen im Wirtschaftsleben" (S. 147). Jeder solche zyklische Prozeß besteht aus vier Phasen, nämlich der Innovation einschließlich neuer Betriebsanlagen und *Prosperität*, dem daraus erwachsenden Druck der Erzeugnisse mit Rezession, gefolgt von abnormer Liquidation und *Depression*, was schließlich in wachsenden Widerstand des Systems und *Erholung* mündet (S. 165). Kennzeichnend aber für Schumpeters Theorie ist die Überlagerung von drei Wirtschaftszyklen unterschiedlicher Dauer, deren Konzept jeweils auf Joseph Kitchin, Clémen Juglar und Nikolaj D. Kondratieff zurückgeht und die nun in ein einziges Modell zusammengeführt werden. Die *Kitchinzyklen* von etwa 40 Monaten Dauer sind ablesbar an den monatlichen Wechseldiskontsätzen als Indikator. Sie überlagern die mittelfristigen, an den großen Wirtschaftskrisen orientierten, etwa zehnjährigen *Juglarzyklen*. Diese wiederum überlagern die langfristigen, sechzig Jahre umfassenden *Kondratieff-Zyklen* mit mehrjährigen Phasen von Stockung und Aufschwung; sie beruhen auf dem, was wir heute eine ‚Basisinnovation' nennen (Kap. IV).

Im Zuge eines Durchgangs durch die Wirtschaftsgeschichte prüft Schumpeter das Modell auf seine Tragfähigkeit. Obgleich sein Innovationsbegriff so weit gefaßt ist, daß er Organisations- wie Produkt- und Prozeßinnovationen einschließt, stützt er sich hierbei praktisch ausschließlich auf technologische Produktinnovationen: Hierdurch ist auch das Bild der heutigen Betriebswirtschaftslehre von Schumpeter geprägt, wenn sie sein Verdienst treffend darin sieht, Produktinnovationen als einen unverzichtbaren Wirtschaftsfaktor in die Betriebswirtschaftslehre eingeführt zu haben.

Den ersten quellenmäßig stützbaren Kondratieffzyklus sieht Schumpeter in der „Industriellen Revolution" (1780–1842), den zweiten als „das Zeitalter des Dampfes und Stahles" (1843–1897); der dritte sei der „der Elektrizität, der Chemie und des Motors" (ab 1898) (S. 180). Alle drei werden in Juglarzyklen untergliedert und diese wiederum in Kitchinzyklen, die allerdings bei Schumpeter zurücktreten. Es zeige sich, daß „sechs Juglarzyklen auf einen Kondratieffzyklus und drei Kitchinzyklen auf einen Juglarzyklus" kommen (S. 183). Die sich daraus ergebende Gliederung liegt denn auch den 900 Seiten zugrunde, die die Fülle des technik- und wirtschaftshistorischen Materials bändigen und darüber eine historisch-empirische Bestätigung des gefundenen Modells suchen.

Doch Schumpeter warnt: „Es gibt nichts, was die Erwartung einer derartigen Regelmäßigkeit rechtfertigt" (S. 183); insbesondere lasse sich keinerlei theoretische Rechtfertigung für das beobachtungsgestützte Schema geben. Ansatzweise steht zwar eine psychologische Motivationstheorie im Hintergrund; doch diese wird ausdrücklich nicht herausgearbeitet (S. 108, Anm. 34). Damit eignet sich das Schema nur zur *Beschreibung* der „Diskontinuität", die eine „Evolution durch aufeinanderfolgende Revolutionen" darstellt (S. 237f.). Dabei gilt es festzuhalten, daß es sich um ein *theoretisches* Modell handelt, das wegen der Ausklammerung aller äußeren Faktoren nicht einmal beanspruchen kann, für die Geschichte allgemein tauglich zu sein, sondern allenfalls für ein wirtschaftstheoretisches Konstrukt ‚Realgeschichte minus Kriege, Naturkatastrophen etc.'! So hat Schumpeter das Modell nie als politisches Steuerungsinstrument gedacht; dazu wäre es schon deshalb ungeeignet, weil die Wirtschaftszyklen gerade nicht deterministisch gedeutet werden können: Innovationen sind grundsätzlich nicht vorhersehbar, und dasselbe gilt für den nachfolgenden Anpassungsprozeß. Deshalb kann Schumpeter in seinem Spätwerk aus inhaltlichen Gründen für eine Überwindung des Kapitalismus durch einen demokratischen Sozialismus eintreten.

Das alles hindert Schumpeter allerdings nicht, sein Modell zugleich zu Quasi-Prognosen zu benutzen, wenn er die Entwicklung nach der Weltwirtschaftskrise, die zeitlich erst nach früheren, das Modell explizierenden Arbeiten eintrat, wegen ihrer Einordnungsmöglichkeit zugleich als Bestätigung seines Ansatzes auffaßt. Fraglos liegt hier die größte methodische Schwäche; denn Evolutionsmodelle – und darum handelt es sich wegen des unvorhersehbaren Auftretens von Innovationen – mögen in der Rückschau eine fruchtbare Deutung eines historischen Prozesses leisten; doch zu Prognosen sind sie nur in Form von unmittelbaren Trendaussagen geeignet. Ebenso darf man nicht übersehen, daß ein Modell wie das vorliegende zwar der Strukturierung eines historischen Materials dient, nicht aber seinerseits induktiv aus ihm erschlossen werden kann. So sehr also die herausgearbeitete Binnenstruktur der analysierten Einzelzyklen einleuchten mag, so wenig läßt sich annehmen, man habe es hier mit einem Wirtschaftsgesetz von der Art eines Naturgesetzes zu tun; und nichts berechtigt zu der Annahme, die künftige Wirtschaftsentwicklung werde in Sechzig-Jahres-Zyklen weltbestimmender technologischer Innovationen vonstatten gehen. Dennoch ist es Schumpeters bleibendes Verdienst, den Zusammenhang von Unternehmertätigkeit und technologischer Innovation benannt und herausgearbeitet zu haben.

Hans Poser

Gilbert Simondon: Du mode de l'existence des objets techniques
Paris: Aubier-Editions Montaigne 1958 (Collection Analyse et Raisons), Nachdrucke 1969 und 1989, 268 S.

Simondon (1924–1989) war Professor für Philosophie in Poitiers und an der Sorbonne. Neben der hier zu besprechenden Abhandlung liegen von ihm Monographien über „Das Individuum und seine physisch-biologische Genese" (1964) sowie über „Die psychische und kollektive Individuation" (1969) vor. Simondon will zeigen, daß der vermeintliche Gegensatz zwischen Kultur und Technik, zwischen dem Menschen und der Maschine in Wirklichkeit gar nicht existiert. Die technische Realität ist eine menschliche Realität, und unsere Kultur muß, um ihre Rolle voll wahrzunehmen, die technische Welt in ihrer Wissensstruktur und in ihren Sinnbezügen als menschliche Welt anerkennen. Simondon sieht die Aufgabe der Philosophie darin, die nur auf Unwissenheit und Ressentiments beruhende Ablehnung gegenüber der vermeintlich fremden Welt der Technik zu überwinden. Die Maschine gilt als das Fremde; doch in Wirklichkeit ist die Welt der technischen Objekte, die die Vermittlung zwischen dem Menschen und der Natur leisten, ein integrierender Bestandteil der Kultur: „Die stärkste Ursache für die Entfremdung in der gegenwärtigen Welt beruht auf dem Verkennen der Maschine; diese Entfremdung wird nicht durch die Maschine hervorgerufen, sondern durch die Unkenntnis ihrer Natur und ihres Wesens, dadurch, daß die Maschine in der Welt der Bedeutungen nicht auftritt, daß sie in der Wertetafel und unter den Begriffen, die die Kultur ausmachen, fehlt" (S. 9f.). Nach Simondon sind in unserer Kultur zwei gegensätzliche Haltungen gegenüber der Technik anzutreffen. Einerseits wird die Technik als bloße Zusammenfügung von Materie betrachtet, die nur Nützlichkeitscharakter hat, aber bar jedes echten Sinnes ist. Andererseits gibt es aber gleichzeitig die Vorstellung, „daß diese Objekte von feindlichen Intentionen gegenüber den Menschen beseelte Roboter sind, die ihn beständig durch die Gefahr der Aggression und der Revolte bedrohen" (S. 10f.).

Simondon beklagt, daß unsere Kultur den technischen Objekten einen ästhetischen Wert verweigert und ihnen nur einen Gebrauchs- und Funktionswert zuspricht. Das sei ebenso irreführend wie die Überhöhung der Technik zu etwas Heiligem, wobei die Maschine dann als allmächtiger, ewig lebender Übermensch erscheint. In Wirklichkeit ist die vom Menschen hervorgebrachte Technik ein integrierendes Element der im weiteren Sinne verstandenen Kultur. Die vielgestaltige Welt der technischen Objekte ist also weder bloße Materie, noch stellt sie eine Bedrohung der Menschheit dar. Die Vorstellung, daß die Technik sich durch Vernetzung selbsttätig zu einem einzigen Superautomaten, zu „einer Maschine aller Maschinen" (S. 11) entwickeln könnte, sei völlig verfehlt. Simondon sieht in der durch die Technik ermöglichten Flexibilisierung die Chance, daß der Mensch die Technik wie ein Dirigent und nicht wie ein Sklavenhalter einsetzt. „Um der Kultur den wahrhaft allgemeinen Charakter, den sie verloren hat, wieder zurückzugeben, ist es unerläßlich, daß man das Bewußtsein von der Natur der Maschinen, von der Relation zwischen den Maschinen und von der Beziehung zwischen den Maschinen und dem Menschen sowie der Werte, die in diesen Beziehungen impliziert sind, wieder in die Kultur einführt" (S. 13).

Das Buch ist in drei Teile gegliedert. Im ersten Teil untersucht Simondon die Technikgenese in psychologischer und kultureller Hinsicht. Er betrachtet die Konkretisierung der funktionalen Aufgabenstellung der technischen Objekte als einen fortlaufenden Evolutionsprozeß, wobei die einzelnen Stufen jeweils unterschiedliche Einstellungen gegenüber der Technik hervorrufen. Seine Grundthese besagt, daß die technischen Objekte nicht nur als Werkzeuge betrachtet werden dürfen. Im Einzelnen unterscheidet er drei Stufen der technischen Entwicklung. Im Stadium des Elements besteht die Technik aus isolierten Einzelwerkzeugen; sie gibt keinerlei Anlaß zu grundsätzlichen Veränderungen und wird deshalb im Sinne einer allgemeinen Fortschrittserwartung betrachtet. Es folgt das Stadium der Maschine, in dem die Technik wie ein Individuum als ein Gegner und Konkurrent des Menschen wahrgenommen wird, der im Sinne des Willens zur Macht die ganze Welt erobern möchte. In der dritten und letzten Stufe bildet die Technik ein Ensemble, und es erfolgt schließlich ihre vorher nicht bestehende Integration in die Kultur. Nunmehr dominiert die flexible Informationstechnik, die ihrer Natur nach – ebenso wie das Leben selbst – der Unordnung entgegenwirkt und zu einer offenen, produktiven Strukturierung führt: Heute kann die Technik „zur Grundlage für die Kultur werden, der sie die Kraft zur Einheit und zur Stabilität verleiht, indem sie die Kultur in Übereinstimmung mit der Wirklichkeit bringt, die von der Technik ausgedrückt und von ihr bestimmt wird" (S. 16).

Dieses programmatische Konzept einer Periodisierung der Technikgeschichte, die zugleich eine Einteilung der Kulturgeschichte und der Geschichte überhaupt liefern soll, wird (dem Stand von 1958 entsprechend) von Simondon an drei verschiedenen technischen Entwicklungslinien demonstriert: den Verbrennungsmotoren, den Elektronenröhren und dem Telefon. Ganz im Sinne der in der französischen Technikgeschichtsschreibung (Bertrand Gille, s. dort, Maurice Daumas) herausgestellten internen Logik der Technikentwicklung werden die verschiedenen Stadien als Etappen einer durchgängigen Entwicklungslinie interpretiert und durch zahlreiche Abbildungen konkretisiert. Der Fortschritt eines technischen Objekts beruht nach Simondon auf einer konvergenten Abfolge: „Diese Entwicklungslinie verläuft von einem abstrakten zu einem konkreten Modus: sie tendiert auf einen Zustand hin, der das technische Objekt zu einem innerlich völlig kohärenten und gänzlich vereinheitlichten System macht" (S. 23).

Nach Simondon stellt das zunächst nur theoretisch konzipierte abstrakte technische Objekt das primitivere, das konkrete, voll entfaltete Objekt dagegen das höher entwickelte Stadium dar. Die innere Kohärenz nimmt zu; was vorher unverbunden war, bildet später eine natürliche Einheit. Im Verlaufe der Entwicklung hat das *individualisierte technische Objekt* schließlich eine höhere innere Konsistenz gewonnen, es ist intern stärker differenziert und weist eine innere Struktur auf, die zugehörigen Prozesse werden koordiniert. Das aufgrund einer Erfindung geschaffene technische Individuum hängt noch von der Umgebung ab. Doch die „infra-individuellen" technischen Elemente werden in dem betreffenden technischen Individuum – wie die Organe in einem lebenden Körper – bereits zu einem Ganzen integriert. Auf der höchsten Stufe des vereinheitlichten technisch-kulturellen Ensembles genügt sich dann die technisch geprägte Welt in ihrer Gesamtheit selbst: die Technik wird in die Kultur integriert und die Kultur wird von der Technik durchdrungen. Dabei sind in den Ausführungen Simondons stets gleichzeitig zwei Argumentationsebenen präsent. Einerseits wird dicht an den Phänomenen die Entwicklungslinie der Verbrennungsmotoren, der Elektronenröhren und des Telefons beschrieben sowie im einzelnen analysiert und als immanenter Entwicklungsprozeß gedeutet. Gleichzeitig wird dieser Prozeß aber auch im Sinne einer übergreifenden Fortschritts- und Stadientheorie als Einheit von Technik- und Kulturgeschichte interpretiert. Dieser Doppelcharakter, der sich nur um den Preis einer abstrahierenden und gelegentlich auch spekulativen Sichtweise durchhalten läßt, macht den intellektuellen Reiz, aber auch die Problematik von Simondons Konstruktion aus.

Simondons Konstruktion einer Entwicklung hin zu dem konkreten technischen Objekt (mit ihren Licht- und Schattenseiten) wird derzeit unter Berufung auf seinen Ansatz in der Diskussion um die Nano- und Biotechnologien aufgenommen. Die „klassischen Maschinen", die, immunisiert gegen Störgrößen, auf jeweils bestimmte Effekte abheben, sollen – so die Utopien – abgelöst werden von sog. „weichen Maschinen", die perfekt in ihre Umgebung eingebettet sind und von dieser Umgebung („medial gesteuert") zu ihren Selbstorganisations- und Rekombinationsprozessen veranlasst werden. Das „konkrete" technische Objekt soll dann eines sein (oder werden), welches den technischen Effekt als ganzheitlich integrierte Leistung hervorbringt, als Veränderung sowohl der konkreten Objekte als technischen Systemen als auch ihrer Systemumgebung, also nicht mehr „arbeitsteilig" als Ergebnis direkter unterschiedlicher Steuerungen von „abstrakten technischen Objekten". Simondons Idee einer kulturintegrierten Technik und einer technikdurchdrungenen Kultur führt hier in ihrer utopischen Radikalisierung (wie sie etwa von den „Transhumanisten" oder den Verfechtern von auf der Basis der neuen nanobiotechnologischen Leistungen entwickelten „Cyborgs" vertreten werden) die Problematik einer Entwicklungsoption vor, die die Technik aus dem menschlich-autonomen Positionsbereich entlassen will. Genau dies ist aber keineswegs Simondons Absicht, wie seine weiteren Ausführungen zeigen.

Im zweiten und dritten Teil werden die Ausführungen des ersten Teils nicht gradlinig fortgesetzt, sondern – vergleichbar mit den Sätzen eines Musikstücks – in abgewandelter Form wieder aufgenommen, umstrukturiert und auf neue Weise entfaltet. Der zweite Teil trägt den Titel „Der Mensch und das technische Objekt". Hier unterscheidet Simondon – wiederum psychologisierend – zwischen zwei Arten, wie die Technik in Beziehung zum Menschen stehen kann: dem Stadium des Lehrlings, des Unausgereiftseins (minorité) und dem Stadium des Ingenieurs, des Ausgereiftseins (majorité). Im Stadium des Unausgereiftseins ist die Technik Teil der materiellen Umgebung und Gebrauchsgegenstand im Alltagsleben; dem entspricht ein impliziter, unreflektierter Umgang mit der Technik, wie er für die Lebensstufe eines Lehrlings charakteristisch ist. Im Stadium des Ausgereiftseins, das dem Niveau des Ingenieurs entspricht, sind die technischen Objekte gleichsam erwachsen, nunmehr werden sie frei und bewußt eingesetzt und voll in die Kultur integriert. – In Umkehrung der kulturkritischen Thesen Jean-Jacques Rousseaus und der Marxschen Entfremdungstheorie ist bei Simondon, der von der immanenten Perfektion der technischen Objekte her argumentiert, das spätere, differenziertere und zugleich abgeschlossenere technische Entwicklungsstadium auch das kulturell höherstehende und zugleich dasjenige, in dem die Entfremdung schließlich aufgehoben wird.

Im dritten Teil, der „Das Wesen des Technischen" (Essence de la technicité) behandelt, wird das Thema des ersten Teils wieder aufgenommen und nunmehr im Sinne einer verallgemeinerten genetisch-historischen Interpretation der Beziehung zwischen Mensch und Welt diskutiert. Dabei zieht Simondon evolutionstheoretische Überlegungen heran und setzt sich mit Henri Bergsons (s. dort) Konzept des élan vital auseinander. Auch hier deutet er das Werden technischer Objekte als Abfolge der Strukturierung oder Individuierung eines technischen Systems, wobei die treibende Kraft auf dem Ausgleich der Defizite beruht, die zwischen den einzelnen Sektoren auftreten: Jede Form des Denkens oder jeder Modus der konkreten Existenz, die durch die Technik erzeugt werden, machten eine Komplettierung und einen Ausgleich durch eine andere Form des Denkens oder der konkreten Existenz erforderlich.

In diesem Kontext untersucht Simondon die Funktion des magischen Denkens, das sich im Verlauf der Entwicklung in die Techniken der Religion, der Wissenschaft und der Ethik aufspaltet. Die Untersuchung der Wechselbeziehung zwischen religiösem und technischem Denken führt ihn schließlich zu der These, daß sowohl das theoretische als auch das praktische Denken auf zwei Quellen beruht, nämlich auf der Religion und der Technik. Simondon wendet sich gegen die Betrachtung der Technik unter dem Gesichtspunkt der Arbeit. Für ihn ist die Technik der übergeordnete Begriff; die Arbeit ist nur eines ihrer Momente (ähnliche Gedanken finden sich in Serge Moscovicis „Versuch über die menschliche Natur", s. dort). Simondon sieht in der technischen Funktionserfüllung den Schlüssel für die Strukturierung unserer Welt:

„Das Unternehmen, die Gesamtheit der technischen Objekte und der Menschen, alles das muß von der entscheidenden Funktion ausgehend organisiert werden, nämlich vom technischen Funktionieren (fonctionnement technique) her" (S. 253). Dabei diskutiert Simondon u.a. das Entfremdungsproblem (das für ihn wesentlich arbeitsbedingt ist) und den Pragmatismus (der seiner Auffassung nach die Arbeit mit der intelligenten, intentionalen technischen Operation verwechselt). Gegenüber der nominalistischen Erkenntnistheorie macht Simondon abschließend geltend, daß das technische Handeln auf den tatsächlichen Naturgesetzen beruht. Dadurch wird eine Realitätserfassung möglich: „Das technische Handeln ist eine reine Operation (opération pure), die die wahren Gesetze der physischen Realität zur Geltung bringt; das Künstliche ist das hervorgebrachte Natürliche, aber nichts Falsches oder Menschliches, das nur für natürlich gehalten wird" (S. 256).

Simondons Abhandlung hat einen festen Platz in der Entwicklung der französischen Techniktheorie und Technikphilosophie. Kritisch anzumerken ist die Tendenz zur Psychologisierung und Spekulation sowie eine (in Frankreich eher als in Deutschland übliche) harmonistische Deutung des Verhältnisses von technischer und kultureller Entwicklung, der nicht jeder zustimmen wird. Die spezifische Leistung seines Buches besteht darin, daß es durch die Abstraktion von Detailphänomenen und durch synthetisierende Konstruktionen Strukturierungen vornimmt, Zusammenhänge aufweist und genetische Gesichtspunkte im Sinne einer Vereinheitlichung von Technik und Kultur zur Geltung bringt.

Friedrich Rapp

Charles Percy Snow: The two Cultures

Cambridge: Cambridge University Press 1959; dt. Die zwei Kulturen. Literarische und naturwissenschaftliche Intelligenz, übers. von Grete und Karl-Eberhard Felten, Stuttgart: Klett Verlag 1967, 103 S.; zit. nach Helmut Kreuzer (Hg.), Die zwei Kulturen. Literarische und naturwissenschaftliche Intelligenz. C.P. Snows These in der Diskussion, München: Deutscher Taschenbuchverlag 1987, S. 19–96

Nachdem er bereits 1956 in einem Zeitungsartikel über die „zwei Kulturen" geschrieben hatte (in: „New Statesman", 6.10.1956), hielt der Schriftsteller Sir Charles Percy Snow (1905–1980) in Cambridge zum gleichen Thema einen Vortrag, der großes Aufsehen erregte und zu einer lebhaften internationalen Diskussion führte. Snow hatte Physik studiert und in der Wissenschaft wie in der Industrie erfolgreich gearbeitet; einige Jahre lang war er Staatssekretär im britischen Technologieministerium; er erhielt zahlreiche Auszeichnungen und wurde

1957 geadelt. Neben naturwissenschaftlichen Arbeiten veröffentlichte er mehrere Biographien, Romane und kleinere Theaterstücke.

In Deutschland wurde in die Diskussion auch der von Snow 1963 veröffentlichte längere Nachtrag einbezogen; diese Diskussion wurde 1969 in dem oben erwähnten Sammelband zusammengefaßt, der 1987 als Taschenbuch weitere Verbreitung fand. Die Texte von Snow wurden hier wieder abgedruckt.

In seinem Vortrag vertritt Snow die These, „die literarisch-geisteswissenschaftliche und die naturwissenschaftlich-technische Intelligenz verkörpern zwei grundverschiedene ‚Kulturen' innerhalb der westlichen Industriegesellschaft." Ihre wechselseitige Entfremdung, die Kluft des Unverständnisses, der Gleichgültigkeit und Aversion zwischen ihnen habe ein unerträgliches Ausmaß erreicht. Die Horizontbeschränkung wirke sich auf beiden Seiten als kulturelle Verarmung aus, habe aber darüber hinaus die ernstesten politisch-sozialen Konsequenzen. Insbesondere sei der Ausgleich zwischen armen und reichen Nationen nur mit Hilfe der szientifisch-technischen Kultur möglich und werde durch die derzeit dominierende literarische Kultur mit ihrer antiszientifischen und antisozialen Einstellung erschwert oder gar verhindert (S. 7).

Snow sieht in der naturwissenschaftlich-technischen Kultur nicht nur im intellektuellen, sondern auch im anthropologischen Sinne eine eigene Kultur, wobei er einen weiten Kulturbegriff verwendet, den er im Nachtrag von 1963 ausführlich erklärt (S. 65–70). Auch wenn Vertreter verschiedener Disziplinen, etwa Biologen und Physiker, von den gegenseitigen Arbeitsgebieten keine präzise Vorstellung haben, so gibt es „doch eine gemeinsame Einstellung, gemeinsame Maßstäbe, gemeinsame Auffassungen und Ausgangspunkte", die nach seiner Meinung sogar größere Einheitlichkeit aufweisen als sie auf der Gegenseite zu finden ist (S. 26).

Snow stützt seine These mit Berichten aus seiner eigenen Erfahrung. Auch die Vertreter der naturwissenschaftlich-technischen Kultur wüßten selbstverständlich, wer Shakespeare sei, aber die Vertreter der literarischen Intelligenz kennten nicht einmal den zweiten Hauptsatz der Thermodynamik.

Snow wirft einem Teil der literarischen Intelligenz vor, Maschinenstürmer zu sein. Diese Gruppe der westlichen Intellektuellen habe niemals den Versuch gemacht, den Wunsch geäußert oder die Fähigkeit aufgebracht, die industrielle Revolution zu verstehen, so daß sie deshalb auch die daraus resultierenden qualitativen Veränderungen im Sozialgefüge nicht erfassen konnte – unter den Schriftstellern von Weltruf nimmt Snow einzig Henrik Ibsen aus (S. 38). Das gilt für Snow nicht für die Geisteswelt der Russen, die eine tiefere Einsicht in die naturwissenschaftlich-technische Revolution hätten, vor allem für die technische Seite, was sich auch in den Romanen widerspiegele. „Ein Ingenieur wird, wie es scheint, in einem sowjetischen Roman ebenso selbstverständlich hingenommen wie ein Physiker in einem amerikanischen" (S. 41).

Snow fordert, daß aus dieser Diagnose Konsequenzen gezogen werden müssen, vor allem müsse das Bildungswesen des Westens unter neuen Gesichtspunkten betrachtet werden. Ohne tiefgreifende Änderungen im Bildungswesen könne es vor allem nicht gelingen, die Kluft zwischen armen und reichen Ländern zu überbrücken, was auch im Interesse derjenigen liege, „die das gefährliche Leben der von Armen umgebenen Reichen" führen (S. 58). Abschließend betont Snow, daß uns für diese notwendigen Konsequenzen nur noch wenig Zeit bleibt (S. 58).

Das Problem des Gegensatzes von zwei Kulturauffassungen ist in den letzten drei Jahrzehnten immer wieder unter Berufung auf den Vortrag von C. P. Snow diskutiert worden. Einige Konsequenzen sind bereits gezogen, z.B. die Einführung des Unterrichtsfaches „Technik" in den Kanon der allgemeinbildenden Schulen, wobei jedoch vor allem Gymnasien noch erhebliche Defizite aufzuweisen haben. Das Problem und die sich daraus ergebenden Forderungen bleiben jedoch aktuell, denn wir sind noch weit davon entfernt, dem anspruchsvollem Bild des wissenschaftlich gebildeten und erfahrenen Menschen zu entsprechen, das Hans Mohr in seiner Auseinandersetzung mit Snow zeichnet; in der Haltung des Gebildeten sollte „zum Ausdruck kommen, daß die Bereitschaft und die Fähigkeit, in beiden Kulturen zu leben, den gebildeten Menschen unserer Zeit und unserer Zukunft charakterisiert" (S. 230).

Im Zuge der Weiterführung der von Snow angeregten Kulturdiskussion wird seine scharfe Kontrastierung zweier grundverschiedener Kulturen problematisiert. Folgt man ihrer bei Snow angelegten Rückführung auf Idealtypen unterschiedlicher „Intelligenz", so wäre bereits hier ein „Mehr-Kulturen-Modell" angebracht. Denn neben einer literarischen Intelligenz, die auf Verstehen und Interpretation aus ist, und einer technisch-naturwissenschaftlichen, die Wirkungszusammenhänge freilegt, wäre eine „ökonomische" Intelligenz ins Spiel zu bringen, die auf Nutzenmaximierung abzielt sowie eine soziale Intelligenz, die unser Zusammenleben reguliert. Diese „Intelligenzen" allein konstituieren jedoch nicht Kulturen: Diese erscheinen zunehmend als jeweils spezifische Verbindungen von Schemata des Vorstellens und Denkens, normierenden Ideen und praktisch-institutionalisierten Einrichtungen (technischen Anlagen, Stätten des Produzierens und Wohnens, Systemen des Verkehrs und der Kommunikation etc.). In solchen „Dispositiven" (Michel Foucault) sind die „Intelligenzen" in unterschiedlicher bzw. jeweils spezifischer Weise dominant und prägen die jeweilige Verbindung zwischen den Schemata (z.B. als „Kommerzialisierung" von Wissenschaft und Gesellschaft oder als „Verwissenschaftlichung" unserer natürlichen Lebensvollzüge oder als „Narrativierung"/„Literalisierung" unserer Normensysteme in kulturrelativistischer Absicht). Mithin wäre die heutige Kulturdiskussion differenzierter zu führen; erst ein komplexeres Kulturkonzept eignet sich als kulturdiagnostisches Instrument, um die neuen Entwicklungen der Zivilisationsdynamik zu erfassen.

Alois Huning

Werner Sombart: Der moderne Kapitalismus. Historisch-systematische Darstellung des gesamteuropäischen Wirtschaftslebens von seinen Anfängen bis zur Gegenwart
2., völlig neu bearb. Fassung, München/Leipzig: Duncker & Humblot, Bd. 1: Die vorkapitalistische Wirtschaft, 1916, XXIV + 919 S.; Bd. 2: Das europäische Wirtschaftsleben im Zeitalter des Frühkapitalismus, 1917, XII + 1229 S.; Bd. 3: Das Wirtschaftsleben im Zeitalter des Hochkapitalismus, 1927, XXII + 1063 S.; Neudruck Berlin: Duncker & Humblot 1987

Werner Sombart (1863–1941) gehörte im Kaiserreich und in der Weimarer Republik zu den einflußreichen Vertretern einer historisch und soziologisch ausgerichteten Nationalökonomie. Der aus einer Unternehmerfamilie stammende und einen großbürgerlichen Lebensstil pflegende Sombart sympathisierte zunächst mit der Arbeiterbewegung, um dann nach der Jahrhundertwende zunehmend kulturpessimistische und antidemokratische Auffassungen zu vertreten und sich nationalistischen und konservativen Strömungen anzuschließen. In den 30er Jahren trat er für eine institutionell abgestützte Steuerung der technischen Entwicklung ein.

Sein Hauptwerk „Der moderne Kapitalismus" erschien zuerst 1902 in zwei Bänden und dann zwischen 1916 und 1927 in einer völlig umgestalteten und wesentlich erweiterten Fassung. Sombart arbeitete in diese Neuauflage eine ganze Reihe eigener bereits erschienener monographischer Studien ein. Die zweite Auflage unterscheidet sich von der ersten durch ein quantitatives Zurücktreten entwicklungstheoretischer Ausführungen zugunsten einer mehr enzyklopädischen Anlage und eines größeren historischen Materialreichtums. Sombart geht es in seinem Werk darum, aus einer ex post-Perspektive das Wesen und den Erfolg des Kapitalismus zu erklären. Dabei versteht er sich als Fortsetzer, aber auch als Entzauberer von Karl Marx (s. dort). Seine Arbeit greift historisch weit zurück, bis in die Karolingerzeit, und konzentriert sich auf den Kulturkreis der süd-, mittel- und westeuropäischen Völker.

Sombart strebt eine Vermittlung zwischen der „abstrakt-theoretischen" und der „empirisch-historischen" Schule der Nationalökonomie an (1, S. XIV). Bei der „abstrakt-theoretischen Schule" dachte er allerdings wohl weniger an eine in der Nationalökonomie zunehmend Bedeutung gewinnende, mit mathematisierten formalen Modellen arbeitende Fraktion, welche ihm stets fremd blieb, sondern mehr an entwicklungstheoretische Ansätze. In der von ihm eingeschlagenen Richtung sieht er „die eigentliche Zentralwissenschaft der Wissenschaften vom Wirtschaftsleben, ... die es sich zur Aufgabe macht, dieses in den großen Zusammenhang des menschlichen Gesellschaftsdaseins einzuordnen, was nun einmal nicht anders möglich ist als auf historisch-philosophischer Grundlage" (1, S. XVII). Einem Rat von Max Weber folgend, unternimmt er eine nach Möglichkeit getrennte theoretische und historische „Doppelbetrachtung". In den einzelnen Kapiteln von „Der moderne Kapitalismus" führt dies zu einer schon fast schematischen Abfolge: Sombart klärt zunächst seine zentralen analytischen Begriffe, gibt dann eine theoretische Konstruktion von *Wirtschaftssystemen* und liefert schließlich eine materialreiche empirische Darstellung der verschiedenen *Wirtschaftsepochen*. Damit sind die beiden zentralen Begriffe seines Werks genannt. Wirtschaftssysteme sind wissenschaftlich konstruierte Idealtypen der Art und Weise des Wirtschaftens. In realhistorischen Wirtschaftsepochen existieren immer verschiedene Wirtschaftssysteme nebeneinander, doch kann das eine oder andere Wirtschaftssystem dominieren und eine Epoche prägen.

Sombart wendet sich gegen alle simplifizierenden, aspekthaften Erklärungen der wirtschaftlichen Entwicklung und bekundet für seine historischen Arbeiten eine „Empfindung des ungeheuren Reichtums von Problemen" (1, S. 25). Dies hält ihn jedoch – mit Stoßrichtung gegen materialistische Geschichtsauffassungen – nicht von dem Bekenntnis ab, daß die Menschen ihre Geschichte machen, „daß es der Geist ist, der ... die wirtschaftliche Organisation schafft" (1, S. 25). Damit gewinnt die jeweilige „Wirtschaftsgesinnung" einen zentralen Stellenwert. Unter den bestimmenden Wirkmächten und Triebkräften der Wirtschaftsentwicklung nennt Sombart auch die Technik (1, S. 5–7). „Aller Vermutung nach (hat) sich dieses besondere Menschtum an dem Werkzeuge in die Höhe gerankt". Die Technik – an anderer Stelle spricht Sombart auch von materieller Kultur (1, S. 17) – habe es dem Menschen ermöglicht, „sich zum Herren der Erde aufzuschwingen". Unter Technik versteht Sombart die mit Hilfe von Wissen und Können geschaffene materiale Technik als die dem Menschen eigenen „Verfahrensweisen der Gütererzeugung", welche dem Ziel der wirtschaftlichen Unterhaltsfürsorge dienen. Unter ökonomischen Gesichtspunkten trifft er die Unterscheidung zwischen dem Werkzeug als „Arbeitsmittel, das zur Unterstützung der menschlichen Arbeit diente" und der Maschine als Arbeitsmittel, „das menschliche Arbeit ersetzen soll".

In seinem Werk läßt Sombart drei Wirtschaftsepochen aufeinander folgen, die jeweils von einem Wirtschaftssystem geprägt sind: der bäuerlichen und grundherrlichen *Eigenwirtschaft*, dem *Handwerk* und dem *Kapitalismus*. Eigenwirtschaft und Handwerk arbeiteten beide mit empirisch-organischer Technik, organisch deshalb, weil als Hilfskräfte und Stoffe vornehmlich Menschen, Tiere und Pflanzen Verwendung fanden. Den Wandel von der Eigenwirtschaft zum Handwerk stellt Sombart vornehmlich am Entstehen der Tauschwirtschaft sowie der Stadtentwicklung dar.

Dem Übergangszeitalter zwischen Handwerk und Kapitalismus vom 15. bis zum 18. Jahrhundert widmet Sombart einen eigenen Band. Während die vorkapitalistische Wirtschaftsgesinnung auf standesgemäßen Unterhalt zielte, verfolge die des Kapitalismus das Erwerbsprinzip und bestehe in einem durch Plan,- Zweck- und Rechnungsmäßigkeit gekennzeichneten ökonomischen Rationalismus. Die vorkapitalistische Wirtschaftsgesinnung hatte eher gesellschaftliche Statik zur Folge, die kapitalistische entfesselte eine gesellschaftliche Dynamik. „Es ist ein Geist der Irdischheit und Weltlichkeit; ein Geist mit ungeheurer Kraft zur Zerstörung alter Naturgebilde, alter Gebundenheiten, alter Schranken, aber auch stark zum Wiederaufbau neuer Lebensformen, kunstvoller und künstlicher Zweckgebilde. Es ist jener Geist, der seit dem ausgehenden Mittelalter die Menschen aus den stillen, organisch gewachsenen Liebes- und Gemeinschaftsbeziehungen herausreißt und sie hinschleudert auf die Bahn ruheloser Eigensucht und Selbstbestimmung" (1, S. 327). Er zeichnet sich aus durch „Unendlichkeitsstreben, ... Machtstreben, ... Unternehmensdrang". „Auf allen Gebieten des menschlichen Lebens ringt dieser neue ‚unternehmende' Geist sich zur Herrschaft durch. Im Staate vor allem: da heißt sein Ziel: erobern, herrschen. Aber ebenso gut wird er in der Religion, in der Kirche lebendig: hier will er befreien, entfesseln; in der Wissenschaft: hier will er enträtseln; in der Technik: da will er erfinden; auf der Erdoberfläche: da will er entdecken" (1, S. 328). Neben den Unternehmergeist tritt der Bürgergeist. „Will der Unternehmergeist erobern, erwerben, so will der Bürgergeist ordnen, erhalten. Er drückt sich in einer Reihe von Tugenden aus, die alle darin übereinstimmen, daß als sittlich gut dasjenige Verhalten gilt, das eine wohlgefügte kapitalistische Haushaltung verbürgt. Daher sind die Tugenden, die den Bürger zieren, vornehmlich: Fleiß, Mäßigkeit, Sparsamkeit, Wirtschaftlichkeit, Vertragstreue. *Die aus Unternehmungsgeist und Bürgergeist zu einem einheitlichen Ganzen verwobene Seelenstimmung nennen wir dann den kapitalistischen Geist. Er hat den Kapitalismus geschaffen*" (1, S. 329).

Unterhalb dieser wirtschaftsethischen Metaebene zeichnet Sombart ein überaus differenziertes Bild der Wirtschaft im Frühkapitalismus. Zu den dynamischen Kräften gehört die ständig unter Waffen gehaltene Armee, mit deren Hilfe der moderne, Wirtschaftspolitik betreibende Staat entsteht. Die Technik beruht zwar weiterhin auf empirisch-organischer Grundlage, erfährt aber eine quantitative Ausdehnung und wird zunehmend von kapitalistisch-rationalistischem Geist erfaßt. Die Ausbeutung der Edelmetall-Lager trägt zur Herausbildung bürgerlichen Reichtums bei. In Zukunft gründet sich Reichtum weniger auf Macht, sondern vielmehr Macht auf Reichtum. Der Güterbedarf erfährt eine Umgestaltung, wobei Sombart besonders den Luxusbedarf der Reichen sowie den Heeresbedarf herausstellt. Sich an Ferdinand Tönnies' Formel von „Gemeinschaft und Gesellschaft" anlehnend, faßt Sombart den frühkapitalistischen Wandel in Gegensatzbegriffen zusammen: „vom Traditionalismus zum Rationalismus; von der statischen Wirtschaft zur dynamischen; von der Gemeinschaftswirtschaft zur Gesellschaftswirtschaft; von der organischen zur mechanischen Gestaltung der menschlichen Beziehungen; von der gebundenen Wirtschaftsgesinnung und Wirtschaftsführung zur freien. Was alles auf eines hinausläuft: ... *die Wirtschaftsentwicklung während der frühkapitalisti-*

schen Epoche bedeutet die Vorbereitung der Versachlichung aller ursprünglich persönlich geknüpften und persönlich gefärbten Beziehungen" (2 , S. 20).

Nachdem er eine Fülle von Material ausgebreitet hat, wirkt Sombarts Fazit der Übergangsepoche fast überraschend: Im Endeffekt habe der Frühkapitalismus, verglichen mit der späteren Entwicklung, „ganz erstaunlich wenig" von seinen Vorstellungen umgesetzt (2, S. 11–13). Er führt dies auf psychische, politische und technische Hemmnisse zurück, wie die Begrenztheit der empirisch-organischen Technik, z.B. in Form eines Holzmangels. Sogar ein Abbruch der Entwicklung zum Kapitalismus sei möglich gewesen, so wie es in allen anderen Kulturen mit Ausnahme der europäischen auch geschehen sei.

Sombarts ein Jahrzehnt nach dem zweiten erschienener dritter Band behandelt den entwickelten Hochkapitalismus; insgesamt ist dieser Teil stärker systematisch angelegt als die beiden vorangegangenen. Wiewohl Sombart die kapitalistische Wirtschaftsepoche mit den 1760er Jahren beginnen läßt, legt er einen deutlichen Schwerpunkt auf die Zeit zwischen den 1870er Jahren und 1914, dem Zeitpunkt des Übergangs vom Hoch- zum Spätkapitalismus. Seine geschichtstheoretische Konzeption weiter zuspitzend, sieht er jetzt in dem kapitalistischen Unternehmer die einzige Triebkraft der Wirtschaftsentwicklung. Doch entwirft er darüber hinaus außerordentlich differenzierte Skizzen der wirtschaftlichen Zusammenhänge und des wirtschaftlichen Geschehens, welche auf den Staat, die Technik, das Kapital, die Arbeit, den Markt sowie Produktion und Konsumtion eingehen. Die Technik wandele sich von einer empirisch-organischen zu einer wissenschaftlich-anorganischen. Die Nutzung von Bodenschätzen, wie der Zentralressource Steinkohle, bewirke eine „Emanzipation von den Schranken der lebendigen Natur" (3, S. 97). Die durch Profitstreben angeleitete Erfindertätigkeit führe zu neuen Produkten, die sich dann eine Nachfrage schafften.

Sombart scheut, sein Werk abschließend, nicht davor zurück, über Tendenzen der zukünftigen wirtschaftlichen Entwicklung zu spekulieren. Er erwartet eher einen langsamen organischen Wandel als revolutionäre Veränderungen. Ein modifizierter, immer mehr mit normativen Ideen durchsetzter Kapitalismus werde weiterbestehen. Daneben würden planwirtschaftliche Wirtschaftssysteme, wie genossenschaftliche oder gemischtwirtschaftliche, vordringen. Da sowohl Kapitalismus wie Sozialismus dem Rationalprinzip unterlägen, werde es zu einer Konvergenz kommen.

Sombarts vor und nach dem Ersten Weltkrieg entstandenes Monumentalwerk ist heute sicher in vielen Einzelheiten überholt. Beachtung sollte ihm aber auch weiterhin seine Grundkonzeption sichern, nämlich ökonomische Entwicklungstheorie und Geschichtserzählung aufeinander zu beziehen. Diese Grundkonzeption trug seinem Werk allerdings schon die Kritik der Zeitgenossen ein: Die Nationalökonomen empfanden es als zu historisch und die Historiker als zu theoretisch. Sombart ist in seinem Werk – originelle Ideen und auch entlegene Aspekte verfolgend – stets auf der Suche nach Strukturen, Entwicklungslinien und Erklärungen. Dabei bezieht er auch in der Wirtschaftsgeschichte sonst wenig behandelte Phänomene wie die Mode oder die Semantik von Wirtshausschildern in seine Darstellung ein. Aufgrund seiner Konzeption und deren phantasievoller und materialreicher Umsetzung bietet das Werk auch heute noch reiche Anregungen.

Wolfgang König

Oswald Spengler: Der Mensch und die Technik. Beitrag zu einer Philosophie des Lebens

München: C. H. Beck'sche Verlagsbuchhandlung 1931, 89 S., (A)

ders.: Der Untergang des Abendlandes. Umrisse einer Morphologie der Weltgeschichte

Bd. 1: Gestalt und Wirklichkeit, Wien: Braumüller 1918; Bd. 2: Welthistorische Perspekiven, München: C.H. Beck'sche Verlagsbuchhandlung 1922; zit. nach der Ausgabe München: C. H. Beck 1990, 1.210 S., (B)

Oswald Spengler (1880–1936), Privatgelehrter mit naturwissenschaftlicher und philosophischer Vorbildung, wurde schlagartig bekannt mit dem Erscheinen des ersten Bandes seines Hauptwerks „Der Untergang des Abendlandes" im Jahre 1918. Mit diesem Werk legte er eine zyklische Geschichtsphilosophie vor und entfaltete sie universalgeschichtlich an acht Hochkulturen, der babylonischen, ägyptischen, chinesischen, indischen, antiken, arabischen, mexikanischen und abendländischen. Alle diese Kulturen wie auch die Menschheitsgeschichte allgemein behandelt er im Rahmen eines Schemas von Aufstieg und Zerfall. Kultur- und Menschheitsgeschichte schildert er als unaufhaltsames und unbeeinflußbares Schicksal, dem die „Seele" des Menschen, seine Kampfesnatur und sein Wille zur Macht (Friedrich Nietzsche) zugrunde liege. Die Begriffe, welche ihm zur Einteilung der Geschichte der einzelnen Kulturen dienen, Frühling, Sommer, Herbst und Winter, sind der Natur entlehnt und betonen die Gesetzlichkeit des historischen Geschehens. Seine Kulturen behandelt Spengler nicht in geschlossener Form, sondern er gliedert sein Werk mehr oder weniger systematisch in Kapitel über Weltbilder, Kunst, Seelenbild und Lebensgefühl, Staat, Wirtschaftsleben und anderes. Seine methodischen Zugriffe auf die Kulturen sind der Vergleich und die Analogie, welche ihn in vielfach gewagten Sprüngen Räume, Zeiten und Phänomene verbinden lassen. Da werden Buddhismus, Stoizismus und Sozialismus zusammengebunden, Pythagoras, Mohammed, Cromwell oder auch die Technik der Pflanze, des Tieres und des Menschen.

Spenglers Intentionen gehen jedoch über eine Interpretation der vergangenen Geschichte hinaus. Er erhebt den Anspruch, die Intuition zur Vorausschau der zukünftigen Geschichte zu besitzen und prophezeit den Untergang des Menschengeschlechts, gegenüber dem sich die Natur als stärker erweisen werde, und den Untergang des Abendlands als der gewaltigsten aller Hochkulturen. Die Radikalität dieser Prognose und die literarische Sprachgewalt Spenglers verschafften seinem Werk hohe Aufmerksamkeit.

Schon im „Untergang des Abendlandes" räumt Spengler der Technik ein eigenes Kapitel ein. Explizit setzt er sich damit von der idealistischen Philosophie ab, bei der er, ebenso wie bei Immanuel Kant, selbst bei dem von ihm verehrten Nietzsche, „ein feindseliges Schweigen über die Technik" (B, S. 930) feststellt. Und in seiner 1931 erschienenen Abhandlung „Der Mensch und die Technik" distanziert er sich von „Literaten und Ästheten, ... welche die Anfertigung eines Romans für wichtiger halten als die Konstruktion eines Flugzeugmotors" (A, S. 3). Die von ihm eingeräumte Geschichtsmächtigkeit der Technik bringt ihn dazu, ihr mit „Der Mensch und die Technik" eine eigene Untersuchung zu widmen. Während der „Untergang des Abendlandes" sich auf die Hochkulturen konzentriert, widmet sich „Der Mensch und die Technik" besonders ausführlich der Frühgeschichte des Menschen. Doch setzt „Der Mensch und die Technik" die im „Untergang des Abendlandes" ausgebreitete Geschichtsphilosophie voraus und läßt sich ohne diese schwerlich verstehen.

Spenglers weiter Technikbegriff umfaßt jegliche „Tätigkeit, die ein Ziel hat" (A, S. 8), Technik ist ihm „die Taktik des ganzen Lebens. Sie ist die innere Form des Verfahrens im Kampf, der mit dem Leben selbst gleichbedeutend ist" (A, S. 7). Dies schließt die Tiere mit ein, wie die „Technik eines Löwen, der eine Gazelle überlistet" (A, S. 8). Jedoch besteht ein riesiger Unterschied zwischen der Technik der Tiere und der Technik des Menschen. Die Tiere besitzen eine unveränderliche, unpersönliche Gattungstechnik, die Menschentechnik dagegen ist „bewußt, willkürlich, veränderlich, persönlich, erfinderisch. ... Der Mensch ist der Schöpfer seiner Lebenstaktik geworden. Sie ist seine Größe und sein Verhängnis. Und die innere Form dieses schöpferischen Lebens nennen wir Kultur" (A, S. 25). Hand und Werkzeug wirken bei der Entstehung des Menschen, dieses anfänglich einsamen „erfinderischen Raubtiers" (A, S. 26) zusammen. In einer zweiten Entwicklungsstufe kommt das dialogische Sprechen zur Durchführung gemeinsamer Taten dazu. Es ermöglicht Organisation und in den Hochkulturen Ackerbau und Viehzucht, Bergbau, Großbauten und Unternehmungen mit Schiff und Wagen.

Als gewaltigste, großartigste dieser Hochkulturen entsteht seit der Gotik mit Hilfe der Technik die „faustische" abendländische Kultur, welche in der „Maschinenindustrie" ihren Höhepunkt findet. „Der faustische Erfinder und Entdecker ist etwas Einziges. Die Urgewalt seines Wollens, die Leuchtkraft seiner Visionen, die stählerne Energie seines praktischen Nachdenkens müssen jedem, der aus fremden Kulturen herüberblickt, unheimlich und unverständlich sein, aber sie liegen uns allen im Blute. Unsre ganze Kultur hat eine Entdeckerseele. Entdecken, das was man nicht sieht, in die Lichtwelt des inneren Auges ziehen, um sich seiner zu bemächtigen, das war vom ersten Tage an ihre hartnäckigste Leidenschaft" (B, S. 1186f.). Der faustische Erfindertraum liege darin, „selbst eine Welt erbauen, selbst Gott sein" (A, S. 69). Einen Höhepunkt erlebt diese faustische Kultur im 19. Jahrhundert mit der Versklavung der Natur durch die Dampfmaschine. „Ein Wille zur Macht, der aller Grenzen von Raum und Zeit spottet, der das Grenzenlose, das Unendliche zum eigentlichen Ziel hat, unterwirft sich ganze Erdteile, umfaßt zuletzt den Erdball mit den Formen seines Verkehrs und seines Nachrichtenwesens und verwandelt ihn durch die Gewalt seiner praktischen Energie und die Ungeheuerlichkeit seiner technischen Verfahren" (A, S. 64). Das unersättliche Raubtier Mensch kennt keine Grenzen: „Man erblickt keinen Wasserfall mehr, ohne ihn in Gedanken in elektrische Kraft umzusetzen. Man sieht kein Land voll weidender Herden, ohne an die Auswertung ihres Fleischbestandes zu denken, kein schönes altes Handwerk einer urwüchsigen Bevölkerung ohne den Wunsch, es durch ein modernes technisches Verfahren zu ersetzen" (A, S. 79).

Spengler sieht in seiner Zeit die Blüte der abendländischen faustischen Kultur bereits überschritten und den Beginn eines Niedergangs, wenn dieser auch noch Jahrhunderte währen könne. Zur Illustration dient ihm auch hier das Faustmotiv: „Jede hohe Kultur ist eine Tragödie; die Geschichte des Menschen im Ganzen ist tragisch. ... Die Schöpfung erhebt sich gegen den Schöpfer: Wie einst der Mikrokosmos Mensch gegen die Natur, so empört sich jetzt der Mikrokosmos Maschine gegen den nordischen Menschen. Der Herr der Welt wird zum Sklaven der Maschine. Sie zwingt ihn, uns, und zwar alle ohne Ausnahme, ob wir es wissen und wollen oder nicht, in die Richtung ihrer Bahn. Der gestürzte Sieger wird von dem rasenden Gespann zu Tode geschleift" (A, S. 75). Es wäre verfehlt, diese pathetisch-literarische Einzelpassage als Beleg für ein durchgängig technokratisches und technikdeterministisches Denken oder gar für eine Technikfeindlichkeit bei Spengler überzuinterpretieren. Technik bleibt ihm – bei aller Bedeutung – ein Sekundärphänomen; der Gang der Geschichte ist bereits in der Natur des Menschen angelegt. An anderer Stelle bezeichnet er den modernen Ingenieur als „Herr(n)" und „Schicksal" der Maschine und diskutiert die Möglichkeit, daß Ingenieurmangel oder eine antirationalistische Umorientierung der Ingenieure das Maschinenzeitalter zu einem Ende bringen könnten (B, S. 191).

Seine zentralen Projektionen zum kulturellen Niedergang gehen zwar von der modernen Technik aus, aber auch über sie hinaus. Die Maschine habe Bevölkerungswachstum ermöglicht und damit die Massen auf den Plan der Geschichte treten lassen. Gleichzeitig vertiefe die technische Arbeitsteilung die Kluft zwischen Führern und Massen. Die Massen kündigten den Führern die Gefolgschaft auf, seien jedoch ohne diese ohnmächtig. Der von den Sozialisten überschätzte „Klassenkampf" stelle nur eine Randerscheinung dar; in seiner

Gegenwart tobe der Kampf zwischen technischem Denken und Geld, zwischen „erzeugender und erobernder Wirtschaft", aus dem das Geld als Sieger hervorgehen werde, ehe es dem Cäsarismus weichen müsse (B, S. 1192ff.). Der „Verrat an der Technik" (A, S. 84) habe schon begonnen, durch ihre Weitergabe an andere Rassen, wie die Japaner. Diese würden die Technik zwar zunächst begierig aufgreifen und sie als Waffe gegen das Abendland einsetzen – dann aber aufgeben, weil ihnen die faustische Seele fehle. Eine der abendländischen gleichwertige Kultur werde es nicht mehr geben.

Oswald Spengler gehört zu den wenigen Philosophen seiner Zeit, welche der Technik einen prominenten Platz in der Geschichte zuweisen. Seine systematischen Ausführungen zur Technik wie zu anderen Technikgebieten stecken jedoch voller Widersprüche; seine historisch-empirischen Darlegungen waren schon zu ihrer Entstehungszeit fragwürdig und sind heute längst überholt; seine literarisch anspruchsvolle, pathetische Sprache ist uns fremd geworden. Für uns kann er eigentlich nur noch historisches Interesse besitzen, als Vertreter eines weit verbreiteten elitär-konservativen Geschichtspessimismus. Mit seiner Betonung der Rolle von Kampf und Tat, Führertum und Rasse in der Geschichte bereitete er mit anderen Intellektuellen des späten Kaiserreichs und der Weimarer Republik einen Boden, in dem auch die Saat des Nationalsozialismus gedieh. Spengler jedoch war der Nationalsozialismus zu „proletarisch"; für die Nationalsozialisten gehörte sein Geschichtspessimismus einer „Zeit von gestern" an.

Wolfgang König

Frederick Winslow Taylor: The Principles of Scientific Management

New York: Harper & Brothers 1911; dt. Die Grundsätze wissenschaftlicher Betriebsführung, übers. von Rudolf Roesler, München/Berlin: R. Oldenbourg 1911; zit. nach der Ausgabe Weinheim/Basel: Beltz 1977, 156 S.

Taylors Name ist heute ein Bestandteil der Allgemeinsprache und steht hier – mit dem Begriff ‚Taylorismus' – für Arbeitszerlegung und Dequalifizierung. Mit seinem Hauptwerk „The Principles of Scientific Management" faßte der amerikanische Ingenieur und Rationalisierungsberater Frederick Winslow Taylor (1856–1915) vorhandene heterogene Rationalisierungsvorschläge und -maßnahmen sowie eigene Überlegungen zu einer plakativen Lehre zusammen. An ihr entzündeten sich in den Jahren vor und nach dem Ersten Weltkrieg heftige Auseinandersetzungen um die Organisation von Fabriken und die Gestaltung industrieller Arbeit.

Frederick Winslow Taylor entstammte einer wohlhabenden Quäkerfamilie, die ihn zu einem puritanischen Arbeitsethos erzog. Taylors Leistungsorientierung zeigte sich nicht nur in seinen Vorschlägen zur Umgestaltung der Industriearbeit, sondern auch in seiner persönlichen Lebensführung, so im Sport, wo er es immerhin zum amerikanischen Tennismeister im Doppel brachte. Die Ausgangspunkte seiner Reformvorschläge bildeten die von ihm behauptete Ineffizienz in der amerikanischen Industrie sowie die Drückebergerei und Bummelei der Arbeiter. Dem gelte es gegenzusteuern: durch eine Mischung von Anreizen und Anleitungen.

Die Ingenieure sollten den Arbeitern die erwartete Leistung, das Pensum, und die Arbeit in allen Einzelheiten vorschreiben; der Anreiz bestand in einer Erhöhung der Löhne. Dieses „Pensumsystem" bedeute für die Arbeiter sogar eine Entlastung im Vergleich zu dem vorher bestehenden „Initiativesystem", das ihnen alle Verantwortung für die Produktion aufgebürdet habe. Taylors Vorstellung ging dahin, daß es für jede Arbeit „the one best way", eine optimale Form der Ausführung, gebe, ebenso für jedes Arbeitswerkzeug. Diese Optima seien durch Beobachtung und Messung zu ermitteln. Dazu gehörten mit Stoppuhr durchgeführte Zeitnahmen. Das den Arbeitern vorzugebende Pensum entstand dann aus den bei den besten Arbeitern gemessenen Mindestzeiten sowie Zeitzuschlägen, denn Taylor betonte, daß die Arbeit nicht die Gesundheit gefährden und keine Unzufriedenheit hervorrufen dürfe. Ein systematisches Test- und Ausleseverfahren sollte erweisen, für welche Tätigkeiten die einzelnen Arbeiter geeignet seien.

Die Träger und Leiter der Rationalisierungsmaßnahmen waren bei Taylor die Ingenieure. In Betriebsbüros zusammengefaßt – später sprach man von Arbeitsvorbereitung –, sollten sie die Produktionsmittel auf dem neuesten Stand halten und die Fertigungsprozesse optimieren. Meister überwachten die Arbeiter und waren funktional differenziert, während die Meister in dem System der alten Fabrik noch eine Gesamtverantwortung für die Produktion besessen hatten. Nach Taylors Vorschlägen sollte z.B. einer für die Disziplin, ein anderer für das Anlernen der Arbeiter, ein dritter für die Überwachung der Maschinen zuständig sein. Dies stellt ein Beispiel für Arbeitsteilung im Taylorismus dar, welche jedoch – entgegen der heutigen Bedeutungszuschreibung für den Begriff Taylorismus – in Taylors Lehre keine zentrale Rolle spielte. Von der Rationalisierung sollten alle profitieren: die Unternehmer durch Gewinnsteigerung, die Arbeiter durch Lohnzuschläge (wenn sie das Pensum erfüllten) und die Allgemeinheit durch Verbilligung der Produkte.

Im Mittelpunkt von Taylors Lehre stand der Anspruch der Wissenschaftlichkeit. Begriffe wie ‚Wissenschaft' und ‚Gesetz' erfahren in seinem Buch einen geradezu inflationären Gebrauch. Da ist die Rede von der „Wissenschaft des Schaufelns" (S. 69), dem „Gesetz für schweres körperliches Arbeiten" (S. 60), der „Wissenschaft des Roheisenverladens" (S. 51) und der „Wissenschaft des Mauerns" (S. 89). Da die Zurichtung der Arbeit und die Festlegung des Pensums wissenschaftlichen Erkenntnissen folge, seien diese – so Taylor – der Aushandlung zwischen Arbeitgebern und Arbeitnehmern entzogen, womit auch die Gewerkschaften überflüssig würden. Damit erhob Taylor den Anspruch, sie Ausgleichsbasis für soziale Differenzen mit wissenschaftlichen Mitteln eruieren zu können und Entscheidungen aus einem entsprechenden Rechenwerk abzuleiten. Die gesellschaftspolitische Brisanz dieses Anspruchs wird in Taylors Randbemerkung deutlich, daß seine Lehre überall im sozialen und politischen Leben Anwendung finden könne, in der Kirchen-, Universitäts- oder auch der Staatsverwaltung. Die Ansprüche universeller Gültigkeit und einer führenden Rolle der Ingenieure übernahm später die Technokratiebewegung. Für ihre Vertreter bildeten Politik und Staatsverwaltung eine durch Experten zu lösende Optimierungsaufgabe.

In kritischer Betrachtung erscheinen Taylors von den Ingenieuren anzuwendende „wissenschaftliche Methoden" als ein recht krudes Instrumentarium. Der Festlegung der „optimalen" Arbeitsprozesse lag eine Art Rekonstruktion der Erfahrung der besten Arbeiter zugrunde, die der Rationalisierer – wiederum aufgrund seiner Erfahrung – ergänzte. Die Zuschläge auf die mit Stoppuhr gemessenen Mindestzeiten erfolgten eher willkürlich. Taylors Wissenschaftsbegriff setzte ganz auf Empirie: Seiner bekanntesten technischen Innovation, der Einführung des „Schnellstahls", d.h. neue wärmefeste Werkzeuge für die spanende Metallbearbeitung und damit ermöglichte Betriebsweisen, lagen geradezu irrwitzig aufwendige Versuchsreihen zugrunde. In einem Zeitraum von 26 Jahren zerspanten Taylor und seine Mitarbeiter in 30 bis 50.000 Versuchen mehr als 400.000 Kilogramm Eisen und Stahl. Taylors Verdienst bestand sicher darin, daß er auf die Notwendigkeit einer systematischen Analyse von maschinellen und handwerklichen Arbeitsprozessen hinwies. Das bei der Umsetzung dieser Aufgabe zur Geltung gebrachte Menschenbild und das verwandte Instrumentarium blieben jedoch problematisch.

Taylor ging davon aus, daß die Arbeiter – wie die meisten Menschen – von Natur aus faul, selbstsüchtig und nur wenig lernfähig seien. In aller Regel seien sie nicht in der Lage, ihre Arbeit sinnvoll zu organisieren und durchzuführen. Als Konsequenz verlangte er eine scharfe Trennung zwischen der Kopfarbeit der Ingenieure und der ausführenden Handarbeit der Arbeiter. Soziale Kontakte zwischen den Arbeitern enthielten für ihn die Gefahr der Zeitvergeudung; am liebsten hätte er die einzelnen Arbeiter isoliert.

Der Widerspruch, daß die Rationalisierungsvorschläge teilweise auf der kumulierten Erfahrung der Arbeiter beruhten, diesen aber jegliche Gestaltungsfreiheit absprachen, lag auf der Hand. Es kann nicht verwundern, daß die Gewerkschaften und die Arbeiter gegen Taylors Lehre und Praxis Front machten. In mehreren Unternehmen in den USA und in Europa kam es bei tayloristischen Rationalisierungsmaßnahmen zu Streiks, die teilweise in Auseinandersetzungen auf der politischen Bühne mündeten. Taylorismus wurde zum Synonym tete sich in reiner Form in der Industrie kaum. Es versprach zwar Rationalisierungsgewinne bei geringen Investitionen, weil die tayloristischen Reorganisatoren von der vorhandenen Ausstattung der Fabriken mit Produktionsmitteln ausgingen. Viele Unternehmer und Manager scheuten aber davor zurück, die von außen kommenden Berater über die von Taylor geforderten langen Zeiträume im Unternehmen schalten und walten zu lassen. Und schließlich erwies sich Henry Fords (s. dort) Gegenmodell, sein Vertrauen in die kostensenkende Wirkung der Mechanisierung und des technischen Fortschritts, als erfolgreicher und damit attraktiver.

Einzelne Elemente von Taylors Lehre wurden aber zwischen den beiden Weltkriegen durch die Rationalisierungsbewegung übernommen und weiterentwickelt. In Deutschland zeichneten dafür eine Reihe von Organisationen verantwortlich, welche auch heute noch Bestand haben, wie der Reichsausschuß für Arbeitszeitermittlung (REFA) und das Rationalisierungskuratorium der deutschen Wirtschaft (RKW). Auch die neue Hochschuldisziplin Arbeitswissenschaft bezog Anregungen von Taylor, erweiterte sie aber durch Überlegungen zur Psychologie der Arbeit und zur Selbstbestimmung und Mitbestimmung des Arbeiters.

Wolfgang König

Klaus Tuchel: Herausforderung der Technik. Gesellschaftliche Voraussetzungen und Wirkungen der technischen Entwicklung
Bremen: Schünemann 1967, 317 S.

Klaus Tuchel (1927–1971) war in den sechziger Jahren Geschäftsführer der Hauptgruppe Mensch und Technik beim „Verein Deutscher Ingenieure". Er betreute die Ausschüsse „Philosophie und Technik" und „Pädagogik und Technik". Deren Diskussionen flossen unmittelbar in sein Technikverständnis ein und wirkten sich bildungspolitisch aus. Nach zwei technikphilosophischen Werken – seiner Dissertation „Die Philosophie der Technik bei Friedrich Dessauer, ihre Entwicklung, Motive und Grenzen" (1964) sowie seinem Sammelband über „Sinn und Deutung der Technik" (1966) mit Kurztexten von Johann Wolfgang von Goethe bis zu Carl Friedrich von Weizsäcker – veröffentlichte er seine „Herausforderung der Technik". Das Werk entwirft auf knapp hundert Seiten Tuchels Grundanliegen, Technik stets in ihrem Bezug zum Menschen zu sehen, denn „sie ist von ihm und durch ihn und für ihn" (S. 28); eben darum sind wir auch für sie verantwortlich. Untermauert werden die Thesen durch kurze Textausschnitte der deutschsprachigen Literatur über Technik (80 S. Dokumentation) sowie durch eine hilfreiche Kurzdarstellung (136 S.) von Begriffen und Institutionen zur Technik.

„Technik ist ihrem Wesen nach Sache des Menschen" (S. 28) in einem ganz umfassenden Sinn. In ihr drücken sich Bedürfnisbefriedigung wie Rationalität, Zielorientierung und Ermöglichung von Freiheit und Humanität, ja sogar Ermöglichung eines „zivilisatorischen Weltbewußtseins" aus (S. 11). Um dies einfangen und den „ontologischen und existenziellen Ort der Technik im neuzeitlichen Weltverständnis" darstellen zu können (S. 249), muß die Reflexion über Technik weiter ausgreifen als bislang: Die vorliegenden, nur an Einzelaspekten orientierten technikphilosophischen Aufsätze (S. 248) verlangen eine Integration; die geistesgeschichtlichen Wurzeln der Technik müssen geradeso wie ihre gegenwärtige Erscheinungsform und ihre künftigen Möglichkeiten einbezogen werden.

Der Ausgangspunkt Tuchels ist ein Vorschlag zur Begriffsbestimmung von Technik:„Technik ist der Begriff für alle Gegenstände und Verfahren, die zur Erfüllung individueller oder gesellschaftlicher Bedürfnisse, auf Grund schöpferischer Konstruktion geschaffen werden, durch definierbare Funktionen bestimmten Zielen dienen und insgesamt eine weltgestaltende Wirkung ausüben" (S. 24).

So verstanden ist Technik nach einem Wort Wolfgang Schadewaldts ein „Urhumanum" (S. 20), das von der geschichtlichen „Realisierung des Menschseins" untrennbar ist (S. 18): Sie ist deshalb kein spezifisch abendländisches Phänomen, sondern – auch in Gestalt der heutigen verwissenschaftlichten Technik – ein universelles und globales Phänomen. Doch verlangt ihre ungeheure Bedeutung für unsere Gegenwartskultur eine differenziertere Einstellung als früher: Weil die technische Intelligenz jene Innovationen hervorbringt, die unsere Zivilisation entscheidend mitgestalten und unsere Existenz sichern (S. 59), dürfen wir die von uns geschaffene Technik nicht als ein schicksalhaftes Geschehen hinnehmen, sondern müssen uns der mit ihr verbundenen Herausforderung stellen!

Tuchels Definition von Technik benennt folgende zentrale Elemente, die im Verhältnis von Mensch und Technik reflektiert werden müssen:

– *Bedürfnisse* führen zum konkreten Antrieb, die Mittel zu ihrer Befriedigung zu gewinnen (S. 25). Mit Bedürfnissen verbinden sich zwei Probleme. Erstens nämlich sind sie eine geschichtliche Größe; dies gilt auch für die Unterscheidung zwischen „notwendigen" und „lebenserleichternden" Bedürfnissen. Zweitens erfüllt die Technik nicht nur Bedürfnisse, sondern sie schafft Mittel, zu denen neue Zwecke nachträglich ausgebildet werden und die damit in *neue Bedürfnisse* münden. Die hierin liegende Gefahr eines beliebigen Mittelangebots kann nur durch die Ausbildung individueller Kritikfähigkeit und gesellschaftspolitischer Entscheidungsfähigkeit über die Eingrenzung oder Förderung des Neuen gebannt werden.

- Die *Schöpferische Konstruktion* ist ein „vorausdenkendes Entwerfen eines Gegenstandes oder Verfahrens" (S. 25). Sie unterscheidet sich vom Kunstwerk durch *Zweckbezogenheit.* Die Vorgriffsstruktur schließt technische Grundlagenforschung ein, deren Zweckfreiheit selbst etwas Zweckvolles ist (S. 32). Das schöpferische Element gewinnt seine Bedeutung zum einen aus der vorantreibenden, Fortschritt ermöglichenden Kraft; zum anderen aber verbietet es Vorhersagen über den künftigen Entwicklungsgang wegen der Unvorhersagbarkeit von Neuschöpfungen (S. 30). Damit wird allen deterministischen Deutungen der technischen Entwicklung der Boden entzogen.
- *Weltgestaltend* ist die Technik sowohl hinsichtlich der Arbeits- wie der Lebenswelt, weil das zweckmäßig-technische Tätigsein im Individuellen wie Sozialen die handwerkliche Gesellschaftsform geradeso wie die frühindustrielle und die neue technische Wirklichkeit hervorgebracht hat. Hier liegen die großartigen Möglichkeiten wie die Gefahren: Je rationaler wir die Möglichkeiten und Bedingungen technischen Fortschritts verstehen, desto souveräner können wir ihn für menschliche Zielsetzungen und damit zur Mehrung menschlicher Freiheit nutzen (S. 34f.); versäumen wir dies, kommt es zur „Entmenschlichung des Menschen durch die Technik"; darum darf die Technikentwicklung nicht dem „Wildwuchs" überlassen werden (S. 37).

Diese Grundlage ermöglicht es Tuchel, eine Reihe wichtiger Folgerungen zu ziehen, die alle darauf abzielen, Verantwortung tragen zu können: Fraglos ist der technische Fortschritt Motor des Wirtschaftswachstums, doch verbirgt sich hier ein Problem, weil die technische Optimierung nicht mit der wirtschaftlichen Optimierung zusammenfällt. Deshalb ist es erforderlich, jeweils einen Ausgleich zu suchen, dessen Dynamik sich in einem Regelkreis beschreiben läßt (S. 61): Die Wirtschaftsentwicklung steht in Wechselwirkung mit verbesserten Produktionsmethoden und neuen Produkten. „Darum muß technische Forschung und Entwicklung neben Boden, Arbeit und Kapital als ein vierter grundlegender Wirtschaftsfaktor gesehen werden" (S. 41).

Wegen der weit über privatwirtschaftliche Zielsetzungen hinausreichenden Bedeutung der Technik ergeben sich drei unmittelbare bildungspolitische Forderungen für die Gesellschaft:

- Durch „Bildung für die Technik", d.h. durch Ausbildung von Technikern und Ingenieuren, muß die Voraussetzung für die Entwicklung der technischen Zivilisation durch technische Innovation geschaffen werden.
- Die besondere Aufgabe der technischen Intelligenz erschöpft sich (vor allem in einer demokratischen Gesellschaft) nicht in der Bereitstellung von Mitteln; vielmehr *muß der Ingenieur entscheidend zur* „Bildung des gesellschaftlichen Bewußtseins" (S. 59) *als Experte beitragen,* er hat über Entwicklung und Einsatz von Technik in hohem Maße verantwortlich mitzuentscheiden ja er soll „den Menschen unserer Zeit vorangehen, in der technischen Welt eine Heimat zu finden" (S. 64).

Die „Bildung für die Technik" muß um eine „Bildung durch die Technik" ergänzt werden (S. 68). Die zentrale Aufgabe besteht hier darin, eine technische Grundausbildung für alle zu vermitteln, die Technik als Kulturgut versteht und auf Persönlichkeitsbildung als Orientierungsvermögen in der Arbeits- und Lebenswelt der technisch-wissenschaftlichen Zivilisation abzielt (S. 73). Erst durch Nähe und Distanz zur Technik, gewonnen aus Vertrautheit und Reflexion, kann deren Beitrag zur modernen Gesellschaft durch eine menschlichere Gestaltung der Welt wirksam werden. Denn Technik kann die Auflösung der Klassengegensätze ebenso wie der Gegensätze zwischen armen und reichen Ländern ermöglichen. Soweit wir diese Gestaltbarkeit der Welt erkennen und verfolgen, kann Freiheit verwirklicht werden, indem wir die kühnen Konstruktionen auf immer neue Lebensbereiche ausdehnen – wissend um die „Grenzen des Konstruierbaren, Machbaren und Regelbaren" als „Grenzen des Menschen überhaupt". Denn der technischen Machbarkeit steht die Erfahrung menschlicher Endlichkeit entgegen: „Angesichts der Verfügbarkeit der gestalteten Dinge entdeckt der Mensch" durch die Reflexion auf Technik „die Unverfügbarkeit der Grundzüge seiner Existenz" (S. 86).

Insgesamt gelingt es Tuchel mit seinem vielschichtigen, wenn auch nicht im Detail durchgeführten Ansatz, die doppelte Herausforderung deutlich werden zu lassen, der wir uns auch heute noch zu stellen haben. Zum einen nämlich „fordern wir die Technik heraus", sich ständig zu entfalten, zum andern „fordert uns die Technik heraus", die vom Menschen geschaffene Technik für den Menschen, für eine globale Humanisierung von den Lebensbedingungen bis hin zur Verwirklichung von Freiheit fortzuentwickeln. So entwirft Tuchel ausgehend von der Geschichtlichkeit der Technik wie des Menschen eine Ethik. Die technikoptimistische Sicht der damaligen Zeit erfährt hierdurch eine entscheidende Korrektur, denn Technik verheißt keineswegs von sich aus Fortschritt (sondern „Wildwuchs"); vielmehr muß sie hierzu auf die Verwirklichung von Freiheit und Menschlichkeit ausgerichtet werden. Die heute zumeist in den Vordergrund gerückten Probleme der Verantwortung finden so einen sachgerechten Rahmen. Auf ihn bezieht sich auch Tuchels Fortschrittsbegriff, denn von Fortschritt kann, recht besehen, nur die Rede sein, wenn es gelingt, Bildung durch Technik zu sichern und damit mehr Menschlichkeit zu ermöglichen, – eine Forderung, der wir heute kaum nähergekommen sind.

Kritisch ist anzumerken, daß es Tuchel nicht gelingt, zwei für ihn unverzichtbare, aber gegenläufige Elemente seines Konzepts zum Ausgleich zu bringen: Denn auf der einen Seite betont er die *Geschichtlichkeit* des Menschen in Gestalt unserer Vorstellungen vom Sinn des Lebens und von individuellen wie gesellschaftlichen Zielen; zum anderen sucht er im Begriff der Freiheit und (eine Heideggersche Denkfigur aufnehmend) im Begriff des Humanum als Ziel der Humanisierung einen *normativen Fluchtpunkt*, der schon deshalb der Geschichtlichkeit entzogen sein muß, weil die von Tuchel intendierte Balance in der Entwicklung der Technik durch deren besonnene Kritik sonst nicht möglich wäre.

Hans Poser

Thorstein Veblen: The Engineers and the Price System
New York: Huebsch 1921; zit. nach der Ausgabe mit einer Einl. von Daniel Bell, New Brunswick, NJ/London: Transaction Books 1983, 151 S.

Thorstein Veblen (1857–1929) war der Sohn norwegischer Immigranten und hatte Professuren für Wirtschaftswissenschaften an verschiedenen amerikanischen Universitäten inne; er hat neben vielen wirtschaftswissenschaftlichen und gesellschaftspolitischen Publikationen vor allem zwei Bücher veröffentlicht, die auf weites öffentliches Interesse gestoßen sind. Das gilt nach „The Theory of the Leisure Class" (1919) vor allem für das Werk, das den Beginn der Technokratiediskussion im 20. Jahrhundert – Ansätze dazu gab es bereits ein Jahrhundert früher etwa bei Saint-Simon (Claude Henri de Rouvroy – bedeutet: „The Engineers and the Price System". Es ist die Buchveröffentlichung einer Serie von Artikeln in der Zeitschrift „The Dial", die 1919 begonnen wurden und 1921 zum ersten Male in Buchform erschienen. Es ist sicher nicht uninteressant, daß dieses Buch gerade zu bestimmten Zeitpunkten der Neuorientierung amerikanischer Politik neue Auflagen erreichte, so 1932, 1948, 1963 und 1983, zuletzt mit einem Vorwort des bekannten Harvard-Professors Daniel Bell, der dieses Buch als einen „short course" des Veblenschen Systems bezeichnet (S. 27).

Die letzten drei Kapitel sind in geradezu prophetischer Manier die Verkündigung der Ideen des Autors, während die ersten drei Kapitel zunächst die amerikanische Situation der Zeit untersuchen.

Das erste Kapitel „On the Nature and Uses of Sabotage" behandelt die Situation der USA nach dem Ersten Weltkrieg und fragt, ob hier wie in Rußland eine Revolution möglich sei. Er zeigt, daß zwar Sabotage möglich ist gegen verschleierte Interessen derjenigen, die die nationalen Ressourcen besitzen oder kontrollieren, daß aber – trotz formaler Demokratie – die Kontrolle der Herrschenden erfolgreich bleibt.

Das zweite Kapitel über „The Industrial System and the Captains of Industry" zeigt, daß neben Grundbesitz, Arbeit und Kapital der Unternehmer eine besondere Rolle spielt, daß aber vor allem das Kapital, insbesondere das Bankenkapital, der eigentliche Herr ist, der auch die technischen Leistungen der Unternehmen kontrolliert, d.h. fördert oder behindert.

In dritten Kapitel geht es um das Verhältnis der Kaufleute und Bankiers, der „Captains of Finance", zu den Ingenieuren und Technikern. Veblen will deutlich machen, daß das Industriesystem von allem Früheren dadurch grundsätzlich unterschieden ist, daß es eher durch mechanisch ablaufende Prozesse als durch menschliche Entscheidungen bestimmt ist. Technische Möglichkeiten und die Strukturen technischer Prozesse bestimmen, was geschieht. Veblen ist überzeugt, daß sich die Experten der Technik auf lange Sicht nicht mit der Fremdbestimmung durch die verborgenen und verschleierten Interessen des Kapitals abfinden werden, sondern so selbstbewußt werden, daß sie über ihren Arbeitsbereich hinaus in die Gesellschaft hineinwirken wollen, die durch die Methoden technischen Handelns selber effizienter gestaltet werden könnte. „Sie sind die Führer des industriellen Systems und deswegen zugleich diejenigen, die über die materielle Wohlfahrt der Gesellschaft entscheiden" (S. 89).

Das vierte Kapitel spricht von der Gefahr eines revolutionären Umsturzes. Hier wird insbesondere in der Auseinandersetzung mit der Revolution in Rußland der ausgesprochene Antimarxismus des Verfassers deutlich. In Amerika besteht seiner Ansicht nach die Gefahr einer kommunistischen Revolution nicht, weil die industrielle Entwicklung auf einem viel höheren Stand angelangt ist als in Rußland. Bei der Lektüre des Kapitels gewinnt man allerdings manchmal den Eindruck, als wolle der sonst so kapitalkritische Veblen sich politisch absichern, um in der antikommunistischen Stimmungslage der USA in seiner Zeit bestehen zu können.

Im fünften Kapitel werden die Bedingungen für einen gesellschaftlichen Wandel untersucht; diese Bedingungen gelten nach Veblen nicht nur für die USA, sondern für alle Staaten, die vom Maschinenbau und vom System der „absentee ownership" beherrscht werden (S. 110), Ökonomien, in denen die Kapitaleigner nicht mehr selbst im Unternehmen tätig sind, sondern nur größtmöglichen Profit aus ihrer Kapitalanlage ziehen wollen. Weil die wenig sachkompetente Geschäftswelt nicht in der Lage und wegen des Konkurrenzdenkens auch nicht willens ist, das System zu stabilisieren und zu optimieren, fällt diese Aufgabe jetzt den „fähigen, ausgebildeten und erfahrenen Technikern" zu (S. 127), in deren Händen die Wohlfahrt der industrialisierten Gesellschaften liegt (S. 129).

Damit hat Veblen die Grundlage gelegt für das abschließende Kapitel, das ein „Memorandum on an Practical Soviet of Technicians" bietet (S. 131ff.). Hier wird das klassische Programm der Technokratie vorgestellt, das in der Herrschaft der Techniker über das als riesiger Konzern gedeutete industrielle Gesamtsystem gipfelt. Hier sollen die wissenschaftlich-technische Intelligenz und die Manager eine erhöhte gesellschaftliche Anerkennung und zugleich die politische Macht gewinnen. Damit würde zugleich die sinnvollste Ressourcenallokation erreicht; Verschwendung und unnötige Arbeit würden beseitigt sowie die Versorgung der Bevölkerung mit Gütern und Dienstleistungen gesichert (S. 134). Um das zu erreichen, müssen die Techniker demonstrieren – auch durch Streik und Leistungsverweigerung –, daß das System auf sie angewiesen ist: „Ganz allein können die Techniker in wenigen Wochen die Produktionsindustrie des Landes wirksam lahmlegen" (S. 150).

Damit kann die Herrschaft des produktionsfernen Kapitals beseitigt und durch die Herrschaft der Fachleute ersetzt werden.

Daniel Bell macht darauf aufmerksam, daß ein grundlegender Mangel der technokratischen Position darin liegt, daß sie im Kern „apolitisch" ist (S. 30), daß die militärischen und politischen – also die nicht-technischen Kräfte sowie die zwischenmenschlichen Beziehungen in der Arbeitswelt bei Veblen nicht hinreichend beachtet sind und daß seine elitären Vorstellungen in einer demokratischen Gesellschaft letztlich keine Chance haben.

Diese Propagandaschrift Veblens war so einflußreich, daß sie auch zu politischen Gruppenbildungen geführt hat. Die spätere Technikdiskussion, die über Veblen hinausgegangen ist (vgl. etwa James Burnham, Jacques Ellul, Helmut Schelsky, Jürgen Habermas, s. alle dort) hat die Thesen Veblens zu einer Theorie ausgeweitet, die – mit durchaus unterschiedlicher Stellungnahme der Autoren – noch immer ihren Widerhall findet in den Diskussionen über technische Machbarkeit, wirtschaftliche Vertretbarkeit und politische Durchsetzbarkeit oder gesellschaftliche Akzeptanz.

Alois Huning

Joseph Weizenbaum: Computer Power and Human Reason. From Judgement to Calculation

San Francisco: Freeman and Comp. 1976; dt. Die Macht der Computer und die Ohnmacht der Vernunft, übers. von Udo Rennert, Frankfurt/M.: Suhrkamp 1977 (st 274), 369 S.

Joseph Weizenbaum, geb. 1923 in Berlin, emigrierte 1936 in die USA. Nach dem Kriegsdienst als Meteorologe studierte er Mathematik und baute 1952 seinen ersten Computer. Seit 1963 ist er Professor für Computer Science am Massachusetts Institute of Technology (MIT) und war dort einer der Pioniere der Erforschung der sogenannten Künstlichen Intelligenz. Mit dieser Buchpublikation wurde er als einer der ersten grundlegenden Kritiker unreflektierter Computeranwendung weltweit bekannt.

Weizenbaum entwickelte von 1964 bis 1966 am Computer Laboratory des MIT ein Computerprogramm, mit dem man sich über eine Fernschreibkonsole auf englisch „unterhalten" konnte – also die Anfänge eines natürlich-sprachlichen Dialoges zwischen Mensch und Maschine – das Programm nannte Weizenbaum ELIZA nach der Pygmalion-Saga. Das Programm bestand aus einem Sprachanalysator und einem sogenannten Skript, das Kontextwissen und damit die „Gesprächsrolle" des Programms festlegte. Eines dieser Skripten war eine „Parodie" des Verhalten von Psychotherapeuten. Das Programm war vergleichsweise einfach, da die Rolle eines Psychotherapeuten nach dieser Sichtweise im wesentlichen darin bestand, den Patienten zum Sprechen zu bringen, indem man dessen eigene Aussage als Anlaß für Fragen oder als Echo benutzte. Die Form dieses Programms, die Weizenbaum „DOCTOR" nannte, eignete sich im Umkreis des MIT hervorragend als Demonstrationsobjekt für die „Fähigkeiten" eines Computers. Das DOCTOR-Programm wurde allerdings massiv mißverstanden: So glaubten einige Psychiater, daß man es als klinisches Werkzeug und Therapeutenersatz weiterentwickeln könnte. Weizenbaum war geschockt: „Was muß ein Psychiater mit solchen Vorstellungen für eine Auffassung davon haben, was er in der Behandlung eines Patienten eigentlich tut, wenn in seinen Augen die einfachste mechanische Parodie einer einzelnen Interviewtechnik das ganze Wesen einer menschlichen Beziehung erfaßt hat" (S. 18). Weizenbaum stellte fest, daß sich nach kurzem Kontakt mit dem DOCTOR-Programm Laien wie etwa seine eigene Sekretärin hinreißen ließen, dem Computer intimste Dinge anzuvertrauen und eine emotionale Beziehung aufzubauen.

Angeregt durch dieses Erlebnis beschäftigt sich Weizenbaum in seinem Buch mit der Frage, was das Besondere am Computer sei, das selbst Fachleute dazu verführe, den Menschen immer wieder als Maschine aufzufassen. Weizenbaum geht davon aus, daß technische Instrumente Verlängerungen des Körpers seien. Die emotionale Besetzung solcher Instrumente hänge davon ab, ob damit intellektuelle Fähigkeiten oder eine Vervielfachung der Muskelkraft angestrebt werde. Denn dann wäre die Rechenmaschine „lediglich eine extreme Extrapolation einer viel umfassenderen Usurpierung der menschlichen Fähigkeit, ... als autonomes Wesen seiner Welt einen Sinn zu verleihen" (S. 23).

Weizenbaum geriet dadurch in eine Auseinandersetzung mit Kollegen am MIT, die viel tiefer ging als nur um die Frage, was man mit Computern alles machen könne und solle. Da die Naturwissenschaft die religiöse Kosmologie und die daraus resultierende Autonomie und Verantwortung des Menschen abgelöst habe und die „Wahrheit in Beweisbarkeit" verwandle (S. 27), stelle sich primär die Frage nach der Formalisierbarkeit des Lebens und auch die Frage, zu welcher technischen Gattung die menschliche Art gehöre. Der wesentliche Unterschied zwischen denkender Maschine und dem denkenden Menschen besteht bei Weizenbaum nicht darin, daß die Maschine etwas mehr oder weniger leisten könne, sondern daß bestimmte Denkakte dem Menschen vorbehalten bleiben sollten (S. 28). Die Erfolge der Naturwissenschaften hätten sich zu einer Droge entwickelt, deren Wirksamkeit durch die Gleichung „Vernunft = Logik" (S. 29) axiomatisch gesichert sei und die zum Leugnen von Konflikten von menschlichen Interessen und Werten, ja der Existenz von Werten überhaupt geführt habe. „Wir können zwar zählen, aber wir vergessen immer schneller, wie wir aussprechen sollen, bei welchen Dingen es überhaupt wichtig ist, daß sie gezählt werden und warum es überhaupt wichtig ist" (S. 33).

Von direkter technikphilosophischer Relevanz ist Weizenbaums Kapitel über Werkzeuge. So erklärt er: „Die Geschichte des Menschen und die seiner

Maschinen sind untrennbar verbunden" (S. 35). Der Mensch wird durch Machbarkeit zum Architekten der Welt: „Es ist diese selbst geschaffene Welt, der das Individuum als einer scheinbar außer ihm liegenden Macht begegnet. Aber es enthält sie in sich; was ihm gegenübersteht, ist sein eigenes Modell eines Universums und, da er ein Teil darin ist, auch sein eigenes Modell, das er von sich erstellt hat" (S. 35). Bei Weizenbaum symbolisieren Instrumente die Tätigkeiten, die mit ihnen durchgeführt werden können. Entscheidend ist hier: „Ein Werkzeug ist immer zugleich ein Modell für seine eigene Reproduktion und eine Gebrauchsanweisung für die erneute Anwendung der Fähigkeit, die es symbolisiert" (S. 36).

Deshalb transzendiere das Werkzeug als Symbol seine Rolle als praktisches Mittel für bestimmte Zwecke, es sei konstitutiv für die symbolische Neuerschaffung der Welt durch den Menschen. Werkzeuge als Mittel der Veränderung wirken sich demnach auf die Individuen aus, die sich ihrer bedienen – Weizenbaum zeigt dies anhand von Beispielen wie des sechsschüssigen Revolvers, der Schiffahrt, der Druckerpresse oder der Baumwollpflückmaschine. Ausgehend von einer Integration der Technik als sich selbst tranzendierende Prothetik verändert Technik nicht nur die Natur – die Siege über die Natur beziehen sich heute auf eine andere Natur als früher –, sondern auch die Wahrnehmung. Obwohl Bedürfnisse und maschinelle Möglichkeiten eng verkoppelt seien, und vielfach Aufgaben ohne technische Hilfsmittel (z.B. den Computer) als nicht lösbar angesehen würden, wären komplizierte und komplexe Projekte wie der Bau der Atombombe oder das Apollo-Projekt auch ohne die exorbitante Rechenkapazität heutiger Computer zu bewältigen gewesen. Trotzdem gilt für Weizenbaum: „Der Computer wird zum unentbehrlichen Bestandteil der Struktur, sobald er total in die Struktur integriert ist, ... daß er nicht mehr herausgenommen werden kann, ohne unweigerlich die Gesamtstruktur zu schädigen. Das ist im Grunde eine Tautologie. Ihr Nutzen besteht darin, daß sie uns die Möglichkeit ins Bewußtsein ruft, daß bestimmte menschliche Handlungen, z.B. die Einführung von Computern in irgendwelche komplexen menschlichen Unternehmungen, eine Abhängigkeit schaffen können, die nicht mehr rückgängig zu machen ist" (S. 50). Entscheidend ist hier, daß sich die interne Kommunikationsgeschwindigkeit der menschlichen Organisation als zu langsam erweist, um moderne Prozesse, wie sie in diesem Tempo wiederum erst durch Computer ermöglicht worden sind, ohne Computer zu steuern und zu beherrschen (ebd., nach Jay W. Forrester). Also wurden, anstatt nach alternativen organisatorischen Lösungen zu suchen (z.B. auf Luftkriege zu verzichten, die Wahl unter verschiedenen Autotypen zu begrenzen, aufgeblähte Verwaltungen zu reduzieren etc.), Computer eingesetzt, um „die gesellschaftlichen und politischen Institutionen Amerikas zu konservieren. Ich habe zumindest zeitweise mit dazu beigetragen, sie gegenüber einem gewaltigen Druck in Richtung auf einen Wandel zu stützen und zu immunisieren" (S. 54). Ein Symptom hierfür sei, daß lediglich an der Verbesserung der Rechentechnik statt am Problem selbst gearbeitet würde.

Weizenbaum bereitet danach seine Kritik an der sogenannten Künstlichen Intelligenz durch eine Untersuchung vor, die auf den Unterschied zwischen Verstehen und Niederschreiben eines Programms zielt und die die reduktionistische Grundhaltung von Naturwissenschaft und Technik bloßlegen will. Sie sei charakterisierbar durch die Satzform „Menschliche Intelligenz ist nichts anderes als ...". Ähnlich der Anpassungsleistung der ptolemäischen Epizyklen stabilisierten sich die so entstandenen Denksysteme durch immer weitere Hinzufügung von Hilfsprogrammen oder Hilfshypothesen (S. 172). Deshalb seien „solche Wissenschaften, die behaupten, daß sie den ganzen Menschen in das Gerüst ihrer abstrakten Gedankengebäude einfangen können" (S. 179), ebenso gefährliches wie magisches Denken.

Die Computermetapher „Verstehen heißt, es programmieren zu können" habe die Psychologie voll im Griff, und ihr Versuch, sich in Anlehnung an die Naturwissenschaft möglichst weitgehend zu mathematisieren, habe diese Disziplin in den Bereich geführt, der sich mit kognitiven Prozessen befaßt und der nun im Rahmen des Forschungsprogramms der Künstlichen Intelligenz zu einem Verständnis kognitiver Prozesse durch das Entwerfen geeigneter Algorithmen führen soll. Die meisten Vertreter der Künstlichen Intelligenz wollen aber nach Weizenbaum Maschinen bauen, die im Performanzmodus arbeiten, also kognitive Prozesse aufgrund sensorischer Eingaben durchführen sollen (Sprechen wie Menschen, Bewegungen durchführen, Aufgaben lösen und dergleichen). Dabei ist das Ziel nicht die Erklärung im Sinne einer guten Theorie. Da jedoch die Trennlinie zwischen Simulationsmodus und Performanzmodus nicht sehr scharf ist – oftmals beginnt man mit dem Programmieren einer Problemlösung, indem man sich selbst beobachtet, wie man dabei vorgehen würde – wirft Weizenbaum den Forschern der Künstlichen Intelligenz vor, die Unterschiede zu verwischen und Performanzprogramme, die oft erstaunliche Erfolge haben, auch als Simulationen darzustellen, d.h. aus ihrer guten Performanz eine Erklärung abzuleiten. Diese Verwechslung von guter Performanz und Erklärung sowie der ungerechtfertigte Anspruch, aus einer Programmiersprache, in der Problemlösungsstrategien programmiert werden können, eine Theorie der menschlichen Problemlösung zu destillieren, ist nach Weizenbaum denn auch der Hintergrund, vor dem sich solche Überlegungen wie die Automatisierung der Psychiatrie und die Verobjektivierung des Patienten, der mit einfachen Regeln wieder zum funktionierenden Mitglied der menschlichen Gemeinschaft gemacht werden soll, überhaupt erst entfalten können.

Weizenbaum betont, daß der Mensch keine Maschine ist, sondern ein Organismus, der weitgehend über die Probleme definiert wird, denen er sich gegenüber sieht. Computer und Mensch verarbeiten Information, aber sie tun es nach Weizenbaum auf grundlegend verschiedene Weise. Der Begriff der Intelligenz ist zu verwaschen, er ist nicht operationalisierbar und nicht quantifizierbar, weil es keine befriedigende Theorie der Intelligenz gibt. Damit ist er ein geeigneter Kandidat, um in Form von Metaphern überzogene Ansprüche zu formulieren. Weizenbaum zeigt anhand der Sprache, der Körperlichkeit des menschlichen Denkens und Fühlens, anhand von Intuition, von assoziativem und unklarem Denken, von Kreativität und Spontaneität, wie verengt der Intelligenzbegriff ist, und er meint, daß den Wissenschaftlern im Bereich der Künstlichen Intelligenz eine Bescheidenheit anstünde, wie sie die Physiker nach Werner Karl Heisenberg und die Mathematiker nach Kurt Gödel üben.

Es sei zwar möglich, daß Computer Entscheidungen treffen, daß sie Urteile fällen und psychologische Analysen durchführen. Weizenbaum ist der Auffassung, daß dies letztlich ein ethisches Problem ist: „Die wichtigste Grundeinsicht ... ist die, daß wir zur Zeit keine Möglichkeit kennen, Computer auch klug zu machen, und wir deshalb im Augenblick Computern keine Aufgaben übertragen sollten, deren Lösung Klugheit erfordert" (S. 300).

Zusammen mit der Überzeugung, daß Computer in der Lage seien, jede menschliche Funktion in Organisationen zu substituieren, und zwar effektiver und fehlerfreier, konstituiere sich ein Optimismus, der sich nicht nur auf Computeranwendung erstreckt, sondern auch den (Neu)Entwurf sozialer Spielregeln, präziserer Sprachen und genauere Denkmodelle in Angriff nehmen will. Hier sieht Weizenbaum einen engen Zusammenhang mit der Kritik der instrumentellen Vernunft von Max Horkheimer (s. dort). Wenn Begriffe, wie Horkheimer sich ausdrückt, zu „widerstandslosen, rationalisierenden, arbeitssparenden Mitteln geworden" sind, wenn „das Denken auf das Niveau industrieller Prozesse reduziert worden" ist (S. 326f.), dann ist auch verständlich, wie dieses Denken im Bereich der Computer zu einer Transformation jeglicher Bedeutung in Funktion führt (S. 327). Alle konfligierenden Interessen werden durch Interessen der Technik ersetzt, Sprache und Vernunft werden mechanisiert, die Rhetorik der technischen Elite habe die Sprache und die Begriffe so korrumpiert, daß auch Verstehen selbst rein instrumentell gedacht werden könne.

Nach Weizenbaum sind aber Probleme wie soziale Fragen und politische Konflikte nicht durch Technik und Naturwissenschaft zu lösen. Letztere sind in seinen Augen gar Suchtmittel, die einen sich selbst erfüllenden Alptraum erzeugen (S. 334). So lautet denn auch die Überschrift über das letzte Kapitel „Gegen den Imperialismus der instrumentellen Vernunft" (S. 337). So wie es richtig sei, daß die Naturwissenschaft zu einem großen Sieg über die Unwissenheit verholfen habe, so sei die Folge hierbei ein neuer Konformismus, der uns erlaube, alles, was gesagt werden könne, in den funktionalen Sprachen der instrumentellen Vernunft zu sagen, der uns aber verbiete, uns auf das zu beziehen, was man lebendige Wahrheit nennen könne. Weizenbaum plädiert dafür, daß die Naturwissenschaft davon absehen sollte, im Bereich des Lebendigen jedes Ding als ein Objekt zu betrachten. Ausgehend von dem ethischen Prinzip, daß „der Bereich der eigenen Verantwortung in einem bestimmten Verhältnis zum Bereich der Wirkungen der eigenen Handlung stehen muß" (S. 341), folgt eine Verantwortung für Wissenschaftler und Ingenieure, die über ihre unmittelbare Situation hinausgehe und die sich auch auf künftige Generationen erstrecke. Wissenschaftliche Hypothesen sind nach Weizenbaum nicht wertfrei, weil die Wahl, welche Hypothese weiter verfolgt wird, von Werten des wählenden Wissenschaftlers abhängig sei.

Weizenbaums Buch hatte eine enorme Wirkung – es hat durch 1976 die wesentlichen Argumente der technologiekritischen Auseinandersetzung um den Computer und seinen – vor allem auch militärischen Einsatz – zusammengetragen und zum Teil Künftiges vorweggenommen. Es hat die Diskussion um die Expertensysteme, aber auch die Auseinandersetzung um ethische Fragen des Computereinsatzes, nicht zuletzt durch eine ausgedehnte Vortragstätigkeit des Autors, den dieses Buch schnell berühmt gemacht hat, gerade in Europa initiiert und letztlich bis heute wach gehalten.

Weizenbaums Buch stellt sowohl einen fachlichen wie einen ethischen Text dar. Weizenbaum wurde zwar mit Auszeichnungen überhäuft, jedoch in der angegriffenen Disziplin der Künstlichen Intelligenz danach eher gemieden. Das Werk steht als aktuelles Beispiel einer Technikkritik aus ethischer Motivation, die auf einer fachlich fundierten Innensicht der zu kritisierenden Technologie aufbaut. Das erklärt vielleicht die enorme Rezeption dieses Werkes, mit dem sich auch heute noch derjenige auseinandersetzen muß, der über die Frage nachdenken will, ob wir die Computer haben, die wir brauchen und ob wir die Computer brauchen, die wir haben.

Klaus Kornwachs

Norbert Wiener: The Human Use of Human Beings. Cybernetics and Society

Cambridge: Cambridge University Press 1950; dt. Mensch und Menschmaschine, übers. von Gertrud Walther, Frankfurt/M.: Metzler 1952 (TB-Ausgabe Berlin: Ullstein 184, 1958); zit. nach der Ausgabe von 1952, 212 S.

ders.: Cybernetics or control and communication in the animal and the machine

New York/Paris: John Wiley/Hermann & Cie Editeurs 1948 (The Technology Press), 194 S.; 2., überarb. und erg. Aufl. Cambridge, MA: MIT Press 1961, XVI + 212 S., dt. nach der 2. Aufl. Kybernetik. Regelung und Nachrichtenübertragung im Lebewesen und in der Maschine, Düsseldorf: Econ 1963, 286 S.; TB-Ausgabe: Reinbek: Rowohlt 1968 (re 294/295), 251 S.

Norbert Wiener (1894–1964), Mathematiker, war ab 1939 Professor am Massachusetts Institute of Technology (MIT) in Cambridge. Im Zuge seiner Beschäftigung mit mathematischen Problemen der Flugabwehr während des Zweiten Weltkrieges entwickelte er (zusammen mit einer Forschergruppe) die Grundlagen der statistischen Informationstheorie mit und begründete die von ihm sogenannte „Kybernetik". Während seine „Kybernetik" formal gehalten ist und mathematisches Fachwissen voraussetzt, dient „Mensch und Menschmaschine" erstens der Darlegung seines Ansatzes in allgemeinverständlicher Form und zweitens der Diskussion der „nicht unbeträchtlichen sozialen Folgen" (S. 11) sowie ihrer Bewertung aus technikphilosophischer Sicht.

Anders als in den USA und in Frankreich wurde Wieners erstes Buch „Kybernetik" in Deutschland erst deutlich nach „Mensch und Menschmaschine" einem größeren Publikum bekannt. Daß die Erstausgabe von „Kybernetik" auch auf Französisch erschien, liegt in einer physiologisch-mechanistischen Tradition der französischen Medizin und Biologie im 19. Jahrhundert begründet, die mit Claude Bernards Konzept des ‚inneren Milieus' bereits den Anspruch auf dessen Regulierbarkeit erhoben hatte: einen Anspruch, den Wiener mit dem Buch „Kybernetik" programmatisch einzulösen versuchte. Zentrale Vorarbeiten dafür geschahen im Kollegenkreis an der Harvard University. Bernards Konzept des inneren Milieus wurde 1932 von dem Physiologen und Verhaltensforscher Walter B. Cannon in den bis heute geltenden Begriff der ‚Homöostase' überführt. Cannons Kollege Arturo Rosenblueth, ein Neurophysiologe, verfaßte dann zusammen mit dem Elektroingenieur Julian Bigelow und Norbert Wiener 1943 das Gründungsdokument der Kybernetik („Behavior, Purpose and Teleology"), in dem Informationstheorie mit Modellen der Verhaltensforschung, Physiologie und Nachrichtentechnik verknüpft wurde. Bereits in diesem Dokument wird eine Reformulierung des Teleologieproblems in den Biowissenschaften vorgenommen, die Wiener dann in „Kybernetik" weiter ausbaut: Zwecke seien nicht Endzustände, die sich aus Ursachen ergäben, sondern auf Gleichgewicht abzielende Systemzustände, die durch negative Rückkopplung stabilisiert werden. Wieners „Kybernetik" entstand aus dem Interesse, teleologische Mechanismen modellieren und auch technisch regulieren zu können. Mit Hilfe der Kategorie Information, die er als inkommensurabel mit den Kategorien Materie und Energie hervorhob, und des Konzepts der ‚negativen Rückkopplung' als Instanz des Regelungsmechanismus parallelisierte Wiener formalistisch das biologische Nervensystem und das elektronische Rechnersystem. Ein übergeordnetes Ziel seiner Arbeitsgruppe war es, heterochrone Objekte generieren zu können. In der kritischen Auseinandersetzung mit Henri Bergsons (s. dort) Lebensphilosophie, die auch Bestandteil des ersten Kapitels von „Kybernetik" ist, fand er dafür eine philosophische Voraussetzung. Ungelöst bleibt im Buch u.a. das aus den Auseinandersetzungen zwischen Mechanismus und Vitalismus historisch bekannte Problem der dynamischen Selbstreferentialität von Lebewesen. Wiener konnte keine formal beschreibbaren Mechanismen für das Phänomen liefern, daß Organismen ihre ‚Systeme' zu verschiedenen Zwecken immer wieder destabilisieren; nicht zuletzt, um sich fortzupflanzen. Für die

Wissenschaftstheorie der Technik- und der Lebenswissenschaften ist „Kybernetik" von weitreichendem Einfluß geblieben, der sich bis auf die Genetik, die Verhaltensforschung, die Robotik und (über Gregory Bateson) die Soziologie erstreckt. Auch die Allgemeine Systemtheorie des Biophysikers Ludwig von Bertalanffy (1968) sowie die Autopoiesis-Theorie von Humberto Maturana und Francisco Varela (1980) sind durch Wiener inspiriert. Eine aktuelle Wiederbelebung findet Wieners Kybernetik in Ansätzen der Synthetischen Biologie.

In „Mensch und Menschmaschine" sind eine Reihe von Essays versammelt, in denen Wiener zeigt, wie weit die Erträge der Informationstheorie und Kybernetik für eine Modellierung menschlichen Verhaltens nutzbar gemacht werden können und wo die Grenzen eines solchen Unternehmens liegen bzw. gezogen werden sollten. Dementsprechend enthält das Buch einige kühne Prognosen zur Technikentwicklung, die sich größtenteils bewahrheitet haben, sowie erste Versuche zu einer Technikfolgenabschätzung und Technikbewertung, innerhalb derer Wiener uns mit Problemstellungen konfrontiert, die bis heute aktuell geblieben sind.

Wiener beginnt mit einer allgemeinverständlichen Darstellung der Grundzüge der Kybernetik. Zu dieser sei er dadurch geführt worden, daß er verschiedene Arten von Maschinen für den Nachrichtenverkehr zu entwerfen hatte, „von denen einige die unheimliche Fähigkeit erkennen lassen, menschliches Verhalten nachzuahmen und dadurch möglicherweise das Wesen des Menschlichen zu erhellen" (S. 13). Zum einen will er die Möglichkeiten der Maschine auf Gebieten aufzeigen, „die bis jetzt als Domäne des Menschen galten", zum anderen will er warnen vor den Gefahren einer Ausnutzung dieser Möglichkeiten in einer Welt, „in der für uns Menschen die menschlichen Dinge wesentlich sind". Als Grundbegriff führt er den Begriff des Schemas (pattern) ein, als formale Ordnung von Elementen unabhängig von deren innerer Natur. Zeitliche Schemata sind Nachrichten, die dazu dienen, Informationen zu übertragen. In geschlossenen Systemen können Nachrichten ihre Ordnung verlieren, nicht aber gewinnen. Dies veranlaßt ihn zur Parallelisierung der Gesetze der Informationsübertragung mit denen der Entropie. Die Weitergabe von Nachrichten innerhalb eines geschlossenen Kreislaufes, die den Zustand des Systems ändert, nennt er Regelung. Gesellschaft könne nur durch das Studium solcher Nachrichtenübermittlung im Kontext von Regelung verstanden werden, und solcherlei Kommunikation könne von Mensch zu Maschine, von Maschine zu Mensch und von Maschine zu Maschine stattfinden. Der Regelungsprozeß selbst beruht wesentlich auf der „Rückmeldung" über die Differenz zwischen einer tatsächlichen und der erwarteten Verrichtung. Diese Differenz wird dem System kenntlich durch die Funktion von Meldern. Auf der Basis dieser abstrakten Termini modelliert Wiener eine Parallele zwischen menschlichem und maschinellem Verhalten, die radikalisiert wird im Blick auf die Tatsache, daß es möglich ist, Maschinen zu konstruieren, die „lernen": Bei Kenntnis der Differenz zwischen erwarteter und erreichter Verrichtung können gewisse Strukturen des Regelungsprogrammes so modifiziert werden, daß diese Differenz immer kleiner wird. Auf der Basis dieses Befundes – entwickelt auf einem Theoriehintergrund, der im Blick auf die Optimierung von Flakgeschützen bei der Verfolgung beweglicher Ziele entwickelt wurde – sieht sich Wiener zu einer ersten Gesellschaftskritik und ersten Alternativentwürfen veranlaßt: Hierarchische („faschistische") Gesellschaftssysteme machen sich diese Lernprozesse nicht zunutze, weil die unterstehenden Menschen herabgewürdigt werden zu bloßen Effektoren und ihre Rückmelderfunktion übersehen wird. Ein solches Machtideal sei sowohl technisch ineffizient als auch dem „ethischen Wert" des Menschen nicht adäquat. Diese Grundthese wird nun in elf Kapiteln ausgeführt.

Angesichts der Parallelen zwischen der Informationsverwendung und der Entropie liegt die pessimistische Schlußfolgerung nahe, daß aus kybernetischer Sicht auch die menschliche Gesellschaft eine Art Wärmetod erleiden wird. Dieser pessimistischen Auffassung widerspricht Wiener unter Hinweis darauf, daß sie nur für geschlossene Systeme gelte. Unter menschlichen Wertmaßstäben jedoch können wir unabhängig von dem Gesamtschicksal des Weltalls Regionen isolieren, in denen durch entsprechende Regelungen ein Abnehmen von Entropie, eine Zunahme von Ordnung, realisiert werden kann. Eine solche Entropieabnahme wird gemeinhin als Fortschritt bezeichnet, wobei dieser jedoch nicht als universeller, sondern nur regional zu verwirklichen ist. Würde die Technik unter einer globalen Perspektive lediglich in den Dienst einer „Freiheit des Ausbeutens" gestellt, so würde sie zum Katalysator einer Entropiezunahme. Setzten wir sie hingegen als Instrument auf den „Inseln" ein, die unter subjektiven Wertsetzungen konstituiert werden, so könne sie Entropie mindern. Eine solche Minderung läßt sich gerade nicht erreichen, wenn der Umgang mit Technik in dem beständigen Versuch besteht, ihre negativen Folgen zu kompensieren („hypothekarische Belastung der Zukunft" (S. 52)). Dieser Tendenz, die Wiener an vielen Beispielen der Technikentwicklung schildert, sei vielmehr nur dadurch zu begegnen, daß der Einsatz von Technik sich nicht einzig an den Zielen orientiere (z.B. im Blick auf das schleichende Vergiftungsrisiko durch Katalysatoren), sondern technische Systeme entworfen werden, in denen Variabilität und Anpassungsfähigkeit gewährleistet bleiben. Zu diesem Zwecke müsse der Ressourcenbestand an schöpferischen Ideen, unabhängig von einer direkten zielorientierten Anwendung, erhalten werden. Dem entspricht, daß primär die Lernfähigkeit von Systemen (insbesondere der Technikverwendung) erhalten bleiben müsse. Aus kybernetischer Sicht sei daher ein Ameisenstaat nicht bloß inhuman, sondern hinsichtlich eines Entropieabbaus insbesondere ineffizient. Der äußere Bau niederer Tiere verhindere, daß Lernen als eine Form von Rückkoppelung, bei der das Verhaltensschema durch die vorangegangene Erfahrung abgewandelt wird, stattfinden könne. Es komme darauf an, sowohl Maschinen zu entwickeln als auch Menschen in die Lage zu versetzen, nicht bloß eine Rückmeldung durch „zahlenmäßige Angaben" zur Regelung eines Systems einzusetzen, sondern die vom Ergebnis zurückgemeldete Information in die allgemeine Methode und das „Schema" der Ausführung einfließen zu lassen. Dieses kybernetische Effizienzprinzip läßt nach Wiener eine Konvergenz zwischen technischen Werten aus kybernetischer Sicht und humanistisch-ethischen Wertvorstellungen erkennen. (Wir finden heutzutage solche Konvergenzen bei den Überlegungen etwa zur Umstellung von Strategien der Unternehmensführung.) Daß eine solche Änderung der Regelungsprogramme durch bloße Rückmeldung möglich ist, sieht Wiener durch die Erträge der Verhaltensforschung (Pawlows Forschungen zu bedingten Reflexen) bestätigt.

Was den Menschen vom Tier abhebe, sei ein spezifischer Umgang mit Semantik, der sich im Vorgang des Verschlüsselns und Entschlüsselns von Informationen manifestiert. Diese Fähigkeit sei aber auch Maschinen zu übertragen, und darin lägen sowohl eine Chance als auch eine Gefahr. Aller menschliche Umgang und Wechsel im Schema dieses Umgangs sei „sozialen Kräften" unterworfen (S. 90). Genau dieses träfe auch für außermenschliche Kommunikationssysteme zu. So sei die (biologische) Individualität eines Organismus als Kontinuität der Transformationen durch das Erinnerungsvermögen des Organismus an die Tatsachen seiner vergangenen Entwicklung zu begreifen. Solcherlei könne auch für Maschinen gelten. Insofern sei Individualität weniger Materie als Form. Entsprechende Organismen stabil zu halten, während ihre Materie zerstört wird, sei nicht ein theoretisches, sondern ein technisches Problem, was uns daran hindere, das „Schema eines Menschen" (seine Individualität) von einem Ort zum anderen zu telegrafieren (S. 101).

Aus dieser Sicht erscheint „Recht" als Regelungsmechanismus von Kommunikation zur Optimierung von „Kopplungen" des Verhaltens verschiedener Individuen (analog zur Kopplung lernfähiger Maschinen). Im Blick auf unseren Umgang mit Entdeckungen und Erfindungen (Patentrecht) zeigt Wiener, wo wir solche Kopplungen nicht verstanden haben. Unter dem Kriterium des Entropieabbaus sei es notwendig, Information nicht als eine „Stapelungsangelegenheit" von Waren (S. 115) zu betrachten, sondern ihrer Dynamik gerecht zu werden. Entsprechende Forschungen könnten daher nicht durch Patente, Geheimhaltung oder Codesysteme geschützt werden. Information sei nur Motor des technischen Fortschritts als „Wissen was", während „Wissen wie", dem die Ingenieure ausschließlich vertrauen, alleingelassen immer nur Entropie erhöhe, weil von den Folgen des Einsatzes dieses Wissens, zugunsten der jeweils eigenen Negentropie, immer alle betroffen sind.

Die zwei Kulturen (vgl. Charles Percy Snow), bei Wiener gefaßt als diejenige der Intellektuellen und der Naturwissenschaftler, seien dadurch getrennt, daß die Kommunikation letzterer im Kontext der Vermarktung stattfinden. Umgekehrt bedeute dies, daß Bildungsinhalte isoliert neben diesem Bereich ein immer kümmerlicheres Dasein fristeten, da ihnen – auf den ersten Blick – die entsprechende Funktionalität abgehe (S. 140ff.). Wenn Ingenieure, Mediziner und Naturwissenschaftler im Zuge der vorgeschlagenen kybernetischen Reflexionen sich deutlicher jener Funktionalität entzögen, würde der entropieerhöhenden Vermarktung entgegengearbeitet. Die Intellektuellen klassischer Provenienz hätten sich von diesem Problem verabschiedet auf Grund ihres mangelnden Interesses an der Technik.

Die Modellierung von Menschen und Maschinen als kommunikativen Organismen veranlaßt Wiener zu Modifikationen der gängigen Auffassungen von der ersten und der zweiten Industriellen Revolution. Schiffahrt auf der Basis der entsprechenden technischen Instrumente sei der Ausgangspunkt einer ersten industriellen Phase der industriellen Hauptrevolution (Maschinentechnik) gewesen, weil sie einen neuen Typ von Kommunikation ermöglicht hätten. Die Entwicklung hin zur zweiten Industriellen Revolution sei ausgelöst worden durch die Möglichkeit, Energien zu übertragen in entsprechenden Regelungskreisen. Vermögen erst deren Rückmeldungen die Programme selber zu ändern, so ist die zweite industrielle Revolution, diejenige der Automatisierung, realisiert. Im Rahmen einer solchermaßen automatisierten Fabrik könnten die entsprechenden Maschinen „Werkskittel-Arbeit oder Stehkragen-Arbeit" übernehmen. Das Problem vorübergehender Arbeitslosigkeit müsse durch entsprechende gesellschaftliche Veränderungen aufgefangen werden (S. 172).

Wieners Blick auf die Zukunft von Kommunikationsmaschinen erschließt ein Spektrum, das von der durch die entsprechenden maschinellen Modellierungen möglich gewordenen Erfassung von Rückkopplungsproblemen im menschlichen Organismus (Parkinsonsche Krankheit u.a.) bis zu Schachcomputern und einer maschinellen Steuerung des Staates reicht. Beruft sich letzterer darauf, als „neuer Leviathan" die Präferenzen und Absichten der unter ihm stehenden Subjekte zu harmonisieren und zu maximieren, so kritisiert Wiener, daß dann die Fähigkeit des Menschen, Regeln abzuwandeln, Präferenzen anzupassen, Motive und Werte zu berücksichtigen, verloren gehe: Dann verlieren wir gerade die Fähigkeit, Inseln des Entropieabbaues zu konstituieren. Der Technikphilosoph müsse hier „der Katze eine Schelle anhängen" (S. 197). Sowohl im marxistisch-technokratischen als auch im jesuitischen Denken sieht Wiener die inhumanen Konsequenzen einer Verabsolutierung solchen Denkens.

Die Studie Wieners fasziniert durch die Fülle anschaulicher Beispiele und Plausibilisierungen aus der Technikgeschichte sowie aus der Praxis des Systemingenieurs an der Forschungsfront. Sie irritiert durch ein – pathetisches – Sendungsbewußtsein, das sich mit einem entsprechenden Auftrag an die amerikanische Nation verbindet. Aus philosophischer Sicht ist zu problematisieren, daß in einer gewissen Naivität eine Harmonisierung zwischen den tradierten Werten menschlicher Humanität und kybernetischen Effizienzkriterien unterstellt wird. Wenn solche Effizienzkriterien unter dem Ziel des Aufbaues von Negentropie nur für „Inseln" im Gesamtverlauf der zivilisatorischen Entwicklung angenommen werden können, andererseits aber zur Konstituierung dieser Inseln bereits Werte in Anschlag zu bringen sind, bedürfen diese einer kybernetikunabhängigen Rechtfertigung. Wieners Verdienst liegt sicherlich darin, daß er die Diskussion um eine rationale Technikgestaltung bis an ihre Grenzen geführt hat. Ein technisches Kriterium für die Effizienz von Systemen darf jedoch nicht verwechselt werden mit einer Rechtfertigungsleistung für die zugrundeliegende Wertbasis. Das ist diejenige Dimension, die durch den bloßen Hinweis auf systemrationale Verhaltensregulative nicht erschlossen werden kann. Fruchtbar wurde der Ansatz Norbert Wieners für die technikphilosophische Diskussion insbesondere im Kontext der parallel geführten Diskussion des „menschlichen Handlungskreises" durch Hermann Schmidt, Arnold Gehlen (s. dort) und – später – bei Günter Ropohl (s. dort). Gehlen konnte seinen anthropologischen Ansatz mit Hilfe der Erträge des Denkens von Norbert Wiener präzisieren und deutlicher auf die Gefahren des Intentionalitätsverlustes durch den Einsatz von Technik in diesem Handlungskreis hinweisen. Der Übergang zu einer solchermaßen kulturpessimistischen Technikkritik im Ausgang von Norbert Wiener ist jedoch nicht zwingend. Dessen systemtheoretische Modellierung erlaubt nämlich zugleich zu zeigen, wie durch Umstrukturierungen der Handlungskreise die Technik in menschliche Verfügungsgewalt zurückgeführt werden könnte.

Christoph Hubig
Nicole C. Karafyllis

Langdon Winner: Autonomous Technology. Technics-out-of-Control as a Theme in Political Thought

Cambridge, MA/London: MIT Press, 1977, 386 S., (A)

ders.: The Whale and the Reactor. A Search for Limits in an Age of High Technology

Cambridge, MA/ London: MIT Press, 1986, 200 S., (B)

Langdon Winner (geb. 1944), Professor am Rensselaer Polytechnic Institute, gehört in den USA zu den profilierten Vertretern der politischen Theorie sowie einer Technik- und Gesellschaftskritik. Sein Hauptwerk „Autonomous Technology" diskutiert die im Titel gestellte Frage, ob die Technik außer Kontrolle geraten und zu einer selbständigen Macht geworden sei. „The Whale and the Reactor" versammelt in der ersten Hälfte der 1980er Jahre erschienene Aufsätze, mit denen er einzelne Punkte seiner Thesen erläutert und konkretisiert.

Winner verwendet einen weiten Technikbegriff („technology") in der Bedeutung zielgerichteten rationalen Handelns, konzentriert sich aber auf die Objekte („apparatus") und die dazugehörigen technischen Verfahren („technique"), die er in die großen soziotechnischen Zusammenhänge stellt.

Die Titelfrage nach der Autonomie und Eigendynamik der Technik geht Winner zunächst mit einer breiten Rezeption und Interpretation der Literatur an. Dies umfaßt Autoren von der Antike bis zur Gegenwart, aus verschiedenen wissenschaftlichen Disziplinen wie der Philosophie, Geschichte, Ökonomie, Politik- und Sozialwissenschaft, aber auch aus der populärwissenschaftlichen Publizistik. Zunächst analysiert und strukturiert er deren Argumente, um auf dieser Basis dann seine eigenen Auffassungen zu entwickeln.

Dem Fortschrittsgedanken – so Winner – lag die Prämisse einer Herrschaft über Wissenschaft, Technik und Natur zugrunde. Diese sei inzwischen problematisch geworden – und damit auch Vorstellungen vom autonomen Menschen und vom freien Willen. Er erläutert dies mit Hinweisen auf die Eigendynamik („momentum") großer technischer Systeme („large-scale systems") und die Undurchschaubarkeit von Alltagstechnik. Die Kunst habe schon lange die Autonomie der Technik thematisiert, indem sie diese als Lebewesen dargestellt habe.

Wissenschaftliche Konzepte für die Technikentwicklung, wie Industrialisierung, Modernisierung, Evolution und Determinismus, gingen mehr oder weniger strikt von einer Eigendynamik der Technik aus. Für sich reklamiert Winner eine vermittelnde Position zwischen Determinismus und Voluntarismus, die er mit dem Begriff „technological drift" charakterisiert (A, S. 88ff.). Die Technik besitze eine starke Tendenz, sich in einer bestimmten Richtung weiterzuentwickeln. Diese zeichne sich durch „uncertainty, unpredictability, and uncontrollability" aus (A, S. 96). Verbunden sei dies mit einem „technological imperative" (A, S. 100ff.), d.h. die Umgebung werde an die Technik angepaßt, was letztlich die gesamte Gesellschaft forme.

Die üblichen Erklärungen für die Technisierung der Gesellschaft seien unzureichend. Dies gelte für Verweise auf die Natur oder den Charakter des Menschen. Dies gelte weiter für idealistische Interpretationen, welche z.B. die Rolle des Christentums, so Lynn White, oder die Rolle der Aufklärung, so Jacques Ellul (s. dort), hervorheben. Und dies gelte auch für Technokratiethesen. Dabei unterscheidet Winner zwischen den beiden zentralen Interpretationen von Technokratie als Herrschaft der Techniker oder Experten („Who governs?") und Technokratie als Herrschaft der Technik („What governs?").

Die These einer Herrschaft der Experten erläutert Winner an zahlreichen Autoren und Werken, von Francis Bacons „New Atlantis" bis zu John Kenneth Galbraiths „The New Industrial State". Technokratie in diesem Sinne versteht Winner als ein Gegenmodell zur Demokratie. Er ist der Auffassung, daß solche Lesarten der Technokratie die Machtverhältnisse in einer Gesellschaft nicht angemessen wiedergeben. Größere Bedeutung mißt er dagegen Thesen einer Herrschaft der Technik zu, die seinen eigenen Vorstellungen nahekommen.

Im Folgenden charakterisiert Winner die zentralen Bestandteile der technologischen Gesellschaft mit eigenen Begriffen: eine sowohl das Naturale wie das Soziale umfassende künstliche Welt, die durch eine Art zweite Schöpfung entstanden sei („artificiality"); eine Erweiterung der menschlichen Möglichkeiten („extension"); eine Rationalität, die aber unterschiedlich interpretiert werde („rationality"); vor allem durch die Economies of Scale begründete große zentrale Anlagen („size and concentration"); eine weitgehende Unterteilung der Arbeit, der Technik usw. („division"); gewissermaßen als Komplement zu dieser Untergliederung Verbindungen neuer Art („complex interconnection"); eine Zunahme systemischer und hierarchischer Abhängigkeiten („dependence and interdependence"); die Notwendigkeit einer Koordination und Kontrolle („the center"); die ständige Gefahr funktionaler Zusammenbrüche („apraxia").

Winner will die wirtschaftlichen Vorteile einer technologischen Welt durchaus nicht unterschlagen und verweist auf Wohlstandsgewinne. Aber er ist der Auffassung, daß der hierfür zu entrichtende Preis, nämlich ein Verlust an Freiheit, zu hoch sei. Die Gesellschaft werde zunehmend durch instrumentelle Normen und durch Leitgrößen wie Effizienz und Geschwindigkeit bestimmt, und sie verlange von ihren Angehörigen ein hohes Maß an Disziplin und Regelbefolgung. Alles werde der Technik angepaßt – auch der Mensch. In den technischen Systemen würden die Möglichkeiten freier Wahl eingeschränkt, und die Handlungskompetenz der Menschen schrumpfe. Die großen Systeme verlangten mehr Planung und Kontrolle. Letztlich führe dies dazu, daß die Systeme die Politik und ihren Markt, dem zu dienen sie vorgäben, kontrollierten. Angebliche Ziele dienten nur dem Erhalt des Bestehenden, angebliche Krisen der Expansion der Systeme.

Gängige Analysen der Technik und der Gesellschaft sowie die vorgeschlagenen Therapien griffen vielfach zu kurz. Hierzu gehöre die Interpretation der Technik als (neutrales) Mittel und die Redeweise von der Techniknutzung („use"). Die Technik sei vielmehr eine Lebensweise geworden („way", „form" oder „mode of life"). Ebenso hält Winner wegen der Totalität der technologischen Gesellschaft den Topos eines Mißbrauchs der Technik für unangemessen und Bemühungen um ein Technology Assessment für unzureichend.

Einen Ausweg – dessen Schwierigkeiten er vielfach hervorhebt – sieht Winner nur in einem radikal anderen Umgang mit der Technik, durch den diese wieder in die menschliche Verfügungsgewalt zurückgeholt würde. Zunächst sei es wichtig, Technik als zentrales politisches Phänomen zu begreifen. Die Technik verändere den Menschen selbst ebenso wie die Gesellschaft im Großen und im Kleinen. Für diesen eminent politischen Charakter der Technik gibt Winner eine Reihe von Beispielen. Eines davon, die „Brücken des Robert Moses" (B, S. 19–39), wird in der Technikdiskussion vielfach zitiert. In dem entsprechenden Aufsatz behauptet Winner, Robert Moses, damals Baustadtrat von New York, habe in den 1930er Jahren die Brücken über die Parkways auf Long Island absichtlich sehr niedrig bauen lassen, um die auf Busverbindungen angewiesenen Schwarzen und Armen von den Parks und Stränden abzuhalten. So prägnant das Beispiel auch ist, seine Faktizität wird inzwischen mit guten Gründen bestritten: Auf den Parkways verkehrten in den USA grundsätzlich keine Busse; die Parks und Strände auf Long Island waren auch auf anderen Straßen und mit anderen öffentlichen Verkehrsmitteln gut zu erreichen. Beim Bau der Brücken sei es nicht um Diskriminierung gegangen, sondern hätten ökonomische Gründe die entscheidende Rolle gespielt. Wenn das Beispiel demnach auch verfehlt sein sollte, kann man mit Winner dennoch die Auffassung vertreten, daß Technik enorme politische Wirkungen besitzen kann.

Winner plädiert jedenfalls dafür, die Technik weder ihrer Eigendynamik noch mächtigen politischen, militärischen und wirtschaftlichen Akteuren zu überlassen, sondern sie in das Handeln der Bürger zurückzuholen. Elemente der bestehenden Technik und des menschlichen Zusammenlebens sollten auf den Prüfstand gestellt werden („epistemological Luddism"). Dabei könne das Ergebnis durchaus darin liegen, auf existierende Technik oder die Realisierung technischer Möglichkeiten zu verzichten.

Bei der Suche nach einer anderen Technik hält Winner nicht viel von Ideologien, Utopien oder großen Programmen. So kritisiert er – nicht zuletzt unter sprachlichen Gesichtspunkten – die Appropriate Technology-, die New Age- (B, S. 85–97) und die Ökologie-Bewegung (B, S. 121–37). Er hält nichts von der Risikoabwägung (B, S. 138–54), und die ubiquitäre Bezugnahme auf Werte ist ihm zu schwammig (B, S. 153–63). Den Hinweis auf die demokratisierende Wirkung neuer Informationstechniken bezeichnet er als „mythinformation" (B, S. 98–117). Stattdessen plädiert er für eine sorgfältige Abwägung einzelner technischer Entscheidungen („empiricism plus renewed diligence") (A, S. 90). Für diese Daueraufgabe einer demokratischen Gesellschaft formuliert er einige Prinzipien: Technik sollte flexibel und gestaltbar und nicht nur für Experten zugänglich sein. Lokale Lösungen seien zentralen vorzuziehen.

Insgesamt bietet Winners „Autonomous Technology" eine eindrucksvolle Ausarbeitung der These, daß den Menschen die Kontrolle über die technische Entwicklung entglitten sei. Dabei schließt er sich in vielem Autoren wie Jacques Ellul, Lewis Mumford (s. dort) und Herbert Marcuse (s. dort) an, unterzieht aber deren Analysen gleichwohl einer ausführlichen Kritik. Winners eigene Diagnosen von Technik und Gesellschaft beruhen auf methodischen Prämissen, die einer ausführlicheren Reflexion bedurft hätten: Er arbeitet vielfach mit einer Dualität von Mensch und Technik sowie einer Konfrontation des Individuums mit technischer Totalität. Und schließlich benutzt er einen starken Freiheitsbegriff, ohne diesen ausreichend zu erläutern.

Viele Leser werden Winner als Vertreter einer Variante der Technokratiethese rezipieren, nämlich daß die Technik die Menschen beherrsche. Er selbst würde diese Etikettierung zurückweisen. Die wahren Technokraten seien diejenigen, welche die problematische Eigendynamik der Technik leugneten oder ignorierten. Und er distanziert sich explizit vom Technikdeterminismus und möchte stattdessen lieber von einem „technological somnabulism" sprechen, einem technologischen Schlafwandeln (B, S. 9f.). Damit deutet er an, daß die Menschen grundsätzlich wieder aufwachen und die Technik nach ihren Vorstellungen gestalten könnten. Allerdings erreichen seine Vorschläge, wie dies politisch und wirtschaftlich geschehen könne, nicht die Prägnanz seiner Diagnose der technologischen Gesellschaft.

Wolfgang König

Hugo Wögerbauer: Die Technik des Konstruierens
München/Berlin: R. Oldenbourg 1943, 189 S., (A)

Fritz Kesselring: Technische Kompositionslehre. Anleitung zu technisch-wirtschaftlichem und verantwortungsbewußtem Schaffen
Berlin/Göttingen/Heidelberg: Springer 1954, 394 S., (B)

Innerhalb der Technikphilosophie bilden Reflexionen zum Prozeß des Ingenieurschaffens einen nahezu selbständigen Bereich, da sie sich eng an die Erfahrungswelt der Ingenieure und Technikwissenschaftler anlehnen oder darauf bezogen sind. Ziel ist dabei, die Vorgehensweisen beim technischen Gestalten transparenter werden zu lassen, um diese in ihrer charakteristischen Einheit von schöpferischen und Routinetätigkeiten als nachvollziehbar, d.h. auch als lehr- und lernbar darzustellen. Eine wichtige Voraussetzung besteht darin, Erfahrungen und Einsichten, die den Konstruktionsprozeß betreffen, in Regeln, Anweisungen oder logischen Ablaufschemata zusammenzufassen, um Bedingungen der Anwendbarkeit, der Problemangemessenheit und der Effektivität methodischer Vorgehensweisen rekonstruieren und diskutieren zu können.

Dominierten in einer ersten Etappe (vgl. Franz Reuleaux) Überlegungen, die weitgehend logisch-deduktiv aufgebaut und dadurch stark dem Ideal der mathematisierten Naturwissenschaften verhaftet waren, so überwog in der zweiten Etappe (vgl. Peter K. von Engelmeyer, s. dort) die Konzentration auf das Moment des Erfindens, der individuellen Voraussetzungen und geistigen Operationen für das Hervorbringen von technisch Neuem. In einer dritten Etappe, u.a. durch Wögerbauer und Kesselring repräsentiert, ging es um Ansätze, die das technische Schaffen nicht nur als vielfältigen Prozeß zu erfassen suchten, sondern zudem seine Einbettung in wirtschaftliche Zusammenhänge zu berücksichtigen bemüht waren. Damit wurde der Anspruch verbunden, Hilfsmittel zu entwickeln, „welche zur Verbreitung und Vertiefung konstruktiven Wissens beitragen können" (A, S. III), „die geeignet sind, die erfinderische Tätigkeit zu fördern und zu beleben" (B, S. 3), denn bisher erfolgte die Konstrukteurausbildung vor allem über Vorbild und Nachahmung, kaum auf bewußt reflektierter methodischer Grundlegung.

Wögerbauer wie Kesselring haben ihre ersten konstruktionstheoretischen Überlegungen in den dreißiger Jahren veröffentlicht. Sie entstanden im Kontext einerseits eines Mangels an Konstrukteuren in der Rüstungs- und Kriegswirtschaft Deutschlands, andererseits der wirtschaftlichen Autarkiebestrebungen des Nationalsozialismus. Das erklärt die bei beiden ausgeprägte Berücksichtigung wirtschaftlicher Zusammenhänge. Hervorzuheben ist, daß für die Darstellung der Komplexität und Ganzheitlichkeit des interessierenden Problemfeldes jeweils Analogien aus nichttechnischen Bereichen gewählt wurden: Wögerbauer geht vom „Kraftlinienfeld eines physikalischen Feldes" aus (A, S. 4), Kesselring vom musikalischen Schaffen, dem Komponieren (B, S. 2).

Hugo Wögerbauer (1904–1976) wirkte zunächst bei Siemens im Bereich der Feinwerktechnik und wurde 1940 Lehrstuhlleiter und Vorstand der Institute für Feingerätebau und Getriebekonstruktionen der Technischen Hochschule München.

Die „Technik des Konstruierens", deren erste Auflage innerhalb weniger Monate vergriffen war, will einen Beitrag leisten, um das erfindende und konstruierende Vorgehen der dem Ingenieur „wesensfremden Führung durch den Zufall" zu entziehen (A, S. IV). Grundlage dafür sind vor allem die Verallgemeinerung eigener Erfahrungen. Das bedeute sowohl das Können, sich „die Betriebsanforderungen des die Konstruktion Gebrauchenden und die Verwirklichungsbedingungen, welche Wissenschaft und Werkstatt bieten, vorzustellen", als auch, die „Gedanken aus diesen beiden Gedankengruppen rasch zu verbinden und die Brauchbarkeit dieser Gedankenverbindungen sicher zu beurteilen" (A, S. VI). Durch die Nutzung der Metapher vom *Kraftlinienfeld* und die Einführung der *vollständigen Aufgabenstellung* – die die „abhängigen Teilaufgaben Wirkungsweise, Baustoff, Gestalt und Herstellverfahren" (A, S. 73) umfaßt – gelingt es Wögerbauer, das Konstruieren in Beziehung zu betrieblichen und volkswirtschaftlichen Verhältnissen zu setzen sowie Wechselbeziehungen und Zielkonflikte aufzuzeigen. Bei dem daraus abgeleiteten *Aufgabenplan* handelt es sich weniger um ein abarbeitbares Phasenschema, als mehr ein die Komplexität der Anforderungen an den Konstrukteur erfassendes Relationsnetz, das heuristische Hilfen für die Aufgabenlösung zu geben vermag. Dieses Herausarbeiten der für das Lösen konstruktiver Aufgaben notwendigen kognitiven, methodischen und organisatorischen Bedingungen in ihrem gegenseitigen Bezug ist Wögerbauer auch deshalb wichtig, weil der konstruktive Prozeß „im Gegensatz zu den ‚Kunstmeistern' vergangener Jahrhunderte" (A, S. 11) stark arbeitsteilig und damit auf kommunikativer Basis vollzogen wird.

Bemühungen, im Ingenieurbereich ein bestimmtes Ziel durch planmäßiges Streben zu erreichen *und* dieses planmäßige Streben selbst zum Gegenstand von Denkbemühungen zu machen, sieht Wögerbauer zuerst bei Leonardo da Vinci gegeben, weshalb es seiner Meinung nach auch gerechtfertigt sei, mit ihm „die Konstruktionswissenschaft beginnen zu lassen" (A, S. 23). In der Folgezeit hätten sich die Ingenieure darauf konzentriert, „Prinzipkonstruktionen" zu untersuchen, „bei denen es lediglich darauf ankam, eine bestimmte mechanische Wirkung zu erreichen" (A, S. 23). Ferdinand Redtenbacher sei der erste deutsche Ingenieur gewesen, der neben der Prinzipkonstruktion „alle Nebenrücksichten", nämlich „Baustoff" und „Herstellverfahren" (A, S. 27) in konstruktionsmethodische Überlegungen einbezog. Am Beispiel der Weiterführung dieser Reflexionen zeigt Wögerbauer, daß der für eine praxisnahe Konstruktionslehre notwendig zu berücksichtigende Bereich auch die Denkpsychologie umfassen müsse. Nur auf diese Weise könne eine Methodik des Konstruierens entwickelt werden, die mit den Anforderungen an den Ingenieur, nämlich umfassende Gestaltungsaufgaben zu lösen, Schritt halte.

Hinsichtlich der Wissensgrundlagen des konstruktiven Könnens macht Wögerbauer sichtbar, daß für das „zum treffsicheren Konstruieren unbedingt nötige exakte Denken – Kombinieren, Schließen und Urteilen –" (A, S. 165) sowohl die Mathematik als auch die Naturwissenschaften unumgängliche Grundlagen seien. Erfolgreiches Konstruieren basiere darüber hinaus auch auf der Beachtung zeichentechnischer und organisatorischer Regeln. Wögerbauers Grundgedanke besteht darin, in der konstruktiven Tätigkeit einen „lernbaren Teil" von einem „nicht lernbaren Teil, welcher sich ausschließlich auf geistig-seelische Anlagen gründet" (A, S. 19), zu unterscheiden. Seine Überlegungen beziehen sich vor allem auf den lehrbaren Teil. Mit seiner „Technik des Konstruierens" will Wögerbauer einerseits zu Ordnung und Klarheit des Denkens beitragen, andererseits auf die individuellen Voraussetzungen erfolgreicher konstruktiver Tätigkeit – deren größter Teil „das Prädikat ‚schöpferisch' bei weitem nicht verdient" (A, S. 172) – aufmerksam machen. Diese sieht er vor allem in der Fähigkeit des Vorstellens, des (freien) Kombinierens und des (beziehenden) Denkens, aber auch in der Willenshaltung und dem charakterlichen Verhalten (A, S. 177ff.). Deren Förderung durch ständiges Üben sei die wichtigste Bedingung, um – so Wögerbauer abschließend – die von ihm herausgearbeitete „Urtechnik des Konstruierens" (A, S. 188) in der technischen Praxis fruchtbringend umsetzen zu können.

Fritz Kesselring (1897–1977) studierte Elektrotechnik und war vor allem in der Industrie, u.a. als leitender Mitarbeiter im Schaltgerätebau der Fa. Siemens, tätig.

Er schrieb die „Technische Kompositionslehre" in dem Bewußtsein, „das technische Geschehen so zu lenken, daß einmal das Geschaffene sich sinnvoll in unser Dasein einordnet, zum andern der Schöpfungsakt so verläuft, daß das einzelne aus dem Ganzen und in der Zielsetzung des Ganzen entsteht" (B, S. 2). Die Einsicht, daß nach Ganzheitlichkeit und formaler Geschlossenheit zu streben sei, entnimmt Kesselring dem musikalischen Schaffen. Aus der musikalischen Formen- und Harmonielehre sowie der Tätigkeit des Komponierens leitet er Überlegungen für die technische Erfindungs-, Gestaltungs- und Formenlehre („Technische Kompositionslehre"!) ab: „Unter ‚technischem Komponieren' verstehen wir ... die auf Einsicht und Verantwortung gegründete, in Zusammenwirken von Erfindung, Gestaltung und Formung sich vollziehende schöpferische Tätigkeit des Ingenieurs" (B, S. 4).

Den „Grundlehren des technischen Schaffens" wendet sich Kesselring jedoch erst im zweiten Teil seines Buches zu, vorangestellt sind im ersten Teil „Die allgemeinen Voraussetzungen des technischen Schaffens", eine Art kurzgefaßtes Kompendium ethischer, wissenschaftlicher und wirtschaftlicher Voraussetzungen, zwangsläufig stark subjektiv gewertet und selektiert.

Diese Vorgehensweise verdeutlicht den umfassenden Anspruch, den Kesselring mit seinem Buch verfolgt, nämlich die Vielfalt der das Konstruieren beeinflussenden bzw. beim Konstruieren notwendig zu berücksichtigenden Felder sichtbar zu machen. Sein Grundgedanke ist der der starken Konstruktion, die dadurch charakterisiert ist, daß die *technische Wertigkeit und die wirtschaftliche Wertigkeit als gleichberechtigte Komponenten* einer technischen Neuerung behandelt werden.

Kesselring will sich – ähnlich Wögerbauer – nicht auf Zufall und Glück verlassen, sondern auf systematisches Vorgehen, um technische Neuerungen hervorzubringen. Seine *Wegleitung für das Erfinden* enthält deshalb solche Forderungen wie „Herausarbeitung der technischen und wirtschaftlichen Mängel bisheriger Lösungen", „Befreiung von allen Vorurteilen, bewußte Loslösung vom Bestehenden" sowie „Erwägen und Abwägen aller für eine Lösung irgendwie in Frage kommenden physikalischen Gesetzmäßigkeiten" und „technologischen Erfahrungen" einschließlich der „mehr gefühlsmäßig sich aufdrängenden Möglichkeiten" (B, S. 230f.).

Da sich Kesselring darüber im klaren ist, daß die beste Konstruktionsmethodik nur dann fruchtbar sein kann, wenn sie auf entsprechende individuelle Voraussetzungen trifft, soll seine „Technische Kompositionslehre" dazu beitragen, die „oft noch im Unbewußten schlummernden Begabungen zu wecken, ihre Entfaltung zu fördern und den Willen zum Erfinden zu stärken, um dadurch den erfinderisch Tätigen mit jener Begeisterung zu erfüllen, die immer wieder Voraussetzung für jede schöpferische Tat ist" (B, S. 231).

Der erfinderische Akt erfaßt nur eine – wenn wohl auch die wichtigste – Phase der Generierung technischer Neuerungen. Mit der Gestaltung, Bemessung und Dimensionierung der Neuerung wird dann über die *technische Wertigkeit* entschieden. Die *Gestaltungslehre* soll mittels ihrer Prinzipien und Regeln Hilfestellung geben, wie aus den zahlreichen technisch Lösungen die günstigste Vorgehensweise ausgewählt werden kann. Analog soll die Formungslehre hilfreich sein, um die *wirtschaftliche Wertigkeit* der technischen Neuerungen zu heben. Das Ergebnis sollte eine *starke Konstruktion* sein, die „vornehmlich durch günstige Gestaltung und Formung unter Wahrung möglichst tiefer Herstellkosten zustande kommen soll" (B, S. 251).

Mit der *vollständigen Aufgabenstellung* (Wögerbauer) bzw. der *starken Konstruktion* (Kesselring) sind in den 40er und frühen 50er Jahren dieses Jahrhunderts Überlegungen in die konstruktionsmethodische Debatte eingeführt worden, die fordern, wirtschaftliche Bezüge als gleichberechtigt neben den technischen anzusehen. Durch den ausgeprägten Bezug zum konstruktiven Ingenieurhandeln werden sowohl die Vorgehensweise als auch die theoretische Tiefe der Überlegungen beeinflußt. Ob diese Publikationen bis in die Konstruktionspraxis hineingewirkt haben, ist fraglich, denn noch heute besteht eine große Diskrepanz zwischen Theorie und Praxis des Konstruierens. Für konstruktions*theoretische* Darstellungen jedoch – und damit auch für philosophische Analysen des Ingenieurhandelns – kommt ihnen grundsätzliche Bedeutung zu.

Gerhard Banse

Siegfried Wollgast und Gerhard Banse: Philosophie und Technik. Zur Geschichte und Kritik, zu den Voraussetzungen und Funktionen bürgerlicher „Technikphilosophie"

Berlin (Ost): VEB Deutscher Verlag der Wissenschaften 1979, 315 S.

Siegfried Wollgast (geb. 1933) war von 1976–1992 Professor für Geschichte der Philosophie an der Technischen Universität Dresden und beschäftigte sich vornehmlich mit dem 16. und 17. Jahrhundert; außerdem arbeitete er über die Geschichte der Technikphilosophie. Gerhard Banse (geb. 1946) war bis Ende 1991 Professor am Zentralinstitut für Philosophie der Akademie der Wissenschaften der DDR, zwischenzeitlich Vizepräsident bzw. Bundesgeschäftsführer der URANIA-Gesellschaft zur Verbreitung wissenschaftlicher Kenntnisse.

Das Werk muß im Kontext der Teilung Deutschlands und Europas in zwei politisch-sozialökonomische Systeme gesehen werden. Um bei dem vorliegenden Duktus die Intention und den technikphilosophischen Gehalt dieses Werkes freilegen und von den ideologischen Vorgaben trennen zu können, dürfte als Voraussetzung die Kenntnis nützlich sein, daß unter den damaligen Verhältnissen in der DDR für die zu dieser Zeit zur veröffentlichungsfähige Philosophie eine Reihe von Grundsätzen der marxistisch-leninistisch inspirierten Lehre als nicht weiter diskutierbare Ausgangspunkte akzeptiert werden mußten: Philosophie müsse immer als Ausdruck und Reflex des gesellschaftlichen Seins verstanden werden. Deshalb leugne die Bürgerliche Philosophie, also die Philosophie unterschiedlicher Schattierungen des kapitalistischen Systems, die materiellen Grundlagen des Bewußtseins und diene der Apologie bzw. Verschleierung der wahren Machtverhältnisse. Die einzige wissenschaftlich betreibbare und begründete Philosophie sei eine materialistische Philosophie nach Karl Marx (s. dort), Friedrich Engels und Wladimir Iljitsch Lenin. Wissenschaft sei ihrem Wesen nach parteilich und Philosophie habe durch die Begründung der wissenschaftlichen Weltanschauung die führende Rolle der Arbeiterklasse im Aufbau des Sozialismus zu unterstützen. Marxistisch-leninistische Philosophie sei nicht nur deskriptiv, sondern liefere in erster Linie die Grundlage sowohl für die Orientierung und das politische Handeln und als auch für das Handeln des einzelnen Menschen.

Aus diesen Voraussetzungen ergibt sich eine Reihe von Einordnungen, die das Werk durchziehen, die man aber mit etwas „Übung" bei der Lektüre abblenden kann.

Der Anspruch des Werkes wird im Vorwort formuliert: Es geht um die Darstellung und Kritik bürgerlicher Technikphilosophie, die in Deutschland entstand und die nach Ansicht der Autoren entsprechend der oben genannten Voraussetzungen apologetische und systemstabilisierende Funktionen im Kapitalismus habe; es wird ihr aber auch in Entstehung, Entwicklung und Ziel die Funktion einer Selbstbesinnung und Selbstkritik eingeräumt. Die Darstellung will überwiegend die Geschichte, Voraussetzung, Funktion und Kritik philosophischer Reflexionen über Technik außerhalb des Denkgebäudes des Marxismus referieren und die Wertung späteren Untersuchungen überlassen.

Der eher chronologisch referierenden, aber auch aus den oben genannten Gesichtspunkten wertenden Darstellung geht ein Kapitel über das Verhältnis von bürgerlicher Technikphilosophie und der marxistisch-leninistische Auffassung des wissenschaftlich-technischen Fortschritts voran. Dieses Kapitel ist lesenswert, weil es die Grundthese, nach der das Buch ausgerichtet ist, klar und deutlich formuliert: Im Rahmen der bürgerlichen Ideologie dient jede Antwort auf die Frage nach dem Wesen der Technik, nach ihrer Rolle in der Gesellschaft, nach der Spezifik des technischen Wissens und nach dessen Entstehung jeweils bestimmten Interessen. Diese ändern sich mit der Umgestaltung der gesellschaftlichen und ökonomischen Verhältnisse, und deshalb variieren die Antworten der bürgerlichen Technikphilosophie in schillernder Vielfalt (S. 9). Da es in den 70er Jahren noch keine umfassende Darstellung der philosophischen Beschäftigung mit Technik aus marxistischer Sicht gab, könnte man dieses Kapitel auch als eine Art Prolegomena zu einer marxistisch inspirierten Technikphilosophie ansehen.

An dieser Stelle und an weiteren Stellen wird von den Autoren immer wieder darauf hingewiesen, daß Technikphilosophie „keine eigene, keine selbständige Philosophie", sondern durch Zugehörigkeit zu den jeweiligen philosophischen Systemen bedingt und verstehbar sei und „damit eingeordnet in den Zerrspiegel bürgerlicher Ideologie" (Anmerkung 14, S. 267) gesehen werden müsse. Zwar stehe diese Technikphilosophie außerhalb der Schulphilosophie, aber sei doch nicht unabhängig von ihr. Unter diesen Voraussetzungen wird versucht, den Einfluß der jeweiligen „bürgerlichen" Schulen auf das Denken über die Technik sichtbar zu machen. Gerade in diesem Kapitel, das sehr pointiert die historisch-materialistische Spielart technikphilosophischer Überlegungen darstellt, wird Wert auf die Feststellung gelegt, daß Karl Marx schon 1867, also bereits zehn Jahre vor dem Erscheinen der Philosophie der Technik von Ernst Kapp (s. dort), die gesellschaftliche Bedingtheit der Folgen der Anwendung von Technik gezeigt habe; damit habe er „mehr für das Verständnis der

Technik getan als Generationen von ,Technik-Philosophen'" (S. 14). Dieser Einfluß der Gesellschaft bzw. der jeweils herrschenden Klasse auf die Entwicklung der Technik und deren Nutzung wird nach dieser Ansicht über die Hervorbringung von Bedürfnissen vermittelt, die die technische Entwicklung zwar antreiben und über ihre Verwendung im Rahmen der Arbeitsprozesse entscheiden; diese Vermittlung sei jedoch im Sozialismus eine andere als im Kapitalismus und daraus resultiere, daß eine leninistisch-marxistisch inspirierte Kritik an der bürgerlich-kapitalistisch orientierten Technikphilosophie deren überwiegend apologetischen Zwecke und verschleierte Interessen zu entlarven habe.

Die Verfasser versuchen eine erste Antwort zu geben, was unter Technik zu verstehen sei. Als gesellschaftliche Erscheinung und als nicht wegzudenkende Konstituente im Arbeitsprozeß stelle sie „bewußt geschaffene Systeme dar, die das Produkt von physischer Arbeit und materialisiertem Wissen sind" (S. 22), sie vermittelt zwischen subjektivem Ziel und objektiver Möglichkeit der Erreichbarkeit dieses Ziels. Sowohl der Dämonisierung von Technik als einer in sich widersprüchlichen Haltung wird ebenso wie einem „Pseudooptimismus" als einer lediglich partiellen Sichtweise von gesellschaftlicher Rationalität wird eine klare Absage erteilt. Gemäß dieser Prämissen fallen die nachfolgenden referierenden Darstellungen entsprechend distanziert aus, können aber das lebhafte Interesse der Autoren an den Fragestellungen bürgerlicher Technikphilosophie kaum verbergen.

Die weitere Erörterung geht im wesentlichen chronologisch vor und beleuchtet zunächst die Entstehung der Technikphilosophie und ihre Funktion im „Imperialismus" bis zum Ersten Weltkrieg und der Oktoberrevolution. Der Betrachtung der Zeit zwischen den beiden Weltkriegen folgen die umfangreichsten Kapitel des Buches über die Entwicklung und Situation der Technikphilosophie in der Bundesrepublik nach 1945 bis etwa 1975, während die nachfolgenden Kapitel über die Entstehung der „Technikphilosophie" in Form einer philosophiehistorischen Skizze berichten. So werden die Reflexionen über Technik, insbesondere von Franz Reuleaux oder Ernst Kapp – etwa im Sinne der Problemlösungspotenz der Technik – schon deshalb zurückgewiesen, weil sie den Grundwiderspruch zwischen Arbeit und Kapital weder berücksichtigen, geschweige denn aufheben könnten. Der Übergang von der Zeit der Industriellen Revolution zu einer Angestelltenbürokratie verändert dann auch die Rolle des Ingenieurs, deren geschichtliche Entwicklung anhand der Organisationsentwicklung des VDI deutlich gemacht wird. Das „nachfolgende Sammelsurium" von Ansätzen zur Technikphilosophie wird gedeutet als ein Reflex auf eine Krise des Kapitalismus, die sich hin bis zur Oktoberrevolution erstrecke.

Wollgast und Banse versuchen, die Einbettung der bürgerlichen Technikphilosophie jener Zeit in die Denkrichtung des Neukantianismus zu zeigen – Heinrich Rickert und Ernst Cassirer (s. dort) werden ausführlich behandelt. Positivistische Strömungen, ausgehend von Herbert Spencer, sind aufgenommen worden und stellen nach Ansicht der Autoren seither einen Grundzug aller bürgerlichen, also auch der „Technik-Philosophie" dar. Man wird in diesem Kapitel auch darauf aufmerksam gemacht, welchen Einfluß Friedrich Nietzsche für den späteren Technikpessimismus gehabt habe – die Verbindungen zu Friedrich G. Jünger (s. dort), Oswald Spengler (s. dort), Ludwig Klages, Ernst Fromm und ausführlich zu Ernst von Meyer werden skizziert. Das Kapitel schließt mit einer Betrachtung über die Emanzipationsversuche des Ingenieurstandes: Technische Hochschulen würden in dieser Zeit in den Dienst der Bourgeoisie und seines Staates gestellt, und die Emanzipation bestünde lediglich darin, daß der Ingenieurstand seine Dienstleistung zur Stabilisierung der Verhältnisse auch gesellschaftlich honoriert sehen wollte.

Das dritte Kapitel handelt von der Zeit zwischen den beiden Weltkriegen und skizziert die Grundströmung des Technikpessimismus der späten 40er und Anfang der 50er Jahre. Zu den Gegnern marxistischer Interpretationen von Fortschritt, Gesellschaft, Technik und Kultur gehören nach dieser Darstellung Oswald Spengler, Karl Jaspers (s. dort), selbstredend Max Weber, aber auch Vertreter der amerikanischen Kulturphilosophie wie Lewis Mumford (s. dort). Als Gemeinsamkeit wird festgestellt, daß die gesellschaftliche Entwicklung unter dem Aspekt eines wachsenden technisierten Automatismus gesehen werden müsse und daß in diesen Ansätzen Technik, allein als rationale Tätigkeit genommen, letztlich mystifiziert werde, weil dadurch „der wissenschaftlich-technische Prozeß" vom sozialen Prozeß getrennt worden sei (S. 79). Tendenzen zu Technikoptimismus seien in dieser Zeit jedoch ebenfalls festzustellen: Richard N. Coudenhove-Calergi, Friedrich Dessauer, Hans Freyer und Max Scheler (s. alle dort) werden genannt. Weite Teile des Kapitels sind der Einstellung des Nationalsozialismus zur Technik gewidmet, wobei ein Desiderat anklingt, das wohl auch heute noch besteht: Eine Geschichte der Technikideologie des Faschismus wäre erst noch zu schreiben – gerade weil sie so inhomogen ist. Nach dem Zweiten Weltkrieg setze ein Technikpessimismus ein. Gleichwohl verbleibe diese Kritik, die in Ansätzen auch immer eine Kritik an der Gesellschaft gewesen sei, ohne die Ursachen der Krisen kenntlich machen zu können, in einem abstrakten Humanismus, der den Grundwiderspruch bürgerlicher Gesellschaften weder zu erkennen, geschweige denn zu lösen vermochte habe.

Im nachfolgenden Kapitel wird die Entwicklung der Technikphilosophie in der Aufbauphase der Bundesrepublik unter dem Blickwinkel der Trennung der Philosophie des imperialistischen und sozialistischen Lagers gesehen. Bürgerliche Technikphilosophie sei in den 50er Jahren zunehmend als Gegenkonzeption zum zu erwartenden Übergang von der kapitalistischen zur sozialistischen Gesellschaft anzusehen. Die Konvergenztheorie im Sinne einer Entideologisierung der unterschiedlichen Wirtschafts- und Gesellschaftssysteme habe es hier erlaubt, eine Kritik am kapitalistischen Herrschaftssystem zu üben, ohne „den bürgerlichen Horizont zu sprengen" (S. 129). So wird der VDI wiedergegründet, und nach der Auffassung der Verfasser habe er danach zunehmend „weltanschauliche Aktivitäten" (S. 131) betrieben, die auf eine Entideologisierung der Diskussion ausgewesen seien. Im Zusammenhang mit der Gründung der „Kammer der Technik" in der DDR wird diese Tätigkeit des VDI von den Verfassern als seine Aufgabe im ideologischen Klassenkampf bezeichnet. Es werden vier Perioden konstatiert, mit denen man die Entwicklung der Technikphilosophie in der BRD kennzeichnen könne: Die erste Periode sei von Unsicherheit, religiös motivierter Suche und der Diskussion der Schuldfrage an den Verbrechen der nationalsozialistischen Herrschaft gekennzeichnet. Die zweite Periode könne man durch die Schlagworte Aufbau, Zweckoptimismus, erneuerte Fortschrittsgläubigkeit und den Aufruf zur Besinnung in einer schneller werdenden Zeit charakterisieren. Die dritte Periode sei gekennzeichnet durch die Verstärkung des Kalten Krieges (Höhepunkt 1961), den Sputnik-Schock und eine Hinwendung zu einem pragmatischen Technizismus und Szientismus. Die vierte Periode sei durch eine Anthropologisierung der Technik verstehbar, wie sie vornehmlich Arnold Gehlen, aber auch Max Scheler, Friedrich Dessauer, Kurt Tuchel und nicht zuletzt Martin Heidegger (s. alle dort) vertreten hätten. Deren Positionen werden eingehend referiert, und es wird ihre Funktion, die sie aus der Sicht der Verfasser zur Apologie bürgerlicher Verhältnisse erfüllen, im Rahmen dieser Argumentation deutlich gemacht. Dieses vierte Kapitel bezeichnet die Technikphilosophie der BRD als zwischen Technikeuphorie und Technikphobie schwankend, es ordnet die Rolle der Philosophie in einem westlichen hochindustrialisierten Land entsprechend der marxistisch-leninistischen Weltanschauung ein und versteht sie als Ausdruck der permanenten Krise des Kapitalismus. Ihr Pluralismus, ihre Eklektizität spiegele die theoretische Hilflosigkeit, die Grundwidersprüche nicht begreifen zu können, wider, weil die materialistische Basis geleugnet oder nicht konsequent genug gesehen werde.

Das Verdienst dieses letzten Kapitels liegt zweifelsohne darin, eine übersichtliche Zusammenstellung der in der Tat vielfältigen Positionen der bundesrepublikanischen Technikphilosophie – auch vor dem Hintergrund der Aktivitäten des VDI, der Kirchen und der Verbände – zu geben. Diese Leistung besteht darin, daß die jeweiligen Autoren und ihre Ansätze danach selektiert und befragt wurden, inwiefern sie die aus der zunehmenden Technisierung der Welt sich ergebende Situation überhaupt als Problem wahrzunehmen und zu analysieren imstande seien, inwieweit ein theoretisches Verständnis dafür entwickelt worden sei und ob mögliche Problemlösungen für eine praktische Bewältigung wenigstens angedacht worden sind. Daß dabei die eigene Überzeugung von Wollgast und Banse deutlich artikuliert wird, gibt dem Buch eine wünschenswerte Klarheit, weil damit die getroffenen Beurteilungen und Klassifizierungen aus diesem Blickwinkel nachvollziehbar werden. Neben den jeweiligen philosophie- und ideologiekritischen Auseinandersetzungen mit den referierten Positionen ist das Buch daher auch als eine Geschichte der Technikphilosophie zu lesen, wenn man akzeptiert, daß diese Geschichte von einem dezidiert parteilichen, „klaren Klassenstandpunkt" aus geschrieben wurde.

Insofern befindet sich dieses Werk im Spannungsfeld von Ideologie und Wissenschaft, seine Grundstruktur und das chronologische Design der Kapitel resultierten aus dem Bemühen der Verfasser, die verwirrende Vielfalt der technikphilosophischen Ansätze als je spezifische Reaktion auf bedeutsame, mit der Technik eng verbundene gesellschaftliche und ökonomische Veränderungen zu interpretieren, ohne eine unmittelbare Kausalität explizit unterstellen zu wollen.

Das Buch ist neben dem Werk Günther Bohrings (s. dort; „Technik im Kampf der Weltanschauungen" 1976) eine der ersten Publikationen, die trotz der pflichtschuldigen Beteuerung, Technikphilosophie habe im Westen lediglich eine die bürgerlich-kapitalistischen Verhältnisse stabilisierende Funktion, die Fragestellungen der bundesrepublikanischen Technikphilosophie des 20. Jahrhunderts konsequent für den Bereich der marxistischen Philosophie aufnimmt, um innerhalb dieser Weltanschauung über vereinzelte Ansätze hinaus zu zusammenfassenden, auch die geschichtliche Entwicklung berücksichtigenden Darstellungen zu gelangen. Von daher erklärt sich auch die – jenseits gewisser ideologischer Pflichtübungen und Sprachregelungen – wertvolle Synopsis technikphilosphischer Ansätze, die in dieser Breite und geschichtlichen Zusammenstellung auch im Westen zu dieser Zeit nicht verfügbar gewesen ist.

Klaus Kornwachs

Eberhard Zschimmer: Philosophie der Technik. Vom Sinn der Technik und Kritik des Unsinns über die Technik

Jena: Diederichs 1914, 184 S. (2. unveränderte Auflage als Volksausgabe 1919 in der Jenaer Volksbuchhandlung)

Eberhard Zschimmer (1873–1940), Chemiker und Techniker, war viele Jahre Direktor des Glaswerkes Schott und Gen., Jena, sowie Professor der Silikathüttenkunde an der TH Fridericiana Karlsruhe. In zahlreichen Veröffentlichungen und Vorträgen hat er das technikphilosophische Denken nach dem Ersten Weltkrieg beeinflußt, vor allem mit Blick auf Studenten technischer Disziplinen und Ingenieure, zu deren gesellschaftlich positiver(er) Bewertung er in Auseinandersetzung mit zeitgenössischen technikkritischen und kulturpessimistischen Auffassungen beizutragen trachtete. Seine Überlegungen kreisen deshalb um den „eigentlichen" Sinn der Technik und die Charakterisierung des technischen Schaffens.

In expliziter Anlehnung an den Idealismus von Immanuel Kant, Gottlieb Fichte und Georg Wilhelm Friedrich Hegel sowie unter Rückgriff auf die Platonische Lehre geht Zschimmer davon aus, daß es jenseits des „Reellen" und des „Ideellen", die in ihrer Gesamtheit als „Seiendes" die „Materie der Erkenntnis" bilden, nur „Begriffe dieses Seienden" als „Form der Erkenntnis" gebe. Von diesem Ansatz kommt er zur „Idee" als zentralem Bezugspunkt seiner Überlegungen, womit „der ideell erfaßte erschöpfende menschliche Begriff all dessen, was es innerhalb eines gewissen materiellen Bereichs zu begreifen gibt" (S. 18), gemeint ist.

So, wie die Natur die Konkretion von Gesetzen, ist Geschichte eine Konkretion von Ideen, die, da diese Konkretion bewußt geschieht, planmäßig erfolgt. Die geschichtlichen Ideen sind es, die dem „kurzen" Leben des Individuums einen „höheren Sinn" zu verleihen imstande sind, wenn sich der einzelne ihnen unterwirft. Geschichte – einschließlich der Geschichte der Technik – kann so aus und durch Ideen verstanden werden, allerdings sind – so Zschimmer – die historischen Tatsachen nur für den verständlich, dem diese Ideen einleuchten. Im historischen Prozeß ist der Mensch in ein freies Reich von ideellen Möglichkeiten gesetzt, womit er über die Determiniertheit des Geschehens erhaben ist, denn: „Die freien Subjekte können aus Freiheit Ideen ergreifen und danach ihr Handeln bestimmen" (S. 23f.). Mit diesem philosophischen Ansatz analysiert Zschimmer die Technik als Teilerscheinung eines größeren, umfassenderen Phänomens, der Kulturentwicklung überhaupt. Er wendet sich vehement gegen Auffassungen, die in der Technik nur die Mittelhaftigkeit sehen und sie nicht „im höheren Sinne" als einen Grundwert der Kultur (an)erkennen, wenn er die Frage aufwirft, was Technik „eigentlich" sei, was Techniker („abgesehen vom Geldverdienen") „eigentlich" wollen. Der Technik liege die Idee zugrunde, etwas menschlich Großes, etwas Ideales, ein fundamental bedeutsames Etwas zu schaffen, das eine auf den Grund aller Kultur hinabreichende Idee in der Geschichte verwirklicht: die Idee der materiellen Freiheit! Es sei ein Fehlurteil, der Technikentwicklung den Leitgedanken der Sparsamkeit oder den des Gelderwerbs als Triebfeder zu unterstellen. Beide sind – auch wenn sich Technik nur über die Wirtschaftssphäre umsetzt – eine Entartung der Idee der Technik und höchstens in zweiter Linie bedeutsam. Wenn es zur Zeit anders sei, so liegt das ursächlich am Staat mit seiner Kapitallogik, an der Verwaltung und an der Erziehung.

Die Idee der Technik, der Gewinn materieller Freiheit, wird durch das technische Schaffen zum Leben erweckt, technische Arbeit (geistige wie körperliche) ist somit Voraussetzung für Technik: „Ich verstehe unter technischem Schaffen den gesamten konkreten, reellen wie ideellen Prozeß, durch dessen Vermittlung im Laufe der Menschheitsgeschichte die uns zugängliche Naturwirklichkeit schlechthin umgestaltet wird zu einer zweckbestimmten Naturwirklichkeit, und zwar zweckbestimmt im letzten Grunde durch die Idee der materiellen Freiheit" (S. 64). Keine asketischen Lebensformen, kein Verzicht auf Bedürfnisbefriedigung schweben Zschimmer vor, sondern Freiheit von materiellen Zwängen sowie Erweiterung der Möglichkeiten für die Verbesserung der Lebens- und Gesellschaftsqualität, die dem Individuum Entfaltungschancen bieten. In diesem Sinne ist technisches Schaffen kulturelle Arbeit, denn es werden neue Freiheitsgrade gesucht, gefunden und „erfunden". Dabei geht es vor allem um für die technische Wissenschaft objektiv Neues, um „Inventate", die aus dem zufälligen Zusammentreffen einer technischen Möglichkeit mit menschlichen Wünschen („Postulaten") erwachsen.

Getreu seinem Grundgedanken ist für Zschimmer das Finden eines „Inventats", der Nachweis, daß etwas überhaupt gehe, die eigentliche kulturelle Leistung, das Primäre. Dieses Neue individuell „lebensfähig" zu machen, es gar noch „zweckmäßig" zu gestalten, sei davon – weil nicht eigentliche Aufgabe der Techniker – sorgfältig zu unterscheiden, sei sekundär. Da Technik stets einen Zugewinn an Freiheit bedeute, gibt es eigentlich auch keine Deformierung des Menschen durch Technik, sondern erhöhte Anforderungen an bzw. Möglichkeiten für verantwortungsbewußtes, selbstbestimmtes Handeln und Verhalten. Die auch für Zschimmer unleugbaren Tatsachen der Einförmigkeit im Arbeitsprozeß, der Separierung von körperlicher und geistiger Arbeit, der weitgehenden Spezialisierung, womit der Blick für das Ganze verlorengehe, u.a. werden – was durchaus als implizite Kritik an den bestehenden gesellschaftlichen Zuständen verstanden werden muß – durch eine falsche Wirtschaftsordnung und die vorrangig von Gewinnstreben diktierte Nutzung der Technik, in erster Linie jedoch durch die noch nicht weit genug zur Entfaltung gebrachte Idee der Technik verursacht. Deshalb müssen sich vor allem die Ingenieure und Techniker um ihre Durchsetzung bemühen, wozu sie sich – im Gegensatz zu einer vereinseitigenden „Fachidiotie" – eine gute Allgemeinbildung anzueignen haben, denn sie müssen in erster Linie die Menschen von der Knechtung durch Technik befreien – durch Technik: „Unser technisches Zeitalter wird in einer genialen Periode gipfeln, herrlicher und großzügiger, kühner und tiefgründiger, als jemals eine auf der Erde dagewesen ist!"(S. 173).

1933 erscheint die dritte, völlig umgearbeitete Auflage der „Philosophie der Technik" mit dem Untertitel „Einführung in die technische Ideenwelt" (Verlag Ferdinand Enke, Stuttgart). In dieser Fassung, die vom philosophischen Ansatz her unverändert, in den historischen Passagen jedoch gekürzt und stärker auf die Analyse von technischer Idee und technischem Schaffen konzentriert ist, sieht Zschimmer die Lösung für die umfassende Verwirklichung der Idee der Technik, die „Erlösung der ‚Sklaven der Organisation'" (S. 42) in der „faschistisch-nationalsozialistischen Weltrevolution" heranreifen: „Es wird uns klar, daß die technische Idee als Teil der Entfaltung des ‚Volksgeistes' betrachtet werden muß, worin sie, wie Hitler sagt, durch den ‚Erfinder als Person' lebendig ist" (S. 71). Der Nationalsozialismus wird, zumindest in den Anfangsjahren, von Zschimmer wie auch von vielen anderen Ingenieuren dieser Zeit, als günstige gesellschaftliche Rahmenbedingung für Ingenieurtätigkeit und Ingenieurstand angesehen, wohl ohne dessen politische und wirtschaftliche Implikationen zu erkennen. Diese Ignoranz verdankt sich einer Ideologie der Technik als Selbstermächtigung des Menschen unter dem abstrakten Ideal menschlichen Schöpfertums. Gravierender ist jedoch die nationalsozialistische Imprägnierung technischen Denkens, unter deren Direktiven die Technik in den Dienst eben jener faschistischen ‚Weltrevolution' gestellt wurde, wobei nun nicht mehr die Rede davon sein kann, daß die politischen Implikationen nicht registriert worden wären.

In Zschimmers interessanten technikphilosophischen, auch heute noch in Details lesenswerten und anregenden, vielfach jedoch sehr ausschweifend und langatmig geschriebenen Überlegungen vereinen sich in dem Bemühen, der Technik und ihren (geistigen wie körperlichen) Produzenten den ihnen gebührenden Platz in der und für die Kulturentwicklung zuzuweisen, interessante Einsichten, die Reflexion der eigenen Tätigkeit sowie die kritische Wertung des erreichten technischen Entwicklungs- und Ausbildungsstandes. Mit dem Rückgriff auf eine zeitlose Idee der Technik geht er aber an der Realität des sozialen Charakters der Technik, mit seiner Konzentration auf das Artefakt als Inbegriff der Technik an der Komplexität des Entstehungs-, vor allem jedoch des Verwendungszusammenhangs mit den vielfältigen politischen, ökonomischen, sozialen, ethischen u.a. Implikationen vorbei.

Gerhard Banse

II. REZENSIONEN

2. NEUERE ENTWICKLUNGEN

Gerhard Banse, Armin Grunwald, Wolfgang König und Günter Ropohl (Hg.): Erkennen und Gestalten. Eine Theorie der Technikwissenschaften
Berlin: edition sigma 2006, 375 S.

Die Wissenschaftstheorie hat sich bislang am Muster der Naturwissenschaften orientiert, während eine Wissenschaftstheorie der Technikwissenschaften ein Desiderat geblieben ist. Dem entgegenzuwirken und einen Anfang zu setzen ist das Ziel des vorliegenden interdisziplinären Bandes. Die Herausgeber ebenso wie eine Reihe weiterer Autoren haben im Kollegium Technikphilosophie schon früher auf dieses Ziel hingearbeitet und sind in „Nachdenken über Technik" mit eigenen Publikationen vertreten. Ausgewählte Fallbeispiele haben einige Ingenieurkollegen beigesteuert. Insgesamt handelt es sich trotz der 18 Autoren nicht um eine bloße Sammlung von Beiträgen, sondern um ein recht geschlossenes Werk; deshalb wird nachfolgend darauf verzichtet, die jeweiligen Autoren namentlich zu nennen.

Unter den Leitbegriffen ‚Erkennen' und ‚Gestalten' als den Zentralaufgaben eines jeden Ingenieurs und damit auch eines jeden Technikwissenschaftlers wird die Problematik einer Technikwissenschaftstheorie in sieben Kapiteln analysiert: Das erste besteht in einer Einleitung, das letzte in einer Zusammenfassung, dazwischen spannt sich der Weg von „2. Technikwissenschaften und ihre Praxis" über die Zentralbegriffe „3. Gestaltung" und „4. Erkenntnis" weiter zu „5. Ausgewählte Fallbeispiele", mündend in „6. Allgemeine Technikwissenschaften". Der Grundgedanke ist hierbei, das erklärte Ziel der Technikwissenschaften bestehe darin, „Pläne, Direktiven, Handlungsvorschriften, Regeln sowie Entwürfe für Neues zu antizipieren, die das sich im Anschluss daran vollziehende Handeln des Menschen erfolgreich steuern und zu effektiver Beherrschung lebensweltlicher ‚Gegebenheiten' führen". So sei es das Anliegen des Buches, „einen Beitrag zur Theorie der Technikwissenschaften vor allem aus philosophischer, historischer und allgemeintechnischer Sicht zu leisten" (S. 21).

Kapitel 2 setzt ein mit einem Abriß zur *Geschichte der Technikwissenschaften* – nicht als kulturgeschichtliches Anliegen, sondern um schon im historischen Gang die Vielzahl differierender Vorgehensweisen und damit die nötige Breite des nun gesuchten Ansatzes sichtbar werden zu lassen. Entsprechend ist dem Begriff ‚*Technik*' als dem Gegenstand der Technikwissenschaften ein Abschnitt gewidmet, der für einen „mittelweiten Technikbegriff" (S. 45) eintritt, der Sachsysteme, deren Entwicklung und Gebrauch einschließt; dabei sind solche Sachsysteme stets in eine natürliche, technische und gesellschaftliche Umgebung eingebettet. Es folgt eine Analyse des *technischen Handelns*, das den Technikwissenschaften als Handlungswissenschaften zugrunde liegt: Wie jedes Handeln basiert es auf Zielen und Mitteln und ist grundsätzlich mit Unsicherheiten behaftet. Als technisches Handeln ist es auf Entwicklung, Produktion und sachgemäße Nutzung gerichtet. Konstitutiv hierfür sind Regeln, die ihrerseits zum Fundament der Technikwissenschaften führen. Damit kommt *technisches Wissen* ins Spiel: Über das Alltagswissen, das technisch-handwerkliche und das wissenschaftliche Wissen hinaus bedarf Technik des instrumentellen Wissens, wie B durch A zu erreichen ist. Hierauf und auf einem Wissen um die praktischen, kognitiven und sozialen Ziele beruht das Wissen des ‚guten Problemlösers': Er wird dank solchen komplexen Wissens zum Gestalter. – All dies wird aufgenommen in einer Analyse der *Strukturen der Technikwissenschaften*: Als kognitives System enthalten sie „Aussagen über Struktur und Funktion vorhandener wie möglicher Technik sowie über Zusammenhänge zwischen Technik und Gesellschaft" (S. 37). Diese werden mit dem Ziel formuliert, auf das in der Praxis vorhandene Wissen so aufzubauen, daß aus technikwissenschaftlichem Wissen technisches Wissen ableitbar ist, das der Gestaltung dient. Technikwissenschaften sind deshalb stets mit der Praxis rückgekoppelt – die Spannung zwischen Theorieorientierung und Praxisbezug aufzulösen ist deshalb die für jede Technikwissenschaft die je nach Disziplin zu differenzierende Aufgabe. Darum haben die Technikwissenschaften sehr unterschiedliche Strukturen, augenfällig bei einer Gegenüberstellung von produktorientierten (z.B. Maschinenbau), funktionsorientierten (z.B. Thermodynamik) und berufsfeldorientierten (z.B. Umwelttechnik) Technikwissenschaften. Die Integration des kognitiven wie des normativen Wissens erfolgt in *Modellen* „als Repräsentationen und Interpretationen existierender und möglicher technischer Praxen" (S. 89). Das ist immer mit einer Komplexitätsreduktion verbunden. Die Wissensrepräsentation, die dabei von den Technikwissenschaften vorgenommen wird, folgt dem *Ingenieursprinzip* „so genau wie notwendig ... und so grob wie möglich" (S. 91), damit das seitens der Wissenschaften erzeugte Wissen jenes der Industrie erweitert und ergänzt, denn hierauf beruht heute die „spezifische Legitimation der Technikwissenschaften" (S. 93): An die Stelle der ‚Wahrheit' und anderen Kriterien der Wissenschaftlichkeit tritt die Bewährung in der Praxis!

Kapitel 3 geht davon aus, daß Entwicklung, Produktion und Einsatz von Technik zukunftsgerichtete *Gestaltungsvorgänge* sind. Diese laufen unter konkreten Rahmenbedingungen ab, doch verlangen sie Problemlösungen, die der Technikwissenschaften bedürfen. Deshalb ist eine Entfaltung der Gestaltungsbedingungen vonnöten, die es erlaubt, auf die wissenschaftstheoretisch belangvollen Voraussetzungen in den Technikwissenschaften zurückzuschließen. Dazu wird zunächst das Spezifikum technischer Probleme dargelegt – etwa der *Erfindung als Potentialerkenntnis und als Funktionsidee* mit der technischen Funktion ‚x wird absichtsvoll herbeigeführt, um y zu erreichen'; abweichend von der sonst gängigen Sicht einer Synthese von Kausalfunktion und Sozialfunktion wird dies vom mathematischen Funktionsbegriff her entwickelt. Die Verknüpfung von Funktionen führt weiter zur Behandlung des *Struktur- und Systembegriffs*. Nachfolgend geht es um die Ausarbeitung der Formen und

Strukturen von *Problemlösungen*: In ihrer Zukunftsbezogenheit müssen sie sich in den Schritten vom Planen über das Konzipieren, Entwerfen und Ausarbeiten bis zur Realisierung auf technikwissenschaftliches Wissen stützen. Technikwissenschaften dienen so „der Erweiterungsmöglichkeit zukünftiger menschlicher Handlungsmöglichkeiten", indem sie die „Funktionen und Leistungsmerkmale von Technik" umreißen (S. 124). Das wiederum verweist auf die unterschiedlichen heuristisch-intuitiven ebenso wie die rationalen *Methoden*, die heute ihren Platz in den Technikwissenschaften finden. Dazu zählen Methoden des Computereinsatzes ebenso wie Bewertungs- und Auswahlmethoden einschließlich ihrer Wertebereiche bis hin zur Technikfolgenabschätzung. Doch zugleich wird die Grenze solchen Vorgehens deutlich gemacht: „Der Mensch als die einzige kreative Produktivkraft ist Träger und Erzeuger von Wissen und darf daher nicht gefahrlos unberücksichtigt bleiben" (S. 181).

Kapitel 4 thematisiert *Erkenntnis*. Zum Problem wird diese meist erst dann, wenn sich Schwierigkeiten bei der Lösung von Gestaltungsproblemen auftun, vor allem, weil technikwissenschaftliche Erkenntnis „auf einem diffizilen Verhältnis von Theorie, erfahrungsbasiertem Ingenieurwissen und experimentell gestütztem empirischen Wissen" beruht (S. 184), das einerseits der Formalisierung und Generalisierung bedarf, andererseits unmittelbar anwendbar sein soll. So läßt sich technikwissenschaftliches Wissen als ein multidimensionales, kombinatives, „theoretisch unterlegtes Erfahrungswissen" kennzeichnen (S. 186). Dies verlangt in der Anwendung und Gestaltung eine disziplinübergreifende Wissenssynthese, die nicht nur die Technologiebereiche, sondern auch Elemente der Naturwissenschaften, der Mathematik, der Wirtschaftswissenschaften und der Sozialwissenschaften als Quasi-Hilfswissenschaften einbezieht. Hierbei können gänzlich neue Syntheseaufgaben entstehen – man denke an die Bionik oder an die Technikbewertung. Ebenso gibt es eine Rückwirkung der Technik auf diese Wissenschaften – man denke nur an die Laboreinrichtungen der Naturwissenschaften. Allerdings behandelt der Band bezüglich der ‚Hilfswissenschaften' vorwiegend, wie sie in die praktische Gestaltungsaufgabe des Ingenieurs eingehen, jedoch kaum, wie sich dies in den Ingenieurwissenschaften spiegeln muß: Das wird vielmehr als künftige Aufgabe gesehen. – Der folgende Abschnitt gilt den *Methoden* des Erkennens. Zunächst wird herausgearbeitet, daß es neben theoretisch-deduktiven Methoden, die sich nicht nennenswert von jenen der Naturwissenschaften unterscheiden, auch spezifische heuristische Methoden in den Technikwissenschaften geben muß – nämlich überall dort, wo streng deduktive Begründungs- und Entscheidungsverfahren fehlen. Solche Heuristiken sind nicht zwingend, so daß ein Freiraum gegeben ist. Ebenso wird der Unterschied zwischen einem technikwissenschaftlichen Test und einem naturwissenschaftlichen Experiment herausgearbeitet: Der Test überprüft, ob eine Regel (oder Funktion) ‚B wird durch A erreicht' unter den vollständigen Anfangs- und Randbedingungen effektiv ist, ob also die gewünschte Funktion eintritt (S. 248). Das Experiment hingegen untersucht die Bestätigung einer Gesetzeshypothese unter idealisierten Bedingungen.

Kapitel 5 gilt ausgewählten *Fallbeispielen* aus dem Bauwesen, der Produktentwicklung, der Produktionstechnik, der Verfahrens- und Umwelttechnik und der Biotechnologie. Ihnen kommt die Aufgabe zu, sichtbar werden zu lassen, daß die zuvor entwickelte Begrifflichkeit einer künftigen Theorie der Technikwissenschaften nicht ins Leere geht, sondern tatsächlich angemessen ist, soweit sich dies zum gegenwärtigen Zeitpunkt sagen läßt. Bemerkenswert ist hierbei, daß in diesen Beiträgen durchgängig von praktischen Gestaltungsproblemen ausgegangen wird, die dann eine technikwissenschaftliche Bearbeitung verlangen. Dabei zeigt sich, daß dieses Vorgehen nicht als didaktisch motivierte Erleichterung für den Leser gedacht ist, sondern als ein für alle Technikwissenschaften charakteristisches Vorgehen: Nicht die Theorie steht im Vordergrund, sondern eine dem gesellschaftlichen Umfeld entspringende Problemkonstellation, die eine Antwort verlangt.

Die knappen Kapitel 6 und 7 suchen eine erste Antwort auf die leitende Frage zu geben, wie eine *Allgemeine Technikwissenschaft* mit den Leitbegriffen Erkennen und Gestalten beschaffen sein kann und soll: „Wissenschaftssystematisch hat die Allgemeine Technologie jene Leerstelle auszufüllen, die in anderen Wissenschaften von einer allgemeinen Disziplin eingenommen wird" (S. 335). Dabei geht es zugleich darum, „wissenschaftspragmatisch" jenes Wissen bereitzustellen, das in mehreren Bereichen technischer und gesellschaftlicher Praxis dringend benötigt wird. Dazu zählen insbesondere die „allgemeinen Funktions- und Strukturprinzipien der Sachsysteme und ihrer soziokulturellen Entstehungs- und Verwendungszusammenhänge" (S. 337), also: Theorie der technischen Entwicklung; Methodenlehre technischer Wissenserzeugung, Planung und Gestaltung; Theorie des Gebrauchs in Arbeit und Alltag; und Theorie der Technikbewertung. Zugleich soll die Allgemeine Technikwissenschaft als kultureller Bildungsinhalt vermittelt werden. – Dergestalt verstandene Technikwissenschaften, so das Resümee, sind „multidisziplinär" und „erzeugen ein Wissen, das grundsätzlich als Mittel für erfolgreiches Gestalten bestimmt ist"; sie sind „nicht für die Theorie da, sondern für die Praxis" (S. 343): Darum läßt sich keine scharfe Trennlinie zwischen den Technikwissenschaften und der Technik ziehen. Daraus resultiert ein Spannungsverhältnis, bei dem das aus dem Erkennen resultierende Wissen dem aus dem Gestalten resultierenden Produkt gegenüber steht, während Erkennen und Gestalten das Zentrum aller Technik bilden. So zeichnet sich der Unterschied zwischen den Naturwissenschaften und Technikwissenschaften ab bezüglich der

„Zielsetzung (theoretische Erkenntnis versus praktische Funktionsfähigkeit);
Gegenstände (natürliche Phänomene versus künstliche Gebilde);
Methodik (isolierende Analyse versus ganzheitliche Synthese);

Resultate (idealisierende Theorien versus Gestaltungsregeln); Qualitätskriterien (Wahrheit versus Erfolg)." (S. 346)

Weiter muß eine offenere Form des Wissenschaftsbegriffs etwa in folgenden Dimensionen zugrunde gelegt werden:

„Pragmatische Orientierung: Da gegenüber dem theoretischen Erkennen das praktische Gestalten im Vordergrund steht, müssen die Arbeitsergebnisse zuverlässig, sicher und zeitgerecht realisierbar sein.
Methodenpluralismus: Für Erkenntnis und Gestaltung wird eine Vielzahl unterschiedlichster Methoden eingesetzt.
Relativierung des Wahrheitsbegriffs: So weit Erkenntnisse zu erfolgreichen praktischen Lösungen führen, ist die Frage nach ihrer ‚Wahrheit' sekundär.
Abschwächung des Systematisierungsanspruchs: Gegenüber der unmittelbaren Verwertbarkeit von Erkenntnissen tritt die wissenschaftsinterne Aufbereitung, Klassifizierung und Strukturierung von Begriffs- und Theoriegebäuden in den Hintergrund." (Ebd.)

Die Darstellungen, so heben die Herausgeber hervor, sind deskriptiv auch dort, wo es um normative Aussagen in den (also alles andere als wertfreien) Technikwissenschaften geht; hingegen sind die Thesen normativ, wo es um Entwicklungstendenzen wie etwa die gesellschaftliche Anerkennung der Technik und der Technikwissenschaften und nicht zuletzt um eine Allgemeine Technologie geht. Schließlich gilt: „Die Technikwissenschaften lassen sich von dem normativen Grundsatz leiten, daß neue Wirklichkeiten gestaltet werden sollen" (S. 347). Das aber rechtfertigt eine Technikwissenschaftstheorie, denn „Theorie ohne Praxis ist lahm, aber Praxis ohne Theorie ist blind" (S. 15 u. 348).

Damit liegt ein Werk vor, das nicht nur zentrale Elemente einer Wissenschaftstheorie der Technikwissenschaften benennt, sondern auch aufzeigt, wie diese zu analysieren und zueinander in Beziehung zu setzen sind. So ist es nicht verwunderlich, daß es bereits vielfach als Standardwerk gesehen wird.

Hans Poser

Gernot Böhme: Invasive Technisierung. Technikphilosophie und Technikkritik
Kusterdingen: Die Graue Edition 2008, 350 S.

Gernot Böhme (geb. 1937), Emeritus der TU Darmstadt, pointiert in seinem Werk „Invasive Technisierung – Technikphilosophie und Technikkritik" seine technikphilosophischen Überlegungen unter dem Gesichtspunkt einer technischen Invasion von Mensch, Natur und Gesellschaft, wobei er zugleich seine ethischen, anthropologischen und leibphilosophischen Studien fortschreibt.

Im Anschluß an die Kritische Theorie Max Horkheimers (s. dort) will er damit einen Beitrag zur Entfaltung einer kritischen Theorie von Technik und Natur leisten.

Der Begriff des Invasiven soll im Hinblick auf seine den Menschen, die Natur und die Gesellschaft verändernden Potentiale befragt werden. Böhme untersucht, ob Technisierung „an sich bestehende menschliche Verhältnisse verbessern, ausweiten und effektiver machen oder sie grundsätzlich verändern" (S. 13) kann. Utilitaristische Vorgehensweisen lehnt er dabei ab, da sie die Situation, in der sich der moderne Mensch befindet, nur unter dem Gesichtspunkt der Schadensabwägung begreifen und nicht berücksichtigen, daß „die Anwendung einer Technologie die Voraussetzungen dieser Anwendung und d.h. auch die Zwecke und Ziele der Anwendung fundamental ändern kann" (S. 13). Technische Entlastung führt seines Erachtens auch zur Entethisierung, insofern uns Entscheidungen abgenommen werden. Technik ist für Böhme nicht das ‚Stählerne Gehäuse' Max Webers, also keine äußerliche Zurüstung, sondern das ‚Skelett des Menschen' bzw. die ‚Infrastruktur seines Lebens'. So definiert heute das Internet die Einheit der Gesellschaft, und die Gentechnik hat die Grenzen der Arten verschoben. Ausdrücklich bezieht er sich auf Michel Foucaults Begriff des Dispositivs zur Kennzeichnung der modernen ‚invasiven' Technik. „Was heute an gesellschaftlichem Leben möglich ist, wird durch die vorliegende technische Infrastruktur der Gesellschaft bestimmt" (S. 19). Die technische Zivilisation verändert unser Leben und die gesellschaftlichen Verhältnisse von innen her. Individuum und Gesellschaft definieren sich zunehmend in technischer Weise. Dabei darf technischer Fortschritt nicht mit einem humanen Fortschritt gleichgesetzt werden. Technikkritik muß sich, getragen von der Lebenspraxis, gegen eine invasive Technik wenden, wenn diese die Natur als kulturelle Ressource auszehrt.

Die traditionellen Paradigmen der Technikphilosophie erscheinen ihm ungenügend, um den gegenwärtigen Zustand der technischen Zivilisation zu erfassen. Der ontologischen Technikphilosophie, die von einer Entgegensetzung von Natur und Technik ausgeht, billigt er allerdings ein kritisches Potential zu, auch wenn durch die zunehmende Technisierung der Natur „der Begriff Natur gegenüber der Technik seine normative – und damit kritische Prägnanz verliert" (S. 30). Die Erfassung moderner Technologien unter dem Begriff des Nützlichen ist anthropologisch überholt. Insgesamt ist Technik heute kein abgrenzbarer Gegenstand mehr, sondern etwas, das alles, „vom Leben des Einzelmenschen bis hin zur Gestaltung der Umwelt" (S. 33), durchdringt. Sie verändert als materielles Mittelsystem die Struktur menschlicher Beziehungen und Interaktionen. Technik erweist sich als das entscheidende Medium des modernen menschlichen Lebens und definiert menschliche Verhaltensweisen und Verhältnisse. Sie ist keineswegs nur die Anwendung wissenschaftlicher Erkenntnisse, sondern immer auch eine Modellierung von Natur nach sozialen Funktionen. Praktisch bilden Technik und Wissenschaft eine Einheit. Das Leben in einer technischen Zivilisation ist nicht notwendigerweise ein besseres, sondern ein anderes, da es in ihr zu einer Strukturveränderung der Grundlagen des menschlichen Lebens kommt. Das emotionale Leben findet in einer technischen Zivilisation v.a. in der Welt der Fiktion statt, die durch Massenmedien reproduziert wird. Des weiteren findet eine Umkehrung von Norbert Elias' ‚Prozeß der Zivilisation' statt, insofern es nicht mehr um eine Internalisierung der Zwänge geht, sondern um deren Veräußerlichung in technischen Apparaturen.

In einer technischen Zivilisation muß alles wissensförmig (im Sinne wissenschaftlich begründeten Wissens) organisiert sein, damit es beherrschbar wird. Technik ist hier als Form einer Praxis zu sehen, ohne die viele menschliche Verhaltensweisen nicht denkbar sind. Technik übernimmt die Funktion, die die Kultur in traditionellen Gesellschaften innehatte. Diese Kultur wird zwar nicht völlig zerstört, aber in Nischen wie den Freizeitbereich abgedrängt. Es ist ein Vertrauensschwund zu konstatieren, der das ‚ontologische Urvertrauen' betrifft, das sich im Vertrauen auf die Natur, die wir selber sind, also unseren Leib, und auf die äußere Natur artikuliert. Eine invasive Technik untergräbt dieses Urvertrauen, das man durch die Etablierung von technischen Sicherungssystemen, die neue Normen, Grenzwerte und Regeln setzen, zu kompensieren versucht, womit die Sicherheit erhöht wird, die Basis des Vertrauens aber weiter schwindet.

In der modernen Wissensgesellschaft konstatiert Böhme einen zunehmenden Verlust an Praxiswissen und eine wachsende Bedeutung wissenschaftlichen Wissens, was die Kluft zwischen Laien und Fachleuten anwachsen läßt. Das Individuum gerät in Abhängigkeit von Experten und wird unmündig. Die Durchdringung der Gesellschaft mit Wissen führt zu deren Verdatung. Wenn das gentechnische Wissen voranschreitet, werden Daten auch die Rolle des Schicksals übernehmen. Als Schlüsselprobleme der Wissensgesellschaft erweisen sich die Integration des Einzelnen in die Gesellschaft sowie die Selbstbehauptung des Individuums gegenüber den Experten. Die Kennzeichen der technischen Zivilisation sind: 1. die Dominanz des wissenschaftlich-technischen Wissens, die damit verbundene Verdrängung anderer Wissensformen und die Delegation wichtiger Lebensentscheidungen an Experten, 2. die Delegation von Arbeit, Bewegung und Denken an Apparate, womit eine unleibliche Lebensform einhergeht, sowie 3. die Glättung der menschlichen Biographie durch Sozialstaat, Versicherung und technisch-medizinische Stabilisierung, womit das Leben in eine ereignislose Mittellage (vgl. S. 154) gebracht wird.

Die Würde des Menschen sieht Böhme in dessen natürlicher Herkunft begründet, weswegen diese auch vor Manipulationen geschützt werden muß. In der technischen Zivilisation herrscht die Ideologie, daß Grenzsituationen wie Leiden, Schuld und Tod vermeidbar seien. Grenzsituationen können aber weder vermieden werden, noch wäre dies wünschenswert, da sich in ihnen artikuliert, was es heißt als Mensch zu existieren.

Als ein Schlüsselproblem der invasiven Technisierung identifiziert Böhme die technische Erschließung des menschlichen Leibes durch Gen- und Reproduktionstechnologie sowie die neue Mensch-Maschine-Symbiose, die in der Idee des Cyborgs ausgedrückt ist. Auch dabei bleibt die Natur als Grund der eigenen Existenz die Orientierungsgröße. Mit der Technisierung der Natur kündigt sich aber das Ende des Naturzustandes und damit der Würde des Menschen an (vgl. S. 150).

Im Kapitel „Die Natur im Zeitalter ihrer technischen Reproduzierbarkeit" diskutiert Böhme – in Analogie zu Walter Benjamins berühmtem Essay – ‚Natur' als unhintergehbare, die Würde des Menschen garantierende, Kategorie fort. Mit dem Verfall der Aura der Natur findet nicht nur eine Aufhebung der Achtung gebietenden Distanz statt, sondern tendenziell auch die Vernichtung ihrer Einmaligkeit durch ihre Funktionalisierung zum Gebrauchs- und Tauschwert. Dies kann die Aufhebung der Ehrfurcht vor dem Leben und die Vernichtung der Individualität bedeuten sowie die ‚Vernutzung' der Natur. Die technische Reproduzierbarkeit der Natur, so Böhmes Schluß, „stellt uns in unserem eigenen Selbstverständnis infrage" (S. 182). Natur war in der europäischen Tradition eine „ontologisch, kosmologisch oder schöpfungsgeschichtlich abgesicherte Normvorstellung" (S. 187), was sich in Ausdrücken wie ‚Naturrecht' oder ‚Naturzustand' artikulierte. Während für Aristoteles Natur noch von selbst da war und sich von selbst reproduzierte, ist sie für uns nur noch Material für technische Hervorbringungen. Die Möglichkeit der technischen Reproduzierbarkeit der Natur bedeutet das Ende der Entgegenstellung von Natur und Technik. Die aktuelle Berufung auf die Natur als Wert findet in einem Moment statt, in dem die Natur zerfällt. Es stellt sich die Frage, was aus dem Menschen wird, „wenn der Unterschied von Faktizität und Entwurf ins Gleiten gerät" (S. 196). Wenn alles beim Menschen, vom Geschlecht bis zur genetischen Qualität von Kindern zur Disposition steht, dann wird der Mensch sich nur noch schwer auf die Unantastbarkeit seiner Würde berufen können.

Invasive Technologien haben die begriffliche Trennung von Natur, Technik und Gesellschaft historisch überholt. Technostrukturen sehen heute so aus, daß 1. die gesamtgesellschaftliche Reproduktion die Reproduktion der technischen Infrastruktur mitumfassen muß; 2. die Einheit der Gesellschaft eine technische ist; und 3. die Organisation der gesellschaftlichen Arbeit mit der vorhandenen Technik korrelieren muß. In einer technischen Zivilisation sind viele Prozesse des gesellschaftlichen und individuellen Lebens zu technischen Prozessen geworden. Die Natur selbst wird nach menschlichen Bedürfnissen arrangiert und konstruiert. Technische Vorgänge bewegen sich zwar im Rahmen der Naturgesetze, sind aber letztlich Realisierungen gesellschaftlicher Funktionen. Technik ist dementsprechend ein Balanceakt zwischen Natur und Gesellschaft, um Lösungen zu finden, „die die Naturgesetze wie die gesellschaftlichen Normen in gleicher Weise erfüllen" (S. 211). Was wir von der Natur wissen, ist ihr Verhalten unter den Bedingungen technischer Apparaturen, die wir zu ihrer Erforschung einsetzen. Unser Naturwissen ist somit das Wissen von einer Natur ‚im Hause', also der Natur unter Laborbedingungen. Die Natur ‚da draußen' stellt aber kein unendliches Reservoir mit einer unverwüstlichen Fähigkeit zur Reproduktion dar. Technik muß deshalb Folgen und Nebenwirkungen aus ihrem Einsatz mitberücksichtigen. Die Natur ‚da draußen' ist ein gesellschaftliches Produkt geworden, das nicht mehr beschreibbar ist „ohne dass man die Wechselwirkungen mit dem Menschen bestimmt" (S. 214). Dies führt zur Forderung nach einer sozialen Naturwissenschaft, die ein Wissen erarbeitet, das für eine umweltbewußte Technik vorauszusetzen wäre. Jedes technische Verhalten ist auch ein Verhalten gegen die äußere Natur, das sich Natur nicht nur aneignet, sondern sie auch ausscheidet. Technische Unternehmungen müssen deshalb auch als Naturpolitik verstanden werden. Gesellschaftlichkeit kommt technischen Gegenständen nicht erst durch ihren Verwendungszusammenhang zu, sondern ergibt sich schon aus ihrer Sachstruktur.

In einer technischen Zivilisation findet eine Trennung von Lebensvollzügen und zweckrationalem Handeln statt, was sich etwa in der Wiederentdeckung des eigenen Leibes äußert, da für das gesellschaftliche Handeln leibliche Anwesenheit weitgehend überflüssig geworden ist. Es findet zunehmend eine Technisierung der Wahrnehmung statt. Medien erweitern nicht nur die Sphäre des Sichtbaren, sondern verändern die Kultur des Sehens, auch da, wo diese Techniken nicht zum Einsatz kommen. In jeder Wahrnehmungssituation wird etwas artikuliert, was sich aus dem jeweiligen Praxiszusammenhang ergibt. Für die Technisierung der Wahrnehmung lassen sich fünf Trends ausmachen: 1. die apparative Datengewinnung wirkt auf die Alltagspraxis und die Selbsterfahrung des Menschen zurück; 2. es kommt zu einer Abwertung der unmittelbaren Sinnlichkeit; 3. es kommt in der Wahrnehmung zu einer Zunahme intersubjektiver Faktoren und einer Abnahme der affektiven Teilnahme (wie im Falle der Sonographie bei Schwangerschaften); 4. es etablieren sich neue Wahrnehmungsmuster, mit denen das Wahrnehmungsfeld organisiert wird; und 5. kommt es zu einer Verselbständigung der Wahrnehmungswelt in technischen Medien.

Das Selbstverständnis des Menschen wird am nachhaltigsten durch die Gentechnik verändert. Sie bringt den Menschen in eine Situation, in der der Leib zum moralischen Problem wird. Wir können unsere eigene Würde nur wahren, indem wir der schrankenlosen medizinisch-technischen Manipulation Grenzen setzen. So stellt die Anwendung der Keimbahntheorie eine Gefährdung eines grundlegenden Momentes des menschlichen Selbstverständnisses dar: der Natalität. Der genetisch konstruierte Mensch wäre kein radikaler Neuanfang als Individuum mehr. Auch in der Verbesserung körperlicher Vermögen sieht Böhme grundsätzliche Probleme: es wird erstens nicht gelingen, einen Konsens über die Richtung der Verbesserung zu erzielen, zweitens wird damit einer ‚gentechnischen Eugenik' und einem ‚praktischen Rassismus' Tür und Tor geöffnet. Es besteht die Gefahr, daß „die Identität des Menschen auf seine genetische Identität reduziert wird" (S. 255).

Zuletzt pointiert Böhme seine Technikkritik als eine Kritik in der Tradition der Kritischen Theorie. Er stellt also die Frage, was eine vernünftige Technik und vernünftige Naturverhältnisse sein können. Seines Erachtens hat die kritische Theorie diese Frage – mit Ausnahme Marcuses – leider nur ungenügend gewürdigt und Technik weitgehend so akzeptiert, wie sie ist. Diese Lücke möchte Böhme schließen, indem er auf die kritische Tradition rekurriert, die es z.B. schon in Bezug auf den Leib gibt. Sie argumentiert mit Begriffen wie ‚Entfremdung', ‚Verdinglichung', ‚Instrumentalisierung' oder ‚Biopolitik', „ohne jedoch einen positiven Begriff des Leibes ausgearbeitet zu haben, von dem her sich diese Kritik rechtfertigen ließe" (S. 271). So müssen Schlüsselbegriffe wie ‚Allianztechnik' (vgl. Ernst Bloch, s. dort), wie ‚ökologische Technologie' oder ‚Ganzheitlichkeit' noch ausgearbeitet und Fragen erörtert werden, wie sich ein Lebensraum gestalten läßt, in dem ein menschenwürdiges Leben möglich ist und die Reproduktion der Gesellschaft und der Natur nicht im Widerstreit stehen.

Unter dem Stichwort der Globalisierung findet eine Ausbreitung der technischen Zivilisation statt, mit unübersehbaren Auswirkungen für regionale Kulturen. Wir erleben die Modifikation dieser Kulturen bis hin zu ihrer Vernichtung. Vor allem ist aber eine Dauerspannung zwischen technischer Globalisierung und regionalen Kulturen zu konstatieren, die entweder zu einer Sektorialisierung des Lebens führt oder zu einem Widerstand gegen die Technisierung des Lebens. Böhme vertritt zuletzt die These von der technologischen Erschöpfung der kulturellen Ressourcen, mit deren Hilfe im Abendland eine Verarbeitung und Steuerung der Technisierung möglich war: die Ideen der Natur, der Schöpfung, der Subjektivität und der Geschichtlichkeit. Genau diese Ressourcen werden derzeit aber schrittweise zerstört. Als grundsätzliches Problem einer invasiven Technik zeigt sich, daß je mehr uns die technische Reproduktion der Natur gelingt, desto weniger sich eine Grenze zwischen Natürlichkeit und Künstlichkeit ziehen läßt.

Zweifellos sind Böhmes kritische Analysen stark von lebensphilosophischen Theorien inspiriert. Die Lösung der beschriebenen Probleme in einer Rückbesinnung auf einen aristotelischen Naturbegriff zu sehen, kann aber zu einer problematischen Ausdehnung dieses Konzeptes führen. Wo Böhme praktische Hinweise zur Lösung etwa der gegenwärtigen Bildungskonzepte gibt, läuft er gelegentlich Gefahr, esoterisch fehlgedeutet zu werden. Problematisch erscheint v.a. die uneinlösbare lebensphilosophische Sehnsucht nach vermeintlichen Unmittelbarkeiten. Gewiß ist die Entfaltung der Sinnlichkeit und eine leibbewußte meditative Praxis hilfreich für die eigene Lebenspraxis, sie allein wird aber Sinndefizite noch nicht ausgleichen können und bestenfalls ein Element im politischen Programm einer kritischen Theorie der Technik und Natur sein können.

Klaus Wiegerling

Andrew Feenberg: Questioning Technology
London (UK)/New York, NY: Routledge 1999. XVII + 243 S.

ders.: Between Reason and Experience. Essays in Technology and Modernity
Cambridge, MA/London (UK): MIT Press 2010, XXV + 257 S.

Andrew Feenberg (geb. 1943) hat zahlreiche Bücher zur Technikphilosophie vorgelegt. Sie sind insbesondere für die nordamerikanischen Debatten und die immer noch zaghaften, transatlantischen Brückenschläge von zentraler Bedeutung, weil Feenberg der dortigen Technikphilosophie eine kontinentaleuropäische Begriffskultur und einen historisierenden Blick auf die Technik vermittelt. Dessen perspektivischer Fluchtpunkt ist in der Auseinandersetzung um die Theorien der Moderne und die Frage nach ihrem politischen Gehalt verortet. Ein neo-marxistischer Unterton begleitet Feenbergs Werk seit den 1970er Jahren und findet über die Jahre sein durchaus problematisches Echo in sozialkonstruktivistischen Ansätzen. Feenberg, der bei Herbert Marcuse an der University of California, San Diego, promovierte, setzt sich explizit für eine Kritische Theorie der Technologie ein (vgl. sein gleichnamiges Buch „Critical Theory of Technology", New York/Oxford 1991). Exemplarisch für seinen Ansatz wird hier sein Buch „Questioning Technology" aus dem Jahr 1999 vorgestellt, in dem er die zentralen Thesen seiner Technikphilosophie bündelt. Sein neueres Buch „Between Reason and Experience" (2010) wiederholt als Kompilation von bereits veröffentlichten Aufsätzen die wesentlichen Thesen und diskutiert sie vor dem Hintergrund der jüngeren *Science and Technology Studies* (STS), denen Feenberg wegen ihrer zum Teil antimodernen, zum Teil postmodernen Tendenzen eher kritisch gegenüber steht.

Schon der Buchtitel „Questioning Technology" kontrastiert Martin Heideggers „Die Frage nach der Technik" (s. dort), indem Feenberg den Schwerpunkt auf den demokratisch zu legitimierenden Prozeß des Fragens und nicht auf die Frage selbst legt. Die Technikphilosophie verbindet Feenberg entsprechend mit Sozialphilosophie und Politischer Philosophie:

> „Insofar as we continue to see the technical and the social as separate domains, important aspects of these dimensions of our existence will remain beyond our reach as a democratic society. The fate of democracy is therefore bound up with our understanding of technology." (S. VII)

Das Buch ist in drei Teile gegliedert: Teil I – „The Politicizing of Technology", Teil II – „Democratic Rationalization" und Teil III – „Technology and Modernity". Zunächst sei hier die Gesamtstrategie seiner Argumentation vorgestellt, an die sich die Erläuterung der drei einzelnen Buchteile anschließt.

Feenberg unterscheidet bewußt zwischen der Wortverwendung von „Technik" (engl. *technique*) und „Technologie" (engl. *technology*), wobei die Technologie bei Feenberg implizit an das Konzept der Technokratie und damit an Herrschaft und Macht gebunden wird. Er ist inspiriert durch Marcuses kritischen Begriff der „technological rationality": eine technologische Rationalität, die zu bestimmten Formen führe, in denen eine technische Kultur (*technical culture*) ihre sozialen Imperative für sich selbst codiere (S. 162). Das Verstehen des technologischen Zugriffs auf die Vernunft, durch den gesellschaftliche Verhältnisse herzustellen und zu regulieren versucht werden, zieht deshalb für ihn die Demokratiefrage notwendigerweise nach sich. Feenberg geht es um eine rationale Kritik an der Rationalisierung, die sich der Technik nicht etwa im seinsgeschichtlichen Zusammenhang des Entbergens, sondern im sozialgeschichtlichen Zusammenhang des Beherrschens stellt. Dahinter steht ein reformerischer Anspruch mit Systemcharakter:

> „Real change will come not when we turn away from technology towards meaning, but when we recognize the nature of our subordinate position in the technical systems that enroll us, and begin to intervene in the design process in the defense of the conditions of a meaningful life and a livable environment. This book is dedicated to this project" (S. XIV).

Feenberg versteht seinen technikphilosophischen Ansatz, der in der Bestimmung und Transformation gesellschaftlicher Technikverhältnisse fundiert ist, als „anti-essentialistisch", d.h. er votiert gegen eine Wesensbestimmung der Technik. Allgemein faßt Feenberg den diagnostizierten Essentialismus als Vorurteil von Seiten der Philosophie, daß das Konzept der Technologie alles („everything", S. VIII) auf „Funktionen" und „Rohstoffe" reduziere und daß die reale Technik nur im Sinne ihrer vorhandenen Bedeutung für die Philosophie relevant sei – als immer schon Realisiertes. Feenbergs Sicht auf die Technik soll als Alternative zu den technikphilosophischen Ansätzen von Jacques Ellul (s. dort), Martin Heidegger, Albert Borgmann und auch Jürgen Habermas (s. dort) fungieren, denen Feenberg einen auf die Technik bezogenen, wenn auch jeweils sehr unterschiedlichen, Essentialismus unterstellt. Die Leserin vermißt in diesem Zusammenhang eine Referenz auf den alternativen Zugang von Hannah Arendt (s. dort), die im Buch nicht genannt wird, obwohl sie eine prominente Gegenposition zu Heideggers Technikverständnis liefert, die noch dazu durch eine profunde Auseinandersetzung mit Karl Marx inspiriert ist.

Der ausschließliche Blick auf Effizienzsteigerung und Zweckinstrumentalisierung führe in einen methodologischen Dualismus von Technik und Bedeutung, der einerseits in seiner politischen Reichweite, andererseits in seinen Transformationen durch den explizit technologischen Fortschritt dann nicht mehr weiter philosophisch erörtert werde. Feenberg kritisiert damit einen ahistorischen Zugriff der Philosophie auf die Technik als scheinbar statisches Element einer nicht näher definierten Technisierung, über die sich die Moderne jedoch selbst historisch-prozessual zu verstehen sucht. Jene unreflektierte und dadurch machtpolitisch (miß)brauchbare Dialektik von Technisierung und Modernisierung ist der für den Leser nicht ohne Weiteres zu destillierende Kerngedanke von Feenbergs Technologiebegriff, der das Erbe des Historischen Materialismus wie der Marcuseschen Geschichtsphilosophie in sich birgt. Es geht ihm letztlich darum, wer die Reflexionsbewegung im Konzept der Technologie als solche erkennt und beherrschbar macht. Weil dieser Konnex zwischen Technisierung und Modernisierung (vermittelt über den Begriff der Rationalisierung) angeblich nicht erkannt werde, bleibe es von philosophischer Seite häufig nur beim akklamatorischen Hinweis auf eine irgendwie geartete Begrenzung der Technisierung, die in Dystopien oder Kulturpessimismen führe, aber keine Chance auf Erneuerung biete. Selbst Max Horkheimers (s. dort) und Theodor W. Adornos „Dialektik der Aufklärung" unterstellt Feenberg eine zu pauschale Kritik an der Instrumentalisierung der Zwecke selbst, die aus der oberflächlichen Auseinandersetzung mit Technik immer schon Auswege in die Kunst oder Religion vorbereite (S. 151ff.), wobei er auf Horkheimers Hauptwerk „Eclipse of Reason" (1947) nicht eingeht. Ein Schwachpunkt von Feenbergs Argumentation besteht darin, daß er sich vor dem argumentativen Hintergrund der Frankfurter Schule mit dem Phänomen der Masse – sei es als Massenproduktion, als Massenkonsum oder als Massengesellschaft – nicht näher auseinandersetzt. Dies ist umso verwunderlicher, als er immer wieder zu Recht betont, daß ein alternatives, gesellschaftsreformierendes Verständnis von Technologie bei der Kreativität des Subjekts und den Alltagspraktiken des Umgangs mit Technik anzusetzen habe. Wie das Subjekt des Technischen dafür sozial und mental konstituiert sein muß, bleibt offen. Ansätze der Sozialphänomenologie, etwa das Konzept der Lebenswelt von Alfred Schütz und Thomas Luckmann, werden im Unterschied zu sozialkonstruktivistischen Ansätzen (u.a. Wiebe Bijker, s. dort) nicht berücksichtigt, wohl aber die Ausprägungsformen von Macht in den Schriften Michel Foucaults.

Laut Feenberg erweise sich eine essentialistische Technikphilosophie letztlich in Übereinstimmung mit den technischen Disziplinen, weil sie die Prämisse, daß sich Technologie durch Effizienzsteigerung und Zweckinstrumentalisierung auszeichne, immer schon akzeptiert habe. Ferner manifestiere eine derartige Technikphilosophie auch die Arbeitsteilung zwischen Technikwissenschaften (Absehen von den sozialen Folgen der Technik) und Humanwissenschaften (Reflexion der sozialen Folgen der Technik). Der technikphilosophische Essentialismus habe gleichzeitig mit seinem Objekt (der Technik als funktionalem Ding) auch die Einstellung zu diesem Objekt (Betrachtung nach Effizienzgesichtspunkten) ontologisch fundiert. Feenberg analysiert hier also ein reflexives Wechselspiel von technischer und politischer Ontologie, das in der Forderung nach Effizienzsteigerung zusammenläuft und nur vordergründig der Sphäre des ökonomischen Berechnens zuzuschreiben ist, sondern vielmehr die Sphären des technologischen Denkens und technokratischen Handelns zuallererst bedingt. Gegen Ende des Buches (S. 201f.) spezifiziert er dieses Wechselspiel mit den Begriffen „primäre Instrumentalisierung" und „sekundäre Instrumentalisierung", wobei sich die essentialistische Technikphilosophie allenfalls der ersteren widme. Technologie an sich erweise sich aber als „obsessive" Beschäftigung mit der Effizienz, die typisch „modern" sei (S. X). In dieser These verbergen sich geschichtsphilosophische Probleme, weil die hintergründig verwendete Instanz des modernisierenden Prozesses, der Fortschritt, bei Feenberg theoretisch ebenso unterbestimmt bleibt wie die Moderne, die sich selbst immer wieder als Anti-Moderne neu entwirft und sich dadurch als fortschreitend sieht. Kritisiert wird die postulierte Determiniertheit des Fortschritts und seine Bestimmung anhand der Kriterien der Produktivitätssteigerung und sozialen Differenzierung (vgl. S. 75–100, S. 209f.), nicht aber dessen Linearität. In Konsequenz wird Feenbergs Technologiekonzept durch die Unterfütterung mit historischen Beispielen und damit jeweils nur exemplarisch historisiert; es bleibt aber auf theoretischer Ebene vom Historisierungsprozess ausgeschlossen. Weiterführend müßte für seinen spezifischen Ansatz eine Geschichtsphilosophie der technischen Entwicklung mit einem historisch verstandenen Sozialkonstruktivismus, d.h. mit einer Sozialgeschichte, in theoretische Übereinstimmung gebracht werden – ein Forschungsdesiderat, das unter Historikern gut bekannt ist.

Gegen Heideggers berühmten Hammer setzt Feenberg als idealtypisch zu diskutierendes Artefakt das moderne Haus, das für den Bauingenieur und die Handwerker begrifflich eine Verknüpfung der Mittel darstelle, für seine Bewohner aber eine menschliche Umwelt bedeute. Um nicht wieder in den essentialistisch motivierten Dualismus von Technik und Bedeutung zu verfallen, müßten die praktischen Aushandlungsprozesse darüber, was ein Haus *bedeuten* soll, an der Grenze jenes Dualismus in die philosophische Betrachtung gerückt werden. Das Ringen um die Bedeutung der Technik hat eine technikhistorische Dimension, weil Bedeutungen von Artefakten ebenso tradiert werden wie ihre Funktionen. Es sind die Traditionen im Umgang mit der Technik, die für eine Theorie der Moderne jenseits einer Theorie der Rationalisierung in Anschlag gebracht werden können, so Feenberg. Er votiert mit guten Gründen für einen Rückblick auf Traditionen (Dimension der Bedeutung), die die Perspektive der Innovationen (Dimension der Rationalisierung) ergänzen soll.

Im Folgenden wird die Strategie der Feenbergschen Argumentation mit Verweis auf die drei Buchteile spezifiziert. In Teil I des Buches („The Politicizing of Technology") erinnert sich Feenberg an die protestierenden Studenten im Mai 1968 in Paris, die sich zusammen mit zehn Millionen Arbeitern zu einer Neuen Linken formierten. Er selbst hat an diesen Protesten teilgenommen, was sein Philosophieverständnis geprägt hat. Im Kern sei jene Bewegung als Ideologiekritik gegen Technokratie gerichtet gewesen, weshalb sie auch heute noch, unter anderen Vorzeichen und mit anderen Inhalten, ihre Wirkung entfalte. Eine Fortsetzung erfährt sie laut Feenberg in den Umweltbewegungen seit den

1970er Jahren, die ihrerseits unbewußt den genannten Essentialismus der Technik inkorporieren und teilweise technokratische, auf dem Kriterium der Effizienz basierende Lösungen für die knapp werdenden Ressourcen vorschlagen: z.b. eine globale Geburtenkontrolle zur Eindämmung des Bevölkerungswachstums. Es sind die unreflektierten Rhetoriken des Überlebens und eines visionierten Endes der Geschichte, die derartige technokratische Regelungsversuche von Gesellschaft ermöglichen. Dabei seien zwei moderne Varianten zu beobachten, die auf der Differenz von Technik und Bedeutung basieren: einerseits wird das Individuum angeleitet, spontan nach materiellen Zwecken und deren Erfüllung zu streben; andererseits sieht sich das Individuum spirituellen Verheißungen – vermittelt durch gesetzgeberische und öffentliche Moralansprüche – ausgesetzt, denen gegenüber es sich unter Aufgabe seiner ureigensten Interessen verhalten muß. Diese ambivalente Situation des modernen Individuums führe zu zwei möglichen Politikstrategien. Man kann entweder eine repressive Politik der Kontrolle des Individuums implementieren, die die bestehenden Produktionsverhältnisse stabilisiert; oder man kann eine demokratische Politik favorisieren, in der die sozialen Prozesse der Produktion einschließlich der Produktion von ‚Kultur' der Kontrolle unterliegen. Nur in der zweiten Strategie könne man zu neuen Formen der sozialen Kontrolle gelangen, an der die Individuen selbstermächtigend teilhaben (S. 68f.). Teil II widmet sich dem bewußt widersprüchlich formulierten Thema „Demokratische Rationalisierung".

Feenberg stößt sich damit von Max Webers Konzept der Rationalisierung als einer Sozialmaschinerie ab, das den Kapitalismus im „stahlharten Gehäuse" der Bürokratie verkörpert sah (Anm.: Feenberg verwendet die durch Talcott Parsons früh etablierte, aber seit längerem als falsch diagnostizierte Übersetzung des Weberschen Terminus als „iron cage", S. 75). Teil III versucht in konstruktiver Absicht, die technikphilosophisch relevanten Ansätze von Herbert Marcuse mit denen von Jürgen Habermas verträglich zu machen. Letzterem wirft Feenberg vor, die durch Weber etablierte Ansicht einer theoretischen Wertneutralität der Technik übernommen und eine übergeordnete Rationalisierung des Sozialen auf den öffentlichen Diskurs angewandt zu haben (S. 161f.). Dieser Kritikpunkt gegen Habermas dominierte die jüngere Frankfurter Schule vor allem in den 1990er Jahren, als Feenbergs Buch entstand, hat aber mittlerweile zu Transformationen geführt – auch bei Habermas selbst, der sich im neuen Jahrtausend u.a. mit der Biotechnik und der neuen gesellschaftlichen Funktion der Religionen kritisch auseinandersetzt. Die Technik in ihrem Wechselspiel von Instrumentalität und Normativität bleibe bei Habermas, anders als bei Marcuse, aus der Sphäre des Sozialen letztlich ausgeschlossen und führe eine Art Eigenleben, so Feenberg weiter. Dahinter verberge sich (nicht nur) bei Habermas ein Naturalismus, der die Technik zum Teil der menschlichen Gattungsgeschichte mache. Einen Ausweg sieht Feenberg in der Reformulierung von Habermas' Medientheorie, die die technische Kontrolle als höherstufigen Mediator sozialer Medien (z.B. des Geldes) hervorheben könnte. Denn die technische Kontrolle hebe auf die Ausweitung der Systeme ab, ohne selbst ein Medium zu sein. Es ginge dann – anders als in Habermas' Perspektive der regulierenden Institutionen und des Rechts – um bestimmte Modi, in denen die Lebenswelten der Menschen zu theoretisch beherrschbaren Systemen und Subsystemen gemacht werden. Ein zentraler Begriff in dieser alternativen, kommunikativen Zugangsweise zur Technologie ist das „Design". Mit diesem Begriff faßt Feenberg die Gestaltung in all ihren Dimensionen, von der technischen bis hin zur politischen Gestaltung.

Feenberg schließt mit dem versöhnlichen Ausblick, daß eine neue, die Möglichkeit von Alternativen umfassende Form der Technologie auch neue soziale Systeme generieren werde, die sowohl die menschlichen wie die technischen Potentiale besser zum Ausdruck bringen könne. Seine Schriften markieren eine wichtige Position in der gegenwärtigen Technikphilosophie, weil Feenberg den frühen Auftrag der Kritischen Theorie, sich um gesellschaftliche Natur- *und* Technikverhältnisse zu sorgen, nicht vergessen hat.

Nicole C. Karafyllis

Eugene S. Ferguson: Engineering and the Mind's Eye

Cambridge, MA: MIT Press 1992; dt. Das innere Auge. Von der Kunst des Ingenieurs, übers. von Anita Ehlers, Basel/Boston/Berlin: Birkhäuser 1993, 221 S., 102 Abb.

Der Maschinenbauingenieur Eugene S. Ferguson (1916–2004) engagierte sich nach seiner Industrietätigkeit seit 1955 in der Ingenieurausbildung. Im Jahr 1969 war er bis zu seiner Emeritierung Professor für Technikgeschichte an der Universität Delaware in Newark und zugleich Kurator am Hagley Museum in Greenville. Die „Society for the History of Technology" (SHOT), deren Gründungsmitglied und elfter Präsident (1977–78) er war, verleiht seit 2005 alle zwei Jahre einen nach ihm benannten Preis für herausragende technikhistorische Publikationen. Seine zentralen Thesen zum *visuellen Denken* der Ingenieure sind 1977 durch seinen in der Zeitschrift „Science" erschienenen Aufsatz „The Minds Eye: Non-Verbal Thought in Technology" bekannt geworden. Das hier besprochene Buch ist eine Ausarbeitung dieser Überlegungen zu einem Plädoyer für die intuitive Kunst des Ingenieurs und gegen die computergläubige Mathematisierung und Verwissenschaftlichung des Ingenieurwesens.

Obwohl sie weniger als ein Prozent der Bevölkerung ausmachen, gestalten Ingenieure mit den von ihnen konstruierten Geräten und Gebäuden maßgeblich die Lebensweise der gesamten Bevölkerung in der industrialisierten Welt. Somit erscheint es durchaus nicht unwichtig, ihre Denk- und Arbeitsweise näher zu untersuchen, um Entscheidungen, die zu diesen oder jenen konstruktiven Ausprägungen führen, besser zu verstehen. In den ersten beiden Kapiteln „Das Wesen des Entwurfs" und „Das innere Auge" legt Ferguson die für dieses Verständnis maßgeblichen philosophischen Grundlagen. Demnach ist das visuelle Denken mit Hilfe von Vorstellungen und Zeichnungen der Kern jeder Ingenieurstätigkeit. Dies rückt, so pointiert Ferguson, den technischen Entwurf – gedacht als Umwandlung einer Idee in eine künstliche Sache – der Kunst näher als der Wissenschaft (S. 15). Die Bildersprache des anschaulichen Denkens ist „die *lingua franca* der modernen Technik", die den jeweiligen „Lesern" eine Vorstellung des abgebildeten Gegenstands sowie eine Herstellanleitung bietet (S. 47). Diese These wird in den folgenden Kapiteln mit gut illustrierten technikhistorischen Beispielen hinsichtlich ihres historischen Ursprungs, den Mitteln der Veranschaulichung, der Wissensdokumentation, universitärer Ausbildung sowie des Scheiterns bei Unfällen weiter untermauert und in ihren Konsequenzen beleuchtet.

Beim Entwurf „steht am Anfang eine Idee – manchmal deutlich, manchmal im Ansatz –, die gleichsam auf den geistigen Schirm geworfen und vom inneren Auge beobachtet und bearbeitet werden kann" (S. 18). Unter dem „inneren Auge" versteht Ferguson ein „unglaublich fähiges und differenziertes Organ", das „Bilder der erinnerten Wirklichkeit" in „nützliche visuelle Informationen" umwandelt (S. 47f). Hier ist wohl das Vermögen der produktiven Einbildungskraft gemeint, das in technischer Hinsicht genutzt wird. Ergebnis sind dann technische Zeichnungen, die dem Konstrukteur zeigen, wie seine Gedanken auf dem Papier aussehen und den Arbeitern zeigen, was sie herstellen sollen. Wichtig für Ferguson ist hierbei, daß sich das Gezeigte nicht auf Sprache und Mathematik reduzieren läßt (S. 19). Zwar mögen ingenieurwissenschaftlich fundierte mathematische Analysen von Entwürfen – beispielsweise die Berechnung von thermischen Wirkungsgraden – hilfreich sein, sie sollten das experimentell abgesicherte Urteilsvermögen des Entwerfers aber nicht ersetzen (S. 22). So hat Whitcomb, basierend auf aerodynamischen Versuchen mit unterschiedlichen Rumpf- und Flügelformen, für den Überschallflug seine „Flächenregel" entwickelt, nach der der Rumpf am Flügelansatz einzuschnüren ist, um die Zunahme des Luftwiderstands zu reduzieren. Diese Lösung fand er, so heißt es, indem er gleichsam „fühlte", „was die Luft tun will". Später wurde eingewandt, die mathematischen Ansätze für die Flächenregel seien ja vorher bereits bekannt gewesen – jedoch hatten die Aerodynamiker Ward und Lord ihre mathematischen Ergebnisse nicht in praktische Anwendung überführen können (S. 59f). Offenbar kann nur das, was gezeigt werden kann, auch gebaut werden. Das, was nur berechnet werden kann, kann hingegen so noch nicht gebaut werden, da die reale Welt häufig von den mathematischen Modellen akademischen Ingenieurverstandes abweicht.

Die Kunst des Entwerfens zeigt sich nach Ferguson darin, daß es nicht wie bei einer mathematischen Formel genau eine Lösung gibt, sondern daß wie bei einem Gemälde ein weißes Blatt bei großem Freiheitsgrad zu füllen ist. Die Brücken des Schweizers Robert Maillart haben laut Ferguson eine sehr elegante Bauform, weil sie den Kraftfluß veranschaulichen (S. 34f.). (Es ist im Übrigen ein bis heute in der Konstruktion von Antrieben sehr geläufiges Vorgehen, den Kraftfluß in die technische Zeichnung über die Bauteile hinweg einzuzeichnen und dabei eine gewisse Stimmigkeit anzustreben.) Bei der Beschreibung des Entwurfsprozesses erzählt Ferguson eine Anekdote aus der Welt der Unternehmensberater, die sich 1961 tatsächlich ein angeblich um 30 bis 50 Prozent effektiveres Konstruktionsverfahren erdacht hatten, das darauf basierte, Konstruktionen spontan mit Kreide auf Tafeln zu zeichnen und abzuphotographieren, bevor man sie wieder wegwischt. Aus dieser skurrilen Idee aber abzuleiten, daß CAD-Programme den Konstrukteur von der unmittelbaren Erfahrung seiner Objekte entfernt, die er in früheren Zeichnungsbüros als Foto an der Wand hängen hatte, erscheint etwas abwegig. Auch die Behauptung, daß mit dem CAD-Einsatz Entscheidungen vom Konstrukteur auf den Programmierer verlagert würden, ist mindestens ein windschiefes Argument (S. 43ff). Nicht jeder trauert den 3.600 Konstruktionszeichnungen des Kraftwerks Tarbela auf Papier (vgl. S. 39) nach, wenn er die Maße des Flansches einer Pumpe sucht.

Die überragende Bedeutung des visuellen Denkens für den technischen Fortschritt belegt Ferguson sehr überzeugend im vierten Kapitel „Die Mittel der Veranschaulichung". Die Erfindung der Zentralperspektive (um 1425 von Brunelleschi) und später der darstellenden Geometrie (Gaspard Monge 1795) haben in Verbindung mit dem Buchdruck überhaupt erst die Verbreitung technischen Wissens – und damit auch dessen Anwendung – durch ihre erhöhte Genauigkeit ermöglicht (S. 79). Die Skizze eines automatischen Sägewerks von Villard de Honnecourt (1230) ist derart mehrdeutig, daß ihr Nachbau im Grunde voraussetzt, eine entsprechende Anlage schon einmal gesehen zu haben, da die räumliche Orientierung völlig offen bleibt. Hingegen überläßt die perspektivische Zeichnung eines handbetriebenen Gatterwerks aus Jacques Bessons wegweisendem Buch „Théâtre des Instruments Mathématique et Mécanique" (1578) den Re-Konstrukteur bis hin zum Maßstab keinen Unklarheiten, sondern illustriert sogar die Anwendung gleich mit (S. 81f). Mit dem Buchdruck entfallen zudem jene Fehler in den technischen Abbildungen der Handschriften, die die Kopisten beim Abzeichen gemacht haben. Ferguson zeigt sehr schön Zeichnungen von Francesco di Giorgio (1470) im Original und jeweils in Kopie von Sieneser Künstlern (um 1545) – ein Kran, der nichts mehr heben kann, ein Wagen, der nicht mehr fahren und gelenkt werden kann sowie Spannschrauben, die immer locker bleiben müssen (S. 107ff.).

Eine weitere, in der Renaissance entwickelte Visualisierungstechnik sind Schnittzeichnungen – gemeint sind hier Phantomzeichnungen in Gehäuse hinein oder in unterirdische Anlagen, beispielsweise bei Georg Agricolas „De re metallica". Hinzu kommen noch die heute zu jedem Selbstbaumöbel gehörenden Explosionszeichnungen, bei denen Maschinenteile entlang von Achsen auseinandergezogen und einzeln, aus ihrem funktionalen Zusammenhang herausgelöst, gezeichnet werden. Dies finde sich beispielsweise häufig in Leonardo da Vincis Skizzenbüchern. Die technische Zeichnung des heutigen Maschinenbau-Ingenieurs ist eine Orthogonalprojektion, wie sie Albrecht Dürer 1528 mit den drei Ansichten eines menschlichen Kopfes sowie eines Fußes erstellt hat. Am Beispiel der Konstruktionszeichnung eines Motortragrahmens zeigt Ferguson beispielhaft die vollständige Visualisierung durch Grundriß, Seitenriß und Aufriß, ihre vereinfachte Skizzierung sowie die perspektivische (aber notwendig konstruktiv unvollständige) Veranschaulichung (S. 95ff). Ferguson unterscheidet zudem drei Arten von Skizzen: Die eher experimentierenden „Denkskizzen", die bereits maßstäblichen „Vorentwürfe" sowie die im Gespräch erzeugten, einzelne Aspekte verdeutlichenden „sprechenden Skizzen" (S. 99). Schön wären hier systematische Folgerungen gewesen.

Sehr wichtig sind auch die sozialen Auswirkungen der zunehmenden Verwendung technischer Zeichnungen. Die Entscheidungsgewalt über konstruktive Details wird durch sie von den Vorarbeitern zu den Mitarbeitern im Zeichnungsbüro verschoben. So konnten die Vorarbeiter Anfang des 19. Jahrhunderts noch Subunternehmer einer Maschinenfabrik mit der Verantwortung zur Lieferung einer funktionierenden Komponente sein, während sie später lediglich verantwortlich für die exakte Ausführung des auf einer Zeichnung dargestellten Maschinenteils waren (S. 103). Hier öffnet Ferguson das Feld für tiefergehende soziotechnologische Untersuchungen.

Technische Zeichnungen ermöglichen in besonderem Maße die im fünften Kapitel erörterte „Entwicklung und Verbreitung technischen Wissens". Dies beginnt mit dem bereits erwähnten „Theater der Maschinen" von Besson. Agostino Ramelli setzt 1588 mit „Le Diverse et Artificiose Machine" für lange Zeit den Maßstab und spielt mehr mit quasi selbstzweckhaften technischen Möglichkeiten als aktuellen wirtschaftlichen Notwendigkeiten (S. 123). Später entstehen elementbildende Werke, beispielsweise von Jean N. Hachette (1808) mit Übersichtstafeln unterschiedlichster Mechanismen (S. 124). Christopher Polhem hat Ähnliches mit seinem „mechanischen Alphabet" dreidimensional realisiert (S. 137ff.). Mit Henry T. Browns Buch „Five Hundred and Seven Mechanical Movements" (1868), in dem in Prinzipskizzen ein umfangreiches visuelles technisches Wissen in Form eines Lösungskatalogs für alltägliche mechanische Probleme dargeboten wird, ist das, was sein könnte, systematisch beschrieben (S. 115). Ein weiterentwickeltes Vorgehen gibt es heute in der Praxis des systematischen Konstruierens (G. Pahl, W. Beitz: „Konstruktionslehre"), das mit Hilfe morphologischer Kästen Lösungskombinationen für ein gegebenes Problem zusammenfügt und schließlich das beste auswählt. Diese Methodik steht damit durchaus im Widerspruch zu Fergusons Behauptung, Ingenieure seien „weit davon entfernt, mit Einzelteilen zu beginnen und sie systematisch zusammenzufügen" (S. 18), weil sie immer zuerst den Gesamtplan vor ihrem inneren Auge hätten.

Im sechsten Kapitel zeichnet Ferguson die Entwicklung der „Ausbildung zum Ingenieur" in den USA nach. Mit Beginn der fünfziger Jahre wurde praktisches Wissen bis hin zum technischen Zeichnen aus der universitären Ausbildung verbannt und durch mathematisierte Ingenieurwissenschaften ersetzt – auch weil sich eindeutig lösbare mathematische Aufgabenstellungen leichter lehren und prüfen lassen. In Folge dessen wurde von der Industrie und durch Studien eine „Krise des Entwerfens" im Sinne mangelnder Fähigkeiten bei jungen Ingenieuren konstatiert. Dies begünstigte schließlich das Aufkommen von sehr praktisch orientierten Ingenieurschulen mit beruflich erfolgreichen Absolventen (S. 157ff.). Ferguson sieht eine parallele Entwicklung in der Ablösung anschaulicher Rechenverfahren mit Logarithmentafeln und Rechenschiebern, Kräftepolygonen der technischen Mechanik oder auch Nomogrammen (das sind graphische Darstellungen aller Lösungen einer bestimmten Gleichung in einem begrenzten Skalenbereich) durch Taschenrechner und Computer (S. 143ff.).

Fergusons Meinung nach hat die Verwissenschaftlichung der Technik mit Ersetzung des Entwerfens durch mathematisches Analysieren den Verlust an Anschaulichkeit zur Folge, da man den Rechenergebnissen nicht mehr ansieht, ob sie richtig sein können. Im siebten Kapitel zur „Kluft zwischen Anspruch und Ausführung" beschreibt Ferguson abschließend diverse technische Unglücke und Unfälle, die er als zwingende Konsequenzen des blinden Vertrauens auf Computerprogramme ansieht. Als Beispiele nennt er die Kernschmelze auf Three Mile Island, die Challenger-Explosion, die Fehlkonstruktion des Hubble-Teleskops und den (eindrücklich auch als Film überlieferten) Einsturz der Tacoma-Brücke durch Seitenwind aufgrund der bewußt weggelassenen Versteifungen. Bei diesen Großprojekten handelt es sich jedoch überwiegend um organisatorisches Versagen, wie Ferguson auch selbst anführt, sowie teilweise um einen Mangel an „gesunder Urteilsfähigkeit" (S. 189), nicht aber um grundlegende Fehler der mathematischen Berechnungen. Besser passend zu seiner Argumentation ist sein Beispiel einer Sporthalle in Hartford, deren komplexes räumliches Fachwerkdach sich allererst dank Computer berechnen ließ, während dies mit dem Rechenschieber viel zu aufwendig gewesen wäre. Dabei wurden nun gewisse Druckkräfte nicht berücksichtigt, was man dann nach dem Einsturz des mit wenig Schnee belasteten Daches besichtigen konnte. Die Modellierung war also falsch, was ein Programmierfehler (so Ferguson) oder ein Modellierungsfehler des Konstrukteurs gewesen sein kann. Man kann also richtigerweise sagen, daß den errechneten Zahlen ein ungerechtfertigtes Vertrauen entgegen gebracht worden ist (S. 176f.). Folgt daraus aber wirklich, daß sich Ingenieure gegen Computer „zur Wehr setzen" sollen (S. 179)? Schüttet hier Ferguson nicht das Kind mit dem Bade aus und geht es nicht vielmehr darum, die Urteilsfähigkeit des Ingenieurs auch bei Verwendung komplexer Computerprogramme – genannt seien hier nur Festigkeitsberechnungen mit Finite-Elemente-Methoden, die manuell auch eine Menschheit von Rechenknechten nie in absehbarer Zeit bewältigen könnte – zu erhalten? James Nasmyth, ein englischer Ingenieur Mitte des 19. Jh., hatte „kein Vertrauen zu jungen Ingenieuren, die immerzu Handschuhe tragen müssen. Handschuhe, besonders Glacé-Handschuhe, sind perfekte Nichtleiter für technisches Wissen" (S. 55). Hier ist wunderbar formuliert, daß die praktische Erfahrung mittels der Hand für die Genese technischen Wissens unabdingbar ist (vgl. Leroi-Gourhan, s. dort) und die mathematische Theorie erst sekundär hinzukommt. Gilt daher heute ganz analog, daß jungen Ingenieuren, die immerzu Computer verwenden, zu mißtrauen ist?

Ferguson liefert mit seinem anhand historischer Beispiele reich illustrierten Buch eine Streitschrift für eine praxisnahe Ingenieurausbildung. Dabei wendet er sich gegen eine leichtfertige Verwissenschaftlichung in den Ingenieurdisziplinen, durch die seiner Meinung nach das oftmals entscheidende Erfahrungswissen recht überheblich durch mathematische Berechnungen ersetzt werde, die dann aber nicht halten, was sie versprechen. So sehr man ihm in der Absicht recht geben mag, so sehr verrennt er sich mit der Ablehnung jeglicher Computeranwendung in einen rückwärts gewandten Konservativismus, der Veränderung per se ablehnt. Die heutige Ingenieurpraxis liefert den Gegenbeweis, ist doch Anschaulichkeit gerade ein Vorteil von 3D-Visualisierungen der konstruierten Teile oder von 3D-Simulationen beispielsweise vom Ablauf beim Spritzen eines Kunststoffteiles. Trotzdem: Glücklich die Zeiten, als angeblich das *Anstarren* der Maschine wie in Pirsigs Buch „Zen und die Kunst, ein Motorrad zu warten" noch geholfen hat (S. 60). Heutzutage können das nur noch elektronische Motordiagnosegeräte – der damit einhergehende Verlust an unmittelbarer Reparierbarkeit ist aber ein ganz anderes Thema.

Klaus Erlach

Vilém Flusser: Kommunikologie
Bensheim u.a.O.: Bollmann 1996, 355 S., (A)
ders.: Vom Subjekt zum Projekt
Bensheim u.a.O.: Bollmann 1994, 284 S., (B)

Vilém Flusser (1929–1991) lehrte Kommunikationstheorie in Brasilien und Frankreich. Der tschechische Kulturkritiker gilt als einer der ersten, die sich mit den Auswirkungen der neuen IuK-Techniken auf die moderne Kultur auseinandergesetzt haben. Die Informationsrevolution werfe die westliche Kultur in eine umfassende Krise, die entweder zu einer Verhärtung der „faschistischen" und „totalitären" Tendenzen oder aber zu einer wahren demokratischen Gesellschaft führe. In jedem Fall beende die Krise die Epoche der Moderne und führe zu einem Übergang in die „Nachgeschichte", welcher eine radikal neue Daseinsform mit sich bringe. In zahlreichen auf portugiesisch, französisch, englisch und deutsch verfaßten Schriften und Essays lotet Flusser diese Umstrukturierung des menschlichen Daseins aus. Seine Kulturkritik weist marxistische wie kulturpessimistische Züge auf, auch wenn er seine Thesen in Konzepten von Informationstheorie und Kybernetik formuliert und die technischen Möglichkeiten der Nachgeschichte insgesamt euphorisch einschätzt. Der Band „Kommunikologie" (A) versammelt seine Kernannahmen und Arbeitsresultate aus den Lehrjahren in São Paulo in zwei Schriften aus seinem Nachlaß: „Umbruch der menschlichen Beziehungen" (1973–74 verfaßt) sowie „Vorlesungen zur Kommunikologie" (1977 verfaßt). Dieser Grundstein der Flusserschen Kulturkritik wird hier um einige Thesen aus der Sammlung „Vom Subjekt zum Projekt" (B) aus seinem Nachlaß ergänzt.

„Kommunikologie" ist Flussers Kunstwort für die Lehre von der menschlichen Kommunikation, der sein Hauptinteresse gilt. Die Schrift „Umbruch der menschlichen Beziehungen" umfaßt drei Kapitel, die „Vorlesungen zur Kommunikologie" zwölf. Auch wenn die erste Schrift systematischer vorgeht und die zweite mit mehr Fallbeispielen arbeitet, werden hier beide parallel rezensiert. Flusser beginnt mit grundlegenden Überlegungen zur Kommunikation (1. Schritt). Darauf aufbauend analysiert er die gegenwärtige Lage der westlichen Kultur, und zwar zunächst hinsichtlich der „Kommunikationsstrukturen" (2. Schritt), dann hinsichtlich dem für ihn vorrangigen, jedoch weitgefaßten, Begriff des „Codes" (3. Schritt). Abschließend skizziert er in seiner Phänomenologie verschiedener Typen der von ihm so genannten „Technobilder" und ihrer Nutzung die kulturelle Umstrukturierung des Übergangs zur Nachgeschichte (4. Schritt).

Flusser Ausgangsüberlegung besteht darin, die Kommunikation als anthropologische differentia specifica des Menschen anzusehen: „Der Mensch ist kein politisches Tier, er ist im Gegenteil jenes Tier, das völlig einsam ist, weil ihm der eigene Tod bewußt ist. ... Soweit die menschliche Gesellschaft auf symbolischer Kommunikation beruht und nicht auf symptomatischer (auf Instinkten usw.), ist sie antinatürlich und hat sie die Absicht, den Tod zu leugnen" (A, S. 260). Die Kommunikologie soll demnach als „allgemeine Theorie aller humanistischen Disziplinen" dienen, deren Aufgabe es ist, „das charakteristische Humane, das Symbol und den Code zu untersuchen" (A, S. 261). Formal definiert er Kommunikation als „symbolische Übertragung von Botschaften" (A, S. 270) und „teleologisch" (A, S. 256) als „Serie von Vorschlägen, die Welt zu kodifizieren", d.h. als Absicht, „der Welt und dem Leben darin einen Sinn, irgendeinen Sinn zu geben" (A, S. 255). Da Kommunikation als allgemeine Analysekategorie gilt, verwundert es nicht, daß für Flusser prinzipiell alles als Symbol verwendet werden kann, insofern es „laut einer spezifischen, ausdrücklichen oder impliziten Konvention ein anderes Phänomen vertritt, es ersetzt und vorstellt" (A, S. 249f). „Bedeutung" meint „jenes Phänomen, welches vom Symbol vertreten, vorgestellt und ersetzt wird (A, S. 250). Da es in der Kultur nur darum geht, der Welt „irgendeinen Sinn" zu geben, spielen die Kommunikationsinhalte keine Rolle. Flusser hebt auf die technischen und den Code betreffenden Bedingungen des Kommunizierens ab. Bemerkenswerterweise interessieren den Kommunikologen, der als einer der Gründungsväter der Medientheorie gilt, „Medien" hierbei nur insofern, als sie die (natürlichen und technischen) Infrastrukturen darstellen, „in denen Codes funktionieren ... und zwar jedes Medium auf seine spezifische Weise" (A, S. 271). Vorrangig ist für Flusser der „Code", weil dieser die Regeln der Kodifizierung von Phänomenen in Symbole und Symbolen in Bedeutung vorgibt:

> „Die Rolle eines Codes für die Kultur ist nicht zu überschätzen. Nicht nur gibt jeder Code der Welt eine ihm spezifische Bedeutung (kodifiziert sie auf seine Weise), sondern die Struktur des Codes strukturiert auch das Denken, Fühlen und Wollen." (A, S. 242)

In „Umbruch der menschlichen Beziehungen" spricht Flusser auch nicht von Medien, sondern von „Kommunikationsstrukturen". Diese unterscheidet er im 2. Schritt in die zwei Grundtypen „Dialoge" und „Diskurse", welche im Laufe der Geschichte verschiedene Formen annehmen. Dialoge dienen der Modifikation bestehender Informationen, Diskurse deren Weitergabe und Aufbewahrung. Archaische Formen des Dialogs sind Gerede und Geschwätz (z.B. auf Marktplätzen), moderne Formen der runde Tisch, das Telefonnetz und künftig die Vernetzung von Computerterminals. Eine archaische Form des Diskurses ist das Theater, deren moderne Version die Massenmedien Radio und Fernsehen darstellen, welche Flusser „Amphitheaterdiskurse" nennt. Die gegenwärtige Krise zeichne sich durch eine Übermacht der Amphitheaterdiskurse aus, welche ihre Empfänger zu passiven Konsumenten „programmieren". Flusser greift an dieser Stelle die Kritik an den Massenmedien und der „instrumentellen Vernunft" (vgl. Horkheimer, s. dort) seitens der Kritischen Theorie auf und gibt dieser mit seiner Analyse der Technobilder einen neuen Akzent.

Die Gleichschaltung der Massen durch Fernsehen und Radio sei kein Resultat der technischen Infrastruktur. Zwar werden diese Medien in der Regel dazu genutzt, Botschaften unidirektional von einem Sender an die Masse zu übertragen; technisch gesehen können diese Botschaften jedoch auch bidirektional übermittelt werden. Die bestehende technische Infrastruktur kann sonach dialogisch im Sinne Flussers genutzt werden, und genau hierin sieht er deren utopisches Potential, weil die Ausweitung der modernen Massenmedien gerade durch Computertechnik eine Vernetzung von jeder mit jedem verheißt und so die ganze Welt miteinander im Dialog stehen könnte. Dieses technische Potential bleibe allerdings ungenutzt, solange man sich von den modernen Technobildern „verzaubern" lasse, weil man sie wie traditionelle Bilder interpretiere. Und genau in dieser Verwechslung findet Flusser den Auslöser der von ihm diagnostizierten kulturellen Krise. In einer schematischen Skizze der

Kulturgeschichte stellt er die Unterschiede zwischen traditionellen Bildern und Technobildern heraus. Die drei für ihn wichtigsten Codes der Kulturgeschichte – traditionelle Bilder, Begriffe und Technobilder – charakterisieren in diesem Minimalschema drei historische Epochen von der neolithischen Revolution bis zum Übergang in die Nachgeschichte: In der Epoche der Bilder wurde die Welt in Szenen codiert, die in Höhlenmalereien dargestellt waren. In der Epoche der Begriffe wurden Bilder in Texte umcodiert, d.h. Szenen wurden zu Abfolgen. In der nunmehr einbrechenden Epoche der Technobilder werden Texte in Technobilder umcodiert und damit Abfolgen in Punkte. Flussers wichtigste These lautet nun, daß man die historische Genese dieser Codes kennen und verstehen können müsse, um die von ihnen kodifizierte Bedeutung entschlüsseln zu können bzw. um in ihnen kommunizieren zu können. Die Kodifizierungslogik folgt also der historischen Entwicklung. Um einen Code zu entschlüsseln, muß man die entsprechenden historischen Entwicklungsschritte rückwärts gehen. Demnach „bedeuten" Bilder die Welt; Texte „bedeuten" Bilder, welche die Welt bedeuten und Technobilder „bedeuten" Texte, welche Bilder bedeuten, welche die Welt bedeuten. In der Verwechslung von Technobildern mit traditionellen Bildern deutet man jene wie Szenen, obwohl sie ja Texte bedeuten. Doch weder Fernsehbeiträge noch Röntgenaufnahmen noch statistische Kurven stellen die Welt in Szenen dar, sondern symbolisieren verschiedene begrifflich gefaßte Verhältnisse: „Die Fotografie im elektronischen Mikroskop bildet Verhältnisse ab, die spezifische Texte hinsichtlich eines Nuklearprozesses aufstellen; das Filmbild bildet Verhältnisse ab, die Filmskripte in Bezug auf Ereignisse aufstellen; und die statistische Kurve bildet Verhältnisse ab, die ökonomische Texte in Hinblick auf eine ökonomische Tendenz aufstellen" (A, S. 147). Flusser schlägt vor, die „Massentechnobilder" wie Werbeplakate, Fernsehen, Kino und Video nach dem Muster von „elitären Technobildern" (A, S. 148) wie Röntgenbilder und statistische Kurven zu interpretieren. Dann stellen Technobilder einen „Metacode" (A, S. 145) zu begrifflichen Nationalsprachen dar und versprechen eine internationale, das politische Unglück der Zeit der Nationalstaaten hinter sich lassende Verständigung – wenn sie richtig (als Symbole von Texten) interpretiert werden. Um diese „Technoimagination" zu lernen, müsse man nicht nur ihre Genese nachvollziehen, sondern auch verstehen, worin ihre spezifische Bedeutungsstrukturierung liege. Es geht um die Umkodifizierung des phänomenologisch-hermeneutischen Weltbezugs, der eine Umdeutung derjenigen Konzepte erfordert, mit denen für gewöhnlich das Verhältnis von Mensch und Welt bedacht wird; nach Flusser sind dies primär die Begriffe von Subjekt, Objekt, Raum und Zeit. Die drei Zeiten der Geschichte, Vergangenheit, Gegenwart und Zukunft, sowie die drei Dimensionen des Raums, Höhe, Weite und Tiefe, kondensieren sich nach Flusser, ähnlich wie bei Virilio (s. dort) in der Präsenz der Technobilder (A, S. 214ff). Entscheidend sei jedoch, daß sich der Mensch nicht mehr als Subjekt „verstehe", sondern als Projekt „entwerfe".

Was Flusser in der „Kommunikologie" bezüglich dieser Umkodifizierung nur andeutet, will er im Band „Vom Subjekt zum Projekt" ausführen. Dieser umfaßt die drei letzten, unabgeschlossenen Schriften aus Flussers Nachlass. In dem ersten Manuskript „Vom Subjekt zum Projekt" geht Flusser dem Vorgang des intersubjektiven Projizierens nach, in dem zweiten Manuskript „Menschwerdung" versucht er eine Genealogie des Subjekts, um die Umstellung vom Subjekt zum Projekt theoretisch zu fassen. In dem dritten Manuskript „Vorderhand" skizziert er eine Anthropologie der „Hand", deren Vorzug gegenüber anderen Anthropologien darin bestehe, den Menschen als ein Lebewesen anzusehen, das nicht einfach ein Mensch „ist", sondern sich immerzu als Mensch entwerfen müsse. Die Manuskripte sind literarischer, ironischer, verspielter als die Vorlesungen zur Kommunikologie und stellen primär eine Polemik gegen neuzeitliche-moderne Konzepte dar. Der Ertrag dieser Schriften liegt daher weniger in der Analyse der westlichen Gesellschaft, die mehr Überholtes als Neues offenbart, als in dem Aufzeigen von problematischen Punkten.

In den Kapiteln „Technik entwerfen" und „Arbeit entwerfen" geht Flusser auf die für seine Kulturkritik zentrale Bedeutung und Umdeutung der Technik ein. In anthropologisch-allgemeiner Hinsicht deutet er Technik als „das Verbum des Substantivs ‚Mensch' und ‚Mensch' (als) das Substantiv des Verbums ‚Technik'". In der Epoche, in der sich der Mensch als Subjekt versteht, bedeute Technik nichts anderes als „existieren" (B, S. 136). Mit dem Übergang in die Nachgeschichte nun „vollzieht sich gegenwärtig eine Umstellung, bei der sich die Technik wie ein Handschuh umstülpt und ‚existieren' nun den Sinn von ‚entwerfen' erhält." (B, S. 136). Dieses Technikverständnis versucht Flusser von dem neuzeitlichen abzugrenzen, nach welchem Technik in der Anwendung wissenschaftlicher Theorien bestand, welches von der Kunst als „empirische Behandlung" (B, S. 135) abgegrenzt wurde und zweckgerichtet war. Technik diente der Arbeit, das heißt dem Herstellen von Dingen bzw. der „Verwertung von Objekten" (B, S. 144f). In der Postmoderne erlangten Technik und Kunst dagegen ihre vormoderne Synonymität zurück. Technik werde vom Verwerten und Herstellen gelöst und in einem rein ästhetischen und normativen Bereich angesiedelt. Auf diese Weise wird sie bei Flusser zum Synonym seines Kommunikationskonzeptes:

> „Die künftige Technik wird nicht die Welt und auch nicht das Individuum verändern, sondern sie wird dem Leben angesichts des Absurden und des Todes einen Sinn verleihen, und zwar einen Sinn, der bei Beteiligung aller dafür Kompetenten sich ständig verändern wird, ‚umkomputiert' wird. Nicht Welt- und Menschveränderung, sondern Sinngebung ist die Absicht, die sich als Technik äußert." (B, S. 145f.)

Die moderne Technik besteht nach Flusser nun in nichts anderem als der Praxis des Projizierens. Hintergrund dieses Gedankens ist eine Variante seines Modells der Kulturgeschichte, welche von einer fortschreitenden Abstraktion des

Weltbezugs ausgeht. Das Weltverständnis sei immer abstrakter geworden, so daß sich die Kulturgeschichte insgesamt als eine fortschreitende Entfremdung aus der Lebenswelt verstehen ließe. Diese Entfremdung radikalisiert sich in der Umcodierung des buchstäblichen in das numerische Denken seit Neuzeit und Renaissance, dessen Auswirkungen sich im 20. Jahrhundert erst vollständig manifestieren. Niemand glaube mehr an die „Solidität" der Dingwelt oder des „Subjektes", weil sich nach dem neuzeitlichen Weltbild beides als kernlose, bodenlose, immaterielle „Punkte" entlarvten (B, S. 22). Da die in Punkte zerfallene Welt nicht mehr gegeben ist, muß man sie allererst intersubjektiv konstruieren: „Das Projizieren ist ein Vorgang, dank dessen aus Abstraktionen (Punkten) immer konkreter werdende Welten projiziert werden. Das kalkulierende Denken konkretisiert sich." (B, S. 19f.). Gemeinsam synthetisiert man die Punkte zu „alternativen Welten" in Form von Technobildern. Es befremdet ein wenig, daß Flusser den Unterschied zwischen neuzeitlichem und postmodernem Weltbild, wie er es hier zeichnet, an einer harten Gegenüberstellung von „Analyse" und „Synthese" festmacht. Auf diese Weise sieht es so aus, als hätten die Wissenschaft und die Technik seit der Neuzeit nichts weiter getan, als die Welt qua Analyse in Punkte zu zerlegen (indem sie immer abstraktere Modelle geschaffen haben) und als wäre es ein neuer Gedanke, „alternative Welten" – die hier offensichtlich den Charakter von Modellen haben – zu entwerfen. Treffend ist allerdings die Beobachtung Flussers, daß die simulierende, konstruierende, projizierende Praxis durch die digitalen Technologien enorm beflügelt wurde. Der Computer ist daher für ihn das Mittel der Wahl, mit dem sich alternativen Welten konstruieren lassen, wodurch ein menschliches Leben in der Nachgeschichte allererst möglich werde. Der Vorzug der modernen Technik im Sinne solcher Mittel bestehe darin, daß „Arbeit" vollständig automatisierbar werde, und zwar sowohl ihr aktiver, schöpferischer Anteil („work") als auch ihr passiver, leidender Anteil („labor") (B, S. 154). Maschinen sind fürs Arbeiten zuständig, Menschen für die Kommunikation als Sinngebung der Arbeit bzw. des Lebens: „Das ist Kontemplation im echten Sinn des Wortes: Entwerfen von Schicksal" (B, S. 160).

Entgegen kulturpessimistischen Thesen sieht Flusser in der Informationsrevolution die Chance, in eine Daseinsform zu wechseln, die ein wahrhaft freies, weil spielerisch-interessenloses Leben auszeichne. Gegen das Bedauern des Verlustes von traditionellen Werten setzt er hier das Modell des Projizierens und agiert dadurch ebenso normativ wie die kulturpessimistischen Stimmen, gegen die er sich absetzen will. Dieser Vorschlag provoziert nicht nur die Frage, ob man eine solche Arbeitsteilung zwischen Maschinen und Menschen für technisch möglich und ethisch vertretbar hält, sondern zeigt auch, wie undifferenziert Flusser auf das postmoderne Verhältnis zwischen Mensch und Technik blickt. Auf einen performativen Schwachpunkt weist er selbst hin: sein Vorgehen erweckt nämlich leicht den Eindruck, „als sei ein Umdenken aus Subjektivität in Projektivität zu dilettantischer Verworrenheit (also zu undisziplinierter Simplifikation) verurteilt" (B, S. 134). Seine Stärke liegt hingegen in der Analyse der Technobilder und in der damit verbundenen Einsicht in die schöpferische Macht von digitalen Technologien.

Suzana Alpsancar

Hans Peter Hahn: Materielle Kultur
Berlin: Dietrich Reimer 2005, 206 S.

Hans Peter Hahn (geb. 1963) ist seit 2007 Professor für Ethnologie an der Goethe Universität Frankfurt am Main und hat vor allem kulturelle Bestände und Wandlungen in afrikanischen Ländern erforscht. Sein besonderes Interesse gilt den materiellen Gegenständen, von Schmuck- und Kunstobjekten über traditionelle Werkzeuge und Geräte bis zum Gebrauch importierter industrieller Produkte. Es ist wohl das letztgenannte Feld, das ihn veranlaßt hat, die Forschungen, die in der Ethnologie und Kulturanthropologie herkömmlicherweise der materiellen Kultur gelten, mit Ansätzen der modernen Technikforschung zu verbinden. So belebt er die Idee neu, die Technik als materielle Kultur zu betrachten – eine schon früher gelegentlich geäußerte Ansicht, die sich allerdings in Deutschland wegen der Dominanz idealistischer Kulturauffassungen bislang nicht hat durchsetzen können.

Materielle Kultur definiert Hahn „als die Summe aller Gegenstände ..., die in einer Gesellschaft genutzt werden oder bedeutungsvoll sind" und somit „in die Lebenswelt der Menschen" einbezogen sind (S. 18). Dazu zählt er, eine Begrifflichkeit von Hans Linde (s. dort) aufgreifend, gegebene Dinge ebenso wie gemachte Sachen, doch nimmt mit der Modernisierung der Anteil der gemachten Sachen, also der technischen Produkte im weitesten Sinn, beträchtlich zu. Verfügt der Durchschnittshaushalt in einem schwarzafrikanischen Land, z.B. Burkina Faso oder Togo, über kaum 300 Artefakte, so sind es in einem hochentwickelten Industrieland mehrere tausend künstliche Gegenstände (S. 83). Materielle Kultur wird damit zunehmend zur technischen Kultur – eine Tendenz, die unverkennbar ist, wenn die Ethnologie ihr traditionelles Arbeitsfeld, die Kultur der Naturvölker, erweitert und zu einer allgemeinen Kulturanthropologie wird. Die materielle Kultur wird unter drei Aspekten untersucht, denen die drei Hauptkapitel des Buches gewidmet sind: (a) die Materialität der Gegenstände und ihre Wahrnehmung, (b) der Umgang mit den Gegenständen, also, modern gesprochen, der Konsum und (c) die Bedeutung der Gegenstände, also ihre Eigenschaft, auch als Zeichen zu fungieren.

Materielle Gegenstände haben Substanz, Form, Farbe usw. und können von Menschen unmittelbar wahrgenommen werden. Erst durch die jeweils besondere individuelle und teilweise auch gesellschaftlich geprägte Wahrnehmung fügt sich ein Gegenstand in die materielle Kultur: „Nur als Ganzes, als Bündelung von Wahrnehmung und Subjektivität, wird ein Objekt Teil der gesellschaftlichen Wirklichkeit" (S. 35). Die relative Dauerhaftigkeit der Gegenstände öffnet lebensgeschichtliche Perspektiven, die vergangene und aktuelle Objekterfahrungen aufeinander beziehen. Gegenstände werden zu Kristallisationskernen individueller oder kollektiver Erinnerung und bilden ein Stück materialisierter Geschichte. In vormodernen Kulturen kennt der Benutzer meist den ganzen Werdegang des Gegenstandes von der Herstellung über den unter Umständen wechselnden Gebrauch einschließlich eventuell erforderlicher Wiederherstellung bis zur schlußendlichen Auflösung. In der modernen Konsumgesellschaft dagegen setzt die Objekterfahrung erst mit dem Erwerb der fertigen Ware ein und ist häufig von recht begrenzter Dauer. Immer aber hat es die Wahrnehmung auch mit dem „Eigensinn der Dinge" zu tun: wenn zuvor verborgene Eigenschaften entdeckt werden oder wenn selbst bei modernen Produkten die sprichwörtliche „Tücke des Objekts" nur mit intuitivem Fingerspitzengefühl zu bewältigen ist.

Das zweite Hauptkapitel ist dem „Umgang mit den Dingen" gewidmet, der in modernen Gesellschaften großenteils auf Konsum hinausläuft, also den Kauf und die Verwendung vorgefertigter Waren. Gegenüber den „Konsumgesellschaften" überwiegt in vormodernen Gesellschaften noch der Gebrauch von Gegenständen, die man selber hergestellt hat oder von Handwerkern aus dem unmittelbaren Umfeld hat herstellen lassen, obwohl sich auch hier die Übernahme fertiger, häufig importierter Industrieprodukte allmählich verbreitet. Es ist der Reiz der ethnologischen Perspektive, die noch bestehenden und teilweise zurückgehenden Unterschiede in den alltäglichen Lebensstilen miteinander zu vergleichen. Dabei knüpft der Verfasser an bekannte Analysen an, die den „Lebensstil" als Zusammenspiel von Abgrenzungs- und Nachahmungsbedürfnissen (Georg Simmel), den „demonstrativen Konsum" (Thorstein Veblen) und das „symbolische Kapital" (Pierre Bourdieu) als gesellschaftliche Charakteristika der Sachaneignung und -verwendung hervorheben.

An dieser Stelle geht Hahn auf die verbreitete Konsumkritik ein und diskutiert die Frage, ob die Luxusbedürfnisse des modernen Konsumenten gegenüber den lebenswichtigen Grundbedürfnissen in wenig entwickelten Gesellschaften als fragwürdige Dekadenzerscheinungen zu betrachten wären. Dem hält er entgegen, daß bei solchen, nicht selten moralisierenden Vergleichen meist ein vermeintlich idyllischer Naturzustand fingiert werde. Einerseits unterhalten in untersuchten Fallbeispielen die Menschen mit geringer Sachausstattung durchweg keine besonders enge und vertraute Beziehung zu den Gegenständen, während unter den Bedingungen des modernen Konsums ausgewählte Produkte sehr wohl mit beträchtlicher, manchmal geradezu libidinöser Zuwendung bedacht werden. Unterschiede gibt es allerdings insofern, als in Konsumgesellschaften die Warenform der Gegenstände, also der Kauf und ggfs. auch der Weiterverkauf, überwiegt, während in vorkonsumistischen Formationen der Tausch von Gütern und „Gaben" eine größere Rolle spielt, an die meist besondere soziale Beziehungen geknüpft sind. Aber die Übergänge sind fließend, ebenso wie die allmähliche und zunächst partielle Hinwendung zur Geldwirtschaft.

Differenziert beurteilt der Verfasser die geläufige These, mit der globalen Verbreitung standardisierter Industrieprodukte gehe eine soziotechnische Uniformierung einher. Tatsächlich gebe es verschiedenartige Formen der Übernahme, die von der materiellen Umgestaltung über die geänderte Benennung und die kulturelle Umwandlung bis hin zur anthropotechnischen Integration reichen und schließlich dazu führen können, daß der vormals neue Gegenstand der bestehenden Tradition einverleibt wird. Solche Formen der Aneignung demonstrieren „den Übergang von unpersönlichen Waren hin zu persönlichen Gütern" und den „Wandel der Beziehung zwischen einem Gegenstand und der Gesellschaft" (S. 107). Das läßt sich, so Hahn, besonders gut beim Haushalt studieren, einer sozialen Kleingruppe mit besonders vielen gemeinschaftlichen Aktivitäten. Die bereits erwähnte jeweilige Menge von künstlichen Gegenständen ist da nur ein Oberflächenphänomen – ebenso übrigens, das sei angemerkt, wie die in Deutschland von der Statistik regelmäßig erhobene „Ausstattung der Haushalte mit langlebigen technischen Gebrauchsgütern", die wohl auch noch der kulturanthropologischen Tiefeninterpretation harrt.

Im dritten Hauptkapitel geht es um die Bedeutung der Gegenstände, die nicht nur als Nutzobjekte, sondern auch als Zeichen aufgefaßt werden müssen, die gewisse Besonderheiten über ihre Hersteller oder Verwender signalisieren können; diesem Kapitel stellt Hahn übrigens ein kunsttheoretisches Zitat über die Bedeutung der Dinge von Hans Heinz Holz voraus. Der Verfasser kritisiert, daß diese Perspektive in der Ethnologie manchmal zu stark in einer Parallele zur Textsemiotik gesehen wurde, obwohl der Zeichencharakter eines Gegenstandes durchaus vom sprachlichen Zeichen zu unterscheiden ist. „Materielle Kultur ist nicht lesbar wie ein Text, ... aber ihr Gebrauch strukturiert die Umwelt"; nur dadurch sind Objekte „Ausdruck von Bedeutung" (S. 140). Daraus folgt, daß die Bedeutung eines Gegenstandes nicht ein für allemal feststeht, sondern sich situationsabhängig wandeln kann, nicht zuletzt darum, weil Bedeutungen auch vom Sachzusammenhang abhängen, in dem sich der einzelne Gegenstand befindet. Als Beispiele – von denen man sich mehr gewünscht hätte – werden mehrfach, auch unter Bezug auf Roland Barthes, die Kleidermoden angeführt, wo textile Gegenstände dadurch, daß man sich damit kleidet, zugleich Auskunft über gesellschaftliche Stellung und persönliche Besonderheit ihrer Träger vermitteln sollen. Hier wird aber auch deutlich, daß eine Hermeneutik der Artefakte jeweils die psychosozialen Erwartungen und Erwartungserwartungen thematisieren muß, ohne die ein Gegenstand nicht mit Bedeutung aufgeladen würde.

Die Schrift vermittelt einen hervorragenden Überblick über den ethnologischen Forschungsstand zur materiellen Kultur. Ihre Stärke liegt nicht zuletzt darin, daß sie ihre durchweg schlüssigen Verallgemeinerungen aus der Analyse eines reichhaltigen Materials sehr vieler ethnologischer Fallstudien aus unterschiedlichen Kulturen gewinnt und zu einer Theorie des soziokulturellen Technikgebrauchs verdichtet. Von der Begegnung ethnologischer Forschung mit technikphilosophischer Reflexion dürfte noch mancher fruchtbare Erkenntnisgewinn zu erwarten sein, der für das Nachdenken über Technik, lange Zeit eher mit der Technikentstehung befaßt, einen bereichernden Akzent setzt.

Günter Ropohl

Donna J. Haraway: Simians, Cyborgs, and Women. The Reinvention of Nature

London: Free Association Books 1991, 287 S.; zit. nach dt. Die Neuerfindung der Natur. Primaten, Cyborgs und Frauen. Frankfurt/M./ New York: Campus 1995, 237 S.

Die US-amerikanische Wissenschaftshistorikerin und Biologin Donna Haraway (geb. 1944) stellt in diesem Werk zehn Essays zusammen, die sich mit der Möglichkeit einer feministischen Wissenschaft, dem Verhältnis von Wissenschaft, Politik und Ökonomie sowie einem angemessenen Naturverständnis unter feministischen *und* wissenschaftlich-technologischen Vorzeichen befassen. Dabei ist sie inspiriert von Arbeiten unter anderem aus dem Umfeld der Diskursanalyse (Michel Foucault), der Gendertheorie sowie der französischen Wissenschaftsphilosophie (Georges Canguilhem, Bruno Latour, s. beide dort). Übergreifend gilt ihr Forschungsinteresse jenen Bereichen, in denen sich bekannte Grenzen auflösen oder verschieben. Die Figur des Cyborgs in ihrem weithin rezipierten „Cyborg-Manifesto", aber auch die mythologische Figur des „Tricksters", welcher die Ordnungen durcheinander bringt und ein Meister der Verwandlung ist, signalisieren dieses Interesse am (prekären) Status von „Grenze" als einem zugleich wissenschaftshistorischen *und* politischen Gegenstand. Die deutsche Ausgabe enthält nur vier der zehn Essays, dafür ein Interview zu ihrer Person im Kontext des Geschichte des Feminismus, das sich in der englischsprachigen Ausgabe nicht findet. Die nicht in der deutschsprachigen Ausgabe enthaltenen Texte behandeln primär wissenschaftstheoretische und -historische Arbeiten, in denen Haraway die politischen Implikationen biologischer und zoologischer Studien freilegt. Die für die Technikphilosophie einschlägigen Essays sind in der deutschen Ausgabe wiedergegeben.

Der Essay „Ein Manifest für Cyborgs. Feminismus im Streit mit den Technowissenschaften" (1985) stellt die „Frage nach der Möglichkeit einer feministischen Wissenschaft" (S. 59). Haraways Text geht von einer Problematik des damaligen Feminismus aus, die in drei miteinander zusammenhängenden Aspekten in Erscheinung trete. Erstens bestehe in gewissen feministischen Strömungen der Wunsch nach einem „organischen Holismus", einer „ursprünglichen Unschuld" und „Ganzheit", also nach einer unberührten Natur (S. 65–68). Zweitens sei auf dieser Linie des radikalen US-amerikanischen Feminismus „eine Opposition zum Technischen entstanden" (S. 62), die die Linke insgesamt tief präge (S. 39). Drittens seien die Theorien der Erfahrung der Unterdrückten totalitär (S. 61). Ausgehend vom letzten Punkt läßt sich die Problematik, zu der Haraways Analysen vorstoßen, wie folgt erläutern: Der Feminismus habe versucht, die „Erfahrung der Frauen" zur Sprache zu bringen (S. 33). Von Bedeutung sei dieser Versuch, weil an sein Gelingen die Möglichkeit einer politischen Einheitsbildung und Mobilisierung gebunden sei. Die Einheit sei jedoch auf der Basis der Identifikation von als essentiell verstandenen Eigenschaften gewonnen worden, dadurch seien diese Theorien totalitär. „Wir brauchen keine Totalität, um gute politische Arbeit zu leisten. Der feministische Traum einer gemeinsamen Sprache ist, wie alle Träume von einer perfekten, wahren Sprache, des perfekten getreuen Benennens der Erfahrung, ein totalisierender und imperialistischer Traum" (S. 61). Wenn die feministische Theorie nicht auf der Grundlage einer unterstellten Erfahrung *aller* Frauen beruhen kann und darf, stellt sich aber umso dringlicher die Frage: Wie ist überhaupt eine feministische Wissenschaft und Politik möglich? „Die weltweite Intensivierung des Leidens im Zusammenhang der gesellschaftlichen Wissenschafts- und Technologieverhältnisse ist beträchtlich. Doch welche Erfahrungen die Menschen in diesem Prozeß machen, ist alles andere als offensichtlich. Uns fehlen hinreichend subtile Beziehungen untereinander, um gemeinsam wirksame Theorien der Erfahrung entwickeln zu können. Die gegenwärtigen Anstrengungen zur Erklärung ‚unserer' Erfahrungen, seien sie nun marxistisch, psychoanalytisch, feministisch oder anthropologisch, reichen bei weitem nicht aus" (S. 61).

Haraway sucht folglich etwas, das an die Stelle des problematisch gewordenen revolutionären Subjekts tritt. Dafür sieht sie neue Begründungsmöglichkeiten gegeben und für diese steht die mythische Figur des Cyborg, der eine sowohl imaginäre als auch reale Gestalt sein soll: „Cyborgs sind kybernetische Organismen, Hybride aus Maschine und Organismus, ebenso Geschöpfe der gesellschaftlichen Wirklichkeit wie der Fiktion" (S. 33). Dieser zweideutige Status des Cyborgs mag zunächst irritieren, da Wirklichkeit und Fiktion üblicherweise als einander entgegengesetzt betrachtet werden. Es gibt zwei Gründe für Haraway, diese Entgegensetzung aufzulösen. Zum einen begreift sie Fiktionen, Erzählungen, Mythen als politische Kräfte, welche die Wirklichkeit zu verändern vermögen (S. 34). Zum anderen sind die Wissenschaften selbst, wie Haraway in ihren historischen Untersuchungen zu zeigen unternimmt, von Erzählungen durchdrungen. In diesem Sinne kann Haraway schreiben, der Cyborg sei „ein verdichtetes Bild unserer imaginären und materiellen Realität, den beiden miteinander verbundenen Zentren, die jede Möglichkeit historischer Transformation bestimmen" (S. 34).

Inwiefern ist *der* Cyborg oder *die* Cyborg – wie es in der deutschen Übersetzung auch heißt – jedoch eine gesellschaftliche Wirklichkeit? Haraway macht drei traditionelle Grenzziehungen aus, die in der Gegenwart verloren gegangen seien. So sei erstens die Grenze zwischen Tier und Mensch unscharf geworden, weil die einstigen „Brückenköpfe unsere Einzigartigkeit" – beispielsweise Sprache und Werkzeuggebrauch – nicht mehr unbefangen als spezifisch menschlich angesehen werden könnten (S. 37). Zweitens sei die Grenze zwischen Organismus und Maschine durchlässig geworden (ebd.). Klassische Maschinen waren „nicht selbstbewegend, nicht selbstentworfen, nicht autonom" (ebd.). Insbesondere die Kybernetik hätte einen Maschinentyp entwickelt, welcher die Differenz von ‚natürlich' und ‚künstlich' unsicher werden lasse. Drittens sei die Grenze zwischen „Körperlichem und Nichtkörperlichem" (meine Übersetzung; im Englischen steht „physical and non-physical", was von den Übersetzern m. E. irrtümlich mit „Physikalisch und Nichtphysikalisch" wieder gegeben wurde) unscharf geworden (S. 38). Die

> „Miniaturisierung hat allerdings unsere Erfahrung im Umgang mit Automaten von Grund auf verändert. Sie sind allgegenwärtig und unsichtbar ... Unsere besten Maschinen sind aus Sonnenlicht gemacht. Sie sind so vollkommen licht und rein, weil sie aus nichts als Signalen, elektromagnetischen Schwingungen, dem Ausschnitt eines Spektrums bestehen." (Ebd.)

Es gibt für Haraway daher wissenschaftliche und technologische Veränderungen, welche essentielle Identitätsvorstellungen sowie Konzeptionen von Natur als Ganzheit unterlaufen – und darin auch die feministische Version der problematischen Opposition von Natur und Technik vermeiden. Der Cyborg ist die Figur, welche sich auf dem schmalen Grat zwischen Fiktion und Wirklichkeit aufhält und die Grenzverwischungen zum Ausdruck bringt:

> „Die Grenzlinie, die zwischen Werkzeug und Mythos, Instrument und Konzept, historischen Systemen gesellschaftlicher Verhältnisse und historischen Anatomien verläuft, ist durchlässig. Mythos und Werkzeug konstituieren sich wechselseitig." (S. 51)

Haraway hofft, mit der sowohl mythischen als auch wirklichen Figur des Cyborgs eine Antwort auf die oben entwickelte Problematik geben zu können. „Die Cyborg ist eine Art zerlegtes und neu zusammengesetztes, postmodernes kollektives und individuelles Selbst" (S. 51). Sie solle keine essentielle Identität mehr verkörpern. Vielmehr: „Identitäten erweisen sich als widersprüchlich, partiell und strategisch" (S. 40), und das ist die Weise, in der die Cyborgs existieren (S. 63). Die weiteren Passagen von Haraways Essay widmen sich den „gesellschaftlichen Wissenschafts- und Technologieverhältnissen" ihrer Gegenwart; dabei führt sie Veränderungen von beispielsweise Familie, Freizeit, Arbeit oder Sexualität durch die neuen Technologien vor.

Haraways andere Essays schließen an diese technikphilosophische Perspektive an. In „Situiertes Wissen. Die Wissensfrage im Feminismus und das Privileg einer partialen Perspektive" (1988) nimmt Haraway die Suche nach der Möglichkeit einer feministischen Wissenschaft erneut auf und fragt, wie sich Objektivität (feministisch) begreifen lasse. Die *realistische* Antwort, welche Objektivität als Ergebnis der Entdeckung von Natur betrachtet, greift für Haraway in dreifacher Weise zu kurz. Sie konzipiere Natur als bloß passiv vorliegende Entität (S. 93); sie hätte zudem nur eine unzureichende Antwort auf wissenschaftshistorische Studien, welche die Verwicklung von Wissenschaft und Politik belegten, indem sie diese nämlich als ein prinzipiell lösbares Problem zu kaschieren versuche; und schließlich könne sie die vielfachen technischen Vermittlungen nicht angemessen berücksichtigen, welche wissenschaftliches Sehen und Erkennen bestimmen (S. 82f.). Umgekehrt löse ein *radikaler Sozialkonstruktivismus* die wissenschaftlicher Objektivität eigentümliche Spannung ebenfalls einseitig auf (S. 78) und entwerte wissenschaftlich-technologische Potentiale (S. 77), welche der Feminismus stattdessen aufgreifen könnte. Haraway versucht, diese Spannung dagegen als partielle und technisch vermittelte Objektivität zu bewahren (S. 80).

Der Essay „Im Streit um die Natur der Primaten. Auftritt der Töchter im Feld des Jägers 1960–1980" (1983) stellt eine wissenschaftshistorische Studie dar, in der Haraway die politischen und kulturellen Modelle in der Interpretation des Verhaltens und der Familienstrukturen von Primaten rekonstruiert. Auch hier gilt ihr Interesse den Bereichen, in welchen Grenzen unscharf werden (wie jener zwischen Wissenschaft und Politik), sowie dem Zusammenhang von Wissenschaft und Erzählung.

Der letzte Aufsatz des deutschsprachigen Bandes schließlich, „Die Biopolitik postmoderner Körper. Konstitutionen des Selbst im Diskurs des Immunsystems" (1989), wendet sich erneut der Wissenschaftsgeschichte zu. Haraway rekonstruiert Modelle, welche im 20. Jahrhundert für das Immunsystem entworfen wurden. Ihre leitende These ist, daß in diesen Modellen die politischen Differenzen von Selbst und Anderem sowie von Verteidigung und Invasion verhandelt werden. Der Essay vertieft dabei einige der technikphilosophischen Linien des Cyborg-Manifesto; insbesondere faßt er die Entwürfe von Erzählungen als technisch-konstruktiven Vorgang auf.

Haraways Essays liefern inspirierende Hinweise auf die Zusammenhänge von Technologie, Mythologie, Wissenschaft und Politik. Dabei werden sie dort konkret, wo wissenshistorische Rekonstruktionen bioanthropologischer und biomedizinischer Diskurse ihr Thema sind. Sie greifen zu einem relativ frühen Zeitpunkt die Frage nach neuen Formen der Hybridisierung auf. Grundbegriffliche Entwicklungen und Explikationen bleiben jedoch verwaschen, obgleich Natur- und Kulturverhältnisse ihr Thema sind. Vermutlich fallen diese für

Haraway (zu Unrecht) unter den Verdacht einer Identitätslogik und -politik. Ihre Textstrategien sind jedenfalls andere: Haraway setzt in Teilen stärker auf performative Effekte als auf wahrheitsfähige Urteile. Angesichts dieser mag es leicht fallen, Haraways Essays zu historisieren und als postmodern abzuklären. Die Komplexität, auf welche sich Haraway einläßt – keine feministische Theorie ohne Ökonomie, Technologie, Mythologie, Science Fiction und Wissensgeschichte – ist jedoch alles andere als abgeklärt ihrem Gegenstand gegenüber.

Andreas Kaminski

Gilbert Hottois: Technoscience et sagesse?
Paris: Edition Plein Feuilles 2000, 60 S.

Gilbert Hottois (geb. 1946) ist Professor für Philosophie an der Université libre de Bruxelles (ULB), Mitglied des Collège de France, des Institut International de Philosophie Paris (IPP) sowie der Académie royale de Belgique (ARB). Nach einer kritischen Auseinandersetzung mit der neueren Philosophie, die aufgrund ihrer sprachphilosophischen Orientierung eine gewisse Ratlosigkeit gegenüber den neuen technologischen Entwicklungen an den Tag gelegt habe, hat er sich seit den 80er Jahren der Technikphilosophie, der Bioethik und Biopolitik zugewandt und (neben einem Science Fiction-Roman) eine ganze Reihe von Studien zu diesem Themenfeld vorgelegt. In seinem ersten Hauptwerk „Le signe et la technique" (1984) begreift er die technische Evolution als Fortsetzung der Bioevolution, als künstliches ‚Milieu' der Reproduktion, dessen ‚Normen der Tauglichkeit' die Möglichkeit der Manipulation und Transformierbarkeit von Dingen und Prozessen für den Menschen als ‚unbewußten Agenten' bestimmt – ähnlich wie es Jacques Ellul sah (s. dort), der zu diesem Buch die Einleitung verfaßt hat. Im Zuge seiner Beschäftigung mit Fragen der Bioethik und den neuen Technologien (als Gründer des einschlägigen Forschungsinstituts in Brüssel sowie als Mitglied von Ethik-Kommissionen Belgiens und der EU) hat er jenen Technikdeterminismus in Orientierung an Gilbert Simondon (s. dort) schrittweise modifiziert und den Terminus ‚Technoscience' zur Charakterisierung der neuen Entwicklungen geprägt (S. 15).

„Technoscience et sagesse?" führt brennspiegelartig die Erträge seiner Überlegungen zusammen und ist deshalb vorzüglich geeignet, einen Gesamteindruck seines Ansatzes zu vermitteln. Die Übernahme des Titelwortes ‚Technoscience' ins Englische und als Lehnwort in den deutschen Sprachgebrauch deutet die Schwierigkeit seiner Übersetzung an: Gemeint ist nämlich nicht Technikwissenschaft, Wissenschaft von der Technik oder verwissenschaftlichte Technik, sondern eher das, was man als ‚technisierte Wissenschaft' bezeichnen könnte. Das andere Titelwort ‚Sagesse' verweist auf das antike Konzept der ‚Weisheit' (sophia): die kontemplative Haltung, die sich auf das immer gleiche Wesen des Seienden einschließlich der Verfaßtheit des Menschen richtet, dabei hinter der Vergänglichkeit der Erscheinungen und der Wechselhaftigkeit der Gemengelagen der Handlungen stabile Strukturen eruieren will und darauf aus ist, das innere Gleichgewicht des Menschen nicht durch eine Bearbeitung der äußeren Welt, sondern durch eine Bejahung der Ordnung des Seienden und eine Anpassung an diese zu erzielen. Hottois faßt zusammen, daß die Moral der Weisen darin bestanden habe, sich selbst und nicht die Widrigkeiten des Schicksals zu bearbeiten (S. 14). Damit ist das Spannungsverhältnis gegeben, mit dem sich Hottois auseinandersetzt – ein Spannungsverhältnis, daß seinen Ausdruck u.a. darin findet, daß auch heute häufig von einem ‚Rat der Weisen' die Rede ist, der in strittigen Fragen der Bioethik oder der strategischen Ausrichtung der neuen Hochtechnologien beraten oder gar entscheiden soll. Angesichts dieser spannungsreichen Lage sei es geboten, ein neues Konzept von Weisheit zu entwickeln (S. 8).

Um den Kontrast zu schärfen, skizziert Hottois in den Eingangspassagen zunächst die spezifische Ausprägung des Konzepts der Weisheit, die seit Platon vorfindlich ist: Während in der vorsokratischen Zeit jeder als ‚weise' bezeichnet wurde, der seine theoretischen und praktischen Weltbezüge souverän zu gestalten vermochte, faßt Platon ‚Weisheit' das Vermögen der theoretischen, begrifflich-logischen Erschließung der invarianten und indisponiblen Struktur des Seins. Angesichts unserer Unvollkommenheit und Endlichkeit sind wir nicht Inhaber, sondern nur ‚Freunde' (philoi) dieser Weisheit, die wir als Philosophen auf der Suche nach einer bestmöglichen „Homöostase" (S. 13) in dieser Ordnung erstreben. Im paradigmatisch bei Francis Bacon eingeläuteten Wandel hin zu einer interventionistischen Wissenschaft in praktischer Absicht sieht Hottois die wesentliche Zäsur (S. 15). Diese Wissenschaft ist darauf aus, unter technischen Versuchsanordnungen hervorzubringende Effekte zu untersuchen und zu optimieren. Ziel ist eine Bemächtigung der Natur unter Nutzung ihrer naturgesetzlichen Verfaßtheit zum Nutzen des Menschen, der nicht mehr das ‚Buch der Natur' liest, sondern die unter den technischen Bedingungen der Gewährleistung von Störungsfreiheit gewonnenen Erkenntnisse wiederum in technischer Absicht einsetzt. Dieses weite Konzept der ‚Technoscience' unterscheidet sich, wie Hottois hervorhebt, von drei verschiedentlich anzutreffenden Verwendungen dieses Begriffs. Der Begriff der ‚Technoscience' werde *erstens* zur Kennzeichnung angewandter Wissenschaft bzw. der technischen Anwendung theoretischen Wissens gebraucht; er werde *zweitens* ‚mißbräuchlich' zur Identifizierung der sog. Big Science im Rahmen eines ‚Techno-Kapitalismus' verwendet – bei Jean-François Lyotard etwa bezogen auf die Ökonomisierung der Wissenschaft unter Herrschafts- und Kontrollerfordernissen; dieses weite Konzept unterscheide sich *drittens* von seiner Indienstnahme durch einen postmodernen Sozialkonstruktivismus, der Wissenschaft auf soziale Aushandlungsprozesse reduzieren will und dabei die Bezugsinstanz einer – gleichwohl technisch überformten – Natur aus den Augen verliere (S. 16).

Der für Hottois grundlegende Sinn von ‚Technoscience' läßt sich gleichwohl in zwei gegensätzlichen Ausprägungen verfolgen: auf der einen Seite als ‚logotheoretische' Orientierung an einer technisch erschlossenen Natur, die unter dem Anspruch auf Objektivität mathematisch (und also unter Absehung von kulturellen, sozialen und sprachlichen Kontexten) modelliert wird; auf der anderen Seite als Orientierung am instrumentellen Charakter der neuen Wissenschaft, die der Physik keinen eigenständigen Gültigkeitsanspruch einräume, sofern ihre Wahrheitskriterien als Gelingenskriterien verstanden werden müßten. Im Extremfall münde die erste Denkart in die Unterstellung einer ‚Autonomie' der Technik, und zwar dahingehend, daß die in der Technoscience freigelegten funktionalen Zusammenhänge eine Pfadabhängigkeit der Bemächtigung der Natur vorgäben. Auf der anderen Seite laufe man Gefahr, in einem rein dekonstruktivistischen Relativismus zu enden und die Wissenschaft für zufällige Interessenlagen zu instrumentalisieren.

Gleichwohl sieht Hottois eine gewisse Berechtigung der Einwände seitens des Sozialkonstruktivismus (vgl. Wiebe E. Bijker, s. dort) gegen den Anspruch einer Technoscience auf ‚Extrakulturalität'. Mit Bruno Latour (s. dort), dem er „gewisse Verdienste" bescheinigt, plädiert er für eine Berücksichtigung ‚psycho-sozio-politik-ökonomischer' Kontexte als jeweilige Kulturen, die nicht ‚bloße Symbolsysteme' seien, sondern die in Forschungsprozessen allfälligen Entscheidungen mitprägten. Freilich dürfe die Berücksichtigung dieser Dimensionen nicht dazu führen, daß das Forschungsgeschehen insgesamt gesellschaftlichen Interessenlagen subordiniert werde, wie im Programm der Europäischen Kommission von 1997 verlautet (im Unterschied zur Programmatik der Amerikaner, die Grenzziehungen für die Wissenschaftsdynamik ablehnten). Wenn auch ‚Wahrheit' und ‚Objektivität' nicht die Grundlage, sondern das Ergebnis von Übereinkünften der Wissenschaftler seien, wie Latour betone, so sei doch deutlich zwischen physiko-materiellen Prozessen und begrifflichen Aushandlungen zu unterscheiden, und mit Latour wären die entsprechenden Hybridisierungen „als jeweilige Zusammenführung beider" zu untersuchen und nicht, wie bei den „Latour-Epigonen" beides gleichzusetzen. Wenn für die „Postmoderne" (stellvertretend Richard Rorty) alles nur Interpretation sei, führe dies zu einem „Fatalismus", der jegliches Alleinstellungsmerkmal der Technoscience gegenüber irgendwelchen anderen Interpretationskandidaten aufhebe (S. 28ff.).

Welche Rolle kann nun ein Konzept von ‚Weisheit' spielen, um aus dieser Problemlage herauszuführen? Hottois sieht in der modernen Wissenschaft durchaus Aspekte, die im Rahmen eines klassischen Weisheitsideals geltend gemacht werden können: Es ist die noch bei Bacon zu verzeichnende Haltung, daß die Menschheit an einer Ordnung der Natur teilhabe und die Techno-Natur nur im Rahmen dieser Ordnung zu bearbeiten vermag. Im Rahmen einer solchen Orientierung wären Ansprüche einer Technoscience auf die Unbegrenztheit ihrer Selbstermächtigung zu relativieren. Zugleich könnte die ironische Haltung der ‚Postmodernen' so gewendet werden, daß sie – in eins mit einer Haltung antiker Weisheit – ein Sich-Überlassen an technisch-ökonomische Zwänge abweist und eine Selbstbesinnung anmahnt, in der die Qualität des individuellen Lebens in einer harmonischen Gesellschaft unter Zurückweisung technischer Erlösungsutopien fokussiert wird. Wie wäre eine solche Wiederaufnahme antiken Weisheitsdenkens für die Technoscience zu konkretisieren bzw. so zu modifizieren, daß das ‚Hybrid' aus Techno-Physik und Kultur im Gleichgewicht ist bzw. bleibt? Es gälte, die Herausforderungen der Technoscience anzunehmen und kritisch zu reflektieren – beginnend mit der Einsicht, daß uns die Technosciences Einblicke in die Evolution von Ordnungen und „kosmische Dauern" vermitteln, die naive Vorstellungen von Stabilität oder aber auch von Utopien, die diese wiederherstellen sollen, hinter sich lassen (S. 39). Jenseits von Technikutopien (wie derjenigen der Transhumanisten) oder von auf den Ist-Zustand fixierten Menschenbildern sei eine Klugheit gefordert, die die Entwicklungen begleitet und angesichts von Kontingenz und Unsicherheit darauf aus ist, die Bedingungen freien Handelns zu erhalten (S. 41). Dazu gehört die Solidarität mit allen Elementen des Ökosystems, in dem wir leben. Gegenüber diesem biokosmischen System mahnt Hottois eine „kontemplative" Haltung an, die nicht anthropozentrisch sein dürfe. Andererseits sollte aber eine kluge Verantwortungswahrnehmung nicht wie bei Hans Jonas (s. dort) zu einer ‚Heuristik der Furcht' führen, da ein Sich-Enthalten als Unterlassung keineswegs irgendwelche Stabilitätsträume zu schaffen vermag. Vielmehr komme es darauf an, die Entwicklung der anthropozentrischen Zivilisation mit derjenigen ihres ‚Milieus' zu harmonisieren. Mit Blick auf den Erhalt ihrer Bedingungen betrifft dies insbesondere die Bewahrung des Reichtums von drei (!) Diversitäten: der Biodiversität, der ‚Logo-Diversität' (als Diversität von Sprachen, Symbolsystemen und Kulturen als Sinnträgern) und der Techno-Diversität als Reichtum instrumenteller Optionen theoretischer und praktischer Welterschließung (S. 47f.). Entsprechend fordert Hottois eine ‚Metakultur' des Multikulturalismus, der nicht mit Relativismus oder Dezisionismus zu verwechseln ist; seine Tugend der Toleranz bewahre den Reichtum der Diversitäten und richte sich daher sehr wohl gegen Elemente, die in einer (dogmatischen, ökonomischen etc.) Absicht destruktiv sind. So gesehen sei dies das postmoderne Gewand klassischer Weisheit.

Entsprechend fordert Hottois, angesichts der Entwicklungen der Technoscience die Frage nach dem Status des Menschen zu öffnen und in einer Doppelstrategie weiterzuführen: im Rahmen eines ‚methodischen Materialismus' sowie eines ‚methodischen Anthropozentrismus'. Unter beiden Strategien werde zweierlei vermieden: entweder rein naturalistisch von einer unbegrenzten Entwicklungs- und Transformierbarkeit der Arten (einschließlich des Menschen) auszugehen oder mit Blick auf dogmatische Menschenbilder irgendwelche Grenzen als unüberschreitbar zu deklarieren. Ein methodischer Materialismus lege uns die materialen Bedingungen zunehmend frei, unter denen unser Organismus lebt und unter denen wir denken. Seine Befunde eröffnen freilich Optionen eines Umgangs mit diesen Bedingungen (z.b. auf molekularer Ebene für das Altern und die Lebensdauer oder für Hirnaktivitäten), und sie fordern unsere Verantwortung heraus. Er erlaube aber nicht, hieraus irgendwelche Einsichten über das ‚Wesen' des Menschen abzuleiten. Hier sei ein methodischer Anthropozentrismus gefragt, denn wir bleiben immer in der Position, uns wertend zu den Optionen eines Umgangs mit jenen Bedingungen zu verhalten (S. 54). Gerade die Technosciences zeigen uns, daß ein naturalistischer Fundamentalismus auf einem Widerspruch basiert: die angeblich menschenunabhängigen Wahrheiten über Kausalzusammenhänge der Natur verdanken sich experimentellen Eingriffen in eben diese. Diese Wahrheiten als Ergebnisse menschlicher Aktivitäten zeitigen zudem Effekte, die allererst wieder in Symbolsystemen (von mathematischen Modellierungen bis hin zu begrifflichen Kennzeichnungen) interpretiert werden müssen. Ein methodischer Anthropozentrismus ist ‚reflexiv', weil er diese Interpretationen immer weiter und höherstufig interpretiert bzw. zu interpretieren hat. Der Aufweis von partiellen Determinationszusammenhängen entlaste ihn hiervon nicht. Gerade eine multikulturelle Vielfalt von Interpretationsoptionen ('multikulturell' nicht bloß im Sinne von ‚ethno-kulturell', sondern z.B. auch mit Blick auf unterschiedliche Wissenschaftskulturen) führe uns dieses Interpretationsdesiderat immer wieder vor. Zeichen von Weisheit in modernem Gewande sei es mithin, sowohl Problemdruck als auch falsche Sicherheiten, sowohl Ängste als auch Hoffnungen auf antizipierte Zustände zu relativieren, um uns in einem Gleichgewicht zu denjenigen Entwicklungen zu halten, die an die Stelle der als stabil unterstellten Naturordnung getreten sind. Die alte Weisheitsvorstellung von einem zur Ruhe zu bringenden Gleichgewicht sei durch diejenige eines dynamischen Gleichgewichts zu ersetzen.

Der bemerkenswerte Essay von Gilbert Hottois provoziert zum Weiterdenken, ersetzt aber natürlich nicht die Lektüre seiner detaillierten Studien zu konkreten Problemlagen. Bislang liegt leider keine seiner Schriften in deutscher Sprache vor.

Christoph Hubig

Christoph Hubig: Technik- und Wissenschaftsethik. Ein Leitfaden Berlin/Heidelberg/New York: Springer Verlag 1993 (2. überarb. Auflage 1995), 192 S.

Christoph Hubig (geb. 1952), Professor für Wissenschaftstheorie und Technikphilosophie an der Universität Stuttgart, hat den vorliegenden Leitfaden geschrieben „im Blick auf die noch nie so groß gewesenen Chancen und Risiken, die Technik und Wissenschaft eröffnen" (S. 5); er will „einen Überblick über Problemstellungen und Lösungsansätze" geben (S. 6), die aus der Frage nach der Verantwortung für die Folgen technischen und wissenschaftlichen Handelns entspringen – eine Fragestellung, die seit den achtziger Jahren in der Technikphilosophie an Gewicht gewonnen hat. Diese Aufgabe erfüllt er in zweifacher Weise. Einmal referiert Hubig, dem Charakter des Leitfadens entsprechend, grundsätzliche Methodenprobleme, insbesondere verschiedene Debatten über die Wertfreiheit von Wissenschaft und Technik, sowie klassische ethische Theorien und Strategien, die Begründungsmöglichkeiten für Wertentscheidungen und Handlungsorientierungen liefern (z.B. Kap. 7). Zum anderen entfaltet er die Problemstellungen an typischen Handlungssituationen im Forschungs- und Anwendungsbereich von Technik und Wissenschaft (z.B. zentral in den Kap. 3 und 9). Schließlich beläßt er es aber nicht bei dieser Darstellung, sondern leitet zur Abwägung von Strategien und zur Begründung eigener Perspektiven über, wie mit dem Verantwortungsdruck umzugehen sei, der durch die wachsende und immer unübersichtlicher werdende Folgenlastigkeit technischen und wissenschaftlichen Tuns entsteht. Das Buch legt so mehrere Reflexionsebenen an, von der Deskription methodischer und systematischer Ansätze über die Anwendung des Methoden- und Sachwissens in Forschung und Praxis bis zur ethisch-wertphilosophischen Einbindung in ein allgemeines Welt- und Lebensverständnis.

Eine Schlüsselstelle, an der sich Hubigs eigener Einsatz ablesen läßt, findet sich auf S. 72:

> „Die Schwierigkeiten der bisherigen Ansätze zu einer Ethik von Wissenschaft und Technik scheinen darin begründet, daß man versuchte, sie auf der Basis des Konzepts individuellen Handelns zu entwickeln. Ein alternatives Konzept für eine Ethik der Technik ist daher erforderlich. Ich möchte es in die These kleiden, daß die Normierung und Regulation von Folgen und Nebenfolgen insbesondere der modernen verwissenschaftlichten Technologien im Bereich der Verantwortung von Institutionen und Organisationen, also kollektiven Subjekten liegen müsse. Diese Lücke soll eine Institutionenethik ausfüllen."

Hier läuft zusammen, was vorher Schritt für Schritt entwickelt worden war, nämlich das prinzipiell Neue der gegenwärtigen Lage von Wissenschaft und Technik und das Versagen der klassischen Ethik-Modelle ihr gegenüber:

1. Die aus technischem und wissenschaftlichem Handeln entspringenden Gefahren betreffen nicht mehr nur den aus freier Entscheidung Handelnden selbst. „Erstmals absehbare Makrorisiken bedrohen im Zuge unrevidierbarer Prozesse die Menschheit als Gattung. Da es sich um problematische Folgen handelt, wird allgemein dementsprechend eine neue Verantwortungsethik gefordert" (S. 15).

2. Nach traditionellem Verständnis liegt Verantwortlichkeit bei dem frei handelnden Individuum. „Die klassischen Ethiken stellen Rechtfertigungstrategien für das individuelle Handeln vor" (S. 18).
3. Die Bereitschaft, ein Risiko zu übernehmen, schloß bisher die Möglichkeit ein, es auch ablehnen zu können. „Solange bestimmte Risiken individuell getragen werden, ... sind diese Risikozumutungen gerechtfertigt. Wenn die Risiken dem einzelnen jedoch nicht mehr erlauben, sich jetzt oder später diesen zu verweigern, weil ihm entweder eine alternative Existenzweise nicht zur Verfügung steht oder diese Risiken alle ihm erreichbaren Existenzweisen in gleicher Weise betreffen, so ist ihm ein Konsens zur Risikoübernahme nicht mit Bürgerethikargumenten zuzumuten" (S. 22).
4. In hoch arbeitsteiligen und vernetzten Systemen wird die Zuweisung von Verantwortung für die Folge des Systemgeschehens an bestimmte Individuen kaum mehr möglich. Das Subjekt des Handelns verflüchtigt sich. „Die Frage wird virulent, wer überhaupt als Subjekt der Verantwortung für diese Handlungen angesehen werden kann" (S. 23).

Daraus zieht Hubig die Konsequenz: „Der ‚Verlust des verantwortlichen Subjekts' und der ‚Verlust des Gegenstands der Verantwortung' werden daher die zentralen" Herausforderungen ausmachen, auf deren Basis die klassischen Individualethiken zu modifizieren sind" (S. 23).

Weite Teile des Buches zeigen nun, wie die Institutionenethik beschaffen sein könnte, die ergänzend zu der allein nicht mehr tragfähigen Individualethik im Umgang mit dem neuen Realisationen technischen und wissenschaftlichen Handelns wirksam werden müßte. Hubig unterscheidet zwischen Organisationen als Instanzen, die der praktischen „Umsetzung der Orientierung in der Zweckwahl der Individuen sowie insbesondere der Bereitstellung der Mittel" dienen (S. 103); und Institutionen, die er als Regelsysteme auffaßt, welche „auf der Anerkennung der unter ihnen handelnden Individuen basieren" (S. 103) und „die Garantien der Fernbefriedigung von Bedürfnissen" zu gewährleisten haben (S. 102). Institutionen übergreifen im weiteren Sinne auch die Organisationen im engeren Sinne. Institutionen sind „Religionen in ihren kanonischen Texten, Verfassungen, Gesetze, Ideale der Wissenschaften, DIN-Normen, Bildungssysteme, Anstandsregeln" u.ä. Organisationen sind z.B. „Bundestag, Gerichte und Polizei, Datenbanken, Renten- und Sozialversicherung, VDI, Produktionsstätten" und natürlich auch die Parteien (S. 103, S. 105). Organisationen wie Institutionen sind keine „natürlichen Handlungssubjekte ... Ihre Handlungen werden von Individuen vollzogen" (S. 106). Organisationen haben einen institutionellen Kern; Institutionen haben organisatorische Realisationen.

Gegenstand institutionellen und organisatorischen Handelns sind mögliche Zwecke bzw. mögliche Mittel individuellen Handelns. Sie bestimmen den Handlungsrahmen. Da Großinstitutionen der Tendenz unterliegen, selbsterhaltende bürokratische Gebilde zu werden, ist auf die Bildung und ständige Neubildung von transparenten, in Zusammensetzung und Programmatik schneller variierbaren, basisbestimmten Kleininstitutionen Wert zu legen. Als solche nennt Hubig z.B. Naturschutzverbände, Verbraucherverbände, Enquete-Kommissionen, VDI-Ausschüsse u.ä. (S. 109). Auf dem Umweg über eine Institutionenvielfalt könnte dann der ethische Reflexions- und Entscheidungsspielraum der Individuen wieder erweitert werden. (Hier wird der Institutionenbegriff übergreifend über den Organisationenbegriff gebraucht).

Freiheit im Handeln bezieht sich auf offene Möglichkeiten, für oder gegen deren Verwirklichung Entscheidungen getroffen werden können. Hubig skizziert darum den Rahmen einer Theorie, die den methodisch exakten Umgang mit den Möglichkeiten technischer Folgen bestimmen soll. Reale Möglichkeiten nennt er Sachverhalte, die „in bekannten Definitionsbereichen" auftreten können; hypothetische Möglichkeiten bestehen in nicht vollständig bekannten Definitionsbereichen und beziehen sich auf unzureichendes Wissen von den Bedingungszusammenhängen; am weitesten reichen die „Metamöglichkeiten", die entstehen, „wenn ganze Definitionsbereiche neu eröffnet werden", also wenn „neue Entitäten und Effekte, die vorher in der realen Welt nicht vorhanden waren" „durch die realen Handlungen von Wissenschaft und Technik" geschaffen werden (S. 77f.). Hypothetische und Metamöglichkeiten lassen sich wohl immer nur dem Typus nach und nicht in ihrer jeweils erst noch auszuprägenden Realisierungsgestalt erfassen.

Da eine Institutionenethik sich auf „mögliche Handlungsvollzüge und Handlungsfolgen" richtet (S. 129), bleibt sie auf einen relativ hohen Allgemeinheitsniveau und ist kasuistisch nicht spezifizierbar. Es „kann daher die Legitimität institutionellen Handelns nur als Einlösung des Prinzips von Menschheit als Erhaltung von Freiheit/Handlungskompetenz gefaßt werden. Institutionelle Handlungen müssen daraufhin überprüft werden, ob sie (positiv) individuelles moralisches Handeln ermöglichen oder (negativ) ein Handeln, das an die Existenzbedingungen von ‚Menschheit' als Handlungskompetenz rührt, ausschließen" (S. 130f.). Hier wird mit dem normativen Begriff ‚Menschheit' eine Spitze der Werthierarchie in Entscheidungsprozesse eingeführt, deren Operationalisierbarkeit unerörtert bleibt und an die problematische Rolle von Generalklauseln in Rechtssystemen erinnert. „Hinsichtlich der Makrorisiken kann auch die faktische Gesellschaft, so wie sie zu einem historischen Zeitpunkt existiert, sich offensichtlich nicht als das alleinige Subjekt selbst installieren, demgegenüber Verantwortung besteht. Vielmehr muß die Idee der menschlichen Natur als die Idee der Erhaltung der Freiheit des Handelns überhaupt hier in Rechnung gestellt werden, gerade im Blick auf künftige Generationen" (S. 147f.).

Technische Systeme haben die Tendenz, den Menschen in ihren Funktionsablauf zu integrieren und ihn damit ihren Vorgaben zu unterwerfen (die dann als Sachzwänge erscheinen). Soll die Handlungskompetenz, d.h. die (ethische) Freiheit und Subjekthaftigkeit des Subjekts, erhalten bleiben, so muß zwischen antithetischen Antworten auf Entscheidungsfragen über technisches

Handeln abgewogen werden. Hubig verdeutlicht dies am Beispiel von vier „Testfragen":
1. Wie weit sollen Optimierungen vorangetrieben werden?
2. Ist es zu befürworten, daß ein bestimmter technischer Nutzen erkauft wird durch einen Abbau von Handlungskompetenz?
3. Sollen bestimmte Systeme der Technik weiter ausgebaut werden? Wollen wir diese Systeme?
4. Identifizieren wir unsere Subjektivität, gewinnen wir unser Selbstbild zu sehr über die Technik? (Kap. 9).

Er spielt die gegenläufigen Antworten von „Pilotdisziplinen" durch: Künstliche Intelligenz, Energiebereitstellung, Gentechnologie und Medizin, In keinem der Beispiele sind eindeutige Entscheidungen herbeizuführen. Vielmehr wird jeweils eine nicht zwingende Lebensklugheit den Ausschlag geben, sozusagen ein praktischer bon sens, dessen Konstitutionsbedingungen jedoch erst noch analysiert werden müßten. Ist z.B. der Informationsgewinn durch die Benutzung von Rechnern nicht durch die mögliche Monopolisierung des Wissens beeinträchtigt? Wie weit wollen wir dabei gehen? Oder: Wie verhält sich die steigende Nutzung von Energiebereitstellung zu den Makrorisiken, etwa der Klimabeeinflussung oder der Endlagerung? Hier müssen Präferenzen gesetzt werden, die nicht einfach deduziert werden können.

Präferenzkonflikte spielen sich im Rahmen der institutionellen und organisatorischen Integration der individuellen Handlungssubjekte ab. Hier setzen sich ethische Orientierungen durch (oder nicht). Inhalte einer Institutionenethik müßten jene Werte sein, die Hubig als „Options- und Vermächtniswerte" bezeichnet (S. 139ff.). Erstere sollen alternativ oder komplementär Handlungsspielräume offen lassen und Entscheidungskompetenzen erhalten; in diesem Bereich der Optionen können Konkurrenz- und Konfliktverhältnisse zwischen gleichermaßen anerkannten fundamentalen Werten sich entfalten. Dagegen sind Vermächtniswerte solche, „die die sozialen und kulturellen Stützpfeiler von Identität" bilden (S. 140): „Leben in bestimmten Traditionen, funktionierendes Sozialgefüge, Möglichkeiten des Erlernens der Rolleneinnahme und des Rollentauschs, Erschließung der Handlungsspielräume von kindlichem Spiel bis hin zur politischen Gestaltung. Wenn wissenschaftlich-technische oder wirtschaftliche Maßnahmen Traditionen und Sozialgefüge dergestalt zerstören, daß ihr notwendiger Wandel nur noch als zufällig und nicht mehr beherrschbar erfahren wird, zerstören sie die Ich-Identität der Subjekte" (S. 141).

Zwischen dieser doch nur sehr vage zu umschreibenden Vermächtnisethik und den alltäglichen Entscheidungsnotwendigkeiten bleibt allerdings ein Abstand, den Hubig mit einem Rückgriff auf das Paradigma der aristotelischen Ethik zu überbrücken versucht. Nicht die Subsumtion eines Entscheidungsfalles unter eine allgemeine Regel, sondern das „Vermögen des Abwägens in jedem Einzelfall", die „praktische Lebensklugheit", die in der „Vermeidung der

Extreme" besteht, soll als Leitfaden unseres Handelns dienen: Solche Entscheidungen sind nicht einfach Anwendung abstrakter Prinzipien, sondern sollen situationsabhängige Lösungen anstreben (S. 118). Hubig bekennt sich ausdrücklich zu einem ethischen Aristotelismus und hält sich so von jedem ethischen Rigorismus fern.

Allerdings muß man die Frage stellen, ob dieser ethische Aristotelismus nicht an den ontologischen Vorrang von „ersten Substanzen" bei Aristoteles geknüpft ist, das heißt also an die Individuen als Subjekte des ethisch zu reflektierenden Handelns. Von da aus scheint mir kein anderer Weg zu einer Institutionenethik zu führen als der über die Juridifizierung: Eine Lebenseinstellung, unter deren Anspruch sich das Individuum stellt, wird zur rechtsphilosophischen und rechtspolitischen Norm, aus der positives Recht fließt, also geltende Gesetze, denen Institutionen zu entsprechen haben und die zu erfüllen Organisationen gehalten sind und für deren Nichterfüllung sie haftbar gemacht werden können. Eines ist wohl sicher: Gesetzliche Regelungen dessen, was wissenschaftliches, technisches und wirtschaftliches Handeln zulässig oder unzulässig oder auch förderungswürdig macht, werden nicht durchsetzbar sein, wenn ihnen nicht ein weltanschaulich-moralischer Konsens über die obersten Werte und ihr Verhältnis vorausgeht, ohne daß dieser Konsens in jedem Falle zu Übereinstimmung führen müßte. Nach Hubigs Auffassung hat Ethik gerade auch die Funktion der Dissens-Vermittlung. Diese geistig-kulturelle Einheit scheint indessen in unserem eigenen Lebenskreis, geschweige denn in der Welt insgesamt, nicht zu existieren. Ob unter diesen Umständen der zum Teil appellative, zum Teil verfahrenstechnische Charakter einer Institutionenethik dafür ausreicht, die Geltungskraft moralisch verbindlicher Normen zu gewinnen, bleibt eine offene Frage der Ethik.

Hans Heinz Holz

Christoph Hubig: Die Kunst des Möglichen. Grundlinien einer dialektischen Philosophie der Technik. Bd. I: Technikphilosophie als Reflexion der Medialität; Bd. II: Ethik der Technik als provisorische Moral

Bielefeld: transcript 2006 u. 2007, 300 S. u. 263 S.

Christoph Hubig (geb. 1952) ist Professor für Philosophie mit dem Schwerpunkt Wissenschaftstheorie und Technikphilosophie an der TU Darmstadt. Er hatte Lehrstühle für Praktische Philosophie an der TU Berlin und an der Universität Leipzig inne, gefolgt von einer Professur mit dem Schwerpunkt Technikphilosophie in Stuttgart. – Titel und Untertitel des Werkes kennzeichnen das Zentrum des Denkens von Christoph Hubig: Mit *Dialektik und Wissenschaftslogik* wurde er 1976 promoviert, während Handlungsmöglichkeiten seit seiner *Technik- und Wissenschaftsethik* (1993) die Folie seiner Arbeiten zur Ethik bilden.

Technik als Kunst des *Möglichen*, nämlich des theoretisch Möglichen unter Bedingungen des praktisch Möglichen, bildet die Leitlinie der Untersuchung. Kennzeichnend für Technik ist, daß sie neue Möglichkeitsräume schafft und nicht etwa bloß vorgegebene Möglichkeiten aktualisiert. In solcher Kunst des Möglichen kommen Fähigkeiten und Fertigkeiten, deren theoretische Durchdringung ebenso wie deren Umsetzungsprozeß mit der Ausrichtung auf einen Zweck zum Tragen: Technik ist Mittel, ist Medium. Darum wird Technikphilosophie von Hubig als Reflexion auf solche Medialität (im Sinne einer begrifflichen Strukturierung eines Möglichkeitsraumes) verstanden.

Mit *Dialektik* ist zwar auf Hegel Bezug genommen, doch im Sinne einer Grundfigur unseres Denkens und Argumentierens, die es erlaubt, über die bloße Funktionalität technischer Mittel hinausgehend, diejenigen Elemente herauszuarbeiten, die als „ermöglichende Instanzen" anzusehen sind: Solche Dialektik öffnet im Blick auf Technik den theoretischen Horizont, der zum einen ein argumentatives Abwägen erlaubt und zum anderen auf der praktischen Seite die Verwirklichung einer Option bestimmt.

Die Leitbegriffe weisen bereits darauf hin, daß Technik von Hubig zwar als Sachsystem gesehen wird, doch die Frage nach dem *Wie* ihrer Möglichkeit greift wesentlich weiter aus. So setzt der Weg in Band I mit einer Problemgeschichte ein, die vom mythischen Bild des Technischen über Platon und Aristoteles bis zu Kant und Hegel führt – nicht im Sinne einer Philosophiegeschichte, sondern um von Anbeginn die nötige Breite der Problemstellung sichtbar werden zu lassen. Im Gegenzug wird eine ‚technomorphe Technikphilosophie' wie die Organprojektionsthese von Ernst Kapp (s. dort) oder Arnold Gehlen (s. dort) zurückgewiesen, um Alternativen wie etwa derjenigen Martin Heideggers (s. dort) Raum geben zu können. Das erklärte Ziel ist hierbei – schon im Vorgriff auf Band II – der praktischen Vernunft, also dem ethischen Abwägen, Priorität einzuräumen.

Wenn Technik als „Inbegriff der Mittel" verstanden wird, droht die Gefahr einer Verkürzung auf „technizistisches Handeln". Dem zu entgehen wird herausgearbeitet, daß solche Mittel allererst den theoretischen und praktischen Weltbezug und darüber zugleich, im Blick auf die damit verbundenen Möglichkeiten, einen Selbstbezug des Subjekts konstituieren: Genau hierin sieht Hubig die dialektische Spannung, die in der Reflexion offenzulegen ist. Dies betrifft an erster Stelle die mit Mitteln verbundenen Zwecke, die beide zusammengenommen eine „Bewandtnisganzheit" im Sinne Heideggers ausmachen (I, S. 119) – das Eine gibt es nicht ohne das Andere. Das ist allerdings ein spannungsvolles Verhältnis, weil Mittel sich auf mögliche Zwecke beziehen, die überdies im Blick auf eine Verwirklichung intendiert sein müssen: Darum lassen sich Mittel (und damit die Technik) keinesfalls auf ein bloßes Bewirken reduzieren, wie manche Technikkritiker behaupten. Mit möglichen Mitteln zu möglichen Zwecken öffnen sich Möglichkeitsräume, die zugleich Potentiale sind und offene Strukturen oder Systeme bilden. Ihnen stehen Realisierungsoptionen gegenüber. Im Wirklichwerden bleiben beide Seiten erhalten – sichtbar in deren begrifflicher Erfassung geradeso wie in Regeln des Mitteleinsatzes und dessen Grenzen. Hubig nennt erwünschte, unerwünschte und unerwartete Auswirkungen solcher Verwirklichung eine „Spur" (I, S. 148f).

Nach diesen grundlegenden Vorbereitungen widmet sich Hubig der Unterscheidung von Technik und Naturwissenschaft unter Herausarbeitung des „technomorphen Wissens", das methodisch nicht durch Deduktion oder Induktion, sondern durch Abduktion gewonnen wird (I, S. 195). Diese besteht darin, von einem als gegeben erachteten Befund (etwa einem naturwissenschaftlichen Wissen ‚Wenn A, dann B') zu einer Regel zu gelangen, die eine Anwendung ‚B wird durch A erreicht' erlaubt. Dieses ist kein logischer Schluß, sondern beruht auf einer Modellbildung, die den Mitteleinsatz, also die Frage ‚Wofür?' betrifft. Zugleich ist mit der Regel die Wiederholbarkeit des Gelingens und damit die Planbarkeit von Technik unterstellt. Mithin kommt Formen der Abduktion in der Technik eine zentrale Funktion für die Modellbildung, für die Heuristik in Verschränkung mit Kreativität und für Erklärungsstrategien zu: Hier zeigt sich das Zusammenwirken von Vernunft und Verstand in der technischen Reflexion.

Die von der Vernunft gesetzten Zwecke führen im Rahmen des Gesamtlebensvollzugs weiter zum technischen Handeln als Verwebung von technisch geformter (zweiter) Natur und technisch überformter Kultur. Dabei werden beide Begriffe, Natur und Kultur, von Hubig als „komplementäre Reflexionstermini" gesehen (I, S. 240): Kultur ist als Inbegriff tradierter Handlungsschemata zu sehen, hingegen Natur in der Weise, wie sie uns begegnet, als widerständig relativ zur Kultur. Dabei muß die materiale Ebene der Kultur als die der realtechnisch gestalteten Räume und Strukturen unterschieden werden von der kognitiv-epistemischen Ebene des theoretischen Wissens und der normativen Ebene der Werte und Prinzipien der Rechtfertigung von Zwecken und Mitteln, um unterschiedlichen Traditionen gerecht werden zu können. Zugleich sind dies „Medialitätsebenen" (I, S. 241f.), nämlich als performative, als konzeptualisierte und als legitimatorische Medialität.

Was hier sehr allgemein und summarisch dargestellt wird, ist tatsächlich fein ziseliert und in ständiger Auseinandersetzung mit anderen Positionen ausgearbeitet. Insbesondere zeigt sich dabei, daß die so gewonnene Basis tragfähig ist, nicht nur ‚klassische' Technik zu erfassen, sondern ebenso ‚transklassische Technik' von ‚Biofakten' bis hin zur Informationstechnik mit ihren virtuellen Realitäten und Simulationstechniken.

Den Schluß bildet eine Überleitung zum zweiten Band: Heute werden vielfach Zwecke und Mittel an technische Systeme delegiert; technische Systeme gestalten den Handlungsraum. Damit aber, so Hubig, geht die kritische Selbstkontrolle der Handlungsvernunft verloren – die Medialität des Technischen wird „selbstverständlich", nicht wir regulieren, sondern es reguliert sich selbst. Die Hoffnung auf eine bloße ‚List der Vernunft', die letztlich alles zum Guten wendet, geht fehl. Deshalb ist ein „neuer Pragmatismus" gefordert, der einen „weitest möglichen Erhalt eines Chancen- und Risikomanagements gewährleistet": Die Moderne muß sich als „Projekt der Selbstbescheidung" begreifen, getragen von einer „provisorischen Moral" (I, S. 258).

Die Spezifik einer Technikethik besteht nach Hubig nicht in der moralischen Beurteilung dieser oder jener technischen Handlung (dafür reicht die klassische Ethik), sondern in der „Gestaltung von Möglichkeitsräumen des Handelns durch Technik" (II, S. 12). Im Zentrum steht also die Frage nach der Gestaltung technischer Systeme im Blick auf Chancen- und Risikopotentiale, oder noch allgemeiner, um die Gestaltung der Bedingungen technischen Handelns. Deshalb wehrt Hubig Einwände ab, eine Technikethik sei moralische Aufdringlichkeit, Anmaßung, ökonomische Weltfremdheit und stehe in Konkurrenz zu anderen Regelwerken unserer überregulierten Welt (II, S. 15). Vielmehr muß es um eine Orientierung gehen, die als Ethik auf die Rechtfertigung von Moral als Inbegriff handlungsleitender Regeln abzielt.

Gesucht sind nun keineswegs absolute, ewige ethische Prinzipien, sondern im Sinne René Descartes' die Regeln einer „provisorischen Moral": Sie erwachsen aus der Vorschau auf eine ungewisse Zukunft und trachten nach Vorsorge – was verweist auf Hans Jonas' Zukunftsethik (s. dort). Solche Reflexion erwächst, so Hubig, aus dem dialektischen Spannungsverhältnis zwischen abstrakten Bestimmungen, Strategien der Weltaneignung und der sich dabei im Lichte der Moral zeigenden „Widerständigkeit" (II, S. 22). Hier ist ein Abgleich gefordert, dessen Ort die Ethik ist. Dabei trifft das technische Können als Verfügungswissen auf das geforderte Orientierungswissen bezüglich technischer Zwecke.

Um den genannten Kritiken gerecht zu werden und den Orientierungsrahmen einer Technikethik abstecken zu können, wählt Hubig den denkbar allgemeinsten Zugang, indem er von „Technik als System" ausgeht, um von Anbeginn die weiten Möglichkeitsräume einzubeziehen, die in Bd. I aufgewiesen sind. Für die Systemkonzeption wird so nicht das isolierte individuelle Handeln zugrunde gelegt, sondern die „Interaktion von Subjekten" (II, S. 32). Entscheidend ist hierbei, daß auch Formen der ‚transklassischen Technik' im System einbezogen sind. Auch sie trifft die normative Frage nach der Gestaltung technischer Medialität als technischer Möglichkeitsspielraum.

Angesichts der sehr unterschiedlichen Ethikkonzepte der Gegenwart ist eine Reflexion gefordert, die nicht einseitig auf eine Position setzt, sondern ein Begründungsfundament sucht, das einen wertbasierten Pluralismus für die Technikgestaltung und -nutzung fruchtbar macht. Nun ist Technik durchgängig wertbehaftet. Dabei werden Werte verstanden als „anerkannte implizite Regeln zur Rechtfertigung von Präferenzen und zur Rechtfertigung von Mitteln und Zielen" (II, S. 71). Doch welche Werte, Prinzipien und Imperative stehen dahinter? Neben unbedingten Imperativen wie dem kategorischen Imperativ gibt es bedingte, hypothetische Imperative, wie sie in Zweck-Mittel-Verbindungen zum Ausdruck kommen. Technische Imperative sind nun in doppelter Weise hypothetisch, nämlich bezüglich ihres technischen „Nötigungscharakters" und bezüglich der Bedingungen der Zwecksetzung selbst (II, S. 90); doch sie sind stets verbunden mit Unsicherheiten, die die Annahmen über den Ausgang betreffen. Ein Risikomanagement löst diese Schwierigkeiten nicht, sondern birgt höherstufige Risiken. Überwunden wird dies oftmals durch Vertrauen, gegründet auf langjährige Erfahrung mit erfolgreichen Praxen (II, S. 111). Doch kann dies heute keine durchgängige Lösung sein, deshalb ist Vertrauen durch eine „Fehlerkultur" als institutionalisierter Anreiz zur Fehlerreflexion zu ergänzen (II, S. 116).

Doch wie ist mit dem Wertepluralismus umzugehen? Ein diskurstheoretischer Ansatz birgt formale und inhaltliche Schwächen. Dagegen führt ein klugheitstheoretischer Ansatz zur „provisorischen Moral", beruhend auf Regularien, die auf eine „Abwägung zwischen Hinsichten des Guten" abzielen und damit letztlich auf ein gelingendes Leben: Prinzipien sind durch Regeln ersetzt, die einem Suchraum zugehören. So wird – Zentralthese Hubigs – hinter den Regeln eine „Wertebasis" des gelingenden Lebensvollzugs sichtbar (II, S. 137).

Im nächsten Schritt greift Hubig seine schon früher eingeführte fruchtbare Unterscheidung von „Options- und Vermächtniswerten" auf (II, S. 141ff). Erstere betreffen mögliche Handlungs- oder Zieloptionen, letztere den „Erhalt derjenigen sozialen Strukturen, die für die Herausbildung von Wertekompetenz unabdingbar sind" (II, S. 142).

All dieses schließt Dissense nicht aus. Im Blick auf die Technikbewertung verlangt Hubig darum, daß diese im Möglichkeitsraum ansetzt, um sogenannte Sachzwänge aufzulösen, damit ein Ausgleich von Werthaltungen möglich wird. Dies geschieht vermittels einer Reihe von Strategien, die zum einen die Erhaltung der Vermächtniswerte sichern, zum anderen gemäß der provisorischen Moral im Sinne einer „Ethik des Offenlassens" die „Rechtfertigung des Ausschlusses derjenigen Wertungen, die den Erhalt des Weiter-Handeln-Könnens gefährden" (II, S. 163). Daraus ergibt sich eine besondere Aufgabe für Institutionen, was schrittweise zu einer Institutionenethik ausgeweitet wird, wie sie sich beispielsweise in Ethikkodizes der Ingenieursverbände niederschlagen. Damit kommt das Problem der Macht in den Blick, bis hin zu Konsequenzen für die technischen Gestaltungen von Mensch-Maschine-Systemen (II, S. 210) und den dazu erforderlichen Voraussetzungen in der Bildung: Kompetenz und Kompetenzvermittlung wird so zur neugestalteten Wiederaufnahme der alten Bildungsidee.

Das Werk behandelt Technik nicht auf einer kleinteilig-kurzsichtigen, scheinbar praxisnahen Ebene, obgleich inhaltliche Bezüge nicht fehlen – vielmehr geht es um eine sehr grundsätzliche philosophische Sicht, sowohl was die Technik bis zu ihren heutigen Formen als auch die Frage nach einer Technikethik betrifft. Eine thesenhafte Zusammenfassung (II, S. 231–236) erleichtert dem Leser dabei die Orientierung; denn in der Subtilität der Behandlung kontroverser Positionen könnte sonst die große Linie verdeckt werden. So aber erweist sich die Schrift als Dokument einer tief dringenden Analyse mit fruchtbaren und zugleich undogmatisch-offenen Antworten.

Hans Poser

Peter Janich: Kultur und Methode. Philosophie in einer wissenschaftlich geprägten Welt

Frankfurt/M.: Suhrkamp 2006 (stw 1773), 460 S.

Der Band des Marburger Wissenschaftstheoretikers Peter Janich (geb. 1942) enthält 18 Aufsätze, die zwischen 1997 und 2005 entstanden und in sechs Kapitel gegliedert sind. Der Autor behält Wiederholungen in den Beiträgen bei, was zeigt, daß es ihm v.a. um die Verdeutlichung der Grundlagen des auf ihn zurückgehenden Methodischen Kulturalismus und deren Exemplifizierung in unterschiedlichen philosophischen und wissenschaftlichen Feldern geht.

Die entscheidende Inspiration erhält der Methodische Kulturalismus von Hugo Dinglers Idee der pragmatischen Ordnung, die von der Erlanger Schule zwar aufgegriffen, aber handlungstheoretisch nicht ausdifferenziert wurde, da eine Reflexion des Unterschieds von nichtsprachlichem Handeln und sprachlicher Handlungsbeschreibung unterblieb. Diese Reflexion beansprucht der Methodische Kulturalismus zu leisten. Seine Grundlagen sind im Wesentlichen folgende:

- Das Primat technischen Handelns gegenüber naturwissenschaftlicher und generell wissenschaftlicher, also theoretischer Praxis.
- Das Aufgreifen der Lebensweltproblematik als einer Begründungsproblematik, in der geklärt wird, inwiefern technische Welterschließung Basis aller wissenschaftlichen Welt- und Wirklichkeitsansprüche ist.
- Die Unhintergehbarkeit von pragmatischen Geltungsansprüchen in der Wissenschaft, die ihrerseits nicht durch Naturalismen bzw. Fakten ausgewiesen werden können.
- Das Primat der Handlungstheorie gegenüber der Sprachphilosophie sowie des kommunikativ-pragmatischen Sprachmodells gegenüber dem syntaktischen.
- Das Primat der Vollzugsperspektive gegenüber der Beschreibungsperspektive.

– Die Unhintergehbarkeit zeitlicher und methodischer Abläufe von Handlungen.

In der Einleitung stellt Janich fest, daß es ein neues Nachdenken über Naturwissenschaft und Technik mit weitreichenden Folgen für unser Menschenbild gibt, das v.a. durch die Informationstechnologie, die Hirnforschung und Nanotechnologie provoziert wird. Er will die Frage beantworten, welche Möglichkeiten einer methodischen Begründung von lebensweltlichem, wissenschaftlichem und philosophischem Wissen es gibt. In kulturphilosophischen Betrachtungen wird seines Erachtens oft übersehen, daß Kultur selbst technikförmig ist. Immer muß bei der Wissensbegründung von der Beschreibungs- auf die Vollzugsperspektive zurückgegangen werden. Szientistischen, naturalistischen und reduktionistischen Kognitionsauffassungen wird ein kulturalistisches Verständnis von Wissen und Erkennen gegenübergestellt. Es soll nachgewiesen werden, daß „methodische Begründungen möglich ... und eine Kulturabhängigkeit ohne Relativismus oder Aufgabe von Geltungsansprüchen anerkennungswürdig sind" (S. 12).

In „Technik und Kulturhöhe" wird die Notwendigkeit der Unterscheidung von Handeln und Verhalten gegen einen festgestellten Trend zur Nivellierung betont. Unabdingbare Voraussetzungen des Handelns sind ‚Zweckautonomie', ‚Mittelwahlrationalität' und ‚Folgenverantwortlichkeit', die Tieren nicht zugesprochen werden können. Notwendigerweise wird tierisches Verhalten anthropomorph beschrieben, da der Mensch auf die menschliche Sprache angewiesen ist. Grundsätzlich wird zwischen kinetischen, poietischen und im engeren Sinne praktischen Handlungen unterschieden, wobei die drei Handlungstypen aufs engste miteinander verknüpft sind. *Kinetische- oder Bewegungs-Handlungen* sind solche, die wir uns (wie das Schreiben) aneignen, um bestimmte Zwecke zu erreichen. Von *poietischen Handlungen* ist zu sprechen „wo Produkte geschaffen werden, die zur eigenen oder fremden Verwendung dienen und dabei einer gewissen Neuinterpretation ihres Mittelcharakters für (neue) Zwecke offenstehen" (S. 23). *Praktische Handlungen* unterscheiden sich von poietischen dadurch, daß sie Zwecke setzen, sie modifizieren, rechtfertigen oder kritisieren. Poietische Handlungen setzen die unumkehrbare Reihenfolge von Teilhandlungen in Handlungsketten fest: man kann das Auto nicht vor dem Rad erfinden. Technische Handlungsrationalität führt auf eine bestimmte Kulturhöhe, von der aus man „neue Zwecksetzungen durch Umdeutungen verfügbarer Mittel" (S. 28) vornehmen kann.

In „Kulturvergleich in der Beobachterperspektive – Versuch einer methodischen Grundlegung" soll eine methodisch-systematische Grundlegung des Kulturbegriffs geleistet werden. Betont wird hierbei die ethische Komponente des Kulturbegriffs. Handeln kann dem Einzelnen als Verdienst oder Verschulden angerechnet werden. Entscheidend für die durch Handeln charakterisierte Kultur ist, daß an der Lebensbewältigung immer auch nichtsprachliche kinetische und poietische Handlungen beteiligt sind. Die „Kultürlichkeit" des Menschen liegt in seinem Handlungsvermögen. Obwohl die Abhängigkeit der Kultur von Kinesis und Poiesis (also der Dimension des Technischen) offenkundig ist, wurde diese im Abendland philosophisch ignoriert oder abgewertet, was in der antiken Geringschätzung für körperliche bzw. handwerkliche Arbeit seine Ursache hat. Selbst die Geometrie gründet in handwerklichen Fähigkeiten: „Ohne poietische Erzeugung der Zeichenebene, des Lineals, des Zeichenstifts und des Zirkels gibt es aber keine Zeichenpraxis, wiewohl sie bis in die Terminologie bei Euklid, in die Definitionen, die Theoreme und Beweise hinein in Anspruch genommen wird" (S. 37). Die konstitutive Bedeutung des nichtsprachlichen Handelns für die Kultur ist damit weitgehend ausgeblendet worden. Es ist das herstellende Handeln, das die jeweilige Kulturhöhe schafft. Die Poiesis liefert damit das Modell für die Kulturentwicklung. Kultur erfährt im vorsprachlichen herstellenden Handeln ihre Begründung und steht, wie bei Arnold Gehlen (s. dort), im Dienste der Lebensbewältigung. In allen Kulturen muß der Mensch handeln lernen, wobei immer im Vollzug gelernt wird. Ein expliziter Kulturbegriff, der ein Überschreiten der Teilnehmerperspektive erlaubt und damit auch zum Kulturvergleich geeignet ist, ergibt sich aber erst auf sprachtheoretischer Ebene.

In „Vom Handwerk zum Mundwerk" soll gezeigt werden, daß es ‚falsch' ist, Empirist, Naturalist oder Relativist zu sein. Ersteres soll durch die Konstruktivität, zweites durch die Praktizität und drittes durch die Methodizität des Wissens belegt werden. Unser Wissen „hängt von der Respektierung der methodischen Reihenfolge der Handlungen ab" (S. 59). Der Konstruktivismus des Methodischen Kulturalismus stellt Wahrheit nicht her, sondern führt sie auf ihre faktische Anerkennung zurück. Der logische Empirismus fordert, daß selbst Rechenleistungen entweder logisch aus der technischen Beschreibung des Rechners folgen oder eine empirisch-kausale Erklärung erfahren müssen. Dieser Auffassung hält Janich das immer wieder aufgegriffene Beispiel vom Rechner, der falsche Rechenresultate liefert, entgegen: „Die technisch-physikalische Beschreibung des Rechners gilt für gestörte wie für einwandfreie Geräte ... die Wahr/falsch-Unterscheidung muß immer schon vorab gewußt und für die naturalistisch gesuchte Erklärung angewandt werden" (S. 64f.). Für die Falschheit seiner Behauptungen ist prinzipiell nicht die Natur, sondern der Naturforscher verantwortlich. Die Antworten, die Konstruktivität, Methodizität und Praktizität des Methodischen Konstruktivismus auf Fragen geben, die sich an die Gegensatzpaare von ‚praxis' und ‚poiesis', von ‚physis' und ‚techné', von ‚praxis' und ‚theoria' anschließen, werden im Rückgang auf die Vollzüge von Handlungen in der Lebenswelt beantwortet. „Diese Antworten von den ... Defiziten naturalistischer Positionen freizuhalten ist der Anspruch" (S. 66) des Methodischen Kulturalismus.

In „Vollzugs- versus Beschreibungsperspektive des Handelns und das Problem wissenschaftlicher Transsubjektivität" wird darauf hingewiesen, daß empirische Daten durch Messungen gewonnen werden, also von Geräteeigenschaften abhängen. „Der Wirklichkeitsbezug dieses Vorgehens ist ... pragmatisch im Sinne eines Wirklichkeitsbezugs, in dem das Wirkliche das durch Handlung Bewirkte ist" (S. 75). Mit dem Begriff der Transsubjektivität wird ein Geltungsanspruch zum Ausdruck gebracht: Es werden für jedermann zustimmungsfähige Sätze aufgestellt. Aber auch in der Wissenschaft gibt es immer schon ein nichtsprachliches lebensweltliches Vorwissen vom Untersuchungsgegenstand. Der Physiologe setzt schon ein Wissen über Sehen und Hören voraus, bevor er wissenschaftliche Aussagen macht. Ein Wissenschaft begründendes Vorgehen ist dann methodisch und pragmatisch zu nennen, wenn es den Aufbau einer Theorie in geordneten Schritten vollzieht, diese auf Alltagspraktiken zurückbezieht und „im Blick auf tatsächliche Lebensvollzüge methodisch rekonstruiert" (S. 85).

In „Sprachphilosophie und Informationsbegriff" wird eine nichtnaturalistische Gegenposition zu Charles W. Morris' und Warren Weavers' Informationskonzept vertreten. Janich versucht die Defizite ihres technischen Modells der Nachrichtenübertragung aufzuweisen, indem er die unersetzbare Rolle der Kommunikation als Voraussetzung von Informationsprozessen hervorhebt. Man kommuniziert erst dann, wenn etwas Gemeinsames mit sprachlichen Mitteln erzeugt wird. Dieses Gemeinsame ist aber Voraussetzung auch des technischen Informationsaustauschs. Nur aufgrund von Anerkennung und Befolgung einer Aufforderung ist eine „Kontrolle des Gelingens sprachlicher Kommunikation im semantischen Sinne" (S. 101) möglich. Der Kommunikation kommt gegenüber der Signifikation ein methodisches Primat zu, weshalb die kanonische Reihenfolge der Sprachphilosophie ‚Syntax, Semantik, Praxis' eine Umkehrung erfahren muß: Sprachphilosophie kann nicht ohne handlungstheoretisches Vokabular auskommen, sehr wohl aber die Handlungstheorie ohne sprachphilosophisches.

In „Emergenz: Ist die Kultur des Wissens natürlich begrenzt?" wird die Auseinandersetzung mit naturalistischen Konzepten fortgeführt. Janich nimmt Bezug auf E. O. Wilson, der davon ausgehe, daß alle Wirklichkeit auf Prozessen beruht, die auf physikalische Gesetze reduziert werden können. Vom Urknall bis zum Sozialstaat soll alles kausal erklärt werden. Die Idee einer ‚kausalen Geschlossenheit der Natur' liefert aber keine Erklärung für das Nichtfunktionieren eines Rechners. Den emergenztheoretischen Überlegungen der analytischen Philosophie des Geistes wirft Janich Ignoranz und Denkfehler vor. Vergessen wird die Rolle der Kinesis und Poiesis im Erkenntnisprozeß sowie die Präsenz der Zweckrationalität und methodische Ordnung im Forschungsprozeß. Ihr naturhistorischer Realismus „verkennt, daß es selbst im Kontext von Forschungsfragen eine Behauptung ist, über vergangene, nicht beobachtete und nicht beschriebene Verhältnisse ein Wissen anzunehmen" (S. 158). Die ‚kausale Geschlossenheit der Natur' ist „keine natürliche Eigenschaft ..., sondern ein Forschungsprogramm" (S. 158) und gerade naturwissenschaftlich nicht feststellbar.

In „Was ist denn nun Wahrheit – ganz praktisch gesehen?" stellt der Autor fest, daß die Naturwissenschaft heute Gefahr läuft, ihren Wahrheitsbezug zu verlieren, da sie zunehmend ihre Modelle mit der Wirklichkeit verwechselt. „Weder die Naturwissenschaft vom Menschen noch die Physik oder Technikwissenschaft vom Rechner leisten, was sie beanspruchen, nämlich den Unterschied von Wahr und Falsch in Erkenntnis- oder Rechenleistungen zu stiften. Vielmehr muß für natürliche wie künstliche Systeme vorab gewußt werden, wie mit Wahr und Falsch umzugehen ist. Das heißt aber, daß ... Wissenschaften erfolgreich nicht als Naturwissenschaften, sondern als Technikwissenschaften sind und daß sich hier Erfolg von Mißerfolg durch Erreichen oder Verfehlen technischer Ziele und Zwecke unterscheidet" (S. 197f.). Der Methodische Kulturalismus bestimmt deshalb Wahrheit als erfolgreiche Passung in Bezug auf menschliche Handlungsintentionen.

In „Technische Substitution kommunikativer Kompetenz?" findet eine Auseinandersetzung mit dem Menschenbild in der Robotik statt. Für ihn steht fest, daß die kommunikative Kompetenz des Menschen prinzipiell nicht substituierbar ist. Zu ihr gehört die Fähigkeit zu entscheiden, „ob die eigenen Redehandlungen ihren Zweck erreichen, beim Gegenüber ... verstanden und anerkannt zu werden" (S. 283). Das Ziel, die kommunikative Kompetenz des Menschen leistungsgleich zu ersetzen, steht „mit sich selbst im (performativen) Widerspruch" (S. 288). Auch für die Robotik gilt, daß Meßdaten, die menschliche Leistungen erfassen sollen, von Zweckbestimmungen und vom Funktionieren der Meßgeräte abhängen.

In „Euklids Erben" findet eine kritische Auseinandersetzung mit dem logischen Empirismus, dem kritische Rationalismus und Thomas S. Kuhns Historismus statt. Die „Geltung von Protokollsätzen, die Begriffsbildung für Basissätze und die sprachliche Fassung der Paradigmen" ist „durch Handwerks- und Ingenieurskunst und nicht durch logisch syntaktische Kunststücke der Theorie zustande gekommen" (S. 310).

In „Philosophische Perspektiven der Chemie" plädiert Janich dafür, den Chemiker eher als Techniker denn als Naturwissenschaftler zu sehen. Naturalistisch läßt sich nicht erklären, was chemische Elemente sind, denn das theoretische Wissen der Chemie „hängt ab davon, was im Labor technisch gelingt" (S. 328). Es gibt also gute Gründe, Chemie als eine Kulturleistung zu sehen, für die Verantwortung übernommen werden muß. Ein Naturalist gerät in einen Selbstwiderspruch, insofern er tun muß „was er naturalistisch gesehen gar nicht tun kann, nämlich selbst vorschreibend das Natürliche vom Nichtnatürlichen ... unterscheiden" (S. 327).

In „Das Experiment in der Biologie" wird gezeigt, daß praktisch-technische Handlungen auch für die Biologie das Fundament bilden. Es ist „die lebensweltliche Praxis des Umgangs mit Lebewesen in Haltung und Züchtung, aus der heraus sich Züchtungsziele, Verfahren und Bedingungen ergeben" (S. 358). In den experimentierenden Naturwissenschaften werden durch die technische Beherrschung von Sachverhalten bestimmte Abläufe künstlich hergestellt. Aus Experimenten gewonnenes Wissen ist ein Bewirkungswissen. Nicht die Natur erzeugt Regelmäßigkeiten in den Abläufen, sondern die „technischen und begrifflichen Handlungen" (S. 346) der Experimentatoren. Das biologische Experiment gleicht der Tätigkeit des Ingenieurs, der eine Maschine baut und in Gang setzt, um zu sehen, ob sie funktioniert. Experimentelle Erfahrung artikuliert sich nicht zuletzt im Erreichen oder Verfehlen zweckherstellenden Handelns. Der biologische Gegenstand ist kein Naturgegenstand, sondern eine „zweckmäßige Erfindung des Biologen. Denn es sind seine Fragen und Erkenntnisinteressen, unter denen Naturgegenstände zu Objekten in bestimmten Verfahren werden" (S. 366).

Ohne Frage kommt Janich das Verdienst zu, Edmund Husserls Lebensweltkonzept (s. dort), das ein Begründungskonzept ist, wissenschaftstheoretisch genutzt und die neukantianische Geltungsdiskussion wissenschaftstheoretisch fortgeführt zu haben. Auch die Einsicht in das Primat der Technik gegenüber der Wissenschaft erfährt eine Präzisierung. Seine Überlegungen zum Methodischen Kulturalismus bündeln philosophische Einsichten. Neben pragmatischen Positionen, Husserls Lebensweltkonzept und Kritik an der Naturalisierung von Ideen sowie dem neukantianischen Konzept der Geltungsreflexion spielen auch Gehlens Überlegungen zum Handeln und zur Kultur eine wichtige Rolle. Janichs kritische Auseinandersetzung mit populären, die öffentliche Wahrnehmung dominierenden naturalistischen Theorien ist eine wertvolle Positionierungshilfe im gegenwärtigen philosophischen und wissenschaftstheoretischen Diskurs. Schlüssig weist er Denkfehler in den Theorien der Kognitionswissenschaft, Hirnforschung und Robotik nach, womit auch ein Beitrag zur Selbstbehauptung der Philosophie, deren zentrale Aufgaben die der Kritik, der Vermittlung und der Orientierung sind, geleistet wird. Gelegentlich wären philosophiehistorische Einbettungen der eigenen Position und ein stringenterer Aufbau einiger Beiträge wünschenswert gewesen. So sinnvoll Wiederholung und Variation der Grundlagen des Methodischen Kulturalismus in den Beiträgen auch sein mögen, eine gewisse Verknappung derselben hätte der Grundlagenvermittlung gut getan.

Klaus Wiegerling

Nicole C. Karafyllis (Hg.): Biofakte. Versuch über den Menschen zwischen Artefakt und Lebewesen
Paderborn: Mentis 2003, 295 S.

Nicole Christine Karafyllis (geb. 1970) lehrte nach einem Doppelstudium in Biologie und Philosophie in Frankfurt am Main, Stuttgart und Wien. 2008 folgte sie als Professorin für Philosophie einem Ruf an die internationale United Arab Emirates University in Abu Dhabi; seit 2010 hat sie den Lehrstuhl für Philosophie mit den Schwerpunkten Wissenschafts- und Technikphilosophie an der TU Braunschweig inne.

In dem Band sind neben einer systematischen Einleitung der Herausgeberin fünfzehn Beiträge von Vertretern/innen unterschiedlichster Disziplinen versammelt, die aus ihrer jeweiligen Perspektive das Phänomen der sogenannten ‚Biofakte' thematisieren. War dieser Terminus in früheren Zeiten unterschiedlich eingesetzt (erstmals im Kontext der Mikroskopie 1943 von Bruno M. Klein), so wurde er von Karafyllis nunmehr in systematischer Absicht eingeführt und inzwischen erfolgreich in der natur- und technikphilosophischen sowie wissenschaftstheoretischen Diskussion verortet, um diejenigen Hybridwesen zu erfassen, die eine biotische Wachstumskomponente sowie eine Komponente technischer Hervorbringung in Gestalt einer Initiierung, Steuerung, Regelung, Transformation oder alternativen Verortung des Wachstums aufweisen. Das Spektrum entsprechender Interventionen reicht von solchen, die unter der Idealvorstellung der Programmierung stehen, bis hin zu ‚bloßer' Beeinflussung von Bedingungen des Wachstums in Gestalt ‚medialer' Steuerung. Dabei zeigt sich, wie Karafyllis in der Einleitung „Das Wesen der Biofakte" darlegt, daß der Neologismus ‚Biofakt' als Zusammenführung von Bios (Leben) und (Arte-)fakt auf verschiedenen theoretischen Ebenen zu verorten ist. Er läßt sich mit Edmund Husserl (s. dort) als ‚Inbegriff' bezeichnen, als Komplex von Vorstellungen, der kategorial inhomogene Kennzeichnungen unter einem gemeinsamen Interesse versammelt. Das gemeinsame Interesse liegt hier darin, jenseits der phänomenal und theoretisch problematisch gewordenen Gegenüberstellung von ‚Natur' und ‚Technik' (angesichts der zunehmenden zivilisatorisch-technischen Überformung der äußeren und unserer inneren Natur einerseits, der ‚naturalistisch' modellierbaren Bedingtheit von Wachstums-, Entwicklungs- und Evolutionsprozessen menschlicher Kultur andererseits) die ‚hybride Identität' der Genese von Wesen zu erfassen, die eine „technische Einflußnahme" auf das natürliche Wachstum aufweisen (S. 12). Dabei kennzeichnet „Biofakt" *begrifflich* bestimmte Gegenstandsbereiche vom Tissue Engineering bis zu Formen des Artificial Life, von transgenen Organismen bis hin zu Transplantaten. Diese Bereiche werden einerseits abgegrenzt von solchen klassischer Hybridisierung als Prothetik (die keine partielle Autonomie des Wachstums aufweist, 14) sowie von solchen, die rein ergebnisbezogen („Menschmaschinen"/„Maschinenmenschen") unter Absehung ihrer Genese (mit entsprechender Wachstumskomponente) ergebnisorientiert als künstliche Entitäten charakterisiert werden (S. 15). Auf *kategorialer* Ebene erfaßt „Biofakt" auf der einen Seite den Modelltransfer von den Technikwissenschaften in die Life Sciences (Bioinformatik, Einsatz der Maschinenbau-Terminologie in der synthetischen Biologie), auf der anderen Seite die Übernahme naturalistischer Paradigmen der Evolution zur Modellierung technischen Prozessierens, z.B. in der Bionik und in der informationstechnischen Gestaltung virtueller Landschaften. In diesem Kontext verweist Karafyllis auf die Dominanz absoluter, d.h. orientierender Metaphern, die der Domäne des Pflanzlichen entnommen sind (Keim, Same, Verpflanzung, Einpflanzung etc., 16–18). Auf der Ebene der *Ideen* markiert „Biofakt" Zielvorstellungen und biotechnische Visionen bezüglich unseres Menschseins sowie unserer Weltbezüge, in denen eine Überwindung oder Übersteigerung „natürlicher" Menschlichkeit in transhumanistischer Absicht (Cyborg, humanoide Replikanten) gefaßt werden (S. 15). Während in der klassischen Gegenüberstellung *Natur* als das sich unter eigener Funktionalität selbst Bewegende, *Technik* als das unter von außen gesetzter Funktionalität Geschaffene begriffen war, so zeigt „Biofakt" als Idee die konfliktgeladene Änderung des klassischen Naturverhältnisses: Einerseits die Projektion technischer Funktionalität in ein Naturbild, unter dem „Reparatur", optimale „Allokation", „Global Management" ihre Rechtfertigung finden; andererseits Verweise auf die Eigendynamik eines Wachstums, welches – insbesondere wenn es als spezifisch menschliches Wachstum gefaßt werden soll – jenseits von Programmen nicht mit Blick auf „Orte", sondern vielmehr auf „Horte" „vorsichtig bewirtschaftet" werden sollte (S. 23), also als Potential unter entwicklungsoffenen „Hoffnungen", deren Spielräume und deren Schatz an Erfahrungsmöglichkeiten zu erhalten sind, jenseits dessen, daß „wir uns selbst kultivieren und kultivieren lassen, anstatt eigendynamisch zu wachsen" (S. 23). Die vernebelnde Rede von „Programmen" blende die Frage nach dem Programmierer aus, der nicht nur Autor und Urheber ist, sondern auch der Träger einer eigenen Biographie im buchstäblichen Sinne seiner Lebens*führung* bleibe (S. 25). Dies zu berücksichtigen bleibe Aufgabe einer anthropologisch fundierten Angewandten Ethik, die die Rede von Biofakten eben im Horizont eines „Versuchs über den Menschen" (Ernst Cassirer, s. dort) beläßt.

Die erste Gruppe von Beiträgen ist dem Themenfeld „Reproduktion und Vision" gewidmet und behandelt Utopien vom wünschbaren Leben. Die Historikerin Gisela Engel untersucht das Verhältnis von Utopie und Wissenschaft in Francis Bacons frühen Fragmenten. Bacon, maßgeblicher Begründer des Programms neuzeitlicher Naturwissenschaft und Technik, fordert angesichts einer Stimmung vom „Herbst der Welt" die Wiederherstellung der paradiesischen Herrschaft Adams über die Welt unter dem Ideal einer an Nützlichkeit ausgerichteten wissenschaftlichen Forschung, in deren Programm auch die heutigen Biowissenschaften nebst den durch Eingriffe in Naturabläufe hergestellten Biofakten einordbar seien (S. 29ff.). Der Kulturhistoriker Gordon Uhlmann und die Künstlerin Hannimari Jokinen beschreiben in ihrem Beitrag „KunstMensch. Reflexionen der Hybriden in der zeitgenössischen Kunst" Gegenbilder zum Pygmalion, um ex negativo „erneut die Frage nach dem ganzen Wesen des Menschen zu stellen, einschließlich der ungewissen Beziehungen zwischen Leib und virtuellem Körper", um „uns letztlich das Hybride als Teil unseres eigenen Seelenlebens" erfahren zu lassen (S. 56). Hille Haker, Professorin für theologische Ethik, fordert in ihrem Beitrag „Biofakte – Prolegomena zum Selbst-Verhältnis zwischen Cyperspace und genetischer Kontrolle", den Leib als Instanz des Selbst zu rehabilitieren. Das „lebendige Selbst" (S. 62) gewinne seine Selbstbezüglichkeit durch die leibliche Erfahrung (vermittelt über den Körper) wie über die Reaktionen der anderen, vermittelt über die Sichtbarkeit des Körperlichen (S. 64). Die Reduktion auf reine Körperlichkeit, wie sie dem Biofaktischen zugrunde liegt, verstelle sowohl diese beiden Perspektiven, als auch eine dritte, welche darin liege, daß wir unsere Identität über die erzählten Geschichten unserer leiblichen Erfahrungen gewinnen. Der Philosoph und Soziologe Peter Wehling stellt in seinem Beitrag „Schneller, höher, stärker – mit künstlichen Muskelpaketen" die Frage nach der Dynamik immer neuer Dopingstrategien einschließlich der nachhinkenden Dopinganalytik bis hin zum Gendoping. Eine Lösung sieht er nicht im Versuch, die alte Unterstellung von Grenzwerten für eine „Natürlichkeit" des Körpers durch soziale Übereinkünfte bezüglich des Gesundheitsschutzes abzulösen, sondern in einer Reflexion auf die Grenzen eines modernistischen Programms unbegrenzter Leistungssteigerung. Solange dies nicht geschehe, bleibe der Sport Vorreiter bei der Kreation von menschlichen Biofakten (S. 99).

Die zweite Gruppe von Beiträgen diskutiert Biofakte mit Blick auf die Problematik von „Regeneration" und „(Re)Konstruktion". Der Wissenschaftstheoretiker Rudolf Kötter untersucht Konzepte von „Wachstum". Er unterscheidet anorganisches von organischem Wachstum (qualitative Veränderungen als Gestalt- oder Funktionswandel), absolutes von relativem Wachstum (mit Blick auf die Übernahme ökonomischer Modellierungen im Evolutionsdenken Charles Darwins), sowie dessen kausale und funktionale Erklärung. Letztere deuten Naturvorgänge systemisch: Die internen Funktionen von biologischen Merkmalen eines Lebewesens werden nach technischen, die externen Funktionen nach ökonomischen Mustern des Funktionierens erklärt (S. 111). Nur unter der Zuweisung solcher Funktionen ist die Rede von einer Fehlfunktion oder einem Defekt möglich. Naturgesetzliche Verfaßtheiten liefern zur Beantwortung der Frage nach der „Natürlichkeit" reparierender oder optimierender Eingriffe keine Hilfe (S. 113). Die Rechtfertigung von Funktionszuweisungen durch Verweis auf evolutionäre Entwicklungen („Selektion") ist unzureichend, weil uns ein Wissen über den Gesamtgang der Evolution verwehrt bleibt. Interventionen betreffen nur die kausale *Realisation* von Funktionen. Während natürliche Prozesse der Merkmalsausprägung genetisch gesteuert und in selbstorganisierten

Prozessen im Wechselspiel von Aktivatoren und Inhibitoren Ordnungsstrukturen hervorbringen, stellt sich bei Interventionen in das absolute Wachstum von Individuen immer die Frage, wie zu verhindern ist, daß das Wachsen eines Individuums „in der Katastrophe endet" (S. 117). Aus wirtschaftsethischer Sicht problematisiert Gotlind B. Ulshöfer angesichts der Ersetzung des Mutationsgeschehens durch technische Innovationen, inwieweit der Körper zum ökonomischen Gut werde (S. 123). Überläßt man die Selektionsfunktion dem Markt mit seinen als „homo oeconomicus" modellierten Agenten, so erweise sich diese Strategie schnell als unzureichend, weil der politische Kontext und bioethische Erörterungen der sozialen Auswirkungen das konkrete, reale wirtschaftliche Geschehen in hohem Maße mitprägen. Marktliberalismus unterläge daher dem Trugschluß der „unangebrachten Konkretheit" (S. 127). Der Jurist Malte-Christian Gruber untersucht den rechtlichen Status von Biofakten. Da die Anerkennung als Person auf anderen Umständen beruhen müsse als auf der bloßen Spezieszugehörigkeit, sei eine Teilrechtsfähigkeit im Randbereich der personalen Existenz für „Mischformen des Lebenden" anzuwenden (S. 139). Das Argument einer potenziellen Entwicklung auf einen menschlichen Status hin sei angesichts der Nutzung totipotenter Zellen inzwischen eine unzureichende Komplexitätsreduktion (S. 143). Statt dessen müsse die Zuweisung von eigenen Rechten auf Individualität, Responsivität und Sozialität gründen, auf deren Basis entsprechende Anerkennungsakte stattfinden, die graduierbar sind. Insofern dürfte ein biofaktisches Individuum aufgrund eigener Personenmerkmale einen analogen Anspruch auf Rücksicht und Achtung haben (S. 149). Ungelöst bleibe allerdings die Problematik, inwiefern lebende Entitäten in ihren verschiedenen Formen überhaupt als Individuen gelten können.

Im dritten Teil „Transplantation und Animation" wird die Rolle der Pflanzensymbolik und -metaphorik für unsere Einstellung im Umgang mit Wachstum freigelegt. Der Biophilosoph Hans Werner Ingensiep untersucht „Pflanzenchimären als klassische und moderne Biofakte" ausgehend vom Unterschied zwischen Gewebechimären (z.B. Pfropfbastarden) und transgenen Chimären. Daß die Natur bei Chimären im pflanzlichen Bereich sich nicht um Speziesgrenzen schert, entlaste freilich nicht den Umgang mit dem menschlichen „Keimling" von einer bioethischen Rechtfertigungshypothek. Die seit der Antike unterstellte „Seelenordnung" vom Pflanzlichen über das Tierische zum Menschlichen sei aus moderner Sicht neu zu beleuchten, wenn als Fragefolie die so genannten SKIP-Argumente (Spezieszugehörigkeit, kontinuierlicher Entwicklungsverlauf, Identität und biologisches Potential) eingesetzt werden. Dabei bieten die Pflanzenchimären eine fruchtbare Ausgangs- und Kontrastfolie. Denn unter der SKIP-Begrifflichkeit lassen sich Chimären nur unscharf fassen (so stellen Gewebechimären nur Individuen dar, die transgenen Chimären unter Umständen auch reproduktionsfähige Arten). Wenn also bereits im Pflanzlichen die SKIP-Begrifflichkeit versagt, sind Ersatzkategorien zu suchen: Einheit als zusammengewachsene, insofern „lebendige" Einheit. Bei diesem neuen

Konzept von Ganzheit können idealtypisch harmonische Ganzheitsformen vom merkwürdigen Wachstumsverhalten „verkehrter Pflanzen" unterschieden werden (z. B. Geschwulstbildung). Solcherlei jedoch verweist uns zurück auf die bereits von Kötter freigelegten Funktionsunterstellungen, die nicht aus einer naturgesetzlichen Basis ableitbar sind. Begreift man somit Identität als funktionale Ganzheit, so werde ersichtlich, daß Chimären nicht einfach biologische Objekte sind, sondern – bezüglich ihrer Beurteilung als Ganzheit – „von Subjekten erzeugte Kultur- bzw. Geistesprodukte und Ausdrucksformen kulturell gewählter Ziele" (S. 175). Hieran anknüpfend diskutiert die Biologin und Philosophin Silke Schicktanz in ihrem Beitrag „Fremdkörper: Die Grenzüberschreitung als Prinzip der Transplantationsmedizin" das Ganzheitsproblem angesichts der neuen Optionen, Grenzen zu überwinden: Abstoßungsreaktionen zu unterdrücken, Hirntote als Biofakte zu nutzen, mit den Körperteilen möglicherweise Eigenschaften zu übertragen, Prozesse der Verjüngung zu realisieren. Dabei würden Fragen nach Identitätskonzepten und Menschenbildern in neuer Weise virulent, da zwar einerseits die „identitätsstiftende Konzeption der Leiblichkeit negiert bzw. ausgeblendet" würde, andererseits Natur-Kultur-Grenzen aktiv und bewußt überschritten werden könnten (S. 195). Diese Diskussionslage reflektiert der Philosoph Gregor Schiemann, indem er zunächst zeigt, daß die kartesianische Natur-Geist-Entgegensetzung als Subjekt-Objekt-Gegensetzung immer noch bis in die Kritik an gerade jenem Dualismus durchschlägt (z.B. in der Kritik an der Verdinglichung, die mit der Biofaktisierung einhergeht). Aristoteles' Seelenlehre als Alternative faßt diese Hybridzustände genauer als Unvermögen der Wahrnehmung, die Wahrnehmungsgegenstände selbst zu beeinflussen; nur die Überlegung mit ihrer Fehlerhaftigkeit bilde den exklusiv dem Denken eigenen mentalen Spielraum (S. 209). Wenn nur ein reduziertes Konzept von Subjektivität die Frage verbiete, was es heißt, daß Menschen ihre naturale Basis mit Tieren und Pflanzen teilen, so verweise Aristoteles' Ansicht, daß dem Menschen auch eine Tier- und Pflanzenseele eigen sei, darauf, daß diese vegetabilische Basis vom Subjektstandpunkt aus nicht einfach zu einem Objekt des Verfügens gemacht werden dürfe.

Im letzten Teil des Bandes finden sich Beiträge, die auf die Möglichkeiten von Erfahrung von Wachstum und Entwicklung abheben. Der Informatiker Oliver Deussen stellt Computersimulationen botanischer Formen und Wachstumsprozesse vor: Auf verschiedenste Weise wird dem Betrachter erlaubt, sich in anderen Welten (virtual realities) zu bewegen und Wachstums- und Entwicklungsprozesse zu antizipieren (S. 288). Dies setzt aber eine nicht substituierbare Bekanntschaft mit der bereits vorhandenen Natur voraus. Die Philosophin Martina M. Keitsch zeigt, daß solche basale ästhetische Naturerfahrungen nur im Wechselspiel äußerer Natur mit leiblicher Natur des Menschen zustande kommen und plädiert mit Martin Seel dafür, dem Verschwinden ästhetischer Natur aus der Umgebung des Menschen argumentativ zu begegnen, damit die kulturellen Alternativen, sich zu dieser Natur zu verhalten, nicht dezimiert werden (S. 242). Der 2006 verstorbene Alterungsforscher Paul B. Baltes, der langjähriger Direktor des Max-Planck-Instituts für Bildungsforschung war, untersucht die „Unvollendetheit" der „Architektur der Humanontogenese" im Alter und Altern im Zuge des Verlustes adaptiver Funktionsfähigkeit. Wachstum als Verhaltensweise, ein höheres Niveau an Funktionsstatus oder adaptivem Potential zu erreichen, dieses aufrecht zu erhalten und wiederherzustellen (S. 254), dessen natürliche Effektivität im Zuge der Zivilisationsgeschichte durch eine Steigerung der kulturellen Effektivität kompensiert worden sei, werde seinerseits durch ein Abnehmen der kultürlichen Effektivität in der letzten Lebensspanne eingeschränkt. Die Verluste kommen dadurch zustande, daß z.B. demenzielle Syndrome während der Evolution nur einem geringen Selektionsdruck unterworfen, also selektionsneutral waren. An dieser Stelle seien die Optionen moderner Interventionsgenetik von den Sozialwissenschaften zur Kenntnis zu nehmen. Es gehe jetzt darum, in welchem Ausmaß die Unvollkommenheit durch genetische Intervention zu kompensieren sei. Angesichts der offenen Fragen, die aus dieser Problemlage resultieren, verweist die Hörspielregisseurin Ingeborg Bellmann mit Blick auf die humanen Biofakte der Fernsehserie „Dark Angel" darauf, daß durchaus von deren Erfahrung als Lebenserfahrung gesprochen werden kann, wenn diese auf der Basis narrativer Konstruktionen in der Lage sind, Verantwortungszuschreibungen vorzunehmen.

Der Band bietet ein interdisziplinäres Spektrum von Zugangsweisen und Auseinandersetzungen mit dem Biofaktischen. Neben der Zurückweisung überkommener Modellierungsschemata und ersten Versuchen einer Systematisierung liegt seine Hauptleistung darin, neue Fragen v.a. im Hinblick auf eine Philosophie der Biotechniken aufzuwerfen bzw. die Notwendigkeit eines neuen Fragens zu begründen. Sonst stehen wir den Biofakten genauso hilflos gegenüber wie diese uns.

Christoph Hubig

Wolfgang König: Technikgeschichte. Eine Einführung in ihre Konzepte und Forschungsergebnisse

Stuttgart: Franz Steiner 2009 (Grundzüge der modernen Wirtschaftsgeschichte 7), 264 S.

Wolfgang König (geb. 1949) ist Professor für Technikgeschichte an der TU Berlin. Der vorliegende Band verdichtet seine langjährige Forschungs- und Lehrtätigkeit zu einer eindrucksvollen Reflexion auf Methoden und Resultate technikgeschichtlicher Forschung. Dabei kann der Historiker König zurückgreifen auf seine frühere Tätigkeit als Wissenschaftlicher Referent für Technikgeschichte und Technikbewertung beim Verein Deutscher Ingenieure VDI. Als Mitglied der

Deutschen Akademie der Technikwissenschaften acatech arbeitet er in deren Arbeitskreisen mit. König ist überdies Herausgeber und Mitautor der überaus umfangreichen fünfbändigen „Propyläen Technikgeschichte".

Der bescheidene Titel „Technikgeschichte" läßt kaum ahnen, welche Fülle sich dahinter verbirgt. Natürlich, die technische Entwicklung vom 18. zum 20. Jahrhundert bis in die Konsumgesellschaft der Gegenwart wird im dritten Teil knapp und zugleich facettenreich wiedergegeben – doch wie dies geschieht, macht die Besonderheit des Werkes aus: Die erste Hälfte des Buches entwickelt auf eindringliche Weise die theoretische Basis. Diese wird in zwei dichten Teilen aufgebaut, der erste zum Verhältnis der Technikgeschichte zu den großen Wissenschaftsgruppen, der zweite zur konzeptuellen Seite einer Technikgeschichte; dieses seien die „zentralen Kapitel" (S. 8). Das Ziel ist hierbei, „für die wichtigsten technikgeschichtlichen Fragen grundlegende Informationen und Anregungen bereit zu stellen" (S. 7).

Teil I, „Technikgeschichte im System der Wissenschaften", betont die gattungsgeschichtliche Bedeutung der Technik im Blick auf die Kultur im Sinne eines triadischen Schemas, das Soziales, Geistiges und Materielles umschließt. Weder die sogenannte Neolithische Revolution noch die Industrielle Revolution noch unsere Gegenwartskultur sind zu verstehen, wenn Technik nicht in allen drei Formen gesehen werden. Darum ist Technik in allen Wissenschaften explizit oder implizit präsent, wenngleich in jeweils zeitlich und räumlich mannigfach gebrochener Form. Dies historisch und systematisch aufzuweisen ist das Anliegen, wobei König der ‚klassischen' Einteilung der Disziplinen in Technikwissenschaften, Naturwissenschaften, Sozialwissenschaften und Geisteswissenschaften folgt:

Die *Technikwissenschaften*, zunächst auf eine Systematisierung der Praxis gerichtet, dann geprägt durch Theoretisierung, waren im Laufe des 19. Jahrhunderts zu einem erweiterten Technikbegriff zusammengeführt worden, der Raum für historische Reflexionen bot und den Ingenieurprofessoren Gelegenheit gab, ihr Wirken in einen historisch-kulturgeschichtlichen Rahmen zu stellen. – *Naturwissenschaftler* neigen auch heute noch dazu, Technik nur als Anwendung der Naturwissenschaften zu betrachten. Dabei wird nicht nur übersehen, daß keine Naturwissenschaft beim Experimentieren ohne Technik auskommt, sondern daß „naturwissenschaftliche Erkenntnisse in der Regel keine unmittelbare Anwendung in der technischen Praxis finden", sondern der Ausarbeitung und Einbeziehung technischer, ökonomischer und sozialer Zusammenhänge bedürfen (S. 21), weil die Ziele – hier Erkenntnis im Rahmen der Scientific Community, dort Gestaltung der Lebensbedingungen unter wirtschaftlichen Gesichtspunkten – völlig verschiedenartig sind. – Die *Sozialwissenschaften* betrachten kollektive menschliche Beziehungen. Sie haben sich der Technik in der Industriesoziologie unter der zentralen Frage von Mensch und Gesellschaft in Modellen angenommen, die vielfach von der Technikgeschichte aufgegriffen wurden. – In den *Geisteswissenschaften* sei es vor allem die Philosophie, die die Technik seit Platon vielfach behandelt hat – jedoch in einer von der Technikgeschichte differierenden Fragestellung: „In der Philosophie geht es meistens um das Grundsätzliche und Allgemeine, in der Geschichte vielfach um das Konkrete und Individuelle" (S. 35). Während die Ethnologie für ihre Theoriebildung wegen fehlender schriftlicher Zeugnisse technische Artefakte heranzieht, hat die Geschichtswissenschaft Technik vielfach ausgeklammert; erst über die „Technikgeschichte der Ingenieure" und mit der Wende zu einer Strukturgeschichte in der 60er Jahren des 20. Jahrhunderts kam es zur Ausbildung einer eigenständigen Technikgeschichte. Es geht König also darum zu zeigen, in welch unterschiedlichen disziplinären Sichtweisen Technik betrachtet und methodisch behandelt werden kann.

Im Teil II geht es um „Theorien der Technikgeschichte". Diese scheinen vom Zugriff her unangemessen, wenn Historiker nach dem Einmaligen, Individuellen und Speziellen fragen, nicht aber nach dem Sich-Wiederholenden oder gar Generellen. Da aber Geschichte durch den Doppelcharakter von Handeln und Geschehen geprägt ist, bedarf es eines theoretischen Rahmens, der Handlung und Struktur verbindet. Bezogen auf die Technikgeschichte verlangt dies, als ihren Gegenstand mit Günter Ropohl (s. dort) „die technischen Sachsysteme in ihren Entstehungs- und Verwendungszusammenhängen" zu sehen (S. 50). Das allerdings kann methodisch auf höchst divergierende Weise geschehen. Die Bedeutung des Königschen Vorgehens besteht nun darin, sich nicht für eine von ihnen zu entscheiden, sondern sie zunächst nebeneinander zu stellen, um sie dann im technikgeschichtlichen Teil III als unterschiedliche Perspektiven heranzuziehen und miteinander um der breiten Erfassung des jeweiligen Problems willen zu verschmelzen. Anhand der Weise, wie ‚Erfindung' verstanden wird, zeigt sich die methodische Breite möglicher Zugriffe in (a) systematischer Betrachtung durch Typisierung, (b) als intuitionistisches Konzept, basierend auf Eingebung, (c) als rationalistisches Konzept, sich gründend auf Entstehungsbedingungen, und (d) als Folge technischer Angebote, gesellschaftlicher oder wirtschaftlicher Nachfrage (S. 58f). Damit erweisen sich Innovationen als „Mikroeinheiten der technischen Entwicklung" (S. 64).

Hieran lassen sich zwanglos die Begriffe ‚Innovationssysteme' und ‚Innovationskulturen' als größere Zusammenfassung von Innovationen anschließen, womit Wissen und Lernen geradeso wie das Konzept nationaler Innovationssysteme eingebunden sind. Dabei zeigen sich Stärken und Schwächen des jeweils verwendeten Systembegriffs, die zu benennen sind: So sind beispielsweise die Innovationsbedingungen einer „Dienstleistungs-, Konsum-, Freizeit- oder Erlebnisgesellschaft", verstanden als Gesellschaftstypen, gänzlich andere als die einer „Industriegesellschaft" (S. 67). – Das Konzept des ‚Technikstils', zurückgehend auf Thomas P. Hughes (s. Bijker et al.), bezeichnet „Variationen von technisch Gleichartigem": Technische Eigenheiten werden durch „kulturelle Faktoren" bestimmt (S. 68) – was nach König sowohl problematische Elemente einer Technikdetermination enthält, als auch als individualistisches Konzept wenig brauchbar zur Erfassung regionaler oder nationaler Eigenheiten ist. – Der Begriff ‚Technikkultur' betont demgegenüber „die funktionalen Zusammenhänge zwischen Technik und anderen gesellschaftlichen Bereichen" (S. 70), was für regionale oder nationale Technikformen fruchtbar sei; auch die Rückwirkung der Technik auf die Gesellschaft lasse sich so einbeziehen.

In gleicher Weise werden Formen und Ansätze des genetischen und des konsequenziellen Technikdeterminismus, der Technikfolgen und der Technikgenese im Lichte des verlorenen Fortschrittsvertrauens, der sozialen Konstruktion der Technik der SCOT-Gruppe (vgl. Bijker et al., s. dort) und die später daraus resultierende Vermittlung von Technik und Gesellschaft unter den Konzepten ‚Leitbilder' und ‚große Systeme und Netzwerke' kritisch differenzierend vorgestellt, wobei König einen eigenen ‚Struktur-Akteurs-Ansatz' entwickelt.

Als letztes Element werden weitere Ansätze beleuchtet, die die Technikdynamik zu erfassen trachten – sei es als ‚Fortschritt und Modernisierung' oder als ‚Revolution und Evolution' – und deren Tauglichkeit diskutiert. All diese methodischen Zugänge vermitteln jeweils partielle Bilder von Technik. Sie führen deshalb, für sich genommen, zu einseitigen Technikgeschichtskonzepten. Dies ist der Grund dafür, daß König sich keiner Einzelmethode verpflichtet, um in Teil III ein facettenreiches Bild der Technikgeschichte der Industrienationen seit dem 19. Jahrhundert entfalten zu können. Das Resultat ist mitreißend – es bleibt jedoch keineswegs Selbstzweck. So sollen wir den Blick weiten, mehr noch, wir sollen aus der Technikgeschichte Grundsätzliches lernen, weil sie „Denkprozesse in Gang setzen kann, welche technische Entscheidungen mittelbar unterstützen" (S. 219) – denn Auffassungen bilden sich „immer und ausschließlich durch und in der Geschichte" (S. 220). Darauf gründet sich die einer kritischen Technikgeschichte entspringende Forderung nach Retrospective Technology Assessment, welches beispielsweise die Reichweite und Auswirkungen von Trend- und Strukturbrüchen bewußt macht. Darum sollte das Potential solcher kritischen Technikgeschichte integraler Bestandteil von Technikbewertung sein: Technikhistorisches Wissen schärft die Urteilsfähigkeit.

Hans Poser

Klaus Kornwachs: Strukturen technologischen Wissens. Analytische Studien zu einer Wissenschaftstheorie der Technik
Berlin: edition sigma 2012, 307 S.

Klaus Kornwachs (geb. 1947) war bis zu seiner Emeritierung im Jahre 2011 Leiter des Lehrstuhls Technikphilosophie an der Brandenburgischen Technischen Universität Cottbus. Grundlage des Bandes sind zumeist Publikationen und Vorträge aus den Jahren seit 1995, die für den vorliegenden Band aktualisiert und überarbeitet wurden (S. 285).

Die grundlegende Motivation bzw. den generellen Ausgangspunkt seines Denkansatzes charakterisiert der Verfasser so: „Die Wissenschaft hat – von der Wissenschaftstheorie gründlich untersucht – bestimmte Strukturen ihres Wissens, ihrer Methodik der Wissensgenerierung und Wissensabsicherung entwickelt ... Für die sich im 19. Jahrhundert herausgebildeten Technikwissenschaften haben solche wissenschaftstheoretischen Untersuchungen bisher kaum stattgefunden" (S. 10f.). Der Band will einen Beitrag in zweierlei Richtungen leisten: Zum einen müsse eine Wissenschaftstheorie nach den Bedingungen und Strukturen des technologischen Wissens fragen. Zum andern sei diese Frage nicht mit der nach einer Theorie der Technik gleichzusetzen, vielmehr gehe es um technologische Theorien und um die Struktur technologischen Wissens, also um „Theorien, die technisches Wissen zusammengefaßt in Prinzipien und Begründungen beinhalten" (S. 34f.).

Der Autor will einen wissenschaftstheoretischen Beitrag zu einer theoretisch-konzeptionellen Vermittlung zwischen Wissenschaft, Technik und Praxis leisten, die seiner Meinung nach bislang für das technische Wissen noch nicht zufriedenstellend dargestellt worden sei (S. 27f.). Deshalb wendet er Instrumentarien der analytisch sich verstehenden Wissenschaftstheorie auf die Untersuchung der Strukturen technischen Wissens an (S. 14). Entsprochen wird diesem Anliegen in den vier Kapiteln B bis E, denen das generelle Kapitel A „Neue Aufgaben der Wissenschaftstheorie" voran- und ein umfängliches Literaturverzeichnis nachgestellt sind (S. 15–35 und S. 286–304).

Infolge gravierender Veränderungen in den Wissenschaften plädiert Klaus Kornwachs in Kapitel A für eine Weitung des Blicks. Derartige Veränderungen sind vor allem die verschwimmende Grenze zwischen reiner und angewandter Wissenschaft, die zunehmende Thematisierung des Selbstverständnisses angewandter Wissenschaften wie Technikwissenschaften und Medizin sowie Änderungen in der institutionellen Konstitution von Wissenschaft. Sie werden vor allem aber darin deutlich, daß sich Wissenschaft „von einer Kulturleistung zu einer Dienstleistung" wandelt (S. 16; eine auf Wolfgang Frühwald zurückgehende Formulierung). Insgesamt werden so Änderungen des traditionellen Verhältnisses von Wissenschaft, Technik und Praxis thematisiert, die dadurch charakterisiert seien, daß „die Forschungspraxis technisiert wird, und die Technikentwicklung zunehmend wie Forschung organisiert wird" (S. 31). Das müsse von einer (umfassenden) Wissenschaftstheorie berücksichtigt werden. Nach Kornwachs kann sie das, wenn sie sich (stärker) mit Technik und den Technikwissenschaften, und somit mit den Handlungswissenschaften generell befaßt. – Dieses Kapitel kann als einführende Darstellung des „Rahmens", in den die nachfolgenden Überlegungen eingeordnet sind, verstanden werden.

Im Kapitel B „Zur Struktur technologischer Theorien" (S. 37–94) skizziert Kornwachs zunächst vier analytische Grundfragen der Technikphilosophie, wobei „die Grundfrage der Technikphilosophie schlechthin" darin bestehe, wie herstellendes Handeln möglich sei (S. 41). Erkenntnisziel ist somit das Verstehen der Beziehung zwischen Handlungsvollzügen in konkreten Situationen, die auf Kausalwissen („Wenn A, dann B") und vor allem auf Regelwissen (*B* per *A*) basieren. Dieses „praktische" Wissen macht nach Kornwachs den „Kern des technischen Wissens" (S. 49) aus.

> „Wenn es ... um die Begründung technischer Praxis geht, hat das Wissen die Form von Regeln wie ‚Wenn B sein soll, muss man A tun', kurz: *B* per *A* ... Da es sich beim Wissen in diesem Bereich nicht um Kausalrelationen, sondern um konkrete Ziel-Mittel-Relationen handelt, ist dieses Wissen letztlich bedingt präskriptiv (vorschreibend), also nicht mehr rein deskriptiv, sondern normativ, weil mit dem Ziel eine Wertung einhergeht." (S. 52ff.)

Da eine technologische Theorie (bestehend aus Theoriekern und -peripherie) nun aus miteinander verknüpfbaren bzw. verknüpften Regeln bestehe, sind derartige Regeln, die auffordern, A zu tun (= *A*), wenn B erreicht werden soll (= *B*), zentraler Gegenstand der nachfolgenden Darlegungen. Dabei greift Kornwachs sowohl auf den sogenannten pragmatischen Syllogismus von Mario Bunge als auch auf den praktischen Syllogismus von Georg Henrik von Wright zurück. Dabei ergibt sich aufgrund der bekannten Nichtableitbarkeit des pragmatischen wie praktischen Syllogismus auch die Schwierigkeit, aus kausalem Wissen konstruktives Wissen zu generieren. Diese Grundstruktur wird in verschiedener Hinsicht untersucht und bis hin zu ethiktheoretischen Überlegungen geführt.

Kapitel C behandelt „Kohärenz, Korrespondenz und Konvergenz technologischer Theorien" (S. 95–165), wobei zunächst technische Theorien sowie deren theoretisch-deduktive Methoden Gegenstand der Darlegungen sind. Wieder wird der Anspruch von Kornwachs deutlich, den Unterschied zwischen wissenschaftlichem und technischem Wissen und zugehörigen Methoden aufzuzeigen, diesmal anhand formaler Strukturen und dem Vergleich von (natur-)wissenschaftlichem Experiment und technologischem Test. Hier ist anzumerken, daß für Kornwachs eine Technologie mögliche technische Handlungen sowie das zugehörige Wissen umfaßt und Zweck-Mittel-Relationen als Handlungsregeln zur Verfügung stellt (vgl. S. 64.) Das wird dann weitergeführt durch Überlegungen zur Kohärenz von technologischen Theorien. Unterschiedliche Technikbereiche müssen in ein und demselben Artefakt anschlußfähig funktionieren, und dies muß sich in der Theorie vor allem in Form einer „Verknüpfung von Gesetzen und Regeln, die einem jeweils behandelten Gegenstandsbereich angemessen ist", niederschlagen (S. 133). Korrespondenz bezieht sich auf technologische unterschiedliche Theorien, die sich auf den gleichen Gegenstand oder die Funktionalität eines Artefakts so beziehen, daß „die entscheidenden Größen einer umfangreicheren und komplexeren Theorie T_1 auf die entscheidenden Größen der Theorie T_2 ... zurückgeführt werden können" (S. 141). Im Bereich der Technik wird damit zum Ausdruck gebracht, daß die Funktion einer alten Technologie durch eine neue ersetzbar sein müsse. Konvergenz schließlich bedeutet das „Zusammenfließen" unterschiedlicher technischer Entwicklungen in eine neue – etwa von Mechanik und Elektronik in der Mechatronik oder Informatik und Biologie in Bioinformatik. Klaus Kornwachs zeigt, daß Korrespondenz und Konvergenz dann möglich sind, wenn es in den entsprechenden Technologien einen „gemeinsamen Kern" gibt, während Kohärenz auf der Kompatibilität von Funktionserfüllung basiert.

Zielstellung von Kapitel D „Zur Logik technischer Handlungen" (S. 167–221) ist, „eine Funktionsbeschreibung oder Bedienungsanleitung zur Abbildung des Problemgegenstandes (z.b. Artefakt) zu erhalten, die die Effektivität der darin ausgedrückten technologischen Ausdrücke wenn nicht garantiert, so doch verbessert". Das Mittel dafür wird in einer Offenlegung der inneren logischen Struktur technischen Wissens gesehen, so daß „diese Struktur an eine Wissenschaftstheorie der Technikwissenschaften anschließbar ist" (S. 170). Ergebnis ist eine „Durchführungslogik" im Unterschied zu einer Aussagenlogik. Vor allem in diesem Kapitel wird der Unterschied zu einer mehr funktionalen Beschreibung technischen Wissens (wie etwa bei W. Ernst Eder, Vladimir Hubka, Wolfgang König, s. dort oder Günter Ropohl, s. dort) deutlich, ist doch das methodische Vorgehen des Autors – sein „Werkzeug" – weitgehend die Beschreibung und Analyse mit Mitteln der Formalisierung: Formalisierung bedeutet, wie Kornwachs bereits im Kapitel B ausgeführt hat, die Grundbausteine einer Beschreibung ... in Kategorien eines *ausgewählten* formalen Systems wie Logik, Grammatik oder einer mathematischen Teiltheorie wie Infinitesimalrechnung zu klassifizieren. Die Stärke der formalen Beschreibung liegt in der Möglichkeit, weitere formale Sätze als Konsequenzmenge einer formalen Beschreibung deduzieren zu können. Die *Interpretation* dieser formalen Menge von Konsequenzsätzen als Aussagen über die Welt ist nur dann möglich, wenn man die ursprünglichen Sätze, aus denen man die Konsequenzmenge abgeleitet hat, schon als Sätze über die Welt *interpretiert* hat" (S. 44). Das methodische Programm des Autors enthält somit mindestens folgende zwei Voraussetzungen: Erstens wird der formale Beschreibungs- und Analyserahmen ausgewählt: Was soll (warum und wie) analysiert werden und welches Mittel wird dafür als geeignet (adäquat) angesehen bzw. genutzt? Zweitens fließt in ein derartiges Vorgehen ein doppelter „Interpretationismus" ein, und zwar sowohl hinsichtlich der „ursprünglichen Sätze" als auch der „Konsequenzsätze". Im Ergebnis zeigt Kornwachs, daß man „auf der syntaktischen Ebene die Aussagenlogik technologisch interpretieren kann und man so den ganzen Apparat der Aussagenlogik (mit seiner Vollständigkeit und Widerspruchsfreiheit ...) zur Verfügung hat" (S. 221). Allerdings unterscheidet sich diese Logik in ihrer Semantik; erste Hinweise gibt Kornwachs in modallogischen Untersuchungen (S. 191–206).

Im Kapitel E „Wissenstechnik – Technikwissen werden Präliminarien zu einer Theorie des technischen Wissens" behandelt (S. 223–280). Diese hätten als ‚einleitende' oder ‚vorläufige' Bemerkungen durchaus ebenso gut am Anfang des Buches stehen können, geht es doch um unterschiedliche Wissensformen sowohl in unterschiedlichen Domänen (Wissenschaft, Technik) als auch in funktioneller Hinsicht (z.b. prognostisches, explanatives und normatives Wissen). Im Ergebnis seiner Analyse kommt Kornwachs zu einer umfassenden „Zusammenschau" von Eigenschaften technischen Wissens (S. 252f.), die Ausgangspunkt für weiterführende Überlegungen auf diesem Gebiet sein kann, unabhängig davon, ob mehr ‚verbal' oder mehr ‚formal' vorgegangen werden soll.

Zusammenfassend: Wenn man bereit ist, sich auf eine weitgehend formalisierte Darstellung einzulassen, wird man das vorliegende Buch mit Gewinn lesen, ergeben sich doch zahlreiche weiterführende Einsichten, Anregungen und Weiterungen. Das betrifft etwa über das bereits Genannte hinaus gewisse Rationalitätskriterien bzw. -postulate, die Bedingungserhaltung verantwortlichen Handelns, den Zusammenhang zwischen (technischer) Funktion und (technischer) Theorie, die Mathematisierung der Technikwissenschaften sowie die Unterscheidung von „Gutem Informanten" und „Gutem Erbauer", welche die Unterscheidung zwischen Wissen und Können zu präzisieren hilft

Die Ausführungen werden durch zahlreiche Abbildungen (z.B. in Form von Schemata) visuell unterstützt und erhaltene Ergebnisse werden häufig in Tabellen zusammengefaßt. Das erleichtert die Lektüre – vor allem für jene, denen formalisierte Darstellungen im Bereich der Theorie der Technik, der Technikwissenschaften und des technischen Wissens noch ungewohnt sind.

Gerhard Banse

Peter Kroes: Technical Artefacts. Creations of Mind and Matter – A Philosophy of Engineering Design

Dordrecht u.a.O.: Springer 2012 (Philosophy of Engineering and Technology, Vol. 6), 205 S.

Peter Kroes (geb. 1950) lehrt Philosophie an der Technischen Universität Delft (NL). Das Buch behandelt in den ersten fünf Kapiteln in vielfachen Durchgängen und Wiederholungen anhand differenzierender Unterscheidungen das technische Konstruieren („Engineering Design"). Zentrales Thema ist die zweckmäßige Funktionalität der dadurch geschaffenen technischen Artefakte. Dabei geht es nicht um die konkreten physischen Abläufe, sondern um die zugrunde liegenden Prinzipien. Das auch im Titel des Buches angesprochene Leitmotiv von Kroes ist der Doppelcharakter („Dual Nature") technischer Artefakte, die einerseits der physischen Welt angehören und andererseits Schöpfungen des menschlichen Geistes darstellen. In der zweiten Buchhälfte wird in komprimierten Ausführungen die moralische Dimension technischer Artefakte und deren Bedeutung im Rahmen der sozio-technischen Systeme diskutiert. In den detaillierten Literaturangaben tauchen nur englischsprachige Titel auf. Hervorgegangen ist das Buch aus dem von der Dutch National Science Foundation von 2000 bis 2005 finanzierten Projekt „The Dual Nature of Technical Artefacts". Kroes war einer der beiden Leiter dieser Forschungsgruppe.

Bemerkenswert ist, daß Kroes bei seiner Betrachtung Computerprogramme ausschließt. Er hält sie für „unvollständig", da sie nur in Verbindung mit entsprechender Hardware nutzbar seien (S. 2). Diese Einschränkung ist erstaunlich, weil die Software ebenso wie deren Zielsetzung und Funktion zur mentalen Komponente und damit zum dualen Charakter technischer Artefakte gehört. Auch die Biotechnologie (vgl. Karafyllis, s. dort) und die Medizintechnik treten bei Kroes nicht auf. Auf die allgemeine Einführung folgt in Kapitel zwei der Vergleich zwischen technischen Artefakten und natürlichen physischen Objekten. Dabei konzentriert sich der Autor auf einfache paradigmatische Fälle wie Schraubenzieher, Telefone etc. Wie Kroes ausführt, lassen sich physische und technische Objekte im Hinblick auf ihre Funktionserfüllung kaum von einander abgrenzen (ein Stein kann als Axt dienen) – was allerdings nur für einfache technische Artefakte zutrifft. Dagegen seien technische Objekte durch ihre soziale Zweckbestimmung klar von sozialen Objekten wie Gesetzen und Organisationen zu unterscheiden. Der Unterschied zwischen technischen, physischen und sozialen Artefakten ergibt sich nach Kroes aufgrund von drei Fragen (S. 43): Welche Aufgabe hat das betreffende Objekt? Woraus besteht es? Wie wird es genutzt?

Kapitel drei behandelt in ausführlicher Auseinandersetzung mit der vorliegenden Literatur die Interpretation und theoretische Einordnung technischer Aufgabenstellungen. Von Menschen festgelegte technische Funktionen sind zweifelsfrei teleologischer Natur. Zwar ist die Naturteleologie heute nicht mehr akzeptabel; doch Kroes meint, man könne die Naturgesetze im aristotelischen Sinne als die in den Naturobjekten wirksamen Veränderungsprinzipien betrachten (S. 48). Er läßt offen, ob es eine einheitliche Theorie für technische und biologische Zwecksetzungen geben kann oder ob man auf pluralistische Konzeptionen angewiesen ist. Kroes sieht drei Elemente für die Formulierung von Theorien technischer Artefakte, nämlich deren physische Eigenschaften, die Zielsetzungen der menschlichen Akteure und die bisherigen oder künftigen Selektionsprozesse (S. 49). Um auch in Sonderfällen (wie Störung, Versagen oder Umwidmung der Funktion) noch von den entsprechenden Funktionen sprechen zu können, führt Kroes neben den funktionalen Eigenschaften (functional properties) zusätzlich noch den Begriff von Klassen (kinds) technischer Artefakte ein, wodurch dann auch „pathologische" Fälle beschreibbar werden. Im vierten Kapitel geht es um das Versagen technischer Artefakte, die eigentlich funktionieren sollten. Abschließend kombiniert der Autor seine Theorie der technischen Funktionen und der Klassen technischer Objekte.

Ab S. 127, mit dem Beginn des fünften Kapitels, ändert sich der Stil. Die Aussagen werden prägnanter, Vorwegnahmen und Rückverweise seltener und es wird fortlaufend systematisch argumentiert. Im Gegensatz zu den Detailfragen in der ersten Hälfte des Buches geht es nunmehr um grundsätzliche, übergreifende Zusammenhänge. So behandelt das fünfte Kapitel allgemeine Fragen des theoretischen Entwerfens und vor allem der konkreten Herstellung technischer Artefakte. Dieser Text ist die überarbeitete Fassung eines bereits erschienenen Artikels von Kroes zu diesem Thema. Wie der Autor betont, werden die mit Hilfe hochspezialisierten technischen Wissens formulierten Entwürfe vor allem nach Funktionserfüllung, Leistung, Kosten und Lebensdauer bewertet und nicht nach ästhetischen Kriterien. Da bei Konstruktionsprozessen die Aufgabenstellung oft gar nicht eindeutig festliegt, seien Entscheidungen und Erfindungen nötig und nicht Entdeckungen wie im Fall der Mathematik und der Naturwissenschaften. Auch für die vorgegebenen Parameter (wie zulässige Kosten und geforderte Sicherheit) gebe es in der naturwissenschaftlichen Forschung kein Gegenstück. Der Impuls für das technische Konstruieren und Herstellen kann nach Kroes sowohl auf „market pull" als auch auf „technology push" Faktoren beruhen. Anders als bei dem durch von Wright beschriebenen praktischen Schließen (das von deskriptiven Aussagen zu präskriptiven Anweisungen gelangt), geht es nach Kroes im Fall des technischen Konstruierens darum, für eine deskriptiv vorgegebene Funktion die geeigneten Strukturen zu ermitteln, d.h. normativ festzulegen.

Nach traditionellem Verständnis stellen technische Artefakte isolierte, für sich allein bestehende Objekte dar. Doch dieses Bild ist, wie Kroes hervorhebt, nicht mehr zutreffend. In Wirklichkeit existieren technische Artefakte gar nicht unabhängig von ihrer Umgebung. Angemessener wäre es deshalb, von soziotechnischen Systemen zu sprechen, auch wenn die menschlichen Akteure sich nicht mit technischen Kategorien erfassen lassen. Kroes weist ferner darauf hin, daß das problemlose interne Zusammenwirken der einzelnen Elemente eines technischen Artefakts durchaus nicht immer gegeben ist, was zu chaotischen Zuständen und emergenten Systemeigenschaften führen könne. Er plädiert deshalb dafür, keine völlige Kontrolle zu erstreben, sondern auch alternative Varianten zuzulassen. Ferner warnt er zu Recht davor, das Konstruieren für eine rein intellektuelle Aktivität zu halten, während es sich doch in Wirklichkeit auch um einen sehr konkreten Handlungsprozeß handelt, dessen Erforschung nach Kroes ein Desiderat darstellt (S. 158). Es gibt dazu jedoch bereits umfangreiche Publikationen, vgl. z.B. Hans Lenk (Hg.) „Handlungstheorien interdisziplinär" (1977).

Das sechste Kapitel behandelt die moralische Bedeutung („moral significance") technischer (Einzel)Objekte. Nach Kroes ist dabei die Frage entscheidend, ob technische Artefakte von sich aus („by themselves") das Wohlergehen der Menschen beeinflussen. Er lehnt die Neutralitätsthese ab, die besagt, daß technische Artefakte nur eine rein instrumentelle Funktion haben, wendet sich zugleich aber auch gegen die These, daß technische Artefakte als moralische Akteure („moral agents") auftreten können. Nach Kroes werden Artefakte moralisch relevant nur aufgrund ihrer Funktion, d.h. ihrer jeweiligen Zielsetzung.

Neuerdings wird jedoch – insbesondere von Latour (s. dort) – die These vertreten, daß die moralische Bedeutung nicht einzelne Objekte betrifft, sondern übergeordnete Einheiten, Kollektive und Systeme, in denen Artefakte und Menschen in gleicher Weise wirksam sind. Kroes hält diese Auffassung für verfehlt. Er räumt ein, daß die moderne Technik einen integrierenden Bestandteil unserer Lebenswelt darstellt und eine Art ‚Eigenleben' führt, doch dadurch werden technische Artefakte noch nicht zu moralischen Akteuren. Abschließend weist der Autor hin auf die mit der moralischen Dimension verknüpfte symbolische Bedeutung technischer Artefakte, wobei fließende Übergänge zwischen kausaler Funktionserfüllung und symbolischem Gehalt möglich seien, was Kroes am Beispiel von Gebäuden demonstriert. Im Nachwort erklärt er, daß die in den bisherigen Ausführungen dominierende „voluntaristische" Vorstellung von der zielgerichteten Nutzung isolierter technischer Artefakte ergänzt werden müsse durch das ganzheitliche Bild umfassend verstandener sozio-technischer Systeme. Inspiriert durch Thomas P. Hughes (s. Bijker et al.) erwägt er die Verbindung von technischen und sozialen Elementen, weist aber gleichzeitig auch auf die Schwierigkeiten hin, die einer solchen Konzeption entgegenstehen. Denn – so muß man ergänzen – eine so verstandene Welt würde unvermeidbar das technokratische Denken befördern. Der im Umfang und in der Fülle der Details beeindruckende Text hätte durch eine konsequent durchgehaltene Gedankenführung noch an Aussagekraft gewinnen können. Insgesamt gesehen bietet das Buch von Kroes auf anspruchsvollem Reflexionsniveau einen wesentlichen Beitrag zu den subtilen Fragen Philosophie des Konstruierens im engeren Sinne. Zur Einordnung des technischen Konstruierens in den weiteren Kontext der Technikwissenschaften vgl. Gerhard Banse (s. dort) und Banse, Armin Grunwald, Wolfgang König, Günter Ropohl (Hg., s. dort).

Friedrich Rapp

Peter Kroes und Anthonie Meijers (Hg.): The Empirical Turn in the Philosophy of Technology
Amsterdam/New York: JAI Press 2000, XXXV + 257 S.

Peter Kroes (geb. 1950), Professor der Philosophie mit Schwerpunkt Technikphilosophie an der Technischen Universität Delft, und Anthonie Meijers (geb. 1953), Professor der Philosophie und Technikethik an der Technischen Universität Eindhoven, sind die Herausgeber eines programmatischen Sammelbandes, der auf eine gleichnamige Tagung aus dem Jahr 1998 an der Technischen Universität Delft, Niederlande, zurückgeht. Auf der Grundlage einer kritischen Bestandsaufnahme der Technikphilosophie Ende der 1990er Jahre wird darin eine empirische Wende der Technikphilosophie gefordert und zugleich exemplarisch ihre Durchführung erprobt. Der interdisziplinäre Band versammelt Beiträge wichtiger Vertreter der niederländischen und amerikanischen Technikphilosophie sowie philosophisch orientierter Ingenieurwissenschaftler. Untergliedert in vier Sektionen, diskutiert er neben generellen Überlegungen die empirische Wende unter ontologischen, epistemischen und ethischen Aspekten.

„(T)ime for philosophers of technology to open the black box of technology" (S. XVIII) – so ließe sich die zentrale Forderung des Bandes auf den Punkt bringen. Technikphilosophie solle nicht länger ‚von außen' auf Technologien blicken; vielmehr bedürfe eine philosophische Reflexion, die sich ernsthaft mit der Rolle von Technik in der modernen Gesellschaft und deren Auswirkungen auseinandersetzen will, vor allem auch eines Blicks ‚von innen'. Zu lange habe sich Technikphilosophie auf metaphysische Technikanalysen (in der Tradition Martin Heideggers, s. dort) oder die Untersuchung der Folgen von Technologien auf Lebensformen beschränkt, was zu einer Identitätskrise und einer Suche nach Neuorientierung der Technikphilosophie in den 1990er Jahren führte (S. XVII). Mit ihrem Plädoyer für ein besseres Verständnis von Technologien und den damit verbundenen Praktiken durch genaue Kenntnis der Entwurfs-, Konstruktions- und Produktionsprozesse im Ingenieurwesen greifen die Herausgeber Impulse aus der amerikanischen Technikphilosophie, etwa durch Carl Mitcham (s. dort) und Joseph Pitt (s. dort), auf.

In ihrem einleitenden Beitrag „A Discipline in Search of its Identity" unterscheiden Kroes und Meijers drei mögliche Fehldeutungen der empirischen Wende: Zum ersten könnte die Wende mißverstanden werden als der Versuch, die Technikphilosophie in eine empirische Wissenschaft zu überführen. Das Gegenteil streben sie an: Kernaufgabe der Philosophie sei weiterhin die „clarification of basic conceptual frameworks used for describing and understanding technology" (S. XXXIII), allerdings auf der Grundlage einer soliden Kenntnis empirischer Fallstudien. Zum zweiten wäre es irrig, die Wende mit dem Abschied von normativen Ansätzen und moralischen Themenstellungen gleichzusetzen. Daß die Technikphilosophie, im Gegensatz beispielsweise zur Wissenschaftsphilosophie, einen wesentlichen Ankerpunkt ihrer Reflexion in ethischen Fragestellungen hat, sehen sie als große Stärke an, der unbedingt beizubehalten sei. Allerdings sollten ihm verstärkt andere Untersuchungsschwerpunkte an die Seite gestellt werden: „Apart from moral questions, modern technology raises important methodological, epistemological, and metaphysical (ontological) questions" (S. XXIII). Zum dritten könnte die Technikphilosophie nach der empirischen Wende als bloße Illustration („just *illustrating* or *supporting* existing philosophical ideas or analyses with more detailed empirical case studies", S. XXIVf.) oder als bloße Anwendung („simply a matter of *applying* philosophical ideas or results to technology", S. XXV) erscheinen. Es sei aber zu erwarten, daß es durch die neue empirische Basis zu Problemverlagerungen und der Genese ganz neuer Problemcluster käme (S. XXVff).

Abschnitt eins ist allgemeinen Überlegungen zur empirischen Wende gewidmet. In seinem Aufsatz „There's No Turn Like the Empirical Turn" unterstreicht Arie Rip durchaus die Notwendigkeit der Wende, sieht sie aber erst im Ansatz verwirklicht. Eine Gefahr sei, wie es auch die Beträge im Band zeigen würden, daß „the empirical turn is a turn to practices, in particular design and engineering practices" (S. 3). Es drohe eine unkritische Beschreibung der Praxen, anstatt sie kritisch zu hinterfragen. Was als Startpunkt durchaus vertretbar sei, müsse in seinen Begrenzungen in der Durchführung dringend überwunden werden. Denn um zu einer gelingenden Erneuerung der Technikphilosophie in diesem Sinne vorzudringen, sieht Rip es als zentrale Aufgabe an, den Schwerpunkten „actors" und „artifacts" jenen der „agenda" (S. 5) an die Seite zu stellen, um auch die gesellschaftliche Relevanz und längerfristige Folgen dieser Praktiken in die Untersuchungsperspektive zu integrieren.

Der Beitrag von Kroes vertieft unter dem Titel „Engineering Design and the Empirical Turn in the Philosophy of Technology" noch einmal die in der Einleitung angedeutete Zustandsanalyse der Technikphilosophie. Eine wichtige Ursache der Probleme läge im externalistischen Zugang:

> „What goes on in the world of technology and engineering itself – i.e., the design, development, production, and maintenance of technolological objects – remains out of sight. Technology itself (however understood: as a collection of artifacts, a form of knowledge, a form of human action, a social process, etc.) usually remains a black box, and often technology is treated as an undifferentiated whole." (S. 22)

Daraus resultiere ein starker Fokus auf die Konsequenzen, die sich im Gebrauch der Artefakte ergeben – und nicht auf die philosophischen Probleme, die mit dem Entwerfen und dem Erzeugen dieser Artefakte verbunden sind. Technologische Entwicklungsprozesse seien eng mit vier philosophischen Problembereichen verknüpft:

(1) Grundlagenfragen, die beispielsweise die unterschiedlichen Bedeutungen von Technologie und Technik thematisieren,
(2) erkenntnistheoretische Fragen, die sich mit der Natur technologischen und entwurflichen Wissens auseinandersetzen,
(3) methodische Fragen, die sich aus der Deutung von Konstruktionsprozessen als Problemlösungsverfahren ergeben und
(4) ethische Fragen, die sich aus dem Einfluß auf Gebrauch oder Mißbrauch sowie sozialer Folgen technischer Produkte ergeben (S. 25ff.).

Um seinen Vorschlag einer dreifachen Reorientierung – in Hinblick auf Themen, Analyseebene und Methoden – zu veranschaulichen, zeigt Kroes abschließend am Beispiel der Newcomen-Dampfmaschine auf, wie der Ansatz den Unterschied von Struktur und Funktion technischer Artefakte verdeutlichen kann.

Der zweite Abschnitt untersucht ontologische Aspekte der empirischen Wende. Louis Bucciarelli erörtert in „Object and Social Artifact in Engineering Design" die von ihm vertretene These, daß technische Artefakte nicht per se existieren. Sie müßten vielmehr in ihren Aushandlungsprozessen als soziale Konstrukte im Entwurf und Gebrauch gesehen werden, was er u.a. am Fallbeispiel der Einführung des neuen Materials AL-MMC und dessen Eigenschaften demonstriert. Meijers geht in seinem Aufsatz „The Relational Ontology of Technical Artifacts" der Natur technischer Artefakte, d.h. von Artefakten „designed and developed by engineers" (S. 81), nach. Da diese Artefakte etwas für einen bestimmten Zweck Hergestelltes sind, ist ein entscheidendes Charakteristikum, daß sie eine Funktion besitzen – wobei sich die durch den Benutzer realisierte Funktion von der von Entwerfern und Entwicklern bezweckten unterscheiden kann. In der Analyse der ontologischen Struktur technischer Artefakte unterscheidet Meijers intrinsische, kontextabhängige und relationale Eigenschaften, wobei Funktionen sich als relationale Eigenschaften erfassen lassen. Er argumentiert im Rückgriff auf Bertrand Russell, daß diese relationalen Eigenschaften nicht reduzierbar sind. Die Nichtreduzierbarkeit hat zur Folge, daß „the issue of what *constitutes* an artifact cannot be answered independently and separately from its wider context" (S. 88) – was wiederum als wichtiger Hinweis zu deuten ist, daß für ein besseres Verständnis technischer Artefakte die Praktiken des Entwurfs, der Konstruktion und des Gebrauchs zu berücksichtigen sind.

Abschnitt drei geht erkenntnistheoretischen Fragestellungen der empirischen Wende nach. Während der Beitrag „Languages for Engineering Design: Empirical Constructs for Representing Objects and Articulating Processes" von Clive Dym und Philip Brey Entwerfen und Konstruieren als kognitiven Prozeß des Problemlösens analysiert und dabei insbesondere die Rolle externer Repräsentationen berücksichtigt, plädiert Davis Baird in seinem Aufsatz „The Thing-Y-Ness of Things: Materiality and Spectrochemical Instrumentation" nachdrücklich dafür, in der empirischen Wende nicht die „Dinglichkeit" von Technologien und technischen Objekten zu vernachlässigen. Statt eines Fokus auf Ideen müßte die Materialität mit ihren Zwängen und Möglichkeiten insbesondere auch bei der Untersuchung von Entwurfs- und Entwicklungsprozessen im Mittelpunkt stehen. Der Beitrag von Pitt überprüft unter dem Titel „Design Mistakes: The Case of the Hubble Space Telescope" anhand eines konkreten Fallbeispiels, „in the light of real world activities" (S. 151), die Brauchbarkeit von Entwurfstheorien zur Erklärung von Fehlern und Mißerfolgen in Entwurfsprozessen. Um die empirische Wende wirklich fruchtbar zu machen, sei es nicht ausreichend, „to understand a technology, however contextualized. Rather, we need to know how that knowledge is constrained by methods, assumptions, and values others or we bring to the investigation" (ebd.). Pitt geht es daher darum, ein ideologisches Element in gängigen Entwurfstheorien aufzudecken: „In this case, the ideology is what I will call the ‚myth of the engineer', in which engineers are portrayed as the paradigms (*pace* Kuhn) of rational and project-oriented problem solvers" (ebd.). Die Entwurfstheorie Walter Vincentis sieht Pitt in der Gleichsetzung des Entwerfens mit Problemlösungsprozessen verhaftet, ohne ausreichend die Akteure zu berücksichtigen, während die Entwurfstheorie Bucciarellis den sozialen und historischen Kontext verdeutliche, aber mit einem Fokus auf die internen Prozesse von Firmen die externen Akteure vernachlässige. Seinen eigenen Ansatz, den er im Anschluß an Glendon Schubert als Entscheidungsfindungstheorie charakterisiert, sieht er daher im Vorteil bei der Erklärung mißlingender Entwurfs- und Konstruktionsprozesse. Die Probleme beispielsweise des Hubble Teleskops seien nicht einfach durch schlechte Ingenieure verursacht, sondern es sei klar, daß „the resulting engineering design failure was a failure to utilize the feedback function of my decision-making model" (S. 161f.).

Der vierte Abschnitt greift ethische Fragestellungen im Zusammenhang mit einer Bereichsethik für Ingenieure auf. Carl Mitcham und René von Schomberg vertreten in ihrem Beitrag „The Ethics of Engineers from Role Responsibility to Public Co-Responsibility" die These, daß bereits die Entstehung einer Ingenieurethik als empirische Wende gewertet werden kann (S. 167). Als Verantwortungsethik sei sie „not so much based on ethical theory or ethical principle as ... on a highly descriptive and empirical examination of roles, context, and their implications for conduct" (S. 168). Ihr Auftreten sei um so erstaunlicher, als historisch gesehen eine Ethik der Rollenverantwortung im philosophischen Diskurs immer mehr an Boden verloren habe und einer Prinzipienethik gewichen sei. Doch über die Entwicklung von Verhaltenskodizes bedeutender Ingenieurvereinigungen würde sie quasi von unten und überwiegend durch nichtphilosophische Aktivitäten wieder eingeführt (S. 185). Wenn auch die Autoren diese Entwicklung grundsätzlich begrüßen, zeigen sie eine Reihe grundsätzlicher Probleme auf, die sich aus der großen Zahl unterschiedlicher gesellschaftlicher Rollen, die jedem Individuum zukommen, ihrer enormen Differenzierung, der starken Eingrenzung des Verantwortungsbereichs und der zunehmenden Institutionalisierung ergäben (S. 178f.). Um daher besser zwischen ethischen Systemen und sozialen Strukturen vermitteln zu können, schlagen sie eine Ethik der kollektiven Verantwortung vor, die eine öffentliche Debatte, Technikbewertung und rechtsstaatliche Veränderungen einbezieht. Der Band schließt mit zwei aufeinander Bezug nehmenden Texten zur Relevanz gesetzlicher Maßnahmen zur Verhinderung schädlicher Auswirkungen von Techniken. Während Henk Zandvoort in seinem Beitrag „Codes of Conduct, the Law, and Technological Design and Development" aus Sicht der Technikphilosophie die Weiterentwicklung bestehender rechtlicher Bestimmungen fordert, um eine höhere soziale Verantwortung von Ingenieuren zu erreichen, betont Ad Vlot in „Toward a Juridical Turn for the Ethics of Technology? An Aerospace Case" vor dem Hintergrund seiner praktischen Erfahrung als Flugzeugbauingenieur, daß eine rechtliche Vorgehensweise allein bei der Suche nach Lösungen ethischer Probleme im Alltag wenig Aussicht auf Erfolg habe.

Wenn auch nicht alle Beiträge des Bandes die geforderten Neuerungen der empirischen Wende konsequent durchführen und wenn auch die geforderte Wende teilweise nicht weit genug greift, wie es die kritischen Ermahnungen beispielsweise von Arie Rip und Davis Baird deutlich machen, markiert er doch eine wichtige Neuorientierung. Sie muß im weiteren Kontext der Entwicklung der Science and Technology Studies und der zunehmenden Aufmerksamkeit für Experimentalpraktiken in der Wissenschaftsgeschichte und -philosophie gesehen werden. Als Konsequenz erhalten analog zu den Laborstudien Entwurfs- und Konstruktionsprozesse in den Ingenieurwissenschaften eine höhere Aufmerksamkeit und es rückt die Technikphilosophie näher an die Wissenschaftsphilosophie. Dies zeigen nicht zuletzt Veröffentlichungen, die in den Folgejahren aus dem Umfeld der Herausgeber hervorgegangen sind, wie der von Kroes u.a. herausgegebene Sammelband „Philosophy and Design: From Engineering to Architecture" (2008) und das von Meijers herausgegebene, umfassende Nachschlagewerk „Philosophy of Technology and Engineering Sciences" (2009). Damit liegt die Bedeutung des Bandes sicherlich darin, eine Entwicklung der jüngeren Technikphilosophie frühzeitig aufgegriffen und gebündelt zu haben, deren Fokusverschiebung in ihrem Potential längst noch nicht ausgeschöpft ist.

Sabine Ammon

Bruno Latour: Nous n'avons jamais été modernes. Essai d'anthropologie symétrique

Paris: Éditions La Découverte 1991, 210 S.; dt. Wir sind nie modern gewesen, übers. von Gustav Roßler, Berlin: Akademie 1995, 208 S.

Der französische Philosoph und Soziologe Bruno Latour (geb. 1947) gilt als Begründer der Akteur-Netzwerk-Theorie (= ANT), welche das Verhältnis von Wissenschaft, Technik, Gesellschaft und Natur in grundlegender Weise neu zu denken beansprucht. Die zentrale Intention der Akteur-Netzwerk-Theorie ist es, Entgegensetzungen wie etwa die von Natur und Geist oder Natur und Gesellschaft zu vermeiden, da sie zum einen zu Mißverständnissen über die tatsächliche wissenschaftliche Praxis, technisches Handeln oder soziale Beziehungen führten, zum anderen Krisen, insbesondere ökologische, beförderten. Diese Entgegensetzungen sind nach Latour Selbstmißverständnisse der Moderne, die ihre eigentliche Verfaßtheit und Praxis nicht begreife. Die Akteur-Netzwerk-Theorie beabsichtigt nicht nur, eine andere Theorie der Moderne zu formulieren, sondern ebenso empirische Forschungsbegriffe zu entwickeln, welche die (modernen) Praktiken angemessener beschreiben und selbst in der empirischen Forschung gewonnen wurden. Den Titel Akteur-Netzwerk-Theorie beurteilt Latour inzwischen kritisch, da er unter anderem zu Fehldeutungen Anlaß biete. Latour setzt an die Stelle der modernen Trennungen von Natur und Gesellschaft, Natur und Geist, Technik und Wissenschaft ein alternatives Beschreibungsmodell, das *vor* diesen Trennungen ansetzen soll. Mit Ausdrücken wie Akteur und Aktant, Netz und Kollektiv, Assoziation, Vermittlung oder Hybrid sollen Natur, Technik und Gesellschaft symmetrisch – das heißt, ohne vorab investierte Unterschiede – behandelt werden: Netz und Kollektiv (statt Natur oder Gesellschaft) sind Begriffe, mit denen Latour symmetrische Assoziationen (statt gesellschaftlichen Beziehungen) zwischen menschlichen Akteuren und nicht-menschlichen Aktanten (statt nur zwischen Personen) beschreiben will. Ein Objekt wird nicht auf einer anderen Ebene behandelt als eine Person, auch wenn Unterschiede in ihren Relationen bestehen. Eine Absicht Latours dabei ist, Reduktionismen von Natur auf Gesellschaft oder umgekehrt zu vermeiden. Das Symmetriepostulat wird von Latour über die Wissenschaften und die Wissenschaftsgeschichte hinaus generalisiert. Seine Beiträge zur Technikphilosophie sind auf vier Ebenen zu finden:

1. *Technisierung und Moderne*: Latour rekonstruiert das Selbstverständnis, welche die Moderne von sich hat. Diesem Selbstverständnis nach besteht die Moderne darin, daß Natur und Gesellschaft, Wissenschaft und Politik, Objekt und Subjekt, Sein und Sprache jeweils zwei getrennte Sphären bezeichnen. Die Vormoderne bestehe aus Sicht der Moderne darin, alle diese getrennten Sphären und Dualismen miteinander zu vermengen (S. 55). Die Moderne begründe sich dagegen als doppelte Reinigungsarbeit. *Einerseits* sollte die Natur von der Gesellschaft, das Objekt vom Subjekt, das Dinge vom Zeichen gereinigt werden (S. 50f.). *Andererseits* sollte die Gesellschaft, das Subjekt, die Sprache von den „Auswüchse[n] der Naturalisierung" gereinigt werden (S. 51).

> „Dies war die zweite Aufklärung, die des 19. Jahrhunderts. ... In den Mischwesen der ersten Aufklärung sah nun die zweite nur eine inakzeptable Vermengung, die zu läutern war, indem der Anteil der Dinge sorgfältig vom Anteil geschieden wurde, der auf die Funktionsweise der Ökonomie, des Unbewußten, der Sprache oder der Symbole zurückging." (S. 51)

Latours „Versuch einer symmetrischen Anthropologie" besteht darin, die Assoziation menschlicher und nicht-menschlicher Wesen auf gleicher Ebene auch für die Moderne nachzuweisen. Zudem erhebt die symmetrische Anthropologie die Forderung, moderne Gesellschaften mit den gleichen Methoden zu erforschen wie die vormodernen, bei denen die Anthropologen auch vom Kosmos zur Politik, zur Technik, zu den Riten in ein und derselben Untersuchung übergingen, um ihre Zusammenhänge zu betrachten (S. 134ff.). Eine Konsequenz dieser symmetrischen Perspektive auf vormoderne und moderne Gesellschaften sei dann aber, daß der von der Moderne behauptete geschichtliche Bruch fraglich werde – jedenfalls dann, wenn eine solche symmetrische Anthropologie erfolgreich durchgeführt werden könnte (S. 18). Latour ist der Ansicht, daß dies möglich ist, denn es habe nie einen scharfen Einschnitt gegeben, welcher Vormoderne und Moderne trenne. Der Grund ist im Titel angegeben: Wir sind nie modern gewesen (S. 64ff.). Die Moderne habe sich als Reinigungs- und Trennungsarbeit begriffen – was auch nicht falsch sei; dabei handle es sich jedoch nur um gleichsam die halbe Wahrheit. „Neben den Reinigungspraktiken gab es immer auch eine Übersetzungspraxis" (S. 56). Schärfer noch: *Weil* die Reinigungsarbeit stattgefunden habe, seien die Vermittlungen, Vermischungen, Übersetzungen vermehrt worden. „Je weniger die Modernen sich für gemischt halten, desto mehr vermischen sie" (S. 60). Die Erklärung für diesen paradoxen Effekt entfaltet Latour in vielen Anläufen. Einer von ihnen führt auf die politische Bedeutung der Trennung. Vormoderne Gesellschaften hätten eine Hemmnis, die Hybriden zu vervielfältigen. Weil die ‚Moderne', die eigentlich eine ‚Nichtmoderne' ist, nur ihre Trennungsarbeit sieht, glaubt sie, Natur erkennen und in sie eingreifen zu können, ohne zugleich in Gesellschaft und die anderen Sphären, welche ihr eben scheinbar gegenüberstünden, mit einzugreifen. Zu Beginn der Moderne fiel ihre doppelte Bewegung nicht auf, da die Hybride, die Übersetzungen und Vermischungen, gerade erst begannen, vermehrt zu werden:

> „Wenn man aber von Embryonen im Reagenzglas, Expertensystemen, digitalen Maschinen, Robotern mit Sensoren, hybridem Mais, Datenbanken, Drogen auf Rezept, Walen mit Funksendern, synthetisierten Genen, Einschaltmeßgeräten, etc. überschwemmt wird, wenn unsere Tageszeitungen all diese Monstren seitenweise vor uns ausbreiten und wenn diese Chimären sich weder auf der Seite der Objekte noch auf der Seite der Subjekte, noch in der Mitte zu Hause fühlen, muß wohl oder übel irgend etwas geschehen. Alles sieht so aus, als wären die beiden Pole ... zuletzt miteinander verschmolzen, und zwar gerade aufgrund der Vermittlungspraxis, die von der Verfassung (der Moderne) freigesetzt und gleichzeitig geleugnet worden ist." (S. 69)

Zur Beweisführung geht Latour in einer wissenschaftsgeschichtlichen Rekonstruktion zurück zum Beginn dieser modernen Trennung im 17. Jahrhundert (S. 24). Der Naturforscher Robert Boyle sowie der politische Philosophen Thomas Hobbes tragen diesen Beginn in einer Art Disput aus, der damit endet, daß die Bereiche der Natur und der Gesellschaft fortan voneinander separiert werden. Die Vakuumluftpumpe von Boyle und der Leviathan von Hobbes konstituieren das, was Latour die moderne *Verfassung* nennt: die institutionalisierte Trennung und Gewaltenteilung von Natur und Gesellschaft, Wissenschaft und Politik (S. 25–46). Dieser Rückgang hat zum Ziel zu zeigen, daß zur Zeit der modernen Verfassungskonstitution noch eine deutlich erkennbare Symmetrie zwischen Politik und Wissenschaft bestand.

Zwischen vormodernen und modernen Gesellschaften besteht also kein „epistemologischer Einschnitt", es findet vielmehr eine erhebliche Ausweitung der Netze zwischen menschlichen und nicht-menschlichen Wesen statt (S. 145). Diese „großen Netze" sind für Latour durch die „Vervielfachung der Hybridwesen – halb Objekt, halb Subjekt –, die wir Maschinen und Fakten nennen", entstanden (S. 156). Die Reinigung ermögliche gerade die erstaunliche und rapide Technisierung der Lebenswelt.

2. *Sozialität und Technik*: Vor dem Hintergrund der problematisierten Trennung von Natur und Gesellschaft wendet sich Latour der Soziologie zu, die Technik weitgehend aus ihrem Untersuchungsfeld ausgeschlossen habe. Ihrem Selbstverständnis nach erforsche sie Gesellschaft und damit entweder einen besonderen „sozialen Stoff" oder konkrete Verhältnisse zwischen Personen. Dadurch gerieten aber die zahlreichen Beziehungen im Netz, die Assoziationen, wie Latour sie bezeichnet, zwischen menschlichen und nicht-menschlichen Wesen nicht in ihren Blick. Diese seien jedoch entscheidend für die Stabilisierung des Sozialen: „Aus den traditionellen Gegenständen der Gesellschaftstheorie – Imperien, Klassen, Berufe, Organisationen, Staaten – werden Mirakel, wenn man die unzähligen Objekte beiseite läßt, die ihre Dauer und Festigkeit sichern" (S. 161). Wie fast immer bei Latour werden diese Überlegungen an Fallgeschichten gewonnen und exemplifiziert. So erläutert Latour den Gedanken, daß die vielen technischen Objekte Soziales stabilisieren und dabei zugleich übersetzen (in ein neues Verhältnis setzen und dadurch verändern), an den Veränderungen, welche das Gewicht an Hotelschlüsseln mit sich bringt. Das vorherige lokale Netz war unter anderem durch den Schlüssel, den Hotelgast sowie ein Schild, auf dem der Hotelgast zur Abgabe des Schlüssels vor Verlassen des Hotels aufgefordert wurde, bestimmt. Da die Gäste dieser Aufforderung nicht ausreichend entsprachen, ersetzte das Hotel das Schild durch ein großes Metallgewicht, an dem der Schlüssel nun hing. Die Gäste gaben nun in höherer Zahl den Schlüssel ab. Der Schlüssel stabilisierte dabei die gewünschte Norm. Allerdings ersetzte das Gewicht nicht nur das Schild, es übersetzte (und veränderte damit) die Aufforderung: Die Gäste geben den Schlüssel nun nicht aus Pflichtbewußtsein ab, sondern weil sie froh sind, das schwere und sperrige Ding abgeben zu können. Daß eine Veränderung eines Kollektivs durch Ersetzung eines Elements auch die anderen Elemente (einschließlich der Subjekte) verändert, ergibt sich bereits aus Latours symmetrischem Beschreibungsmodell. In einem Großteil seiner Studien ist Latour solchen Übersetzungsprozessen im Detail auf der Spur.

3. *Technik und Wissenschaft*: Stabilisierung und Übersetzung sind auch die zentralen Themen von Latours Studien zum Zusammenhang von Wissenschaft und Technik. Latour schlägt dabei vor, den Blick strikt auf die technischen Netze, welche die Wissenschaft bilden, zu richten. Denn diese technischen

Netze seien es, welche die relative Gewißheit (relativ nämlich in Relation zu diesen Netzen) von Wissenschaft ermöglichten.

Man müsse einmal den Versuch unternehmen, ein winzigstes Faktum ohne Instrumente, metrologische Netze, Laboratorien zu verifizieren, um zu erkennen, wie sehr die Stabilität wissenschaftlicher Objekte an technische Elemente im Netz (an ein Kollektiv von Dingen, Formeln, Instrumenten, Personen, Institutionen) gebunden ist (S. 160). Für Latour bedeutet dies umgekehrt: Ohne die technischen Objekte drohe Wissenschaft ebenso wieder zu verschwinden wie ihre ‚ewigen Gesetze'. Die Veränderung der wissenschaftlichen Netze durch technische Elemente verändere stets das wissenschaftliche Objekt, da dieses, wie alle Elemente des Netzes, kein anderes ‚Wesen' habe als ihre Relationen in diesen Netzen. Was Anlaß epistemologischer Probleme sein könnte, gilt Latour als das Gegenteil: Je mehr und je fester die Relationen sind, in denen ein wissenschaftliches Objekt stehe, desto mehr sei es gefestigt, da außerhalb der Netze ohnehin kein Objekt existiere.

4. *Technik und Handeln*: Auch seinen Überlegungen zum Zusammenhang von Technik und Handeln legt Latour symmetrische Modelle zugrunde. Ausgehend von der Annahme, daß jedes Element in einem Netz nur durch seine Relationen bestimmt wird, erscheinen Latour sowohl technikdeterministische Handlungstheorien als auch solche, welche Technik als bloßes Instrument eines vorgängigen Willens konzipieren, widersinnig. Ein neues technisches Objekt verändere Handelnde, und Handelnde veränderten technische Dinge. Eine Waffe in der Hand verändere eine Handlungssituation alleine schon deshalb, weil sie den Fokus auf die nun jeweils möglichen Handlungen verschiebe. Zudem seien Handlungen nie Sache eines Elements, sondern eines Kollektivs von Elementen: „Fliegen ist eine Eigenschaft der gesamten Assoziation oder Verbindung von Entitäten, und dazu gehören Startpisten und Maschinen, Flughäfen und Ticketschalter. B-52-Bomber fliegen nicht, es ist die U.S. Air Force, die fliegt. Handeln ist nicht das Vermögen von Menschen, sondern das Vermögen *einer Verbindung von Aktanten*" („Die Hoffnung der Pandora", S. 221) Letzteres verdeutlicht außerdem, daß nicht einfach feststeht, wie viele Elemente zu Handlungen beitragen, der Flughafen selbst kann beispielsweise wiederum in unzählige Elemente gegliedert werden. Die technikphilosophisch reizvolle Pointe daran sei, daß Technik Raum und Zeit zusammenfalte. Durch Punktualisierung (und Black Boxing) erscheine Technik im Singular und verdecke die räumliche und zeitliche „Aktanten-Assoziation" und deren Vermittlungsleistung (ebd., S. 222ff.). Schließlich ermögliche die Aktanten-Assoziation, daß Substitutionen (und dann auch Übersetzungen) stattfänden, welche die technische Delegierung ermöglichten. An Stelle einer bloßen Aufforderung könne (analog dem Gewicht des Hotelschlüssels) eine Bodenwelle Autofahrer bremsen und verändere dadurch auch die Praxis der Geschwindigkeitsreduktion (ebd., S. 226ff.).

Latours Beitrag zur Technikphilosophie besteht zum einen in der Problematisierung gängiger Unterscheidungen und Erklärungsgrößen (wie Gesellschaft, Natur vs. Kultur). Seine alternative Theorie der Moderne gestattet ihm eine Erklärung des Zusammenhangs von Modernisierung und Technisierung. Latour entwickelt dazu eine Beschreibungssprache, welche die problematischen modernen Vorannahmen zu vermeiden hilft und dadurch produktiv den Blick für Details in empirischen Studien schärft. Gerade in der Nähe zum empirischen Material zeigt sich jedoch auch eine Schwäche: Latours neues Vokabular bleibt abstrakt, so daß eine Explikation entweder trivial oder vage ausfallen muß. In Bezug auf die Fallstudien entfaltet Latour einen Reichtum an frischen Einblicken und neuen Details, eine Herauslösung von Konzepten mit begrifflichem Gewinn fällt bislang aber schwer. Latours Begriff ‚Hybrid' setzt noch die Natur/Kultur-Unterscheidung voraus; sein Terminus ‚Quasi-Objekt' bleibt primär eine zurücknehmende Geste; die Rede von ‚halb Objekt, halb Subjekt' oder von der ‚Vermischung' legt quantifizierbare Anteile nahe, wenn sie nicht eine Floskel sein soll. Ebenso werden zentrale Begriffe wie ‚Vermittlung' oder ‚Übersetzung' nur in Umrissen geschärft. Womöglich müßte eine Begriffsbildung, welche hier ansetzte, sich stärker von den jeweils gut passenden Fallstudien lösen, um die von Latour angestoßene begriffliche Transformation leisten zu können.

Andreas Kaminski

Carl Mitcham: Thinking through Technology. The Path between Engineering and Philosophy

Chicago, IL/London: University of Chicago Press 1994, XI + 397 S.

Carl Mitcham (geb. 1941) ist Professor an der Colorado School of Mines (USA). Er gehört zu den bekanntesten amerikanischen Vertretern der Technikphilosophie, ist Autor zahlreicher Bücher und Artikel auf diesem Gebiet und seit 1994 Herausgeber der traditionsreichen Serie „Research in Philosophy and Technology".

Die breit angelegte und sorgfältig durchgeführte Abhandlung „Thinking through Technology" ist in Problemverständnis, Lösungsangeboten und Strukturierung das Ergebnis von über zwei Jahrzehnten Beschäftigung mit der Technikphilosophie. Viele der hier dargelegten Gedanken wurden bereits – wie der Autor in den Vorbemerkungen selbst herausstellt – in früheren Fassungen publiziert. Für dieses Buch wurden sie jedoch überarbeitet, ergänzt, erweitert und zu einem Ganzen zusammengeführt. So entstand eine komprimierte Einführung in die Philosophie der Technik, eine „illustrierte" Diskussion ihrer Quellen und ihres Anliegens.

Mitcham hat seine Darlegungen zweigeteilt: Im ersten Teil des Buches (Kap. 1–5) werden historische Quellen und Entwicklungsverläufe erörtert, im zweiten Teil (Kap. 6–10) systematische Gesichtspunkte der Technikphilosophie.

Der Ausgangspunkt der Überlegungen des Autors ist die Unterscheidung zweier Traditionslinien in der kritischen Analyse der Technik seit Anbeginn ihrer systematischen Reflexion, einer geisteswissenschaftlichen Tradition (*humanities tradition*) und einer Ingenieurtradition (*engineering tradition*), die je unterschiedliche historische Ursprünge und grundlegende Orientierungen darstellen. Der aus der Ingenieurtradition gespeiste Ansatz der Technikphilosophie sieht technisches Denken und Handeln als Modell für alle Formen menschlichen Denkens und Handelns an. Er versucht, alle offensichtlich nicht-technischen Denkvorgänge und Tätigkeiten mittels technischer Begriffe und Ausdrücke zu erklären bzw. zu reformulieren, geht so von der zentralen Rolle der Technik im menschlichen Leben aus. In der geisteswissenschaftlich orientierten Technikphilosophie dagegen werden stärker die moralischen und kulturellen Implikationen thematisiert. Der zentrale, verbindende Denkansatz sei, daß technisch-technologisches Denken und Handeln nur einen Aspekt, nur eine Ausprägung menschlichen Denkens und Handelns darstelle, und es wird versucht, dieses Denken und Handeln in einen umfassenderen Rahmen einzuordnen.

Mitcham sieht die aus der Ingenieurtradition resultierende Technikphilosophie – „oder die Analyse der Technik von innen heraus" (S. 39) – als die ursprünglichere an. Deshalb behandelt er sie im ersten Kapitel, exemplarisch belegt zunächst an Peter Klimentitsch von Engelmeyer, Friedrich Dessauer und Mario Bunge (s. alle dort). Bereits hier wird ein Grundzug und Vorteil des Buches sichtbar, denn Mitcham beschränkt sich nicht auf englisch- oder deutschsprachige Autoren, sondern bezieht stets weitere in seine Überlegungen mit ein. Als Repräsentanten der Ingenieurtradition in der Technikphilosophie behandelt er sodann die Franzosen Alfred Espinas (1844–1922), Jacques Lafitte (1884–1966) und Gilbert Simondon (1923–1989, s. dort), den Niederländer Hendrik van Riessen sowie den Spanier Juan David Garcia Bacca (1901–1992).

Der geisteswissenschaftlich orientierten Technikphilosophie – „oder der Versuch der Religion, der Dichtung und der Philosophie, eine nicht- oder transtechnische Sichtweise der Bedeutung der Technik zu geben" (S. 39) – ist Kapitel 2 gewidmet. Für Mitcham steht es außer Frage, daß seit Beginn der Menschheitsgeschichte Vorstellungen über die Bedeutung „gerätegestützten Handelns" ihren Niederschlag in den frühen Mythen, in der Religion und im philosophischen Dialog gefunden haben, aber erst sehr spät systematisch durch das philosophische Denken erschlossen worden sind (als Beispiele werden Francis Bacon, Jean-Jacques Rousseau und Bernard Mandeville genannt). Als repräsentativ für das gegenwärtige geisteswissenschaftlich geprägte philosophische Denken über die Technik stellt Mitcham die Überlegungen von Lewis Mumford, Josè Ortega y Gasset, Martin Heidegger und Jacques Ellul (s. alle dort) vor.

Diese beiden charakterisierten Sichtweisen innerhalb der Technikphilosophie befinden sich – so Mitcham – notwendigerweise nicht nur in Gegensatz zueinander, sondern vor allem im Streit miteinander. Daraus resultierten jedoch stets auch Ansätze, die bemüht waren, diese konzeptionellen Differenzen zu überbrücken. Beiträge in dieser Richtung werden im dritten Kapitel behandelt, vor allem die langjährige Tätigkeit des VDI-Ausschusses „Mensch und Technik", die Überlegungen von John Dewey und Don Ihde (s. dort) sowie die sich auf Gedanken von Karl Marx (s. dort) berufende Sozialphilosophie und Gesellschaftstheorie.

Mit dem vierten Kapitel schließt Mitcham eine zusammenfassende, historisch angelegte Übersicht über philosphische Fragen der Technik an: Wissenschaft und Idee, Technik und Idee, konzeptionelle Ansätze, logische und kognitive Gesichtspunkte, ethische, religiöse, politische und metaphysische Fragestellungen werden nicht vorrangig unter systematischen Überlegungen, sondern – gebunden an wichtige Repräsentanten – stärker mit Blick auf ihr Werden diskutiert.

Teil I des Buches wird mit den im Kapitel 5 behandelten „Philosophischen Fragen über Techne" abgerundet. Dabei geht es Mitcham vorrangig um Fragen der Beziehungen zwischen Philosophie und Technik in ihrer „prämodernen" Periode: „Ignorierten prämoderne Philosophen die Technik und ihren Ursprung, die techne? Oder schenkten sie ihr vielleicht in einer Weise Beachtung, die nicht immer eine ausreichende Wertschätzung bedeutete? Kann diese Nichtbeachtung oder Beachtung heute zur Technikphilosophie beitragen? Oder in anderen Worten, ist es für die (heutige) Philosophie der Technik angemessen, techne philosophisch zu würdigen?" (S. 114) Indem der Autor die letzte Frage positiv beantwortet, schafft er sich die Gelegenheit, auf Gedankengänge von Plato und Aristoteles, aber auch von Christian Wolff und Johann Beckmann einzugehen.

Der zweite Teil des Buches beinhaltet eine stärker analytisch ausgerichte Untersuchung der „lebensweltlichen Manifestationen" von technology, die Mitcham in einer vierfachen Weise gegeben sieht: als (materielles) Objekt (von Haushaltsgegenständen bis zum Computer), als Wissen (einschließlich Rezepten, Regeln, Theorien und intuitivem ‚Know how'), als Handlung (Entwurf, Konstruktion und Gebrauch) sowie als Wille bzw. Willensausübung (Verständnis für den Gebrauch von Technik und der daraus resultierenden Konsequenzen). Jedem dieser „Modi" der Technik, die so auch Gegenstand geisteswissenschaftlich bzw. ingenieurwissenschaftlich orientierter technikphilosophischer Überlegungen sind, ist ein gesondertes Kapitel gewidmet (Kap. 7–10). Vorangestellt sind einführende Überlegungen (Kap. 6), die einerseits zur Wortgeschichte und zu Wandlungen im Begriffsverständnis von Technik und Technologie beizutragen vermögen, andererseits auf die begriffliche Vielfalt und konzeptionelle Differenziertheit der Denkansätze unterschiedlicher Autoren verweisen – woraus sich auch die Berechtigung der von Mitcham vorgeschlagenen Klassifizierung bzw. Systematisierung ergibt.

Mitcham geht davon aus, daß der geisteswissenschaftliche Ansatz die angemessene philosophische Sichtweise für die Technikphilosophie darstellt – unter der Voraussetzung, daß es gelinge, ihn so zu „reformieren", daß philosophisch relevante Erfahrungen und Ergebnisse der Ingenieurtätigkeit angemessener berücksichtigt werden. Zu diesem Zweck werden im zweiten Teil beträchtliche Anstrengungen darauf verwandt, die Bedeutung ingenieurwissenschaftlich orientierter Reflexionen über Werkzeuge und Maschinen, über Technikwissenschaften und über Entwurfs-, Herstellungs- und Gebrauchs-(Verwendungs-)Handeln im technischen Bereich herauszuarbeiten.

Teil 2 schließt mit einem Abschnitt, der „Schlußfolgerung: Fortführung des Nachdenkens über Technik" überschrieben wurde. In ihm werden – in eindeutiger Anspielung auf Aristoteles' Konzeption der vier Ursachen und damit auch anknüpfend an Heidegger sowie unter Aufgreifen des human- und geisteswissenschaftlichen Ansatzes – mögliche Interpretationen der Technik diskutiert, deren unterschiedliche Implikationen – so Mitcham – mit dem Konzept der Betrachtung von Technik als Objekt, als Wissen, als Handlung und als Willensakt zusammengeführt werden können. In diesem Abschnitt gibt der Autor auch einen kurzen Überblick über das „Science, Technology, and Society Program".

In einem ausführlichen Epilog „Drei Richtungen des Mit-der-Technik-Seins" wird die Analyse des zweiten Teils genutzt, um auf die Geschichte und Gegenwart der Technik in der westlichen Welt zurückzukommen. Aus philosophisch orientierter Sicht unterscheidet der Autor drei Richtungen bzw. Vorstellungen der Einordnung der Technik in das Leben bzw. deren Wertung, die als „vormoderner Skeptizismus", „moderner Optimismus" und „romantisches bzw. gegenwärtiges Unbehagen" bezeichnet werden.

Umfangreiche Anmerkungen, ein ausführliches Literaturverzeichnis sowie ein Personen- und Sachregister vervollständigen ein Buch, das in erster Linie eine kritische Einführung in die Technikphilosophie darstellt. Zugleich bildet es jedoch auch einen selbständigen Beitrag zur philosophischen Deutung der modernen, hochtechnisierten Welt. Es wäre jedoch illusorisch, Mitchams eigene Position am einzelnen ausgewählten oder behandelten Detail feststellen zu wollen – er beschreibt und analysiert vielfältige Sichten auf die Technik und ihre Einbettung in die Gesellschaft. Seine eigene Position wird in erster Linie durch die konzeptionelle Grundidee und ihre inhaltliche Umsetzung, durch das *Ganze* des Buches (vor allem die Stoffauswahl und deren Anordnung, die Vorgehensweise und die Materialverarbeitung) repräsentiert: der Anspruch, die Lücke zwischen der geisteswissenschaftlichen und der Ingenieurtradition in der Technikphilosophie zu schließen, das Bemühen, ‚technology' stärker in der Philosophie aufgehen zu lassen, d.h., diese stärker in jene zu integrieren, als das bislang der Fall ist. Durch die zugängliche Art der Darlegung, eine übersichtliche Gestaltung, gelegentliche Tabellen und zahlreiche Zeichnungen und Fotographien bedeutender Technikphilosophen ist eine gut lesbare Abhandlung zustande gekommen. Der mit „Thinking through Technology" gegebene Überblick über historische Ursprünge und systematische Implikationen der heutigen Technik ist eine ausgezeichnete englischsprachige Gesamtdarstellung der technikphilosophischen Diskussion, die nur empfohlen werden kann.

Gerhard Banse

David E. Nye: Technology Matters. Questions to Live With

Cambridge, MA: MIT Press, 2006, XIV + 282 S.; dt. In der Technikwelt leben. Vom natürlichen Werkzeug zur Alltagskultur, übers. v. Heiner Must, Berlin/Heidelberg: Spektrum Akademischer Verlag 2007, 315 S.

Mit diesem Buch ordnet und präsentiert der in Europa lehrende amerikanische Technikhistoriker David E. Nye (geb. 1946) Ergebnisse technikgeschichtlicher Forschung unter zehn systematischen Fragestellungen; diese bilden die Kapitelüberschriften. Antworten liefert Nye auf mehrerlei Weise. Nur selten werden die Fragen in theoretisch-systematischer Weise behandelt. Auch seine eigenen Auffassungen tut der Verfasser eher zurückhaltend kund. Meistens skizziert er stattdessen mögliche Antworten in Form historischer Fallbeispiele. Insofern ist das Buch sehr narrativ und enumerativ gehalten. In der folgenden, stark generalisierten Darstellung mag es systematischer erscheinen, als es tatsächlich ist.

Im ersten Kapitel nähert sich Nye der Frage „Was ist Technik?". Dabei sieht er die Evolution der menschlichen Gattung wesentlich durch den Werkzeuggebrauch bestimmt. Er stellt eine Analogie her zwischen der – menschheitsgeschichtlich älteren – Verwendung von Werkzeugen und dem Erzählen von Geschichten. In beidem finde eine Auswahl zwischen mehreren möglichen Handlungssequenzen statt und eine Antizipation der Ergebnisse. Nye lehnt das Konzept von Technik als angewandter Wissenschaft ab. Dies könne schon deswegen nicht stimmen, weil die Technik der Wissenschaft in der Regel vorausgehe. Schließlich analysiert er die Begriffsgeschichte von „technology" und „technics". Im britischen Englisch stand der Begriff „technology" – genau wie das deutsche „Technologie" – zunächst für eine allgemeine Gewerbekunde. In den USA fand er erst Anfang des 20. Jahrhunderts – unter anderem durch Thorstein Veblen – weitere Verbreitung und bezog sich jetzt auf die gesamte Technik. Dabei konkurrierte er eine Zeitlang mit dem aus dem Deutschen übertragenen „technics", welches aber bald außer Gebrauch geriet.

Das zweite Kapitel „Werden wir von der Technik beherrscht?" zielt auf den von Nye abgelehnten Technikdeterminismus. Nye geht dabei von *einem* Technikdeterminismus aus und ignoriert dessen vielfältige Ausprägungen. Er präsentiert eine historische Skizze entsprechender Auffassungen, wobei er – teilweise entgegen anderer Auffassungen – Karl Marx (s. dort), William Ogburn (s. dort) und Michel Foucault als Technikdeterministen interpretiert. Auch heute noch besäßen technikdeterministische Formulierungen eine weite Verbreitung. Dagegen verweist Nye darauf, daß manche Kulturen auf technische Innovationen verzichteten, wie Japan im 16. Jahrhundert auf Feuerwaffen, nordafrikanische und mexikanische Kulturen auf das Rad und die Amish auf eine Reihe moderner Technologien. Die Nutzung oder Nicht-Nutzung der Technik beruhe also auf kulturellen Entscheidungen.

Nach der Ablehnung des Technikdeterminismus kann die Antwort auf die Frage des dritten Kapitels „Ist die technische Entwicklung vorhersehbar?" nur negativ sein. Nye erläutert dies differenziert in Bezug auf Erfindung, Innovation und Verbreitung. Als Begründung verweist er auf eine konservative Haltung der Produzenten, den kaum zu antizipierenden Einfluß der Konsumenten, die an der Technikentstehung in vielfältiger Weise direkt oder indirekt mitwirkten, und die symbolische Bedeutung der Technik, welche von der Forschung nur unzureichend berücksichtigt werde. Aus seinen eigenen Arbeiten bringt er hierfür das Beispiel des elektrischen Lichts, das um die Jahrhundertwende als Symbol für den Fortschritt schlechthin interpretiert wurde.

Im vierten Kapitel „Wie sehen Historiker die Technik?" legt er deren Gegenposition zum Technikdeterminismus dar. Technikhistoriker – so Nye – „messen technischen, sozialen, wirtschaftlichen und politischen Faktoren etwa das gleiche Gewicht bei" (S. 55). Und sie betonten historische und kulturelle Unterschiede. Bei den Technikhistorikern gebe es Internalisten und Kontextualisten. Die Internalisten konzentrierten sich auf die Veränderungen der Technik selbst; die Kontextualisten betonten die Wechselwirkungen zwischen der Technik und ihrer Umgebung. Beide Ansätze stellten legitime Schwerpunktsetzungen dar, aber ohne die Kontexte sei Technik jedenfalls nicht zu verstehen und zu erklären. Nye interpretiert die Technik zwar als soziales Konstrukt, gesteht ihr aber auch – unter Berufung auf Thomas P. Hughes (s. dort) – eine „Eigendynamik" („momentum") zu. Damit akzeptiert er eine Art „sanften Determinismus".

Im fünften Kapitel fragt Nye, ob die Entwicklung der Technik „Kulturelle Vielfalt oder kulturelle Gleichförmigkeit?" hervorgebracht habe. Mit zahlreichen Beispielen argumentiert er zugunsten der kulturellen Vielfalt. Den Wünschen der Konsumenten entsprechend, habe sich das technische Angebot ausdifferenziert. Und global habe eher eine „Glokalisierung" (Roland Robertson) oder „Kreolisierung" stattgefunden, das heißt eine kulturelle Anpassung der Technik. Dabei weist er darauf hin, daß kulturelle Traditionen immer wieder neu „erfunden" würden. Und er relativiert seine Aussagen über die Vielfalt durch den Hinweis, daß alle Menschen in die gleichen großen technischen Systeme eingebunden seien.

Auf die Frage des sechsten Kapitels „Nachhaltiger Wohlstand oder ökologische Krise?" gibt Nye keine eindeutige Antwort, deutet allenfalls Möglichkeiten einer Versöhnung von Natur und Kultur an. Den lange Zeit dominierenden Fortschrittsoptimismus habe immer schon Technikkritik begleitet. Einige ihrer Vertreter hätten auf die durch Technik verursachten Umweltschäden hingewiesen und Selbstbeschränkungen der menschlichen Handlungsmacht gefordert.

Im siebten Kapitel fragt Nye: „Bedeutet Technik mehr oder weniger Arbeit, bessere oder schlechtere Arbeitsbedingungen?" Die Antwort fällt bei aller Differenzierung insgesamt eher optimistisch aus. Alle Visionen einer generellen Vernichtung der Arbeit und einer Zentralisierung des technischen Wissens und der wirtschaftlichen Macht hätten sich bislang nicht bewahrheitet. Bei den Qualifikationsanforderungen sei es eher zu einer Polarisierung gekommen, die Hierarchien hätten sich sogar teilweise abgeflacht, und den Wegfall von Arbeit habe an anderer Stelle entstandene neue Arbeit kompensiert.

„Soll der Markt über die Einführung neuer Technologien entscheiden?" – so die Frage des achten Kapitels. Nyes Antwort lautet tendenziell nein, aber er ist auch skeptisch hinsichtlich der Steuerungskompetenz des Staates und führt zahlreiche technologiepolitische Fehlentscheidungen an. Ebenso zweifelt er an der Kompetenz und Legitimität der Medien als Stellvertreter der Bürger. Sein eher diffuser Ratschlag präferiert eine „Kombination aus Bürgerforen und einem Evaluationsverfahren" (S. 186).

Das neunte Kapitel „Mehr Sicherheit oder mehr Gefahren?" beginnt mit der Aussage, daß die Technik insgesamt das menschliche Leben sicherer gemacht habe, einzelne Katastrophen aber immer größere Ausmaße angenommen hätten. Der überwiegende Teil des Kapitels besteht aus einer Geschichte der Kriegstechnik, in der Nye unter anderem die verfehlten Hoffnungen auf die friedensstiftende Wirkung neuer Waffen und Waffensysteme skizziert. Der Schlußsatz des Kapitels lautet: „Paradoxerweise kann also moderne Technik unsere Sicherheit verbessern, aber gerade dadurch setzt sie uns neuen Gefahren aus" (S. 214).

Das zehnte Kapitel „Erweiterung oder Verengung des Horizonts?" ist heterogen, aber auch originell. Nye geht auf wissenschaftliche Erkenntnis ein, auf Multitasking, Bedrohungen der Privatsphäre, künstliche Intelligenz, Androiden und Cyborgs. An späterer Stelle setzt er der These einer Verselbständigung der Technik entgegen, daß es „weder ein einzig mögliches noch ein logisch zwingendes und auch kein notwendiges Ende der Symbiose zwischen Menschen und Maschinen gibt" (S. 263). Zudem führt er aus, daß es immer problematischer werde, zwischen Natur und Kultur zu unterscheiden, die Technik werde zur Selbstverständlichkeit, zur Zweiten Natur. In diesem Zusammenhang bringt er das Beispiel, daß es für viele Menschen attraktiver sei, Naturlandschaften zu bestaunen, die mit Hilfe modernster Kinotechnik in Szene gesetzt werden, als diese Landschaften selbst aufzusuchen.

Ein weiteres, „Die Zukunft ist offen" überschriebenes Kapitel faßt das Buch auf konzise Weise zusammen. Wer nur am systematischen Ertrag interessiert ist, dem mag diese Zusammenfassung genügen. Allerdings verzichtete er dann auf die große Stärke des Werks, die anschaulichen und eingängigen empirischen technikhistorischen Beispiele. Abgesehen von der etwas holprigen Übertragung des englischen Titels ist die Übersetzung gut und zuverlässig. Nyes „In der Technikwelt leben" ist besonders geeignet, Studienanfänger an die großen Fragen der Technikforschung heranzuführen.

Wolfgang König

Tanja Paulitz: Mann und Maschine. Eine genealogische Wissenssoziologie des Ingenieurs und der modernen Technikwissenschaften, 1850–1930
Bielefeld: transcript 2012, 388 S.

Es ist nicht lange her, als *gender studies* noch *women's studies* hießen, und Geschlechtergeschichte unter dem Begriff ‚Frauengeschichte' firmierte. Selbst wenn die älteren Bezeichnungen nicht ganz verschwunden sind, ist es in den Sozial- und Geisteswissenschaften heute jedoch üblich, beide sozialen Geschlechter zu behandeln. Wenn auch zögerlich, sind auch die Techniksoziologie und die Technikgeschichte diesen Weg gegangen. Interessierte die Forscher früher ein Thema wie der Ausschluß von Frauen aus dem Ingenieurberuf, wird inzwischen die Frage gestellt, wie Technik und Ingenieurwissenschaft „auf der symbolischen Ebene geschlechtlich aufgeladen" (S. 341) werden bzw. wurden. Dabei rückt notwendigerweise ein Aspekt, der früher weitestgehend vernachlässigt wurde, in den Vordergrund: die Verbindung der modernen Technik mit dem Begriff „Männlichkeit". Sieht man von einigen wenigen Arbeiten ab – etwa von Wendy Faulkner, Ruth Oldenziel und Judy Wajcman (s. dort) –, ist es auffällig, wie selten die Technikentwicklung als männlich konnotiertes Projekt analysiert worden ist.

Im vorliegenden Werk, einer überarbeiteten Fassung einer an der Karl-Franzens-Universität Graz entstandenen Habilitationsschrift, stellt die inzwischen an der Julius-Maximilians-Universität Würzburg lehrende Soziologin Tanja Paulitz (geb. 1966) die oben zitierte Frage. Dabei geht es weder um eine berufssoziologische Untersuchung der Unterrepräsentation von Frauen im Ingenieurstudium, noch um eine industriesoziologische Analyse von Geschlechterhierarchien am Arbeitsplatz. Einem wissenschaftssoziologischen Paradigma folgend, nimmt die Autorin die soziale Konstruiertheit der Ingenieurwissenschaften in den Blick. Insbesondere fokussiert sie sich „auf geschlechtlich eingefärbte Konstruktionsweisen des Ingenieurberufs, der technischen Wissenschaften und ihres Objektbereichs" (S. 10). Um diesem Themenkomplex auf den Grund zu gehen, nimmt Paulitz – wie unter anderen Karin Zachmann in ihren Arbeiten über die geschlechtliche Konstitution technischen Wissens –, die Gründerzeit der Technikwissenschaften ins Visier. Im Zentrum steht bei Paulitz die formative Phase des wissenschaftsbasierten Maschinenbaus ab Mitte des 19. Jahrhunderts bis ca. 1930, eine Periode, die freilich von einer Reihe von Technikhistorikern und Technikhistorikerinnen schon untersucht worden ist, wenn auch selten aus einer *gender*-Perspektive.

Die Verfasserin gliedert ihren Untersuchungszeitraum in zwei Teile, die im Großen und Ganzen mit der Periodisierung übereinstimmen, die sich in der Geschichtsschreibung der Technikwissenschaften eingebürgert hat. Die erste Phase sei von „Verwissenschaftlichung" (S. 101) gekennzeichnet gewesen und erstreckte sich bis ins letzte Jahrzehnt des 19. Jahrhunderts; die zweite, in welcher die praktischen Bedürfnisse der Wirtschaft stärker zum Vorschein traten, sei als Reaktion und Gegenentwurf zu verstehen. Die Begrifflichkeiten des Monte A. Calvert aufgreifend, könnte man sagen, daß die Zeit bis etwa 1890 von einer ‚Schulkultur' gekennzeichnet gewesen sei, und daß sich danach eine Art ‚Werkstattkultur' oder, vielleicht noch besser, ‚Industriekultur' zurückgemeldet hätte. Fiel die erste Phase nicht zufällig mit der Etablierung des technischen Hochschulwesens zusammen, kann die zweite als „Gegenbewegung der Praktiker" (Wolfgang König, s. dort) gedeutet werden. Gaben anfänglich Theoretiker wie Ferdinand Redtenbacher den Ton an, traten später der industriellen Praxis näher stehende Personen wie Alois Riedler auf den Plan.

Der besprochene Band liefert einen innovativen Beitrag zur Neubewertung dieser in der Technikgeschichte und Technikphilosophie bekannten Auseinandersetzung über das Verhältnis zwischen Theorie und Praxis, Wissen und Können, Hochschule und Industrie. Durch ihre geschlechtercodierte Brille vermag Paulitz Strukturen zu entdecken, die uns – die Arbeiten des Rezensenten eingeschlossen – vorher unsichtbar blieben. Nur zum Teil geht es dabei um die im 19. Jahrhundert sowieso äußerst selten geführte Diskussion über den Zugang weiblicher Studierender zum höheren technischen Bildungswesen. Im Mittelpunkt der Paulitzschen Analyse steht eher die Reproduktion bekannter Gegenüberstellungen, etwa zwischen männlich distanzierter, abstrakter Wissenschaft und weiblich konnotierter Natur. Ähnlich wie der von Carolyn Merchant beschriebene Francis Bacon, weist ein wortgewandter Hochschulprofessor wie Franz Reuleaux (s. dort) darauf hin, daß „das Eindringen in die Geheimnisse der Natur" zentrale Aufgabe der Ingenieurwissenschaften sei (S. 133).

Trotz solcher Beobachtungen ist Paulitz in ihrer Interpretation auffällig vorsichtig. Der Grund ist einleuchtend und geschichtsmethodologisch sauber: Es sei nämlich außerordentlich selten der Fall, daß Themen wie Weiblichkeit oder Frauen in den Quellen überhaupt zur Sprache kommen. Beispielsweise zieht Reuleaux keine direkte Parallele zwischen Natur und Weiblichkeit. Wenn Frauen in den Texten explizit vorkommen, dann in der Gestalt ahnungsloser Hausfrauen, sich mit Handarbeiten beschäftigender Mädchen oder Hüterinnen vorindustrieller Techniken. Was Paulitz hauptsächlich vorfindet ist, mit anderen Worten, ein androzentrischer Diskurs, der mit herkömmlichen Geschlechterdichotomien nur schwerlich analysiert werden kann.

Gewiß heißt dies nicht, daß *gender* im analysierten Textkorpus keine Rolle gespielt hätte. Paulitz findet einen Hinweis z.B. in der Darstellung des Geistes als „männlich, stark, scharf" (S. 120). Einem bildungsbürgerlichen Diskurs folgend, definierte sich der damalige Ingenieurwissenschaftler als Geistesmensch, als jemand, dessen Körper zweitrangig ist und dem Werke nicht im Wege stehen darf. Die in der technikhistorischen und technikphilosophischen Forschung – etwa von Kees Gispen – mehrmals diskutierte Verbindung zwischen Technikwissenschaft und geistiger Kultur, die führende Vertreter der Zunft gerne ins Feld führten, erhält hier eine neue Akzentuierung. Vom Wissensdurst getrieben, trage der Ingenieurgeist nicht nur durch seine materiellen Errungenschaften zur allgemeinen Kulturentwicklung bei, sondern auch dadurch, dass er sich von den körperlichen Sinnen emanzipiert hätte. Die Fragen, ob die Parabel des starken Geistes und des ungebändigten Willens mit einer religiös gefärbten Vorstellung vom schwachen Körper oder mit einem protestantischen Arbeitsethos Max Weberschen Typs einherging, werden von Paulitz leider nicht verfolgt.

Wie schon angedeutet, wurde auf dieses geisteslastige Paradigma gegen Ende des 19. Jahrhunderts reagiert. Angeführt von Riedler trat eine Reihe von Hochschullehrern für eine Wiederaufwertung des praxisorientierten Unterrichts ein. Wie auch bei seinen Gegnern, spielten Frauen oder Weiblichkeit in den entsprechenden programmatischen Reden nur eine randständige Rolle. Thomas Gieryns wissenschaftssoziologischen Begriff *boundary work* aufgreifend (S. 185), zeigt Paulitz aber überzeugend, wie trotzdem *gender* geschaffen wurde. „Der Mann der That", wie Riedler sein Ingenieursideal selbst bezeichnete, (S. 184) hielt es nicht für notwendig, sich gegenüber dem anderen Geschlecht zu positionieren. Seine Gegenspieler waren eher die „Herren" und die „Geisteskinder", die lieber im beheizten Vorlesungssaal oder in der gemütlichen „Studirstube" hockten, als sich handgreiflichen Problemen in einer unwirtlichen Fabrik zu stellen (S. 181ff.). Ohne den ungebildeten Handwerker traditionellen Typs als Ideal wieder rehabilitieren zu wollen, stellten sich die praxisorientierten Reformer einen Ingenieur vor, der in der Lage wäre, analytische Methoden und kreatives Schaffen miteinander in Einklang zu bringen. Im technischen Bereich sei ein richtiger Mann jemand, der nicht abstraktes Wissen anhäuft, sondern aus dem Vollen seiner Erfahrung schöpft und sein „Können" tatkräftig einsetzt (S. 221).

Die Gegenüberstellung Reuleaux vs. Riedler läßt sich nicht nur auf die Dimension Theorie vs. Praxis oder Schule vs. Werkstatt reduzieren. In einer aufschlußreichen Diskussion über die „Maskulinisierung der Erfindungskunst" (S. 230) beschreibt Paulitz, wie im Ingenieurdiskurs des anfänglichen 20. Jahrhunderts der Begriff ‚Kunst' eine Konnotation erfuhr, die anders gelagert war als die noch hundert Jahre vorher gängige, mit ‚Technik' zusammenfallende

Bedeutung. May Eyth etwa betrachtete in der Zeitschrift des VDI das „ruhelose Spiel der Phantasie" als zentrales Charakteristikum jedweden Innovationsprozesses (S. 230). Der größte Erfinder sei weder ein reiner, unbefleckter Wissenschaftler noch ölbeschmierter Mechaniker, sondern ein kreatives Genie. Ohne auf Weiblichkeit eingehen zu müssen, baute Eyth eine bürgerliche Vorstellungswelt auf, in der ‚Männlichkeit' mit Entdecker- und Erfindergeist auf der einen und mit Wille und Kraft auf der anderen Seite in Zusammenhang gebracht wurde. Die beiden Lager verband mehr als die Marginalisierung der Frau. Auch die Behandlung anderer ‚Völker' und der Arbeiterklasse weist im behandelten Sample eine auffällige Kontinuität auf. Lediglich in der Bewertung der Vergangenheit gingen die Positionen auseinander. Sahen sich Vertreter der ‚Schulkultur' als Höhepunkt eines langen Zivilisationsprozesses, tendierten die Praktiker eher dazu, die Tatkraft der allen möglichen Widrigkeiten ausgesetzten vormodernen Menschen zu bewundern. Bei der Gegenwartsanalyse war man sich aber einig, daß die Europäer und Nordamerikaner den Kampf ums Dasein gewonnen und somit die Überlegenheit einer modernen, hoch technisierten Gesellschaft bewiesen hätten. Interessant ist Paulitz' Beobachtung, daß man in Texten Franz Reuleaux' (s. dort) Stellen finden kann, wo Geschlechterhierarchien gleichzeitig historisch und kulturell interpretiert werden. Während in Deutschland das Spinnen längst mechanisiert gewesen sei, benutzten Frauen in Südeuropa immer noch Handspindeln. Diese seien auch in Ägypten im Gebrauch gewesen – mit dem bedeutsamen Unterschied, dass sie dort auch von Männern betätigt wurden. Hierzu Paulitz: „Als modern, so der Rückschluss daraus, erwiesen sich in dieser Fortschrittserzählung der Geschichte der Maschine folglich einzig die europäischen Männer" (S. 192).

Die Schlußfolgerung, das Ingenieurwesen sei männlich konnotiert, mag die meisten nicht sonderlich überraschen. Die Herausforderung einer ernsthaften *gender*-Analyse ist es natürlich nicht, dies einfach festzustellen, sondern in Details nachzuweisen. Mit ihrer ‚genealogischen' Studie gelingt es Paulitz hervorragend, zu zeigen, mit welchen diskursiven Mitteln einflußreiche Ingenieure die technische Welt mit männlichen Merkmalen besetzten – sei es Wissenschaftlichkeit, Praxisorientierung oder Schaffenskraft. Für einen Historiker einleuchtend, wird dieser Befund aber gleichzeitig als kontingent betrachtet. Immer wieder wurden andere Schwerpunkte gesetzt und neue Profilierungen unternommen. Wenn es eine Konstante gibt, dann scheint sie in dem zu liegen, was die Autorin die „hegemoniale Männlichkeit" des Ingenieurwesens nennt (S. 346). Deshalb hat sich – trotz ‚girls days' an den TUs – in der Tat wenig verändert, auch 150 Jahre nach Redtenbachers Tod.

Mikael Hård

Joseph C. Pitt: Thinking about Technology. Foundations of the Philosophy of Technology
New York/London: Seven Bridges Press 2000, 146 S.

Joseph C. Pitt (geb. 1943) lehrt in den USA am Virginia Polytechnic Institute. Er war Präsident der Society for Philosophy and Technology und ist aufgrund zahlreicher Publikationen (u.a. über Galilei, begriffliche Schemata, induktive Generalisierungen, die ‚Autonomie' der Technik und Theorien wissenschaftlicher Erklärung) in der angelsächsischen Welt bekannt. Das Paradigma, an dem er sich in seiner Technikphilosophie orientiert, ist der Umstand, daß der Erfolg Galileis erst durch entsprechende technische Beobachtungsinstrumente möglich wurde. Verallgemeinernd zieht er daraus den Schluß, in der Technikphilosophie müsse an die Stelle metaphysischer Wesensbestimmungen das auf Experimente gestützte empirische Wissen treten. Sozialkritische Aussagen über die Technik seien erst dann möglich, wenn die einschlägigen erkenntnistheoretischen Fragen vorher geklärt seien – was jedoch offenkundig jede Technikkritik unmöglich machen würde.

In seinen Ausführungen greift Pitt auf einige seiner früheren Publikationen zurück. Das führt gelegentlich zu Wiederholungen. Doch insgesamt ist das Buch konsequent durchstrukturiert, wobei ein kritischer Beobachter – obwohl Gegenargumente aufgenommen und diskutiert werden – insgesamt eine naturwissenschaftlich orientierte, positivistische Grundhaltung feststellen dürfte. Das breit angelegte Literaturverzeichnis umfaßt ausschließlich englischsprachige Titel.

Im Vorwort wird herausgestellt, daß Technik und Wissenschaft nicht als festgelegte Gegenstände aufgefaßt werden dürfen, weil es sich in beiden Fällen um vielfältige Varianten menschlicher Tätigkeit (humanity at work) handle. Pitt sieht allerdings keine gleichrangige Verbindung zwischen diesen beiden Elementen, weil seiner Auffassung nach die Wissenschaft in die jeweilige technologische Infrastruktur eingebettet ist und deshalb an diese gebunden bleibt.

Das Buch besteht aus acht relativ kurzen, thematisch abgegrenzten Kapiteln. Im ersten Kapitel wird die Technik im Sinne des Pragmatismus als Werkzeug für spezifische Zwecke interpretiert. Im zweiten Kapitel folgt die Deutung der Technik als Input-Output-Schema eines Transformationsprozesses, wobei das Feedback der bisherigen Ergebnisse durch bestimmte ‚Werte' und ‚Präferenzen' bestimmt ist. Im dritten Kapitel wird ausgeführt, daß der relativierenden These von der grundsätzlichen Falsifizierbarkeit wissenschaftlicher Erkenntnisse durch den (von Pitt allerdings unkritisch verstandenen) erkenntnistheoretischen Realismus der Boden entzogen wird, weil die Realität eine nicht eliminierbare Gegeninstanz bildet. Das vierte Kapitel behandelt den Unterschied zwischen technologischen und wissenschaftlichen Erklärungen. Während letztere auf dem deduktiv-nomologischen Schema beruhten, lasse sich für die Technik keine allgemeine Formel angeben, weil für die verschiedenen Stadien des strukturierten Gestaltungsprozesses unterschiedliche Akteure maßgeblich seien, worin sich einmal mehr die soziale Dimension der Technik zeige. Das fünfte Kapitel besteht aus einem engagierten Plädoyer für die analytische Trennung von Sachverhalt- und Wertaussagen. Hier argumentiert Pitt gegen Martin Heideggers Sprache und seinen Begriff des ‚Gestells'(s. dort) ebenso wie gegen Langdon Winners Sozialkritik (s. dort). Für Pitt stellt die Technik keine autonome Instanz dar und auch keine Bedrohung für die Lebenswelt und die demokratische Regierungsform, weil Werkzeuge und technische Systeme wertmäßig neutral seien. Im sechsten Kapitel wendet sich Pitt gegen die von Jacques Ellul (s. dort) und Winner vertretene These von der ‚Autonomie der Technik'. Im siebenten Kapitel wird eingeräumt, daß es unbeabsichtigte Nebenwirkungen der Technik gibt, die aber nicht notwendig negativ sein müssen; Pitt argumentiert dafür, daß wir mit dem technischen Wandel leben und neue Ideen, Ziele und Lebensformen akzeptieren. Im abschließenden achten Kapitel wird noch einmal herausgestellt, daß es die jeweilige Technik sei, die bei der normalen Wissenschaft den Kontakt mit der realen physischen Welt herstellt, weshalb die Idee einer rein soziologischen Konstruktion der Wissenschaft nicht praktikabel sei. Eine reizvolle Note erhält das Buch durch den Bezug von Pitt auf seine sizilianische Heimat. Er schlägt einen „Sizilianischen Realismus" vor, durch den – wie in dem vielfältigen kulturellen Erbe Siziliens – verschiedene Größen, die alle physische Realität hätten und nicht aufeinander reduziert werden könnten, zu einem kohärenten Ganzen verbunden werden: „Thus, atoms, electrons, and quarks are all equally real without one having to be reduced to another" (S. 135).

Die (der angelsächsischen Terminologie geschuldete) Gleichsetzung von Naturwissenschaft mit Wissenschaft überhaupt klingt für deutsche Ohren befremdlich. Überpointiert erscheint Pitts Nichtbeachtung der Ideengeschichte und die Abwehr jeder Form der Technikkritik. Seine Ablehnung der notorischen These von der ‚Autonomie' der Technik mag bei naturwissenschaftlich orientierten und in der analytischen Tradition stehenden Lesern Zustimmung finden und bei anderen auf Widerspruch stoßen. Durch seine entschiedenen Thesen fordert das Buch – auch im Hinblick auf die weiter fortgeschrittene angelsächsische Diskussionslage – zur Auseinandersetzung heraus.

Friedrich Rapp

Johannes Rohbeck: Technik – Kultur – Geschichte. Eine Rehabilitierung der Geschichtsphilosophie
Frankfurt/M.: Suhrkamp 2000, 283 S.

Johannes Rohbeck (geb. 1947), Professor für praktische Philosophie und Philosophiedidaktik an der TU Dresden, greift in seinem Buch Überlegungen zu einem Eigensinn der Technik auf, die durch seine 1993 erschienene Monographie „Technologische Urteilskraft" vorbereitet wurden. Während er sich in „Technologische Urteilskraft" vor allem um eine Technikethik bemüht, die ihre normativen Voraussetzungen nicht von außen an technisches Handeln heranträgt, sondern diesem selbst abzulesen sucht, thematisiert er in „Technik – Kultur – Geschichte" das Verhältnis von Technik und geschichtlichem Fortschritt. Dabei verortet er technische Entwicklungen nicht einfach in einer vorgängigen Geschichte, sondern denkt umgekehrt Geschichte vom innovativen Potential technischer Entwicklungen her.

In diesem Zusammenhang geht es Rohbeck auch und gerade um eine „Rehabilitierung der Geschichtsphilosophie" (S. 11), die heute aus gleich drei Richtungen in Frage gestellt werde:

(a) Zunächst werde seit den 1970er Jahren jeder Geschichtsphilosophie angelastet, ältere Konzepte einer Heilsgeschichte zu beerben und die Vielfalt historischer Phänomene und Ereignisse in unzulässiger Weise auf den Ausdruck objektiver geschichtlicher Verlaufsgesetze zu reduzieren, wie es u.a. in manchen Strömungen des Marxismus geschehe.

(b) Im Anschluß an Hayden White und den *New Historicism* werde Geschichte darüber hinaus insgesamt als Fiktion begriffen; die Geschichtsschreibung repräsentiere keine realen historischen Ereignisse, sondern bringe sie mit Hilfe unterschiedlicher rhetorischer und literarischer Mittel erst hervor.

(c) Seit Alexandre Kojève und Francis Fukuyama werde schließlich insofern ein Ende von Geschichte überhaupt erklärt, als sich in unseren modernen demokratischen Gesellschaften Freiheit vollständig verwirklicht hätte und insofern nichts Neues mehr zu erwarten sei.

Im ersten Kapitel des Buches zeigt Rohbeck zunächst, daß die Geburt eines Geschichtsbewußtseins im 18. Jahrhundert von einer Fortschrittsidee ausging, die sich wesentlich an der Erfahrung wissenschaftlicher, ökonomischer und vor allem technischer Innovationen festmachte. Wissenschaft, Ökonomie und Technik bildeten für die Geschichtsphilosophen der Aufklärung einen Komplex, der sich nach eigenen Gesetzen entwickelt und, vermittelt über die Vermehrung des allgemeinen Wohlstands, letztlich zur Humanisierung der Gesellschaften beitrage. Rohbeck ist es vor dem Hintergrund dieser Deutung, der er sich weitgehend anschließt, nicht nur um eine Rehabilitierung der Geschichte zu tun, sondern dezidiert um eine Rettung des Konzepts der Universalgeschichte, deren Gültigkeit und Aktualität er gegen alle skeptischen Einwände erweisen möchte. Er nimmt dabei noch einmal den Faden der in den 1980er Jahren geführten Debatten zwischen Moderne und Postmoderne auf und plädiert in letzter Konsequenz für eine „Radikalisierung der Moderne" (S. 212), die, in Steigerung des von Ulrich Beck (s. dort) und Anthony Giddens vertretenen Programms einer reflexiven Moderne, vor allem in der „Selbstreflexion einer poietischen Vernunft" bestehe; diese Selbstreflexion liege vor allem darin, daß sich Vernunft ihrer selbst als eines Vermögens freier kreativer Herstellung inne würde, das wiederum von technischen Mitteln abhängig sei, die mit einem „kulturellen Überschußpotential" (S. 247) einhergehen. Rohbecks *poietische Vernunft* verdankt sich einer Übertragung dieses Überschußpotentials auf alle kognitiven Selbst- und Weltverhältnisse.

Eine Geschichtsphilosophie im engeren Sinne beginne mit der von Jacques Turgot und Charles de Montesquieu konstatierten Gleichzeitigkeit eines kulturell Ungleichzeitigen (unterschiedlicher kultureller Entwicklungshöhen), die wiederum von der Entdeckung außereuropäischer Kulturen im 18. Jahrhundert angeregt wurde (vgl. S. 33). Die europäische Moderne wurde dabei über wissenschaftliche und technische Fortschritte definiert, welche zugleich als Ursache moralischer Fortschritte angesehen wurden. Schon Adam Smith habe betont, daß mit dem wirtschaftlichen Fortschritt auch ein moralischer Fortschritt einhergehe, insofern die Arbeitsteilung zum Abbau von durch Konkurrenz bedingten Spannungen führe. Bereits in diesem Argument findet Rohbeck „die generelle Einsicht" angelegt, „daß die Mittel der Technik weiter reichen als die ursprünglichen Absichten". Der technische Fortschritt habe im Bewußtsein der Aufklärer „kein Endziel", sondern bestehe vielmehr „in einem fortdauernden Überschreiten des jeweils Erreichten mit offenen Ausgang" (S. 41). Vor diesem Hintergrund ist es erst die Technik, die Geschichte jenseits von Heilsgeschichte und Eschatologie denkmöglich macht. Wie die Manifestationen von Sprache und Kunst, seien auch diejenigen der Technik im Bewußtsein der Aufklärer überschüssig. Die zentrale These des Buches lautet insofern: „Die gegenständlichen Mittel der Technik enthalten und offenbaren während ihres Gebrauchs immer mehr und andere Möglichkeiten, als zur Zeit ihrer Planung und Herstellung bezweckt war" (S. 124). Der Überschuß einer bestimmten Phase der Technikentwicklung bilde die Möglichkeitsbedingung der jeweils folgenden und werde damit zum Antrieb des Fortschritts. Geschichtsschreibung modelliere Geschichte nach einem technomorphen und nicht nach einem ratio- oder biomorphen Modell, da es in Geschichte immer um den Prozeß der Potenzierung von Mitteln gehe.

Die neuzeitliche Philosophie bewertet, wie das zweite Kapitel zeigt, den Fortschritt der Technik in drei unterschiedlichen Weisen:

(a) Von den Klassikern der Aufklärung bis zu Jürgen Habermas wird Geschichte, trotz aller Einsichten in die Ambivalenzen und Kosten gesellschaftlicher

Modernisierungsprozesse, als Fortschrittsgeschichte begrüßt. Die Erweiterung des technisch Möglichen erhöhe immer auch die Freiheits- und Partizipationsspielräume der Individuen – eine These, der sich Rohbeck weitgehend anschließt.

(b) Von Jean-Jacques Rousseau bis zu Max Horkheimer (s. dort) und Theodor W. Adorno wird demgegenüber der Preis des Fortschritts geltend gemacht. Rousseau eröffnet erstmals die Perspektive eines möglichen Auseinanderfallens von wissenschaftlich-technischem und moralischem Fortschritt. Wissenschaftliche und technische Fortschritte bringen aus seiner Sicht nichtintendierte Folgen hervor, die den mit ihnen intendierten moralischen Verbesserungen in der Regel entgegenliefen. Der Überschuß der Technik erweitere hier keine Handlungsspielräume, sondern schränke sie ein. Rousseau faßt diesen Prozeß in sein Theorem der Entfremdung, das über Karl Marx (s. dort) die Kritische Theorie von Horkheimer und Adorno erreiche, die den „Fortschritt als Verfallsprozeß deuten" (S. 90); an dessen Ende verselbständigen sich die technischen Mittel und machen den Menschen zu einem bloßen Anhängsel. Rohbeck kritisiert diese Diagnose als eine „negative Geschichtsphilosophie" (S. 83), der er ausgehend von Habermas ein „technokratisches Mißverständnis" (S. 82) der Aufklärung vorwirft. Mit Habermas klagt er die normativen Ansprüche der Aufklärung ein, die auch Horkheimer und Adorno implizit hätten bemühen müssen, wenn sie das Bild einer durch Technisierung aller Lebensverhältnisse entstellten Welt zeichneten. Darüber hinaus verwickele sich die negative Geschichtsphilosophie insofern in einen Selbstwiderspruch, als sie von einer „Linearität und Zwangsläufigkeit" (S. 91) des Verfallsprozesses ausgehe, die dem Modell wissenschaftlich-technischen Fortschritts verhaftet bleibe.

(c) Die Technikskepsis der Kritischen Theoretiker bereite Theorien eines *Posthistoire* im Sinne eines Endes der Geschichte vor, wie sie etwa von Kojève, Arnold Gehlen (s. dort), Jean Baudrillard (s. dort), Paul Virilio (s. dort) und Fukuyama vertreten werden. Die „Ironie" (S. 93) der *Posthistoire*-Diagnosen bestehe darin, daß sie zumindest auf der Ebene ihrer Bewertung der Technik selbst noch eine universalhistorische These vertreten: *Die* Technik habe in der Moderne alle Traditionen und lokalen kulturellen Lebensformen verdrängt; insbesondere die mit den Verkehrs- und Medientechniken einhergehenden Beschleunigungen der Stoff- und Informationskreisläufe hätte Raum und Zeit zerstört und seien damit die eigentlichen Motoren einer globalen Enthistorisierung. Dem technischen Fortschritt werde darüber hinaus entgegengehalten, er sei „nicht in der Lage, einen eigenen Sinn hervorzubringen" (S. 100). Noch hinter der postmodernen These vom Ende der „Großen Erzählungen" verberge sich nichts anderes als „eine Technik- und Ökonomiekritik" (S. 101), die sich vor allem dreier Argumente bediene: (i) Die wissenschaftliche technische Zivilisation führe zu einer weltweiten „Homogenisierung" der Lebensverhältnisse, (ii) die allgemeine

„Beschleunigung" (S. 106) schlage in einen „rasenden Stillstand" um, (iii) die Technisierung der Gesellschaft führe schließlich zu einer neuen Form von Säkularisierung, der nicht mehr nur noch die Religion zum Opfer falle, sondern jede Form von Kultur, Sinn und Erfahrung. Diese Deutung zielt aus Rohbecks Sicht nicht nur am Wesen der Technik vorbei, sondern zeichne auch, wie das vierte Kapitel des Buches zeigen wird, ein unterkomplexes Bild der Globalisierung.

In dem zentralen dritten Kapitel „Technik – Kultur – Geschichte" richtet Rohbeck sich vor allem gegen die mit der *Posthistoire*-Diagnose einhergehende These, Technik vermöge keinen Sinn zu etablieren. Rohbeck weist alle Entgegensetzungen von wissenschaftlich-technischer Zivilisation und geistiger Kultur zurück. Er möchte vielmehr zeigen, daß Technik selbst eine mehr als akzidentelle kulturelle Seite hat: „Werkzeug, Maschinen und Systeme erfüllen nicht allein technische Funktionen, sondern eröffnen neue Horizonte für Raum- und Zeiterfahrungen, für die Welt- und Selbsterkenntnis sowie für die Ziel- und Wertvorstellungen der Menschen" (S. 105). Daß sie dies können, hat wiederum vor allem mit der Indeterminiertheit ihrer Zwecke zu tun. Jedes technische Artefakt oder System könne in einer unvorhergesehenen Weise verwendet werden. So konnte etwa der Mechanismus zur Übertragung eines Kraftimpulses von einer Taste, der das Klavier ermöglichte, mit einigen Modifikationen in die Architektur der Schreibmaschine integriert werden, die wiederum ursprünglich einfach nur als Schreibhilfe für Sehbehinderte konzipiert worden war. Die Offenheit der Verwendungen verweist für Rohbeck auf einen Eigensinn der Technik, der sie zur geschichtsbildenden Instanz mache. Das „kreative Überschußpotential" (S. 19) technischer Artefakte beziehe sich auch und vor allem auf deren mögliche Zwecke.

Im dritten Kapitel entfaltet der Autor die These des Überschusses ausgehend von Ernst Kapp (s. dort) und Ernst Cassirer (s. dort), in deren Werken sich das „Bild einer Technik als Kultur" (S. 110) abzeichne. Kapps Ausgangsthese, „daß der Mensch die Organe seines Leibes in die technischen Mittel ‚projiziert'" (S. 111), werde schon bei Kapp selbst um die These erweitert, daß der Mensch sich und seinen Leib ausgehend von den ihn ergänzenden technischen Mitteln in neuer Weise zu interpretieren vermöge. Technik erscheint insofern als Kulturmittel – ein Gedanke, den Cassirer mit seiner Deutung von Technik als symbolischer Form noch radikalisiert. Als Medium der Sinngebung rückt Technik bei Cassirer an die Seite von Mythos, Religion, Kunst und Sprache. Indem sie sich als „Drittes" (S. 117) zwischen die Intention des sich ihrer bedienenden Subjekts und deren Verwirklichung etabliere, erlaube sie erstmals, überhaupt zwischen Intention und ihrer Verwirklichung zu unterscheiden. Aus Cassirers Sicht konstituiert sich ein selbständiges Subjekt allererst dadurch, daß es aus einer ursprünglichen Indifferenz zur Welt heraustrete und damit „die Differenz zur Welt wie auch zum Wunsch überhaupt entwickelt"

(S. 117) – was ihm erst ausgehend von einer als medial erfahrenen Technik gelinge. Im Anschluß an seine Interpretationen Kapps und Cassirers betont Rohbeck, daß Technik immer in „konkrete Handlungszusammenhänge" (S. 119) eingebunden ist, in denen sie in unvorhergesehener Weise angeeignet und angewendet werden kann. Technisches Handeln erscheint damit nicht länger als Sonderfall eines instrumentellen, sondern vielmehr eines „poietischen" (S. 119) Handelns. Die poietische Kraft der Technik wird an ihren zweck-, sinn- und letztlich auch wertbildenden Potenzen festgemacht. Daß technische Artefakte neue Bedürfnisse zu schaffen vermögen, dürfe nicht nur im Sinne einer Bedürfnismanipulation interpretiert werden. Technik schaffe nicht nur neue Zwecke, sondern auch neue normative Orientierungen. Als Beispiele gibt der Autor Mobilität und Kommunikation an. Der Wunsch nach Mobilität stehe nicht nur für eine bestimmte, strategisch motivierte Gebrauchsmöglichkeit von Technik, sondern für „kollektive Aneignungen im Sinne von Werten" (S. 131). Ähnliches gelte auch für Kommunikation. Daß Habermas die freie Verständigung und den herrschaftsfreien Konsens als normative Ideale auszeichnen könne, habe er letztlich technomedialen Transformationen wie dem Buchdruck und dem Telefon zu verdanken, die so etwas wie einen Austausch aller mit allen erst möglich gemacht hätten. Das Überschußpotential der Technik habe also nicht nur eine „kognitive", sondern auch eine „normative Dimension" (S. 137).

So erhellend die von Rohbeck eingeklagte kulturalistische Wende der Technikphilosophie auch ist, so wenig kann sie beanspruchen, alle Fragen abzudecken, auf die eine Philosophie der Technik heute Antworten geben müßte. So bekommt der Autor etwa die Einbindung von Technik in natürliche Stoff- und Energiekreisläufe, und damit ihre Abhängigkeit von endlichen Ressourcen, an keiner Stelle in den Blick. Außerdem führt seine Betonung der poietischen und ermöglichenden Seite von Techniken zu einer teilweisen Blindheit gegenüber den von Technik ausgehenden Beschränkungen von Möglichkeitsräumen, mithin für Technik als Medium von Macht. An den *Posthistoire*-Diagnosen blendet er aus, daß die entsprechenden Autoren in der Regel betonen, wie der durch eine Technisierung der Lebenswelt bedingte Erfahrungs- und Kulturverlust von einem kapitalistischen oder neoliberalen Regime begünstigt und funktionalisiert wird. Viele der von ihm genannten Autoren (etwa Horkheimer und Adorno) kritisieren Technik nicht an sich, sondern richten sich primär gegen ein bestimmtes kolonialistisches Regime, das sich in und über Technik reproduziert. Schließlich blendet Rohbeck den Preis und die Opfer technischer Fortschritte aus. Der menschliche Handlungsraum *erweitert* sich durch Techniken nicht nur, sondern wird auch eingeschränkt, wie etwa im Falle evolutionärer Risiken deutlich wird, auf die wir uns und unsere Nachfahren mit der Durchsetzung bestimmter Technologien festlegen. Vor allem erweitert er sich nicht für alle Menschen gleich: Technisch induzierte Freiheiten und

Unfreiheit werden heute, global gesehen, sehr ungerecht verteilt. Der „Prozeß der modernen Zivilisation" gilt Rohbeck als *„kontinuierlich* und *irreversibel"* weil in ihm „keine bleibenden Rückschläge und Unterbrechungen" (S. 46) auftreten. Die ökologischen, sozialen und ethischen Katastrophen des zurückliegenden Jahrhunderts nicht, oder besser: noch nicht einmal als „Rückschläge" zu interpretieren, erscheint fragwürdig.

Andreas Hetzel

Richard Sennett: The Corrosion of Character

New York: W. W. Norton 1998; zit. nach der dt. Ausgabe Der flexible Mensch. Die Kultur des neuen Kapitalismus. Berlin: Berlin Verlag 1998, 224 S., (A)

Ders.: The Craftsman

New Haven, CT/London: Yale University Press 2008, 336 S.; zit. nach der dt. Ausgabe Handwerk. Berlin: Berlin Verlag 2008, 432 S., (B)

Der Soziologe Richard Sennet (geb. 1943), der u.a. bei Hannah Arendt, Erik Erikson, David Riesman und Talcott Parsons studierte, lehrt an der New York University und an der London School of Economics and Political Science. Galt er in den 1970er Jahren noch als Stadtsoziologe, so ist Sennett mittlerweile zu einem viel gelesenen Kulturtheoretiker avanciert. Seine normativen Analysen der Lebens- und Arbeitsformen im postindustriellen Kapitalismus sind von transdisziplinärer Bedeutung. Bereits im Frühwerk „Verfall und Ende des öffentlichen Lebens" (engl. 1977) thematisiert er ein Grundmotiv der Arendtschen Philosophie: die Trennung von Öffentlichkeit und Privatheit, die es als Gegensatzpaar aufrechtzuerhalten gälte, damit sich eine Gesellschaft selbst als „zivilisiert" verstehen könne.

Daß jene Trennung für den Arbeitnehmer seit den 1980er Jahren immer problematischer wird, analysiert er in seinem Hauptwerk „Der flexible Mensch" (1998). Der Originaltitel „The Corrosion of Character" deutet an, daß ein Mensch durch ein Übermaß an immer wieder neuen Selbstentwürfen gleichsam „zerfallen" kann. Das englische „character" meint sowohl die Identität als auch die (gesellschaftliche) Rolle eines Individuums. Laut Sennett liegt der Zerfallsprozeß darin begründet, daß die im Arbeitsprozeß erworbene Erfahrung im biographischen Fortgang nichts mehr wert zu sein scheint. Dies beruhe darauf, daß Raum und Zeit zunehmend „dereguliert" würden, wobei verschiedenste Techniken zum Zuge kommen. Die identitätsstiftende Funktion der Arbeit ist ein zentrales, durch Marx inspiriertes Motiv in Sennetts Gesamtwerk.

Sein Essay ist wie folgt gegliedert: „1. Drift", „2. Routine", „3. Flexibilität", „4. Unlesbarkeit", „5. Risiko", „6. Das Arbeitsethos", „7. Scheitern", „8. Das gefährliche Pronomen". Vorangestellt ist eine kurze Einleitung (A, S. 9–13), in der Sennett die Frage nach dem Bedeutungswandel des Wortes „Kapitalismus" aufwirft. Ausgangspunkt seiner Argumentation ist die New Economy, die vom Arbeitnehmer eine zunehmende Flexibilität erwarte. Dies betrifft v.a. die Neustrukturierung der subjektiven Arbeitszeit(en), die alle Sphären des Lebens – soziale Bindungen, Privatleben, politisches Leben, Erwerbsbiographien etc. – transformiere. So werde ein neuer, „flexibler" Kapitalismus generiert, der Biegsamkeit wie Fügsamkeit des Individuums unterstelle, aber gleichzeitig davon ausgehe, daß es in seiner identitätsstiftenden Form stabil bleibe: „Starre Formen der Bürokratie stehen unter Beschuß, ebenso die Übel blinder Routine. Von den Arbeitnehmern wird verlangt, sich flexibler zu verhalten, offen für kurzfristige Veränderungen zu sein, ständig Risiken einzugehen und weniger abhängig von Regeln und förmlichen Prozeduren zu werden. Die Betonung der Flexibilität ist dabei, die Bedeutung der Arbeit selbst zu verändern und damit auch die Begriffe, die wir für sie verwenden" (A, S. 10). Jene Veränderung zeige sich in Bedeutungsverschiebungen der Begriffe „Karriere", „Job" und „Team".

Das erste Kapitel nutzt die Methoden der Biographieforschung und führt in die zentralen Problemstellungen ein. Es beginnt mit der Erfahrung der auseinanderdriftenden Lebensläufe von Rico und dessen Vater Enrico, einem Hausmeister italienischer Herkunft, der Sennett 1970 für sein Buch „The Hidden Injuries of Class" als Interviewpartner diente. Enrico, damals 40 Jahre alt, und seine Frau Flavia, die in einer chemischen Reinigung arbeitete, sparten zu der Zeit für das Studium ihrer beiden Söhne. Ihr Leben verlief „linear", die Zeit war „berechenbar", ihre Arbeitsplätze waren durch Gewerkschaften geschützt und das Lohnsystem war an das Dienstalter geknüpft. Sie wußten, wann sie in Rente gehen und über wie viel Geld sie dann verfügen würden. So konnten auch Risiken eingegangen werden wie z.B. fortlaufende Ratenzahlungen für ein Haus. Durch eine bürokratische Struktur, die Sennett mit Max Weber „Gehäuse" nennt, war eine Form zur Rationalisierung des Zeitgebrauchs gegeben, in der man sich selbst eine „klare Lebensgeschichte" erzählen konnte und in der sich Erfahrung materiell und physisch ansammeln ließ, was zu steigender Selbstachtung führte (A S. 17).

Sennett trifft nun in den 90er Jahren Enricos Sohn Rico zufällig in einer Flughafenlounge. Rico hat Elektrotechnik studiert und Berufserfahrung in mehreren Firmen erworben. Während des Fluges erfährt Sennett, „daß Rico den Wunsch seines Vaters nach sozialem Aufstieg zwar erfüllt, aber sich zugleich von dessen Prinzipien abgewandt hat" (A, S. 19). Ein Lerneffekt ist, daß Rico beim Erzählen seiner beruflichen und privaten Entwicklung selbst wenig Problembewußtsein äußert. Den Schutz einer Bürokratie und „Dienst nach Vorschrift" lehnt der Sohn ab, er wolle Risiken eingehen und offen für Veränderungen sein. Er ist mehrfach umgezogen, trotz berufstätiger Frau und Kindern, mit denen er oft nur noch elektronisch kommunizieren kann. Eine seiner letzten Stellen war Umstrukturierungsmaßnahmen zum Opfer gefallen; deshalb hat er, in subjektiver Sicht freiwillig und aus eigenem Antrieb, eine Consulting-Firma gegründet, in der er zwar unterfordernde Tätigkeiten (z.B. Fotokopieren) nun selbst erledigen muß, sich selbst aber doch auf dem Weg in die Unabhängigkeit und flexiblere Lebensgestaltung versteht. Viel Zeit verbringt er mit dem Aufbau von beruflichen Netzwerken unter Versicherung seiner uneingeschränkten Kooperationsbereitschaft, wohingegen seine Frau, die sich als Buchhalterin wegen der Kinderbetreuung für einen Telearbeitsplatz zu Hause entschieden hat, damit kämpft, daß ihre Anweisungen wenig Autorität haben, weil sie nicht vor Ort ist. Kollegiale Beziehungen und Loyalität zu einer Institution können sich so kaum ausbilden. Sennetts Punkt ist hier, daß Enrico und seine Frau keinen Halt mehr durch feste Rollen in Institutionen haben und ständig mit der subjektiven Angst leben, die Kontrolle über ihr Leben zu verlieren. Gleichzeitig vermissen sie objektiv aber nicht die entsprechende Organisationsstruktur, in der sie sich über ihre Überforderungen beschweren könnten, sondern sie leben in der Ansicht, selbst Verantwortung für ihr gesamtes Leben übernehmen zu müssen. Höherstufig ist es die „Zeitdimension des neuen Kapitalismus, mehr als die High-Tech-Daten oder der globale Markt, die das Gefühlsleben des Menschen außerhalb des Arbeitsplatzes am tiefsten berührt" (A, S. 29). Ricos „tiefste Befürchtung ist aber, der Inhalt seiner Arbeit könne für seine Kinder kein Beispiel moralischen Verhaltens abgeben. Die Qualitäten guter Arbeit haben mit den Eigenschaften guten Charakters nichts zu tun" (A, S. 24). Das haltsuchende Beharren auf ethischen Werten, die nur noch eingeschränkt als Vorbild gelebt werden können, führe zu einem antiliberalen Kulturkonservatismus, der diejenigen zu bekämpfen suche, die nicht an den herrschenden Arbeits- und Lebensstrukturen teilnehmen können oder wollen, bis hin zur neoliberalen Idee des ‚Sozialschmarotzers', der keine Verantwortung für sein Leben übernehme. So gelange man zum „gefährlichen Pronomen": „Wir" (s. Kap. 8).

Im theoriegeleiteten Kapitel „Routine" läßt Sennett die Auseinandersetzung um Fruchtbarkeit versus Schädlichkeit repetitiver Arbeit in der Mitte des 18. Jahrhunderts beginnen, zentriert um den Ort der Manufaktur/Fabrik, an dem eine „industrielle Ordnung" herrsche und der eine räumliche Trennung von Heim und Arbeitsplatz bedeute. Während Denis Diderot an positive Effekte der Routine glaubte, z.B. an die Einheit von Geist und Hand, warnte Adam Smith in „Wohlstand der Nationen" (1776) vor einer Abstumpfung des Geistes (A, S. 39–56). Mit Anthony Giddens, den Sennett als Erben Diderots ansieht, votiert er für einen stabilisierenden, gewohnheitsstiftenden Effekt der Routinen. Denn: „Wir erproben Alternativen nur in Bezug auf die Gewohnheiten, die wir bereits übernommen haben" (A, S. 55). Es komme aber, und hier ist Sennett auf der Seite von Smith, auf die Rahmenbedingungen an, in denen Routinen vollzogen werden, z.B. auf die Wirtschaftsordnung. Smiths Buch beruhte auf dem Prinzip, daß das Wachsen freier Märkte an die gesellschaftliche Arbeitsteilung gekoppelt ist. Es könne nicht nur als hoffnungsvoller Vorbote des Kapitalismus gelesen werden, sondern weise auch auf die düstere Seite der Fabrikarbeit hin, die den kreativen Prozeß des Arbeiters, auf dem die zunehmende Spezialisierung in der arbeitsteiligen Gesellschaft beruht, behindere, und zwar auch in ethischer Hinsicht: Durch Abstumpfung werden Routinen selbstzerstörerisch, weil die Menschen beginnen, „geistig abzusterben". In Folge sterbe auch das Mitgefühl für den Anderen ab, weil der routinierte Arbeitsprozeß „Spontaneität" verhindere. Für Sennett geht es darum, Routinearbeit nicht nur in Bezug auf Taktung und Rhythmus zu untersuchen, sondern in Bezug auf eine umfassende Ökonomisierung der Zeit und ihrer subjektiv erscheinenden Phänomene wie Langeweile und Unspontaneität. Dabei dürfe das Computerzeitalter, das mit der New Economy seinen ersten Höhepunkt erreicht hat, nicht darüber hinwegtäuschen, daß gerade die neuen Computerarbeitsplätze zu stumpfsinnigen Routinen führen.

Im dritten Kapitel fragt Sennett, inwieweit „Flexibilität" den Auswirkungen der Routinearbeit entgegenwirken konnte. Historisch verortet er das Konzept der Flexibilität im sensualistischen Denken von John Locke und David Hume, die einen Menschen entwarfen, dessen Wahrnehmung durch wechselnde Reize in verschiedenste Richtungen orientiert werden kann. Dies fand in Smiths klassische Konzeption des Kapitalismus Eingang, in der der Markt noch eine herausfordernde Bühne des Lebens war, auf der man agieren konnte. Neu im Sinne des flexiblen Kapitalismus, der u.a. durch eine Volatilität der Märkte entstanden ist, sei die Koppelung an eine verborgene Machtstruktur, die aus drei Elementen bestehe: 1. diskontinuierlicher Umbau von Institutionen, 2. flexible Spezialisierung der Produktion und 3. Konzentration der Macht ohne Zentralisierung. Jene neue politische Ökonomie mache das Verständnis langfristiger Zeit schwierig, was zu einem Verlust der subjektiv gedachten Möglichkeit führe, überhaupt agieren zu *können*. Einen wichtigen Anteil an dieser Situation haben Software-Programme, die Arbeitsprozesse besser kontrollierbar machen und hierarchieübergreifend wirken. So konnten vermeintlich „flache Hierarchien" entstehen. Das „Re-engineering" führte zu Personaleinsparungen, vermittelt über Beraterfirmen (Consulting). In Rückschau bezweifelt Sennett, daß jene Umstrukturierungsmaßnahmen wirklich zu mehr Produktivität geführt haben. Die Computerisierung sei mit dem Ausrufen von „Hochtechnologien" einhergegangen und leiste einen wichtigen Beitrag zur „flexiblen Spezialisierung", denn durch Computer sei es leichter geworden, „Maschinen umzuprogrammieren und neu einzustellen". Die damit einhergehende „Konzentration der Macht ohne Zentralisierung" bedeute eine Abkehr von der pyramidal gedachten Befehlsstruktur konventioneller Institutionen hin zu einer Netzwerkstruktur offen gedachter Kooperationen, in der Kontrolle über Gratifikationen und Anreize ausgeübt wird. Das strukturbildende Element ist die Kraft des Einzelnen oder der Gruppe („Team"), die zu immer höheren Leistungen angetrieben wird. Dabei sei es nicht zu der behaupteten „Entbürokratisierung" gekommen, weil institutionelle Wege verschlungener geworden seien. Die zeitlich und örtlich starre Gestaltung des Arbeitstages von Fabrikarbeitern ist deshalb in Sennetts Sicht zu einem Privileg für die gemeinhin weniger privilegierte Klasse geworden. Für die Mittelschicht gilt hingegen: „Die Arbeit ist physisch dezentralisiert, die Macht über den Arbeitnehmer stärker zentralisiert worden. Heimarbeit ist die endgültige Insel des neuen Regimes." (A, S. 75). Für den modernen Unternehmer, den Sennett am Beispiel von Bill Gates illustriert, ist es im flexiblen Kapitalismus notwendig geworden, gleichzeitig viele Möglichkeiten zu verfolgen. Eine systematisch gesteuerte Technologiepolitik finde nicht mehr statt.

Die verbleibenden fünf Kapitel zum Umgang mit biographischen Risiken bis hin zur Erfahrung des Scheiterns sind vor allem für soziologisch Interessierte lesenswert, aber in technikphilosophischer Hinsicht weniger ergiebig. Kritisiert Sennett in *Der flexible Mensch*, daß in deregulierten Netzwerkstrukturen Kontakte und Kommunikationsfähigkeit und damit eine oberflächliche „Teamarbeit" mehr zählen als die eigentliche Arbeit am Produkt, so wird in seinem Buch „Handwerk" nun antithetisch die konstruktive und materielle Seite des Arbeitens hervorgehoben.

In „Handwerk" (2008) thematisiert Sennett die identitätsstiftende Funktion der Arbeit stärker philosophisch als „Geist des Handwerks", der ein „dauerhaftes menschliches Grundbestreben" sei: der „Wunsch, eine Arbeit um ihrer selbst willen gut zu machen" (B, S. 19). Das Buch ist als erstes einer Trilogie konzipiert, die Technik im weiten Sinne als gesellschaftsdurchdringende Fertigkeit behandeln soll. Gegliedert ist es in drei Teile: 1. Handwerker, 2. Handwerk und 3. Handwerkliches Können. Es beginnt mit dem Prolog „Der Mensch als Schöpfer seiner selbst" (B, S. 9–28). Hier erfährt man, daß das Buch eine kritische Würdigung von Hannah Arendts „Vita activa" (s. dort) ist, zuvorderst ihrer politisch-historischen Auftrennung des Menschen als einem kreativen *Homo faber* und als *Animal laborans*, dem würdelos arbeitenden (Last-)Tier. Arendt habe die spielerische Freude am Ausprobieren und das kulturelle Gemeinschaftsleben, das sich immer auch in manuellen Praxen vollziehe, ignoriert, so Sennett. Er versucht im Fortgang, ihrer angeblichen philosophischen Abwertung des Handwerks etwas Konstruktives entgegenzusetzen, das die tief verwurzelte Angst des Menschen vor selbstzerstörerischen Erfindungen (z.B. die Atombombe), wie sie sich schon im Pandora-Mythos finde, kontrastiert, ohne eine Handwerkerromantik oder einen Technikoptimismus zu evozieren. Dabei kritisiert er die in der historisierenden Verwendung des Begriffs „Technik" angelegte Genealogie von der Handwerkstechnik hin zur Hochtechnologie ebenso wie die unterkomplexe Verbindung von Technik und (Massen-)Konsum. Methodisch entscheidet er sich in bewährter Weise für einen Blick auf die Rollen und Identitäten der handwerkenden Subjekte und Gruppen, aber, und das ist neu, auch auf die hergestellten Objekte und die verwendeten Werkzeuge wie Materialien (z.B. bei der Ziegelherstellung). Sennett hat einen weiten Handwerksbegriff, der nicht nur das Herstellen, sondern auch die Fertigkeiten umfaßt (etwa das Klavierspielen und Programmieren). Die manuelle Kultur ist somit Bedingung für materielle Kultur. Daher muß das gefertigte Werk selbst nichts Materielles sein, wenngleich die Mehrzahl der Beispiele von Artefakten handeln. Sennett ordnet zunächst, Arendt folgend, die Artefakte als Dinge ein, die Bestand haben und den Menschen eine bewohnbare Welt schaffen. Die Artefakte wie auch ihre rituell praktizierten Herstellungsformen stehen deshalb in den Kontexten der Selbstvergewisserung.

Der erste Teil „Handwerker" (B, S. 31–198) beschäftigt sich mit den Problemen handwerklichen Könnens, dem Ort der Werkstatt, den Maschinen und dem Materialbewußtsein, das auch eine „sittliche" Komponente in sich berge. Die klassische Zusammenarbeit beim Herstellen in der Werkstatt wird im Vergleich zur extern verordneten, wechselnd projektbezogenen Teamarbeit im Dienstleistungssektor als positiv hervorgehoben, weil sie an eine hierarchische Struktur von Meister, Geselle und Lehrling gebunden ist, in der jede/r seinen identitätsstiftenden Ort hat und Leistung an Erfahrung gebunden wird, die die Vision des Aufstiegs möglich macht. In der Auseinandersetzung des Handwerkers mit der Maschine, die die technikphilosophische Debatte spätestens seit Marx bestimmte und auch zu einer Romantisierung des Handwerkers führte, sieht Sennett eine Grundsatzfrage gestellt:

> „Wenn wir zwischen dem aufgeklärten und dem romantischen Verständnis handwerklichen Könnens wählen müssten, sollten wir uns, wie ich meine, für die Aufklärung entscheiden, die nicht im Kampfe gegen die Maschine, sondern in der Arbeit mit ihr die radikale emanzipatorische Herausforderung erblickte. Das gilt heute noch." (B, S. 161)

Der zweite Teil „Handwerk" (B, S. 201–318) argumentiert kulturanthropologisch, ausgehend vom Organ der Hand, über die vielfältigen Ausdrucksmöglichkeiten der Anleitung (u.a. über das Zeigen) und des kreativ-anregenden Potentials der Werkzeuge zum pädagogischen Effekt des Handwerkens: die Fähigkeit, mit Widerständen und Mehrdeutigkeiten konstruktiv umgehen zu können – nicht zuletzt auch mit dem Scheitern. Der dritte Teil (B, S. 321–378) argumentiert auf dem hohen Niveau des handwerklichen *Könnens*, d.h. wenn die Fertigkeiten schon beherrscht werden. Erst ab dieser Meister-Stufe stellt sich die Frage nach Qualitätsansprüchen, erst hier bildet sich ein professionelles Ethos aus, das Stolz auf die eigene Arbeit *als Arbeit* und nicht nur als Hobby beinhaltet. Daran geknüpft ist das Bemühen, in die Zukunft zu schauen, in der Qualitätsverbesserungen erzielt werden könnten: „die sittlichste Form des Stolzes auf die eigene Arbeit" (B, S. 392).

Im Schlußteil „Die philosophische Werkstatt" verbindet Sennett den Geist des Handwerks programmatisch mit der Denkrichtung des Pragmatismus. Er würdigt John Dewey als Vordenker einer Technikphilosophie mit pädagogischem wie demokratischem Anliegen. Der Pragmatismus vertrete die These,

„dass die Menschen frei von Zweck-Mittel-Beziehungen sein müssen, wenn sie gut arbeiten wollen. Hinter dieser philosophischen Überzeugung steht ein Begriff, der meines Erachtens die einheitliche Grundlage des Pragmatismus bildet: *experience*. Im Englischen ist dieser Begriff unschärfer als im Deutschen, wo er in zwei Begriffe aufgespalten wird: Erleben und Erfahrung. ... Nach pragmatischer Auffassung darf man diese beiden Bedeutungen nicht voneinander trennen." (B, S. 382)

Sennett schlußfolgert, daß die Wertschätzung der Erfahrung sich als handwerkliche Erfahrung bildet. Er nennt dies kurz „Handwerk der Erfahrung", womit einer romantischen Subjektkultur, die auf Empfindsamkeit beruht, Einhalt geboten wird.

Sennett läßt sich am Ende zum Diktum hinreißen: „Gutes Handwerk verlangt nach Sozialismus". Denn es gehe darum, die „falschen Hoffnungen, die Marx für die Menschheit" bereithielt, mit Dewey und Arendt als reduzierten Blick auf Quantitäten zu entlarven: „Dewey warb für einen Sozialismus, der die Qualität der Erfahrung bei der Arbeit verbesserte, statt sich wie Arendt für eine Politik einzusetzen, die auf die Überwindung der Arbeit selbst zielte" (B, S. 381). Selbst wenn Sennetts Arendt-Interpretation umstritten bleibt, liegt ein Mehrwert dieses wichtigen Buches darin, daß es die komplexe Verbindung von aufklärerischer Philosophie und manueller Kultur verdeutlicht.

Nicole C. Karafyllis

Peter-Paul Verbeek: De daadkracht der dingen. Over techniek, filosofie en vormgeving

Amsterdam: Boom Publishers 2000; zit. nach der engl. Ausgabe What Things Do: Philosophical Reflections on Technology, Agency, and Design, University Park, PA: Pennsylvania State University Press 2005, VIII + 249 S.

Peter-Paul Verbeek (geb. 1970) ist Professor für Technikphilosophie und Direktor der Abteilung für Philosophie an der Universität in Twente, Niederlande. Er gehört mit seinen zahlreichen Veröffentlichungen (seine letzte Monographie trägt den Titel „Moralizing Technology: Understanding and Designing the Morality of Things") zu den bedeutendsten niederländischen Technikphilosophen der Gegenwart. In seiner Arbeit konzentriert sich Verbeek vor allem auf ethische und anthropologische Aspekte der Mensch-Technik Beziehung. Darüber hinaus gilt sein Interesse der Einbindung philosophischer Reflexion in die Praxis des „Designs" (i.S. industrieller Konstruktion unter Einschluß der Gestaltung der Nutzeroberfläche – „Industrial Design"). In seinem Buch „De daadkracht der Dingen: Over techniek, filosofie en vormgeving" bemüht sich Verbeek um die Grundlegung eines postphänomenologischen Ansatzes (zur Phänomenologie vgl. u.a. Edmund Husserl, s. dort, und Hans Blumenberg, s. dort) in der Technikphilosophie, dessen Mittelpunkt das Verhältnis zwischen Menschen und konkreten technischen Artefakten einnimmt.

In der einführenden Anmerkung bezieht er sich auf die geläufige Klage, man würde heute in einem materialistischen Zeitalter leben. Er konfrontiert sie mit der Tatsache, daß heutzutage viele Objekte, darunter auch gut funktionierende Geräte, voreilig weggeworfen und durch neue ersetzt werden. Dadurch zeichnet sich ein wichtiges Merkmal der Zeit ab: „Die westliche Welt mißt den Dingen nicht so großen Wert bei, wie man es erwarten würde" (S. VII). Diese Unachtsamkeit den Dingen gegenüber zeigt sich nicht nur im alltäglichen Umgang mit ihnen, sondern auch auf der Ebene der theoretischen Erfassung der Materialität (ebd.). Für die klassische Technikphilosophie, deren (bemerkenswert klarer) Darstellung und Kritik der erste Teil seines Buchs gewidmet ist, waren die Fragen nach den Prinzipien des gesellschaftlichen Lebens, die Technik ermöglichen, oder nach der bestimmten Auffassung der Realität, der die Technik entspringt, vorrangig. Aus diesem Grund haben die früheren Technikphilosophen konkrete Artefakte „bloß als Veranschaulichung der Quellen oder Voraussetzungen der Technik und nicht als Ausgangspunkt für die Untersuchung der Art und Weise, in der Technik das menschliche Leben konkret gestaltet" (S. 4), berücksichtigt. Im Unterschied dazu findet Verbeek bei den gegenwärtigen (Technik)Philosophen Don Ihde (s. dort), Bruno Latour (s. dort) und Albert Borgmann theoretische Fundamente für eine Philosophie der Artefakte und widmet ihnen und der auf ihren Arbeiten basierten Entwicklung seines Ansatzes den zweiten Teil des Buches. Im letzten und in vielerlei Hinsicht interessantesten Kapitel „Artefakte im Design" widmet sich der Autor einer philosophischen Analyse der Praxis des Industriedesigns. Im folgenden sollen vor allem der erste und der letzte Teil des Buches „De daadkracht der Dingen: Over techniek, filosofie en vormgeving" dargestellt werden.

Verbeeks Kritik der klassischen Technikphilosophie wird exemplarisch an den Arbeiten Martin Heideggers (s. dort) und Karl Jaspers (s. dort) vollzogen. Er weist darauf hin, daß trotz des Husserlschen Mottos „Zu den Sachen selbst", das ihre Zeit geprägt hat, sowohl Jaspers als auch Heidegger in ihren Überlegungen zur Technik hauptsächlich die Frage nach den Bedingungen der Möglichkeit der Technik gestellt und dabei die konkreten technischen Artefakte aus dem Auge verloren haben. Diese *orpheische Versuchung* („Orphic temptation", S. 8ff.) rückwärts zu schauen (zu den Bedingungen hin, die Technik ermöglichen), hat dazu geführt, daß sie die Bedingungen der Möglichkeit von Technik mit Technik gleichgesetzt haben:

"Im Stil der transzendentalen Philosophie haben sie versucht, die Technik einseitig von den Bedingungen ihrer Möglichkeit her zu verstehen. Sie haben ‚rückwärts' gedacht und die konkrete Technik auf nicht-technische Sachverhalte zurückgeführt, wie etwa auf ‚technisches Denken' oder das ‚System der Massenproduktion', und dabei letztlich die Technik selbst aus dem Bild ausgespart." (S. 100)

Verbeek zielt mit seiner Untersuchung der klassischen Technikphilosophie jedoch nicht darauf ab zu zeigen, daß philosophische Fragen zugunsten empirischer Fragen aufgegeben werden sollten, im Gegenteil: Philosophische Fragestellungen haben nichts von ihrer Aktualität verloren. Aber sie müssen auf neue Weise angegangen werden, so daß dabei ans Licht kommen kann, wie menschliche Wahrnehmung und menschliche Handlungen durch technische Artefakte vermittelt sind und wie diese die „menschliche Existenz mitgestalten" (S. 173).

Trotz der Kritik der späten Philosophie Heideggers findet Verbeek in dessen früheren Arbeiten einen fruchtbaren Ausgangspunkt für das Vorhaben, eine „Wende hin zu den Dingen" (S. 9ff.) in der Technikphilosophie anzuregen. Vor allem Heideggers Begriffe ‚Zuhandenheit' (readiness-to-hand) und ‚Vorhandenheit' (presence-at-hand) erweisen sich für Verbeek als relevant. Was Zuhandenheit (als Seinsmodus der Werkzeuge) bedeutet, läßt sich nur aus der Perspektive des menschlichen Umgangs mit Werkzeugen verstehen. Wenn wir Werkzeuge verwenden, gilt unsere Aufmerksamkeit der Tätigkeit, die ausgeführt wird und nicht den Werkzeugen an sich. Erst wenn sie aufgrund einer Beschädigung unbrauchbar werden, zeigen sich uns die Gegenstände in ihrer Vorhandenheit. Auf dieser Analyse Heideggers baut Verbeek auf und bringt sie in Verbindung mit der Postphänomenologie Don Ihdes und der Akteur-Netzwerk Theorie Bruno Latours.

Verbeek erhält für seine Untersuchung der Weise, in der Artefakte „menschliche Existenz mitgestalten", wichtige Impulse aus der philosophischen Arbeit Albert Borgmanns. Für Borgmann ist die Bestimmung des Charakters der technischen Geräte von zentraler Bedeutung. Er zeigt am Beispiel unterschiedlicher Möglichkeiten, Wärme verfügbar zu machen, daß ein technisches System wie ein Zentralheizungssystem minimalen Aufwand von seinem Nutzer verlangt, da seine Inbetriebnahme üblicherweise durch Betätigung eines Thermostats erfolgt. So wird Wärme verfügbar gemacht, während der ganze Mechanismus, der das ermöglicht, im Hintergrund bleibt. Im Unterschied dazu erfüllt ein Kamin seine Funktion erst, wenn und nachdem vom Nutzer Bedingungen dafür geschaffen worden sind: Holz und Kohle müssen bereitgestellt, Feuer gemacht und erhalten werden, um dadurch die Gewinnung der Wärme möglich zu machen. Das Verfügbarmachen der Wärme auf diese Weise verlangt vom Nutzer, den Prozeß aktiv mitzugestalten.

Der entscheidende Punkt liegt für Verbeek jetzt auf der Hand: „Borgmanns Arbeit macht ... die Einsicht möglich, daß Artefakte in zwei unterschiedlichen

Weisen zuhanden sein können – so, daß wir an ihrem Funktionieren entweder engagiert teilhaben oder nicht" (S. 194). Der Kamin bringt seine Nutzer in ein näheres Verhältnis mit ihrer Umgebung und vermittelt auf diese Weise ihre Beziehung zu den anderen Dingen. Darin mag die nostalgische Sehnsucht nach der prämodernen Technik anklingen, aber Verbeek – und hierin mündet seine vorangegangene philosophische Analyse – zeigt, wie die Teilhabe an den Artefakten in ihrer Materialität, die einen besonders aktiven Umgang mit den Artefakten mit sich bringt, in postmodernes Industriedesign implementiert werden kann. So entwarf der Designer Sven Adolph einen unkonventionellen elektrischen Heizofen (auf der Titelseite des Umschlags der niederländischen und der englischen Ausgabe des Buches „De daadkracht der Dingen" zu sehen), der aus konzentrisch angeordneten keramischen Platten besteht, die unterschiedlich lang sind und deren jede oben und an den Seiten eine Öffnung hat. Da die Platten unterschiedlich positioniert werden können, wird die Wärme in verschiedene Richtungen ausgestrahlt. Die Nutzer werden dadurch aktiv in das Funktionieren des Geräts miteinbezogen. Weil der Heizofen in der Mitte des Raumes stehen muß ermöglicht er außerdem, sich um ihn wie um ein Lagerfeuer herum hinzusetzen (S. 230). Ein Artefakt wie dieses vermittelt die Beziehung der Menschen zu ihrer Umgebung und zueinander nicht nur durch die Erfüllung seiner Funktion (die auch von einer klassischen Zentralheizung erfüllt wird) und fungiert nicht nur als Symbol (das auf den Lebensstil, Präferenzen und Gewohnheiten seiner Nutzer verweist), sondern fordert durch seinen materiellen Aufbau, daß Menschen in ein aktives Verhältnis zu ihm treten.

Dieses und ähnliche Beispiele finden sich im letzten Kapitel des Buches, in dem auch Entwürfe für eine Ästhetik und Ethik der Artefakte vorgestellt werden. Das wichtigste Ergebnis des letzten Kapitels besteht jedoch in dem Versuch, dem anfangs erwähnten Problem des unachtsamen Umgangs mit Artefakten zu begegnen. Verbeek macht verschiedene Vorschläge für Strategien, die den Industriedesignern zur Verfügung stehen. Eine Möglichkeit ist, bei der Entwicklung von Produkten auf ihre Transparenz zu achten, da die Artefakte, deren Funktionsweise für die Nutzer keine *black box* bleibt, die Behebung einer Störung seitens der Nutzer begünstigen. Das kann wiederum die Verlängerung der Lebensdauer der Artefakte zur Folge haben und dadurch die Ziele der Ökobilanzierung auf eine originelle Weise unterstützen.

Neben den gelungenen Aspekten dieses praxisorientierten Ansatzes bleibt Verbeeks Entwurf einer erweiterten Postphänomenologie nicht ohne Schwierigkeiten. Hier soll nur ein Problem aufgegriffen werden: Verbeek übernimmt den von Ihde eingeführten Begriff der ‚Multistabilität' von Artefakten. Damit wird der Umstand bezeichnet, daß Artefakte keine Eigenschaften ‚an sich', d.h. jenseits des Zusammenhangs der Verwendung haben, sondern verschiedene Identitäten annehmen können, die vom einen zum anderen Zusammenhang variieren. Es bleibt jedoch die Frage offen, ob auch diese Zusammenhänge der

Verwendung ausgehend von der Postphänomenologie Verbeeks beleuchtet werden können.

Danka Radjenović

Verein Deutscher Ingenieure VDI (Hg.): Technikbewertung – Begriffe und Grundlagen

Düsseldorf: VDI 1991, 2. Ausgabe dt. u. engl. 2000; zit. nach dem leicht gekürzter Nachdruck in: Rapp, F. (Hg.): Normative Technikbewertung, Berlin: edition sigma 1999, S. 221–250 (A)

Verein Deutscher Ingenieure VDI (Hg.): Ethische Grundsätze des Ingenieurberufs

Dt. u. engl. Düsseldorf: VDI 2002; zit. nach dem Nachdruck in: Hubig, Ch. u. Reidel, J. (Hg.): Ethische Ingenieurverantwortung, Berlin: edition sigma 2003, S. 79–82 (B)

Die Beschäftigung des 1856 gegründeten Vereins Deutscher Ingenieure (VDI) mit technikphilosophischen und technikethischen Fragen reicht bis ins 19. Jahrhundert zurück. Getragen wurde sie von im VDI organisierten Ingenieuren und Naturwissenschaftlern, wie Max Eyth und Friedrich Dessauer (s. dort). In der Nachkriegszeit veranlaßte die Erfahrung des hoch technisierten Zweiten Weltkriegs und des Nationalsozialismus die Ingenieure, sich verstärkt Rechenschaft über ihr Tun und die politischen und gesellschaftlichen Kontexte technischer Entwicklungen abzulegen. Hierfür suchte man das Gespräch mit Vertretern der Geisteswissenschaften und der Philosophie. Dies mündete in eine Institutionalisierung des Themenfelds in Gestalt der VDI-Hauptgruppe „Mensch und Technik" sowie wenig später eines ihm zugeordneten Ausschusses „Philosophie und Technik".

Im Anschluß an eine Tagung 1975 über „Wertpräferenzen in Technik und Gesellschaft" brachte Günter Ropohl den Gedanken ins Gespräch, eine Richtlinie zur Technikbewertung zu erarbeiten. Die Überlegungen standen unter dem Einfluß der damaligen politischen Diskussion um eine Institutionalisierung der Technikbewertung bzw. Technikfolgenabschätzung: 1973 wurde erstmals ein Antrag im Deutschen Bundestag gestellt, dort eine Einrichtung ähnlich zum „Office of Technology Assessment" des amerikanischen Kongresses zu schaffen. Die geplante Richtlinie sollte hierfür Grundlagen bieten. Das Projekt wurde vom VDI aufgenommen und dem Ausschuß „Technikbewertung" übertragen. Es ist müßig zu betonen, daß die Richtlinie bis zu ihrer Verabschiedung intensiv diskutiert und massiven Einsprüchen ausgesetzt war. Gleichwohl konnte die Arbeit 1991 mit der endgültigen Druckfassung der VDI-Richtlinie 3780 abgeschlossen werden. VDI-Richtlinien sind wie DIN-Normen zwar keine Rechtsvorschriften im strengen Sinn, doch sie geben Sollensregeln für technisches Handeln vor, auf die die Gesetzgebung und die Rechtsprechung verweisen und sich fallweise berufen können.

Die „Vorbemerkung" macht bereits klar, daß die Richtlinie keine Handlungsanleitung und schon gar kein Rezeptbuch darstellt, sondern ein Diskussionsangebot mit dem Ziel, das „Problembewußtsein für die Gestaltbarkeit der Technik (zu) fördern" (A, S. 222). Die Zielgruppe wird extrem breit benannt als „alle Verantwortlichen und Betroffenen in Wissenschaft, Gesellschaft und Politik". Technikbewertungen – so die Richtlinie – sollen die Technikentwicklung kontinuierlich begleiten. „Das Neuartige der Technikbewertung im Sinne dieser Richtlinie ist die Breite des Bewertungshorizontes und die gesellschaftliche Organisation der Bewertungsprozesse". In diesem Zusammenhang ist auch von einem „Netzwerk gesellschaftlicher Einrichtungen" die Rede, was eine Stoßrichtung gegen eine rein politisch-etatistische Institutionalisierung der Technikbewertung beinhaltet. In der Technikbewertung setze man zwar wissenschaftliche Methoden ein, aber „Zielsysteme und Entscheidungen ... können nur nach politisch-demokratischen Regeln in einem gesellschaftlichen Aushandlungsprozeß zustande kommen" (A, S. 223).

Der Teil 1 „Begriffsbestimmungen" beginnt mit der normativen Aussage, daß man die Technik nicht als Selbstzweck mißverstehen dürfe, sondern als Mittel zur Erreichung bestimmter Ziele betrachten müsse. Nicht eingegangen wird auf Technik als zweckfreies Tun, als Spiel. Im Folgenden werden Begriffe wie Ziel, Zielsystem, Oberziel, Unterziel, Indifferenz- und Konkurrenzbeziehung, Mittel, Präferenz, Kriterium, Werte, Wertsystem, Bedürfnisse, Interessen und Normen erläutert. In diesem Zusammenhang wird verdeutlicht, daß zwischen Mittel und Ziel keine grundsätzliche, sondern nur eine relationale Unterscheidung, je nach ihrer Stellung in Ziel-Mittel-Ketten besteht. Damit wird sowohl der Interpretation der Technik als eines wertfreien Mittels widersprochen, als auch dem Vorwurf der technokratischen These, daß die Mittel die Ziele bestimmten. Mit dem Hinweis auf unerwünschte Folgen technischen Handelns, an die bei der Auswahl von Mitteln zu denken ist, wird ein zentrales Anliegen der Technikbewertung benannt. Werte bilden in diesem Teil die zentrale analytische Kategorie. Sie stellen keine idealen Wesenheiten dar, sondern gehen aus Bewertungsakten hervor und weisen allenfalls eine soziale Existenz auf. Darüber hinaus werden mit den Begriffen Bedürfnisse, Interessen und Normen, Entstehungs- und Wirkungszusammenhänge von Werten besprochen.

In Teil 2 „Die Bedeutung von Wertsystemen für die Technik" wird auf die Entstehung von Technik und von Wertsystemen sowie auf deren Zusammenhänge eingegangen. Da technisches Handeln immer natürlichen und gesellschaftlich-kulturellen Bedingungen unterliegt und damit auch Entscheidungs- und Handlungsspielräume festlegt, bestehen keine unabdingbaren ‚Sachzwänge'. Allerdings beeinflussen technische Systeme als Elemente gesellschaftlich-kultureller Bedingungen wiederum technisches Handeln. Im weiteren Text wird ausgeführt, aufgrund welcher Einflußfaktoren sich technisches Handeln vollzieht. Es wird auf die Bedeutung der Werte, auf die Geschichtlichkeit von Wertsystemen sowie der Technik und auf das Phänomen des Wertwandels eingegangen. Hervorzuheben ist die darin vertretene Position, daß unter den technisch machbaren Möglichkeiten aufgrund von Präferenzen entschieden wird, die sich grundsätzlich offenlegen lassen. Diese sind keine willkürliche Setzung der Entscheidungsträger, sondern Ausdruck individueller Dispositionen und gesellschaftlicher Übereinkünfte.

Der Teil 3 „Werte im technischen Handeln" führt aus, welche Werte im technischen Handeln eine besondere Rolle spielen und bei der Technikbewertung auf jeden Fall zu reflektieren sind. Die Grundstruktur bildet das später so genannte ‚Werte-Oktogon' der Richtlinie, bestehend aus Funktionsfähigkeit, Wirtschaftlichkeit, Wohlstand, Sicherheit, Gesundheit, Umweltqualität, Persönlichkeitsentfaltung und Gesellschaftsqualität. Unter didaktischen Gesichtspunkten wird von eher innertechnischen zu eher außertechnischen Werten fortgeschritten. Das gegebene Werteschema, das bestehende Instrumental- und Konkurrenzbeziehungen zwischen den Werten beispielhaft anreißt, bezieht sich auf die Technik in ihrer Gesamtheit. Es ist ohne weiteres einsichtig, daß es für konkrete Techniken gewichtet und ausdifferenziert werden muß. Als Anregung hierfür werden etwa fünfzig Werte kurz besprochen und systematisch aufgelistet.

In Teil 4 „Methoden der Technikbewertung" werden zwar beispielhaft wichtige Methoden skizziert, der Schwerpunkt liegt aber auf allgemeinen methodischen Überlegungen. Dabei geht die Richtlinie auf wichtige Typen der Technikbewertung ein, die problem- und die technikinduzierte sowie die reaktive und die innovative Technikbewertung. In den einzelnen Phasen der Technikbewertung – untergliedert in Definition und Strukturierung des Problems, Folgenabschätzung, Bewertung und Entscheidung – treten unterschiedliche methodische Probleme auf. Abschließend werden Forderungen formuliert, denen Technikbewertungen entsprechen sollten.

Im Teil 5 „Institutionen der Technikbewertung" verwendet die Richtlinie einen weiten Institutionenbegriff, der die gesamte Gesellschaft erfaßt – also nicht nur die Politik oder den Staat. Damit spricht sie sich gegen zentrale und für pluralistische Organisationsformen der Technikbewertung aus. Im Einzelnen thematisiert sie Institutionalisierungsmöglichkeiten im staatlichen, öffentlichen, technischen, wissenschaftlichen und wirtschaftlichen Bereich. Sie geht zwar von Institutionalisierungsdefiziten aus, gibt aber für deren Behebung keine Empfehlungen.

Als Folgeprojekt der Diskussion um die Technikbewertung ergab sich um 1997 die Frage, ob es für eine Standesvertretung der Ingenieure sinnvoll sei, sich eine moderne Fassung eines Ethikkodexes zu geben. Erste Ethikkodizes für Ingenieure gab es ab 1912 in den USA mit überwiegend berufsständischen

Regelungen. Das seit 1950 bestehende „Bekenntnis des Ingenieurs", verabschiedet vom VDI auf der Tagung „Über die Verantwortung des Ingenieurs", atmete noch das Pathos der Nachkriegserschütterung, hob aber bereits die Geltung verallgemeinerbarer Grundsätze für den Ingenieur hervor, der sich damit nicht hinter seiner Rollenverantwortung zurückziehen kann (2. Absatz). Die „Ethischen Grundsätze des Ingenieurberufs" wurden von einem interdisziplinären Ausschuß entwickelt und 2001 verabschiedet. 2007 wurden diese Grundsätze auch als Kodex der Europäischen Ingenieurvereinigung FEANI („Fédération Européenne des Associations Nationales des Ingénieurs") übernommen. Die Arbeitsgruppe hat dann die „Grundsätze" und die zugrunde liegenden Überlegungen in einem Buch veröffentlicht (B).

Die Autoren weisen darauf hin, daß Kodizes keine unverbindlichen Apelle sind, sondern eine wichtige Rolle bei der Auslegung unbestimmter Rechtsbegriffe des Arbeitsrechts, der Berufsordnungen sowie verwaltungs- oder privatrechtlicher Vereinbarungen spielen (z.B. „Stand der Technik", „Sorgfaltspflicht zur Gewährleistung der Produktsicherheit"). Der Richter wird sich dann bei der Auslegung unbestimmter Rechtsbegriffe an entsprechenden Kodizes orientieren. Liegt ein Kodex als verbindlicher Bestandteil des Vereinsinnenrechts vor, eröffnet dies die Möglichkeit, Mitglieder vor konkurrierenden Ansprüchen und Forderungen zu schützen sowie das Fehlverhalten von Mitgliedern zu sanktionieren (B, S. 17)

Die Präambel (B, S. 79) verweist auf den Orientierungscharakter der Grundsätze und stellt die Hilfe des VDI zur Beratung und zum Schutz der Beteiligten bei Konflikten in Aussicht. Im Abschnitt über Verantwortung (ibid.) wird auf die besondere Rollenverantwortung, die Verantwortung gegenüber Institutionen und Partnern sowie gegenüber den Gesetzen des Landes hingewiesen. Ingenieure verantworten allein oder zusammen mit anderen Mitwirkenden die Folgen ihrer beruflichen Arbeit sowie die sorgfältige Wahrnehmung ihrer spezifischen Pflichten. Dazu gehört auch die Mitverantwortung zur bestimmungsgemäßen Benutzung, die Warnung vor Fehl- und Mißbrauch und die Verpflichtung, Lösungsalternativen zu suchen.

Der Abschnitt „Orientierung" (B, S. 80) erinnert an die Kriterien der Technikgestaltung, die in der VDI Richtlinie 3780 „Technikbewertung" genannt werden (A) und fordert auf, bei der Gestaltung von Technik „die Bedingungen selbstverantwortlichen Handelns in der Gegenwart und Zukunft zu erhalten. Insbesondere sind alle Handlungsfolgen zu vermeiden, die sich zu ‚Sachzwängen' (Krisendruck, Amortisationszwängen) entwickeln und nur noch bloßes Reagieren erlauben" (B, S. 80). Dazu gehört das Verbot, Produkte für ausschließlich amoralische Nutzung zu entwickeln, z.B. solche, die international geächtet sind oder unabwägbare Risikopotentiale aufweisen. Eindeutig wird der Menschengerechtigkeit der Vorrang gegeben vor einem Eigenrecht der Natur, den Menschenrechten vor Nutzenerwägungen, dem öffentlichen Wohl vor privaten Interessen.

Bei der „Umsetzung in die Praxis" wird zu ständiger Weiterbildung verpflichtet und zur Bereitschaft, sich an Diskussionen zur Technikbewertung konstruktiv zu beteiligen. Berufsmoralische Konfliktfälle müssen zwar nach Möglichkeit institutionell gelöst werden, jedoch darf der Betroffene bei der Verfolgung ethisch gerechtfertigter Anliegen auch weiter gehen: „Notfalls ist die Alarmierung der Öffentlichkeit oder die Verweigerung weiterer Mitarbeit in Betracht zu ziehen. Um solchen Zuspitzungen vorzubeugen, unterstützen Ingenieurinnen und Ingenieure die Bildung geeigneter Einrichtungen, insbesondere auch im VDI" (B, S. 81).

Zusammenfassend legen die Grundsätze die Ingenieure und Ingenieurinnen auf eine Bringpflicht für sinnvolle technische Erfindungen und nachhaltige Lösungen fest. Sie sollen Handlungsfolgen vermeiden, die zu Sachzwängen und zur Einschränkung selbstverantwortlichen Handelns führen und sich an den Grundsätzen allgemein moralischer Verantwortung orientieren. Damit entwickeln und nutzen sie nicht nur Technik, sondern sie wirken auch an der Auslegung und Fortschreibung rechtlicher und politischer Vorgaben mit und engagieren sich bei der technologischen Aufklärung in Aus- und Weiterbildung an Schulen und Hochschulen, in Unternehmen und Verbänden (B, S. 81).

Zunächst wurden die Texte zur Technikbewertung (A) und zur Ingenieurethik (B) im VDI sehr positiv aufgenommen. Seit ein paar Jahren entsteht jedoch der Eindruck, als wenn der Verein diese programmatischen Beiträge nicht mehr besonders betonen würde, und eine vereinsinterne Diskussion gibt es kaum noch. In der Präambel hat sich der Verein implizit verpflichtet, eine eigene Einrichtung als Vermittlungsstelle bei berufsmoralischen Konflikten zu schaffen (wenn z.B. ein Ingenieur wegen möglicher Fehlentwicklungen die Öffentlichkeit alarmieren will); dem ist der VDI bislang nicht nachgekommen. Die Richtlinie wird vor allem in der Hochschulausbildung berücksichtigt, und viele Formulierungen haben Eingang in Konversations- und Fachlexika sowie in Lehr- und Schulbücher gefunden. Sie gehört zu den am weitesten verbreiteten Dokumenten der Technikfolgenabschätzung. Ihr historisches Verdienst ist es, erstmals konkrete Werte für die Diskussion der Technikbewertung benannt zu haben und außerdem für die Technikfolgenabschätzung einen weitgehend akzeptierten methodischen Kern bereitgestellt zu haben. Beide Dokumente bilden in ihren deutlichen Formulierungen einen Meilenstein in der Diskussion um Technikverantwortung und Technikethik und haben damit einen Stand erreicht, hinter den in technikrechtlichen, technikpolitischen und wirtschaftspolitischen Auseinandersetzungen nicht mehr zurückgegangen werden kann.

Klaus Kornwachs
Wolfgang König

Paul Virilio: L'inertie polaire
Paris: Christian Bourgois 1990, 168 S., dt. Rasender Stillstand, übers.
von Bernd Wilczek, München/Wien: Carl Hanser 1992, 160 S.

Paul Virilio (geb. 1932) gilt als Kritiker der Geschwindigkeit und Begründer der „Dromologie", der sich in zahlreichen Essays mit den kulturellen und sozialen Auswirkungen neuer Techniken auseinander gesetzt hat. Virilio war als Architekt und Stadtplaner tätig, gewann 1987 den Grand Prix National de la Critique Architecturale und wurde 1989 unter der Leitung Jacques Derridas Direktor am Collège International de Philosophie in Paris. Nach seiner Emeritierung 1997 lehrt Virilio als Professor für Philosophie an der „European Graduate School" in der Schweiz. Außer durch den französischen Poststrukturalismus ist seine Kulturkritik von der Phänomenologie Edmund Husserls (s. dort) und Maurice Merleau-Pontys inspiriert. Virilios zentrale These besagt, daß eine drastische Steigerung „der Geschwindigkeit" durch Entwicklung moderner Techniken zu einer Zerstörung von Raum und Zeit führe und damit eine radikale Veränderung unserer Bewegungs- und Wahrnehmungsgewohnheiten herbeigeführt werde. Diese als dramatisch verstandene Veränderung unseres Weltbezuges wird in dem Essayband „Rasender Stillstand" kulturphänomenologisch anhand facettenreicher Beispiele erkundet. Während seine frühen Schriften, etwa „Geschwindigkeit und Politik" (dt. 1980, frz. 1977) sowie „Krieg und Kino" (dt. 1992, frz. 1984), den Zusammenhang von Kriegs- und Videotechnik aufdecken, hebt er in „Rasender Stillstand" auf Verkehrs- und IuK-Techniken ab. Zwei technische Revolutionen stehen daher im Zentrum seiner Aufmerksamkeit: die technische „Mobilisierung" und die damit verbundene Revolutionierung des Transportwesens seit dem 18. Jahrhundert sowie die technische „Immobilisierung" im 20. Jahrhundert und die damit verbundene Revolutionierung der Nachrichtenübertragung.

Als Brennpunkt von Virilios pessimistischer Kulturkritik gilt die „Dromologie", welche mit einem Augenzwinkern als Wissenschaft der Geschwindigkeit (frz. vitesse) verstanden werden soll. Die Wortbildung geht dabei auf das altgriechische δρόμος (dromos) zurück, welches den Wettlauf der gymnastischen Spiele in der hellenischen Kultur bezeichnet, bzw. die Rennbahn oder den Lauf selbst meint. Dieser Bezug birgt bereits das grundlegende Motiv von Virilios Zeitdiagnose: Die Gesellschaft laufe auf einen rasenden Stillstand zu, das heißt auf einen Zustand, bei dem man permanent in Bewegung ist, ohne streckenmäßig tatsächlich vorwärts- oder weiterzukommen – Ende des Fortschritts. Das Sich-im-Kreise-Drehen oder Auf-der-Stelle-Laufen soll ein Sinnbild für die kulturelle Verfasstheit der Postmoderne darstellen. Wie soll es nun zum Phänomen eines „rasenden Stillstands" kommen? Virilio offeriert eine Erklärung in zwei Schritten: Erstens habe die Verkehrsmittelrevolution den Raum „getötet" und den Menschen derart mobilisiert, daß er keine Bleibe mehr habe, sondern in seinen Verkehrsmitteln lebe. Mit der Telekommunikationsmittelrevolution ergibt sich dann zunächst eine Umkehrbewegung:

„Heute hingegen kehrt sich die Situation um, denn jetzt, am Ende des 20. Jahrhunderts folgt auf die berühmte MOBILISIERUNG DER öffentlichen und privaten TRANSPORTMITTEL die IMMOBILISIERUNG DER ÜBERTRAGUNGEN, diese häusliche Bewegungslosigkeit, die von einigen bereits als KOKONISIERUNG bezeichnet wird." (S. 114)

Weil man jetzt Informationen und Nachrichten aus aller Welt zu Hause in seinem Wohnzimmersessel empfangen kann, komme es zum „Stillstand" der Körper, zu einem „Sitzen-Bleiben", welches Virilio als eine „pathologische Unbeweglichkeit" (S. 139) einstuft. Auf die „Tötung" des Raums folgt zweitens eine „Zerstörung" der Zeit: „In unserem normalen und alltäglichen Leben gehen wir tatsächlich von der extensiven Zeit der Geschichte zur intensiven Zeit einer geschichtslosen Augenblicklichkeit über, ermöglicht durch die gegenwärtigen Technologien." (S. 49) Das sitzende Empfangen von Nachrichten und Bildern in „Echtzeit" wird offenkundig mit einem Verschwinden der Wahrnehmung von Zeit gleichgesetzt. Im Kosmos der „Tele-Realität" (S. 16) sei alles jederzeit zugegen. Das Nacheinander weiche einer Gleichzeitigkeit.

Virilios undifferenzierte Rede von Raum und Zeit läßt den Leser zunächst im Unklaren, worauf er sich bezieht. Bei genauerer Hinsicht zeigt sich, daß es ihm um eine Veränderung unseres lebensweltlichen Bezuges auf Raum und Zeit geht. Weder wird ein Verschwinden von Raum und Zeit als subjektiven Bedingungen der Sinnlichkeit im Sinne Kants („Anschauungsformen") thematisiert noch die These einer Veränderung der „Natur" von Raum und Zeit, sondern die Charakterisierung des Erfahrens von gebauten, materiellen Räumen und sozialen Zeitbezügen (Rhythmisierung, Taktung, Terminierung; Zirkulations-, Warte-, Bedenkzeit usw.). Die Zerstörung von Raum und Zeit meint folglich eigentlich eine empfundene Schrumpfung geographischer *Distanzen* sowie eine Aufhebung der Zeit als *Dauer*. Virilios Anspielungen auf Kant und Leibniz wie auch auf die moderne Physik führen diesbezüglich in die Irre. Vor allem die Einsteinsche Relativitätstheorie soll Virilios Befunde autorisieren, obwohl es ihm gar nicht um physikalische Konzepte von Raum und Zeit geht, sondern um deren Erlebnischarakter: „Der" Raum, der durch Eisenbahn, Automobil, Flugzeug und Rakete überwunden wird, das sind große Distanzen und materielle Hindernisse aus der Perspektive des Verkehrsplaners oder des Berufspendlers: Wie komme ich am schnellsten von A nach B? Virilio verdeutlicht, daß dieser Zugang zum Raum durch die Absicht einer Steigerung der Geschwindigkeit motiviert ist. Diese Beschleunigung des Zurücklegens von langen Strecken, welche von Zeitgenossen des Eisenbahnbaus als „Zerstörung" des Raums empfunden wurde (nachzulesen bei Goethe, Heine, Schievelbusch), überträgt Virilio unbedacht auf „Raum" im Allgemeinen (als ausgedehnte Materie) und radikalisiert diesen Eindruck in der These einer Aufhebung von

Schwerkraft und Gewicht (S. 153) bzw. einer vollständigen Entleerung des Raums (S. 135) oder einer vollkommenen „Transparenz" der materiellen Welt. Diesem jetzt verlorenen, gefüllten, materiellen Raum, welchen ein Spaziergänger im 17. Jahrhundert als Landschaft erfuhr, ordnet Virilio die „extensive Zeit" zu, das heißt eine chronologische Erfahrung der Zeit als Abfolge von Ereignissen, als Geschichte. Wenn diese „extensive Zeit" durch eine „intensive Zeit" abgelöst wird, heißt das, daß Dauer und Geschichte einer „Augenblicklichkeit" weichen. Darüber hinaus soll die Zeit gegenüber dem Raum zur maßgebenden Dimension des gesellschaftlichen Lebens geworden sein: Es herrscht ein Imperativ der Zeitverkürzung: Wenn alles in Echtzeit an Ort und Stelle sein soll, kommt es gelegen, daß man in Form der „Tele-Präsenz" (S. 16) und dank IuK-Techniken überall zugleich sein kann, ohne sich körperlich auch nur einen Meter bewegen zu müssen.

Für den Urbanisten wandelt sich in der Konsequenz der zwei technischen Revolutionen das städtische Leben. Die Stadt dient nicht mehr als Bleibe, als Wohn- und Lebensraum, sondern wird zum Funktionsraum für zeitlich eng getaktete und begrenzte Aktivitäten. Der Prototyp des öffentlichen Lebens ist nicht mehr der Marktplatz, sondern der Flughafen als Umschlagplatz von Gütern und Körpern bzw. der „Telehafen" (S. 62) als Hort von Informationen. Im Resultat werden Orte und Städte austauschbar und die Formen bisheriger Urbanisierung abgebaut. Da das Geschwindigkeitsdispositv auf globaler Ebene wirkt, müssen nationalstaatliche politische und rechtliche Regelungen immer schon zu kurz greifen. Für Virilio kommt es auf diese Weise zu einer umfassenden Deregulierung von Gesellschaft, die allein von der Geschwindigkeit beherrscht zu sein scheint. Mit dieser Deregulierbarkeit geht interessanterweise ein Regime der Sichtbarkeit einher. Zwar bleiben Geschwindigkeit und Beschleunigung selbst unkontrollierbar, an deren Stelle wird jedoch der materielle Raum vollständig per Videotechnik überwacht. Dies zeigt sich für Virilio in der Kameraüberwachung des öffentlichen Raums auf der einen und der Illuminierung der Städte auf der anderen Seite (vgl. S. 62ff.). Die komplett überwachte und erleuchtete Stadt ist dabei nur das Spiegelbild der „intelligenten Wohnung", die der Bewohner per Fernbedienung kontrolliert: „die praktische Effizienz der intelligenten Wohnung gründet in der ALLGEGENWART und der ALLSICHTBARKEIT eines Bewohners, der noch nicht einmal bei sich zu Hause sein muß, um die Funktion der unterschiedlichen Geräte, die sich dort befinden, in Gang zu setzen, denn es reicht, sein Haus telefonisch anzuwählen, damit es auf seine Wünsche eingeht" (S. 112). Illuminierung, Sichtbarkeit, Überwachung, Transparenz und Echtzeit sind die lebensweltlichen Korrelate eines „stillstehenden" Körpers, so daß der Mensch durch die so herbeigeführte Bewegungslosigkeit zum „Körperbehinderten-Voyeur" mutiert (S. 50). Es ist bezeichnend für Virilios phänomenologische Inspiration, daß er nicht primär auf den Verlust kognitiver Kompetenzen durch den Gebrauch von IuK-Techniken abzielt, sondern auf körperliche Vermögen bzw. Routinen der Bewegung und

Wahrnehmung. Der Mensch macht sich für ihn mit der Nutzung der Technik des intelligenten Hauses zum „Bewegungs-Behinderten" (S. 116), weil er nichts mehr selbst erledigt, sondern nur noch auf die Tasten seiner Fernbedienung drückt.

Mit dieser Lähmung ist der „rasende Stillstand" jedoch noch nicht erklärt. Diese in sich widersprüchliche Metapher soll folgende Lage kennzeichnen: Von der Kategorie der Geschwindigkeit aus erscheint Materie als Hindernis und Licht als Grenze der Beschleunigung. Auf dem Maximum der gesellschaftlichen Beschleunigung muß daher Materie zu Licht werden (Illuminierung der Städte). Hieraus folgt nicht nur eine „Auflösung" des materiellen Raums, sondern ebenso die Auflösung des menschlichen Körpers. Die beiden für den Phänomenologen fundamentalen Bezugspunkte des In-der-Welt-Seins sind somit zunichte geworden. Den menschlichen Weltbezug strukturieren daher von nun an nicht mehr Raum und Körper (Materie), sondern Zeit und Licht (Geschwindigkeit). Da die Geschwindigkeit jedoch nur als Relation zwischen Phänomenen greifbar ist, stellt die postmoderne Welt für Virilio eine absolute Relativität dar: Scheinbar fehlen dem Einzelnen in seinen Lebensräumen ruhende Bezugspunkte, um seine eigene Fortbewegung registrieren zu können. Der Mensch müsse sich selbst deswegen in einer „Ego-Zentrierung" (S. 121) als stillstehend erfahren. Daß er dennoch „rast", soll wohl eine gewisse Haltung kennzeichnen, welche Virilio vor dem Hintergrund eines christlichen Ideals der Muße verurteilt, indem er behauptet, der Versuch, Prozesse und Ereignisraten zu beschleunigen, führe zu nichts außer dem „totalen Unfall". Der rasende Stillstand ist in seiner Perspektive ein Zustand der Ohnmacht, dem es durch Askese zu entkommen gilt.

Da Virilio keinen avancierten Technikbegriff entwickelt hat, kommt in diesem Essayband Technik weitestgehend unreflektiert als „Vehikel" der sozialen und kulturellen Veränderungen in den Blick. Weil er seine Befunde mehr postuliert als demonstriert oder argumentativ absichert, bleibt das Verhältnis zwischen technischen Mitteln und den beobachteten Auswirkungen das eines Verdachts. Virilio spricht teils vom „ermöglichenden" Charakter der Technik, teils von einer Verursachung. In seiner Darstellung von technischem Potential und vermeintlichen sozialen und kulturellen Tatsachen entsteht hierdurch leicht der Eindruck einer Determination durch die Technik. Da die Macht der Geschwindigkeit außerdem rein technisch vermittelt gedacht zu sein scheint, entpuppt sich Virilios Befund höherstufig als ein technizistisches Verständnis kultureller und sozialer Verfasstheiten. Wenn er zu beobachten meint, daß Ethik und Ästhetik miteinander vermengt werden, dann trägt er selbst zu diesem Eindruck bei, indem er keine anderen Kandidaten des gesellschaftlichen Wandels zu Wort kommen läßt außer technischen und wissenschaftlichen (physikalischen) „Revolutionen". Problematisch wird seine Diagnose durch eine vereinseitigende Generalisierung. Dennoch legt Virilio den Finger in offene Wunden der modernen Gesellschaft und regt dazu an, über das Veränderungspotential moderner Techniken nachzudenken. Virilios Beitrag liegt in dem Hinweis darauf, daß die mit der technischen Entwicklung einhergehenden sozialen und kulturellen Veränderungen erstens womöglich in einer Veränderung der lebensweltlichen Bezüge auf Raum, Zeit und Körper zu finden sind und daß zweitens hierbei der Faktor der Geschwindigkeit eine entscheidende Rolle spielt.

Suzana Alpsancar

Judy Wajcman: TechnoFeminism
Cambridge (UK)/Malden, MA: Polity Press 2004, 160 S.

Judy Wajcman (geb. 1950), lehrte u.a. in Cambridge, Oxford, Sidney, Tokio, Wien und Zürich lehrte, leitet seit 2009 das Department of Sociology an der London School of Economics and Political Science (LSE). Ihr durchgängiges Forschungsinteresse gilt dem Dreieck ‚Geschlecht – Organisation der Arbeit – Technik'. Sie ist eine viel gelesene Vertreterin der feministischen Technikforschung und fungiert auch als Mitherausgeberin des grundlegenden „Handbook of Science and Technology Studies" (MIT Press, 3. Aufl. 2007).

Ihr – wegen des inzwischen etablierten Schlagworts im Titel – bekanntestes Werk, „TechnoFeminism", ist ein knapp gehaltenes und gut lesbares Resümee verschiedener Ansätze der Technikforschung aus der Perspektive der Gender Studies. Es wurde 2006 in Spanische, aber bislang noch nicht ins Deutsche übersetzt. Wacjman setzt hier ihre Untersuchungen aus „Feminism confronts Technology" (1991, dt. „Technik und Geschlecht", 1994) fort. Vorab ist zu bemerken, daß Wajcman, eher typisch für eine angelsächsisch geprägte Diskurskultur, kein Problem damit hat, eine politische Bewegung (‚Feminismus') und ein Forschungsfeld (‚Gender Studies') synonym zu verwenden. Wajcman versteht folglich unter ‚Feminismus' nicht nur das politische Engagement, sondern zugleich verschiedene Forschungsansätze. Während das Werk von 1991 ihren weiten Technikbegriff belegt und einen materialreichen Bogen von der Naturwissenschaft über Produktions- und Reproduktionstechnologien, Hauswirtschaftstechnologie, Architektur und Stadtplanung spannt, dekliniert „TechnoFeminism" in fünf Kapiteln zentrale Topoi der feministischen Technikdebatte mit Hilfe weniger Beispiele aus Informatik, Kommunikationstechnologie und Biomedizin systematisch durch.

Wajcmans Kernthese ist, daß Technik immer gesellschaftlich situiert ist und umgekehrt, daß Gesellschaften auch immer technisch ‚gemacht' sind. Damit schließt sie modifizierend an sozialkonstruktivistische Ansätze an. Technologische Umwälzungen schüfen keine neuen Gesellschaften, sie änderten aber die Bedingungen, unter denen die sozialen und ökonomischen Verhältnisse „gespielt" (*played out*) würden (S. 8f.). Die Artikulation von Geschlechterverhältnissen lasse Indikatoren für soziale Ungleichheit erkennen, sei aber auch zentraler Ansatzpunkt von enthierarchisierenden, emanzipatorischen Handlungen. Die in der Einleitung gestellte Frage „Feminist Utopia or Dystopia?" durchzieht als Leitmotiv das gesamte Buch, das sich an den Polen radikaler feministischer Technikkritik und feministischer Technikeuphorie abarbeitet und dabei auch als kleine Geschichte des feministischen Technikdiskurses gelesen werden kann.

In „Male Designs on Technology" rekapituliert Wajcman die Entwicklung der 1970er Jahre, als Feministinnen die Abwesenheit von Frauen in zentralen Bereichen der Technowissenschaft bemängelten. Da die Historiographie die Anwesenheit von Frauen in der Technikentwicklung ausblendete, machte sich die feministische Seite zunächst auf, Frauen als Akteurinnen in die Geschichte von Wissenschaft und Technik hineinzuschreiben: Sie erinnerte an vergessene Wissenschaftlerinnen und Technikerinnen und kritisierte auch, daß durch eine enge Technikdefinition der Beitrag von Frauen ausgeblendet wurde. Diese Untersuchungen trugen dazu bei, die ideologische Bastion einer wertfreien Wissenschaft und Technik zu erschüttern, indem sie deren Gender-Bias belegten. Als Folge wurde nun nicht mehr nur die Partizipation von Frauen an Wissenschaft und Technik eingeklagt, sondern es entwickelte sich ein wissenschafts- und technikkritischer Ansatz, der „Technik als patriarchalisch" (S. 18) klassifizierte. Diese These wurde durch kritische Arbeiten über Reproduktionstechnologien untermauert: Männer hätten durch die wissenschaftlich-technische Entwicklung zunehmend technische Kontrolle über den Reproduktionsprozeß und damit über die Körper von Frauen erlangt. In der feministischen Theoriebildung schlug sich dies als Polarisation von ‚Technik = männlich' vs. ‚Reproduktion = weiblich' nieder. Die Patriarchatskritik verband sich nun mit einer Umwertung: Hatten frühere Feministinnen Perspektiven der technisch-wissenschaftlichen Kontrolle der Reproduktion (z.B. die Pille) begrüßt, so entwickelte sich nun ein technikkritischer ‚Ökofeminismus', dessen Kritik am Umgang mit der Natur in spätindustriellen Gesellschaften die frühere Technikeuphorie in Technikfeindlichkeit umschlagen ließ.

Der sozialistische Feminismus untersuchte dagegen die Rolle von Frauen in der Arbeitswelt und entdeckte dort Technik und Geschlecht als komplexe Komplizen. So konnten neue Produktionstechniken Frauen den Weg in neue Arbeitsbereiche öffnen, sie konnten diesen aber auch blockieren. Häufig, wie im Fall des Setzerberufes (vgl. Cynthia Cockburn: „Brothers: Male Dominance and Technological Change", 1983), ging mit der Automatisierung eine Dequalifizierung der Arbeit einher, die Frauen das Feld öffnete, während Männer es verließen. Geschlecht habe, so Wajcman, die Arbeitswelt ebenso geprägt wie die Klassenverhältnisse und die technischen Produktionsbedingungen (S. 27). Sozialistische Feministinnen wiesen auch darauf hin, daß die Arbeitswelt – wenn sie bloß als Feld der technisierten Lohnarbeit begriffen wird – den Bereich der Hausarbeit ausschließt. So haben weder Technisierungsschübe noch die zunehmende Erwerbsarbeit von Frauen etwas an der grundsätzlichen Geschlechtersegregation im Haushalt geändert (S. 29). Auch in Analysen der Arbeitswelt der 1980er Jahre findet Wajcman ein Nebeneinander von Technikskepsis und Technikeuphorie: Viele Feministinnen begrüßten neue Kommunikationstechnologien, da sie die Teilnahme von Frauen – z.B. wenn sie Familienaufgaben wahrnahmen – am Arbeitsleben erleichtern konnten. Doch Skeptikerinnen kritisierten während der 1980er und 1990er Jahre, daß Mitgestaltungsmöglichkeiten von Frauen durch deren rückläufige Teilnahme an der Forschung – gerade in den neuen Schlüsseltechnologien – eingeschränkt würden.

Im Kapitel „Technoscience Reconfigured" untersucht die Autorin den Einfluß Bruno Latours (s. dort) auf die feministische Technikdebatte. Mit seinem Ansatz der ‚actor-network theory' habe Latour geholfen, technologische wie soziale Determinismen aufzubrechen. Das Modell eines „heterogenen Netzwerks" aus menschlichen (actors) und nichtmenschlichen Akteuren (actants) (S. 38f.) mit kontingenter Dynamik habe der Vernachlässigung der materiellen, technologischen Seite sozialer Verhältnisse abgeholfen. Statt dessen werde gefragt, „how technologies and new forms of social life are co-produced" (S. 39). Der Preis für das neue Modell sei jedoch die einseitige Betonung der produktiven Wirkung von Machtverhältnissen, wohingegen Netzwerke Menschen ausschließen und Hierarchien stabilisieren könnten (S. 45). Dies läßt sich am Beispiel des ursprünglichen Designs und der anschließenden Verwendung der Mikrowelle zeigen: Dieses Gerät wurde als Innovation ursprünglich mit einem dunklen Gehäuse auf den Markt gebracht – Zielgruppe war der technikaffine (männliche) Single, der nicht selbst kocht. Akzeptiert wurde die Technologie aber von Frauen (weshalb die Geräte im Stadium der breiten Diffusion vorwiegend weiß waren). Vergeschlechtlichungen – den Akteuren meist unbewußt – finden sich von der Entwicklung über die Vermarktung bis zum Gebrauch, weshalb diese drei Aspekte im Zusammenhang betrachtet werden müßten. Sie seien integrative Bestandteile eines jeden Artefakts. Mit der Akteur-Netzwerk-Theorie läßt sich also das ‚Gendering' von Artefakten analysieren und zeigen, daß dieses entscheidend zur sozialen und technischen Dynamik beiträgt. Wajcman verwendet den Begriff der ‚sozio-technischen Systeme', in Anlehnung an Wiebe Bijker et al. (s. dort): Soziotechnische Systeme hätten eine symbolische Seite, sie würden aber auch materiell realisiert (*enacted*). Neue Techniken und Technologien seien formbar (*malleable*), sie funktionierten aber auch als Mittler für die Aufrechterhaltung von Machtverhältnissen und Ausschlüssen, wenngleich in neuen Formen (S. 54).

Feministische Ansätze rund um die Themen ‚Cyborg' und ‚Kommunikationsnetze' sind Gegenstand des Kapitels „Virtual Gender", wo es um Ansätze einer feministischen Aneignung der Cyber-Technologien geht. Die über die Vorstufe des Klaviers traditionell weiblich geprägte Schreibmaschinentastatur habe geholfen, die Bastion des männlich konnotierten Drucksatzes zu erobern; angeschlossen an einen Computer, sei ihr Nachfolger, die Computer-Tastatur, im

Cyber-Feminismus der Schlüssel zum Cyber-Space geworden. Solche Phantasien von der Auflösung des Patriarchats knüpften – so Wajcman – an Phantasien eines entmaterialisierten Raums an, die Feministinnen aus Cyber-Utopien adaptierten und verwiesen auf christliche Befreiungs- und Erlösungserzählungen (S. 57). *Virtual communities* hätten jedoch wie wirkliche Gemeinschaften immer auch das Potential zum Ausschluß, denn sie bedürften einer materiellen Basis und bestünden aus im sozialen Raum verschieden positionierten und unterschiedlich mächtigen Personen (S. 61).

Der Cyberfeminismus eignete sich aber nicht nur die Utopien der Cyberkultur an; er sei auch eine Reaktion auf einige technikfeindliche Positionen im Feminismus der 1980er Jahre gewesen (S. 63). Mit einem Netz von Metaphern, welche die patriarchalische Geschlechterwelt umdeuteten, überzog Sadie Plant („Zeros and Ones: Digital Women and Technoculture", 1998) die bis dahin eher männlich konnotierte Cybertechnologie, um Frauen dazu einzuladen, sich diese aktiv anzueignen. Hieran anknüpfend betonten andere Theoretikerinnen die Vorteile des im virtuellen Raum vermeintlich einfach zu gestaltenden Wandels von Geschlechts- und anderen Identitäten. Anhand der Geschichte von „Julie" entzaubert Wacjman diesen Diskurs. Julie war ein männlicher Psychiater, der sich im Netz als behinderte Frau ausgab und den Vorteil einer größeren Offenheit seiner Chat-Partnerinnen/Patientinnen ausnutzte. Als die falsche Identität aufflog, fühlten sich die Chatpartnerinnen durch „Julie" belogen und verletzt. Auch das Internet, so Wajcman, sei ein sozio-technisches Gebilde mit materiellen Bedingungen und Grenzen; Für soziale Prozesse seien Rollenlernen und Verkörperung (*embodiment*) entscheidend. Sie argumentiert hier also für eine wechselseitige Konstitution von Technik und sozialer Wirklichkeit. Eine Apostrophierung der ‚neuen Medien', die Cyber- und wirklichen Raum ununterscheidbar mache, legitimiere letztlich die bestehende soziale Ordnung: „Utopia is about nowhere, not now-here" (S. 75).

Auch im nächsten, Donna Haraway (s. dort) und ihren Rezipient/innen in kritischer Absicht gewidmeten Kapitel, „The Cyborg Solution", spielen Metaphern, Erzählfiguren und narrative Strategien eine wichtige Rolle. Haraway reflektiert die zunehmende Ununterscheidbarkeit von ‚Natur' und ‚Technik' und bezeichnet sie als ‚Hybridität', symbolisiert in der Figur des Cyborgs. Dazu erfindet sie weitere Figuren wie den *FemaleMan*, eine ironisch-queere Umdeutung des uninteressierten Beobachters der klassischen Wissenschaftstheorie (S. 87), oder die *OncoMouse^{TM}*, ein real existierendes, lebendes Tumormodell, das Wajcman als „paradigmatic for nature enterprised up" deutet (S. 89). Im Gegensatz zu manchen ihrer technik-euphorischen Nachfolger/innen bleibe Haraway gegenüber den neuen Natur/Mensch/Technik-Konstellationen ambivalent. Cyborg-Mythen seien tief eingeschrieben in Erzählungen von Natur und Kontrolle, Herrschaft und Kontrollverlust – angefangen von Frankenstein bis hin zu modernen Filmfiguren. Bevor der Cyberfeminismus also beginnen könne, Technikbilder zu verfremden, seien Bilder wie das der Mann-Maschine immer schon da. Vielleicht ist der Hype um Hybride und das angebliche Ende des Essentialismus, so Wajcman, die spezifische Wissenskultur einer „privileged global elite", welche exklusiv die neuen (bio)technologischen Werkzeuge zur Konstruktion neuer Identitäten nutzen könnte (S. 99). Wajcman kritisiert, politische Strategien würden bei Haraway zwar genannt, blieben jedoch unausgearbeitet (S. 101).

Im letzten Kapitel, „Metaphor and Materiality", faßt die Autorin ihre wichtigsten Thesen zusammen und formuliert Forschungs- und Handlungsstrategien für eine feministische Technikwissenschaft und -politik. Sie betont die Ko-Produktion von Technik und Gesellschaft, weshalb es geboten sei, „to explore the effects of gender power relations on design and innovation, as well as the impact of technological change on the sexes". Infolge der gegenseitigen Ausformung („mutually shaping relationship") von Geschlecht und Technik sei die Technik sowohl Quelle der Ausgestaltung von Geschlechterverhältnissen als auch deren Folge. Eine „constructivist conception of technology as a sociotechnical network" müsse also ergänzt werden um eine Untersuchung der materiellen, diskursiven und sozialen Elemente von Wissenschaft und Technik als Praktiken (S. 107). Es gehe jedoch nicht nur um Analyse, sondern auch um Aneignung. Die Frage sei nicht länger, „whether to accept or oppose technoscience, but rather how to engage strategically with technoscience while at the same time being its chief critic" (S. 107). Unser gesamtes Leben sei durchzogen von soziotechnischen Systemen, und wenn es Frauen nicht gelinge, ins Innerste der technischen Produktion vorzudringen, kämen sie nicht an die Hebel der Macht (S. 111). Mit einem wachsenden Frauenanteil in den Ingenieurberufen könne vielleicht die Verbindung zwischen Ingenieurkultur und hegemonialer Männlichkeit gelockert werden (S. 112). Der Feminismus müsse aber die Technikreflexion stärker mit Analysen der Arbeitsorganisation verbinden (S. 115). Neue Möglichkeiten ergäben sich nicht aus einzelnen Artefakten für sich genommen; diese seien vielmehr kontingente Bestandteile der Netzwerke, in denen sie verortet seien (S. 118). Das bedeute auch, daß technische Artefakte bei ihrem Erscheinen in der Welt noch nicht fertig seien, sondern von den Benutzer/inne/n weiter geformt werden, daß ihr Gebrauch demnach das Design erst bestimmen kann – aus dem technologiepolitischen Konzept von ‚Forschung&Entwicklung' würde eine Art ‚pre-/post-marketing design' (meine Formulierung) werden. Die Geschichte der weiblichen Aneignung von Artefakten sowie von deren Konsequenzen für die Lebens- und Arbeitswelt sei noch nicht geschrieben. Haben technische Artefakte wie die Mikrowelle oder das Mobiltelefon die Bewegungsfreiheit von Frauen erhöht oder haben sie die Zugriffsmöglichkeiten der jeweils Mächtigen vervielfältigt, oder beides?

Wajcman stimmt zuversichtlich, daß im Feminismus (d.h. immer auch: der feministischen Forschung) die Perspektive der weißen Mittelklassefrau durch „black" und „post-colonial feminism" in Frage gestellt worden sei. Damit seien neue komplexe, globale wie lokale Analysefelder im Verhältnis Technik – Geschlecht – Arbeit entstanden. Das Verhältnis zu neuen Technologien sieht sie als eines der strategischen Allianz. Sie eröffnen Möglichkeiten, aber es muß immer wieder neu gefragt werden, wo sie Ungleichheiten fortschreiben und neue Abhängigkeiten entstehen lassen (S. 130).

Die Stärke des Buchs liegt darin, einen gleichzeitig theoriegeleiteten und historisierenden, kondensierten Überblick über die Geschichte des Technofeminismus seit den 1970er Jahren zu geben, wobei die untersuchte Literatur aus dem angloamerikanischen Raum kommt. Das ist verständlich wegen der Bedeutsamkeit der Beiträge. Bei der weiten Perspektive, die das Buch einnimmt, wäre allerdings zu überlegen, ob sich die gemeinsame Geschichte des Feminismus und der feministischen Technikreflexion anders darstellen würde, wenn etwa die Perspektive der Feminist/innen der romanisch-sprachigen oder auch der osteuropäischen Welt einbezogen würden. Denkt man gar an die von Wajcman immer wieder angesprochenen Verbindungen zwischen der Technologie-Entwicklung in den westlichen Ländern und den globalen Lebens- und Arbeitsbedingungen, dann würde man zumindest noch einmal die Frage stellen müssen: Was sind aus *dieser* Perspektive die Schlüssel-Technologien, die sich Frauen prioritär aneignen sollten?

Bettina Wahrig

Johannes Weyer: Techniksoziologie. Genese, Gestaltung und Steuerung soziotechnischer Systeme

Weinheim/München: Juventa 2008, 323 S.

Johannes Weyer (geb. 1956) ist Professor für Techniksoziologie an der Technischen Universität Dortmund. Er will mit diesem Buch „in das Themenfeld ‚Technik und Gesellschaft' einführen und Sensibilität für das spannungsreiche Wechselverhältnis von technischer und sozialer Dynamik wecken" (S. 5). Nun hat sich die seit mehr als einem Jahrhundert bestehende Disziplin Soziologie immer auch am Rande mit Fragen der Technik befaßt. Bemerkenswert ist beispielsweise ein Vortrag, den Werner Sombart (s. dort) auf dem Ersten Deutschen Soziologentag 1910 in Frankfurt a. M. über „Technik und Kultur" gehalten und den Max Weber ausführlich kommentiert hat. Auch gibt es seit Jahrzehnten die Arbeits- und Industriesoziologie, die natürlich vor allem die Produktionstechnik zu berücksichtigen hatte. Allerdings sollte es bis zum letzten Drittel des 20. Jahrhunderts dauern, bis sich, abseits der Industriesoziologie, die Techniksoziologie, offenbar als Reaktion auf zunehmende gesellschaftliche Technikdebatten (z.B. Technokratiedebatte, Automationsdebatte u.a.), als eine eigene Teildisziplin herausgebildet hat. Aus dieser Entwicklung, die von Einseitigkeiten nicht frei gewesen ist, zieht Weyer in seinem Buch eine durchdachte Bilanz.

Einleitend skizziert der Autor typische Ausprägungen der „technischen Zivilisation" und der verschiedenen Technisierungsdebatten, die den Gegenstand der Techniksoziologie bilden. Im *zweiten Kapitel* gibt er zunächst einen knappen Einblick in sein Verständnis von Soziologie, die es, abweichend von anderen Auffassungen, mit den Wechselwirkungen zwischen den einzelnen menschlichen Handlungen und den sozialen Strukturen zu tun habe. Diese Position kommt wenig später darin zum Ausdruck, daß Weyer die Extreme des „Technikdeterminismus" und des „Sozialdeterminismus" entschieden zurückweist und eine „Wechselwirkung von gesellschaftlicher und technischer Prägung" annimmt (S. 34), bei der gleichermaßen individuelle Handlungen wie soziale Strukturen im Spiel sind.

In der Suche nach einem „genuin soziologischen Technikbegriff" hatten andere Autoren teilweise recht eigenartige Konzepte vorgeschlagen, die von Weyer kritisiert und überwunden werden. Für ihn impliziert der Technikbegriff „das Konzept des sozio-technischen Systems", das „die Kombination von Artefakten und sozialen Handlungsformen" umfaßt (S. 39). Technik habe demnach drei Dimensionen: (a) die Konstruktion sozio-technischer Systeme, (b) die Nutzung sozio-technischer Systeme und (c) die gesellschaftlichen Diskurse über Technik. Man versteht, daß die drittgenannte „Dimension" für Soziologen von besonderem Interesse ist, doch fragt man sich, ob die von Weyer selbst bemerkte Gleichstellung der Sachebene und der Beobachtungsebene an dieser Stelle besonders glücklich ist. Eleganter wäre es wohl, die „Diskurse" als Teile des sozio-technischen Makrosystems zu betrachten, in dem Konstruktion, Nutzung und deren Wechselwirkungen zugleich in gesellschaftlichen Debatten problematisiert werden. Übrigens versäumt der Verfasser, für den zentralen Begriff des „sozio-technischen Systems" die ursprüngliche Quelle zu nennen, das industriesoziologische „Tavistock Institute of Human Relations" in London (England), das dieses Konzept schon um 1960 eingeführt hatte.

Im *dritten Kapitel* rekapituliert der Verfasser theoretische Ansätze der Technikforschung, die schon vor der Geburt der „Techniksoziologie" i.e.S. entstanden waren und wohl eher als technik- und sozialphilosophisch einzustufen sind, aber, da hat Weyer Recht, auch für die Techniksoziologie nach wie vor bedeutsam sind. Insbesondere referiert und kritisiert er die Auffassungen von Helmut Schelsky (s. dort) und Jürgen Habermas (s. dort). In einem einführenden Lehrbuch muß er das natürlich tun, auch wenn seine Ausführungen hier nichts wirklich Neues bieten. Gleichwohl sind sowohl die beschreibenden wie auch die kritischen Partien durchaus gelungen.

Bemerkenswert ist dagegen seine Auseinandersetzung mit Niklas Luhmann (s. dort), die er im *vierten Kapitel* mit ungewöhnlicher Schärfe führt. Dabei versäumt er allerdings, Luhmanns Anspruch zurückzuweisen, „die" Systemtheorie schlechthin entwickelt zu haben – eine Auffassung, die in der Soziologie recht verbreitet ist. Tatsächlich gibt es nämlich viel reichhaltigere Systemkonzepte wie die Allgemeine Systemtheorie. Jedenfalls stellt Weyer nach einem kurzen Überblick über „die Luhmann'sche Systemtheorie" fest, daß diese „kaum Bezüge zur empirischen Realität besitzt, sondern sich als ein analytisch reines Konstrukt präsentiert, das wenig über die reale Welt aussagt" (S. 95). „Zu den Mysterien der Systemtheorie gehören ihre komplizierte Geheimsprache und die oftmals umständliche Reformulierung simpler Sachverhalte, ... wobei immer unklar bleibt, worin der Gewinn des neuen Denkens besteht" (S. 96). Dann kritisiert Weyer, daß sich Luhmann für die Technik „lange Zeit nicht interessiert hat" (S. 97), weil sie in seinem Theoriegebäude zunächst als außersoziales Phänomen figurierte und nicht als eigenes „Subsystem" der Gesellschaft konzipiert wurde. Als dann in späteren Schriften Fragen der Technik berührt werden, fänden „sich nur wenige, verstreute Fragmente, die kein konsistentes Bild ergeben, sondern eher den Eindruck eines Flickenteppichs hinterlassen" (S. 82): „Alle soziologisch spannenden Fragen, z.B. nach dem Verhältnis von Technik und Gesellschaft, bleiben bei Luhmann ausgeblendet" (S. 107).

Im *fünften Kapitel* referiert der Verfasser die technikgeschichtliche Globalbetrachtung von Heinrich Popitz (s. dort), um dann im *sechsten Kapitel* nachzutragen, was bei Popitz seiner Ansicht nach zu kurz gekommen ist, die Entstehung der modernen Technik in der frühen Neuzeit. Dieses Kapitel ist ein knappes Resümee wissenschafts- und technikgeschichtlicher Befunde, das die Vorbedingungen und Anfänge der Industriellen Revolution schildert. Diese Darstellung hat wohl einen gewissen Orientierungswert, wird aber dem Historiker zu knapp und lückenhaft erscheinen und wird dem techniksoziologischen Anspruch, die Wechselwirkungen zwischen Technik und Gesellschaft, hier in historischer Perspektive, zu analysieren, nur ansatzweise gerecht.

Das *siebte Kapitel* befaßt sich mit sozialökonomischen Deutungen der technischen Entwicklung, angefangen beim Konzept der Innovation von Joseph Schumpeter (s. dort) über evolutionstheoretische Ansätze bis hin zu neueren wirtschaftswissenschaftlichen Versuchen, die weitgehend formale Betrachtungsweise der herrschenden Ökonomie um substantielle Verlaufsanalysen zu ergänzen, die, meist aus Fallbeispielen abgeleitet, allerdings lediglich deskriptive Systematisierungen anbieten. Aufschlußreich sind die Passagen, in denen Weyer begründet, daß die Evolutionstheorie, von der Biologie auf soziotechnologische Untersuchungen übertragen, keinen wirklichen Erklärungswert hat; die zentralen Begriffe der Variation und Selektion würden lediglich metaphorisch gebraucht, indem man vernachlässige, daß in der technischen Entwicklung stets menschliche Ziele, Wertungen und Entscheidungen eine wesentliche Rolle spielen.

Im *achten Kapitel* geht es um soziologische Versuche, die technische Entwicklung zu verstehen. Im ersten Abschnitt werden „Ursprünge der Techniksoziologie" nachgetragen, die eigentlich schon im zweiten Kapitel hätten beschrieben werden sollen. Kurz erwähnt dann der Verfasser den technologischen

Sozialkonstruktivismus von Wiebe Bijker u.a. (s. dort), der seiner Ansicht nach unzureichend ausgearbeitet und „immer wieder von Glaubenskriegen ... überlagert" wurde (S. 184). Die deutsche „Technikgeneseforschung" führt er in einem besonderen Abschnitt auf ein „Memorandum" zurück, das 1984 für das Forschungsministerium geschrieben worden war; dieser Text – das gehört zu den Eigentümlichkeiten der Techniksoziologie – wurde nie veröffentlicht und war seinerzeit nur auf untergründigen Wegen zu beschaffen. In weiteren Abschnitten stellt Weyer dann sein eigenes „netzwerktheoretisches Phasenmodell" vor, das natürlich auch zur „Technikgeneseforschung" gehört. Kurz gesagt besteht es darin, die verschiedenen Phasen einer technischen Entwicklung jeweils gesondert zu betrachten und im Einzelnen zu analysieren, welche Personen, Organisationen und Staatsinstanzen „netzwerkartig" miteinander oder gegeneinander agieren und Vorbedingungen für die nächste Phase schaffen. Ausgewählte Fallstudien können damit plausibel rekonstruiert werden, aber eine überzeugende Theorie ist das natürlich nicht; auffällig ist, daß, wie allgemein in der Techniksoziologie, den ökonomischen Faktoren nur wenig Beachtung geschenkt wird. Schließlich wirft der Verfasser einen kurzen Blick auf die „Actor-Network-Theory" von Bruno Latour (s. dort) u.a., die behauptet, zwischen Menschen, Tieren, technischen Sachen und natürlichen Dingen brauche man keine kategorialen Unterschiede zu machen. Für Weyer hat diese „posthumanistische Wende ... etliche Fragen offengelassen" (S. 208). Diese Theorie tritt vielfach „als reines Sprachspiel auf, als eine metaphorisch garnierte und geschickt inszenierte Wiedererfindung bekannter Thesen (z.B. der These der Vernetzung heterogener Komponenten zu sozio-technischen Systemen)" (S. 209). Mit ungewöhnlichem, aber erfrischendem Sarkasmus merkt er an: „Es ist schon ein wenig merkwürdig, daß die Zunft der SoziologInnen nach Jahren gebetsmühlenartiger Behauptungen, die Gesellschaft bestehe nicht einmal aus menschlichen Akteuren, sondern nur aus Kommunikationen (Luhmann), jetzt auf einmal sämtliche Türen und Tore für Lurche und Molche öffnet" (S. 202, Fn. 75)

Dominierten bis hierhin Fragen der Technikentstehung, wendet sich Weyer in den zwei folgenden Kapiteln Problemen zu, die mit dem Technikeinsatz verbunden sind. Da gibt es unerwünschte oder bedrohliche Folgen der Technikverwendung, die lediglich mit einer gewissen Wahrscheinlichkeit zu erwarten sind. So referiert der Verfasser im *neunten Kapitel* die soziologische Risikodiskussion. Im *zehnten Kapitel* wendet er sich technischen Systemen zu, die mit informationstechnischen Mitteln so weitgehend automatisiert sind, daß es fraglich wird, inwieweit der Benutzer noch wirklich Herr des Verfahrens bleibt. Ein instruktives Beispiel, das er selber im Einzelnen untersucht hat, ist die weitgehende Ersetzung des Flugzeugpiloten durch automatische Steuerungssysteme. Er diskutiert Überlegungen, die eine Handlungsträgerschaft der Technik ins Auge fassen, läßt aber die Antwort auf diese These in der Schwebe. Immerhin vermerkt er, daß „Technik stets ein sozio-technisches System darstellt" und daß somit Menschen immer in irgendeiner Weise an der Funktion dieser Systeme beteiligt sind (S. 253).

Das letzte, *elfte Kapitel* wendet sich wieder der technischen Entwicklung zu und geht auf die Frage ein, ob und wie diese Entwicklung im Hinblick auf gesellschaftlich-politische Ziele beeinflußt werden könnte. Weyer stellt einander zwei Extrempositionen gegenüber, eine staatsinterventionistische Strategie, die ein „Marktversagen" kompensieren will, und eine neoliberalistische Strategie, die umgekehrt aus dem „Staatsversagen" der Techniksteuerung folgert, allein über den Markt könnten sich erfolgreiche Entwicklungslinien herausbilden. In den vergangenen zwanzig Jahren habe man versucht, diese Polarisierung zu überwinden, indem man Kooperationsformen von Wissenschaft, Wirtschaft und Politik konzipierte und praktizierte, die den jeweiligen Einseitigkeiten entgegenwirken sollen. Angesichts der daraus resultierenden Unübersichtlichkeiten seien, so Weyer, derzeit allgemeine Schlußfolgerungen kaum zu ziehen. Das überrascht auch nicht, da in vorangegangenen Kapiteln keine schlüssige Theorie der technischen Entwicklung ausgemacht werden konnte; wie aber will man etwas steuern, was man theoretisch noch gar nicht verstanden hat?

Das Buch gibt einen guten Überblick über die Themen, zu denen Techniksoziologen in der jüngeren Vergangenheit publiziert haben. Das bedeutet aber auch, daß sich das Buch eher an der Literaturlage als an einer systematischen Problemstrukturierung orientiert. Beispielsweise wird die gehaltvolle techniksoziologische Programmschrift, die Hans Linde (s. dort) schon sehr früh vorgelegt hat, nicht berücksichtigt, vermutlich, weil die nachfolgende Generation sie kaum rezipiert hat. Auch kommen, obwohl im zweiten Kapitel ausdrücklich erwähnt, die gesellschaftlichen Kontexte der Technikverwendung zu kurz. Die sozialen Probleme von Arbeit und Technik werden nur gelegentlich gestreift; liegt das vielleicht daran, daß sich die Techniksoziologie als eigenständige Disziplin von der Arbeitssoziologie abzugrenzen versucht? Gleichwohl geht das Buch über einen Literaturbericht hinaus, da der Verfasser die techniksoziologische Diskussion selber weiterführt und in einigen kontroversen Fragen seine eigene Position überzeugend begründet. Da die Technikphilosophie die gesellschaftliche Dimension der Technik nicht selten vernachlässigt hat, ist das Buch in dieser Hinsicht auf jeden Fall eine Bereicherung.

Günter Ropohl

Mitglieder des Arbeitskreises Technikphilosophie

Suzana Alpsancar, geb. 1981, Post-Doc am Graduiertenkolleg „Topologie der Technik" an der TU Darmstadt und Lehrbeauftragte am dortigen Institut für Philosophie. Promotion 2010 mit einer technikphilosophischen Arbeit zu den Computerkonzepten von Vilém Flusser und Mark Weiser. 2007-2010 Doktorandin am Graduiertenkolleg „Topologie der Technik" an der TU Darmstadt. 2009 Forschungssemester an der Galatasaray Üniversitesi in Istanbul.

Hauptarbeitsgebiete: Technik- und Kulturphilosophie, Philosophie der Neuzeit, derzeit v.a. Determinismus und Konstruktion.

Veröffentlichungen u.a.: Das Ding namens Computer (2012); Mit-Hg.: Raumprobleme. Philosophische Perspektiven (2011); Tagungsband der Nachwuchstagungen für Junge Philosophie. „Brüche, Brücken, Ambivalenzen (2009)" und „Die Wiederverzauberung der Welt (2010)" (2011).

Sabine Ammon, geb. 1971, wissenschaftliche Mitarbeiterin und Co-Leiterin der Forschungsgruppe des FSP „eikones NSF Bildkritik" der Universität Basel; bearbeitet dort das TP „Wie Neues entsteht". Studium der Architektur an der TU Berlin, der Kunsthochschule Berlin-Weißensee und an der University of London. Nach dem Diplom (1998) freiberufliche Tätigkeit in verschiedenen Architekturbüros, parallel dazu ein Studium der Philosophie an der TU Berlin, 2002 Magister, 2008 Promotion („Wissen verstehen"). Forschungsaufenthalte an der Harvard University, dem Forschungsinstitut für Philosophie Hannover sowie der ETH Zürich. Habilitationsprojekt zur Dynamik von Entwurfsprozessen in ihren epistemischen, ethischen und ästhetischen Entscheidungsstrukturen.

Hauptarbeitsgebiete: Wissens- und Wissenschaftstheorie, Technikphilosophie und Technikethik, Sprach- und Zeichenphilosophie, Ästhetik und Designforschung.

Veröffentlichungen u.a.: Mit-Hg. Wissen in Bewegung. Vielfalt und Hegemonie in der Wissensgesellschaft (2007); Wissen verstehen. Perspektiven einer prozessualen Theorie der Erkenntnis (2009); Mit-Hg.: Wissenschaft Entwerfen. Vom forschenden Entwerfen zur Entwurfsforschung der Architektur (2013); zahlreiche Aufsätze zur Entwurfsheuristik, der Philosophie Nelson Goodmans, der Architekturtheorie sowie der Philosophie des Wissens.

Gerhard Banse, geb. 1946; Professor für Philosophie; 1965–1969 Studium der Chemie, Biologie und Pädagogik; 1974 Promotion (Sektion Philosophie Humboldt-Universität zu Berlin), 1981 Habilitation (Akademie der Wissenschaften der DDR); 1974–2011 wissenschaftlicher Mitarbeiter der Akademie der Wissenschaften der DDR, an der Universität Potsdam und am KIT – Karlsruher Institut für Technologie; Gastwissenschaftler an der Heinrich-Heine-Universität Düsseldorf, der Pennsylvania State University, der Europäischen Akademie zur Erforschung von Folgen wissenschaftlich-technischer Entwicklungen Bad Neuenahr-Ahrweiler GmbH und dem damaligen Kernforschungszentrum Karlsruhe; 1988 Professor für Philosophie an der Akademie der Wissenschaften der DDR, 2000 Hon. Prof. für Allgemeine Technikwissenschaft an der BTU Cottbus und Gastprofessor an der Matej-Bel-Universität Banská Bystrica; 2011 Professor e.h. der Schlesischen Universität Katowice (Polen); Vizepräsident (2009–2012) und Präsident (seit 2012) der Leibniz-Sozietät der Wissenschaften zu Berlin e.V.; Mitherausgeber der Buchreihe „e-culture/Network Cultural Diversity and New Media" (Berlin) und „Karlsruher Beiträge Technik und Kultur" (Karlsruhe).

Hauptarbeitsgebiete: Technikphilosophie (Wissenschaftstheorie der Technikwissenschaften, interdisziplinäre Risikoforschung), Allgemeine Technikwissenschaft (Allgemeine Technologie, Technikgeneseforschung) und Technikfolgenabschätzung (vor allem im Bereich Informations- und Kommunikationstechnologien sowie Informationstechnische Sicherheit); Anbahnung/Konsolidierung von Kooperationsbeziehungen mit Ländern Osteuropas im Bereich Technikphilosophie, Technikfolgenabschätzung, Nachhaltigkeit und Informationsgesellschaft.

Herausgeber, Mitherausgeber, Autor bzw. Mitautor von etwa 400 Buch- und Zeitschriftenpublikationen.

Klaus Erlach, geb. 1965, Gruppenleiter für Fabrikplanung und Produktionsoptimierung am Fraunhofer Institut für Produktionstechnik und Automatisierung IPA in Stuttgart, Studium des Maschinenbaus und der Philosophie in Darmstadt, Stuttgart und Tübingen, Promotion 1999 „Das Technotop", Mitglied der VDI-Fachausschüsse „Fabrikplanung" und „Ressourceneffizienz", Lehraufträge in Karlsruhe, Stuttgart und Dornbirn sowie seit Gründung Redakteur des Philosophie-Journals „der blaue reiter".

Hauptarbeitsgebiete: Technikphilosophie, Kulturphilosophie, Philosophische Anthropologie, Systemtheorie, Lean Production, Wertstromdesign.

Veröffentlichungen u.a.: Das Technotop – Die technologische Konstruktion der Wirklichkeit (2000), Wertstromdesign – Der Weg zur schlanken Fabrik (2007/ 2010, englische Ausgabe 2013), Energiewertstrom – Der Weg zur energieeffizienten Fabrik (2009).

Mikael Hård, geb. 1957, seit 1998 Professor für Technikgeschichte an der Technischen Universität Darmstadt, Studium in Uppsala, Göteborg und Princeton. Nach der Promotion 1988 Forschungsaufenthalte am Swedish Collegium for Advanced Studies in Uppsala und am Wissenschaftszentrum Berlin für Sozialforschung. Ab 1991 Inhaber einer Dozentenstelle an der Universität Göteborg und 1994–1998 Professor an der Technisch-Naturwissenschaftlichen Universität Norwegens in Trondheim. Mitherausgeber der NTM – Zeitschrift für die Geschichte der Wissenschaft, Technik und Medizin und Ko-Sprecher des Graduiertenkollegs Topologie der Technik der TU Darmstadt.

Veröffentlichungen u.a.: Machines are Frozen Spirit. The Scientification of Refrigeration and Brewing in the 19th Century – A Weberian Interpretation (1994), Hubris and Hybrids. A Cultural History of Technology and Science (mit A. Jamison, 2005), Consumers, Tinkerers, Rebels. The People Who Shaped Europe (mit R. Oldenziel, 2013); Mit-Hg.: The Intellectual Appropriation of Technology. Discourses on Modernity, 1900–1939 (mit A. Jamison, 1998), Urban Machinery. Inside the Modern European City (mit T. J. Misa, 2008).

Felix Heidenreich, geb. 1973, wissenschaftlicher Koordinator am Internationalen Zentrum für Kultur- und Technikforschung (IZKT) der Universität Stuttgart. Studium der Philosophie, Politikwissenschaft und Geschichte in Heidelberg, Paris und Berlin. 1999 Maîtrise (Sorbonne), 2001 Diplom der Politikwissenschaft (Otto-Suhr-Institut der FU Berlin). 2001–2003 Mitarbeiter am philosophischen Seminar der Universität Heidelberg. Promotion 2003 über „Mensch und Moderne bei Hans Blumenberg" in Heidelberg. Seit 2005 zugleich Lehrbeauftragter an der Universität Stuttgart.

Hauptarbeitsgebiete: Politische Theorie, Kulturphilosophie, Kulturpolitik und Wirtschaftsethik.

Veröffentlichungen u.a.: Mensch und Moderne bei Hans Blumenberg (2005), Wirtschaftsethik zur Einführung (2012); Hg.: Technologien der Macht – Zu Michel Foucaults Staatsverständnis (2010).

Andreas Hetzel, geb. 1965, Privatdozent am Institut für Philosophie der TU Darmstadt. Studium der Philosophie, Germanistik und Publizistik in Münster und Frankfurt am Main. Promotion 1999 „Zwischen Poiesis und Praxis. Elemente einer kritischen Theorie der Kultur". 2003–2005 Post-Doc im Graduiertenkolleg „Technisierung und Gesellschaft" der TU Darmstadt. Habilitation 2009 „Rhetorisches Sprachdenken. Eine Pragmatik jenseits der Handlungstheorie". 2011 Research Fellow am Forschungsinstitut für Philosophie Hannover, 2011/2012 Gastprofessor am Institut für Philosophie der Universität Wien. Seit 2007 Lehrbeauftragter an den Universitäten Lüneburg, Klagenfurt und Innsbruck.

Arbeitsschwerpunkte: Politische Philosophie (Diskurse radikaler Demokratie), Sozialphilosophie der Moderne (Theorien der Macht), Sprachphilosophie (Pragmatik und klassische Rhetorik), Umweltethik (Antworten auf die Biodiversitätskrise).

Veröffentlichungen u.a.: Zwischen Poiesis und Praxis. Elemente einer kritischen Theorie der Kultur (2001); Interpretationen: Hauptwerke Sozialphilosophie (2001 – mit Gerhard Gamm und Markus Lilienthal), Die Wirksamkeit der Rede. Zur Aktualität klassischer Rhetorik für die moderne Sprachphilosophie (2011).

Hans Heinz Holz (1927–2011), war Professor für Philosophie an der Universität Groningen (Niederlande). Promotion 1969 „Herr und Knecht bei Leibniz und Hegel"; lehrte 1971–79 an der Universität Marburg/Lahn, seit 1979 an der Universität Groningen. Seit 1960 Mitglied in den VDI-Ausschüssen „Grundlagen der Technikbewertung" sowie „Technik und Philosophie"; Träger der VDI-Ehrenplakette.

Hauptarbeitsgebiete: Geschichte und Systematik der Dialektik, Ästhetik der bildenden Künste.

Veröffentlichungen u.a.: Leibniz (1958), Logos spermatikos (1975), Dialektik und Widerspiegelung (1983), Philosophische Theorie der bildenden Künste, 3 Bde. (1996/97), Dialektik: Problemgeschichte von der Antike bis zur Gegenwart, 5 Bde. (2010), Aufhebung und Verwirklichung der Philosophie, 3 Bde. (2010/11).

Für die Gesamtbibliographie vgl.: Hans Heinz Holz für Einsteiger und Fortgeschrittene, 1. Gesamtbibliographie mit 2.550 Titeln und 500 publizistischen Beiträgen im Volltext zu den Bereichen Kunst und Kultur, Theater und Literatur, Philosophie und Geschichte, Politik und Zeitgeschehen (hg. von Friedrich-Martin Balzer, 4. erw. Auflage 2011).

Christoph Hubig, geboren 1952, Professor für Philosophie der wissenschaftlich-technischen Kultur an der TU Darmstadt. Studium der Philosophie, Musikwissenschaft, Germanistik und Soziologie in Saarbrücken und an der TU Berlin. Professuren für Praktische Philosophie/Technikphilosophie in Berlin, Karlsruhe und Leipzig. Leiter des ARD Funkkollegs Technik 1996. Von 1997 bis 2009 Professor für Wissenschaftstheorie und Technikphilosophie an der Universität Stuttgart, dort Prorektor Struktur von 2000–2003 und Direktor des Internationalen Zentrums für Kultur- und Technikforschung. Vorsitzender der Bereichsvertretung „Mensch und Technik" des Vereins Deutscher Ingenieure (VDI) 1996–2002, Vorstand der Deutschen Gesellschaft für Philosophie (1993–2005); Honorarprofessor und Senior Consultant an der University of Technology Dalian/China, Principal Investigator (Integrative Platform of Reflection and Evaluation) des Exzellenzclusters „Simulation Technology". 1992 Sonderpreis der IGIP, 2010 Ehrenmedaille des VDI.

Hauptarbeitsgebiete: Technik- und Kulturphilosophie, Wissenschaftstheorie, Handlungs- und Sozialphilosophie, anwendungsbezogene Ethik, Pragmatismus, Hegel.

Veröffentlichungen u.a.: Dialektik und Wissenschaftslogik (1978), Handlung, Identität, Verstehen (1985), Technik- und Wissenschaftsethik (2. Aufl. 1995), Technologische Kultur (1997), Mittel (2000); Die Kunst des Möglichen Bd. 1: Technikphilosophie als Reflexion der Medialität (2006), Bd. 2: Ethik der Technik als provisorische Moral (2007).

Alois Huning, geb. 1935, Professor für Philosophie an der Heinrich-Heine-Universität Düsseldorf (bis 2000). Promotion 1964 „Die Stellung des Petrus de Trabiubus zur Philosophie". Lehrtätigkeit an der Philosophisch-theologischen Hochschule in Münster und an der PH Rheinland in Neuss. Geschäftsführer der VDI-Hauptgruppe „Mensch und Technik" (1969–1973). Vors. des VDI-Ausschusses „Technik und Philosophie"; Ehrenmedaille des VDI 1979, Verdienstkreuz am Bande (Bundesverdienstkreuz) 2003, Ehrenmedaille der Universität Stuttgart 2009.

Hauptarbeitsgebiete: Philosophische Probleme der Technik und ihrer Auswirkungen, Geschichte der Philosophie im Mittelalter, Existenzphilosophie und Existentialismus.

Veröffentlichungen u.a.: Hg. mit J. Bendiek: Peter Wust, Ges. Werke, Bd. IX und X (1967/1969) Edith Stein und Peter Wust (1969); Hg.: Ingenieurausbildung und soziale Verantwortung (1974); Hg. mit S. Moser: Wertpräferenzen in Technik und Gesellschaft (1976); Hg. mit S. Moser: Werte und Wertordnungen in Technik und Gesellschaft (1978); Hg. mit C. Mitcham: Technikphilosophie im Zeitalter der Informationstechnik (1986); Das Schaffen des Ingenieurs (1987); zahlreiche Beiträge in Zeitschriften, Sammelwerken und Lexika.

Andreas Kaminski, geb. 1975, wissenschaftlicher Mitarbeiter am Fachgebiet Theoretische Philosophie der TU Darmstadt. Studium der Philosophie in Darmstadt und Berlin, 2003–2006 Stipendiat des Graduiertenkollegs „Technisierung und Gesellschaft" an der TU Darmstadt. Promotion 2008 „Technik als Erwartung". Bis 2010 wissenschaftlicher Mitarbeiter in Philosophie und Informatik sowie Post-Doc am Graduiertenkolleg „Qualitätsverbesserung im E-Learning durch rückgekoppelte Prozesse" an der TU Darmstadt. 2011 Fellowship an der Dalian University of Technology (China). Lehre in Philosophie und Informatik (Technikgestaltung). Fachlicher Koordinator des Anwendungsfachs „Shaping Technology".

Hauptarbeitsgebiete: Technikphilosophie, Wissenschaftsphilosophie der Psychologie, Geschichte der Prüfungstechniken, Phänomenologie.

Veröffentlichungen u.a.: Technik als Erwartung. Grundzüge einer allgemeinen Technikphilosophie (2010). Mit-Hg.: Zur Philosophie informeller Technisierung (2013); IATEL. Interdisciplinary approaches to technology-enhanced learning (2011); Tensions and convergences. Technological and aesthetic transformations of society (2007). Hg.: Journal Phänomenologie. Schwerpunkt: Systemtheorie, Phänomenologie, Zeittheorie (2005).

Nicole Christine Karafyllis, geb. 1970, Professorin für Wissenschafts- und Technikphilosophie an der TU Braunschweig. Promotion 1999 „Nachwachsende Rohstoffe – Technikbewertung zwischen den Leitbildern Wachstum und Nachhaltigkeit", Franzke-Preis für Technik und Verantwortung der TU Berlin 2001,

Habilitation 2006 „Die Phänomenologie des Wachstums"; Visiting Professor Applied Philosophy of Science, Universität Wien 2007; Full Professor of Philosophy, United Arab Emirates University, Abu Dhabi/VAE 2008 bis 2010; Senior Research Fellow am IFK in Wien, 2010/11. Mit-Hg. der Buchreihe PHYSIS im Verlag Karl Alber sowie Mitglied im Wissenschaftl. Beirat u.a. der Zeitschriften Erwägen Wissen Ethik (EWE), Medicine Studies, Jahrbuch Technikphilosophie; Gast-Hg. der Zeitschrift für Kulturphilosophie mit dem Thema „Technik" 2013/2014.

Hauptarbeitsgebiete: Technik- und Wissenschaftsphilosophie, Kultur- und Naturphilosophie, Ethik, Interkulturelle Philosophie, Phänomenologie.

Veröffentlichungen u.a.: Nachwachsende Rohstoffe (2000), Biologisch, Natürlich, Nachhaltig. Philosophische Aspekte des Naturzugangs im 21. Jahrhundert (2001); Hg.: Zugänge zur Rationalität der Zukunft (mit Jan C. Schmidt, 2002); Hg.: Biofakte – Versuch über den Menschen zwischen Artefakt und Lebewesen (2003); Hg.: Technik in der Frühen Neuzeit (mit Gisela Engel, 2004); Hg.: Technikphilosophie im Aufbruch (mit Tilmann Haar, 2004); Hg.: Re-Produktionen (mit Gisela Engel, 2005); Hg.: Sexualized Brains – Scientific Modeling of Emotional Intelligence from a Cultural Perspective (mit Gotlind Ulshöfer, 2008); Putzen als Passion (2013).

Wolfgang König, geb. 1949, Professor für Technikgeschichte an der TU Berlin; Promotion 1976 mit einem bildungsgeschichtlichen Thema; 1977–1985 Wissenschaftlicher Referent für Technikgeschichte und Technikbewertung beim VDI Düsseldorf; 1985 Berufung an die TU Berlin; erster Sprecher des Zentrums „Technik und Gesellschaft" an der TU Berlin (1995–2000); Mitglied von acatech-Deutsche Akademie der Technikwissenschaften (seit 2009).

Hauptarbeitsgebiete: Technikgeschichte, Geschichte der Ingenieurwissenschaften, Bildungsgeschichte, Konsumgeschichte, Technikbewertung.

Veröffentlichungen u.a.: Propyläen Technikgeschichte, 5 Bde. (Berlin 1990–1992), Technikwissenschaften. Die Entstehung der Elektrotechnik aus Industrie und Wissenschaft zwischen 1890 und 1914 (1995), Künstler und Strichezieher. Konstruktions- und Technikkulturen im deutschen, britischen, amerikanischen und französischen Maschinenbau zwischen 1850 und 1930 (1999), Geschichte der Konsumgesellschaft (2000), Volkswagen, Volksempfänger, Volksgemeinschaft, „Volksprodukte" im Dritten Reich (2004), Wilhelm II. und die Moderne (2007), Technikgeschichte. Eine Einführung in ihre Konzepte und Forschungsergebnisse (2009).

Klaus Kornwachs, geb. 1947, Prof. Dr. phil. habil., ist Technikphilosoph und Physiker. Studium der Mathematik, Physik und Philosophie in Tübingen, Freiburg, Kaiserslautern und Amherst, Mass. Jahrelange industrienahe Tätigkeit als Systemtheoretiker in der Fraunhofer-Gesellschaft (Stuttgart 1979–1992), u.a. in

Technikfolgenabschätzung. Forschungspreis der Alcatel SEL-Stiftung für Technische Kommunikation (1991), Mitglied u.a. der Deutschen Akademie der Technikwissenschaften (acatech), zahlreiche Buch- und Zeitschriftenveröffentlichungen. Kornwachs lehrte in Cottbus (1992–2011), als Gast in Budapest und Wien und lehrt nach seiner Emeritierung weiter an der Universität Ulm. Im Sommer 2012 war er Fellow der Alcatel-Lucent Stiftung für Technische Kommunikation am Internationalen Zentrum für Kultur- und Technikforschung an der Universität Stuttgart und Gastwissenschaftler am Frege-Zentrum für Strukturwissenschaften der Universität Jena.

Seine Forschungsinteressen liegen in der wissenschaftstheoretischen Analyse der Technik und dem Verhältnis von Kultur und Technik.

Veröffentlichungen u.a.: Information und Kommunikation (1993), Information – New Questions to a Multidisciplinary Concept (Hrsg. mit K. Jacoby, 1996), Das Prinzip der Bedingungserhaltung (2000), Logik der Zeit – Zeit der Logik (2001), System – Technik – Verantwortung (Hrsg. 2004), Zuviel des Guten – von Boni und falschen Belohnungssystemen (2009), Strukturen technologischen Wissens. Analytische Studien zur einer Wissenschaftstheorie der Technik (2012), Philosophie der Technik – Eine Einführung (2013).

Andreas Luckner, geb. 1962, apl. Professor für Philosophie an der Universität Stuttgart. Promotion 1992, Habilitation 2001 an der Universität Leipzig; 2001 bis 2003 DFG-Projekt zur Philosophie der Technik nach Heidegger an der Universität Stuttgart. Seit 2006 Akademischer Rat an der Universität Stuttgart, Leiter der Koordinationsstelle für das Ethisch-Philosophische Grundlagenstudium.

Hauptarbeitsgebiete: Praktische Philosophie/Ethik, Philosophie der Erziehung, Phänomenologie, Technikphilosophie, Ästhetik, antike Philosophie, Rationalismus des 17. Jahrhunderts, Deutscher Idealismus, Heidegger.

Veröffentlichungen u.a.: Genealogie der Zeit. Zu Herkunft und Umfang eines Rätsels, dargestellt an Hegels Phänomenologie des Geistes (1994); Martin Heidegger: Sein und Zeit. Ein einführender Kommentar (1997); Klugheit (2005); zus. mit Julius Kuhl: Freies Selbstsein. Authentizität und Regression (2007); Heidegger und das Denken der Technik (2008); zahlreiche Aufsätze zur Technikphilosophie, Ethik, zu Kant, Hegel, Heidegger und zur Philosophie der Musik.

Ernst Oldemeyer, geb. 1928, Professor für Philosophie an der Universität Karlsruhe (em.), Promotion 1960 über den Wahrheits- und Wissenschaftsbegriff Schellings, Habilitation 1969 „Struktur und Funktion des Bewußtseins". Mitglied in den VDI-Ausschüssen „Grundlagen der Technikbewertung" und „Technik und Philosophie".

Hauptarbeitsgebiete: Phänomenologie und Theorie des Bewußtseins, Wertphilosophie, Typologie der Weltsichten und Werthaltungen.

Veröffentlichungen u.a.: Zur Phänomenologie des Bewußtseins. Studien und Skizzen (2005), Leben und Technik. Lebensphilosophische Positionen von Nietzsche zu Plessner (2007), Alltagsästhetisierung. Vom Wandel ästhetischen Erfahrens (2008); Dialektik der Wertorientierungen (2010); Hg.: Natur als Gegenwelt (mit G. Großklaus, 1983). Zahlreiche Aufsätze und Beiträge in Sammelwerken zur philosophischen Anthropologie, Wertphilosophie, Technik- und Kulturphilosophie.

Hans Poser, geb. 1937, Professor für Philosophie an der TU Berlin, emeritiert seit 2005. Staatsexamen in Mathematik und Physik 1964, Promotion 1968 in Philosophie, Habilitation 1971; lehrte als Gastdozent in Zomba/Malawi, Delhi/Indien, Cordoba/Argentinien, Madrid, Moskau, Peking und Houston/USA. Vorsitzender des Wiss. Beirats und Vizepräsident der G.W. Leibniz-Gesellschaft Hannover; Präsident der Allgemeinen Gesellschaft für Philosophie in Deutschland (1994–1996). Mitglied mehrerer VDI-Ausschüsse.

Veröffentlichungen u.a.: Zur Theorie der Modalbegriffe bei G. W. Leibniz (1969), Wissenschaftstheorie (2001, 2. erw. Aufl. 2012), René Descartes (2003), Gottfried Wilhelm Leibniz zur Einführung (2005/2010), Von der Theodizee zur Technodizee (2011); Hg.: Philosophie und Mythos (1978), Formen teleologischen Denkens (1981), Wandel des Vernunftbegriffs (1981), Beobachtung und Erfahrung (1992), Wahrheit und Wert (1992), Herausforderung Technik (2008); Mit-Hg.: Ontologie und Wissenschaft (1984), Leibniz in Berlin (1990), Neue Realitäten – Herausforderung der Philosophie (1993), Cognitio humana (1997), Hans Reichenbach – Philosophie im Umkreis der Physik (1998), Wissenschaft und Weltgestaltung – G. W. Leibniz zum 350. Geburtstag (1999), Leibniz und China (2000), Nihil sine ratione – Mensch, Natur und Technik im Wirken von G. W. Leibniz (2001), Technik und Interkulturalität (2007), The Ethics of Today's Science and Technology (2008). Zahlreiche Aufsätze zum Rationalismus, zur Philosophie der Mathematik, zur Wissenschafts- und Technikphilosophie.

Danka Radjenović, geb. 1980, Abschluß des Studiums der Philosophie an der Universität Belgrad (Thema der Diplomarbeit: „Kunst als symbolisches System: Cassirer-Langer-Goodman", Originaltitel: „Umetnost kao simbolički sistem: Kasirer-Langer-Gudman"), weiterführendes Studium an der TU Darmstadt, das sie mit einer Masterthesis zu den Hauptproblemen der „Philosophischen Untersuchungen" Ludwig Wittgensteins im Jahr 2011 abgeschlossen hat.

Seit 2012 promoviert sie im Fach Philosophie an der TU Darmstadt zum Thema des Regelfolgens im Zusammenhang der Sprach- und Wissenschaftsphilosophie.

Friedrich Rapp, geb. 1932, Promotion 1972, Habilitation für Philosophie an der TH Berlin, seit 1976 Professor der Philosophie und Wissenschaftstheorie; 1985–1997 Lehrstuhlinhaber für Philosophie an der Universität Dortmund mit dem Schwerpunkt ‚Philosophie der Technik', Mitglied im VDI-Ausschuß „Technik und Philosophie" und Vorsitzender des VDI-Ausschusses „Grundlagen der Technikbewertung", Vorsitzender des Bereichs „Mensch und Technik" des VDI (bis 1997), Träger der Ehrenmedaille des VDI.

Veröffentlichungen u.a.: Analytische Technikphilosophie (1978), Determinanten der technischen Entwicklung (1980; zus. mit R. Jokisch und H. Lindner), Die Dynamik der modernen Welt: Eine Einführung in die Technikphilosophie (1994), Destruktive Freiheit: Ein Plädoyer gegen die Maßlosigkeit der modernen Welt (2003), Analysen zum Verständnis der modernen Welt: Wissenschaft – Metaphysik – Technik (2012); Hg. bzw. Mit-Hg.: Contributions to a Philosophy of Technology (1974), Naturverständnis und Naturbeherrschung (1981), Technikphilosophie in der Diskussion (1982; engl. 1983), Whiteheads Metaphysik der Kreativität (1983; engl. 1990), Technik und Philosophie (1990), Neue Ethik der Technik? (1993), Studium generale der Universität Dortmund, Bd. 1–8 (1993–1999), Normative Technikbewertung (2000).

Günter Ropohl, geb. 1939, 1981–2004 Professor für Allgemeine Technologie an der Johann Wolfgang Goethe Universität in Frankfurt am Main. Promotion Stuttgart 1970, Habilitation Karlsruhe 1978, Professor für Philosophie und Soziologie der Technik 1979–1981 an der Universität Karlsruhe. 1973–2000 Mitglied der VDI-Ausschüsse „Mensch und Technik" (später „Technik und Philosophie"), „Technik und Bildung" und „Technikbewertung".

Veröffentlichungen u.a.: Eine Systemtheorie der Technik, (1979, 3. Aufl. u.d.T. Allgemeine Technologie, 2009), Die unvollkommene Technik (1985), Technologische Aufklärung (1991, 2. Aufl. 1999); Ethik und Technikbewertung (1996); Wie die Technik zur Vernunft kommt – Beiträge zum Paradigmenwechsel in den Technikwissenschaften (1998); Arbeits- und Techniklehre (2004); Erkennen und Gestalten – Eine Theorie der Technikwissenschaften (mit G. Banse, A. Grunwald u. W. König, 2006); Signaturen der technischen Welt (2009); Allgemeine Systemtheorie – Einführung in transdisziplinäres Denken (2012).

Kaja Tulatz, geb. 1983, Mitarbeiterin am Internationalen Zentrum für Ethik in der Wissenschaften an der Uni Tübingen. Ihr Studium der Philosophie und Politikwissenschaft in Stuttgart schloß sie 2009 mit einer Magisterarbeit zum Konzept des epistemologischen Bruchs bei Gaston Bachelard ab. Derzeit schreibt sie an einer Dissertation mit dem Titel „Technikinduzierte Epistemische Räume". Sie war Promotionsstipendiatin am DFG-Graduiertenkolleg „Topologie der Technik" an der TU Darmstadt und ist Lehrbeauftragte an der Fakultät für Sozialwesen der Dualen Hochschule Baden-Württemberg (DHBW) am Standort Stuttgart.

Arbeitsschwerpunkte: Technikphilosophie, Wissenschaftsphilosophie, Historische Epistemologie und Sozialphilosophie.

Veröffentlichungen: „Wissensräume und theoretische Felder. Zur Raummetaphorik in der Epistemologie Louis Althussers", in: Thomas Ebke und Marc Berdet (Hg.): „Anthropologischer Materialismus und Materialismus der Begegnung: Vermessungen der Gegenwart im Ausgang von Walter Benjamin und Louis Althusser" (2013).

Bettina Wahrig, geb. 1956, Professorin für Geschichte der Naturwissenschaften mit Schwerpunkt Pharmaziegeschichte an der Technischen Universität Braunschweig. Promotion 1984 mit einem psychiatriegeschichtlichen Thema, Habilitation 1996. 2004–2008 Vizepräsidentin, 2008–2011 Präsidentin der Gesellschaft für Wissenschaftsgeschichte, Gastaufenthalte am Max-Planck-Institut für Wissenschaftsgeschichte, Mitglied der Hamburgischen Akademie der Wissenschaften, Vorsitzende des Nationalkomitees der IUHPS-DHST.

Forschungsschwerpunkte: Metapher und Wissenschaftsgeschichte, Geschichte der Toxikologie, Wissenschaft und Geschlecht.

Veröffentlichungen u.a.: Eine Frage der Politik: Wissenschaft und Ideologie im 21. Jahrhundert, in: Berichte zur Wissenschaftsgeschichte 33 (2010), Historical Research on the Standardization of Drugs. The Perspective of Precarious Substances, in: Christian Bonah, Christophe Masutti, Anne Rasmussen, Jonathan Simon (Hg.): Harmonizing Drugs. Standards in 20th Century Pharmaceutical History (2009); 1929 – Louis Lewin und das Ende der Toxikologie, in: Nicholas Eschenbruch, Viola Balz, Ulrike Klöppel, Marion Hulverscheidt (Hg.): Arzneimittel des 20. Jahrhunderts. Historische Skizzen von Lebertran bis Contergan (zus. m. A. Neubaur-Stolte, 2009); Bodies, Instruments, and the Art of Construction. Historical Remarks on the Scientific Texture of Living Bodies, in Sabine Sielke und Elisabeth Schäfer-Wünsche (Hg.): The Body as Interface. Dialogues between the Disciplines (2007), Geschlechterforschung ist Wissenschaftsforschung – Wissenschaftsforschung ist Geschlechterforschung. Einführung in den Themenschwerpunkt „Wissenschaftsgeschichte als Geschlechtergeschichte", in: N.T.M. 14 (zus. m. S. Höhler: 2006), Hg. zus. m. S. Brombach: LebensBilder. Leben und Subjektivität in neueren Ansätzen der Gender Studies. (2006); Hg.: Arzneien für das „schöne Geschlecht". Phytotherapie in Gynäkologie und Geburtshilfe vom Mittelalter bis zum 19. Jahrhundert (2004).

Klaus Wiegerling, geb. 1954, apl. Professor am Fachgebiet Philosophie der Technischen Universität Kaiserslautern und wissenschaftlicher Mitarbeiter am Institut für Technikfolgenabschätzung und Systemanalyse am Karlsruher Institut für Technologie. Studium der Philosophie, Komparatistik und Volkskunde in Mainz. Promotion 1983 über Edmund Husserl. Ca. 20 Jahre freischaffend tätig. 2001 Habilitation an der TU Kaiserslautern über Medienethik. Langjährige Forschungstätigkeit an der Universität Stuttgart (SFB 627 Nexus – Umgebungsmodelle für mobile kontextbezogene Systeme). Lehrt u.a. an der TU Kaiserslautern, der TU Darmstadt und der Universität Koblenz-Landau.

Arbeitsschwerpunkte: Technikphilosophie, Medienphilosophie sowie Philosophie des Leibes.

Veröffentlichungen u.a.: Husserls Begriff der Potentialität (1984); Die Erzählbarkeit der Welt (1989); Medienethik (1998); Leib und Körper (zus. mit Joachim Küchenhoff, 2008); Philosophie intelligenter Welten (2011); Medienethik und Wirtschaftsethik im Handlungsfeld des Kultur- und Non-Profit-Organisationsmanagements (DISC-Studienbrief MKN 0510, 2013).